U0228617

HONGGUAN FENZI XIANGHU ZUOYONG LILUN
CHUN WUZHI YINGYONG PIAN

宏观分子相互作用理论
纯物质应用篇

张福田 著

化学工业出版社
·北京·

内 容 简 介

本书从分子相互作用基础理论出发,基于大量实验数据,对微观分子相互作用理论和宏观分子相互作用规律进行了深入、细致的研讨,提出对宏观体系分子间相互作用的一些研究方法,用于研究宏观体系的热力学性质。所涉内容包括理论属性、物质的分子间相互作用、分子压力与宏观性质、宏观位能曲线、临界参数、纯物质气体的相间分子行为、凝聚态纯物质分子行为、范德华力与分子内压力、宏观分子相互作用理论的应用。

本书可供化学、化工、冶金、石油化工、医药科学、生命科学等领域科技工作者参考。

图书在版编目(CIP)数据

宏观分子相互作用理论. 纯物质应用篇/张福田著
. —北京:化学工业出版社,2024.5
ISBN 978-7-122-35659-8

Ⅰ.①宏… Ⅱ.①张… Ⅲ.①分子作用 Ⅳ.
①O561.4

中国国家版本馆 CIP 数据核字(2023)第 116729 号

责任编辑:李晓红　　　　　　　　　　　　文字编辑:毕梅芳　师明远
责任校对:王　静　　　　　　　　　　　　装帧设计:王晓宇

出版发行:化学工业出版社(北京市东城区青年湖南街 13 号　邮政编码 100011)
印　　装:北京建宏印刷有限公司
787mm×1092mm　1/16　印张 35¼　字数 903 千字　2024 年 5 月北京第 1 版第 1 次印刷

购书咨询:010-64518888　　　　　　　　　售后服务:010-64518899
网　　址:http://www.cip.com.cn
凡购买本书,如有缺损质量问题,本社销售中心负责调换。

定　　价:298.00 元

前言

众所皆知：任何物质中存在有千千万万个分子，分子间存在有分子相互作用。分子间存在的相互作用又有分子相互吸引作用和分子相互排斥作用。

而人们还不了解的是：物质中存在的千千万万个分子间相互作用，在物质中起着什么作用？物质中存在的千千万万个分子间相互吸引作用，在物质中起着什么作用？物质中存在的千千万万个分子间相互排斥作用，在物质中起着什么作用？

因而人们对宏观状态物质的千千万万个分子相互作用的认识是：知其然，而不知其所以然。亦就是说，目前人们还只是定性地了解物质中存在有这些分子行为（即只知其然），而缺乏定量的计算和实际应用这些分子的行为（即不知其所以然）。亦就是人类对自然界中物质的最基础的理论，对物质中千千万万个分子间作用的基础理论的认识还不清楚，也不够了解。究其原因，主要是：（1）目前还缺少较系统的、较完整的基础理论；（2）尚无较成熟的、可普及到广大的物质生产的工程技术人员和研究人员的，可方便地计算得到并用于讨论和分析使用的大量分子间相互作用的具体数据。亦就是尚未找到物质中大量分子相互作用应用于物质生产和科学研究的途径。

1999年，作者以物理界面层模型和表面力的研究为基础，对物质中的这些分子间相互作用开始进行探索。2006年对这些物质的分子间相互作用以分子压力形式进行初步的梳理，在此基础上于2012年出版了第一本专著《宏观分子相互作用理论——基础和计算》，讨论探索了在有着千千万万个分子的宏观物质中分子间相互作用的理论基础和计算方法。这是作者第一次试图讨论和分析有着千千万万个分子的宏观物质中分子间相互作用情况和第一次试图计算这些在宏观物质中千千万万个分子间相互作用的数据，也是第一次试图计算得到这些千千万万个分子间相互作用中的分子吸引作用力数据和分子排斥作用力数据。

应该讲，讨论物质中大量分子间的相互作用在物理化学理论上还是第一次，国内外无前车可鉴，作者当时的理论思想基础还是想从国外发展了二百余年的两个分子间相互作用的微观分子相互作用理论中寻找进一步探索大量分子间相互作用的思路。但在一段时期内困难重重，进展维艰。因此作为第一本专著的内容偏少，仅提出了宏观物质分子间相互作用的各种可能的类型概念，并以分子压力形式来表示这些宏观的分子间相互作用，初步提出这些表示物质中分子间相互作用的分子压力计算方法。这本专著缺少对理论属性的分析，还缺乏对宏观理论的可能应用途径的讨论。

由于宏观状态下千千万万个分子间相互作用的理论及其计算结果的应用，在目前的物理和化学领域中无论是国内还是国外均是首次，缺少学术上的积累和思想认识上的沉淀，2012年后作者经过一段时间的实践，初步积累了在宏观状态下如何讨论、计算和应用分子相互作用的理论与方法。作者通过扩大对物质的实际应用，讨论理论的特性。应用需要分子间相互作用数据支持，作者以Foxpro软件编制并逐步改进成为计算宏观分子相互作用数据的计算软件，申请了国家发明专利并获授权。理论与实践结合的思路和计算宏观分子相互作用数据的计算软件为编写这本《宏观分子相互作用理论——纯物质应用篇》提供了讨论的基础和内容。

本书的宗旨是：讨论和介绍物质中千千万万个分子间相互作用形成的宏观分子相互作用理论对宏观物质的可能应用范围。应该讲，讨论实际物质中千千万万个分子相互作用的可能应用，这是前人未涉及过的工作，无论是在国内还是在国外，在理论上或是实际应用上都是一个陌生的领域，本书中的介绍应该讲还是初步的，有待大家的努力来进一步去完善和充实。

由于宏观分子间相互作用理论是近期提出来的分子间相互作用基础理论，当宏观分子间相互作用理论应用于讨论研究对宏观物质各种性质的影响时，会涉及一些新的理论和概念，例如基础理论初步解答了物质存在的千千万万个分子间相互作用，在物质性质形成起的作用，也可以以物质存在的千千万万个分子间相互吸引和排斥作用定量计算不同状态下的物理参数（如压力、温度和体积等），也可以以这些分子相互作用数据定量计算物质性质的变化（如相变点），这些分子相互作用数据对物理化学理论提出了用理论讨论物质性质的概念，亦就是说人们对物质中大量分子所起的作用不再是"不知其所以然"了。作者相信，与宏观生产和研究实践有密切联系的宏观分子相互作用理论，在大家共同努力下一定会逐步地成熟和完善起来。本书为读者提供了一个认识和了解宏观千千万万个分子间相互作用的窗口，当然，这个窗口才刚刚开启，还很小，窗玻璃也不很清晰，有待后来者努力地扩大窗口面积，擦亮窗户玻璃，得到更高的清晰度。

最后，笔者对在本书编写过程中给予支持和帮助的北京理工大学才鸿年院士，华东师范大学－上海纽约大学计算化学联合研究中心主任张增辉教授，中国人民解放军陆军防化学院程振兴教授，以及华东理工大学物理化学教研室吕瑞东教授表示衷心的感谢。

张福田

2024 年 3 月于上海

目录
CONTENTS

绪论

讨论宏观分子相互作用理论的应用有两方面的意义：一是理论意义，众所周知分子相互作用理论近二百多年来活跃的领域是微观中两个分子或少量分子间相互作用，而宏观分子相互作用理论的对象是有着千千万万个分子参与的宏观物质中的分子间相互作用；二是应用意义，宏观分子相互作用必定与由千千万万个分子组成的宏观物质有关，即与实际物质的性质有关，亦就是与实践——生产实践和研究实践相关。

由于"宏观分子相互作用理论"是世界上第一次较系统地提出的物质中分子间吸引力和分子间排斥力可应用于物质生产实践和研究实践的基础理论，尚未为广大物质理论研究者和应用者所熟悉。《宏观分子相互作用理论——纯物质应用篇》主要讨论物质中千千万万个分子相互作用对讨论物质性质的影响，亦就是，解决目前广大读者对物质中千千万万个分子相互作用的认识还只是在"知其然而不知其所以然"上，这需要了解在物质中的分子行为。宏观分子相互作用理论对纯物质的应用分成九个章节进行讨论。

第 1 章介绍宏观分子相互作用理论的理论属性，这个基础理论属性是唯象性和统计性，属于唯象理论，即与热力学理论、流体力学理论一样，属唯象理论范畴。

而唯象性属性表明这个基础理论必定是基于大量分子的集体行为的表现，而大量分子的集体行为呈现的统计性表示大量分子群的分子行为必定符合大量分子集体统计的平均行为。在一定的状态条件下，体系分子最有可能的运动状态和对周围分子最有可能的影响是一定的。因此，可以从体系的整体变化观察，总结归纳出大量分子形成的分子行为的规律。由此千千万万个分子形成的分子行为可以不追求组成体系的分子的微观结构及运动规律，不考虑更小层次物质的特性，而从体系的整体变化来观察、分析和总结并归纳出大量分子形成的分子行为的规律。

需要注意的是宏观体系中大量分子的分子行为与两个分子或少量分子间相互作用行为的不同，大量分子的分子行为必定带有大群分子群的特征，即大量分子的分子行为必定带有宏观的特征。大量分子的分子行为的宏观特征为：①大量分子的分子行为必定是大量分子的集体行为，体系中单个的或少量分子的运动规律已不是决定性的；②大量分子群的分子行为可以直接观察宏观现象或者通过实验探索和验证，从体系的整体变化总结归纳出宏观物体中大量分子群分子行为的规律性。

唯象性和统计性的理论属性对这个基础理论讨论的要求为：①理论与物质实际相关；②不追求组成体系的分子的微观结构及运动规律，不考虑更小层次的物质的特性，而从体系的整体变化来观察，总结归纳出大量分子形成的分子行为的规律，这将成为这个基础理论讨论时的基本方法。

要了解和应用宏观分子间相互作用参数，首先必须能够正确地计算这些宏观分子间相互作用参数并得到正确的宏观分子间相互作用参数数据。第 2 章讨论了与动态分子的分子行为相关的各种分子动压力相互关系，也讨论了动态分子与静态分子间的两种分子间吸引作用间的相互关系，为动态分子、静态分子的分子行为相关的分子动压力和分子静压力建立关系。

第 2 章内容侧重于向读者介绍在计算中和在处理计算数据时为提高计算结果的正确性而提出的一些注意点，即对目前宏观分子相互作用理论在计算和数据处理时提出一些计算规定。以 Foxpro 软件编程用于宏观分子相互作用参数计算，并以此申请了发明专利，便于研究者方便应用。

宏观物质分子相互作用必定与千千万万个分子组成的宏观物质有关，即与实际物质的性质有关，亦就是与生产实践和研究实践相关。显然，如果知道生产过程中的控利因素，如压力、温度和摩尔体积等与物质中分子相互作用的关联性，则对实际工业生产控制是有利的。为此第 3 章讨论了分子相互作用对物质各种性质的影响，如分子相互作用对体系压力的影响，即压力分子作用参数，以及分子相互作用对体系体积、温度、压缩因子和位力系数的影响等分子参数。

微观分子相互作用理论中有著名的微观两个分子间的 Lennard-Jones 位能函数。实际物质中千千万万个分子相互作用也可形成位能曲线，称之为宏观位能曲线。第 4 章介绍了宏观位能曲线原理、定义和计算方法，讨论了微观两个分子间的 Lennard-Jones 位能函数和宏观位能曲线的异同之处。

微观位能曲线呈现的只是两个分子间的位能函数。而宏观位能曲线在任何物质——气体、液体和固体物质中均存在，不同状态下物质宏观位能曲线的表现形态不同，反映不同状态下物质分子间相互作用情况的变化。宏观物质中还可能存在有分子形态不同的分子，例如在液体中存在有运动着的动态无序分子，也有分子位置相对固定的静态有序分子，这两种分子的分子行为不同，反映在这两种分子的宏观位能曲线形态也不相同。因此宏观位能曲线是用于反映和了解宏观物质中分子行为的重要工具。

由此讨论了分子相互作用对物质中一些性质变化的影响。第 5 章讨论的是气液相变、液气相变、液体沸点——液体转变为气体、液体凝固点——液体与固体间相变、固体熔化点——固体与液体的转变等的应用。对物质中各种相变原因可进行定量分析。也就是说，通过物质中分子吸引力和排斥力的数值变化，已经可以正确地定量描述气液相变或者液气相变的发生会在什么时候开始、什么时候结束，并且与物理化学实验测试的和目前手册中列示的相变点临界点数据吻合，而现有物理化学或热力学的理论对此还无法以定量方法描述，这是这个基础理论的一个重要的用途。

本书提供了一些物质中大量分子间相互作用的基础性质，包括：物质的 λ 点；物质宏观位能曲线平衡点；气体、液体和固体物质分子硬球直径的计算；物质中分子相互作用形成的分子内压力对液体表面层的影响。本书的附录列示了一些物质的分子间相互作用基础性质的计算和数据。

第 6 章和第 7 章讨论了凝聚相物质液体的分子行为，液体中重要的分子相互作用参数——液体中有序分子间的吸引力——分子内压力，并定量地计算了液体（以水为例）的无序分子、短程有序分子和长程有序分子数量的变化，由此解释了 4℃水性质异常的原因。

在此基础上，第 8 章讨论了范德华力与分子内压力的关系，并由此计算了物质的静电作用力、诱导作用力和色散作用力。

范德华力计算是一次尝试，计算表明宏观物质中静电作用力、诱导作用力和色散作用力的计算是有可能实现的。如果宏观分子相互作用理论计算的范德华力的结果有可能被微观分子相互作用计算方法加以验证和比较的话，说明这将有可能打开将宏观分子相互作用理论与微观分子相互作用理论之间联系的一个通道。

在范德华力计算方法上作者还尝试了两个不同物质间范德华力的计算方法。目前在微观分子相互作用理论中微观分子间相互作用中静电力、诱导力和色散力的计算已是重要的研究对象，希望通过众多研究者的努力，将宏观和微观分子相互作用理论共同来计算静电力、诱导力和色散力，成为将宏观和微观分子相互作用理论联系起来的通道，实现相互印证、相互补充和相互完善，发展成为一个讨论分子相互作用的"计算化学"的较完整的学科。如果静电力、诱导力和色散力可以计算不同物质分子的作用，则宏观分子相互作用理论有可能应用于混合物、溶液的不同物质分子间作用的计算。

由于本书讨论的是宏观状态下物质的分子相互作用，故物质在宏观状态下一些基础性的分子数据在本书附录中作了介绍，包括宏观物质 4 个基础性的分子相互作用性质，即物质的 λ 点、物质宏观位能曲线的平衡点、宏观物质的分子硬球直径、物质分子内压力可能会使物质的部分性质的变化。此外，还将以 Foxpro 软件计算的物质氨的分子间相互作用参数表为例表列入，供读者研究参考。

宏观分子相互作用理论可以定量地计算物质中不同类型分子数量变化，也可以计算分子相互作用所影响的物质性质的变化，因而可能适合承担在物质生产中"人工智能"任务。第 9 章中对宏观分子相互作用理论与物质生产中人工智能的关系作了分析说明，并以物质氨的"气体氨合成生产"为例作了解释。

目前宏观分子相互作用理论和热力学理论配合，可以考虑成为各种物质生产需要的人工智能设计所依据的基础理论，这是因为：

热力学理论经过了一百多年的发展完善，在化学反应掌控上已趋成熟。不过，热力学理论亦有其不足之处，热力学理论承认物质中分子间相互作用存在，但在应用上忽视其作用，亦就是知其然而不知其所以然，理论中只有压缩因子参数与物质中分子间相互作用有关。天津大学马沛生教授在化工数据上有深入研究，她的中肯意见是："若能完全算出分子内和分子间的各种作用力，原则上就可以计算该物质的全部物理和化学性质"。忽视物质中分子间相互作用是热力学理论的不足之处。

宏观分子相互作用理论的目的就是物质中分子间相互作用的各种可能应用，可以考虑成为各种物质生产需要的人工智能设计依据的基础理论。宏观分子相互作用理论应该是中国人自己提出的基础理论，希望这个基础理论能在国家的关怀下像热力学理论那样，成为在世界第四次工业革命之后逐步完善和发展起来的中国人的基础理论。

以物质生产"气体氨合成反应生产"为例初步说明了分子相互作用理论与人工智能的可能关系：

① 可以确定所讨论的生产物质在自然条件下合适的状态条件和物质中分子相互作用条件，以此作为设计该物质实施生产时需要的工艺条件，如压力、温度等以及物质生产中掌控的分子相互作用条件。

② 物质生产时可能要求有不同物质间的反应，如气体氨反应需原材料气体氢和氮。反应时需要的工艺条件，如压力、温度等和物质中分子相互作用条件。

③ 物质生产过程中所需要的一些特殊的分子行为要求，如催化剂要求。

④ 热力学理论中化学反应有可能是双向可逆的，需要掌控合适工艺参数防止发生逆向反应。物质分子相互作用有分子间吸引力，也有分子间排斥力，两种分子间作用力的影响同样有可能是双向可逆的，应掌控合适工艺参数防止分子相互作用引发化学反应的逆向反应。

综合本书内容，宏观分子间相互作用理论在纯物质的初步的可能应用方面结果归纳如下：

（1）理论属性。这个基础理论属于唯象理论。需要注意的是宏观体系中大群分子的分子行为与两个分子或少量分子间相互作用行为的不同，大群分子的分子行为必定带有大群分子群的特征，即大群分子的分子行为必定带有宏观的特征。大量分子分子行为的宏观特征为：①大量分子的分子行为必定是大量分子的集体行为，体系中单个的或少量分子的运动规律已不是决定性的。②大量分子群的分子行为可以直接观察宏观现象或者通过实验探索验证，从体系的整体变化上总结归纳出宏观物质中大量分子群分子行为的规律性。

（2）研究方法。依据诺贝尔奖获得者李政道的微观和宏观结合的研究方法，本书的内容也努力地实现微观与宏观联系起来的目标，作者希望能够与已经发展完善了约两个世纪的微观分子相互作用理论结合起来，寻找与宏观性质的相互关系，寻找与宏观分子相互作用理论的关系。

（3）工欲善其事，必先利其器。要了解和应用宏观分子间相互作用参数，必须先能够正确地计算并得到正确的宏观分子间相互作用参数数据。

（4）物质分子相互作用必定与宏观物质有关，即与实际物质的性能有关，如果知道生产过程中的控制因素，如压力、温度和摩尔体积等与物质中分子相互作用的关联的话，则会对实际工业生产控制是有利的，这是"人工智能"控制物质生产的重要内容。

综合上述各点，这个基础理论目前正在进行着的或在理论上希望今后进一步与其他研究者合作的探讨点可以归纳如下：

（1）明确完善唯象理论的研究方法。

（2）讨论、分析宏观分子间相互作用对宏观物质性质的影响。

（3）提出和已分析了物质的宏观位能曲线，完善宏观位能曲线的应用。

（4）讨论、分析了宏观物质 4 个基础性的分子相互作用性质，即，物质的 λ 点、物质宏观位能曲线的平衡点、宏观物质的分子硬球直径和分子内压力可能会使物质的部分性质的变化。

（5）讨论、分析了宏观物质的相变现象与分子相互作用的关系，进一步寻找物质性质与分子相互作用的关系。

（6）建议建立国家物质分子相互作用性质大数据库，成为掌控物质性质的基础，目前其他国家还未有此类物质分子性质的数据库。

这些与宏观性质相关的分子相互作用应用的信息，相信对于从事冶金、化学、化工、石油化工、医药科学、生命科学等领域的研究者可能会有一些用处，有可能提供一些改进生产工艺参数、提高产品质量和产量、发展新技术及新材料和新产品的思路。

第 1 章

理论属性

笔者在《宏观分子相互作用理论——基础和计算》[1]专著中讨论了在具有千千万万个分子的宏观物质中分子间相互作用的理论基础和计算方法，经过实践，初步积累了在宏观状态下讨论、计算和应用分子相互作用的理论与方法。由于宏观状态下千千万万个分子间相互作用的理论和计算结果的应用，目前在物理和化学领域无论是国内还是国外均是首次，缺少学术上的积累和思想认识上的沉淀，为此我们将 2012 年以来所做的工作归纳和整理，供大家在了解和应用宏观分子相互作用理论时参考。故而，本书的宗旨是：介绍和讨论物质中千千万万个分子间相互作用形成的宏观分子相互作用理论对宏观物质应用的可能范围。实际物质中应用千万分子间相互作用是前人未涉及过的工作，无论是在国内还是国外，在理论上和实际应用上均还是一个陌生的领域。本书介绍的内容应该讲还是初步的，有待大家的努力来进一步完善和充实。

物质，这里是指在人类生活的地球表面附近呈聚集状态的物质。物理学中称物质的聚集态为物态。目前已确认的物态有五种，即气态、液态、固态、等离子态和超密态。物质处于何种状态与物质的温度、压力、体积等条件有关。限于篇幅，这里讨论的只是通常的气态、液态和固态，并侧重于气态和液态，即流体的讨论。本书将讨论在一定的物质状态，即在一定的温度、压力和体积状态条件下，流体物质中大量分子间相互作用力的数值及其对物质性质的可能影响。

分子间作用力是指流体物质中各种分子间相互作用，以及这些分子间相互作用对宏观物质性质的影响和表现，即在宏观物质中呈现的各种分子行为，例如分子间吸引力或分子间排斥力的影响与表现。

1.1 引言

流体物质有气态物质和液态物质两种，简称为气体和液体。这两种流体物质就其存在状态而言有宏观状态和微观状态两种。根据热力学理论，使用系统的分子数分布而不区分具体的分子来描述的系统状态，称为热力学系统的宏观态；使用分子数分布并且区分具体的分子来描述的系统状态，称为热力学系统的微观态。

物质宏观态和微观态的区别为：宏观态可以用系统的可测宏观物理量来描述系统状态，如气体系统——压强、体积和温度，并可依据热力学基本定律和严密逻辑推理计算和得到物质众多的宏观物性数据，其结果应该是可靠和普适的。但宏观态的缺点是需结合实验才能得到具体物性数据；由于物质被认为是连续体系，故不能解释宏观物理量涨落现象，亦不能解释其理论的构成，不涉及时间与空间，以平衡态、准静态过程、可逆过程为讨论模型。

当前，物理化学等基础理论学科早期曾提供了一些基本物理化学性质参数。例如，我国化工部在早期组织编制了不同化合物（共387个）的16个物理化学性质手册，其中有在一定温度、压力范围内的饱和蒸气压、汽化热、比热容、密度、黏度、热导率、表面张力、压缩因子、偏心因子等。但这些参数已经不能满足石油化工、精细化工、能源、生物、医药、材料、冶金等各种工业领域发展的需要，也不能适应这些工业领域在设计、研究、生产领域中在确定工艺流程、提高产品质量、扩大生产数量的需要。

经过数十年科学技术的不断进步，这些基本物理化学性质参数虽然已经可以通过各种方法计算获得。但各种工业生产领域的要求，已经从提供正确的各种基本物理化学性质参数，逐步转化为要求了解影响工业生产的产量和质量的微观原因，即要求了解生产工艺中影响产品数量和品质变化的分子间相互作用原因。而这方面正是现有物理、化学等基础理论所欠缺的部分。

对物质物理化学现象变化的解释，现有物理化学理论普遍认为是受到了分子间相互作用的影响。但现有理论只能给予一般性的定性解释，而不能系统性地定量说明。例如现代化学、化工领域中重要且广泛应用的逸度、活度理论，认为分子间相互作用对其有重要的影响，但目前还不清楚分子间相互作用是怎样对其产生影响的，亦就是说，是知其然，而不知其所以然。为了更好地掌握和控制生产工艺进程，需要对生产工艺全过程的分子间相互作用情况有定量的全面认识。

已知，两个分子间存在有相互作用，既有分子间吸引作用，也有分子间排斥作用，现有理论均肯定这些分子间相互作用对实践生产和研究均有影响。

马沛生[2]在其著作《化工数据》中介绍，在当前的物性讨论中涉及的微观参数目前已有的是偶极矩，此参数反映分子中正负电荷分布的不均衡性；另外还有表征分子间作用力的Lennard-Jones（12-6）模型的两个特性参数σ和ε，该模型原则上只适用于非极性物质，模型参数不能直接测量，而由实验的第二位力系数或气体黏度计算而得。

因此，目前基础理论研究还不能完全满足工业生产的要求。

在部分国外综合型手册中，例如《兰氏化学手册》、日本化学工业协会编辑的《物性定数》[3]和《CRC化学与物理手册》[4]等，均无与物质分子间相互作用相关的数据。

实际宏观物质中有大量的分子存在，千千万万个分子间存在有相互作用，同样会有千千万万个分子间吸引作用，也会有千千万万个分子间排斥作用，这些大量分子间相互作用，应该而且必定会对生产实践和科学研究产生影响，并且应该会有更直接和更明显的影响，相对于研究微观两个分子间的相互作用，研究千千万万个分子间存在的相互作用似乎更实用，因为后者与生产实践和科学研究的联系更为直接与明显。

众所周知，就分子相互作用理论而言，应该有两种不同情况的分子相互作用理论：其一，两个分子间会有相互作用，有可能是分子相互吸引作用，也有可能是分子相互排斥作用，讨论这种两个分子间的相互作用，是微观分子相互作用理论；其二，讨论实际的各种物质，又称为宏观体系，宏观体系中会有千千万万个分子，这些众多的分子间同样也会有相互作用，有可能是分子间相互吸引作用，同样也可能是分子间相互排斥作用。而讨论宏观体系中千万个分子间的相互作用，称为宏观分子相互作用理论[1]。

也就是说，研究宏观状态中千万分子的相互作用，与宏观状态下物质生产的质量和产量的研究应该是紧密联系的，有着重要的意义。

物理化学理论曾偏重于宏观的热力学理论，而新兴的计算化学科学曾相对较偏重于微观理论。在科学技术飞速发展的当前，物理化学加重了对微观理论的研究，而计算化学在相对关注微观理论进步的同时，也注意到与生产实践和科学研究相关的宏观分子相互作用理论，应该也是物理化学理论的一部分。

随着分子相互作用理论的发展，对宏观和微观分子相互作用理论的关系有了新的看法，诺贝尔奖获得者李政道[5,6]认为：20世纪的文明是微观的，21世纪是微观和宏观结合成一体的……20世纪是越小越好，认为小的是操纵一切的；21世纪将要把微观和宏观整体联系起来，这将会产生一些突破，从而影响科学的未来。

故而对宏观物质中分子间相互作用的讨论也需从两方面考虑。从宏观角度考虑：大量分子的存在使物质中有着各种分子间相互作用所产生的分子行为，会影响各种性质和这些性质的变化在宏观上的表现。从微观角度考虑：物质中大量分子的分子间相互作用是由两个分子间相互作用集聚而成的，两个分子间相互作用的各种分子特性和两个分子、多个分子间的集聚形态、运动规则等均会影响两个分子间相互作用的结果，亦就是会影响千千万万个分子间相互作用的结果。因而讨论物质中分子间相互作用，需要把微观和宏观整体联系起来，在宏观上通过物质性质变化寻找和发现影响这个变化的千千万万分子的分子行为，在微观上通过物质分子的分子特征和分子间运动规律寻找和发现这个分子行为与物质的分子特征和分子间运动规律的关系，并寻找和发现可能影响物质性质的分子行为。

1.2 物质的分子行为

李政道要求在讨论时注意把微观和宏观整体联系起来。为此下面讨论中分别介绍物质在宏观状态和微观状态下分子行为的一些特征。

1.2.1 宏观状态下的分子行为特征

宏观分子相互作用理论关注的是宏观物质体系中千千万万分子间相互作用对体系分子行为产生的影响。

需要注意的是宏观体系中大量分子群的分子行为与两个分子或少量分子间相互作用的分子行为是不同的，大量分子群的分子行为必定带有大群分子的特征：

① 大量分子群的分子行为必定是大量分子的集体行为，体系中单个或少量分子的运动规律已不是决定性的。

② 大量分子群的分子行为可以直接观察宏观现象或者通过实验探索来验证，从体系的整体变化上总结归纳出宏观物体中大量分子群分子行为的规律性。

自然科学中研究大量粒子组成的物质的性质和规律有两种方法，相应形成了唯象理论和统计理论两类理论体系[6,7]。

唯象理论：不关注组成体系粒子的微观结构及运动规律，也就是说不考虑更小层次物质的特性。这类理论具有高度的可靠性与普遍性。

唯象理论的名称反映了该理论与实践的关系，唯象理论的"唯"是指第一性；"象"则是对讨论的实际事物及其变化的一种综合把握，即实际事物及其变化所呈现的现实现象。唯象理论是指对"象"即实际"现象"的内涵、相互联系，特别是运动变化有充分理解之后所产生的对事物的一种综合把握，其中既有客观的成分，又有主观的成分，是一种主观融合客观后形成的综合结论，因而唯象理论可以认为是对实验现象更概括的总结和提炼，或可认为是借助于"现象"或者直接从"现象"中来的理论。唯象理论又被称作前科学，它们也能被实践所证实。

唯象理论的形成大致需要以下步骤：①发现和观察"实际"现象。②分析和推敲出现此"现象"的各种内涵、相互联系以及导致这个"现象"变化的各种可能因素，客观地以已有的科学体系进行解释，或者主观上推测形成这个"现象"的可能原因。③对该"现象"的客观解释和主观推测进行更概括的总结和提炼，形成初步的"唯象理论"，这个初步理论仅得到这个实际"现象"的支持，如果初步的"唯象理论"得到了更多的实际"现象"的支持，就可以评价这个初步"唯象理论"的正确性。

下面以上述方法和思路讨论分析宏观分子相互作用理论与唯象理论。

首先是观察，这里以临界状态下气体向液体相变为例，观察这个实际"现象"。

第 5 章第 5.8.2 节详细讨论和计算了气体向液体的相变，图 5-30 表明在 500~520K 的临界状态范围内出现乙醇无序分子的吸引力值曲线与乙醇短程有序分子的吸引力值曲线相交的分子行为，相交点为 510.767K，即在 510.767K 处 $P_{atr}^G = P_{inr}^L = 3.6331$。

此实际"现象"反映宏观分子相互作用理论中分子相互作用，即分子压力参数可能与临界状态现象有关，为此在第 5.8.2 节中整理了不同温度下乙醇各分子压力数据（见表 5-25）。

比较在 510.767K 与临界点处分子压力的变化，可增加主观推测的内容：如乙醇气体在临界点处开始发生相变，主导相变的是气体还是液体；又如相变继续，在 510.767K 时，$P_{inr}^L = P_{atr}^G$ 意味着什么；$T < 510.767K$ 时主导乙醇分子行为的是气体还是液体。

将这些信息与上述相关的分子压力整理成与温度的关系，得图 5-30。图中 GYLCP = 气引液斥比 = $\dfrac{P_{atr}^G}{P_{P2r}^L}$，LYLCP = 液引液斥比 = $\dfrac{P_{inr}^L}{P_{P2r}^L}$。

由图 5-30 可回答乙醇气液相变现象的上述问题：

① 当 $T = T_C$ 时 GYLCP > LYLCP，这时气体分子吸引力 > 液体分子排斥力，气体分子有能力克服液体分子排斥力使气体分子成为液体分子，故而此时乙醇物质内主导的是气体物质的分子行为。

② 当 $T \to T_A$ 时 GYLCP > LYLCP，这时仍然气体分子吸引力 > 液体分子排斥力，气体分子不断地相变成液体分子，乙醇物质内主导的是气体物质的分子行为。

③ 当 $T = T_A$ 时 GYLCP = LYLCP，这时气体分子吸引力 = 液体分子吸引力，$P_{atr}^G = P_{inr}^L$，气体停止相变成液体，故 T_A 点是气体向液体相变的结束点。

④ 当 $T < T_A$ 时，GYLCP 数值远低于 1.0，气体吸引力的影响可以忽略，而 LYLCP 数值达到 1.10，进而达到 1.20，说明当温度小于 T_A 时液体的分子吸引力足以维持液体状态，并且液体分子有能力克服气体排斥力使其变为液体分子，主导乙醇物质的是液体物质的分子行为。

这是宏观分子相互作用理论对乙醇在临界状态下由气相分子相变成液相分子的理论描述。物理化学理论和热力学理论只能在实验室中观察相变现象，而无法定量计算得到气—液相变的起始点和结束点。

宏观分子相互作用理论也可以定量计算液—气相变，可以计算这个相变的起始点和结束点。本书以液氨—气氨相变为例，作了较详细的介绍。

物理化学中一些物质的基本性能参数，如沸点、熔点（凝固点）等也有可能由宏观分子相互作用理论进行定量计算。这些物质的基本性能参数的计算可见第 5 章的讨论。

宏观分子相互作用理论讨论物质中大量分子间相互作用，与唯象理论符合，但是，物质中大量分子间相互作用的讨论才刚起步，对大量分子间相互作用的分子行为认识还不全面，在下面进行的讨论中可能会遇到一些无法从物理、化学等现代科学角度进行解释的现象，出现知其然不知其所以然的情况。如果出现这种情况，希望这个无法以近代科学解释的现象被称作前科学，因为它们也是由实际"现象"产生的，能够被实践所证实，只是目前我们的认识水平尚不够。

基于上述讨论，笔者认为，宏观分子相互作用理论作为讨论宏观实际物质中大量分子间相互作用的理论属性应该是唯象理论，当然，这个唯象理论还有待广大研究者加以完善和改进。

统计理论：从体系粒子遵循的力学规律出发，通过对微观量求统计平均的方法，推导得出体系的宏观性质及其规律性。

统计理论用来讨论大量分子的分子行为时认为：

① 如果宏观体系处在某种宏观平衡状态下，显然，在某一瞬间，体系中某单个分子处于何种微观运动状态，对周围其他分子会产生什么影响，均是偶然的，对体系的影响不是决定性的。但是只要体系的状态条件一定，体系分子最有可能的运动状态应是一定的，讨论分子对周围分子最有可能的影响也是一定的，大量偶然性中蕴藏着必然性是统计规律的特征。

② 统计理论同样认为体系中大量分子表现的分子行为必定是大量分子的集体行为。

③ 实际情况中，物质是以大量质点构成的一个宏观整体。这些粒子可以是分子、带电离子或胶粒等，因而讨论大量质点所构成的一个宏观整体的种种性质，不可能是个别粒子的性质，而且必定具有统计性。也就是说，经典热力学所讨论的性质应该是由大量质点集合共同作用所呈现的某种统计平均。例如，单独质点的移动能量和大量质点的平均动能会相差很远，但是温度却是由大量质点的平均动能所决定的。同样，气体压力是大量分子对器壁冲击的平均效应。密度、比体积或摩尔体积等同样具有统计平均性。依此类推，由温度、压力或体积所决定的熵和各种热力学位势均同样具有统计平均性。经典热力学所讨论的各种性质均具有统计性质。唯象理论和统计理论的关系应该是唯象理论在宏观上所呈现的性质是大量分子分子行为的统计平均值。

宏观分子相互作用理论必定是通过大量分子集体行为的表现，反映在物质宏观性质的变化上。反之，宏观物质在性质上的变化，必定会在物质大量分子的集体行为上有所反映。例如，改变大量分子间吸引力或排斥力大小，有可能会影响讨论物质生产时的产量和质量，说明宏观分子相互作用理论的理论本性与物质中大量分子行为有关，故而是与物质实际情况紧密联系的，亦就是说宏观分子相互作用理论应用的特征是理论与实践相互结合的。与热力学理论、流体力学理论一样，宏观分子相互作用理论也属于唯象理论的范围。唯象理论和统计理论在宏观分子相互作用理论中是互相渗透、相辅相成的。

依据统计规律大量分子群的分子行为必定是符合大量分子集体统计的平均行为。在一定的状态条件下，体系分子最有可能的运动状态和讨论分子对周围分子最有可能的影响是一定的，因此，可以从体系的整体变化观察、总结、归纳出大量分子形成的分子行为的规律，亦就是千千万万分子形成的分子行为可以不关注组成体系的分子的微观结构及运动规律，不考虑更小层次物质的特性，而从体系的整体变化来观察、总结、归纳出大量分子形成的分子行为的规律，这就是唯象理论。热力学、流体力学就是这类理论的代表[6,8]。宏观分子相互作用理论也是一种唯象理论。由于唯象理论与大量分子群的分子行为有关，与大量分子群呈现的宏观性质有关，与宏观物质的实际情况有关，因而宏观分子相互作用理论的理论属性必定与物质的实际情况有关，故而其最重要的理论属性是理论与实际的"实践性"。

讨论大量分子群的分子行为可以采用唯象理论和统计理论，不同类型的宏观体系，应该有不同的大量分子群的分子行为。了解不同类型大量分子群的分子行为，首先应该了解不同物质的哪些特性会影响体系中大量分子的行为，这就需要建立物质分子相互作用的大量分子行为模型。下面将讨论不同物质体系中大量分子的行为。

1.2.2 微观状态下的分子行为特征

目前微观分子相互作用理论多见于两个分子间相互作用的讨论，例如 Kaplan 著作[8]中讨论的 Lennard-Jones 势、Kihara 势、Buckingham 势等。显然不能以两个分子间的相互作用势来讨论宏观物质中千万分子相互作用的情况。但目前的热力学理论或分子热力学理论均还未涉及或讨论宏观千万分子相互作用对其的影响，更未讨论千万分子吸引作用或排斥作用对热力学理论或分子热力学理论的影响。为此，本书将着重讨论宏观分子相互作用的分子行为，亦就是着重讨论千万分子相互作用（包括分子吸引作用和分子排斥作用）对讨论体系性质所产生的各种影响。

微观分子间相互作用的出发点是两个分子间或少量分子间的相互作用，故而讨论时必须考虑单个或少量分子的运动规律，需要研究组成体系粒子的微观结构及运动规律，需要考虑更小层次物质的特性。也就是说，需要考虑更多的理论假设、分子模型、分子形状、分子运行轨道等，亦就是需要有一系列的理论概念来支持微观分子相互作用理论。而宏观分子相互作用理论的特性是实践性，理论直接应用于实践，目前数据表明，宏观分子相互作用可以定量地解释物质性质变化的原因。而微观分子相互作用理论的特性是理论性，因此较少或较难直接与宏观物质性质变化相关联。但微观理论有可能与宏观理论中各种分子相互作用参数相关联，有可能对大量分子相互作用参数的变化原因给予说明。因此，李政道认为"把微观和宏观整体联系起来"是有道理的。

本书的讨论对象是宏观分子相互作用理论，我们也希望能够与已经发展完善了近两个世纪的微观分子相互作用理论结合起来，寻找宏观与微观分子间相互作用理论的关系以及二者结合的途径，使二者能够相互补充和印证。

1.3 气态物质的分子行为

气态物质又称气体，其宏观状态基本特征为：具有可无限膨胀性和无限掺混性。气体没有一定的形状和体积，很容易压缩，无论容器的大小，无论气体量的多少，气体都能够充满整个容器，并且不同气体可以任意比例混合，形成均匀的气体混合物。

气态物质分子行为的基本特征为：气态物质是由大量分子所构成的，因此由大量分子所构成的气态物质是不连续的，气态物质的宏观状态基本特征是气体物质很容易被压缩，这说明气体分子之间存在很大的空隙。亦就是说，气态物质的微观基本特征之一是气态物质中每个分子与另一个分子之间的距离 r_{ij} 很大。平均来看，在 1atm❶、温度为 0℃时分子间距离约是分子直径的 10 倍，如果设定 λ 为 Lennard-Jones 位能函数中两个分子间不再有相互作用的分子间距离，或两个分子开始出现相互作用的分子间距离，则气体分子间距离

$$r_{ij} \gg \lambda \qquad (1\text{-}1)$$

Lennard-Jones 位能函数表示，这时两个分子间的相互作用可以忽略，即两个分子间的相互作用可视为零。两个分子间的相互作用可视为零的物质在热力学理论中被认为是理想体系物质。因此，气态物质中大量分子的第一个分子行为是在两个分子距离足够远时讨论体系分

---

❶ atm 为非法定计量单位，其与法定计量单位 Pa 之间的换算关系为：1atm=101325Pa。全书同。——编者注

子具有理想分子行为。亦可以认为，当讨论体系分子不具有分子间相互作用时，体系分子为理想分子。理想分子在热力学理论中具有以下特性。

① 理想分子体系的压缩因子：

$$Z_{id} = 1 \qquad (1-2)$$

符合 $Z_{id} = 1$ 时体系中大量分子的行为是理想分子行为；不符合 $Z_{id} = 1$ 时体系中大量分子的行为不是理想分子行为。

② 理想分子体系的状态条件为：压力 P_{id}（称作理想压力）、温度 T 和体系的摩尔体积 V_m 有下列关系：

$$P_{id} = \frac{RT}{V_m} \qquad (1-3)$$

亦就是理想分子表现的分子行为是讨论体系的压力为理想压力；非理想分子表现的分子行为是讨论体系的压力不是理想压力。

式（1-2）和式（1-3）是气体物质中大量分子可能具有的第一个分子行为，即讨论体系的分子是否为理想分子。大量分子行为可能使体系的压缩因子数值为 1，体系的状态参数 PTV 服从式（1-3）的关系。

热力学理论中的理想状态、理想压力概念被引申到宏观分子相互作用理论中。讨论宏观分子相互作用理论的目的是物质在什么状态条件下需要考虑物质中大量分子间相互作用的影响。故定义：物质的 λ 点是物质中开始出现分子间相互作用影响的状态点，这个状态点以物质中平均分子间距离 r_{ij} 来表示，$\lambda = r_{ij}$（开始有分子间相互作用），单位是 Å。

实际物质中只有气体才存在 λ 点，即只有气体才存在开始出现分子间相互作用的起始点。宏观分子相互作用理论规定在起始点处，分子排斥力与分子吸引力的差值为 0.1bar❶。即 |分子排斥力－分子吸引力| = 0.1bar。宏观分子相互作用理论认为，当物质中分子间相互作用小于 0.1bar 时可以认为该气体物质处于"理想状态"。

气体分子间相互作用的起始点 λ 以物质中分子间距离表示，文献中计算物质中分子间距离方法各有不同，宏观分子相互作用理论使用下列方法。

设 r_{ij} 为物质分子间距，单位 Å；V_m 为物质的摩尔体积，单位 cm³/mol，则

$$r_{ij} = \left(\frac{V_m}{N_A} \right)^{1/3} \times 10^8 \qquad (1-4)$$

式中，N_A 为阿伏伽德罗常数。

气态物质有可能有以下特性：

① 与气体分子间距离相比较，每个气体分子本身的体积大小往往可以忽略，因此在气体理论讨论中往往将气体分子当作一个质点来处理，即不考虑气体分子本身体积的影响，如图 1-1 所示。

因此，气体物质中大量分子具有的第一个分子性质是气体物质分子在一定状态条件下是具有体积的，但是如果讨论是在一定条件进行下也可

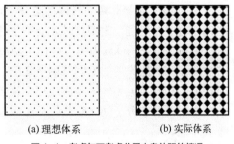

(a) 理想体系   (b) 实际体系

图 1-1 考虑与不考虑分子本身体积的情况

❶ bar 为非法定计量单位，1bar=0.1MPa。全书同。——编者注

以认为讨论体系分子是不具有体积的质点。

因此，在一定状态参数条件下，例如高温、低压、扩大气体体积的条件下，即在满足使气体分子间距离尽量增大的状态参数条件下，可以不考虑分子间相互作用，处在这种状态的气体，称为理想状态下的气体，亦就是说，气态物质的微观状态中允许在一定条件下存在理想状态，即在宏观状态下气态物质有可能以微观理想状态存在。

② 气体物质中大量分子的第一个分子行为是气体在一定状态条件下开始出现分子间相互作用，即气体物质存在有 λ 点，是物质出现分子间相互作用的起始点。

③ 构成气态物质的大量分子进行着无休止的随机运动，这种随机运动是永不停息、杂乱无章、无规律的运动，称为气体无序动态分子的热运动，与温度有关。

一些宏观现象（如扩散现象、气体的可无限膨胀性和无限掺混性、布朗运动）证实、反映了气态物质中存在这种分子的随机热运动。

由于气态物质中大量分子进行着随机热运动，因此气体物质内每个分子均在不断地改变位置和运动方向，因此气体内不存在在某一位置静止不动的分子，而均是在不断运动着的分子，称为动态分子。亦就是说，气态物质分子微观状态的基本特征中最基本、最重要的特征是：气态物质中每个分子都是动态分子，动态分子的存在是气态物质分子的基本分子行为。

动态分子在体系中不断地运动着，其运动方向是变化的、非恒定的，因而动态分子的运动又称作分子的无序运动，做无序运动的动态分子又称为无序分子，气体分子的特征是气体分子均是做无序运动的动态分子，即气体中只存在无序分子。

由于气态物质中存在动态分子，在体系温度、热运动的驱使下动态分子不断改变着位置和运动方向而不断地运动着。动态分子的运动对容器器壁的碰撞形成讨论体系的重要性质——压力，因此压力是物质中动态分子在宏观现象中所表现的重要基本分子行为。

④ 气体中的分子数量是很大的，标准状态下 $1cm^3$ 的气体中约有 2.7×10^{19} 个分子，而气体分子热运动的速率又很大，室温下约为每秒几百米。这两种因素决定了分子间相互碰撞是极其频繁的。计算表明，一个分子和其他分子碰撞次数约有 10^{10} 数量级。

气体分子间相互碰撞对气体宏观和微观行为都会有重要影响，气体分子间相互碰撞是气体分子运动杂乱无章且无序的重要原因，也是气体一些宏观物理现象的重要原因，例如，平衡态下气体压强、气体分子速率分布等。

讨论气体分子间的相互碰撞时需注意：

a. 气体分子间的相互碰撞仍然遵循力学规律，相互碰撞的气体分子间仍然按照动量守恒定律和能量守恒定律进行动量与能量的传递与交换。

b. 不发生碰撞时两个气体动态分子之间有可能不会产生分子间相互作用，这是由于只有当两个分子接近到一定距离时才会产生相互吸引力或排斥力。分子吸引力的有效作用距离约为 $10^{-9}m$，而分子排斥力的有效作用距离约为 $10^{-10}m$。显然，使两个气体动态分子之间可能产生分子间相互作用的原因是两个运动着的动态分子相互接近到一定距离或相互碰撞。亦就是说，当相互接近到一定距离或相互碰撞的两个动态分子符合产生分子吸引力（或排斥力）的要求时两动态分子间才会产生分子吸引力（或排斥力），因而两动态分子间的相互作用具有下列特点。

i. 两动态分子间相互作用是两个运动着的分子在相互接近到一定距离或相互碰撞时产生的分子间相互作用。这两个分子所进行的运动是随机热运动，因此它们的运动方向是无规律、杂乱无章的，因而这两个分子间的作用方向亦是无规律、杂乱无章的。

ii．两个分子所产生的分子间作用会对其运动状态产生影响。显然，分子间吸引力使两动态分子相互吸引，它们的相对运动速度会变化，亦可能使它们的运动方向发生变化；分子间排斥力则会加速两动态分子的分离，同样也会使它们的运动方向发生变化。

iii．由于碰撞或相互接近时两个分子都处在运动状态，因而这两个分子的分子间距离不可能恒定，此距离取决于这两个分子的相对速度和运动方向。由于动态分子随机热运动的特性，分子间距离必定也是随机变化的，不是恒定的。因此，两个动态分子间产生的分子间相互作用有可能是分子间吸引作用，也有可能是分子间排斥作用。亦就是说，气态物质中大量动态分子间相互作用的微观特征可能是分子间相互吸引作用，亦可能是分子间相互排斥作用。这两种作用均会对动态分子的运动状态产生影响，这是宏观分子间相互作用的特性之一。显然，单独两个分子间相互作用的微观状态特征应与此不同，单独两个分子间相互作用时只会出现分子间吸引作用或分子间排斥作用中的一种。微观分子间相互作用与宏观分子间相互作用是有区别的。

综合上述讨论，气态物质的微观状态特征有：气体分子间距离很大、气体分子都是处在运动状态的分子——动态分子，即运动着的无序分子。气体分子会不断地相互碰撞，不断地变化分子间相互距离和运动方向。在分子间距离接近到一定程度时形成分子间相互作用，大量气体分子间相互作用的特点是同时存在吸引作用和排斥作用。在气体分子间距离扩大到一定程度时，气体分子间碰撞概率减小，当使气体分子间相互作用减小到可以忽略的程度时，气体状态达到了理想气体状态。

为了更好地讨论气体，需要对不同状态下的气体建立不同的宏观分子行为模型，如上所述，在一定状态条件下，允许认为讨论气体是理想状态气体，为此先讨论理想气体的宏观分子行为模型，理想气体宏观分子行为模型的建立为其他类型气体宏观分子行为模型的讨论奠定了基础。

1.3.1　完全理想气体分子行为

现有文献[9,10]对完全理想气体微观模型的描述如下：

① 完全理想气体的微观模型不考虑不同气体分子大小与结构的不同，即理想状态气体分子是个体积为零、有质量的质点。

② 完全理想气体微观模型不考虑气体分子间相互作用，亦就是说，除分子与器壁之间有弹性碰撞外没有其他相互作用，在两次碰撞之间每个分子在气体中做匀速直线运动。完全理想气体分子之间不会相互碰撞，因为分子的体积为零。

③ 分子的运动遵循牛顿运动定律。

完全理想气体微观模型是个非常简单的模型。这个模型的特点是：不考虑讨论气体的分子大小；不考虑气体分子间相互作用。

完全理想气体的微观模型是一个理论模型，适用于进行理论研究。在自然界中，在通常宏观条件下具有大量分子的气体系统中是不存在完全理想气体的。

依据上述模型，完全理想气体微观模型的气体分子应该有的分子行为是：a. 气体分子是理想状态下的分子，分子间不存在分子间相互作用。b. 在热运动驱动下体系分子不断运动，体系分子全部是动态分子，理想状态动态分子运动在体系中产生的压力是体系理想压力。c. 由于体系分子是不具有体积的质点，因而在完全理想状态下，体系分子的分子行为可以影响到讨论体系的全部体积范围，而不考虑实际存在的分子本身体积对这些分子行为所产生的影响。上述即为完全理想状态气体分子所呈现的分子行为。

1.3.2 近似理想气体分子行为

热力学理论中近似理想气体的微观模型如下：

① 近似理想气体的微观模型也不考虑气体分子间相互作用，亦就是说，近似理想气体微观模型认为气体分子间或者不存在相互作用，或者虽然存在少量的分子相互作用，但这些作用小到可以忽略的程度，对体系一些热力学参数的影响亦低到可以忽略的程度。

② 分子的运动遵循牛顿运动定律。

③ 近似理想气体的微观模型考虑了气体分子本身大小，这时近似理想状态气体分子应该是有体积、有质量的实体分子。

符合上述要求的讨论气体系统称为近似理想气体。近似理想气体微观模型对讨论体系中分子间相互作用的要求与完全理想气体微观模型基本相同，即两个模型的共同点均是不考虑气体分子间相互作用。但亦有一些区别，故称之为近似理想气体微观模型，又可称为非完全理想气体微观模型。符合此模型的气体在本书中称为近似理想气体或非完全理想气体。

比较这两种气体微观模型对体系中分子间相互作用的要求，与完全理想气体微观模型要求类似的是，近似理想气体微观模型亦认为在讨论气体系统中不存在任何类型的分子间相互作用，以符合理想气体的要求。但两个模型的区别是，近似理想气体微观模型同时还增加了一个要求，即讨论气体体系中虽然存在少量的分子间相互作用，但这些分子间相互作用小到可以忽略的程度，亦就是说，这些极少量的分子间相互作用对体系的一些热力学参数的影响亦低到可以忽略的程度时，这种情况也符合模型要求。

为了说明近似理想气体微观模型的这些要求，下面将会讨论一些宏观条件下具有大量分子的气体系统，其热力学压缩因子 $Z = 1$，即它们是理想气体，讨论中列出了这些理想气体中代表分子间吸引作用和排斥作用的各种参数的实际数据。这些数据表明，这些理想气体中确实存在各种分子间相互作用，同时这些分子间相互作用确实很小，可以忽略不计。

由于完全理想气体在自然界中并不存在，本书的讨论对象中很多是在宏观状态下具有大量分子的理想气体，这些理想气体体系适合以近似理想气体微观模型进行讨论，这些理想气体应该是近似理想气体。为此本书中讨论的"理想气体"，除特别说明是完全理想气体外，均为近似理想气体。

完全理想气体微观模型不考虑气体分子本身的大小，其理由应该是较充分的，这里我们借用文献[11]的观点"分子本身的线度与分子间的平均距离相比可以忽略不计"来讨论这个问题。

在标准状态下，1mol 任何气体占有的体积为 $V_{m0} \approx 22.4 \times 10^{-3} m^3$，故而标准状态下，$1 m^3$ 任何气体中含有的分子数为

$$n_0 = \frac{N_A}{V_{m0}} = \frac{6.02 \times 10^{23}}{22.4 \times 10^{-3}} = 2.7 \times 10^{25}$$

在标准状态下分子间的平均距离为

$$\bar{L} = \sqrt[3]{\frac{1}{n_0}} = \left(\frac{1}{2.7 \times 10^{25}} \right)^{1/3} = 3.3 \times 10^{-9}(m)$$

计算结果表明，就数量级而言，$\bar{L}$ 大约是分子本身线度的 10 倍。此外，气体越稀薄就越接近于理想气体。故而完全理想气体微观模型有理由可以设定不考虑分子本身的体积。但是，应该考虑到下面情况：

① 完全理想气体微观模型只是模型，而实际情况中，无论是理想气体还是实际气体都是气态物质，而组成物质的微观分子也绝不会是无体积的质点。亦就是说，实际物质分子本身一定是具有体积的。

② 物理学已明确指出，气体有着良好的压缩性，但气体不能无限制地被压缩。其原因之一是分子本身具有一定的体积，另一个原因是分子间存在相互作用。

③ 上面计算所得结果是，在标准状态下分子间平均距离大约是分子本身线度的 10 倍，亦就是说，在标准状态下分子本身体积大约是气体总体积的一千分之一左右。标准状态下压力为 $1.01325 \times 10^5 Pa$，温度为 273.15K，在这样温度、压力下，占气体体积约千分之一的分子本身体积的可能影响是可以忽视的，因此可以采用完全理想气体微观模型进行讨论，也可以考虑体积的影响而采用近似理想气体微观模型进行讨论。近似理想气体微观模型的特点是认为气体分子是具有体积和质量的粒子，而不考虑气体分子间相互作用。

依据上述模型，符合近似理想气体微观模型的气体分子应该具有的分子行为是：

① 气体分子是理想状态下的分子，分子间不存在分子间相互作用或者分子间只有少量的可以忽略的分子间相互作用。即完全理想状态分子和近似理想状态分子均可认为是理想状态下的分子。

② 在热运动驱动下体系分子不断地运动着，近似理想状态气体体系的分子全部都是动态分子，理想状态动态分子热运动在体系中产生的压力是体系理想压力。

③ 由于近似理想状态体系分子是具有分子体积的质点，因而在近似理想状态下，体系分子的分子行为可能会受到实际存在的分子本身体积的影响。

上述为近似理想状态分子所呈现的分子行为。与完全理想状态分子行为的区别是近似理想状态分子需要考虑实际存在的分子本身体积的影响。下面讨论近似理想状态下分子本身体积的影响。

已知，理想气体分子运动速率与讨论系统温度有关，即

$$\overline{v^2} = 3kT/m \qquad (1-5)$$

完全理想气体微观模型和近似理想气体微观模型讨论相同。近似理想气体微观模型讨论时气体中分子的平均速度 $\overline{v}$ 和平均速度分量与以完全理想气体微观模型讨论时相同。

设讨论体系体积为 V，具有 N 个分子。故而以完全理想气体微观模型推出理想气体压力 $P_{(1)}$ 公式为：

$$P_{(1)} = \frac{1}{3} n_{(1)} m\overline{v^2} = \frac{1}{3} \times \frac{N}{V} m\overline{v^2} \qquad (1-6)$$

现假设系统 N 个分子具有的分子本身体积为 b，故有关系：

$$V = V^f + b \qquad (1-7)$$

式中，V^f 表示系统体积 V 中去除了系统中 N 个分子具有的分子本身体积（b）后系统可供动态分子自由运动的体积范围。故而近似理想气体分子的理想气体压力公式为：

$$P_{(2)} = \frac{1}{3} n_{(2)} m\overline{v^2} = \frac{1}{3} \times \frac{N}{V^f} m\overline{v^2} \qquad (1-8)$$

比较式（1-6）和式（1-8），因 $V > V^f$，故知 $P_{(2)} > P_{(1)}$。因此，在不考虑分子间相互作用情况下，分子本身体积的存在将会使系统中动态分子自由运动的空间减少，从而使体系压力增加。亦就是说，分子本身体积存在对讨论体系而言相当于起着分子间相互排斥的作用，使

系统压力增加。

改变上式,得
$$P_{(1)}V = \frac{1}{3}Nm\overline{v^2} = P_{(2)}V^f \tag{1-9}$$

上式表示了理想气体体系在忽略分子本身体积时和考虑分子本身体积时系统压力之间的关系。又设
$$P_{(2)} = P_{(1)} + \Delta P \tag{1-10}$$

即
$$P_{(2)}V^f = P_{(1)}V^f + \Delta P V^f \tag{1-11}$$
$$= P_{(1)}V - P_{(1)}b + \Delta P(V - b) = P_{(1)}V - P_{(2)}b + \Delta P \times V$$

对比式(1-9)知 $-P_{(2)}b + \Delta P \times V = 0$,故有
$$P_{(2)}b = \Delta P \times V \tag{1-12}$$

由此可知,b 为分子本身总体积,在已知情况下可以计算分子本身体积对讨论体系压力的影响 ΔP,即
$$\Delta P = P_{(2)}\frac{b}{V} \tag{1-13}$$

由于分子本身体积对体系压力的影响相当于某种分子间相互排斥作用的影响,而物质分子本身体积的存在是必定的,并不受到体系状态条件变化的影响,故而我们称分子本身体积对体系压力的影响为第一分子斥作用力对体系压力的影响,简称为分子第一斥压力,表示为
$$P_{P1} = \Delta P = P_{(2)}\frac{b}{V} \tag{1-14}$$

上式为分子第一斥压力的定义式。分子第一斥压力是体系大量分子所表现的分子行为。

关于分子第一斥压力将在下面各章节中进行详细的讨论。如果以完全理想气体微观模型讨论时导得的气体压力作为理想气体压力,即 $P_{(1)} = P_{id}^{Gn}$,而以考虑了分子本身体积的影响,近似理想气体微观模型得到的气体压力为讨论体系的实际压力,即 $P_{id}^{G} = P_{(2)}$,于是,在考虑了分子第一斥压力后,式(1-10)应改为
$$P_{id}^{G} = P_{id}^{Gn} + \Delta P^G = P_{id}^{Gn} + P_{P1}^{G} \tag{1-15}$$

上式是近独立粒子系统的压力微观结构式。

通常,特别对于气体系统,由于 $b \ll V$,故有
$$P_{id}^{G} \approx P_{id}^{Gn} \tag{1-16}$$

这是历来文献中对分子本身体积的影响未给予重视的原因。由上述讨论可知,对于有着大量粒子的系统,分子本身体积的影响应该给予重视。

1.3.3　实际气体分子行为

热力学理论中实际气体微观模型如下:

① 实际气体微观模型考虑了气体分子本身的大小,这时气体分子是有体积、有质量的实体分子。

② 实际气体微观模型考虑了气体分子间相互作用,亦就是说,除完全弹性碰撞外,分子之间应存在其他相互作用,在每次碰撞后,受到分子间相互作用的影响,每个分子在气体中的运动状态、运动速率和运动方向都可能会发生变化。

③ 实际气体分子的运动也遵循牛顿运动定律,但需要依据分子间相互作用影响的情况而

给予修正。

④ 实际气体的分子行为必须考虑分子间相互作用的影响。

①~③点与完全理想气体微观模型要求不同，亦与近似理想气体微观模型不同。因此，实际气体的分子行为与完全理想气体分子行为不同，与近似理想气体分子行为也不同。

完全理想气体和近似理想气体产生的分子行为是使体系产生理想压力

$$P = P_{id} = \frac{RT}{V_m^G} \tag{1-17}$$

对实际气体必须因分子相互作用存在而进行修正，修正系数即压缩因子 $Z \neq 1$，故有

$$P = P_{id}Z = Z\frac{RT}{V_m^G} \tag{1-18}$$

故有修正系数即压缩因子

$$Z = \frac{P}{P_{id}} \tag{1-19}$$

需要进一步了解修正系数即压缩因子的含义。由于体系分子间相互作用会影响动态分子的运动，现设在上述两种理想微观模型下分子运动速率为 v_{id}，则在不考虑分子间相互作用影响下气体分子的平均运动速度 $\overline{v}$ 和平均运动速度分量有下列关系：

$$\overline{v_{id}^2} = \overline{v_{id,x}^2} + \overline{v_{id,y}^2} + \overline{v_{id,z}^2} \tag{1-20}$$

$$\overline{v_{id,x}^2} = \overline{v_{id,y}^2} = \overline{v_{id,z}^2} = \frac{1}{3}\overline{v_{id}^2} \tag{1-21}$$

又设实际气体分子间斥作用力对分子平均速度的影响 $\overline{\Delta v_P}$ 和平均速度分量的影响为

$$\overline{\Delta v_P^2} = \overline{\Delta v_{P,x}^2} + \overline{\Delta v_{P,y}^2} + \overline{\Delta v_{P,z}^2} \tag{1-22}$$

$$\overline{\Delta v_{P,x}^2} = \overline{\Delta v_{P,y}^2} = \overline{\Delta v_{P,z}^2} = \frac{1}{3}\overline{\Delta v_P^2} \tag{1-23}$$

实际气体分子间吸引作用力对分子平均运动速度的影响 $\overline{\Delta v_{at}}$ 和平均运动速度分量的影响为

$$\overline{\Delta v_{at}^2} = \overline{\Delta v_{at,x}^2} + \overline{\Delta v_{at,y}^2} + \overline{\Delta v_{at,z}^2} \tag{1-24}$$

$$\overline{\Delta v_{at,x}^2} = \overline{\Delta v_{at,y}^2} = \overline{\Delta v_{at,z}^2} = \frac{1}{3}\overline{\Delta v_{at}^2} \tag{1-25}$$

因此，受到分子间相互作用影响，实际气体分子的平均运动速度 $\overline{v}$ 和平均运动速度分量为

$$\overline{v^2} = \overline{v_{id}^2} + \overline{\Delta v_P^2} - \overline{\Delta v_{at}^2}$$
$$= \left(\overline{v_{id,x}^2} + \overline{v_{id,y}^2} + \overline{v_{id,z}^2}\right) + \left(\overline{\Delta v_{P,x}^2} + \overline{\Delta v_{P,y}^2} + \overline{\Delta v_{P,z}^2}\right) - \left(\overline{\Delta v_{at,x}^2} + \overline{\Delta v_{at,y}^2} + \overline{\Delta v_{at,z}^2}\right) \tag{1-26}$$

故有

$$\overline{v_{id,x}^2} = \overline{v_{id,y}^2} = \overline{v_{id,z}^2} = \frac{1}{3}\overline{v_{id}^2} \tag{1-27}$$

$$\overline{\Delta v_{P,x}^2} = \overline{\Delta v_{P,y}^2} = \overline{\Delta v_{P,z}^2} = \frac{1}{3}\overline{\Delta v_P^2} \tag{1-28}$$

$$\overline{\Delta v_{at,x}^2} = \overline{\Delta v_{at,y}^2} = \overline{\Delta v_{at,z}^2} = \frac{1}{3}\overline{\Delta v_{at}^2} \tag{1-29}$$

亦就是说，分子速度在各个方向的分量和在各个方向上受到分子间相互作用影响的统计平均值是相等的。故可导得实际气体中各分子相互作用影响的压力公式：

理想压力 $\qquad P_{\mathrm{id}} = \dfrac{1}{3} nm \overline{v_{\mathrm{id}}^2}$ （1-30）

分子排斥力影响 $\qquad P_{\mathrm{P}} = \dfrac{1}{3} nm \overline{\Delta v_{\mathrm{P}}^2}$ （1-31）

分子吸引力影响 $\qquad P_{\mathrm{at}} = \dfrac{1}{3} nm \overline{\Delta v_{\mathrm{at}}^2}$ （1-32）

故而实际体系压力为

$$P = \frac{1}{3} nm \overline{v^2} = \frac{1}{3} nm \left(\overline{v_{\mathrm{id}}^2} + \overline{\Delta v_{\mathrm{P}}^2} - \overline{\Delta v_{\mathrm{at}}^2} \right) = P_{\mathrm{id}} + P_{\mathrm{P}} - P_{\mathrm{at}} \qquad （1-33）$$

将上式中斥作用力影响项 P_{P} 分成两项考虑，其一是考虑分子本身体积的影响，引入式（1-14），即分子第一斥压力 P_{P1}；其二是分子第二斥压力 P_{P2}，由于产生 Boer 排斥力有一定条件要求，需要分子间距离接近到一定程度，故称其为分子第二排斥力。得实际气体体系的压力：

$$P^{\mathrm{G}} = P_{\mathrm{id}}^{\mathrm{G}} + P_{\mathrm{P}}^{\mathrm{G}} - P_{\mathrm{at}}^{\mathrm{G}} = P_{\mathrm{id}}^{\mathrm{Gn}} + P_{\mathrm{P1}}^{\mathrm{G}} + P_{\mathrm{P2}}^{\mathrm{G}} - P_{\mathrm{at}}^{\mathrm{G}} \qquad （1-34）$$

式中，$P_{\mathrm{id}}^{\mathrm{Gn}}$、$P_{\mathrm{P1}}^{\mathrm{G}}$、$P_{\mathrm{P2}}^{\mathrm{G}}$、$P_{\mathrm{at}}^{\mathrm{G}}$ 都是实际气体体系中大量分子以压力形式呈现的各种分子行为，故这些表示实际气体体系分子行为的参数，在宏观分子相互作用理论中称为各种分子压力，介绍如下。

$P_{\mathrm{id}}^{\mathrm{Gn}}$ 表示不考虑分子间相互作用，亦不考虑分子本身体积存在的影响，称为分子理想压力，或分子完全理想压力，亦就是热力学中的理想压力。

$P_{\mathrm{id}}^{\mathrm{G}}$ 表示不考虑分子间相互作用，但考虑分子本身体积存在的影响，称为分子近似理想压力。与分子完全理想压力的关系为

$$P_{\mathrm{id}}^{\mathrm{G}} = P_{\mathrm{id}}^{\mathrm{Gn}} + \Delta P^{\mathrm{G}} = P_{\mathrm{id}}^{\mathrm{Gn}} + P_{\mathrm{P1}}^{\mathrm{G}} = P_{\mathrm{id}}^{\mathrm{Gn}} + P_{\mathrm{id}}^{\mathrm{G}} \frac{b}{V_{\mathrm{m}}^{\mathrm{G}}} \qquad （1-35）$$

由于 $b << V_{\mathrm{m}}^{\mathrm{G}}$，故有 $P_{\mathrm{id}}^{\mathrm{G}} \approx P_{\mathrm{id}}^{\mathrm{Gn}}$。对于气体系统，通常可认为近似理想压力与完全理想压力的数值相同，但二者在物理意义上是有区别的。

$P_{\mathrm{P1}}^{\mathrm{G}}$ 表示分子本身体积的存在会给系统压力带来的影响，称为分子第一斥压力。

$P_{\mathrm{P2}}^{\mathrm{G}}$ 表示分子间电子排斥作用给系统压力带来的影响，称为分子第二斥压力。

$P_{\mathrm{at}}^{\mathrm{G}}$ 表示分子间吸引作用给系统压力带来的影响，称为分子吸引压力。

式（1-34）是联系宏观性质（系统压力）与微观性质（分子压力）的关系式，又称为分子压力微观结构式，此式对于气体、液体均可应用，是讨论动态分子宏观状态性质（压力）与微观状态分子行为参数关系的基础公式。

1.3.4 实际气体的各项分子压力

这里讨论近独立粒子系统中粒子的分子行为。近独立粒子系统的典型代表为理想气体。理想气体除分子相互碰撞的瞬间外，分子间相互作用可以忽略不计，而分子间碰撞能保证系统达到热平衡。除理想气体外，可视为近独立粒子系统的还有辐射场中的光子、金属中的自由电子等。

近独立粒子系统中的粒子，例如理想气体分子，可视为自由粒子。所谓自由粒子就是不受力作用而自由运动并可视为质点的粒子。自由粒子的能量就是它的动能：

$$\varepsilon = \left(p_x^2 + p_y^2 + p_z^2 \right) / 2m \qquad （1-36）$$

式中，m 为粒子质量；p_x、p_y、p_z 为粒子在直角坐标 x、y、z 方向上的动量，$p_x = m(dx/dt)$，$p_y = m(dy/dt)$，$p_z = m(dz/dt)$。

在近独立粒子系统中粒子还存在着另一运动形式叫线性谐振子，即质量为 m 的粒子在胡克弹力 $F = -\kappa x$ 作用下，在原点附近沿直线做一维的简谐振动。振动频率 $\nu = \dfrac{1}{2\pi}\sqrt{\dfrac{\kappa}{m}}$。在一定条件下，分子内原子的振动、晶体中原子或离子在其平衡位置附近的振动都可以看成是简谐振动。为简化讨论，这里不考虑质量为 m 的粒子在原点附近沿直线做一维简谐振动对分子能量的影响，亦就是只考虑粒子在体系中平动运动动量对粒子动能的影响。

粒子的平均平动动能：

$$\bar{\varepsilon}_t = \left(\bar{p}_x^2 + \bar{p}_y^2 + \bar{p}_z^2\right)\big/2m \tag{1-37}$$

上式表示在讨论体系中不存在分子间相互作用影响，即是理想状态下粒子的平均平动动能。

独立粒子系统讨论的前提是要求组成系统的每个粒子与其他粒子之间相互作用十分微弱，并可以忽略不计。这也是经典热力学系统所具有的统计性、随机性和平均性所要求的。只有物质中每一个粒子不受其周围粒子对其产生的影响，才可保证这一粒子的运动是随机运动；大量粒子的随机运动才能显示出经典的统计规律，才能使大量粒子系统的宏观性质符合统计计算的统计平均数值。当由大量粒子组成的系统中部分粒子或每个粒子不能忽略周围粒子对其的相互作用时，将意味着系统中粒子运动的随机规律会受到影响；系统微观态的统计规律性会受到影响；系统宏观性质的统计平均值也会受到影响。

在这种分子随机分布的平均结构中，如果宏观性质与理想状态数值出现偏差，则微观状态可能存在两个影响因素：其一为物质分子间具有不可忽略的分子间相互作用力；其二为在理想情况时被忽略不计的分子本身的体积对体系产生了影响。

应该说分子间相互吸引力在任何两个分子之间、在任何条件下都是存在的。只是当分子间距离增加时，也就是物质的密度减小时，分子间吸引力就会迅速减弱，直到减弱到可以忽略不计。这就是为什么气体理想状态一般选择在压力很低的状态。

分子吸引力一般认为与分子间距离六次方呈反比关系。但当两个分子非常接近时，分子间相互吸引力在达到一个峰值后会迅速减弱。这是因为这时分子间斥力大大增加。这种由分子间相互吸引转变为相互排斥的现象是由电子相互作用所引起的。这种相斥作用只有在分子间距离很小时才发生。随着分子间距离增加，分子间斥力较吸引力更快地减小。一般认为，分子间斥力约与分子间距离的 11～13 次方成反比。故而分子间吸引力的有效作用距离要大于分子间斥力。

分子间相互吸引会使分子相互接近，会缩短分子间的平均距离，反映在宏观性质上是物质的摩尔体积减小。这就是说，外压力不变时，气态物质由于出现分子间相互吸引，物质体积会缩小。这就像有某种外压力作用在该气体上那样。因此分子间吸引力对讨论体系的作用相当于外压力，即类似于对系统施加压力。

分子虽小，但本身亦具有一定的体积。物质内具有大量分子，大量分子集合所形成的分子体积，应有一定的数量，会对分子间作用产生影响。分子本身所占有的体积会使分子的自由空间减小，也缩短了分子由一次碰撞到另一次碰撞的路程。这些作用，使分子本身体积在大量分子系统内所起的作用与分子间斥力相似，即分子本身所具有的体积增加了分子间相互排斥的可能性。

由上述讨论可知，无论是分子间吸引力的影响、分子间排斥力的影响还是分子本身体积的影响，均是针对系统的压力所产生的影响，为此我们来讨论这些因素对系统压力的影响。

在近独立粒子系统理论中曾探讨了麦克斯韦-玻尔兹曼分布定律在有势场中应用的可能

性[12]。文献中讨论的有势场为重力场，由于每一分子受到周围分子引力的影响，周围分子对讨论分子的这种影响亦可假设是某种势场，因而同样可以采用文献[12]计算分子能量的计算式，即认为在分子间相互作用势场中，分子具有的能量是分子的动能和分子在分子间相互作用势场中所具有的势能之和。设分子的质量为 m，则分子的能量为：

$$\varepsilon_t = \left(p_x^2 + p_y^2 + p_z^2\right)/2m + u(x, y, z) \tag{1-38}$$

因为 x、y、z 和 p_x、p_y、p_z 的变化都是连续的，所以 μ 空间相体积元可写成：

$$d\omega = dxdydzdp_xdp_ydp_z \tag{1-39}$$

已知麦克斯韦-玻尔兹曼分布定律为：

$$N_i = \frac{N}{Z}\omega_i \exp\left(\frac{-\varepsilon_t}{kT}\right) \tag{1-40}$$

式中配分函数为：

$$Z = \sum_i \omega_i \exp\left(-\frac{\varepsilon_t}{kT}\right) \tag{1-41}$$

设想相体积元被分成许多大小相等的相格，并设每一个相格的大小为 h，则在 $d\omega$ 中的相格数 $\omega_i = d\omega/h$。已知相格数就是量子态数，同一能层的量子态数、相格数和简并度三者是同一含义。故可假设：分子能级的简并度是当讨论体系中不考虑分子间相互作用（分子间相互作用可以忽略不计）时分子运动形态的简并度和考虑分子间相互作用时分子运动形态的简并度的乘积，即

$$\omega_i = \omega_{NE}\omega_{POE} \tag{1-42}$$

将式（1-38）代入式（1-40）中得：

$$Z = \sum_i \omega_i \exp\left(-\frac{p_x^2 + p_y^2 + p_z^2}{2mkT} + \frac{u(x, y, z)}{kT}\right) \tag{1-43}$$

代入式（1-42），并整理之：

$$Z = \sum_i \omega_{NE} \exp\left(-\frac{p_x^2 + p_y^2 + p_z^2}{2mkT}\right) \times \sum_i \omega_{POE} \exp\left[\frac{u(x, y, z)}{kT}\right] = Z_{NE}Z_{POE} \tag{1-44}$$

因此得到在不考虑分子间相互作用时分子动能配分函数为：

$$Z_{NE} = \iiint\!\!\iint_{-\infty}^{\infty} \frac{1}{h} \exp\left(-\frac{p_x^2 + p_y^2 + p_z^2}{2mkT}\right) dxdydzdp_xdp_ydp_z$$

$$= \frac{V}{h}\left(\frac{2\pi m}{\beta}\right)^{3/2} = \frac{V}{h}\left(2\pi mkT\right)^{3/2} \tag{1-45}$$

因而有：

$$\ln Z_{NE} = -\frac{3}{2}\ln\beta + \ln V + \frac{3}{2}\ln\left(\frac{2\pi m}{h^{2/3}}\right) \tag{1-46}$$

上式表明：Z_{NE} 即为近独立粒子系统中在分子间不存在相互作用势场（即分子间相互作用可以忽略）时，理想状态下的配分函数。

而分子势能配分函数为

$$Z_{POE} = \sum_i \omega_{POE} \exp\left[\frac{u(x, y, z)}{kT}\right] \tag{1-47}$$

从分子间相互作用基本理论可知：

① 分子间相互作用有引力和斥力两种，引力和斥力作用方向相反。分子间相互作用力是

分子间引力和斥力之和。因此，分子间作用势场亦有引力势场和斥力势场之分。这两种作用势场作用方向相反，它们的共同作用是形成分子间相互作用势场。设分子引力场中讨论分子位势为$u^{\text{at}}_{(x,y,z)}$；分子斥力场讨论分子位势为$u^{\text{P}}_{(x,y,z)}$。

② 上面讨论已经指出，分子本身体积所产生的影响亦会增加分子间斥力，减少分子间吸引力。这里应注意的是并不是因为分子本身存在一定体积而产生了分子间斥力，而是因为分子本身存在的体积使得容器内气体分子间可以被压缩的空间要比假设分子本身不存在体积时的可压缩空间要小。因为部分可压缩空间被分子本身体积所占据，从而把气体压缩到一定体积所需要的压力大于理想状态（分子本身不具有体积）时所需的压力，也就是说气体的 PV 值要变大。这一情况相当于"增加"了分子间斥力。

由分子间本身体积而引起的分子间斥力不同于由分子间电子层电子相互作用所引起的分子间斥力，这两种斥力不是同一类斥力，它们间区别在于：a. 分子本身体积引起的斥力与讨论物质物态无关，可能存在于气态、液态或固态物质中，是一种"长程"斥作用力。b. 分子间电子相互作用所引起的斥力与分子间距离密切相关，仅在分子间距离小于一定距离时才存在。随着分子间距离增大而迅速减小，是典型的"短程"斥力，即短距离的作用力。在气态物质中，除高压状态外，这种斥作用力一般不存在或数值很小，但存在于液态和固态物质中。

因此这两种斥作用力应该分别讨论。设定分子本身体积引起的斥作用力为第一种类型的斥作用力，标识以"P1"，例如这种斥作用力所引起的势能函数为$u^{\text{P1}}_{(x,y,z)}$；由于分子间电子层电子的作用而产生的斥作用力为第二种类型的斥作用力，标识以"P2"，例如这种斥作用力所引起的势能函数为$u^{\text{P2}}_{(x,y,z)}$。

故而分子间斥作用力的势能函数应为：

$$u^{\text{P}}_{(x,y,z)} = u^{\text{P1}}_{(x,y,z)} + u^{\text{P2}}_{(x,y,z)} \qquad (1\text{-}48)$$

因此，总势能函数为：

$$u_{(x,y,z)} = u^{\text{P}}_{(x,y,z)} - u^{\text{at}}_{(x,y,z)} = u^{\text{P1}}_{(x,y,z)} + u^{\text{P2}}_{(x,y,z)} - u^{\text{at}}_{(x,y,z)} \qquad (1\text{-}49)$$

由于引力势和斥力势的作用方向相反，因而式（1-49）中引力势被标识为负值。

又知势能相关的相格数为：$\qquad \omega_{\text{PE}} = \omega_{\text{P1}} \omega_{\text{P2}} \omega_{\text{at}}$

分子势能配分函数为：

$$
\begin{aligned}
Z_{\text{POE}} &= \sum_i \omega_{\text{POE}} \exp\left[\frac{u_{(x,y,z)}}{kT}\right] \\
&= \sum_i \omega_{\text{P1}} \exp\left[\frac{u^{\text{P1}}_{(x,y,z)}}{kT}\right] \times \sum_i \omega_{\text{P2}} \exp\left[\frac{u^{\text{P2}}_{(x,y,z)}}{kT}\right] \qquad (1\text{-}50) \\
&\times \sum_i \omega_{\text{at}} \exp\left[\frac{-u^{\text{at}}_{(x,y,z)}}{kT}\right] = Z_{\text{P1}} Z_{\text{P2}} Z_{\text{at}}
\end{aligned}
$$

故而考虑势场影响的总的配分函数为：

$$Z = Z_{\text{NE}} Z_{\text{POE}} = Z_{\text{NE}} Z_{\text{P1}} Z_{\text{P2}} Z_{\text{at}} \qquad (1\text{-}51)$$

将式（1-51）代入压力计算式，得：

$$
\begin{aligned}
P &= \frac{N}{\beta} \times \frac{\partial \ln Z}{\partial V} = \frac{N}{\beta} \times \frac{\partial \ln Z_{\text{NE}}}{\partial V} + \frac{N}{\beta} \times \frac{\partial \ln Z_{\text{P1}}}{\partial V} + \frac{N}{\beta} \times \frac{\partial \ln Z_{\text{P2}}}{\partial V} + \frac{N}{\beta} \times \frac{\partial \ln Z_{\text{at}}}{\partial V} \\
&= \frac{NkT}{V} + P_{\text{P1}} + P_{\text{P2}} - P_{\text{at}}
\end{aligned} \qquad (1\text{-}52)
$$

已知式中 P_{id} 为系统假设为理想状态，即假设分子间相互作用可忽略不计时按理想气体公式计算的压力。故而系统所受的外压力为：

$$P = P_{id} + P_P - P_{at} = P_{id} + P_{P1} + P_{P2} - P_{at} \qquad (1\text{-}53)$$

式（1-53）为具有大量粒子，具有统计性、随机性和统计平均性特征的系统，即分子结构为随机无序分布的平均结构的系统，在考虑了系统中存在有分子间相互作用情况下，系统宏观压力与系统中各种分子压力的微观结构平衡式。式（1-53）对气体物质、液体物质和固体物质均适用。

1.4　液态物质的分子行为

液态物质又称为液体，其宏观状态基本特征介于气体与固体之间。液体不像气体那样具有无限膨胀性，气体没有一定的体积；但液体物质有一定的形状，有一定的体积，不易压缩，这与固体相似。

液态是在气、液、固三态中最难以处理的物态，液体统计理论至今仍不完善，还处在发展之中，并且是当代统计理论中最具挑战性、最活跃的研究领域之一。

液态物质的微观状态基本特征如下。

（1）液体也是由大量分子所构成的

液体密度要比气体密度大得多，说明液体分子之间空隙不大。故而液态物质的微观状态基本特征之一是液体中每个分子与另一个分子之间的距离 r_{ij} 相距不远。平均来看，气体在 1 个大气压、温度为 0℃时气体分子间距离约是分子直径的 10 倍左右；而液体密度大得多，液体分子间距离与固体分子间距离相接近。因此，讨论液体微观状态时应注意：

① 必须考虑液体中存在的分子间相互作用。

② 必须考虑液体中分子本身的体积。

③ 气体中只有一种分子，即动态无序分子，但是液体中存在两种不同类型的分子——动态无序分子和静态有序分子。动态无序分子，与气体分子相似，液体动态无序分子也是在体系中不断地做移动运动的分子；静态有序分子，对于液体是短程有序分子，这类分子在体系中并不做移动运动，只是在体系中做一定的有序排列分布，分子在体系一些位置上做振动运动。

液体这两种不同类型分子对液体的性质和液体中分子间相互作用的分子行为会有不同的影响，这增加了液体性质变化的复杂性和液体分子行为的复杂性。对液体的两种不同类型分子在下面会做进一步的解释。

故而，可以认为存在实际理想气体，但是不能认为存在实际的理想液体。即，忽略液体分子间相互作用，或不考虑液体中分子本身体积的所谓理想液体，均只是为讨论目的而作的一种理论假设，只是一种理论模型。

（2）液体分子同样存在热运动[11,12]

虽然液体分子间距离远小于气体分子间距离，分子间相互作用力很大，但是与固体相比，液体的结构相对松散些，分子间的空隙大一些。因此液体分子存在热运动。

液体分子热运动的主要运动形式为振动和移动，这表明液体热运动介于气体与固体之间。

振动是液体分子在平衡位置附近做的小幅振动，依据文献，固体中大多数原子都在平衡位置附近振动，因此液体分子在平衡位置附近振动说明液体分子运动方式与固体接近。

另一个液体分子的热运动形式是移动，由于液体中分子间相互作用没有固体强，因此与固体分子不同，液体分子在一个固定的平衡位置处不能长时间振动停留，一段时间后，会转到另一个平衡位置处振动，亦就是说，液体分子可能在整个液体体积内移动，这个液体分子的移动运动与气体动态分子的平动运动类似，同样是随机热运动。

由此可知，液体中存在两种不同微观状态的分子。一种液体分子的微观状态与固体分子接近，另一种液体分子的微观状态与气体分子相似，这似乎亦是液体状态介于气体与固体之间的原因之一。下面对此作进一步的讨论。

（3）液体中的定居分子与移动分子

液体分子在各个平衡位置处振动的时间长短不一，但在一定的温度和压力下，各种液体分子的平均振动时间是一定的，该平均振动时间称为定居时间。水的定居时间 τ 为 10^{-11}s 数量级，液态金属的定居时间为 10^{-10}s 数量级。比较分子的振动周期 τ_0 与定居时间 τ ，τ_0 约比 τ 小两个数量级。亦就是说，分子要经过千百次振动后才迁移一次。

由此可见，液体中两种分子行为不同：在固定平衡位置处振动的分子，在一定的温度和压力下，在一定的定居时间内不会离开某固定平衡位置，因而此分子可称为"固定分子"，或称"定居分子"，为了与运动的分子区别，称为"静态分子"。

液体中还存在有移动着的运动分子，其运动性质与气体分子做平移运动性质一样，故而液体中这部分分子应该也是"移动分子"，对气体、液体中这些移动运动着的分子可以统称为动态分子。

因此液态物质微观结构表明存在有两种类型的液体分子，一种是液体的动态分子，另一种是液体的静态分子，这两种分子运动性质不同，因而其分子行为不同。

依据 Eyring 液体理论[13-15]可估算一些液体内"移动分子"和"定居分子"的数量，列于表 1-1 中以供参考，表内数据取自文献[16]。

表 1-1 中 n 为单位体积内总分子数，计算式为 $n = dN_A / M$（d、N_A、M 分别为密度、阿伏伽德罗常数和分子量），计算得到的数量级为 10^{28} 个/m³。

n_L 表示定居分子每立方米的分子数；n_m 表示移动分子每立方米的分子数。其计算方法是 Eyring 液体理论。存在关系：

$$n = n_m + n_L \tag{1-54}$$

表 1-1 熔点温度下液体内定居分子和移动分子的近似数量

液态物质	熔点/K	M	密度/(10^3kg/m³)	n/(10^{28} 个/m³)	n_L/(10^{28} 个/m³)	n_L/n/%	n_m/(10^{25} 个/m³)	n_m/n/%
氧	54.35	32.00	1.2968	2.441	2.381	97.55	59.80	2.45
氮	63.25	28.01	0.8705	1.872	1.777	94.94	94.74	5.06
甲醇[①]	174.45	32.04	0.9155	0.637	0.637	99.96	0.28	0.04
乙醇[①]	159.05	46.07	0.9315	0.553	0.553	99.996	0.02	0.004
丙酮	178.15	58.08	0.9056	0.939	0.936	99.70	2.81	0.30
苯	278.68	78.12	0.8920	0.688	0.684	99.42	3.98	0.58
甲苯	178.24	92.14	0.9731	0.636	0.635	99.86	0.92	0.14
乙苯	178.18	106.17	0.9690	0.549	0.549	99.89	0.59	0.11
甲烷	90.67	16.04	0.4541	1.705	1.606	94.21	98.77	5.79
乙烷	89.88	30.07	0.6550	1.312	1.302	99.28	9.41	0.72

液态物质	熔点/K	M	密度/(10^3kg/m³)	n/(10^{28} 个/m³)	n_L/(10^{28} 个/m³)	n_L/n/%	n_m/(10^{25} 个/m³)	n_m/n/%
丙烷	85.46	44.10	0.7240	0.989	0.988	99.92	0.80	0.08
丁烷	134.80	58.12	0.7367	0.763	0.761	99.72	2.11	0.28
己烷	177.80	86.18	0.7580	0.529	0.529	99.81	0.99	0.19
辛烷	217.35	114.23	0.7668	0.101	0.101	99.48	0.526	0.52

① 甲醇和乙醇的缔合度分别为 2.7 和 2.2。

表 1-1 中数据表明,移动分子的数量约为 10^{25} 数量级,表中 14 种物质计算的数据说明,定居分子平均约占全部分子的 98.8% 以上,而移动分子平均约占全部分子的 1%。说明液体中定居分子占了绝大多数,而可以产生动态压力的移动分子数量很少,这说明由液体内移动分子所产生的压力数值应很低,这符合实际情况。

由上述讨论可知,固体中定居分子所占比例应比液体多,而可以产生动态压力的移动分子数量比液体少,这说明固体内移动分子产生的压力数值应很低,这也符合实际情况。

宏观分子相互作用理论[1]通过液体中动态无序分子的分子间相互作用与静态分子的分子间相互作用计算,可以得到在不同状态条件下液体中动态无序分子和静态分子的数量情况,这在下面章节中将予以介绍。

(4) 液体分子间作用力

液体中分子间存在有相互作用力,在分子力的作用下,会使分子聚集在一起,在空间形成某种规律性的排列(称为有序排列),而分子的随机热运动会破坏这种有序排列,使分子无序地分散开来。

气体的分子间相互作用很弱,无力使分子聚集在一起形成某种规律性的排列。而固体的分子间相互作用很强,可使分子束缚在各自的平衡位置附近做微小的振动,并使分子聚集在一起形成某种规律性的排列。液体分子间相互作用介于气、固之间,在一定的温度、压力条件下,液体分子也可能被束缚在各自的平衡位置附近做振动,但只是在定居时间之内;液体分子也可能被聚集在一起,在空间形成某种规律性的排列(有序排列),但这种有序排列只是在局部不大的范围内。鉴于物质中分子间相互作用的强弱,从宏观角度来看,液体不呈现固体那样的大范围整体性的长程有序排列,液体只可能是短程有序、长程无序的微观结构。

因此,液态物质微观结构表明:构成液体中短程有序排列的分子必定是液体中的定居分子(或静态分子)。液体静态分子具有下列一些分子行为:

① 在一定的温度、压力条件下,液体中短程有序排列的各静态分子之间距离应是平衡状态下分子间距离。

② 在一定的温度、压力条件下,液体中短程有序排列的各静态分子之间的相互作用必定是分子间相互吸引作用。

③ 各静态分子之间的相互吸引作用会使相互作用的两个静态分子之间产生分子间吸引作用力,单位面积分子间吸引作用力称为分子吸引压力,借用流体力学[17]概念亦可称其为分子静压力。在分子静压力作用下液体内部各个静态分子的固定位置并未变化,相互作用的两静态分子之间的距离亦未变化,说明分子静压力对液体内部各静态分子的微观形态并未产生影响。这是由于静态分子并不是单独分子对,它们是处在液体短程有序结构中的两个静态分子,短程有序结构是由一定数量的静态分子所构成的,静态分子在与其相互作用分子的反向

对称位置上，亦应有同样的另一个静态分子与其产生相互吸引作用，因而使两边作用于讨论分子上的分子间吸引作用力相互平衡，故而分子静压力对液体内部的静态分子形态并不显现其作用效果。

但是，当分子处在液体界面层时，分子因物理界面的影响而失去分子静压力的平衡，这时分子静压力的影响效果会得以显现，分子静压力将对液体界面层做功，液体显现出表面现象，液体界面处将出现能量壁垒等[18]。因此，液体会显示出一个与气体不同的特殊的宏观现象，即表面现象，液体表面现象与液体中分子相互吸引作用相关，是一个重要的液体性质，也是液体分子作用在宏观状态下呈现的分子行为。

液体中还存在有动态分子。动态分子可能会与其他动态分子相互作用，也可能会与静态分子相互作用。但是，在动态分子运动过程中，与其他分子可能相互接近的距离是难以确定的，讨论分子受到的分子间相互作用可能是引力势，也可能是斥力势，这些分子间相互作用对动态分子的微观运动形态均会产生影响。动态分子所受到的种种影响，以分子压力形式来表示，称为分子动压力。

分子动压力与分子静压力在形成原因、作用机制、表现形式、宏观/微观特性上都有很大的区别，是同一液体物质分子因为分子形态不同而呈现的不同宏观分子行为。气体只存在有分子动压力；一般可以认为固体只存在有分子静压力；而液体则既有分子动压力，也有分子静压力。这就使对液体的研究变得复杂而困难。

下面分别介绍液体动态分子的分子行为——动压力和液体静态分子的分子行为——静压力。

1.4.1 液体动态分子的分子动压力

由力学概念知，

$$P = -\left(\frac{\partial U}{\partial V}\right)_S \tag{1-55}$$

P 为压力，或称压强，因此，压力应该是力所作用面积法线方向的单位面积上的作用力。

依据压力的定义，可以认为不同的能量形式，应该会产生不同形式的压力，由此来看，分子压力与力学概念上压力的区别在于形成压力的能量形式不同。

已知物质中的能量可以认为由物质内粒子的动能 U_K 和粒子间位能 U_P 所组成，即

$$U = U_K + U_P \tag{1-56}$$

由粒子动能形成的压力应是动压力 P_K，而由粒子位能形成的压力应是静压力 P_P。

故由式（1-55）知

$$P_K = -\left(\frac{\partial U}{\partial V}\right)_K = -\left(\frac{\partial U_K}{\partial V}\right)_K \tag{1-57}$$

$$P_P = -\left(\frac{\partial U}{\partial V}\right)_P = -\left(\frac{\partial U_P}{\partial V}\right)_P \tag{1-58}$$

上式所列两种压力都是由于分子具有的能量所形成的压力，故可统称为分子压力。因此，理论上认为分子压力应有两种不同类型：第一种由分子动能产生的压力，即运动着的分子所引起的压力，或是由动态分子所引起的压力。这里称之为分子动态压力，简称为分子动压力，以 P_K 表示。第二种为分子间相互作用使物质内分子具有的势能所引起的压力，称之为分子静态压力，简称分子静压力，以 P_P 表示。形成势能压力的分子不具有移动运动状态，是静止分子。本节先讨论分子动压力，下一节讨论分子静压力。

已知，气体分子是运动着的分子，称为动态分子，液体中也存在有运动着的分子，故亦称为动态分子。气体动态分子与液体动态分子在分子的运动形态上是相似的，即气体动态分子的运动方式为平动运动，而液体动态分子的运动方式也为平动运动，两者是一致的。因此，气体动态分子的讨论方法、微观模型和讨论结果均可用于对液体动态分子行为的讨论。

1.4.2 完全理想液体的分子行为

与完全理想气体的分子行为相类似，完全理想液体分子行为有：

① 完全理想液体的微观模型亦不考虑液体分子大小与结构的不同，即所谓完全理想状态液体分子是体积为零、有质量的质点。

② 完全理想液体的微观模型不考虑液体分子间相互作用，亦就是说，除完全弹性碰撞外，分子之间及分子与容器壁之间没有其他相互作用，在两次碰撞之间每个分子在液体中做匀速直线运动。

③ 分子的运动遵循牛顿运动定律。

因此，这个微观模型的特点是：不考虑不同液体分子大小，不考虑液体分子间相互作用，为此称之为完全理想液体的微观模型。但是，实际液体内分子间必定存在有分子间相互作用，亦必定存在有液体分子本身体积，因此这样的微观模型在实际液体中是不存在的，只是一种虚拟的理论模型。

依据上述模型，完全理想液体微观模型的分子应该有的分子行为是：a.液体分子是理想状态下的分子，分子间不存在有分子间相互作用行为。b.在热运动驱动下体系分子不断地运动着，由于体系分子是动态分子，理想状态下动态分子运动在体系中产生的压力是体系理想压力。c.由于体系分子是不具有体积的质点，因而在完全理想状态下，体系分子的分子行为可以影响到讨论体系的全部体积范围，而不考虑实际存在的分子本身体积对这些分子行为所产生的影响。

这些假设是完全理想状态液体分子所呈现的分子行为。需要说明的是当讨论物质是气体时气体的完全理想状态有可能是真实的，但是当讨论物质是液体时液体的完全理想状态只是假设的，不是真实的。

依据上述模型，与气体动态分子一样，推出与理想气体一样的完全理想的液体压力公式：

$$P_{id}^{L} = \frac{1}{3} n^{L} m \overline{\left(v^{L}\right)^{2}} = \frac{1}{3} \rho^{L} \overline{\left(v^{L}\right)^{2}} \tag{1-59}$$

式中，n^{L} 为单位体积内分子数，$n^{L} = N_{A}/V_{m}^{L}$，N_{A} 为阿伏伽德罗常数，V_{m}^{L} 为液体的摩尔体积；m 为分子质量。上式说明，理想液体的密度 ρ^{L} 越大、分子的 $\overline{\left(v^{L}\right)^{2}}$ 越大，则理想液体压强也越大。

对比理想气体压力公式

$$P_{id}^{G} = \frac{1}{3} n^{G} m \overline{\left(v^{G}\right)^{2}} = \frac{1}{3} \rho^{G} \overline{\left(v^{G}\right)^{2}} \tag{1-60}$$

式中，$n^{G} = N_{A}/V_{m}^{G}$，V_{m}^{G} 为气体的摩尔体积。

又知分子平均动能 $\overline{E_{K}} = \frac{1}{2} m \overline{v^{2}} = \frac{3}{2} kT$，以能量形式表示压强：

理想液体分子压力

$$P_{id}^{L} = \frac{2}{3} n^{L} \overline{E_{K}^{L}} = n^{L} kT = \frac{RT}{V_{m}^{L}} \tag{1-61a}$$

理想气体分子压力

$$P_{id}^{G} = \frac{2}{3} n^{G} \overline{E_{K}^{G}} = n^{G} kT = \frac{RT}{V_{m}^{G}} \tag{1-61b}$$

由此可知，完全理想状态下，讨论物质中每个分子具有的动能为

液体

$$\overline{E_{\mathrm{K}}^{\mathrm{L}}} = \frac{3}{2} \times \frac{P_{\mathrm{id}}^{\mathrm{L}} V_{\mathrm{m}}^{\mathrm{L}}}{N_{\mathrm{A}}} = \frac{3}{2} kT \qquad (1\text{-}62)$$

气体

$$\overline{E_{\mathrm{K}}^{\mathrm{G}}} = \frac{3}{2} \times \frac{P_{\mathrm{id}}^{\mathrm{G}} V_{\mathrm{m}}^{\mathrm{G}}}{N_{\mathrm{A}}} = \frac{3}{2} kT \qquad (1\text{-}63)$$

亦就是说，完全理想状态下，无论是液体还是气体，讨论物质中每个运动着的分子——动态分子，其具有的动能只与讨论系统的温度有关，同样的温度，理想液体和理想气体中每个分子的动能是相同的。

联合上两式，得

$$\frac{P_{\mathrm{id}}^{\mathrm{L}}}{P_{\mathrm{id}}^{\mathrm{G}}} = \frac{V_{\mathrm{m}}^{\mathrm{G}}}{V_{\mathrm{m}}^{\mathrm{L}}} \qquad (1\text{-}64)$$

或有

$$P_{\mathrm{id}}^{\mathrm{G}} V_{\mathrm{m}}^{\mathrm{G}} = P_{\mathrm{id}}^{\mathrm{L}} V_{\mathrm{m}}^{\mathrm{L}} \qquad (1\text{-}65)$$

此式表示，完全理想状态、同样温度下，液体压强对气体压强的比值与气体摩尔体积对液体摩尔体积的比值相等。或者，液体理想压强对 1mol 体积液体所做的膨胀功与同样温度下气体理想压强对 1mol 体积气体所做的膨胀功相等。

设

$$Z^{\mathrm{Lid}} = P_{\mathrm{m}}^{\mathrm{G}} / P_{\mathrm{m}}^{\mathrm{L}} = V_{\mathrm{m}}^{\mathrm{L}} / V_{\mathrm{m}}^{\mathrm{G}} \qquad (1\text{-}66)$$

Z^{Lid} 为理想状态下液态物质的压缩因子，称为理想压缩因子。Z^{Lid} 反映的是凝聚态液态物质的压力和摩尔体积与其在同一温度相平衡的同一物质的气态物质的压力和摩尔体积的关系，也表明当物质由气相转变为液相或液相向气相转变时其体积变化必定服从理想压缩因子限定的关系，或服从气相和液相理想压力之间的关系，这是理想分子呈现的分子行为。

故有

$$P_{\mathrm{id}}^{\mathrm{G}} = P_{\mathrm{id}}^{\mathrm{L}} \frac{V_{\mathrm{m}}^{\mathrm{L}}}{V_{\mathrm{m}}^{\mathrm{G}}} = P_{\mathrm{id}}^{\mathrm{L}} Z^{\mathrm{Lid}} \qquad (1\text{-}67\mathrm{a})$$

$$V_{\mathrm{m}}^{\mathrm{L}} = V_{\mathrm{m}}^{\mathrm{G}} \frac{P_{\mathrm{id}}^{\mathrm{G}}}{P_{\mathrm{m}}^{\mathrm{L}}} = V_{\mathrm{m}}^{\mathrm{G}} Z^{\mathrm{Lid}} \qquad (1\text{-}67\mathrm{b})$$

式中，$P_{\mathrm{id}}^{\mathrm{L}} = RT / V_{\mathrm{m}}^{\mathrm{L}}$，表示当液体像理想气体那样不考虑分子间相互作用和分子本身体积影响时在温度 T、体积 $V_{\mathrm{m}}^{\mathrm{L}}$ 时体系中 1mol 分子运动可形成的压力，这就是物理化学中理论上的理想压力。已知物理化学中理论上的理想压力表示式为 $P_{\mathrm{id}}^{\mathrm{Ln}} = RT / V_{\mathrm{m}}^{\mathrm{L}}$，故对完全理想液体的微观模型有关系：

$$P_{\mathrm{id}}^{\mathrm{G}} = P_{\mathrm{id}}^{\mathrm{L}} Z^{\mathrm{Lid}} = P_{\mathrm{id}}^{\mathrm{Ln}} Z^{\mathrm{Lid}} \qquad (1\text{-}68)$$

理想压缩因子是气相物质和液相物质关系的一个重要性质参数，理想压缩因子反映了物质在同样温度下饱和状态气态物质和液态物质的压力和摩尔体积之间的关系。

表 1-2 中列示了一些物质在不同温度下的理想压缩因子数值。

表 1-2　一些物质在不同温度下理想压缩因子数值

物质	温度/K	体积/(m³/kg)		理想压缩因子 Z^{Lid}
		液态	气态	
氩	80	6.125×10^{-4}	0.3918	1.563×10^{-3}
	100	7.628×10^{-4}	0.0588	1.297×10^{-2}
	120	8.618×10^{-4}	0.0166	5.192×10^{-2}

物质	温度/K	体积/(m³/kg)		理想压缩因子 Z^{Lid}
		液态	气态	
氩	140	$1.061×10^{-3}$	0.0056	$1.895×10^{-1}$
	150	$1.468×10^{-3}$	0.0026	$5.646×10^{-1}$
联苯	360	$1.021×10^{-3}$	85.0000	$1.201×10^{-5}$
	400	$1.054×10^{-3}$	11.7000	$9.009×10^{-5}$
	440	$1.092×10^{-3}$	3.0210	$3.615×10^{-4}$
	480	$1.132×10^{-3}$	0.9594	$1.180×10^{-3}$
	520	$1.177×10^{-3}$	0.3652	$3.223×10^{-3}$

注：表中数据取自文献[19]。

引入理想压缩因子的原因是理想气体与理想液体情况不同：理想气体实际上确实可以认为不存在或可以忽略分子间相互作用；而理想液体中实际上存在或不可忽略分子间相互作用。但在完全理想液体的微观模型计算中摩尔体积 V_m^L 亦被认为符合完全理想液体微观模型的条件，即像气体的摩尔体积那样不考虑分子间相互作用。液体摩尔体积 V_m^L 值是与分子间相互作用影响相关的性质参数，故而其反映的理想液体压力值 RT/V_m^L 应是个虚拟的压力值。在液体实际计算时需对理想压缩因子修正。

由定义式 $Z^{Lid} = V_m^L/V_m^G$ 知理想压缩因子有下列特点：

① Z^{Lid} 是液体摩尔体积对气体摩尔体积的比值。在一定的讨论条件下，V_m^G 和 V_m^L 都是恒定的数值，因而，在一定的讨论条件下，Z^{Lid} 必定是个恒定的数值。

② 因 $P_{id}^G = RT/V_m^G$，$P_{id}^{Ln} = RT/V_m^L$，故理想压缩因子又可表示为 $Z^{Lid} = P_{id}^G/P_{id}^{Ln}$，此式中 P_{id}^G/P_{id}^{Ln} 在一定状态条件下必定也是个恒定的数值。

1.4.3　近似理想液体的分子行为

热力学理论中近似理想液体的微观模型如下：

① 不考虑液体分子间相互作用。亦就是说，除完全弹性碰撞外，分子之间及分子与器壁之间没有其他相互作用，在两次碰撞之间每个分子在液体中做匀速直线运动。

② 分子的运动遵循牛顿运动定律。

③ 近似理想液体的微观模型考虑了液体分子本身大小，这时所谓理想状态液体分子是有体积、有质量的实体分子。

①、②两点与完全理想液体微观模型的要求相同。第③点是与完全理想液体微观模型不同之处。

由于近似理想液体微观模型与完全理想液体微观模型的共同点是均不考虑液体分子间相互作用，故这个模型亦可称为只考虑理想状态分子体积的液体微观模型；如果与完全理想液体微观模型相对应，亦可称为非完全理想液体微观模型。

因此近似理想液体分子行为需要考虑液体分子本身体积的影响。依据上述近似理想液体分子微观模型要求，讨论可以采用气体动态分子的方法，液体动态分子应该可以得到与气体动态分子同样的结论。

液体分子第一斥压力为

$$P_{P1}^{L} = P^{L} \frac{b^{L}}{V^{L}} \qquad (1\text{-}69)$$

式中，P^{L} 为液体的宏观平衡压力；b^{L} 为液体中所有分子具有的总体积（即分子协体积）。亦就是说，气体与液体的分子第一斥压力的定义式是相同的。比较气体分子第一斥压力

$$P_{P1}^{G} = P^{G} \frac{b^{G}}{V^{G}} \qquad (1\text{-}70)$$

注意讨论气、液平衡时 $P^{L} = P^{G}$，但 $b^{G} \neq b^{L}$，故有

$$\frac{b^{L}}{b^{G}} = \frac{P_{P1}^{L} V^{L}}{P_{P1}^{G} V^{G}} \qquad (1\text{-}71)$$

上式表示，液、气平衡时，液、气的分子协体积比值与液、气的分子第一斥压力对体系体积做的膨胀功比值相等。对上式引入理想压缩因子定义式 $Z^{Lid} = V_{m}^{L} / V_{m}^{G}$，再考虑理想压缩因子与气、液的关系，得：

$$\frac{b^{L}}{b^{G}} = \frac{P_{P1}^{L} V^{L}}{P_{P1}^{G} V^{G}} = \frac{P_{P1}^{L}}{P_{P1}^{G}} Z^{Lid} = \frac{P_{P1}^{L}}{P_{P1}^{G}} \times \frac{P_{id}^{G}}{P_{id}^{Ln}} \qquad (1\text{-}72)$$

同理，近似理想液体微观模型讨论得到的液体压力微观结构式为

$$P_{id}^{L} = P_{id}^{Ln} + P_{P1}^{L} \qquad (1\text{-}73)$$

式中，P_{id}^{L} 为液体考虑了分子本身体积的影响，但不考虑分子间相互作用的压力。故而这个压力不是真实压力，而是为便于讨论的虚拟压力。

通常，液体系统 $P_{P1}^{L} \ll P_{id}^{Ln}$，故有

$$P_{id}^{L} \approx P_{id}^{Ln} \qquad (1\text{-}74)$$

这也是历来文献中对分子本身体积未给予重视的原因。对于气体，

$$P^{G} = P_{id}^{G} = P_{id}^{Gn} + P_{P1}^{G} \qquad (1\text{-}75)$$

式中，P_{id}^{Gn} 为未考虑分子本身体积和分子间相互作用的气体理想压力；P_{id}^{G} 为考虑了分子本身体积，但不考虑分子间相互作用的气体理想压力。与气体情况相似，对于液体，

$$P^{L} = P_{id}^{L} = P_{id}^{Ln} + P_{P1}^{L} \qquad (1\text{-}76)$$

式中，P_{id}^{Ln} 为未考虑分子本身体积和分子间相互作用的液体理想压力；P_{id}^{L} 为考虑了分子本身体积，但不考虑分子间相互作用的液体理想压力。

改变式（1-73），有

$$\frac{RT}{V^{L} - b^{L}} = \frac{RT}{V^{L}} + \frac{P_{id}^{L} b^{L}}{V^{L}} \qquad (1\text{-}77)$$

由此得到理想状态下液体分子协体积计算式为

$$b^{L} = V^{L} - \frac{RT}{P_{id}^{L}} \qquad (1\text{-}78)$$

$$b^{L} = \left(1 - \frac{P_{id}^{Ln}}{P_{id}^{L}}\right) \times V^{L} \qquad (1\text{-}79)$$

近似理想状态下考虑了分子协体积存在时液体实际理想压力的修正值为

$$P_{id}^{L} = \frac{RT}{V^{L} - b^{L}} \qquad (1\text{-}80)$$

式（1-80）即是当前状态方程中的体积修正式。

同理得到理想状态气体分子协体积计算式为

$$b^{G} = V^{G} - \frac{RT}{P_{id}^{G}} \qquad (1\text{-}81)$$

$$b^{G} = \left(1 - \frac{P_{id}^{Gn}}{P_{id}^{G}}\right) \times V^{G} \qquad (1\text{-}82)$$

同理，理想状态下考虑了分子协体积存在时气体实际理想压力的修正值为

$$P_{id}^{G} = \frac{RT}{V^{G} - b^{G}} \qquad (1\text{-}83)$$

一些理想气体（压缩因子 $Z=1$）与液体的分子协体积数据列于表 1-3 中以供参考。

表 1-3　一些理想气体与液体的分子协体积 b 数据

状态	方程[①]	Z^{G} 或 Z^{L} [③]	P_{id}^{G} 或 P_{id}^{L}	P_{id}^{Gn} 或 P_{id}^{Ln}	V /（cm³/mol）	b^{G} 或 b^{L} /(cm³/mol)[②]	Ω_{b}^{G} 或 Ω_{b}^{L}
1. 苯： $P_C = 48.979\text{bar}$，$T_C = 562.2\text{K}$，$V_C = 257\text{cm}^3/\text{mol}$，$P_r = 1.7560 \times 10^{-3}$，$T_r = 0.5158$							
气体	1	0.9944	8.6517×10^{-2}	8.6480×10^{-2}	278792.38	119.29	0.1250000
	2		8.6506×10^{-2}			82.68	0.0866400
	3		8.6506×10^{-2}			82.68	0.0866400
	4		8.6503×10^{-2}			74.25	0.0778000
	5		8.6506×10^{-2}			84.35	0.0883883
液体	1	3.1574×10^{-4}	2509.47	272.40	88.51	78.90	0.0826770
	2		1887.51			75.74	0.0793597
	3		2037.44			76.68	0.0803447
	4		1936.09			76.06	0.0796956
	5		1964.47			76.24	0.0798841
2. 氯仿： $P_C = 54.729\text{bar}$，$T_C = 536.6\text{K}$，$V_C = 238.76\text{cm}^3/\text{mol}$，$P_r = 2.102 \times 10^{-3}$，$T_r = 0.5218$							
气体	1	0.9960	1.1552×10^{-1}	1.1546×10^{-1}	201629.44	101.92	0.1250000
	2		1.1550×10^{-1}			70.64	0.0866400
	3		1.1550×10^{-1}			70.64	0.0866400
	4		1.1549×10^{-1}			63.43	0.0778000
	5		1.1550×10^{-1}			72.07	0.0883883
液体	1	3.8928×10^{-4}	2480.99	295.47	79.79	69.41	0.0851271
	2		1886.35			66.45	0.0814992
	3		2035.09			67.35	0.0826055
	4		1934.29			66.75	0.0818743
	5		1965.82			66.95	0.0821111

状态	方程[①]	Z^G或Z^L[③]	P_{id}^G或P_{id}^L	P_{id}^{Gn}或P_{id}^{Ln}	V / (cm³/mol)	b^G或b^L /(cm³/mol)[②]	Ω_b^G或Ω_b^L
3. 汞: $P_C=1720$bar, $T_C=1750$K, $V_C=42.9907$cm³/mol, $P_r=1.589\times10^{-10}$, $T_r=0.1561$							
气体	1	1.0000	2.7806×10^{-7}	2.7806×10^{-7}	81682330000	10.57	0.1250000
	2		2.7806×10^{-7}			7.33	0.0866400
	3		2.7806×10^{-7}			7.33	0.0866400
	4		2.7806×10^{-7}			6.58	0.0778000
	5		2.7806×10^{-7}			7.48	0.0883883
液体	1	1.7754×10^{-10}	23762.61	1539.38	14.75	13.80	0.1631171
	2		31195.83			14.03	0.1658094
	3		14586.76			13.20	0.1560095
	4		15072.65			13.25	0.1566029
	5		17120.85			13.43	0.1587339

①方程 1 为 van der Waals 方程, 方程 2 为 Redlich-Kwong (R-K) 方程, 方程 3 为 Soave 方程, 方程 4 为 Peng-Robinson (P-R) 方程, 方程 5 为童景山方程[20,21]。

② 理想气体 Ω_b^G 的数值与文献数值吻合; b^L 和 b^G 的计算式为式 (1-78)、式 (1-79) 和式 (1-81)、式 (1-82)。

③ 气体压缩因子与液体压缩因子。

1.4.4 实际液体微观模型

实际液体的微观模型如下:

① 考虑了液体分子本身大小, 这时液体分子是有体积、有质量的实体分子。

② 考虑了液体分子间存在的相互作用。亦就是说, 除完全弹性碰撞外, 分子之间应存在分子间相互作用, 在每次碰撞后, 受到分子间相互作用的影响, 每个分子在液体中的运动状态、运动速率和运动方向都可能发生变化。

③ 分子的运动遵循牛顿运动定律, 但在实际情况下需要依据分子间相互作用情况而给予修正。

以上各点与完全理想液体微观模型的要求不同, 亦与近似理想液体的微观模型不同。

依据上述模型, 可得到实际液体微观模型的分子应该有的分子行为: a. 液体分子不是理想状态下的分子, 分子间存在着分子间相互作用行为。b. 在热运动驱动下液体分子不断地运动着, 由于液体分子中部分是动态分子, 动态分子的运动会在体系中产生一定的宏观压力。c. 由于液体分子具有体积, 因而体系分子的分子行为需考虑实际存在的分子本身体积的影响。

这些即为实际液体分子所呈现的分子行为。

实际液体分子存在的分子体积对分子行为的影响与实际气体分子体积的影响相类似, 依据上述实际气体的微观模型的讨论方法, 可以推出类似的实际液体压力公式:

$$P^L = \frac{1}{3}nm\overline{(v^L)^2} = \frac{1}{3}nm\left(\overline{(v_{id}^L)^2} + \overline{(\Delta v_P^L)^2} - \overline{(\Delta v_{at}^L)^2}\right) = P_{id}^L + P_P^L - P_{at}^L \tag{1-84}$$

分子间需考虑液体分子本身体积的影响, 并将上式中斥作用力影响项 P_P^L 改为 P_{P1}^L 和 P_{P2}^L, 得:

$$P^L = P_{id}^L + P_P^L - P_{at}^L = P_{id}^{Ln} + P_{P1}^L + P_{P2}^L - P_{at}^L \tag{1-85}$$

式中, P_{id}^{Ln}、P_{P1}^L、P_{P2}^L、P_{at}^L 表示系统分子的某种分子行为、并以压力形式表示的微观参数, 对此我们给予一个总称——液体的分子压力。

$P_{\text{id}}^{\text{Ln}}$ 表示不考虑分子间相互作用，亦不考虑分子本身体积存在时系统的压力，称为分子理想压力，即物理化学中的理想压力。

P_{id}^{L} 表示不考虑分子间相互作用，但考虑分子本身体积时的压力。

以上两个压力都是虚拟压力，实际液体中必定存在分子间相互作用和分子本身体积的影响。

P_{P1}^{L} 表示分子本身体积的存在会给系统压力带来的影响，称为分子第一斥压力。

P_{P2}^{L} 表示分子间 Boer 排斥作用给系统压力带来的影响，称为分子第二斥压力。

P_{at}^{L} 表示分子间吸引作用给系统压力带来的影响，称为分子吸引压力。

式（1-85）与气体情况一样，均是宏观性质——系统压力与微观性质——分子压力的关系式，称为分子压力结构式，此式对于气体、液体均可应用，是讨论动态分子宏观状态与微观状态关系的基础公式。

气体分子压力结构式 $\qquad P^{\text{G}} = P_{\text{id}}^{\text{Gn}} + P_{\text{P1}}^{\text{G}} + P_{\text{P2}}^{\text{G}} - P_{\text{at}}^{\text{G}}$

液体分子压力结构式 $\qquad P^{\text{L}} = P_{\text{id}}^{\text{Ln}} + P_{\text{P1}}^{\text{L}} + P_{\text{P2}}^{\text{L}} - P_{\text{at}}^{\text{L}}$

对于同物质，在气液相平衡时有 $\qquad P^{\text{G}} = P^{\text{L}}$ $\qquad\qquad$ （1-86）

又知 $\qquad\qquad\qquad\qquad\qquad Z^{\text{G}} P_{\text{id}}^{\text{Gn}} = Z^{\text{L}} P_{\text{id}}^{\text{Ln}}$ $\qquad\qquad$ （1-87）

改写得 $\qquad\qquad Z^{\text{L}} = Z^{\text{G}} \dfrac{P_{\text{id}}^{\text{Gn}}}{P_{\text{id}}^{\text{Ln}}} = Z^{\text{G}} \dfrac{V_{\text{m}}^{\text{L}}}{V_{\text{m}}^{\text{G}}} = Z^{\text{G}} Z^{\text{Lid}}$ $\qquad$ （1-88）

故知液体、气体平衡时液体压缩因子 Z^{L} 是气体压缩因子 Z^{G} 与理想压缩因子 Z^{Lid} 的乘积。或者 $Z^{\text{L}}/Z^{\text{G}}$ 比值与 $V_{\text{m}}^{\text{L}}/V_{\text{m}}^{\text{G}}$ 比值相等。

这是实际气体与实际液体间的重要关系，由此可依据实际气体数据计算液体的数据。

1.5　液体静态分子的分子静压力

与液体分子动压力不同，分子处于静止状态或在一定时间范围内分子在某一空间位置范围内不做移动运动时由分子间相互作用力所形成的压力，称为静态分子的分子压力，可简称为分子静态压力或分子静压力。

物理学中同样存在着这种静态压力，例如，在讨论物体上放置重物，讨论物体则会承受着重物对其的静压力；又如拉紧的弹簧，会对其固定的物体产生作用力，这个固定物体受到了弹簧所施加的压力，这也是静压力。

下面讨论由分子间相互作用力所产生的分子静压力。

① 首先，微观孤立的一对分子对产生不了分子静压力。分子间相互作用力所形成的分子静压力首要和必须条件是讨论体系中必须有大量能够相互作用的粒子存在，更明确地说，是真实的相依子物质体系。只有在真实的相依子物质体系中才有可能出现由大量分子间相互作用力形成的分子静压力。

② 由于分子静压力是分子处于静止状态或在一定时间范围内分子在某一空间位置范围中不做移动运动时由分子间相互作用力所形成的分子压力。因此，要求讨论体系内分子处于静止状态或在一定时间范围内在某一空间位置范围内不做移动运动，依据 Eyring 液体理论[14-16]，比较自然界中三种物态的分子形态情况如下：气态物质——只存在可移动分子；液态物质——存在可移动分子，亦存在定居分子，温度越低，定居分子越多；固态物质——不存在或极少量的可移动分子，只存在或绝大部分是定居分子。

因此，就目前所知的物性知识而言，上述的分子静压力只是在凝聚态物质系统（液体和固体）中才具有。

③ 若体系静态定居分子在体系中有规律、有秩序地分布排列着，会有利于将物质中千万个分子间相互作用聚集成同一作用方向的合力，形成有相当强度的分子压力——分子静压力。亦就是说分子静压力只存在于凝聚态物质系统，即具有短程有序分子和长程有序分子的液体和固体中才具有。

动压力在三种状态的物质中均有可能存在，但压力数值彼此不同。气态物质分子全部是可移动分子，故而气态物质的动压力数值较高，而非理想气体中分子间相互作用力只影响动压力数值的高低；液体物质的动压力数值应远低于气态物质，这与其可移动分子数量较少且其动态分子受到液体分子强烈的相互作用影响有关，但液体有一定的分子静压力；固态物质的动压力极低，显然是由于固体中可移动分子数量极少，但固态物质应具有高的分子静压力。

总之，运动着的分子不能产生分子静压力，不"运动"的分子不能产生分子动压力。反之，运动着的分子只能产生分子动压力，不"运动"的分子只能产生分子静压力。

1.5.1 液体分子的分布

一般认为，可以假设液体内分子的运动或分布在整个液体范围内分子是呈随机而无序分布的。例如，Adamson[22,23]指出：一些非理想气体的各种状态方程也能相当满意地用来估算液体的热力学性质。虽然液体内分子间存在有相互作用势场，而分子仍是处于无规则的运动之中。

汤文辉和张若棋[24]提出：近代 X 射线衍射实验表明，液体的 X 射线衍射图样与相应的稠密气体相像，而完全不同于固体的图样。另外，实验表明，气体可经由超临界区连续地变成液体，但液体却不能连续地过渡到固体，这些实验结果表明，把液体看成稠密气体似乎更确切。

对液体进行 X 射线检验的结果表明：液态分子分布呈短程有序、长程无序。所谓短程有序是任何一个分子与其紧邻（约 2～3 个分子直径的距离）的其他分子具有或多或少的有序排列。而所谓长程无序，即在整个液体范围内，没有一种排列模式会重复出现，从任何方向看都是无规律可循的，这在宏观性质上表现出各向同性。

孙民华和牛丽[25]对晶体、液体和气体的分子排列有序度的示意表示如图 1-2 所示。两位研究者认为，"近程有序，长程无序"概括了人类目前对液态中分子排列的认识。

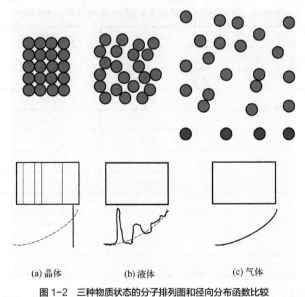

(a) 晶体   (b) 液体   (c) 气体

图 1-2　三种物质状态的分子排列图和径向分布函数比较

（a）和（b）中虚线为气体的径向分布函数，用于与晶体和液体的径向分布函数进行对比

图 1-2 中列示有三种物质状态的径向分布函数的比较。图 1-2（a）是 *fcc* 晶体的径向分布函数图。晶体的径向分布函数是一条竖线，显示出晶体原子的有序排列；图 1-2（b）是液体的径向分布函数图，分子排列的有序性介于晶体与气体之间；图 1-2（c）是气体的径向分布函数图，显示出完全无序的原子排列。

已知径向分布函数的定义为

$$g(r) = \rho_r / \rho_0 \qquad (1\text{-}89)$$

式中，ρ_r 为距离分子 r 处的微体积元 dr 内分子的数密度，则微体积元 dr 内的分子数应为 ρ_rdr。如果分子间不存在相互作用，则体系中分子的分布应是完全随机的，此时 ρ_r 应等于体系的平均数密度 ρ_0（$\rho_0 = N/V$）。

上式表明，$g(r)$ 不仅是 r 的函数，也是数密度与温度的函数。由上式可知，在微体积元 dr 内的分子数为：

$$\rho_r \mathrm{d}r = \rho_0 g(r) \mathrm{d}r \qquad (1\text{-}90)$$

径向分布函数也可由 X 射线衍射的实验得到。图 1-3 为以 X 射线衍射对液态钾的分子结构进行研究的结果[26-28]。

图中纵坐标是径向分布函数 $g(r)$，而横坐标是分子间距离 r。由图可见，$g(r)$ 随 r 的变化有下列特征：在 r 较小时 $g(r)$ 存在几个峰值，分别

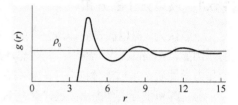

图 1-3 液态钾的径向分布函数

称为讨论分子的第一配位圈、第二配位圈、……第一配位圈的峰值位置相应于 Lennard-Jones 势能函数 $u(r)$ 的最低点 r_m 处。液态钾分子在相距约 4.64Å 处出现径向分布函数的第一个峰值，即在此处会排列分布一些近邻的钾原子；在约两倍于此距离，即 8.5～9Å 处曲线出现第二个峰值，但此峰值要较第一个峰值低许多。也就是说，发现一个近邻钾原子的机会仅比无规则随机分布时要稍大一些；超过这个距离时液体就表现出各向同性现象。

现将液态汞和液态氩的测试结果（取自文献[20,21]）列示于表 1-4 中以作比较。

表 1-4　不同温度下液态汞和氩的径向分布函数数值

物质	测试温度/℃	对比温度	第一峰位置/Å	$g(r)$
液态汞	−38	0.1344	3.00	2.3
	0	0.1561	3.00	2.2
	50	0.1847	3.00	2.2
	100	0.2132	3.00	1～0.9
	150	0.2418	3.00	1～0.8
	200	0.2704	3.05	1～0.7
液态氩	84.4	0.5597	3.790	3.1～3.3
	91.8	0.6088	3.818	2.5～2.6
	126.7	0.8402	3.855	2.0～2.1
	144.1	0.9556	3.982	1.9～2.0
	149.3	0.9901	4.727	1.1～1.3

现设 σ 为分子硬球直径，λ 为 Lennard-Jones 势能函数中 $u(r)=0$ 时两个相互作用分子间

距离，称为分子间有效作用距离。由此可知，径向分布函数具有如下规律：

当 $r \leqslant \sigma$ 时，$g(r) = 0$。

当 $\sigma < r < \lambda$ 时，$g(r) = \rho_r / \rho_0$。

当 $\lambda \leqslant r < \infty$ 时，$g(r) = 1$，此时已是无规律的随机分布结构，$\rho_r = \rho_0$。

由上述所列数据可得到分子在液体中分布行为的一些信息：

① 当分子间距离大于一定数值 λ 时，由于这时有关系 $\rho_r = \rho_0$，故可认为讨论体系的分子微观分布状态具有无序随机性特征。亦就是说，此时液体分布结构特征可近似认为与气体微观分子分布结构特征一致，即认为是种随机分布的统计平均结构。因而在宏观上，液体的性质会呈现统计性、随机性和平均性三个特性。

② 径向分布函数理论还反映液态分子排列结构具有另一特性：X 射线研究结果表明，液体中每个分子都有一定数目并呈某种几何构型的最邻近分子围绕着它。这种结构是随时间而波动的，所以不是完全有规则的。实际上只是一些分子在一个分子周围所形成的任何规律性在 3～4 个分子直径以外的地方就已经消失了。

这种局部的结晶性或有组织性在文献中通常的说法为液体的近程有序性。如上所述，这种近程有序性只存在于液体中每个分子的周围，因此是一种微观结构。由此可知，液态分子排列结构的另一特点为在微观结构中，液体不同于气体，不是随机分布的平均结构，而是一种特殊的近程有序结构。因此液体中这些近程有序结构分子并不是无序运动着的动态分子，而是呈一定有序排列的静态分子。

③ 从表 1-4 所列数据来看，径向分布函数 $g(r)$ 与温度相关，随着温度的升高，$g(r)$ 数值降低，这意味着液体分子有序度降低。表中列示了液态氩在对比温度为 0.99，即接近临界温度时的 $g(r)$ 为 1.1～1.3，说明此时液体内无序度已很高，但其有序度还未完全消失，未完全转变为气体，还保留有液态的一些特征。一直要到临界温度，液态特征才会完全消失，液体转变成为气体。

由以上分析可知，液态物质分子排列结构的基本形态特点是宏观上呈现的是随机分布的统计平均结构，而其微观分子排列则是近程有序结构。

近代相关著作中对液体微观结构的看法与此相似。范宏昌[12]对液体微观结构总结为：液体的微观结构是短程有序、长程无序。从宏观范围看，液体内原子、分子的有规则周期排列不再存在，但局部看，在几个或十几个原子间距的范围内，常常还有一定规则的排列，短程有序的一个小区域可看作一个单元，液体可看作由许多这样的单元完全无序地集合在一起构成，因而液体在宏观上表现为各向同性。但由于分子的热运动相对较强，这种单元的边界和大小随时在改变，有时这种单元会解体，新的单元也会不断形成。

因此我们在处理液体问题时能否这样考虑，即认为在讨论液体体系内部存在着两个系统，一个是类似于真实气体的相依子开放系统，其微观结构特征为随机性、无序性和统计平均性。另一个是在某种局部范围内类似固体的分子呈有序排列的开放系统，其微观结构特征为有规律性和有序性。这两个系统在液体内相互交换着能量和物质，在一定讨论条件下达到一定的平衡状态。例如，温度较低时液体分子聚集成类似固体有序排列的开放系统的可能性大；而温度增高时分子出现前一种系统的概率将会增高。

由此我们亦可以这样描述液体状态，即认为在讨论液体体系内部存在着两种不同粒子，一种类似于气体分子，在液体体系内部做无序的、随机的分子运动，这种粒子被称为移动分子，或动态无序分子。另一种类似于固体分子，在一定的时间内只是在一些固定位置上做一些分子内部的运动，而并不在体系内部移动。与上类分子相比，这类分子可称为静态分子或定居分子，静态分子集聚在一起形成的微观结构特征为有规律性和有序性。这两类粒子在液体内相互交换着能量，彼此变换着身份，在一定讨论条件下达到一定的平衡状态。例如，温度较低时液体分子聚集成类似固体的静态分子的可能性大，静态分子有序排列的范围会扩大，分子处于"静态"的时间范围会更长些；而温度增高时可移动分子的数量会增大，这意味着无序区域内分子数量增多，液体向气态更接近了一些。

1.5.2　液体中分子间相互作用

已知液态物质内有两种分子排列方式：液体内动态分子呈无序随机排列方式和静态分子呈短程有序排列方式。显然，分子运动状态不同、分子排列方式不同，则讨论分子与周围分子的相互作用情况亦会有所不同。图 1-4 示意地表示了液体内两种不同分子排列情况下分子间相互作用。

由图 1-4 可知，处在无序排列状态的液体分子是动态分子（或称移动分子），而处在短程有序排列状态的液体分子是静态分子（或称定居分子）。

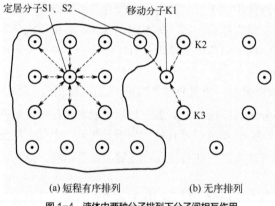

(a) 短程有序排列　　　　　　(b) 无序排列

图 1-4　液体中两种分子排列下分子间相互作用

动态分子的分子行为，即动态分子与其周围分子的相互作用有以下特点：

① 图 1-4 表明，动态分子，以标识 K1 的分子为例，可以与其他动态分子如 K2、K3 相互作用，亦可以与静态分子如 S2 相互作用。

② 动态分子 K1 是正在运动着的分子，随着动态分子 K1 在体系中位置的变化，K1 不断更换与其相互作用的对象，动态分子 K1 不可能只与某几个与 K1 相对位置固定的分子相互作用。

③ 动态分子 K1 在某个瞬时与分子 K2、K3、S2 发生相互作用。由于动态分子 K1 是运动着的分子，因此每个瞬间分子 K1 与 K2 间距离、K1 与 K3 间距离和 K1 与 S2 间距离很可能相互不同，即 K1—K2 ≠ K1—K3 ≠ K1—S2。

亦就是说 K1—K2、K1—K3、K1—S2 分子间发生的相互作用情况可能会不同。或许，这些分子间发生的相互作用都是吸引作用，但它们的吸引作用的强度依据它们分子间距离不同而有所不同；或许，动态分子 K1 的运动也有可能使 K1 与某个分子（如 K2）的距离很近，这时 K1—K2 间的相互作用转变为斥作用力。

④ 无论动态分子是与另一个分子相互作用，还是与几个分子相互作用，它们的作用力或作用合力会对该动态分子产生作用。由于讨论分子是动态分子，其与周围分子间的相互作用

有着上述特点，这个作用力或作用合力不可能在讨论分子上得到平衡，亦就是说，这个作用力或作用合力将对该动态分子产生力的作用，使讨论分子的运动状态发生变化，即会影响动态分子的运动方向、运动速度和运动动能。这是动态分子与其他分子间相互作用产生的结果。

因此，动态分子与周围分子相互作用的特点是：与讨论的动态分子相互作用的分子，可以是另一个动态分子，也可以是静态分子；讨论的动态分子与各个相互作用的分子间距离是不确定的，故而它们的分子间相互作用强度亦是不确定的；讨论的动态分子与各个相互作用的分子间相互作用性质是不确定的，有可能是引力位势，也有可能是斥力位势。

静态分子的分子行为，即静态分子与其周围分子的相互作用有以下特点：

① 图 1-4 表明，静态分子，以标识 S1 的分子为例，可以与其周围的静态分子相互作用；当静态分子处在短程有序排列区域周边时，可以与另一个处在短程有序排列区域周边的静态分子相互作用，亦可以与无序排列的动态分子相互作用。由于短程有序排列区域是由一定数量的静态分子按一定的规律有序地排列起来所形成的，因而静态分子与静态分子间相互作用的概率应大于静态分子与动态分子间相互作用的概率。

② 液体中静态分子 S1 不是运动着的分子，一定时间范围内体系中静态分子位置是相对固定的，每个静态分子与其周围的其他静态分子相对位置是固定的，亦就是说，静态分子 S1 可能与若干个与其相对位置固定并呈有序排列分布的分子相互作用。

③ 以静态分子 S1 为例，讨论在某个瞬时静态分子 S1 与其周围若干个分子发生的相互作用（见图 1-4）。由于静态分子 S1 在一定时间范围内可认为是位置固定、不做移动运动的分子。因此静态分子 S1 与其周围其他静态分子间距离应该是一定的，即静态分子 S1 与其周围发生相互作用的若干分子间的距离应该是相同的，此分子间距离数值应取决于系统的状态参数。

由于静态分子的分子间距离是一定的，即在一定的讨论条件下静态分子间相互作用的性质是一定的，液体属凝聚态物质，又根据 Sutherland 位能函数知，静态分子间相互作用的性质应是分子间吸引相互作用。亦就是说，虽然动态分子间相互作用有可能是引力位势，也有可能是斥力位势。但静态分子间相互作用主要是引力位势。分子间相互作用存在有分子排斥力，其强弱取决于物质的状态条件。

④ 在短程有序排列区域应该在讨论的静态分子的上下、左右、前后的各个方向上都有静态分子与其相互作用，这些静态分子间相互作用有着以下特点：a. 这些静态分子间相互作用都是吸引位势，它们的相互作用强度应彼此相等。b. 这些静态分子间相互作用会使周围分子产生对讨论分子的作用力，但有序排列中各分子呈规律的排列，会使讨论分子在受到某个分子作用力时，必定会有与此分子作用力数值相等、作用方向相反的另一个分子作用力与其相平衡，故而讨论分子固定在一定位置处做分子振动的运动状态不会变化。这是静态分子间相互作用与动态分子间相互作用的不同之处。

1.5.3 液体分子静压力

已知物体的能量可以认为由物质内粒子的动能 U_K 和粒子间位能 U_P 所组成，即

$$U = U_K + U_P = (U_K^0 + U_{KP}) + U_{SP} \tag{1-91}$$

式中，U_K^0 为不考虑分子间相互作用时动态分子所具有的动能，下标 KP 和 SP 表示动态分子、静态分子与周围分子间的相互作用。

宏观系统中分子动能和位能是各个分子的动能和位能的总和：

分子动能 $$U_{\mathrm{K}} = \sum u_{\mathrm{K},i} = U_{\mathrm{K}}^0 + U_{\mathrm{KP}} = \sum u_{\mathrm{K},i}^0 + \sum u_{\mathrm{KP},ij} \qquad (1\text{-}92)$$

式中，$u_{\mathrm{K},i}^0$ 为不考虑周围分子的相互作用影响的单个动态分子具有的动能；$u_{\mathrm{KP},ij}$ 为周围分子的相互作用对动态分子动能的影响。

分子位能： $$U_{\mathrm{SP}} = \sum u_{\mathrm{SP},ij} \qquad (1\text{-}93)$$

式中，$u_{\mathrm{SP},ij}$ 为静态分子间的相互作用位能。由不运动的粒子间位能形成的压力称为分子静压力，其表示式为

$$P_{\mathrm{SP}} = -\left(\frac{\partial U_{\mathrm{SP}}}{\partial V}\right)_S = -\frac{\partial \sum u_{\mathrm{SP},ij}}{\partial V} \qquad (1\text{-}94)$$

对于液体而言，由于液体的微观结构是短程有序、长程无序。从局部看，液体中几个或十几个原子间距的范围内，常常还有一定规则的排列，短程有序的一个个小区域可看作一个个单元，如果某个讨论小单元中短程有序排列的分子具有能量为 U_{SP}，则式（1-94）中 P_{SP} 表示的是该小区域单元所显示的分子静压力。由于液体中这种单元的边界和大小随时在改变，有时小单元会解体，但新的单元也会不断形成，因此，从这个意义上来讲，这里的 P_{SP} 应该理解为某一瞬间这些单元可能具有的分子静压力，因此分子静压力应服从统计力学规律，是某种统计的结果。

此外，液体可看作是由许多这样的单元完全无序地集合在一起构成的，因而液体内各小单元形成的分子静压力的作用矢量方向应是混乱的，而不是恒定的。因此，从统计力学角度来看，可以认为液体内各小单元的分子静压力对体系所起的作用是相互抵消的，在宏观上分子静压力行为并不对体系压力产生影响，这是由于实施分子行为的是体系中并不做移动的静态分子。由此可知分子静压力行为具有以下一些特点：

① 各静态分子在其相对方向的相互作用位能数值相等，即 $u_{\mathrm{SP},ij} = u_{\mathrm{SP},ji}$。

② 各静态分子在其相对方向的相互作用力数值相等，即 $P_{\mathrm{SP},ij} = P_{\mathrm{SP},ji}$。

③ 众所周知，液体由两部分组成，即液体的体相内部部分（相内区）和液体的表面区部分。在液体的这两部分中分子静压力均存在，但其平衡情况不同。

对液体的相内区而言，假设存在某些静态分子（见图 1-5）。在该分子处某一方向形成分子静压力 $P_{\mathrm{SP},1}^{\mathrm{L}}$，但是在其反方向由于近程有序规律排列而形成另一个分子静压力 $P_{\mathrm{SP},2}^{\mathrm{L}}$。显然，对讨论分子而言，这两个分子静压力应是方向相反、数值相等、彼此抵消的，因而在液体相内区的分子静压力平衡式为：

$$P_{\mathrm{SP},1}^{\mathrm{L}} + P_{\mathrm{SP},2}^{\mathrm{L}} = 0 \qquad (1\text{-}95)$$

所以，在液体内部，每个分子在各个方向上均受到其周围分子对其作用的分子静压力，但在每个分子上所受到的所有分子静压力的合力等于零。由此可允许经典热力学在讨论体系的压力平衡时只考虑体系外压力与体系内分子动压力之间的关系。

对于处在表面区（或界面区）的分子则有不同的情况。表面区分子的分子作用球仅有一半是液体内部，另一半在液体表面（见图 1-5）。

液体外部为平衡蒸气相。液相内有半个液相分子作用球，由于液相存在的近程有序分子结构，对表面部分分子会产生分子静压力，而处于气相的半个分子作用球，由于气相分子浓度很小，对液相表面分子的作用力一般可以忽略不计，不会对讨论分子形成分子静压力。因此，讨论分子两边的分子静压力数值不能相互抵消，在讨论分子上就会产生一定数值的合力，此合力指向液体内部。由此可见，处在液体表面层的一些分子与液面距离只要小于

分子作用半径，则这些分子均会受到一个垂直于液面并指向体相内部的分子间力。这导致整个液体表面层会对讨论液体产生压力，这一压力即为分子静压力，亦就是通常所谓的分子内压力。

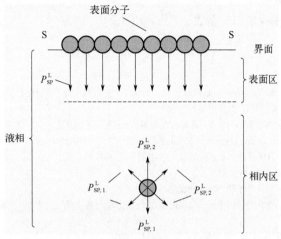

图 1-5　表面区与相内区分子静压力

表面层的分子内压力得不到平衡，从而对整个液体表面层施加压力，完成对液体表面层压缩的膨胀功。由于这是使体系获得功，因此是正功。与此同时，表面层内形成表面张力，完成表面功。因此可以认为，分子内压力对体系所做的膨胀功已转化为体系的表面功。

关于分子内压力与表面功、表面张力的关系讨论可详见图书《分子界面化学》[18]。

由此可得液体中分子动压力与分子静压力的平衡关系如下。

相内区 B1 和 B2 区域间分子动压力平衡式：

$$P^{\mathrm{LB1}} = P^{\mathrm{LB2}}$$
$$P_{\mathrm{id}}^{\mathrm{LB1}} + P_{\mathrm{P1}}^{\mathrm{LB1}} + P_{\mathrm{P2}}^{\mathrm{LB1}} - P_{\mathrm{at}}^{\mathrm{LB1}} = P_{\mathrm{id}}^{\mathrm{LB2}} + P_{\mathrm{P1}}^{\mathrm{LB2}} + P_{\mathrm{P2}}^{\mathrm{LB2}} - P_{\mathrm{at}}^{\mathrm{LB2}} \tag{1-96}$$

界面区 S1 和 S2 区域间分子动压力平衡式：

$$P^{\mathrm{LS1}} = P^{\mathrm{LS2}}$$
$$P_{\mathrm{id}}^{\mathrm{LS1}} + P_{\mathrm{P1}}^{\mathrm{LS1}} + P_{\mathrm{P2}}^{\mathrm{LS1}} - P_{\mathrm{at}}^{\mathrm{LS1}} = P_{\mathrm{id}}^{\mathrm{LS2}} + P_{\mathrm{P1}}^{\mathrm{LS2}} + P_{\mathrm{P2}}^{\mathrm{LS2}} - P_{\mathrm{at}}^{\mathrm{LS2}} \tag{1-97}$$

界面区与相内区是同一相内两个部分，因此这两部分中各种动压力应彼此相等，即 $P^{\mathrm{LS}} = P^{\mathrm{LB}} = P^{\mathrm{L}}$：

故有

$$\left.\begin{array}{l} P_{\mathrm{id}}^{\mathrm{LS}} = P_{\mathrm{id}}^{\mathrm{LB}} = P_{\mathrm{id}}^{\mathrm{L}} \\[4pt] P_{\mathrm{P}}^{\mathrm{LS}} = P_{\mathrm{P}}^{\mathrm{LB}} = P_{\mathrm{P}}^{\mathrm{L}} \\[4pt] P_{\mathrm{P1}}^{\mathrm{LS}} = P_{\mathrm{P1}}^{\mathrm{LB}} = P_{\mathrm{P1}}^{\mathrm{L}} \\[4pt] P_{\mathrm{P2}}^{\mathrm{LS}} = P_{\mathrm{P2}}^{\mathrm{LB}} = P_{\mathrm{P2}}^{\mathrm{L}} \\[4pt] P_{\mathrm{at}}^{\mathrm{LS}} = P_{\mathrm{at}}^{\mathrm{LB}} = P_{\mathrm{at}}^{\mathrm{L}} \end{array}\right\} \tag{1-98}$$

因此，液体处于无序状态，无论表面区或相内区，其动态压力平衡式为：

$$P^{\mathrm{L}} = P_{\mathrm{id}}^{\mathrm{Ln}} + P_{\mathrm{P1}}^{\mathrm{L}} + P_{\mathrm{P2}}^{\mathrm{L}} - P_{\mathrm{at}}^{\mathrm{L}} \tag{1-99}$$

液体中除了存在无序平均结构外还存在近程有序结构，近程有序结构下分子吸引力是分子内压力，分子内压力在液体中会形成表面功，表面张力为 σ 。分子内压力做功时为维持讨论体系温度不变化而产生热量 q ，故而：

在液体相内区分子内压力平衡式　　$\sum_i^N P_{\mathrm{in},i,j}^{\mathrm{LB}} = 0$ （1-100）

在液体界面区分子内压力平衡式　　$P_{\mathrm{in}}^{\mathrm{LS}} = f(\sigma, q)$ （1-101）

参考文献

[1]　张福田. 宏观分子相互作用理论——基础和计算. 上海: 上海科技文献出版社, 2012.

[2]　马沛生. 化工数据. 北京: 化学工业出版社, 2003.

[3]　日本化学工业协会. 物性定数. 1-10 集. 东京: 丸善株式会社, 1963-1972.

[4]　Lide D R. CRC handbook of chemistry and physics. Florida: CRC, 1999-2000.

[5]　高执棣, 郭国霖. 统计力学导论. 北京: 北京大学出版社, 2004.

[6]　李政道. 展望 21 世纪科学发展前景.

[7]　梁希侠. 高等统计力学导论. 呼和浩特: 内蒙古大学出版社, 2000.

[8]　伊利亚 G 卡普兰. 分子间相互作用——物理图像、计算方法与模型势能. 卞江, 彭阳, 毛悦之, 译. 北京: 化学工业出版社, 2013.

[9]　吴百诗. 大学物理（下）. 西安: 西安交通大学出版社, 2004.

[10]　王建邦. 大学物理学. 第一卷: 经典物理基础. 2 版. 北京: 机械工业出版社, 2007.

[11]　邹邦银. 热力学与分子物理学. 武昌: 华中师范大学出版社, 2004.

[12]　范宏昌. 热学. 北京: 科学出版社, 2003.

[13]　Adamson A W. A textbook of physical chemistry. Pittsburgh: Academic Press, 1973.

[14]　Hirschfelder J O, Curtiss C F, Bird R B. Molecular theory of gases and liquids. Wisconsin: University of Wisconsin, 1954.

[15]　Tabor D. Gas, liquid and solids and other states of matter. 3rd ed. New York: Cambridge University Press, 1991.

[16]　张福田, 谈慕华. 应用 Eyring 理论探讨液相界面微观结构. 第八届全国胶体与界面科学研讨会会议的摘要文集, 2000.

[17]　王新月. 气体动力学基础. 西安: 西北工业大学出版社, 2006.

[18]　张福田. 分子界面化学. 上海: 上海科技文献出版社, 2006.

[19]　Perry R H. Perry's chemical engineer's handbook. 6th ed. New York: McGraw-Hill, 1984; 7th ed, New York: McGraw-Hill, 1999.

[20]　童景山. 化工热力学. 北京: 清华大学出版社, 1995.

[21]　童景山. 流体的热物理性质. 北京: 中国石化出版社, 1996.

[22]　Adamson A W. Physical chemistry of surface. 3rd ed. John-Wiley, 1976.

[23]　Adamson A W, Gast A P. Physical chemistry of surfaces. 6th ed. New York: John-Wiley, 1997.

[24]　汤文辉, 张若棋. 物态方程理论及计算概论. 长沙: 国防科技大学出版社, 1999.

[25]　孙民华, 牛丽. 液态物理概论. 北京: 科学出版社, 2013.

[26]　Thomas C D, Gingrich N S. The effect of temperature on the atomic distribution in liquid potassium. J Chem Phys, 1938, 6(8): 411.

[27]　Campbell J A, Hildebrand J H. The structure of liquid mercury. J Chem Phys, 1943, 12 (7): 332.

[28]　Gingrich N S. The diffraction of X-ray by liquid elements. Rev Mod Phys, 1943, 15(1): 90.

第2章

物质的分子间相互作用

本章讨论各种宏观物质中的分子间相互作用及各种分子间相互作用之间的关系。物质中分子间相互作用的最大特征是物质中存在着大量的分子间相互作用，亦就是物质中有大量的分子间相互吸引作用和分子间相互排斥作用。

2.1　物质中分子间相互作用

讨论物质中大量分子间相互作用，目前在国内外的物质基础理论中可能还是第一次，目前尚无任何前人所做的工作可以借鉴。为做好对物质生产和物质研究均有意义的这个基础理论讨论，本章提出以下一些理论概念，作为讨论各种宏观物质中大量分子间相互作用的初步理论，之所以是初步理论，是因为这是第一次涉及这方面的基础理论讨论，相信随着参与的研究者增加，物质分子间相互作用理论会不断地丰富和完善。

① 第1章中提出以物质中大量分子间相互作用为讨论对象的理论，建议其名称为"宏观分子相互作用理论"，以区别于以两个分子间或少量分子间相互作用为讨论对象的"微观分子相互作用理论"。讨论分子需了解分子，这方面的知识可参考文献[1-3]等相关资料。

② 宏观分子相互作用理论讨论的对象为气体、液体和固体中的分子行为。气体分子为无序分子；液体分子包括无序分子和有序分子；固体分子为有序分子。因此宏观分子相互作用理论讨论对象为物质中无序分子和有序分子的分子行为。

物理化学理论又称无序分子为动态分子，有序分子为静态分子，故宏观分子相互作用理论讨论对象为物质中的动态分子和静态分子的分子行为。

③ 第1章中已说明，宏观分子相互作用理论的理论属性为唯象理论。故宏观分子相互作用理论偏重于实践性，与讨论物质的宏观性质及变化相关，已证实用宏观分子相互作用理论可以定量地反映和计算物质宏观性质的变化，这在本书下面章节中将会以各种物质实例给予说明。

④ 宏观分子相互作用理论的讨论方法不关注组成体系粒子的微观结构及运动规律，也就是说不考虑更小层次物质的特性。

宏观分子相互作用理论必定是通过大量分子集体行为的表现，反映在物质的宏观性质变化上。反之，宏观物质在性质上的变化，必定会在物质大量分子的集体行为上有所反映。宏观分子相互作用理论关注的是：宏观物质体系中千千万万分子间相互作用会对讨论体系的分子行为产生哪些影响，以及对讨论物质性质会产生哪些影响。

⑤ 唯象理论具有高度的可靠性与普遍性。宏观分子相互作用理论属于唯象理论，同样也应具有高度的可靠性与普遍性。宏观分子相互作用理论与其他唯象理论应有可能相互借鉴、相互参考。实践表明，宏观分子相互作用理论与唯象理论中的热力学理论可能会有

更多的相互借鉴和参考，由此宏观分子相互作用理论得到的结果也可能会更准确些。

⑥ 微观分子相互作用理论以两个分子间或少量分子间的相互作用为讨论对象，与宏观分子相互作用理论的共同点是二者讨论的均是分子间相互作用，区别是微观理论偏重于理论，宏观理论偏重于实践。故而这两种理论有着共同的理论基础，应有可能相互补充、相互印证和相互完善。微观理论可为宏观理论提供讨论的思路、方向和实际物质性质受到影响的微观上的可能原因；而宏观理论可为微观理论分析提供和确定微观分子理论计算时合理和正确的分子模型、分子轨道选择和设计的思路。

2.2 分子压力与宏观物质大量分子间相互作用

由于物质中分子间位能会影响物质中运动着的分子的动能，物质体系中分子的动能形成体系的压力，或分子间位能呈现出对体系压力产生种种影响。同样，由于物质体系中分子间存在分子间相互作用力，该作用力也可能使体系产生一定压力，或物质中分子间相互作用的位能对体系压力产生种种影响。因而宏观分子相互作用也统称为分子压力。分子压力是宏观分子相互作用理论的主要讨论对象，也是主要的分析对象和应用对象。

宏观物质中有着大量的分子和分子间相互作用，要将物质中大量的分子和分子间相互作用与所讨论物质的各种性质联系起来，就需要考虑在分子间相互作用与物质性质间建立起二者联系的桥梁。

目前我们在研究和讨论物质性质变化时，会很自然地考虑到物质性质发生变化的原因应该与所讨论物质中分子间相互作用有关，即：可能与分子间吸引作用有关，也可能与分子间排斥作用有关。我们在研究和讨论物质性质变化时需要一个与分子间相互作用相关的桥梁。但是目前与分子间相互作用联系的桥梁还只是一个定性的期望。人们对于分子间相互作用理论的可能作用给予了肯定。经过两百多年的努力，微观分子相互作用理论已经得到了发展和完善，但微观分子相互作用理论的基础是两个分子或少量分子间相互作用，而与宏观物质性质变化相关的是物质中千千万万个分子间相互作用。二者不同，更需要建立的是宏观物质性质变化与物质中千千万万个分子间相互作用的联系。为此，宏观分子相互作用理论设计的联系桥梁是"分子压力"，亦就是以分子压力反映、表示和计算宏观物质中千千万万分子间相互作用（吸引作用和排斥作用），亦即以分子压力反映、表示和计算宏观物质各种性质及其变化的分子微观原因。因此分子压力就是这个联系桥梁，是宏观分子相互作用理论讨论分子间相互作用的主要内容。

宏观分子相互作用理论将各种分子压力代表或表示物质中各种分子间相互作用，讨论物质中各种分子间相互作用对物质性能的影响。本书下面各章节中将会对分子压力涉及内容、基本概念、计算方法和对宏观物质性质的可能应用作较系统的介绍，以利于读者更好地了解和应用宏观分子相互作用理论。

物理化学理论表明，体系如果具有一定能量 U ，则有可能形成一定压力，以能量形式表示的体系压力：

$$P = -\left(\frac{\partial U}{\partial V}\right)_S \tag{2-1}$$

体系分子间如果存在一定的作用力 f ，也可以力的形式表示体系压力：

$$P = -\left(\frac{\partial f}{\partial r}\right)_S \tag{2-2}$$

众所周知，分子间相互作用可以作用"力"的形式表现，也可以相互作用"能量"的形式表现，而宏观性质"压力"是可以反映这些"力"或"能量"的宏观热力学参数。故而产生分子压力的来源有两个：一是分子间相互作用力 f_i，压力适合反映和量度在讨论条件下体系内分子间相互作用力；二是分子间相互作用能 u_i，压力也可以反映和量度在讨论条件下体系内分子间具有的能量大小。

分子能量有两种，即分子的动能和势能。以大量分子具有的能量所呈现的"体系"压力，或以大量分子所具有的分子间相互作用力所呈现的"体系"压力，如果讨论体系是大量分子群，则这个"体系"压力又可称为这个"分子群"的压力，或"某种分子"的压力。

从压力与作用力的关系式（2-2）知

$$P = \frac{F}{A} = -\frac{N}{A} \times \left(\frac{\partial u(r)}{\partial r} \right) = -N \frac{f(r)}{A} \tag{2-3}$$

设物质中存在有 i 种作用力，则物质中存在有 i 种作用力产生的 i 种压力，即

$$P = \frac{F}{A} = \frac{\sum f(r)}{A}$$

$\sum f(r)$ 表示物质中存在的各种类型的分子作用力，如斥力势中分子斥作用力，引力势中分子吸引作用力等。设讨论的综合分子作用力共有 k 种类型分子作用力，则综合分子作用力可改写为

$$\sum f(r) = \sum f^1(r) + \sum f^2(r) + \cdots + \sum f^k(r) \tag{2-4}$$

在单位面积上每种类型分子作用力的合力是压力，这里称之为分子压力，分子压力定义为：

$$P_k^{分子} = f^k(r) / A \tag{2-5}$$

因此有关系 $\quad P = \frac{f^1(r)}{A} + \frac{f^2(r)}{A} + \cdots + \frac{f^k(r)}{A} = P_1^{分子} + P_2^{分子} + \cdots + P_k^{分子} \tag{2-6}$

也就是说，宏观物质中分子压力 P 可以认为是由若干个不同类型分子作用力所组成的。需要了解的是宏观压力是由多少种不同类型分子作用力所组成的，亦就是由哪些不同类型分子作用力所组成的，这样的关系式我们称之为分子压力的微观结构式。分子压力的微观结构式表示宏观物质压力是由哪些分子相互作用组成的。

已知：物质体系中分子有两种不同类型的分子，即在物质体系中不断地运动的动态分子和在物质体系中位置固定的静态分子，这两种分子均具有一定的能量，其中动态分子具有的是动能（以上角 K 表示），静态分子具有的是位能（以上角 P 表示）。

物质动能： $\qquad P^K = P_1^K + P_2^K + \cdots + P_k^K \tag{2-7a}$

物质位能： $\qquad P^P = P_1^P + P_2^P + \cdots + P_k^P \tag{2-7b}$

因而动态分子的动能可以对物质体系产生压力，宏观分子相互作用理论称之为分子动压力。静态分子的位能也可以对物质体系产生压力，宏观分子相互作用理论称之为分子静压力。

因而分子间相互作用在宏观物质中的表现有两种分子行为：物质体系中不断地运动的动

态分子的分子行为，可能会使物质中形成分子动压力；物质体系中位置固定的静态分子的分子行为，可能会使物质中形成分子静压力。

宏观分子相互作用理论讨论的物质中分子间相互作用即为在物质中存在着的这两种分子行为，这两种分子行为会使物质在宏观状态下呈现各种性质，亦使物质的各种性质出现各种变化。

分子动压力和分子静压力是物质中大量分子间相互作用在宏观状态下的两种分子压力，是宏观分子相互作用理论的主要讨论对象。各种分子压力综合在一起对物质性质产生综合影响，例如对体系压力产生的综合影响称为体系压力的分子压力的微观结构，其中所组成的每种分子压力对压力的贡献称为组成这个宏观压力微观结构的"分子压力"。

2.3 分子动压力

宏观分子相互作用理论中分子动压力应由下列一些分子压力组成：

① 由动态分子的运动动能形成的分子压力；

② 其他分子，包含动态分子和静态分子，与讨论的动态分子间的位能对讨论分子运动的动能产生影响，这个影响反映在改变讨论动态分子的分子动压力时，这个受到影响的分子动压力也归属于这个物质在讨论的状态条件下所具有的分子动压力。

以分子动能形式表示的分子动压力：

$$P^K = -\left(\frac{\partial U^K}{\partial V}\right)_S = -\left(N^K\frac{\partial \bar{u}^K}{\partial V}\right)_S \tag{2-8}$$

式中，$\bar{u}^K$ 为体系中每个分子具有的统计平均动能量，$-\left(\frac{\partial \bar{u}^K}{\partial V}\right)_S$ 是每个分子对体系压力贡献的统计平均压力，故而 $U = N^K\bar{u}^K$ 为体系中全部分子具有的动能；N^K 为体系中动态分子的数量。式（2-8）为体系中由动态分子形成的体系压力，即分子动压力 P^K。

由式（2-8）知，分子动压力具有的分子特征为：

① 体系中分子动能由体系中各个分子的动能加和而成；

② 体系中分子动压力由各个分子运动动能所形成的分子压力组合而成；

③ 体系中分子动能会受到体系其他分子对其分子间相互作用位能影响，亦就是体系中分子动压力会受到体系其他分子对其相互作用位能的影响，在一定的体系状态下体系中分子动压力将由体系动能产生的分子动压力和各种分子间位能影响的分子动压力组合而成。设由物质分子运动产生的分子压力为 P_0^K，称为第一分子动压力；设各种分子间位能对 P_0^K 产生影响而使分子动压力 P_0^K 的数值变化，称为第二分子动压力 P^{KP}。

如果讨论体系中有 i 种分子间位能会对分子第一动压力产生影响，则体系的分子动压力 P^K 应由以下一些分子动压力（包括第一分子动压力和第二分子动压力）所组成：

$$P^K = P_0^K + P^{KP} = P_0^K + P_1^{KP} + P_2^{KP} + \cdots + P_i^{KP}$$
$$= -\left(\frac{\partial U^K}{\partial V}\right)_S - \left(\frac{\partial U_1^{KP}}{\partial V}\right)_S - \left(\frac{\partial U_2^{KP}}{\partial V}\right)_S - \cdots - \left(\frac{\partial U_i^{KP}}{\partial V}\right)_S \tag{2-9}$$

式中，U^K 为体系中无分子间位能影响时分子的动能；U_i^{KP} 为对动能有影响的第 i 种位能产生的影响。

分子动压力也可以力的形式表示，对分子间相互作用而言，分子间吸引力和分子间排斥力均会对分子压力产生作用。

$$P^K = P_0^K + P_1^{KP} + P_2^{KP} + \cdots + P_i^{KP}$$

$$= -\left[\frac{\partial \overline{f}^K}{\partial r} + \frac{\partial \overline{f_1}^{KP}}{\partial r} + \frac{\partial \overline{f_2}^{KP}}{\partial r} \cdots + \frac{\partial \overline{f_i}^{KP}}{\partial r} \right]_S \tag{2-10}$$

式中，$\overline{f}^K$ 为体系中无分子间位能影响时全部分子的分子间作用力的统计平均值；$\overline{f_i}^{KP}$ 为对动能可能产生影响的第 i 种分子间作用力。

2.3.1 分子动压力的分子行为

物质中存在着不断进行着平动运动的分子，分子理论称之为动态分子，又称为动态无序分子。动态无序分子在物质中的分子行为特征为：

① 分子进行着无休止的随机运动，这种随机运动是永不停息、杂乱无章、无规律的运动，称为无序动态分子的热运动，这种热运动与温度有关。

② 动态分子在体系中的运动方向是变化的，是非恒定方向的运动，因而动态分子的运动又称作分子的无序运动，而做无序运动的动态分子又称为无序分子。

③ 物质中存在着大量动态分子，在体系温度、热运动的驱使下动态分子不断改变着分子位置和运动方向，即不断地在运动着。动态分子的运动对容器壁的冲撞形成讨论体系的重要性质——压力，因此压力是物质中动态分子的分子行为所表现的重要宏观性质。

④ 分子间相互作用会对分子的运动状态产生影响。显然，分子间吸引力或分子间排斥力均会使两动态分子相对运动速度和运动方向发生变化。亦就是说物质中分子间相互作用会对动态分子的动能产生影响。这种以分子压力形式表示的物质中分子间相互作用，会对动态分子的动能产生影响，宏观分子相互作用理论称之为第二分子动压力。

2.3.2 分子动压力组成

分子动压力在宏观物质中的表现是体系的压力，组成体系压力的各分子压力为所讨论物质的分子动压力各组成部分。

式（2-9）和式（2-10）反映了体系分子动压力的组成。体系分子动压力的结构组成中包含有第一分子动压力 P_0^K 和第二分子动压力 P^{KP}，即

$$P^K = 第一分子动压力 + 第二分子动压力$$

$$= P_0^K + P^{KP} = P_0^K + \left(P_1^{KP} + P_2^{KP} + \cdots + P_i^{KP} \right) \tag{2-11}$$

下面分别讨论第一分子动压力和第二分子动压力。

（1）第一分子动压力

$$P_0^K = -\left(\frac{\partial U^K}{\partial V} \right)_S \tag{2-12a}$$

式中，U^K 为讨论体系中分子间不存在有相互作用，即分子间不存在有位能影响，并认为分子本身不存在有体积，只是个质点，体系是在理想状态下只由热量驱动分子的动能而产生内分子动压力。

第一分子动压力又称为分子理想压力（P_{id}）。以分子间相互作用力表示的分子理想压力定义式为：

$$P_{id} = -\left(\frac{\partial f_0^K}{\partial r}\right)_S = \frac{RT}{V_m}$$

这个分子压力的体系状态条件要求体系处于不存在分子间相互作用、不考虑分子本身体积的某种理想状态，完全由热量驱动进行热运动的无序动态分子产生的体系压力。分子理想压力是体系分子动压力中可以直接形成体系压力的分子动压力，故而分子理想压力应该是分子动压力中主要或基础的分子压力。

第一分子动压力是与体系压力直接关联的分子压力，即允许体系压力直接由第一分子动压力形成，即有体系压力 $P = P_0^K$。

第二分子动压力不能与体系压力直接关联，$P \neq P^{KP}$，第二分子动压力只能对体系压力或第一分子动压力产生影响。

（2）第二分子动压力 P^{KP}

分子本身存在有体积会对动态分子热量驱动的运动产生影响，亦就是必须考虑分子本身存在的体积对分子理想压力的影响。

当体系分子间距离小于一定距离时，分子电子间排斥作用增强，产生的位能会对无序动态分子的热运动所产生的体系压力产生影响，由于第二分子压力不是物质客观存在的性质，需要满足分子间距离的条件要求，又因为这个影响是分子间排斥压力的影响，因而称这个影响为分子第二斥压力。分子第二斥压力的分子行为不能直接形成体系压力，只能对体系中第一分子动压力（分子理想压力）产生影响。

当体系分子间存在一定距离时，产生的分子间吸引作用位能会对无序动态分子的热运动产生的体系压力产生影响，分子间吸引作用加强将会减弱分子动压力。但分子吸引压力的影响不能直接形成体系压力，只能对体系中第一分子动压力产生影响。

第一分子动压力受分子相互作用与其位能影响，使分子第一动压力数值变化，这个分子相互作用位能是第二分子动压力，下面讨论分子第一斥压力位能的影响。

① 分子第一斥压力

$$P_1^K = -\left(\frac{\partial U_1^{KP}}{\partial V}\right)_S \tag{2-12b}$$

式中，U_1^{KP} 为讨论体系中分子间不存在有相互作用，即分子间不存在有位能影响，但理想状态下体系分子具有本身的体积，这样分子本身体积占了部分体系体积，影响了分子的动能，从而影响了体系的分子动压力数值。

② 分子第二斥压力

$$P_2^K = -\left(\frac{\partial U_2^{KP}}{\partial V}\right)_S \tag{2-12c}$$

式中，U_2^{KP} 为讨论体系中分子间距离变化，使分子间产生排斥相互作用，这个分子间排斥作用的位能会对运动的动态分子动能产生影响，从而影响分子动压力数值。

③ 分子吸引压力

$$P_3^K = -\left(\frac{\partial U_3^{KP}}{\partial V}\right)_S \tag{2-12d}$$

式中，U_3^{KP} 为讨论体系中分子间距离变化使分子间产生吸引相互作用，这个分子间吸引作用的位能会对运动的动态分子动能产生影响，从而影响分子动压力数值。

综上所述，宏观物质体系的分子动压力由下列分子压力组成：

第一分子动压力——分子理想压力

第二分子动压力——分子第一斥压力、分子第二斥压力、分子吸引压力。

因而有：
$$P = P_{id} + P_{P1} + P_{P2} - P_{at} \tag{2-13}$$

宏观分子相互作用理论称式（2-13）为分子压力的微观结构式，是讨论物质中大量分子间相互作用的重要关系式，对气体物质、液体物质和固体物质均可适用。

2.3.3　分子动压力计算

体系的分子动压力组成，即
$$P^K = P_0^K + P_1^{KP} + P_2^{KP} + \cdots + P_i^{KP}$$

等式左边项 P^K 为体系的总分子动压力，即体系的压力 P，平衡状态时体系压力即为环境的压力 P。

等式右边项表示的是宏观体系压力的各个微观组成项，这些微观组成项按照唯象理论要求，不关注组成体系的分子微观结构及运动规律，不考虑更小层次物质的特性，而从体系的整体变化来观察，总结归纳大量分子形成的分子行为的规律。宏观体系压力的各项微观组成介绍如下。

第一项：P_0^K，称为分子理想压力，P_{id}，即 $P_0^K = P_{id}$。上面讨论已说明，P_0^K 为当讨论体系中分子吸引力和各种分子间斥力均忽略，并将讨论分子认为是不具有体积的质点时，仅由分子在体系中运动动能所形成的压力。由于忽略了分子间相互作用，因而体系所形成的压力称为理想压力，故称此动压力组成项为分子理想压力，其分子动压力计算式为：
$$P = P_{id} = \frac{RT}{V_m} \tag{2-14}$$

理想体系的压力与其他宏观热力学参数的关系计算式与理想气体状态方程相同。注意，P_{id} 是压力微观结构式中各项分子压力中唯一可以与体系压力 P 直接相关联的压力项。其他各项分子压力，如 P_{P1}、P_{P2}、P_{at} 均不能直接与体系压力 P 相关联，即不存在 $P = P_{P1}$、$P = P_{P2}$、$P = P_{at}$ 的关系。其原因已在宏观分子间相互作用、动压力的讨论内容中给予说明，但 P_{P1}、P_{P2}、P_{at} 这些分子压力虽不会使体系形成或产生压力，但能对由于分子移动运动所形成的理想压力产生影响，使理想压力数值增大或减小。因而 P_{P1}、P_{P2}、P_{at} 加上分子理想压力，统称为分子动态压力，简称为分子动压力。但 P_{id} 与 P_{P1}、P_{P2}、P_{at} 在对体系压力所起的作用上有些不同，宏观分子相互作用理论称 P_{id} 为分子动压力中第一分子动压力。而 P_{P1}、P_{P2}、P_{at} 只能对第一分子动压力产生影响，或增强或减少第一分子动压力，称为分子动压力中第二分子动压力。

式（2-14）表明，P_{id} 计算值为正值，亦即分子理想压力对体系的影响与分子排斥力相似，对体系压力的影响是使体系压力增大。

第二项：P_1^{KP}，称为分子第一斥压力，P_{P1}，即 $P_1^{KP} = P_{P1}$。当体系中存在有大量分子时，分子本身体积的存在会对体系压力产生一定影响，P_{P1} 数值高低表示这一影响大小，亦就是当分子间吸引力和分子间排斥力均可忽略时，分子本身存在的体积对体系中动态运动分子动能所形成的压力的影响，在受到 P_{P1} 影响时体系压力可能会增加，可表示为

$$P = P_{id} + P_{P1} = \frac{RT}{V_m} + P_{P1} \qquad (2\text{-}15)$$

注意，在体系压力表示式中分子理想压力 P_{id} 项应是必定存在的，这表明讨论体系压力的形成主要是由于纯分子热运动所形成的理想压力，而其他因素只是对分子理想压力数值增加或减小进行的修正。一般斥力会使讨论体系压力值增大，P_{P1} 使讨论体系压力值变化。且分子本身体积是客观存在的，故称 P_{P1} 为分子第一斥压力。

第三项：P_2^{KP}，称为分子第二斥压力，P_{P2}，即 $P_2^{KP} = P_{P2}$，为由于电子间的相互作用所引起的斥力而对体系压力大小产生的影响。P_{P2} 数值高低表示这一斥力影响大小，其数值为正值。与分子第一斥压力的讨论相似，在分子吸引理想压力和分子第一斥压力的影响均可忽略时，在受到 P_{P2} 影响时体系压力可表示为：

$$P = P_{id} + P_{P2} = \frac{RT}{V_m} + P_{P2} \qquad (2\text{-}16)$$

上式表明，分子第二斥压力也只是对分子理想压力数值进行的修正。一般斥力项会使讨论体系压力数值增大，故而分子第二斥压力的存在会使讨论体系压力数值增加。

第四项：P_3^{KP}，称为分子吸引压力，P_{at}，即 $P_3^{KP} = P_{at}$，P_{at} 为分子间存在的相互吸引力对体系压力产生的影响，与斥压力的讨论相似，在各项分子斥压力均可忽略时，P_{at} 对体系压力的影响可表示为：

$$P = P_{id} - P_{at} = \frac{RT}{V_m} - P_{at} \qquad (2\text{-}17)$$

上式表明，分子吸引压力也只是对分子理想压力所形成的体系压力进行的修正。一般分子吸引压力会使分子间距离减小，这使讨论体系压力数值减小。

2.4　物质的动能及其影响

已知宏观物质体系压力由下列分子动压力组成：第一分子动压力（分子理想压力）和第二分子动压力（分子第一斥压力、分子第二斥压力、分子吸引压力）。这些分子动压力之间的关系见式（2-13），$P = P_{id} + P_{P1} + P_{P2} - P_{at}$，此式为物质体系压力的分子微观结构式，是讨论物质中大量分子间相互作用的重要关系式。对此式两边引入体系的摩尔体积 V_m，则式左边项 PV_m 为讨论体系对环境所做的膨胀功，是宏观体系所做的功；右边项 $(P_{id} + P_{P1} + P_{P2} - P_{at})V_m$ 为讨论物质动态分子运动所做的功，也可认为是讨论物质大量分子所具有的能量，这里讨论的是无序动态分子，故下面先讨论无序动态分子具有的动量和位能。

第一分子动压力在受到物质中分子间相互作用的影响后，物质动态分子所具有的动能为 PV_m。

物质中影响第一分子动压力的理想动能的位能为 $P_{P1} + P_{P2} - P_{at}$。

亦就是说，宏观物质在平衡状态下物质动态分子运动会受到物质中分子相互作用的影响，而这个分子相互作用影响的是动态分子运动，其表示形式是以 $P_{P1} + P_{P2} - P_{at}$ 表示的位能，此位能改变在物质中将会：①影响物质所具有的动能；②影响物质中第一分子动压力的理想动能的功能；③影响表达式中各项分子相互作用项的位能。

$P_{P1} + P_{P2} - P_{at}$ 表示的位能分别由分子相互作用中分子第一斥压力、分子第二斥压力和分子吸引压力组成，这三个分子压力变化会影响体系压力变化，也会影响体系中第一分子动压力变化，故称之为第二分子动压力。在第二分子动压力中有多种分子相互作用产生影响，在物质中不同分子相互作用的分子行为是不同的，下面分别讨论第二分子动压力中不同分子相互作用对第一分子动压力动能的影响。

2.4.1 第一分子动压力动能

第一分子动压力动能是指在讨论体系中不存在有分子间相互作用，或讨论体系中分子间相互作用很弱，不会对体系中动态分子的运动产生影响，或其影响很小可以忽略，在理想状态下只有由体系热量驱动运动的分子所具有的能量——动能。

第一分子动压力形成的分子压力为分子理想压力。第一分子动压力形成的动能 $U_K^{id} = P_{id}V_m$，由于此动能是假设不存在分子间相互作用影响下由动态分子形成的动能，故可简称其为物质分子理想动能。

分子理想压力计算式：

$$P_{id} = \frac{RT}{V_m} \tag{2-18}$$

第一分子动压力动能，即物质分子理想动能：

$$U_K^{id} = P_{id}V_m = RT \tag{2-19}$$

物质分子理想状态下运动的动能与体系温度关系如图 2-1 所示。

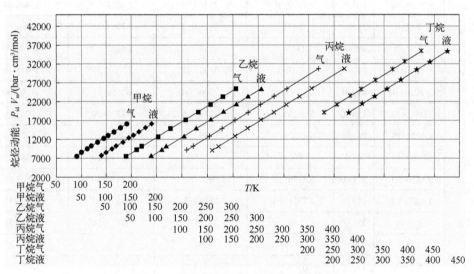

图 2-1　一些烷径的分子理想动能与体系温度的关系

故第一分子动压力动能在物质中呈现的分子行为：

① 第一分子动压力动能与物质体系温度成正比线性关系，亦就是物质体系温度越高，物质中大量分子具有的第一分子动压力动能越大。

② 宏观物质中气体物质和液体物质中均有无序动态分子，图 2-1 表明同一物质在同一状态（同一压力和温度）下饱和气体的第一分子动压力的动能与饱和液体的第一分子动压力的动能数值相同，即，同一物质在饱和气体和饱和液体状态下并在同样压力和温度下第一分子动压力动能数值相同。

宏观物质中气体物质和液体物质中均存在有无序动态分子。同一物质在同一状态（同一压力和温度）下饱和气体的第一分子动压力的动能数值与饱和液体的第一分子动压力的动能数值相同，即，

$$\text{饱和气体} \quad U_{\text{Kid}}^{\text{SG}}\Big|_T = P_{\text{id}}^{\text{SG}} V_{\text{m}}^{\text{SG}}\Big|_T = P_{\text{id}}^{\text{SL}} V_{\text{m}}^{\text{SL}}\Big|_T = U_{\text{Kid}}^{\text{SL}}\Big|_T \quad \text{饱和液体} \quad (2\text{-}20)$$

图 2-1 为一些烷烃（甲烷、乙烷、丙烷、丁烷）的第一分子动压力动能与体系温度的关系。表 2-1 为戊烷、己烷、庚烷、辛烷的饱和气体和饱和液体的第一分子动压力动能，即分子理想动能的比较。

表 2-1 一些烷烃的饱和气体和饱和液体的第一分子动压力动能[4]

物质名称	P/bar	T/K	饱和气体		饱和液体	
			分子理想压力 P_{id}	物质分子理想动能	分子理想压力 P_{id}	物质分子理想动能
			bar	bar · cm³/mol	bar	bar · cm³/mol
正戊烷	7.8100×10^{-7}	142.42	7.7189×10^{-7}	11840.80	1.2440×10^{2}	11840.80
	3.4820×10^{-5}	166.00	3.4825×10^{-5}	13801.24	1.4184×10^{2}	13801.24
	5.6950×10^{-4}	188.00	5.6941×10^{-4}	15630.32	1.5652×10^{2}	15630.32
	8.4390×10^{-3}	217.00	8.4384×10^{-3}	18041.38	1.7428×10^{2}	18041.38
	9.4330×10^{-2}	254.00	9.5063×10^{-2}	21117.56	1.9417×10^{2}	21117.56
	9.0730×10^{-1}	306.00	9.4590×10^{-1}	25440.84	2.1624×10^{2}	25440.84
	4.1560	358.00	4.7103	29764.12	2.2964×10^{2}	29764.12
	9.4130	395.00	1.1873×10^{1}	32840.30	2.3122×10^{2}	32840.30
	1.8530×10^{1}	432.00	2.8170×10^{1}	35916.48	2.2008×10^{2}	35916.48
	3.3750×10^{1}	469.81	1.2559×10^{2}	39060.00	1.2559×10^{2}	39060.00
正己烷	3.0930×10^{-5}	184.00	3.0923×10^{-5}	12793.56	1.3373×10^{2}	12793.56
	4.4630×10^{-4}	207.00	4.4632×10^{-4}	14392.75	1.4661×10^{2}	14392.75
	1.0100×10^{-2}	244.00	1.0101×10^{-2}	16965.37	1.6540×10^{2}	16965.37
	9.4870×10^{-2}	282.00	9.5776×10^{-2}	19607.52	1.8497×10^{2}	19607.52
	4.6480×10^{-1}	319.00	4.7921×10^{-1}	22180.13	1.9557×10^{2}	22180.13
	1.5930	357.00	1.6894	24822.28	2.0613×10^{2}	24822.28
	4.1530	395.00	4.7060	27464.43	2.1250×10^{2}	27464.43
	8.8360	432.00	1.1026×10^{1}	30037.05	2.1279×10^{2}	30037.05
	1.7030×10^{1}	470.00	2.6261×10^{1}	32679.19	2.0162×10^{2}	32679.19
	2.4060×10^{1}	492.00	4.5955×10^{1}	34208.86	1.8298×10^{2}	34208.86
	3.0400×10^{1}	507.68	1.1516×10^{2}	35299.09	1.1516×10^{2}	35299.09
正庚烷	6.6280×10^{-6}	191.00	6.6276×10^{-6}	15879.74	121.6465451	15879.74
	2.9450×10^{-4}	223.00	2.9452×10^{-4}	18540.22	137.2739523	18540.22
	8.3970×10^{-3}	264.00	8.3967×10^{-3}	21948.96	155.1492189	21948.96
	8.0810×10^{-2}	304.00	8.1400×10^{-2}	25274.56	170.1303177	25274.56
	1.0191	371.57	1.0595	30892.16	189.107136	30892.16352

物质名称	P/bar	T/K	饱和气体		饱和液体	
			分子理想压力 P_{id}	物质分子理想动能	分子理想压力 P_{id}	物质分子理想动能
			bar	bar·cm³/mol	bar	bar·cm³/mol
正庚烷	1.4790	385.00	1.5794	32008.90	191.7849011	32008.9
	3.9390	426.00	4.5141	35417.64	196.9068772	35417.64
	8.6860	467.00	$1.1183×10^1$	38826.38	195.608746	38826.38
	$1.6700×10^1$	507.00	$2.6561×10^1$	42151.98	181.8384884	42151.98
正辛烷	$4.9560×10^{-5}$	224.00	$4.9557×10^{-5}$	18623.36	123.447965	18623.36
	$1.0440×10^{-3}$	256.00	$1.0443×10^{-3}$	21283.84	136.4261265	21283.84
	$1.6280×10^{-2}$	296.00	$1.6320×10^{-2}$	24609.44	150.8578434	24609.44
	$1.1780×10^{-1}$	336.00	$1.1918×10^{-1}$	27935.04	163.1338472	27935.04
	$5.1530×10^{-1}$	376.00	$5.3381×10^{-1}$	31260.64	173.0070286	31260.64
	1.6040	416.00	1.7178	34586.24	180.0335225	34586.24
	3.9490	456.00	4.5356	37911.84	183.3172477	37911.84
	8.2730	496.00	$1.0889×10^1$	41237.44	180.8977014	41237.44
	$1.3790×10^1$	528.00	$2.1227×10^1$	43897.92	171.4092932	43897.92
	$1.9610×10^1$	552.00	$3.3228×10^1$	45893.28	154.9297144	45893.28
	$2.4880×10^1$	568.84	$9.6125×10^1$	47293.44074	96.12487955	47293.44074

同一物质在两种不同状态下,即在饱和气体状态与饱和液体状态下的分子理想动能相同,这是因为:

饱和气体状态的分子理想动能 $\quad U_{Kid}^{SG}=P_{id}^{SG}V_m^{SG}=RT^{SG}$ (2-21a)

饱和液体状态的分子理想动能 $\quad U_{Kid}^{SL}=P_{id}^{SL}V_m^{SL}=RT^{SL}$ (2-21b)

物质在饱和状态下 $T^{SG}=T^{SL}$,故有 $U_{Kid}^{SG}=U_{Kid}^{SL}$ 。所以

$$\frac{P_{id}^{SG}}{P_{id}^{SL}}=\frac{V_m^{SL}}{P_{id}^{SG}}$$

2.4.2 第二分子动压力影响

由以上讨论知,物质中分子相互作用对动态分子作用的位能会对物质分子动能产生影响:

① 物质具有的动能。

② 物质中第一分子动压力的理想动能。

③ 分子相互作用可以改变物质性质。

第一分子动压力和第二分子动压力在物质中的分子行为是不同的,下面讨论第二分子动压力中分子相互作用的影响。

第二分子动压力是表示体系中分子与动态分子的各种相互作用形成的位能对第一分子动压力的分子理想动能产生的影响。其中主要的影响是分子间的排斥作用和吸引作用的影响,也可认为这是动态分子间相互作用位能对分子理想动能的影响。

第二分子动压力位能对理想动能影响有分子本身存在的影响,即分子第一斥压力的影响,

也有分子第二斥压力和分子吸引压力的影响，现分别讨论如下。

2.4.2.1 分子第一斥压力的影响

分子第一斥压力反映的是体系分子本身存在的体积对分子理想动能的影响。分子第一斥压力的计算式：

$$P_{P1} = P \frac{b}{V_m} \qquad (2-22)$$

b 为讨论物质的分子协体积。分子第一斥压力对分子理想动能的影响为：

对饱和气体 $\qquad\qquad U_{K-P1}^{SG} = P_{P1}^{SG} V_m^{SG} = P^{SG} b^{SG} \qquad (2-23a)$

对饱和液体 $\qquad\qquad U_{K-P1}^{SL} = P_{P1}^{SL} V_m^{SL} = P^{SL} b^{SL} \qquad (2-23b)$

式中，P^{SG}、P^{SL} 为饱和气体和饱和液体的压力，P_{P1}^{SG}、P_{P1}^{SL} 是饱和气体和饱和液体的体系分子第一斥压力，由式（2-23）可知与分子第一斥压力有关的一些分子行为。

① 已知分子第一斥压力对物质动态分子动能的影响为：

对气体 $\qquad\qquad U_{K-P1}^{SG} = P^{SG} b^{SG} ；\quad U_{K-P1}^{SG} = P_{P1}^{SG} V_m^{SG} \qquad (2-24a)$

对液体 $\qquad\qquad U_{K-P1}^{SL} = P^{SL} b^{SL} ；\quad U_{K-P1}^{SL} = P_{P1}^{SL} V_m^{SL} \qquad (2-24b)$

② 设体系每个分子的分子第一斥压力对物质的动态分子动能的贡献为 U_{Km-P1}^{SG}。

对气体 $\qquad\qquad U_{K-P1}^{SG} = P^{SG} b^{SG} = P^{SG} N_A \sigma^3 = U_{Km-P1}^{SG} N_A \qquad (2-25a)$

对液体 $\qquad\qquad U_{K-P1}^{SL} = P^{SL} b^{SL} = P^{SL} N_A \sigma^3 = U_{Km-P1}^{SL} N_A \qquad (2-25b)$

也就是说，体系中每个分子的分子第一斥压力对物质动态分子动能所作的贡献，统计平均值为：

$$\overline{U}_{Km-P!}^{S} = \frac{\overline{U}_{K-P!}^{S}}{N_A} \qquad (2-26)$$

对气体 $\qquad\quad \overline{U}_{Km-P!}^{SG} = \frac{\overline{U}_{K-P!}^{SG}}{N_A} = \frac{P^{SG}}{N_A} b^{SG} = P^{SG} \left(\sigma^{SG} \right)^3 \qquad (2-27a)$

对液体 $\qquad\quad \overline{U}_{Km-P!}^{SL} = \frac{\overline{U}_{K-P!}^{SL}}{N_A} = \frac{P^{SL}}{N_A} b^{SL} = P^{SL} \left(\sigma^{SL} \right)^3 \qquad (2-27b)$

如果气体和液体是饱和状态，则有 $P^{SG} = P^{SL}$，同一物质气体和液体的分子硬球直径相近，故对气体和液体而言，每个分子的分子第一斥压力对物质动态分子动能所作的贡献应相同：

$$\overline{U}_{Km-P!}^{SG} = \frac{\overline{U}_{K-P!}^{SG}}{N_A} = \frac{\overline{U}_{K-P!}^{SL}}{N_A} = \overline{U}_{Km-P!}^{SL} \qquad (2-28)$$

③ 设体系每摩尔体积中分子的分子第一斥压力对物质动态分子动能的贡献为 U_{KVm-P1}^{S}，则有

对气体 $\qquad\qquad U_{KV_m-P1}^{SG} = \frac{U_{K-P1}^{SG}}{V_m^{SG}} \qquad (2-29a)$

对液体 $\qquad\qquad U_{KV_m-P1}^{SL} = \frac{U_{K-P1}^{SL}}{V_m^{SL}} \qquad (2-29b)$

也就是说，体系中每摩尔体积中分子的分子第一斥压力对物质动态分子动能所作的贡献：

对气体
$$U_{\mathrm{KV_m\text{-}Pl}}^{\mathrm{SG}} = \frac{U_{\mathrm{K\text{-}Pl}}^{\mathrm{SG}}}{V_{\mathrm{m}}^{\mathrm{SG}}} = \frac{P_{\mathrm{Pl}}^{\mathrm{SG}} V_{\mathrm{m}}^{\mathrm{SG}}}{V_{\mathrm{m}}^{\mathrm{SG}}} = P_{\mathrm{Pl}}^{\mathrm{SG}} \qquad (2\text{-}30\mathrm{a})$$

对液体
$$U_{\mathrm{KV_m\text{-}Pl}}^{\mathrm{SL}} = \frac{U_{\mathrm{K\text{-}Pl}}^{\mathrm{SL}}}{V_{\mathrm{m}}^{\mathrm{SL}}} = \frac{P_{\mathrm{Pl}}^{\mathrm{SL}} V_{\mathrm{m}}^{\mathrm{SL}}}{V_{\mathrm{m}}^{\mathrm{SL}}} = P_{\mathrm{Pl}}^{\mathrm{SL}} \qquad (2\text{-}30\mathrm{a})$$

故而物质中每摩尔体积中分子的分子第一斥压力对物质动态分子动能的贡献即为该物质的分子第一斥压力，气体和液体均是如此。

④ 下面讨论每摩尔体积中分子的分子第一斥压力对物质动态分子动能的贡献与每个分子的分子第一斥压力对物质动态分子动能的贡献的关系。

设已知温度 T（单位：K）时体系的摩尔体积为：

$$V_{\mathrm{m},T}^{\mathrm{S}} = N_{\mathrm{A}} d_{ij,T}^3 \qquad (2\text{-}31)$$

式中，$d_{ij,T}$ 为温度 T 下体系的分子间距离，温度一定时体系的分子间距离一定，单位为 Å。

讨论物质的分子协体积 $b^{\mathrm{S}} = N_{\mathrm{A}} \sigma^3$，设 J_V^T 为温度 T 时体系摩尔体积与分子协体积的比值，

$$J_V^T = \frac{V_{\mathrm{m},T}^{\mathrm{S}}}{b^{\mathrm{S}}} = \frac{N_{\mathrm{A}} d_{ij,T}^3}{N_{\mathrm{A}} \sigma^3} = \frac{d_{ij,T}^3}{\sigma^3} \qquad (2\text{-}32)$$

故知体系摩尔体积与分子协体积的关系为：

$$V_{\mathrm{m},T}^{\mathrm{SG}} = J_V^T b^{\mathrm{SG}} = J_V^T N_{\mathrm{A}} \left(\sigma^{\mathrm{G}}\right)^3 \qquad (2\text{-}33)$$

当温度一定时，$J_V^{405.4\mathrm{K}}$ 的数值应是确定的，故知体系摩尔体积与分子协体积的关系是确定的。故由式（2-23a）和式（2-23b）知：

对饱和气体
$$P_{\mathrm{Pl}}^{\mathrm{SG}} J_V^{\mathrm{GT}} = P^{\mathrm{SG}} \qquad (2\text{-}34\mathrm{a})$$

对饱和液体
$$P_{\mathrm{Pl}}^{\mathrm{SL}} J_V^{\mathrm{LT}} = P^{\mathrm{SL}} \qquad (2\text{-}34\mathrm{a})$$

式（2-34）表示在同一相状态下，两种不同性质——分子第一斥压力和体系压力之间的关系。

对饱和状态物质在同样温度下有
$$P^{\mathrm{SG}} = P^{\mathrm{SL}}$$

故
$$P_{\mathrm{Pl}}^{\mathrm{SG}} J_V^{\mathrm{GT}} = P_{\mathrm{Pl}}^{\mathrm{SL}} J_V^{\mathrm{LT}}$$

即
$$\frac{P_{\mathrm{Pl}}^{\mathrm{SG}}}{P_{\mathrm{Pl}}^{\mathrm{SL}}} = \frac{J_V^{\mathrm{LT}}}{J_V^{\mathrm{GT}}} \qquad (2\text{-}35\mathrm{a})$$

或
$$\frac{P_{\mathrm{Pl}}^{\mathrm{SG}}}{P_{\mathrm{Pl}}^{\mathrm{SL}}} = \frac{J_V^{\mathrm{LT}}}{J_V^{\mathrm{GT}}} = \frac{V_{\mathrm{m}}^{\mathrm{LT}}/b^{\mathrm{LT}}}{V_{\mathrm{m}}^{\mathrm{GT}}/b^{\mathrm{GT}}} = \frac{N_{\mathrm{A}} \left(d_{ij}^{\mathrm{LT}}\right)^3}{N_{\mathrm{A}} \left(d_{ij}^{\mathrm{GT}}\right)^3} = \frac{\left(d_{ij}^{\mathrm{LT}}\right)^3}{\left(d_{ij}^{\mathrm{GT}}\right)^3} \qquad (2\text{-}35\mathrm{b})$$

式（2-35）表示在两种不同的相状态下，气体相和液体相的分子第一斥压力间的相互关系，即通过一相数据，有可能计算或核对另一相的数据。

显然，讨论分子第一斥压力 $U_{\mathrm{K\text{-}Pl}}^{\mathrm{SL}} = P^{\mathrm{SL}} b^{\mathrm{SL}}$ 需注意的是分子协体积，分子协体积的物理意义是物质中每摩尔全部分子自身体积的总和。

分子协体积是讨论大量分子相互作用参数关系的重要基础性质数据，就宏观分子相互作用理论而言，与分子协体积有关的分子压力有分子第一斥压力、物质体系压力、分子第二斥压力和分子吸引压力。实际上在宏观分子相互作用理论中得到的分子协体积的概念也是在讨论分子这些第二动压力时得到的物理概念。例如：讨论分子第一斥压力时 b 被认为是分子协

体积 $b = V_m - V_m^f$。

从上式来看，分子协体积的物理概念简单地说是两个不同体积之差，其中 V_m 是每摩尔物质具有的体积，可理解为这个体积由两部分组成，一部分是摩尔体积中所有分子可能自由活动的体积 V_m^f，另一部分是摩尔体积中所有分子均只可以自由活动的体积，也就是说，二者体积之差值应该是物质分子不可以自由活动的体积，这部分体积被称为分子协体积，以符号 b 表示。阻碍动态分子在体系中自由活动的最大影响是这些分子本身的体积所占物质的体积，故而设物质的分子协体积是每摩尔物质分子本身具有的体积总和，物理化学认为分子体积以分子硬球直径 σ 表示，即定义分子协体积计算式为

$$b = N_A \sigma^3 \tag{2-36}$$

知道了分子协体积的计算，需了解物质在不同状态条件下是否还有空间留有活动态分子自由活动。即分子能否在物质空间中有着可以进行自由活动的体积，故称为分子活动协商体积，简称为分子协体积。

下面以水为例，水中有动态分子，在各状态条件下体系除动态分子本身存在的体积外，还给分子自由活动保留的空间，即讨论温度在 280～650K 范围内摩尔体积除去被分子本身体积占去的空间外还给动态分子留有多少空间，与温度的关系见图 2-2。

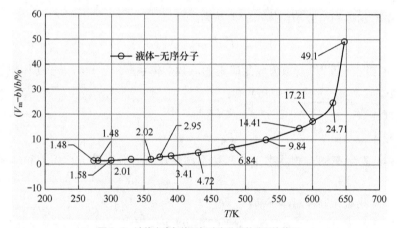

图 2-2　液体水摩尔体积与动态分子的分子协体积

由图 2-2 知体系在低温（熔点附近，<350K），体系 V_m 可以提供动态分子自由活动的空间不大，V_m 仅比 b 约大 1%～2%空间，体系温度上升，到临界状态附近时可以有约近 50%的空间，这说明体系可以提供给动态分子自由活动的空间不能过大，体系希望动态分子自身体积在低温下与体系摩尔体积相差约 1%～2%，温度高时相差约 20%～50%，因而宏观分子相互作用理论希望物质的分子协体积不要太大。

已知，$b = V_m - V_m^f$，改变此式，$V_m^f = V_m - b$，式中 V_m^f 越大，表示可能越有利于动态分子的自由活动，即物质中动态分子越活跃，$V_m^f = 0$，表示有 $V_m = b$，体系动态分子不能活动。

因此分子协体积的第一条要求：$V_m > b$，即要求物质的分子间距 > 物质分子硬球直径，$d_{ij} > \sigma$。

分子协体积的第二条要求：对液体物质要求分子协体积不能过大，以免影响物质中动态分子的自由活动。希望物质在温度低时分子协体积小一点，在温度高时分子协体积可以

大一点。

图 2-2 的计算数据见表 2-2。

表 2-2 液体水在熔点～临界点的不同温度下摩尔体积与分子协体积

温度/K	V_m/(cm³/mol)	分子间距/Å	水动态分子σ/Å	$\dfrac{r_{ij}-\sigma}{\sigma}$/%
273.15	18.015	3.1043	3.059	1.48
280	18.015	3.1043	3.059	1.48
300	18.069045	3.1074	3.059	1.58
330	18.30324	3.1208	3.059	2.02
360	18.62751	3.1391	3.059	2.62
373.15	18.80766	3.1492	3.059	2.95
390	19.05987	3.1632	3.059	3.41
430	19.798485	3.2035	3.059	4.72
480	21.023505	3.2683	3.059	6.84
530	22.84302	3.3600	3.059	9.84
580	25.815495	3.4998	3.059	14.41
600	27.761115	3.5856	3.059	17.21
630	33.43584	3.8149	3.059	24.71
647.3	57.10755	4.5602	3.059	49.07

为此希望了解各种计算分子协体积的方法。

目前已知计算物质的分子协体积的方法有三种。

【方法 1】量子力学计算[5-8]，分子协体积计算式为

$$b = \frac{2}{3}\pi N_A \sigma^3 \tag{2-37}$$

量子力学计算的理论依据是物质的分子硬球直径。

【方法 2】宏观分子相互作用理论方法，计算分子硬球直径数据（见本书第 4 章和附录 3 内容），计算式为

$$b = N_A \sigma^3$$

宏观分子相互作用理论的依据也是物质的分子硬球直径，因而方法 1 和方法 2 在分子协体积上有着相同的理论依据。

作为讨论比较，对方法 1 和方法 2 选择一些物质的分子硬球直径数据列于表 2-3。

表 2-3 由量子力学和本书附录 3 计算的一些烷烃的分子硬球直径数据

物质	甲烷	乙烷	丙烷	丁烷	戊烷
$\sigma^{①}$/Å	3.758	4.443	5.118	4.668	5.784
无序分子$\sigma^{②}$/Å	3.233	3.847	3.059	4.2529	5.123
有序分子$\sigma^{②}$/Å	—	3.9546	4.4355	4.2382	5.033

物质	甲醇	乙醇	水	己烷
$\sigma^{①}$/Å	3.626	4.53	2.641	5.947
无序分子$\sigma^{②}$/Å	3.233	3.847	3.059	5.231
有序分子$\sigma^{②}$/Å	3.17	3.844	3.056	5.227

①量子力学计算数据[5-8]。

②宏观分子相互作用理论计算数据，见本书附录3。

表 2-3 数据表明：量子力学所计算的物质状态不明，其计算的分子硬球直径稍大于宏观分子相互作用理论计算的饱和液体状态物质的数值，无论是物质中动态无序分子，还是物质中静态有序分子的数据。同物质中动态无序分子的分子硬球直径与静态有序分子的数据接近。

表 2-4 比较了量子力学计算与宏观分子相互作用理论计算的饱和气体状态物质的分子硬球直径数据。

表 2-4　量子力学计算与宏观分子相互作用理论计算的饱和气体状态物质的分子协体积数据

计算结果	甲烷	乙烷	丙烷	丁烷	戊烷	己烷	甲醇	乙醇	水
$b_1^{①}$	66.98	110.7	169.2	130	242	265.7	60.17	118.8	23.25
$b_2^{②}$	29.332	43.548	48.683	73.93	88.831	115.637	44.464	58.556	19.258
$b_1/b_2^{③}$	2.284	2.542	3.476	1.758	2.724	2.298	1.353	2.029	1.207

①量子力学计算的分子协体积[5-8]〔计算式：$(2/3)\pi N_A\sigma^3$〕；

②宏观分子相互作用理论计算的分子协体积（计算式：$N_A\sigma^3$）；

③方法 1 和方法 2 分子协体积比值（方法 1/方法 2）。

表 2-4 所列数据表明，量子力学计算的分子硬球直径数据与宏观分子相互作用理论计算的饱和气体状态物质的数据有些接近，故推测量子力学计算对象的物质状态也有可能是气体。

因此，这里以何种状态的分子硬球直径数据用于物质的分子协体积数据应还有推敲余地。但是表 2-4 中 9 个不同物质的数据表明，量子力学列示的分子协体积确实比宏观分子相互作用理论方法的数据要大得多，9 个不同物质的分子协体积平均值与宏观分子相互作用理论数据的平均值的比值高达 2.186。

为此我们需要探寻其他理论来研究分子协体积。

在第 1 章讨论中已提出宏观分子相互作用理论的理论属性为唯象理论，宏观分子相互作用理论与热力学理论等是有可能相互借鉴、相互完善、相互补充的。

【方法 3】热力学状态方程计算协体积的方法。

热力学设 b 为摩尔物质中分子本身具有的总体积，其计算式为

$$b = \Omega_b \frac{RT_C}{P_C} \tag{2-38}$$

宏观分子相互作用理论中使用的 Soave 方程、Peng-Robinson 方程和童景山方程，均应用上式计算物质的分子协体积。Ω_b 为 b 系数，各个状态方程计算的 b 系数 Ω_b 数值不同[9,10]。

Soave 方程　　　　　$b = \Omega_b \dfrac{RT_C}{P_C}$，　$\Omega_b = 0.08664$

Peng-Robinson 方程　　　$b = \Omega_b \dfrac{RT_C}{P_C}$，　$\Omega_b = 0.07780$

童景山方程 $\qquad b = \Omega_b \dfrac{RT_C}{P_C}$, Ω_b 为 0.0883883

上列各方程所用数据不同，表明不同状态方程所得的 Ω_b 数据彼此并不相同，说明这一参数值是允许变动的，但这个变动对宏观分子相互作用理论有影响。为讨论结果正确，对大量分子间相互作用参数的计算方法有一些要求，即使用 Soave 方程、Peng-Robinson 方程和童景山方程计算时，要求其最终计算结果为三个方程结果的平均值。

但是热力学理论为什么定义 b 是分子协体积并不清楚，如果从其定义的计算式来分析，热力学理论似乎认为 $\dfrac{RT_C}{P_C}$ 是讨论物质在临界态下的某种体积，而分子协体积是其中小部分体积，并取决于式中系数 Ω_b。

由于这是热力学理论的定义，我们应该承认这是物质分子协体积的一种，但也应承认热力学对分子协体积的理解与方法 1 和方法 2 有所不同。

因此，需要了解方法 3 所得到的分子协体积数据是否与方法 1 和方法 2 得到的分子协体积数据相同，如果相同或接近，说明方法 3 所得分子协体积也可能是物质的分子协体积。上述三种方法对一些物质计算的分子协体积数值列于表 2-5。

表 2-5　不同方法计算的一些物质的分子协体积数据比较

方法 1．量子力学计算的协体积[5-8]　[计算式：$(2/3)\pi N_A \sigma^3$]									
物质	甲烷	乙烷	丙烷	丁烷	戊烷	己烷	甲醇	乙醇	水
$b/(\mathrm{cm}^3/\mathrm{mol})$	66.98	110.7	169.2	130	242	265.7	60.17	118.8	23.25
方法 2a．气体的分子硬球直径 σ 和分子协体积 $b = N_A \sigma^3$（见附录 3）									
分子硬球直径/Å	3.652	4.166	4.324	4.970	5.284	5.769	4.195	4.598	3.174
$b/(\mathrm{cm}^3/\mathrm{mol})$	29.332	43.548	48.683	73.930	88.831	115.637	44.464	58.556	19.258
方法 2b．液体的动态分子硬球直径 σ 和分子协体积 $b = N_A \sigma^3$（见附录 3）									
分子硬球直径/Å	3.402	3.985	4.436	4.253	5.123	5.231	3.233	3.847	3.059
$b/(\mathrm{cm}^3/\mathrm{mol})$	23.713	38.115	52.558	46.324	80.970	86.200	20.350	34.286	17.238
方法 2c．液体的静态分子硬球直径 σ 与分子协体积 $b = N_A \sigma^3$（见附录 3）									
分子硬球直径/Å	—	3.984	4.436	4.238	5.033	5.227	3.170	3.844	3.056
$b/(\mathrm{cm}^3/\mathrm{mol})$	—	38.115	52.558	46.324	80.970	86.200	20.350	34.286	17.238
热力学参数	热力学理论的分子协体积，$b' = RT_C/P_C$								
T_C	190.6	305.4	369.8	628	469.6	507.4	512.6	516.2	647.3
P_C	80.96	48.84	42.46	52.69	33.74	29.69	72.35	63.83	220.48
Z_C	0.288	0.285	0.281	0.295	0.262	0.26	0.224	0.248	0.229
热力学计算项	195.73	519.88	724.10	990.93	1157.16	1420.86	589.05	672.36	244.09
Soave、PR 和童景山三个状态方程的热力学分子协体积计算									
$b(\Omega_b=0.08664)$	16.96	44.45	61.92	84.73	98.95	121.50	50.37	57.49	20.87
$b(\Omega_b=0.0778)$	15.27	40.55	56.48	77.29	90.26	110.83	45.95	52.44	19.04
$b(\Omega_b=0.0883883)$	17.30	45.95	64.00	87.59	102.28	125.59	52.06	59.43	21.57
三方程平均值 b'	16.51	43.65	60.80	83.20	97.16	119.30	49.46	56.46	20.50

宏观分子相互作用理论计算分子协体积 b 与热力学理论计算 b' 比较 [误差 = $(b'-b)/b$]

物质	甲烷	乙烷	丙烷	丁烷	戊烷	己烷	甲醇	乙醇	水
与方法 2a 比较的误差/%	−43.718	0.239	24.889	12.545	9.378	3.171	11.236	−3.587	6.424
与方法 2b 比较的误差/%	−30.382	14.527	15.681	79.614	19.998	38.404	143.045	64.661	18.894
与方法 2c 比较的误差/%	—	14.527	15.681	79.614	19.998	38.404	143.045	64.661	18.894

表 2-5 中比较了三种不同的计算分子协体积的方法：

① 方法 1 量子力学计算协体积方法见文献[5-8]，其计算式为 $\frac{2}{3}\pi N_A \sigma^3$，式中 N_A 为阿伏伽德罗常数；σ 为物质的分子硬球直径。量子力学计算的协体积数据是三种方法中得到的数值最大的，也与其他两种方法得到的数值偏差较大。故而宏观分子相互作用理论不采用这个方法计算分子协体积。

② 方法 2 是以宏观分子相互作用理论的宏观位能曲线计算的物质分子硬球直径,进而计算物质分子协体积。其计算式为 $N_A \sigma^3$，其理论依据是当分子排斥力与分子吸引力相等时物质的分子间距为分子硬球直径，以 $P_{P2}^G - P_{at}^G =0$ 条件下计算的分子硬球直径数据见附录 3。以此计算的一些物质的分子协体积数据见表 2-5。方法 2 的优点是可以得到气体、液体和固体的分子硬球直径，进而得到分子协体积的数据，缺点是理论基础要求较高，所依据的分子相互作用参数计算较复杂，需计算机配合。

③ 方法 1 和方法 2 的分子协体积理论基础均是分子硬球直径,二者计算得到的分子硬球直径数据十分接近，方法 2 计算的饱和气体的分子硬球直径与量子力学计算的更接近一些，因此我们认为方法 1 和方法 2 在分子协体积讨论的理论基础上可能会有相同点，通过量子力学希望用于物质分子相互作用的基础数据以及分子硬球直径，能够计算得到更多物质的σ，并使得到的物质σ数据正确性更高些。

④ 热力学理论以 $b' = \Omega_b \frac{RT_C}{P_C}$ 计算的分子协体积数据（见表 2-5），与宏观分子相互作用理论的计算结果可能出现的误差范围见表 2-6。

表 2-6　热力学理论与宏观分子相互作用理论可能的误差范围

物质	甲烷	乙烷	丙烷	丁烷	戊烷	己烷	甲醇	乙醇	水
误差范围 /%	−30.382～ −43.718	0.239～ 14.527	24.889～ 15.681	12.545～ 79.614	9.378～ 19.998	3.171～ 38.404	11.236～ 143.045	−3.587～ 64.661	6.424～ 18.894

由表 2-6 所列数据看，热力学理论计算式计算结果可能出现的误差最小为 0.2%～14%，最大为 11%～140%，因而以热力学理论计算式计算，可以认为不适用于分子协体积的计算，至少不适合直接用于分子协体积的计算。

因此，方法 1、方法 2 和方法 3 间关系，宏观分子相互作用理论将采用以下方法处理。

① 宏观分子相互作用理论以分子相互作用参数方法得到的分子硬球直径为基础讨论分子协体积，希望与量子力学方法 1 结合以改进获得物质分子硬球直径的方法，但不采用方法 1 计算分子协体积。

② 热力学理论对于计算物质在不同 P、T、V 状态条件下的分子协体积数据，可按热力

学计算式 $b = \Omega_b \dfrac{RT_C}{P_C}$，根据热力学理论定义这是分子协体积，但注意这个分子协体积与量子力学和宏观分子相互作用理论以分子硬球直径为定义的分子协体积在理论概念上不同，而且热力学理论的分子协体积数据的计算式与方法 2 的计算方法并不符合（表 2-5），因而我们认为热力学理论定义的"分子协体积"应该慎重对待。由于与方法 1 和方法 2 的物理概念思路不同，故而在方法 1 或方法 2 以分子硬球直径为基础讨论物质中分子相互作用时希望避免引入热力学理论的分子协体积概念，以免影响分子相互作用参数间关系的讨论。但将热力学分子协体积融合到宏观分子相互作用理论或量子力学讨论思路上来确有一定难度，经过推敲，在本书第 2.7 节"热力学的分子协体积"部分进行了详细的介绍，探索将热力学理论与宏观分子相互作用理论融合起来。

前面讨论介绍了物质分子协体积的现有计算方法和分子协体积对物质的一些应用。分子协体积对各分子压力有重要影响，对本节讨论的第二分子动压力、分子第一斥压力、分子第二斥压力和分子吸引压力均有重要影响。下面讨论烷烃的分子第一斥压力，即分子本身存在的体积对分子理想动能的影响。

分子第一斥压力反映的是体系分子本身存在的体积对分子理想位能的影响。分子第一斥压力的计算式 $P_{P1} = P\dfrac{b}{V_m}$，由于此项影响的形式与压力有关，对体系动态分子理想动能的影响可以以膨胀功形式呈现：

$$P_{P1}V_m = Pb \tag{2-39}$$

故分子第一斥压力对分子理想位能的影响为：

对饱和气体 $\qquad\qquad U_{K\text{-}P1}^{SG} = P_{P1}^{SG}V_m^{SG} = P^{SG}b^{SG} \tag{2-40a}$

对饱和液体 $\qquad\qquad U_{K\text{-}P1}^{SL} = P_{P1}^{SL}V_m^{SL} = P^{SL}b^{SL} \tag{2-40b}$

式中，P^{SG}、P^{SL} 为饱和气体与饱和液体的压力；P_{P1}^{SG}、P_{P1}^{SL} 是饱和气体与饱和液体的体系分子第一斥压力，讨论前先介绍一物质性质，物质的实际体积与分子协体积的比较，即

$$J_V^T = \frac{V_m^T}{b} = \frac{N_A r_{ij}^3}{N_A \sigma^3} = \frac{r_{ij}^3}{\sigma^3} \tag{2-41}$$

式中，r_{ij} 是在温度 T 下物质的分子间距。

由此知，分子第一斥压力

$$P = P_{P1}J_V^T \tag{2-42}$$

式（2-42）表示体系压力 P 与分子第一斥压力的关系。

分子第一斥压力对分子理想动能的影响如下。

已知，分子第一斥压力对分子理想动能影响的位能：

对饱和气体 $\qquad\qquad U_{K\text{-}P1}^{SG} = P_{P1}^{SG}V_m^{SG} = P^{SG}b_0^{SG}$

对饱和液体 $\qquad\qquad U_{K\text{-}P1}^{SL} = P_{P1}^{SL}V_m^{SL} = P^{SL}b_0^{SL}$

说明：分子第一斥压力位能的影响对气体或液体情况相似。分子第一斥压力位能的影响可以以两种形式表示：

① 以分子第一斥压力的膨胀功表示：

对饱和气体 $\qquad\qquad U_{K\text{-}P1}^{SG} = P_{P1}^{SG}V_m^{SG} = P_{P1}^{SG}J_V^T b_0^{SG} \tag{2-43a}$

对饱和液体
$$U_{\text{K-P1}}^{\text{SL}} = P_{\text{P1}}^{\text{SL}} V_{\text{m}}^{\text{SL}} = P_{\text{P1}}^{\text{SL}} J_V^T b_0^{\text{SL}} \tag{2-43b}$$

② 以每个分子做的第一斥压力的膨胀功表示：

对饱和气体
$$U_{\text{K-P1}}^{\text{SG}} = P^{\text{SG}} b_0^{\text{SG}} = N_A J_V^{\text{SGT}} \times \left[P_{\text{P1}}^{\text{SG}} \times \left(\sigma^{\text{SG}} \right)^3 \right] \tag{2-44a}$$

对饱和液体
$$U_{\text{K-P1}}^{\text{SL}} = P^{\text{SL}} b_0^{\text{SL}} = N_A J_V^{\text{SLT}} \times \left[P_{\text{P1}}^{\text{SL}} \times \left(\sigma^{\text{SL}} \right)^3 \right] \tag{2-44a}$$

物质分子第一斥压力对体系动态分子理想动能的影响 U_{KP1}，单位 bar·cm³/mol。

$$U_{\text{KP1}} = P_{\text{P1}} V_{\text{m}} = f(T/\text{K}) \quad \text{或} \quad U_{\text{KP1}} = P b_0 = f(T/\text{K}) \tag{2-45}$$

图 2-3 以式（2-45）表示体系动态分子理想动能受到的影响与体系温度的关系。

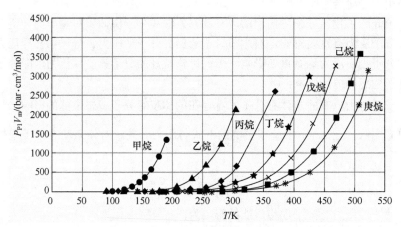

图 2-3　饱和气体烷烃分子本身体积位能对分子理想动能的影响

图 2-3 表明：

① 饱和气体物质在低温状态下物质分子间距较大，分子间相互作用不大，对动态分子的运动影响不大，低温下 U_{KP1} 数值很小，接近零值。

② 饱和气体物质在临界温度处承受较大的压力，体系分子间距接近，此时应是讨论物质分子位能对分子运动影响最大的情况，也应是此物质的体系状态中 U_{KP1} 数值最大的情况。

③ 饱和气体物质在低温下分子间距较大，分子间相互作用不大，不同物质分子可以对动态分子理想运动产生影响的分子间距不同，同类物质烷烃中分子量大的物质其分子间相互作用应强于分子量小的物质，由甲烷到己烷在图中的影响分布曲线也呈现此规律。但分子量庚烷＞己烷，临界压力庚烷＜己烷，而临界温度又庚烷＞己烷，故以 U_{KP1} 表示影响值时庚烷＜己烷，见表 2-7。

表 2-7　庚烷与己烷的对比

物质	临界压力/bar	临界温度/K	P_{P1}/bar	U_{KP1} / (bar·cm³/mol)
己烷	30.4	507.68	9.762	3578.09
庚烷	27.36	540.166	2.515	3186.92

由此进而讨论饱和气体与饱和液体的第一斥压力对动态分子理想运动的影响。下面以水为例讨论饱和气体与饱和液体的第一斥压力的位能。

对饱和气体
$$U_{\text{K}_{\text{P1}}}^{\text{G}} = P_{\text{P1}}^{\text{G}} V_{\text{m}}^{\text{G}}$$

对饱和液体
$$U_{K_{P1}}^L = P_{P1}^L V_m^L$$

设 $U_{KP_{P1}}^G$ 和 $U_{KP_{P1}}^L$ 为物质在饱和气体、饱和液体状态的物质分子本身存在的体积对动态分子理想动能的影响，单位 bar·cm³/mol，其计算式为

$$U_{KP_{P1}}^G = P_{P1}^G V_m^G \text{ 或 } U_{KP_{P1}}^G = P^G b \tag{2-46}$$

表2-8 水的分子第一斥压力对动态分子的理想运动可能产生的影响

物质		饱和气体			饱和液体			$\delta U^{①}$
P	T	V_m	P_{P1}	$P_{P1}V_m$	V_m	P_{P1}	$P_{P1}V_m$	
1.62×10^{-6}	200	1.03×10^{10}	3.25×10^{-15}	3.33×10^{-5}	19.44	1.53×10^{-6}	2.97×10^{-5}	1.119
8.91×10^{-5}	230	2.13×10^{8}	8.68×10^{-12}	1.84×10^{-3}	19.53	8.28×10^{-5}	1.62×10^{-3}	1.140
3.72×10^{-4}	240	5.36×10^{7}	1.42×10^{-10}	7.63×10^{-3}	19.55	3.45×10^{-4}	6.74×10^{-3}	1.131
1.96×10^{-3}	260	1.10×10^{7}	3.64×10^{-9}	4.02×10^{-2}	19.6	1.80×10^{-3}	3.52×10^{-2}	1.141
6.11×10^{-3}	273.15	3.72×10^{6}	3.37×10^{-8}	1.25×10^{-1}	19.65	5.58×10^{-3}	1.10×10^{-1}	1.142
6.11×10^{-3}	273.15	3.72×10^{6}	3.37×10^{-8}	1.25×10^{-1}	18.02	5.63×10^{-3}	1.02×10^{-1}	1.234
9.90×10^{-3}	280	2.35×10^{6}	8.65×10^{-8}	2.03×10^{-1}	18.02	9.08×10^{-3}	1.64×10^{-1}	1.243
3.53×10^{-2}	300	7.05×10^{5}	1.03×10^{-6}	7.25×10^{-1}	18.07	3.21×10^{-2}	5.80×10^{-1}	1.250
1.72×10^{-1}	330	1.59×10^{5}	2.22×10^{-5}	3.53	18.3	1.54×10^{-1}	2.81	1.256
6.21×10^{-1}	360	4.77×10^{4}	2.69×10^{-4}	12.81	18.63	5.46×10^{-1}	10.18	1.258
1.013	373.15	3.03×10^{4}	6.90×10^{-4}	20.85	18.81	8.84×10^{-1}	16.62	1.255
1.794	390	1.77×10^{4}	1.57×10^{-3}	27.74	19.06	1.54	29.4	0.944
5.699	430	6.07×10^{3}	1.93×10^{-2}	116.93	19.8	4.75	94.01	1.244
17.9	480	2052.82	1.79×10^{-1}	367.89	21.02	14.15	297.42	1.237
44.58	530	831.72	1.06	879.85	22.84	32.75	748.18	1.176
94.51	580	364.32	4.92	1790.78	25.82	62.61	1616.37	1.108
123.5	600	246.81	8.49	2095.86	27.76	77.24	2144.3	0.977
179.7	630	135.11	26.35	3560.59	33.44	97.4	3256.76	1.093
221.2	647.3	57.11	79.26	4526.26	57.11	78.66	4491.81	1.008

① $\delta U = P_{P1}^G V_m^G / P_{P1}^L V_m^L$。

表2-8 数据表明：

① 物质在各状态点处有 $V_m^G \neq V_m^L$，$P_{P1}^G \neq P_{P1}^L$，故而在各状态点处有 $U_{KP_{P1}}^G \neq U_{KP_{P1}}^L$。从表2-8 数据知，饱和气体的 $U_{KP_{P1}}^G = P_{P1}^G V_m^G$ 要大于饱和气体的 $U_{KP_{P1}}^L = P_{P1}^L V_m^L$，但二者数值相差不大，气体稍大于液体。

② 由式（2-46）知各状态点处有 $P^G = P^L$，故设：

$$\delta U = \frac{U_{KP_{P1}}^G}{U_{KP_{P1}}^L} \neq \frac{P^G b^G}{P^L b^L} = \frac{N_A (\sigma^3)^G}{N_A (\sigma^3)^L} \tag{2-47}$$

由本书的附录3可以得到水的动态分子在气体和液体状态下的分子硬球直径（表2-9）。

表2-9 水的动态分子在气体和液体状态下的分子硬球直径

物质	气体σ/Å	液体动态分子σ/Å	气体σ/液体σ	气体$(\sigma^3)^G$/液体$(\sigma^3)^L$
水	3.174	3.059	1.038	1.117

将表2-8的气体影响/液体影响（δU）与气体$(\sigma^3)^G$/液体$(\sigma^3)^L$比较，列示于图2-4。

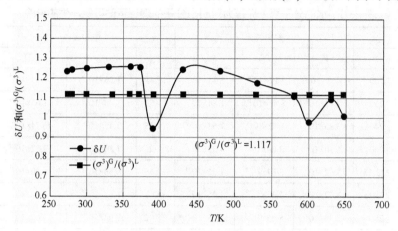

图2-4 气体水和液体水中动态分子的分子硬球直径

图2-4表明，在低温（273.5～373K）时$\delta U > 1$，反映气体中分子第一斥压力的影响稍大于液体，并且表示气体水分子的分子硬球直径确大于液体水，气体水分子的分子硬球直径还可能要稍大于这里用于计算的气体σ = 3.171Å。为此我们按照表2-8的δU的数据反过来计算不同温度下气体的分子硬球直径，结果如表2-10所示。

表2-10 气体水中分子硬球直径数据

温度/K	δU(表2-8)	液态水动态分子σ/Å	气体水的分子硬球直径σ/Å			液态水动态分子相对于气体水分子σ的偏差/%
			计算用气体水σ/Å	以δU计算的σ/Å	偏差/%	
273.15	1.234	3.059	3.174	3.282	3.39	6.78
280	1.243	3.059	3.174	3.289	3.62	6.99
300	1.250	3.059	3.174	3.295	3.82	7.17
330	1.256	3.059	3.174	3.301	3.99	7.32
360	1.258	3.059	3.174	3.303	4.05	7.37
373.15	1.255	3.059	3.174	3.299	3.94	7.28
390	0.944	3.059	3.174	3.000	−5.47	−1.96
430	1.244	3.059	3.174	3.290	3.65	7.01
480	1.237	3.059	3.174	3.284	3.46	6.84
530	1.176	3.059	3.174	3.229	1.73	5.26
580	1.108	3.059	3.174	3.165	−0.27	3.36
600	0.977	3.059	3.174	3.036	−4.35	−0.76
630	1.093	3.059	3.174	3.151	−0.71	2.93
647.3	1.008	3.059	3.174	3.067	−3.38	0.25

表 2-10 表明，以表 2-8 中 δU 数据计算气体水的分子硬球直径最大的为 3.303Å，与理论计算的 3.174Å 的偏差为 4.05%，因此理论计算的 3.174Å 可以认为应是正确的。

$$U_{KP_1}^G = P_{P1}^G V_m \quad \text{或} \quad U_{KP_1}^G = Pb$$

③ 由表 2-10 知，在低温（273.15～430K）下气体的分子硬球直径与液体中动态分子的 σ 值的偏差约 6%～7%，但温度提高时气体的 σ 值逐渐减小，当体系温度继续提高，体系压力提升，在临界状态时气体的分子硬球直径与液体中动态分子的 σ 值的偏差降到零值，临界温度处气体的分子硬球直径 $\sigma = 3.067$Å，而液体中动态分子的 $\sigma = 3.059$，二值相差仅 0.25%，即在临界温度点处饱和气体和饱和液体的动态分子协体积数值十分接近，即 $b^G \approx b^L$（临界温度），因而在物质的临界点处物质分子位能对物质动态分子运动的影响可以认为近似相同。物质的临界点处气体的分子第一斥压力位能影响为 $U_{KP_1}^G = 4526.26$，液体的 $U_{KP_1}^L = 4491.81$。在物质的临界点处二者相等。

2.4.2.2 分子第二斥压力的影响

分子第二斥压力的影响反映了体系分子间在相互接近到一定距离时，分子间电子出现排斥作用即出现 Boer 效应时对分子理想动能的影响。分子第二斥压力的计算式：

$$P_{P2} = P_{at} \frac{b}{V_m} \tag{2-48}$$

分子第二斥压力的位能对分子理想动能的影响为：

饱和气体 $\qquad\qquad U_{KP2}^G = P_{P2}^{SG} V_m^{SG} = P_{at}^{SG} b^{SG}$ \hfill (2-49a)

饱和液体 $\qquad\qquad U_{KP2}^L = P_{P2}^{SL} V_m^{SL} = P_{at}^{SL} b^{SL}$ \hfill (2-49b)

式中，P_{P2}^{SG}、P_{P2}^{SL}、P^{SG}、P^{SL} 分别表示饱和气体和饱和液体的体系分子第二斥压力和吸引压力；b^{SG}、b^{SL} 为分子协体积，是物质的分子本身具有的体积。显然，讨论分子第二斥压力需注意的是物质的分子协体积数据。

比较式（2-22）和式（2-48），二者在形式上似乎是近似的，故按分子第一斥压力的讨论思路讨论分子第二斥压力对物质中动态分子动能的影响。

由式（2-48）可知分子第二斥压力的一些分子行为。

① 已知，分子第二斥压力对物质的动态分子动能的影响为：

气体物质 $\qquad U_{K-P2}^{SG} = P_{at}^{SG} b^{SG}$；$\quad U_{K-P2}^{SG} = P_{P2}^{SG} V_m^{SG}$ \hfill (2-50a)

液体物质 $\qquad U_{K-P2}^{SL} = P_{at}^{SL} b^{SL}$；$\quad U_{K-P2}^{SL} = P_{P2}^{SL} V_m^{SL}$ \hfill (2-50b)

② 设每个分子的分子第二斥压力对物质的动态分子动能的贡献为 U_{Km-P2}^S。

气体物质 $\qquad U_{K-P2}^{SG} = P_{at}^{SG} b^{SG} = P_{at}^{SG} N_A \sigma^3 = U_{Km-P2}^{SG} \times N_A$ \hfill (2-51a)

液体物质 $\qquad U_{K-P2}^{SL} = P_{at}^{SL} b^{SL} = P_{at}^{SL} N_A \sigma^3 = U_{Km-P2}^{SL} \times N_A$ \hfill (2-51b)

亦就是说，体系中每个分子的分子第二斥压力对物质动态分子动能的贡献，统计平均值为：

$$\bar{U}_{Km-P2}^S = \frac{\bar{U}_{K-P2}^S}{N_A} \tag{2-52}$$

气体物质 $\qquad\qquad \bar{U}_{Km-P2}^{SG} = \frac{\bar{U}_{K-P2}^{SG}}{N_A}$ \hfill (2-53a)

液体物质 $\qquad\qquad \bar{U}_{Km-P2}^{SL} = \frac{\bar{U}_{K-P2}^{SL}}{N_A}$ \hfill (2-53b)

气体和液体是饱和状态物质，但 $P_{at}^{SG} \neq P_{at}^{SL}$。

故气体和液体每个分子的分子第二斥压力对物质动态分子动能的贡献不同，即

$$\bar{U}_{Km\text{-}P2}^{SG} \neq \bar{U}_{Km\text{-}P2}^{SL} \tag{2-54}$$

③ 设每摩尔体积中的分子第二斥压力对物质的动态分子动能的贡献为 $U_{KVm\text{-}P2}^{S}$，

气体物质
$$U_{KV_m\text{-}P2}^{SG} = \frac{U_{K\text{-}P2}^{SG}}{V_m^{SG}} \tag{2-55a}$$

液体物质
$$U_{KV_m\text{-}P2}^{SL} = \frac{U_{K\text{-}P2}^{SL}}{V_m^{SL}} \tag{2-55b}$$

亦就是说，体系中每摩尔体积分子的分子第二斥压力对物质动态分子动能的贡献：

气体物质
$$U_{KV_m\text{-}P2}^{SG} = \frac{U_{K\text{-}P2}^{SG}}{V_m^{SG}} = P_{P2}^{SG} \tag{2-56a}$$

液体物质
$$U_{KV_m\text{-}P2}^{SL} = \frac{U_{K\text{-}P2}^{SL}}{V_m^{SL}} = P_{P2}^{SL} \tag{2-56b}$$

故而物质中每摩尔体积中的分子第二斥压力对物质的动态分子动能的贡献即为该物质的分子第二斥压力，气体和液体均是如此。

④ 下面讨论每摩尔体积中的分子第二斥压力对物质的动态分子动能的贡献与每个分子的分子第二斥压力对物质的动态分子动能的贡献的关系。

设已知温度 T/K 下体系的摩尔体积为：

$$V_{m,T}^{S} = N_A d_{ij,T}^3 \tag{2-57}$$

式中，$d_{ij,T}$ 为温度 T 下体系的分子间距离，单位为 Å。温度一定时体系的分子间距离一定。故

对饱和气体
$$P_{P2}^{SG} J_V^{GT} = P_{at}^{SG}; \quad J_V^{GT} = \frac{P_{at}^{SG}}{P_{P2}^{SG}} \tag{2-58a}$$

对饱和液体
$$P_{P2}^{SL} J_V^{LT} = P_{at}^{SL}; \quad J_V^{LT} = \frac{P_{at}^{SL}}{P_{P2}^{SL}} \tag{2-58b}$$

对饱和状态物质，分子吸引压力在同样温度下 $P_{at}^{SG} \neq P_{at}^{SL}$。

故
$$P_{P2}^{SG} J_V^{GT} \neq P_{P2}^{SL} J_V^{LT} \tag{2-59}$$

由式（2-58）得
$$\frac{J_V^{GT}}{J_V^{LT}} = \frac{P_{at}^{SG}}{P_{P2}^{SG}} \bigg/ \frac{P_{at}^{SL}}{P_{P2}^{SL}} \tag{2-60}$$

式（2-60）表示分子第二斥压力和分子吸引压力两种性质之间的关系。由于在一般讨论条件下物质中分子间距应大于分子硬球直径，$d_{ij} > \sigma$，故而无论是气体还是液体，J_V 数值应大于 1，故无论是气体还是液体，物质中应存在关系：

$$P_{at}^{S} > P_{P2}^{S} \tag{2-61}$$

式（2-60）表示在两种不同的相状态，一是气体，另一是液体，分子吸引压力对分子第二斥压力的比值，亦就是通过一相的数据，可以计算或核对另一相的数据。

故分子第一斥压力和分子第二斥压力对物质的分子理想动能的影响是不同的，图 2-5 表示同一物质甲烷在饱和气体和液体不同物质状态下分子压力 P_{P1}^{G} 和 P_{P1}^{L} 和 P_{P2}^{G} 和 P_{P2}^{L} 的分子行为的比较。

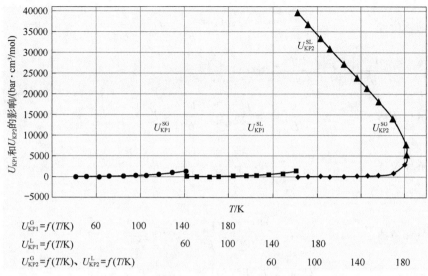

图2-5　甲烷气体和液体 P_{P1} 和 P_{P2} 对分子理想动能的影响比较

图2-5 表明：

① 上面讨论已说明，物质中分子本身存在的体积会对物质中动态分子的平动运动的动能产生影响。物质处在相同压力和相同温度下饱和气体状态与饱和液体状态所受到的影响是相同的。物质处在饱和低温状态，例如甲烷的熔点处这个影响最小，而在饱和高温高压状态，例如在甲烷的临界点处这个影响最大。以甲烷为例，在压力为 45.95bar、温度为 190.56K 时其最大影响值 U_{KP1} =1344.20bar·cm³/mol。

② 物质分子间存在的 Boer 效应所产生的分子第二斥压力，也会对物质中动态分子的平动运动动能产生影响，但与分子第一斥压力的影响不同处是物质处在饱和气体状态与饱和液体状态所受到的影响是不同的。这与物质分子本身存在的体积产生的影响不同。例如甲烷在饱和气体状态，当物质处在饱和低温状态时 U_{KP2} 值很低，接近零值，亦就是此时可以认为 Boer 效应对动态分子的运动不产生影响，但在饱和气体高温高压状态，例如在甲烷的临界点处，以甲烷为例，在压力为 45.95bar、温度为 190.56K 临界点时其最大影响值 U_{KP2}^{G} 为 5287.10bar·cm³/mol，远大于上述的分子本身存在的体积对物质中动态分子的平动运动动能产生的影响。

甲烷在饱和液体状态下与饱和气体状态下的分子行为完全不同，饱和液体在高温高压状态 U_{KP2}^{L} 数值是 5296.15bar·cm³/mol，但这是全部饱和液体状态下 U_{KP2}^{L} 的最低数值，反之饱和液体甲烷处在低温熔点附近，压力为 0.1258bar、温度 92.039K 时，U_{KP2}^{L} 数值是最高的，数值达 39578.12bar·cm³/mol。饱和气体和饱和液体 U_{KP2} 变化原因是分子间相互作用。

2.4.2.3　分子吸引压力的影响

由于物质的饱和气体状态和饱和液体状态的分子吸引压力和摩尔体积不同，即它们的分子间距不同，故而与分子第二斥压力一样，饱和气体状态与饱和液体状态的分子吸引压力数值不同。

设分子吸引压力位能对体系动态分子动能的影响为：

饱和气体位能　　　　　$$U_{K\text{-}Pat}^{G} = P_{at}^{SG} V_{m}^{SG} = P_{P2}^{SG} V_{m}^{SG} \frac{V_{m}^{SG}}{b^{SG}} = U_{K\text{-}P_{P2}}^{G} \frac{V_{m}^{SG}}{b^{SG}} \tag{2-62a}$$

饱和液体位能
$$U_{\text{K-Pat}}^{\text{L}} = P_{\text{at}}^{\text{SL}} V_{\text{m}}^{\text{SL}} = P_{\text{P2}}^{\text{SL}} V_{\text{m}}^{\text{SL}} \frac{V_{\text{m}}^{\text{SL}}}{b^{\text{SL}}} = U_{\text{K-P}_2}^{\text{L}} \frac{V_{\text{m}}^{\text{SL}}}{b^{\text{SL}}} \tag{2-62b}$$

又知：$J_V^{\text{GT}} = \dfrac{V_{\text{m}}^{\text{SG}}}{b^{\text{SG}}}$，$J_V^{\text{LT}} = \dfrac{V_{\text{m}}^{\text{LG}}}{b^{\text{LG}}}$，故

饱和气体位能
$$\frac{U_{\text{K-Pat}}^{\text{G}}}{U_{\text{K-P}_2}^{\text{G}}} = \frac{P_{\text{at}}^{\text{SG}} V_{\text{m}}^{\text{SG}}}{P_{\text{P2}}^{\text{SG}} V_{\text{m}}^{\text{SG}}} = \frac{V_{\text{m}}^{\text{SG}}}{b^{\text{SG}}} = J_V^{\text{GT}} \tag{2-63a}$$

饱和液体位能
$$\frac{U_{\text{K-Pat}}^{\text{L}}}{U_{\text{K-P}_2}^{\text{L}}} = \frac{P_{\text{at}}^{\text{SL}} V_{\text{m}}^{\text{SL}}}{P_{\text{P2}}^{\text{SL}} V_{\text{m}}^{\text{SL}}} = \frac{V_{\text{m}}^{\text{SL}}}{b^{\text{SL}}} = J_V^{\text{LT}} \tag{2-63b}$$

因此：

饱和气体位能
$$\frac{U_{\text{K-Pat}}^{\text{G}}}{U_{\text{K-P}_2}^{\text{G}}} = \frac{P_{\text{at}}^{\text{SG}} V_{\text{m}}^{\text{SG}}}{P_{\text{P2}}^{\text{SG}} V_{\text{m}}^{\text{SG}}} = \frac{V_{\text{m}}^{\text{SG}}}{b^{\text{SG}}} = J_V^{\text{GT}} = \frac{P_{\text{at}}^{\text{SG}}}{P_{\text{P2}}^{\text{SG}}} \tag{2-64a}$$

饱和液体位能
$$\frac{U_{\text{K-Pat}}^{\text{L}}}{U_{\text{K-P}_2}^{\text{L}}} = \frac{P_{\text{at}}^{\text{SL}} V_{\text{m}}^{\text{SL}}}{P_{\text{P2}}^{\text{SL}} V_{\text{m}}^{\text{SL}}} = \frac{V_{\text{m}}^{\text{SL}}}{b^{\text{SL}}} = J_V^{\text{LT}} = \frac{P_{\text{at}}^{\text{SL}}}{P_{\text{P2}}^{\text{SL}}} \tag{2-64b}$$

① 讨论和分析处在相同相状态下两种不同性质，这里是分子吸引压力和分子第二斥压力之间的关系：

在同样的物质状态下分子吸引压力和分子第二斥压力两个分子相互作用参数的关系为：

饱和气体
$$J_V^{\text{GT}} = \left. \frac{U_{\text{K-Pat}}^{\text{G}}}{U_{\text{K-P}_2}^{\text{G}}} \right|_T = \left. \frac{V_{\text{m}}^{\text{SG}}}{b^{\text{SG}}} \right|_T = \frac{\left(d_{ij}^3\right)_T^{\text{SG}}}{\sigma^3} \tag{2-65a}$$

饱和液体
$$J_V^{\text{LT}} = \left. \frac{U_{\text{K-Pat}}^{\text{L}}}{U_{\text{K-P}_2}^{\text{L}}} \right|_T = \left. \frac{V_{\text{m}}^{\text{SL}}}{b^{\text{SL}}} \right|_T = \frac{\left(d_{ij}^3\right)_T^{\text{SL}}}{\sigma^3} \tag{2-65b}$$

② 表示两种不同性质，分子第二斥压力与分子吸引压力的关系。由于在一般讨论条件下物质中分子间距应大于分子硬球直径，$d_{ij} > \sigma$，故而无论是气体还是液体，数值应>1，故无论是气体还是液体，物质中应有关系：$P_{\text{at}}^{\text{S}} > P_{\text{P2}}^{\text{S}}$。

③ 比较分子吸引压力对分子第二斥压力间的比值，亦就是通过一相的数据，计算或核对另一相的数据。故分子第一斥压力和分子第二斥压力对物质的分子理想动能的影响是不同的。

改变式（2-52），分子吸引压力对物质的动态分子动能影响为

气体物质
$$U_{\text{K-at}}^{\text{SG}} = P_{\text{at}}^{\text{SG}} V_{\text{m}}^{\text{SG}} = P_{\text{at}}^{\text{SG}} J_V^{\text{GT}} b^{\text{SG}} = P_{\text{at}}^{\text{SG}} J_V^{\text{GT}} N_{\text{A}} \left(\sigma^{\text{SG}}\right)^3$$

液体物质
$$U_{\text{K-at}}^{\text{SL}} = P_{\text{at}}^{\text{SL}} V_{\text{m}}^{\text{SL}} = P_{\text{at}}^{\text{SL}} J_V^{\text{LT}} b^{\text{SL}} = P_{\text{at}}^{\text{SL}} J_V^{\text{LT}} N_{\text{A}} \left(\sigma^{\text{SL}}\right)^3$$

设体系每个分子的分子吸引压力对物质动态分子动能的贡献为 $U_{\text{Km-at}}^{\text{S}}$。

气体物质
$$U_{\text{K-at}}^{\text{SG}} = P_{\text{at}}^{\text{SG}} J_V^{\text{GT}} b^{\text{SG}} = P_{\text{at}}^{\text{SG}} J_V^{\text{GT}} N_{\text{A}} \sigma^3 = U_{\text{Km-at}}^{\text{SG}} N_{\text{A}}$$

液体物质
$$U_{\text{K-at}}^{\text{SL}} = P_{\text{at}}^{\text{SL}} J_V^{\text{LT}} b^{\text{SL}} = P_{\text{at}}^{\text{SL}} J_V^{\text{LT}} N_{\text{A}} \sigma^3 = U_{\text{Km-at}}^{\text{SL}} N_{\text{A}}$$

亦就是说，体系中每个分子的分子吸引压力对物质动态分子动能所作的贡献，统计平均值为：

$$\bar{U}_{\text{Km-at}}^{\text{S}} = \frac{\bar{U}_{\text{K-at}}^{\text{S}}}{N_{\text{A}}} \tag{2-66}$$

对气体物质
$$\overline{U}_{\text{Km-at}}^{\text{SG}} = \frac{\overline{U}_{\text{K-at}}^{\text{SG}}}{N_A} = \frac{P_{\text{at}}^{\text{SG}} J_V^{\text{GT}} \left(\sigma^{\text{SG}}\right)^3}{N_A}$$

对液体物质
$$\overline{U}_{\text{Km-at}}^{\text{SL}} = \frac{\overline{U}_{\text{K-at}}^{\text{SL}}}{N_A} = \frac{P_{\text{at}}^{\text{SL}} J_V^{\text{LT}} \left(\sigma^{\text{SL}}\right)^3}{N_A}$$

对气体物质
$$U_{\text{KV}_{\text{m}}\text{-at}}^{\text{SG}} = \frac{U_{\text{K-at}}^{\text{SG}}}{V_{\text{m}}^{\text{SG}}}$$

对液体物质
$$U_{\text{KV}_{\text{m}}\text{-at}}^{\text{SL}} = \frac{U_{\text{K-at}}^{\text{SL}}}{V_{\text{m}}^{\text{SL}}}$$

亦就是说，体系中每摩尔体积中分子的分子吸引压力对物质动态分子动能所作的贡献：

对气体物质
$$U_{\text{KV}_{\text{m}}\text{-at}}^{\text{SG}} = \frac{U_{\text{K-at}}^{\text{SG}}}{V_{\text{m}}^{\text{SG}}} = \frac{P_{\text{at}}^{\text{SG}} V_{\text{m}}^{\text{SG}}}{V_{\text{m}}^{\text{SG}}} = P_{\text{at}}^{\text{SG}} \qquad (2\text{-}67\text{a})$$

对液体物质
$$U_{\text{KV}_{\text{m}}\text{-at}}^{\text{SL}} = \frac{U_{\text{K-at}}^{\text{SL}}}{V_{\text{m}}^{\text{SL}}} = \frac{P_{\text{at}}^{\text{SL}} V_{\text{m}}^{\text{SL}}}{V_{\text{m}}^{\text{SL}}} = P_{\text{at}}^{\text{SL}} \qquad (2\text{-}67\text{b})$$

故而物质中每摩尔体积中的分子吸引压力对物质的动态分子动能的贡献即为该物质的分子吸引压力，气体和液体均是如此。

2.4.2.4 分子第二动压力影响

分子第二动压力位能影响有分子本身存在的影响，即分子第一斥压力影响，以及分子第二斥压力影响和分子吸引压力影响三种影响。现以水为例分别讨论这些分子相互作用位能影响的分子行为。

（1）分子第一斥压力影响

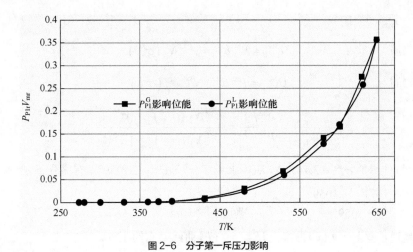

图 2-6　分子第一斥压力影响

图 2-6 表明，分子第一斥压力影响的分子行为：

① 饱和气体和饱和液体的分子第一斥压力对位能的影响相同。

② 低温（<400K）时饱和气体与饱和液体的分子第一斥压力对位能的影响很小，温度升高（>400K），影响逐渐增大，在临界点饱和气体与饱和液体的分子第一斥压力对位能的影响达到最大。

③ $U_{KP1}^G = f(T)$ 曲线似乎与 $U_{KP1}^L = f(T)$ 曲线吻合得不理想，似乎 U_{KP1}^G 要稍大于 U_{KP1}^L，表 2-11 比较了这两个位能数值。

表 2-11　水饱和气体与液体分子第一斥压力影响比较

T/K	影响动能[①]		偏差量	相对偏差/%
	饱和气体	饱和液体		
273.15	$9.917×10^{-6}$	$8.033×10^{-6}$	$1.884×10^{-6}$	18.998
280	$1.608×10^{-5}$	$1.294×10^{-5}$	$3.141×10^{-6}$	19.529
300	$5.740×10^{-5}$	$4.593×10^{-5}$	$1.148×10^{-5}$	19.992
330	$2.797×10^{-4}$	$2.228×10^{-4}$	$5.689×10^{-5}$	20.339
360	$1.014×10^{-3}$	$8.057×10^{-4}$	$2.081×10^{-4}$	20.526
373.15	$1.651×10^{-3}$	$1.315×10^{-3}$	$3.355×10^{-4}$	20.322
390	$2.196×10^{-3}$	$2.327×10^{-3}$	$-1.309×10^{-4}$	-5.960
430	$9.256×10^{-3}$	$7.442×10^{-3}$	$1.814×10^{-3}$	19.601
480	$2.912×10^{-2}$	$2.354×10^{-2}$	$5.578×10^{-3}$	19.154
530	$6.965×10^{-2}$	$5.923×10^{-2}$	$1.042×10^{-2}$	14.965
580	$1.418×10^{-1}$	$1.280×10^{-1}$	$1.381×10^{-2}$	9.739
600	$1.659×10^{-1}$	$1.697×10^{-1}$	$-3.835×10^{-3}$	-2.311
630	$2.819×10^{-1}$	$2.578×10^{-1}$	$2.405×10^{-2}$	8.533
647.3	$3.583×10^{-1}$	$3.556×10^{-1}$	$2.727×10^{-3}$	0.761

① 分子第一斥压力影响对动能的影响：$P_{P1r}V_{mr}$。

$U_{KP1}^G > U_{KP1}^L$ 的原因为：

气体物质
$$U_{K-P1}^{SG} = P^{SG}b^{SG} = P^{SG}N_A\left(\sigma^{SG}\right)^3$$

液体物质
$$U_{K-P1}^{SL} = P^{SL}b^{SL} = P^{SL}N_A\left(\sigma^{SL}\right)^3$$

故有
$$\frac{U_{K-P1}^{SG}}{U_{K-P1}^{SL}} = \frac{P^{SG}b^{SG}}{P^{SL}b^{SL}} = \frac{P^{SG}N_A\left(\sigma^{SG}\right)^3}{P^{SL}N_A\left(\sigma^{SL}\right)^3} = \frac{\left(\sigma^{SG}\right)^3}{\left(\sigma^{SL}\right)^3}$$

已知：气体水的 $\sigma^{SG} = 3.1471$Å，液体水无序分子 $\sigma^{SL} = 3.1059$Å，有序分子 $\sigma^{SL} = 3.1056$Å。

故得：$\dfrac{3.1471^3 - 3.1059^3}{3.1059^3} = 11.72\%\Big|_{气体水-水无序分子}$

也就是说，$U_{KP1}^G = f(T)$ 曲线比 $U_{KP1}^L = f(T)$ 曲线要高约 12%。

在临界点处 $U_{KP1}^G = U_{KP1}^L$。

（2）分子第二斥压力影响

图 2-7 表明，分子第二斥压力影响的分子行为：

① 饱和气体和饱和液体的分子第二斥压力对位能的影响是不同的。

② 饱和液体的分子第二斥压力随着温度升高而呈线性降低；饱和气体的分子第二斥压力随着温度升高而数值逐渐增大，但在临界温度以下，其值均很低。即饱和液体的分子第二斥

压力的影响＞饱和气体的分子第二斥压力的影响。

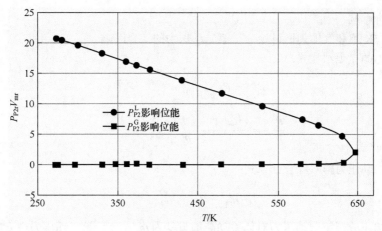

图 2-7　分子第二斥压力影响

③ 在临界温度点处饱和气体和饱和液体的分子第二斥压力的影响有突变,且饱和气体和饱和液体的分子第二斥压力的影响数值相等,其他温度时气体和液体的 P_{P2} 影响不同。

$$P_{P2r}^{SG} V_m^{SG} \big|_{T_C} = P_{P2r}^{SL} V_m^{SL} \big|_{T_C} = 1.99 \tag{2-68}$$

（3）分子吸引压力影响

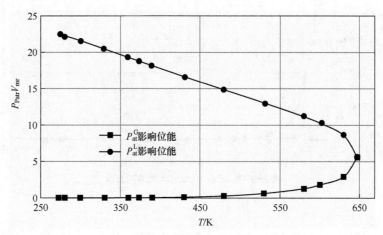

图 2-8　分子吸引压力影响

图 2-8 表明,分子吸引压力影响的分子行为:

① 饱和气体和饱和液体的分子吸引压力对位能的影响是不同的。

② 饱和液体的分子吸引压力随着温度升高而呈线性降低;饱和气体的分子吸引压力随着温度升高而数值逐渐增大,但在临界温度以下,其值均很低。即

$$U_{K\text{-}Pat}^{SL} > U_{K\text{-}Pat}^{SG}$$

③ 在临界温度点处饱和气体和饱和液体的分子吸引压力的影响有突变,且饱和气体和饱和液体的分子吸引压力的影响数值相等,

$$P_{atr}^{SG} V_{mr}^{SG} \Big|_{T_C} = P_{atr}^{SL} V_{mr}^{SL} \Big|_{T_C} = 5.598 \qquad (2\text{-}69)$$

（4）综合影响

以 273.15K 饱和气体为例讨论分子第二动压力的综合影响。

已知压力的微观结构式：

$$P_r^{SG} = P_{idr}^{SG} + P_{P1r}^{SG} + P_{P2r}^{SG} - P_{atr}^{SG} \qquad (2\text{-}70)$$

改变上式　　　$$\frac{P_r^{SG}}{P_r^{SG}} = \frac{\left(P_{idr}^{SG} + P_{P1r}^{SG} + P_{P2r}^{SG} - P_{atr}^{SG} \right) V_m^{SG}}{P_r^{SG} V_m^{SG}} \qquad (2\text{-}71)$$

分子第二动压力影响综合计算式：

$$1 = \eta_{id}^{KT} + \eta_{P1}^{KT} + \eta_{P2}^{KT} - \eta_{at}^{KT} \qquad (2\text{-}72)$$

在温度 T 下分子第一动压力对体系动能的贡献为 η_{id}^{KT}；分子第二动压力中 P_{P1}^{SG}、P_{P2}^{SG}、P_{at}^{SG} 对动能的贡献分别为 η_{P1}^{KT}、η_{P2}^{KT}、η_{at}^{KT}。

273.15～647.3K 饱和气体的分子第二动压力的综合影响见图 2-9。

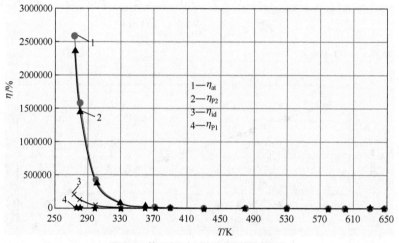

图 2-9　第二动压力对饱和水汽的综合影响

图 2-9 表明：

① 温度高时各分子相互作用对位能影响不明显，温度低于 370K 时影响逐渐明显。

② 低温下影响位能最明显的为分子吸引压力，分子第二斥压力次之，再次之为分子理想压力。

综上所述，在第二分子动压力中分子第一斥压力、分子第二斥压力和分子吸引压力形成的位能会对物质的分子理想动能有影响。第一分子动压力和第二分子动压力在物质中分子行为的表示上不同。分子吸引压力、分子第一斥压力和分子第二斥压力形成分子第二动压力，分子吸引压力是分子第二动压力中的主要分子压力，也是对动态分子动能产生主要影响的分子压力。表 2-12 中以水的部分数据为例，列示了第一分子动压力和第二分子动压力对物质中的动态分子动能影响的分子行为上的不同。

表 2-12　水的分子动压力对饱和气体和饱和液体中动态分子影响的分子行为

体系		饱和气体（SG）				
温度/K	分子动压力	P_{id}/bar	G-$U_K P_{id}$ /(bar·cm³/mol)			
273.15		6.111×10^{-3}	22709.69			
280.00		9.910×10^{-3}	23279.20			
300.00		3.538×10^{-2}	24942.00			
330.00		1.727×10^{-1}	27436.20			
360.00		6.281×10^{-1}	29930.40			
373.15		1.026	31023.69			
390.00	第一分子动压力	1.837	32424.60			
430.00		5.893162479	35750.20			
480.00		19.44020482	39907.20			
530.00		52.97973423	44064.20			
580.00		132.3602234	48221.20			
600.00		202.1186724	49884.00			
630.00		387.6636137	52378.20			
647.30		942.3714027	53816.52			
体系		饱和液体（SL）				
温度/K	分子动压力	P_{id}/bar	L-$U_K P_{id}$ /(bar·cm³/mol)			
273.15		1260.599001	22709.69			
280.00		1292.212046	23279.20			
300.00		1380.371791	24942.00			
330.00		1498.980508	27436.20			
360.00		1606.784804	29930.40			
373.15		1649.524236	31023.69			
390.00	第一分子动压力	1701.197332	32424.60			
430.00		1805.70382	35750.20			
480.00		1898.218209	39907.20			
530.00		1929.000631	44064.20			
580.00		1867.916924	48221.20			
600.00		1796.90189	49884.00			
630.00		1566.528611	52378.20			
647.30		942.3714027	53816.52			
分子行为		非临界点 $P_{id}^{SG} < P_{id}^{SL}$	非临界点 $U_{KP_{id}}^{SG} = U_{KP_{id}}^{SL}$			
		临界点 $P_{id}^{SG} = P_{id}^{SL}$	临界点 $U_{KP_{id}}^{SG} = U_{KP_{id}}^{SL}$			
		P_{id} 与体系压力可直接关联	分子动能与温度成线性关系			

体系		饱和气体（SG）的分子压力/bar			对理想动能的影响/(bar·cm³/mol)		
温度/K	分子动压力	P_{P1}	P_{P2}	P_{at}	饱和气体 $U_{KP_{P1}}$	饱和气体 $U_{KP_{P2}}$	饱和气体 $U_{KP_{at}}$
273.15		3.371×10^{-8}	3.965×10^{-12}	7.196×10^{-7}	1.253×10^{-1}	1.47349×10^{-5}	2.67
280.00		8.648×10^{-8}	1.552×10^{-11}	1.781×10^{-6}	2.032×10^{-1}	3.64671×10^{-5}	4.18
300.00		1.029×10^{-6}	5.561×10^{-10}	1.915×10^{-5}	7.251×10^{-1}	3.92044×10^{-4}	13.50
330.00		2.224×10^{-5}	4.630×10^{-8}	3.593×10^{-4}	3.534	7.356527×10^{-3}	57.09
360.00		2.688×10^{-4}	1.638×10^{-6}	3.812×10^{-3}	12.81	7.8047128×10^{-2}	181.64
373.15		6.895×10^{-4}	6.274×10^{-6}	9.269×10^{-3}	20.85	1.9×10^{-1}	280.36
390.00	第二分子动压力	1.571×10^{-3}	2.331×10^{-5}	2.651×10^{-2}	27.74	4.1×10^{-1}	468.03
430.00		1.927×10^{-2}	7.116×10^{-4}	2.109×10^{-1}	116.93	4.32	1279.13
480.00		1.792×10^{-1}	1.693×10^{-2}	1.697	367.89	34.75	3483.78
530.00		1.058	2.232×10^{-1}	9.46	879.85	185.66	7863.95
580.00		4.915	2.290	44.35	1790.78	834.31	16157.18
600.00		8.492	6.275	92.15	2095.86	1548.63	22744.15
630.00		26.35	39.52	272.05	3560.59	5340.00	36757.69
647.30		79.26	440.03	1238.27	4526.26	25129.00	70714.50

体系		饱和液体（SL）的分子压力/bar			对理想动能的影响/(bar·cm³/mol)		
温度/K	分子动压力	P_{P1}	P_{P2}	P_{at}	饱和液体 $U_{KP_{P1}}$	饱和液体 $U_{KP_{P2}}$	饱和液体 $UK_{P_{at}}$
273.15		5.633×10^{-3}	14522.49	15783.09	0.10	261622.70	284332.38
280.00		9.075×10^{-3}	14331.98	15624.19	0.16	258190.66	281469.84
300.00		3.211×10^{-2}	13707.97	15088.34	0.58	247689.93	272631.87
330.00		1.538×10^{-1}	12606.38	14105.34	2.81	230737.57	258173.43
360.00		5.464×10^{-1}	11480.97	13087.67	10.18	213861.80	243790.77
373.15		8.835×10^{-1}	10974.53	12623.92	16.62	206405.17	237426.36
390.00	第二分子动压力	1.542	10334.92	12035.87	29.40	196982.32	229402.08
430.00		4.75	8831.68	10636.42	94.01	174853.93	210584.91
480.00		14.15	7040.10	8934.50	297.42	148007.48	187834.60
530.00		32.75	5305.19	7222.35	748.18	121186.62	164980.26
580.00		62.61	3624.34	5460.50	1616.37	93564.13	140965.45
600.00		77.24	2934.23	4684.98	2144.30	81457.52	130060.18
630.00		97.40	1766.12	3250.61	3256.76	59051.83	108686.93
647.30		78.66	439.63	1238.69	4491.81	25106.26	70738.62

分子行为	非临界点处各分子压力数值 SG<SL，临界点处各分子压力数值 SG=SL		
	会影响体系压力值，但不能直接关联体系压力	不符合平均线性规律	符合平均线性规律

　　表 2-12 列示了物质在饱和气体与饱和液体两种状态下动态分子的一些分子行为，热力学理论认为在这两种状态下物质的一些性质如体系压力、体系温度是相等的。在讨论宏观物质的分子间相互作用时，关注的是物质的分子间相互作用的性质参数与热力学性质在理论上的异同。宏观分子相互作用理论保留了热力学认为这两种状态下物质的体系压力、体系温度是

相等的概念，但认为分子理想压力 P_{id} 是可以直接替代和直接关联成为体系压力的物质分子间相互作用性质参数，这与热力学参数中压力和温度相似。饱和气体与饱和液体两种状态下分子理想压力这个分子参数在数值上可以是相等的，并认为分子理想压力会使物质动态分子具有能量，以膨胀功形式表示的两种状态下的物质分子具有的能量，即宏观物质在饱和气体状态与饱和液体状态的动态分子所具有的运动的总能量（$P_{id}V_m$）是相等的，即

$$P_{id}^{SG}V_m^{SG} = P_{id}^{SL}V_m^{SL} \tag{2-73a}$$

即饱和气体和饱和液体两种状态下物质的分子动能相等：

$$U_{KP_{id}}^{SG} = U_{KP_{id}}^{SL} \tag{2-73b}$$

但物质中存在的各种分子间相互作用的位能会对分子理想压力产生影响，但同一种类型的分子间相互作用对分子理想压力的影响在饱和气体与饱和液体两种状态下的影响是不同的：

分子第一斥压力的影响 $\qquad U_{KP_{P1}}^{SG} \neq U_{KP_{P1}}^{SL}$ \hfill (2-74a)

分子第二斥压力的影响 $\qquad U_{KP_{P2}}^{SG} \neq U_{KP_{P2}}^{SL}$ \hfill (2-74b)

分子吸引压力的影响 $\qquad U_{KP_{at}}^{SG} \neq U_{KP_{at}}^{SL}$ \hfill (2-74c)

表 2-12 所列数据证实式（2-74）是正确的。

对饱和气体有 $U_{KP_{id}}^{SG} = P_{id}^{SG}V_m^{SG}$、$U_{KP_{P1}}^{SG} = P_{P1}^{SG}V_m^{SG}$、$U_{KP_{P2}}^{SG} = P_{P2}^{SG}V_m^{SG}$、$U_{KP_{at}}^{SG} = P_{at}^{SG}V_m^{SG}$。

综合这些分子位能对物质中动态分子动能的影响，应是物质中动态分子具有的总的动能，即物质分子总动能：

饱和气体物质 $\qquad U_K^{SG} = U_{KP_{id}}^{SG} + U_{KP_{P1}}^{SG} + U_{KP_{P2}}^{SG} - U_{KP_{at}}^{SG}$ \hfill (2-75)

即 $\qquad U_K^{SG} = P^{SG}V_m^{SG} = (P_{id}^{SG} + P_{P1}^{SG} + P_{P2}^{SG} - P_{at}^{SG})V_m^{SG}$ \hfill (2-76)

故 $\qquad P^{SG} = P_{id}^{SG} + P_{P1}^{SG} + P_{P2}^{SG} - P_{at}^{SG}$ \hfill (2-77)

式（2-77）即为饱和气体物质体系压力的微观分子压力结构式。同理有

饱和液体物质 $\qquad U_K^{SL} = U_{KP_{id}}^{SL} + U_{KP_{P1}}^{SL} + U_{KP_{P2}}^{SL} - U_{KP_{at}}^{SL}$ \hfill (2-78)

即 $\qquad U_K^{SL} = P^{SL}V_m^{SL} = (P_{id}^{SL} + P_{P1}^{SL} + P_{P2}^{SL} - P_{at}^{SL})V_m^{SL}$ \hfill (2-79)

故 $\qquad P^{SL} = P_{id}^{SL} + P_{P1}^{SL} + P_{P2}^{SL} - P_{at}^{SL}$ \hfill (2-80)

式（2-80）即为饱和液体物质体系压力的微观分子压力结构式。饱和气体和饱和液体的体系压力相同，即 $P^{SG} = P^{SL}$，故体系压力的微观分子压力结构式对气体和液体均适用。

由于 $U_{KP_{id}}^{SG} = P_{id}^{SG}V_m^{SG} = RT^{SG}$ 和 $U_{KP_{id}}^{SL} = P_{id}^{SL}V_m^{SL} = RT^{SL}$，而 $T^{SG} = T^{SL}$，故从熔点到临界点的温度范围内有关系 $U_{KP_{id}}^{SG} = U_{KP_{id}}^{SL}$。

因 $V_m^{SG} \neq V_m^{SL}$，故从熔点到临界点范围内有关系 $P_{id}^{SG} \neq P_{id}^{SL}$，仅在临界点处有 $V_{Cm}^{SG} = V_{Cm}^{SL}$，故 $P_{Cid}^{SG} = P_{Cid}^{SL}$。

又由式（2-74）知

$U_{KP_{P1}}^{SG} = P_{P1}^{SG}V_m^{SG}$，$U_{KP_{P1}}^{SL} = P_{P1}^{SL}V_m^{SL}$，故有 $U_{KP_{P1}}^{SG} \neq U_{KP_{P1}}^{SL}$。

$U_{KP_{P2}}^{SG} = P_{P2}^{SG}V_m^{SG}$，$U_{KP_{P2}}^{SL} = P_{P2}^{SL}V_m^{SL}$，故有 $U_{KP_{P2}}^{SG} \neq U_{KP_{P2}}^{SL}$

$U_{KP_{at}}^{SG} = P_{at}^{SG}V_m^{SG}$，$U_{KP_{at}}^{SL} = P_{at}^{SL}V_m^{SL}$，故有 $U_{KP_{at}}^{SG} \neq U_{KP_{at}}^{SL}$。

因 $V_m^{SG} \neq V_m^{SL}$，$V_{Cm}^{SG} = V_{Cm}^{SL}$，故从熔点到临界点处温度范围内有关系 $P_{P1}^{SG} \neq P_{P1}^{SL}$，$P_{P2}^{SG} \neq P_{P2}^{SL}$ 和

$P_{at}^{SG} \neq P_{at}^{SL}$。

仅在临界点处 $P_{P1}^{SG} = P_{P1}^{SL}$, $P_{P2}^{SG} = P_{P2}^{SL}$ 和 $P_{at}^{SG} = P_{at}^{SL}$ 。

2.5 分子静压力

前文较详细地讨论了物质分子压力中第一动压力和第二动压力的一些分子行为，表2-12数据说明了物质在饱和气体与饱和液体不同状态下一些分子间相互作用参数变化异同的原因，但还缺少物质在饱与气体与饱和固体不同状态下的分子行为的异同。饱和固体物质中分子物理化学认为不是动态无序分子的分子行为，而是静态有序分子的分子行为。动态分子对物质的作用是产生分子动压力，而静态分子对物质的作用是产生分子静压力，分子静压力目前还涉及较少，其客观原因是目前气体和固体物质中还缺少相关分子间相互作用数据，故而下面我们仅以水汽与冰的部分数据为例进行初步讨论。由于固体冰中的分子绝大部分是长程有序静态分子，涉及宏观分子相互作用理论中的分子静压力，故分子静压力将在下面章节进行讨论。

水在熔点 273.15K 以下时物质状态是固体冰，我们依据 Perry 所编著的 *Perry's Chemical Engineer's Handbook* (sixth edition)[11]手册中冰的部分数据计算了与冰平衡的饱和水汽的一些分子间相互作用参数，见表2-13。冰的动态分子的各分子动压力数据见表2-14。

表2-13 低于273.15K时与冰平衡的水汽的分子间相互作用数据

物质状态	T/K	P_{id}/bar	P_{P1}/bar	P_{P2}/bar	P_{at}/bar
饱和水汽	200	1.622×10^{-6}	3.245×10^{-15}	2.143×10^{-22}	1.073×10^{-13}
	230	8.995×10^{-5}	8.676×10^{-12}	2.279×10^{-17}	2.366×10^{-10}
	240	3.720×10^{-4}	1.422×10^{-10}	1.394×10^{-15}	3.652×10^{-9}
	260	1.960×10^{-3}	3.644×10^{-9}	1.551×10^{-13}	8.352×10^{-8}
	273.15	6.111×10^{-3}	3.371×10^{-8}	3.965×10^{-12}	7.196×10^{-7}

表2-14 冰中分子动压力数据

T/K	P_{id}/bar	P_{P1}/bar	P_{P2}/bar	P_{at}/bar
200	855.43	1.528×10^{-6}	14376.87	15232.30
230	979.21	8.283×10^{-5}	13399.88	14379.09
240	1020.84	3.449×10^{-4}	13109.95	14130.79
260	1102.86	1.796×10^{-3}	12529.82	13632.68
273.15	1155.45	5.584×10^{-3}	12141.61	13297.06

表 2-13 和表 2-14 中数据表明：

① 与固体冰相平衡的饱和水汽的各项分子动压力 $P_{id}^{水汽}$、$P_{P1}^{水汽}$、$P_{P2}^{水汽}$、$P_{at}^{水汽}$ 的数值均很小，其中 $P_{id}^{水汽}$ 的数值最大，但也仅为 $6.111\times10^{-3}bar$。

② 低于熔点时水成为固体冰，冰中各项分子动压力 $P_{id}^{冰}$、$P_{P1}^{冰}$、$P_{P2}^{冰}$、$P_{at}^{冰}$ 均有一定数值，相比较 $P_{at}^{冰}$ 的数值最大，可达 15000bar 以上的压力，说明冰的无序分子与其周围的分子有着较强的分子间吸引作用。

水汽中均是动态无序分子。宏观分子相互作用理论计算表明，低于熔点温度的冰中，只是在熔点附近温度的冰中还有可能存在有数量很少的动态无序分子，冰中绝大部分分子均是长程有序分子。温度进一步降低，远离熔点时可以认为冰中动态无序分子数量会极少，可以认为接近零值，亦就是冰中几乎不存在运动着的动态无序分子，只有在一定时间内固定在体系中一些位置上并不发生移动运动的静态分子。关于冰中动态无序分子数量和静态有序分子数量的计算和讨论可参见本书的后面章节。

但是众所周知，当物质呈固体状态时物质中呈无序运动的动态无序分子数量应是极少的，物质分子几乎均是在一定位置上呈不运动的静态分子，因而在固态物质中动态无序分子的分子间吸引作用并不是重要的分子间相互作用，计算得到固体的 P_{at}^S 数值并不是完全由无序分子形成的吸引作用，而是应由少量无序分子与物质中其他分子（包含无序分子和固体中静态分子）如与长程有序分子间的分子间相互作用。

因此，在固态物质中起重要作用的并不是动态无序分子的分子动压力，而应是静态有序分子的分子静压力，宏观分子相互作用理论表示静态有序分子的分子间吸引作用的分子压力是分子内压力 P_{in}。现将冰中两种分子间吸引作用的比较列于表2-15中。

表2-15　冰中分子动压力和分子静压力数据

物质	T/K	V_m/（cm^3/mol）	分子间距/Å	P_{P2}/bar	P_{at}/bar	P_{in}/bar
冰	200.00	19.438	3.184	14376.87	15232.30	16087.74
	230.00	19.528	3.189	13399.88	14379.09	15358.95
	240.00	19.546	3.190	13109.95	14130.79	15151.69
	250.00	19.573	3.191	12815.87	13877.77	14939.42
	260.00	19.600	3.193	12529.82	13632.68	14734.93
	273.15(凝固点)	19.654	3.196	12141.61	13297.06	14450.88
水	273.15(熔点)	18.015	3.104	14522.49	15783.09	15783.09

表2-15中列示的分子吸引压力 P_{at} 属于分子动压力，前面已有介绍，归属于动态无序分子的第二动压力。表中列示的分子内压力 P_{in} 属于分子静压力。分子静压力是宏观分子相互作用理论中另一个重要的分子压力。

水在温度273.15K处会出现液体水向固体冰相变。在第7章中介绍了液体水在接近熔点时短程有序和长程有序转变的过程和数量的变化，证明这时已有部分短程有序分子转变为长程有序分子。长程有序分子的出现会使水的体积增大，这个分子行为导致水在4℃处密度出现异常（见本书第7章内容）。表2-15数据表明液体水温度降低到熔点273.15K处，$P_{at} = P_{in} = 15783.09bar$，说明表示动态无序分子的分子间吸引作用与静态有序分子的分子间吸引作用是相同的，说明在熔点273.15K处液体水中两种不同类型分子间与其他分子的分子间吸引作用是相同的。

在熔点处发生由液体水转变为固体冰的相变，相变造成宏观物质性质的变化和微观分子行为的变化。①宏观物质性质的变化，体系的摩尔体积从18.015cm^3/mol增大到19.654cm^3/mol；②微观参数的变化，物质中分子间距从3.104Å增大到3.196Å；③分子间距变化使分子压力变化：无序分子 P_{at} = 15783.09bar变化到13297.06bar，变弱；④有序分子的 P_{in} 由15783.09bar变化到14450.88bar，也变弱了，但 $P_{in} > P_{at}$。

物质内部在熔点处未完成液转固相变的液体水中无序分子数量占7.40%，有序分子数量占92.60%（其中44.78%为短程有序分子，55.25%为由短程有序分子转变的长程有序分子）。

物质内部在凝固点处已完成液固相变的固体冰中无序分子占 0.0000004231%，有序分子约占 100%，说明在熔点 7.40%动态无序分子已经几乎全部转变为长程有序分子；在液体水中还存在的 92.60%有序分子中 44.78%短程有序分子在液向固相变时由亦已由短程有序分子转变为长程有序分子。因此，水在凝固点处液相向固相的相变过程中，完成了以下一些分子行为：①完成了将水中无序分子几乎全部转变成长程有序排列的静态有序分子。②在液体向固体的相转变过程中冰中长程有序分子间吸引作用强于少量无序分子与无序分子间吸引作用，即在熔点处，

无序分子间相互作用：$P_{at}^{熔点} - P_{P2}^{熔点} = 15783.09 - 14522.49 = 1260.60$（bar）

有序分子间相互作用：$P_{in}^{熔点} - P_{P2}^{熔点} = 15783.09 - 14522.49 = 1260.60$（bar）

因此熔点处产生无序分子的分子间作用能力与生成长程有序分子的分子间作用能力是相同的，因此讨论物质在相变过程中转变为无序分子和转变为长程有序分子的可能性是相同的。下面分析凝固点处分子间相互作用情况。

长程有序分子间相互作用：$P_{in}^{凝固点} - P_{P2}^{凝固点} = 14450.88 - 12141.61 = 2309.27$（bar）

无序分子间相互作用：$P_{at}^{凝固点} - P_{P2}^{凝固点} = 13297.06 - 12141.61 = 1155.45$（bar）

因此，凝固点处产生无序分子的分子间作用能力与生成长程有序分子的分子间作用能力是不同的，讨论物质在相变过程中物质分子转变为无序分子和长程有序分子的可能性也是不同的。

转变为无序分子的分子间作用力 1155.45bar 小于转变为长程有序分子的分子间作用力 2309.27bar。因此，从熔点到凝固点，物质分子转变为长程有序分子的分子间作用力强于转变为无序分子的分子间作用力。因此，水由液体转变为固体的相变中物质分子均由无序分子转变为长程有序分子。

③ 温度下降，冰中分子内压力 $P_{in}^{水}$ 不断地增强，表明 $P_{in}^{水}$ 是固体冰主要的分子压力。在由液体水到固体冰中静态有序分子的分子内压力变化过程如图 2-10 所示。

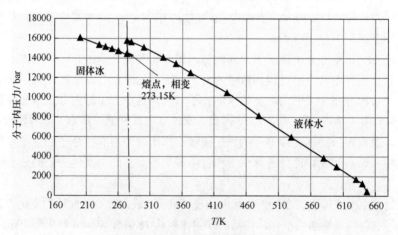

图 2-10　水、冰中分子内压力和温度的关系

图 2-10 表明，体系温度从临界点到熔点，水中分子内压力值随温度降低而增强，这反映了水中短程有序分子相互作用不断增强。短程有序分子一直增加到熔点，在 273.15K 处发生相变，相变后物质分子呈长程有序排列，温度降低分子内压力值呈线性增加，在熔点处分子内压力值突变减小，在 273.15K 处形成冰时分子内压力值为最小值。

在凝聚相液体和固体中分子间吸引作用和排斥作用均是影响物质性质的主要分子压力，故需了解分子排斥力和吸引力在物质状态变化时的分子行为，宏观位能曲线可以较好地反映这两个分子压力的分子行为。图 2-11 为水和冰的宏观位能曲线，与微观位能曲线 Lennard-Jones 相似，讨论的是排斥力与吸引力差值与温度的关系，$P_{P2} - P_{in} = f(T)$，宏观位能曲线的详细介绍可见本书第 4 章。

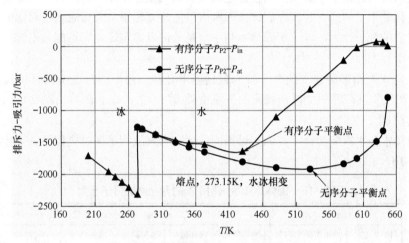

图 2-11　水、冰位能曲线 P_{P2}-P_{in} 与体系温度的关系

图 2-11 表明，水从临界点到 430K（静态有序分子平衡点）是静态分子吸引力不断增强的过程，这时体系分子吸引力随温度的改变幅度要大于分子排斥力的改变幅度，即在 430K 以上有 $\partial P_{in}/\partial T > \partial P_{P2}/\partial T$，在 430K 处 $\partial P_{in}/\partial T = \partial P_{P2}/\partial T$，温度低于 430K 时 $\partial P_{in}/\partial T < \partial P_{P2}/\partial T$，且 $P_{P2} - P_{in} = f(T)$ 曲线与 $P_{P2} - P_{at} = f(T)$ 曲线逐步靠近，最后两曲线合于一条曲线上，在 273.15K 发生液转固的相变。

图 2-10 和图 2-11 均表明固体的 $P_{in}^S = f(T)$ 曲线是条直线，体系的 $P_{P2}^S - P_{in}^S = f(T)$ 曲线也是一条直线。图 2-12 为冰的宏观位能曲线。冰中 $P_{in} > P_{P2}$，但 $\partial P_{in}/\partial T < \partial P_{P2}/\partial T$，冰中温度对排斥力的影响大于对吸引力的影响。

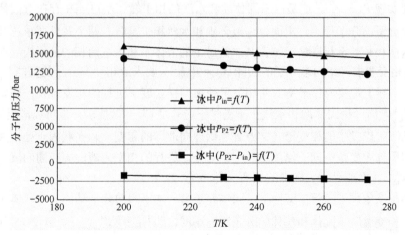

图 2-12　冰中 P_{in}、P_{P2}、$(P_{P2}-P_{in})$ 和温度的关系

由此讨论固体冰的相平衡：对固体冰而言，冰的压力与平衡时水汽的压力相等，冰的温度可以与平衡时水汽的温度相等，因而固体冰平衡时可以完成水汽相平衡的热力学条件，建立和讨论冰和水汽间的相平衡关系，由此可以建立和讨论冰和水汽在相平衡时物质在两种不同状态下分子间相互作用参数的关系。

为此，需要借鉴液体水与水汽建立相平衡关系后气体和液体的各种分子行为之间的关系，这些关系已从前面讨论中了解到，而在此之前我们对大量分子在两相间建立相平衡关系后会出现什么变化是不了解的，故而在固体冰与水汽可能建立相平衡关系时需要对比液体水与水汽相平衡建立的分子行为，以了解固体冰与水汽是否可以确定还是有可能与水汽相平衡建立的不同的分子行为。

液体水与水汽相平衡建立的分子行为包括以下几种：相平衡时在全部讨论温度范围内 $P_{id}^L \neq P_{id}^G$；在发生气液间相变时在物质临界温度处 $P_{id}^L = P_{id}^G$；在全部讨论温度范围内气体、液体分子动能 $U_{Kid}^L = U_{Kid}^G$。

上述液体水和水汽间的分子行为在讨论固体冰和水汽的相平衡时类似的分子行为相关数据可见表 2-16。

表 2-16 固体冰和水汽相平衡时两相间的分子行为

相态	T/K	V_m/（cm³/mol）		分子理想压力，P_{id}/bar			分子理想动能，U_K/（bar·cm³/mol）		
		饱和气体	饱和液体和固体	饱和气体	饱和液体	饱和固体	饱和气体	饱和液体	饱和固体
固体	200	1.0251×10^{10}	19.438	1.622×10^{-6}		855.43	16628.00		16628.00
	230	2.1258×10^{8}	19.528	8.995×10^{-5}		979.21	19122.20		19122.20
	240	5.3918×10^{7}	19.546	3.701×10^{-4}		1020.84	19953.60		19953.60
	250	2.7383×10^{7}	19.573	7.591×10^{-4}		1061.91	20785.00		20785.00
	260	1.1029×10^{7}	19.600	1.960×10^{-3}		1102.86	21616.40		21616.40
	27315	3.7165×10^{6}	19.654	6.111×10^{-3}		1155.45	22709.69		22709.69
液体	273.15	3.7165×10^{6}	18.015	6.111×10^{-3}	1260.60		22709.69	22709.69	

表 2-16 数据表明：对固体物质中第一分子动压力，即固体的分子理想压力，不能在水与水汽的相变临界温度点处讨论，因此不能对固体要求在液体水和水汽相平衡时临界点处分子理想压力要实现 $P_{id}^S = P_{id}^G$。这是由于固体冰和水汽的相平衡，不可能在存在有液体的状态下来讨论固体分子的分子行为。上面讨论液体水和水汽相平衡时有两个条件要求：其一是液体水和水汽这两相是处于相变情况下；其二是讨论的液体水和水汽两相的分子应处在同样分子动能下，即相变要求气相动态分子的动能 $U_K^G = P_{id}^G V_m^G$，要求液相动态分子的动能 $U_K^L = P_{id}^L V_m^L$，$U_K^G = U_K^L$。实际上是要求相平衡的两相分子处在同样温度下进行的相变过程，即要求相变点处有 $T_C^L = T_C^G$。而讨论固体冰和水汽相平衡时不能满足 $T_C^S = T_C^G$ 要求，但可以满足另一要求，即固体状态下可以发生的相变是在熔点处由固体向液体的相变，和在凝固点处由液体向固体的相变，即固体相变是在同一温度点——熔点处，进行的相变为液向固或固向液的相变（相变时 $T_{mf}^S = T_{mf}^G$），而非进行气向液的相变（$T_C^L = T_C^G$）。

在固体相变条件 $T_{mf}^S = T_{mf}^G$ 支持下，固体分子第一动压力的分子动能要求固体相变的温度条件就是在相变温度下固体和气体的分子动能相同，即 $U_K^S = U_K^G |_{固体mf点}$。表 2-16 数据表明，在固体的相变温度（熔点）处确有关系 $U_K^S = P_{id}^S V_m^S = U_K^G = P_{id}^G V_m^G$。

液体水与水汽相平衡时要求：在物质临界温度处 P_{id}^{L}、P_{id}^{G}。

因而要求固体冰和水汽的相平衡：

① 与气液的相变点相对应。要求固体冰和水汽的相平衡也应在冰的相变点处，即讨论液体相变点的 $T=647.3\text{K}$，固体相变点在其熔点，$T=273.15\text{K}$。

② 第二分子动压力在两相间关系。液体水与水汽相平衡建立的分子行为，在从熔点到低于临界点的温度范围中有关系 $P_{P1}^{G} \neq P_{P1}^{S}$，$P_{P2}^{SG} \neq P_{P2}^{SL}$ 和 $P_{at}^{SG} \neq P_{at}^{SL}$。

因 $U_{KP_{P1}}^{G} = P_{P1}^{G} V_{m}^{G}$，$U_{KP_{P1}}^{S} = P_{P1}^{S} V_{m}^{S}$，故 $U_{KP_{P1}}^{G} \neq U_{KP_{P1}}^{S}$。

同理 $U_{KP_{P2}}^{G} = P_{P2}^{G} V_{m}^{G}$，$U_{KP_{P2}}^{L} = P_{P2}^{L} V_{m}^{L}$；$U_{KP_{P2}}^{SG} \neq U_{KP_{P2}}^{SL}$

同理 $U_{KP_{at}}^{G} = P_{at}^{G} V_{m}^{G}$，$U_{KP_{at}}^{SL} = P_{at}^{SL} V_{m}^{SL}$；$U_{KP_{at}}^{SG} \neq U_{KP_{at}}^{SL}$。

上述液体水和水汽间的分子行为在讨论固体冰和水汽的相平衡时类似的分子行为可见表 2-17。

表 2-17 固体水和水汽相平衡时分子行为

物质	T/K	对比体积，V_{mr}								
---	---	---	---	---						
		饱和气体	饱和液体	饱和固体						
冰	200	1.79×10^{8}		0.3404						
	230	3.72×10^{6}		0.3420						
	240	9.39×10^{5}		0.3423						
	260	1.93×10^{5}		0.3432						
	273.15	6.51×10^{4}		0.3442						
水	273.15	6.51×10^{4}	0.3404	0.3442						

物质	T/K	P_{P1r}			P_{P2r}			P_{atr}		
		饱和气体	饱和液体	饱和固体	饱和气体	饱和液体	饱和固体	饱和气体	饱和液体	饱和固体
冰	200	7.33×10^{-9}		6.91×10^{-9}	9.69×10^{-25}		64.99	4.85×10^{-16}		68.86
	230	4.07×10^{-7}		3.74×10^{-7}	1.03×10^{-19}		60.58	1.07×10^{-12}		65.00
	240	1.68×10^{-6}		1.56×10^{-6}	6.30×10^{-18}		59.27	1.65×10^{-11}		63.88
	260	8.86×10^{-6}		8.12×10^{-6}	7.01×10^{-16}		56.64	3.78×10^{-10}		61.63
	273.15	2.76×10^{-5}		2.52×10^{-5}	1.79×10^{-14}		54.89	3.25×10^{-9}		60.11
水	273.15	2.76×10^{-5}	2.52×10^{-5}	2.52×10^{-5}	1.79×10^{-14}	65.65	65.65	3.25×10^{-9}	71.35	71.35

物质	T/K	$U_{K_{P1}} = P_{P1r}V_{mr}$			$U_{K_{P2}} = P_{P2r}V_{mr}$			$U_{K_{at}} = P_{atr}V_{mr}$		
		饱和气体	饱和液体	饱和固体	饱和气体	饱和液体	饱和固体	饱和气体	饱和液体	饱和固体
冰	200	2.63×10^{-9}		2.35×10^{-9}	1.74×10^{-16}		22.12	8.71×10^{-8}		23.44
	230	1.46×10^{-7}		1.28×10^{-7}	3.83×10^{-13}		20.72	3.98×10^{-6}		22.23
	240	6.04×10^{-7}		5.34×10^{-7}	5.92×10^{-12}		20.29	1.55×10^{-5}		21.87
	260	3.18×10^{-6}		2.79×10^{-6}	1.35×10^{-10}		19.44	7.29×10^{-5}		21.15
	273.15	9.92×10^{-6}		8.69×10^{-6}	1.17×10^{-9}		18.89	2.12×10^{-4}		20.69
水	273.15	9.92×10^{-6}	8.03×10^{-6}	8.03×10^{-6}	1.17×10^{-9}	20.71	20.71	2.12×10^{-4}	22.51	22.51

为说明表 2-17，分别将气体、固体冰中分子第一斥压力、分子第二斥压力和分子吸引压力的分子行为列示如下。

分子第一斥压力，如图 2-13 所示。

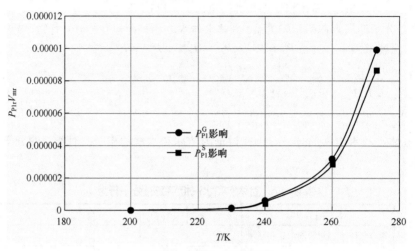

图 2-13　分子第一斥压力影响

图 2-13 表明，在低于熔点 273.15K 时气体分子第一斥压力对体系动能的影响 U_{KP1}^G，在同一温度点与冰的分子第一斥压力对体系动能的影响 U_{KP1}^S 二者数据十分接近，但不能认为 $U_{KP1}^G = U_{KP1}^S$，即使在熔点 273.15K，也不能认为 $U_{KP1}^G = U_{KP1}^S$。对分子第一斥压力的分子行为，只能认为在小于 273.15K 时 $U_{KP1}^G \approx U_{KP1}^S$。其原因见本章第 2.4.2.4 节。

分子第二斥压力，如图 2-14 所示。

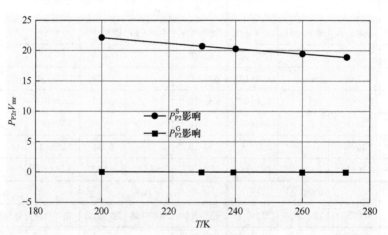

图 2-14　分子第二斥压力影响

图 2-14 表明，在低于熔点 273.15K 时，气体分子第二斥压力对体系动能的影响 U_{KP2}^G，与冰的分子第二斥压力对体系动能的影响 U_{KP2}^S 二者数据不同，$U_{KP2}^G \neq U_{KP2}^S$。

分子吸引压力，如图 2-15 所示。

图 2-15 表明，在低于熔点 273.15K 时，气体分子吸引压力对体系动能的影响 U_{Kat}^G，与冰的分子吸引压力对体系动能的影响 U_{KPat}^S 二者数据不同，$U_{Kat}^G \neq U_{Kat}^S$。

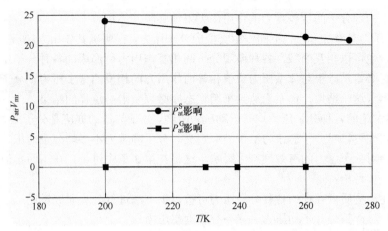

图 2-15　分子吸引压力影响

上述这些以压力形式表示的各个分子作用力项，即 P_{id}、P_{P1}、P_{P2} 和 P_{at}，被统称为所讨论物质体系的分子压力。所谓分子压力，是微观中各种类型分子间相互作用以压力形式的表示。宏观分子相互作用理论将以分子压力形式讨论物质中分子的各种分子行为，我们已经讨论了分子动压力各种分子行为，初步介绍了分子静压力的基本概念，在进一步展开对这种以分子压力形式表示的对物质性质的影响前，再次介绍一下各分子压力具有的一些属性以有利于下面的讨论。

① 上述各个分子压力的数值，均不是孤立两个分子之间作用力的数值，而是在一个存在有许多分子的讨论体系中每个分子上的作用力的统计平均值。每个分子对体系分子压力的平均贡献为

$$P_{m} = \frac{P}{N} = \frac{\overline{f(r)}}{A}$$

其中每个分子的各种分子间相互作用对体系分子压力的平均贡献为：

分子斥力贡献 $\qquad P_{mP} = \frac{P_{P}}{N} = \frac{P_{P1}}{N} + \frac{P_{P2}}{N} = \frac{\overline{f(r)^{P1}}}{A} + \frac{\overline{f(r)^{P2}}}{A}$

分子吸引力贡献 $\qquad P_{mat} = \frac{P_{at}}{N} = \frac{\overline{f(r)^{at}}}{A}$

② 分子压力具有方向性。讨论分子压力 P_{m} 可以设置其作为参考的作用方向，例如，热力学中以环境压力表示体系压力的作用方向，故而表示分子间斥力的分子压力的作用方向可设为与体系压力 P 的作用方向相反；而表示分子吸引力的分子压力的作用方向则与 P 的作用方向相同，为此可将压力的微观结构式改写为：

$$P + P_{at} = P_{id} + P_{P1} + P_{P2}$$

上式又被称为分子压力约平衡式，此式表示，物质中分子吸引压力总是低于物质中由于分子热运动所引起的压力和另外两项斥压力之和，无论对气态物质还是液态物质均是如此，即：

$$P_{at} < P_{id} + P_{P1} + P_{P2}$$

这说明，物质为了达到状态平衡，必须存在外压力。如果物质失去外压力，例如，将物质置于真空环境下，则物质失去平衡，液体将由于物质内斥力的作用而逸出液相，成为气相。

而气体将由于内部分子间这些斥力的作用，无限地膨胀其体积。

③ 分子压力具有加和性。不同作用类型的分子压力，在明确其作用方向后，在数值上可以相互附加，也可以相互削减。各种微观分子间相互作用力所形成的各种分子压力相互附加的最后结果，必定是一个与体系压力数值相等而作用方向相反的分子压力，分子压力约平衡式明确地表示了这一结果，体系为达到平衡状态亦必须要求是这样的结果。

④ 上述讨论的各种分子压力均属于动压力范畴，分子静压力亦应是分子压力，上述分子压力定义方式亦可以对分子静压力给予类似定义。分子静压力不参与分子动压力的平衡，但分子静压力会对分子压力的有效性产生影响，这将在第 3 章中讨论，在下面其他章节中也将会对此作进一步讨论。

综上所述，物质内存在的各种分子压力可按以下方法进行分类研究讨论：

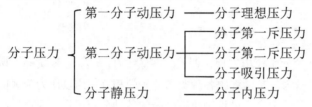

2.6 分子压力计算

分子压力分为分子动压力和分子静压力。分子动压力是物质中动态无序分子产生的分子行为，这类分子在体系中不间断地运动使物质体系形成宏观压力。而分子静压力是物质中静态有序分子产生的分子行为，由于这类分子在体系相对固定位置处不做运动，因而不会使体系形成压力，但在体系中在一定方向上会形成分子作用力合力，从而对体系形成静压力并影响体系性质。由于分子静压力在宏观分子相互作用理论中有着重要影响，分子静压力的计算将在下面章节中介绍。这里先讨论分子动压力的影响和作用及分子动压力的计算。

2.6.1 分子压力微观结构式

$$P = P_{id} + P_{P1} + P_{P2} - P_{at} \tag{2-81}$$

上式是宏观分子相互作用理论中用于计算宏观压力和讨论物质中各种分子间相互作用对宏观压力影响的基础公式，式中 P_{id}、P_{P1} 和 P_{P2} 为斥力项，分子吸引压力 P_{at} 为引力项。将其整理分类得下式

$$P = \left(P_{id} + P_{P1} + P_{P2}\right) - P_{at}$$
$$= P_{斥力} - P_{引力} \tag{2-82}$$

此式与热力学理论中状态方程的理论通式一致，状态方程的通式[12-15]：

$$P = P_{rep} - P_{at} \tag{2-83}$$

热力学理论中多数文献中称 P_{at} 为引力项，一般是负值，热力学理论较一致地认为此项是由物质中存在的分子间吸引力所引起的。

热力学理论中对 P_{rep} 的说明，文献中一般有两种意见：一种称为斥力项，这是多数文献中的说法[14]；另一种说法是热压力[16]或动压力[17]。前一种说法认为这一斥力项是由分子间相互作用的分子斥力所引起的。而后一种说法认为实际气体的压力 P 为热压力 P_{th} 与吸引压力 P_{at} 之差。所谓热压力是指在实际气体中，由于分子热运动而产生的压力，因而与温度有关。

就是说，对这一斥力项有两种解释：一种认为由分子间存在的斥力所引起；另一种认为由分子热运动所引起，故与温度有关，要考虑温度的影响。

至今，热力学理论对这个斥力项是由哪些类型的斥力所组成还未达成一致。这里依据宏观分子相互作用理论式（2-82）中的斥力项来讨论，$P_{斥力}$数值为正值，故有三项内容，即分子理想压力、分子第一斥压力和分子第二斥压力。

式（2-82）右边另一项P_{at}是引力项，数值为负值。此项由物质中存在的分子间相互作用中吸引力所引起，称为分子吸引压力。

由此可见，热力学理论和宏观分子相互作用理论，在理论上有一些地方是有相互借鉴、相互参考之处的。现分别讨论这些分子的分子行为。

2.6.2 分子动压力中的分子斥力项

2.6.2.1 分子理想压力，P_{id}

分子理想压力是由于热驱动分子运动而使体系具有的压力，温度升高，体系的分子理想压力数值增加，热力学认为这是由于斥压力引起压力增加。而宏观分子相互作用理论认为温度升高，物质中分子热运动加快，亦就是物质中分子获得了更多的动能，从而引起体系压力增加，而非体系分子间斥力引起的压力增加。

热力学理论认为P_{id}是热力学中受到温度影响的压力的一种，温度升高，体系压力增加，所谓斥压力引起的理由是不存在的。众所周知，温度升高，体系体积变大，亦就是物质中分子间距加大，这只会使分子间斥压力减小。

宏观分子相互作用理论的观点是成立的，温度升高，体系的分子理想压力P_{id}增加。已知理想气体压力的公式：

$$P = \frac{1}{3}nm\overline{v^2} = \frac{1}{3}\rho\overline{v^2}$$ (2-84)

式中，n为单位体积内分子数；m为分子质量。上式说明，气体的密度ρ越大，分子的平均速度$\overline{v}$越大，则体系的压力也越大。又知分子平均动能$\overline{U}_K = \frac{1}{2}m\overline{v^2}$，如果以分子动能表示压力，则有

$$P = \frac{2}{3}n\overline{U}_K$$ (2-85)

式（2-85）说明，物质分子的动能越大，则体系的压力也越大。

设系统体积为V，具有N个分子数。以完全理想气体的微观模型讨论时可导得理想气体压力公式即为式（2-84），改写为：

$$P = \frac{1}{3}nm\overline{v^2} = \frac{1}{3} \times \frac{N}{V}m\overline{v^2}$$ (2-86)

则

$$PV = \frac{1}{3}Nm\overline{v^2}$$ (2-87)

又知分子平均动能$\overline{U}_K = \frac{1}{3}Nm\overline{v^2}$，$\overline{v^2} = 3kT/m$，故有

$$PV = NkT$$ (2-88)

由上式知：

① $PV = \overline{U}_K$，体系压力所做的膨胀功即为体系分子的动能。

② $PV = \overline{U}_K = RT$，体系分子的动能与体系温度直接相关，因此体系的分子理想压力 P_{id} 数值与体系温度直接相关，即与体系分子具有的分子动能直接相关。

③ 热力学中的分子理想压力 P_{id} 只是物质的一个宏观性质，并不是物质的分子性质参数。宏观分子相互作用理论中的分子理想压力 P_{id} 并不只是物质的一个宏观性质，而是物质分子间相互作用的一个分子性质参数，是宏观分子相互作用理论中分子压力中的一种，归属于分子动压力，是第一分子动压力，是形成物质宏观性质中体系压力的主要分子间相互作用参数。

热力学理论和宏观分子相互作用理论均定义在理想状态下体系压力的计算式：

分子理想压力
$$P_{id} = \frac{RT}{V} \tag{2-89a}$$

对比分子理想压力
$$P_{idr} = \frac{T_r}{Z_C V_r} \tag{2-89b}$$

热力学理论和宏观分子相互作用理论的分子理想压力定义式是相同的。

2.6.2.2 分子第一斥压力，P_{P1}

宏观分子相互作用理论中分子第一斥压力的定义如下。

分子第一斥压力
$$P_{P1} = P\frac{b}{V} \tag{2-90a}$$

对比分子第一斥压力
$$P_{P1r} = P_r \frac{\Omega_b}{Z_C V_r} \tag{2-90b}$$

式中，b 称为分子协体积，表示在讨论物质的总体积 V 中包含的所有分子本身的体积；Ω_b 是协体积系数；b/V 表示讨论物质中分子本身所具有的体积与讨论物质的体积的比例，因此 $(b/V)P$ 项代表分子本身体积 b 对体系压力的影响，或者说此项是分子本身存在的体积对体系在理想状态时压力项的校正。设想，当体系处在假设的完全理想状态下分子体积是被忽略的，即 $\frac{b}{V} \approx 0$。因而 $\frac{b}{V}P = 0$，即在完全理想状态下分子本身体积对系统压力无影响。而实际分子是具有体积的，故而在实际情况下要考虑这些分子体积进入体系中时，必然挤压体系，对体系压力产生影响，并使体系压力偏离理想状态，这个影响的数值用式（2-90）表示。

总而言之，分子第一斥压力应有以下一些分子行为：

① 产生该项的原因是由于分子本身存在的体积对系统分子运动产生的影响。单个分子是不会产生这个影响的，故将其归属于大量分子的宏观分子相互作用之一，其表观影响形式是压力，并且其数值一定是正值，因此此项属于斥力项。

② 当外压力趋于 0 时，即当气体呈理想状态时，由于 $V \to \infty$，此项亦应趋于 0，即：

$$\lim_{P \to 0} \frac{b}{V}P = 0 \tag{2-91}$$

换句话讲，此项只在实际存在压力的物质中才存在。亦就是说，只要物质承受着一定的压力，此项必有一定的数值，并与物质承受压力的高低成比例。

分子第一斥压力的物理本质是对宏观物质压力的影响，而分子间相互作用的情况应与分子间距离有关，因此，影响此项的状态参数主要是分子间距离，即物质的摩尔体积。

③ 由于此项影响的形式与压力有关，而压力所做的功为膨胀功，因而此项对体系能量的影响亦应是膨胀功形式。改写上式为

$$P_{P1}V = Pb \tag{2-92}$$

由此可见，此项影响的物理意义本质是分子本身体积对体系分子运动产生的影响，单个分子体积很小，影响也很小，但千千万万个分子的总体积应该有了一定的数值，因而必定会对体系体积有所影响，使分子在系统内有效自由活动的体积减小，这部分子占用的体积使系统完成的膨胀功变化了 Pb，相对应地，由于系统压力变化而使系统膨胀功变化值为 $P_{P1}V$。因此，这相当于使系统发生了某种宏观斥力效应，但这个斥力效应应该不是由分子电子云间的相互斥力所引起的。

④ 由于此斥力项是对气体分子运动有所影响而引起的，完成对体系能量的贡献应属膨胀功之类的机械功范畴。因此，对此斥力项有影响的应是状态参数中的压力和温度。而压力和温度的影响将综合体现在气体的摩尔体积即分子间距离上。式（2-90）表明，在假设分子本身有效体积不变化或变化不大的前提下，这一影响效应将随体系的体积增大而减小，随外压力的增大而增大。

⑤ 由于此斥力项是分子本身有效体积的存在对气体分子运动有所影响而引起的，因而压力和温度对此斥力项数值会有影响，与分子间的 Boer 斥力作用无关。换句话说，即使体系中分子间距离大于分子间存在有吸引力的分子间最大距离，这一斥力项也有可能存在。因此，从这一点来看，这一斥力项可归属于长程力范畴。

⑥ 热力学理论也考虑分子协体积概念，并且每个物质均有其分子协体积修正系数 $\Omega_{b\sigma}$，热力学理论对 $\Omega_{b\sigma}$ 修正系数的计算方法见本章 2.7 节的讨论。

每个物质的 $\Omega_{b\sigma}$ 数值可能都不一样，$\Omega_{b\sigma}$ 参数的物理意义为

$$\Omega_{b\sigma} = \frac{P_C b}{RT_C} = \frac{P_C V_C}{RT_C} \times \frac{b}{V_C} = Z_C \frac{b}{V_C} \tag{2-93}$$

故有

$$b = \Omega_{b\sigma} \frac{V_C}{Z_C} = \Omega_{b\sigma} \frac{RT_C}{P_C} = \Omega_{b\sigma} V_{mid,C} \tag{2-94}$$

式中，b 为协体积，表示物质全部分子的实际有效体积。$\Omega_{b\sigma}$ 数值不同，说明 $\Omega_{b\sigma}$ 是物质全部分子的实际有效体积对该物质的临界摩尔体积比值与临界压缩因子的乘积。

$$\Omega_{b\sigma} = \frac{b}{RT_C / P_C} = \frac{b}{V_{mid,C}} \tag{2-95}$$

2.6.2.3 分子第二斥压力，P_{P2}

分子第二斥压力定义式：

$$P_{P2} = P_{at} \frac{b}{V} \tag{2-96}$$

由 Lennard-Jones 方程知分子压力 P_{P2} 属分子间相互作用的斥力项，应是由 Boer 相互作用而形成的一种分子压力，由于产生 Boer 相互作用对分子间距离有一定的要求，为与分子第一斥力项区别，对该斥力项称作物质中分子间第二类斥力项，简称分子第二斥力项，对应的分子压力称为分子第二斥压力，符号 P_{P2}。

相应的对比分子第二斥压力为：

$$P_{P2r} = \frac{b}{V} P_{atr} = \frac{\Omega_b}{Z_C V_r} P_{atr} \tag{2-97}$$

分子第二斥压力有以下特征：

① 该项分子压力应属于气体内分子间相互作用之一，其表现形式是压力，其值是正值，因此属于斥力项。

② 与第一斥压力项相似，当分子吸引作用力趋于 0 时，即当气体呈理想状态时，此项亦应趋于 0。

$$\lim_{P_{\mathrm{at}} \to 0} \frac{b}{V} P_{\mathrm{at}} = 0 \qquad (2\text{-}98)$$

③ 此项的物理本质应是分子间斥力对宏观压力产生的影响，而分子间相互作用的情况应与分子间距离有关，因此，影响此项的状态参数主要是分子间距离，即物质的摩尔体积。上式表明，当分子的有效体积即分子协体积与分子摩尔体积相当时，分子第二斥力项 P_{P2} 在数值上可能与分子间吸引力 P_{at} 的数值接近，即有：

$$\lim_{b \to V} \frac{b}{V} P_{\mathrm{at}} = P_{\mathrm{at}} \qquad (2\text{-}99)$$

④ 由于此项的物理本质是分子间相互作用的斥力，且与分子间距离有关，因此，此项不能在任意的分子间距离均存在，亦就是说，应该有一个可能存在有分子间相互排斥作用的最大分子间距离，当分子间距离超过这一距离，分子间斥力不存在。下面讨论中将这个距离 r_{ij} 与分子硬球直径 σ 比较，见图 2-12 的讨论。

宏观位能曲线的分子硬球直径与分子间距离的关系：

$$\sigma = r_{ij}\big|_{(P_{\mathrm{P2}} - P_{\mathrm{at}})=0} \qquad (2\text{-}100)$$

宏观位能曲线的计算方式可见本书第 4 章介绍。

一个分子硬球占有空间的体积，$b_{\sigma} = \sigma^3$，故 1mol 物质分子占有体系空间的体积，即分子协体积为：

$$b = N_{\mathrm{A}} b_{\sigma} = N_{\mathrm{A}} \sigma^3 = N_{\mathrm{A}} d^3 \qquad (2\text{-}101)$$

式中，b 表示分子间相互作用理论认为 1mol 物质中全部分子实际存在的分子总体积。而热力学应用量子力学计算的协体积[12]为：

$$b' = \frac{2}{3} \pi N_{\mathrm{A}} \sigma^3 \qquad (2\text{-}102)$$

比较两种方法的结果，得

$$\frac{b'}{b} = \frac{2}{3} \pi = 2.093 \qquad (2\text{-}103)$$

亦就是说，热力学理论计算使用的分子摩尔协体积值比以分子硬球直径计算的数据要大 1 倍以上。热力学理论计算方法未明确说明将协体积扩大 1 倍的理由，推测其可能原因是考虑实际物质体系中有大量分子，而分子间会有一些间隙。故热力学理论中分子协体积可能是实际体系中所有分子本身所具有体积再加上这些分子间的间隙。

热力学状态方程中协体积 b 表示全部分子的有效分子体积。又以 Ω_b 表示协体积系数，不同计算方程数值不同，说明以不同状态方程的 Ω_b 数值计算 b，结果会受到影响。这应该对分子第一斥压力和分子第二斥压力的计算结果正确性都有影响。为此我们在计算时选择了三种著名状态方程的 Ω_b 和 b 值进行计算，并取平均值。

宏观分子相互作用理论认为一个分子硬球直径为σ，故而一个分子硬球占的体系空间应是空间中一个正方体体积σ^3，这个空间与分子硬球体积相比已留有空间为$\sigma^3 \times (6-\pi)/6$，故如果定义分子协体积是物质分子实际存在的体积，那么对于 1mol 物质而言，其分子协体积计算式不是式（2-102），而应为：

$$b = N_A \sigma^3 \qquad\qquad (2\text{-}104)$$

图 2-16 为气体烷烃的P_{P2}与物质分子间距的关系，图中分子间距表示为分子间距/分子硬球直径（r_{ij}/σ），以此表示在分子硬球直径处的情况和远离分子硬球直径处的情况。以丁烷为例，当r_{ij}/σ=1.867 时P_{P2}=49.86bar，随着r_{ij}/σ从 1.867 减小到 1.5，P_{P2}值呈接近线性关系增加。在r_{ij}/σ=1.5 处P_{P2}值增加速度加快，到 1.32 时P_{P2}=1123.28bar。烷烃均属同系物，各物质的运行曲线形态相似。

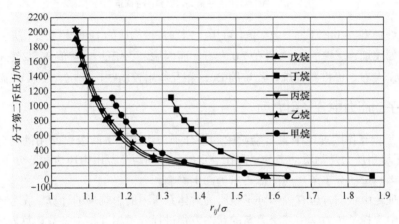

图 2-16 气体烷烃的分子第二斥压力与分子间距（1）

由于分子第二斥压力的物理本质是分子间 Boer 相互作用产生的斥力，且与分子间距离有关。因此，此项不能在任意分子间距离均存在，亦就是说，应该有一个可能存在有 Boer 分子间相互作用的最大分子间距离，当分子间距离超过这一最大距离，分子间 Boer 相互作用不再存在或 Boer 效应很小，即分子间斥力不存在或其数值很小。因此需要了解在什么分子行为下物质中分子间斥力不存在或其数值很小。这里假设讨论物质中分子第二斥压力在$P_{P2} \leqslant 0.1$bar范围内可以认为物质中分子间斥力不存在或其数值很小。

宏观物质中只有气体物质才有可能达到$P_{P2} \leqslant 0.1$bar，满足物质中分子间斥力不存在或其数值很小的要求。图 2-17 为一些气体物质（甲烷、乙烷、丙烷、丁烷、戊烷）的分子第二斥压力数值与分子间距和分子硬球直径比值（r_{ij}/σ）的关系。

图 2-17 表明，气态烷烃在分子间距增加不大的情况下分子第二斥压力值即会迅速变小。

甲烷：在r_{ij}/σ=3.4 时P_{P2}<0.1bar，r_{ij}/σ=6.1 时P_{P2}<0.0006bar≈0。

乙烷：在r_{ij}/σ=3.4 时P_{P2}<0.093bar，r_{ij}/σ=5.236 时P_{P2}<0.0019bar≈0。

丙烷：在r_{ij}/σ=3.224 时P_{P2}=0.109bar，r_{ij}/σ=5.247 时P_{P2}<0.001bar≈0。

丁烷：在r_{ij}/σ=3.85 时P_{P2}<0.1bar，r_{ij}/σ=7.343 时P_{P2}<0.0003bar≈0。

戊烷：在r_{ij}/σ=3.282 时P_{P2}<0.1bar，r_{ij}/σ=7.005 时P_{P2}<0.093bar≈0。

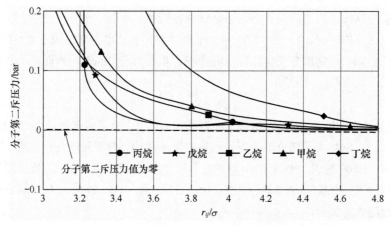

图 2-17　气体烷烃的分子第二斥压力与分子间距（2）

比较各烷烃 $P_{P2} \approx 0bar$ 时的 r_{ij}/σ 值，可用于判别各种物质的 Boer 相互作用形成的电子间斥力强弱。如戊烷、丁烷的 r_{ij}/σ 值在 7.0 左右，而丙烷、乙烷的 r_{ij}/σ 值在 5.2 左右，甲烷的 r_{ij}/σ 值在 6.1 左右。可推测丙烷、乙烷的 Boer 相互作用较弱些，戊烷、丁烷较强些。

2.6.3　分子动压力中分子引力项

宏观分子相互作用理论中表示物质中动态分子与物质分子间吸引作用的是分子吸引压力，P_{at}。分子吸引压力是物质动态分子间在一定的分子间距离范围内所引起的分子间吸引力，其会对体系中热运动分子所形成的体系压力产生影响。

热力学理论中状态方程有表示分子吸引力对体系压力的影响项的计算。在分子第一斥压力计算讨论中选择了热力学中三个著名的状态方程进行分子相互作用参数计算。这些状态方程计算分子间相互作用吸引力的计算式如下。

Soave 方程：
$$P_{at} = \frac{a\alpha(T)}{V(V+b)} \tag{2-105a}$$

Soave 对比方程：
$$P_{atr} = \frac{\Omega_a \alpha(T)}{Z_C V_r (Z_C V_r + \Omega_b)} \tag{2-105b}$$

$$\alpha(T) = \left[1 + \left(0.48508 + 1.55171\omega - 0.15613\omega^2\right) \times \left(1 - T_r^{1/2}\right)\right]^2$$

式中，ω 为讨论物质偏心因子；$a = \Omega_a R^2 T_C^2 / P_C$；$b = \Omega_b RT_C / P_C$；$\Omega_a = 0.42748$；$\Omega_b = 0.08664$。

Peng-Robinson 方程：
$$P_{at} = \frac{a\alpha(T)}{V(V+b) + b(V-b)} \tag{2-106a}$$

Peng-Robinson 对比方程：
$$P_{atr} = \frac{\Omega_a \alpha(T)}{Z_C V_r (Z_C V_r + \Omega_b) + \Omega_b (Z_C V_r - \Omega_b)} \tag{2-106b}$$

$$\alpha(T) = [1 + (0.3746 + 1.54226\omega - 0.26992\omega^2) \times (1 - T_r^{1/2})]^2$$

式中，$a = \Omega_a R^2 T_C^{2.5} / P_C$；$b = \Omega_b RT_C / P_C$；$\Omega_a = 0.45724$，$\Omega_b = 0.07780$。

童景山方程：
$$P_{at} = \frac{a\alpha(T)}{(V+mb)^2} \tag{2-107a}$$

童景山对比方程
$$P_{\text{atr}} = \frac{\Omega_a \alpha(T)}{\left(Z_C V_r + m\Omega_b\right)^2}$$
（2-107b）

$$\alpha(T) = [1 + (0.480450 + 1.251736\omega - 0.35695\omega^2) \times (1 - T_r^{1/2})]^2$$

式中，$a = \Omega_a R^2 T_C^2 / P_C$；$\Omega_a = 27/64$；$b = \Omega_b RT_C / P_C$；$\Omega_b = 0.0883883$；$m = \sqrt{2} - 1$。

由于分子吸引压力计算也与协体积 b 有关，因此与分子第一斥压力的计算一样，也会涉及选择不同的计算方程会出现分子协体积 b 数值不同，故而计算分子吸引压力时与计算分子第一斥压力一样，也规定采用 Soave 方程、Peng-Robinson 方程和童景山方程进行计算，并取其平均值作为计算结果。

分子吸引压力具有以下特征：

① 属于物质分子间相互作用之一，其表现形式是压力，其数值是负值，因此属于吸引力项。

② 与分子第二斥压力类似，当讨论体系体积趋于无穷大时，即当讨论体系呈理想状态时，此项亦应趋于 0，即可认为体系中分子间吸引力不存在，或分子间吸引力可以忽略，例如，童景山方程：

$$\lim_{V \to \infty} P_{\text{at}} = \lim_{V \to \infty} \frac{a\alpha(T)}{(V + mb)^2} = 0$$
（2-108）

③ 将分子吸引压力与斥力项相比较，注意通常情况下 $V > b$，得

$$P_{\text{atr}} - \frac{b}{V} P_{\text{atr}} = P_{\text{atr}}\left(1 - \frac{b}{V}\right) > 0$$
（2-109）

亦就是说，通常情况下，无论是液态还是气态，分子间吸引力总是大于分子间斥力。

④ Lennard-Jones 位能曲线中分子间吸引力的分子行为表现在下面几方面。

a. 由于分子吸引压力的物理本质是分子间相互作用的吸引力，且与分子间距离有关，因此，此项不能在任意分子间距离均存在，亦就是说，应该有一个可能存在有分子间相互吸引作用的最大分子间距离。当分子间距离超过这一最大距离，分子间相互作用不再存在，分子间吸引力亦不存在，由于分子间吸引力总是大于分子间斥力，故而此处分子间斥力也不存在。宏观分子相互作用理论称这个最大距离处为 λ 点，从 Lennard-Jones 位能曲线示意图[10,18]来看（文献[10]和[18]所列的 Lennard-Jones 图似乎稍有些差异），Lennard-Jones 位能曲线反映的 λ 点 $\approx (2 \sim 2.4)\sigma$，本书第 4 章也讨论了宏观物质位能曲线计算 λ 点的方法。

b. 物质的 λ 点是物质中分子间相互作用性质中最基础的分子间相互作用性质。其物理意义表示在 λ 点处开始在物质中出现分子间相互作用。

c. 物质的 *PTV* 状态参数变化，物质的分子间相互作用情况也会有变化，微观分子理论以 Lennard-Jones 位能曲线反映一对分子对相互作用的情况。宏观分子理论以宏观位能曲线反映物质中大量分子间相互作用的情况。宏观位能曲线同样以曲线最低点，即 $(\text{d}u/\text{d}r) = 0$，反映物质中分子吸引力和排斥力的变化情况。亦就是说，此点处分子吸引力与排斥力的变化数值相等，即其合力使位能的变化为零，此即宏观分子间相互作用的平衡点。

2.6.4 分子引力和分子斥力

分子引力和分子斥力是宏观物质中分子间相互作用的主要分子间作用力，分子吸引压力表

示物质中无序分子间的分子间吸引作用，分子第二斥压力表示物质中无序分子间的排斥作用。物质中分子间相互作用还有有序分子间相互作用，这里先讨论无序分子间的分子间吸引作用和排斥作用的相互关系以及它们的一些分子行为，有序分子间的分子间相互作用将在后面章节中介绍。

2.6.5 物质中分子引力与分子斥力——分子间距影响

已知：分子第二斥压力计算式为 $P_{P2} = P_{at} \dfrac{b}{V}$

整理后得： $$\frac{P_{at}}{P_{P2}} = \frac{V}{b} \tag{2-110}$$

定义物质中分子吸引压力与分子第二斥压力的比值 $p_{Y/C} = P_{at}/P_{P2}$。显然当物质状态变化时，$p_{Y/C}$ 值应会不同，表明物质中分子引力和斥力可能会有不同的分子行为。故而 $p_{Y/C}$ 应该是物质性质的一种，与宏观物质的状态有关。上式表明 $p_{Y/C}$ 与物质的摩尔体积呈线性关系，即

$$\frac{p_{Y/C}}{V_m} = \frac{1}{b} \tag{2-111}$$

式中，b 是分子协体积，理论上认为 b 是一个定值，当物质的 PTV 状态参数变化时，b 可能会有影响，但影响有限，故而式（2-111）表示的线性关系在一定程度上应是较好的线性关系。以烷烃为例，如图 2-18 所示。

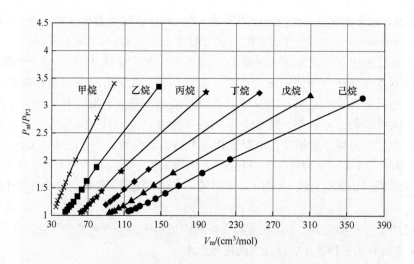

图 2-18　液体烷烃 P_{at}/P_{P2} 与体系摩尔体积的关系

图 2-18 表明：

① $p_{Y/C}$ 与讨论体系的摩尔体积确呈线性关系。

② 在物质全部状态变化过程中 $p_{Y/C} > 0$，说明在物质各种状态下分子吸引力与分子斥力关系为 $P_{at} > P_{P2}$。

③ 由物质的摩尔体积 V_m 可计算在一定 PTV 状态条件下物质的分子间距离：

$$r_{ij} = \left(\frac{V_{\mathrm{m}}}{N_{\mathrm{A}}} \right)^{1/3} \qquad (2\text{-}112)$$

故物质的摩尔体积变化可以以微观物质的分子间距离 r_{ij} 反映，但将其引入式（2-110）时由于还有式（2-112）的关系，可能会影响 $p_{\mathrm{Y/C}} = f(r_{ij})$ 的线性关系。为与图 2-18 表示的 $p_{\mathrm{Y/C}} = f(V_{\mathrm{m}})$ 关系比较，图 2-19 列示了烷烃 $p_{\mathrm{Y/C}} = f(r_{ij})$ 的情况。

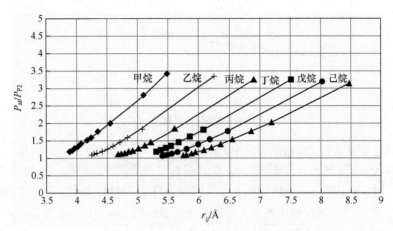

图 2-19　液体烷烃 $P_{\mathrm{at}}/P_{\mathrm{P2}}$ 与物质分子间距的关系

比较图 2-18 和图 2-19 知：图 2-18 列示的 $p_{\mathrm{Y/C}} = f(V_{\mathrm{m}})$ 的线性关系确优于图 2-19 中的 $p_{\mathrm{Y/C}} = f(r_{ij})$ 的线性关系。但图 2-19 表明在一定分子间距离变化范围内也有可能认为 $p_{\mathrm{Y/C}} = f(r_{ij})$ 是线性关系。举例如下。

己烷：$r_{ij} = 6.853 \sim 8.475$Å 呈一种线性关系；$r_{ij} = 5.798 \sim 6.544$Å 为另一种线性关系。

戊烷：$r_{ij} = 6.178 \sim 8.023$Å 呈一种线性关系；$r_{ij} = 5.447 \sim 5.993$Å 为另一种线性关系。

丁烷：$r_{ij} = 5.856 \sim 7.509$Å 呈一种线性关系；$r_{ij} = 5.309 \sim 5.673$Å 为另一种线性关系。

丙烷：$r_{ij} = 5.2066 \sim 6.8959$Å 呈一种线性关系；$r_{ij} = 4.7256 \sim 5.095$Å 为另一种线性关系。

上述数据表明，在物质熔点附近分子间距离较小时，$p_{\mathrm{Y/C}} = f(r_{ij})$ 的线性关系和在近临界点处分子间距离较大时的线性关系应有些不同。

2.6.6　物质中分子引力与分子斥力——温度影响

物质在 PTV 状态变化时物质中分子间相互作用情况会发生变化，分子间相互作用中吸引作用和排斥作用的变化对物质性质有着重要影响。为此，下面讨论影响物质分子间相互作用的情况。

① PTV 状态变化的影响。由式（2-110）和式（2-111），得

$$p_{\mathrm{Y/C}} = \frac{P_{\mathrm{at}}}{P_{\mathrm{P2}}} = \frac{V}{b} \qquad (2\text{-}113)$$

讨论物质状态参数的变化，可反映物质中分子引斥比值的变化。

② 通过宏观位能曲线可以反映物质中分子引力和斥力的变化。这将在第 4 章中进行介绍。

图 2-20 表示液体甲烷中分子吸引力与分子排斥力间的关系。

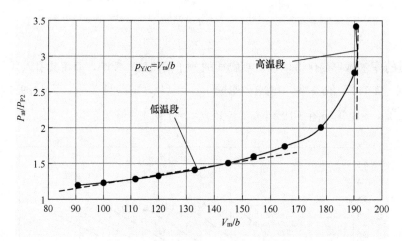

图2-20 液态甲烷中 P_{at}/P_{P2} 与 V_m/b 的关系

由上式知，因 $V>b$，故液态甲烷中 $P_{at}>P_{P2}$，即分子吸引力>分子排斥力。由图2-20 知在 $90<V_m/b<145$ 范围内，甲烷的 $p_{Y/C}$ 数值线性变化范围为 $1.195\sim1.509$，而当 $190<V_m/b<190.6$ 时，甲烷的 $p_{Y/C}$ 数值线性变化范围为 $2.777\sim3.420$。显然，在温度高时物质中分子间吸引作用和分子间排斥作用的变化明显高于低温情况下的变化，亦就是物质状态变化，物质中分子行为会有明显的变化，讨论时需注意。

微观分子相互作用理论曾讨论了两个分子间距离变化对两个分子间的吸引位能和排斥位能的影响。Lennard-Jones 方程的两个分子位能函数为：

斥力位能
$$u_p = u_m\left(\frac{r_m}{r}\right)^{12} = 4u_m\left(\frac{\sigma}{r}\right)^{12} \tag{2-114}$$

吸引力位能
$$u_{at} = -2u_m\left(\frac{r_m}{r}\right)^{6} = -4u_m\left(\frac{\sigma}{r}\right)^{6} \tag{2-115}$$

式中，σ 为分子硬球直径；r 为两个分子间距离；r_m 为位能曲线最低点处分子间距，Å。因此，Lennard-Jones 方程位能由线的最低点处有关系：

$$r_e = (12/6)^{1/(12-6)}\sigma = 1.123\sigma \tag{2-116}$$

式中，b 为分子协体积，$b=N_A\sigma^3$；σ 是分子硬球直径，故 b 可认为是常数。两个分子的吸引力位能和斥力位能在最低点处的关系为

$$\frac{du_p}{dr} = \frac{du_{at}}{dr} \tag{2-117}$$

宏观位能曲线也存在最低点，见图2-21。

下面讨论大量分子的宏观位能曲线最低点处 $r_e = f(\sigma)$ 的关系。

微观分子相互作用理论的 Lennard-Jones 方程中两个分子的位能函数式（2-114）和式（2-115）中，两个分子间斥力形成的位能为 u_p，两个分子间引力形成的位能为 u_{at}，对于有大量分子的物质可认为有大量分子间斥力形成的位能 Nu_p 和大量分子间引力形成的位能 Nu_{at}。故设大量分子斥力位能（U_P）和大量分子吸引力位能（U_{at}）分别为：

$$U_P = Nu_p \tag{2-118}$$

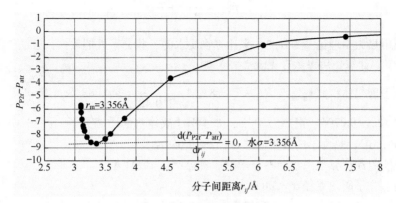

图 2-21　水的宏观位能曲线图

$$U_{at} = Nu_{at} \tag{2-119}$$

在宏观分子相互作用理论中无论是大量分子的斥力位能，还是大量分子的吸引力位能，均由大量分子的分子间排斥力或分子间吸引力所形成。这些大量分子形成的分子间斥力或分子间引力在宏观分子相互作用理论中均以"分子压力"形式表示，其量纲与压力相同。因此以分子压力形式形成的"能量"，无论位能还是动能，均以分子压力的膨胀功计算。

对分子理想压力影响最大的分子间相互作用的位能项应为分子第二斥压力位能 $P_{P2}V_m$ 和分子吸引压力位能 $P_{at}V_m$。因而有：

物质中大量分子排斥力位能　　　　　$U_P = P_{P2}V_m$ $\tag{2-120}$

物质中大量分子吸引力位能　　　　　$U_{at} = P_{at}V_m$ $\tag{2-121}$

故而大量分子排斥力位能和吸引力位能除与分子压力 P_{at}、P_{P2} 有关外，还与物质宏观状态参数摩尔体积 V_m 有关。上式中 P_{at}、P_{P2}、V_m 均与微观状态中分子间距离 r_{ij} 有关。

宏观位能曲线也有最低点，此点处应有关系 $dU_{P2}/dV = dU_{at}/dV$，即：

斥力位能　　　　$\dfrac{dU_P}{dV_m} = \dfrac{d\left(P_{P2}V_m\right)}{dV_m} = P_{P2} + V_m\dfrac{dP_{P2}}{dV_m}$ $\tag{2-122}$

引力位能　　　　$\dfrac{dU_{at}}{dV_m} = \dfrac{d\left(P_{at}V_m\right)}{dV_m} = P_{at} + V_m\dfrac{dP_{at}}{dV_m}$ $\tag{2-123}$

在平衡点处　　　　$\dfrac{dU_P}{dV_m} = \dfrac{dU_{at}}{dV_m}$ $\tag{2-124}$

故有　　　　$P_{P2} - P_{at} = V_m\dfrac{dP_{at}}{dV_m} - V_m\dfrac{dP_{P2}}{dV_m}$ $\tag{2-125}$

得　　　　$\dfrac{dP_{at}}{dV_m} - \dfrac{dP_{P2}}{dV_m} = \dfrac{P_{P2} - P_{at}}{V_m}$ $\tag{2-126}$

平衡点处由式（2-124）知，$\dfrac{dP_{P2}}{dV_m} - \dfrac{dP_{at}}{dV_m} = 0$，故此处体系中分子间距离为 $r_{ij} = r_e$。图 2-21 中水的宏观位能曲线同样表明，水的平衡点处 $r_e = r_{ij} = 3.35996\text{Å}$。

已知
$$p_{\text{Y/C}} = \frac{P_{\text{at}}}{P_{\text{P2}}} = \frac{V_{\text{m}}}{b} \qquad (2\text{-}127)$$

下面应用热力学理论（方法 3）来计算物质水的一些分子性能数据，方法 3 详细介绍见本章的 2.7 节。计算使用参数（见表 2-18）如下：

临界分子理想体积，$V_{\text{mid,C}} = RT_{\text{C}} / R_{\text{C}} = 83.14 \times \dfrac{647.3}{220.48} = 244.088$（cm³/mol），分子协体积的修正系数 $\Omega_{b\sigma} = 0.0706$，得热力学分子协体积（液体水的动态分子）$b = 0.0706 \times 244.088 = 17.238$（cm³/mol），热力学的分子硬球直径 $\sigma = 3.059$Å。

宏观位能曲线计算气态水动态分子硬球直径 $\sigma = 3.1741$Å。

液态动态分子硬球直径 $\sigma = 3.059$Å。

固态动态分子硬球直径 $\sigma = 3.1633$Å。

故知，由热力学方法计算的水分子硬球直径与水在液体状态下的分子硬球直径相符合。

一些物质的宏观位能曲线平衡点处分子间距、硬球直径、分子协体积等数据见表 2-18。

表 2-18　一些物质在平衡点的分子间相互作用数据

物质	宏观位能曲线平衡点处无序分子各参数				
	r_{e} / Å	摩尔体积/(cm³/mol)	硬球直径σ/Å	b/(cm³/mol)	V_{me}/b
甲烷	4.238	109.9594	3.4023	36.5532	1.2540
乙烷	4.7869	90.0975	3.9852	51.4597	1.2836
丙烷	5.2066	46.3237	4.4357	72.0797	1.1792
丁烷	5.6732	45.8450	4.2529	90.0975	1.2204
戊烷	—	—	5.123	—	—
己烷	6.3547	154.5372	5.231	126.7501	1.2192
庚烷	6.6846	179.8764	5.474	148.5607	1.2108
辛烷	7.0028	206.8060	5.629	171.2433	1.2077
甲醇	4.2853	47.3905	3.233	40.8854	1.1591
乙醇	4.9337	72.3213	3.847	61.4637	1.1766
水	3.35996	22.8428	3.059	19.7980	1.1538
丙酮	5.3232	—	—	—	—

注：数据和计算见本书附录 2 和附录 3。

2.7　热力学的分子协体积

由前面讨论知，在分子动压力中有三种分子压力与分子协体积有关，即分子第一斥压力、分子第二斥压力和分子吸引压力。

分子第一斥压力
$$P_{\text{P1}} = P \frac{b}{V_{\text{m}}} \qquad (2\text{-}128)$$

分子第二斥压力与分子吸引压力
$$P_{\text{P2}} = P_{\text{at}} \frac{b}{V_{\text{m}}} \qquad (2\text{-}129)$$

因而有
$$\frac{P_{\text{P1}}}{P} = \frac{P_{\text{P2}}}{P_{\text{at}}} = \frac{b}{V_{\text{m}}}$$
(2-130)

上式表明，通过讨论物质的一些物质参数，如 b 和 V_{m}，可以计算一些分子压力数据如 b、P_{P1}、P_{at}、P_{P2}，即可以应用一种分子压力数据，计算得到另一些分子压力数据。实现此目的需要正确计算讨论物质的分子协体积 b，亦就是讨论物质的分子硬球直径 σ。

本章前面已涉及了物质的分子协体积 b 的计算，目前已知有三种讨论物质的协体积 b 的计算方法。

① 方法 1，量子力学计算[5-8]，分子协体积计算式为 $b = \frac{2}{3}\pi N_{\text{A}}\sigma^3$，得到的数据偏大。

② 方法 2，宏观分子相互作用理论方法计算分子硬球直径（见本书第 4 章和附录 3）。可得到物质在气、液、固三种状态下的分子硬球直径。表 2-5 中比较了由量子力学和本书附录 3 计算的一些物质的分子硬球直径数据。表 2-6 比较了热力学理论与宏观分子相互作用理论计算的气体的分子硬球直径数据。数据表明量子力学计算的分子硬球直径数据与宏观分子相互作用理论计算的气体状态物质的有些数据接近，故推测量子力学计算的对象可能是气体。

③ 方法 3。对于热力学理论定义的分子协体积在前面讨论中有些异议：ⅰ. 热力学理论定义的分子协体积与方法 1 和方法 2 以分子硬球直径为理论基础的分子协体积的理论概念不同。ⅱ. 表 2-5 列示了方法 3 计算的一些数据，与方法 1 和方法 2 以分子硬球直径为理论基础计算的分子协体积数据不符合。

因此，热力学理论定义的分子协体积需要明确：ⅰ. 所定义的分子协体积的理论依据，希望能与方法 1 和方法 2 融合起来，以免影响分子理论相关的讨论。ⅱ. 希望方法 3 计算的分子协体积数据与方法 1 和方法 2 的计算数据相吻合，希望热力学理论定义分子协体积与方法 1 和方法 2 一样是分子理论所要求的分子协体积。

目前热力学理论尚无分子硬球直径的计算方法，计算分子协体积的基础不是分子硬球直径，热力学理论与宏观分子相互作用理论两种理论有可能能够相互借鉴、相互补充和相互完善。这里就热力学理论的分子协体积讨论如下。

热力学理论的分子协体积
$$b = \Omega_b RT_{\text{C}}/P_{\text{C}}$$
(2-131)

计算时需使用临界温度和临界压力数据，热力学计算方法需以状态方程的 Ω_b 系数进行修正。但使用的状态方程不同，采用的修正系数 Ω_b 也不同，各状态方程采用的修正系数 Ω_b 如下：

van der Waals 方程　　　　　　　　$\Omega_b = \dfrac{1}{8}$

Ridlich-Kwang 方程和 Soave 方程　　$\Omega_b = 0.08664$

Peng-Robinson 方程　　　　　　　　$\Omega_b = 0.07780$

童景山方程[12-14]　　　　　　　　　$\Omega_b = 0.0883883$

Ω_b 数值不同，说明不同的状态方程计算的协体积 b 数值允许有不同。这应该会对分子压力的计算正确性有影响。热力学理论中 Ω_b 是由对 P_{C}、T_{C} 组成的某种物质性质，从式（2-131）来看此似乎是对某种摩尔体积的一个修正，与方法 1 和方法 2 的计算思路不同，故而对热力学理论的分子协体积还需推敲。由于修正系数 Ω_b 允许在不同情况下是变量，故而需要了解此变量因何而变，影响变化的因素是什么，是由于使用了不同的状态方程还是其他因素？

为此改变式（2-131），得：

$$\Omega_b = \frac{P_C}{RT_C} \times b \qquad (2\text{-}132)$$

上式表示，热力学中的 Ω_b 是由 P_C、T_C 组成的某种物质性质，从式（2-132）来看似乎是与讨论物质的临界性质 P_C、T_C 相关的某种摩尔体积相关。已知：临界温度处的分子理想压力。的定义式为 $P_{id} = RT_C/V_{mC}$，表示的是假设物质分子间不存在有分子间相互作用影响下理想状态的分子压力，称为临界分子理想压力。讨论式中 RT_C/P_C 也可假设是某种"体积"，假设认为是在物质分子间不存在有分子间相互作用影响下理想状态的"体积"，可称其为临界分子理想体积，定义其为 $V_{mid,C} = RT_C/P_C$。故式（2-131）可改写为：

$$b = \Omega_b RT_C/P_C = \Omega_b V_{mid,C} \qquad (2\text{-}133)$$

由于决定 $V_{mid,C}$ 的是物质的临界性质 T_C 和 P_C，每种物质均具有自己的临界性质，各种物质的临界性质数值彼此不同，故而每种物质的 $V_{mid,C}$ 数值应与其他物质的不同，因而对同一物质，可以通过合适的修正系数将 $V_{mid,C}$ 数值修正为该物质的分子协体积数值，得到的分子协体积应是该物质的数据，故修正系数被定义为

$$\Omega_{b\sigma} = \frac{b}{V_{mid,C}} \qquad (2\text{-}134)$$

即分子协体积的 $\Omega_{b\sigma}$ 修正系数为物质分子协体积与临界分子理想体积的比值，或修正系数是将讨论物质的临界分子理想体积 $V_{mid,C}$ 修正为物质的实际性质——分子协体积。但上述分子协体积定义有一个问题，即临界温度状态存在有分子间相互作用，表 2-19 表明：在临界温度状态物质分子间的确存在有分子间相互作用。

表 2-19　一些物质在临界温度状态下的分子间相互作用

物质	T_C/K	P_{idr}	P_{P1r}	P_{P2r}	P_{atr}	P_{inr}
甲烷	190.555	3.536	0.296	1.165	3.984	1.232
乙烷	305.330	3.544	0.298	1.210	4.051	1.270
丙烷	370.020	3.656	0.308	1.318	4.279	1.374
丁烷	425.180	3.651	0.308	1.313	4.269	1.369
戊烷	469.810	3.721	0.314	1.383	4.415	1.435

表 2-19 数据表明，临界温度状态下物质中确实存在有分子间相互作用，而非理想状态，但热力学理论认为临界温度状态下的分子理想压力，其定义式为 $P_{id,C} = RT_C/V_{m,C}$，而这是在分子间相互作用存在的情况下虚拟的压力数值；同样可认为 $V_{mid,C}$ 是在分子间相互作用存在的情况下临界温度状态下虚拟的摩尔体积数值，因而 $V_{mid,C}$ 不是分子实际存在的体积总和，而是用于计算分子协体积的虚拟的临界理想摩尔体积。

热力学方法目前是以 Ω_b 对状态方程计算进行修正。但物质计算使用的状态方程不同，采用的 b 系数的 Ω_b 也不同，故各状态方程采用的 b 系数的 Ω_b 也不同。但由式（2-132）知，这里讨论的修正系数是对与物质临界性质 P_C、T_C 相关的某种摩尔体积的修正，物质不同，临界性质 P_C、T_C 变化，$V_{mid,C}$ 也会变化，故 Ω_b 数值应该也随之变化。亦就是说，宏观分子相互作用理论认为热力学理论对讨论同一物质应用不同的状态方程时，计算结果是得到了不同的分子协体积和不同的 Ω_b 修正系数。更合理的应是对同一种物质的计算，分子协体积和修正系数应该是相同的，不同物质应该是不同的分子协体积和不同的修正系数。

热力学理论中由于不同状态方程的计算需要对计算结果修正，因此与不同状态方程因计算方法不同需要的修正要求不同；但这里修正的目的是得到每种物质正确的分子协体积数据，因此分子协体积修正系数应该与状态方程的修正系数不同，二者应分别表示。现设用于热力学状态方程的修正系数表示为 Ω_E：van der Waals 方程的 Ω_E 参数值为 $\frac{1}{8}$；Ridlich-Kwang 方程和 Soave 方程的 Ω_E 为 0.08664；Peng-Robinson 方程的 Ω_E 为 0.07780；童景山方程的 Ω_E 为 0.0883883。

上述各方程所用数据不同，表明不同状态方程所用的 Ω_E 数据不同，说明不同状态方程修正参数值是允许变动的，因而在使用不同方程计算分子参数时可能会使结果波动。宏观分子相互作用理论为讨论结果的正确，对大量分子间相互作用参数的计算方法有一些要求，即计算时要求使用 Soave 方程、Peng-Robinson 方程和童景山方程三个方程平行计算，并要求其最终结果应是三个方程计算结果的平均值。状态方程使用的修正系数设为 Ω_E，下标中"E"表示用于状态方程计算。

又设用于计算热力学分子协体积的修正系数为 $\Omega_{b\sigma}$，下标中"$b\sigma$"表示用于以分子硬球直径计算分子协体积。由式（2-132）和式（2-133）得其定义式：

$$\Omega_{b\sigma} = b\frac{P_C}{RT_C} = \frac{b}{V_{mid,C}} \tag{2-135}$$

即 $\Omega_{b\sigma}$ 修正系数是用于将一个与临界性质有关的虚拟临界理想摩尔体积修正为讨论物质的实际分子协体积 b。

例如，表 2-20 中列示了 9 种不同物质用于计算分子协体积的修正系数 $\Omega_{b\sigma}$ 数据。由于热力学理论缺少物质分子硬球直径数据，应该可以使用宏观分子相互作用理论计算得到的分子硬球直径数据。

b 为每摩尔体积中所有分子自身具有的分子总体积，单位为 cm^3/mol。其定义式：

$$b = N_A\sigma^3 \tag{2-136}$$

式中，σ 为宏观分子相互作用理论计算得到的分子硬球直径数据（见本书附录 3）。通过宏观分子相互作用理论计算得到的分子硬球直径数据，热力学理论也可计算各物质的分子硬球直径，其计算式为：

$$\sigma = \sqrt[3]{\frac{b}{N_A}} = \sqrt[3]{\frac{\Omega_{b\sigma}V_{mid,C}}{N_A}} \tag{2-137}$$

对于不同物质状态可得到气、液和固体的 σ 数据，可应用于不同的气、液和固体的分子协体积计算，但目前宏观分子相互作用理论只是初步展开，尚未建立物质的各种分子间相互作用参数的大型数据库，还不能方便地将气、液和固体的 σ 数据用于生产和科研上。

式（2-136）中的 b 是热力学理论定义的分子协体积，但无论是热力学讨论的分子协体积还是宏观分子相互作用理论讨论的，对同一物质的分子协体积来讲，应该是同一种物质性质，故均为：$b = N_A\sigma^3$。

应用分子硬球直径 σ 得到分子协体积 b 的目的，是正确地应用和计算大量分子间相互作用参数，是在物质性质大数据库建立之前采用的方法。

一些物质以热力学方法计算的 b 值与以气体物质 σ 值计算的 b 值，对于一些物质比较符合，另一些物质则有一些误差，亦就是说，热力学法计算的有可能会产生一些误差，但也有可能可以用于计算。在宏观分子相互作用理论讨论的初期，热力学方法可用以加强和补充对物质中大量分子行为的了解和认识。宏观分子相互作用理论的基础分子性能可认为是物质的 λ 点，这时确定物质中开始出现有分子间相互作用并对物质性质产生影响；宏观位能曲线的平衡点 r_e，反映物质中分子间吸引作用和排斥作用的变化规律；物质分子硬球直径 σ，用于计算物质中各种分子间相互作用参数的分子性能。这些基础的分子性能可见本书附录。

分子协体积表示的是摩尔物质中的分子本身具有的体积的总和。为了更正确地应用和了解分子协体积，表 2-20 列示和比较了三种方法计算的部分物质的分子协体积数据。

表 2-20　部分物质的分子协体积数据

物质	甲烷	乙烷	丙烷	丁烷	戊烷	己烷	甲醇	乙醇	水
分子硬球直径	方法 1，量子力学，有 σ；方法 2，宏观分子相互作用理论，有 σ；方法 3，热力学理论，无 σ								
方法 1，σ/Å	3.758	4.443	5.118	4.668	5.784	5.947	3.626	4.53	2.641
方法 2，σ/Å									
气体	3.652	4.166	4.324	4.97	5.284	5.769	4.195	4.598	3.174
液体动态分子	3.402	3.985	4.436	4.253	5.123	5.231	3.233	3.847	3.059
液体静态分子	—	3.984	4.436	4.238	5.033	5.227	3.17	3.844	3.056
方法 1，分子协体积	分子协体积计算式采用方法 2 的 $b=N_A\sigma^3$/(cm³/mol)								
	31.961	52.818	80.733	61.255	116.529	126.661	28.71	55.982	11.093
方法 2，分子协体积	分子协体积计算式采用 $b=N_A\sigma^3$/(cm³/mol)								
气体	29.332	43.548	48.683	73.93	88.831	115.637	44.464	58.556	19.258
液体动态分子	23.713	38.115	52.558	46.324	80.97	86.2	20.35	34.286	17.238
液体静态分子	—	38.115	52.558	46.324	80.97	86.2	20.35	34.286	17.238
方法 2 对方法 1									
气体 σ 偏差/%	−2.903	−6.649	−18.363	6.076	−9.463	−3.085	13.564	1.479	16.793
气体 b 偏差/%	−8.963	−21.286	−65.834	17.144	−31.181	−9.534	35.431	4.396	42.397
方法 2，分子协体积	热力学理论借鉴方法 2 的分子协体积数据，故方法 3 结果与方法 2 相同								
热力学参数	热力学理论的临界理想摩尔体积计算 $V_{\text{mid,C}}=RT_C/P_C$/(cm³/mol)								
T_C/K	190.6	305.4	369.8	628	469.6	507.4	512.6	516.2	647.3
P_C/bar	80.96	48.84	42.46	52.69	33.74	29.69	72.35	63.83	220.48
$V_{\text{mid,C}}$	195.732	519.880	724.097	990.927	1157.159	1420.857	589.047	672.362	244.088
$\Omega_{b\sigma}$ 修正系数	有四种物质状态的 $\Omega_{b\sigma}$ 修正系数：1.气体；2.液体中动态分子；3.液体中静态分子								
气体	0.1499	0.0838	0.0672	0.0746	0.0768	0.0814	0.0755	0.0871	0.0789
液体动态分子	0.1212	0.0733	0.0726	0.0467	0.0700	0.0607	0.0345	0.0510	0.0706
液体静态分子	—	0.0733	0.0726	0.0467	0.0700	0.0607	0.0345	0.0510	0.0706
方法 3，分子协体积	与方法 2 比较，下面热力学方法计算的分子协体积：1.理论基础概念符合；2.计算结果也吻合								
气体	29.332	43.548	48.683	73.93	88.831	115.637	44.464	58.556	19.258
液体动态分子	23.713	38.115	52.558	46.324	80.97	86.2	20.35	34.286	17.238
液体静态分子	—	38.115	52.558	46.324	80.97	86.2	20.35	34.286	17.238
方法 3	热力学计算的分子协体积：1.理论概念符合以分子硬球直径为理论基础；2.分子协体积计算结果与方法 2 的结果吻合								

物质	甲烷	乙烷	丙烷	丁烷	戊烷	己烷	甲醇	乙醇	水
$\Omega_{b\sigma}$（气体）	0.1499	0.0838	0.0672	0.0746	0.0768	0.0814	0.0755	0.0871	0.0789
分子协体积	29.332	43.548	48.683	73.93	88.831	115.637	44.464	58.556	19.258
$\Omega_{b\sigma}$（液体动态分子）	0.1212	0.0733	0.0726	0.0467	0.0700	0.0607	0.0345	0.0510	0.0706
分子协体积	23.713	38.115	52.558	46.324	80.97	86.2	20.35	34.286	17.238
$\Omega_{b\sigma}$（液体静态分子）	—	0.0733	0.0726	0.0467	0.0700	0.0607	0.0345	0.0510	0.0706
分子协体积	—	38.115	52.558	46.324	80.97	86.2	20.35	34.286	17.238

表 2-20 表明：①热力学理论讨论的分子协体积，其理论基础可以与其他理论相融合，其依据的分子协体积基本数据是宏观分子相互作用理论中的分子硬球直径。②热力学理论计算分子协体积的方法是对虚拟的临界理想摩尔体积 $V_{mid,C}$ 以 $\Omega_{b\sigma}$ 修正系数进行修正，使其符合以分子硬球直径计算的分子协体积的基本数据。③热力学理论认为应用不同状态方程会影响物质分子协体积的 $\Omega_{b\sigma}$ 修正系数的数据变化，认为影响 $\Omega_{b\sigma}$ 修正系数的数据变化取决于物质的性质，不同物质会有不同的 $\Omega_{b\sigma}$ 修正系数的数据变化。④不同物质方法 1 与方法 2 计算结果的偏差如下。分子硬球直径，−18.4%～−2.9%和 1.5%～16.5%；分子协体积，−65.8%～−8.9%和 4.4%～42.4%。方法 2 与方法 3 共同使用方法 2 所计算的物质分子硬球直径数据，因而方法 2 与方法 3 的计算结果与方法 1 的计算结果具有相同的计算偏差。

2.8 分子压力计算规定

宏观分子相互作用理论以分子压力形式计算和表示宏观体系中大量分子的分子间相互作用，目前应该是第一次，如何处理和讨论还缺乏经验。笔者对宏观大量分子的相互作用参数计算提供了以下建议，以求更好地讨论宏观分子相互作用理论，亦为了使计算结果的准确性得以提高。

计算对象为物质。计算需要知道一些计算物质的基本性能数据，这些基本性能数据应该与计算的分子间相互作用参数有关，这些基本性能数据包括以下内容。

（1）计算物质的名称
（2）计算物质国际化学物质标准编号和中国化学物质标准编号
（3）计算物质的状态属性
可供选择的有：
① 饱和气体单独计算。
② 饱和液体单独计算。
③ 饱和气体和饱和液体一起计算。

选择单独计算饱和气体或单独计算饱和液体，目前的方法会影响一些分子间相互作用参数的获得。选择饱和气体和饱和液体一起计算可以获得分子内压力等参数。
④ 过热气体计算。
⑤ 压缩液体计算。如果有同一物质同一温度下饱和气体和饱和液体的数据，则可能得到压缩液体的分子内压力等数据。

（4）需要输入的计算用性能参数
① 基本热力学参数：摩尔质量 M，g/mol；临界压力 P_C，bar；临界温度 T_C，K；临界体积 V_{mC}，cm³/mol；压缩因子 Z_C；偏心因子 ω；沸点 T_b，K；熔点 T_{mf}，K。

② *PTV* 状态参数：压力 P, bar；温度 T, K；体积 V_m, cm³/mol。

③ *PTV* 状态参数温度范围：饱和状态下熔点～临界点（单位为 K）。

（5）计算结果

① 为方便实际应用计算数据，宏观分子相互作用参数的计算结果，以 Excel 表格形式表示。

② 为使表示计算结果简便，计算的数据均以对比数据形式表示。

③ 需要以实际数据表示计算结果时，各参数的单位为：压力，bar；温度，K；体积，cm³/mol。

④ 为保证宏观分子相互作用参数计算结果准确性，要求计算结果符合下列要求。

a. 宏观分子相互作用理论中的基础公式为分子压力微观结构式，其计算结果是宏观压力，因而为使计算结果可靠和精确，要求以各项分子压力计算得到的综合宏观压力结果应符合下列计算误差 δ 要求。

实际宏观压力：$P_\mathrm{r}(\text{实}) = P_\mathrm{r}$

计算宏观压力：$P_\mathrm{r}(\text{计}) = P_\mathrm{idr} + P_\mathrm{P1r} + P_\mathrm{P2r} - P_\mathrm{atr}$

饱和气体的误差要求：$\delta^\mathrm{G} = \left| \dfrac{P_\mathrm{r}(\text{计}) - P_\mathrm{r}(\text{实})}{P_\mathrm{r}(\text{实})} \right| \leqslant 1.2\%$

饱和液体的误差要求：$\delta^\mathrm{L} = \left| \dfrac{P_\mathrm{r}(\text{计}) - P_\mathrm{r}(\text{实})}{P_\mathrm{r}(\text{实})} \right| \leqslant 0.4\%$

过热气体的误差要求：$\delta^\mathrm{H} = \left| \dfrac{P_\mathrm{r}(\text{计}) - P_\mathrm{r}(\text{实})}{P_\mathrm{r}(\text{实})} \right| \leqslant 1.2\%$

压缩液体的误差要求：$\delta^\mathrm{C} = \left| \dfrac{P_\mathrm{r}(\text{计}) - P_\mathrm{r}(\text{实})}{P_\mathrm{r}(\text{实})} \right| \leqslant 0.4\%$

以丁烷为例，按上述要求计算结果如表 2-21 所示。

表 2-21 不同状态条件下丁烷各分子压力按宏观分子相互作用理论计算结果

丁烷状态	实际 P_r	计算数据 $P_\mathrm{r} = P_\mathrm{idr} + P_\mathrm{P1r} + P_\mathrm{P2r} - P_\mathrm{atr}$					误差/%
		计算 P_r	P_idr	P_P1r	P_P2r	P_atr	
饱和气体	3.677×10^{-3}	3.692×10^{-3}	3.719×10^{-3}	2.139×10^{-6}	1.691×10^{-8}	2.922×10^{-5}	0.422
饱和液体	3.677×10^{-3}	3.689×10^{-3}	5.589	3.103×10^{-3}	2.958×10^{1}	3.517×10^{1}	0.349
饱和气体	1.350×10^{-2}	1.359×10^{-2}	1.388×10^{-2}	2.640×10^{-5}	6.048×10^{-7}	3.118×10^{-4}	0.649
饱和液体	1.350×10^{-2}	1.355×10^{-2}	5.968	1.096×10^{-2}	2.527×10^{1}	3.124×10^{1}	0.35
饱和气体	3.769×10^{-2}	3.804×10^{-2}	3.987×10^{-2}	1.720×10^{-4}	9.126×10^{-6}	2.014×10^{-3}	0.922
饱和液体	3.769×10^{-2}	3.776×10^{-2}	6.281	2.918×10^{-2}	2.134×10^{1}	2.761×10^{1}	0.199
饱和气体	7.829×10^{-2}	7.856×10^{-2}	8.522×10^{-2}	7.879×10^{-4}	7.535×10^{-5}	7.523×10^{-3}	0.347
饱和液体	7.829×10^{-2}	7.827×10^{-2}	6.488	5.773×10^{-2}	1.820×10^{1}	2.467×10^{1}	-0.023
饱和气体	1.720×10^{-1}	1.735×10^{-1}	2.030×10^{-1}	3.192×10^{-3}	6.129×10^{-4}	3.326×10^{-2}	0.882
饱和液体	1.720×10^{-1}	1.718×10^{-1}	6.651	1.178×10^{-1}	1.438×10^{1}	2.098×10^{1}	-0.098
饱和气体	3.487×10^{-1}	3.511×10^{-1}	4.632×10^{-1}	1.483×10^{-2}	5.599×10^{-3}	1.326×10^{-1}	0.688

丁烷状态	实际 P_r	计算数据 $P_r = P_{idr} + P_{P1r} + P_{P2r} - P_{atr}$					
		计算 P_r	P_{idr}	P_{P1r}	P_{P2r}	P_{atr}	误差/%
饱和液体	3.487×10^{-1}	3.482×10^{-1}	6.625	2.151×10^{-1}	1.051×10^{1}	1.700×10^{1}	−0.135
饱和气体	5.710×10^{-1}	5.738×10^{-1}	8.852×10^{-1}	4.526×10^{-2}	3.052×10^{-2}	3.871×10^{-1}	0.5
饱和液体	5.710×10^{-1}	5.702×10^{-1}	6.345	3.132×10^{-1}	7.437	1.353×10^{1}	−0.143
饱和气体	1	1.007	3.651	3.098×10^{-1}	1.314	4.268	0.726
饱和液体	1	1.003	3.651	3.080×10^{-1}	1.313	4.269	0.293

b. 计算数据处理。计算所需输入的基本性能和 PTV 数据需经一定的处理以符合宏观分子相互作用参数的计算。

在 2012 年宏观分子相互作用理论初期，提出以下 5 个状态方程处理计算，即 van der Waals 方程、Ridlich-Kwang 方程、Soave 方程、Peng-Robinson 方程和童景山方程。

但是这些处理数据的状态方程中涉及的与物质中分子间相互作用有关的一些计算参数设定的数值均不一样。例如：van der Waals 方程，$\Omega_b = \dfrac{1}{8}$；Ridlich-Kwang 方程，$\Omega_b = 0.08664$；Soave 方程，$\Omega_b = 0.08664$，Peng-Robinson 方程，$\Omega_b = 0.07780$；童景山方程，$\Omega_b = 0.0883883$。

a 系数计算： van der Waals 方程，$a = \dfrac{27R^2T_C^2}{64P_C}$，$\Omega_a = \dfrac{27}{64}$；Ridlich-Kwang 方程，$a = \Omega_a \dfrac{R^2T_C^{2.5}}{P_C}$，$\Omega_a = 0.42748$；Soave 方程，$a = \Omega_a \dfrac{R^2T_C^2}{P_C}$，$\Omega_a = 0.42748$；Peng-Robinson 方程，$a = \Omega_a \dfrac{R^2T_C^{2.5}}{P_C}$，$\Omega_a = 0.45724$；童景山方程，$a = \dfrac{27R^2T_C^2}{64P_C}$，$\Omega_a = 0.42188$。

由于 Ω_a 和 Ω_b 系数各方程设定的数值不同，因此各方程处理的计算数据并因此计算得到的宏观分子相互作用参数应该也会有不同。为减少各方程计算结果的误差，提高计算结果的准确性，宏观分子相互作用理论初期，采用 5 个状态方程计算，即 van der Waals 方程、Ridlich-Kwang 方程、Soave 方程、Peng-Robinson 方程和童景山方程，共同来处理计算数据，并以 5 个方程平均值为其最终计算结果。

经过对一些物质的计算和比较，对这五个方程的处理结果有了一些经验，下面以一氧化碳饱和气体和饱和液体的部分数据为例，将各方程的计算结果与五个方程计算结果的平均值比较，如表 2-22。

表 2-22　以 van der Waals、Ridlich-Kwang、Soave、Peng-Robinson 和童景山 5 方程计算一氧化碳的分子压力数据的计算误差

饱和气体	体系压力/bar			不同状态下分子压力的计算					
				5 方程计算的分子压力平均值					
T/K	实际 P/bar	计算 P_{ca}/bar	误差/%	P_{P1}/bar	误差/%	P_{P2}/bar	误差/%	P_{at}/bar	误差/%
132.91	34.96	34.99	0.10	10.956	—	44.211	—	138.425	—
129.84	30.4	30.37	−0.09	5.011	—	7.127	—	42.911	—

饱和气体	体系压力/bar			不同状态下分子压力的计算					

5 方程计算的分子压力平均值

T/K	实际 P/bar	计算 P_{ca}/bar	误差/%	P_{P1}/bar	误差/%	P_{P2}/bar	误差/%	P_{at}/bar	误差/%
125.97	25.33	25.33	0.02	3.008	—	2.929	—	24.595	—
121.48	20.27	20.27	−0.02	1.728	—	1.169	—	13.712	—

van der Waals 方程计算数据对 5 个方程平均值的误差

T/K	实际 P/bar	计算 P_{ca}/bar	误差/%	P_{P1}/bar	误差/%	P_{P2}/bar	误差/%	P_{at}/bar	误差/%
132.91	34.96	34.94	−0.07	14.65	33.71	70.73	59.98	168.671	21.85
129.84	30.4	30.41	0.03	6.476	29.24	10.079	41.41	47.323	10.28
125.97	25.33	25.33	0.02	3.623	20.45	3.718	26.92	25.997	5.70
121.48	20.27	20.27	0.02	1.864	7.88	1.283	9.73	13.958	1.80
				平均误差	22.82	平均误差	34.51	平均误差	9.91

Ridlich-Kwang 方程计算数据对 5 个方程平均值的误差

T/K	实际 P/bar	计算 P_{ca}/bar	误差/%	P_{P1}/bar	误差/%	P_{P2}/bar	误差/%	P_{at}/bar	误差/%
132.91	34.96	35.00	0.13	10.252	−6.42	38.719	−54.00	132.193	−4.50
129.84	30.4	30.42	0.07	4.722	−5.76	6.519	−8.54	41.996	−15.00
125.97	25.33	25.33	0.02	2.879	−4.28	2.761	−5.73	24.297	−1.21
121.48	20.27	20.27	0.02	1.697	−1.79	1.143	−29.00	13.652	−0.44
				平均误差	−4.56	平均误差	−24.32	平均误差	−5.29

Soave 方程计算数据对 5 个方程平均值的误差

T/K	实际 P/bar	计算 P_{ca}/bar	误差/%	P_{P1}/bar	误差/%	P_{P2}/bar	误差/%	P_{at}/bar	误差/%
132.91	34.96	34.99	0.10	10.248	−6.46	38.716	−55.00	132.196	−4.5
129.84	30.4	30.37	−0.09	4.716	−5.87	6.530	−8.39	42.049	−3
125.97	25.33	25.33	0.02	2.900	−3.59	2.786	−4.87	24.343	−1.03
121.48	20.27	20.27	−0.02	1.714	−0.78	1.158	−0.94	13.692	−0.15
				平均误差	−4.18	平均误差	−17.30	平均误差	−2.17

Peng-Robinson 方程计算数据对 5 个方程平均值的误差

T/K	实际 P/bar	计算 P_{ca}/bar	误差/%	P_{P1}/bar	误差/%	P_{P2}/bar	误差/%	P_{at}/bar	误差/%
132.91	34.96	34.93	−0.08	9.187	−16.15	33.002	−25.35	125.484	−9.35
129.84	30.4	30.39	−0.02	4.338	−13.42	5.847	−17.96	40.967	−4.53
125.97	25.33	25.33	−0.02	2.725	−9.40	2.579	−11.95	23.969	2.55
121.48	20.27	20.27	−0.02	1.661	−3.85	1.114	−4.68	13.595	−0.85
				平均误差	−10.71	平均误差	−14.99	平均误差	−3.05

童景山方程计算数据对 5 个方程平均值的误差

T/K	实际 P/bar	计算 P_{ca}/bar	V_m/(cm^3/mol)	P_{P1}/bar	误差/%	P_{P2}/bar	误差/%	P_{at}/bar	误差/%
132.91	34.96	34.98	0.05	10.445	−4.67	39.889	−9.78	133.582	−3.50
129.84	30.4	30.42	0.06	4.8	−4.20	6.663	−6.52	42.220	−1.61
125.97	25.33	25.33	0.02	2.912	−3.18	2.801	−4.36	24.37	−0.92
121.48	20.27	20.27	0.02	1.703	−1.43	1.148	−1.83	13.663	−0.36
				平均误差	−3.37	平均误差	−5.62	平均误差	−1.60

表 2-22 数据表明，各方程计算结果与 5 个方程平均值相比较有可能会产生较大的误差，不宜采用此 5 个方程平均值作为结果进行计算。

为此，改变 5 个方程平均值处理计算数据的方法，采用 3 个方程平均值处理计算数据，即选用 5 方程中计算误差偏小的 Soave 方程、Peng-Robinson 方程和童景山方程，以这 3 个方程平均值处理计算数据。

下面同样以一氧化碳饱和气体和饱和液体的部分数据为例，将上述 3 个方程中各个方程处理数据的计算结果与以此 3 个方程平均值处理结果比较，如表 2-23，计算范围包括从熔点到临界温度，以在较广泛范围内进行计算数据的比较。

表 2-23　Soave、Peng-Robinson 和童景山方程计算一氧化碳饱和气体数据的计算误差

Soave 方程计算数据对 3 个方程平均值的误差									
饱和气体	P_{P1}/bar			P_{P2}/bar			P_{at}/bar		
T_r	Soave	3 方程平均	误差/%	Soave	3 方程平均	误差/%	Soave	3 方程平均	误差/%
1.000	10.248	9.960	2.90	38.716	37.202	4.07	132.196	130.421	1.36
0.977	4.716	4.618	2.12	6.530	6.346	2.88	42.049	41.745	0.73
0.948	2.900	2.846	1.91	2.786	2.722	2.36	24.343	24.227	0.48
0.914	1.714	1.693	1.26	1.158	1.140	1.58	13.692	13.650	0.31
0.873	0.901	0.894	0.79	0.431	0.427	0.90	7.268	7.259	0.13
0.821	0.380	0.379	0.11	0.119	0.119	0.03	3.175	3.176	−0.02
0.795	0.250	0.249	0.43	0.063	0.063	0.27	2.054	2.056	−0.07
0.752	0.086	0.084	2.75	0.016	0.015	2.23	0.996	0.999	−0.35
0.715	0.040	0.040	0.04	0.005	0.005	−0.35	0.482	0.483	−0.24
0.677	0.019	0.019	−3.60	0.002	0.002	−3.78	0.217	0.217	−0.13
0.640	0.009	0.009	2.82	0.001	0.001	2.79	0.089	0.089	−0.10
0.602	0.003	0.003	2.81	0.000	0.000	2.91	0.032	0.032	0.02
0.564	0.001	0.001	2.80	0.000	0.000	3.04	0.010	0.010	0.15
0.527	0.000	0.000	2.80	0.000	0.000	3.19	0.003	0.003	0.31
0.513	0.000	0.000	2.80	0.000	0.000	3.25	0.002	0.002	0.37
0.513	0.000	0.000	2.80	0.000	0.000	3.25	0.002	0.002	0.37
0.513	0.000	0.000	2.80	0.000	0.000	3.25	0.002	0.002	0.37

Peng-Robinson 方程计算数据对 3 个方程平均值的误差									
饱和气体	P_{P1}/bar			P_{P2}/bar			P_{at}/bar		
T_r	P-R	3 方程平均	误差/%	P-R	3 方程平均	误差/%	P-R	3 方程平均	误差/%
1.000	9.187	9.960	−7.76	33.002	37.202	−11.29	125.484	130.421	−3.79
0.977	4.338	4.618	−6.07	5.847	6.346	−7.87	40.967	41.745	−1.86
0.948	2.725	2.846	−4.24	2.579	2.722	−5.26	23.969	24.227	−1.07
0.914	1.661	1.693	−1.86	1.114	1.140	−2.25	13.595	13.650	−0.40
0.873	0.904	0.894	1.16	0.433	0.427	1.46	7.279	7.259	0.28
0.821	0.399	0.379	5.33	0.126	0.119	6.32	3.206	3.176	0.95
0.795	0.265	0.249	6.62	0.068	0.063	7.86	2.080	2.056	1.18

Peng-Robinson 方程计算数据对 3 个方程平均值的误差									
饱和气体	P_{P1}/bar			P_{P2}/bar			P_{at}/bar		
T_r	P-R	3 方程平均	误差/%	P-R	3 方程平均	误差/%	P-R	3 方程平均	误差/%
0.752	0.086	0.084	2.29	0.016	0.015	4.77	1.021	0.999	2.13
0.715	0.043	0.040	7.51	0.006	0.005	9.85	0.493	0.483	2.11
0.677	0.021	0.019	7.03	0.002	0.002	9.31	0.221	0.217	2.08
0.640	0.008	0.009	−7.85	0.000	0.001	−5.63	0.091	0.089	2.13
0.602	0.003	0.003	−7.79	0.000	0.000	−5.76	0.033	0.032	2.00
0.564	0.001	0.001	−7.74	0.000	0.000	−5.92	0.010	0.010	1.83
0.527	0.000	0.000	−7.71	0.000	0.000	−6.13	0.003	0.003	1.61
0.513	0.000	0.000	−7.70	0.000	0.000	−6.21	0.002	0.002	1.53
0.513	0.000	0.000	−7.70	0.000	0.000	−6.21	0.002	0.002	1.53
0.513	0.000	0.000	−7.70	0.000	0.000	−6.21	0.002	0.002	1.53

童景山方程计算数据对 3 个方程平均值的误差									
饱和气体	P_{P1}/bar			P_{P2}/bar			P_{at}/bar		
T_r	童景山	3 方程平均	误差/%	童景山	3 方程平均	误差/%	童景山	3 方程平均	误差/%
1.000	10.445	9.960	4.87	39.889	37.202	7.22	133.582	130.421	2.42
0.977	4.800	4.618	3.94	6.663	6.346	4.98	42.220	41.745	1.14
0.948	2.912	2.846	2.34	2.801	2.722	2.91	24.370	24.227	0.59
0.914	1.703	1.693	0.60	1.148	1.140	0.67	13.663	13.650	0.10
0.873	0.876	0.894	−1.95	0.417	0.427	−2.36	7.229	7.259	−0.40
0.821	0.359	0.379	−5.43	0.111	0.119	−6.35	3.146	3.176	−0.93
0.795	0.231	0.249	−7.05	0.058	0.063	−8.13	2.033	2.056	−1.11
0.752	0.080	0.084	−5.04	0.014	0.015	−6.99	0.982	0.999	−1.78
0.715	0.037	0.040	−7.55	0.005	0.005	−9.50	0.474	0.483	−1.86
0.677	0.019	0.019	−3.44	0.002	0.002	−5.53	0.213	0.217	−1.94
0.640	0.009	0.009	5.03	0.001	0.001	2.85	0.087	0.089	−2.03
0.602	0.003	0.003	4.97	0.000	0.000	2.85	0.032	0.032	−2.02
0.564	0.001	0.001	4.93	0.000	0.000	2.88	0.010	0.010	−1.98
0.527	0.000	0.000	4.91	0.000	0.000	2.94	0.003	0.003	−1.92
0.513	0.000	0.000	4.90	0.000	0.000	2.96	0.001	0.002	−1.89
0.513	0.000	0.000	4.90	0.000	0.000	2.96	0.001	0.002	−1.89
0.513	0.000	0.000	4.90	0.000	0.000	2.96	0.001	0.002	−1.89

　　表 2-23 中数据表明，在熔点到临界温度的范围内，Soave 方程、Peng-Robinson 方程和童景山方程单独计算数据得到的宏观分子相互作用参数数据，与此 3 个方程平均值得到的结果相比，误差不大，而且从数据分布来看，这三个方程得到的数据取平均值，有相互补偿的功

能，这对提高得到的宏观分子相互作用参数的准确性应该是有利的。故而建议计算宏观分子相互作用参数时采用 Soave 方程，Peng-Robinson 方程和童景山方程三个方程处理计算数据，3 方程计算结果的平均值作为讨论物质宏观分子相互作用参数的计算结果。笔者建议，在讨论物质宏观分子相互作用参数的计算时，以这 3 个方程处理计算数据为基础，其平均值作为讨论物质宏观分子相互作用参数的计算结果。

为进一步完善宏观分子相互作用理论，笔者建议重新确认是否以 Soave 方程、Peng-Robinson 方程和童景山方程这 3 个方程处理和计算宏观分子相互作用参数的数据，进一步研究和确定哪些方程的平均值作为计算结果更合适，使宏观分子相互作用理论所得的分子间相互作用参数数据（即各种物质中分子压力的数据）更加准确可靠，并作为"标准"数据确定下来，以应用于物质的研究和生产过程。

为了方便计算各种物质的分子相互作用参数，笔者设计了一个计算软件[19]，该软件已取得中国国家发明专利，专利号为 ZL201210315270.2，将为国内外需要纯物质宏观分子相互作用参数的研究者和单位提供帮助。通过这个计算服务平台，输入计算物质所需的各项计算数据（见前面介绍），即可计算得到该物质的各个分子压力数据。软件允许每个物质计算最多 80 个状态下的分子压力数据。这个计算软件也是宏观分子相互作用理论在纯物质应用的一个方面，如果在工厂应用此软件，可以反映各个生产状态下物质中分子间相互作用参数的变化情况，以指导生产工艺的控制；在学校应用此软件，可以让学生通过计算得到物质性质与分子间相互作用参数间的关系，学习分子间相互作用的知识。对此软件的简单说明如下。

宏观分子相互作用计算服务平台可以提供的宏观分子相互作用参数的内容（以 Excel 表格形式）如下。

名称：宏观分子相互作用参数表

物质的中国标准化学编号：　　　　　　　　　　或物质的国际化学编号：

物质名称：

PTV 数据出处：

计算软件：饱和气液分子相互作用计算软件

宏观分子间相互作用参数表内容说明如下。

数据属性：本表所列数据均属于宏观物质中千千万万分子间的各种分子间相互作用参数。即本表提供的分子间相互作用数据均属宏观物质中的分子间相互作用数据，而非微观两个分子间相互作用数据。

第 1 部分：物质分子间相互作用参数计算必须输入的基本热力学性能参数。

基本性能参数：分子量、临界参数[压力 P_c /bar、温度 T_c /K、摩尔体积 V_c /(cm³/mol)、压缩因子 Z_c]，偏心因子 ω，沸点 T_b /K，熔点 T_{mf} /K。

第 2 部分：物质分子间相互作用参数计算需要的物质状态参数 *PTV* 数据。

PTV 数据：即压力 *P*/bar、温度 *T*/K、体积 *V*/(cm³/mol) 的数据。

物质不同 *PTV* 状态均会计算得到不同的宏观分子间相互作用参数。

PTV 数据确认：要求压力的计算误差，饱和气体为 1.2%，饱和液体为 0.4%。

不符合要求不能参与宏观分子间相互作用参数计算。

如果计算过程中需要修改输入的 *PTV* 数据，则会有修改数据情况说明。

为保证计算结果可靠，输入的物质 *PTV* 状态参数数量应大于 10 个。

第 3 部分：计算结果的数据单位处理。

单位：压力，bar；温度，K；体积，cm^3/mol。

第 4 部分：计算的物质分子间相互作用参数和其对物质性质的影响。

① 分子间相互作用对物质压力的影响：

P_{id}，分子理想压力，物质分子热运动对压力的影响；

P_{P1} 和 P_{P2} 分子第一斥压力和分子第二斥压力，分子本身体积和 Boer 效应对压力的影响；

P_{at}，无序分子的分子吸引压力，动态分子吸引力对压力的影响；

P_{in}，有序分子内压力，静态分子吸引力对物质界面处静压力的影响。

② 分子间相互作用对物质体积的影响：

V_{mid}，分子热运动影响；V_{mP1} 和 V_{mP2}；

分子第一斥压力和分子第二斥压力影响；

V_{mat}，分子吸引力影响。

③ 分子间相互作用对体系压缩因子的影响：

Z_{P1} 和 Z_{P2}，分子第一斥压力和分子第二斥压力影响；

Z_{at}，无序分子吸引力影响；

b，气体和液体的协体积影响。

④ 分子间相互作用对体系相平衡的影响：

φ_S^G，气体的逸度系数；

$Z_{Y(S1)}$、$Z_{Y(S2)}$，第 1 和第 2 逸度压缩因子；

Z_{Yno}、Z_{Yo}，无序分子和有序分子数量百分比。

⑤ 分子间相互作用对体系位力系数的影响：

A_V，总位力系数；

A_{P1}、A_{P2}，分子第一斥压力和分子第二斥压力影响；

A_P，总斥压力影响；

A_{at}，分子吸引力影响。

⑥ 不同 PTV 状态下量子流体的临界参数（仅对量子流体物质列示）。

以辛烷为例，此软件计算得到的辛烷的各项分子相互作用参数如表 2-24 所示。

表 2-24　辛烷宏观分子相互作用参数

名称：	分子间相互作用参数表							
编号：	4.1.8							
讨论物质：	辛烷							
PTV 数据：B. D. Smith. Thermodynamic data for pure compounds Part A, B，Elsevier, 1986								
物质分子间相互作用数据表第 1 部分——计算用基本热力学参数								
状态	分子量	P_C/bar	T_C/K	V_C/(cm³/mol)	Z_C	ω	T_b	T_{mf}	T_{mfr}
饱气+饱液	114.23	24.88	568.841	492	0.25883	0.3979	398.823	216.375	0.3803787
说明：辛烷取 Soave、P-R、童景山三方程参数计算，结果取其平均值								
物质分子间相互作用数据表第 2 部分——计算用 *PTV* 数据								
饱气和饱液实际输入数据					饱气和饱液对比数据				

序号	P/bar	T/K	V_{m}/(cm³/mol)		实际 P_{r}	计算 P_{r}	误差/%	T_{r}	V_{mr}
SG-1	4.96×10^{-5}	224	3.76×10^{8}		1.99×10^{-6}	1.99×10^{-6}	−0.008	0.3937831	763821.14
SL-2	4.96×10^{-5}	224	150.86		1.99×10^{-6}	1.99×10^{-6}	−0.048	0.3937831	0.306626
SG-3	0.001044	256	20380000		4.2×10^{-5}	4.2×10^{-5}	0.018	0.4500379	41422.764
SL-4	0.001044	256	156.01		4.2×10^{-5}	4.2×10^{-5}	0.1	0.4500379	0.3170935
SG-5	0.01628	296	1507959		0.000654	0.000655	0.083	0.5203563	3064.9573
SL-6	0.01628	296	163.13		0.000654	0.000657	0.344	0.5203563	0.331565
SG-7	0.1178	336	234402		0.004735	0.00475	0.327	0.5906747	476.42683
SL-8	0.1178	336	171.24		0.004735	0.004751	0.349	0.5906747	0.3480488
SG-9	0.5153	376	58561		0.020711	0.020874	0.784	0.6609931	119.02642
SL-10	0.5153	376	180.69		0.020711	0.020784	0.35	0.6609931	0.3672561
SG-11	1.604	416	20133.67		0.064469	0.064584	0.178	0.7313116	40.922095
SL-12	1.604	416	192.11		0.064469	0.064598	0.199	0.7313116	0.3904675
SG-13	3.949	456	8358.745		0.158722	0.159115	0.248	0.80163	16.989319
SL-14	3.949	456	206.81		0.158722	0.158658	−0.04	0.80163	0.4203455
SG-15	8.273	496	3787		0.332516	0.335434	0.878	0.8719484	7.6971545
SL-16	8.273	496	227.96		0.332516	0.33199	−0.158	0.8719484	0.4633333
SG-17	13.79	528	2068		0.55426	0.558366	0.741	0.9282031	4.203252
SL-18	13.79	528	256.1		0.55426	0.553494	−0.138	0.9282031	0.5205285
SG-19	19.61	552	1381.155		0.788183	0.78032	−0.998	0.9703942	2.8072266
SL-20	19.61	552	296.22		0.788183	0.786981	−0.153	0.9703942	0.6020732
SG-21	24.88	568.841	492		1	1.00877	0.877	1	1
SL-22	24.88	568.841	492		1	1.003455	0.345	1	1

物质分子间相互作用数据表第 3 部分——各种分子压力

非量子流体三方程平均值数据

序号	P_{r}	T_{r}	V_{mr}	计算 P_{r}	P_{idr}	P_{P1r}	P_{P2r}	P_{atr}	P_{inr}
SG-1	1.99×10^{-6}	0.393783	763821.1	1.99×10^{-6}	1.99×10^{-6}	8.49×10^{-13}	8.85×10^{-18}	2.078×10^{-11}	
SL-2	1.99×10^{-6}	0.393783	0.306626	1.99×10^{-6}	4.961735	1.84×10^{-6}	61.36998	66.331712	66.330996
SG-3	4.2×10^{-5}	0.450038	41422.76	4.2×10^{-5}	4.2×10^{-5}	3.3×10^{-10}	5.21×10^{-14}	6.633×10^{-9}	
SL-4	4.2×10^{-5}	0.450038	0.317093	4.2×10^{-5}	5.483365	3.81×10^{-5}	53.17021	58.653575	58.6439
SG-5	0.000654	0.520356	3064.957	0.000655	0.000656	6.96×10^{-8}	1.19×10^{-10}	1.122×10^{-6}	
SL-6	0.000654	0.520356	0.331565	0.000657	6.063418	0.000577	44.18938	50.252721	50.161937
SG-7	0.004735	0.590675	476.4268	0.00475	0.00479	3.25×10^{-6}	2.94×10^{-8}	4.31×10^{-5}	
SL-8	0.004735	0.590675	0.348049	0.004751	6.556827	0.004025	36.36846	42.924562	42.513865
SG-9	0.020711	0.660993	119.0264	0.020874	0.021456	5.71×10^{-5}	1.75×10^{-6}	0.0006406	
SL-10	0.020711	0.660993	0.367256	0.020784	6.953659	0.01682	29.51149	36.461186	35.307236
SG-11	0.064469	0.731312	40.92209	0.064584	0.069045	0.000514	3.98×10^{-5}	0.0050142	

序号	P_r	T_r	V_{mr}	计算 P_r	P_{idr}	P_{P1r}	P_{P2r}	P_{atr}	P_{inr}
SL-12	0.064469	0.731312	0.390467	0.064598	7.236074	0.049381	23.44786	30.668721	28.319719
SG-13	0.158722	0.80163	16.98932	0.159115	0.182299	0.00305	0.000512	0.0267457	
SL-14	0.158722	0.80163	0.420346	0.158658	7.368057	0.112756	18.0044	25.326553	21.533875
SG-15	0.332516	0.871948	7.697154	0.335434	0.437669	0.012238	0.00434	0.1188134	
SL-16	0.332516	0.871948	0.463333	0.33199	7.270808	0.213936	12.98073	20.133489	14.858021
SG-17	0.55426	0.928203	4.203252	0.558366	0.853185	0.040663	0.02635	0.3618309	
SL-18	0.55426	0.928203	0.520528	0.553494	6.889441	0.318587	9.042246	15.69678	9.8413681
SG-19	0.788183	0.970394	2.807227	0.78032	1.335538	0.094517	0.08957	0.7393048	
SL-20	0.788183	0.970394	0.602073	0.786981	6.227079	0.396307	5.934258	11.770663	6.2339267
SG-21	1	1	1	1.00877	3.86354	0.327377	1.532245	4.714392	
SL-22	1	1	1	1.003455	3.86354	0.325189	1.530707	4.715982	1.5708137

物质分子间相互作用数据表第 4 部分——对体系体积的影响

非量子流体三方程平均值数据

序号	P_r	T_r	V_{mr}	计算 V_{mr}	V_{midr}	V_{mP1r}	V_{mP2r}	V_{matr}	
SG-1	$1.99×10^{-6}$	0.393783	763821.1	763821.1	763828.8	0.325604	$3.39×10^{-6}$	7.9702296	
SL-2	$1.99×10^{-6}$	0.393783	0.306626	0.306626	764140	0.28366	9450774	10214914	
SG-3	$4.2×10^{-5}$	0.450038	41422.76	41422.76	41428.99	0.325604	$5.14×10^{-5}$	6.546934	
SL-4	$4.2×10^{-5}$	0.450038	0.317093	0.317093	41395.39	0.287419	401430.6	442825.95	
SG-5	0.000654	0.520356	3064.957	3064.957	3069.884	0.325604	0.000557	5.2526006	
SL-6	0.000654	0.520356	0.331565	0.331565	3061.887	0.291529	22314.63	25376.481	
SG-7	0.004735	0.590675	476.4268	476.4268	480.4209	0.325604	0.002949	4.3225803	
SL-8	0.004735	0.590675	0.348049	0.348049	480.3168	0.294858	2664.152	3144.4156	
SG-9	0.020711	0.660993	119.0264	119.0264	122.3437	0.325604	0.009976	3.652887	
SL-10	0.020711	0.660993	0.367256	0.367256	122.8729	0.297219	521.4755	644.27836	
SG-11	0.064469	0.731312	40.92209	40.92209	43.74867	0.325604	0.025239	3.1774136	
SL-12	0.064469	0.731312	0.390467	0.390467	43.73931	0.298482	141.7256	185.37289	
SG-13	0.158722	0.80163	16.98932	16.98932	19.46535	0.325604	0.054651	2.8562857	
SL-14	0.158722	0.80163	0.420346	0.420346	19.5208	0.298734	47.7014	67.100581	
SG-15	0.332516	0.871948	7.697154	7.697154	10.04316	0.280847	0.099603	2.7264574	
SL-16	0.332516	0.871948	0.463333	0.463333	10.14735	0.298574	18.11615	28.098738	
SG-17	0.55426	0.928203	4.203252	4.203252	6.422659	0.306085	0.198353	2.7238444	
SL-18	0.55426	0.928203	0.520528	0.520528	6.479115	0.299611	8.503634	14.761832	
SG-19	0.788183	0.970394	2.807227	2.807227	4.804642	0.340027	0.322231	2.6596739	
SL-20	0.788183	0.970394	0.602073	0.602073	4.763973	0.303191	4.539947	9.0050389	
SG-21	1	1	1	1	3.829961	0.324503	1.518727	4.673191	
SL-22	1	1	1	1	3.850238	0.32407	1.525439	4.6997474	

物质分子间相互作用数据表第 5 部分——对体系状态的影响

非量子流体三方程平均值数据

序号	P_r	T_r	V_{mr}	Z	Z_{P1}	Z_{P2}	Z_{at}	Ω_b(G/L)	b(G/L) /(cm³/mol)
SG-1	1.99×10^{-6}	0.393783	763821.1	0.99999	4.26×10^{-7}	4.44×10^{-12}	1.04×10^{-5}	0.0842761	160.19722
SL-2	1.99×10^{-6}	0.393783	0.306626	4.01×10^{-7}	3.71×10^{-7}	12.36865	13.36865	0.0734197	139.56077
SG-3	4.2×10^{-5}	0.450038	41422.76	0.99985	7.86×10^{-6}	1.24×10^{-9}	0.000158	0.0842761	160.19722
SL-4	4.2×10^{-5}	0.450038	0.317093	7.66×10^{-6}	6.94×10^{-6}	9.696639	10.69664	0.0743926	141.41005
SG-5	0.000654	0.520356	3064.957	0.998395	0.000106	1.81×10^{-7}	0.001711	0.0842761	160.19722
SL-6	0.000654	0.520356	0.331565	0.000108	9.52×10^{-5}	7.287867	8.287853	0.0754564	143.43221
SG-7	0.004735	0.590675	476.4268	0.991687	0.000678	6.14×10^{-6}	0.008997	0.0842761	160.19722
SL-8	0.004735	0.590675	0.348049	0.000725	0.000614	5.546656	6.546545	0.0763181	145.07023
SG-9	0.020711	0.660993	119.0264	0.972887	0.002662	8.15×10^{-5}	0.029856	0.0842761	160.19722
SL-10	0.020711	0.660993	0.367256	0.002989	0.002419	4.244023	5.243453	0.0769292	146.23178
SG-11	0.064469	0.731312	40.92209	0.935399	0.007444	0.000577	0.072622	0.0842761	160.19722
SL-12	0.064469	0.731312	0.390467	0.008927	0.006824	3.240412	4.238309	0.0772561	146.85314
SG-13	0.158722	0.80163	16.98932	0.872827	0.016733	0.002808	0.146714	0.0842761	160.19722
SL-14	0.158722	0.80163	0.420346	0.021533	0.015303	2.443575	3.437345	0.773213	146.97719
SG-15	0.332516	0.871948	7.697154	0.76641	0.027962	0.009916	0.271468	0.0726916	138.17669
SL-16	0.332516	0.871948	0.463333	0.045661	0.029424	1.785322	2.769086	0.07728	146.89863
SG-17	0.55426	0.928203	4.203252	0.65445	0.04766	0.030884	0.424095	0.0792239	150.59361
SL-18	0.55426	0.928203	0.520528	0.080339	0.046243	1.312479	2.278382	0.0775484	146.4087
SG-19	0.788183	0.970394	2.807227	0.584274	0.070771	0.067067	0.553563	0.0880093	167.29349
SL-20	0.788183	0.970394	0.602073	0.12638	0.063643	0.952976	1.890238	0.078475	149.17017
SG-21	1	1	1	0.2611	0.084735	0.396591	1.220226	0.0839911	159.65547
SL-22	1	1	1	0.259724	0.084169	0.396193	1.220637	0.083879	159.44245

物质分子间相互作用数据表第 6 部分——对相平衡的影响

非量子流体三方程平均值数据							无序分子	有序分子
序号	P_r	T_r	V_{mr}	$\Phi_{sg}=\Phi_{sl}$	$Z_{Y(S1)}^{G}$	$Z_{Y(S2)}^{G}$	$Z_{Y_{no}}$ (G/L)	Z_{Y_o} (L)
SG-1	1.99×10^{-6}	0.393783	763821.1	0.99999	0.99999	0.99999	100%	
SL-2	1.99×10^{-6}	0.393783	0.306626	0.99999			6.97%	93.03%
SG-3	4.2×10^{-5}	0.450038	41422.76	0.99985	0.99985	0.99985	100%	
SL-4	4.2×10^{-5}	0.450038	0.317093	0.99985			8.56%	91.44%
SG-5	0.000654	0.520356	3046.957	0.998399	0.998398	0.998398	100%	
SL-6	0.000654	0.520356	0.331565	0.998399			10.79%	89.21%
SG-7	0.004735	0.590675	476.4268	0.991784	0.991761	0.991755	100%	
SL-8	0.004735	0.590675	0.348049	0.991784			13.37%	86.63%

序号	P_r	T_r	V_{mr}	$\Phi_{sg}=\Phi_{sl}$	$Z^G_{Y(S1)}$	$Z^G_{Y(S2)}$	$Z_{Y_{no}}$ (G/L)	Z_{Y_o} (L)
SG-9	0.020711	0.660993	119.0264	0.973798	0.973674	0.973606	100%	
SL-10	0.020711	0.660993	0.367256	0.973798			16.46%	83.54%
SG-11	0.064469	0.731312	40.92209	0.939232	0.939778	0.939358	100%	
SL-12	0.064469	0.731312	0.390467	0.939232			20.36%	79.64%
SG-13	0.158722	0.80163	16.98932	0.886984	0.889112	0.887473	100%	
SL-14	0.158722	0.80163	0.420346	0.886984			25.51%	74.49%
SG-15	0.332516	0.871948	7.697154	0.813775	0.816284	0.812153	100%	
SL-16	0.332516	0.871948	0.463333	0.813775			32.88%	67.12%
SG-17	0.55426	0.928203	4.203252	0.751199	0.757355	0.748955	100%	
SL-18	0.55426	0.928203	0.520528	0.751199			41.21%	58.79%
SG-19	0.788183	0.970394	2.807227	0.707781	0.732403	0.719632	100%	
SL-20	0.788183	0.970394	0.602073	0.707781			50.01%	49.99%
SG-21	1	1	1	0.658197	0.667102	0.65391	100%	
SL-22	1	1	1	0.658197			71.13%	28.87%

物质分子间相互作用数据表第 7 部分——对位力系数的影响

非量子流体三方程平均值数据

序号	P_r	T_r	V_{mr}	A_V /(cm³/mol)	A_{P1} /(cm³/mol)	A_{P2} /(cm³/mol)	A_P /(cm³/mol)	A_{at} /(cm³/mol)
SG-1	1.99×10^{-6}	0.393783	763821.1	−3761.12	160.1956	0.001669	160.1973	3921.3137
SL-2	1.99×10^{-6}	0.393783	0.306626	−150.86	5.6×10^{-5}	1865.935	1865.935	2016.795
SG-3	4.2×10^{-5}	0.450038	41422.76	−3060.41	160.1732	0.025278	160.1985	3220.6069
SL-4	4.2×10^{-5}	0.450038	0.317093	−156.009	0.001083	1512.773	1512.774	1668.7826
SG-5	0.000654	0.520356	3064.957	−2419.91	159.9406	0.273673	160.2143	2580.1248
SL-6	0.000654	0.520356	0.331565	−163.112	0.015532	1188.87	1188.885	1351.9975
SG-7	0.004735	0.590675	476.4268	−1948.69	158.8681	1.439053	160.3071	2108.9989
SL-8	0.004735	0.590675	0.348049	−171.116	0.105121	949.8094	949.9145	1121.0304
SG-9	0.020711	0.660993	119.0264	−1587.78	155.8628	4.775223	160.638	1748.4133
SL-10	0.020711	0.660993	0.367256	−180.15	0.437074	766.8526	767.2897	947.43961
SG-11	0.064469	0.731312	40.92209	−1300.66	149.8701	11.61591	161.486	1462.1454
SL-12	0.064469	0.731312	0.390467	−190.395	1.311003	622.5156	623.8266	814.22164
SG-13	0.158722	0.80163	16.98932	−1063.01	139.8658	23.47145	163.3373	1226.3435
SL-14	0.158722	0.80163	0.420346	−202.357	3.164876	505.3557	508.5206	710.87732
SG-15	0.332516	0.871948	7.697154	−884.607	105.891	37.55352	143.4446	1028.0512
SL-16	0.332516	0.871948	0.463333	−217.551	6.7075	406.982	413.6895	631.24073
SG-17	0.55426	0.928203	4.203252	−741.598	98.56043	63.86885	162.4293	877.02748

序号	P_r	T_r	V_{mr}	A_V /(cm^3/mol)	A_{P1} /(cm^3/mol)	A_{P2} /(cm^3/mol)	A_P /(cm^3/mol)	A_{at} /(cm^3/mol)	
SL-18	0.55426	0.928203	0.520528	−235.525	11.84277	336.1259	347.9686	583.49369	
SG-19	0.788183	0.970394	2.807227	−574.182	97.745522	92.62951	190.3747	764.55715	
SL-20	0.788183	0.970394	0.602073	−258.784	18.85221	282.2906	301.1429	559.92644	
SG-21	1	1	1	−363.539	41.6896	195.1228	236.8124	600.35117	
SL-22	1	1	1	−364.216	41.41102	194.9269	236.388	660.55365	

参考文献

[1] 张福田. 宏观分子相互作用理论——基础和计算. 上海科学技术文献出版社, 2012.

[2] Lee L L. Molecular thermodynamics of nonideal fluids. Boston: Butterworth, 1988.

[3] 胡英, 刘国杰, 徐英年, 谭子明. 应用统计力学. 北京: 化学工业出版社, 1990.

[4] Smith B D, Srivastava R. Thermodynamic data for pure compounds. Part A. New York: Elsevier, 1986.

[5] 卢焕章. 石油化工基础数据手册. 北京: 化学工业出版社, 1984.

[6] Poling B E, Prausnitz J M, O'Connill J P. The properties of gases and liquids. 北京: 化学工业出版社, 2006.

[7] 童景山. 流体热物性学——基本理论与计算. 北京: 中国石化出版社, 2008.

[8] Svehla R A. Estimated viscosities and thermal conductivities of gases at high temperatures. NASA Technical Report R-132, 1962.

[9] Walas S M. Phase equilibria in chemical engineering. New York: Butterworth, 1985.

[10] 胡英. 流体的分子热力学. 北京: 高等教育出版社, 1983.

[11] Perry R H. Perry's chemical engineer's handbook. 6th ed. New York: McGraw-Hill, 1984; 7th ed, New York: McGraw-Hill, 1999.

[12] 童景山. 化工热力学. 北京: 清华大学出版社, 1995.

[13] 童景山. 分子聚集理论及其应用. 北京: 科学出版社, 1999.

[14] 童景山. 聚集力学原理及其应用. 北京: 高等教育出版社, 2007.

[15] 陈钟秀, 顾飞燕, 胡望明. 化工热力学. 北京: 化学工业出版社, 2001.

[16] Beattie J A, Bridgeman O C. A new equation of state for fluids. Proc Am Acad of Arts Sci, 1928, 63(5): 229-308.

[17] 余守宪. 真实气体与气液相变. 北京: 人民教育出版社, 1977.

[18] 胡英. 物理化学. 北京: 高等教育出版社, 2007.

[19] 张福田. 一种测试各种分子间相互作用参数的装置: ZL2012 1031 5270.2. 2016-7-20.

第**3**章
分子压力与宏观性质

  分子压力是宏观分子相互作用理论的主要内容，由此可进一步讨论分子压力与千千万万分子组成的宏观物质体系性质的各种关系。由于分子压力反映着宏观物质中千千万万个分子间相互作用的情况，故而分子压力对物质性质的影响也是物质中分子间相互作用对物质性质的影响。宏观分子相互作用理论认为，分子压力对宏观性质的影响是分子间相互作用对宏观性质的作用参数，亦就是对讨论性质起影响的分子压力作用参数，简称为某种性质的某种分子压力的分子作用参数，或者更简单地称作某种性质的分子作用参数。

  物质具有各种性质，显然各种性质受到的分子间相互作用的影响是不同的，有些性质会受到同样类型的分子间相互作用的影响，有些性质会受到不同类型的分子间相互作用的影响，也就是各种物质性质的分子作用参数有可能是相同的，也有可能是不同的。这在讨论影响物质性质的分子作用参数时应首先注意。

  分子压力中包含有由运动着的分子引起的分子动压力和由不做移动运动在体系中分子位置相对固定的静止分子引起的分子静压力，由分子动压力和分子静压力得到各种分子压力，再由这些分子压力得到的对某种宏观性质的影响，均称为某种宏观性质的分子压力作用参数，或某种宏观性质的分子作用参数。因此，对宏观性质产生影响的分子压力作用参数分为两种类型：一种是动态分子的分子压力作用参数，另一种是静态分子的分子压力作用参数。

  动态分子的分子压力会对具有动态无序分子的体系性质产生影响，例如对气体和液体物质性质产生影响；而静态分子的分子压力会对与静态有序分子相关的物质性质产生影响，例如对液体、固体物质性质产生影响。

  动态分子的分子压力对气体和液体宏观性质的影响包括以下内容：

（1）动态分子的分子作用参数

在理想状态下分子热运动，即分子理想压力对所讨论的体系宏观性质的影响；

在分子第一斥压力的影响下分子行为对所讨论的体系宏观性质的影响；

在分子第二斥压力的影响下分子行为对所讨论的体系宏观性质的影响；

在分子吸引力的影响下分子行为对所讨论的体系宏观性质的影响。

（2）静态分子的分子作用参数

静态分子的分子内压力对凝聚态物质界面性质的影响；

分子动压力和分子静压力对凝聚态物质内不同类型分子的分子行为和性质变化的影响；

分子动压力和分子静压力对物质间相平衡性质的影响。

可能受到影响的体系宏观性质有很多，限于篇幅，这里介绍的只是受到影响的气体和液体，影响的性质有体系压力、体系体积、体系的压缩因子和体系的位力系数等。

静态分子的分子压力，在液体和固体中静态分子间吸引作用是分子内压力，分子内压力会对液体和固体宏观性质产生影响。

这里介绍的受影响的物质体系的状态参数有压力、温度和体积、液体和固体的逸度系数、无序分子和有序分子数量等。

宏观分子相互作用理论目前还只是刚刚开始讨论，分子间相互作用对体系性质的影响的讨论也才开始涉及，这个领域的工作是很重要的，对材料、化学、化工、石化、冶金、药物等学科的影响是深远的，分子间相互作用对宏观物质性质的影响应该对相关领域的生产、工艺改进、质量提高等会产生影响。由于宏观分子相互作用理论体系在探索的过程中缺乏前人经验可借鉴，对体系性质影响还有待更多研究者去发现。

综上所述，所谓分子作用系数是表示各种分子压力对讨论体系某种宏观性质的影响，由于分子间相互作用可能会影响的宏观性质有很多，为区别之，考虑了受影响的宏观性质名称。例如：讨论的体系性质是压力，则称为压力的分子间相互作用参数，或称压力的分子压力作用参数，简称为压力分子作用参数；讨论的是各种分子相互作用对宏观性质——体积的影响，就称作体积分子作用参数。另外，还有压缩因子分子作用参数、位力系数分子作用参数等。

3.1 压力分子作用参数

影响讨论体系压力性质的分子间相互作用参数，或影响讨论体系压力性质的分子压力，在前面已有较详细的讨论，影响体系压力的应该是实际物质中千千万万分子间相互作用对物质压力的影响，故应该是体系中动态分子的分子行为，简称为压力分子作用参数。

物质中大量分子间具有相互作用，其中有两种重要分子间相互作用，即吸引作用和排斥作用。物质中大量分子间相互作用决定了物质的性质和物质性质的变化，亦就是大量分子的分子间相互作用会对过程中 PTV 参数产生影响。

宏观分子相互作用理论以各种分子压力表示物质中千万分子间相互作用。以分子吸引压力即分子内压力表示物质中千万分子间吸引作用；以分子第一斥压力、分子第二斥压力表示物质中千万分子间排斥作用。

综合上述讨论，影响体系压力的分子作用参数有：①物质中千千万万分子热运动的影响，分子理想压力 P_{id}；②物质中千千万万分子本身具有的体积的影响，分子第一斥压力 P_{P1}；③物质中千千万万分子间 Boer 斥力的影响，分子第二斥压力 P_{P2}；④物质中千千万万无序运动分子间吸引力的影响，分子吸引压力 P_{at}。

各种分子间相互作用，即对压力产生影响的各种分子压力之间的关系：

$$P = P_{id} + P_{P1} + P_{P2} - P_{at} \tag{3-1}$$

为保证计算结果正确，宏观分子相互作用理论要求物质压力计算误差为：饱和气体压力，误差≤1.2%；饱和液体压力，误差≤0.4%。

$$误差 = \frac{计算压力 - 实际压力}{实际压力} \times 100\% \tag{3-2}$$

现以乙烷饱和状态的计算数据为例说明乙烷的计算结果，计算所依据数据为 Smith 手册[1]，对这些计算所用数据处理的误差情况如表 3-1 所示，符合宏观分子相互作用理论的计算要求[式（3-2）]。据此计算的乙烷饱和气体和乙烷饱和液体压力分子作用参数结果（表 3-2 和表 3-3 中所列的 P_{idr}、P_{P1r}、P_{P2r} 和 P_{atr} 数据）均是可用于计算和讨论的。

表 3-1　乙烷饱和状态数据的计算误差

编号	P/bar	T/K	V_m/(cm³/mol)	实际对比压力 $P_{r(实际)}$	计算对比压力 $P_{r(计算)}$	误差/%
饱和气体						
SG-1	0.00001351	90.348	559900000	2.7736×10^{-7}	2.7542×10^{-7}	−0.697
SG-3	0.0007462	110	12260000	1.5319×10^{-5}	1.5313×10^{-5}	−0.040
SG-5	0.003544	120	2814242	7.2757×10^{-5}	7.2759×10^{-5}	0.002
SG-7	0.1349	154	94298	2.7695×10^{-3}	2.7706×10^{-3}	0.040
SG-9	0.7015	178	20613	1.4402×10^{-2}	1.4411×10^{-2}	0.063
SG-11	2.95	207	5439	6.0563×10^{-2}	6.0668×10^{-2}	0.174
SG-13	7.488	232	2230	1.5373×10^{-1}	1.5430×10^{-1}	0.374
SG-15	15.38	256	1080.679898	3.1575×10^{-1}	3.1545×10^{-1}	−0.094
SG-17	28.06	280	531.4	5.7606×10^{-1}	5.7884×10^{-1}	0.483
SG-19	48.71	305.33	147.06	1.0000	1.0055	0.546
饱和液体						
SL-2	0.00001351	90.348	46.18	2.7736×10^{-7}	2.7813×10^{-7}	0.279
SL-4	0.0007462	110	47.7	1.5319×10^{-5}	1.5303×10^{-5}	−0.109
SL-6	0.003544	120	48.56	7.2757×10^{-5}	7.2812×10^{-5}	0.076
SL-8	0.1349	154	51.77	2.7695×10^{-3}	2.7791×10^{-3}	0.348
SL-10	0.7015	178	54.46	1.4402×10^{-2}	1.4452×10^{-2}	0.350
SL-12	2.95	207	58.41	6.0563×10^{-2}	6.0666×10^{-2}	0.171
SL-14	7.488	232	62.85	1.5373×10^{-1}	1.5338×10^{-1}	−0.224
SL-16	15.38	256	68.79	3.1575×10^{-1}	3.1556×10^{-1}	−0.060
SL-18	28.06	280	78.57	5.7606×10^{-1}	5.7532×10^{-1}	−0.129
SL-20	48.71	305.33	147.06	1.0000	1.0008	0.083

注：表中"SG-序号"是乙烷饱和气体的数据；"SL-序号"是乙烷饱和液体的数据。

表 3-2　影响乙烷饱和气体的各种压力分子作用参数

编号	对比压力 P_r	对比温度 T_r	对比体积 V_{mr}	对比分子理想压力 P_{idr}	对比分子第一斥压力 P_{P1r}	对比分子第二斥压力 P_{P2r}	对比分子吸引压力 P_{atr}
SG-1	2.774×10^{-7}	0.2959	3807289.542	2.754×10^{-7}	2.161×10^{-14}	4.754×10^{-20}	6.062×10^{-13}
SG-3	1.532×10^{-5}	0.3603	83367.333	1.531×10^{-5}	5.486×10^{-11}	4.294×10^{-15}	1.199×10^{-9}
SG-5	7.276×10^{-5}	0.3930	19136.693	7.278×10^{-5}	1.136×10^{-9}	3.461×10^{-13}	2.219×10^{-8}
SG-7	2.769×10^{-3}	0.5044	641.221	2.787×10^{-3}	1.290×10^{-6}	8.469×10^{-9}	1.820×10^{-5}
SG-9	1.440×10^{-2}	0.5830	140.167	1.474×10^{-2}	3.071×10^{-5}	7.663×10^{-7}	3.600×10^{-4}
SG-11	6.056×10^{-2}	0.6780	36.985	6.496×10^{-2}	4.899×10^{-4}	3.889×10^{-5}	4.821×10^{-3}
SG-13	1.537×10^{-1}	0.7598	15.164	1.776×10^{-1}	3.040×10^{-3}	5.281×10^{-4}	2.684×10^{-2}
SG-15	3.157×10^{-1}	0.8384	7.349	4.043×10^{-1}	1.291×10^{-2}	4.339×10^{-3}	1.061×10^{-1}
SG-17	5.761×10^{-1}	0.9170	3.613	8.993×10^{-1}	4.694×10^{-2}	3.241×10^{-2}	3.999×10^{-1}
SG-19	1.000	1.0000	1.000	3.544	3.003×10^{-1}	1.211	4.050

表 3-3　影响乙烷饱和液体的各种压力分子作用参数

编号	对比压力 P_r	对比温度 T_r	对比体积 V_{mr}	对比分子理想压力 P_{idr}	对比分子第一斥压力 P_{P1r}	对比分子第二斥压力 P_{P2r}	对比分子吸引压力 P_{atr}
SL-2	2.774×10^{-7}	0.2959	0.3140	3.3393	2.578×10^{-7}	42.456	45.795
SL-4	1.532×10^{-5}	0.3603	0.3244	3.9361	1.384×10^{-5}	37.153	41.090
SL-6	7.276×10^{-5}	0.3930	0.3302	4.2179	6.490×10^{-5}	34.631	38.849
SL-8	2.769×10^{-3}	0.5044	0.3520	5.0773	2.340×10^{-3}	27.080	32.157
SL-10	1.440×10^{-2}	0.5830	0.3703	5.5787	1.158×10^{-2}	22.457	28.033
SL-12	6.056×10^{-2}	0.6780	0.3972	6.0489	4.509×10^{-2}	17.488	23.521
SL-14	1.537×10^{-1}	0.7598	0.4274	6.3005	1.050×10^{-1}	13.610	19.862
SL-16	3.157×10^{-1}	0.8384	0.4678	6.3519	1.953×10^{-1}	10.139	16.371
SL-18	5.761×10^{-1}	0.9170	0.5343	6.0827	3.087×10^{-1}	6.750	12.566
SL-20	1.000	1.0000	1.0000	3.5438	2.985×10^{-1}	1.210	4.051

3.1.1 分子压力与气体压力

已知宏观分子相互作用理论中表示千千万万分子间相互作用对宏观体系的压力影响计算式为分子压力的分子微观结构式。这是重要的表示物质的宏观性质与微观关系的计算式，无论对气体还是液体均适合。

气体压力　　　　　$$P^G = P_{id}^G + P_{P1}^G + P_{P2}^G - P_{at}^G \tag{3-3}$$

液体压力　　　　　$$P^L = P_{id}^L + P_{P1}^L + P_{P2}^L - P_{at}^L \tag{3-4}$$

压力是宏观物质的状态参数之一，也是宏观物质性质，而且是一个重要性质，为此将分子相互作用对压力的影响分成气体和液体两部分进行讨论。这里先讨论各种分子压力对气体体系压力的影响。

气体分子和液体中部分分子是动态分子，动态分子中上述四种分子压力的分子行为均存在。有两种方法可用于讨论这些分子压力对气体压力的影响。

【方法 1】列示不同气体状态条件下体系中各种分子压力的变化，在同样状态条件下数值大的分子压力对体系压力的影响应该较强。这个方法可以比较体系各分子压力的强弱，但不能表示各分子压力影响的数值。该方法见图 3-1。

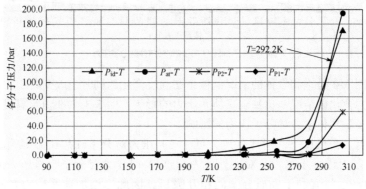

图 3-1　乙烷饱和气体各分子压力与温度的关系

注：计算数据取自文献[1]

图 3-1 表示在温度 292.2K 处分子吸引压力对乙烷气体压力影响会超过分子理想压力。

在温度低于 170K 时各种分子压力数值均很低，$P_{id} \approx 0$，$P_{P1} \approx 0$，$P_{P2} \approx 0$，$P_{at} \approx 0$，亦就是说，这时体系应该是理想体系。各种分子间相互作用对体系压力均无影响。

当温度升高，各种分子压力数值均逐渐增加，也就是说这时讨论体系偏离了理想体系，成为真实体系，讨论体系中存在有一定的分子间相互作用，分子间相互作用对体系压力开始产生影响。由图 3-1 知，这时对体系压力影响较明显的是分子理想压力，其他分子压力的影响均不明显。

进入真实体系后各项分子压力逐渐增强，对气态物质而言，受热运动影响的分子理想压力增大速度最快，这是因为温度是推动体系分子热运动的直接动力。其他各项分子压力，包括分子吸引压力、分子第一斥压力与分子第二斥压力等都会增大，但其增大幅度不大，一直到 $T > 280K$，分子吸引压力才开始有明显增大，这是由于接近临界状态，体系压力增大，体系分子间距离开始减小，导致分子间吸引力明显增大。

比较气体的分子吸引压力 P_{at}^G 和分子第二斥压力 P_{P2}^G，在体系对比温度 $T_r < 0.9$ 时二者的数值均很低，但 P_{at}^G 数值大于 P_{P2}^G 数值，由图 3-1 可见，乙烷在 $T_r > 0.957$ 时分子吸引力的快速增加使分子吸引压力与分子理想压力相等，并进而超过分子理想压力，亦就是说，这时候体系分子间的吸引作用力影响会超过分子热运动能量，为体系分子从气态转变为液态做好了准备。

图 3-2 表示压力变化对体系中分子压力的影响。比较图 3-1 和图 3-2 知，压力变化对热运动分子压力 P_{id}^G 的影响和分子吸引压力 P_{at}^G 的影响要较温度影响更明显一些。压力变化对 P_{P2}^G 和 P_{P1}^G 的影响也较温度影响明显一些。可以认为气体压力变化对气体中各分子压力影响要比温度影响明显一些。

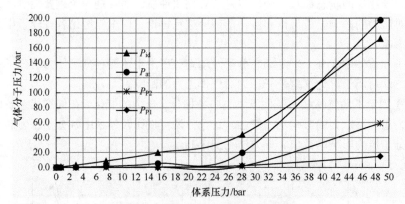

图 3-2 不同压力下乙烷饱和气体的分子压力

图 3-1 和图 3-2 是饱和气体的情况，体系在温度变化的同时也改变着压力，为此讨论在恒定温度下压力变化的情况，单独观察体系压力的影响。图 3-3 为在恒定温度 500K 下改变体系压力对正丁烷气体中各种分子压力的影响。

图 3-3 表明，在低压下（对比外压力低于 2）压力对分子理想压力影响较其他分子压力都强。体系压力进一步加大，对比外压力超过 2 时压力对分子吸引压力的影响会超过分子理想压力，这将有利于物质分子间相互吸引。因此，增加体系压力有利于体系分子相互吸引。

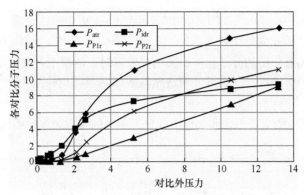

图 3-3　正丁烷气体中各分子压力与体系压力（500K）

注：计算数据取自文献[4,5]

【方法 2】改变式（3-3）得

$$\eta^{GP} = \frac{P^G}{P^G} = 1 = \frac{P_{id}^G + P_{P1}^G + P_{P2}^G - P_{at}^G}{P^G} \tag{3-5}$$

分子理想压力对体系压力影响　　$\eta_{id}^{GP} = \frac{P_{id}^G}{P^G}$ $\qquad$ (3-6)

分子第一斥压力对体系压力影响　$\eta_{P1}^{GP} = \frac{P_{P1}^G}{P^G}$ $\qquad$ (3-7)

分子第二斥压力对体系压力影响　$\eta_{P2}^{GP} = \frac{P_{P2}^G}{P^G}$ $\qquad$ (3-8)

分子吸引压力对体系压力影响　　$\eta_{at}^{GP} = \frac{P_{at}^G}{P^G}$ $\qquad$ (3-9)

即分子压力对气体压力总影响为：

$$\eta^{GP} = \eta_{id}^{GP} + \eta_{P1}^{GP} + \eta_{P2}^{GP} - \eta_{at}^{GP} = 1 \tag{3-10}$$

η^{GP} 为气体的分子压力对体系压力性质的影响系数，简称气体压力影响系数。

由方法 2 可得到下列分子压力对物质影响的信息：①与方法 1 相同，可以比较各分子压力的强弱，也可表示各分子压力影响的数值；②可以比较不同物质状态条件下各分子压力影响的强弱。对此分别说明如下。

图 3-4 表示不同温度下乙烷饱和气体中各分子压力的强弱和气体压力影响系数。

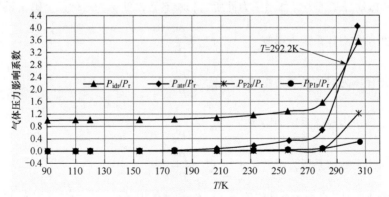

图 3-4　不同温度下乙烷饱和气体的压力影响系数

比较图 3-1 和图 3-4 可知，二图大致相似，但图 3-4 更明确地表明：在 $T = 292.2\text{K}$ 前影响乙烷气体压力性质的主要分子间相互作用是分子理想压力 P_{id}^{G}，即热驱动对分子动能的影响。而反映分子间相互作用的分子位能的影响在低温时影响很小，在温度 $>280\text{K}$ 时受临界区域压力加大影响，$\eta_{\text{P1}}^{\text{GP}}$、$\eta_{\text{P2}}^{\text{GP}}$、$\eta_{\text{at}}^{\text{GP}}$ 开始较快速地增加，但其影响值不如 $\eta_{\text{id}}^{\text{GP}}$，在温度 $>292.2\text{K}$ 时 $\eta_{\text{at}}^{\text{GP}} > \eta_{\text{id}}^{\text{GP}}$。

图 3-5 表示不同压力下乙烷饱和气体中各分子压力的强弱和气体的压力影响系数变化。

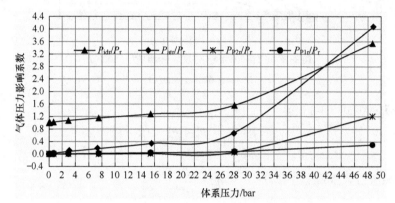

图 3-5　不同压力下乙烷饱和气体的压力影响系数

比较图 3-4 和图 3-5 可知，变化温度和压力会影响分子间相互作用对物质的压力影响系数，但温度和压力的影响有些区别。

温度变化，低温时只有 $\eta_{\text{id}}^{\text{GP}}$ 有明显变化，而 $\eta_{\text{P1}}^{\text{GP}}$、$\eta_{\text{P2}}^{\text{GP}}$、$\eta_{\text{at}}^{\text{GP}}$ 数值均较小，变化不大。但压力变化，$\eta_{\text{id}}^{\text{GP}}$ 与 $\eta_{\text{at}}^{\text{GP}}$ 会随压力而近似线性地增加，分子斥压力变化不大。从图 3-5 知，对于气体物质，压力变化对体系压力的影响要大于温度的影响。故而用改变体系压力控制压力影响系数应比改变温度更为有效。

3.1.2　分子压力与液体压力

液体中部分分子是动态分子，部分分子是静态分子。液体动态分子中四种分子压力的分子行为均存在。与气体讨论类似，分子压力对液体压力总影响：

$$\eta^{\text{LP}} = \eta_{\text{id}}^{\text{LP}} + \eta_{\text{P1}}^{\text{LP}} + \eta_{\text{P2}}^{\text{LP}} - \eta_{\text{at}}^{\text{LP}} = 1 \tag{3-11}$$

η^{LP} 为液体的分子压力对体系压力性质的影响系数，简称为液体压力影响系数。

分子理想压力对体系压力影响　　　　$\eta_{\text{id}}^{\text{LP}} = \dfrac{P_{\text{id}}^{\text{L}}}{P^{\text{L}}}$ 　　　　　　　　（3-12）

分子第一斥压力对体系压力影响　　　$\eta_{\text{P1}}^{\text{LP}} = \dfrac{P_{\text{P1}}^{\text{L}}}{P^{\text{L}}}$ 　　　　　　　　（3-13）

分子第二斥压力对体系压力影响　　　$\eta_{\text{P2}}^{\text{LP}} = \dfrac{P_{\text{P2}}^{\text{L}}}{P^{\text{L}}}$ 　　　　　　　　（3-14）

分子吸引压力对体系压力影响　　　　$\eta_{\text{at}}^{\text{LP}} = \dfrac{P_{\text{at}}^{\text{L}}}{P^{\text{L}}}$ 　　　　　　　　（3-15）

依据方法 1，图 3-6 表示不同温度下乙烷饱和液体中各分子压力的强弱变化。

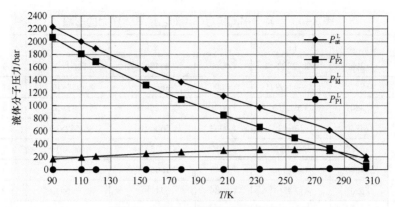

图3-6 乙烷饱和液体温度与分子压力关系

图 3-6 表明，在近熔点的低温 90K 处分子吸引力 P_{at}^L 和排斥力 P_{P2}^L 数值变化最为剧烈。随着温度增加，分子吸引力和排斥力数值减小。与气体不同（图 3-1），热驱动的分子运动不再是体系压力的主要影响因素。

由于低温 90K 处分子吸引力和排斥力最为强烈，而此时体系的压力很低，因而液体情况与气体有一些区别：液体中分子间相互作用远强于气体，亦就是在低温处液体的 η_{P2}^{LP}、η_{at}^{LP} 数值可能会很大，即分子间相互作用对体系压力影响会很大。

为与温度状态参数的影响比较，图 3-7 表示不同的体系压力下乙烷饱和液体中各分子压力的强弱变化。

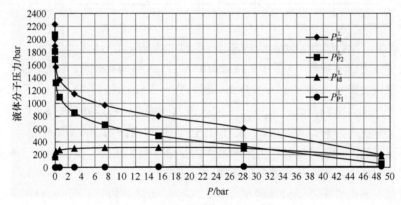

图 3-7 乙烷饱和液体压力与分子压力

由图 3-7 知，在体系压力为 0.00001351bar 时 P_{at}^L =2230.68bar，当体系压力为 0.00354bar 时 P_{at}^L =1892.33bar。体系压力增加的幅度不能说明会使 P_{at}^L 从 2230.68bar 减小到 1892.33bar。对比图 3-6 知，从 2230.68bar 减小到 1892.33bar 时体系温度从 90.348K 提高到 120K，说明 P_{at}^L 的减小原因是温度提高约 30K，故液体温度变化应该是影响体系分子间相互作用变化的主要原因。与气体不同，液体体系压力的变化也是影响液体分子间相互作用变化的主要原因。

综合上面讨论，不同气体状态条件下乙烷气体的 η_{id}^G、η_{P1}^G、η_{P2}^G、η_{at}^G（各种分子压力对体系压力的影响系数）见表 3-4。

表 3-4 各种分子间相互作用对乙烷气体压力的影响

P_r	T_r	V_{mr}	η_{id}	η_{P1}	η_{P2}	η_{at}
2.7736×10^{-7}	0.2980	3807289.542	1.0000	7.8443×10^{-8}	1.7104×10^{-13}	2.1811×10^{-6}
2.2808×10^{-6}	0.3275	509111.9271	1.0000	5.8662×10^{-7}	8.4928×10^{-12}	1.4483×10^{-5}
1.5319×10^{-5}	0.3603	83367.3331	1.0001	3.5824×10^{-6}	2.8043×10^{-10}	7.8315×10^{-5}
7.2757×10^{-5}	0.3930	19136.6925	1.0003	1.5606×10^{-5}	4.7562×10^{-9}	3.0492×10^{-4}
0.0004	0.4389	3708.8875	1.0013	8.0525×10^{-5}	1.0963×10^{-7}	1.3623×10^{-3}
0.0018	0.4880	944.9748	1.0043	3.1605×10^{-4}	1.4694×10^{-6}	4.6529×10^{-3}
0.0041	0.5207	447.4364	1.0084	6.6749×10^{-4}	6.0226×10^{-6}	9.0303×10^{-3}
0.0107	0.5666	185.0673	1.0180	1.6138×10^{-3}	3.1606×10^{-5}	1.9603×10^{-2}
0.0191	0.5994	107.9355	1.0285	2.7671×10^{-3}	8.6682×10^{-5}	3.1357×10^{-2}
0.0389	0.6452	55.9568	1.0498	5.3377×10^{-3}	2.9571×10^{-4}	0.0555
0.0606	0.6780	36.9849	1.0707	8.0759×10^{-3}	6.4099×10^{-4}	0.0795
0.1537	0.7598	15.1639	1.1508	0.0197	3.4224×10^{-3}	0.1739
0.2047	0.7893	11.4035	1.1927	0.0262	5.8822×10^{-3}	0.2248
0.3157	0.8384	7.2759	1.2874	0.0403	0.0138	0.3415
0.4537	0.8843	4.8504	1.4168	0.0604	0.0307	0.5079
0.6457	0.9334	3.0987	1.6452	0.0949	0.0775	0.8176
0.8041	0.9662	2.1977	1.9266	0.1349	0.1656	1.2271
1.0000	1.0000	1.0000	3.5245	0.2987	1.2049	4.0281

表 3-4 表明，在近熔点处到临界点的温度范围内各分子压力的影响如下。

分子吸引压力影响系数，η_{at}^{GP}：2.1811×10^{-6}(近熔点) ～ 4.0281(临界点)

分子理想压力影响系数，η_{id}^{GP}：1.0000(近熔点) ～ 3.5245(临界点)

分子第一斥压力影响系数，η_{P1}^{GP}：7.8443×10^{-8}(近熔点) ～ 0.2987(临界点)

分子第二斥压力影响系数，η_{P2}^{GP}：1.7104×10^{-13}(近熔点) ～ 1.2049(临界点)

以上数据表明，对乙烷气体压力影响最大的是分子吸引压力，其次为分子理想压力，再次为分子第二斥压力，影响最小的是分子第一斥压力。

不同液体状态条件下乙烷液体的 η_{id}^{L}、η_{P1}^{L}、η_{P2}^{L}、η_{at}^{L}（各种分子压力对体系压力的影响系数）见表 3-5。

表 3-5 各种分子间相互作用对乙烷饱和液体压力的影响

P_r	T_r	V_{mr}	η_{id}	η_{P1}	η_{P2}	η_{at}
2.77×10^{-7}	0.298	0.314	1.2126×10^{7}	9.2530×10^{-1}	1.5273×10^{8}	1.6485×10^{8}
2.28×10^{-6}	0.3275	0.3188	1.5960×10^{6}	9.1709×10^{-1}	1.7454×10^{7}	1.9050×10^{7}
1.53×10^{-5}	0.3603	0.3244	2.5694×10^{5}	9.0319×10^{-1}	2.4253×10^{6}	2.6823×10^{6}
7.28×10^{-5}	0.393	0.3302	5.7972×10^{4}	8.9241×10^{-1}	4.7598×10^{5}	5.3396×10^{5}
0.0004	0.4389	0.3387	1.1480×10^{4}	9.1028×10^{-1}	7.8407×10^{4}	8.9886×10^{4}
0.0018	0.488	0.3499	2.7456×10^{3}	8.4606×10^{-1}	1.5489×10^{4}	1.8235×10^{4}

P_r	T_r	V_{mr}	η_{id}	η_{P1}	η_{P2}	η_{at}
0.0041	0.5207	0.3556	1.2656×10^3	8.2473×10^{-1}	6.3587×10^3	7.6241×10^3
0.0107	0.5666	0.3662	5.1237×10^2	8.1145×10^{-1}	2.1852×10^3	2.6974×10^3
0.0191	0.5994	0.3745	2.9696×10^2	8.0147×10^{-1}	1.1289×10^3	1.4257×10^3
0.0389	0.6452	0.3871	1.5183×10^2	7.6761×10^{-1}	4.9205×10^2	6.4365×10^2
0.0606	0.678	0.3972	9.9817×10^1	7.4376×10^{-1}	2.8857×10^2	3.8813×10^2
0.1537	0.7598	0.4274	4.0992×10^1	6.8315×10^{-1}	8.8548×10^1	1.2923×10^2
0.2047	0.7893	0.4408	3.1001×10^1	6.6048×10^{-1}	6.0017×10^1	9.0680×10^1
0.3157	0.8384	0.4678	2.0120×10^1	6.1863×10^{-1}	3.2116×10^1	5.1855×10^1
0.4537	0.8843	0.5014	1.3775×10^1	5.7285×10^{-1}	1.8002×10^1	3.1351×10^1
0.6457	0.9334	0.5556	9.2212	0.5148	9.3228	18.0602
0.8041	0.9662	0.618	6.8903	0.4640	5.5307	11.8863
1	1	1	3.5438	0.2993	1.2107	4.0509

表 3-5 表明，在熔点到临界点的温度范围中各分子压力的影响如下。

分子吸引压力影响系数，η_{at}^{LP}：1.6485×10^8(近熔点)～4.0509(临界点)

分子第二斥压力影响系数，η_{P2}^{LP}：1.5273×10^8(近熔点)～1.2107(临界点)

分子理想压力影响系数，η_{id}^{LP}：1.2126×10^7(近熔点)～3.5438(临界点)

分子第一斥压力影响系数，η_{P1}^{LP}：9.2530×10^{-1}(近熔点)～0.2993(临界点)

以上数据表明，对乙烷液体压力影响最大的是分子吸引压力，其次为分子第二斥压力，再次为分子理想压力，影响最小的是分子第一斥压力。

3.2 体积分子作用参数

物质体积是讨论体系内所有分子聚集起来的一个区域范围，大量分子聚集，分子间存在着各种分子间相互作用。分子间相互吸引作用会使讨论体系体积减小，而分子间相互排斥作用有可能使讨论体系体积扩大。宏观分子相互作用理论可以定量地讨论体系中分子相互作用的变化对体系体积的影响。

已知热力学中压缩因子计算式
$$Z = \frac{PV}{RT} = \frac{P}{RT/V} = \frac{P}{P_{id}} \tag{3-16}$$

改写为
$$Z = \frac{V_m}{RT/P} = \frac{V_m}{V_{m,id}} \tag{3-17}$$

由上式可知
$$V_m = Z V_{m,id} \tag{3-18}$$

对上式引入分子压力微观结构式
$$Z = \frac{V_m}{V_{m,id}} = \frac{P}{P_{id}} = \frac{P_{id} + P_{P1} + P_{P2} - P_{at}}{P_{id}} \tag{3-19}$$

得
$$V_m = \left(Z_{id} + Z_{P1} + Z_{P2} - Z_{at} \right) V_{m,id} \tag{3-20}$$

依据上式即可认为
$$V_m = V_{m,id} + V_{m,P1} + V_{m,P2} - V_{m,at} \tag{3-21}$$

故可定义:

① 当忽略各种分子相互作用影响的理想状态时 $V_{m,id} = Z_{id}V_{m,id} = V_{m,id}$ （3-22）

② 分子第一斥压力对讨论体系体积的影响 $V_{m,P1r} = Z_{P1}V_{m,idr}$ （3-23）

③ 分子第二斥压力对讨论体系体积的影响 $V_{m,P2r} = Z_{P2}V_{m,idr}$ （3-24）

④ 分子吸引压力对讨论体系体积的影响 $V_{m,atr} = Z_{atr}V_{m,idr}$ （3-25）

式（3-21）反映了各种分子压力对讨论体系体积的影响，故而式（3-21）可称为所讨论体系的体积微观结构式。

$V_{m,id}$、$V_{m,P1}$、$V_{m,P2}$ 和 $V_{m,at}$ 是体积微观结构式的各项组成项，是体系中千千万万个分子间相互作用对体系体积的影响项，称为体系体积的分子作用参数。其中，$V_{m,id}$ 表示体积的分子理想压力的分子作用参数；$V_{m,P1}$ 表示体积的分子第一斥压力的分子作用参数；$V_{m,P2}$ 表示体积的分子第二斥压力的分子作用参数；$V_{m,at}$ 表示体积的分子吸引压力的分子作用参数。

故而对体积分子作用参数的讨论应该是实际物质中千千万万分子间相互作用对物质体积的影响的讨论，即:

① 物质中千千万万分子热运动对体系体积的影响，分子理想压力体积 $V_{m,id}$，单位 cm^3/mol。

② 物质中千千万万分子本身具有的体积对体系体积的影响，分子第一斥压力体积 $V_{m,P1}$，单位 cm^3/mol。

③ 物质中千千万万分子 Boer 斥力对体系体积的影响，分子第二斥压力体积 $V_{m,P2}$，单位 cm^3/mol。

④ 物质中千千万万无序分子间吸引力对体系体积的影响，分子吸引压力 $V_{m,at}$，单位 cm^3/mol。

体系体积与各体积分子作用参数的关系:

$$V_m = V_{m,id} + V_{m,P1} + V_{m,P2} - V_{m,at}   （3-26）$$

因此，表示分子间相互作用对物质体积的影响也有两种方法。

【方法1】以分子间相互作用影响的物质体积数值表示，即以 $V_{m,id}$、$V_{m,P1}$、$V_{m,P2}$、$V_{m,at}$ 分别表示分子热运动影响、分子本身体积影响、分子间 Boer 作用影响和分子间吸引力影响。

【方法2】以分子间相互作用对物质体积影响的相对值表示，即

分子热运动影响: $$\eta_{id}^V = V_{m,id}/V_m   （3-27a）$$

分子本身体积影响: $$\eta_{P1}^V = V_{m,P1}/V_m   （3-27b）$$

分子 Boer 作用影响: $$\eta_{P2}^V = V_{m,P2}/V_m   （3-27c）$$

分子间吸引力影响: $$\eta_{at}^V = V_{at}/V_m   （3-27d）$$

分子间相互作用综合影响:

$$\eta^V = \left(V_{m,id} + V_{m,P1} + V_{m,P2} - V_{m,at}\right)/V_m = V_m/V_m = 1   （3-28）$$

3.2.1 分子相互作用影响

【方法1】以体积分子作用参数表示分子间相互作用对物质体积的影响。表 3-6 列示了分子压力作用参数对一些物质体积的影响，以供参考。

表 3-6　一些物质体积的分子压力作用参数

物质	计算参数			体积的分子压力作用参数							
	P_r	T_r	V_r	V_{idr}	Z_{P1}	V_{P1r}	Z_{P2}	V_{P2r}	Z_{at}	V_{atr}	V_{mr}, 合计
乙烷	0.2053	0.3275	0.3190	5.5973	0.0526	0.2942	11.4814	64.2645	12.4768	69.8361	0.3198
	0.2053	0.4913	0.3496	8.3968	0.0356	0.2989	5.9689	50.1193	6.9629	58.4657	0.3493
	0.2053	0.6551	0.3885	11.1963	0.0268	0.3003	3.4528	38.6589	4.4449	49.7668	0.3887
	0.2053	0.8189	12.0630	13.9958	0.0218	0.3055	0.0042	0.0588	0.1629	2.2797	12.0803
	0.2053	1.1464	18.8714	19.5931	0.0164	0.3216	0.0009	0.0184	0.0647	1.2682	18.6649
	0.2053	1.6377	27.9084	27.9898	0.0117	0.3263	0.0005	0.0136	0.0257	0.7205	27.6092
	0.2053	2.2928	39.5216	39.1861	0.0083	0.3272	0.0000	0.0000	0.0103	0.4042	39.1091
正丁烷	0.2634	0.4704	0.3360	6.2662	0.0452	0.2833	7.2461	45.4059	8.2399	51.6328	0.3225
	0.2634	0.5880	0.3632	7.8328	0.0368	0.2886	4.7725	37.3819	5.7647	45.1537	0.3496
	0.2634	0.7056	0.3973	9.3994	0.0309	0.2903	3.2197	30.2626	4.2099	39.5705	0.3818
	0.2634	0.8231	0.4490	10.9646	0.0266	0.2914	2.1209	23.2552	3.1081	34.0793	0.4318
	0.2634	0.9407	11.3961	12.5311	0.0248	0.3110	0.0041	0.0520	0.1477	1.8508	11.0433
	0.2634	1.0583	13.4620	14.0977	0.0232	0.3273	0.0026	0.0373	0.1048	1.4781	12.9842

注：数据取自文献[2,3]。

图 3-8 表示在不同温度下分子间相互作用对过热乙烷气体体积的影响。图 3-8 数据取自表 3-6。

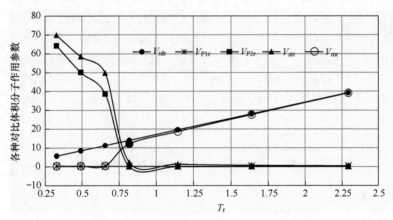

图 3-8　不同温度分子间相互作用对过热乙烷体积影响

图 3-8 表明，在不同温度下分子间相互作用对过热气体乙烷的影响为：

在 $T_r < 0.66$ 和对比摩尔体积 $V_{mr} < 0.39$ 时分子体积受温度影响很小，这时物质分子间相互作用对体系体积的影响按强弱的次序是 $V_{atr} > V_{P2r} > V_{idr}$。在对比温度 $T_r > 0.66$ 时主要分子间相互作用所产生影响值 V_{atr} 和 V_{P2r} 急剧降低。

在对比温度 $T_r > 0.82$ 时 V_{atr} 和 V_{P2r} 数值降低到与 V_{P1r} 值接近，趋近于零值，亦就是说温度升高使这些分子间相互作用对体系体积的影响迅速降低，降低到趋近于零值，从而使体系体积 $V_{mr} \to V_{idr}$。

【方法 2】以分子间相互作用对物质体积影响的相对值表示分子相互作用对气体和液体摩

尔体积的影响。不同体系状态条件下分子间相互作用的影响不同，现以饱和气体乙烷为例，说明分子相互作用对体系体积的影响。

饱和气体乙烷的状态条件为：压力为 7.488bar，温度为 232K，摩尔体积为 2230cm³/mol。分子相互作用的影响见图 3-9。

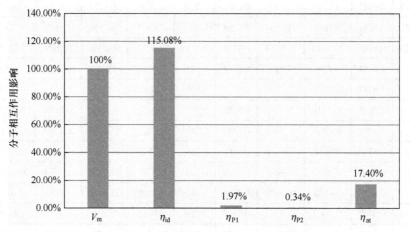

图 3-9　各分子相互作用对乙烷气体体积的影响

由图 3-9 可见，对气体乙烷体积来讲，最重要的是理想状态下分子热运动而形成的体积，在温度 232K 时分子热运动可能会使原有体积增大 1.15 倍。在这个温度下分子第一斥压力的影响使体系体积增加 1.97%，而分子第二斥压力影响更小，仅使体系体积增加 0.34%，因而对气体而言，在 232K 下，分子第一斥压力和分子第二斥压力的影响都可以忽略。分子相互作用的影响中需注意的是分子间相互吸引力的影响，在温度为 232K 时是 17.40%，不可忽略。在热运动、分子第一斥压力、分子第二斥压力和分子吸引压力的共同作用下，使讨论体系的体积达到了 100%，即 2230cm³/mol。

图 3-10 为在不同温度下各种分子相互作用对饱和气体乙烷摩尔体积的影响（以百分比表示）。

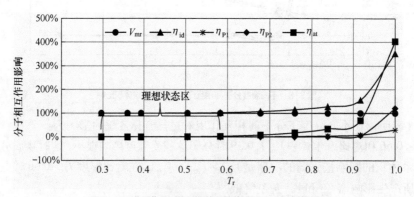

图 3-10　分子作用对饱和气体乙烷体积影响和温度的关系

由图 3-10 可见，乙烷气体在低温区（$T_r < 0.6$）时，体系处于理想状态，各种分子相互作用影响均很小，仅有分子热运动对体系体积产生影响，此时 $V_{m,id} = V_m$，这是讨论物质处于理

想状态时的一个标志。

当温度 $T_r > 0.6$，各种分子相互作用的影响会逐渐加大，其中分子第一斥压力和分子第二斥压力的影响增加不大，即使温度上升到临界温度，这两个分子压力的影响也不太大。对体系体积影响明显的还是分子热运动的影响和分子吸引力的影响，在临界点附近分子吸引力增加很快，还会超过热运动的影响。

物质中分子间相互作用对气态物质体积的影响相对而言并不很大，物质中分子间相互作用对液态物质体积的影响要大一些。以饱和液体乙烷为例，图 3-11 表示各种分子相互作用对饱和液体乙烷体积的影响。

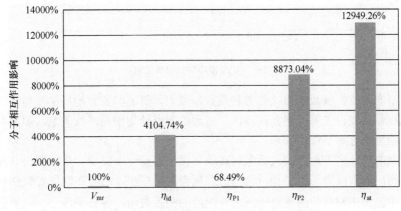

图 3-11　各分子相互作用对饱和液体乙烷体积的影响

状态条件：$P = 7.488$bar，$T = 232$K，$V = 62.85$cm³/mol

由图 3-11 可见，对于饱和液体乙烷的体积，在 232K 时分子热运动可能使体积增加到原有体积的 4104.74%。而在这个温度下分子第一斥压力的影响是使体系体积增加 68.49%，分子第二斥压力的影响是使体系体积增加 8873.04%，因而对液体而言，在 232K 温度下，分子第一斥压力的影响可以忽略，而分子第二斥压力的影响有了相当的数值，不可忽略。在温度为 232K 时分子吸引压力的影响是 12949.26%，分子吸引力和分子排斥力都远超过了分子热运动的影响。

3.2.2　平均线性规律

热力学理论[4]认为饱和液体和饱和气体的密度会随着温度而变化，Cailleter 和 Mathias[5] 发现，当以饱和液体和饱和气体的密度的算术平均值对温度作图时，可得一近似直线，称之为直线直径定律，常用于临界密度的实验测定。现以乙烷和丙烯为例，这两个物质的直线直径定律情况见图 3-12。

由图 3-12 中乙烷和丙烯的数据来看，直线直径定律成立，由饱和液体和饱和气体的密度的算术平均值对温度作图时，所得结果线性关系良好。

乙烷和丙烯数据经线性回归处理，结果如下。

乙烷气、液密度平均值与对比温度关系：　　　$\bar{\rho} = 0.3771 - 0.1723 T_r$　　　$r = 0.9999$

丙烯气、液密度平均值与对比温度关系：　　　$\bar{\rho} = 0.4343 - 0.2084 T_r$　　　$r = 0.9996$

由图 3-12 知，物质密度直线直径定律应用需要两组基本数据，即在不同温度下物质气态密度数据、液态密度数据，由此两组基本数据才能计算不同温度下的算术平均值。

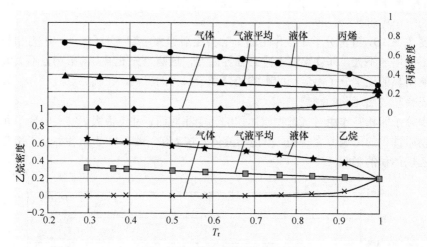

图 3-12　乙烷和丙烯的直线直径定律

物质呈液态时其密度数据值比气态物质数据要大，气态和液态物质密度与温度关系在低温区有可能近似为线性关系，但在高温区，接近临界点处均不是线性关系，但两组数据的算术平均值与温度很好地呈线性关系。

气态和液态物质密度与温度关系数据在临界区内会有一个突变，当温度提升至临界点附近时，气体密度的数据会急剧增加，液体的数据会急剧减小，二者在临界点数值相同。

图 3-1 中乙烷饱和气体的各分子压力与温度的关系表明，各分子压力与温度的关系曲线有两个基本特征：P_{P2r} 和 P_{atr} 在低温区近似呈线性关系；P_{P2r} 和 P_{atr} 在高温区特别在接近临界区处有明显的突变。

液体物质的分子压力和温度的关系与物质密度和温度的关系是相似的。

为此，需要了解气体和液体的分子压力算术平均值与温度的关系是否线性的。

丁烷的分子第二斥压力与温度的关系如图 3-13 所示。

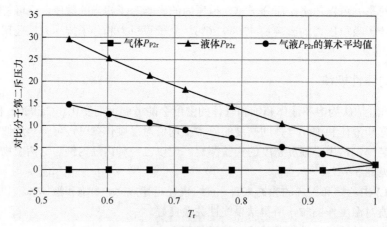

图 3-13　丁烷分子第二斥压力与温度的关系

对图 3-13 中气液 P_{P2r} 的算术平均值进行线性回归计算，得计算式为：

$$P_{P2r} = 29.6639 - 28.6299\, T_r \qquad r = 0.9973$$

显然，丁烷的分子第二斥压力与温度的关系可以认为是线性关系。

丁烷的分子吸引压力与温度的关系如图 3-14 所示。

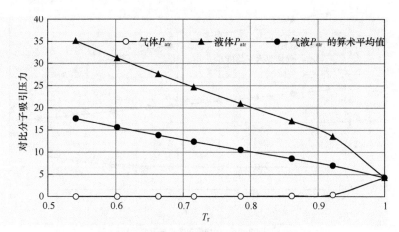

图 3-14 丁烷分子吸引压力与温度的关系

对图 3-14 中丁烷的气液 P_{atr} 算术平均值进行线性回归计算，得计算式为：

$$P_{atr} = 32.6322 - 28.1427T_r \qquad\qquad r = 0.9984$$

图 3-13 和图 3-14 表明，讨论物质的 P_{P2r} 和 P_{atr} 均符合直线直径定律，其气液数值的算术平均值与温度的关系符合线性关系，热力学理论之所以称上述密度与温度的关系为直线直径定律，原因是在图上显示的讨论物质气体和液体的密度数据像半圆形[5]，而它们的算术平均值数据像其直径。

但图 3-13 和图 3-14 中分子压力情况不像一个半圆形，而像一拉紧的弓。所表示的内容是气体和液体的分子压力性质值，而直线直径定律的核心内容是气液分子压力的平均值数据是与温度呈线性关系分布的数据，因其形状像一支直线状的箭，故直线直径定律应用于分子压力时称之为平均线性规律可能更妥。

平均线性规律在宏观分子相互作用理论中有一定的应用。通过平均线性规律可以了解两种不同的分子压力间的相互关系，也可能通过平均线性规律了解同一分子压力在不同状态下的关系。

上述讨论中已涉及分子吸引压力和分子第二斥压力，其他一些分子相互作用参数亦有可能满足平均线性规律。下面对各个分子压力与平均线性规律关系进行讨论。

（1）体系的摩尔体积

物质状态参数——摩尔体积也可用平均线性规律讨论，但其计算时需与物质密度单位相配合，即需将摩尔体积改为用摩尔体积的倒数来计算，摩尔体积的倒数这里称为"计算密度"，乙烯计算密度（即摩尔体积倒数）与温度的平均线性规律如图 3-15 所示。

（2）分子理想压力

分子理想压力与温度的关系似乎与平均线性规律有所偏离，以己烷为例，图 3-16 列示了己烷的饱和气体和液体的分子理想压力与温度的关系。

由图 3-16 知己烷分子理想压力和温度关系与平均线性规律不符，气液分子理想压力的算术平均值与温度不是线性关系，故而分子理想压力还需通过摩尔体积按平均线性规律法以计算密度讨论。即，分子理想压力的计算式：

饱和气体 $$P_{id}^{G} = \frac{RT}{V_m^{G}} \qquad\qquad (3\text{-}29a)$$

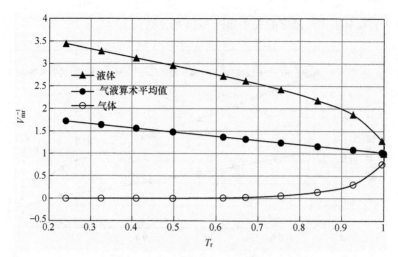

图3-15 丙烯摩尔体积与温度关系

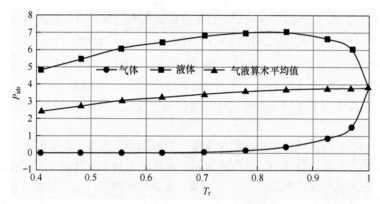

图3-16 己烷分子理想压力与温度关系

饱和液体
$$P_{id}^L = \frac{RT}{V_m^L} \tag{3-29b}$$

故知，讨论物质的气态和液态分子理想压力的平均值应为

$$P_{id}^m = \frac{1}{2}\left(P_{id}^G + P_{id}^L\right) = \frac{1}{2}RT\left(\frac{1}{V_m^G} + \frac{1}{V_m^L}\right) \tag{3-30}$$

改变上式，得
$$\frac{P_{id}^m}{RT} = \frac{1}{2}\left(\frac{P_{id}^G}{RT} + \frac{P_{id}^L}{RT}\right) = \frac{1}{2}\left(\frac{1}{V_m^G} + \frac{1}{V_m^L}\right) \tag{3-31}$$

将此式分成两式讨论，即：

$$\frac{P_{id}^m}{RT} = \frac{1}{2}\left(\frac{P_{id}^G}{RT} + \frac{P_{id}^L}{RT}\right) \tag{3-32}$$

此式表示 $\frac{P_{id}^m}{RT}$ 是气体 $\frac{P_{id}^G}{RT}$ 和液体 $\frac{P_{id}^L}{RT}$ 的平均值，符合平均线性规律要求。

$$\frac{P_{id}^m}{RT} = \frac{1}{2}\left(\frac{1}{V_m^G} + \frac{1}{V_m^L}\right) \tag{3-33}$$

或者
$$\frac{1}{2}\left(\frac{P_{id}^G}{RT}+\frac{P_{id}^L}{RT}\right)=\frac{1}{2}\left(\frac{1}{V_m^G}+\frac{1}{V_m^L}\right)$$
(3-34)

说明分子理想压力可以通过式（3-33）或式（3-34）符合平均线性规律，图3-17列示了分子理想压力的线性规律。

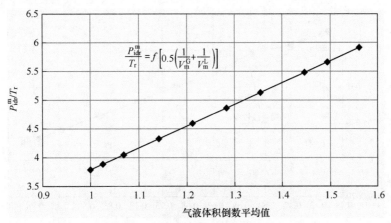

图3-17　己烷分子理想压力平均线性规律

图3-17表示当讨论性质——分子理想压力与温度不符合平均线性规律时，但按平均线性规律知温度与体系气液计算密度平均值可呈线性关系，可将讨论性质与气液计算密度平均值相联系，从而得到讨论性质与温度的线性关系。

（3）分子第一斥压力

分子第一斥压力与分子理想压力情况相似，分子第一斥压力的气液平均值与温度的关系不符合平均线性规律，图3-18为己烷P_{P1r}与对比温度T_r的关系。

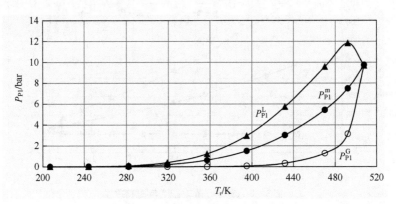

图3-18　己烷第一斥压力与温度的关系

图3-18表明，己烷第一斥压力与温度的关系不是线性关系。为此应用平均线性规律，寻找第一斥压力与平均计算密度的关系。已知第一斥压力的定义式

$$P_{P1}=P\frac{b}{V_m}$$
(3-35)

可导得
$$\frac{P_{P1}^G}{Pb^G}+\frac{P_{P1}^L}{Pb^L}=\frac{1}{V_m^G}+\frac{1}{V_m^L}$$
(3-36)

设 $$K_{P1} = 0.5\left(\frac{P_{P1}^{G}}{Pb^{G}} + \frac{P_{P1}^{L}}{Pb^{L}}\right); \quad K_{Vm} = 0.5\left(\frac{1}{V_{m}^{G}} + \frac{1}{V_{m}^{L}}\right) \tag{3-37}$$

依据平均线性规律，K_{Vm} 与温度呈线性关系，因此 K_{P1} 与温度应也呈线性关系，图 3-19 显示了这个线性关系。

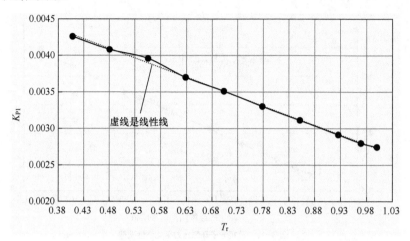

图 3-19　己烷 K_{P1} 与对比温度 T_{r} 的关系

（4）分子第二斥压力

分子第二斥压力与分子理想压力情况相似，己烷的分子第二斥压力的气液平均值与温度间关系的平均线性规律只能认为是近似线性关系，但在高温的一定区域内可以认为符合线性关系。

图 3-20 列示了己烷的分子第二斥压力与对比温度的关系。

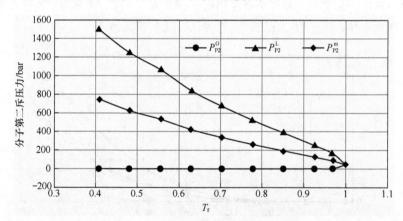

图 3-20　己烷分子第二斥压力与温度的关系

如同分子第一斥压力一样，可应用平均线性规律得到分子第二斥压力的线性规律：

第二斥压力的定义式 $$P_{P2} = P_{at}\frac{b}{V_{m}} \tag{3-38}$$

可导得 $$\frac{P_{P2}^{G}}{P_{at}^{G}b^{G}} + \frac{P_{P2}^{L}}{P_{at}^{L}b^{L}} = \frac{1}{V_{m}^{G}} + \frac{1}{V_{m}^{L}} \tag{3-39}$$

设 $$K_{P2} = 0.5\left(\frac{P_{P2}^{G}}{P_{at}^{G}b^{G}} + \frac{P_{P2}^{L}}{P_{at}^{L}b^{L}}\right) \tag{3-40a}$$

$$K_{Vm} = 0.5\left(\frac{1}{V_m^G} + \frac{1}{V_m^L}\right) \tag{3-40b}$$

依据平均线性规律，K_{Vm} 与温度呈线性关系，因此 K_{P2} 与温度应也呈线性关系。

（5）分子吸引压力

分子吸引压力与温度的线性关系似乎与分子第二斥压力相似，分子吸引压力的气体与液体算术平均值似乎可以近似认为服从平均线性规律。

图 3-21 列示了己烷的分子吸引压力与温度的关系。在对比温度 $T_r > 0.7$ 时可近似认为呈线性关系，在 $T_r < 0.7$ 时与高温段线性规律有一些偏离。

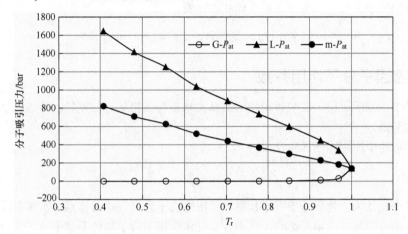

图 3-21　己烷分子吸引压力与温度关系

（6）分子内压力和分子第二斥压力

分子内压力是表示液体中短程有序分子间的吸引力，反映凝聚态物质的凝聚力，而分子第二斥压力表示讨论液体中分子间的排斥力，它反映了使凝聚相转变成非凝聚相的可能性。前面已经讨论，分子内压力和分子第二斥压力两者间的关系，可以决定讨论物质的状态，讨论物质是处在凝聚相——液体状态，还是处在非凝聚相——气体状态。

图 3-22 列示了己烷在不同温度下分子内压力和分子第二斥压力间的关系，图中表明，己烷的分子内压力和分子第二斥压力服从平均线性规律。

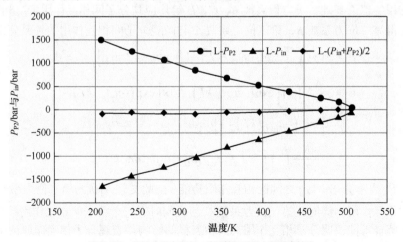

图 3-22　己烷分子内压力、分子第二斥压力和温度关系

分子第二斥压力反映的是液体分子间的分子排斥力。图 3-20 表明己烷饱和液体的分子第二斥压力与体系温度的关系不是线性关系。

液体中分子内压力使液体分子相互吸引成为凝聚态物质,而分子第二斥压力使液体分子相互排斥成为无序分子。如果液体中

① $P_{P2} < P_{in}$,即 $\dfrac{P_{P2}}{P_{in}} < 1$,排斥力 < 吸引力,这时液体呈凝聚态。

② $P_{P2} = P_{in}$,即 $\dfrac{P_{P2}}{P_{in}} = 1$,排斥力 = 吸引力,这种情况可能出现在物质临界态,物质将由凝聚态液体向分子呈无序状态分布的气体状态转变。

③ $P_{P2} > P_{in}$,即 $\dfrac{P_{P2}}{P_{in}} > 1$,排斥力 > 吸引力,这时物质呈非凝聚态。

3.3 压缩因子分子作用参数

热力学中压缩因子用于反映讨论物质的真实状态与理想状态的差异,是热力学讨论物质分子行为的基础。

热力学理论中压缩因子的定义式为

$$Z = \frac{PV_m}{RT} \tag{3-41}$$

热力学理论认为当物质处于理想状态时其压缩因子为 1,这时体系中不存在或只存在少量可以忽略的分子相互作用的影响。对于真实气体,压缩因子数值不等于 1,热力学理论认为这时体系中必定存在着分子相互作用的影响。但是热力学理论不能说明体系中分子相互作用对压缩因子产生怎样的影响。

在现有文献中,讨论压缩因子与分子间相互作用的关系时较多应用位力(Virial)方程,并采用多项式形式表示。

$$Z = \frac{PV_m}{RT} = 1 + \frac{B}{V_m} + \frac{C}{V_m^2} + \frac{D}{V_m^3} + \cdots \tag{3-42}$$

$$Z = \frac{PV_m}{RT} = 1 + B'P + C'P^2 + + D'P^3 + \cdots \tag{3-43}$$

位力方程的理论基础在于方程系数 B、C、D 等均应与分子间相互作用情况相关,例如,理论上已证得第二位力系数 B、第三位力系数 C 与微观分子间相互作用的关系分别为[6-8]:

$$B = 2\pi N_A \int_0^\infty \left[\exp(-u_{p12}/kT) - 1 \right] \times r^2 dr = 2\pi N_A \int_0^\infty f_{12} r^2 dr \tag{3-44a}$$

$$C = -\frac{N_A^2}{3} \int_0^\infty \int \left[\exp(-u_{p12}/kT) - 1 \right] \times \left[\exp(-u_{p13}/kT) - 1 \right]$$
$$\times \left[\exp(-u_{p23}/kT) - 1 \right] dr_2 dr_3 \tag{3-44b}$$
$$= -\frac{8\pi N_A^2}{3} \int_0^\infty \iint_{|r_{12} - r_{13}|}^{r_{12} + r_{13}} f_{12} f_{13} f_{23} r_{12} r_{13} r_{23} dr_{12} dr_{13} dr_{23}$$

式中,u_{pij} 表示分子 i 与 j 之间的相互作用势能。由此文献[9]认为第二位力系数 B 取决于两个分子间相互作用的势能。第三位力系数 C 涉及同时有三个分子间相互作用的势能。

但这些解释不能说明分子相互作用会产生怎样的影响。宏观分子相互作理论中分子压力可以说明分子相互作用的存在,但不能反映分子间相互吸引作用和分子间相互排斥作用对物

质压缩因子会产生怎样的影响。

对压缩因子定义式（3-41）引入分子压力微观结构式：

$$PV_m = (P_{id} + P_{P1} + P_{P2} - P_{at})V_m = ZRT \qquad (3\text{-}45)$$

理想气体状态方程为

$$P_{id}V_m = RT \qquad (3\text{-}46)$$

改变式（3-45），得

$$Z = \frac{P}{P_{id}} = \frac{P_{id} + P_{P1} + P_{P2} - P_{at}}{P_{id}} \qquad (3\text{-}47)$$

定义：压缩因子的分子理想压力作用系数 $Z_{id} = P_{id}/P_{id}$，即理想体系的压缩因子等于1，$Z_{id} = 1$。

压缩因子的分子第一斥压力作用系数 $Z_{P1} = P_{P1}/P_{id}$，P_{P1} 变化使压缩因子值变化。

压缩因子的分子第二斥压力作用系数 $Z_{P2} = P_{P2}/P_{id}$，P_{P2} 变化使压缩因子值变化。

压缩因子的分子吸引压力作用系数 $Z_{at} = P_{at}/P_{id}$，P_{at} 变化使压缩因子值变化。

故有

$$Z = Z_{id} + Z_{P1} + Z_{P2} - Z_{at} = 1 + Z_{P1} + Z_{P2} - Z_{at} \qquad (3\text{-}48)$$

式（3-48）是压缩因子的微观结构表示式。

应用 Z_{id}、Z_{P1}、Z_{P2} 和 Z_{at} 可以方便地判断是什么分子相互作用对体系压缩因子产生了影响。Z_{id}、Z_{P1}、Z_{P2} 和 Z_{at} 这些参数统称为压缩因子的分子压力作用参数，即压缩因子的分子作用参数。

因此，对压缩因子分子作用参数的讨论，即为实际物质中千千万万分子间相互作用对物质压缩因子的影响的讨论，这些影响，即为物质压缩因子的分子作用参数。

① 物质千千万万分子热运动的影响，分子理想压缩因子作用参数 $Z_{id} = 1$。

② 物质千千万万分子本身具有的体积的影响，分子第一斥压力压缩因子作用参数 Z_{P1}。

③ 物质千千万万分子 Boer 斥力的影响，分子第二斥压力压缩因子作用参数 Z_{P2}。

④ 物质千千万万无序分子间吸引力的影响，分子吸引力压缩因子作用参数 Z_{at}。

Z_{id}、Z_{P1}、Z_{P2}、Z_{at} 表示各种分子间相互作用对体系压缩因子的影响，这是表示分子间相互作用影响的第一种方法（方法1）。

以方法1表示一些物质的压缩因子分子作用参数列于表3-7中，以供参考。

表 3-7　一些气体的各种压缩因子的分子作用参数

气体	温度 T_r	压缩因子 Z	分子第一斥压力作用参数		分子第二斥压力作用参数		分子吸引力作用参数	
			P_{P1r}	Z_{P1}	P_{P2r}	Z_{P2}	P_{atr}	Z_{at}
氦	0.5633	0.953	4.57×10^{-5}	2.70×10^{-3}	1.27×10^{-6}	7.51×10^{-5}	4.64×10^{-4}	2.75×10^{-2}
氖	0.5545	0.950	2.22×10^{-5}	1.85×10^{-3}	1.58×10^{-7}	1.32×10^{-5}	2.47×10^{-4}	2.06×10^{-2}
氢	0.5124	0.909	1.00×10^{-4}	3.80×10^{-3}	4.99×10^{-6}	1.90×10^{-4}	1.26×10^{-3}	4.79×10^{-2}
氘	0.5571	0.966	3.44×10^{-5}	2.37×10^{-3}	8.45×10^{-7}	5.83×10^{-5}	8.45×10^{-7}	5.83×10^{-5}
氩	0.5775	0.853	2.52×10^{-3}	2.03×10^{-3}	4.83×10^{-4}	2.03×10^{-2}	2.01×10^{-2}	1.62×10^{-1}
氪	0.6757	0.940	1.02×10^{-3}	1.14×10^{-2}	1.05×10^{-4}	1.17×10^{-3}	8.60×10^{-3}	9.58×10^{-2}
氧	0.5169	0.908	7.50×10^{-6}	1.15×10^{-3}	9.75×10^{-8}	1.50×10^{-5}	8.51×10^{-5}	1.31×10^{-2}
氟	0.5544	0.972	1.94×10^{-5}	1.78×10^{-3}	3.65×10^{-7}	3.35×10^{-5}	2.04×10^{-4}	1.87×10^{-2}
氯	0.6921	0.996	7.40×10^{-4}	9.62×10^{-3}	6.21×10^{-5}	8.08×10^{-4}	6.10×10^{-3}	7.93×10^{-2}
溴	0.5135	0.932	1.77×10^{-6}	5.50×10^{-4}	1.22×10^{-8}	3.79×10^{-6}	2.23×10^{-5}	6.93×10^{-3}
甲烷	0.5247	0.977	1.03×10^{-5}	1.34×10^{-3}	1.52×10^{-7}	1.98×10^{-5}	1.14×10^{-4}	1.48×10^{-2}
乙烷	0.6551	0.951	2.98×10^{-4}	6.35×10^{-3}	1.71×10^{-5}	3.65×10^{-4}	2.61×10^{-3}	5.57×10^{-2}
丙烷	0.5408	0.998	3.77×10^{-6}	8.00×10^{-4}	3.35×10^{-8}	7.11×10^{-6}	4.23×10^{-5}	8.98×10^{-3}
苯	0.5336	0.996	1.38×10^{-6}	4.88×10^{-4}	7.78×10^{-9}	2.75×10^{-6}	1.62×10^{-5}	5.72×10^{-3}

注：数据取自文献[2,3]。

压缩因子反映了讨论对象中分子间相互作用的情况。压缩因子结合分子压力还可以进一步反映讨论对象中分子间排斥作用和分子间吸引作用之间的关系：

由式（3-48）知 $$Z-1 = Z_{P1} + Z_{P2} - Z_{at} = Z_P - Z_{at} \qquad (3-49)$$

由上式可知，式中 $Z_P - Z_{at}$ 表示讨论对象中分子间排斥作用与分子间吸引作用之差值。

当 $Z_P - Z_{at} > 0$ 时，说明讨论对象中分子间排斥作用强于分子间吸引作用；

当 $Z_P - Z_{at} = 0$ 时，说明讨论对象中分子间排斥作用与分子间吸引作用相当；

当 $Z_P - Z_{at} < 0$ 时，说明讨论对象中分子间排斥作用弱于分子间吸引作用。

亦就是说，讨论物质中分子间排斥作用与分子间吸引作用的比较，也可以压缩因子形式来呈现，即

当 $Z-1 > 0$ 时，说明讨论对象中分子间排斥作用强于分子间吸引作用；

当 $Z-1 = 0$ 时，说明讨论对象中分子间排斥作用与分子间吸引作用相当；

当 $Z-1 < 0$ 时，说明讨论对象中分子间排斥作用弱于分子间吸引作用。

由于压缩因子可以反映体系中分子间相互作用情况，因而体系状态条件的变化必然会引起物质中压缩因子分子作用参数的变化，表 3-8 和表 3-9 中列示了乙烷的饱和气体和饱和液体中体系状态条件变化及与之相应的压缩因子分子作用参数的变化。

表 3-8　乙烷的饱和气体体系状态条件变化与压缩因子分子作用参数变化

编号	对比压力 P_r	对比温度 T_r	对比体积 V_{mr}	压缩因子 Z	分子第一斥压力压缩因子 Z_{P1}	分子第二斥压力压缩因子 Z_{P2}	分子吸引压力压缩因子 Z_{at}
SG-1	2.7736×10^{-7}	0.299	3807289542	0.9999	7.8443×10^{-8}	1.7259×10^{-13}	2.2008×10^{-6}
SG-3	1.5319×10^{-5}	0.3603	83367.333	0.999925	3.5821×10^{-6}	2.8041×10^{-10}	7.8309×10^{-5}
SG-5	7.2757×10^{-5}	0.3930	19136.693	0.999711	1.5602×10^{-5}	4.7548×10^{-9}	3.0483×10^{-4}
SG-7	2.7695×10^{-3}	0.5044	641.221	0.993938	4.6294×10^{-4}	3.0382×10^{-6}	6.5282×10^{-3}
SG-9	1.4402×10^{-2}	0.5830	140.167	0.977712	2.0833×10^{-3}	5.1991×10^{-5}	2.4423×10^{-2}
SG-11	6.0563×10^{-2}	0.6780	36.985	0.933931	7.5424×10^{-3}	5.9864×10^{-4}	7.4211×10^{-2}
SG-13	1.5373×10^{-1}	0.7598	15.164	0.868951	1.7118×10^{-2}	2.9739×10^{-3}	1.5114×10^{-1}
SG-15	3.1575×10^{-1}	0.8384	7.349	0.780180	3.1926×10^{-2}	1.0732×10^{-2}	2.6248×10^{-1}
SG-17	5.7606×10^{-1}	0.9170	3.613	0.643625	5.2194×10^{-2}	3.6042×10^{-2}	4.4461×10^{-1}
SG-19	1.0000	1.0000	1.000	0.283726	8.4752×10^{-2}	3.4185×10^{-1}	1.1429

表 3-9　乙烷的饱和液体体系状态条件变化与压缩因子分子作用参数变化

编号	对比压力 P_r	对比温度 T_r	对比体积 V_{mr}	压缩因子 Z	分子第一斥压力压缩因子 Z_{P1}	分子第二斥压力压缩因子 Z_{P2}	分子吸引压力压缩因子 Z_{at}
SL-2	2.7736×10^{-7}	0.2959	0.3140	8.3289×10^{-8}	7.7214×10^{-8}	12.714	13.714
SL-4	1.5319×10^{-5}	0.3603	0.3244	3.8878×10^{-6}	3.5152×10^{-6}	9.439	10.439
SL-6	7.2757×10^{-5}	0.3930	0.3302	1.7263×10^{-5}	1.5388×10^{-5}	8.211	9.211
SL-8	2.7695×10^{-3}	0.5044	0.3520	5.4735×10^{-4}	4.6089×10^{-4}	5.334	6.334

编号	对比压力 P_r	对比温度 T_r	对比体积 V_{mr}	压缩因子 Z	分子第一斥压力压缩因子 Z_{P1}	分子第二斥压力压缩因子 Z_{P2}	分子吸引压力压缩因子 Z_{at}
SL-10	1.4402×10^{-2}	0.5830	0.3703	2.5905×10^{-3}	2.0749×10^{-3}	4.025	5.025
SL-12	6.0563×10^{-2}	0.6780	0.3972	1.0029×10^{-2}	7.4545×10^{-3}	2.891	3.888
SL-14	1.5373×10^{-1}	0.7598	0.4274	2.4344×10^{-2}	1.6673×10^{-2}	2.160	3.152
SL-16	3.1575×10^{-1}	0.8384	0.4678	4.9679×10^{-2}	3.0744×10^{-2}	1.596	2.577
SL-18	5.7606×10^{-1}	0.9170	0.5343	9.4583×10^{-2}	5.0749×10^{-2}	1.110	2.066
SL-20	1.0000	1.0000	1.0000	2.8242×10^{-1}	8.4221×10^{-2}	0.341	1.143

以乙烷饱和气体为例，不同温度下气体物质的压缩因子和各种分子相互作用对压缩因子的影响列于图 3-23 以供参考。

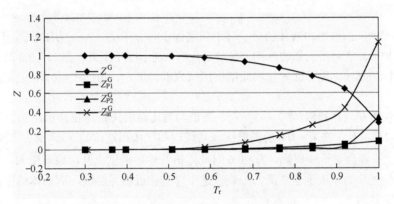

图 3-23　乙烷饱和气体压缩因子与温度的关系

图 3-23 表明，在 $T_r < 0.6$ 的低温区域内，物质压缩因子 $Z \approx 1$，各种分子相互作用对物质压缩因子的影响均接近于零，因此在此区域内可以认为讨论物质处于理想状态。

同样，以乙烷饱和液体为例，不同温度下液体物质的压缩因子和各种分子相互作用对压缩因子的影响列于图 3-24 和图 3-25 以供参考。

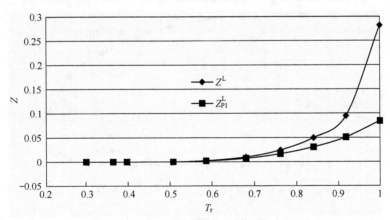

图 3-24　乙烷饱和液体 Z、Z_{P1} 与温度的关系

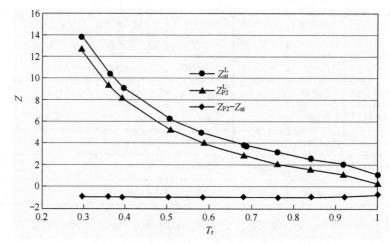

图 3-25 乙烷饱和液体 Z_{P2}、Z_{at} 与温度的关系

图 3-25 表明，乙烷饱和液体的分子吸引压缩因子和分子第二斥压力压缩因子与温度的关系曲线基本相似，这两条关系曲线的差值（$Z_{P2}-Z_{at}$）列于图中下方，在 $T_r < 0.8$ 时是一条近似平行于横坐标的直线，说明此差值在此温度区域内近似恒定，超过 $T_r = 0.8$，差值随温度升高有变大趋势。

现将乙烷饱和气体和液体的（$Z_{P2}-Z_{at}$）差值与对比温度关系单独列示在图 3-26 中。

由图 3-26 可见，在 $T_r < 0.6$ 的低温区域乙烷饱和气体和液体的（$Z_{P2}-Z_{at}$）差值随着温度上升变化不大。温度进一步提高，$T_r > 0.6$ 时此差值开始随温度上升而逐渐变大，液体的差值上升不多，但气体的差值迅速下降，一直快速下降到接近临界温度，而液体的差值在接近临界温度时会突然增大。

压缩因子的分子作用参数不符合平均线性规律，乙烷饱和气、液压缩因子分子作用参数 Z_{at} 算术平均值与温度的关系不符合线性要求，如图 3-27 所示，分子吸引压力压缩因子与温度的关系有一定规律性，但不是线性关系，分子第二斥压力压缩因子与温度的关系也是如此。

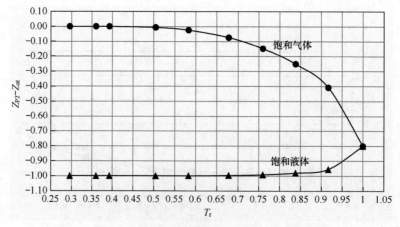

图 3-26 乙烷饱和气体和液体的 $Z_{P2}-Z_{at}$ 与温度的关系

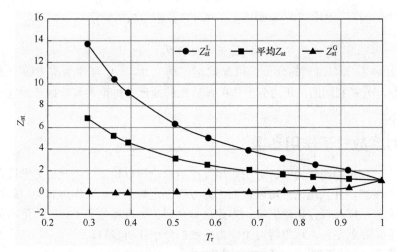

图 3-27 乙烷 Z_{at} 与温度的关系

第二种方法（方法 2）是将分子压力微观结构式和压缩因子微观结构式结合起来：

$$P = P_{id} + P_{P1} + P_{P2} - P_{at} \tag{3-50}$$

改变上式

$$Z = \frac{P}{P_{id}} = \frac{P_{id} + P_{P1} + P_{P2} - P_{at}}{P_{id}} = Z_{id} + Z_{P1} + Z_{P2} - Z_{at} \tag{3-51}$$

注意 $Z_{id} = P_{id}/P_{id} = 1$。

故知分子理想压力对压缩因子的影响：$\qquad \eta_{id}^Z = Z_{id}/Z = 1/Z \tag{3-52a}$

分子第一斥压力对压缩因子的影响：$\qquad \eta_{P1}^Z = Z_{P1}/Z \tag{3-52b}$

分子第二斥压力对压缩因子的影响：$\qquad \eta_{P2}^Z = Z_{P2}/Z \tag{3-52c}$

分子吸引压力对压缩因子的影响：$\qquad \eta_{at}^Z = Z_{at}/Z \tag{3-52d}$

分子间相互作用对体系压缩因子的综合影响为：

$$\eta^Z = \eta_{id}^Z + \eta_{P1}^Z + \eta_{P2}^Z - \eta_{at}^Z \tag{3-53}$$

式中，η_{id}^Z、η_{P1}^Z、η_{P2}^Z、η_{at}^Z 表示分子压力 P_{id}、P_{P1}、P_{P2}、P_{at} 对体系压缩因子的影响，是压缩因子的影响的第二种表示方法，与上述讨论的方法 1 不同，方法 2 是将分子相互作用对压缩因子的影响表示成相对值。由式（3-52）知

分子理想压力对压缩因子的影响：$\qquad \eta_{id}^Z = \dfrac{Z_{id}}{Z} = \dfrac{P_{id}/P_{id}}{P/P_{id}} = \dfrac{P_{id}}{P}$

故有

$$\eta_{id}^Z = P_{id}/P = \eta_{id}^P \tag{3-54a}$$

分子第一斥压力对压缩因子的影响：$\qquad \eta_{P1}^Z = \dfrac{Z_{P1}}{Z} = \dfrac{P_{P1}/P_{id}}{P/P_{id}} = \dfrac{P_{P1}}{P}$

故有

$$\eta_{P1}^Z = P_{P1}/P = \eta_{P1}^P \tag{3-54b}$$

分子第二斥压力对压缩因子的影响：$\qquad \eta_{P2}^Z = \dfrac{Z_{P2}}{Z} = \dfrac{P_{P2}/P_{id}}{P/P_{id}} = \dfrac{P_{P2}}{P}$

故有

$$\eta_{P2}^Z = P_{P2}/P = \eta_{P2}^P \tag{3-54c}$$

分子吸引压力对压缩因子的影响： $\eta_{at}^{Z} = \dfrac{Z_{at}}{Z} = \dfrac{P_{at}/P_{id}}{P/P_{id}} = \dfrac{P_{at}}{P}$

故有 $$\eta_{at}^{Z} = P_{at}/P = \eta_{at}^{P} \tag{3-54d}$$

由此可知体系压缩因子的分子作用参数 η_{id}^{Z}、η_{P1}^{Z}、η_{P2}^{Z}、η_{at}^{Z} 与体系压力的分子作用参数 η_{id}^{P}、η_{P1}^{P}、η_{P2}^{P}、η_{at}^{P} 是相同的，压力分子作用参数在前面已有讨论，其数据前面也已有介绍，这里不再重复。

3.4 位力系数分子作用参数

由于位力方程可由统计力学、分子间相互作用理论得以论证，因此位力方程在物理化学上得到肯定和重视，并且理论上可以认为位力方程必定与分子相互作用有关，即位力方程的位力系数必有分子间相互作用的影响，为此这里介绍位力方程与分子相互作用的关系，即分子压力的关系，亦就是说，这里将讨论位力系数的分子作用参数。

由热力学理论知压缩因子与各位力系数关系为

$$Z = 1 + B/V + C/V^2 + D/V^3 + \cdots = 1 + \dfrac{B + C/V + D/V^2 + \cdots}{V} \tag{3-55}$$

式中，$B, C, D \cdots$ 分别称作第二、第三、第四…位力系数。

现设 $$A_V = B + C/V + D/V^2 + \cdots \tag{3-56}$$

A_V 中包含有第二、第三、第四…位力系数，故称之为总位力系数。改变式（3-56），得：

$$\dfrac{A_V}{V} = Z - 1 \tag{3-57}$$

式（3-57）表示总位力系数 A_V 直接与压缩因子 Z 相关，亦就是说，位力系数直接与分子间相互作用的行为有关。对此式引入压缩因子微观结构式，得

$$\dfrac{A_V}{V} = Z - 1 = Z_{id} + Z_{P1} + Z_{P2} - Z_{at} - 1 = Z_{P1} + Z_{P2} - Z_{at} \tag{3-58}$$

由此可知不同类型的分子间相互作用与位力系数分子作用参数的关系为：

$A_{P1} = Z_{P1}V$，为第一分子斥压力位力系数分子作用参数。

$A_{P2} = Z_{P2}V$，为第二分子斥压力位力系数分子作用参数。

$A_{at} = Z_{at}V$，为分子吸引压力位力系数分子作用参数。

$A_{id} = Z_{id}V = V$，为分子理想压力位力系数分子作用参数。

故有 $$A_V = (Z-1)V = Z_{P1}V + Z_{P2}V - Z_{at}V = A_{P1} + A_{P2} - A_{at} \tag{3-59}$$

式（3-58）左边项 $$Z - 1 = \dfrac{P}{P_{id}} - 1 = \dfrac{P - P_{id}}{P_{id}} = \delta_P \tag{3-60}$$

δ_P 可以表示为 $$\delta_P = \dfrac{P - P_{id}}{P_{id}} \tag{3-61}$$

即 δ_P 是分子间相互作用对理想状态下压力参数的相对影响值。

亦可表示为 $$\delta_P = \dfrac{(P - P_{id})V}{P_{id}V} = \dfrac{U^K - U_{id}^K}{U_{id}^K} \tag{3-62a}$$

式中，U^K 为受到分子间相互作用影响时，物质中分子所具有的动能。

$$U^{K} = PV \tag{3-62b}$$

U_{id}^{K} 为未受到分子间相互作用影响，只是分子热运动时物质中分子所具有的动能。

$$U^{K} = P_{id}V \tag{3-62c}$$

故 δ_{P} 表示分子热运动的分子所具有的动能在受到分子间相互作用影响时物质中分子动能的相对变化值。

又因

$$A_{V} = (Z-1)V = \delta_{P}V \tag{3-63a}$$

设

$$\eta^{V} = \frac{A_{V}}{V} = Z - 1 = \delta_{P}$$

故 η^{V} 表示物质单位体积内受到分子相互作用影响后物质分子的动能数值与未受到分子相互作用影响的物质分子的动能数值相比较的相对变化值。

这个相对变化值以总位力系数表示为

$$\eta^{V} = \frac{A_{V}}{V} \tag{3-63b}$$

这个相对变化值以压缩因子表示为

$$\eta^{V} = Z - 1 \tag{3-63c}$$

即物质的总位力系数表示物质单位体积内分子动能的变化。同理：

P_{P1} 引起的物质单位体积中分子动能值的变化：

$$\eta_{P1}^{V} = Z_{P1} \tag{3-64a}$$

P_{P2} 引起的物质单位体积中分子动能值的变化：

$$\eta_{P2}^{V} = Z_{P2} \tag{3-64b}$$

P_{at} 引起的物质单位体积中分子动能值的变化：

$$\eta_{at}^{V} = Z_{at} \tag{3-64c}$$

因而体系分子动能变化

$$\eta^{V} = \eta_{P1}^{V} + \eta_{P2}^{V} - \eta_{at}^{V} \tag{3-65}$$

因此

$$\eta^{V} = Z_{P1} + Z_{P2} - Z_{at} = Z - 1 \tag{3-66}$$

压缩因子微观结构式在上节中已讨论，也列有物质的 Z_{P1}、Z_{P2}、Z_{at} 数据，在此不再列示。又知：

$A_{P1} = Z_{P1}V$ 表示因物质中分子第一斥压力而引起的物质位力系数的变化。

$A_{P2} = Z_{P2}V$ 表示因物质中分子第二斥压力而引起的物质位力系数的变化。

$A_{at} = Z_{at}V$ 表示因物质中分子吸引压力而引起的物质位力系数的变化。

因而：

$$A_{V} = A_{P1} + A_{P2} - A_{at} \tag{3-67}$$

式（3-67）表示总位力系数 A_{V} 与各种分子压力影响的位力系数的关系。式中 A_{P1}、A_{P2}、A_{at} 表示各分子相互作用的位力系数对总位力系数的影响。

现将分子间相互作用对乙烷饱和气体的位力系数影响的分子作用参数列于表 3-10 中以供参考。

分子间相互作用对乙烷饱和液体的位力系数影响的分子作用参数列于表3-11中以供参考。

表3-10　乙烷饱和气体的位力系数及其分子作用参数

P_{r}	T_{r}	V_{mr}	位力系数/（cm^{3}/mol）				
			A_{V}	A_{P1}	A_{P2}	A_{P}	A_{at}
2.7736×10^{-7}	0.296	3807289.542	-1188.32	43.92	9.66×10^{-5}	43.92	-1232.24
1.5319×10^{-5}	0.360	83367.333	-916.14	43.92	3.44×10^{-3}	43.92	-960.06
7.2757×10^{-5}	0.393	19136.693	-813.94	43.91	1.34×10^{-2}	43.92	-857.86
2.7695×10^{-3}	0.504	641.221	-571.66	43.65	2.86×10^{-1}	43.94	-615.60

P_r	T_r	V_{mr}	位力系数/（cm³/mol）				
			A_V	A_{P1}	A_{P2}	A_P	A_{at}
1.4402×10^{-2}	0.583	140.167	−459.43	42.94	1.07	44.01	−503.44
6.0563×10^{-2}	0.678	36.985	−359.35	41.02	3.26	44.28	−403.63
1.5373×10^{-1}	0.760	15.164	−292.24	38.17	6.63	44.81	−337.05
3.1575×10^{-1}	0.838	7.349	−237.56	34.50	11.60	46.10	−283.65
5.7606×10^{-1}	0.917	3.613	−189.38	27.74	19.15	46.89	−236.27
1.0000	1.000	1.000	−105.34	12.46	50.27	62.74	−168.07

表 3-11　乙烷饱和液体的位力系数及其分子参数

P_r	T_r	V_{mr}	位力系数/（cm³/mol）				
			A_V	A_{P1}	A_{P2}	A_P	A_{at}
2.7736×10^{-7}	0.296	0.3140	−46.18	3.57×10^{-6}	587.13	587.13	−633.31
1.5319×10^{-5}	0.360	0.3244	−47.70	1.68×10^{-4}	450.25	450.25	−497.95
7.2757×10^{-5}	0.393	0.3302	−48.56	7.47×10^{-4}	398.70	398.70	−447.26
2.7695×10^{-3}	0.504	0.3520	−51.74	2.39×10^{-2}	276.12	276.15	−327.89
1.4402×10^{-2}	0.583	0.3703	−54.32	1.13×10^{-1}	219.23	219.34	−273.66
6.0563×10^{-2}	0.678	0.3972	−57.82	4.35×10^{-1}	168.87	169.30	−227.12
1.5373×10^{-1}	0.760	0.4274	−61.32	1.05	135.76	136.81	−198.13
3.1575×10^{-1}	0.838	0.4678	−65.37	2.11	109.80	111.92	−177.29
5.7606×10^{-1}	0.917	0.5343	−71.14	3.99	87.19	91.17	−162.31
1.0000	1.000	1.0000	−105.53	12.4	50.21	62.60	−168.13

表 3-10 和表 3-11 数据表明，总位力系数 A_V 可以分为两部分讨论，即分子间排斥作用力部分 $A_P = A_{P1} + A_{P2}$ 和分子间吸引作用力部分 A_{at}：

$$A_V = A_P - A_{at} \tag{3-68}$$

由此可以解释手册中位力系数有可能是负数亦有可能是正数的分子相互作用原因：

$$\left.\begin{array}{l} \text{当 } A_{at} > A_P \text{ 时　} A_V < 0，\text{即位力系数是负数} \\ \text{当 } A_{at} = A_P \text{ 时　} A_V = 0，\text{即位力系数是零} \\ \text{当 } A_{at} < A_P \text{ 时　} A_V > 0，\text{即位力系数是正数} \end{array}\right\} \tag{3-69}$$

由于物质中大多数情况下分子吸引力大于分子排斥力，故位力系数多数为负数。

由式（3-69）知影响总位力系数的分子作用参数有：①物质中千千万万个分子所具有的分子本身体积影响 A_{P1}；②物质中千千万万个分子间 Boer 效应排斥力影响 A_{P2}；③物质中千千万万个无序运动的分子间相互吸引作用影响 A_{at}。

A_{P1}、A_{P2}、A_{at} 表示分子相互作用对位力系数的影响，这是直接表示影响的第一种方法，表 3-10 和表 3-11 是以乙烷为例用第一种方法表示分子相互作用对位力系数的影响数据。

分子相互作用对位力系数的影响也可用相对影响值表示，已知总位力系数为 A_V，故第二种方法：

① 物质中千千万万个分子所具有的分子本身体积影响 $\eta_{(V)P1} = A_{P1}/A_V$。

② 物质中千千万万个分子间 Boer 效应排斥力影响 $\eta_{(V)P2} = A_{P2}/A_V$。

③ 物质中千千万万个无序运动的分子间相互吸引作用影响 $\eta_{(V)at} = A_{at}/A_V$。

现将分子间相互作用对乙烷饱和气体的位力系数影响的各分子作用参数以第二种方法表示，列于表 3-12 中以供参考。

表 3-12　乙烷饱和气体的位力系数及其分子作用参数

P_r	T_r	V_{mr}	对总位力系数的相对影响				
			η_V	η_{P1}	η_{P2}	η_P	η_{at}
2.77×10^{-7}	0.296	3807289.542	1.0000	−0.037	0.000	−0.037	−1.037
1.53×10^{-5}	0.36	83367.333	1.0000	−0.048	0.000	−0.048	−1.048
7.28×10^{-5}	0.393	19136.693	1.0000	−0.054	0.000	−0.054	−1.054
2.77×10^{-3}	0.504	641.221	1.0000	−0.076	−0.001	−0.077	−1.077
1.44×10^{-2}	0.583	140.167	1.0000	−0.093	−0.002	−0.096	−1.096
6.06×10^{-2}	0.678	36.985	1.0000	−0.114	−0.009	−0.123	−1.123
1.54×10^{-1}	0.76	15.164	1.0000	−0.131	−0.023	−0.153	−1.153
3.16×10^{-1}	0.838	7.349	1.0000	−0.145	−0.049	−0.194	−1.194
5.76×10^{-1}	0.917	3.613	1.0000	−0.146	−0.101	−0.248	−1.248

由表 3-12 数据可得图 3-28（a）的各种分子间相互作用对乙烷饱和气体的位力系数的影响。

图 3-28（a）表明，分子第一和第二斥压力在 $T_r < 0.678$ 时的影响很小，分子第二斥压力在 $T_r > 0.760$ 时影响开始逐步增加，在气体状态下影响最大的是分子吸引压力，并且在 $T_r > 0.760$ 时影响逐步增加，在临界温度处分子吸引压力的影响最大。

分子间相互作用对乙烷饱和液体的位力系数影响的各分子作用参数以第二种方法表示，列于表 3-13 中以供参考。

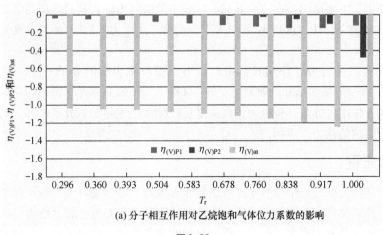

(a) 分子相互作用对乙烷饱和气体位力系数的影响

图 3-28

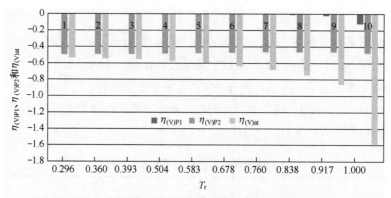

(b) 分子相互作用对乙烷饱和液体位力系数的影响

图 3-28　分子相互作用对乙烷位力系数的影响

表 3-13　乙烷饱和液体的位力系数及其分子作用参数

P_r	T_r	V_{mr}	对总位力系数的相对影响				
			η_V	η_{P1}	η_{P2}	η_P	η_{at}
2.77×10^{-7}	0.296	0.314	1.00	0.000	−0.494	−0.494	−0.533
1.53×10^{-5}	0.36	0.3244	1.00	0.000	−0.491	−0.491	−0.544
7.28×10^{-5}	0.393	0.3302	1.00	0.000	−0.490	−0.490	−0.549
2.77×10^{-3}	0.504	0.352	1.00	0.000	−0.483	−0.483	−0.574
1.44×10^{-2}	0.583	0.3703	1.00	0.000	−0.477	−0.477	−0.596
6.06×10^{-2}	0.678	0.3972	1.00	−0.001	−0.470	−0.471	−0.632
1.54×10^{-1}	0.76	0.4274	1.00	−0.004	−0.465	−0.468	−0.678
3.16×10^{-1}	0.838	0.4678	1.00	−0.009	−0.462	−0.471	−0.746
5.76×10^{-1}	0.917	0.5343	1.00	−0.021	−0.460	−0.481	−0.857
1.00	1	1	1.00	−0.118	−0.477	−0.594	−1.596

由表 3-13 数据可得图 3-28（b）的各种分子间相互作用对乙烷饱和液体的位力系数的影响。

图 3-28（b）表明，分子第一斥压力对乙烷液体的位力系数影响很小，分子第二斥压力和分子吸引压力是主要影响，在 $T_r < 0.504$ 时分子吸引压力的影响只是稍高于第二斥压力，在 $T_r > 0.583$ 时分子吸引压力的影响逐渐大于分子第二斥压力的影响，临界温度处分子吸引压力的影响达最大。

上述位力系数的各分子作用参数中对位力系数产生影响的分子相互作用是分子压力 P_{P1}、P_{P2} 和 P_{at}，这些都是动态分子的分子行为，反映了对位力系数产生影响的都是无序动态分子的分子间相互作用，亦就是说位力方程应是反映体系中无序动态分子的分子间相互作用对讨论体系性能影响的热力学方程。

3.5　位力方程

位力方程是热力学理论中很有实用价值的状态方程，特别是位力方程可以与分子相互作用联系起来，亦就是位力方程打开了研究宏观物质中千千万万分子相互作用的大门。位力方程的讨论目前还只是限于两个、三个或四个分子间相互作用，而更多分子，即所谓高阶的分子间相互作用讨论目前还认为是相当困难的，这些与宏观分子相互作用理论认为的表示千千万万分子相互作用的分子压力概念虽还有不同，但上述讨论已经表明通过分子压力概念可以将位力方程与宏观物质中存在的大量分子间相互作用联系起来，为此下面对位力方程的一些特性、计算方法、影响因素和理论证明等进行讨论，希望将位力方程的作用能更好地发挥出来。

位力方程是 1885 年由 Thiesen 在纯经验基础上提出的，以后从统计力学、分子间相互作用理论角度论证了这个方程，使其迅速发展，并使位力方程的应用范围超出了 PVT 关系，方程中的系数可以用来描述气体的其他性质，例如黏度、声速和热容等。位力方程理论的一个有价值的结果是混合物系数和纯组分系数与组成之间有着严格的关系，并在理论上可以证明[10-12]。

位力方程的形式简单，可得到大量的位力方程系数，特别是第二位力系数。与很多复杂的状态方程相比，以位力方程处理混合物，仍可保持位力方程的适用性。当密度 $\rho_r \leqslant 0.75$ 时，计算气相逸度可采用截断到第二位力系数的形式。亦有文献认为 $\rho_r \geqslant 0.5$ 时，即使舍项到第三位力系数的形式也不能使用，需要更高阶的位力系数[13,14]。传统理论认为，位力方程不能应用于高度压缩的气体或液体。

由于位力方程可由统计力学、分子间相互作用理论得以论证，因此理论上可以预测位力方程必定与物质中大量分子间相互作用有关，即与宏观分子相互作用理论中的分子压力有关，为此本节内容将讨论位力方程与反映物质中大量分子相互作用相关的分子压力的关系。

热力学理论介绍位力方程是以压缩因子与系统体积的关系表示的：

$$Z = \frac{PV}{RT} = 1 + B/V + C/V^2 + D/V^3 + \cdots\cdots \tag{3-70}$$

上式可称为 Leiden 型位力方程，也可简明地称为体积型位力方程，式中 B、C、$D\cdots$ 在热力学理论中称为第二、第三、第四……位力系数。

除上式外，压缩因子 Z 也可表示为以压力为变量的幂级数方程，即

$$Z = \frac{PV}{RT} = 1 + B'P + C'P^2 + D'P^3 \cdots\cdots \tag{3-71}$$

上列两式间两组位力系数间关系为

$$B' = \frac{B}{RT}, \quad C' = \frac{C - B^2}{(RT)^2}, \quad D' = \frac{D - 3BC + 2B^3}{(RT)^3} \tag{3-72}$$

热力学理论[6]认为：应用位力方程时需注意，压力有一个上限，高于此上限，截断到两项的位力方程或是很差或是完全失败。

位力方程适用范围很广，但其前提是低于临界温度并远离临界温度，或者是可超过但不能远离临界温度。这些情况说明讨论体系中分子间相互作用的强弱确实会影响到位力方程的适用性。

在实际应用时常用方法是把式（3-71）和式（3-72）舍项成两项，即：

$$Z = \frac{PV}{RT} = 1 + \frac{B}{V} \tag{3-73}$$

$$Z = \frac{PV}{RT} = 1 + B'P \tag{3-74}$$

在使用中由 PTV 数据得到的第二位力系数往往是 B，故使用式（3-74）时需将 B' 转换成 B，即

$$Z = \frac{PV}{RT} = 1 + \frac{BP}{RT} \tag{3-75}$$

式（3-75）被称为舍项位力方程，舍项位力方程吸引了一些研究者的关注，曾提出了Berthelot 方程、Pitzer 方程、Tsonoponlos 方程、Vetere 方程等，在此不一一列举。

对于位力方程在超过上述适用范围时误差增大的原因，目前文献中的看法是：在低密度、低压下主要是由两个分子组成的分子对的分子间相互作用，位力系数 B 表示两个分子组成的分子对的分子间相互作用；而在超过上述适用范围时，即在高压情况下，不能忽视三个分子以上分子间的相互作用，因此需要截断到位力系数 C 的舍项三项式。而文献指出：高阶位力系数的计算仍然会遇到很多困难[7]。

低密度、低压下气体大多数情况下是理想气体或接近理想气体，亦就是说这时气体中分子间相互作用可以忽视，或者其作用强度不强，而不适用位力方程的是高压、高密度的情况应用，显然，这时讨论对象中应该存在有分子间相互作用，并且分子间相互作用有可能还很强。因此，从位力方程的适用情况来看，位力方程亦应该与讨论对象中分子间相互作用强弱有关。下面讨论它们之间的关系。

3.5.1　位力方程与分子压力

由宏观分子相互作用理论知，压缩因子的分子微观结构式为

$$Z = Z_{id} + Z_{P1} + Z_{P2} - Z_{at} = 1 + \frac{P_{P1} + P_{P2} - P_{at}}{P_{id}} = 1 + \frac{P_P - P_{at}}{P_{id}} \tag{3-76}$$

式中，$P_P = P_{P1} + P_{P2}$，为体系中总分子斥压力。对比位力方程与压缩因子的关系：

$$Z = 1 + B/V + C/V^2 + D/V^3 + \cdots$$

$$= 1 + \frac{B + C/V + D/V^2 + \cdots}{V} = 1 + \frac{A_V}{V} \tag{3-77}$$

式中，设 $A_V = B + C/V + D/V^2 + \cdots$，称为总位力系数。在此总系数中包含有第二、第三、……位力系数，即式中 B、C……。在位力方程适用范围内，一般第二位力系数的绝对值较大些，第三位力系数的绝对值相对偏小。例如，Hirschfelder[14]等计算了 273.15K、不同压力下氮的压缩因子中各项位力系数，数值如下：

1atm
$$Z = 1 + \frac{B}{V} + \frac{C}{V^2} + \frac{D}{V^3} + \cdots = 1 - 0.0005 + 0.000003 + \cdots$$

10atm
$$Z = 1 + \frac{B}{V} + \frac{C}{V^2} + \frac{D}{V^3} \cdots = 1 - 0.005 + 0.0003 + \cdots$$

100atm
$$Z = 1 + \frac{B}{V} + \frac{C}{V^2} + \frac{D}{V^3} \cdots = 1 - 0.05 + 0.03 + \cdots$$

由此可见，在目前位力系数计算方法所允许的压力范围内第三位力系数要比第二位力系数小 1 个数量级以上，应该可以忽略其影响。当然，压力增高时第三位力系数的影响便不能忽略了。

又如，文献[15]列示 SO_2 在 431K、1MPa 时第二位力系数和第三位力系数分别为：$|B| = 0.159m^3/kmol$，$|C| = 9.0 \times 10^{-3} m^6/kmol^2$。$SO_2$ 在 431K、1MPa 时的摩尔体积为 3.39m³/kmol。故而 $C/V = 9.0 \times 10^{-3} m^6/kmol^2 / (3.39m^3/kmol) = 2.6549 \times 10^{-3} m^3/kmol$，与第二位力系数 B 相比是个很小的数值，故而一般可以在总位力系数 A_V 中忽略 C/V 项的影响，即式（3-77）直接可写成式（3-73）或式（3-74）形式。这也是位力方程可以用其舍二项的位力方程替代完整的位力方程进行讨论的原因。

宏观分子相互作用理论可以说明体系的压缩因子确与体系中分子间相互作用，即与体系中所有分子间的排斥力和吸引力相关，故知：

$$A_V = B + C/V + D/V^2 + \cdots = V(Z-1) \tag{3-78}$$

比较式（3-78）和式（3-76）知

$$\frac{A_V}{V} = \frac{P_P - P_{at}}{P_{id}} = Z - 1 \tag{3-79}$$

式（3-79）中 P_P 表示体系中分子第一斥压力和分子第二斥压力之和，$P_P = P_{P1} + P_{P2}$，反映的是体系中总分子排斥力；而式中 P_{at} 表示体系中的分子吸引力。因而式中的总位力系数 A_V 必定与体系中分子间相互作用有关，更明确地说，应与分子排斥力和分子吸引力有关。

改变式（3-79），得

$$Z = 1 + \frac{A_V}{V} = 1 + \frac{P_P - P_{at}}{P_{id}} = 1 + \frac{\Delta P_{P-at}}{P_{id}} \tag{3-80}$$

式（3-80）与舍项位力方程式（3-73）在形式上是相似的，但其内容却不一样。式（3-73）中系数 B 表示体系中两个分子间相互作用，而总位力系数，即式（3-80）中 ΔP_{P-at} 是与体系中千万分子间的排斥力与吸引力相关的差值。

式中 $\Delta P_{P-at} = P_P - P_{at} = P_{P1} + P_{P2} - P_{at}$，表示由系统内所有的分子间作用力所形成的分子综合压力 P_{mt}，设 $P_{mt} = \Delta P_{P-at}$，按照宏观分子相互作用理论此分子综合压力与讨论体系压力 P 的关系为 $P_{mt} = P_P - P_{at} = P - P_{id}$，表示体系中不考虑分子热驱动的动态分子形成的分子理想压力的影响，只有分子间所有排斥力与分子吸引力的影响，这个影响以压缩因子形式呈现，即体系中除热驱动影响外各种分子间相互作用的综合影响的压缩因子设为 Z_{mt}，由式（3-80）知：

$$Z_{mt} = \frac{P_{mt}}{P_{id}} = \frac{P_P - P_{at}}{P_{id}} = \frac{P - P_{id}}{P_{id}} = Z - 1 = \frac{A_V}{V} \tag{3-81}$$

故知：

① 位力系数中不考虑分子的热驱动影响，即位力系数中不含有 Z_{id} 的数值。

$$A_V = \left(\frac{P}{P_{id}} - \frac{P_{id}}{P_{id}} \right) V = (Z - Z_{id})V = (Z-1)V = Z_{mt}V \tag{3-82}$$

式（3-82）表示，在体系的非理想性的偏差 Z 中去除体系的理想部分（$Z_{id} = 1$），即为体系中分子间相互作用对体系非理想性偏差的贡献，其中包含分子间吸引和排斥相互作用的综合贡献。

② 位力系数是分子间所有相互作用的共同影响，亦就是体系中所有分子排斥力与分子吸引力共同影响的结果，即：

$$A_V = \left(\frac{P_P}{P_{id}} - \frac{P_{at}}{P_{id}} \right) V = \left(\frac{P_{P1} + P_{P2}}{P_{id}} - \frac{P_{at}}{P_{id}} \right) V \tag{3-83}$$

由此可知，如果知道讨论体系中分子间相互作用情况，即知道分子压力数值，就可计算总位力系数的数值，反之亦然。

已知，真实气体中一般分子吸引压力的数值大于分子斥压力的数值，故而总位力系数一般情况下应是负值，但当压力过大，或外部条件迫使分子间距离过近时，意味着讨论体系密度增加，由于分子间斥作用力可能会大于分子间吸引力，总位力系数亦可能是正值。

按照压缩因子的分子微观结构式知

$$Z = Z_{id} + Z_{P1} + Z_{P2} - Z_{at} = 1 + Z_{P1} + Z_{P2} - Z_{at} \tag{3-84}$$

代入式（3-80）：

得
$$Z_{P1} + Z_{P2} - Z_{at} = \frac{A_V}{V} \tag{3-85}$$

因此可将总位力系数按照分子第一斥压力、分子第二斥压力和分子吸引压力的影响来考虑，即按照体系中分子排斥力的影响和分子吸引力的影响区分开来，即总位力系数可以分为分子间排斥作用力部分和分子间吸引作用力部分：

$$A_V = A_P - A_{at} = \frac{(P_P - P_{at})V}{P_{id}} = Z_P V - Z_{at} V \tag{3-86}$$

式中，$A_P = P_P V / P_{id} = Z_P V$；$A_{at} = P_{at} V / P_{id} = Z_{at} V$。$A_P$ 为总位力系数中分子间排斥作用力部分，表示体系中 P_{P1} 和 P_{P2} 两个分子排斥力对位力系数的影响；A_{at} 为总位力系数中分子间吸引作用力部分，表示体系中分子吸引力 P_{at} 对位力系数的影响。因此有如下规律：

当体系中吸引力影响 > 排斥力影响，即 $A_{at} > A_P$ 时，$A_V < 0$ \qquad (3-87)

当体系中吸引力影响 = 排斥力影响，即 $A_{at} = A_P$ 时，$A_V = 0$ \qquad (3-88)

当体系中吸引力影响 < 排斥力影响，即 $A_{at} < A_P$ 时，$A_V > 0$ \qquad (3-89)

上式表示的总位力系数的规律性目前已由许多文献列示的第二位力系数 B 数值所证实，位力系数 B 确实有正、负和零值的变化[14]。

总位力系数中分子间斥作用力部分还可分成两部分：总位力系数中分子第一斥压力部分和分子第二斥压力部分：

即
$$A_P = A_{P1} + A_{P2} = \frac{(P_{P1} + P_{P2})V}{P_{id}} = Z_{P1} V + Z_{P2} V \tag{3-90}$$

式中，$A_{P1} = \dfrac{P_{P1}}{P_{id}} V = Z_{P1} V$；$A_{P2} = \dfrac{P_{P2}}{P_{id}} V = Z_{P2} V$。

A_{P1} 为总位力里系数中分子第一斥压力影响部分；A_{P2} 为总位力系数中分子第二斥压力影响部分。因此有如下规律：

当 $A_{at} > A_P = A_{P1} + A_{P2}$ 时，$A_V < 0$ \qquad (3-91)

当 $A_{at} = A_P = A_{P1} + A_{P2}$ 时，$A_V = 0$ \qquad (3-92)

当 $A_{at} < A_P = A_{P1} + A_{P2}$ 时，$A_V > 0$ \qquad (3-93)

已知气体中分子第二斥压力的数值很小，可以忽略，气体中斥作用力主要是分子第一斥压力。而液体中分子第二斥压力的数值很大，不能忽视。因此，在理论上我们认为位力方程可以用于液体的计算，这将在下面讨论。

将分子第一斥压力和分子第二斥压力综合考虑，得

$$\begin{aligned} A_V &= A_P - A_{at} = A_{P1} + A_{P2} - A_{at} \\ &= (P_P - P_{at})V / P_{id} = (P_{P1} + P_{P2} - P_{at})V / P_{id} \\ &= V(Z_{P1} + Z_{P2} - Z_{at}) = V(Z - 1) \end{aligned} \tag{3-94}$$

现以甲烷为例，将分子压力计算结果与非分子压力方法计算结果列于表 3-14，以作比较。

表 3-14　甲烷各位力系数计算结果

状态参数				分子压力法				非分子压力法	
P/bar	V/(cm³/mol)	T/K	Z	A_{P1}/(cm³/mol)	A_{P2}/(cm³/mol)	A_{at}/(cm³/mol)	A_V/(cm³/mol)	A_V/(cm³/mol)	误差/%
0.35	23687.00	100.00	0.9864	28.17	0.4250	350.66	−322.06	−321.88	0.056
0.97	9260.01	111.00	0.9701	27.57	0.9430	305.58	−277.06	−277.09	−0.010
2.22	4313.00	122.00	0.9443	26.98	1.7887	269.04	−240.27	−240.34	−0.029
4.42	2269.00	133.00	0.9076	25.93	3.0135	238.62	−209.68	−209.74	−0.030
8.30	1239.00	145.00	0.8528	6.03	4.7108	210.70	−199.97	−182.44	0.200
13.58	751.87	156.00	0.7871	21.57	6.8775	188.50	−160.05	−160.07	−0.005
20.81	467.80	167.00	0.7012	19.00	9.7663	168.55	−139.78	−139.78	0.005
30.69	287.30	178.00	0.5958	17.75	15.5166	149.39	−116.12	−116.13	0.020
45.25	128.50	190.00	0.3681	11.79	31.5016	124.49	−81.20	−81.20	0.594

3.5.2　位力系数计算

文献中已有许多位力系数的计算方法，这里不再一一列举，有兴趣的读者可以查看有关教科书或专著。这里仅就与分子压力相关的位力系数计算方法介绍如下。

由式（3-94）知，各分子压力位力系数，即位力系数的分子作用参数应为：

分子第一斥压力位力系数
$$A_{P1} = \frac{P_{P1}}{P_{id}} V = Z_{P1} V \tag{3-95}$$

分子第二斥压力位力系数
$$A_{P2} = \frac{P_{P2}}{P_{id}} V = Z_{P2} V \tag{3-96}$$

分子吸引压力位力系数
$$A_{at} = \frac{P_{at}}{P_{id}} V = Z_{at} V \tag{3-97}$$

将分子压力 P_{P1}、P_{P2} 和 P_{at} 的定义式代入上面各式中，得

$$A_{P1} = P_{P1} V / P_{id} = Pb / P_{id} \tag{3-98}$$

$$A_{P2} = P_{P2} V / P_{id} = P_{at} b / P_{id} \tag{3-99}$$

$$A_{at} = P_{at} V / P_{id} \tag{3-100}$$

现分别讨论这三个分子压力位力系数。

（1）分子第一斥压力位力系数

改写式（3-98），得

$$A_{P1} = \frac{P_{P1}}{P_{id}} V = Zb = \frac{Z}{Z_C} \Omega_b V_C \tag{3-101}$$

表 3-15 中列出了一些以式（3-101）计算的分子第一斥压力位力系数的数据。由于式（3-101）所用计算参数 Z、Z_C、Ω_b 和 V_C 均为状态方程中常用参数，因此 A_{P1} 可容易地获得。

表 3-15 甲烷位力系数 A_{P1} 的计算值

状态参数			计算参数				A_{P1}/(cm³/mol)	
P/bar	V/(cm³/mol)	T/K	Z	Z_C	Ω_b	V_C/(cm³/mol)	以分子压力计算值	式(3-101)计算值
0.35	23687.00	100.00	0.9864	0.28691	0.08284	98.92	28.17	28.17
0.97	9260.01	111.00	0.9701	0.28691	0.08246	98.92	27.57	27.58
2.22	4313.00	122.00	0.9444	0.28691	0.08289	98.92	26.98	26.99
4.42	2269.00	133.00	0.9076	0.28691	0.08289	98.92	25.93	25.94
8.30	1239.00	145.00	0.8528	0.28691	0.08022	98.92	23.58	23.59
13.58	751.87	156.00	0.7871	0.28691	0.07949	98.92	21.57	21.57
20.81	467.80	167.00	0.7012	0.28691	0.07860	98.92	19.00	19.00
30.69	287.30	178.00	0.5958	0.28691	0.08640	98.92	17.75	17.75
45.25	128.50	190.00	0.3681	0.28691	0.09287	98.92	11.79	11.79

注：本表所用数据取自文献[2,3]。表中分子压力和压缩因子数据是由下列 5 个状态方程计算的平均值：van der Waals 方程；R-K 方程；Soave 方程；P-R 方程；童景山方程。

表 3-15 中数据说明以分子压力计算的 A_{P1} 数值与以式（3-101）计算的数值相吻合。

（2）分子第二斥压力位力系数

改写式（3-99），得

$$A_{P2} = \frac{P_{P2}}{P_{id}}V = \frac{P_{at}}{P_{id}}b = \frac{P_{at}}{P_{id}Z_C}\Omega_b V_C \tag{3-102}$$

如果讨论只应用范德华状态方程，则有 $P_{at} = a/V^2$，代入上式，得

$$A_{P2} = \frac{P_{P2}}{P_{id}}V == \frac{P_{at}}{P_{id}}b = \frac{\Omega_a \Omega_b}{VT_r}\left(\frac{V_C}{Z_C}\right)^2 \tag{3-103}$$

注意，式中 Ω_a 系数是 van der Waals 方程的 Ω_a 系数，其他状态方程应按其规定形式计算 Ω_a 系数，当然，这时要考虑温度系数。同理，上式中 Ω_b 系数亦是 van der Waals 方程所用的计算数值，这时不应用 5 个方程的平均值。

表 3-16 中列出了一些以式（3-103）计算的分子第二斥压力位力系数的数据。由于式（3-103）所用计算参数 Z_C、Ω_a、Ω_b 和 V_C 均为状态方程中常用参数，因此 A_{P2} 可容易地获得。

表 3-16 甲烷位力系数 A_{P2} 的计算值

状态参数			计算参数				A_{P2}/(cm³/mol)	
P/bar	V/(cm³/mol)	T/K	Z_C	Ω_a	Ω_b	V_C/(cm³/mol)	以分子压力计算值	式（3-103）计算值
0.35	23687.00	100.00	0.28691	0.4219	0.0748	98.92	0.3016	0.3016
0.97	9260.01	111.00	0.28691	0.4219	0.0728	98.92	0.6770	0.6770
2.22	4313.00	122.00	0.28691	0.4219	0.0750	98.92	1.3621	1.3621
4.42	2269.00	133.00	0.28691	0.4219	0.0750	98.92	2.3749	2.3750
8.30	1239.00	145.00	0.28691	0.4219	0.0750	98.92	3.9894	3.9893

状态参数			计算参数				A_{P2}/(cm³/mol)	
P/bar	V/(cm³/mol)	T/K	Z_C	Ω_a	Ω_b	V_C/(cm³/mol)	以分子压力计算值	式（3-103）计算值
13.58	751.87	156.00	0.28691	0.4219	0.0750	98.92	6.1117	6.1105
20.81	467.80	167.00	0.28691	0.4219	0.0750	98.92	9.1746	9.1741
30.69	287.30	178.00	0.28691	0.4219	0.1000	98.92	18.6869	18.6864
45.25	128.50	190.00	0.28691	0.4219	0.1249	98.92	48.8876	48.8861

注：本表数据均以 van der Waals 方程计算。

（3）分子吸引压力位力系数

改写式（3-100），得

$$A_{at} = \frac{P_{at}}{P_{id}}V = \frac{\Omega_a}{Z_C T_r}V_C \qquad (3\text{-}104)$$

同样，为简化讨论，仅以 van der Waals 方程计算，将 $P_{at} = a/V^2$ 代入上式。注意，式中 Ω_a 系数应是 van der Waals 方程的 Ω_a 系数。

表 3-17 中列出了一些以式（3-104）计算的分子吸引压力位力系数的计算数据。由于式（3-104）所用计算参数 Z_C、Ω_a、T_r 和 V_C 均为状态方程中常用参数，因此 A_{at} 可容易地获得。

表 3-17　甲烷位力系数 A_{at} 的计算

状态参数				分子对比压力		A_{at}/(cm³/mol)	
P/bar	V/(cm³/mol)	T/K	T_r	P_{atr}[①]	P_{idr}[①]	以分子压力计算值	式（3-104）计算值
0.35	23687.00	100.00	0.5248	8.9383×10^{-5}	7.6386×10^{-3}	277.17	277.17
0.97	9260.01	111.00	0.5825	5.8486×10^{-4}	2.1689×10^{-2}	249.70	249.70
2.22	4313.00	122.00	0.6402	2.6960×10^{-3}	5.1181×10^{-2}	227.19	227.18
4.42	2269.00	133.00	0.6980	9.7410×10^{-3}	1.0606×10^{-1}	208.39	208.40
8.30	1239.00	145.00	0.7609	3.2669×10^{-2}	2.1175×10^{-1}	191.15	191.15
13.58	751.87	156.00	0.8187	8.8730×10^{-2}	3.7545×10^{-1}	177.69	177.67
20.81	467.80	167.00	0.8764	2.2917×10^{-1}	6.4592×10^{-1}	165.97	165.97
30.69	287.30	178.00	0.9341	6.0758×10^{-1}	1.1210	155.71	155.71
45.25	128.50	190.00	0.9971	3.0372	2.6753	145.88	145.88

①本表数据均以 van der Waals 方程计算。甲烷的 $Z_C = 0.28691$，$\Omega_a = 0.4219$，$V_C = 98.92$cm³/mol。

（4）总位力系数计算

已知总位力系数为

$$A_V = V(Z-1)$$

将上述讨论的三个分子压力位力系数加和，得到总位力系数：

$$A_V = A_{P1} + A_{P2} - A_{at} = \frac{Z}{Z_C}\Omega_b V_C + \frac{\Omega_a \Omega_b}{V T_r}\left(\frac{V_C}{Z_C}\right)^2 - \frac{\Omega_a}{Z_C T_r}V_C \qquad (3\text{-}105)$$

表 3-18 列出了以式（3-105）计算的 A_V 数据，以供比较。表中所列数据是以 van der Waals 方程计算得到的。

表 3-18 甲烷位力系数 A_V 的计算

状态参数			计算参数				A_V/(cm³/mol)	
P/bar	V/(cm³/mol)	T/K	T_r	Ω_a	Ω_b	Z	以分子压力计算值	式（3-105）计算值
0.35	23687.00	100.0	0.5248	0.4219	0.0748	0.9894	−251.32	−251.37
0.97	9260.01	111.0	0.5825	0.4219	0.0728	0.9758	−224.56	−224.53
2.22	4313.00	122.0	0.6402	0.4219	0.0750	0.9534	−201.16	−201.17
4.42	2269.00	133.0	0.6980	0.4219	0.0750	0.9197	−182.25	−182.24
8.30	1239.00	145.0	0.7609	0.4219	0.0750	0.8670	−164.74	−164.74
13.58	751.87	156.0	0.8187	0.4219	0.0750	0.7993	−150.91	−150.89
20.81	467.80	167.0	0.8764	0.4219	0.0750	0.7037	−138.60	−138.60
30.69	287.30	178.0	0.9341	0.4219	0.1000	0.5944	−116.53	−116.53
45.25	128.50	190.0	0.9971	0.4219	0.1249	0.3688	−81.11	−81.11

注：本表数据均以 van der Waals 方程计算。

3.5.3 位力系数影响因素

总位力系数可表示为：

$$A_V = V\left(\frac{PV}{RT} - 1\right) \tag{3-106}$$

因此

$$A_V = f(P, V, T) \tag{3-107}$$

即影响总位力系数的因素有压力、体积和温度。这是由于位力系数与分子间吸引作用和分子间斥作用有关，而这些分子间相互作用应该与体系的压力、体积和温度有关。

但是，至今为止，很多文献认为位力系数仅与体系的温度有关，是温度的函数，而与体系的压力变化无关。

因此，目前在列示位力系数的一些手册中往往只列示温度-位力系数，而不列示讨论压力。为此，下面我们以实际数据来分别讨论压力和温度的影响。

3.5.3.1 压力的影响

以甲烷为例，计算了不同温度、压力下甲烷的总位力系数数据，列于表 3-19 中。

表 3-19 不同温度和压力下甲烷的位力系数[1]

温度	B 系数[2]	不同压力下的位力系数						
		0.1 bar	0.6 bar	6.0 bar	10.0 bar	20.0 bar	40.0 bar	80.0 bar
总位力系数 A_V/(cm³/mol)								
210K	−95	−97.73	−97.75	−94.92	−93.44	−90.47	−83.14	−52.41
310K	−39	−42.27	−42.21	−40.69	−40.55	−37.54	−35.13	−30.38
总位力系数 A_V/(cm³/mol)								
410K	−13	−17.04	−16.47	−16.27	−15.96	−14.50	−12.06	−9.28
510K	0	−2.43	−2.40	−2.16	−1.98	−0.82	0.00	2.93
610K	10	6.36	6.37	6.55	6.68	7.72	8.67	10.76

温度	B 系数[②]	不同压力下的位力系数						
		0.1 bar	0.6 bar	6.0 bar	10.0 bar	20.0 bar	40.0 bar	80.0 bar
分子斥压力位力系数 A_P/（cm^3/mol）								
210K	32.03	32.06	32.09	33.62	34.13	34.59	36.45	49.73
310K	32.03	32.05	32.07	33.13	32.96	35.11	35.94	37.82
410K	32.03	32.05	32.06	32.22	32.34	33.47	35.15	36.62
510K	32.03	32.04	32.05	32.18	32.28	33.26	33.70	35.88
610K	32.03	32.04	—	32.15	32.24	33.16	33.89	35.54
分子吸引力位力系数 A_{at}/（cm^3/mol）								
210K	129.90	129.80	129.72	128.54	127.56	125.05	119.59	102.14
310K	74.30	74.26	74.24	73.82	73.51	72.64	71.08	68.20
410K	48.67	48.66	48.64	48.46	48.32	47.96	47.21	45.90
510K	34.46	34.45	34.44	34.34	34.26	34.07	33.70	32.95
610K	25.67	25.67	—	25.61	25.56	25.45	25.22	24.78

① 本表所用数据取自文献[2,3]。文中数据是由下列 5 个状态方程计算的平均值：van der Waals 方程；R-K 方程；Soave 方程；P-R 方程；童景山方程。

② 文献值。

图 3-29 表示甲烷在不同温度下变化压力对总位力系数的影响。由图可知，在温度恒定时在一定的压力范围内 A_V 的数值变化不大，亦就是说，在一定的压力范围内，A_V 的数值可认为只与温度相关，而对压力变化不敏感。但是当压力大于一定范围时，压力的影响变得明显。而且温度越低这个压力范围越小，超过这个压力范围时压力所显现的影响越大。温度在 610K 高温时，在 1～10bar 压力范围内，A_V 几乎无变化，压力>10bar 时对 A_V 的影响亦有限。相比之下，低温时压力的影响要明显得多（见图 3-29 中 210K 曲线）。

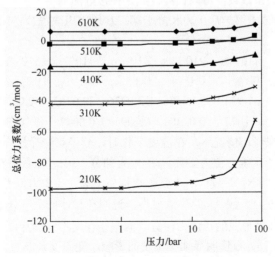

图 3-29 不同温度下压力对总位力系数的影响

超过 A_V 数值恒定的压力范围时，压力增加，A_V 数值亦随之增加，说明压力增加使体系中分子间排斥作用力增加，而分子间吸引作用力的变化值低于前者，从而使 A_V 数值增加。

在一定压力范围内 A_V 数值保持恒定的原因亦可从分子间相互作用来解释。图 3-30 反映了在一定温度下分子斥压力位力系数 A_P 随压力的变化规律。

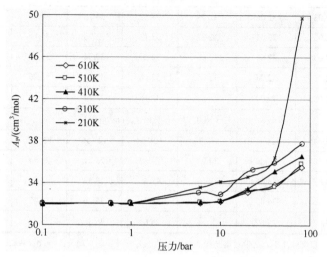

图 3-30　不同温度和不同压力下甲烷的 A_P 系数

由图 3-30 可知，在恒温、一定范围的低压情况下，在各个不同恒定温度下分子斥压力位力系数随压力的变化有以下特点。

① 在压力很低时，各个温度下 A_P 数值是相接近的。亦就是说，当压力很低时，不论温度低或高，体系均具有相接近的 A_P 数值。在 0.1bar 时甲烷的 A_P 数值整理如下。

温度/K：　　　　　　210　　　310　　　410　　　510　　　610
A_P /（cm^3/mol）：　32.034　32.033　32.031　32.030　32.030

所列数据表明，当压力很低，所讨论气体是理想气体或是接近理想气体时，不同温度下气体的分子斥压力位力系数数值可以认为彼此是很接近的。

② 分子斥压力由分子第一斥压力和分子第二斥压力组成，故而将这两个分子压力的位力系数比较如下。

温度/K：　　　　　　　110　　　210　　　310　　　410　　　510　　　610
压力/ bar：　　　　　　0.1　　　0.1　　　0.1　　　0.1　　　0.1　　　0.1
A_{P1} /（cm^3/mol）：　31.9329　32.0106　32.0236　32.0263　32.0277　32.0285
A_{P2} /（cm^3/mol）：　0.1072　　0.0238　　0.0094　　0.0047　　0.0027　　0.0017

上列数据表明，在低压情况下，在温度变化时，分子第一斥压力位力系数 A_{P1} 数值变化很小，且其数值占分子斥压力位力系数 A_P 的绝大部分，因此 A_P 数值在压力变化时亦变化很小，彼此接近，故气体中对 A_P 数值的主要影响是分子第一斥压力位力系数。

分子第二斥压力位力系数 A_{P2} 的数值很小，说明在气体情况下分子斥压力主要来自分子本身具有的体积所对体系形成的斥压力，分子间电子作用形成的斥压力很小。

上列数据还表明，A_{P2} 数值明显地受温度的影响，随温度升高而变小。图 3-31 中 A_{P2} 与温度的关系曲线可说明这一点。

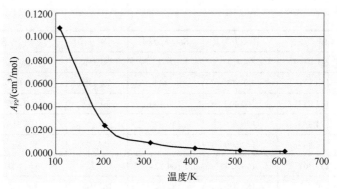

图 3-31　0.1bar 下甲烷 A_{P2} 与温度的关系

在低压情况下，在温度变化时，分子第一斥压力位力系数 A_{P1} 数值变化很小。理论上可以解释这一现象。已知分子第一斥压力位力系数可表示为

$$A_{P1} = Z_{P1}V = \frac{P_{P1}V}{P_{id}V}b = Zb \qquad (3\text{-}108)$$

故有

$$\lim_{P \to 0} A_{P1} = b \qquad (3\text{-}109)$$

式中，b 可认为是个常数，当体系压力很低时 $Z \to 1$，因此低压时 A_{P1} 数值应该就是该讨论气体中分子本身所占体积的大小。

实际计算中得到 0.1bar、各温度下 5 个方程平均系数 $\Omega_b = 0.09289366$，由此计算得

$$b = \Omega_b \times \frac{RT}{P_C} = 0.09289366 \times \frac{83.143 \times 190.55}{45.95} = 32.0292$$

与上述所列的 A_{P1} 数值吻合，说明上述理论解释成立。

但分子体积还会受到温度变化的影响，尽管在低压气体情况下此影响很小。上述所列 A_{P1} 数值确随温度稍有增加，A_{P1} 与 A_{P2} 的互补作用，亦是使 A_P 数值相对稳定的原因。

③ 应该说明的是在低压各温度下保持相对稳定的是分子第一斥压力位力系数 A_{P1}，而不是分子第二斥压力的 A_{P2}，为此将 P_{P1r} 数值列示如下：

温度/K：110　　　　　210　　　　　310　　　　　410　　　　　510　　　　　610
压力/bar：0.1　　　　　0.1　　　　　0.1　　　　　0.1　　　　　0.1　　　　　0.1
P_{P1r}：7.6525×10^{-7}　3.9938×10^{-7}　2.7044×10^{-7}　2.0446×10^{-7}　1.6455×10^{-7}　1.3752×10^{-7}

P_{P1r} 数值有一定幅度的变化。

此外，还需说明的是这里讨论的均是气体的位力系数规律，液体亦应有自己的位力系数变化规律，这将在下面讨论。

④ 式（3-108）所定义的位力系数 A_{P1} 应该与讨论物质和所选用的讨论方程有关，这里列示的是甲烷的 A_{P1} 数值，其他物质应与其不同，现将一些物质在 $P \to 0$ 时不同状态方程计算的 A_{P1} 数值列于表 3-20 中以供参考。

表 3-20　各种物质在 $P \to 0$ 时的位力系数 A_{P1} 数值

物质	vdW 方程	R-K 方程	Soave 方程	P-R 方程	童景山方程	5 方程平均
甲烷	43.063	29.848	29.848	26.801	30.450	32.002
乙烷	65.130	45.143	45.143	40.535	46.054	48.402

物质	vdW 方程	R-K 方程	Soave 方程	P-R 方程	童景山方程	5 方程平均
丙烷	90.480	62.714	62.714	56.312	63.979	67.240
丁烷	116.391	80.673	80.673	72.438	82.301	86.496
戊烷	144.853	100.400	100.400	90.152	102.426	107.647
己烷	174.394	120.876	120.876	108.537	123.315	129.601
庚烷	204.899	142.020	142.020	127.523	144.885	152.271
辛烷	237.367	164.524	164.524	147.729	167.843	176.399
壬烷	269.852	187.040	187.040	167.947	190.814	200.540
癸烷	304.250	210.882	210.882	189.356	215.137	226.103
十一烷	335.406	232.477	232.477	208.746	237.168	249.257
乙烯	58.209	40.346	40.346	36.228	41.160	43.258
丙烯	82.443	57.143	57.143	51.310	58.296	61.267
1-丁烯	108.453	75.171	75.171	67.498	76.688	80.597
1-戊烯	135.691	94.050	94.050	84.450	95.948	100.839
1-己烯	163.178	113.102	113.102	101.557	115.384	121.266
1-庚烯	191.236	132.550	132.550	119.019	135.224	142.117
1-辛烯	219.879	152.403	152.403	136.846	155.478	163.403
1-癸烯	288.847	200.206	200.206	179.769	204.246	214.656
乙炔	52.201	36.182	36.182	32.488	36.912	38.793
丙炔	74.282	51.487	51.487	46.231	52.525	55.203
环丙烷	74.664	51.751	51.751	46.468	52.795	55.486
环戊烷	117.916	81.730	81.730	73.387	83.380	87.630
环己烷	141.068	97.777	97.777	87.796	99.750	104.835
环庚烷	164.382	113.936	113.936	102.306	116.235	122.160
苯	119.332	82.712	82.712	74.269	84.381	88.682
甲苯	149.707	103.765	103.765	93.173	105.859	111.255
乙苯	177.721	123.182	123.182	110.608	125.668	132.073
丙苯	207.322	143.699	143.699	129.030	146.598	154.071
甲醇	65.888	45.668	45.668	41.006	46.589	48.964
乙醇	87.045	60.332	60.332	54.174	61.550	64.687
1-丙醇	107.930	74.808	74.808	67.172	76.318	80.208
1-丁醇	132.560	91.880	91.880	82.501	93.734	98.512
1-戊醇	156.840	108.709	108.709	97.612	110.902	116.555

图 3-32 中列示了在不同温度下分子吸引压力位力系数 A_{at} 数值随压力升高的变化情况。

由图 3-32 可见，在一定压力范围内分子吸引压力位力系数 A_{at} 对压力的变化不敏感。例如在 610K 下压力低于 10bar 时压力变化对 A_{at} 无影响。在超过此压力范围时，压力增加 A_{at} 的数值（绝对值）会减小，这意味着体系中分子间吸引作用此时受到了影响。

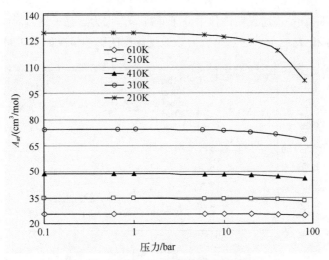

图 3-32　不同温度、压力下甲烷的位力系数 A_{at}

图 3-32 表明，当温度降低时，压力增加的影响变得越来越明显，对 A_{at} 的数值影响很小的压力范围亦越来越小。例如，在 610K 下低于 10bar 压力时压力变化对 A_{at} 无影响；而在 510K 时压力为 6bar 左右时开始对 A_{at} 的数值产生影响；410～310K 下压力在 1～6bar 时开始产生影响；在更低的温度下，压力低于 1bar 时就有可能影响到 A_{at} 的数值。

压力的这一影响从分子理论角度可以得到合理的解释。温度升高，分子动能加强，压力的影响逐渐减弱，这从图 3-32 中显示的结果看是十分明显的。

3.5.3.2　温度的影响

温度对甲烷的总位力系数 A_V 的影响见图 3-33。

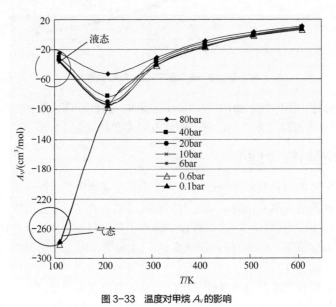

图 3-33　温度对甲烷 A_V 的影响

由图 3-33 看出，在同一压力下温度降低 A_V 数值减小，这意味着体系中分子间吸引作用加强。

图 3-33 中列示了部分体系处在液态时的总位力系数 A_V，很明显，液体的 A_V 数值要大于

气体的（在同一压力下），这说明液体中分子间排斥作用力远强于气体。

A_V 数值由 A_p 和 A_{at} 组成，这两个位力系数受温度的影响情况如图 3-34 和图 3-35 所示。

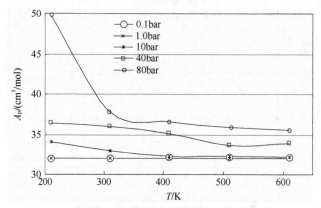

图 3-34　在一定压力下温度对甲烷 A_p 的影响

由图 3-34 可见，在压力很低的情况下位力系数 A_p 随温度的变化很小，而当压力增加时 A_p 会随着温度的升高而变小，这表明温度升高会使体系内分子斥作用力减小。

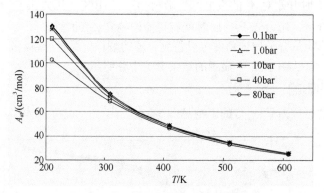

图 3-35　在一定压力下温度对甲烷 A_{at} 的影响

由图 3-35 可见，图中列示的温度、压力范围内，温度升高将使分子吸引压力位力系数 A_{at} 数值降低，这意味着温度升高会使分子间相互吸引作用减弱。

3.6　位力方程与统计理论

已知，位力方程的理论基础是统计力学。已有许多著作[11,12]以统计力学方法讨论位力方程，内容较为广泛的是我国金家骏、陈民生和俞闻枫编著的《分子热力学》[16]和胡英、刘国杰等的著作《应用统计力学》[13]，这些著作中讨论了第二和高阶位力系数的计算，并引入了简单硬球模型、方阱模型、Sutherland 硬球模型、LJ 模型、Kihara 模型和 Stockmayer 模型，用于讨论位力系数的计算。

从文献报道的内容来看，统计理论分析位力系数的微观本质是：

第二位力系数在理论上表示一对分子间的相互作用，其统计力学表示式[13,16]为

$$B = -\frac{N}{2V} \iint f_{12} dr_1 dr_2 = -2\pi N \int_0^\infty \left(e^{-u(r)/kT} - 1 \right) r^2 dr \qquad (3\text{-}110)$$

第三位力系数在理论上表示三个分子的相互作用，其统计力学表示式为

$$C = -\frac{N^2}{3V} \iiint f_{12} f_{13} f_{23} \mathrm{d}r_1 \mathrm{d}r_2 \mathrm{d}r_3 \qquad (3\text{-}111)$$

$$= -8\pi^2 N^2 \iiint \left(e^{-u_{12}/kT} - 1\right)\left(e^{-u_{13}/kT} - 1\right)\left(e^{-u_{23}/kT} - 1\right) r_{12} r_{13} r_{23} \mathrm{d}r_{12} \mathrm{d}r_{13} \mathrm{d}r_{23}$$

第四位力系数在理论上表示四个分子的相互作用，其统计力学表示式为

$$D = \frac{-N^3}{8V} \iiint \left(3 f_{12} f_{23} f_{34} f_{14} + 6 f_{12} f_{13} f_{14} f_{23} f_{34} + f_{12} f_{13} f_{14} f_{23} f_{24} f_{34}\right) \mathrm{d}r_1 \mathrm{d}r_2 \mathrm{d}r_3 \qquad (3\text{-}112)$$

显然统计力学理论证实位力方程的微观基础是由两个分子的相互作用或多个分子的相互作用所组成的方程。但是目前文献认为4阶以上的位力系数计算较难，而高阶的位力系数计算更是困难，亦就是说，以多分子方法讨论研究位力方程有困难。

实际的分子间相互作用或宏观物质内的分子间相互作用情况，显示不出讨论体系的宏观性质究竟是与两个分子间的相互作用相关，还是与体系中三个或更多个分子间相互作用相关。理论上，体系任何宏观性质，只要其与分子间相互作用相关，那么必定是体系中所有分子综合作用的结果。而体系中所有分子综合作用，就目前的理论认识而言，可归结为体系中所有分子的相互吸引作用和相互排斥作用共同作用的结果。这两种作用结果，致使体系中分子或者处于相互吸引状态，或者处于相互排斥状态，分子的状态决定了体系中与此相关性质的宏观状态或者这些性质的宏观表现。

对于宏观物质而言，物质中客观存在着千千万万个分子的相互作用，必定包含着所谓高阶的、多分子间的相互作用或二阶、三阶、四阶的分子间相互作用。而高阶或多阶的分子间相互作用只表示这些形式的分子间相互作用对位力方程发生了作用，并未明确发生了什么类型的作用，亦就是说，其中是分子排斥力作用，还是分子吸引力作用，而这正是讨论分子相互作用对物质性能影响需要了解的问题。上述讨论中已经介绍，位力方程与物质中千万分子的相互作用有关，即与这些分子的排斥力和吸引力有关，故而位力方程的微观理论基础应该可以反映物质中千万分子间的相互作用影响，也可反映物质中分子间排斥力和吸引力对位力方程的影响。

因此，位力方程需要反映物质中千万分子间相互作用的影响，也需要反映物质中分子间排斥力和吸引力的影响，对位力方程的这个理论要求可以通过分子压力的方法来讨论。

当前由统计力学理论证明位力方程的微观理论基础是物质中分子间相互作用，由上面讨论知宏观分子相互作用理论同样也认为位力方程的微观理论基础是物质中分子间相互作用。区别在于分子压力方法将分子间相互作用的影响发展为由物质中千千万万分子产生的统计平均影响，进一步讨论的分子间吸引力和分子间排斥力对位力系数的影响也是物质中千千万万分子产生的统计平均影响。而目前讨论位力方程的统计力学理论着眼于2个、3个或多个分子间的影响，还不明确分子间吸引力和分子间排斥力对位力系数产生了怎样的影响。

以上是位力方程统计理论对位力系数的微观看法。据此，由于位力方程为

$$Z = \frac{P V_m}{RT} = 1 + \frac{B}{V_m} + \frac{C}{V_m^2} + \frac{D}{V_m^3} + \cdots \qquad (3\text{-}113a)$$

如果依据各项位力系数 B、C、D … 是由2个、3个和4个分子的相互作用的微观所构成，则按此可讨论如下。

由式（3-113a）知压力可表示为

$$P = \frac{RT}{V_m}\left(1 + \frac{B}{V_m} + \frac{C}{V_m^2} + \frac{D}{V_m^3} + \cdots\right)$$

$$= P_{id}\left(1 + \frac{B}{V_m} + \frac{C}{V_m^2} + \frac{D}{V_m^3} + \cdots\right) = P_{id}\left(1 + \frac{A_V}{V_m}\right) \qquad (3\text{-}113b)$$

式中，A_V 为总位力系数，其定义式为

$$A_V = B + \frac{C}{V_m} + \frac{D}{V_m^2} + \cdots \tag{3-114}$$

引入式（3-110）～式（3-112）中系数 B、C 和 D，得

$$A_V = -\frac{N}{2V} \iint f_{12} \mathrm{d}r_1 \mathrm{d}r_2 - \frac{N^2}{3V^2} \iiint f_{12} f_{13} f_{23} \mathrm{d}r_1 \mathrm{d}r_2 \mathrm{d}r_3 \tag{3-115}$$

$$-\frac{N^3}{8V^3} \iiint (3f_{12}f_{23}f_{34}f_{14} + 6f_{12}f_{13}f_{14}f_{23}f_{34} + f_{12}f_{13}f_{14}f_{23}f_{24}f_{34}) \mathrm{d}r_1 \mathrm{d}r_2 \mathrm{d}r_3 + \cdots$$

式（3-115）表明总位力系数表示讨论体系中 2 个、3 个、4 个分子及高阶多分子的相互作用的综合，亦就是说是所有分子对相互作用的总和。应注意这里的所有分子对相互作用的总和中应包含所有分子对的相互吸引作用的总和与所有分子对的相互排斥作用的总和。

下面从另一个角度进行讨论。已知 van der Waals 状态方程为

$$\left(P + \frac{a}{V^2}\right) \times (V - b) = RT$$

改写为

$$P = \frac{RT}{V} + \frac{b}{V}\left(P + \frac{a}{V^2}\right) - \frac{a}{V^2} = P_{id}\left[1 + \frac{b}{RT}\left(P + \frac{a}{V^2}\right) - \frac{a}{RTV}\right] \tag{3-116}$$

对比式（3-114）可知总位力系数为

$$A_V = \frac{V_m b}{RT}\left(P + \frac{a}{V_m^2}\right) - \frac{a}{RT} = \frac{1}{P_{id}}\left(Pb + b\frac{a}{V_m^2} - \frac{a}{V_m}\right) \tag{3-117a}$$

对上式作进一步简化，得

$$A_V = \frac{V_m b}{RT}\left(P + \frac{a}{V_m^2}\right) - \frac{a}{RT} = \frac{V_m b}{V_m - b} - \frac{a}{RT} \approx b - \frac{a}{RT} \tag{3-117b}$$

由于气体的摩尔体积 $V_m \gg b$，故可在上式中引入假设 $V_m - b \approx V_m$。

而统计力学导得的压力表示式为

$$P = kT\frac{\mathrm{d}}{\mathrm{d}V}\left[N\left(\ln\frac{V}{N} + 1\right) + \frac{N^2}{2V}\beta\right] = \frac{NkT}{V} - \frac{N^2 kT}{2V^2}\beta$$

$$= \frac{NkT}{V}\left(1 - \frac{N}{2V}\beta\right) = P_{id}\left(1 - \frac{N}{2V}\beta\right) \tag{3-118}$$

从统计力学知

$$A_V = -\frac{N_A}{2}\beta \tag{3-119a}$$

故知

$$A_V = -\frac{N_A}{2}\beta = b - \frac{a}{RT} \tag{3-119b}$$

下面我们来讨论式（3-119）的正确性。已知

$$\beta = \int_V \left[\mathrm{e}^{-u(r)/kT} - 1\right]\mathrm{d}r = \int_0^\infty 4\pi r^2 \left[\mathrm{e}^{-u(r)/kT} - 1\right]\mathrm{d}r \tag{3-120}$$

对上式进行分部积分，得

$$\beta = -4\pi \int_0^\sigma r^2 \mathrm{d}r + 4\pi \int_\sigma^\infty \left(\mathrm{e}^{-u(r)/kT} - 1\right) r^2 \mathrm{d}r \tag{3-121}$$

上式右边第一项的积分：$4\pi \int_0^\sigma r^2 \mathrm{d}r = \frac{4}{3}\pi\sigma^3 = \frac{8V_0}{N_A}$ \hfill (3-122)

式中，N_A 为阿伏伽德罗常数。当分子间距离在另一个积分区间（σ, ∞）时，$u(r)$ 的数值将不会大于 u_0，存在有下列关系：$u(r)/kT < u_0/kT \ll 1$，故而右边第二项的积分可以简化为：

$$e^{-u(r)/kT} - 1 \approx -\frac{u(r)}{kT} \tag{3-123}$$

故有

$$\beta = -\frac{4}{3}\pi\sigma^3 - \frac{4\pi}{kT}\int_\sigma^\infty u(r)\, r^2 \mathrm{d}r = -8\frac{V_0}{N_A} - \frac{4\pi}{kT}\int_\sigma^\infty u(r)\, r^2 \mathrm{d}r \tag{3-124}$$

又知

$$b = 4\pi\int_0^\sigma r^2 \mathrm{d}r = \frac{2}{3}N_A\pi\sigma^3 = 4\times\frac{4}{3}N_A\pi\left(\frac{\sigma}{2}\right)^3 = 4V_0 \tag{3-125}$$

故

$$A_V = -\frac{N_A}{2}\beta = b + \frac{2\pi N_A}{kT}\int_\sigma^\infty u(r)\, r^2 \mathrm{d}r \tag{3-126}$$

如假设

$$a = -2\pi N_A^2 \int_\sigma^\infty u(r)\, r^2 \mathrm{d}r \tag{3-127}$$

则

$$A_V = -\frac{N_A}{2}\beta = b + \frac{2\pi N_A}{kT}\int_\sigma^\infty u(r)\, r^2 \mathrm{d}r = b - \frac{a}{kT} \tag{3-128}$$

即统计力学证明式（3-119）成立。式（3-128）左边项为由微观分子间相互作用反映的总位力系数，而式（3-127）右边项为由宏观状态方程状态参数所表示的总位力系数，两者通过统计力学方法联系起来，因此通过此式可以说明一些宏观参数的微观本质。

又知 van der Waals 方程

$$\left(P + \frac{a}{V_m^2}\right)\times(V_m - b) = RT \tag{3-129}$$

引入

$$V_m - b \approx V_m = \frac{RT}{P + \dfrac{a}{V_m^2}} \tag{3-130}$$

故知

$$\begin{aligned}
\frac{A_V}{V_m} &= \frac{b}{V_m} - \frac{a}{RTV_m} = \frac{b}{RT}\left(P + \frac{a}{V_m^2}\right) - \frac{a}{RTV_m} \\
&= \frac{1}{P_{id}}\times\frac{Pb}{V_m} + \frac{1}{P_{id}}\times\frac{b}{V_m}\times\frac{a}{V_m^2} - \frac{1}{P_{id}}\times\frac{a}{V_m^2}
\end{aligned} \tag{3-131}$$

已知：

分子第一斥压力

$$P_{P1} = P\frac{b}{V_m} \tag{3-132a}$$

分子第二斥压力

$$P_{P2} = P_{at}\frac{b}{V_m} = \frac{a}{V_m^2}\times\frac{b}{V_m} \tag{3-132b}$$

$$= -\frac{2\pi b}{V_m^3} N_A^2 \int_\sigma^\infty u(r)\, r^2 \mathrm{d}r$$

分子吸引压力

$$P_{at} = \frac{a}{V_m^2} \tag{3-132c}$$

$$= -\frac{2\pi}{V_m^2} N_A^2 \int_\sigma^\infty u(r)\, r^2 \mathrm{d}r$$

将式（3-132）各式代入式（3-131）中得

$$\frac{A_V}{V_m} = \frac{1}{P_{id}} P_{P1} + \frac{1}{P_{id}} P_{P2} - \frac{1}{P_{id}} P_{at}$$
$$= Z_{P1} + Z_{P2} - Z_{at} = Z - 1 \tag{3-133}$$

此式说明了总位力系数的分子本质。即总位力系数反映了讨论体系对理想状态的总偏差。而这个非理想性总偏差是由分子第一斥压力、分子第二斥压力和分子吸引压力所形成的偏差共同组成的，亦就是由体系中所有分子间排斥力形成的偏差和分子间吸引力形成的偏差共同组成的。

此外由式（3-132b）和式（3-132c）可知：

$$\frac{P_{P2}}{P_{at}} = \frac{-\dfrac{2\pi b}{V_m^3} N_A^2 \int_\sigma^\infty u(r)\, r^2 \mathrm{d}r}{-\dfrac{2\pi}{V_m^2} N_A^2 \int_\sigma^\infty u(r)\, r^2 \mathrm{d}r} = \frac{b}{V_m} \tag{3-134}$$

这是从分子压力角度反映分子间斥作用与吸引作用间关系的比值，说明对于气体状态物质，因为 $b \ll V_m$，故而分子间斥作用应远低于分子间吸引作用，上述讨论已以实际数据证实了此点。

通过统计力学的讨论，对总位力系数有以下一些结论。

① 统计力学证实总位力系数可以反映分子间相互作用的影响。

② 总位力系数反映的是讨论体系中所有分子的相互作用对讨论体系由理想状态向非理想状态转变的综合影响。

③ 总位力系数反映的所有分子的相互作用影响中包含分子间排斥作用和吸引作用的影响。这些影响以分子压力形式表示，具体有分子第一斥压力、分子第二斥压力和分子吸引压力，通过这三个分子压力对讨论体系的非理想性产生影响。

3.7 液体位力方程

目前文献中比较一致的意见[9,15]是：位力方程的适用范围为低压（低于 1～1.5MPa）或低密度（$\rho \leqslant \rho_c$）下的气体，并要求温度无论在低于临界温度还是高于临界温度时，均需远离临界温度。

亦就是说，位力方程的适用范围为低压气体，更明确地说是分子间相互作用较弱的气体；位力方程的适用范围为低密度气体；位力方程在超过上述适用范围时误差增大的原因，目前文献中的看法是：在低密度、低压下主要是由两个分子组成的分子对的分子间相互作用，位力系数 B 表示两个分子组成的分子对的分子间相互作用；而在超过上述适用范围时，即在高压情况下不能忽视三个分子以上的相互作用，因此需要截断到位力系数 C 的舍项三项式，但也有认为，例如文献[16]认为 $\rho_r \geqslant 0.5$ 时，即使舍项到第三位力系数的形式亦不能使用，需要更高阶的位力系数。

因此，目前文献认为：位力方程不能应用于高度压缩的气体或液体。原因是多阶或更高阶的位力系数的研究还不成熟。例如金家骏等[16]指出："高阶位力系数的计算仍然遇到很多困难。"

亦就是说，如果高阶位力系数的计算可以解决，则位力方程应该亦能够应用于液体体系的计算。

本节我们将采用分子压力法来讨论液体应用位力方程的适用性。

在第 3.6 节讨论中,统计力学已经证明第二位力系数表示与 2 个分子间相互作用有关[式(3-110)];

第三位力系数在理论上表示与 3 个分子的相互作用有关 [式(3-111)];

第四位力系数在理论上表示与 4 个分子的相互作用有关 [式(3-112)]。

上面讨论中已说明,实际分子间相互作用或宏观物质中的分子间相互作用显示不出也分辨不清讨论体系的宏观性质究竟与体系中 2 个分子间相互作用相关,还是与体系中 3 个或更多个分子间相互作用相关。应该讲,体系所具有的任何宏观性质,只要是与分子间相互作用相关的,那么必定是体系中所有分子综合作用的结果。由于位力方程为

$$Z = \frac{PV_{\mathrm{m}}}{RT} = 1 + \frac{B}{V_{\mathrm{m}}} + \frac{C}{V_{\mathrm{m}}^{2}} + \frac{D}{V_{\mathrm{m}}^{3}} + \cdots \tag{3-135}$$

将式(3-110)～式(3-112)代入上式,得

$$Z = 1 + \frac{1}{V_{\mathrm{m}}}\left(-\frac{N_{\mathrm{A}}}{2V_{\mathrm{m}}}\iint f_{12}\mathrm{d}r_{1}\mathrm{d}r_{2} - \frac{N_{\mathrm{A}}^{2}}{3V_{\mathrm{m}}^{2}}\iiint f_{12}f_{13}f_{23}\mathrm{d}r_{1}\mathrm{d}r_{2}\mathrm{d}r_{3} \right.$$

$$\left. -\frac{N_{\mathrm{A}}^{3}}{8V_{\mathrm{m}}^{3}}\iiiint (3f_{12}f_{23}f_{34}f_{14} + 6f_{12}f_{13}f_{14}f_{23}f_{34} + f_{12}f_{13}f_{14}f_{23}f_{24}f_{34})\mathrm{d}r_{1}\mathrm{d}r_{2}\mathrm{d}r_{3} + \cdots \right) \tag{3-136}$$

设

$$A_{\mathrm{V}} = -\frac{N_{\mathrm{A}}}{2V_{\mathrm{m}}}\iint f_{12}\mathrm{d}r_{1}\mathrm{d}r_{2} - \frac{N_{\mathrm{A}}^{2}}{3V_{\mathrm{m}}^{2}}\iiint f_{12}f_{13}f_{23}\mathrm{d}r_{1}\mathrm{d}r_{2}\mathrm{d}r_{3}$$

$$-\frac{N_{\mathrm{A}}^{3}}{8V_{\mathrm{m}}^{3}}\iiiint [3f_{12}f_{23}f_{34}f_{14} + 6f_{12}f_{13}f_{14}f_{23}f_{34} + f_{12}f_{13}f_{14}f_{23}f_{24}f_{34}]\mathrm{d}r_{1}\mathrm{d}r_{2}\mathrm{d}r_{3} + \cdots \tag{3-137}$$

式(3-137)表明:A_{V} 反映了讨论体系中双分子相互作用影响、三分子相互作用影响和多分子相互作用影响……,即反映了讨论体系中所有分子间相互作用的影响,又从各位力系数基本定义式知

$$A_{\mathrm{V}} = B + \frac{C}{V_{\mathrm{m}}} + \frac{D}{V_{\mathrm{m}}^{2}} + \cdots \tag{3-138}$$

式中,A_{V} 为各阶位力系数的总和,即总位力系数。

由于文献的观点是:当位力方程应用于具有强烈分子间相互作用的对象,如高压下的气体、液体等时,需要应用高阶位力系数,亦就是需要将体系的更多分子间相互作用的影响反映到计算结果中来。这实际上是一个计算量非常大,且计算难度亦非常大的分子间相互作用问题,已很难通过以微观分子对相互作用为基础的理论来解决。

总位力系数 A_{V} 是通过宏观状态参数计算得到的参数,宏观状态参数是实际体系中全部分子间相互作用的宏观条件,故而 A_{V} 应是体系中全部分子间相互作用的宏观体现。正因为如此,通过 A_{V} 可以将位力方程应用于高压下的气体、液体等有着强烈分子间相互作用的讨论对象。

通过式(3-135)可方便地计算 A_{V} 的数值:

$$A_{\mathrm{V}} = (Z-1)V_{\mathrm{m}} \tag{3-139}$$

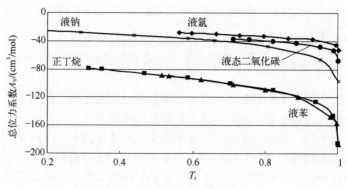

图 3-36　一些饱和液体的总位力系数

图 3-36 表示了一些饱和液体的总位力系数随体系对比温度的变化规律。由图可见：

① 各液体的总位力系数随温度的变化规律十分相似，无论是有机物（如液苯、正丁烷），还是液态气体（如氩）或是液态金属（如金属钠）等，总位力系数 A_V 在低温端一段温度范围内与温度呈现线性反比关系，随着温度升高 A_V 数值呈比例地逐渐减小。但到接近临界温度时，这种线性关系被破坏，A_V 数值呈快速下降趋势。

② 各液体的 A_V 数值均为负值，说明液体中分子间吸引力是主要作用力。

③ 当平衡饱和蒸气压力很低（一般在温度很低、接近液体熔点）时，液体的总位力系数 A_V 的绝对值趋近于该液体的摩尔体积值，即改变式（3-139），得

$$A_V = \left(P^L V_m^L / RT - 1 \right) V_m^L \qquad (3\text{-}140)$$

即

$$\lim_{P^L \to 0} \left| A_V \right| = V_m^L \qquad (3\text{-}141)$$

液体总位力系数的这些特性通过分子压力概念均可得以解释。下面我们就以分子压力概念来说明液体总位力系数所呈现的规律。

3.7.1　液体位力系数与分子压力

已知液体内各分子压力的关系式　　$P^L = P_{id}^L + P_{P1}^L + P_{P2}^L - P_{at}^L \qquad (3\text{-}142)$

由此导得液体压缩因子为　　$Z^L = 1 + Z_{P1}^L + Z_{P2}^L - Z_{at}^L = 1 + Z_P^L - Z_{at}^L \qquad (3\text{-}143)$

右上角"L"表示液体，将上式代入式（3-140）得

$$A_V^L = Z_P^L V_m^L - Z_{at}^L V_m^L = A_P^L - A_{at}^L = \frac{\left(P_P^L - P_{at}^L \right) V_m^L}{P_{id}^L} \qquad (3\text{-}144)$$

亦就是，液体与气体情况一样，亦可将总位力系数分解为分子间斥作用力部分和分子间吸引作用力部分：

$$A_P^L = \frac{P_P^L}{P_{id}^L} V = Z_P^L V_m^L \qquad (3\text{-}145a)$$

$$A_{at}^L = \frac{P_{at}^L}{P_{id}^L} V = Z_{at}^L V_m^L \qquad (3\text{-}145b)$$

A_P^L 为液体总位力系数中分子间排斥作用力部分；A_{at}^L 为总位力系数中分子间吸引作用力部分。因此有如下规律：

$$\left.\begin{array}{ll} \text{当 } A_{\text{at}}^{\text{L}} > A_{\text{P}}^{\text{L}} \text{ 时，} & A_{\text{V}}^{\text{L}} < 0 \\ \text{当 } A_{\text{at}}^{\text{L}} = A_{\text{P}}^{\text{L}} \text{ 时，} & A_{\text{V}}^{\text{L}} = 0 \\ \text{当 } A_{\text{at}}^{\text{L}} < A_{\text{P}}^{\text{L}} \text{ 时，} & A_{\text{V}}^{\text{L}} > 0 \end{array}\right\} \qquad (3\text{-}146)$$

上面讨论已经指出，液体总位力系数 A_{V}^{L} 反映了讨论体系中所有分子的综合相互作用，而所谓体系中所有分子综合作用，就目前的认识而言，可归纳为体系中所有分子间综合吸引作用和综合排斥作用。这两种作用结果，致使体系中分子或者处于相互吸引状态或者处于相互排斥状态，分子的状态决定了体系中与此相关性质的宏观状态或宏观表现。

在讨论分子压力时已经指出，对分子间排斥作用力需要考虑分子本身所占空间和分子在近距离时所存在的电子间斥作用力。即

$$A_{\text{P}}^{\text{L}} = A_{\text{P1}}^{\text{L}} + A_{\text{P2}}^{\text{L}} \qquad (3\text{-}147)$$

$$A_{\text{P1}}^{\text{L}} = \frac{P_{\text{P1}}^{\text{L}}}{P_{\text{id}}^{\text{L}}} V_{\text{m}}^{\text{L}} = Z_{\text{P1}}^{\text{L}} V_{\text{m}}^{\text{L}} \qquad (3\text{-}148\text{a})$$

$$A_{\text{P2}}^{\text{L}} = \frac{P_{\text{P2}}^{\text{L}}}{P_{\text{id}}^{\text{L}}} V_{\text{m}}^{\text{L}} = Z_{\text{P2}}^{\text{L}} V_{\text{m}}^{\text{L}} \qquad (3\text{-}148\text{b})$$

A_{P1}^{L} 为总位力系数中分子第一斥压力部分；A_{P2}^{L} 为总位力系数中分子第二斥压力部分。因此有如下规律：

$$\left.\begin{array}{ll} \text{当 } A_{\text{at}}^{\text{L}} > A_{\text{P}}^{\text{L}} = A_{\text{P1}}^{\text{L}} + A_{\text{P2}}^{\text{L}} \text{ 时，} & A_{\text{V}}^{\text{L}} < 0 \\ \text{当 } A_{\text{at}}^{\text{L}} = A_{\text{P}}^{\text{L}} = A_{\text{P1}}^{\text{L}} + A_{\text{P2}}^{\text{L}} \text{ 时，} & A_{\text{V}}^{\text{L}} = 0 \\ \text{当 } A_{\text{at}}^{\text{L}} < A_{\text{P}}^{\text{L}} = A_{\text{P1}}^{\text{L}} + A_{\text{P2}}^{\text{L}} \text{ 时，} & A_{\text{V}}^{\text{L}} > 0 \end{array}\right\} \qquad (3\text{-}149)$$

气体位力中分子第二斥压力的数值很小，可以忽略，气体中分子间斥作用力主要是分子第一斥作用力。但这里在液体的讨论中分子第二斥压力的数值很大，不能忽略。

将分子第一斥压力、分子第二斥压力和分子吸引压力综合在一起考虑，得

$$\begin{aligned} A_{\text{V}}^{\text{L}} = A_{\text{P}}^{\text{L}} - A_{\text{at}}^{\text{L}} &= A_{\text{P1}}^{\text{L}} + A_{\text{P2}}^{\text{L}} - A_{\text{at}}^{\text{L}} \\ &= \frac{\left(P_{\text{P1}}^{\text{L}} + P_{\text{P2}}^{\text{L}} - P_{\text{at}}^{\text{L}}\right) V_{\text{m}}^{\text{L}}}{P_{\text{id}}^{\text{L}}} \\ &= V_{\text{m}}^{\text{L}}\left(Z_{\text{P1}}^{\text{L}} + Z_{\text{P2}}^{\text{L}} - Z_{\text{at}}^{\text{L}}\right) = V_{\text{m}}^{\text{L}}(Z^{\text{L}} - 1) \end{aligned} \qquad (3\text{-}150)$$

表 3-21 中列示了饱和液体甲苯的 Z_{P1}、Z_{P2}、Z_{P}、Z_{at} 和 A_{P1}、A_{P2}、A_{P}、A_{at} 及 A_{V} 值，以供参考。

表 3-21　液态甲苯的总位力系数计算[①]

参数	1	2	3	4	5	6	7	8	9
基本数据									
P_{r}	0.0002	0.0010	0.0085	0.0383	0.0966	0.2865	0.5358	0.8665	1.0000
T_{r}	0.4562	0.5069	0.5914	0.6759	0.7435	0.8449	0.9125	0.9801	1.0000
V_{mr}	0.3284	0.3386	0.3584	0.3823	0.4059	0.4566	0.5131	0.6448	1.0000
Z	0.0000	0.0002	0.0014	0.0057	0.0139	0.0408	0.0794	0.1501	0.2649
Z_{P1}	0.0000	0.0002	0.0011	0.0045	0.0102	0.0266	0.0460	0.0703	0.0843
Z_{P2}	8.1235	6.6643	4.8548	3.5638	2.7746	1.8472	1.3350	0.8123	0.3837
Z_{at}	9.1234	7.6642	5.8545	4.5625	3.7709	2.8330	2.3016	1.7325	1.2032

参数	1	2	3	4	5	6	7	8	9
总位力系数和各位力分系数（分子间相互作用影响的第一种表示法）									
$A_V/$（cm^3/mol）	−103.839	−107.049	−113.180	−120.198	−126.568	−138.500	−149.384	−173.295	−232.471
$A_{P1}/$（cm^3/mol）	0.003	0.017	0.127	0.540	1.313	3.835	7.462	14.335	26.670
$A_{P2}/$（cm^3/mol）	843.563	713.527	550.207	430.824	356.129	266.713	216.614	165.642	121.344
$A_P/$（cm^3/mol）	843.566	713.544	550.335	431.364	357.441	270.549	224.076	179.977	148.014
$A_{at}/$（cm^3/mol）	947.405	820.592	663.514	551.562	484.009	409.049	373.460	353.272	380.486
位力系数分子作用参数（分子间相互作用影响的第二种表示法）									
η_{A_V}	1.000	1.000	1.000	1.000	1.000	1.000	1.000	1.000	1.000
η_{P1}	0.000	0.000	−0.001	−0.004	−0.010	−0.028	−0.050	−0.083	−0.115
η_{P2}	−8.124	−6.665	−4.861	−3.584	−2.814	−1.926	−1.450	−0.956	−0.522
η_P	−8.124	−6.666	−4.862	−3.589	−2.824	−1.953	−1.500	−1.039	−0.637
η_{at}	9.124	7.666	5.862	4.589	3.824	2.953	2.500	2.039	1.637

① 本表所用数据取自文献 [2,3]。表中分子压力压缩因子数据是由下列 3 个状态方程计算的平均值：Soave 方程；P-R 方程；童景山方程。

液体总位力系数具有以下特点。

① 形成各液体的 A_V 数值为负值。由式（3-146）知，当 $A_V^L<0$ 时，必有 $A_{at}^L>A_P^L$，或有 $A_{at}^L>A_{P1}^L+A_{P2}^L$。亦就是说，液体内部分子吸引力应该大于分子间斥作用力，或者液体内部分子吸引力应该大于第一分子斥压力和第二分子斥压力的总和。表 3-21 中液体甲苯的数据说明液体中分子间相互吸引作用确实是其主要分子间相互作用力。现将一些饱和液体的分子吸引压力和分子斥压力列于表 3-22 中以供参考。

表 3-22　一些饱和液体的分子吸引压力和分子斥压力

物质名称	参数	1	2	3	4	5	6	7	8
液氩	T_r	1.0000	0.9940	0.9278	0.8615	0.7952	0.7290	0.6627	0.5964
	P_{P1r}	0.3184	0.3838	0.3429	0.2441	0.1621	0.0957	0.0494	0.0215
	P_{P2r}	1.3227	2.5636	6.2479	8.3916	11.4866	14.1078	16.8388	19.7198
	P_{atr}	4.0765	6.3242	11.5539	13.9682	17.3212	19.8670	22.3958	24.9781
正丁烷	T_r	1.0000	0.9878	0.9407	0.8231	0.7056	0.5880	0.4704	0.3528
	P_{P1r}	0.3408	0.4241	0.3641	0.1680	0.0516	8.48×10^{-3}	4.48×10^{-4}	2.11×10^{-6}
	P_{P2r}	1.5667	4.2178	7.6499	14.1870	20.7873	28.1293	36.7943	47.4760
	P_{atr}	4.5478	8.9336	13.5380	20.7962	27.2451	34.0315	41.8898	51.5650
液钠	T_r	1.0000	0.9513	0.8050	0.6586	0.5854	0.4391	0.2927	0.1829
	P_{P1r}	0.3938	0.4618	0.2501	8.18×10^{-2}	3.75×10^{-2}	3.34×10^{-3}	2.04×10^{-5}	1.78×10^{-9}
	P_{P2r}	2.4971	9.8812	28.0842	48.1870	59.2706	86.1663	122.2850	159.8620
	P_{atr}	6.2228	16.5755	37.0416	57.3387	68.0944	93.7970	128.0490	163.7780
液苯	T_r	1.0000	0.9961	0.9783	0.8894	0.8004	0.7115	0.6226	0.5336
	P_{P1r}	0.3449	0.4185	0.4061	0.2725	0.1377	0.0546	0.0151	0.0024
	P_{P2r}	1.6154	3.3386	4.4735	10.7323	15.7087	20.9463	26.7096	33.2941
	P_{atr}	4.6395	7.5973	9.2789	17.1464	22.3778	27.4824	32.8808	38.9417

物质名称	参数	1	2	3	4	5	6	7	8
液态二氧化碳	T_r	1.0000	0.9862	0.9533	0.8876	0.8218	0.7561	0.7120	
	P_{P1r}	0.3408	0.4233	0.3859	0.2682	0.1642	0.0882	0.0533	
	P_{P2r}	1.5667	4.3318	6.8497	10.8025	14.5436	18.3892	21.0833	
	P_{atr}	4.5478	9.0983	12.5295	17.2168	21.1999	25.0399	27.6365	
水	T_r	0.6180	0.5793	0.5407	0.5021	0.4633	0.4220		
	P_{P1r}	9.44×10^{-3}	4.20×10^{-3}	1.65×10^{-3}	5.39×10^{-4}	1.45×10^{-4}	2.51×10^{-5}		
	P_{P2r}	45.9728	49.5802	53.0916	56.4413	59.5666	62.1872		
	P_{atr}	53.9881	57.2537	60.3795	63.3023	65.9630	68.0286		

注：表中数据是由下列 5 个状态方程计算的平均值：van der Waals 方程；R-K 方程；Soave 方程；P-R 方程；童景山方程。

由表 3-22 数据可知：液体中分子第一斥压力的数值很低，因而在液体总位力系数中起主要作用的是液体中分子第二斥压力和分子吸引压力。此外，表列数据表明，各液体中分子吸引压力数值总是大于分子第二斥压力数值，或分子吸引压力数值总是大于分子第一斥压力和分子第二斥压力之和，因此对表中所列液体而言，其总位力系数数值均为负值。

液体的总位力系数是否可能为零值或为正值。理论上认为只要 $A_{at}^L \leqslant A_{P1}^L + A_{P2}^L$，就有可能使 $A_V^L \geqslant 0$。但是，从总位力系数定义式知：$A_V^L \geqslant 0$，或者 $A_{at}^L \leqslant A_{P1}^L + A_{P2}^L$，则应有关系 $Z_{P1}^L + Z_{P2}^L \geqslant Z_{at}^L$，这时必定有 $Z^L \geqslant 1$。亦就是说液体的压缩因子数值会大于 1。但是液体的压缩因子一般均小于 1，甚至是远小于 1，故而对于液体而言，其 A_V^L 数值一般均为负值。

与一般气体的情况相比，在一定压力下的过热气体可能会具有较强的分子间相互作用，亦有可能使其压缩因子 $Z^{HG} \geqslant 1$，从而使 $P_{at}^{HG} \leqslant P_{P1}^{HG} + P_{P2}^{HG}$，$A_V^{HG} \geqslant 0$。这里选甲烷过热气体作为例子，其分子压力和总位力系数数据列于表 3-23 中以供参考。

表 3-23　甲烷过热气体的分子压力和总位力系数

状态参数			对比分子压力				Z	A_V /(cm³/mol)
P_r	T_r	V_r	P_{P1r}	P_{P2r}	P_{Pr}	P_{atr}		
0.131	3.201	85.510	4.944×10^{-4}	1.592×10^{-6}	4.960×10^{-4}	3.950×10^{-4}	1.0008	6.483
0.218	3.201	51.344	1.372×10^{-3}	7.342×10^{-6}	1.379×10^{-3}	1.094×10^{-3}	1.0013	6.778
0.841	3.201	12.913	2.244×10^{-2}	4.853×10^{-4}	2.293×10^{-2}	1.706×10^{-2}	1.0068	8.663
1.741	3.201	6.517	9.056×10^{-2}	3.825×10^{-3}	9.439×10^{-2}	6.582×10^{-2}	1.0167	10.754

注：表中数据是由下列 5 个状态方程计算的平均值：van der Waals 方程；R-K 方程；Soave 方程；P-R 方程；童景山方程。

② 在一定的温度范围内总位力系数与温度呈线性关系，因而有下列关系：

$$A_V^L = (Z_P^L - Z_{at}^L)V_m^L = (Z_{P1}^L + Z_{P2}^L - Z_{at}^L)V_m^L = AT + B \tag{3-151}$$

已知摩尔体积在一定温度范围内与温度是呈线性关系的，因而如果 A_V^L 亦与温度呈线性关系，从数学关系来看，$(Z_P^L - Z_{at}^L)$ 或 $(Z_{P1}^L + Z_{P2}^L - Z_{at}^L)$ 相对温度应是个恒定的数值。为此，以液苯为例将各温度下的 Z_{P1}^L、Z_{P2}^L 和 Z_{at}^L 列于图 3-37 中。

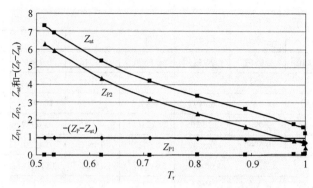

图 3-37   液苯 Z_{P1}、Z_{P2}、Z_{at} 和 $-(Z_P-Z_{at})$ 随温度的变化

图 3-37 表明，液体 Z_{P1}^L 的数值很小，可以忽略，在总位力系数中应该是 Z_{P2}^L 和 Z_{at}^L 起主要作用。由图可知 Z_{P2}^L 和 Z_{at}^L 随温度的变化趋势十分相似，在一定温度范围内 Z_{P2}^L 和 Z_{at}^L 随温度的变化曲线几乎相互平行，故而 $Z_{P2}^L - Z_{at}^L$ 的数值在一定温度范围内呈恒定值，其与温度的关系曲线呈水平线。图中显示当 T_r 超过 0.8 时才开始偏离水平线。亦就是说，在一定的温度范围内总位力系数与温度呈线性关系的原因是在一定温度范围内 Z_{P2}^L 和 Z_{at}^L 随温度的变化规律十分相似，致使在一定温度范围内各温度下 $Z_{P2}^L - Z_{at}^L$ 均有着一定的差值。

已知

$$A_V^L = \left(P^L V_m^L / RT - 1\right) V_m^L \tag{3-152}$$

即

$$\lim_{P^L \to 0} \left| A_V^L \right| = V_m^L \tag{3-153}$$

液体压缩因子定义式为

$$Z^L = \frac{P^L}{P_{id}^L} \tag{3-154}$$

将其代入式（3-152）中得

$$A_V^L = V_m^L (Z^L - 1) = V_m^L \left(\frac{P^L}{P_{id}^L} - 1\right)$$

而式（3-153）成立的条件之一为体系压力趋于极低值，即 $P \to 0$，将此引入式（3-154）中，得

$$Z^L \Big|_{P^L \to 0} = \frac{P^L}{P_{id}^L} \Big|_{P^L \to 0} = 0 \tag{3-155}$$

故在 $P \to 0$ 的条件下有

$$A_V^L \Big|_{P \to 0} \approx -V_m \tag{3-156}$$

此外，式（3-153）成立的另一条件为讨论温度接近熔点温度，即 $T \to T_{mf}$。熔点应是液态存在的最低允许温度，这时平衡的饱和蒸气压亦应该很低，即符合 $P \to 0$ 条件。

这一温度条件还意味着如果存在有固体的总位力系数，则固体总位力系数数值应该与该固体在讨论温度下的摩尔体积数值近似相等。

3.7.2   气体与液体总位力系数的比较

由于以往认为位力系数只适用于气体讨论。而这里提出位力系数对液体的应用是个新的

概念，为此需要将它们简单比较如下，以供参考。

① 首先，气体的压缩因子数值取决于讨论体系所处状态，可能存在 $Z^G < 1$、$Z^G = 1$ 和 $Z^G > 1$ 三种情况。

这可见表 3-23 和表 3-24 所列数据。与此相对应，总位力系数应有 $A_V^G < 0$、$A_V^G = 0$ 和 $A_V^G > 0$ 三种情况。

表 3-24　甲烷在理想状态下的总位力系数数值

基本参数				分子斥压力	分子吸引压力	A_V
P/ bar	V/（cm³/mol）	T/K	Z	P_P	P_{at}	/(cm³/mol)
0.10	91132.7	110	0.996950	7.678×10^{-7}	7.431×10^{-6}	−277.95
0.10	174511.3	210	0.999440	3.997×10^{-7}	1.621×10^{-6}	−97.73
0.10	257714.7	310	0.999840	2.705×10^{-7}	6.275×10^{-7}	−41.23
0.10	340883.5	410	0.999950	2.045×10^{-7}	3.107×10^{-7}	−17.04
0.10	423803.6	510	0.999999	1.646×10^{-7}	1.770×10^{-7}	−0.42
20.00	2119.8	510	0.999610	6.829×10^{-3}	6.997×10^{-3}	−0.83
40.00	401.075	510	1.000000	2.762×10^{-2}	2.762×10^{-2}	0.00

注：本表所用数据取自文献[2,3]。分子压力压缩因子数据是由下列 5 个状态方程计算的平均值：van der Waals 方程；R-K 方程；Soave 方程；P-R 方程；童景山方程。

但饱和液体的压缩因子数值一般为 $Z^L < 1$，故而饱和液体的总位力系数数值只有 $A_V^L < 0$。压缩液体与饱和液体不同，有可能 $A_V^L < 0$，也有可能 $A_V^L > 0$。

② 气体和液体总位力系数的计算式均为式（3-138）。这一计算式中有讨论体系的摩尔体积参数 V_m。对于气体来讲，其摩尔体积参数 V_m 数值有时很大，因而气体总位力系数，特别是在低压情况下，其数值（绝对值）会较大，故而参与计算的参数所附带的一些小的允许误差将会被大倍率地放大。受此影响，亦使气体总位力系数计算数值会在相当大的范围内波动。

相比较而言，液体摩尔体积数值不太大，故而液体位力系数计算值波动一般均不会太大。

表 3-25 中列示了苯在气态和液态的总位力系数数值以作比较。

表 3-25　苯在气态和液态时的总位力系数数值

参数	1	2	3	4	5	6	7	8	9
P/bar	0.086	0.138	0.916	3.523	9.709	21.651	42.14	47.696	48.979
T/K	290.0	300.0	350.0	400.0	450.0	500.0	550.0	560.0	562.2
V^G/(cm³/mol)	278792.4	179039.6	30761.7	8686.4	3226.9	1356.1	516.8	366.8	257.0
V^L/(cm³/mol)	88.5	89.6	95.6	103.0	112.8	128.1	176.4	196.2	257.0
A_V^G /(cm³/mol)	−1564.7	−1402.9	−970.7	−694.0	−524.7	−398.4	−270.7	−229.0	−187.8
A_V^L /(cm³/mol)	−88.5	−89.5	−95.3	−101.8	−109.5	−119.6	−147.7	−156.8	−187.8

由表列数据可知，气体的总位力系数绝对值确比液体大许多。特别在压力很低时气态物质的摩尔体积数值很大，稍有数值上的偏差，便会使位力系数的计算值有较大的波动，造成偏差。

表 3-25 所列的均是文献[2,3]中的数据，我们以此为讨论基础，即在 $P = 0.08600\text{bar}$、$T = 290\text{K}$ 时，$A_V^G = -1564.7\text{cm}^3/\text{mol}$（见表 3-25）。

计算机计算得到压力结果 $P = 0.08561\text{bar}$（5 个状态方程平均值），与上述文献压力值的误差为-0.46%，这样的误差在计算中应该可以接受，据此压力计算的压缩因子数值为 $Z_{\text{计算}} = 0.98993926$；而依据文献所列的压力值计算的压缩因子数值为 $Z_{\text{文献}} = 0.99438751$，两者的误差为 -0.45%，也在允许误差范围内。然而，以 $Z_{\text{计算}}$ 值计算得到的 $A_V^G = -2804.9\text{cm}^3/\text{mol}$，与 $A_V^G{}_{\text{文献}} = -1564.7\text{cm}^3/\text{mol}$ 的误差高达 79.26%，其原因很显然，是低压下数值很大的气体摩尔体积在与 $(Z-1)$ 相乘时将压缩因子带入的允许误差高倍率地放大了。

任何计算过程都会存在一定的误差。为此在讨论气体位力系数时，特别是讨论低压气体，其摩尔体积数值很大的情况时，建议压缩因子数值计算直接以 PTV 的实验值或手册值计算。

由于本书以分子压力概念讨论位力系数，为此需说明以分子压力计算的气体压缩因子与 PTV 的实验值或手册值计算的偏差情况。

例如，本例在 $P = 0.08600\text{bar}$、$T = 290\text{K}$ 时，计算得到这时气体各分子压力数值为：

P_{idr}	P_{P1r}	P_{P2r}	P_{Pr}	P_{atr}
0.001755	5.5250×10^{-7}	2.0860×10^{-9}	5.5460×10^{-7}	6.7700×10^{-6}

气体压力 $P = 0.08561\text{bar}$，与文献值的误差为 -0.46%。

据此计算的压缩因子数值为 $Z = 0.9960114$，与文献 PVT 值计算的误差为 0.16%。

以此压缩因子值计算的 $A_V^G = -1112.0\text{cm}^3/\text{mol}$，与文献 PVT 值计算的-1564.7cm^3/mol 的误差为-28.93%。

对此我们建议：

a. 一般情况下以 PTV 的实验值或手册值计算压缩因子和气体总位力系数数值。

b. 在需要进行各分子压力及其相关参数计算时，以分子压力法计算压缩因子和气体总位力系数数值，这有利于所计算的各项参数彼此的参比性和协调性。但进行计算机计算时应将计算精度尽量提高，如设置为<1.2%。

c. 以上讨论只是对低压气体情况，因为此时气体的摩尔体积数值很大。当压力有所提高时气体的摩尔体积数值会迅速减小，这时摩尔体积数值对计算结果的影响也会迅速减小。

③ 下面讨论两种极端情况下气体位力系数和液体位力系数的区别。

当气态物质的压缩因子 $Z = 1$ 时，$A_V^G = 0$。此状态存在两种情况：其一，讨论物质处于理想状态，亦就是这时讨论物质的 A_P^G、A_{at}^G 数值极低，分子斥作用力和分子吸引作用力均极弱，可以忽略；其二，如果讨论气体不是处于理想状态，物质内存在有一定的分子间相互作用，但是 $Z = 1$，这意味着讨论物质的 A_P^G、A_{at}^G 的数值彼此正好相同。亦就是说，此时分子斥作用力和分子吸引作用力彼此相互抵消。

一般，液态物质不会有 $Z = 1$，因为液体中必定存在着一定的分子间相互作用。但是当讨论液体的平衡压力很低时会有 $Z \approx 0$，这时液体总位力系数 $A_V^L \approx -V_m^L$。

由于分子压力平衡式为

$$P^L = P_{id}^L + P_{P1}^L + P_{P2}^L - P_{at}^L \qquad (3\text{-}157)$$

当 $P^L \to 0$ 时

$$P_{id}^L + P_{P1}^L + P_{P2}^L \approx P_{at}^L$$

亦就是说，此时液态物质中分子理想压力和所有可能的分子斥作用力之和与分子吸引作用力数值接近相等，即这时的分子间相互吸引作用应能够"吸引住"运动着的分子，并能够抵消掉物质内各种斥作用力所产生的分子离散作用，保持着物质的凝聚状态。

随着体系压力的提高，式（3-157）改变为下面形式：

当 $P^L \neq 0$ 时
$$P_{id}^L + P_{P1}^L + P_{P2}^L = P_{id}^L + P_P^L = P_{at}^L + P^L \qquad (3\text{-}158)$$

亦就是说，这时液体中分子热运动和分子间斥作用力增大，分子间吸引力不足以克服这些使分子离散的作用力，需要借助于体系外的压力，才能使讨论物质保持着凝聚状态——液态。这也是液体在真空下会蒸发成为气体的原因。

④ 由总位力系数定义式知
$$A_V = A_P - A_{at} = A_{P1} + A_{P2} - A_{at} \qquad (3\text{-}159)$$

亦就是说，总位力系数在微观分子间相互作用概念上可以认为是分子间斥作用力与分子间吸引作用力的相互作用结果，而分子间斥作用力又包含第一分子间斥作用力和第二分子间斥作用力。无论是气体还是液体都是这样。但是在分子间斥作用力的组成方面气体与液体情况又有所不同。

由前面讨论可知，气体的分子斥压力位力系数主要由分子第一斥压力位力系数所组成，分子第二斥压力位力系数很小，亦就是说气体情况下分子斥压力主要来自分子本身具有一定体积而对体系形成的斥压力，分子间电子作用形成的斥压力数值很小。在低压情况下变化温度，分子第一斥压力位力系数 A_{P1} 的数值变化很小。由于其数值占分子斥压力位力系数 A_P 数值绝大部分，因而使气体的 A_P^G 数值在一定压力范围内温度变化时亦变化很小，彼此接近。

液体分子间斥作用力组成情况有所不同。表3-21所列数据表明，液体 A_P^L 中起着主要作用的是 A_{P2}^L，并且随着温度的降低，A_{P2}^L 数值越来越大，会占 A_P^L 数值的绝大部分。而 A_{P1}^L 的数值会越来越小，在接近熔点低温处 A_{P1}^L 的数值小到可以忽略的程度。

现将苯在各个温度下气态和液态的各位力系数列示于表3-26中以供对比参考。需说明的是，为使各分子压力位力系数可以彼此比较，表中位力系数数值均以计算的分子压力数值计算，与以 PVT 实验值或手册值计算的位力系数数值会有些偏差，详细情况可见本节前面的讨论。

表3-26 苯在气态和液态时的位力系数数值

状态参数		状态	位力系数			
T_r	P_r		A_{P1}	A_{P2}	A_{at}	A_V
1.0000	1.0000	饱和气体	24.02	112.51	323.13	−186.60
		饱和液体	24.02	112.51	323.13	−186.60
0.9961	0.9738	饱和气体	33.51	84.08	345.03	−227.45
		饱和液体	17.06	136.08	309.67	−156.53
0.9783	0.8605	饱和气体	41.22	62.01	371.25	−268.04
		饱和液体	13.62	150.01	311.15	−147.52
0.8894	0.4420	饱和气体	55.88	26.53	463.07	−380.66
		饱和液体	5.30	208.85	333.66	−119.51
0.8004	0.1982	饱和气体	63.07	12.94	560.05	−484.05
		饱和液体	2.31	263.30	375.09	−109.48
0.7115	0.0719	饱和气体	81.34	6.68	675.07	−587.05
		饱和液体	0.86	329.06	431.73	−101.82

状态参数		状态	位力系数			
T_r	P_r		A_{P1}	A_{P2}	A_{at}	A_V
0.6226	0.0187	饱和气体	86.05	2.31	823.78	−735.41
		饱和液体	0.23	413.54	509.09	−95.31
0.5336	0.0028	饱和气体	87.68	0.49	1026.34	−938.22
		饱和液体	0.04	528.12	617.70	−89.54
0.5158	0.0018	饱和气体	87.77	0.33	1075.46	−987.35
		饱和液体	0.02	556.26	644.76	−88.48

注：表中数据是由 van der Waals 方程、R-K 方程、Soave 方程、P-R 方程、童景山方程计算的平均值。

3.8　温度分子作用参数

温度是表示物体冷热程度的物理量，是反映物质状态的压力，体积和温度三个主要状态参数之一。微观上来讲是反映物体分子热运动的剧烈程度，对于个别分子来说，温度是没有意义的。温度是物体分子运动平均动能的标志。温度是大量分子热运动的集体表现，驱动是物质中大量分子的热量，也可认为是在当时物质状态时大量分子所具有的分子动能，可以以统计平均动能值表示其对温度影响的大小，宏观分子相互作用理论中各项分子压力同样含有统计平均值意义。因而，物质中大量分子运动的平均动能必定会受到大量分子间分子相互作用的影响，亦就是大量分子间分子相互作用的变化必定会影响到物质温度的变化，故而各项分子压力必定会在温度的分子参数中有所反映。表示物质状态的压力、体积和温度三个状态参数中已讨论了压力和体积的分子作用参数，下面讨论的是温度的分子作用参数，说明分子相互作用是如何影响物质的状态-温度的。

已知热力学中压缩因子计算式为 $Z = \dfrac{PV}{RT} = \dfrac{P}{RT/V} = \dfrac{P}{P_{id}}$，经整理后得

$$
\begin{aligned}
T &= \frac{PV_m}{RZ} = \frac{1}{RZ}\left(P_{id} + P_{P1} + P_{P2} - P_{at}\right)V_m \\
&= \frac{P_{id}V_m}{RZ} + \frac{P_{P1}V_m}{RZ} + \frac{P_{P2}V_m}{RZ} - \frac{P_{at}V_m}{RZ} \\
&= E_P^{TK} = E_{P_{id}}^{TK} + E_{P_{P1}}^{TK} + E_{P_{P2}}^{TK} - E_{P_{at}}^{TK}
\end{aligned}
\tag{3-160}
$$

定义：E^{TK} 为温度的分子作用参数，表示符号中上标中"TK"表示是影响物质温度的分子动能，下标表示影响分子动能的各因素如压力、各分子压力等。故知：

温度的分子理想压力作用参数　　　$E_{P_{id}}^{TK} = \dfrac{P_{Pid}V_m}{RZ}$　　　　　　　(3-161a)

温度的分子第一斥压力作用参数　　$E_{P_{P1}}^{TK} = \dfrac{P_{P1}V_m}{RZ}$　　　　　　　(3-161b)

温度的分子第二斥压力作用参数　　$E_{P_{P2}}^{TK} = \dfrac{P_{P2}V_m}{RZ}$　　　　　　　(3-161c)

温度的分子吸引压力作用参数　　　$E_{P_{at}}^{TK} = \dfrac{P_{P_{at}}V_m}{RZ}$　　　　　　　(3-161d)

分子压力 P_{id}、P_{P1}、P_{P2} 是正值，作用方向与体系压力相同，故其分子作用参数为正值。

而 P_{at} 是负值，故分子吸引压力作用参数为负值。

将各种分子相互作用的作用参数综合起来得到温度的分子作用参数

$$E_P^{\mathrm{TK}} = E_{P_{\mathrm{id}}}^{\mathrm{TK}} + E_{P_{\mathrm{P1}}}^{\mathrm{TK}} + E_{P_{\mathrm{P2}}}^{\mathrm{TK}} - E_{P_{\mathrm{at}}}^{\mathrm{TK}} \tag{3-162}$$

即温度的分子作用参数是由各种分子压力作用参数共同作用下而完成。由上式进而知

$$PV_{\mathrm{m}} = P_{\mathrm{id}}V_{\mathrm{m}} + P_{\mathrm{P1}}V_{\mathrm{m}} + P_{\mathrm{P2}}V_{\mathrm{m}} - P_{\mathrm{at}}V_{\mathrm{m}} \tag{3-163}$$

物质状态温度形成是由于大量分子的运动，亦就是动态分子的分子动能，这个分子动能产生于该物质的体系压力所做的膨胀功，而体系压力的膨胀功产生于物质中各种分子压力所做的膨胀功的总和，如上式所示。因而可以讨论各种分子压力在不同温度下对物质中分子动能的贡献。

下面以物质乙醇为例，乙醇气体在不同温度下各种分子压力对温度的贡献如图 3-38 所示。可以看出，影响乙醇气体温度最大的分子行为是分子理想压力形成的物质分子的热运动。在物质大部分温度范围内，热运动形成的温度占有很大贡献，这是因为气体中分子相互作用力不强，分子间吸引力的影响随体系温度上升也逐渐增大，但低于分子理想压力的影响。直到接近临界温度处，由于体系压力同步加大，促使分子吸引压力的影响超过分子理想压力。

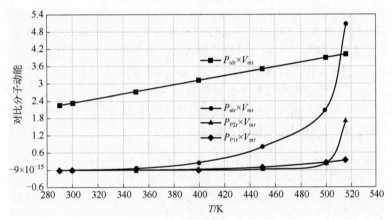

图 3-38　乙醇气体各分子压力对温度影响

如前所述，可以将各分子压力时温度的影响定义为：$\eta^{\mathrm{T}} =$ 分子压力作用参数/温度分子作用参数。则

分子理想压力对体系温度影响　　$\eta_{\mathrm{id}}^{\mathrm{T}} = \dfrac{P_{\mathrm{id}}V_{\mathrm{m}}/RZ}{PV_{\mathrm{m}}/RZ} = \dfrac{P_{\mathrm{id}}}{P}$ 　　　　　（3-164a）

分子第一斥压力对体系温度影响　　$\eta_{\mathrm{P1}}^{\mathrm{T}} = \dfrac{P_{\mathrm{P1}}V_{\mathrm{m}}/RT}{PV_{\mathrm{m}}/RT} = \dfrac{P_{\mathrm{P1}}}{P}$ 　　　　　（3-164b）

分子第二斥压力对体系温度影响　　$\eta_{\mathrm{P2}}^{\mathrm{T}} = \dfrac{P_{\mathrm{P2}}V_{\mathrm{m}}/RZ}{PV_{\mathrm{m}}/RZ} = \dfrac{P_{\mathrm{P2}}}{P}$ 　　　　　（3-164c）

分子吸引压力对体系温度影响　　$\eta_{\mathrm{at}}^{\mathrm{T}} = \dfrac{P_{\mathrm{at}}V_{\mathrm{m}}/RZ}{PV_{\mathrm{m}}/RZ} = \dfrac{P_{\mathrm{at}}}{P}$ 　　　　　（3-164d）

即分子压力对气体压力总影响为

$$\eta_P^{\mathrm{T}} = \eta_{\mathrm{id}}^{\mathrm{T}} + \eta_{\mathrm{P1}}^{\mathrm{T}} + \eta_{\mathrm{P2}}^{\mathrm{T}} - \eta_{\mathrm{at}}^{\mathrm{T}} = 1 \tag{3-165}$$

η_P^{T} 为体系压力对体系温度性质的影响系数，简称物质的温度分子影响系数。

由此可得到下列分子压力对物质影响的信息：

分子理想压力时对状态温度的贡献　　$T_{id} = \eta_{id}^{T} \times T$　　　　　　　　　　　（3-166a）

分子第一斥压力对状态温度的贡献　　$T_{P1} = \eta_{P1}^{T} \times T$　　　　　　　　　　　（3-166b）

分子第二斥压力对状态温度的贡献　　$T_{P2} = \eta_{P2}^{T} \times T$　　　　　　　　　　　（3-166c）

分子吸引压力对状态温度的贡献　　　$T_{at} = \eta_{at}^{T} \times T$　　　　　　　　　　　（3-166d）

上列各式反映了各种分子压力对讨论体系温度的影响，将式（3-166a）～式（3-166d）综合一起可称其是讨论体系温度的微观结构组成式。

$$T = T_{id} + T_{P1} + T_{P2} - T_{at} = \left(\eta_{id}^{T} + \eta_{P1}^{T} + \eta_{P2}^{T} - \eta_{at}^{T} \right) \times T = \eta_{P}^{T} \times T \qquad (3\text{-}167)$$

T_{id}、T_{P1}、T_{P2}、T_{at} 是温度微观结构组成式中各项影响温度的分子作用项，亦就是这些表示是体系中千千万万个分子间相互作用对体系温度的影响项，称为体系温度的分子作用参数。其中，T_{id} 代表温度的分子理想压力的分子作用参数，T_{P1} 代表温度的分子第一斥压力分子作用参数，T_{P2} 代表温度的分子第二斥压力的分子作用参数，T_{at} 代表温度的分子吸引压力的分子作用参数。

图 3-39 表示乙醇液体在不同温度下各种分子压力对温度的贡献。可以看出，在温度范围是 290～350K 液体乙醇物质低温区域，是乙醇液体影响最强的温度范围，这是因为液体在低温区域时物质中分子相互作用应是最强的，在低温区中最强的分子相互作用是分子吸引压力，分子吸引压力对状态温度的影响在整个低温区范围内均大于各种分子排斥力的影响。温度升高到 360K 以上时各种分子相互作用对温度的影响均降低到最低，这是因为温度升高液体物质的分子间距离变大，使分子相互作用有明显变化。

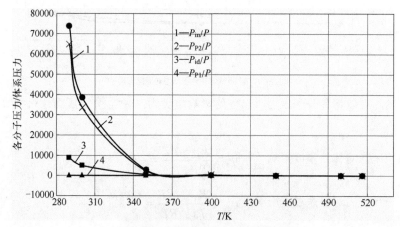

图 3-39　乙醇液体各分子压力作用参数

参考文献

[1] Smith B D. Thermodynamic data for pure compounds. Part A, Part B. New York: Elsevier, 1986.

[2] Perry R H. Perry's chemical engineer's handbook. 6th ed. New York: McGraw-Hill, 1984.

[3] Perry R H, Green D W. Perry's chemical engineer's handbook. 7th ed. New York: McGraw-Hill, 1999.

[4] 陈钟秀, 顾飞燕, 胡望明. 化工热工学. 2 版. 北京: 化学工业出版社, 2001.

[5] Cailleter L, Mathias E C. Compt Rend, 1886, 102: 1202.

[6] 童景山. 化工热力学. 北京: 清华大学出版社, 1995.

[7] 童景山. 分子聚集理论及其应用. 北京: 科学出版社, 1999.

[8] 童景山. 聚集力学原理及其应用. 北京: 高等教育出版社, 2007.

[9] 斯坦利 M 瓦拉斯. 化工相平衡. 北京: 中国石化出版社, 1991.

[10] Prausnitz J M, Lichtenthaler R N, de Azevedo E G. Molecular thermodynamics of fluid-phase equilibria. 2nd ed. Englewood Cliffs: Prentice-Hall Inc, 1986；3rd ed, 1999.

[11] Lee L L. Molecular thermodynamics of nonideal fluids. Boston: Butterworth, 1988.

[12] 刘光恒, 戴树珊. 化学应用统计力学. 北京: 科学出版社, 2001.

[13] 胡英, 刘国杰, 徐英年, 谭子明. 应用统计力学. 北京: 化学工业出版社, 1990.

[14] Hirschfelder J O, Curtiss C F, Bird R B. Molecular theory of gases and liquids. Wisconsin: University of Wisconsin, 1954.

[15] Tarakad R R, Spencer C F, Alder S B. Industrial and engineering chement. Process Design and Development, 1978, 18: 726-729.

[16] 金家骏, 陈民生, 俞闻枫. 分子热力学. 北京: 科学出版社, 1990.

[17] 项红卫. 流体的热物理化学性质——对应态原理与应用. 北京: 科学出版社, 2003.

第**4**章

宏观位能曲线

　　宏观分子相互作用理论是讨论宏观物质中千千万万个分子间相互作用的理论，不同于讨论 2 个分子间相互作用的微观分子相互作用理论。微观位能函数是微观分子相互作用理论用于反映分子对之间相互作用情况，是微观位能函数，微观理论中有很多位能函数可供讨论，多种微观位能函数产生了多种相应的微观位能曲线，其中较著名的是 Lennard-Jones 位能曲线，在微观理论中由 Lennard-Jones 位能曲线产生了很多讨论分子间相互作用的理论概念，可以在讨论宏观分子间相互作用理论时参考。

　　由于宏观分子相互作用理论是首次提出，因此在理论的成熟性上还不够，需要借鉴现有的微观分子相互作用理论。宏观分子相互作用理论也可以采用宏观物质的位能曲线，宏观位能曲线讨论的内容很多需要参考微观位能曲线的理论概念，特别是 Lennard-Jones 位能曲线的一些理论概念。为此，本章的开始先了解和熟悉微观 Lennard-Jones 位能曲线的一些概念，在讨论中需要将宏观位能曲线的结果与微观位能曲线（Lennard-Jones 位能曲线）的结果进行比较，以使宏观位能曲线的应用逐渐成熟。

4.1　微观位能曲线简介

　　按照胡英[1,2]的建议，将微观一对分子对的吸引和排斥的贡献综合起来，完整地表示分子间相互作用位能 u_P 与分子间距 r 的函数关系，这个关系称为位能函数。依据位能函数描绘的位能 u_P 与分子间距 r 的关系曲线，称作位能曲线。

　　"位能函数"是研究这类分子间相互作用的工具。为了得到有应用价值的位能函数的定量关系，还需要借助于各种简化模型。按上述位能函数的定义，位能函数模型的核心内容是一对分子对的吸引和排斥贡献表示，在以往文献[1-8]中围绕分子间引力和斥力的特性、生成条件、变化情况等曾建立和讨论了许多位能函数模型，并以此对分子间引力和斥力进行了讨论研究。下面我们对一些应用较多的模型作简单介绍。

　　（1）硬球位能函数

　　硬球位能函数是最简单的一种位能函数，它将分子看作没有吸引力的硬球，其位能曲线如图 4-1 所示。

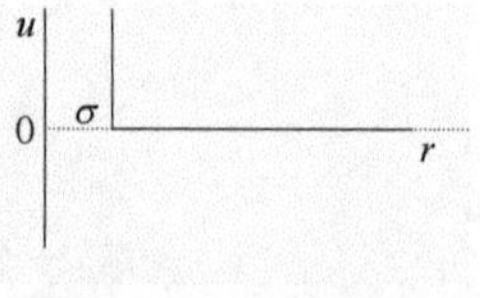

　　图中 σ 是硬球直径，硬球位能函数的表示式为：

图 4-1　硬球位能函数

$$\left.\begin{array}{ll} u = 0, & r > \sigma \\ u = \infty, & r \leqslant \sigma \end{array}\right\} \tag{4-1}$$

　　硬球模型过于简单粗糙，只是粗略地反映了分子间存在有极强的超短程斥力，并不能反映实际分子间作用情况。其优点是数学处理比较容易，故有时在讨论分子间相互作用时还会使用这一模型。

（2）方阱位能函数

方阱模型将分子看作直径为 σ 并有吸引力的硬球。但这一硬球的吸引力范围为两分子间距离 r 小于或等于 $R\sigma$，R 称为对比阱宽，方阱位能函数的示意图见图 4-2。

方阱位能函数的表示式为：

图 4-2 方阱位能函数

$$\left.\begin{array}{ll} u = 0 , & r > R\sigma \\ u = -u , & \sigma < r \leqslant R\sigma \\ u = \infty , & r \leqslant \sigma \end{array}\right\} \tag{4-2}$$

方阱模型比硬球模型要合理一些，在模型中开始粗略地考虑了吸引力和排斥力，虽然与实际情况相差还是较远，但因数学处理简单，故在许多理论分析中还经常应用。

（3）双阱模型位能函数

童景山[6-7]改进了方阱模型，提出了双阱模型的位能函数，如图 4-3 所示。

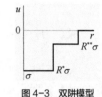

图 4-3 双阱模型

双阱模型的位能函数为：

$$\left.\begin{array}{ll} u = 0 , & r > R^{**}\sigma \\ u = -mu_{\mathrm{m}} , & R^{*}\sigma < r < R^{**}\sigma \\ u = -u_{\mathrm{m}} , & \sigma < r < R^{*}\sigma \\ u = \infty , & r \leqslant \sigma \end{array}\right\} \tag{4-3}$$

双阱模型位能函数符合童景山提出的分子聚集理论，而且与方阱模型相比，双阱模型更接近于分子相互作用的实际行为。此外，双阱模型位能函数与方阱模型位能函数同样便于数学处理，这给实际应用带来了方便。

（4）Sutherland 位能函数

Sutherland 位能函数亦将分子看作直径为 σ 的有吸引力的硬球，其吸引力与 r^6 成反比，Sutherland 位能函数曲线示于图 4-4。

位能函数为：

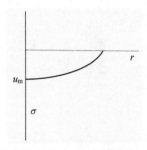

图 4-4 Sutherland 位能函数

$$\left.\begin{array}{ll} u = -u_{\mathrm{m}}\left(\dfrac{\sigma}{r}\right)^{6} , & r > \sigma \\ u = \infty , & r \leqslant \sigma \end{array}\right\} \tag{4-4}$$

这一位能函数模型更合理一些，模型中对吸引力和斥力的考虑均与实际情况接近，分子理论讨论亦证实这一模型与 van der Waals 方程是一致的。

（5）Lennard-Jones 位能函数

目前微观分子相互作用理论中有多种位能函数，与此相应亦有多种位能曲线。微观分子相互作用理论中 Lennard-Jones 方程是一个重要且应用广泛的位能函数，其表示式为：

$$u = u_{\mathrm{m}}\left[\left(\dfrac{r_{\mathrm{m}}}{r}\right)^{12} - 2\left(\dfrac{r_{\mathrm{m}}}{r}\right)^{6}\right] \tag{4-5}$$

如果以 σ 来表示，则为：

$$u = 4u_{\mathrm{m}}\left[\left(\frac{\sigma}{r}\right)^{12} - \left(\frac{\sigma}{r}\right)^{6}\right] \tag{4-6}$$

Lennard-Jones 位能函数较明确地表示了分子间相互作用的吸引力项和斥力项，由此分子间相互作用位能可表示为：

$$u = u_{\mathrm{P}} + u_{\mathrm{at}} \tag{4-7}$$

因而 Lennard-Jones 位能函数中，

斥力位能：
$$u_{\mathrm{P}} = u_{\mathrm{m}}\left(\frac{r_{\mathrm{m}}}{r}\right)^{12} = 4u_{\mathrm{m}}\left(\frac{\sigma}{r}\right)^{12} \tag{4-8}$$

吸引力位能：
$$u_{\mathrm{at}} = -2u_{\mathrm{m}}\left(\frac{r_{\mathrm{m}}}{r}\right)^{6} = -4u_{\mathrm{m}}\left(\frac{\sigma}{r}\right)^{6} \tag{4-9}$$

图 4-5 列示了 Lennard-Jones 位能函数曲线，并在此图的右上角分别列示了 Lennard-Jones 位能函数的吸引力项和斥力项。

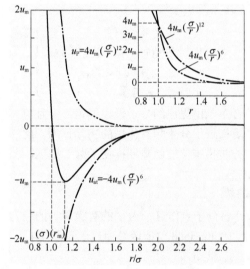

图 4-5　Lennard-Jones 位能曲线

图 4-5 表明，斥力项 $4u_{\mathrm{m}}\left(\dfrac{\sigma}{r}\right)^{12}$ 应是短程相互作用，只有在两个分子间距离很小时才会有明显的作用。由式（4-8）和式（4-9）可知，当 $\sigma/r = 1$ 时，吸引力位能与斥力位能相当，$u_{\mathrm{P}} = u_{\mathrm{at}}$，这时，$u = 0$，$r = \sigma$，故 σ 应是位能为零值、吸引力位能与斥力位能相等时的分子间距离，一般近似地将这个距离看作分子的直径。

图 4-5 中粗实线表示分子间位能随分子间距离的变化。由此可见，从 $r/\sigma > 1$ 到 $r/\sigma = \infty$ 时，从吸引力位能大于斥力位能，逐渐变为吸引力位能与斥力位能都接近于零。亦就是说，在通常的讨论条件下，凝聚相中吸引力位能应大于斥力位能，气相中吸引力位能与斥力位能应都很小，接近于零。

另需注意图中位能曲线的最低点，此点处应有关系 $(\mathrm{d}u/\mathrm{d}r) = 0$，亦就是说此点处吸引力与排斥力相等，即其合力为零，达到平衡点。在该点处的位能为 $-u_{\mathrm{m}}$，故而 u_{m} 就是将相互作用力处于平衡状态的一对分子分离至无穷远时所需消耗的能量。

可以证明平衡距离 r_{m} 与分子直径 σ 的关系为：

$$r_{\mathrm{m}} = (12/6)^{1/(12-6)}\,\sigma = 1.123\sigma \qquad (4\text{-}10)$$

应当指出，Lennard-Jones 位能函数只是一种模型，是一种考虑较全面、应用面较广泛的模型，与实际情况当然也还有一定的距离。亦有一些研究者认为，将 Lennard-Jones 位能函数修正成下列形式可能会与实验结果符合得更好：

$$u = \frac{27}{4}u_{\mathrm{m}}\left[\left(\frac{\sigma}{r}\right)^{9} - \left(\frac{\sigma}{r}\right)^{6}\right] \qquad (4\text{-}11)$$

综上所述，在大多数位能函数表示式中均存在下列关系：

$$u = u_{\mathrm{P}} + u_{\mathrm{at}} \qquad (4\text{-}12)$$

即一对分子之间的位能可以看成分子间斥力位能和吸引力位能之和，亦就是说一对分子之间的位能是由分子间斥力位能和分子间吸引力位能所组成的。将式（4-12）两边对分子间距离 r 取微分，得：

$$\frac{\mathrm{d}u}{\mathrm{d}r} = \frac{\mathrm{d}u_{\mathrm{P}}}{\mathrm{d}r} + \frac{\mathrm{d}u_{\mathrm{at}}}{\mathrm{d}r} \qquad (4\text{-}13\mathrm{a})$$

将上式两边均当作某种力，即两个分子间的作用力，故得：

$$f = f_{\mathrm{P}} + f_{\mathrm{at}} \qquad (4\text{-}13\mathrm{b})$$

因此，两个分子间的作用力 f 应是分子间吸引力 f_{at} 和分子间斥力 f_{P} 之和。由此可知，由于分子间存在着分子间相互作用，因此在分子间存在有吸引力和排斥力，正是因为分子间出现了这两种力，必然会对分子间的力学平衡，进而对讨论体系中全部分子间的力学平衡产生影响。热力学系统中最重要的力学平衡是压力所做的膨胀功，而对存在有界面的讨论系统中力学平衡还需考虑表面张力所做的表面功。因此，分子间相互作用将会对讨论系统中压力和界面层中表面张力所表示的力学平衡产生影响。

图 4-5 位能曲线中 σ 为分子硬球直径，图中分子对位能曲线提供了以下一些分子相互作用信息。

① 分子间相互吸引作用和分子间相互排斥作用是微观分子相互作用理论中两个重要的分子相互作用。

图 4-5 中列示了分子间吸引力位能 u_{at} 与分子间距离 r 的位能曲线，还列示了分子间排斥力位能 u_{P} 与分子间距离 r 的位能曲线，图中粗实线为分子间总位能 u_{Σ} 与分子间距 r 的位能曲线。

讨论分子间相互作用时一个重要的参数是分子间距离。有多种方法获得物质内分子间距离的数值，如 X 射线结构分析，不同文献可能有不同的分子间距离的计算方法。Adamson[9-11] 认为摩尔体积是分子之间平均距离的量度，通过实验测得讨论物质的摩尔体积数值，即可得到在讨论条件下的分子半径近似值。宏观分子相互作用理论采用 Adamson 方法，其计算方法为：

$$r_{ij} \approx \left(\frac{V_{\mathrm{m}}}{N_{\mathrm{A}}}\right)^{1/3} \qquad (4\text{-}14)$$

式中，r_{ij} 为分子对距离；V_{m} 为摩尔体积。为便于计算结果相互比较，本书中物质内分子间距离数据均以式（4-14）计算。

图 4-5 表示的 Lennard-Jones 微观位能函数，在其分子相互作用曲线中有几个较重要的分

子间距离需注意。

其一为 σ，此点的物理意义是在此点处分子间相互作用位能为零值，是吸引位能与排斥位能相等时的分子间距离，一般近似地将这个距离看作分子的直径。

其二为分子间作用位能为最低值时的分子间距离 r_m。此点处应有关系 $(\mathrm{d}u/\mathrm{d}r)=0$，即在此点处吸引力与排斥力相等，合力为零，是力平衡点。故称此点为分子间排斥力与吸引力相互平衡处的分子间距离。

其三为图 4-5 中的 λ，这一分子间距离的物理意义是当分子间距离超过图 4-5 中的 λ 点时可以认为分子间相互作用位能很小，无论是分子间吸引力位能还是斥力位能均很小，可以忽略为零值，即可忽略分子间相互作用。

因此一些研究者，如 Lee[5]将分子对之间的距离 r 分成三个区域以便于讨论。

短程区：$r<\sigma$；

近程区：$\sigma<r<\lambda$；

长程区：$r>\lambda$。

由于不同区域内分子间作用距离不同，因而亦可以按分子间作用距离不同来讨论分子间相互作用情况。

但是通过两个分子间微观的 Lennard-Jones 位能函数是较难得到分子硬球直径数据的，文献中列示的分子硬球直径 σ 的数据都是指物质的 σ 数值，而计算这些 σ 数据的一些文献如文献[12]认为需通过一些物性，如第二位力系数、黏滞系数和扩散系数等来计算求得，也有认为分子硬球直径数据需由量子力学确定[13,14]。

表 4-1 中列示了依据量子力学计算部分物质的分子硬球直径 σ 数值和分子协体积 b 数值以作比较。

表 4-1　一些物质的分子硬球直径 σ 和分子协体积 b

名称	$b/(\mathrm{cm^3/mol})$	$\sigma/\text{Å}$	名称	$b/(\mathrm{cm^3/mol})$	$\sigma/\text{Å}$
Ar	46.08	3.542	$n\text{-}C_3H_7OH$	118.8	4.549
He	20.95	2.551	CH_3COCH_3	122.8	4.600
Kr	61.62	3.655	CH_3COOCH_3	151.8	4.936
Ne	28.30	2.820	$n\text{-}C_4H_{10}$	130.0	4.687
Xe	83.66	4.047	$iso\text{-}C_4H_{10}$	185.6	5.278
Air	64.50	3.711	$C_2H_5OC_2H_5$	231.0	5.678
CF_4	127.90	4.662	Cl_2	94.7	4.217
$CHCl_3$	197.50	5.389	F_2	47.8	3.457
CH_3OH	60.17	3.626	HF	39.4	3.148
CH_4	66.98	3.758	HI	94.2	4.211
CO	63.41	3.690	H_2	28.5	2.827
COS	88.91	4.130	H_2O	23.3	2.641
CO_2	77.25	3.941	H_2O_2	93.2	4.196
C_2H_6	110.70	4.443	Hg	118.9	4.550

注：数据取自文献[14]，文献中说明 $b=\dfrac{2}{3}\pi N_A\sigma^3$，$\sigma$ 由量子力学方程算出。

② 微观的两个分子间位能曲线图中有下列位置点需加注意:

a. λ 点。当两个分子间距离变大时分子间吸引作用和分子间排斥作用均变小,到一定分子间距离时会变为零值,图中 λ 点表示的是分子间吸引作用和分子间排斥作用均为零值处的位置。文献 [1] 中 $\lambda = \dfrac{r}{\sigma} \approx 2.0 \sim 2.2$,而文献 [2] 中 $\lambda = \dfrac{r}{\sigma} \approx 2.2 - 2.4$,由文献 [14] 知水的 $\sigma = 2.641\text{Å}$,则对物质水的分子间吸引作用和分子间排斥作用均为零值处的分子间距离位置为 2.641λ,约为 $5.528 \sim 6.338\text{Å}$,下面讨论中取 5.810Å,此时 $\lambda = \dfrac{r}{\sigma} = 2.2$。

b. 当分子间吸引力位能和分子间斥力位能相当时,$u_\Sigma = 0$,$r/\sigma = 1$,$r = \sigma$,故 σ 就是位能为零、吸引和排斥对位能的贡献相抵消的距离,这个距离被近似认为是分子硬球的直径。如果依据表 4-1 数据,在分子硬球直径处,对水而言,$r_{11} = \sigma = 2.641\text{Å}$。

c. 图 4-5 中分子对位能 u_Σ 与分子间距 r 曲线的最低点,即 $\dfrac{\mathrm{d}u_\Sigma}{\mathrm{d}r} = 0$,吸引力与排斥力相等,净作用力为零,即此处是力的平衡点,分子对的分子间距离为 r_e,微观分子相互作用理论按 Lennard-Jones 方程计算得

$$r_\mathrm{e} = \sigma \left(\frac{n}{m} \right)^{\frac{1}{n-m}} = \sigma \times 2^{\frac{1}{6}} = 1.123\sigma \tag{4-15}$$

现有手册和文献[13,14]数据中,讨论物质水的硬球直径 $\sigma = 2.641\text{Å}$。因此微观分子相互作用理论认为水在平衡点处的分子间距离 $r_\mathrm{e} = 2.966\text{Å}$。

上面讨论的微观分子相互作用理论从两个分子的分子间相互作用出发,依据 Lennard-Jones 方程所得到的分子信息,这些微观分子相互作用理论得到的信息与宏观分子相互作用,即千千万万个分子相互作用情况下得到的信息是否不同?二者有何区别?为此,下面我们来讨论宏观物质中大量分子相互作用的情况,以作对比。

4.2　宏观位能曲线简介

微观的位能曲线用于讨论两个分子在相距一定分子间距离时的分子相互吸引力和分子相互排斥力的情况,微观分子相互作用理论通常以 Lennard-Jones 方程表示,也可以图 4-5 的位能曲线方式表示。

宏观物质在一定的体积中有着大量分子,也就是说宏观的位能曲线中分子间距离应该是大量分子的分子间距离的统计平均值,其分子相互吸引力和分子相互排斥力与分子间距离的关系也应是这些分子间相互作用与物质中分子间距离的相互关系。在一定的状态条件下,宏观位能曲线可以用宏观分子相互作用理论中表示分子间吸引力的分子吸引压力和表示分子间排斥力的分子第二斥压力来替代 Lennard-Jones 方程中孤立分子对的相互吸引位能和相互排斥位能来讨论。

宏观分子理论中 $P_\mathrm{at}V_\mathrm{m} = U_\mathrm{at}$ 相应于 Lennard-Jones 方程中两分子相互吸引位能 u_at。

宏观分子理论中 $P_\mathrm{P2}V_\mathrm{m} = U_\mathrm{P}$ 相应于 Lennard-Jones 方程中两分子相互排斥位能 u_P。

故宏观分子相互作用理论类似 Lennard-Jones 方程,存在关系:

$$U = U_\mathrm{P} - U_\mathrm{at} \tag{4-16}$$

即物质中千万分子之间的位能可以看作千千万万分子间排斥位能和吸引位能之和。将式(4-16)两边对分子间距离 r_{ij} 微分,得:

$$\frac{dU}{dr_{ij}} = \frac{dU_P}{dr_{ij}} - \frac{dU_{at}}{dr_{ij}} \tag{4-17}$$

即

$$\frac{dP_{P2\text{-}at}V_m}{dr_{ij}} = \frac{dP_{P2}V_m}{dr_{ij}} - \frac{dP_{at}V_m}{dr_{ij}} \tag{4-18}$$

物质在每一状态点处 V_m 一定，故

$$\frac{dP_{P2\text{-}at}}{dr_{ij}} = \frac{dP_{P2}}{dr_{ij}} - \frac{dP_{at}}{dr_{ij}} \tag{4-19}$$

即决定物质位能的是物质中分子第二斥压力 P_{P2} 与分子吸引压力 P_{at} 之差值：

$$P_{P2\text{-}at} = P_{P2} - P_{at} \tag{4-20}$$

式（4-20）是用于讨论宏观物质的宏观位能曲线的主要公式。

式（4-19）两边均当作某种力：$f_{P2\text{-}at} = f_P - f_{at}$，应为宏观物质的分子压力。因此宏观位能曲线认为，大量分子间的作用力 $f_{P2\text{-}at}$ 应是分子间斥力 P_{P2} 和吸引力 P_{at} 之差值。

因此，宏观物质位能曲线表示的是物质分子间斥力与分子间吸引力的差值，以分子压力表示为 $P_{P2} - P_{at}$，与物质性质如分子间距 r_{ij}、相对间距 σ/r_{ij}、温度 T、压力 P 等的关系。

下面以极性物质水和非极性物质乙烷为例，讨论这两个物质在饱和气体和饱和液体的宏观状态下，大量分子的宏观位能曲线与两个分子组成的分子对的微观 Lennard-Jones 位能曲线的区别，以及这两种位能曲线可能带来的分子相互作用的信息。

Lennard-Jones 位能曲线在下面讨论中简称为微观位能曲线，大量分子的位能曲线简称为宏观位能曲线。

描绘极性物质水的宏观位能曲线的水分子吸引压力和水分子第二斥压力的基础数据见表 4-2a 和表 4-2b。计算所需的水的状态参数取自文献[15,16]。

非极性物质乙烷的宏观位能曲线的基础数据，以及乙烷的分子吸引压力和分子第二斥压力数据见表 4-3a 和表 4-3b。计算所需的乙烷的状态参数取自文献[17]。

由于讨论宏观物质的位能曲线是第一次，为便于研究者研究分析，各表列示了自熔点到临界温度的分子压力数据。

表 4-2a 水饱和气体的分子压力数据

饱和气体	P/bar	T/K	V_m/(cm^3/mol)	分子间距/Å	P_{P2}/bar	P_{at}/bar
SG-1	0.00000162	200.00	1.025×10^{10}	2572.36	2.143×10^{-22}	1.073×10^{-13}
SG-3	0.0000891	230.00	2.126×10^{8}	706.73	2.279×10^{-17}	2.366×10^{-10}
SG-5	0.000372	240.00	5.392×10^{7}	447.36	1.373×10^{-15}	3.614×10^{-9}
SG-7	0.000759	250.00	2.738×10^{7}	356.92	1.030×10^{-14}	1.378×10^{-8}
SG-9	0.00196	260.00	1.103×10^{7}	263.59	1.551×10^{-13}	8.352×10^{-8}
SG-11	6.110×10^{-3}	273.15	3.716×10^{6}	183.43	3.965×10^{-12}	7.196×10^{-7}
SG-13	6.110×10^{-3}	273.15	3.716×10^{6}	183.43	3.965×10^{-12}	7.196×10^{-7}
SG-15	9.900×10^{-3}	280.00	2.349×10^{6}	157.42	1.552×10^{-11}	1.781×10^{-6}
SG-17	3.531×10^{-2}	300.00	7.049×10^{5}	105.39	5.561×10^{-10}	1.915×10^{-5}
SG-19	1.719×10^{-1}	330.00	1.589×10^{5}	64.138	4.630×10^{-8}	0.0004
SG-21	4.163×10^{-1}	350.00	6.929×10^{4}	48.637	5.412×10^{-7}	0.0018

饱和气体	P/bar	T/K	V_m/(cm³/mol)	分子间距/Å	P_{P2}/bar	P_{at}/bar
SG-23	1.013	373.15	3.025×10^4	36.896	6.274×10^{-6}	0.0093
SG-25	17.94	390.00	1.784×10^4	30.940	2.981×10^{-5}	0.0260
SG-27	17.90	480.00	2.054×10^3	15.053	0.0169	1.6947
SG-29	44.58	530.00	8.329×10^2	11.142	0.2247	9.4269
SG-31	94.51	580.00	3.652×10^2	8.464	2.30	44.13
SG-33	1.235×10^2	600.00	2.493×10^2	7.453	6.23	90.22
SG-35	1.797×10^2	630.00	1.351×10^2	6.076	39.52	272.05
SG-37	2.027×10^2	640.00	1.027×10^2	5.545	87.56	441.58
SG-39	2.212×10^2	647.30	57.11	4.560	440.03	1238.27

表 4-2b 水饱和液体的分子压力数据

饱和液体	P/bar	T/K	V_m/(cm³/mol)	分子间距/Å	P_{P2}/bar	P_{at}/bar	P_{in}/bar
SL- 2	1.620×10^{-6}	200.00	19.438	3.184	14376.87	15232.30	16087.74
SL- 4	8.910×10^{-5}	230.00	19.528	3.189	13399.88	14379.09	15358.95
SL- 6	3.720×10^{-4}	240.00	19.546	3.190	13109.95	14130.79	15151.69
SL- 8	7.590×10^{-4}	250.00	19.573	3.191	12815.87	13877.77	14939.42
SL-10	1.960×10^{-3}	260.00	19.600	3.193	12529.82	13632.68	14734.93
SL-12	6.110×10^{-3}	273.15	19.654	3.196	12141.61	13297.06	14450.88
SL-14[①]	6.110×10^{-3}	273.15	18.015	3.104	14522.49	15783.09	15783.09
SL-16[①]	9.900×10^{-3}	280.00	18.015	3.104	14331.98	15624.19	15621.30
SL-18	3.531×10^{-2}	300.00	18.069	3.107	13707.97	15088.34	15079.90
SL-20	1.719×10^{-1}	330.00	18.303	3.121	12606.38	14105.34	14074.89
SL-22	4.163×10^{-1}	350.00	18.464	3.130	11918.03	13493.96	13433.01
SL-24	1.013	373.15	18.808	3.149	10974.53	12623.92	12505.18
SL-26	5.699	430.00	19.798	3.204	8831.68	10636.42	10470.35
SL-28	1.790×10^1	480.00	21.024	3.268	7040.09	8934.51	8144.13
SL-30	4.458×10^1	530.00	22.843	3.360	5305.18	7222.36	5976.70
SL-32	9.451×10^1	580.00	25.815	3.500	3624.34	5460.50	3841.21
SL-34	1.235×10^2	600.00	27.761	3.586	2934.23	4684.98	2955.89
SL-36	1.797×10^2	630.00	33.436	3.815	1766.12	3250.61	1694.17
SL-38	2.027×10^2	640.00	37.381	3.959	1315.78	2637.67	1248.88
SL-40	2.212×10^2	647.30	57.108	4.560	439.66	1238.66	433.46

① 本处计算的两点温度不同，但文献中所列摩尔体积值相同，这会影响计算结果，其说明见下文。

注：数据计算取自文献[15,16]。

表 4-3a　乙烷饱和气体的分子压力数据

饱和气体	P/bar	T/K	V_m/(cm³/mol)	分子间距/Å	P_{P2}/bar	P_{at}/bar
SG-1	$1.351×10^{-5}$	90.35	$5.599×10^8$	976.0078	$2.315×10^{-18}$	$2.953×10^{-11}$
SG-3	$7.462×10^{-4}$	110.00	$1.226×10^7$	273.0528	$2.092×10^{-13}$	$5.841×10^{-8}$
SG-5	$3.544×10^{-3}$	120.00	2814242.00	167.1874	$1.686×10^{-11}$	$1.081×10^{-6}$
SG-7	$1.349×10^{-1}$	154.00	94298.00	53.8994	$4.125×10^{-7}$	$8.864×10^{-4}$
SG-9	$7.015×10^{-1}$	178.00	20613.00	32.4686	$3.733×10^{-5}$	$1.753×10^{-2}$
SG-11	2.950	207.00	5439.00	20.8252	$1.894×10^{-3}$	$2.348×10^{-1}$
SG-13	7.488	232.00	2230.00	15.4710	$2.572×10^{-2}$	1.307
SG-15	15.38	256.00	1080.68	12.1520	$2.114×10^{-1}$	5.169
SG-17	28.06	280.00	531.40	9.5916	1.579	19.48
SG-19	48.71	305.33	147.06	6.2505	59.01	197.3

表 4-3b　乙烷饱和液体的分子压力数据

饱和液体	P/bar	T/K	V_m/(cm³/mol)	分子间距/Å	P_{P2}/bar	P_{at}/bar	P_{in}/bar
SL-2	$1.351×10^{-5}$	90.35	46.18	4.2485	$2.068×10^3$	$2.231×10^3$	$2.231×10^3$
SL-4	$7.462×10^{-4}$	110.00	47.70	4.2946	$1.810×10^3$	$2.001×10^3$	$2.001×10^3$
SL-6	$3.544×10^{-3}$	120.00	48.56	4.3203	$1.687×10^3$	$1.892×10^3$	$1.892×10^3$
SL-8	$1.349×10^{-1}$	154.00	51.77	4.4134	$1.319×10^3$	$1.566×10^3$	$1.555×10^3$
SL-10	$7.015×10^{-1}$	178.00	54.46	4.4886	$1.094×10^3$	$1.365×10^3$	$1.329×10^3$
SL-12	2.950	207.00	58.41	4.5946	$8.518×10^2$	$1.146×10^3$	$1.054×10^3$
SL-14	7.488	232.00	62.85	4.7082	$6.629×10^2$	$9.675×10^2$	$8.154×10^2$
SL-16	15.38	256.00	68.79	4.8520	$4.939×10^2$	$7.974×10^2$	$5.900×10^2$
SL-18	28.06	280.00	78.57	5.0719	$3.288×10^2$	$6.121×10^2$	$3.687×10^2$
SL-20	48.71	305.33	147.06	6.2505	58.94	$1.973×10^2$	61.85

注：计算数据取自文献[17]。

对表 4-2b 的水计算所用的 PTV 数据说明如下。

Perry 手册原数据列示如下：

温度/K：273.15　275　280

压力/bar：0.00611　0.00697　0.00990

体积/(m³/kg)：$1.000×10^{-3}$　$1.000×10^{-3}$　$1.000×10^{-3}$

不同温度、不同压力的三个不同的状态点，手册上的体积数据却是相同的，这样三个不同的状态点计算的分子间距离却相同。这会使得用这些数据计算的分子间相互作用参数的结果出现偏差。特说明此点，但我们未作改动修正，仍按 Perry 手册原数据计算。

按表 4-2a 和和表 4-2b 所列的数据绘制的水饱和气、液和固体宏观位能曲线如图 4-6 所示。

在讨论物质的宏观位能曲线前需要说明的是，微观位能曲线在使用 Lennard-Jones 方程时要求讨论分子是非极性分子[1]，为此在讨论物质宏观位能曲线使用 Lennard-Jones 方程时是否也要求讨论物质是非极性分子，亦就是非极性物质，物质分子作用力需是色散作用力？下面讨论以水和乙烷为例，水是极性物质，故能否应用 Lennard-Jones 方程讨论？本书第 9 章讨论宏观分子相互作用理论对物质生产的人工智能的应用，涉及极性物质"氨"的人工智能物质生产，对此我们在 9.8 节"计算机培训 5——非极性物质和极性物质"中对极性物质使用 Lennard-Jones 方程作了说明，供读者参考。

已经说明，水的宏观位能曲线是以宏观分子相互作用理论中表示分子间吸引力的分子吸引压力和表示分子间排斥力的分子第二斥压力来替代 Lennard-Jones 方程中孤立分子对的相互吸引位能和分子相互排斥位能来绘制的。即以 $(P_{P2} - P_{at})$ 表示分子排斥力与分子吸引力之差值讨论与物质中分子间距离变化的关系，物质中分子间距离在宏观分子相互作用理论中被定义为：

$$r_{ij} = \sqrt[3]{V_m / N_A}$$

式中，V_m 是体系摩尔体积，cm^3/mol；N_A 为阿伏伽德罗常数。

同样，物质乙烷饱和气体和液体的宏观位能曲线见图 4-7。

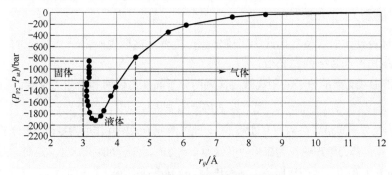

图 4-6　水饱和气、液和固体宏观位能曲线

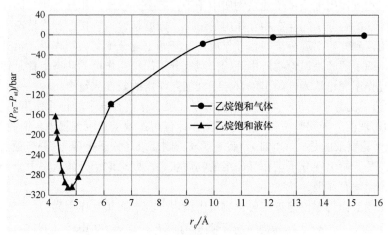

图 4-7　乙烷饱和气体和液体的宏观位能曲线

图 4-6 与图 4-7 分别表示分子间强相互作用物质（水）和弱相互作用物质（乙烷）中的分子行为。此外，水的物质状态中有固态物质冰，可以初步了解固体中分子间相互作用的影响，而乙烷数据中缺少固态乙烷的数据，可以将乙烷的液体情况与水的情况作比较。

按照微观 Lennard-Jones 方程，有以下三个分子间吸引位能和分子间排斥位能的位置需加注意。

① 当两个分子间距离变大时分子间吸引作用和分子间排斥作用均变小，到一定的分子间距离时会变为零值，微观 Lennard-Jones 方程位能曲线图 4-5 中以 λ 点表示分子间吸引作用和分子间排斥作用均为零值处的位置。宏观位能曲线图中是否有 λ 点位置？宏观的状态条件如何确定 λ 点位置？

② 微观 Lennard-Jones 方程位能曲线图 4-5 中分子对位能 u_Σ 与分子间距 r 曲线有个最低

点，即 $\left(\dfrac{\mathrm{d}u_{\Sigma}}{\mathrm{d}r}=0\right)$。宏观位能曲线图中是否也存在位能 u_{Σ} 与分子间距 r_{ij} 曲线的最低点，即 $\left(\dfrac{\mathrm{d}u_{\Sigma}}{\mathrm{d}r}=0\right)$？宏观分子最低点处分子间距离的数据与微观数据有何区别？

③ 微观 Lennard-Jones 方程位能曲线图 4-5 表明，当分子间吸引位能与排斥位能相当时，$u_{\Sigma}=0$，$r/\sigma=1$，$r=\sigma$，故 σ 就是位能为零，吸引和排斥对位能的贡献相抵消的距离，这个距离是物质的一个重要的物理化学性质。宏观位能曲线图中是否有 σ？宏观数据与微观数据有何区别？

上述三个位置就是对于微观 Lennard-Jones 方程三个需加注意的分子间吸引位能和分子间排斥位能的位置，宏观位能曲线有三个宏观物质分子间相互作用的基本性质，讨论如下。

4.3　宏观物质的 λ 点

由上面讨论知，宏观位能曲线为了确定 λ 点位置，需要先确定一个表示讨论体系中分子相互作用数值接近于零值的起始值。

微观位能曲线 λ 点的分子间距离被定义为两分子间斥力位能和吸引力位能的和为零处，即

$$u_{\Sigma} = u_{\mathrm{P}} - u_{\mathrm{at}} = 0 \tag{4-21}$$

认为当两个分子间距离在 $u_{\Sigma}=0$ 处即 λ 点，此时两分子间相互作用为零值，两分子没有分子间相互作用，据此热力学理论认为在 $u_{\Sigma}=0$ 处即 λ 点处时，分子间距离大于 λ 点时，由于讨论物质不存在分子间相互作用，故而物质处于理想状态。这是微观理论对 λ 点的定义，也是 λ 点的意义。

宏观分子相互作用理论讨论的是物质中千千万万个分子间的相互作用，因而宏观分子相互作用理论关注的是分子间存在相互作用的情况，亦就是讨论物质在什么情况下从不存在分子间相互作用，到开始出现分子间相互作用，既开始出现分子间吸引作用，也开始出现分子间排斥作用，想了解的是讨论物质中开始出现有分子间相互作用的状态条件是什么。因此，宏观分子相互作用理论认为开始出现有分子间相互作用的条件应符合：

a．开始出现的分子间相互作用应该有分子间吸引作用和分子间排斥作用。

b．开始出现的分子间吸引作用和分子间排斥作用在数量上应该很小，很微弱。

c．微观理论要求的是式（4-21）。而宏观理论则要求（分子排斥力-分子吸引力）的数值很小，要求的是开始出现分子间相互作用的物质状态，要求这个开始状态中分子排斥力与吸引力数值很小但均有显现。

宏观分子相互作用理论建议在讨论物质中出现的分子间相互作用为：

$$\text{分子排斥力} - \text{分子吸引力} = P_{\mathrm{P2}} - P_{\mathrm{at}} = -0.1\mathrm{bar} \tag{4-22}$$

符合式（4-22）要求的讨论物质分子间距离被认为是讨论物质的宏观 λ 点，与微观位能曲线的 λ 点一样，其符号为 λ，是物质中与分子相互作用有关的基本性质之一，称为宏观物质第一基本分子性质。只有气体才具有这个基本分子性质。

λ 的数值为 λ 点处物质的分子间距离，单位为 Å，在该点处一些状态条件如压力、温度、压缩因子等也可认为是宏观 λ 点的状态条件。

实际表明，气体物质在 λ 点处分子排斥力 P_{P2} 数值很小，且 $P_{\mathrm{P2}} \ll P_{\mathrm{at}}$，为方便可近似认为当分子吸引力的数值为 $P_{\mathrm{at}}=0.1\mathrm{bar}$ 时物质中分子间距离为 λ 点。下面我们按式（4-22）的要求，以水和乙烷两物质为例，计算确定物质水和乙烷的 λ^{G} 的数值。首先这两种物质应该是气体。

将图 4-6 中水的位能曲线中的气体部分单独列示在图 4-8 中。

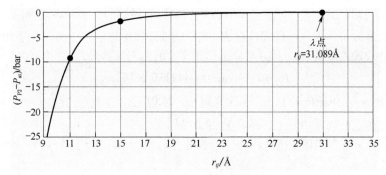

图 4-8　水饱和气体宏观位能曲线

当 $|P_{P2}-P_{at}|=0.1bar$ 时物质中只有微弱分子间相互作用，由图 4-8 中的位能曲线可见，在 λ 点附近的曲线段，可认为是一段线性直线线段，在此线性线段上选取若干点，进行线性回归计算，得到这一线性段水的 $(P_{P2}-P_{at})$ 与分子间距离 r_{ij} 的回归计算式为：

$$P_{P2}-P_{at}=-3.243066+0.10398\,r_{ij} \tag{4-23}$$

将 $P_{P2}-P_{at}=-0.1bar$ 代入上式，计算得到 $r_{ij}=31.089\text{Å}$，亦就是水饱和气体物质在开始出现有分子间相互作用时物质中分子间距离为 31.089Å。

对比微观 Lennard-Jones 方程位能曲线，水分子硬球直径为 $\sigma=2.641\text{Å}$，其 λ 点在 $r_{ij}/\sigma=2.2$ 处，计算值约为 5.528～6.338Å，与宏观位能曲线结果比较，在存在有千千万万个分子的物质中开始出现有分子间相互作用的分子间距离要比两个分子时的距离大得多。

微观位能曲线与宏观位能曲线有着不同的结果应该是正常的，大量分子间的相互作用情况不同于两个分子间的相互作用，宏观位能曲线呈现的情况应该与实际情况更贴近一些。

在 λ 点处物质水的分子吸引力 $P_{at}=0.1bar$，分子排斥力 $P_{P2}=0.000785bar$，虽然这时物质中分子吸引力和分子排斥力数值都很小，但是在 λ 点处分子吸引力与分子排斥力相比较，前者要比后者大得多。

在 λ 点处分子吸引力与分子排斥力数据也是该物质在 λ 点的分子间相互作用数据。

状态参数：压力 $P=1.794bar$，$T=390K$，热力学参数压缩因子 $Z\approx0.986$，这些都可认为是讨论物质水饱和气体状态下 λ 点的状态参数。

下面讨论分子间相互作用较弱的乙烷气体的情况。同样将图 4-7 乙烷位能曲线中的气体部分单独列示在图 4-9 中。

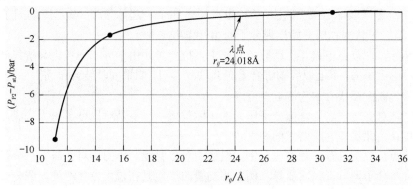

图 4-9　乙烷饱和气体宏观位能曲线

同样由图可知，当 $|P_{P2} - P_{at}| = 0.1\text{bar}$ 时物质只有微弱的分子间相互作用，图中在此点附近的位能曲线段可认为是一段线性直线，在此线性线段中选取若干点，进行线性回归计算，得到这一线性线段乙烷的 $(P_{P2} - P_{at})$ 与分子间距离 r_{ij} 的回归计算式为：

$$P_{P2} - P_{at} = -1.10004421 + 0.041638 r_{ij}$$

将 $P_{P2} - P_{at} = -0.1\text{bar}$ 代入上式，计算得到 $r_{ij} = 24.018\text{Å}$，亦就是乙烷饱和气体在开始出现有分子间相互作用时物质中分子间距离为 24.018Å。

与分子间距 $r_{ij} = 24.018\text{Å}$ 相对应的分子吸引力 $P_{at} \approx 0.1\text{bar}$，分子排斥力=分子第二斥压力 $P_{P2} = 5.516 \times 10^{-4}\text{bar}$，$P_{P2} \ll P_{at}$。

微观 Lennard-Jones 位能曲线，量子力学计算其 $\sigma = 4.443\text{Å}$，其 λ 点在 $r_{ij}/\sigma = 2.2$ 处，计算得约为 9.775Å，与宏观位能曲线结果比较，可知在存在有千千万万个分子的物质中开始出现分子间相互作用的分子间距离远比两分子的情况大得多。

微观位能曲线与宏观位能曲线有着不同的结果应该是正常的，宏观位能曲线呈现的情况应该与实际情况更贴近一些。

在 λ 点处物质乙烷的分子间相互作用情况是：分子吸引力 $P_{at} = 0.1\text{bar}$，分子排斥力 $P_{P2} = 0.0005516\text{bar}$。也就是说，虽然这时物质中分子吸引力和分子排斥力数值都很小，但是在 λ 点处分子吸引力与分子排斥力相比较，前者比后者要大得多。

在 λ 点处分子吸引力与分子排斥力数据也是该物质在 λ 点的分子间相互作用数据。

压力 $P = 1.8934\text{bar}$，$T = 197\text{K}$，热力学压缩因子 $Z \approx 0.953$，这些都是讨论物质饱和气体状态下 λ 点的状态参数。

λ 点是物质中分子间相互作用参数中的基本分子性质之一。本书附录 1 中列有一些物质的 λ 点数据，以供参考。

除了依据分子压力 P_{P2} 和 P_{at} 数值寻找宏观物质位能曲线上的 λ 点位置外，通过热力学的压缩因子也可以确定体系的 λ 点位置。由于确定 λ 点位置时需要体系中存在少量的分子相互作用，也就是说 λ 点位置处并不处在完全理想气体状态，即宏观分子相互作用理论的 λ 点处压缩因子 $Z \neq 1$。在上述物质水和乙烷的 λ 点处的情况如下。

水：$P_{P2} = 7.85 \times 10^{-4}\text{bar}$、$P_{at} = 0.1\text{bar}$ 时，压缩因子 $Z = 0.9860$；

乙烷：$P_{P2} = 5.52 \times 10^{-4}\text{bar}$、$P_{at} = 0.1\text{bar}$ 时，压缩因子 $Z = 0.9530$。

因此，从热力学理论也可判断 λ 点位置，即要求压缩因子数值接近 1，可以不等于 1。这是由于宏观位能曲线决定 λ 点位置时要求体系留有少量分子相互作用，表示体系刚开始进入真实体系，亦就是要求设置压缩因子时也需考虑这个"起始值"，设置压缩因子的范围为 $0.95 \leqslant Z \leqslant 1$，可认为物质开始出现分子间相互作用。

如上所述，在以分子相互作用数值判断 λ 点位置时，由于分子排斥力数值很低，故可以只考虑分子的吸引力，可近似要求符合 $P_{at} = 0.1\text{bar}$ 即可。如果同时结合压缩因子等其他数据，可以近似地判断宏观状态下物质 λ 点位置。

此外，注意上述要求均是指分子压力的实际数值，而不是对比分子压力。满足上述条件要求，可以认为此点即为所要求的 λ 点。

表示 λ 点位置可以有多种方法，例如温度、对比温度、压力、对比压力、分子间距离、分子间距离与分子硬球直径比值等。例如某物质的 λ 点是在温度 345K 处，或分子间距离为 34.54Å 处。

例如表述气体水 λ 点位置可以有以下各种：$P_{at}^{G} = 0.1\text{bar}$；压缩因子 $Z^{G} = 0.9860$；宏观位能曲线 λ 点位置分子间距离 $r_{ij} = 31.086\text{Å}$；水的硬球直径为 $\sigma = 3.066\,\text{Å}$；温度 $= 390\text{K}$；对比温度 $T_{r} = 0.6025$。

按照上述方法，任何物质均可寻找得到物质的 λ 点，不同物质的 λ 点不同，从而知道讨论物质在什么状态条件下开始出现分子间相互作用，在什么状态条件下物质中不存在或者可以不考虑物质中的分子间相互作用。

物质三种状态中只有气态物质才会出现 λ 点，也就是说，只有气态物质才会有体系中不存在分子间相互作用的状态。讨论物质在宏观状态下的种种分子相互作用行为，也只有在讨论体系出现了 λ 点后才可正确地进行讨论。

下面还以水和乙烷为例，水的分子第二斥压力和分子吸引压力与分子间距离 r_{ij} 的关系如图 4-10 所示。图 4-11 是乙烷分子第二斥压力、分子吸引压力与分子间距的关系。

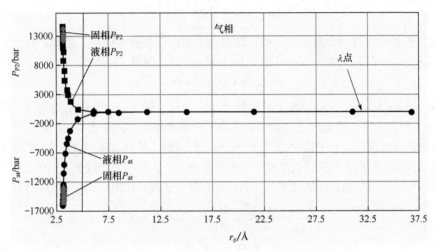

图 4-10　水的 P_{P2}、P_{at} 与分子间距的关系

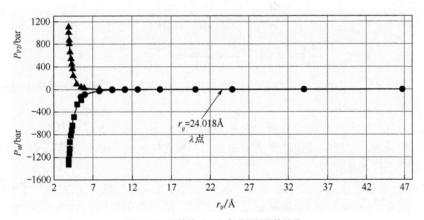

图 4-11　乙烷的 P_{P2}、P_{at} 与分子间距的关系

也可以用水的对比分子第二斥压力和对比分子吸引压力与讨论体系的对比温度（或热力学温度）作图得到位能曲线。

4.4 宏观位能曲线的平衡点

由式(4-22)定义两分子间斥位能和吸引位能与微观位能曲线最低值平衡处分子间距离 r_{ij} 的关系，二者之和为零处，即

$$\frac{\mathrm{d}u_{\Sigma}}{\mathrm{d}r} = \frac{\mathrm{d}u_{P2}}{\mathrm{d}r} - \frac{\mathrm{d}u_{at}}{\mathrm{d}r} = f_{P2} - f_{at} = 0 \qquad (4\text{-}24)$$

式中，f_{P2} 和 f_{at} 为两个分子的排斥力和吸引力。由此两种分子力组成微观 Lennard-Jones 方程，位能曲线上有一个最低点，微观理论称之为平衡点，此处微观分子作用力 $\frac{\mathrm{d}u_{\Sigma}}{\mathrm{d}r}=0$，即微观理论认为在平衡点处分子吸引力 f_{at} 与分子排斥力 f_{P2} 相等[1,2]，净作用力为零，故此处是力的平衡点。按 Lennard-Jones 方程计算得，微观理论认为平衡点处分子间距离为：

$$r_e = \sigma\left(\frac{n}{m}\right)^{\frac{1}{n-m}} = \sigma \times 2^{\frac{1}{6}} = 1.123\sigma \qquad (4\text{-}25)$$

宏观位能曲线也有一个最低点，也称此点为平衡点，与微观的定义相似，分子吸引力位能 $U_{at} = P_{at}V_m$，分子排斥位能 $U_P = P_P V_m$。物质中分子间相互作用力位能：

$$U_{\Sigma} = U_P - U_{at} = 0 \qquad (4\text{-}26)$$

微观 Lennard-Jones 位能曲线上的最低点，认为在平衡点处分子吸引力与分子排斥力相等[1,2]，净作用力为零，微观理论认为平衡点处是分子间作用力的平衡。

宏观位能曲线同样以分子排斥力与分子吸引力的位能之差值表示物质的分子间相互作用，微观理论与两分子间距离相关，故位能呈现的是两个分子的排斥力和吸引力。而宏观理论讨论的是体系积，因而与物质位能相关的压力，在宏观分子相互作用理论中称为分子压力，即

$$\frac{\mathrm{d}U_{\Sigma}}{\mathrm{d}V} = \frac{\mathrm{d}U_{P2}}{\mathrm{d}V} - \frac{\mathrm{d}U_{at}}{\mathrm{d}V} = P_{P2} - P_{at} = 0 \qquad (4\text{-}27)$$

式中，P_{P2} 为分子第二斥压力，P_{at} 为分子吸引压力，二者均是物质中大量分子间相互作用而形成的分子压力，而非两个分子间的相互作用。在宏观位能曲线平衡点处有关系：

$$\frac{\mathrm{d}U_{\Sigma}}{\mathrm{d}V} = 0 , \quad \frac{\mathrm{d}U_{P2}}{\mathrm{d}V} = \frac{\mathrm{d}U_{at}}{\mathrm{d}V} \qquad (4\text{-}28a)$$

$$\frac{\mathrm{d}U_{\Sigma}}{\mathrm{d}V} = 0 , \quad \frac{\mathrm{d}P_{P2}V}{\mathrm{d}V} = \frac{\mathrm{d}P_{at}V}{\mathrm{d}V} , \quad \frac{\mathrm{d}P_{P2}}{\mathrm{d}V} = \frac{\mathrm{d}P_{at}}{\mathrm{d}V} \qquad (4\text{-}28b)$$

式中，$\mathrm{d}P_{P2}/\mathrm{d}V$ 表示的是分子排斥力随体系体积变化的斜率；$\mathrm{d}P_{at}/\mathrm{d}V$ 表示的是分子吸引力随体系体积变化的斜率。

因此，宏观位能曲线平衡点处表示的并不是分子吸引力与分子排斥力相等、净力为零的力的平衡点的关系，宏观位能曲线平衡点的意义与微观位能曲线平衡点的意义有所不同，平衡点表示的分子行为是：

① 物质分子相互作用的位能随体系体积变化为零 [式（4-28a）]。物质分子间相互作用总位能变化为零，分子吸引力位能变化与分子排斥力位能变化相等。

② 物质中分子第二斥压力膨胀功和分子吸引压力膨胀功的变化相同，物质中分子第二斥压力与分子吸引压力的变化相同 [式（4-28b）]。

宏观位能曲线平衡点也是物质中分子基本性质之一，表示符号为 r_e，单位为 Å。

因此，宏观位能曲线平衡点的意义是在平衡点处分子排斥力随体系体积的变化与分子吸引

力随体系体积的变化相等。亦就是说，在平衡点之前分子排斥力随体系体积变化的斜率与分子吸引力随体系体积变化的斜率是不同的。在平衡点处这两个分子作用力随体系体积变化的斜率认为是相等的，显然在超过平衡点时这两个分子作用力随分子间距离变化的斜率应该是不相等的，这表示在平衡点前后分子间吸引作用和分子间排斥作用这两个重要的分子间相互作用的分子行为是有区别的。因此，宏观位能曲线的平衡点应该也是讨论物质的一个重要的基本分子性质。

分子第二斥压力（P_{P2}）和分子吸引压力（P_{at}）均属于分子压力，反映的是物质中分子间相互作用的分子行为，物质的状态参数 PTV 的变化会导致分子间相互作用的变化。

液体物质中有无序分子和短程有序分子，故液体中有两条宏观位能曲线。

① 无序分子宏观位能曲线。平衡点处：

$$\frac{d\left(P_{P2}V - P_{at}V\right)}{dV}\bigg|_n = 0，\quad 即 \quad \frac{dP_{P2}}{dV}\bigg|_n = \frac{dP_{at}}{dV}\bigg|_n \qquad (4\text{-}29)$$

式中，$dP_{P2}/dV|_n$ 表示的是无序分子排斥力随体系体积变化的斜率；$dP_{at}/dV|_n$ 表示的是无序分子吸引力随体系体积变化的斜率。

无序分子宏观位能曲线平衡点处分子间距离为 r_{en}，单位为 Å，与其相对应的体系摩尔体积为 V_{men}。

② 短程有序分子宏观位能曲线。平衡点处：

$$\frac{d\left(P_{P2}V - P_{in}V\right)}{dV}\bigg|_o = 0，\quad 即 \quad \frac{dP_{P2}V}{dV}\bigg|_o = \frac{dP_{in}V}{dV}\bigg|_o \qquad (4\text{-}30)$$

短程有序分子宏观位能曲线平衡点处体系摩尔体积为 V_{meo}；与其相对应的分子间距离为 r_{eo}，单位为 Å；对应的 $dP_{P2}/dV|_o$ 表示的是短程有序分子排斥力随体系体积变化的斜率；$dP_{in}/dV|_o$ 表示的是短程有序分子吸引力（分子内压力 P_{in}）随体系体积变化的斜率。

下面以水和乙烷为例，讨论宏观位能曲线的平衡点，并将宏观位能曲线表示成分子压力 P_{P2}–P_{at} 和 P_{P2}–P_{in} 与体系分子间距 r_{ij} 的关系。

现将图 4-6 水的宏观位能曲线中的液体部分单独列示于图 4-12 中。

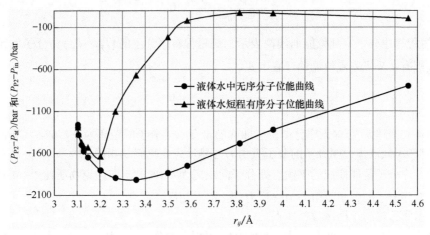

图 4-12　水饱和液体位能曲线

液体中有两种类型分子，因而液体水中有两种宏观位能曲线，一种是水中无序分子的宏观位能曲线，表示水的无序分子的 $(P_{P2} - P_{at})$ 与分子间距离 r_{ij} 的关系；另一种是水中短程有序分子的宏观位能曲线，表示水的短程有序分子的 $(P_{P2} - P_{in})$ 与分子间距离 r_{ij} 的关系。

水的无序分子位能曲线平衡点处分子间距离为 3.3600Å，即讨论物质在 r_{ij} = 3.3600Å 处液体无序分子的分子吸引力与排斥力变化斜率相同。

水的短程有序分子位能曲线的平衡点处分子间距离为 3.2035Å，即讨论物质在 r_{ij} = 3.2035Å 处液体短程有序分子的分子吸引力与排斥力变化斜率相同。

乙烷的宏观位能曲线如图 4-7 所示。现将其中的乙烷饱和液体宏观位能曲线部分单独列示于图 4-13 中。

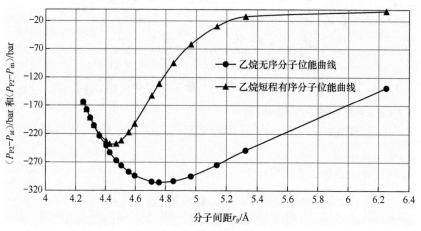

图 4-13 乙烷饱和液体位能曲线

液体乙烷中也有两种类型的分子，因而液体乙烷与水的情况一样，有两种宏观位能曲线。

① 乙烷无序分子宏观位能曲线，表示乙烷无序分子的 $(P_{P2} - P_{at})$ 与分子间距离 r_{ij} 的关系；无序分子宏观位能曲线表示式：

$$\frac{\partial (P_{P2}V - P_{at}V)}{\partial r_{ij}} = 0$$

② 短程有序分子宏观位能曲线，表示乙烷短程有序分子的 $(P_{P2} - P_{in})$ 与分子间距离 r_{ij} 的关系；短程有序分子宏观位能曲线表示式：

$$\frac{\partial (P_{P2}V - P_{in}V)}{\partial r_{ij}} = 0$$

由图 4-13 可见，乙烷无序分子位能曲线的平衡点处分子间距离为 4.7569Å，即讨论物质在 r_{ij} = 4.7569Å 处液体无序分子的分子吸引力与排斥力变化斜率相同。

短程有序分子位能曲线的平衡点处分子间距离为 4.4720Å，即讨论物质在 r_{ij} = 4.4720Å 处液体短程有序分子的分子吸引力与排斥力变化斜率相同。

比较水和乙烷的平衡点数据如下。

无序分子 r_e：水，3.3600Å；乙烷，4.7569Å。短程有序分子 r_e：水，3.2035Å；乙烷，4.4720Å。

由上述数据可推测：

① 由于水分子间有强烈的相互作用，而乙烷的分子相互作用较弱，故而无论是无序分子

还是短序有序分子，水分子间距离要小于乙烷的分子间距离。

② 比较同一物质内无序分子和短程有序分子平衡点的分子间距离，无论水还是乙烷，分子呈有序排列时平衡点的分子间距离会小于分子呈无序分布时平衡点的分子间距离。平衡点处分子排斥力随分子间距离变化的斜率与分子吸引力随分子间距离变化的斜率相等，故而可以认为不同分子作用力随分子间距离变化的斜率相等的分子间距离，对于无序排列分子和有序排列分子是不同的，有序排列分子的平衡点其分子间距离更小些。

微观 Lennard-Jones 方程表明在平衡点处有关系：

$$r_e = \sigma \left(\frac{n}{m} \right)^{\frac{1}{n-m}} = \sigma \times 2^{\frac{1}{6}} = 1.123\sigma \qquad (4\text{-}31)$$

量子力学计算得到[14]水的分子硬球直径 $\sigma = 2.641\,\text{Å}$，乙烷 $\sigma = 4.443\,\text{Å}$。因而可以微观 Lennard-Jones 方程计算得：

水的 Lennard-Jones 位能曲线平衡点处 $r_e = 1.123 \times 2.641 = 2.966$（Å）。

乙烷的 Lennard-Jones 位能曲线平衡点处 $r_e = 1.123 \times 4.443 = 4.989$（Å）。

以这些微观理论计算的结果与宏观位能曲线平衡点计算数据相比较：

水无序分子的 $r_e = 3.3600\,\text{Å}$，使用量子力学计算水的分子硬球直径 $\sigma = 2.641\,\text{Å}$，故有

$$\frac{r_e}{\sigma} = \frac{3.360}{2.641} = 1.2722$$

水短程有序分子的 $r_e = 3.2035\,\text{Å}$，使用量子力学计算水的分子硬球直径 $\sigma = 2.641\,\text{Å}$，故有

$$\frac{r_e}{\sigma} = \frac{3.2035}{2.6410} = 1.2130$$

同样，饱和液体乙烷宏观位能曲线数据表明：

乙烷无序分子，$\dfrac{r_e}{\sigma} = \dfrac{4.7569}{4.443} = 1.071$

乙烷短程有序分子，$\dfrac{r_e}{\sigma} = \dfrac{4.4720}{4.443} = 1.007$

将上述数据列于表 4-4。

表 4-4　乙烷和水的孤立分子对平衡点间距和实际体系平衡点间距

项目	乙烷			水		
	r_e/Å	σ/Å	r_e/σ	r_e/Å	σ/Å	r_e/σ
实际体系	4.7569	4.443	1.071	3.360	2.641	1.272
孤立分子对	2.641	4.443	1.123	2.966	2.651	1.123

表 4-4 中数据表明，微观孤立分子对的平衡点处分子间距与实际体系凝聚相的数据并不相同，因而 Lennard-Jones 方程计算得到的平衡点分子间距结果与宏观位能曲线计算结果并不符合，不能应用于宏观位能曲线平衡点的计算。

这是由于 Lennard-Jones 方程计算的是一个孤立的分子对的位能之和，而这里讨论的体系，无论是乙烷还是水，均是有着众多的 N 个分子对的体系，位能应是体系中所有分子对的位能之和。因此这里讨论的分子对平衡分子间距应是实际体系中 N 个分子对的平衡分子间距的统计平均值。因此，乙烷和水的平衡点处分子间距，是液体凝聚物质在平衡点处所有分子对的分子间距的统计平均值。

下面讨论宏观位能曲线最低点处物质的分子间距和摩尔体积。由图 4-12 知：

① 水无序分子，$r_{en} = 3.360$Å，故平衡点处物质摩尔体积 $V_{me} = N_A r_e = N_A \times 3.360^3 = 22.844$（$cm^3$/mol）。

平衡点处水无序分子，$P_{P2} = 23.984$bar，$P_{at} = 32.650$bar，$P_{Y/C} = 1.361$bar，$V_{me} = 22.844cm^3$/mol。

已知：$P_{Y/C} = \dfrac{P_{P2}}{P_{at}} = 1.361 = \dfrac{V_{me}}{b_L}$，故液体无序分子协体积 $b_L = \dfrac{V_{me}}{1.361} = \dfrac{22.844}{1.361} = 17.102$（$cm^3$/mol），得液体水的硬球直径 $\sigma = 3.0509$ Å，以宏观位能曲线方法得水液体无序分子硬球直径 $\sigma = 3.059$ Å，误差 -0.88%。

② 水短程有序分子，$r_{eo} = 3.2035$Å，故平衡点处物质摩尔体积 $V_{me} = N_A r_e = N_A \times 3.2035^3 = 19.838$（$cm^3$/mol）。

平衡点处水短程有序分子有 $P_{P2} = 39.926$bar，$P_{at} = 46.298$bar，$P_{Y/C} = 1.160$bar，$V_{me} = 9.838cm^3$/mol。

故有液体短程有序分子 $b_L = \dfrac{V_{me}}{1.160} = \dfrac{19.838}{1.160} = 14.482$（$cm^3$/mol），得液体水的硬球直径 $\sigma = 3.032$ Å，以宏观位能曲线方法得水液体有序分子硬球直径 $\sigma = 3.032$ Å，误差为 -0.17%。

4.5 λ 区域——存在有分子相互作用的物质区域

我们常见的物质有气体、液体和固体三种状态。每种状态的物质中均有着大量的分子，这些大量分子呈现着各种分子行为，物质从一种状态转变成另一种状态时，物质中分子会改变其分子行为。物质从一种相状态转变成另一种相状态，例如，气体转变为液体，或者反之，液体转变为气体，不同物质状态之间存在着从一种状态转变成另一种状态的过渡状态，气-液间转变的物质状态称为气液的临界态。液体转变为固体，或者固体转变为液体，也有一种临界态，但物理化学中不称其为临界态而称为凝固点（熔点），液体在凝固点处转化为固体，或者固体在熔点处熔化为液体。物质分子在临界状态两相的分子行为会由于物质状态的变化而发生变化，本节将讨论物质在一定状态条件下发生变化时物质分子行为将会发生什么变化。

物质中分子行为与物质中分子相互作用情况相关，宏观分子相互作用理论将物质中分子相互作用情况以各种分子压力来表示，液体和气体中均存在无序状态分子，这些无序状态分子具有的分子压力包括：分子理想压力、分子第一斥压力、分子第二斥压力和分子吸引压力。

分子理想压力 P_{id}：其变化主要取决于讨论体系的压力、温度和摩尔体积等状态参数的变化，体系状态参数一定，体系中分子理想压力应一定。

分子第一斥压力 P_{P1}：影响分子第一斥压力的是讨论分子本身存在有体积，体系状态条件的变化对分子本身体积的影响可能会有但应不大，从本文所列的分子第一斥压力数据与分子理想压力和分子吸引压力相比，通常在数值上均要低一个以上数量级，故而一般情况下，与其他分子压力相比较，分子第一斥压力可以予以忽视。

对分子行为起着重要影响的是分子第二斥压力 P_{P2} 和分子吸引压力 P_{at}，这两个分子压力相当于所谓的分子间排斥力和分子间吸引力，分子间相互作用的影响主要指的是这两种分子压力的影响。下面来讨论物质中存在分子相互作用影响时这两种分子压力所起的作用。

上面已经讨论了确定宏观物质 λ 点的方法，确定物质 λ 点后讨论体系被 λ 点分成两个区域，如果物质 λ 点是以分子间距表示的话，那么大于 λ 点分子间距的区域，应该是该物质在气体状态下的理想状态区域；而在小于 λ 点分子间距的区域，则应该是该物质在气体、液体和固体状态下的非理想状态区域，即存在分子相互作用影响的真实区域。

宏观分子相互作用理论将物质中存在上述各种分子相互作用的区域，即存在宏观分子相互作用理论的分子压力的区域称为物质的 λ 区域，λ 区域即宏观物质中存在分子间相互作用的区域。

上述讨论中已经介绍了宏观物质的 λ 点的确定，λ 点表明从 λ 点开始物质中开始出现有分子间相互作用，因而物质中开始出现分子间相互作用是在气体中，亦就是物质的 λ 区域开始于气体物质中，液体和固体中都有分子间相互作用，故而气体、液体和固体都有 λ 区域，因而可以将物质 λ 区域分成气体、液体和固体三个区域，分别讨论这三个区域中分子间相互作用的区别，即对物质 λ 区域以气体、液体和固体三种物质类型讨论。

水有气、液、固三种物质状态，故下面以水为例进行讨论。水在 λ 点存在分子作用区域和不存在分子作用的理想状态区域如图 4-14 所示。

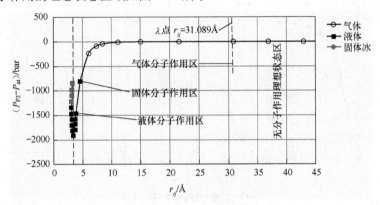

图 4-14　水中各分子作用区域

图 4-14 表明，物质的 λ 点将物质中全部分子相互作用区域分成两部分讨论。其一是图中 λ 点的右边区域，在这个区域中不存在任何分子间相互作用，因而按照热力学理论，这个区域是一个处于理想状态的区域。在这里，分子行为所受到的只是热运动的影响，而没有任何分子间相互作用的影响，不存在分子间吸引力的影响，也不存在分子间排斥力的影响。宏观分子相互作用理论的诸多分子压力中，在这个区域中只存在分子热运动的影响，即分子理想压力的影响。其计算式为：

$$P_{id}^G = \frac{RT}{V_m^G} \tag{4-32}$$

其二是图中 λ 点的左边区域，在这个区域中存在各种分子间相互作用，因而这个区域各种分子间相互作用对体系有着各种影响。这种分子相互作用的影响在 λ 点处影响最小，随着分子间距离的变小，分子间相互作用对体系内分子行为进而对体系性质的影响会越来越大。体系分子行为所受到的不仅是热运动的影响，各种分子间相互作用的影响开始出现，不仅有分子间吸引力的影响，也有分子间排斥力的影响，宏观分子相互作用理论中各种分子压力的影响在这个区域中均会出现。例如表示气体物质中无序分子的分子间相互作用的分子吸引压力、分子第一斥压力和分子第二斥压力的影响均会出现。

由图 4-14 知，在 λ 点左边存在的分子相互作用区域可以分成三个不同区域讨论，亦就是讨论物质有三个不同的分子行为的区域，宏观分子相互作用理论称这些存在分子相互作用的区域为物质的 λ 区，三个不同的分子行为区域分为三个 λ 区，下面分别讨论这三个 λ 区。

4.5.1　气体物质分子作用区（第 1λ 区）

气体物质分子作用区表示在这个区域气体物质性质会受到分子相互作用的影响，这里简

称为第 1λ 区。

第 1λ 区的范围是温度高于 λ 点温度到气体的临界温度,讨论物质是气体。故而第 1λ 区又称为气体分子间相互作用区域。

对水而言其 λ 点处的对比温度为 0.6087,分子间距 r_{ij} =31.089Å。故而水的第 1λ 区范围应该是对比温度从 0.6087 到 1.0,r_{ij} = 31.089~4.560Å(临界温度处的分子间距)。

由图 4-15 可知,在 λ 点左侧第一个存在分子间相互作用的分子行为的区域即为第 1λ 区。在第 1λ 区中随着分子间距改变,物质由气体转变为液体,图中的临界点是第 1λ 区的终点,这里在分子间相互作用下气体转变成液体,即物质由第 1λ 区进入第 2λ 区。在第 2λ 区讨论的是液体的各种分子压力对液体性质产生的影响。

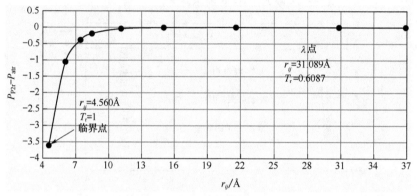

图 4-15　水的位能曲线图(第 1λ 区)

已知,第 1λ 区是气体物质中开始出现并存在有分子作用的区域,在这个区域中气体物质性质会受到分子相互作用的影响。第 1λ 区的范围讨论物质是气体。已知在物质中开始出现分子间相互作用,设定分子排斥力与分子吸引力的差值 $P_{P2} - P_{at}$ = 0.1bar 为讨论物质中认为开始存在分子间相互作用的起点,即讨论物质的 λ 点,故而第 1λ 区的分子行为特征如下。

以体系中分子间距符合生成分子间吸引力的要求:r_{ij}(临界点)$< r_{ij} < r_{\lambda点}$

体系温度符合生成分子间吸引力的要求:T(临界温度)$> T > T_{\lambda点}$

乙烷 λ 点的对比温度为 0.6424,分子间距 r_{ij} = 24.018Å。故而乙烷的第 1λ 区范围应该是对比温度从 0.6424 到 1.0,r_{ij} = 24.018~11.142Å。乙烷第 1λ 区列示于图 4-16。

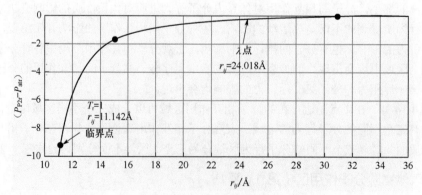

图 4-16　乙烷饱和气体位能曲线

由这些物质宏观位能曲线图知，气体物质的第 1λ 区可以分成两部分来讨论。

① 第一部分（1Aλ）为气体物质中分子间相互作用很小，$P_{P2} - P_{at}$ <0.1bar，或者说物质中分子间相互作用接近零，$P_{P2} - P_{at} \approx 0$，可以认为物质中分子间相互作用很小，或分子间相互作用影响很小或没有影响，故简称为讨论气体物质第 1λ 区的理想状态部分，物理化学热力学理论称之为理想区。

这部分温度低于讨论物质的 λ 点温度，对水而言其对比温度<0.6087，或者是这部分的物质分子间距离大于 λ 点处物质分子间距离，即 r_{ij}(理想区) > r_{ij}(λ 处)。

宏观分子相互作用理论的理想区与热力学理论中的理想状态有一些不同。热力学理论中的理想状态指的是不存在分子间相互作用的物质状态；而宏观分子相互作用理论的理想区指的是物质中分子间的相互作用数量很少，或分子间相互作用的影响很小，或者可以认为没有影响的物质状态部分。亦就是说宏观分子相互作用理论的理想区中有可能与热力学理论相同，但其中分子间相互作用没有影响，但也有可能存在的分子间相互作用影响很小。表 4-5 列示了在理想区中水的一些分子间相互作用参数的数据。这是因为宏观分子相互作用理论关注和讨论的对象是各种分子间相互作用参数对讨论物质的影响。

表 4-5　饱和气体水在理想区的 P_{P2} 和 P_{at} 数值

T_r	r_{ij}	P_{P2}/bar	P_{at}/bar	$(P_{P2}-P_{at})$/bar	P_{at}/P_{P2}
0.3090	2572.361	2.143×10^{-22}	1.073×10^{-13}	-1.073×10^{-13}	500538301.36
0.3553	706.733	2.279×10^{-17}	2.366×10^{-10}	-2.366×10^{-10}	10380751.19
0.3708	446.589	1.394×10^{-15}	3.652×10^{-9}	-3.652×10^{-9}	2619358.82
0.4017	263.588	1.551×10^{-13}	8.352×10^{-8}	-8.352×10^{-8}	538593.98
0.4220	183.426	3.965×10^{-12}	7.196×10^{-7}	-7.196×10^{-7}	181500.02
0.4220	183.426	3.965×10^{-12}	7.196×10^{-7}	-7.196×10^{-7}	181500.02
0.4326	157.418	1.552×10^{-11}	1.781×10^{-6}	-1.781×10^{-6}	114725.47
0.4635	105.390	5.561×10^{-10}	1.915×10^{-5}	-1.915×10^{-5}	34427.54
0.5098	64.138	4.630×10^{-8}	3.593×10^{-4}	-3.593×10^{-4}	7760.41
0.5562	42.931	1.638×10^{-6}	3.812×10^{-3}	-3.810×10^{-3}	2327.34
0.5765	36.896	6.274×10^{-6}	9.269×10^{-3}	-9.263×10^{-3}	1477.38

表 4-5 中数据表明，在水位能曲线的理想区部分，水分子间相互作用情况为：

a. 分子第二斥压力 P_{P2} 和分子吸引压力 P_{at} 数据均很小，均可以近似为零值。也就是说，可以认为在第 1Aλ 区不存在有分子间相互作用，即处在理想状态。

b. P_{P2} 与 P_{at} 相比较，分子排斥力 P_{P2} 值要小得多，表中 P_{P2} 值最小时可为分子吸引力 P_{at} 值的 5 亿分之一，故而在理想区部分，如果要考虑分子间相互作用的影响，分子吸引压力应该是主要对象。

c. 已知在 λ 处设定的 $P_{P2} - P_{at}$ =0.1bar，从表 4-5 所列数据来看均符合这个要求，因此对理想区的分子相互作用的要求可设置为当分子吸引压力 P_{at} <0.1bar 时，即可认为气体位能曲线处在理想区。

处在第 1Aλ 区的物质状态可以下式说明。

已知分子压力微观结构式 $\qquad P = P_{id} + P_{P1} + P_{P2} - P_{at}$ $\qquad$（4-33）

在第 1A λ 区中不存在分子间相互作用，即 $P_{P1} = 0$、$P_{P2} = 0$ 和 $P_{at} = 0$。故有

$$P = P_{id}$$ $\qquad$（4-34）

第 1 λ 区的理想区中体系压力为分子理想压力，也就是第 1A λ 区中物质分子行为是分子热运动，故在第 1A λ 区中可认为不存在任何分子相互作用。

② 第二部分为气体物质中出现有分子间相互作用，$P_{P2} - P_{at} > 0.1\text{bar}$，或者说物质中分子间相互作用开始有一定的数值，或者说分子间相互作用有了一定的影响，是物质中分子间相互作用开始发生各种影响的物质状态部分，故称为讨论气体物质的第 1B λ 区。

上述物质的理想区由于物质分子间相互作用影响很小或没有影响，理想区不是宏观分子相互作用理论讨论的对象。而气体物质的第 1B λ 区开始出现宏观物质分子间相互作用的各种影响，是宏观分子相互作用理论的讨论对象。

第 1B λ 区部分温度高于讨论物质的 λ 点温度，或者第 1B λ 区的物质分子间距离 < λ 点处物质分子间距离，即 r_{ij}（第 1B λ 区）< r_{ij}（λ 处）。

第 1B λ 区起始于讨论物质的 λ 点，终止于讨论物质的临界点，在这一范围内讨论物质中存在各种分子间相互作用，在这一范围内讨论物质性质会始终受到物质中分子间相互作用各种变化的影响。

由物质的位能曲线知在第 1B λ 区水和乙烷宏观位能曲线有以下特点：

① λ 点出现意味着在讨论物质内部开始有分子间相互作用，尽管其数值很低，$P_{P2} - P_{at} = 0.1\text{bar}$，但这意味着宏观物质开始出现位能曲线，也就是说 λ 点是物质位能曲线的起点。

② 由 λ 点进入第 1B λ 区时气体分子中刚开始出现分子间相互作用，在第 1B λ 区的一部分范围内无论是水还是乙烷，气体物质分子间相互作用的强度应该很弱，因而宏观位能曲线的位置应该是处于离零值轴不远的小的负值附近。由于此时 P_{P2} 数值很小，故宏观位能曲线主要取决于 P_{at} 的变化，也就是在第 1B λ 区分子间相互作用中分子吸引力数值大于分子排斥力数值。

③ 随着温度升高，水和乙烷位能曲线与零值轴的偏离逐渐加大，P_{P2} 和 P_{at} 数值逐渐加大，位能曲线的 $(P_{P2} - P_{at})$ 值也逐渐加大，当接近临界点时 $(P_{P2} - P_{at})$ 值会有急剧的变化。

④ 第 1B λ 区气体的宏观位能曲线反映分子相互作用 $(P_{P2} - P_{at})$ 与分子间距离 r_{ij} 的关系，这个关系也反映了物质中分子吸引力与分子间距离 r_{ij} 和分子排斥力与分子间距离 r_{ij} 之间的关系，即 $\dfrac{\partial P_{at}}{\partial r_{ij}}$ 与 $\dfrac{\partial P_{P2}}{\partial r_{ij}}$ 之间的关系。将相关数据整理成图 4-17 进行比较。

图 4-17 中以 $\dfrac{\Delta P_{P2}}{\Delta r_{ij}}$ 表示 $\dfrac{\partial P_{P2}}{\partial r_{ij}}$，以 $\dfrac{\Delta P_{at}}{\Delta r_{ij}}$ 表示 $\dfrac{\partial P_{at}}{\partial r_{ij}}$，分别表示物质中分子间距离变化单位距离时物质中分子排斥力 P_{P2} 和分子吸引力 P_{at} 的变化。

由图知，物质从状态 1 变化到状态 2 时 $\dfrac{\partial P_{at}}{\partial r_{ij}}$ 为 P_{at} 随分子间距变化的斜率，$\dfrac{\partial P_{P2}}{\partial r_{ij}}$ 为 P_{P2} 随分子间距变化的斜率，可以看出 $\dfrac{\partial P_{at}}{\partial r_{ij}} > \dfrac{\partial P_{P2}}{\partial r_{ij}}$，因而在第 1B λ 区中气体物质的 $\dfrac{\partial P_{at}}{\partial r_{ij}} > \dfrac{\partial P_{P2}}{\partial r_{ij}}$。为说明这点，表 4-6 中列示了物质从状态 1 变化到状态 2 时物质分子间距离改变 Δr_{ij}、分子排斥力改

变 ΔP_{P2} 和分子吸引力改变 ΔP_{P2} 的数据，以供参考。

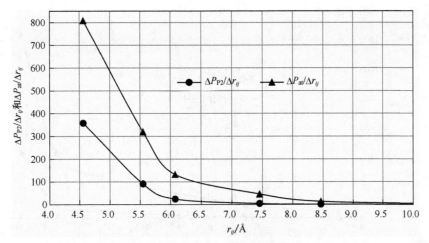

图 4-17　水的 P_{P2} 与 P_{at} 随分子间距的变化

表 4-6　水饱和气体分子间距离、分子排斥力和分子吸引力随物质状态的变化

物质状态	分子参数			状态 2 分子参数-状态 1 分子参数		
	$r_{ij}/\text{Å}$	P_{P2}/bar	P_{at}/bar	$(r_{ij,2}-r_{ij,1})/\text{Å}$	$(P_{P2,2}-P_{P2,1})/\text{bar}$	$(P_{at,2}-P_{at,1})/\text{bar}$
1	183.426	3.965×10^{-12}	7.196×10^{-7}			
2	157.418	1.552×10^{-11}	1.781×10^{-6}	26.008	1.156×10^{-11}	1.061×10^{-6}
3	105.390	5.561×10^{-10}	1.915×10^{-5}	52.028	5.406×10^{-10}	1.737×10^{-5}
4	64.138	4.630×10^{-8}	0.000	41.251	4.574×10^{-8}	0.000
5	48.637	5.412×10^{-7}	0.002	15.502	4.949×10^{-7}	0.001
6	36.896	6.274×10^{-6}	0.009	11.741	5.733×10^{-6}	0.007
7	30.940	2.981×10^{-5}	0.026	5.956	2.353×10^{-5}	0.017
8	15.053	0.017	1.695	15.886	0.017	1.669
9	11.142	0.225	9.427	3.912	0.208	7.732
10	8.464	2.296	44.133	2.678	2.071	34.706
11	7.453	6.235	90.222	1.011	3.939	46.088
12	6.076	39.523	272.052	1.376	33.288	181.831
13	5.545	87.562	441.581	0.531	48.040	169.529
14	4.560	440.029	1238.269	0.985	352.467	796.688

对表 4-6 中数据说明如下：设物质状态从状态 9 改变到状态 10，这时物质中分子间距离从 11.142 改变到 8.464，变化 $\Delta r_{ij}=2.678\text{Å}$，此时分子排斥力变化 $\Delta P_{P2}=2.071\text{bar}$，而分子吸引力变化 $\Delta P_{at}=34.706\text{bar}$，分子吸引力的变化远大于分子排斥力的变化。

分子第 1B λ 区中其他各状态点变化引起的分子间相互作用变化与上述情况类似。故而分子第 1B λ 区中分子间相互作用特征为：

a. 气体物质在第 1B λ 区中分子吸引力的数值大于或远大于分子排斥力。

图 4-18 列示了水饱和气体中分子吸引力与分子排斥力的比较。

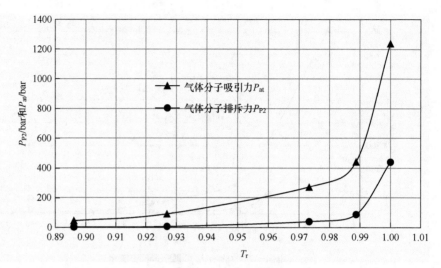

图 4-18 水饱和气体的分子吸引力和排斥力

b. 在第 1B λ 区中接近物质熔点处的温度较低，物质的分子排斥力不但数值很低，而且随分子间距的变化也很小。反之，分子吸引力不但数值较高，而且随分子间距的变化非常明显。例如，图 4-19 中列示了甲烷在第 1λ 区的分子吸引力变化/分子间距变化和分子排斥力变化/分子间距变化与体系对比温度的关系。

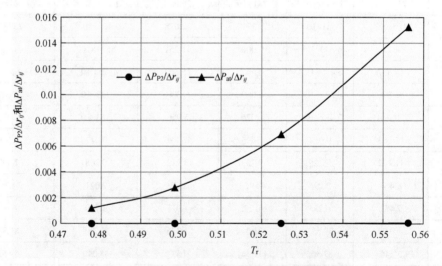

图 4-19 甲烷 $\Delta P_{P2}/\Delta r_{ij}$ 和 $\Delta P_{at}/\Delta r_{ij}$ 与体系对比温度的关系

与图 4-19 类似，图 4-20 中列示了乙烷在第 1B λ 区的分子吸引力变化/分子间距变化和分子排斥力变化/分子间距变化与体系对比温度的关系。

c. 图 4-19 和图 4-20 显示了相似的分子行为。在第 1B λ 区的物质状态中分子吸引力的变化均强于分子排斥力的变化。这应该是普遍的分子行为。即在第 1B λ 区中随物质状态的变化（随物质中分子间距的变化，或随物质温度、压力的变化），物质分子吸引力的变化均强于物质分子排斥力的变化，即

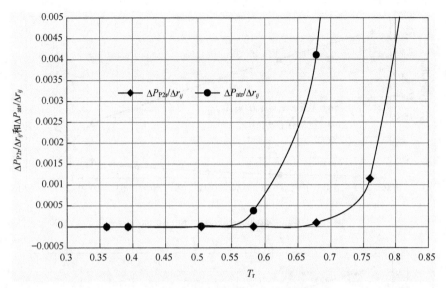

图 4-20 乙烷 $\Delta P_{P2r}/\Delta r_{ij}$ 和 $\Delta P_{atr}/\Delta r_{ij}$ 和对比温度的关系

$$\frac{\partial P_{at}}{\partial r_{ij}} > \frac{\partial P_{P2}}{\partial r_{ij}} \ ; \quad \frac{\partial P_{at}}{\partial T} > \frac{\partial P_{P2}}{\partial T} \ ; \quad \frac{\partial P_{at}}{\partial P} > \frac{\partial P_{P2}}{\partial P}$$

在第 1B λ 区中从体系的 λ 点到物质临界点处，P_{at} 和 P_{P2} 数值均逐渐增大，在接近临界点时数值会发生突变，而且 P_{at} 数值突增，比排斥力 P_{P2} 要高得多，这意味着在临界点处将会发生相变。气体发生相变意味着非凝聚相气体将要转变成凝聚相液体，分子间相互作用要求气相中分子间吸引作用力应该大于液体分子间排斥作用力，亦就是说分子间相互作用将从第 1B λ 区进入第 2λ 区。反之，由凝聚相液体将要转变成非凝聚相气体时，分子间相互作用要求液相中分子间排斥作用力应该大于气体在临界点的分子间吸引作用力，从而使气相变为液相，也是阻止液相转变回气相的分子间相互作用条件，一旦液体排斥力超过这个分子吸引力，分子间相互作用将使物质从第 2λ 区返回到第 1Bλ 区。以物质水为例，由气体转变为液体，即分子间相互作用从第 1B λ 区进入第 2λ 区。

水的数据表明在对比温度 0.90～1.00 范围内气体中分子间吸引作用力均大于分子间排斥作用力，并且在 $T_r > 0.99$ 时吸引力值远超排斥力（图 4-18），那么为何 $T_r=0.90～0.99$ 范围内不发生相变，而只要 $T_r > 0.99$ 到 $T_r = 1.00$ 时才发生气体向液体的相变？

图 4-21 中列示了另一种表示水在液体中的分子间作用力的曲线，在对比温度 $T_r < 0.99$ 时液体排斥力数值远高于气体中分子吸引力数值，因而这时不可能发生气向液转变的相变。但是气体的分子间吸引作用力曲线与液体的分子间排斥作用力曲线在约 $T_r = 0.995$ 处相交，这时液体的 P_{P2} 数值与气体的 P_{at} 数值接近，温度再稍高些，P_{at} 将高出液体排斥力，这意味着体系为从气体向液体的相变做好了准备，开始了气体向液体的转变，因而对比温度 $T_r = 0.995～1.00$ 是个相变进行区，这时体系应为气-液混合区。

非极性物质乙烷的情况与水的情况相似，如图 4-22 所示。

各个物质在相变过程中呈现的情况表明，每种物质都应有其自己的气-液混合区，这应该与讨论物质具有的分子间相互作用力的强弱有关，对水而言这个混合区范围约在 $T_r = 0.995～1.00$，而乙烷约在 $T_r = 0.986～1.00$。

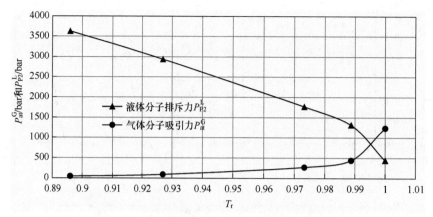

图 4-21　饱和水临界状态的气体分子吸引力和液体排斥力

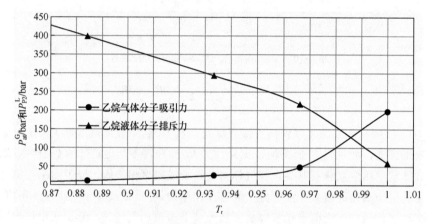

图 4-22　饱和乙烷临界状态气体分子吸引力和液体排斥力

与水相比乙烷开始发生相变的温度较低，说明非极性物质乙烷中分子间相互作用较极性物质水要弱一些，克服液体排斥力的能力也差一些。

通过宏观分子相互作用理论，可以像水和乙烷那样描绘每个物质，如图 4-21 和图 4-22，从而确定各种物质开始发生气向液的相变温度点和进行相变的温度范围，这将在下一章中讨论。

至此我们讨论了物质中开始出现分子间相互作用并逐渐加强的第 1B λ 区的分子行为。总之，第 1B λ 区的分子行为有以下几个特点。

a. 第 1B λ 区的分子行为 1：分子吸引力＞分子排斥力，$P_{at} > P_{P2}$。

b. 第 1B λ 区的分子行为 2：分子吸引力随分子间距变化速率＞分子排斥力随分子间距变化速率，$\dfrac{\partial P_{at}}{\partial r_{ij}} > \dfrac{\partial P_{P2}}{\partial r_{ij}}$。

同理，分子吸引力随体系温度变化速率＞分子排斥力随体系温度变化速率，即

$$\frac{\partial P_{at}}{\partial T} > \frac{\partial P_{P2}}{\partial T} \qquad \frac{\partial P_{at}}{\partial T_r} > \frac{\partial P_{P2}}{\partial T_r}$$

c. 第 1B λ 区的分子行为 3：当第 1B λ 区中分子吸引力＞与气体相平衡的饱和液体的分子排斥力时，讨论物质会发生气体向液体的相变。即讨论物质的分子行为进入第 2λ 区。

4.5.2 第2λ区

讨论物质在分子相互作用下，经过物质状态相变，由气体变化为液体，即由物质的第1λ区进入物质的第2λ区。

第2λ区是存在分子作用的液体物质区域，由于在这个分子作用区中分子吸引力是主要的分子间作用力，故第2λ区又称为液体分子吸引力区，简称为液体区，第2λ区的分子相互作用范围如下。

以体系中分子间距表示：　　　　　$r_{ij临界点} > r_{ij} > r_{ij熔点}$

以体系温度表示：　　　　　　　　$T_{临界点} > T > T_{熔点}$

以体系分子吸引力和排斥力表示：　$P_{at} > P_{P2}(T_{mf} \sim T_C)$

亦就是第2λ区的范围是从临界点到物质熔点的全部液体物质区域。

讨论物质是液体，但在第2λ区内与液体可能同时存在的还有与液体相平衡的饱和气体，气、液分子相互作用彼此会有影响，即出现相平衡问题，分子相互作用对相平衡的影响将在第6、7章中讨论。

物质在第1λ区中有可能不存在或只有很小的分子间相互作用。但在第2λ区内液体中必定存在着大量分子，并且液体中应该有强烈的分子间相互作用，液体分子相互作用对体系的性质也应有一定的影响。

图4-23所示的液体水分子作用区表示在这个区域中液体物质性质会受到分子相互作用的影响，该区域称为第2λ区，又称为液体区。

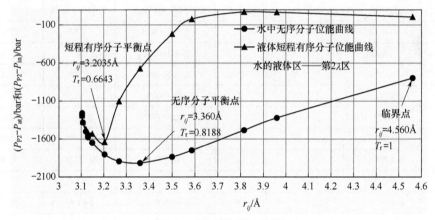

图4-23　饱和液体水的位能曲线

第2λ区又可称为分子相互作用对液体性质的影响区。

第2λ区中存在有两条液体宏观分子相互作用的位能曲线，有两处位能曲线最低点，也就是有两个分子相互作用的平衡点，即液体无序分子的位能曲线平衡点和液体短程有序分子位能曲线平衡点。

水的第2λ区的无序分子位能曲线和平衡点、短程有序分子位能曲线和平衡点如图4-23所示。

与水的情况相似，乙烷在液体中也有两种不同的分子，乙烷两种不同分子的第2λ区如图4-24所示。

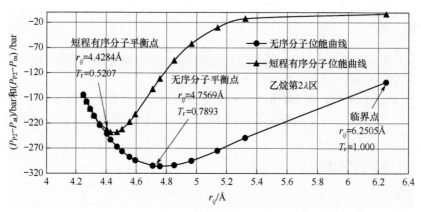

图 4-24　乙烷饱和液体位能曲线

第 2λ 区的特点是：

① 温度范围广，从讨论物质熔点到其临界温度，因而在这么宽的温度范围内，讨论对象——液体应该会受到较复杂的分子相互作用的影响。

② 讨论对象是液体，液体分子的特点是存在有两种分子，一种是无序动态分子，另一种是短程有序静态分子。在不同的状态下液体体系内无序动态分子和短程有序分子的分子行为情况不同，对液体的影响也不同。物质在一定的状态条件下这两种分子分别占物质分子数量一定比例，其比例在不同状态条件下不同。以饱和液体水为例不同分子比例如表 4-7 所示。

表 4-7　液体水在不同状态下无序分子和短程有序分子比例

编号	压力/bar	温度/K	温度/℃	比体积/（m³/kg）	无序分子比例	有序分子比例
1	0.00611	273.15	0	0.00100013	7.400%	92.600%
2	0.006574	274.15	1	0.00100007	7.440%	92.560%
3	0.00706675	275.15	2	0.00100003	7.470%	92.530%
4	0.0076439	276.15	3	0.00100001	7.510%	92.490%
5	0.0077611	276.35	3.2	0.001000008	7.520%	92.480%
6	0.0078783	276.55	3.4	0.001000006	7.520%	92.480%
7	0.0079955	276.75	3.6	0.001000004	7.530%	92.470%
8	0.0081127	276.95	3.8	0.001000002	7.540%	92.460%
9	0.0081713	277.05	3.9	0.001000001	7.540%	92.460%
10	0.0083122	277.15	4	0.001	7.540%	92.460%
11	0.0083471	277.35	4.2	0.001000002	7.550%	92.450%
12	0.0084643	277.55	4.4	0.001000004	7.560%	92.440%
13	0.0085815	277.75	4.6	0.001000006	7.570%	92.430%
14	0.0086987	277.95	4.8	0.001000008	7.570%	92.430%
15	0.0088159	278.15	5	0.000277546	7.580%	92.420%
16	0.0099	280	6.85	0.000380239	7.650%	92.350%
17	0.01387	285	11.85	0.000657785	7.830%	92.170%
18	0.01917	290	16.85	0.000935332	8.010%	91.990%

③ 第 2λ 区表示物质分子间相互作用的分子行为的方法是宏观位能曲线。

按照宏观位能曲线的定义,宏观物质中将分子排斥力和分子吸引力的贡献综合起来,以其差值表示分子间相互作用力与分子间距 r_{ij} 的关系,这个关系称为宏观位能函数,据此描绘与分子间距 r_{ij} 的关系曲线,称作宏观位能曲线。

因此在第 2λ 区中液体物质的宏观位能曲线有两种:一种是讨论液体中动态分子即无序分子的分子间排斥力和吸引力的综合贡献与分子间距的函数关系,由此绘制的动态分子或无序分子的宏观位能曲线,称为无序分子的宏观位能曲线。另一种是讨论液体中静态分子,即短程有序分子的分子间排斥力和吸引力的综合贡献与分子间距的函数关系,由此绘制的静态分子位能曲线,称为短程有序分子的宏观位能曲线。

下面分别介绍这两种宏观位能曲线。

（1）液体中无序分子的宏观位能曲线

液体宏观位能曲线常用两种表示方法:其一是以分子间距 r_{ij} 为变量,讨论 $P_{\mathrm{P2}}^{\mathrm{L}} - P_{\mathrm{at}}^{\mathrm{L}}$ 与 r_{ij} 的关系,这是常用的表示位能曲线的方法。在上述讨论中已列示了这类宏观位能曲线,如水、乙烷的宏观位能曲线。其二是以体系温度 T 或对比温度 T_{r} 为变量,讨论 $\left(P_{\mathrm{P2}}^{\mathrm{L}} - P_{\mathrm{at}}^{\mathrm{L}}\right)$ 与 T 或 T_{r} 的关系,图 4-25 为以体系温度表示的液体水的位能曲线。

以温度为变量表示水的位能曲线与以分子间距表示的位能曲线有些区别:首先二者曲线形状不同,以分子间距表示的水的位能曲线与微观 Lennard-Jones 形式位能曲线有些相似,但以温度表示时,位能曲线形状被展宽。

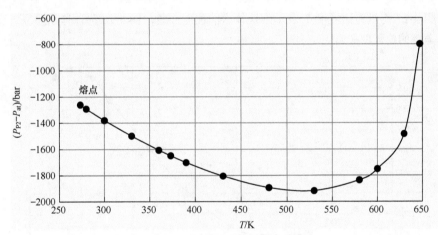

图 4-25　液体水以温度表示的位能曲线

以温度为变量表示水的位能曲线和以分子间距表示的位能曲线均存在位能曲线的最低点,即位能曲线的平衡点,即有

以分子间距表示:
$$\frac{\partial \left(P_{\mathrm{P2}}^{\mathrm{L}} - P_{\mathrm{at}}^{\mathrm{L}}\right)}{\partial r_{ij}} = 0 \ , \quad \frac{\partial P_{\mathrm{P2}}^{\mathrm{L}}}{\partial r_{ij}} = \frac{\partial P_{\mathrm{at}}^{\mathrm{L}}}{\partial r_{ij}}$$

以温度表示:
$$\frac{\partial \left(P_{\mathrm{P2}}^{\mathrm{L}} - P_{\mathrm{at}}^{\mathrm{L}}\right)}{\partial T} = 0 \ , \quad \frac{\partial P_{\mathrm{P2}}^{\mathrm{L}}}{\partial T} = \frac{\partial P_{\mathrm{at}}^{\mathrm{L}}}{\partial T}$$

（2）液体中短程有序分子的宏观位能曲线

液体中短程有序分子的宏观位能曲线也由两部分分子间相互作用组成,即分子间排斥力

的贡献部分和吸引力的贡献部分，即 $\left(P_{P2} - P_{in}\right)$。

因此，可以用分子压力 $\left(P_{P2} - P_{in}\right)$ 来绘制液体宏观位能曲线。同样，液体宏观位能曲线常用两种表示方法，其一是以分子间距 r_{ij} 为变量，讨论 $\left(P_{p2}^L - P_{in}^L\right)$ 与 r_{ij} 的关系。

图 4-26 表示非极性物质辛烷液体中短程有序分子的分子间相互作用，以分子间距为变量，以分子排斥力与吸引力的差值 $\left(P_{P2} - P_{in}\right)$ 表示的宏观位能曲线。

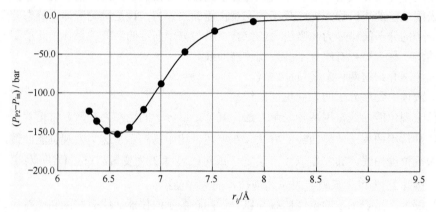

图 4-26　辛烷短程有序分子的宏观位能曲线

同样可以以体系温度 T 或对比温度 T_r 为变量，宏观位能曲线表示为 $\left(P_{P2} - P_{in}\right)$ 与 T 或 T_r 的关系。图 4-27 为以对比温度 T_r 表示的液体水的位能曲线。图 4-28 为以体系温度为变量表示的液体辛烷的位能曲线。

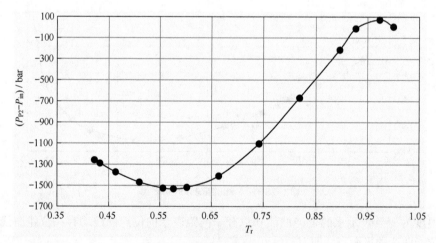

图 4-27　水静态分子的宏观位能曲线

将水的无序分子即动态分子的宏观位能曲线与水的短程有序分子即静态分子的宏观位能曲线放在一起进行比较，从而可以了解液体的动态分子与静态分子的分子行为的区别。这两种不同水分子的宏观位能曲线比较见图 4-29。

由图 4-29 知讨论物质中有两条位能曲线，饱和液体水有动态分子和静态分子两个宏观位能曲线，这意味着物质中动态分子和静态分子两种分子行为不同，动态分子和静态分子两种分子的不同分子行为在位能曲线上反映在这两种宏观位能曲线出现各自的位能曲线最低点，即位能曲线平衡点。

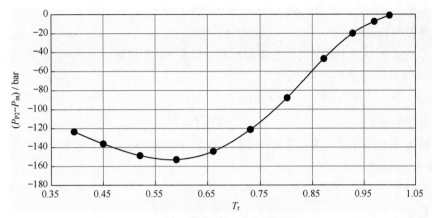

图 4-28　辛烷静态分子的宏观位能曲线

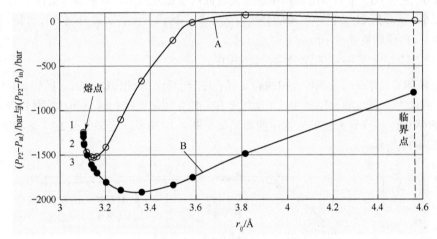

图 4-29　水静态分子（A）和动态分子（B）的宏观位能曲线

在出现位能曲线平衡点的前后，讨论物质中动态分子和静态分子的分子行为是有一些区别的，应该分别讨论，故而液体的第 2λ 区可以依据位能曲线平衡点分成两个区域来讨论，即分成第 2Aλ 区和第 2Bλ 区讨论，即

第 2λ 区 = 第 2Aλ 区 + 第 2Bλ 区

第 2Aλ 区：这个区域是从物质的临界点到宏观位能曲线的平衡点。

以水为例，水无序分子平衡点的对比温度为 0.6643，临界点对比温度为 0.4560，因而水的第 2Aλ 区范围以对比温度表示时为 0.4560～0.6643。

水短程有序分子平衡点的对比温度为 0.8188，临界点对比温度为 0.4560，因而由水的短程有序分子位能曲线来看，水的第 2Aλ 区以对比温度表示为 0.4560～0.8188。

第 2Bλ 区：这个区域是从宏观位能曲线的平衡点到物质的熔点。

以水为例，水无序分子平衡点的对比温度为 0.6643，水熔点对比温度为 0.4220，故水的第 2Bλ 区以对比温度表示为 0.6643～0.4220。

水短程有序分子平衡点的对比温度为 0.8188，水熔点对比温度为 0.4220，因而由水的短程有序分子位能曲线来看，水的第 2Bλ 区以对比温度表示为 0.8188～0.4220。

因而第2λ区的范围如下。

以体系中分子的分子间距表示：$r_{ij(临界点)} > r_{ij} > r_{ij(熔点)}$

以体系温度表示：$T_{临界点} > T > T_{熔点}$

亦就是说第2λ区是从临界点到物质熔点的全部液体物质区域。

第2Aλ区范围如下。

以体系中分子的分子间距表示：$r_{ij(临界点)} > r_{ij} > r_{ij(平衡)}$

以体系温度表示：$T_{临界点} > T > T_{平衡}$

亦就是说第2Aλ区的范围是从临界点到物质宏观位能曲线平衡点的液体物质区域。

第2Bλ区范围如下。

以体系中分子的分子间距表示：$r_{ij(平衡)} > r_{ij} > r_{ij(熔点)}$

以体系温度表示：$T_{平衡} > T > T_{熔点}$

亦就是说第2Bλ区的范围是物质宏观位能曲线平衡点到熔点的液体物质区域。

第2Aλ区和第2Bλ区中物质的分子行为不同，因而下面将二者分别进行讨论。这里先讨论第2Aλ区中物质的分子行为。

4.5.2.1　第2Aλ区——无序分子位能曲线

由于液体有无序分子宏观位能曲线和短程有序分子宏观位能曲线，2Aλ区和2Bλ区均有这两种位能曲线，因此将分别讨论。下面以水和乙烷为例讨论在2Aλ区中这两种位能曲线。

水的第2Aλ区两种分子的宏观位能曲线如见图4-30所示，乙烷在第2Aλ区的宏观位能曲线如图4-31所示。

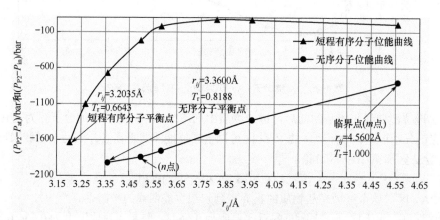

图4-30　第2Aλ区水饱和液体的位能曲线

从水和乙烷在第2Aλ区中位能曲线的形态来看，在物质的第2λ区中有无序分子位能曲线和短程有序分子位能曲线，本节先讨论无序分子位能曲线，通过无序分子位能曲线的变化，了解和讨论物质中无序分子的分子行为。

① 在第2Aλ区中水的无序分子位能曲线以分子间距表示的范围为从临界点4.5602Å到平衡点3.3600Å。由图4-30知，在4.5602～3.500Å（近平衡点）范围内水的分子间相互作用以$(P_{P2} - P_{at})$表示的物质分子相互作用与水的分子间距离r_{ij}的关系可以认为近似线性关系。但在3.500～3.3600Å范围内$(P_{P2} - P_{at})$与水的r_{ij}有些偏离线性关系。

乙烷无序分子有类似分子行为，从临界点 6.2505Å 到平衡点 4.7569Å 范围内在 4.9657～6.2505Å 范围中（$P_{P2}-P_{at}$）与乙烷的 r_{ij} 符合线性关系，见图 4-31。

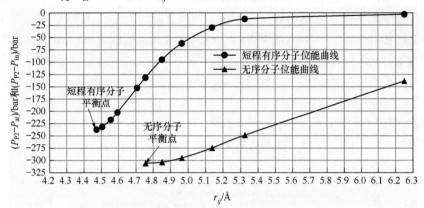

图 4-31　第 2Aλ 区乙烷无序分子和短程有序分子宏观位能曲线

无序分子的位能曲线表明，由临界点到位能曲线平衡点，（$P_{P2}-P_{at}$）数值随着 r_{ij} 变小而减小，而水在 4.5602～3.500Å（近平衡点），乙烷在 4.8520～6.2505Å（近平衡点）范围内呈近似线性变化，即有

$$\frac{\partial\left(P_{P2}-P_{at}\right)}{\partial r_{ij}} \approx K_r \tag{4-35}$$

式中，K_r 为常数，是无序分子（$P_{P2}-P_{at}$）与水的分子间距离 r_{ij} 的位能曲线的斜率。现在位能曲线处设为 n 和 m 两处有 $K_r^n = K_r^m$，则：

无序分子位能曲线的分子行为
$$\left.\frac{\partial\left(P_{P2}-P_{at}\right)}{\partial r_{ij}}\right|_n \approx \left.\frac{\partial\left(P_{P2}-P_{at}\right)}{\partial r_{ij}}\right|_m \tag{4-36}$$

水在 m 点处，$(P_{P2}-P_{at})|_{m=4.5602\text{Å}} = 799.06$；在 n 点处，$(P_{P2}-P_{at})|_{n=3.500\text{Å}} = 1836.15$。对此回归计算，得

$$(P_{P2}-P_{at})|_{m\sim n \text{ 线性范围}} = A + K_r r_{ij} = -5259.90 + 978.21 r_{ij} \quad r = 1.000$$

因而水无序分子位能曲线的斜率 $K_r = 978.21$。

图 4-30 由 m 到 n 点有一定线性范围，知道无序分子位能曲线的斜率就可以计算在此线性范围内任何分子间距的 $(P_{P2}-P_{at})$ 值。

$$P_{P2}-P_{at} = (P_{P2}-P_{at})|_{m=4.5602\text{Å}} = 799.06 + 978.21 \times (4.5602 - 3.500) = 1836.15$$

乙烷无序分子位能曲线分子间距范围为由临界点 6.2505Å 到平衡点 4.7569Å。由图 4-31 知，在 6.2505～4.8520Å（近平衡点）范围内乙烷的分子间相互作用（$P_{P2}-P_{at}$）与乙烷的分子间距离 r_{ij} 的关系可以近似认为是线性关系。在 4.8520～4.7569Å 范围内（$P_{P2}-P_{at}$）与乙烷的分子间距 r_{ij} 有些偏离线性关系。对乙烷的无序分子位能曲线（分子间距范围为 6.2505～4.8520Å）的（$P_{P2}-P_{at}$）与分子间距离 r_{ij} 实际数值进行线性回归计算，得关系式：

$$P_{P2}-P_{at} \approx -889.6180 + 120.1418 r_{ij} \quad r = 0.9988 \tag{4-37}$$

因而液体乙烷无序分子位能曲线斜率 $K_r = 120.14$。

比较水和乙烷的无序分子位能曲线的斜率可知，

$$K_r^{\text{水}} > K_r^{\text{乙烷}}$$

说明物质中变化同样的分子间距时引起物质中$(P_{P2}-P_{at})$的变化，即水中分子相互作用的变化要比乙烷大得多，即水的分子相互作用强度要比乙烷强得多。

水无序分子位能曲线在 3.500～3.3600Å 范围内$(P_{P2}-P_{at})$与r_{ij}偏离线性关系，乙烷无序分子位能曲线在4.8520～4.7569Å范围内$(P_{P2}-P_{at})$与r_{ij}偏离线性关系。其原因是水在3.3600Å处、乙烷在4.7569Å处是无序分子位能曲线的平衡点，故水和乙烷的无序分子位能曲线必定在平衡点前，水约在3.500Å处、乙烷约在4.8520Å处，曲线会改变原先的线性关系走势。

在第2Aλ区中水和乙烷的无序分子位能曲线呈线性关系，应与物质中无序分子的数量有关。图4-32列示了物质中水在分子间距 4.5602～3.500Å，乙烷在分子间距 6.2505～4.8520Å 范围内分子相互作用$(P_{P2}-P_{at})$与水和乙烷无序分子占物质分子的百分比的关系。

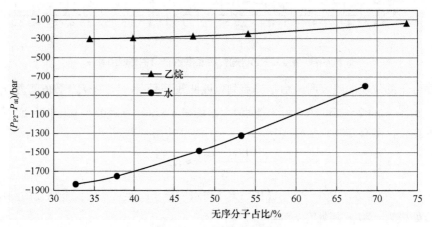

图 4-32　水和乙烷$(P_{P2}-P_{at})$与物质中无序分子占比关系

图4-32表明水和乙烷的分子相互作用$(P_{P2}-P_{at})$随着物质中无序分子数量的增加而增强，并且呈线性关系变化。

② 无序分子位能曲线平衡点处

$$\left.\frac{\mathrm{d}\left(P_{P2}-P_{at}\right)}{\mathrm{d}r_{ij}}\right|_{e}=0 \tag{4-38a}$$

$$\left.\frac{\mathrm{d}P_{P2}}{\mathrm{d}r_{ij}}\right|_{e}=\left.\frac{\mathrm{d}P_{at}}{\mathrm{d}r_{ij}}\right|_{e} \tag{4-38b}$$

式中，$\left.\mathrm{d}P_{P2}/\mathrm{d}r_{ij}\right|_{e}$表示无序分子排斥力随分子间距离变化的斜率；$\left.\mathrm{d}P_{at}/\mathrm{d}r_{ij}\right|_{e}$表示无序分子吸引力随分子间距离变化的斜率。

③ 无序分子位能曲线从临界点到平衡点，图4-30和图4-31表明，在2Aλ区无序分子位能曲线的$(P_{P2}-P_{at})$数值由高值走向低值，即$(P_{P2}-P_{at})_{临界点}>(P_{P2}-P_{at})_{平衡点}$。故

$$\left(P_{P2}^{T_{C}}-P_{P2}^{T_{e}}\right)-\left(P_{at}^{T_{C}}-P_{at}^{T_{e}}\right)>0 \tag{4-39}$$

即

$$\left(P_{P2}^{T_{e}}-P_{P2}^{T_{C}}\right)<\left(P_{at}^{T_{e}}-P_{at}^{T_{C}}\right) \tag{4-40}$$

即物质从临界点状态变化到平衡点状态时，分子吸引力数值的变化要大于分子排斥力数值的变化。

同理，设无序分子位能曲线上"n2"点离临界点较近，而"n1"点离临界点较远且离平

衡点较近，由式（4-40）知有

$$\left(P_{P2}^{n1}-P_{P2}^{n2}\right)<\left(P_{at}^{n1}-P_{at}^{n2}\right) \tag{4-41}$$

故物质从 n2 状态变化到 n1 状态时分子吸引力数值的变化要大于分子排斥力数值的变化。

④ 在第 2A λ 区内分子吸引力>分子排斥力，即 $P_{at}>P_{P2}$。

这个分子行为对第 2B λ 区也适用，对整个第 2λ 区都适用。无论在气态、液态还是固态均如此，这是因为依据分子压力微观结构式

$$P=P_{id}+P_{P1}+P_{P2}-P_{at}$$

式中，P 是物质在平衡状态下的平衡压力，$P<0$。故有

$$P_{at}>P_{id}+P_{P1}+P_{P2} \tag{4-42}$$

即分子吸引力>物质中排斥力的总和。

因而有 $P_{at}>P_{P2}$，即物质中分子吸引力>物质中分子排斥力。

4.5.2.2　第 2A λ 区——短程有序分子位能曲线

由图 4-30 和图 4-31 中水和乙烷在第 2A λ 区中位能曲线的形态来看，存在无序分子位能曲线和短程有序分子位能曲线两种位能曲线。前面讨论了在 2A λ 区中物质的无序分子的分子行为，得到水无序分子位能曲线（r_{ij} 为 4.5602～3.500Å）的线性关系式：

$$P_{P2}-P_{at}=-5259.90-978.21r_{ij} \qquad r=1.000 \tag{4-43a}$$

和乙烷无序分子位能曲线（r_{ij} 为 4.8520～6.2505Å）线性关系式：

$$P_{P2}-P_{at}\approx-889.6180+120.1418r_{ij} \qquad r=0.9988 \tag{4-43b}$$

从水和乙烷的第 2A λ 区中位能曲线的形态来看，短程有序分子与无序分子的分子行为有所不同，下面讨论 2A λ 区中物质短程有序分子的分子行为。

图 4-30 和图 4-31 的 2A λ 区中物质水和乙烷两条短程有序分子的位能曲线走势相似，在 2A λ 区中短程有序分子的位能曲线范围如下。

水：临界点 4.5602Å 至短程有序分子的位能曲线平衡点 3.2035Å；

乙烷：临界点 6.2505Å 至短程有序分子的位能曲线平衡点 4.4720Å。

短程有序分子位能曲线的分子行为在 2A λ 区中可以分成两个区域进行讨论。

（1）临界点附近的区域

水在这个临界区域分子间距在 4.5602～3.8149Å；

乙烷这个临界区域分子间距在 6.2505～5.3240Å。

这个区域邻近临界点，体系刚从气体转变为液体。从分子行为来看，刚从气体中全部是无序分子转变为体系的分子中有无序分子也有短程有序分子，液体中刚开始出现短程有序分子，其数量不多，低于无序分子的数量。表 4-8 为在这个区域中水和乙烷短程有序分子在体系全部分子数量中占有的比例。

表 4-8　液体水和乙烷在临界区域内无序分子和短程有序分子数量

物质	r_{ij}/Å	$(P_{P2}-P_{in})$/bar	无序分子占比/%	短程有序分子占比/%
水	3.8149	71.955	48.08	51.92
	3.9594	66.907	53.31	46.69
	4.5602	6.198	68.53	31.47
乙烷	5.3240	−12.392	54.14	45.86
	6.2505	−2.828	73.67	26.33

表 4-8 数据表明，水和乙烷在邻近临界状态区域，短程有序分子数量较无序分子数量要少，因而有序分子数量的不足使体系减少了两个短程有序分子相互接近的机会，使分子间相互吸引形成短程有序分子排列区域的可能性减小。为此对水和乙烷在邻近临界状态区域的分子相互作用$(P_{P2} - P_{in})$与分子间距r_{ij}关系进行线性回归数据处理，得

水：$\qquad P_{P2} - P_{in} = 426.5612 - 91.9875 r_{ij}$ $\qquad r = 0.9869$ （4-44a）

乙烷：$\qquad P_{P2} - P_{in} = -48.970 + 10.066 r_{ij}$ $\qquad r = 1.000$ （4-44b）

计算表明在邻近临界状态区域水的位能曲线斜率为-91.9875，乙烷为 10.066，水、乙烷的$(P_{P2} - P_{in})$数值变化不大，位能曲线走势相对平稳，亦就是说在这个区域内物质中分子间距变化对短程有序分子吸引力的影响不大，对位能曲线形态变化的影响不大，位能曲线接近水平线形态。

由表 4-8 数据知在这个区域内水中短程有序分子数量占体系分子数量的 30%～50%，乙烷占 26%～46%，二者均低于 50%。亦就是说，物质中当短程有序分子数量低于 50%，即短程有序分子间接触机会低于 50%时，还不能形成局部短程有序排列结构形态，短程有序分子对体系分子的影响是不大的。在短程有序分子的位能曲线上也只会呈现水平形态的线性水平线，因而称临界点附近的这个区域为短程有序分子开始形成区域，见图 4-33。

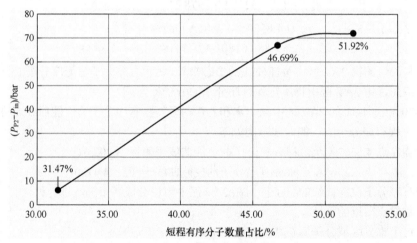

图 4-33　水临界状态区（$P_{P2}-P_{in}$）与短程有序分子数量的关系曲线

由图 4-33 知，短程有序分子开始形成区域内短程有序分子数量范围为 30%～50%，在这个范围中，从临界点开始，体系中短程有序分子数量是在逐步增加的，从而使分子相互作用增加，但当短程有序分子数量从 31.47%增加到 46.69%时分子相互作用$(P_{P2} - P_{in})$变化不大，仅增强了 60bar，并且分子相互作用的增加与分子数量的变化并不是线性关系（见表 4-8和图 4-33）。因而在这个区域中短程有序分子数量变化引起体系的分子相互作用的变化不大，分子相互作用变化对体系性质影响也不大。

这个区域的分子行为是短程有序分子数量较少，在体系中很少存在多个有序静态分子结合成分子集团，即使出现这类分子集团，也只是局部的，由少量的几个分子短程有序排列的小区域，可看作一个小单元，在临界区域高温影响下这种单元的边界和大小随时会改变，一些单元会解体，一些单元会形成，因而在这个近临界状态区域内，与其将短程有序分子看作一些有序分子规律地排列的分子结构，不如将其当作单个分子在体系中存在着，所不同的是

体系中无序分子是在体系中做不停移动运动的动态分子，而短程有序分子则是在体系中不做运动的静态分子，这是短程有序分子在近临界状态体系中的分子行为。

（2）短程有序分子的第 2 个分子行为区域

图 4-34 为水中短程有序分子数量大于 50%时短程有序分子数量增加对分子相互作用的影响。

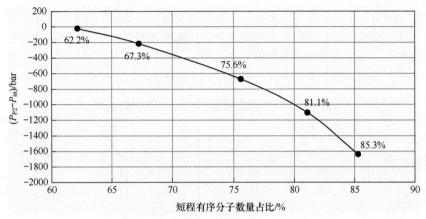

图 4-34　水的$(P_{P2}-P_{in})$与短程有序分子数量的关系

图 4-35 列示了乙烷中短程有序分子数量大于 50%时短程有序分子数量增加对分子相互作用的影响。

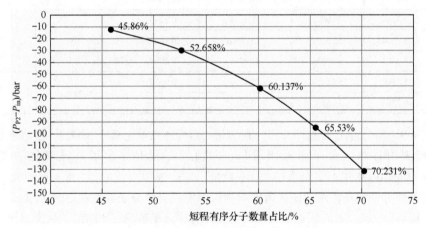

图 4-35　乙烷的$(P_{P2}-P_{in})$与短程有序分子数量的关系

图 4-34 和图 4-35 列示了水和乙烷短程有序分子数量增加对分子相互作用的影响，而图 4-30 和图 4-31 是水、乙烷的分子间距对分子相互作用的影响。比较两种因素对体系中短程有序分子相互作用的影响，这两种因素的影响是相似的。由图 4-30 和图 4-31 知，体系分子间距进一步减小，物质水从 3.8149Å 开始，乙烷从 5.3240Å 开始，物质的$(P_{P2}-P_{in})$随 r_{ij} 减小的变化趋势偏离原来平稳改变的形态，影响开始变得明显起来。而由图 4-34 和图 4-35 知，体系短程有序分子数量>50%，有序分子数量增加的影响也变得明显起来，在接近短程有序分子位能曲线平衡点附近，短程有序分子数量变化的影响最为明显。

短程有序分子只是静态分子,在液体中不做移动运动,由于在近临界区内数量只占物质分子总量的一半不到,低于动态移动无序分子的数量,因而相邻静态分子相互吸引形成短程有序分子的有序排列分布结构的概率很低,可以认为物质中短程有序分子数量<50.0%的区域内由多个有序分子形成分子有序排列分布结构的概率很低。基于此,宏观分子相互作用理论认为物质中短程有序分子数量等于50.0%处为物质中开始出现有若干个(2个或2个以上分子)形成短程有序分子的有序排列分布结构的起始点。即,形成短程有序分子的有序排列分布结构的起始点处,物质中必须存在的短程有序分子数量最少占物质全部分子的50.0%。

表示这个起始点位置较简便的方法通常为温度或对比温度,也可以是这个起始点处的其他物质状态参数,如短程有序分子数量。

一些物质形成短程有序排列分布的起始点列于表4-9,以供参考。

表4-9 一些物质形成短程有序排列的起始点

物质	分子间距/Å	无序分子数量	短程有序分子数量	T_r	短程有序排列起始点	
					短程有序分子数量	起始点对比温度
甲醇	4.8057	43.88%	56.12%	0.9659	50.00%	0.9616
	5.1095	54.95%	45.05%	0.9912		
	5.8252	67.61%	32.39%	1.0000		
乙醇	5.4284	47.19%	52.81%	0.9684	50.00%	0.9646
	6.5211	70.02%	29.98%	0.9994		
丙醇	5.9189	48.17%	51.83%	0.9642	50.00%	0.9611
	7.0737	69.11%	30.89%	1.0000		
水	3.8149	48.08%	51.92%	0.9733	50.00%	0.9727
	3.9594	53.31%	46.69%	0.9887		
	4.5602	68.53%	31.47%	1.0000		
乙烷	5.3240	54.14%	45.86%	0.9662	50.00%	0.9692
	6.2505	73.67%	26.33%	1.0000		

由表4-9知,水的短程有序排列分布的起始点为体系对比温度0.9727,在临界点到此起始点的范围内体系中分子相互作用$(P_{P2}-P_{in})$随短程有序分子数量变化的关系为:$P_{P2}-P_{in}=-98.60+338.914x$(短程有序分子数量,%),故其变化率为338.91bar/1%。

因而宏观分子相互作用理论认为宏观物质中短程有序分子数量在>50%时宏观物质中开始出现短程有序排列结构,因而宏观物质中短程有序分子数量在50%时的状态点应是短程有序排列结构点,这是液体分子的一个重要分子行为。

以水为例,当体系中短程有序分子数量>50%时的数据见表4-10。

表4-10 水中短程有序分子数量>50%(62.17%~85.29%)时分子相互作用$(P_{P2}-P_{in})$的数据

$(P_{P2}-P_{in})$/bar	−1638.67	−1104.04	−671.53	−216.87	−21.66
无序分子数量/%	0.1471	0.1891	0.2441	0.3274	0.3783
短程有序分子数量/%	85.29	81.09	75.59	67.26	62.17

对表4-10中水的$(P_{P2}-P_{in})$和短程有序分子数量进行回归计算,得

$$P_{P2} - P_{in} = 4283.59 - 6750.33x \qquad r = 0.96 \qquad (4\text{-}45a)$$

式中，x 为短程有序分子数量，%。

乙烷中短程有序分子数量>50%时数据如表 4-11。

表 4-11　乙烷中短程有序分子数量>50%时数据

$(P_{P2}-P_{in})$/bar	−131.66	−95.08	−62.06	−29.91	−12.39
无序分子数量/%	29.77%	34.47%	39.86%	47.34%	54.14%
短程有序分子数量/%	70.23%	65.53%	60.14%	52.66%	45.86%

对表 4-11 中乙烷的 $(P_{P2} - P_{in})$ 和短程有序分子数量进行回归计算，得

$$P_{P2} - P_{in} = 219.25 - 484.81x \qquad r = 0.96 \qquad (4\text{-}45b)$$

式中，x 为短程有序分子数量，%。

比较水和乙烷的数据，水的变化率为−6750.33bar/1%，与短程有序分子数量<50%区域的变化率 338.914bar/1%比较，短程有序分子数量>50%时的变化率要大得多。乙烷的变化率为−484.81bar/1%，同样与短程有序分子数量<50%区域的变化率 10.066bar/1%比较，短程有序分子数量>50%时的变化率要大得多。

亦就是说这时短程有序分子对体系的影响要大得多。因此在短程有序分子数量>50%时体系中形成短程有序排列分布的统计概率要大得多，所形成的短程有序排列分布应该不再是两个或几个分子组成的有序分子排列，应该是随着体系中短程有序分子数量的增多，将在体系中出现由上百个、上千个或更多分子组成的短程有序排列分布结构，随着温度降低到熔点处，体系中动态无序分子数量很少或者全部或绝大部分是静态有序分子时，即在液体转变为固体时，体系中将是全部静态分布的有序排列分布结构，这时体系分子不再是短程有序分子，而是长程有序分子。

将水的变化率−6750.33bar/1%与乙烷的−484.814bar/1%比较知，水中分子相互作用的强度应较乙烷强得多。

图 4-34 和图 4-35 所列 2Aλ 区中物质的短程有序分子的位能曲线走向是随有序分子数量的增多，分子相互作用 $(P_{P2} - P_{in})$ 的绝对值增加，即有

$$\frac{\partial\left(P_{P2} - P_{in}\right)}{\partial r_{ij}} < 0 \qquad (4\text{-}46)$$

故有

$$\frac{\partial P_{P2}}{\partial r_{ij}} < \frac{\partial P_{in}}{\partial r_{ij}} \qquad (4\text{-}47)$$

因而在 2Aλ 区内短程有序分子的位能曲线走向表示物质中分子间距改变同样数值时短程有序分子间吸引力变化的数值应该大于物质中分子间排斥力变化的数值，因而在 2Aλ 区内短程有序分子间的分子相互作用应是这个区域中主要的分子相互作用。

4.5.2.3　第 2Bλ 区

第 2Bλ 区的分子间相互作用范围为从位能曲线的平衡点到物质的熔点。

以体系中分子的分子间距表示：　　$r_{ij(平衡)} > r_{ij} > r_{ij(熔点)}$

以体系温度表示：　　$T_{平衡} > T > T_{熔点}$

以水和乙烷为例，在第 2Bλ 区内水的宏观位能曲线如图 4-36 所示。乙烷的第 2Bλ 区宏观位能曲线如图 4-37 所示。

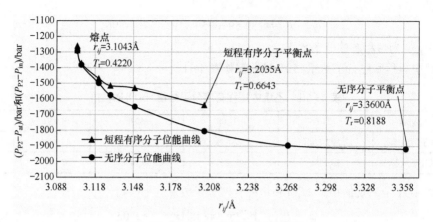

图 4-36　第 2B λ 区水饱和液体的位能曲线

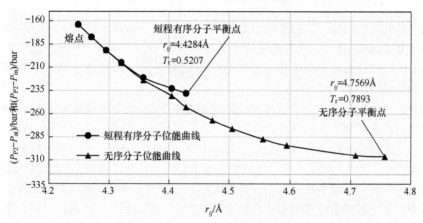

图 4-37　第 2B λ 区乙烷的宏观位能曲线

从乙烷的第 2B λ 区中位能曲线的形态来看，乙烷中分子相互作用情况与水相似。

在液体中有动态无序分子和静态短程有序分子，在第 2A λ 区和第 2B λ 区内同样也存在，因而在第 2A λ 区和第 2B λ 区内存在有这两种分子的宏观位能曲线，故而在第 2A λ 区和第 2B λ 区内分别有这两种分子的宏观位能曲线的平衡点。

无序分子位能曲线平衡点处

$$\left.\frac{\mathrm{d}\left(P_{\mathrm{P2}}-P_{\mathrm{at}}\right)}{\mathrm{d}r_{ij}}\right|_{\mathrm{ne}}=0 \qquad (4\text{-}48\mathrm{a})$$

在其平衡点处有

$$\left.\frac{\mathrm{d}P_{\mathrm{P2}}}{\mathrm{d}r_{ij}}\right|_{\mathrm{ne}}=\left.\frac{\mathrm{d}P_{\mathrm{at}}}{\mathrm{d}r_{ij}}\right|_{\mathrm{ne}} \qquad (4\text{-}48\mathrm{b})$$

式中，$\mathrm{d}P_{\mathrm{P2}}/\mathrm{d}r_{ij}\big|_{\mathrm{ne}}$ 是物质无序分子的分子排斥力随分子间距离变化的斜率；$\mathrm{d}P_{\mathrm{at}}/\mathrm{d}r_{ij}\big|_{\mathrm{ne}}$ 是物质无序分子的分子吸引力随分子间距离变化的斜率。

短程有序分子位能曲线平衡点处

$$\left.\frac{\mathrm{d}\left(P_{\mathrm{P2}}-P_{\mathrm{in}}\right)}{\mathrm{d}r_{ij}}\right|_{\mathrm{oe}}=0 \qquad (4\text{-}49\mathrm{a})$$

在其平衡点处有

$$\left.\frac{\mathrm{d}P_{\mathrm{P2}}}{\mathrm{d}r_{ij}}\right|_{\mathrm{oe}}=\left.\frac{\mathrm{d}P_{\mathrm{in}}}{\mathrm{d}r_{ij}}\right|_{\mathrm{oe}} \qquad (4\text{-}49\mathrm{b})$$

式中，$dP_{P2}/dr_{ij}\big|_{oe}$ 是物质短程有序分子的分子排斥力随分子间距离变化的斜率；$dP_{in}/dr_{ij}\big|_{oe}$ 是物质短程有序分子的分子吸引力随分子间距离变化的斜率。

下面将分别讨论在液体 2B λ 区内动态无序分子和静态短程有序分子的分子间相互作用的情况。先讨论这个区域中无序分子的位能曲线的物质分子行为。

4.5.2.4 第 2B λ 区——无序分子位能曲线

图 4-36 和图 4-37 表明，水和乙烷的无序分子位能曲线形态大致相似，2B λ 区的无序分子位能曲线可分成两部分讨论，第一部分为由物质无序分子位能曲线平衡点到接近物质熔点附近；第二部分为由物质熔点附近到物质的熔点。

图 4-38 和图 4-39 水和乙烷的无序分子相互作用与分子间距关系的位能曲线表明：水在 3.3600～3.1299Å 范围内宏观无序分子位能曲线，是水在第 2B λ 区位能曲线的非线性部分。水的第二部分无序分子位能曲线为体系分子间距 3.1299～3.1074Å 范围，是水在第 2B λ 区位能曲线的线性部分。这部分位能曲线可用于计算无序分子的分子硬球直径 σ。

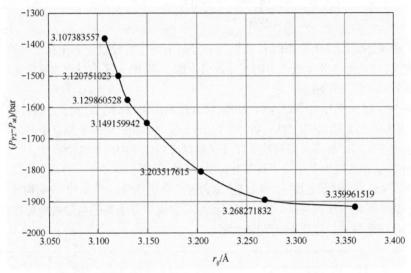

图 4-38 水在 2B λ 区（300～530K）的 $(P_{P2}-P_{at})$ 与分子间距的关系

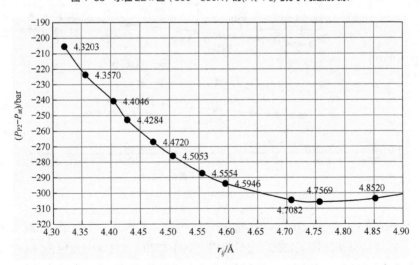

图 4-39 乙烷饱和液体无序分子位能曲线（部分）

乙烷第 2Bλ 区的第一部分无序分子位能曲线为体系分子间距 4.7569～4.4720Å 范围，第一部分无序分子位能曲线与分子间距关系为非线性关系；乙烷第 2Bλ 区的第二部分无序分子位能曲线为体系分子间距 4.4720～4.3203Å 范围，第二部分无序分子位能曲线与分子间距关系为线性关系，用于计算无序分子的分子硬球直径 σ。

水和乙烷在液体第 2Bλ 区内的规律如下。

水：
$$\left.\frac{\mathrm{d}\left(P_{P2}-P_{at}\right)}{\mathrm{d}r_{ij}}\right|_{\text{水}2B\lambda\text{区}} > 0 \tag{4-50a}$$

乙烷：
$$\left.\frac{\mathrm{d}\left(P_{P2}-P_{at}\right)}{\mathrm{d}r_{ij}}\right|_{\text{乙烷}2B\lambda\text{区}} > 0 \tag{4-50b}$$

故有水：
$$\left.\frac{\mathrm{d}P_{P2}}{\mathrm{d}r_{ij}}\right|_{\text{水}2B\lambda\text{区}} > \left.\frac{\mathrm{d}P_{at}}{\mathrm{d}r_{ij}}\right|_{\text{水}2B\lambda\text{区}} \tag{4-51a}$$

乙烷：
$$\left.\frac{\mathrm{d}P_{P2}}{\mathrm{d}r_{ij}}\right|_{\text{乙烷}2B\lambda\text{区}} > \left.\frac{\mathrm{d}P_{at}}{\mathrm{d}r_{ij}}\right|_{\text{乙烷}2B\lambda\text{区}} \tag{4-51b}$$

因而无论水还是乙烷在第 2Bλ 区内同样分子间距变化所导致分子相互作用的变化，分子排斥力的变化数值>无序分子吸引力的变化数值，即在第 2Bλ 区内讨论物质中无序分子排斥力应该是强势分子相互作用。

现对第 2Bλ 区内无序分子位能曲线第一部分反映的无序分子的分子行为讨论如下。

① 由式（4-51a）和式（4-51b）知，在第 2Bλ 区内水和乙烷中无序分子的分子排斥作用是强势分子相互作用，故而可以预期无序分子数量应与体系中分子间距有关。

图 4-40 为水和乙烷中无序分子数量与体系中分子间距的关系。

液体物质中分子总数量=无序分子数量+短程有序分子数量。图 4-40 表明物质中分子间距与无序分子数量变化呈线性关系，因而可以预期，物质中分子间距与物质中短程有序分子数量变化也应是线性关系，这在下一节中讨论。

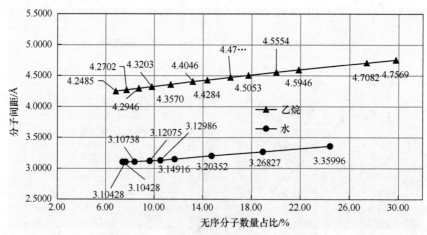

图 4-40 水和乙烷的分子间距与无序分子数量

② 由上面讨论知，在第 2Bλ 区中位能曲线第一部分是水从分子间距 3.3600Å（平衡点）到 3.1299Å，乙烷从分子间距 4.7569Å（平衡点）到 4.4720Å，这部分位能曲线反映体系无序分子的分子相互作用 $\left(P_{P2}-P_{at}\right)$ 与分子间距的关系是非线性关系。由于物质中分子间距与物质

中无序分子数量变化是线性关系，故而水和乙烷在此分子间距范围内体系无序分子的分子相互作用$\left(P_{\mathrm{P2}}-P_{\mathrm{at}}\right)$与无序分子数量的关系也是非线性关系。

对水而言无序分子数量在24.41%～10.50%是非线性关系。而在10.50%～8.39%范围是线性关系（图4-41）。

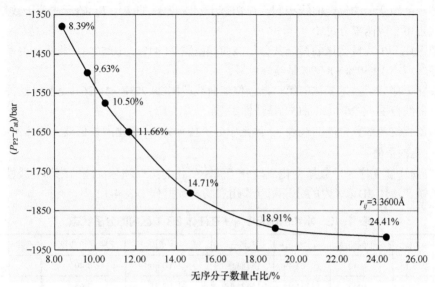

图4-41　水在2Bλ区（300～530K）的$\left(P_{\mathrm{P2}}-P_{\mathrm{at}}\right)$与无序分子数量关系

乙烷从分子间距4.7569Å（平衡点）到4.4720Å，体系无序分子的分子相互作用$\left(P_{\mathrm{P2}}-P_{\mathrm{at}}\right)$与分子间距的关系也呈非线性关系。无序分子数量从 29.77%～16.26%是非线性关系，而从16.26%～13.15%范围是线性关系（图4-42）。

③ 在2Bλ区水和乙烷的$(P_{\mathrm{P2}}-P_{\mathrm{at}})$随无序分子数量变化的位能曲线为

$$\frac{\partial\left(P_{\mathrm{P2}}-P_{\mathrm{at}}\right)}{\partial n_{n_{\mathrm{nm}}}}=K_{n_{\mathrm{nm}}} \tag{4-52}$$

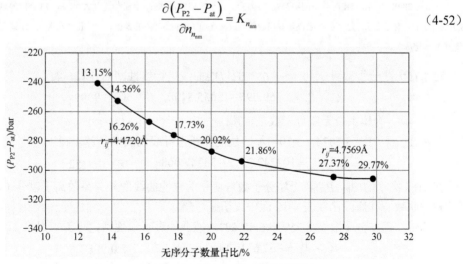

图4-42　乙烷在2Bλ区的$(P_{\mathrm{P2}}-P_{\mathrm{at}})$与无序分子数量关系

式中，$K_{n_{\mathrm{nm}}}$是无序分子数量的位能曲线的斜率，由图4-41和图4-42知在2Bλ区水和乙烷的$(P_{\mathrm{P2}}-P_{\mathrm{at}})$随无序分子数量减少的位能曲线趋势知其斜率$K_{n_{\mathrm{nm}}}>0$，故有

$$\frac{\partial P_{P2}}{\partial n_{n_{nm}}} > \frac{\partial P_{at}}{\partial n_{n_{nm}}} \qquad\qquad (4\text{-}53)$$

亦就是说,同一液体物质在同样状态条件下改变同样的分子数量占比,体系中分子排斥力 P_{P2} 变化的数值要大于体系中分子吸引力 P_{at} 变化的数值。

与分子间距变化的位能曲线相同,在 2B λ 区水和乙烷的 $(P_{P2}-P_{at})$ 随无序分子数量变化的位能曲线也可分成两部分讨论。

水随无序分子数量变化的第一部分位能曲线范围 24.41%～10.50% 是非线性关系,第二部分位能曲线范围 10.50%～8.39% 是线性关系。

乙烷随无序分子数量变化的第一部分位能曲线范围 29.77%～16.26% 是非线性关系,第二部分位能曲线范围 16.26%～13.15% 是线性关系。

水和乙烷这两部分位能曲线表明,体系中分子排斥力 P_{P2} 变化的数值要大于体系中分子吸引力 P_{at} 变化的数值。

④ 物质中随无序分子数量变化或随分子间距变化的第二部分位能曲线均是线性关系,现将水和乙烷在液体 2B λ 区内的分子相互作用和状态数据列于表 4-12 中。

表 4-12　水和乙烷无序分子在液体 2B λ 区内的分子状态

物质	T/K	分子间距/Å	P_{P2}/bar	P_{at}/bar	$P_{P2}-P_{at}$	无序分子数量/%	有序分子数量/%
水	273.15	3.1043	14522.49	15783.09	−1260.60	7.40	92.60
	280	3.1043	14331.98	15624.19	−1292.21	7.65	92.35
	300	3.1074	13707.97	15088.34	−1380.37	8.39	91.61
乙烷	91	4.2485	2063.37	2227.20	−163.83	6.85	93.15
	100	4.2702	1939.05	2116.36	−177.31	7.73	92.27
	110	4.2946	1809.74	2001.47	−191.73	8.75	91.26
	120	4.3203	1686.88	1892.33	−205.45	9.80	90.20

注:水在 280K 和 273.15K 时分子间距都是 3.1043Å,这个数据取自 Perry 手册[15,16]中 280K 和 273.15K 的摩尔体积均是 18.015cm³/mol,前已说明,这个数据应该是有问题的。故又增加了温度 300K 的数据,计算得到相关系数 r 降至 0.9892,对结果带来一定影响。

对水在无序分子数量 7.40%～7.65% 的位能曲线进行线性回归计算,得

$$P_{P2} - P_{at} = -369.096 - 12055.840n_{nm} \qquad r = 0.9999$$

式中,n_{nm} 为体系中无序分子数量,%。

对水在分子间距 3.1074～3.1043Å 的位能曲线进行线性回归计算,得

$$P_{P2} - P_{at} = 102242.3112 - 33347.068r_{ij} \qquad r = 0.9352$$

在 2B λ 区水的 $(P_{P2}-P_{at})$ 随无序分子数量变化的位能曲线的相关系数高于以分子间距为变量的相关系数,其原因已在表 4-12 注中说明。

对乙烷在无序分子数量 8.75%～6.85% 的位能曲线进行线性回归计算,得

$$P_{P2} - P_{at} = -67.621 - 1412.037n_{nm} \qquad r = 0.9987$$

式中,n_{nm} 为体系中无序分子数量,%。

乙烷在无序分子间距 4.2946～4.2485Å 的第二部分位能曲线进行线性回归计算,得

$$P_{P2} - P_{at} = 2300.873 - 580.256r_{ij} \qquad r = 0.9988$$

综上所述，在2Bλ区中无序分子随体系中分子间距变化或物质中无序分子数量变化而发生的分子行为：

① 无序分子排斥力P_{P2}变化的数值要大于体系中分子吸引力P_{at}变化的数值。

② 体系中无序分子的分子数量减少或者分子间距减小，体系的分子相互作用$P_{P2} - P_{at} > 0$。

③ 讨论体系是液态凝聚物质，物质中分子第二斥压力P_{P2}>无序分子间吸引力P_{at}。

4.5.2.5 第2Bλ区——短程有序分子位能曲线

图4-43和图4-44为水和乙烷的短程有序分子位能曲线，第2Bλ区水在分子间距3.2035Å（平衡点）～3.1043Å（熔点）范围内短程有序分子位能曲线如图4-43所示。第2Bλ区乙烷在分子间距4.4284Å（平衡点）～4.2485Å（熔点）范围内短程有序分子位能曲线如图4-44所示。

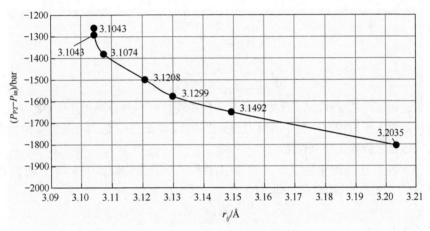

图4-43　2Bλ区水的短程有序分子位能曲线

水和乙烷短程有序分子位能曲线形态大致相似，2Bλ区水和乙烷的短程有序分子位能曲线可分成两部分讨论。

2Bλ区水的第一部分短程有序分子位能曲线为体系分子间距3.2035～3.1074Å范围，第一部分有序分子位能曲线与分子间距关系为非线性关系。

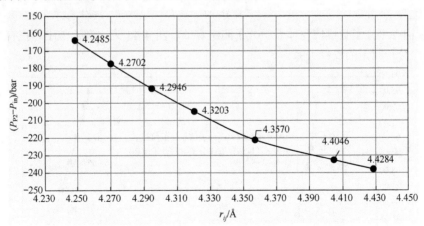

图4-44　2Bλ区乙烷短程有序分子位能曲线

2Bλ区水的第二部分短程有序分子位能曲线为体系分子间距3.1074～3.1043Å范围，第二部分有序分子位能曲线与分子间距关系为线性关系。

2B λ 区乙烷的第一部分短程有序分子位能曲线为体系分子间距 4.4284～4.3203Å 范围,第一部分有序分子位能曲线与分子间距关系为非线性关系。

2B λ 区乙烷的第二部分短程有序分子位能曲线为体系分子间距 4.3203～4.2485Å 范围,第二部分有序分子位能曲线与分子间距关系为线性关系。

水和乙烷在液体 2B λ 区内短程有序分子的分子行为如下:

$$\frac{\mathrm{d}\left(P_{P2}-P_{in}\right)}{\mathrm{d}r_{ij}}\bigg|_{水2B\lambda区} > 0 \tag{4-54a}$$

$$\frac{\mathrm{d}\left(P_{P2}-P_{in}\right)}{\mathrm{d}r_{ij}}\bigg|_{乙烷2B\lambda区} > 0 \tag{4-54b}$$

故有
$$\frac{\mathrm{d}P_{P2}}{\mathrm{d}r_{ij}}\bigg|_{水2B\lambda区} > \frac{\mathrm{d}P_{in}}{\mathrm{d}r_{ij}}\bigg|_{水2B\lambda区} \tag{4-55a}$$

$$\frac{\mathrm{d}P_{P2}}{\mathrm{d}r_{ij}}\bigg|_{乙烷2B\lambda区} > \frac{\mathrm{d}P_{in}}{\mathrm{d}r_{ij}}\bigg|_{乙烷2B\lambda区} \tag{4-55b}$$

因而无论水还是乙烷在 2B λ 区中同样分子间距变化所导致分子相互作用的变化,分子排斥力的变化数值大于短程有序分子吸引力的变化数值,即在 2B λ 区内讨论物质中短程有序分子排斥力应该是强势分子相互作用。

宏观分子相互作用理论定义液态物质中体系中分子总数量 N 是体系中动态无序分子 N_{nm} 和静态有序分子 N_{om} 的总和,即

$$N = N_{nm} + N_{om} \tag{4-56}$$

以百分比表示

$$\frac{N}{N} = 100\% = \frac{N_{nm} + N_{om}}{N} = n_{nm} + n_{om} \tag{4-57}$$

因而有
$$n_{nm} = 1 - n_{om} \tag{4-58}$$

因此,在 2B λ 区内反映分子间相互作用强势与否以 $P_{P2}-P_{at}$ 或 $P_{P2}-P_{in}$ 表示,这可以与分子间距变化有关,也可以与物质无序分子数量占比 n_{nm} 相关,还可以与短程有序分子数量占比 n_{om} 相关。

① 短程有序分子数量应与体系中分子间距有关。图 4-45 为水和乙烷中短程有序分子数量与体系中分子间距的线性关系。

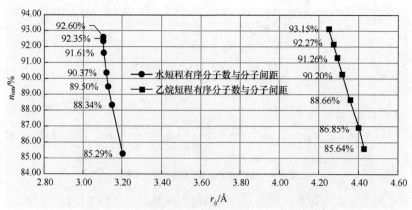

图 4-45　水和乙烷短程有序分子数量与分子间距的关系

图 4-45 表明，在物质的 2Bλ 区中短程有序分子的分子行为是短程有序分子数量占比 n_{om} 与分子间距 r_{ij} 呈线性关系。

② 已知水在 2Bλ 区的位能曲线第一部分是分子间距 3.2035Å（平衡点）～3.1074Å，乙烷是分子间距 4.4284Å（平衡点）～4.3203Å，这部分的分子相互作用 $P_{P2}-P_{in}$ 与分子间距呈非线性关系。由于分子间距与有序分子数量呈线性关系，故而水和乙烷在分子间距上述范围内短程有序分子的 $P_{P2}-P_{in}$ 与 n_{om} 的关系也是非线性关系。

对水而言，短程有序分子数量在 85.29%～91.61% 范围内是非线性关系，而在 91.61%～92.60% 范围内是线性关系。

对乙烷而言，短程有序分子数量在 85.64%～90.20% 范围内是非线性关系，而在 90.20%～93.15% 范围内是线性关系。

现对 2Bλ 区中水和乙烷的短程有序分子位能曲线非线性关系（第一部分）列于图 4-46 中。

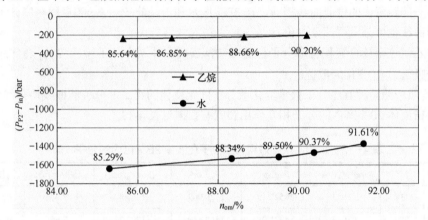

图 4-46　水和乙烷在 2Bλ 区第一部分短程有序分子位能曲线

图 4-46 表明在 2Bλ 区第一部分短程有序分子位能曲线与分子数量 n_{om} 之间为非线性关系，水的位能曲线非线性关系较明显些，在近熔点处，89.50% 处曲线偏离线性。乙烷分子相互作用较弱，在位能曲线第一部分有些接近线性。

水和乙烷在 2Bλ 区的短程有序分子位能曲线第二部分在接近熔点处，均呈线性关系，如图 4-47 所示。

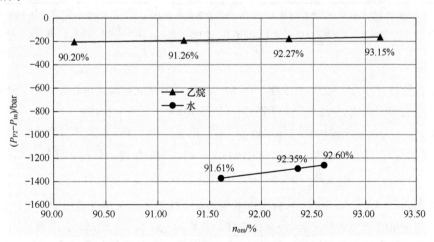

图 4-47　水和乙烷在 2Bλ 区第二部分短程有序分子位能曲线

③ 在 2B λ 区水和乙烷的$(P_{P2}-P_{in})$随短程有序分子数量变化的关系为

$$\frac{\partial\left(P_{P2}-P_{in}\right)}{\partial n_{om}}=K_{n_{om}} \tag{4-59}$$

式中，$K_{n_{om}}$是短程有序分子位能曲线与短程有序分子数量占比的斜率，由图 4-46 和图 4-47 知在 2B λ 区水和乙烷的短程有序分子位能曲线的$(P_{P2}-P_{in})$数值随短程有序分子数量减少的变化趋势的斜率 $K_{n_{om}}>0$，故有

$$\frac{\partial P_{P2}}{\partial n_{om}}>\frac{\partial P_{in}}{\partial n_{om}} \tag{4-60}$$

亦就是说，同一液体物质在同样状态条件下改变同样的短程有序分子数量占比 n_{om}，体系中分子排斥力 P_{P2} 数值的变化要大于体系中分子吸引力 P_{in} 数值的变化。

与分子间距变化的位能曲线相同，在 2B λ 区水和乙烷的$(P_{P2}-P_{in})$随短程有序分子数量变化的位能曲线也可分成两部分讨论。

水和乙烷这两部分短程有序分子位能曲线都表明，体系中分子排斥力 P_{P2} 变化的数值要大于分子吸引力 P_{in} 变化的数值。

④ 物质中随短程有序分子数量变化或分子间距变化的第二部分位能曲线均是线性关系。水和乙烷在液体 2B λ 区内的分子相互作用和状态数据见表 4-13。

表 4-13　水和乙烷中短程有序分子在液体 2B λ 区内的分子状态

物质	T/K	分子间距/Å	P_{P2}/bar	P_{in}/bar	$P_{P2}-P_{in}$/bar	无序分子/%	有序分子/%
水	273.15	3.1043	14522.49	15783.09	−1260.60	7.40	92.60
	280	3.1043	14331.98	15624.19	−1292.21	7.65	92.35
	300	3.1074	15079.90	15079.90	−1371.93	8.39	91.61
乙烷	91	4.2485	2063.37	2227.20	−163.83	6.85	93.15
	100	4.2702	1939.05	2116.33	−177.28	7.73	92.27
	110	4.2946	1809.74	2001.31	−191.56	8.75	91.26
	120	4.3203	1686.88	1891.72	−204.84	9.80	90.20

注：水在 280K 和 273.15K 时分子间距都是 3.1043Å，这个数据取自 Perry 手册[15,16]中 280K 和 273.15K 的摩尔体积均是 18.015cm³/mol，这个数据应该是有问题的。故在上表中增加了 300K 数据，计算得到的相关系数 $r=0.9892$，对结果带来一定影响。

对水在短程有序分子数量 92.60%～91.61%的第二部分位能曲线进行线性回归计算：

$$P_{P2}-P_{in}=11137.7719-11575.738n_{om} \qquad r=0.9989 \tag{4-61}$$

式中，n_{om} 为体系中短程有序分子数量占比。

对水在短程有序分子间距 3.1074～3.1043Å 的第二部分位能曲线进行线性回归计算：

$$P_{P2}-P_{in}=94381.097-30814.516r_{ij} \qquad r=0.9241 \tag{4-62}$$

在第 2B λ 区水的$(P_{P2}-P_{in})$随短程有序分子数量变化第二部分位能曲线的相关系数高于以分子间距为变量的相关系数，后者 $r=0.9241$，其原因已在表 4-12 和表 4-13 表注中说明。

对乙烷在短程有序分子数量 90.20%～93.15%的第二部分位能曲线进行线性回归计算：

$$P_{\text{P2}} - P_{\text{in}} = 1390.182 - 1459.452 n_{\text{om}} \qquad r = 0.9981 \tag{4-63}$$

式中，n_{om} 为体系中短程有序分子数量占比。

对乙烷在短程有序分子间距 4.3203～4.2485Å 的第二部分位能曲线作线性回归计算：

$$P_{\text{P2}} - P_{\text{in}} = 2264.753 - 571.773 r_{ij} \qquad r = 0.9983 \tag{4-64}$$

综上所述，在 2Bλ 区中短程有序分子随体系中分子间距或短程有序分子数量变化而发生的分子行为：

① 同一液体物质在同样状态条件下改变同样的分子数量，或改变同样的分子间距，短程有序分子排斥力 P_{P2} 变化的数值要大于体系中分子吸引力 P_{in} 变化的数值。

② 体系中短程有序分子的数量增加或者分子间距减小，在 2Bλ 区中体系的分子相互作用 $P_{\text{P2}} - P_{\text{in}} > 0$。

③ 讨论体系是液态凝聚物质，在 2Bλ 区内物质中短程有序分子间吸引力 P_{in} 值大于分子第二斥压力 P_{P2} 值。

④ 这里我们以极性物质水和非极性物质乙烷为例说明这两个物质以宏观位能曲线所表现的各种分子行为，这两种液体物质完整的无序分子和有序分子的宏观位能曲线见图 4-12 和图 4-13，单独讨论水和辛烷有序分子的宏观位能曲线见图 4-27 和图 4-28。

4.5.3 第3λ区——固体位能曲线

当温度低于物质熔点时物质呈固体状态，固体中分子间存在有分子间相互作用，故也应是物质的 λ 区域，称为第3λ区。

第3λ区是固体分子作用区，第3λ区的范围如下：

以体系中分子间距表示　　　　　$r_{ij}(\text{固体}) \leqslant r_{ij}(\text{熔点})$

以体系温度表示　　　　　　　　$T(\text{固体}) \leqslant T_{\text{mf}}(\text{熔点})$

讨论物质是固体，在第3λ区内的固体中必定存在分子相互作用，固体中的分子相互作用会对体系性质产生影响。

如果以温度来表示第3λ区的范围，则起始于讨论物质的熔点温度，终止于低于熔点的任何温度。如果讨论条件允许，理论上可达到热力学零度。

因而第3λ区的特点是：低温，低于讨论物质熔点的低温。由于低温而导致：

① 与固体相平衡的气体一般可能不存在有分子相互作用的影响，体系中气体多数可能是理想气体。

② 在低温情况下，气体物质的分子间相互作用微弱、可以忽略不计时，体系中主要的分子压力是表示热量变化影响的分子理想压力，由分子压力微观结构式知，气体体系压力为

$$P^{\text{G}} = P_{\text{id}}^{\text{G}} + P_{\text{P1}}^{\text{G}} + P_{\text{P2}}^{\text{G}} - P_{\text{at}}^{\text{G}} \tag{4-65}$$

由于表示气体分子相互作用的各分子压力 P_{P1}^{G}、P_{P2}^{G} 和 P_{at}^{G} 都很微弱，数值很小，可以忽略，因此气体压力为

$$P^{\text{G}} \approx P_{\text{id}}^{\text{G}} \tag{4-66}$$

故知，固体冰的分子相互作用的特点为：

① 水在低温下与固体相平衡的气体压力应与讨论状态下的分子理想压力相等。

与冰相平衡的饱和水汽的各个分子压力数值如表 4-14 所示。

表 4-14　与冰相平衡的饱和水汽的各个分子压力数值

T/K	P_{id}/bar	P_{P1}/bar	P_{P2}/bar	P_{at}/bar
200	1.6222×10^{-6}	3.2448×10^{-15}	2.1432×10^{-22}	1.0728×10^{-13}
230	8.9954×10^{-5}	8.6764×10^{-12}	2.2788×10^{-17}	2.3656×10^{-10}
240	3.7200×10^{-4}	1.4220×10^{-10}	1.3943×10^{-15}	3.6521×10^{-9}
260	1.9600×10^{-3}	3.6437×10^{-9}	1.5506×10^{-13}	8.3517×10^{-8}
273.15	6.1105×10^{-3}	3.3708×10^{-8}	3.9647×10^{-12}	7.1960×10^{-7}

由表 4-14 所列数据来看，水汽的各个分子压力数值确实很低，各分子压力中以分子理想压力 P_{id}^{G} 的数值最高，因此与冰相平衡的饱和水汽的各个分子压力中主要分子压力是分子理想压力。

② 冰的分子间相互作用情况与液体水的区别，需要知道固体的位能曲线。计算固体的宏观分子相互作用参数需要固体的 PTV 数据，目前这方面数据还较少，可找到的是固体冰的相关数据。现以固体冰为例，冰第 3λ 区的位能曲线见图 4-48。

由冰的位能曲线知冰中分子间相互作用，即冰的分子排斥力与分子吸引力差值 $(P_{P2}-P_{in})$ 与分子间距离的关系可以认为是线性关系。

冰中同样有两种不同的分子，冰中有无序分子但量很少，对物质性能不会有明显的影响。冰中大部分分子是长程有序分子。固体冰的宏观位能曲线的分子间相互作用可以认为是由分子排斥力和长程有序分子吸引力所组成的。依据图 4-48 的数据，线性回归计算表明：$P_{P2}-P_{in}$ 与分子间距的计算式为

$$P_{P2}-P_{in}=165378.267-52480.970r_{ij} \qquad r=0.9902 \qquad (4\text{-}67)$$

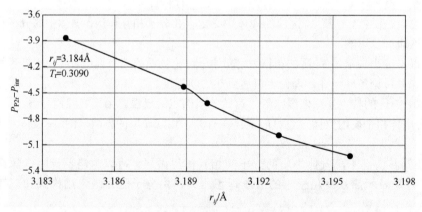

图 4-48　冰的第 3λ 区位能曲线图

由上面讨论的液体水在 2B λ 区的短程有序分子位能曲线的第二部分知，短程有序分子这部分的位能曲线在 2B λ 区已呈直线状，只不过刚从第一部分短程有序分子非线性位能曲线转变为直线状位能曲线。由此可以认为冰中长程有序分子由水中短程有序分子转变而来，在短程有序分子位能曲线的 2B λ 区第二部分曲线已经不全由短程有序分子所组成，体系分子中有短程有序分子转变为长程有序分子，也有液体中残留的无序分子转变为长程有序分子，这应该是由液体水变化为固体冰时体系中分子的分子行为。

③ 可以推测 $(P_{P2} - P_{in})$ 的分子排斥力 P_{P2} 和长程有序分子吸引力 P_{in} 与分子间距的关系也可能呈线性关系，图 4-49 为 P_{P2} 和 P_{in} 与分子间距的关系。

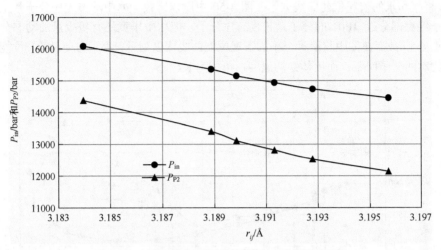

图 4-49 冰的短程有序分子吸引力和排斥力与分子间距的关系

冰中分子排斥力与分子间距 r_{ij} 的关系式：

$$P_{P2} = 635469.728 - 195086.1171\, r_{ij} \qquad r = 0.9898 \qquad (4\text{-}68)$$

冰中长程有序分子吸引力与分子间距离 r_{ij} 的关系式：

$$P_{in} = 470091.459 - 142605.1467\, r_{ij} \qquad r = 0.9898 \qquad (4\text{-}69)$$

已知分子相互作用 $(P_{P2} - P_{in})$ 与物质中分子间距 r_{ij} 呈线性关系：

$$\frac{\partial (P_{P2} - P_{in})}{\partial r_{ij}} = K_r^{(P_{P2} - P_{in})} \qquad (4\text{-}70)$$

式中，$K_r^{(P_{P2} - P_{in})}$ 是固体位能曲线的斜率，对固体而言此斜率为常数，由式（4-67）知 $K_r^{(P_{P2} - P_{in})} = -52480.970$。

故知

$$\frac{\partial (P_{P2} - P_{in})}{\partial r_{ij}} = \frac{\partial P_{P2}}{\partial r_{ij}} - \frac{\partial P_{in}}{\partial r_{ij}} = K_r^{P_{P2}} - K_r^{P_{in}} = K_r^{(P_{P2} - P_{in})} \qquad (4\text{-}71)$$

得

$$K_r^{(P_{P2} - P_{in})} = K_r^{P_{P2}} - K_r^{P_{in}} \qquad (4\text{-}72)$$

由式（4-68）和式（4-69）知斜率 $K_r^{P_{P2}}$ 和 $K_r^{P_{in}}$ 数据：

$$K_r^{(P_{P2} - P_{in})} = -52480.9704 = K_r^{P_{P2}} - K_r^{P_{in}} = -195086.1171 + 142605.1467 \qquad (4\text{-}73)$$

这说明，在低温固体的情况下体系均呈有规律的有序分布，在同样状态条件变化下分子间距变化导致的各分子间相互作用的变化与分子间距也是线性关系。

a. 体系中分子间距做同样变化时体系中分子相互作用数值也会变化相对应的数值。

b. 固体体系中分子间距离变化与各分子相互作用变化（如分子排斥力 P_{P2}、有序分子吸引力 P_{in}）的关系是线性关系。

由式（4-67）知，当分子间距变小，分子相互作用 $(P_{P2} - P_{in})$ 值增加，这意味着体系中分子排斥力随分子间距的变化要大于分子吸引力随分子间距的变化。图 4-49 表明，固体冰中确实存在上述关系，式（4-68）和式（4-69）知 $K_r^{P_{P2}} > K_r^{P_{in}}$，亦就是说在固体中体系分子间距变化导致分子排斥力的变化要大于分子吸引力的变化，故物质在 3λ 区的分子行为应与物质在 2λB 区的分子行为相同。

④ 将冰和水的宏观位能曲线列示在图 4-50 中以作比较。冰中动态无序分子数量很少，冰中分子绝大部分近 100%的分子是长程有序分子，但冰中毕竟还有极少量的动态分子（在接近熔点处），故而在图中将两种分子的宏观位能曲线均以列示，为了方便讨论，位能曲线变量不用物质的分子间距，而用体系的温度，单位为 K。

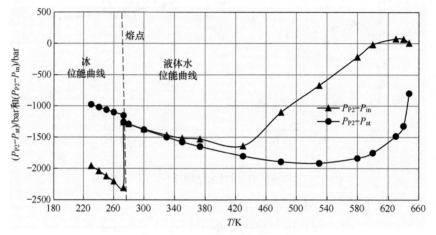

图 4-50　冰和水的宏观温度位能曲线

比较图中两种位能曲线知，这两种位能曲线反映的不同类型分子的分子相互作用情况不同，冰中无序分子的 $(P_{P2}-P_{at})$ 和长程有序分子的 $(P_{P2}-P_{in})$ 与温度在一定范围内呈线性关系，即：

无序分子 $\qquad\qquad\qquad P_{P2}-P_{at}=a_1+b_1T \qquad\qquad\qquad$ (4-74a)

有序分子 $\qquad\qquad\qquad P_{P2}-P_{in}=a_2+b_2T \qquad\qquad\qquad$ (4-74b)

式中，a_1、a_2、b_1、b_2 为常数。

水位能曲线在接近熔点的一段短范围内分子间相互作用与温度是线性关系，但在其他温度范围内分子间相互作用与温度不呈线性关系。

冰的位能曲线表明，分子间相互作用与温度是线性关系，原因是冰中绝大多数分子是有序规律地排列分布着的长程有序分子。而水位能曲线在接近熔点一段范围内分子间相互作用与温度呈线性关系的原因是，这时水中分子已由短程有序分子转变为长程有序分子，并且这些静态有序分子在体系中分布由多数分子呈短程有序、少数呈长程无序分布，转向多数分子呈长程或准长程的有序规律分布状态，而只有少量分子还处于短程无序排列分布状态。

由接近熔点一段短范围内水的位能曲线来看，无序分子与有序分子位能曲线很接近，但无序分子的位能曲线在有序分子的下面，即有关系

$$P_{P2}-P_{at}<P_{P2}-P_{in}$$

因此在水的第 2B λ 区中有关系 $P_{at}>P_{in}$。但是冰的位能曲线表明 $P_{P2}-P_{at}>P_{P2}-P_{in}$，因此在冰中有关系 $P_{at}<P_{in}$。与水的情况相反。

宏观位能曲线表示的是物质分子排斥力和两种分子吸引力的差值与温度的关系，因而可以比较两种分子吸引力以了解它们之间的关系。图 4-51 列示了冰中无序分子和有序分子的分

子吸引力与温度的关系。

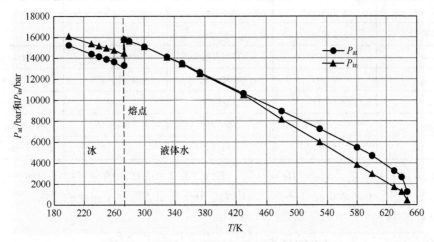

图 4-51　冰和水中分子吸引力 P_{in} 和 P_{at} 与温度的关系

图 4-51 表明，在固体冰处长程有序分子吸引力＞无序分子吸引力（$P_{in} > P_{at}$）。但在液体水中正好相反，短程有序分子吸引力＜无序分子吸引力（$P_{in} < P_{at}$）。这与上述计算和讨论的结果相符合。

也可通过物质中分子排斥力与分子吸引力的比值来反映物质中排斥力或吸引力的强弱情况。由于第 3λ 区温度低于物质熔点温度，温度较低，体系中分子间距离较小，故而第 3λ 区中物质分子相互作用的特点是分子排斥力较大，在分子相互作用中虽然分子吸引力因固体是凝聚体而大于分子排斥力的数值，但在物质状态变化过程中分子排斥力的行为占着主导地位，这与第 $2\lambda B$ 区的物质分子行为是相同的。前已介绍，液体物质在熔点下分子排斥力与分子吸引力的比值已经很高，水和乙烷的比值均已达到 92%以上，处于第 3λ 区的固体，应该有着更高数值的分子排斥力与分子吸引力的比值。固体冰在低于熔点下分子排斥力与分子吸引力的比值列于表 4-15 中。

表 4-15　固体冰中分子排斥力与分子吸引力的比值

T/K	分子间距/Å	P_{P2}/bar	P_{at}/bar	P_{in}/bar	P_{P2}/P_{at}	P_{P2}/P_{in}
200	3.1840	14376.87	15232.30	16087.74	0.9438	0.8937
230	3.1889	13399.88	14379.09	15358.95	0.9319	0.8724
240	3.1899	13109.95	14130.79	15151.69	0.9278	0.8652
250	3.1913	12815.87	13877.77	14939.42	0.9235	0.8579
260	3.1928	12529.82	13632.68	14734.93	0.9191	0.8503
273.15	3.1957	12141.61	13297.06	14450.88	0.9131	0.8402

表 4-15 中数据表明，固体物质中长程有序分子吸引力强于无序分子吸引力，$P_{in}^{S} > P_{at}^{S}$。

固体物质中分子排斥力与无序分子吸引力的比值大于分子排斥力与长程有序分子吸引力的比值，说明长程有序分子吸引力在固体中应是主要的分子间吸引作用力，即有 $P_{P2}^{S}/P_{in}^{S} < P_{P2}^{S}/P_{at}^{S}$。

表 4-16 为固体冰中分子排斥力随分子间距的变化与无序分子吸引力随分子间距变化的比较，还列有固体冰中分子排斥力随分子间距的变化与长程有序分子吸引力随分子间距变化的比较。

表4-16　固体冰中分子吸引力与分子排斥力随分子间距的变化

T/K	分子间距/Å	$\Delta P_{at}/\Delta r_{ij}$	$\Delta P_{P2}/\Delta r_{ij}$	$\Delta P_{in}/\Delta r_{ij}$
200	3.1840			
230	3.1889	173751.52	198958.08	148413.71
240	3.1899	253297.02	295766.63	211435.20
250	3.1913	172199.66	200149.55	144470.02
260	3.1928	166962.95	194861.39	139298.21
273.15	3.1957	114473.27	132411.67	96886.21

表4-16中数据表明，与第2λB区一样，在第3λ区中固体冰的分子排斥力随分子间距变化，无论是无序分子还是长程有序分子，均大于分子吸引力随分子间距的变化。

因而第3λ区的分子行为特点是：

a. 分子吸引力数值大于分子排斥力数值，$P_{at} > P_{P2}$；$P_{in} > P_{P2}$。

b. 长程有序分子吸引力数值大于无序分子吸引力数值，$P_{in} > P_{at}$。

c. 分子排斥力随分子间距变化数值强于无序分子或长程有序分子的吸引力随分子间距变化的数值，$\partial P_{P2}/\partial r_{ij} > \partial P_{at}/\partial r_{ij}$；$\partial P_{P2}/\partial r_{ij} > \partial P_{in}/\partial r_{ij}$。

d. 在第3λ区内物质中分子吸引力P_{in}、P_{at}或分子排斥力P_{P2}随物质状态条件的变化应该呈线性变化。以分子间距作为变量，P_{in}、P_{at}和P_{P2}情况见图4-52；以体系温度作为变量，P_{in}、P_{at}和P_{P2}情况见图4-53。

固体冰中分子间相互作用与物质状态参数变化呈线性关系，是因为在固体中几乎全部都是长程有序分子，亦就是说固体中每个分子的形状、大小都一样，各个分子间规律地整齐排列，各个分子间距离均相同，物质状态变化对长程有序分子的形态和分子排列分布的影响也都一样，因而物质状态条件变化对物质分子间相互作用参数变化呈线性关系，长程有序分子规律的形态和体系中有规律的分布，均可由体系温度变化对体系中分子间距离变化呈线性关系得到证实，如图4-54所示。

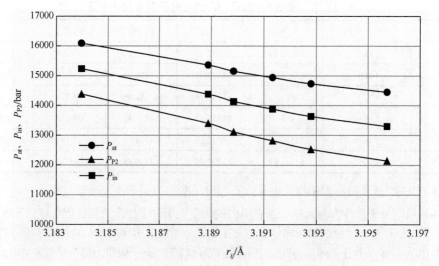

图4-52　冰的无序和有序分子吸引力和排斥力（分子间距为变量）

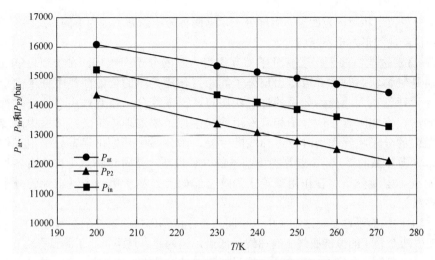

图4-53　冰的无序和有序分子吸引力和排斥力（温度为变量）

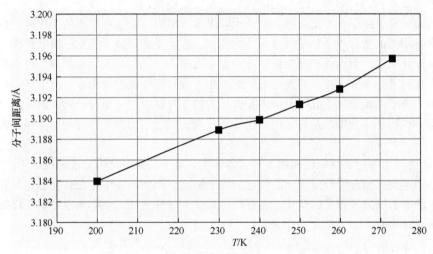

图4-54　温度对冰的分子间距离的影响

　　因此，固体中分子吸引力和分子排斥力与物质温度、分子间距这些物质状态参数的关系均呈线性规律。由此在较难得到一些计算分子相互作用所需的基础数据时，可以应用这个线性规律计算其他更低温度下物质的分子吸引力和分子排斥力或其他参数的数据。但是这个线性关系并不是可以用于计算任意更低温度下的分子吸引力和分子排斥力参数数据。由于温度降低会导致物质分子间距离变小，当分子间距离接近或达到固体的分子硬球直径时，会使物质中分子排斥力变得很大。在一定的低温状态下固体会出现"冷脆现象"，这是由于固体物质因分子间距离变化而引起分子排斥力变大，固体中分子参数变化的线性规律有可能会被破坏。为此4.6节将讨论宏观物质的一个重要分子相互作用的基础参数——宏观物质的分子硬球直径。

4.5.4　宏观位能曲线应用

　　宏观位能曲线用于反映宏观物质中分子行为。宏观位能曲线在宏观分子相互作用理论应用包括以下内容。

　　① 宏观物质中存在有分子形态不同的分子，例如在液体中存在有运动着的动态无序分

子，也有分子位置相对固定的静态有序分子，这两种分子的分子行为不同，反映在这两种分子的宏观位能曲线形态也不相同。

② 在微观位能曲线上出现有分子相互作用为零的分子间距离。在宏观位能曲线上只有在物质是气体状态时才有可能出现分子间相互作用为零的位能曲线中分子间距离的位置。热力学理论认为此处为体系的理想状态点。而宏观分子相互作用理论更重视的是体系中开始出现有实际存在的分子相互作用的起始点。宏观理论定义：体系中出现有规定数值的微弱的分子相互作用时位能曲线的位置，为体系中开始出现有分子相互作用的体系位置，称为体系的 λ 点。λ 点是物质基本的分子性质，是讨论物质中出现有各种分子行为的起始点。宏观分子相互作用理论认为这个起始点是物质第一个基础性的分子相互作用基本性质。

③ 位能曲线的用途是确定物质中分子间相互作用基础性的第二个基本分子性质。

微观中两个分子的位能曲线上有曲线最低点，认为此点是两个分子的吸引力与排斥力相平衡的点。宏观位能曲线中也存在有曲线最低值点，这是宏观位能曲线的平衡点。宏观位能曲线的平衡点表示当物质中分子间距离大于物质中位能曲线的平衡点处分子间距时，分子间吸引作用力随分子间距离的变化率大于分子间排斥作用力随分子间距离的变化率，反之，分子间吸引作用力的变化小于分子间排斥力的变化。亦就是宏观分子的分子间吸引作用力随分子间距离变化率在平衡点处转变为两种分子作用力随分子间距离变化率相等，进而转变为分子吸引力变化率小于分子排斥力变化率。此点为宏观位能曲线的平衡点。此平衡点反映了宏观物质中在分子间距变化下分子吸引力和排斥力的变化情况，这是讨论物质的第二个基础性的分子相互作用基本性质，是讨论物质中分子行为由以吸引力为主转变为以排斥力为主的转变点。

④ 上述讨论表示宏观位能曲线不只有体系中有分子间距变化的位能曲线的平衡点，也存在有体系中不同类型分子数量变化的位能曲线平衡点，例如液体中存在有动态无序分子数量的变化和静态有序分子数量的变化，也有因体系状态条件变化，如体系温度的变化的位能曲线的平衡点，即有：

分子间距变化位能曲线平衡点　　$\dfrac{\partial\left(P_{\mathrm{P2}}-P_{\mathrm{at}}\right)}{\partial r_{ij}}=0$；　$\dfrac{\partial\left(P_{\mathrm{P2}}-P_{\mathrm{in}}\right)}{\partial r_{ij}}=0$

不同分子数量变化位能曲线平衡点　　$\dfrac{\partial\left(P_{\mathrm{P2}}-P_{\mathrm{at}}\right)}{\partial n_{\mathrm{nm}}}=0$；　$\dfrac{\partial\left(P_{\mathrm{P2}}-P_{\mathrm{in}}\right)}{\partial n_{\mathrm{om}}}=0$

体系温度变化位能曲线平衡点　　$\dfrac{\partial\left(P_{\mathrm{P2}}-P_{\mathrm{at}}\right)}{\partial T}=0$；　$\dfrac{\partial\left(P_{\mathrm{P2}}-P_{\mathrm{in}}\right)}{\partial T}=0$

因此，可以控制不同的变量参数的变化，去了解在不同的控制条件下宏观体系中分子相互作用情况。

⑤ 两个分子的微观位能曲线不能计算得到表示讨论物质分子体积的分子硬球直径的数值，目前物理化学文献中物质的分子硬球直径的数值，有资料报道是依据量子力学方程计算得到的。

宏观位能曲线可以计算分子硬球直径所需的分子理论条件：分子间排斥力与分子间吸引力相等，此时分子间距离就是该物质的分子硬球直径。因而宏观位能曲线可以计算得到各种物质的分子硬球直径数值，即宏观位能曲线可以计算气体、液体和固体的分子硬球直径数值。

各种物质的分子硬球直径是宏观物质的第三个基础性的分子相互作用基本性质。亦就是通过宏观位能曲线可得到下列一些宏观体系中千千万万分子间相互作用的信息，从而应用于宏观物质的生产和研究实践中。

①　由以上讨论可知，由宏观位能曲线可以得到讨论物质的三个基础性的分子相互作用基本性质：

第一个分子相互作用基本性质——物质的 λ 点。在物质出现 λ 点前可以不考虑物质中分子间相互作用的影响，物质状态进入 λ 点后，宏观分子相互作用理论称之为进入 λ 区，必须考虑分子间相互作用对物质性质的影响。

第二个分子相互作用基本性质——物质宏观位能曲线的平衡点。此平衡点表示讨论物质中分子吸引力和分子排斥力的变化情况，亦反映了讨论物质中分子间距离的变化，或其他因素的变化对体系中分子行为的影响。

第三个分子相互作用的基本性质——讨论物质的分子硬球直径。分子硬球直径反映了在一定的物质状态（气、液、固）下分子本身所具有的体积。物质的状态、分子排列、分子相互作用、分子形态变化等均可能影响物质分子硬球直径的数值。

这三个分子相互作用基本性质的确定，为讨论不同状态物质中分子行为奠定了基础。当物质状态进入 λ 点后物质就进入存在有分子间相互作用影响的区域，宏观分子相互作用理论称之为 λ 区，第 4 章中依据物质状态不同分成三个不同的 λ 区，第 1λ 区、第 2λ 区和第 3λ 区，由此宏观分子相互作用理论可以对三种不同分子相互作用情况的物质状态进行讨论和分析。

②　宏观位能曲线起始于第一个分子相互作用基本性质——物质的 λ 点，第二个分子相互作用基本性质——宏观位能曲线平衡点反映了宏观位能曲线中物质内分子间相互作用情况，即分子间吸引作用和分子间排斥作用的变化情况。第三个分子相互作用基本性质——分子硬球直径反映了宏观位能曲线的终点，微观 Lennard-Jones 位能函数定义分子硬球直径 σ 值为分子排斥力与吸引力相等之处，但任何宏观实际物质的分子排斥力的数值只能在理论上认为与分子吸引力的数值相同，但绝不能达到分子排斥力的数值大于分子吸引力的数值，否则讨论的宏观物质实际上将不能存在，亦就是计算的分子硬球直径的分子间距离处必是宏观位能曲线的理论终点处。

4.6　物质的分子硬球直径计算

在分子相互作用理论中为了简化讨论往往将物质分子看作一个分子硬球，因而物质分子硬球的大小，即硬球分子直径是个重要的物性参数，在一些手册[3]和热力学著作[6,7]中均列有各种物质的分子硬球直径数据，以供研究讨论和应用参考。

在手册和著作中所列的分子硬球直径数据是根据量子力学方法计算得到的[13,14]，亦就是说是依据微观分子相互作用理论得到的，由此需要知道宏观分子相互作用理论是否也可以计算讨论分子硬球直径这个物性参数。

实际上分子硬球直径的计算原理是微观分子相互作用理论在讨论 Lennard-Jones 位能函数时提出的，这在胡英著作[1,2,8]中有详细介绍：

Lennard-Jones 位能函数 $$\varepsilon = 4\varepsilon\left[\left(\frac{\sigma}{r}\right)^{12} - \left(\frac{\sigma}{r}\right)^{6}\right] \tag{4-75}$$

式中列示了分子的吸引项和排斥项。排斥项是 $\varepsilon_{\mathrm{P}} = 4\varepsilon\left(\dfrac{\sigma}{r}\right)^{12}$，是一个超短程相互作用，

只在距离很小时才会显著增加；吸引项是 $\varepsilon_{at} = 4\varepsilon\left(\dfrac{\sigma}{r}\right)^6$。

当排斥项与吸引项相当，即 $\varepsilon_P = \varepsilon_{at}$，或 $\varepsilon_P - \varepsilon_{at} = 0$ 时应有关系 $\dfrac{r}{\sigma} = 1$，故有 $\sigma = r$，亦就是说，微观分子相互作用理论中 Lennard-Jones 方程认为 σ 是在综合分子间相互作用位能为零处，即分子间排斥与吸引对位能贡献相互抵消的分子间距离，这个距离被近似地看作分子的直径，被称为分子硬球直径。

因此，微观分子相互作用理论认为，计算分子硬球直径要求是分子间综合位能为零、分子间排斥力与吸引力位能的贡献相抵消的分子间距离。

但上述讨论也说明两个孤立分子对的 Lennard-Jones 方程不能得到讨论对象的分子硬球直径数据，分子硬球直径计算需要众多分子相互作用的数据。

宏观位能曲线有可能计算和讨论物质的分子硬球直径。宏观位能曲线计算的物质分子硬球直径表示符号是 σ，单位是 Å。物质在宏观状态上通常认为有气、液、固三种状态，对应的有三种不同分子状态的分子硬球直径 σ。与前面讨论的物质的 λ 点、物质宏观位能曲线上的平衡点 r_e 一样，均是千千万万万个分子的宏观分子相互作用中的一个基本分子性能。

微观和宏观分子相互作用理论定义分子硬球直径 σ 如下。

物理化学[2]中已把分子硬球直径 σ 定义为 Lennard-Jones 方程的两个参数之一，Lennard-Jones 方程定义分子硬球直径 σ 是分子吸引位势和分子排斥位势相互抵消，$\varepsilon_P - \varepsilon_{at} = 0$ 时的分子间距。

宏观分子相互作用理论对分子硬球直径的定义与微观理论类似，即认为分子硬球直径 σ 是物质中分子吸引力和分子排斥力相互抵消时物质中分子间距离。宏观分子相互作用理论以分子压力表示各种分子相互作用，即以 $P_\Sigma = P_{P2} - P_{at} = 0$ 表示排斥力与吸引力相抵消时的综合分子间作用力，这时的分子间距即为宏观物质的分子硬球直径 σ。这与微观理论定义是相对应的。

宏观分子相互作用理论计算的物质分子硬球直径可以是气体的,也可以是液体或固体的。气、液、固体的分子硬球直径计算要求相同，即在分子吸引力与分子排斥力相抵消时的分子间距离，但在计算方法上有一些区别，现分别讨论如下。

4.6.1 液体的分子硬球直径

由于液体中包含无序分子和短程有序分子两种分子，与目前以量子力学方法[3,6,7]计算得到的微观分子硬球直径数据不同，宏观分子相互作用理论计算可以比较动态分子和静态分子的分子硬球直径的异同。为此下面将以水和乙烷为例，讨论应用动态分子和静态分子的两条宏观位能曲线计算物质的分子硬球直径。

液体物质中动态分子的宏观位能曲线表示动态无序分子作用参数 $(P_{P2} - P_{at})$ 与分子间距离 r_{ij} 的关系；而静态分子的宏观位能曲线表示静态短程有序分子作用参数 $(P_{P2} - P_{in})$ 与分子间距离 r_{ij} 的关系。水的宏观位能曲线见图 4-6。与分子硬球直径计算有关的液体位能曲线部分放大，见图 4-55。

物质分子硬球直径计算方法如下。

在图中位能曲线的直线部分（如图中 1、2、3 三点）取 2、3 两点为计算点，则 1 为疑点数据，对 r_{ij} 作线性回归计算。

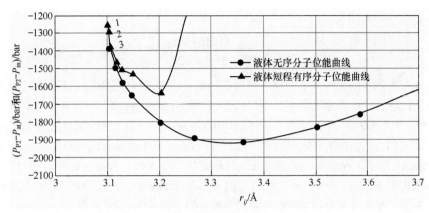

图 4-55　水饱和液体位能曲线（部分）

无序分子的线性回归式：$P_{P2}-P_{at}=81411.49651-26640.87917r_{ij}$，将 $P_{P2}-P_{at}=0$ 代入，得 $r_{ij}=\sigma_{no}=3.0559\text{Å}$。

短程有序分子的线性回归式同上，故 $r_{ij}=\sigma_o=3.0559\text{Å}$。

比较无序分子和短程有序分子的分子硬球直径数据，二者基本吻合。故分子由无序分布变为有序排列时，未影响到分子大小的变化，可探讨的是水分子形态变化是否相同。

这里需说明的是，由于图 4-55 所使用的分子压力 P_{P2} 和 P_{at} 均是据物质状态参数数据计算得到的，而水的状态参数取自《Perry 化学工程手册》[15,16]，依据手册数据，图中 1、2、3 点的状态参数数值如表 4-17 所示。

表 4-17　《Perry 化学工程手册》中的 1、2、3 三点状态参数

数据点	P/bar	T/K	V/（m^3/kg）	V_m/（cm^3/mol）
1	0.00611	273.15	1.000×10^{-3}	18.015
2	0.00990	280	1.000×10^{-3}	18.015
3	0.03531	300	1.003×10^{-3}	18.069

表 4-17 表明，数据点 1 和 2 的体积状态参数相同，这两点的摩尔体积相同，由此计算得到的分子间距离相同，因而不能同时使用数据点 1 和 2 的数值进行线性回归计算，只能应用 1、2 和 3 三个数值进行线性回归计算，得到的水的分子硬球直径结果可能存在一定误差。由于这里只是作为例子的原理性计算介绍，故这里仅讨论，如果正式计算水的分子硬球直径是作为标准所用数据时，还应选择计算所需的状态参数。如果还是由 1、2、3 三点数据计算，则疑点 2 可能有问题，得到的短程有序分子宏观位能曲线的线性回归式：

$$P_{P2}-P_{in}=112109.78-36520.02r_{ij} \qquad (4-76)$$

由此得到水的短程有序分子的分子硬球直径：

$$\sigma_o=r_{ij}\big|_{(P_{P2}-P_{in})=0}=\frac{112109.78}{36520.02}\text{Å}=3.0698\text{Å}$$

无序分子宏观位能曲线的线性回归式：

$$P_{P2} - P_{at} = 112109.78 - 36520.02 r_{ij} \qquad (4\text{-}77)$$

由此得到水的无序分子的分子硬球直径：

$$\sigma_{no} = r_{ij}\big|_{(P_{P2}-P_{at})=0} = \frac{112109.78}{36520.02}\text{Å} = 3.0698\text{Å}$$

上述计算表示水的无序分子的分子硬球直径和有序分子的分子硬球直径相同。本书中对液体水的分子硬球直径计算建议采用三个呈线性关系的计算点 1、2、3 计算。但最好还是纠正《Perry 化学工程手册》[15,16]中两点数据的体积均相同的错误，应用正确的状态条件数据进行计算。

表 4-17 中 1、2 点的摩尔体积均为 18.015cm³/mol，第 1 点是水的熔点——一个重要的性能参数，《Perry 化学工程手册》（简称手册）在确定物质熔点的各种性能数值时相对比较慎重，数值可靠性优于第 2 点 280K，所以需纠正的是第 2 点的数据。可以应用 1、3 点的数值并应用 1、2、3 点呈线性关系得到 280K 的摩尔体积，修正结果为：280K 时 $V_m = 18.029$cm³/mol，分子间距=3.1051Å，故按经修正 280K 摩尔体积数值后由 1、2、3 三点计算的水无序、有序分子的分子硬球直径数据相同，均为 3.0696Å。

为证实计算结果的可靠性，2、3 二点数据全部按照手册上数据计算，由于 2、3 二点均是在三点线性范围，计算得水无序、有序分子的分子硬球直径数据相同，均为 3.0559Å。而考虑加上第 1 点，2、3 两点数据还按手册数据计算，得水无序、有序分子的分子硬球直径数据相同，均为 3.0558862Å，与 2、3 两点计算的 3.0559Å 几乎相同，说明《Perry 化学工程手册》上的数据是可靠的。由此表明水在液体状态下的无序分子、有序分子的分子硬球直径数据相同，均为 3.0559Å。

物质乙烷的宏观位能曲线如图 4-7 所示，与分子硬球直径计算有关的液体部分列示在图 4-56 中。

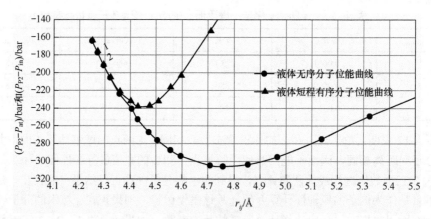

图 4-56　乙烷饱和液体位能曲线（部分）

乙烷分子硬球直径计算方法如下。

在图 4-56 中位能曲线上取 2 个计算点（图中 1、2 两点），对分子间距 r_{ij} 作线性回归计算。

无序分子的线性回归式：$P_{P2}-P_{at} = 2479.334398 - 622.142668 r_{ij}$，以 $P_{P2}-P_{at}=0$ 代入，得 $r_{ij} = \sigma_{no} = 3.9852$Å。

短程有序分子的线性回归式：$P_{P2}-P_{in} = 2474.10103 - 620.9096736 r_{ij}$，以 $P_{P2}-P_{in}=0$ 代入，得 $r_{ij} = \sigma_o = 3.9846$Å。

比较无序分子和短程有序分子的分子硬球直径数据，二者基本吻合，即分子变无序排列为有序排列时未影响分子大小和形状。

将宏观位能曲线计算的水和乙烷分子硬球直径数据与量子力学计算的手册[14]结果相比较，列于表 4-18 中。

表 4-18　水和乙烷的分子硬球直径宏观位能曲线法和量子力学法比较

计算方法	水/Å		乙烷/Å	
	无序分子	短程有序分子	无序分子	短程有序分子
宏观位能曲线法	3.0662	3.0635	3.9852	3.9846
量子力学法[14]	2.641		4.443	

宏观分子相互作用理论计算结果与量子力学存在差异。我们倾向于宏观分子相互作用理论结果，这是因为：宏观位能曲线法是物质中众多分子间相互作用数据计算的结果；宏观位能曲线法以水和乙烷实际状态数据计算，结果应与实际更接近。

上面以水和乙烷为例介绍了计算液体物质分子硬球直径的方法，下面另选其他液体物质进行计算，以进一步了解液体物质分子硬球直径的计算。更多液体物质分子硬球直径数据可参见本书附录 3。

辛烷的分子硬球直径计算如下。

辛烷静态分子和动态分子的宏观位能曲线见图 4-57，图中 1、2、3 点表示静态分子和动态分子两条宏观位能曲线的重合点。

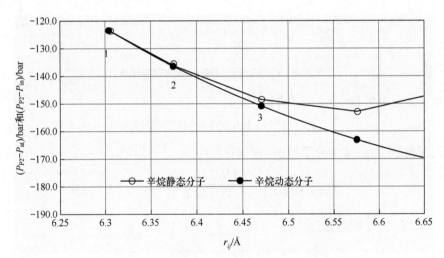

图 4-57　辛烷短程有序分子和无序分子的宏观位能曲线

由图 4-57 知，上述重合的 1、2、3 三点，放大看，实际上较好重合的只有 1 和 2 两点，如果将第 3 点列入辛烷的硬球直径计算，则会对最终结果带来影响，故而辛烷的硬球直径计算只应用 1 和 2 两点的数据。

由 1 和 2 两点数据得到以下结果。

短程有序分子宏观位能曲线的线性回归式：

$$P_{P2} - P_{in} = 1010.1478 - 179.8223 r_{ij} \tag{4-78}$$

由此得到辛烷的短程有序分子的分子硬球直径：

$$\sigma_{\mathrm{o}} = r_{ij}\big|_{(P_{\mathrm{P2}} - P_{\mathrm{in}})=0} = \frac{1010.1478}{179.8223}\text{Å} = 5.6175\text{Å}$$

无序分子宏观位能曲线的线性回归式：

$$P_{\mathrm{P2}} - P_{\mathrm{at}} = 1029.9408 - 182.9649 r_{ij} \qquad (4\text{-}79)$$

由此得到辛烷的无序分子的分子硬球直径：

$$\sigma_{\mathrm{no}} = r_{ij}\big|_{(P_{\mathrm{P2}} - P_{\mathrm{at}})=0} = \frac{1029.9408}{182.9649}\text{Å} = 5.6292\text{Å}$$

物质中静态分子和动态分子的两条宏观位能曲线有时会不相重合，例如甲烷静态分子和动态分子的两条宏观位能曲线，如图 4-58 所示，甲烷静态分子和动态分子的两条宏观位能曲线并不相交，无重合点。故而甲烷静态分子硬球直径因数据不足而无法计算。

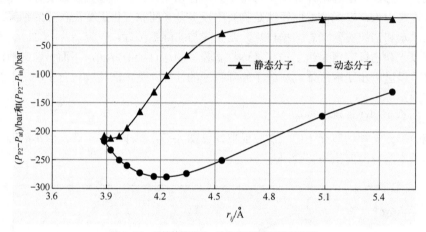

图 4-58　甲烷静态分子、动态分子的宏观位能曲线

甲烷动态无序分子的分子硬球直径计算如下：

$$P_{\mathrm{P2}} - P_{\mathrm{at}} = 1460.5039 - 431.7458 r_{ij} \qquad (4\text{-}80)$$

由此得到甲烷动态无序分子的分子硬球直径：

$$\sigma_{\mathrm{no}} = r_{ij}\big|_{(P_{\mathrm{P2}} - P_{\mathrm{at}})=0} = \frac{1460.5039}{431.7458}\text{Å} = 3.3828\text{Å}$$

4.6.2　气体的分子硬球直径

气体是物质状态中的一种，气体中同样有千千万万个分子，这些分子同样具有一定的形状、体积，因此气体分子同样具有分子硬球直径，不同物质气体分子的分子硬球直径大小不同。

计算气体分子硬球直径的原理与计算液体分子硬球直径一样，要求物质中分子吸引力位势与分子排斥力位势相当，即按照 Lennard-Jones 方程定义分子硬球直径 σ 是分子吸引位势和分子排斥位势相抵消，$\varepsilon_{\mathrm{p}} - \varepsilon_{\mathrm{at}} = 0$ 时的分子间距，这时 $r/\sigma = 1$，$r = \sigma$，气体分子的硬球直径 σ 也是位能为零、吸引和排斥对位能的贡献相抵消时的分子间距离，即 $P_{\mathrm{P2}} - P_{\mathrm{at}} = 0$ 时分子间距离被近似认为是气体分子的硬球直径。

故而无论液体还是气体，计算分子硬球直径时要求分子吸引力位势与分子排斥力位势相当，亦就是要求计算物质中必须存在分子相互作用，液体在低温时存在着强烈的分子吸引力和分子排斥力，因此计算液体的分子硬球直径均是物质处在低温状态。但气体在低温状态下很可能处在理想状态，分子间不存在任何分子间相互作用，因而在低温状态下无法计算或不适合计算气体的分子硬球直径。气体在一定温度条件下才出现分子间相互作用，因而气体和液体在计算分子硬球直径时的区别是：液体的计算应该是在物质的低温区，而气体的计算需要有一定的温度范围，即计算时物质的温度必须在 λ 点以上，低于此温度则无法计算气体的分子硬球直径。

下面也以极性物质水和非极性物质甲烷为例，说明气体分子硬球直径的计算。

（1）极性物质水气体分子硬球直径

由水气体位能曲线看，气体在进入存在有分子间相互作用的 λ 区域后仍很难确定气体的 $P_{P2} - P_{at} = 0$ 在位能曲线的位置。

为了比较气态水的分子排斥力和分子吸引力，寻找 $(P_{P2} - P_{at}) = 0$ 在位能曲线上的位置。现将表示气态水的分子排斥力的 P_{P2} 与分子吸引力的 P_{at} 分别以对数函数形式表示，其数据列于表 4-19。

表 4-19　水饱和气体各项分子参数的对数函数数值

T/K	$r_{ij}/\text{Å}$	P_{P2}/bar	P_{at}/bar	$\ln(r_{ij})$	$\ln(P_{P2})$	$\ln(P_{at})$
280	157.418	1.552×10^{-11}	1.781×10^{-6}	5.059	−24.889	−13.238
300	105.390	5.561×10^{-10}	1.915×10^{-5}	4.658	−21.310	−10.863
330	64.138	4.630×10^{-8}	3.593×10^{-4}	4.161	−16.888	−7.931
350	48.637	5.412×10^{-7}	1.831×10^{-3}	3.884	−14.430	−6.303
373.15	36.896	6.274×10^{-6}	9.269×10^{-3}	3.608	−11.979	−4.681
390	30.940	2.981×10^{-5}	2.597×10^{-2}	3.432	−10.421	−3.651
480	15.053	1.689×10^{-2}	1.695	2.712	−4.081	0.527
530	11.142	0.2247	9.427	2.411	−1.493	2.244
580	8.464	2.296	44.133	2.136	0.831	3.787
600	7.453	6.235	90.222	2.009	1.830	4.502
630	6.076	39.523	272.052	1.804	3.677	5.606
640	5.545	87.562	441.581	1.713	4.472	6.090
647.3	4.560	440.029	1238.269	1.517	6.087	7.121

表 4-19 中分子排斥力的对数函数表示为 $\ln(P_{P2})$，分子吸引力的对数函数表示为 $\ln(P_{at})$，水分子的分子间距的对数函数表示为 $\ln(r_{ij})$。

图 4-59 为 $\ln(P_{P2})$、$\ln(P_{at})$ 与 $\ln(r_{ij})$ 的关系。从图 4-59 可以看出，$\ln(P_{P2})$ 与 $\ln(r_{ij})$ 的关系是线性关系，$\ln(P_{at})$ 与 $\ln(r_{ij})$ 的关系也是线性关系，对这些关系进行线性回归计算，得：

$$\ln(P_{P2}) = 19.48676077 - 8.743981034\ln(r_{ij}) \qquad r = 0.9999 \qquad (4\text{-}81)$$

$$\ln(P_{at}) = 16.04378299 - 5.763124659\ln(r_{ij}) \qquad r = 0.9998 \qquad (4\text{-}82)$$

分子硬球直径计算要求分子排斥力与分子吸引力相等，即 $\ln(P_{P2}) = \ln(P_{at})$，故而在分子吸引力位势与分子排斥力位势相当处的分子间距离为

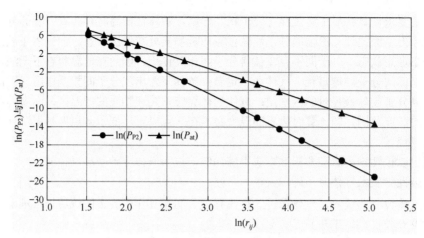

图 4-59　气态水的 P_{P2} 和 P_{at} 随 r_{ij} 的变化

$$\ln\left(r_{ij}\right) = \frac{19.48676077 - 16.04378299}{8.743981034 - 5.763124659} = 1.15503$$

得分子硬球直径　　　　　$\sigma = r_{ij(排斥力=吸引力)} = 3.1741\text{Å}$

根据前面计算知液体水无序分子的分子硬球直径是 $3.0559 \sim 3.0698\text{Å}$，水在气体状态下是无序分子，气体水的分子硬球直径计算值为 3.1741Å，比液体无序分子和短程有序分子的计算值稍大一些。

（2）非极性物质甲烷气体分子硬球直径

甲烷气体的宏观位能曲线见图 4-60，同样，由气体位能曲线可以看出，气体在进入存在分子间相互作用的 λ 区域后仍很难确定气体的 $\left(P_{P2} - P_{at}\right) = 0$ 在位能曲线上的位置。

为了比较甲烷气体的分子排斥力和分子吸引力，现将甲烷气体的分子排斥力 P_{P2} 与分子吸引力 P_{at} 分别以对数函数形式表示。图 4-60 为 $\ln\left(P_{P2}\right)$、$\ln\left(P_{at}\right)$ 与 $\ln\left(r_{ij}\right)$ 的关系。其中甲烷分子排斥力的对数函数表示为 $\ln\left(P_{P2}\right)$，甲烷分子吸引力的对数函数表示为 $\ln\left(P_{at}\right)$，甲烷分子的分子间距离的对数函数表示为 $\ln\left(r_{ij}\right)$。

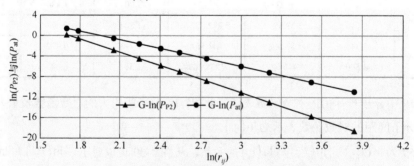

图 4-60　甲烷气体的对数函数 $\ln\left(P_{P2}\right)$、$\ln P_{at}$ 与 $\ln\left(r_{ij}\right)$

图 4-60 表明，$\ln\left(P_{P2}\right)$ 与 $\ln\left(r_{ij}\right)$ 的关系是线性关系，$\ln\left(P_{at}\right)$ 与 $\ln\left(r_{ij}\right)$ 的关系也是线性关系，对这些关系进行线性回归计算，得：

$$\ln\left(P_{P2}\right) = 18.9511 - 8.7481\ln\left(r_{ij}\right) \tag{4-83}$$

$$\ln\left(P_{at}\right) = 15.08017 - 5.74689\ln\left(r_{ij}\right) \tag{4-84}$$

分子硬球直径计算要求分子排斥力与分子吸引力相等，即 $\ln\left(P_{P2}\right)=\ln\left(P_{at}\right)$，故知在分子吸引力位势与分子排斥力位势相当处的分子间距离为

$$\ln\left(r_{ij}\right)=\frac{18.9511-15.08017}{8.7481-5.74689}=1.289789$$

得分子硬球直径　　　　　　$\sigma=r_{ij(\text{排斥力}=\text{吸引力})}=3.6320\text{Å}$

液体甲烷无序分子的分子硬球直径是 3.4023Å（见附录 3），因而甲烷在气体状态下同样是无序分子，甲烷气体的分子硬球直径与液体无序分子硬球直径相比，要稍大一些。

4.6.3　固体的分子硬球直径

固体分子的特点是体系中动态分子极少，可以认为体系中几乎全是长程有序的静态分子，体系内无序动态分子几乎没有，例如固体冰中无序分子和长程有序分子情况如表 4-20 所示。

表4-20　固体冰中分子内压力与无序分子和长程有序分子占比

饱和压力 P/bar	饱和对比压力	温度 T/K	V_{m}/(cm³/mol)	P_{inr}	无序分子占比 /%	长程有序分子占比 /%
0.006110	0.0000276	273.15	19.6544	65.3324	0.000221	99.9998
0.004690	0.0000212	270	19.6364	65.6707	0.000167	99.9998
0.003060	0.0000138	265	19.6183	66.1371	0.000106	99.9999
0.001960	0.0000089	260	19.6003	66.6174	0.000066	99.9999
0.001230	0.0000056	255	19.5823	67.1052	0.000041	100.0000
0.000759	0.0000034	250	19.5823	67.4855	0.000024	100.0000
0.000372	0.0000017	240	19.5463	68.4985	0.000011	100.0000
0.000059	0.0000003	230	19.5283	69.4347	0.000002	100.0000

表 4-20 表明，冰分子在固体中一般呈长程有序排列形式分布，这些有序分子间在饱和状态下有分子间吸引作用，即分子内压力，例如冰的对比分子内压力与温度关系如图 4-61 所示。

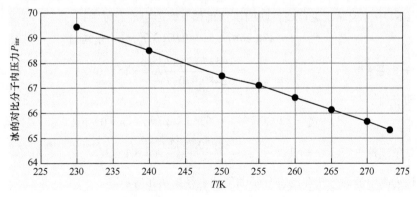

图4-61　冰中长程有序分子吸引力（分子内压力）P_{inr} 与温度关系

图 4-61 表明，固体冰的长程有序分子间吸引力（分子内压力）与体系温度呈线性关系。表 4-20 表明，固体中动态无序分子数量很少，虽然数量很少但毕竟少量存在，体系存在

无序分子亦就是存在无序分子间的相互作用，有了这些数据就可以像液体水那样计算液体中无序分子的分子硬球直径，也可以计算固体中长程有序分子的分子硬球直径。

固体冰的分子第二斥压力、分子吸引压力和长程有序分子的分子内压力列于表4-21。

表4-21　固体冰的分子第二斥压力、分子吸引压力和长程有序分子的分子内压力数值

T/K	分子间距/Å	P_{P2}/bar	P_{at}/bar	$(P_{P2}-P_{at})$/bar	P_{in}/bar	$(P_{P2}-P_{in})$/bar
200	3.1840	14376.87	15232.30	−855.43	16087.74	−1710.87
230	3.1889	13399.88	14379.09	−979.21	15358.95	−1959.07
240	3.1899	13109.95	14130.79	−1020.84	15151.69	−2041.74
250	3.1913	12815.87	13877.77	−1061.91	14939.42	−2123.55
260	3.1928	12529.82	13632.68	−1102.86	14734.93	−2205.11
273.15	3.1957	12141.61	13297.06	−1155.45	14450.88	−2309.27

依据表4-21数据绘制冰的宏观位能曲线，见图4-62。

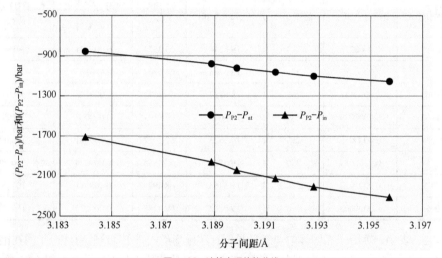

图4-62　冰的宏观位能曲线

对图4-62中位能曲线进行线性回归，结果如下。冰中静态分子：

$$P_{P2} - P_{in} = 165378.2687 - 52480.97037 r_{ij} \quad r = 0.9903 \tag{4-85}$$

静态分子硬球直径：$\sigma = r_{ij}\big|_{(P_{P2}-P_{in})=0} = \dfrac{165378.2687}{52480.97037} \text{Å} = 3.1512\text{Å}$

冰中动态分子：

$$P_{P2} - P_{at} = 82920.7943 - 26313.14239 r_{ij} \quad r = 0.9904 \tag{4-86}$$

动态分子硬球直径：$\sigma = r_{ij}\big|_{(P_{P2}-P_{at})=0} = \dfrac{82920.7943}{26313.14239} \text{Å} = 3.1513\text{Å}$

故可认为冰中静态分子和动态分子的硬球直径数值相等：

$$\sigma_{(静态分子)} = \sigma_{(动态分子)} = 3.1512\text{Å}$$

与冰平衡的水汽的分子硬球直径>固体冰的分子硬球直径：

$$\sigma_{(水汽)} = 3.2395\text{Å} > \sigma_{(冰)} = 3.1512\text{Å}$$

对固体冰也可应用对数函数方法计算固体冰中无序分子和有序分子的硬球直径，计算结果可与宏观位能曲线比较。对数函数方法计算的数据列于表 4-22。

表 4-22　对数函数方法计算固体冰中无序分子和有序分子的硬球直径数据

T/K	分子间距/Å	$\ln(r_{ij})$	$\ln(P_{P2})$	$\ln(P_{at})$	$\ln(P_{in})$
200	3.1840	1.1581	9.5734	9.6312	9.6858
230	3.1889	1.1597	9.5030	9.5735	9.6395
240	3.1899	1.1600	9.4811	9.5561	9.6259
250	3.1913	1.1604	9.4584	9.5380	9.6118
260	3.1928	1.1609	9.4359	9.5202	9.5980
273.15	3.1957	1.1618	9.4044	9.4953	9.5785

由表 4-23 中数据绘制的冰的对数函数图见图 4-63。

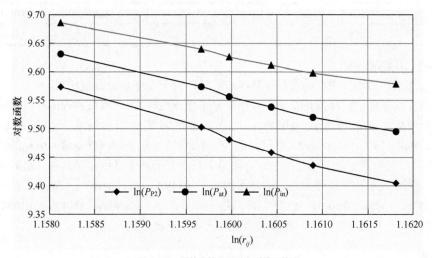

图 4-63　固体冰的分子压力对数函数图

由对数函数数据可以计算固体冰的分子硬球直径。图 4-63 表明，$\ln(P_{P2})$ 与 $\ln(r_{ij})$ 的关系是线性关系，$\ln(P_{at})$、$\ln(P_{in})$ 与 $\ln(r_{ij})$ 的关系也是线性关系，对这些关系进行线性回归计算，结果如下：

$$\ln(P_{P2}) = 64.0353 - 47.0276 \times \ln(r_{ij}) \qquad r = 0.9931 \qquad (4-87)$$

$$\ln(P_{at}) = 53.3947 - 37.7901 \times \ln(r_{ij}) \qquad r = 0.9925 \qquad (4-88)$$

分子硬球直径计算要求分子排斥力与分子吸引力相等，即 $\ln(P_{P2}) = \ln(P_{at})$，故在分子吸引力位势与分子排斥力位势相当处的分子间距离为

$$\ln(r_{ij}) = \frac{64.0353 - 53.3947}{47.0276 - 37.7901} = 1.1519$$

得分子硬球直径：$\sigma = r_{ij(排斥力=吸引力)} = 3.1642 Å$。

冰中长程有序分子硬球直径计算如下。

$$\ln(P_{in}) = 44.2136 - 29.8153 \ln(r_{ij}) \qquad r = 0.9918 \qquad (4-89)$$

分子硬球直径计算要求分子排斥力与分子吸引力相等，即 $\ln(P_{\text{P2}}) = \ln(P_{\text{in}})$，故在分子吸引力位势与分子排斥力位势相当处的分子间距离为

$$\ln(r_{ij}) = \frac{64.0353 - 44.2136}{47.0276 - 29.8153} = 1.1516$$

得分子硬球直径：$\sigma = r_{ij(\text{排斥力}=\text{吸引力})} = 3.1633\text{Å}$。

对水来讲有气、液和固三种状态的数据，故可比较三种不同物质状态的分子硬球直径数值，也可比较在三种不同物质状态下不同的分子状态的分子硬球直径，这些数据见表4-23，以供参考。

表4-23　水的气、液、固三态的分子硬球直径

分子硬球直径/Å	固体冰		液体水
	宏观位能曲线法	对数函数法	宏观位能曲线法
有序分子	3.1512	3.1633	3.0559
无序分子	3.1513	3.1642	3.0559
饱和气体分子（对数函数法）	3.2395		3.1741

表4-24中数据表明：

① 液体水和固体冰中，动态分子和静态分子的分子硬球直径数值相同。

② 液体水的分子硬球直径小于固体冰的分子硬球直径，因而水在由液体转变成固体时摩尔体积会增大，体积增加约 9.079%；而水由液体转变成固体时实际体积的增加为由 $18.015\text{cm}^3/\text{mol}$ 到 $19.654\text{cm}^3/\text{mol}$，实际增加为9.048%，与分子硬球直径增大引起的体积变化值十分吻合，说明宏观分子相互作用理论应用于物质分子硬球直径计算具有一定的可靠性。

③ 水从凝聚态转变成气体时，液体水的 $\sigma = 3.0559\text{Å}$，水汽的 $\sigma = 3.1741\text{Å}$，分子硬球直径增加3.87%；固体冰的 $\sigma = 3.1512\text{Å}$，冰的饱和气体的 $\sigma = 3.2395\text{Å}$，硬球直径增加2.802%。冰的饱和气体分子硬球直径大于液体水的饱和气体分子硬球直径。

参考文献

[1] 胡英. 流体的分子热力学. 北京: 高等教育出版社, 1983.
[2] 胡英. 物理化学. 5 版. 北京: 高等教育出版社, 2010.
[3] 童景山. 分子聚集理论及其应用. 北京: 科学出版社, 1999.
[4] 金家骏, 陈民生, 俞闻枫. 分子热力学. 北京: 科学出版社. 1990.
[5] Lee L L. Molecular thermodynamics of nonideal fluids. Butterworths series in chemical engineering. London: Boston, 1987.
[6] 童景山. 流体的热物理性质. 北京: 中国石化出版社, 1996.
[7] 童景山. 流体的热物理性质——基本理论与计算. 北京: 中国石化出版社, 2008.
[8] 胡英, 刘国杰, 徐英年, 谭子明. 应用统计力学. 北京: 化学工业出版社, 1990.
[9] Adamson A W. A textbook of physical chemistry. Academic Press INC, 1973.
[10] Adamson A W. Physical chemistry of surface. 3th ed. New York: John Wiley, 1976.
[11] Adamson A W, Gast A P. Physical chemistry of surfaces. 6th ed. New York: John-Wiley, 1997.
[12] 斋藤正三郎. 统计力学在推算平衡的物性中的应用. 傅良, 译. 北京: 化学工业出版社, 1986.
[13] 里德 R C, 普劳斯尼茨 J M, 波林 B E. 气体和液体性质. 李芝芬, 杨怡生, 译. 北京: 石油工业出版社, 1994.
[14] 卢焕章. 石油化工基础数据手册. 北京: 化学工业出版社, 1984.
[15] Perry R H. Perry's chemical engineer's handbook. 6th ed. New York: McGraw-Hill, 1984.
[16] Perry R H, Green D W. Perry's chemical engineer's handbook. 7th ed. New York: McGraw-Hill, 1999.
[17] Smith B D. Thermodynamic data for pure compounds. Part A, Part B. New York: Elsevier, 1986.

热力学理论中临界状态是纯物质的气液两相平衡共存的一个极限状态。在临界状态下物质有三个重要的临界参数：临界温度 T_C、临界体积 V_C 和临界压力 P_C。热力学中这些临界参数广泛应用于对比态关联式的讨论中，也应用于计算气体和液体的体积性质、热力学性质和输运性质；在宏观分子相互作用理论中也涉及这些临界参数，特别是在分子间排斥作用和分子间吸引作用的计算中也得到了应用；在宏观分子相互作用理论中这些临界参数是用于计算各种分子间相互作用参数的重要基础数据。

从数学意义来讲，判别临界点的条件为：

$$\frac{\partial P}{\partial V} = 0 \qquad \left(\frac{\partial^2 P}{\partial V^2} \right)_{T_C} = 0 \qquad\qquad (5\text{-}1)$$

上式表明，在压力与体积图上等温线在临界点的切线斜率为零，等温线在临界点处是一个拐点。

但是，实验方法确定这些临界参数有一定困难[1]，特别是对于一些物质在临界温度比较高的情况下会发生化学分解，使得到这些临界参数更困难。

因此，在需要知道讨论物质的临界参数，但又无实验数据可以应用时，如何估算这些临界参数值得关注。许多研究者，如里德等[2,3]做了很多估算方法研究工作，我国马沛生、张克武等[4,5]在估算数据上也做了许多工作。下面简单地介绍一些研究者在这三个临界参数的计算方法上所做的工作。在宏观分子相互作用理论需要讨论物质的临界参数时，下面介绍的相关估算方法可供选择时参考。

三个临界参数 P_C、T_C、V_C 的估算讨论应是热力学理论范围，宏观分子相互作用理论认为在临界区域中同样也存在一些临界的分子相互作用参数，如临界状态下的各项分子压力，即临界分子理想压力、临界分子第一斥压力、临界分子第二斥压力、临界分子吸引压力、临界分子内压力等。这些分子压力表示在临界状态下物质分子所显示的各种分子行为，这些分子行为将是本章着重讨论的内容。目前涉及临界性能与分子间相互作用关系的讨论还很少，这里介绍热力学理论对临界参数的估算方法，为讨论这些分子相互作用与临界参数关系做准备。

5.1 纯组元临界参数热力学方法估算

在热力学理论中有许多重要性质计算与讨论，如热导率、黏度、热容、标准熵等，均需应用临界温度 T_C、临界体积 V_C 和临界压力 P_C 这些临界参数。

过去，在百余年中国际和国内许多研究者在临界参数的估算方法上做了很多工作，下面作简单介绍。

（1）Ambrose[6,7]法

Ambrose 法是应用基团贡献法来计算三个临界参数 T_C、P_C 和 V_C。

$$T_C = T_b \left[1 + \left(1.242 + \sum \Delta_T \right)^{-1} \right] \tag{5-2}$$

$$P_C = M \left(0.339 + \sum \Delta_T \right)^{-2} \tag{5-3}$$

$$V_C = 40 + \sum \Delta_T \tag{5-4}$$

式中，T_C、P_C、V_C 的单位分别是 K、bar 和 cm^3/mol。本法需要正常沸点和分子量 M。式中 Δ 由各原子或原子团的贡献加和求得，其数据可见文献[5]。

（2）Joback 法

估算法中较成功的基团贡献法是在 1955 年提出的 Lyderson 基团贡献法。而 Joback[8]法是在 Lydersen 法[9]基础上经过 Joback 重新计算确定 Lyderson 法的数值，并确定各基团的最佳贡献值，提出了 Joback 基团加和法[10]。Joback 法计算式如下：

$$T_C = T_b \left\{ 0.584 + 0.965 \sum N_k (Tck) - \left[\sum N_k (T_{Ck}) \right]^2 \right\}^{-1} \text{(K)} \tag{5-5}$$

$$P_C = \left[0.113 + 0.0032 N_{atoms} - \sum N_k (P_{Ck}) \right]^{-2} \text{(bar)} \tag{5-6}$$

$$V_C = 17.5 + \sum N_k (V_{Ck}) \text{ (cm}^3\text{/mol)} \tag{5-7}$$

Joback 法在计算临界温度时需要标准沸点数值 T_b，此值可由实验值估算得到。式中 Tck、Pck 和 Vck 表示各种贡献。各种基团标识及讨论临界性质的 Joback 贡献值可见文献[11]中附表 C-1。

Joback 法估算得出的 T_C、P_C 和 V_C 值，只要计算中使用 T_b 实验值，无论分子大小如何，得到的 T_C 都相当可靠[11]；而当使用估算值 T_b 时，误差会显著增大。

（3）Wilson-Jasperson [W-J]法[12]

Wilson-Jasperson 提出可以计算无机物和有机物的 T_C、P_C 的三种方法。

其一，零级方法，使用因子分析方法，沸点、液体密度和分子质量作为特征因子；

其二，一级贡献法，使用原子贡献、沸点和环状结构数；

其三，二级贡献法，只考虑基团贡献。

据作者报道，零级方法比其他方法的精度差得多，尤其是 P_C。一级和二级方法的 W-J 法计算式为：

$$T_C = T_b / \left[0.048271 - 0.019846 N_r + \sum_k N_k (\Delta T_k) + \sum_j M_j (\Delta T_j) \right]^{0.2} \tag{5-8}$$

$$P_C = 0.186233 T_C / \left[-0.96601 + \exp(Y) \right] \tag{5-9}$$

$$Y = -0.00922295 - 0.0290403 N_r + 0.041 \left[\sum_k N_k (\Delta P_k) + \sum_j M_j (\Delta P_j) \right] \tag{5-10}$$

式中，N_r 是化合物中环状结构数；N_k 是 k 类原子数；k 类原子的一级原子的贡献为 ΔT_k 和 ΔP_k；M_j 是 j 类基团数；j 类基团的二级基团贡献表示为 ΔT_j 和 ΔP_j。原子和基团参数参见相关文献。

依据张克武[5]对戊酸的 T_C、P_C 的计算，戊酸的 $M = 102.13$、$T_b = 459.3$K，与上述方法的比较见表 5-1。

表 5-1　不同方法计算临界温度和临界压力结果对比

方法	Joback	W-J（一级）	W-J（二级）	张克武法
临界温度误差/%	1.15	3.11	1.00	0.75
临界压力误差/%	6.41	13.81	4.44	−2.27

张克武[5]对 30 种结构类型、128 个纯物质的 T_C 计算值与实验值误差进行了对比，Joback 法对炔烃、醇、全氟碳化合物以及多种卤代芳香族化合物的适用性较差。从表 5-1 数据来看，张克武提出的方法计算结果较好，但临界压力的计算结果不如临界温度。

（4）张克武-张宇英法[5]

计算式为：

$$T_C = T_b / f(K) = T_b / f\left(\sum_{i=1}^{i} n_i K_i + \sum_{e=1}^{e} n_e K_e\right) \tag{5-11}$$

$$K_S = \left(\sum_{i=1}^{i} n_i K_i + \sum_{e=1}^{e} n_e K_e\right) \tag{5-12}$$

$$T_C = T_b / \left(0.5800 + K_S - K_S^2 + K_S^4\right) \tag{5-13}$$

式中，n_i 为第 i 基团（键或官能团）K_i 的数目；n_e 为第 e 类电子效应 K_e 的数目；K_S 为分子结构参数，详见文献[5]。

据文献[5]介绍，对 406 个纯物质 T_C 验算，平均误差为 0.36%，误差在 ±1.0% 的占总数 98%。

5.2　临界参数与平均线性规律

上面介绍了热力学理论中估算临界参数 T_C、P_C 和 V_C 的方法，从各种方法所得误差情况来看，较成熟的应该是临界温度估算法，从文献数据来看，临界温度估算法中张克武法[5]得到的结果误差较小，故而推荐采用此临界温度估算法。

临界温度 T_C 估算法采用热力学中的基团贡献法，取得了较好的结果，但临界压力 P_C 估算方法还不理想，以目前热力学理论所介绍的方法来看，计算临界压力 P_C 的困难是较大的。V_C 的估算结果报道较少，三个临界参数估算结果中 T_C 的估算结果较好一些。

临界温度估算方法中得到结果较好的是基团贡献法，按照马沛生[4]的意见，基团贡献法理论认为物质的物性是构成此物质的各种基团对于此物性贡献值的总和。

基团贡献法的优点是通用性，构成常见有机物的基团约有百余种，如果可以利用物性实验数据来确定为数不多的基团对各种物性的贡献值，就可以利用它们去预测无实验数据的值。基团贡献法主要用于计算有机化合物的物性。

由上面介绍可知基团贡献法用于物质的临界温度计算，误差可能较低，因此对于一些物质，特别是有机化合物，其临界温度的估算，可以采用基团贡献法估算。

里德[3]推荐 Joback 法和 Ambrose 法用于估算临界体积值，预期误差范围为 5%～10%。此外，基团贡献法还未能成熟地应用到无机物等其他物质，故而其对临界压力和临界体积的估算还有待进一步改进。

马沛生[4]认为如果能够计算得到分子间的各种作用力，原则上就可以计算该物质的全部物理和化学性质。但是物质中分子间相互作用，特别是物质中吸引力作用和排斥力作用，还只是提出了初步计算方法，涉及物性计算的方法还有待进一步完善和发展，为此这里介绍的是在热力学中被称为"直径直线规律"的方法。

在第 3 章中讨论物质体积与分子相互作用关系时介绍了直径直线规律，并建议改名为"平均线性规律"。此规律经实际数据计算，也适用一些分子相互作用参数的讨论[13-16]，相关内容将在下面进行讨论，讨论时称其为"平均线性规律法"。此名称应较为适合此方法所表示的意思，即此规律表示通过讨论物质在气态和液态时密度的"平均"值与温度的"线性"关系来讨论物质性质的一些规律。

下面将以己烷为例进行讨论。己烷的 λ 点以温度表示为 $T|_\lambda = 282K$，对比温度 $T_r|_\lambda = 0.556$。己烷平均线性规律计算用数据取自文献[17]，据此己烷的临界温度 $T_C = 507.68K$。依据张克武[5]法计算，$T_C = 507.4K$，张克武的计算误差为 0.2%。

图 5-1 表示在温度范围 207～507.68K（临界温度）内，也就是包括了一段第 1λ 区域（282～507K），讨论气体物质中分子间相互作用的影响。

平均线性规律讨论的是物质在气态与液体时的密度平均值与温度的关系。气态和液态物质密度平均值计算式为

$$\rho^m = \frac{\rho^G + \rho^L}{2} \tag{5-14}$$

物质的摩尔体积所用单位是 cm^3/mol，将其转换成密度用于平均线性规律法计算时将摩尔体积取其倒数即可，此值称为平均线性规律法计算所用的密度值，简称"计算密度"，即

$$\rho \approx \frac{1}{V_m} \tag{5-15}$$

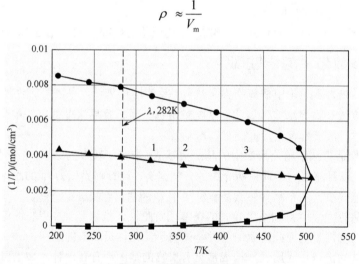

图 5-1 己烷的平均线性规律

由图 5-1 知，从己烷 λ 点温度 282K，到己烷临界温度 507.68K，气体、液体己烷密度的平均值与温度有着良好的线性关系。现将图中所用的己烷的气体密度、液体密度、气液平均密度值、体系温度等列于表 5-2 中。

表 5-2 计算己烷平均线性规律用状态数据

序号	T/K	V_m^G /（cm^3 / mol）	$1/V_m^G$ /（mol / cm^3）	V_m^L /（cm^3 / mol）	$1/V_m^L$ /（mol / cm^3）	气液平均密度
1	207	38560000	2.59×10^{-8}	117.39	8.52×10^{-3}	4.26×10^{-3}
2	244	2008390	4.98×10^{-7}	122.65	8.15×10^{-3}	4.08×10^{-3}
3	282	244796	4.09×10^{-6}	126.75	7.89×10^{-3}	3.95×10^{-3}
4	319	55345	1.81×10^{-5}	135.61	7.37×10^{-3}	3.70×10^{-3}

序号	T/K	V_m^G /(cm³ / mol)	$1/V_\mathrm{m}^\mathrm{G}$ /(mol / cm³)	V_m^L /(cm³ / mol)	$1/V_\mathrm{m}^\mathrm{L}$ /(mol / cm³)	气液平均密度
5	357	17568.64	5.69×10^{-5}	143.99	6.95×10^{-3}	3.50×10^{-3}
6	395	6978.38	1.43×10^{-4}	154.54	6.47×10^{-3}	3.31×10^{-3}
7	432	3257.31	3.07×10^{-4}	168.79	5.93×10^{-3}	3.12×10^{-3}
8	470	1488	6.72×10^{-4}	193.81	5.16×10^{-3}	2.92×10^{-3}
9	492	890.1	1.12×10^{-3}	223.55	4.47×10^{-3}	2.80×10^{-3}
10	507.68	366.53	2.73×10^{-3}	366.53	2.73×10^{-3}	2.73×10^{-3}

注：本表数据取自文献[17]。

由图 5-1 知己烷气液平均密度与体系温度呈线性关系，将己烷气液平均密度与体系温度作线性回归计算，得计算式为：

$$\rho_{气液平均} = 0.005353253 - 5.17777\times10^{-6}T \qquad r = 0.9986 \qquad (5\text{-}16)$$

线性回归相关系数为 0.9986，由此可认为己烷的气液平均密度值与体系温度符合线性关系，即符合平均线性规律。

平均线性规律的用途包括以下几个方面。

① 可以用来判断讨论的两个体系性质之间关系是否存在线性关系。图 5-2 为己烷的计算密度与体系压力的关系，显然二者不符合平均线性规律。

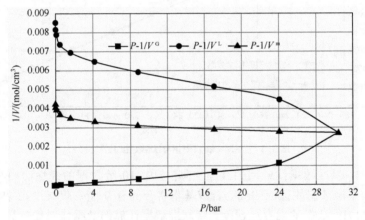

图 5-2 己烷计算密度（$1/V$）与体系压力（P）的关系

② 依据张克武法[5]计算，己烷的临界温度 $T_\mathrm{C} = 507.4\mathrm{K}$，按式（5-16）计算，得计算密度值为 0.002726053，换算成己烷的临界摩尔体积为 366.83cm³/mol，误差为 0.082%。己烷的临界温度值按文献[17]为 507.68K，如果按式（5-16）计算得计算密度值是 0.002724603，换算成己烷的临界摩尔体积为 367.03cm³/mol，误差为 0.135%。亦就是说，后者计算所使用的数据可能是误差产生的原因，虽然二者的误差均很小，但这可作为一个例子来讨论减小误差的方法。下面讨论的方法称为基准数据对比法，这是平均线性规律的第二种应用，亦就是平均线性规律将可以用于纠正计算数据的误差。下面以己烷为例来说明。

表 5-2 列示了文献[17]中的 10 组计算数据，为了解所使用的这 10 组数据中哪些是可能影响结果的数据，需要先建立一组数据以与这 10 组数据对比，故称为基准对比法。基准对比法所用数据的要求为：

a. 由于基准数据对比法是用于与表 5-2 中所用的文献[17]中的 10 组数据作对比，故基准数据选择应含有这 10 组数据。一般选择这 10 组数据的头尾两个数据，第一个数据是温度 207K 的数据，如果这个数据被认为可能有误差，则可改选误差小的数据。另一个数据是最后一个数据，即临界参数数据，由于这个数据是手册中的临界参数，一般其正确性应是可以肯定的。

b. 如果选择基准数据时因临界参数缺乏，或计算的目的就是得到临界参数，则后一个数据选择尽可能与临界参数接近的数据，以使计算得到的所需临界参数数值正确些。

例如，选择下面数据组作为基准对比数据。

第一个数据：温度 = 207K，气液平均密度 = 4.259×10^{-3}mol/cm^3；

第二个数据：温度 = 507.68K；气液平均密度 = 2.728×10^{-3}mol/cm^3。

以这两个数据作为基准数据组，进行回归计算得：

$$\rho_{\text{气液平均}} = 0.005332311 - 5.12926 \times 10^{-6}T \qquad r = 1.0 \qquad (5\text{-}17)$$

将式（5-16）和式（5-17）两个回归计算式所使用数据列在图 5-3 中以作比较。

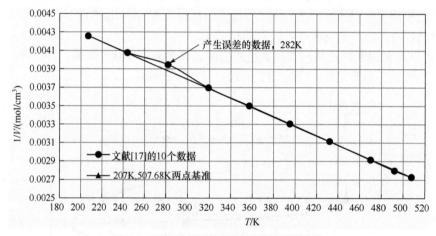

图 5-3　己烷用文献[17]数据与基准数据组线性比较

由图 5-3 知，基准数据线性回归线与文献[17]中 10 组数据的线性回归线基本吻合，10 个数据点与基准数据线性回归线吻合或基本吻合的有 9 个，仅温度在 282K 时有些偏差，说明文献[17]的数据的确存在误差。将基准数据计算的数据作对比计算，比较结果列于表 5-3。

表 5-3　己烷低于 319K 温度区域数据对比结果

T/K	平均密度[17]/（mol/cm^3）	基准法	误差/%	气液平均摩尔体积/（cm^3/mol）		
				文献[17]	基准法	误差/%
207	0.004259	0.004259	0.000	234.78	234.78	0.000
244	0.004077	0.004071	0.147	245.29	245.64	−0.146
282	0.003947	0.003877	1.790	253.37	257.90	−1.758
319	0.003696	0.003689	0.191	270.56	271.07	−0.191
357	0.003501	0.003496	0.154	285.64	286.08	−0.154

T/K	平均密度[17]/ (mol/cm³)	基准法	误差/%	气液平均摩尔体积/ (cm³/mol)		
				文献[17]	基准法	误差/%
395	0.003307	0.003302	0.152	302.38	302.84	−0.152
432	0.003116	0.003114	0.068	320.95	321.17	−0.068
470	0.002916	0.002920	−0.147	342.95	342.45	0.147
492	0.002798	0.002808	−0.348	357.35	356.11	0.349
507.68	0.002728	0.002728	0.000	366.53	366.53	0.000

表 5-3 表明，使用表 5-2 所列的 10 组数据[17]进行计算，其中温度 282K 的数据存在约 −1.758%的误差，由此可能导致计算结果误差上升到 0.135%。如果将存在误差的 282K 的气液平均密度数据（3.947×10^{-3}）以基准对比法所得的 0.0038776 替代进行回归计算，得：

$$\rho_{气液平均} = 0.005327401 - 5.12446 \times 10^{-6}T \qquad r = 0.99993 \qquad (5\text{-}18)$$

相关系数为 0.99993，计算精度有所提高，将临界温度 507.68K 代入上式，得临界摩尔体积为 366.86cm³/mol，误差为 0.091%。比原文献[17]数据计算误差 0.135%有所提高。

③ 计算某种状态条件下（例如在临界状态下）所要求性能的数值。热力学中在临界状态下要求了解的性质是临界压力、临界温度和临界体积。而平均线性规律法中应用气液平均密度进行计算，计算密度与体系体积相关，因此首先讨论临界体积 V_C 的计算。

5.2.1 临界体积计算

前面介绍了在已知临界温度 T_C 条件下应用平均线性规律法计算 V_C，这里以辛烷为例讨论临界体积的计算方法，计算数据取自文献[17]。

辛烷的平均线性规律如图 5-4 所示。

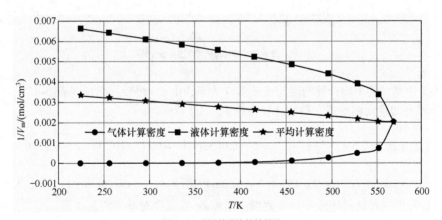

图 5-4　辛烷的平均线性规律

图 5-4 表明，辛烷气液的平均计算密度与温度有着线性关系。现假设辛烷的计算数据中已知临界温度，但需要知道临界体积数据，希望通过表 5-4 数据计算得到辛烷的临界体积数据。

表 5-4　辛烷临界体积的计算数据

序号	T/K	气体计算密度	液体计算密度	气液平均计算密度
		$1/V_m/$（mol/cm³）		$[1/V_m^G+1/V_m^L]/2$
1	224	2.6610×10^{-9}	6.6287×10^{-3}	3.3143×10^{-3}
2	256	4.9068×10^{-8}	6.4098×10^{-3}	3.2049×10^{-3}
3	296	6.6315×10^{-7}	6.1301×10^{-3}	3.0654×10^{-3}
4	336	4.2662×10^{-6}	5.8398×10^{-3}	2.9220×10^{-3}
5	376	1.7076×10^{-5}	5.5343×10^{-3}	2.7757×10^{-3}
6	416	4.9668×10^{-5}	5.2054×10^{-3}	2.6275×10^{-3}
7	456	1.1964×10^{-4}	4.8354×10^{-3}	2.4775×10^{-3}
8	496	2.6406×10^{-4}	4.3867×10^{-3}	2.3254×10^{-3}
9	528	4.8356×10^{-4}	3.9047×10^{-3}	2.1941×10^{-3}
10	552	7.2403×10^{-4}	3.3759×10^{-3}	2.0500×10^{-3}

将辛烷的气液平均线性关系单独显示于图 5-5 中。

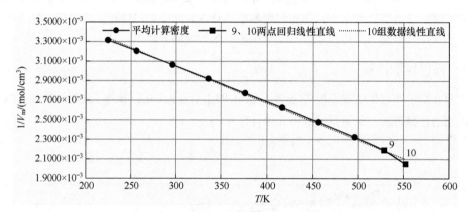

图 5-5　辛烷的平均计算密度与温度线性关系

　　图 5-5 中辛烷的平均计算密度与温度线性关系线由 10 组数据组成（表 5-4），如果以这 10 组数据进行线性回归处理，得其计算密度 ρ_m 的计算式为：

$$\rho_m = \left(\rho_G + \rho_L\right)\times0.5 = \left(\frac{1}{V_m^G}+\frac{1}{V_m^L}\right)\times0.5 = 0.0053664 - 6.0077\times10^{-6}T \quad r = 0.9976 \quad (5\text{-}19)$$

得，$V_{mC} = 1/\rho_m = 1/0.0020349 = 492.420$，文献[17]所列 $V_{mC} = 492\text{cm}^3/\text{mol}$，误差为 0.118%。

　　如果以基准纠正法讨论分析计算数据的误差源，则需要对基准纠正法设立一组基准数据，例如设计下面一组基准数据用于计算辛烷的临界体积。按前面介绍，为了计算临界体积，这些基准数据应取接近临界点的数据，为此取表 5-4 中第 9 和第 10 两组数据。

　　第一个（序号 9）基准数据：温度 528K，计算密度平均值 0.0021941；

　　第二个（序号 10）基准数据：温度 552K，计算密度平均值 0.0020500。

　　9、10 两个数据计算的回归线性直线也列于图 5-5 中，与图中 10 个数据所组成的线性直线相比较，9、10两个数据所形成的线性直线与10组数据组成的线性直线，二者趋势并不相同，为此将9、10两组数据计算的回归线性直线部分和相对应的10组数据所形成的线性直线部分放大，见图5-6，以作比较。

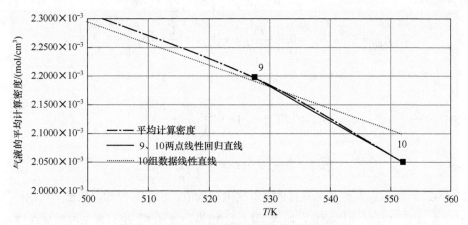

图5-6 辛烷的平均计算密度与温度线性关系（局部放大）

由图5-6可知，由9、10两点数据计算结果与10组数据结果相比较，平均计算密度数值会偏低，临界体积计算结果误差会偏大。按9、10两点数据得到的回归计算式为

$$\rho_{气液平均} = 0.005366355 - 6.007664 \times 10^{-6} T \qquad r = 1.000 \qquad (5\text{-}20)$$

已知辛烷的 $T_C = 568.841\text{K}$，代入上式，得气液平均密度 = 0.00194877，换算到临界摩尔体积 $V_C = 514.144\text{cm}^3/\text{mol}$，误差 = 4.298%。说明9、10两组数据存在误差。从图5-6来看，第10组数据偏差导致误差的可能性大一些。

上述计算表明，结果中出现了误差，有可能用平均线性规律法中基准纠正法来发现所用计算数据本身带来的误差，并了解计算结果出现误差的可能原因。

5.2.2　临界压力计算

目前热力学理论中对临界压力数值的估算还是有一定难度的，所得结果的误差有时不很理想。平均线性规律法是应用气体和液体密度平均值求得讨论物质性质与温度间的线性关系，故而可以将宏观分子相互作用理论中分子压力原理和平均线性规律法相结合起来计算物质的临界压力数值。其方法如下。

已知气体分子第一斥压力定义式为：$\quad P_{P1}^{G} = P^{G} \dfrac{b^{G}}{V_{m}^{G}}$ \qquad (5-21)

液体分子第一斥压力定义式为：$\quad P_{P1}^{L} = P^{L} \dfrac{b^{L}}{V_{m}^{L}}$ \qquad (5-22)

式中，$P = P^{G} = P^{L}$ 是体系压力。b^{G} 和 b^{L} 是气体和液体的协体积，在临界点处，b^{G} 和 b^{L} 的数值是相同的，$b_{C}^{G} = b_{C}^{L}$；在其他状态下，$b^{G} \neq b^{L}$。V_{m}^{G} 和 V_{m}^{L} 是气体和液体的摩尔体积，单位为 cm^3/mol。

将式（5-21）和式（5-22）改写为：

气体 $\qquad\qquad\qquad \dfrac{P_{P1}^{G}}{P^{G} b^{G}} = \dfrac{1}{V_{m}^{G}}$ \qquad (5-23)

$$液体 \qquad \frac{P_{P1}^{L}}{P^{L}b^{L}} = \frac{1}{V_{m}^{L}} \tag{5-24}$$

$$合并两式: \qquad \frac{P_{P1}^{G}}{P^{G}b^{G}} + \frac{P_{P1}^{L}}{P^{L}b^{L}} = \frac{1}{V_{m}^{G}} + \frac{1}{V_{m}^{L}} \tag{5-25}$$

$$设 \qquad K_{P1}^{m} = K_{P1}^{G} + K_{P1}^{L} = 0.5 \left(\frac{P_{P1}^{G}}{P^{G}b^{G}} + \frac{P_{P1}^{L}}{P^{L}b^{L}} \right) = \frac{1}{P} \times 0.5 \left(\frac{P_{P1}^{G}}{b^{G}} + \frac{P_{P1}^{L}}{b^{L}} \right)$$

$$= \frac{1}{P} K_{b}^{m} \tag{5-26}$$

$$式中 \qquad K_{b}^{m} = \left(K_{b}^{G} + K_{b}^{L} \right) = 0.5 \left(\frac{P_{P1}^{G}}{b^{G}} + \frac{P_{P1}^{L}}{b^{L}} \right)$$

$$又设 \qquad K_{1/V_{m}}^{m} = K_{1/V_{m}}^{G} + K_{1/V_{m}}^{L} = 0.5 \left(\frac{1}{V_{m}^{G}} + \frac{1}{V_{m}^{L}} \right) \tag{5-27}$$

式（5-27）中 $K_{1/V_{m}}$ 是气体和液体的计算密度平均值，由前讨论知，依据平均线性规律，$K_{1/V_{m}}^{m}$ 必定与体系温度呈线性关系，而 K_{b} 与 $K_{1/V_{m}}$ 相等，故知 K_{b}^{m} 也与体系温度呈线性关系，符合平均线性规律。又知 $P = P^{G} = P^{L}$，故有关系：

$$K_{b} = K_{1/V_{m}} = PK_{P1}$$

$$得体系压力 \qquad P = \frac{K_{b}}{K_{1/V_{m}}} \tag{5-28}$$

因此体系压力应与 K_{b} 相关，因需计算临界压力，需得到临界点处的 K_{b}，临界温度由热力学方法可以得到，故可得到 K_{b} 与温度的关系，图 5-7 为己烷的 K_{b} 与压力的关系，此图计算所采用的数据见表 5-5。

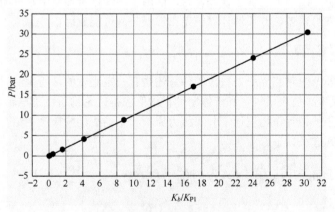

图 5-7　己烷 K_{b}/K_{P1} 与压力 P 关系

表 5-5　计算己烷临界压力 P_{c} 的数据

T/K	P_{P1}^{G} / bar	P_{P1}^{L} / bar	K_{P1}^{m}	K_{b}^{m}	$K_{1/V_{m}}^{m}$	体系压力计算/bar	
						K_{b}^{m} / K_{P1}^{m}	文献值[17]
207	1.354×10^{-9}	4.068×10^{-4}	4.2626×10^{-3}	1.9024×10^{-6}	4.2593×10^{-3}	0.0004463	0.0004463
244	5.879×10^{-7}	8.934×10^{-3}	4.0829×10^{-3}	4.1237×10^{-5}	4.0769×10^{-3}	0.0101	0.0101
282	4.550×10^{-5}	8.109×10^{-2}	3.9590×10^{-3}	3.7559×10^{-4}	3.9468×10^{-3}	0.09487	0.09487

T/K	P_{P1}^{G} / bar	P_{P1}^{L} / bar	K_{P1}^{m}	K_{b}^{m}	K_{1/V_m}^{m}	体系压力计算/bar	
						K_{b}^{m} / K_{P1}^{m}	文献值[17]
319	9.909×10^{-4}	0.3778	3.7008×10^{-3}	1.7201×10^{-3}	3.6961×10^{-3}	0.4648	0.4648
357	1.062×10^{-2}	1.224	3.5131×10^{-3}	5.5964×10^{-3}	3.5009×10^{-3}	1.593	1.593
395	6.983×10^{-2}	2.953	3.3041×10^{-3}	1.3722×10^{-2}	3.3071×10^{-3}	4.153	4.153
432	3.213×10^{-1}	5.724	3.1144×10^{-3}	2.7519×10^{-2}	3.1158×10^{-3}	8.836	8.836
470	1.283	9.577	2.9148×10^{-3}	4.9638×10^{-2}	2.9159×10^{-3}	17.03	17.03
492	3.135	11.83	2.7986×10^{-3}	6.7335×10^{-2}	2.7984×10^{-3}	24.06	24.06
507.68	9.762	9.704	0.002744227	0.083424515	0.00272829	30.4	30.4

临界压力也可用分子压力中分子理想压力来计算。

已知气体分子理想压力定义式为：
$$P_{id}^{G} = \frac{RT^{G}}{V_{m}^{G}} \tag{5-29}$$

液体分子理想压力定义式为：
$$P_{id}^{L} = \frac{RT^{L}}{V_{m}^{L}} \tag{5-30}$$

体系压力与分子理想压力的关系如下。

气体分子理想压力与体系压力关系为：
$$P^{G} = Z^{G}\frac{RT^{G}}{V_{m}^{G}} \tag{5-31}$$

液体分子理想压力与体系压力关系为：
$$P^{L} = Z^{L}\frac{RT^{L}}{V_{m}^{L}} \tag{5-32}$$

式中 $P = P^{G} = P^{L}$，$T = T^{G} = T^{L}$，得
$$\frac{P^{G}}{Z^{G}} + \frac{P^{L}}{Z^{L}} = \frac{RT^{G}}{V_{m}^{G}} + \frac{RT^{L}}{V_{m}^{L}} = RT \times \left(\frac{1}{V_{m}^{G}} + \frac{1}{V_{m}^{L}}\right) \tag{5-33}$$

故
$$\frac{P}{2RT}\left(\frac{1}{Z^{G}} + \frac{1}{Z^{L}}\right) = 0.5\left(\frac{1}{V_{m}^{G}} + \frac{1}{V_{m}^{L}}\right) \tag{5-34}$$

设
$$K_{1/V_m}^{m} = 0.5\left(\frac{1}{V_{m}^{G}} + \frac{1}{V_{m}^{L}}\right) \tag{5-35}$$

$$K_{PT} = \frac{P}{RT} \times 0.5\left(\frac{1}{Z^{G}} + \frac{1}{Z^{L}}\right) = \frac{P}{RT} \times K_{Z}^{GL} \tag{5-36}$$

式中
$$K_{Z}^{GL} = 0.5\left(\frac{1}{Z^{G}} + \frac{1}{Z^{L}}\right) \tag{5-37}$$

由平均线性规律知，K_{1/V_m}^{m} 应是温度的线性函数，即
$$K_{1/V_m}^{m} = f(T) \tag{5-38a}$$

故
$$K_{PT} = \frac{P}{2RT}\left(\frac{1}{Z^{G}} + \frac{1}{Z^{L}}\right) = 0.5\left(\frac{1}{V_{m}^{G}} + \frac{1}{V_{m}^{L}}\right) = f(T) \tag{5-38b}$$

即
$$\frac{PK_{Z}^{GL}}{RT} = K_{1/V_m}^{m} = f(T) \tag{5-39}$$

由于临界压力未知，由式（5-38b）知，如果已知临界压缩因子和临界温度，就有可能得到临界压力。

由式（5-38b）知左边项与体系温度呈线性关系，如图5-8所示。

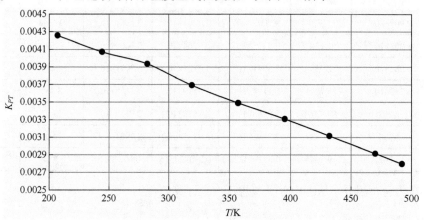

图5-8 己烷 K_{PT} 与温度的线性关系

图5-8中线性关系的计算数据见表5-6。

表5-6 以分子理想压力方法计算临界压力的数据

序号	P/bar	T/K	K_Z^{GL}	K_{1/V_m}^{m}	$\dfrac{PK_Z^{\text{GL}}}{RT}$
1	0.0004463	207	1.6412×10^5	4.2593×10^{-3}	4.2561×10^{-3}
2	0.0101	244	8.1766×10^3	4.0769×10^{-3}	4.0709×10^{-3}
3	0.09487	282	9.7239×10^2	3.9468×10^{-3}	3.9347×10^{-3}
4	0.4648	319	2.1063×10^2	3.6961×10^{-3}	3.6913×10^{-3}
5	1.593	357	65.004	3.5009×10^{-3}	3.4888×10^{-3}
6	4.153	395	26.175	3.3071×10^{-3}	3.3101×10^{-3}
7	8.836	432	12.671	3.1158×10^{-3}	3.1172×10^{-3}
8	17.03	470	6.6932	2.9159×10^{-3}	2.9170×10^{-3}
9	24.06	492	4.7574	2.7984×10^{-3}	2.7982×10^{-3}

表5-6中有9组数据，临界压力是计算对象，故不包括在9组数据中。在不知体系临界压力数据时，如果知道体系温度、压缩因子和体系的气液平均计算密度数据，则可由式（5-36）计算讨论体系的临界压力。即由这些数据对温度进行线性回归计算，得：

$$K_{PT}=\frac{PK_Z^{\text{GL}}}{RT}=5.3405\times10^{-3}-5.1532\times10^{-6}T \qquad r=0.9986 \qquad （5-40）$$

已知己烷的 $T_C=507.68\text{K}$，代入上式得临界温度下

$$K_{PT}=\frac{PK_Z^{\text{GL}}}{RT}=2.7243\times10^{-3}$$

又知 $Z_C^G=0.2661$，$Z_C^L=0.2649$，代入式（5-36）得

$$P=\frac{83.14\times507.68\times2.7243\times10^{-3}\text{bar}}{0.5\times(\dfrac{1}{0.2661}+\dfrac{1}{0.2649})}=30.53\text{bar}$$

己烷以式（5-36）计算的临界压力值为30.53bar，文献[17]值为30.4bar，计算误差为0.429%。

5.2.3 临界压缩因子计算

如果知道临界压力和临界温度数据，例如由文献[17]知己烷的临界压力为30.4bar，临界温度为507.68K，则由热力学理论可以计算物质己烷的临界压缩因子。

由式（5-40）知在临界温度处有

$$K_{PT} = \frac{PK_Z^{GL}}{RT} = 2.7243 \times 10^{-3} \tag{5-41}$$

整理上式

$$K_Z^{GL} = 0.5\left(\frac{1}{Z^G} + \frac{1}{Z^L}\right) = 2.7243 \times 10^{-3} \frac{RT}{P} \tag{5-42}$$

己烷在临界温度处有 $Z = Z^G = Z^L$ ， $T_C = 507.68K$ ， $P_C = 30.4bar$ ，代入上式得：

$$Z_C = 1 / \left(2.7243 \times 10^{-3} \times \frac{RT_C}{P_C}\right) = 1 / \left(2.7243 \times 10^{-3} \times \frac{R \times 507.68}{30.4}\right) = 0.2644$$

手册[17]中己烷的临界压缩因子数据 $Z_C = 0.2640$ 。

5.2.4 临界温度计算

在上述临界体积和临界压力计算中，计算的前提是需要知道临界温度，而这里所用的临界温度数据是应用热力学理论方法得到的。能否以宏观分子相互作用理论中分子压力方法计算得到临界温度数据是本节讨论的主要内容。

用于计算临界温度的分子压力是分子理想压力，已知：

气体的理想压力

$$P_{id}^G = \frac{RT^G}{V_m^G} \tag{5-43}$$

液体的理想压力

$$P_{id}^L = \frac{RT^L}{V_m^L} \tag{5-44}$$

气液平衡时有 $T = T^G = T^L$ ，即

$$\frac{0.5}{RT}\left(P_{id}^G + P_{id}^L\right) = 0.5\left(\frac{1}{V_m^G} + \frac{1}{V_m^L}\right) \tag{5-45}$$

设

$$K_{id} = 0.5\frac{P_{id}^G + P_{id}^L}{T} \tag{5-46}$$

$$K_{1/V_m}^m = 0.5\left(\frac{1}{V_m^G} + \frac{1}{V_m^L}\right) \tag{5-47}$$

依据平均线性规律， K_{1/V_m}^m 应该与体系温度呈线性关系，因 $K_{id} = RK_{1/V_m}^m$ ，故而 K_{id} 也应该与体系温度呈线性关系，即

$$K_{id} = RK_{1/V_m}^m = f(T) \tag{5-48}$$

式（5-48）表明： K_{id} 与温度相关，且与 K_{1/V_m}^m 呈线性关系。图5-9为丙烯的 K_{id} 与 K_{1/V_m}^m 的线性关系。

图5-9中线性关系计算所用数据见表5-7。

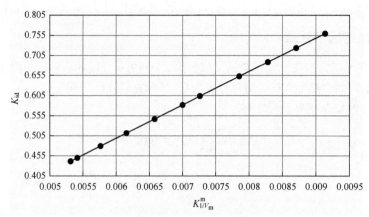

图 5-9 丙烯的 K_{id} 与 K_{1/V_m}^m 的线性关系

表 5-7 丙烯的 K_{id} 和 K_{1/V_m}^m 线性关系计算数据

序号	T/K	P_{id}^G /bar	P_{id}^L /bar	$0.5P_{id}^m$ /bar	K_{id}	$1/V_m^G$	$1/V_m^L$	K_{1/V_m}^m
1	87.89	9.923×10^{-9}	133.489	66.744	0.7594	1.358×10^{-12}	0.01827	0.00913
2	119	4.042×10^{-5}	172.243	86.122	0.7237	4.085×10^{-9}	0.01741	0.00870
3	150	4.169×10^{-3}	206.610	103.307	0.6887	3.343×10^{-7}	0.01657	0.00828
4	182	8.134×10^{-2}	237.580	118.831	0.6529	5.376×10^{-6}	0.01570	0.00785
5	225.438	1.046	271.235	136.141	0.6039	5.582×10^{-5}	0.01447	0.00726
6	245	2.432	282.671	142.552	0.5818	1.194×10^{-4}	0.01388	0.00700
7	276	7.308	294.641	150.974	0.5470	3.185×10^{-4}	0.01284	0.00658
8	308	19.08	296.105	157.593	0.5117	7.452×10^{-4}	0.01156	0.00615
9	339	46.06	278.916	162.488	0.4793	1.634×10^{-3}	0.00990	0.00577
10	364	1.219×10^2	205.661	163.771	0.4499	4.027×10^{-3}	0.00680	0.00541

依据式（5-48）得线性回归式：

$$K_{id} = 7.75476\times10^{-16} + 83.14K_{1/V_m}^m \qquad r = 1.0000 \qquad (5-49)$$

已知：临界点处 $K_{1/V_m}^m = 0.00531\text{mol/cm}^3$，代入上式得：$K_{id} = 0.4413654$。

又知 $P_{id}^m = 161.3499\text{bar}$，故 $T = P_{id}^m / K_{id} = 161.3499 / 0.4413654 = 365.5699$，文献[17]的数据为 365.57K，吻合得很好。

5.3 对数函数规律

前面介绍了平均线性规律的应用。平均线性规律法在应用时的优缺点如下。

① 由平均线性规律法确立的两个性能间的线性关系一般应是较为可靠的，计算结果的误差也较小。

② 平均线性规律可以确立的线性关系是物质密度与温度间的关系。这样在热力学性能上可以由平均线性规律法确立线性关系的较少，亦就是平均线性规律法的应用面可能较窄一些。下面讨论由平均线性规律发展而来的对数函数规律，其应用范围更大。

在 Walas 和陈钟秀等介绍直径直线规律和对数函数规律时曾举例说明的物质有氖、三氯氟甲烷、二氧化硫、二氧化碳、水、SF_6、O_2 等，也就是说这两个规律既可能适用于有机化合物，也可能适用于无机化合物，即这两个规律可能适用的计算物质的范围较广，对不同类型物质均有可能适用。图 5-10 中为无机物水的平均线性规律，说明像水这样的极性物质同样服从平均线性规律。

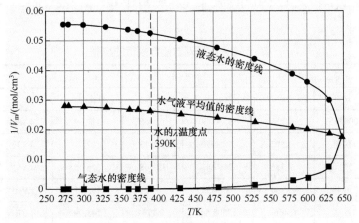

图 5-10　水的平均线性定律

上一节中讨论了平均线性规律，有可能计算得到一些临界参数的数值，但一些方法还需要先知道物质的临界温度。

在一些特殊情况下，即在实验方法确定这些临界参数有一定困难时，特别是对于一些物质在临界温度比较高的情况下会发生化学分解，使得到这些临界参数变得困难。因而需要以可以得到的少量数据来估算所需的各个临界参数的方法。

平均线性规律的应用面较窄，不能适用于各种不同性质间线性关系的讨论，例如不能讨论体系压力与体系密度间的线性关系。

S. M. Walas[13]在其著作 *Phase Equilibria in Chemical Enneering* 中介绍了对数函数规律。Walas 说明：在临界点附近物理性质的异常或渐近行为，常常可近似地以对数函数规律和临界指数表示，这具有理论和实验两方面的基础。等价的说法是在两种性质 M 和 N 的对数之间存在一种线性关系。

$$\lg M = \lg k + \beta \lg N \tag{5-50}$$

或
$$M = kN^{\beta} \tag{5-51}$$

对数函数规律与平均线性规律在应用方法上相似，或者可以认为对数函数规律是平均线性规律的延续。但是对数函数规律较平均线性规律在应用面上有了较大的扩展。例如，对数函数规律可以讨论平均线性规律不能讨论的物质密度与体系压力的线性关系，在讨论宏观物质分子相互作用参数间关系时应用较多的可能是对数函数规律。

上述介绍的平均线性规律的三个应用方面，对数函数规律同样可以，即：①可以判断两个对数函数间是否符合线性关系；②用基准对比法可以判断计算用的数据是否会给计算结果带来误差；③在一定的计算条件下可能得到在一定讨论区域中某种性质的数据，例如临界区域中所需性质的数值。

对数函数规律的优点是适合讨论不同性质间关系，缺点是如果计算所用数据存在一定误差会给计算结果带来相应的误差，并且因为使用了对数函数，计算中一些小的误差，在对数函数的转换中可能会使最终结果产生较大的误差，这在下面讨论中介绍。

在热力学理论中对数函数规律与平均线性规律一样也并未得到广泛的应用。

下面以己烷的体系密度与体系压力的关系为例，说明对数函数规律的应用。

己烷计算数据见表 5-8，表中已将计算数据转换成对数函数，表中己烷的压力、摩尔体积状态参数取自文献[17]。式（5-50）中性质 M 是体系摩尔体积，其对数为 $\ln V_m$，N 是压力，其对数为 $\ln P$。

表 5-8　己烷对数函数规律的数据

体系温度/K	体系压力/bar		气相体积		液相体积		气液平均
	P	$\ln P$	$V_m/(cm^3/mol)$	$\ln[V_m]$	$V_m/(cm^3/mol)$	$\ln V_m$	$\ln V_{m\,平均}$
207	0.0004463	−7.715	38560000	17.468	117.39	4.766	11.117
244	0.0101	−4.595	2008390	14.513	122.65	4.809	9.661
282	0.09487	−2.355	244796	12.408	126.75	4.842	8.625
319	0.4648	−0.766	55345	10.921	135.61	4.910	7.916
357	1.593	0.466	17568.64	9.774	143.99	4.970	7.372
395	4.153	1.424	6978.38	8.851	154.54	5.040	6.946
432	8.836	2.179	3257.31	8.089	168.79	5.129	6.609
470	17.03	2.835	1488.00	7.305	193.81	5.267	6.286
492	24.06	3.181	890.10	6.791	223.55	5.410	6.100
507.68	30.4	3.414	366.53	5.904	366.53	5.904	5.904

注：数据源自文献[17]。

图 5-11 为己烷的体系压力与体系体积间关系，显然己烷的体系压力与体系体积间不存在线性关系。

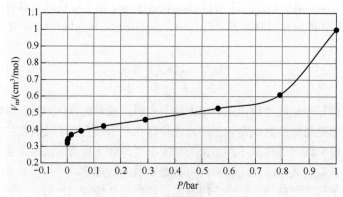

图 5-11　己烷的压力与体积关系示意图

图 5-12 为己烷的对数函数规律，即体系摩尔体积 $V_m/(cm^3/mol)$ 的对数函数 $\ln V_m$ 与体系压力 P/bar 的对数函数 $\ln P$ 间的关系。

图 5-11 表明，体系的摩尔体积与体系压力二者关系不服从平均线性规律。但是两种不同

性质，经对数函数规律处理后，由图 5-12 知这两个体系性质服从对数函数线性规律，二者呈现线性关系，即己烷摩尔体积的对数函数 $\ln V_m$ 与体系压力的对数函数 $\ln P$ 之间有线性关系。对于己烷的摩尔体积已在 5.2 节平均线性规律中讨论过，不再重复，这里注意的是体系摩尔体积与体系压力的线性关系能否用来以已知体系摩尔体积求得体系压力数值，故这里将设置对数函数 $\ln V_m$，作为自变量处理。而体系压力作为计算对象处理，设为对数函数 $\ln P$，图 5-13 表示了对数函数 $\ln V_m$ 和 $\ln P$ 之间的关系。

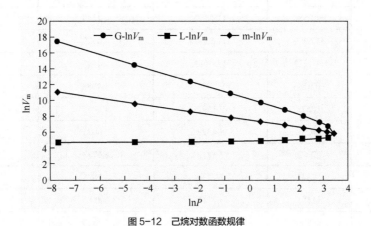

图 5-12　己烷对数函数规律

图 5-13 所示的线性关系计算得回归线性式：

$$\ln P = 15.68852676 - 2.07836347\ln V_m \qquad r = 1.000 \qquad (5\text{-}52)$$

由平均线性规律知己烷的临界体积为 $366.53\text{cm}^3/\text{mol}$，换算成对数为 5.90408，代入上式计算得 $\ln P = 3.414426$，换算成 $P_C = 30.4\text{bar}$，符合要求。

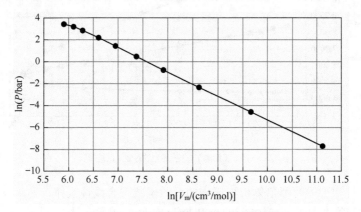

图 5-13　己烷压力与摩尔体积的对数函数规律

在 5.2 节平均线性规律讨论中知，物质的摩尔体积与压力间不成线性关系，但己烷通过对数函数二者建立了式（5-52）较良好的线性关系。这个关系对其他物质是否同样存在？对数函数规律是否对其他物质也适用？应用对数函数规律需注意些什么？为此我们以丁烯的对数函数规律，讨论丁烯的摩尔体积与压力的线性关系。

丁烯计算数据也取自文献[17]，数据列于表 5-9 中以供参考。

表 5-9　丁烯的计算数据

P/bar	对数函数数据			
	lnP	气体 ln[V_m/(cm³/mol)]	液体 ln[V_m/(cm³/mol)]	气液平均值 ln[V_m/(cm³/mol)]
0.07745	−2.5581	12.3420	4.4079	8.3750
0.1053	−2.2509	12.0558	4.4159	8.2359
0.1411	−1.9583	11.7839	4.4240	8.1040
0.1864	−1.6799	11.5254	4.4322	7.9788
0.3128	−1.1622	11.0448	4.4491	7.7469
0.9816	−0.0186	9.9804	4.4958	7.2381
2.38	0.8671	9.1597	4.5458	6.8527
5.079	1.6251	8.4329	4.6053	6.5191
9.367	2.2372	7.8212	4.6733	6.2473
16.19	2.7844	7.2226	4.7628	5.9927
23.55	3.1591	6.7710	4.8583	5.8146
40.23	3.6946	5.4806	5.4806	5.4806

由表 5-9 中数据绘制丁烯的对数函数规律见图 5-14。

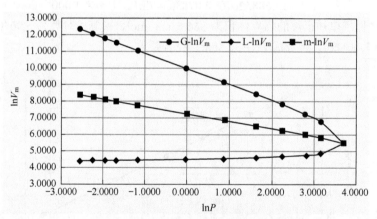

图 5-14　丁烯摩尔体积-压力的对数函数规律

由图 5-14 可知丁烯的摩尔体积与压力的对数函数符合线性规律，为此与己烷同样地讨论丁烯的压力与摩尔体积的关系，即 $\ln P$ 与 $\ln V_m$ 间的关系，由此得图 5-15。

由图 5-15 得丁烯的对数函数规律线性关系式：

$$\ln P = 16.00002542 - 2.213857703\ln V_m \qquad r = 0.9992 \qquad (5-53)$$

已知丁烯的临界体积为 240cm³/mol[17]，换算成对数函数为 5.4806，代入上式计算得 $\ln P = 3.8667$，实际数据为 3.6946。虽然回归式的相关系数 $r = 0.9992$，但产生的误差高达 4.657%，应该不符合要求。如果将对数函数 $\ln P = 3.8667$ 转换成压力，则为 47.78bar，误差高达 18.775%。

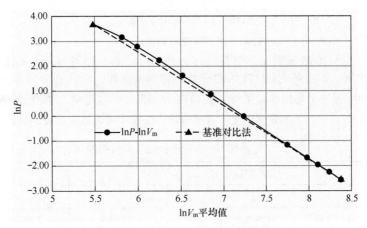

图 5-15　丁烯摩尔体积与压力的对数函数规律

这种情况反映了对数函数规律的缺点：己烷计算的回归式［式（5-52）］的相关系数 $r=1.000$，计算精度达到要求；而丁烯计算的回归式［式（5-53）］的相关系数 $r=0.9992$，计算结果误差未达到要求。说明回归计算的相关系数只是说明讨论对象二者的关系可以认为是线性关系，但并不说明计算结果的正确性也达到要求，只有讨论对象回归计算的相关系数 $r=1.000$ 时才可认为讨论对象间既满足线性关系，又可保证计算结果的精度也满足要求。如果讨论对象的回归计算相关系数 $r\neq1.000$，即使像丁烯的相关系数与 1.000 很接近，$r=0.9992$，也只是反映讨论对象间可以建立线性关系，但不能保证计算结果的精度满足要求。这是由于计算数据换算成为对数函数后，数据本身带来的一些计算或实验测试的误差，会被对数函数计算放大，使计算结果的精度达不到要求。这是应用对数函数规律方法时需加注意的，也是对数函数规律方法的不足。

解决这个问题的方法有：

① 应用宏观分子相互作用理论中的分子压力方法，配合计算精确度较高的平均线性规律法进行计算，这在 5.2 节中已有讨论。

② 应用基准对比法，将讨论对象的相关系数提高到 $r=1.000$，用以保证讨论对象计算所用数据的正确性，运用计算机应该可以做到这点。

计算用的数据是表 5-9 中的文献[17]中丁烯的 12 个数据，对这些数进行回归计算，得到式（5-53）。按照上节讨论，对丁烯计算进行基准对比法处理。

① 建立基准数据组，基准数据组一般由两个数据组成，按照平均线性规律，对这两组计算数据要求：a. 选择表 5-9 中 12 组中两组数据，要求所选数据本身误差应是较小的。b. 如果计算对象不是临界参数，则第二个基准数据可选择临界参数，因为手册中的临界参数具有较高的准确性；如果讨论对象是临界参数，第二组数据可选择与计算对象较靠近的一些数据。c. 如果计算对象是临界参数，例如要计算丁烯的 P_c 数据，则需要已知另一个临界参数，这里是已知临界体积 V_c。

表 5-10　丁烯对数函数规律计算基准数据组

P/bar	$\ln P$	$\ln V_m^L$	$\ln V_m^L$	$\ln V_m^{G,L}$ 平均值
0.07745	−2.5581	12.3420	4.4079	8.3750
40.23	3.6946	5.4806	5.4806	5.4806

② 依据上述基准数据组（表 5-10）得线性回归计算式：

$$\ln P = 15.53457281 - 2.160324735\ln V_m \qquad r = 1.000 \qquad (5\text{-}54)$$

将式（5-54）与表 5-10 数据列示于图 5-15 中以作比较。图 5-15 中虚线是基准对比法得到的式（5-54）的数据，实线是文献[17]中 12 个数据得到的直线。

图 5-15 表明，基准数据组的结果与文献[17]的结果确有一些不同。为此依据基准对比法的线性回归线，与文献[17]的 12 个数据出现的可能偏差相比较，对比结果见表 5-11。

表 5-11　基准对比法用于计算丁烯数据的对比

P/bar	对数函数数据[$V_m/$（cm^3/mol）]				基准对比法	
	$\ln P$	$\ln V_m^G$	$\ln V_m^L$	气液 $\ln V_m^{G,L}$ 平均值	计算 $\ln P$	误差/%
0.07745	−2.55812	12.34202	4.40794	8.37498	−2.55810	−0.001
0.1053	−2.25094	12.05577	4.41594	8.23586	−2.25756	0.293
0.1411	−1.95829	11.78392	4.42401	8.10396	−1.97262	0.727
0.1864	−1.67986	11.52543	4.43224	7.97884	−1.70230	1.318
0.3128	−1.16219	11.04476	4.44910	7.74693	−1.20131	3.257
0.9816	−0.01857	9.98036	4.49580	7.23808	−0.10203	81.798
2.38	0.86710	9.15965	4.54584	6.85275	0.73041	−18.714
5.079	1.62511	8.43295	4.60527	6.51911	1.45118	−11.986
9.367	2.23719	7.82123	4.67330	6.24726	2.03846	−9.749
16.19	2.78439	7.22257	4.76277	5.99267	2.58846	−7.569
23.55	3.15913	6.77102	4.85826	5.81464	2.97306	−6.258
40.23	3.69461	5.48064	5.48064	5.48064	3.69461	0.000

由表 5-11 的数据来看，基准对比法与以文献[17]中的 12 个数据计算结果比较，体系压力在 2.38~40.23bar 的高压区域内，基准对比法计算的压力值与实际压力值的偏差较大，并且基准对比法计算的数值均低于实际数值，说明这个压力区域计算用的实际数据可能有较大的误差，应用这个区域的实际数据来计算临界压力值比较困难，会引起计算误差。

因此，由对数函数处理的性能数据，尽管回归计算的相关系数也不低，但在回算到实际性能数据时，会使误差增大，不能满足计算结果要求。故而应设法提高计算所选用的数据的准确性，以减少应用对数函数规律时对数函数转换的影响。

5.4　临界状态下分子行为

当物质处在临界状态时，物质中的分子同样具有各种分子间相互作用。这里讨论的是在临界状态时物质分子间的各种相互作用，即在临界状态时物质中分子的各种分子行为。

一般情况下，在知道物质的各个临界参数、状态条件和一些基本物质性质后，纯组元的临界分子相互作用参数有可能计算得到。但是在一些特殊情况下，例如用实验方法确定这些临界参数存在一定困难，特别是一些物质在临界温度比较高的情况下会发生化学分解，故而使得到这些临界参数变得困难。因此，需要以少量可以得到的数据来估算所需的各个临界参数，即需要使用估算方法，但估算方法所得到的结果有可能不是讨论物质实际的临界分子相互作用参数，而是物质通过估算得到的某种虚拟的临界分子相互作用参数，而且这些估算方法所得结果有时误差也可能较大，故可能只是用作计算的参考数据。

依据宏观分子间相互作用理论[18]，气体、液体和固体这些物质分子间均存在分子间相互作用，但这些相互作用的分子有两种不同分子状态，一种是在物质中不断无序运动，即无序动态分子；另一种是在物质中不做移动运动，只是呈一定规律地有序分布，并只在其固定点处做分子的振动、转动等分子自身的运动，这些分子称为静态分子。物质状态不同，各种状态物质应该具有不同数量的不同类型的分子。

气体物质：所有分子都是无序动态分子。

液体物质：部分是无序动态分子，部分是有序排列的静态分子。

固体物质：绝大部分或全部分子是有序排列的静态分子。

因此，讨论物质在临界状态下的分子间相互作用，应将物质中无序动态分子和静态分子分别讨论，无序动态分子在临界状态下有其分子行为，静态分子在临界状态下也有其分子行为。

按照宏观分子相互作用理论，物质中无序动态分子以分子压力形式表示的无序分子行为有：分子理想压力、分子第一斥压力、分子第二斥压力和分子吸引压力。

下面分别讨论这些动态无序分子的分子压力。

（1）分子理想压力，P_{id}

前已介绍，分子理想压力表示讨论分子假设处在理想状态，即物质分子间在不具有分子间相互作用情况下，由分子热运动产生宏观压力的能力。热力学理论已经给出了分子理想压力计算方法，即

$$P_{id} = \frac{RT}{V_m} \tag{5-55}$$

物质处在临界状态时应该可能存在两种物质状态，一种是气体，另一种是液体，这两种状态物质均有分子理想压力。

气体的分子理想压力：

$$P_{id}^{G} = \frac{RT^{G}}{V_m^{G}} \tag{5-56}$$

液体的分子理想压力：

$$P_{id}^{L} = \frac{RT^{L}}{V_m^{L}} \tag{5-57}$$

整理式（5-56）和式（5-57），注意同一物质，处在气体状态和液体状态并处在平衡状态时，气体和液体的温度有关系：$T^{G} = T^{L}$，得

$$\frac{P_{id}^{G}}{P_{id}^{L}} = \frac{RT^{G}/V_m^{G}}{RT^{L}/V_m^{L}} = \frac{V_m^{L}}{V_m^{G}} \tag{5-58}$$

亦就是说，气体的分子理想压力与液体的分子理想压力存在如下关系：

$$P_{id}^{G} = \frac{V_m^{L}}{V_m^{G}} P_{id}^{L} \tag{5-59}$$

当物质处在临界状态时有 $V_C^{G} = V_C^{L}$，故

$$P_{C,id}^{G} = P_{C,id}^{L} \tag{5-60}$$

即在临界状态下，同一物质平衡的气体和液体的临界分子理想压力相等。

由式（5-58）知，$\frac{P_{id}^{G}}{P_{id}^{L}}$ 与 $\frac{V_m^{L}}{V_m^{G}}$ 二者应是相互联系的，并且当物质进入临界状态时二者的数值应该是相等的，因此，当讨论中气体物质和液体物质的分子理想压力比或气体摩尔体积与

液体摩尔体积比值为1时，可以作为处在理想状态的一个标志。

以辛烷为例，图5-16列示了$\dfrac{P_{idr}^{G}}{P_{idr}^{L}}$与$\dfrac{V_{mr}^{L}}{V_{mr}^{G}}$二者间关系。

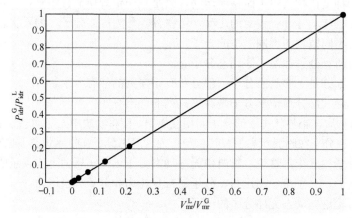

图5-16　辛烷的气体和液体P_{idr}比和V_{mr}比的关系

（2）分子第一斥压力，P_{P1}

分子第一斥压力定义式如下。

气体的分子第一斥压力：
$$P_{P1}^{G} = P^{G}\frac{b}{V_{m}^{G}} \tag{5-61}$$

液体的分子第一斥压力：
$$P_{P1}^{L} = P^{L}\frac{b}{V_{m}^{L}} \tag{5-62}$$

式中，P是体系压力，平衡时体系压力有$P^{G} = P^{L}$；b是协体积，表示体系中所有分子本身的体积总和。

$$b = \frac{\Omega_{b}RT_{C}}{P_{C}} \tag{5-63a}$$

临界状态下
$$b_{C}^{G} = b_{C}^{L} \tag{5-63b}$$

由此知在临界状态下：

$$\frac{P_{P1}^{G}}{P_{P1}^{L}} = \frac{V_{m}^{L}}{V_{m}^{G}} \tag{5-64}$$

得到在临界状态下分子理想压力、分子第一斥压力间在不同物质状态下存在关系：

$$\frac{P_{id}^{G}}{P_{id}^{L}} = \frac{P_{P1}^{G}}{P_{P1}^{L}} = \frac{V_{m}^{L}}{V_{m}^{G}} \tag{5-65}$$

以辛烷为例，在不同压力、温度下的分子理想压力、分子第一斥压力和体系摩尔体积数据列于表5-12中，表明在临界状态下体系中确存在式（5-65）的关系。

表5-12　辛烷的分子理想压力、分子第一斥压力和体系摩尔体积

温度/K	压力/bar	P_{id}^{G}/P_{id}^{L}	V_{m}^{L}/V_{m}^{G}	P_{P1}^{G}/P_{P1}^{L}	$(b^{G}/V_{m}^{G})/(b^{L}/V_{m}^{L})$
224	4.956×10^{-5}	4.0144×10^{-7}	4.0144×10^{-7}	4.6098×10^{-7}	4.6080×10^{-7}
256	0.001044	7.6551×10^{-6}	7.6551×10^{-6}	8.6650×10^{-6}	8.6721×10^{-6}

温度/K	压力/bar	P_{id}^G / P_{id}^L	V_m^L / V_m^G	P_{Pl}^G / P_{Pl}^L	$(b^G / V_m^G)/(b^L / V_m^L)$
296	0.01628	1.0818×10^{-4}	1.0818×10^{-4}	1.2051×10^{-4}	1.2082×10^{-4}
336	0.1178	7.3054×10^{-4}	7.3054×10^{-4}	8.0655×10^{-4}	8.0672×10^{-4}
376	0.5153	3.0855×10^{-3}	3.0855×10^{-3}	3.3950×10^{-3}	3.3802×10^{-3}
416	1.604	9.5417×10^{-3}	9.5417×10^{-3}	1.0408×10^{-2}	1.0409×10^{-2}
456	3.949	2.4742×10^{-2}	2.4742×10^{-2}	2.7053×10^{-2}	2.6967×10^{-2}
496	8.273	6.0195×10^{-2}	6.0195×10^{-2}	5.7204×10^{-2}	5.6621×10^{-2}
528	13.79	1.2384×10^{-1}	1.2384×10^{-1}	1.2763×10^{-1}	1.2652×10^{-1}
552	19.61	2.1447×10^{-1}	2.1447×10^{-1}	2.3849×10^{-1}	2.4053×10^{-1}
568.841	24.88	1.0000	1.0000	1.0067	1.0013

注：数据取自文献[17]。

（3）分子吸引压力，P_{at}

宏观分子相互作用理论要求分子吸引压力是下列三个方程计算结果的平均值，即：Soave 方程、Peng-Robinson 方程和童景山方程。这三个方程分子吸引压力的计算式如下。

a. 气体的分子吸引压力。

Soave 方程：
$$P_{at}^G = \frac{a\alpha(T)}{V_m^G \left(V_m^G + b\right)} \tag{5-66}$$

Peng-Robinson 方程：
$$P_{at}^G = \frac{a\alpha(T)}{V_m^G \left(V_m^G + b\right) + b\left(V_m^G - b\right)} \tag{5-67}$$

童景山方程：
$$P_{at}^G = \frac{a\alpha(T)}{\left(V_m^G + mb\right)^2} \tag{5-68}$$

b. 液体的分子吸引压力。

Soave 方程：
$$P_{at}^L = \frac{a\alpha(T)}{V_m^L \left(V_m^L + b\right)} \tag{5-69}$$

Peng-Robinson 方程：
$$P_{at}^L = \frac{a\alpha(T)}{V_m^L \left(V_m^L + b\right) + b\left(V_m^L - b\right)} \tag{5-70}$$

童景山方程：
$$P_{at}^L = \frac{a\alpha(T)}{\left(V_m^L + mb\right)} \tag{5-71}$$

式中，常数 $a = \Omega_a R^2 T_C^2 / P_C$。

三个方程计算的分子吸引压力如下。

Soave 方程：

$$P_{at} = \frac{a\alpha(T)}{V_m \left(V_m + b\right)} = \frac{a\alpha(T)}{V_m^2 \left(1 + \dfrac{b}{V_m}\right)} = \frac{a\alpha(T)}{V_m^2} k_{So} \tag{5-72a}$$

设

$$k_{So} = \frac{1}{1 + \dfrac{b}{V_m}} \tag{5-72b}$$

Peng-Robinson 方程：

$$P_{at} = \frac{a\alpha(T)}{V_m(V_m + b) + b(V_m - b)}$$

$$= \frac{a\alpha(T)}{(V_m)^2\left[\left(1 + \dfrac{b}{V_m}\right) + \dfrac{b}{V_m}\left(1 - \dfrac{b}{V_m}\right)\right]} = \frac{a\alpha(T)}{V_m^2}k_{PR} \tag{5-73a}$$

设

$$k_{PR} = \frac{1}{\left(1 + \dfrac{b}{V_m}\right) + \dfrac{b}{V_m}\left(1 - \dfrac{b}{V_m}\right)} \tag{5-73b}$$

童景山方程：

$$P_{at} = \frac{a\alpha(T)}{V_m(V_m + mb)}$$

$$= \frac{a\alpha(T)}{V_m^2\left(1 + \dfrac{mb}{V_m}\right)} = \frac{a\alpha(T)}{V_m^2}k_{Tong} \tag{5-74a}$$

设

$$k_{Tong} = \frac{1}{1 + \dfrac{mb}{V_m}} \tag{5-74b}$$

宏观分子相互作用理论要求分子吸引压力是上列三个方程计算结果的平均值，即：

$$P_{at} = \frac{a\alpha(T)}{V_m^2} \times \frac{k_{So} + k_{PR} + k_{Tong}}{3} = \frac{a\alpha(T)}{V_m^2}k_\Sigma \tag{5-75}$$

$$k_\Sigma = \frac{k_{So} + k_{PR} + k_{Tong}}{3} \tag{5-76}$$

由此讨论气体和液体分子吸引压力比计算如下。
Soave 方程：

$$\frac{P_{at}^G}{P_{at}^L} = \frac{a\alpha(T)}{V_m^G(V_m^G + b)} \bigg/ \frac{a\alpha(T)}{V_m^L(V_m^L + b)}$$

$$= \frac{(V_m^L)^2\left(1 + \dfrac{b}{V_m^L}\right)}{(V_m^G)^2\left(1 + \dfrac{b}{V_m^G}\right)} = \frac{(V_m^L)^2}{(V_m^G)^2}k_{So}^{GL} \tag{5-77a}$$

$$k_{So}^{GL} = \frac{1 + \dfrac{b}{V_m^L}}{1 + \dfrac{b}{V_m^G}} = \frac{k_{So}^G}{k_{So}^L} \tag{5-77b}$$

Peng-Robinson 方程：

$$\frac{P_{at}^G}{P_{at}^L} = \frac{a\alpha(T)}{V_m^G\left(V_m^G + b\right) + b\left(V_m^G - b\right)} \bigg/ \frac{a\alpha(T)}{V_m^L\left(V_m^L + b\right) + b\left(V_m^L - b\right)}$$

$$= \frac{\left(V_m^L\right)^2\left[\left(1 + \dfrac{b}{V_m^L}\right) + \dfrac{b}{V_m^L}\left(1 - \dfrac{b}{V_m^L}\right)\right]}{\left(V_m^G\right)^2\left[\left(1 + \dfrac{b}{V_m^G}\right) + \dfrac{b}{V_m^G}\left(1 - \dfrac{b}{V_m^G}\right)\right]} = \frac{\left(V_m^L\right)^2}{\left(V_m^G\right)^2} k_{PR}^{GL} \tag{5-78a}$$

$$k_{PR}^{GL} = \frac{\left(1 + \dfrac{b}{V_m^L}\right) + \dfrac{b}{V_m^L}\left(1 - \dfrac{b}{V_m^L}\right)}{\left(1 + \dfrac{b}{V_m^G}\right) + \dfrac{b}{V_m^G}\left(1 - \dfrac{b}{V_m^G}\right)} = \frac{k_{PR}^G}{k_{PR}^L} \tag{5-78b}$$

童景山方程：

$$\frac{P_{at}^G}{P_{at}^L} = \frac{a\alpha(T)}{V_m^G\left(V_m^G + mb\right)} \bigg/ \frac{a\alpha(T)}{V_m^L\left(V_m^L + mb\right)}$$

$$= \frac{\left(V_m^L\right)^2\left(1 + \dfrac{mb}{V_m^L}\right)}{\left(V_m^G\right)^2\left(1 + \dfrac{mb}{V_m^G}\right)} = \frac{\left(V_m^L\right)^2}{\left(V_m^G\right)^2} k_{Tong}^{GL} \tag{5-79a}$$

$$k_{Tong}^{GL} = \frac{1 + \dfrac{mb}{V_m^L}}{1 + \dfrac{mb}{V_m^G}} = \frac{k_{Tong}^G}{k_{Tong}^L} \tag{5-79b}$$

宏观分子相互作用理论要求分子吸引压力是上列三个方程计算结果的平均值，故

$$\frac{P_{at}^G}{P_{at}^L} = \left(\frac{V_m^L}{V_m^G}\right)^2 \times \frac{k_{So}^{GL} + k_{PR}^{GL} + k_{Tong}^{GL}}{3} = \left(\frac{V_m^L}{V_m^G}\right)^2 k_{\Sigma}^{GL} \tag{5-80}$$

表 5-13 中列示了气体分子吸引压力与液体分子吸引压力的比值和气体摩尔体积与液体摩尔体积比值的平方值数据。

表 5-13　辛烷气体与液体的分子吸引压力的比值和摩尔体积比值的平方值

温度/K	压力/bar	P_{at}^G / P_{at}^L	$\left(V_m^L / V_m^G\right)^2$	k_{Σ}^{GL}
224	4.956×10^{-5}	3.1333×10^{-13}	2.1250×10^{-13}	1.474
256	0.001044	1.1309×10^{-10}	7.5083×10^{-11}	1.506
296	0.01628	2.2333×10^{-8}	1.4523×10^{-8}	1.538
336	0.1178	1.0040×10^{-6}	6.5053×10^{-7}	1.543

温度/K	压力/bar	P_{at}^G / P_{at}^L	$\left(V_m^L / V_m^G\right)^2$	k_Σ^{GL}
376	0.5153	1.7569×10^{-5}	1.1526×10^{-5}	1.524
416	1.604	1.6349×10^{-4}	1.0833×10^{-4}	1.509
456	3.949	1.0560×10^{-3}	7.3187×10^{-4}	1.443
496	8.273	5.9013×10^{-3}	3.2723×10^{-3}	1.803
528	13.79	2.3051×10^{-2}	1.6291×10^{-2}	1.415
552	19.61	6.2809×10^{-2}	5.6879×10^{-2}	1.104
568.841	24.88	9.9966×10^{-1}	1.0135	0.986

表 5-13 中数据表明，气体分子吸引压力与液体分子吸引压力比值只是近似认为是气体摩尔体积的平方与液体摩尔体积平方的比值，二者差别在于计算系数 k_Σ^{GL}。

（4）分子第二斥压力，P_{P2}

分子第二斥压力定义式如下。

气体的分子第二斥压力：
$$P_{P2}^G = P_{at}^G \frac{b}{V_m^G} \tag{5-81}$$

液体的分子第二斥压力：
$$P_{P2}^L = P_{at}^L \frac{b}{V_m^L} \tag{5-82}$$

式中，b 是协体积，表示体系中所有分子本身的体积总和。
$$b = \frac{\Omega_b R T_C}{P_C} \tag{5-83}$$

由此知：
$$\frac{P_{P2}^G}{P_{P2}^L} = \frac{P_{at}^G}{P_{at}^L} \times \frac{V_m^L}{V_m^G} \tag{5-84}$$

已知：
$$\frac{P_{at}^G}{P_{at}^L} = \left(\frac{V_m^L}{V_m^G}\right)^2 k_\Sigma^{GL} \tag{5-85}$$

故知：
$$\frac{P_{P2}^G}{P_{P2}^L} = \frac{P_{at}^G}{P_{at}^L} \times \frac{V_m^L}{V_m^G} = \left(\frac{V_m^L}{V_m^G}\right)^2 \times \frac{V_m^L}{V_m^G} k_\Sigma^{GL} = \left(\frac{V_m^L}{V_m^G}\right) k_\Sigma^{GL} \tag{5-86}$$

亦就是说，气体与液体分子第二斥压力比值可以近似认为是气体与液体摩尔体积立方的比值。表 5-14 中列示了辛烷气体与液体分子第二斥压力比值和气体与液体摩尔体积比值的数据。

表 5-14　辛烷的气体与液体分子第二斥压力的比值和气体与液体摩尔体积比值

T/K	P/bar	P_{P2}^G / P_{P2}^L	P_{at}^G / P_{at}^L	V_m^L / V_m^G	$\left(P_{at}^G / P_{at}^L\right) \times \left(V_m^L / V_m^G\right)$
224	4.956×10^{-5}	1.44157×10^{-19}	3.1333×10^{-13}	4.6098×10^{-7}	1.4444×10^{-19}
256	0.001044	9.79175×10^{-16}	1.1309×10^{-10}	8.6650×10^{-6}	9.79953×10^{-16}
296	0.01628	2.69393×10^{-12}	2.2333×10^{-8}	1.2051×10^{-4}	2.69138×10^{-12}
336	0.1178	8.0859×10^{-10}	1.0040×10^{-6}	8.0655×10^{-4}	8.09805×10^{-10}
376	0.5153	5.92834×10^{-8}	1.7569×10^{-5}	3.3950×10^{-3}	5.96462×10^{-8}
416	1.604	1.69886×10^{-6}	1.6349×10^{-4}	1.0408×10^{-2}	1.70164×10^{-6}

T/K	P/bar	P_{P2}^{G}/P_{P2}^{L}	P_{at}^{G}/P_{at}^{L}	V_{m}^{L}/V_{m}^{G}	$\left(P_{at}^{G}/P_{at}^{L}\right)\times\left(V_{m}^{L}/V_{m}^{G}\right)$
456	3.949	2.84318×10^{-5}	1.0560×10^{-3}	2.7053×10^{-2}	2.85689×10^{-5}
496	8.273	0.000334351	5.9013×10^{-3}	5.7204×10^{-2}	0.000337576
528	13.79	0.002914105	2.3051×10^{-2}	1.2763×10^{-1}	0.002942134
552	19.61	0.015093726	6.2809×10^{-2}	2.3849×10^{-1}	0.014979574
568.841	24.88	1.001004635	9.9966×10^{-1}	1.0067	1.006387748

（5）动态分子的各分子压力关系

综上所述，动态分子的各分子压力应存在下列关系：

分子理想压力：
$$\frac{P_{id}^{G}}{P_{id}^{L}}=\frac{V_{m}^{L}}{V_{m}^{G}} \tag{5-87}$$

分子第一斥压力：
$$\frac{P_{P1}^{G}}{P_{P1}^{L}}=\frac{b^{G}V_{m}^{L}}{b^{L}V_{m}^{G}} \tag{5-88}$$

故有
$$\frac{P_{P1}^{G}}{P_{P1}^{L}}=\frac{P_{id}^{G}}{P_{id}^{L}}\times\frac{b^{G}}{b^{L}} \tag{5-89}$$

分子第二斥压力：
$$\frac{P_{P2}^{G}}{P_{P2}^{L}}=\left(\frac{V_{m}^{L}}{V_{m}^{G}}\right)^{3}k_{\Sigma}^{GL} \tag{5-90}$$

故有
$$\frac{P_{P2}^{G}}{P_{P2}^{L}}=\left(\frac{P_{id}^{G}}{P_{id}^{L}}\right)^{3}k_{\Sigma}^{GL}=\left(\frac{P_{P1}^{G}b^{L}}{P_{P1}^{L}b^{G}}\right)^{3}k_{\Sigma}^{GL} \tag{5-91}$$

$$=\frac{P_{at}^{G}}{P_{at}^{L}}\times\frac{P_{id}^{G}}{P_{id}^{L}}=\frac{P_{at}^{G}}{P_{at}^{L}}\times\frac{P_{P1}^{G}b^{L}}{P_{P1}^{L}b^{G}}$$

分子吸引压力：
$$\frac{P_{at}^{G}}{P_{at}^{L}}=\left(\frac{V_{m}^{L}}{V_{m}^{G}}\right)^{2}k_{\Sigma}^{GL} \tag{5-92}$$

故有
$$\frac{P_{at}^{G}}{P_{at}^{L}}=\left(\frac{P_{id}^{G}}{P_{id}^{L}}\right)^{2}k_{\Sigma}^{GL}=\left(\frac{P_{P1}^{G}b^{L}}{P_{P1}^{L}b^{G}}\right)^{2}k_{\Sigma}^{GL}=\frac{P_{P1}^{G}b^{L}}{P_{P1}^{L}b^{G}}\times\frac{P_{id}^{G}}{P_{id}^{L}}k_{\Sigma}^{GL} \tag{5-93}$$

$$=\frac{P_{P2}^{G}}{P_{P2}^{L}}\times\frac{P_{id}^{L}}{P_{id}^{G}}=\frac{P_{P2}^{G}}{P_{P2}^{L}}\times\frac{P_{P1}^{L}}{P_{P1}^{G}}$$

$$\frac{P_{at}^{G}}{P_{at}^{L}}=\left(\frac{V_{m}^{L}}{V_{m}^{G}}\right)^{2}\times\frac{k_{So}^{GL}+k_{PR}^{GL}+k_{Tong}^{GL}}{3}=\left(\frac{V_{m}^{L}}{V_{m}^{G}}\right)^{2}k_{\Sigma}^{GL} \tag{5-94}$$

5.5 动态分子分子压力及其临界参数

上述讨论中已知体系中动态分子的分子压力分别是分子理想压力、分子第一斥压力、分子第二斥压力和分子吸引压力。这些分子压力处在临界状态时则称之为临界分子理想压力、临界分子第一斥压力、临界分子第二斥压力和临界分子吸引压力。

临界分子压力的计算均与讨论物质的临界参数 P_{C}、T_{C} 和 V_{C} 有关，这些临界分子压力计算式讨论如下。

① 临界分子理想压力:

$$P_{\text{id,C}} = \frac{RT_{\text{C}}}{V_{\text{m,C}}} \tag{5-95}$$

② 临界分子第一斥压力:

$$P_{\text{P1,C}} = P_{\text{C}} \frac{b}{V_{\text{m,C}}} = \frac{\Omega_b RT_{\text{C}}}{V_{\text{m,C}}} = \Omega_b P_{\text{id,C}} \tag{5-96}$$

③ 临界分子第二斥压力:

$$P_{\text{P2,C}} = P_{\text{at,C}} \frac{b}{V_{\text{m,C}}} = \Omega_a \Omega_b \frac{\alpha(T)}{P_{\text{C}}^2} \times \left(\frac{RT_{\text{C}}}{V_{\text{m,C}}}\right)^3 k_{\Sigma} = \Omega_a \Omega_b P_{\text{id,C}}^3 \frac{\alpha(T)}{P_{\text{C}}^2} k_{\Sigma} \tag{5-97}$$

④ 临界分子吸引压力:

$$P_{\text{at,C}} = \frac{a\alpha(T)}{V_{\text{m,C}}^2} k_{\Sigma} = \Omega_a \frac{\alpha(T)}{P_{\text{C}}} \times \frac{(RT_{\text{C}})^2}{(V_{\text{m,C}})^2} k_{\Sigma} = \Omega_a \frac{\alpha(T)}{P_{\text{C}}} P_{\text{id,C}}^2 k_{\Sigma} \tag{5-98}$$

现以辛烷为例,图 5-17 列示了辛烷气体的各临界分子压力与温度的关系。

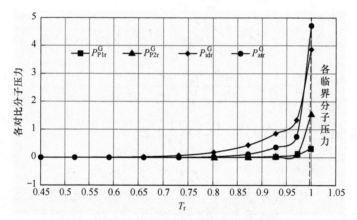

图 5-17　辛烷气体动态分子的各分子压力与温度的关系

由图 5-17 知辛烷气体在临界温度点处临界分子吸引压力的数值最高,临界分子第一斥压力的数值最低。各临界分子压力按数值高低排列为: $P_{\text{at,C}}^{\text{G}} > P_{\text{id,C}}^{\text{G}} > P_{\text{P2,C}}^{\text{G}} > P_{\text{P1,C}}^{\text{G}}$。

注意:在低于临界温度区会有 $P_{\text{id}}^{\text{G}} > P_{\text{at}}^{\text{G}}$,只是在接近临界温度点处, P_{at}^{G} 快速增大,超过了 P_{id}^{G},故低于临界温度区有: $P_{\text{id,C}}^{\text{G}} > P_{\text{at,C}}^{\text{G}} > P_{\text{P2,C}}^{\text{G}} > P_{\text{P1,C}}^{\text{G}}$。

与此类似,图 5-18 列示了辛烷液体各分子压力与体系温度的关系。

由图 5-18 知辛烷液体在临界温度点处临界分子吸引压力的数值最高,临界分子第一斥压力的数值最低。各临界分子压力按数值高低排列为: $P_{\text{at,C}}^{\text{L}} > P_{\text{id,C}}^{\text{L}} > P_{\text{P2,C}}^{\text{L}} > P_{\text{P1,C}}^{\text{L}}$。因此,在临界温度点处气体和液体的情况相同。

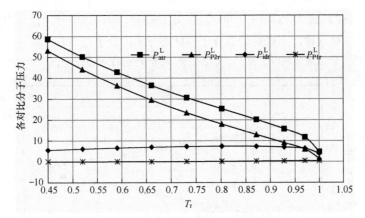

图 5-18　辛烷液体的各分子压力与温度的关系

注意：液体在非临界温度区处与气体不同，$P_{at,C}^L > P_{id,C}^L$，不但如此，分子第二斥压力也很大，有 $P_{P2,C}^L > P_{id,C}^L$，只是在接近临界温度点处，受体系温度升高的影响，$P_{P2,C}^L$ 快速降低，使其低于 $P_{id,C}^L$ 数值，有 $P_{P2,C}^L < P_{id,C}^L$，故非临界温度区有：$P_{at,C}^L > P_{P2,C}^L > P_{id,C}^L > P_{P1,C}^L$，与气体情况不同。

5.6　静态分子在临界区域中的分子行为

气体体系中不存在静态分子，只有液体中才存在静态分子，并且在液体体系中还存在动态分子，两种不同类型分子在同一体系中共存。

静态分子在体系中不进行移动运动，分子只是在一定位置做分子本身的振动、转动运动。静态分子在体系部分区域中整齐有序排列，物理化学中称之为短程有序排列，但就全部体系范围而言，这些短程有序排列的静态分子区域又呈长程无序分布。

静态分子间存在分子间吸引作用，以分子压力形式表示，宏观分子相互作用理论称之为分子内压力。

液体中还存在着无序分子，无序分子间存在有分子间吸引力和排斥力，它们与液体体系的平衡压力相关。无序分子间的分子间吸引力 P_{at}，与液体的短程有序排列状态无关，而与短程有序排列状态有关的是分子间的排斥力 P_{P2}，当分子间排斥力 P_{P2} 增大时，意味着体系中无序分子区域扩大，这表明体系中短程有序排列区域减少，二者应该是相互对应的。

这样，在液体中存在着无序动态分子和短程有序静态分子，这两种分子在体系状态变化的影响下有着两种不同的分子行为。

液体分子间存在着分子间排斥力，称为分子第二斥压力，而静态分子间存在着分子间吸引力，称为分子内压力 P_{in}，分子内压力使液体分子相互吸引成为凝聚态物质，而分子第二斥压力使液体分子相互排斥成为无序分子。

若液体中 $P_{P2} < P_{in}$，即 $\dfrac{P_{P2}}{P_{in}} < 1$，排斥力 < 吸引力，此时液体是凝聚态物质。

若 $P_{P2} = P_{in}$，即 $\dfrac{P_{P2}}{P_{in}} = 1$，排斥力 = 吸引力，这种情况可能出现在物质临界态，物质将由凝聚态液体向无序状态的气体转变。

若 $P_{P2} > P_{in}$，即 $\dfrac{P_{P2}}{P_{in}} > 1$，排斥力 > 吸引力，此时物质呈非凝聚态。

为此需要了解的是液体体系中 P_{in} 和 P_{P2} 的变化规律，即液体中分子排斥力与有序分子吸引力相互关系的变化规律，亦就是动态分子与静态分子的分子行为。

以辛烷为例，辛烷液体中 P_{in} 和 P_{P2} 与温度的关系列示在图 5-19 中。

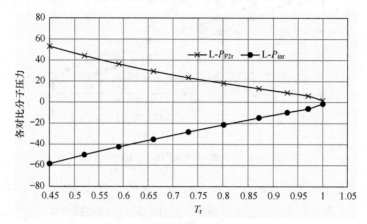

图 5-19　辛烷液体的各分子压力与温度

由图 5-19 知，随着温度升高， P_{inr} 和 P_{P2r} 数值均不断降低，到临界温度处 P_{inr} 和 P_{P2r} 数值接近相等，这时 $P_{inr}=1.571$，而 $P_{P2r}=1.531$，分子吸引力仍稍大于分子排斥力，故而体系仍是液体体系，但这时 P_{inr} 和 P_{P2r} 二者数据已十分接近，体系虽仍是液体，但已是临界状态的液体，如果此时 P_{P2r} 数值再提高一些，讨论体系会发生相变，由液相变化为气相。故需确定这个转变点。

此时辛烷在临界点处分子间排斥力与分子间吸引力的关系为：

$$分子间排斥力/分子间吸引力 = \frac{P_{P2r}}{P_{inr}} = \frac{1.531}{1.571} = 0.975 \tag{5-99}$$

现设

$$CYP = P_{P2}/P_{in} \tag{5-100}$$

系数 CYP 称为讨论物质在一定状态条件下分子排斥力与分子吸引力的比值，简称物质的斥引比。

显然，在不同的状态条件下物质应该有着不同的 CYP 值，式（5-99）和式（5-100）的 CYP 系数应该是临界状态下的 CYP 系数，故可称为临界斥引比，即

$$CYP_C = P_{P2}/P_{in} = 0.975$$

CYP_C 表示处在临界相变点处的物质分子排斥力与分子吸引力间的关系，由于不同物质中分子排斥力与分子吸引力各不相同，因而各物质的 CYP_C 数值也不同。表 5-15 中列示了一些物质的 CYP_C 数值供作参考。

表 5-15　烷烃（甲烷~辛烷）在临界温度点处的 P_{P2r}、P_{inr} 和 CYP_C

物质	临界温度/K	对比分子第二斥压力	对比分子内压力	CYP_C
甲烷	190.56	1.165	1.232	0.94536
乙烷	305.33	1.210	1.270	0.95303
丙烷	197.48	1.318	1.374	0.95958
丁烷	425.18	1.313	1.369	0.95924
戊烷	469.81	1.383	1.435	0.96397

物质	临界温度/K	对比分子第二斥压力	对比分子内压力	CYP$_C$
己烷	507.69	1.451	1.498	0.96874
庚烷	540.17	1.463	1.507	0.97122
辛烷	568.84	1.531	1.571	0.97447

注：计算数据取自文献[17]。

由表 5-15 数据可知，由甲烷到辛烷，物质中分子间相互作用的强度，无论分子间吸引力还是排斥力都是逐步增强的，相应地，甲烷到辛烷的 CYP$_C$ 数值亦是逐步增大的，这说明由甲烷到辛烷物质中无序分子的排斥力应逐步增大，才能使物质从液态转变成气态。

依据表中所列 CYP$_C$ 数据对烷烃的烷基作线性回归计算，得线性关系如下：

$$CYP_C = 0.944580 + 0.003751n \qquad r = 0.9521 \qquad (5-101)$$

式中，n 为各烷烃的碳原子数，各烷烃在临界温度点回归计算 CYP 的误差如下：

名称	甲烷	乙烷	丙烷	丁烷	戊烷	己烷	庚烷	辛烷
n	1	2	3	4	5	6	7	8
CYP 误差/%	0.308	−0.090	−0.367	0.074	−0.014	−0.104	0.042	0.108

图 5-20 列示了以各烷烃的临界温度下实际的 CYP 数值与烷烃的碳原子数作线性回归计算式（5-101）的计算值以及以手册[17]数据实际计算值进行比较，以供参考。

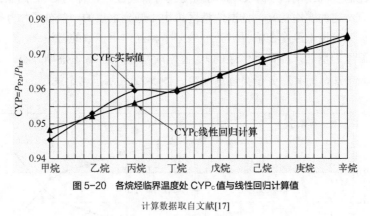

图 5-20 各烷烃临界温度处 CYP$_C$ 值与线性回归计算值

计算数据取自文献[17]

5.7 液体中分子间排斥力和吸引力

液体在熔点到临界温度的温度范围内，始终均存在着分子间排斥力和分子间吸引力之间的博弈。

已经说明：液体中分子间排斥力是分子第二斥压力 P_{P2}，而分子间吸引力是短程有序分子的分子内压力 P_{in}。显然，一般情况下，液体中有序分子的分子间吸引力总是大于无序分子的分子间排斥力，$P_{in} > P_{P2}$，从而使液体保持着液体状态；但到了临界状态时，P_{P2} 数值已接近 P_{in}；如果分子排斥力进一步加强，使 $P_{P2} > P_{in}$，则液体将转变成气体，即发生相变。

上节已经说明，斥引比 CYP 表示物质中分子排斥力与分子吸引力间的比值。显然，同一物质在不同状态条件下其 CYP 值是不同的。以乙烷为例，图 5-21 列示了乙烷饱和液体的

P_{P2r}/P_{inr} 与温度的关系。

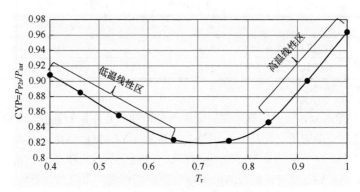

图 5-21 乙烷 P_{P2r}/P_{inr} 与温度的关系

计算数据取自文献[17]

图 5-21 表明，在对比温度低于 0.7 时，随着温度升高，分子第二斥压力降低，故 CYP 值也随之降低；在对比温度高于 0.7 时，温度升高对分子内压力产生不利影响，使 CYP 数值逐步提高，在临界温度点处 CYP 值达最高值。

图 5-21 表明，在对比温度<0.7 区域内 CYP 与温度有一线性区，称为 CYP 低温线性区；在讨论体系对比温度>0.7 的区域中 CYP 与温度也有一线性区，称为 CYP 高温线性区。这两个线性关系区有一定的实用意义，低温线性区可用于低到熔点的一些分子相互作用参数的讨论，而高温线性区可用于温度在临界点处一些分子相互作用参数的讨论。

随着体系温度的增加，应该是体系的 P_{P2} 值逐渐增加，而 P_{in} 值逐渐减小，亦就是体系中无序分子会逐渐增加，而有序分子会逐渐减少。图 5-22 列示了这个规律。

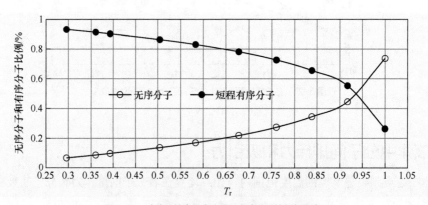

图 5-22 液体乙烷中无序分子和有序分子比例与温度

图 5-22 表示，随着体系温度的增加，体系的无序分子数量在逐渐增加，并且增加速率也随着温度而增加；反之，随着体系温度的增加，体系的短程有序分子数量在逐渐减少，并且其减少的速率也随着温度而增加。而斥引比 CYP 反映了无序分子的斥力强度与短程有序分子的吸引力强度的比较，显然，CYP 应该随着讨论体系中无序分子斥力强度与短程有序分子的吸引力强度的变化而变化，表 5-16 中列示了液体乙烷在不同状态条件下 CYP 的数值。

表 5-16　不同状态条件下液体乙烷的 CYP

对比温度，T_r	无序分子占比/%	短程有序分子占比/%	CYP	P_{P2r}	P_{inr}
0.2959	0.0680	0.9320	0.9271	42.4559	45.7963
0.3603	0.0875	0.9125	0.9043	37.1534	41.0862
0.3930	0.0980	0.9020	0.8917	34.6311	38.8365
0.5044	0.1372	0.8628	0.8481	27.0805	31.9308
0.5830	0.1698	0.8302	0.8229	22.4570	27.2886
0.6780	0.2186	0.7814	0.8079	17.4875	21.6445
0.7598	0.2737	0.7263	0.8130	13.6098	16.7397
0.8384	0.3443	0.6557	0.8370	10.1390	12.1131
0.9170	0.4459	0.5541	0.8916	6.7498	7.5700
1.0000	0.7365	0.2635	0.9530	1.2101	1.2697

注：数据取自文献[17]。

　　讨论物质中斥引比 CYP 随着温度升高开始时 CYP 数值会降低，这发生在由熔点到其附近温度的一段区域内，这个区域内 CYP 的变化与温度呈线性关系，而且随温度升高 CYP 数值减少，这个区域在图 5-21 中称为低温线性区。温度继续上升，经过一非线性关系的过渡区，又进入另一个 CYP 的变化与温度上升呈线性关系的区域，与低温线性区不同的是这个区域内温度升高 CYP 数值亦随之呈线性上升，这个区域在图 5-21 中称为高温线性区。CYP 数值先是随温度增加而由高变低，又随温度上升而由低变高，称为物质的分子排斥力与分子吸引力之间的博弈现象，简称为物质的 CYP 现象。物质中分子相互作用的行为对所有物质都是普适的，故而 CYP 现象是每种物质受到物质温度变化影响时存在的普遍现象。我们整理了甲烷到辛烷的数据，这些物质都具有图 5-21 所示的 CYP 现象，图 5-23 列示了甲烷到辛烷的 CYP 与温度的相关性。

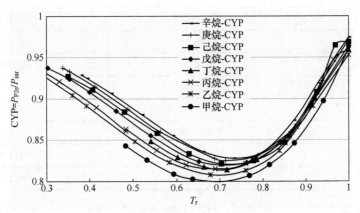

图 5-23　烷烃的 CYP(P_{P2r}/P_{inr}) 与温度的相关性

计算数据取自文献[17]

　　式（5-101）计算各烷烃结果已列在图 5-23 中。
　　现以液体乙烷为例说明物质的 CYP 现象。

讨论体系状态条件变化，例如温度变化，CYP 数值会随之发生变化，如果温度是从熔点（乙烷的熔点为 90.348K，对比温度为 0.2959）开始提升温度，表 5-16 表明，温度升高，CYP 数值随之下降，体系的 P_{P2r} 和 P_{inr} 都会下降，但下降幅度不同，P_{P2r} 由 42.4559 减小到 37.1534，减小 24.27%，而 P_{inr} 由 45.7963 减小到 41.0862，减小 10.28%，亦就是 P_{P2r} 比 P_{inr} 下降幅度要大，故而 CYP 数值会随之减小。这反映在熔点附近低温区域，温度对 P_{P2r} 的影响较对 P_{inr} 的影响更为明显些。亦就是说在图 5-21 中的低温线性区中起主要影响的应该是分子排斥作用力，即无序分子的分子第二斥压力 P_{P2r}。

随着温度不断升高，对 P_{P2r} 和 P_{inr} 的影响发生了变化。

$T_r = 0.5830 \rightarrow 0.6780$，$P_{P2r}$ 减少 22.13%，P_{inr} 减少 20.68%，$CYP = 0.8229 \rightarrow 0.8079$，这时主要影响的仍然是分子压力，$P_{P2r}$ 和 P_{inr} 的变化仍有相当数值，故而 CYP 仍有一定幅度的降低。

$T_r = 0.6780 \rightarrow 0.7598$，$P_{P2r}$ 减少 22.17%，P_{inr} 减少 22.66%，$CYP = 0.8079 \rightarrow 0.8130$。这时 P_{P2r} 的变化与 $T_r = 0.5830 \rightarrow 0.6780$ 相似，也有约 22.17% 的减小，但 P_{inr} 的减小量增加，且其减小量超过了 P_{P2r} 的减小量，故而使 CYP 数值稍有所增加，对 0.8079 增加到 0.8130 有着一定的影响。

亦就是说，体系温度在熔点附近低温线性区中 CYP 数值随温度升高而减小的原因主要是分子排斥作用力变化的影响，因此可以认为，对乙烷而言，在对比温度 0.6780 处由温度上升致使 P_{P2r} 减小是 CYP 数值变化的主要原因，转变为 P_{inr} 减小成为 CYP 数值变化的主要原因。亦就是说，对比温度 0.6780 是由 P_{P2r} 对 CYP 的影响为主，转变为 P_{inr} 的影响为主的温度转变点。

从 CYP 变化来看，显然，由于物质中分子相互作用情况不同，不同物质的温度转变点和 CYP 转变点不同，表 5-17 列示了一些物质的 CYP 转变点。

表 5-17 一些物质的温度转变点和 CYP 转变点

名称	对比温度转变点	CYP 转变点
甲烷	0.70509	0.79975
乙烷	0.67795	0.80794
丙烷	0.68915	0.81516
丁烷	0.71617	0.81404
戊烷	0.76201	0.82249
己烷	0.70320	0.82121
庚烷	0.71274	0.82495
辛烷	0.73131	0.82797
丙烯	0.67019	0.80852
丁烯	0.69352	0.81352
水	0.66430	0.86238

进一步提高温度，经过一段过渡区，即超过物质的温度转变点，进入图 5-21 的高温线性区：
$T_r = 0.7598 \rightarrow 0.8384$，$P_{P2r}$ 减少 25.50%，P_{inr} 减少 27.64%，$CYP = 0.8130 \rightarrow 0.8370$。
$T_r = 0.8384 \rightarrow 0.9170$，$P_{P2r}$ 减少 33.43%，P_{inr} 减少 37.51%，$CYP = 0.8370 \rightarrow 0.8916$。
$T_r = 0.9170 \rightarrow 1.0000$，$P_{P2r}$ 减少 82.07%，P_{inr} 减少 83.23%，$CYP = 0.8916 \rightarrow 0.9530$。
对图 5-21 中高温线性区的各计算点的计算表明，高温线性区的各计算点都是分子吸引力

P_{inr} 随温度升高的减小均大于分子排斥力的减小，说明在高温线性区中产生主要影响的应该是分子吸引力 P_{inr}。

图 5-24 也说明低温线性区中产生主要影响的是分子排斥力，而高温线性区中产生主要影响的是分子吸引力 P_{inr}。

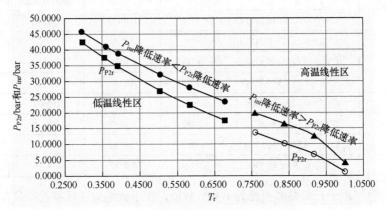

图 5-24 液体乙烷 P_{P2r}、P_{inr} 与温度的关系

图 5-24 表明，在乙烷的低温线性区中 P_{inr} 随温度上升而降低的速率低于 P_{P2r}；而在高温线性区中则反之，P_{inr} 随温度上升而降低的速率高于 P_{P2r}。

液体中温度上升的最高点是临界温度，乙烷饱和液体的临界温度点是 305.33K，此处的斥引比 CYP_C = 0.953，对比分子第二斥压力为 1.210。因此，液体分子吸引力 P_{inr} = 1.270，亦就是说，温度上升到临界温度，P_{inr} 数值上仍然大于液体分子的相互排斥，乙烷虽处在临界状态，但仍然是液体状态。液体乙烷向气体转变的分子相互作用的条件是：$P_{P2r} > 1.210$，$P_{inr} < 1.270$；$CYP_C > 0.953$。

由于斥引比与分子排斥力和吸引力有关，因此可以预期 CYP 应该与液体中无序分子数量和短程有序分子数量有关，图 5-25 列示了液体乙烷的低温线性区和高温线性区中无序分子数量比例与 CYP 的关系。

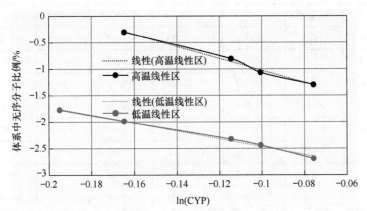

图 5-25 液体乙烷中无序分子数量与 CYP 的关系

由于物质的高温线性区接近或包含物质的临界点，因此可以应用 CYP 系数与温度存在线性关系，计算临界点的 CYP 数值，其误差较小。依据这个方法计算各烷烃临界点的 CYP_C 数

值，计算结果列于表 5-18。

表 5-18　各烷烃临界点的 CYP_c 数值计算

名称	线性回归计算式	CYP_C		
		实际值	回归计算值	误差/%
甲烷	$CYP = 0.12955 + 0.81924T_r$, $r = 0.9730$	0.9454	0.9546	0.980
乙烷	$CYP = 0.23423 + 0.71820T_r$, $r = 0.9996$	0.9530	0.9524	−0.062
丙烷	$CYP = 0.14874 + 0.81687T_r$, $r = 0.9748$	0.9596	0.9656	0.628
丁烷	$CYP = 0.21325 + 0.74577T_r$, $r = 0.9999$	0.9590	0.9592	0.018
戊烷	$CYP = 0.22566 + 0.73701T_r$, $r = 0.9986$	0.9640	0.9592	0.495
己烷	$CYP = 0.10518 + 0.87239T_r$, $r = 0.9693$	0.9687	0.9776	0.911
庚烷	$CYP = 0.14939 + 0.82206T_r$, $r = 0.9999$	0.9712	0.9714	0.023
辛烷	$CYP = 0.19860 + 0.79603T_r$, $r = 0.9999$	0.9745	0.9746	0.017

高温线性区可用于计算临界点处的 CYP_C 数值，由于低温线性区接近或包含讨论物质的熔点，在缺少熔点处 CYP 数值时也可用于计算讨论物质熔点处的 CYP 数值，即 CYP_{mf}。

例如，乙烷饱和液体在其熔点（90.348K，$T_r = 0.296$）处的斥引比 $CYP_{mf} = 0.9271$，对比分子内压力 $P_{inr} = 45.7963$，对比分子第二斥压力 $P_{P2r} = 42.4559$。

熔点处物质状态变化是由液体向固体的转变，要完成这个转变，要求乙烷中分子间吸引力（分子内压力）应大于分子间排斥力（分子第二斥压力），即液体向固体转变的分子相互作用的条件是：$P_{inr} > 45.796$；$P_{P2r} < 42.456$；$CYP < CYP_{mf} = 0.9271$。

反之，由固体转变为液体的分子相互作用的条件是：$P_{inr} < 45.796$；$P_{P2r} > 42.456$；$CYP > CYP_{mf} = 0.9271$

现将甲烷到辛烷的 CYP_{mf} 数据列示于表 5-19。

表 5-19　烷烃（甲烷～辛烷）在熔点处的 CYP_{mf}

物质	熔点		回归计算式 CYP = A+BT_r			CYP_{mf} 计算值		
	温度/K	对比温度	A	B	相关系数	文献[17]	回归计算值	误差/%
甲烷	90.68	0.483	0.969542	−0.266283	0.9767	0.8430	0.8409	−0.251
乙烷	90.348	0.296	1.040546	−0.380436	0.9993	0.9271	0.9280	0.099
丙烷	85.46	0.231	1.045707	−0.379488	0.9977	—	0.9329	—
丁烷	134.79	0.317	0.983354	−0.252116	0.9802	—	0.9034	—
戊烷	143.42	0.305	1.039068	−0.330019	0.9944	—	0.9383	—
己烷	177.83	0.350	1.053923	−0.351803	0.9997	—	0.9307	—
庚烷	182.586	0.338	1.059097	−0.352865	0.9988	—	0.9398	—
辛烷	216.375	0.380	1.066007	−0.355921	0.9988	—	0.9306	—

表 5-19 表明，熔点处 CYP 值二方法计算结果接近。

表 5-19 还表明，目前资料中与讨论物质熔点相关的数据资料较为缺少，为此在获得物质熔点处 CYP_{mf} 数据后希望能进一步得到 CYP_{mf} 的 P_{P2r} 和 P_{inr} 数据，便于对物质在熔点处情况作

进一步了解。

应用物质在低温线性区中的线性规律可以了解物质熔点处 P_{P2r} 和 P_{inr} 数据。

已知物质在低温线性区中 P_{P2r} 和 P_{inr} 与体系温度均呈线性关系，如果缺少熔点处的 P_{P2r} 和 P_{inr} 数据，可选择其一在低温线性区内的数据对温度作回归线性计算，由所得计算式得到熔点处的数据，再以 CYP_{mf} 数据计算得到另一参数的数值。以此方法得到甲烷到辛烷各烷烃的熔点处的 P_{P2r} 和 P_{inr} 数据列于表 5-20 中以供参考。

表 5-20　烷烃（甲烷～辛烷）在熔点处的 P_{P2r} 和 P_{inr}

物质	熔点对比温度	回归计算式　$P_{P2r}=A+BT_r$			分子压力计算值		
		A	B	相关系数	CYP_{mf}	P_{P2r}	P_{inr}
甲烷	0.483	46.55290	−46.17841	0.9996	0.8409	24.249	28.836
乙烷	0.296	66.34665	−80.82408	0.9997	0.9280	42.431	45.724
丙烷	0.231	71.44789	−83.59546	0.9986	0.9329	52.141	55.891
丁烷	0.317	64.57346	−64.97678	0.9986	0.9034	43.975	48.675
戊烷	0.305	89.85472	−109.24860	0.9991	0.9383	56.504	60.218
己烷	0.350	88.10563	−96.08144	0.9997	0.9307	54.450	58.505
庚烷	0.338	104.98207	−122.89243	0.9962	0.9398	63.442	67.504
辛烷	0.380	110.70261	−126.71670	0.9967	0.9306	62.502	67.162

图 5-26 列示了烷烃（甲烷～辛烷）在熔点处 P_{P2r} 和 P_{inr} 的关系，数据取自表 5-20。

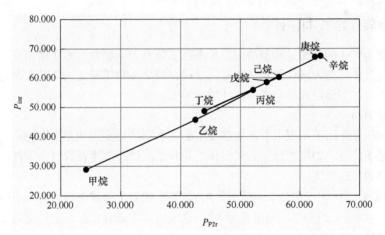

图 5-26　烷烃熔点下 P_{inr} 和 P_{P2r} 关系

5.8　相变与分子相互作用

我们讨论的物质通常以固体、液体、气体三种状态存在。随着物质存在的状态条件的变化，例如物质随着压强或温度的变化，会发生相变，即发生物质状态之间的相互转变。就温度变化的影响而言，例如温度加热至熔点，固体会转变成液体，继续加热到沸点，液体会被蒸发成为气体，再加热到临界温度，液体会转变为气体。在临界温度以上，变化物质的压强，对物质进行压缩或膨胀并冷却，则可在气、液两相之向发生由气体相变成液体。

物理化学认为相变有两类[19]：

第一类相变，即通常的相变，这类相变伴随有相变潜热和体系体积的跃变。这类相变有固固相变、固液相变以及气液相变等。显然发生第一类相变时物质中必定会有分子行为，亦就是说，第一类相变的发生必定会有物质中分子间相互作用的影响。

第二类相变，没有相变潜热和体系体积的跃变，但有比热容等性质的变化。这类相变如铁磁体转变为顺磁体，二元合金中有序-无序转变，金属转变为超导态，液态氦转变为超流态等。第二类相变与分子间相互作用的关系还有待研究和探索。

因此，下面讨论的是相变中有相变潜热和体系体积跃变的第一类相变，将物质分成两大类讨论，即非凝聚态物质（主要是气体）和凝聚态物质（液体和固体）。就气、液、固三类物质的第一类相变而言，可以将相变分成两大类，即非凝聚态物质转变为凝聚态物质的相变，这是以气体为主体转变为液体的相变，就分子间相互作用而言这类相变需注意的是分子间吸引作用的影响。另一类是以凝聚态物质如液体、固体为主体的相变，是凝聚态物质之间的转变，或由凝聚态物质转变为非凝聚态物质的相变，这时需注意的是分子间排斥作用的影响。

这里的分子间吸引作用和排斥作用是物质中千万分子间的吸引作用和排斥作用，称为宏观分子相互作用，区别于两个分子间相互作用。宏观分子相互作用理论在2012年首次提出[18]，经过数年发展，2016年完善其理论概念和计算方法[29]，所得数据可以用于物质实际性质的讨论和计算。现在分子间相互作用已在纯物质性质方面开始应用。马沛生教授曾预期[4]："若能计算分子内和分子间的各种作用力，原则上就可以计算该物质的全部物理和化学性质"。本节将对分子间相互作用对纯物质在临界状态、沸点和熔点下相变现象进行讨论和计算，希望能部分地实现马沛生教授的预期，更希望会有更多的物质性质可以应用宏观分子间相互作用概念进行定量性的计算和讨论说明。

5.8.1 液体转变为气体的相变

液体转变为气体的相变是典型的由凝聚态物质转变为非凝聚态物质的相变。液体转变为气体的相变是气体转变为液体的相变的反向过程。凝聚态物质转变为非凝聚态物质的相变发生在临界状态下。下面以丙醇和丙酮两种物质为例讨论。

（1）丙醇的相变

从分子间相互作用的角度来看，能够发生凝聚态物质转变为非凝聚态物质的相变，需要在一定的状态条件下，物质中分子间吸引作用和分子间排斥作用符合以下条件，才有可能发生液体向气体转变的相变：

① 非凝聚态气体物质中分子间吸引作用 P_{at}^G 等于或大于凝聚态液体物质中的分子间排斥作用 P_{P2}^L 和液体物质中的分子间吸引作用 P_{in}^L，这时物质才具有由凝聚态转变成非凝聚态的分子相互作用条件，即 $P_{at}^G \geqslant P_{P2}^L$ 和 $P_{at}^G \geqslant P_{in}^L$。

② 在发生相变时要求凝聚态液体物质的分子吸引力数值接近或小于非凝聚态液体物质分子吸引力数值，以斥引比 CYP 来讲，需要气体的分子排斥力对气体分子吸引力的 CYP 等于或小于液体分子排斥力对液体分子吸引力的 CYP 值，即 $CYP_{气斥/气引} \leqslant CYP_{液斥/液引}$。亦就是要求非凝聚态气体的分子吸引力克服气体本身的分子排斥力形成气体物质的能力，要超过液体的分子吸引力克服液体的分子排斥力形成液体物质的能力，这时才有可能使物质由凝聚状态转变为非凝聚状态。这就要求凝聚态的斥引比 $CYP_{液斥/液引}$ 需有一定的数值，一般接近1，而 $CYP_{液斥/气引}$ 需要一个较小数值，一般低于1，数值越小说明气体的分子吸引力使液体形成气体

的能力越强。

按照①的要求，丙醇在临界状态附近应有气体的分子间吸引力 P_{atr} ≥液体的分子间排斥力 P_{P2r} 和吸引力 P_{inr} ，气体的 P_{atr} 与液体的 P_{P2r} 和 P_{inr} 关系示于图 5-27 中。

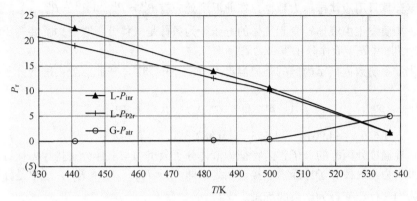

图 5-27　丙醇气体吸引力与液体吸引力、排斥力

图 5-27 中丙醇在临界状态下的气体和液体分子压力的数据见表 5-21。

表 5-21　丙醇的气体和液体的分子压力

T/K	气体对比分子压力		液体对比分子压力		
	P_{P2r}	P_{atr}	P_{P2r}	P_{inr}	P_{P2r}/P_{inr}（CYP 液斥/液引）
280	0.000	0.000	50.256	56.335	0.892
297	0.000	0.000	46.169	52.463	0.880
305	0.000	0.000	44.336	50.712	0.874
356	0.000	0.000	33.687	40.068	0.841
398	0.000	0.003	26.072	31.435	0.829
441	0.000	0.029	19.032	22.504	0.846
483	0.008	0.177	12.533	13.944	0.899
500	0.026	0.360	9.881	10.582	0.934
536.78	1.626	4.901	1.625	1.655	0.982

注：数据取自文献[20]。

表 5-21 数据表明，在小于 500K 时气体的吸引力低于液体分子的排斥力和吸引力。这说明气体还不能凝聚成为液体。随着温度变化，气体的吸引力逐渐增大，在 500K 以上到临界点 536.78K 时液体分子的排斥力和吸引力逐渐减小；到一定温度，气体的吸引力开始与液体分子的排斥力和吸引力相同，并进而可能超过液体分子的排斥力和吸引力，从而有能力将液体分子转变为气体分子。故气体的吸引力与液体分子的排斥力相同时的温度应该是丙醇进入由液体变为气体的相变温度，这个起始点可计算得到。

计算温度范围：400～536.78K（临界温度）

气体分子吸引力： $P_{atr}^{G} = -61.382 + 0.12348T$ ；

液体分子排斥力： $P_{P2r}^{L} = 122.1155 - 0.22447T$ ；

进入相变要求： $P_{atr}^{G} = P_{P2r}^{L}$ ；

进入相变温度：$T_{进入}$ = 527.363 K；

进入相变分子压力和斥引比 CYP：P_{P2r}^L =3.739，P_{inr}^G =3.739，CYP$_{液斥/气引}$ =1.000。

从图 5-27 知液体的 P_{P2r}^L 和 P_{inr}^L 的温度曲线与气体吸引力交点可认为是同一点，故进入液气相变温度计算只用液体排斥力数据，在此温度处应有 $P_{atr}^G = P_{P2r}^L$ 和 $P_{atr}^G = P_{inr}^L$。

因此，物质发生由液体转变为气体的分子行为条件是气体分子吸引力需要等于液体分子排斥力 $P_{atr}^G = P_{P2r}^L$ 并等于液体分子吸引力 $P_{atr}^G = P_{inr}^L$。

物理化学手册数据列示丙醇的临界温度为 T_C = 536.78K，在此点处丙醇的分子压力和斥引比为：

P_{P2r}^L	P_{P2r}^G	P_{atr}^G	P_{inr}^L	CYP$_{液斥/液引}$	CYP$_{液斥/气引}$
1.625	1.626	4.901	1.655	0.982	0.332

因此临界温度处丙醇的分子行为特征为液体分子吸引力与液体分子排斥力接近相等，液体的分子吸引力与气体分子排斥力也接近相等，即 $P_{inr}^L \approx P_{P2r}^L$，$P_{inr}^L \approx P_{P2r}^G$。这也是临界温度处丙醇的液体向气体相变行为结束的标志。

临界温度处丙醇分子行为的另一特征为气体的分子吸引力 P_{atr}^G 均大于液体的各项分子压力，即 $P_{atr}^G > P_{inr}^L$，$P_{atr}^G > P_{P2r}^L$。而在临界温度处丙醇的液体向气体相变行为还在进行，这说明在丙醇的液体向气体相变的过程中必定存在着分子行为 $P_{atr}^G > P_{inr}^L$，$P_{atr}^G > P_{P2r}^L$。液体转变为气体的第②点要求将明确此点。

按照上述发生液体转变为气体的第②点要求，将丙醇不同温度下的分子排斥力、分子吸引力和斥引比数据整理列于表 5-22 中。

表 5-22　丙醇的分子排斥力、分子吸引力和斥引比

T/K	气体分子压力		液体分子压力和 CYP			
	P_{P2r}	P_{atr}	P_{P2r}	P_{inr}	CYP$_{液斥/液引}$	CYP$_{液斥/气引}$
280	0.000	0.000	50.256	56.335	0.892	714962313.842
297	0.000	0.000	46.169	52.463	0.880	72841481.586
305	0.000	0.000	44.336	50.712	0.874	27425802.365
356	0.000	0.000	33.687	40.068	0.841	174424.196
398	0.000	0.003	26.072	31.435	0.829	8159.297
441	0.000	0.029	19.032	22.504	0.846	653.749
483	0.008	0.177	12.533	13.944	0.899	70.823
500	0.026	0.360	9.881	10.582	0.934	27.479
536.78	1.626	4.901	1.625	1.655	0.982	0.332

由表 5-22 所列数据知：在低于临界温度时气体分子吸引力对液体排斥力的 CYP$_{液斥/气引}$ 数值均大于 1，而且其数值很大，说明液体排斥力 P_{P2}^L 数值远大于气体分子吸引力 P_{at}^G。亦就是说，在温度低于 500K 时气体分子吸引力对液体分子排斥力不会有什么影响，也就不会发生可能促使相变的分子行为。

丙醇饱和液体在临界温度处的斥引比为 CYP$_{液斥/液引}$ = 0.982，这时液体分子吸引力与液体

分子排斥力接近相等，在此处体系还发生着相变，故如果这时气体分子吸引力与液体排斥力的斥引比 CYP 达到或小于 0.982 时有可能气体的分子吸引力会对液体分子排斥力产生影响，发生液体向气体的相变。

可以计算使 CYP $_{液斥/气引}$ = 0.982 的温度。

由 500K 到临界温度 536.78K 时的 CYP $_{液斥/气引}$ 变化为由 27.479 到 0.332，对此进行回归线性处理，得计算式：CYP $_{液斥/气引}$ = 396.526 − 0.7381T。由此得到 CYP $_{液斥/气引}$ = 0.982 时液体丙醇体系的温度为 535.899K。此时气体吸引力与液体吸引力相同，即 $P_{at}^G = P_{in}^L$，故从 535.899K 开始到临界温度 536.78K 应有 $P_{at}^G > P_{in}^L$。亦就是丙醇液体在温度为 535.899K 时就开始发生由液体向气体的相变，这个相变会延伸到临界温度 536.78K。丙醇开始由液体向气体的相变是535.899K，这是液气相变的起始点。

综合上述丙醇的液体向气体的相变行为：

① 527.363K 是气态丙醇进入液气相变的温度，在此处物质的分子行为是 $P_{at}^G = P_{P2}^L$。

② 535.899K 是液气相变的起始点。此处到相变结束物质分子行为是 $P_{at}^G > P_{in}^L$，$P_{at}^G > P_{P2}^L$。

③ 536.78K 是丙醇液体转变为气体的相变行为结束的标志。此处丙醇的分子行为特征为 $P_{inr}^L \approx P_{P2r}^L$，$P_{inr}^L \approx P_{P2r}^G$。

（2）丙酮的相变

与上述丙醇进行比较。按照液体转变为气体的相变条件①的要求，丙酮在临界状态附近应有气体的分子间吸引力 $P_{atr} \geqslant$ 液体的分子间排斥力 P_{P2r} 和吸引力 P_{inr}，气体的 P_{atr} 与液体的 P_{P2r} 和 P_{inr} 的关系示于图 5-28 中。

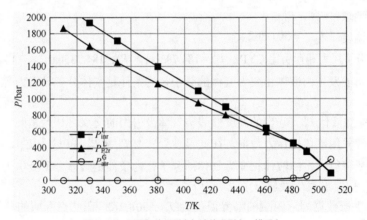

图 5-28　丙酮气体吸引力与液体吸引力、排斥力

图 5-28 中丙酮在临界状态下的分子压力数据见表 5-23。

表 5-23　丙酮气体和液体的分子压力

T/K	气体的分子压力		液体的分子压力		
	P_{P2}/bar	P_{at}/bar	P_{P2}/bar	P_{in}/bar	P_{P2}/P_{in}[CYP $_{液斥/液引}$]
310	1.176×10^{-5}	0.0083	1864.1223	2169.7022	0.8592
329.3	8.947×10^{-5}	0.0317	1646.3700	1934.6758	0.8510
350	9.462×10^{-4}	0.1123	1446.6924	1712.8129	0.8446
380	5.757×10^{-3}	0.4924	1186.6992	1397.6309	0.8491

T/K	气体的分子压力		液体的分子压力		
	P_{P2}/bar	P_{at}/bar	P_{P2}/bar	P_{in}/bar	P_{P2}/P_{in}[CYP液斥/液引]
410	3.989×10^{-2}	1.8045	949.7026	1098.3171	0.8647
430	0.1442	4.1876	802.1617	901.3666	0.8899
460	0.7576	12.3282	595.3387	637.5109	0.9338
480	2.7376	26.6787	456.0335	459.9489	0.9915
490	7.1957	51.5589	364.0092	351.6179	1.0352
508.2	89.1113	255.9640	89.0306	88.7357	1.0033

注：数据取自文献[20]。

表 5-23 表明，在 310K 到临界温度(508.2K)范围内，气体的吸引力开始低于液体分子的排斥力和吸引力，说明气体还不能凝聚成为液体；随着温度升高，气体的吸引力逐渐增大，而液体分子的排斥力逐渐减小；到一定温度时，气体的吸引力与液体分子的排斥力和吸引力相同，并进而超过液体分子的排斥力和吸引力，使气体分子有能力将液体分子转变为气体分子。故而气体的吸引力与液体的排斥力相同时的温度，应该是丙酮进入由液体成为气体相变温度，这个温度可计算得到。

温度范围：490～508.2K（临界温度）；

气体分子吸引力：$P_{at}^{G}=-5451.65404-11.2310T$；

液体分子排斥力：$P_{P2}^{L}=7767.281-15.1087T$；

进入相变要求：$P_{at}^{G}=P_{P2}^{L}$；

进入相变温度：$T_{进入}=501.862$ K；

进入相变分子压力和斥引比 CYP：$P_{P2}^{L}=184.785$bar，$P_{at}^{G}=184.785$bar，CYP液斥/气引$=1.000$。

因而物质可能发生由液体相变为气体的分子行为条件是气体分子吸引力等于液体分子排斥力 $P_{atr}^{G}=P_{P2r}^{L}$。

从图 5-28 知液体 P_{P2r}^{L} 和 P_{inr}^{L} 的温度曲线与气体吸引力的交点可认为是同一点，故进入液气相变温度计算只用液体排斥力数据，在此温度处应有 $P_{atr}^{G}=P_{P2r}^{L}$ 和 $P_{atr}^{G}=P_{inr}^{L}$。

因此，物质可能发生由液体相变为气体的分子行为条件是气体分子吸引力需要等于液体分子排斥力 $P_{atr}^{G}=P_{P2r}^{L}$ 和等于液体分子吸引力 $P_{atr}^{G}=P_{inr}^{L}$。

物理化学手册数据列示丙酮的临界温度为 $T_{C}=508.2K$，在此点丙酮的分子压力和斥引比为：

P_{P2}^{L}	P_{P2}^{G}	P_{at}^{G}	P_{in}^{L}	CYP液斥/液引	CYP液斥/气引
89.030bar	89.111bar	255.964bar	88.736bar	1.0033	0.348

因此临界温度处丙酮的分子行为特征为液体的分子吸引力与液体分子排斥力接近相等，液体的分子吸引力与气体分子排斥力也接近相等，即 $P_{inr}^{L}\approx P_{P2r}^{L}$，$P_{inr}^{L}\approx P_{P2r}^{G}$。这也是临界温度处丙酮液体向气体相变行为结束的标志。

临界温度处的斥引比 CYP液斥/液引$=1.0033$，而此时 CYP液斥/气引$=0.348$，符合液体转变为气体相变的第②点要求：CYP液斥/气引 $\leqslant$ CYP液斥/液引，即要求非凝聚状态的分子吸引力要大于凝聚态液体的分子吸引力数值。亦就是非凝聚态气体的分子吸引力需要达到足够强度才有可能克服凝聚态液体的分子排斥力，才有可能使物质由凝聚液体状态转变为非凝聚的气体状态。

临界温度处丙酮分子行为的另一特征为气体的分子吸引力 P_{atr}^G 均大于液体的各项分子压力，即 $P_{atr}^G > P_{inr}^L$，$P_{atr}^G > P_{P2r}^L$。而在临界温度处丙酮的液体向气体相变行为还在进行着，这说明在丙酮的液体向气体相变的过程中必定存在着分子行为 $P_{atr}^G > P_{inr}^L$，$P_{atr}^G > P_{P2r}^L$。液体转变为气体的第②点要求将明确此点。

按照上述发生液体转变为气体的第②点要求，将丙酮不同温度下的分子排斥力、分子吸引力和斥引比数据整理列于表 5-24 中。

表 5-24　丙酮的分子排斥力、分子吸引力和斥引比

T/K	气体分子压力		液体分子压力和 CYP			
	P_{P2}/bar	P_{at}/bar	P_{P2}/bar	P_{in}/bar	CYP_{液斥/液引}	CYP_{液斥/气引}
310	0.000	0.008	1864.122	2169.702	0.859	224532.688
329.3	0.000	0.032	1646.370	1934.676	0.851	51889.403
350	0.001	0.112	1446.692	1712.813	0.845	12885.913
380	0.006	0.492	1186.699	1397.631	0.849	2409.856
410	0.040	1.805	949.703	1098.317	0.865	526.287
430	0.144	4.188	802.162	901.367	0.890	191.558
460	0.758	12.328	595.339	637.511	0.934	48.291
480	2.738	26.679	456.034	459.949	0.991	17.094
490	7.196	51.559	364.009	351.618	1.035	7.060
508.28	89.111	255.964	89.031	88.736	1.003	0.348

由表 5-24 中数据知，在低于临界温度时气体分子吸引力对液体排斥力的CYP_{液斥/气引}数值均大于 1，而且其数值很大，说明液体排斥力 P_{P2}^L 远大于气体分子吸引力 P_{at}^G。亦就是说，在低于 490K 时气体分子吸引力对液体分子排斥力不会有什么影响，也就不会发生可能促使相变的分子行为。

丙酮饱和液体在临界温度处的斥引比为CYP_{液斥/液引}=1.003，这时液体分子吸引力与液体分子排斥力接近相等，体系发生相变，如果此时气体分子吸引力与液体排斥力的斥引比 CYP 达到 1.003，则有可能气体的分子吸引力会对液体分子排斥力产生影响，使液体发生相应的相变。可以计算使CYP_{液斥/气引}=1.003 的温度。

由 490K 到临界温度 508.28K 时的CYP_{液斥/气引}变化为由 7.060 到 0.348，对此进行线性回归处理，得计算式：CYP_{液斥/气引}=187.7741−0.3688T/K。由此式得到CYP_{液斥/气引} = 1.003 时液体丙酮体系的温度为 506.431K。此时气体吸引力与液体吸引力相同，即 $P_{at}^G = P_{in}^L$，故 506.431K 开始到临界温度 508.28K 应有 $P_{at}^G > P_{in}^L$，亦就是丙酮液体在温度为 506.431K 时就开始发生由液体向气体的相变，这个相变会延伸到临界温度 508.28K。丙酮开始由液体向气体的相变温度是 506.431K，这是液气相变的起始点。

综合上述丙酮的液体向气体的相变行为：

① 501.862K 是丙酮进入液气相变的温度，此处物质的分子行为是 $P_{at}^G = P_{P2}^L$。

② 506.431K 是液气相变的开始。此处到相变结束物质分子行为是 $P_{at}^G > P_{in}^L$，$P_{at}^G > P_{P2}^L$。

③ 508.28K 是丙酮的液体向气体相变行为结束的标志。此处丙酮的分子行为特征为 $P_{inr}^L \approx P_{P2r}^L$，$P_{inr}^L \approx P_{P2r}^G$。

上述讨论以宏观分子相互作用理论说明：

丙醇分子在 527.363K 进入从液体分子相变到气体分子，此时物质的分子行为是 $P_{at}^G = P_{P2}^L$；丙酮分子在 501.862K 进入从液体分子相变到气体分子，此时物质的分子行为是 $P_{at}^G = P_{P2}^L$。

丙醇分子在 535.899K 开始发生相变，在液体体系中开始出现呈雾状的气体分子，这个相变行为可延伸到临界点 536.78K，此时物质的分子行为是 $P_{at}^G > P_{in}^L$，$P_{at}^G > P_{P2}^L$；丙酮分子在 506.431K 开始发生相变，在液体体系中开始出现呈雾状的气体分子，这个相变行为可延伸到临界点 508.28K，此时物质的分子行为是 $P_{at}^G > P_{in}^L$，$P_{at}^G > P_{P2}^L$。

丙醇到临界点温度 536.78K 完成液体向气体的相变，此处物质的分子行为是 $P_{P2}^L \approx P_{in}^L$，$P_{P2}^G \approx P_{in}^L$；丙酮到临界点温度 508.28K 完成液体向气体的相变，此处物质的分子行为是 $P_{P2}^L \approx P_{in}^L$，$P_{P2}^G \approx P_{in}^L$。

因此，丙醇的液相转气相过程由开始发生到结束的温度范围为 535.899~536.78K；丙酮的液相转气相过程由开始发生到结束的温度范围为 506.431~508.28K。

液体转变为气体的相变过程中气体的分子排斥力 P_{P2}^G、液体吸引力 P_{in}^L 和液体排斥力 P_{P2}^L 这些相关的分子间相互作用参数，在物质生产或研究过程中有可能通过改变或控制 PTV 数据而得以改变，从而改变液体转变为气体的相变过程。

5.8.2　气体转变为液体的相变

在临界状态下气体转变为液体的相变是典型的由非凝聚态物质转变为凝聚态物质的相变。气体转变为液体的相变是液体转变为气体的相变的反向过程。

下面以乙醇为例讨论该相变中分子间相互作用的影响。乙醇分子压力计算所需状态数据取自文献[25,26]。

从分子间相互作用角度来看，能发生非凝聚态物质转变为凝聚态物质的相变，必定是在一定的状态条件下，物质中分子间吸引作用和分子间排斥作用需符合以下条件才有可能：凝聚态物质中分子间吸引作用应等于或大于非凝聚态物质中的分子间排斥作用，这时液体分子吸引力会克服气体分子排斥力使气体分子转变成液体分子，即会由非凝聚态发生相变而形成凝聚态，即 $P_{in}^L \geqslant P_{P2}^G$。乙醇气体和液体的分子间相互作用如图 5-29。

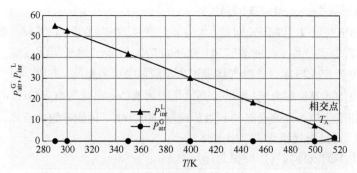

图 5-29　乙醇的气体和液体分子吸引力

图 5-29 表明，乙醇气体分子吸引力 P_{atr}^G 与乙醇液体分子吸引力 P_{inr}^L 在乙醇的临界状态范围内存在有相交点，即有关系 $P_{atr}^G = P_{inr}^L$。可以计算这个相交点处的温度数值。由此反映乙醇的

各分子压力变化，即物质中分子相互作用会对乙醇在临界状态下的相变产生影响。

由图知液体乙醇的分子吸引力 P_{inr}^L 与 T 的回归关系式：$P_{inr}^L=190.3546-0.36557T/K$；

气体乙醇的分子吸引力 P_{atr}^G 与 T 的回归关系式：$P_{atr}^G=-135.5814+0.27256T/K$

要求：$P_{inr}^L=P_{atr}^G$

得　　　　　$T=(190.3546+135.5814)/(0.27256+0.36557)=510.767\ (K)$

计算在 510.767K 处乙醇的分子压力数据：$P_{inr}^L=3.6331$，$P_{atr}^G=3.6331$，即满足 510.767K 处 $P_{inr}^L=P_{atr}^G$ 的要求。

同理计算得到在 510.767K 处 $P_{P2r}^G=1.1749$。

将这些 510.767K 处的分子压力数据和其他温度下的数据整理到表 5-25。

表5-25　乙醇气体和液体的分子压力

T/K	气体		液体		引斥比[①]	
	P_{P2r}	P_{atr}	P_{P2r}	P_{inr}	气引液斥比	液引液斥比
290	1.5341×10^{-10}	1.3591×10^{-6}	48.6435	55.1809	0.00	1.13
300	8.3039×10^{-10}	4.1554×10^{-6}	46.1949	52.8256	0.00	1.14
350	6.1548×10^{-7}	0.0003	35.2665	41.7801	0.00	1.18
400	7.0891×10^{-5}	0.0074	25.2451	30.2093	0.00	1.20
450	0.0028	0.0813	16.0739	18.4961	0.01	1.15
500	0.0796	0.6984	7.3721	7.5693	0.09	1.03
510.767	1.1749	3.6331	3.5621	3.6331	1.02	1.02
516.3	1.7076	5.0604	1.7091	1.7188	2.96	1.01

①气引液斥比：$GYLCP=\dfrac{P_{atr}^G}{P_{P2r}^L}$；液引液斥比：$LYLCP=\dfrac{P_{inr}^L}{P_{P2r}^L}$。

将表 5-25 中不同温度下引斥力数据绘制为图 5-30。

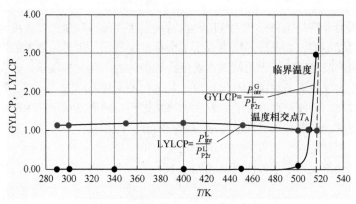

图5-30　乙醇气体和液体引斥力对液体生成的影响

图 5-30 表明，在临界温度时气引液斥比（2.96）>液引液斥比（1.01），说明在临界温度时 $\dfrac{P_{atr}^G}{P_{P2r}^L}>\dfrac{P_{inr}^L}{P_{P2r}^L}$，此时气体的分子吸引力对液体分子的影响大于液体的分子吸引力对液体分子的影响，表明在临界温度处开始的相变气体分子在其强有力的分子吸引力作用下克服了液体分子排

斥力，使气体分子相变为液体分子，因而临界温度点处应该是气体分子相变为液体分子的相变开始点。

随着体系温度的降低气引液斥比数值急剧下降，从临界温度 516.3K 下降到相交点 T_A 时气引液斥比从 2.96 下降到 1.01 与液引液斥比数值相同，继续降温气引液斥比数值将<1.0，表明气体的分子吸引力<液体的排斥力，这意味着气体分子相变为液体分子将在 T_A 温度停止，即气体分子转变为液体分子的相变会在 T_A 时结束。

体系温度从 T_A 继续降低，气引液斥比数值远低于 1.0，气体吸引力的影响可以忽略，而液引液斥比数值逐渐增加，达到 1.10，进而达到 1.20，说明当温度<T_A 时液体的分子吸引力足以维持液体状态存在，并且液体分子有能力克服气体排斥力使其改变成为液体分子，主导乙醇物质的是液体物质的分子行为。

因此，宏观物质由气体状态转变为液体状态的相变过程为：$T > T_C$ 气态；$T = T_C$ 开始气液相变；$T_C \rightarrow T_A$ 气体相变成液体；$T = T_A$ 结束气液相变；$T < T_A$ 维持液体状态。

5.8.3 液体沸点——液体转变为气体

沸腾是在一定温度下液体内部和表面同时发生的剧烈汽化现象。

沸点是液体沸腾时的温度，也就是液体的饱和蒸气压与外界压强相等时的温度。沸点指纯净物在 1 个标准大气压下沸腾时的温度。不同液体的沸点是不同的。沸点随外界压力变化而改变，压力低，沸点也低。

所以通常人们认为水的沸点是 1 个标准大气压下 100℃，但是 1990 年后不再如此（2013 年使用的水的沸点是 1 个标准大气压下 99.974℃）[21,22]。

因此，通常讨论物质沸点的定义为在一定压力下，物质的饱和蒸气压与该压力相等时对应的温度。为此，沸点定义为纯净物质在 1 个标准大气压下沸腾时的温度。

因此，沸点现象实质上是物质由液体凝聚态转变为气体非凝聚态的相变。影响沸点的因素有压力和温度，这说明影响沸点现象必定与讨论物质的分子间相互作用有关。由于液体分子间相互作用发生在液体内部，故而沸点现象是在一定温度下发生在液体内部和表面的剧烈汽化现象。

如果外界压力并不是 1 个标准大气压，也就是发生"沸点"现象的温度与 1 个标准大气压下沸腾时的温度不同。如果外界压力低于 1 个标准大气压，则讨论物质的饱和蒸气压与此压力相等时对应的温度可能低于正常沸点温度，这被称为"蒸发"现象，蒸发和沸腾都是由凝聚态物质转变为非凝聚态物质的汽化现象，是汽化的两种不同方式，都是物质从液态转化为气态的相变过程。蒸发是在液体表面发生的汽化过程，沸腾是在液体内部和表面同时发生的剧烈的汽化现象。蒸发和沸腾现象都应与物质的分子间相互作用有关。

下面以水为例讨论水在沸点时的分子间相互作用。

目前的物理化学文献中水的沸点是 373.15K[23-27]，水在沸点下气体和液体的分子压力如表 5-26 所示。

表 5-26 水在沸点下气体和液体的分子压力

状态	P/bar	T/K	V_m/(cm³/mol)	P_{id}/bar	P_{P1}/bar	P_{P2}/bar	P_{at}/bar	P_{in}/bar
气体	1.0133	373.15	30247.185	1.026	0.001	0.000	0.009	0.000
液体	1.0133	373.15	18.80766	1649.52	0.880	10974.53	12623.92	12505.18

注：数据取自文献[25,26]。

表 5-26 中数据表明,在温度 373.15K 处水饱和气体和饱和液体的饱和蒸气压均为 1.0133bar,故温度 373.15K 符合水的沸点的要求。

从物质中分子间相互作用的角度来看,以气体的分子压力微观结构式计算体系压力:

$$P^{\mathrm{G}} = P_{\mathrm{id}}^{\mathrm{G}} + P_{\mathrm{P1}}^{\mathrm{G}} + P_{\mathrm{P2}}^{\mathrm{G}} - P_{\mathrm{at}}^{\mathrm{G}} = 1.026 + 0.001 + 0.000 - 0.009 = 1.018 \text{ (bar)}$$

以液体的分子压力微观结构式计算体系压力:

$$P^{\mathrm{L}} = P_{\mathrm{id}}^{\mathrm{L}} + P_{\mathrm{P1}}^{\mathrm{L}} + P_{\mathrm{P2}}^{\mathrm{L}} - P_{\mathrm{at}}^{\mathrm{L}} = 1649.52 + 0.880 + 10974.53 - 12623.92 = 1.01 \text{ (bar)}$$

以气体和液体的分子压力计算的体系压力为 1.018bar 和 1.01bar,均符合沸点对外界压力的要求。

由于沸点现象是在讨论液体物质内部和表面发生的液体转化成气体的剧烈汽化现象,故需要注意液体的分子间相互作用情况,液体的分子压力微观结构式如式(5-102),通过此式可以比较液体中分子间吸引作用和分子间排斥作用对沸点处强烈蒸发现象的影响。

$$P^{\mathrm{L}} = P_{\mathrm{id}}^{\mathrm{L}} + P_{\mathrm{P1}}^{\mathrm{L}} + P_{\mathrm{P2}}^{\mathrm{L}} - P_{\mathrm{at}}^{\mathrm{L}} \tag{5-102}$$

式中,P^{L} 为液体水内各项分子间相互作用综合所产生的体系压力,相当于与之平衡的外界压力,其值为 1.01bar,亦就是 1 个大气压值,符合产生沸腾的沸点现象的条件,使沸点处体系压力为 1 个大气压值的分子间相互作用有两方面,其一是分子间相互作用促进分子产生液转气的蒸发,这部分分子间相互作用有分子的热运动、分子第一排斥作用和第二排斥作用;其二是分子间相互作用抑制分子发生液转气的蒸发,这部分分子间相互作用有分子的吸引作用力,故而

促进分子发生液转气发生蒸发的分子压力有: $P(C) = P_{\mathrm{id}}^{\mathrm{L}} + P_{\mathrm{P1}}^{\mathrm{L}} + P_{\mathrm{P2}}^{\mathrm{L}}$

抑制分子液转气发生蒸发的分子压力有: $P(Y) = P_{\mathrm{at}}^{\mathrm{L}}$

故有

$$P^{\mathrm{L}} = P(C) - P(Y) \tag{5-103}$$

将此两项列于图 5-31 中以作比较。为清楚地比较对上式取对数,即

$$\ln(P^{\mathrm{L}}) = \ln[P(C) - P(Y)] \tag{5-104}$$

图 5-31 列示了函数 $\ln[P(C) - P(Y)]$ 与体系温度的关系。

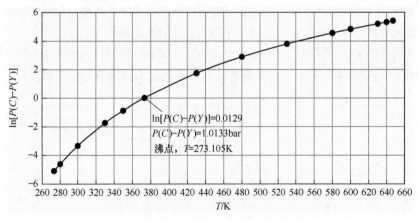

图 5-31　液体水中不同温度下分子作用对蒸发的影响

已知水的沸点处外界压力为 1.0133bar,这表明如果物质中促进物质液转气产生蒸发的分子相互作用强度与抑制物质液转气产生蒸发的分子相互作用强度的差值达到 1 个大气压,即函数 $\ln[P(C) - P(Y)] = \ln(1.0133) = 0.0129 \approx 0$ 时,会导致物质液体水在内部和表面均发生沸腾,故液体水的沸点为 373.15K。

也就是说当 $P(C)-P(Y)<1.0133\text{bar}$，或者 $\ln[P(C)-P(Y)]<0$ 时物质不会发生沸腾，但因 $P(C)>P(Y)$，分子排斥力>吸引力，促使液体向气体转变，会发生蒸发现象，不同温度水的 $P(C)-P(Y)$ 与沸点处外界压力 1.0133bar 比较见图 5-32。

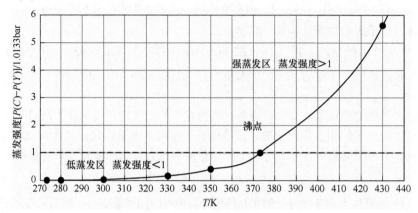

图 5-32　不同温度水的蒸发强度

设物质在不同温度下的蒸发强度 $E_V=\left[P(C)-P(Y)\right]/1.0133$。

由图 5-32 知当蒸发强度 $E_V=1$ 时水的温度为 373.15K，是水的沸点。故知当物质的蒸发强度=1 时的温度即为该物质的沸点。

当物质蒸发强度 $E_V<1$ 时说明物质中促进分子发生液转气蒸发的分子相互作用强度还不能使外界压力达到 1 个大气压的水平，不能使液体内部和表面均发生沸腾的沸点现象，故在这个温度范围内称为低蒸发区，在低蒸发区液体只能在表面蒸发，而不能在液体内部产生气泡沸腾。低蒸发区中，温度越低，蒸发强度越小，液体分子从液体表面蒸发的数量越少。液体水的低蒸发区为低于沸点温度 373.15K。

当物质蒸发强度 $E_V>1$ 时说明物质中促进分子发生液转气蒸发的分子相互作用强度已能使外界压力达到并超过 1 个大气压的水平，即会使液体产生沸点现象，要抑制沸点现象产生只有对液体加大外界压力或加强物质中分子间相互吸引作用的强度。

为说明促进分子发生液转气蒸发的分子相互作用 $P(C)$ 和抑制物质发生液转气蒸发的分子相互作用 $P(Y)$ 的影响，现以另一物质乙烷来说明。图 5-33 中列示了不同温度下乙烷促进

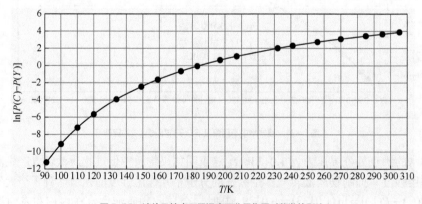

图 5-33　液体乙烷中不同温度下分子作用对蒸发的影响

蒸发的分子相互作用强度与抑制蒸发的分子相互作强度的差值即 $\ln[P(C)-P(Y)]$ 与体系温度的关系。图 5-33 表明 $\ln[P(C)-P(Y)]$ 接近零值的温度为 183K。表 5-27 列示了在 183K 处各分子间相互作用数值。

表 5-27　183K 时液体乙烷的分子间相互作用

T/K	分子压力/bar						$\ln[P(C)-P(Y)]$	$P(C)-P(Y)$/bar
	P_{id}	P_{P1}	P_{P2}	P_{at}	$P(C)$	$P(Y)$		
183	276.28	0.75	1050.31	1326.39	1327.33	1326.39	−0.059942	0.9418

表 5-27 中数据表明，183K 时计算外界压力为 0.9418bar，并非 1 个大气压（1.0133bar），故而温度 183K 并不是乙烷的沸点。

取与 183K 邻近的 173K，对此二点进行线性回归计算得：

$$\ln[P(C)-P(Y)] = -10.8542 + 0.05899T$$

已知 1 个大气压（1.0133bar）的对数值 $\ln(1.0133) = 0.01321$，由此代入上式计算得 1 个大气压时的温度为 184.24K，文献报道乙烷的沸点为 184.55K[17]，与本处计算的误差为 0.17%。

已知，促进分子蒸发的分子压力有　　　$P(C) = P_{id}^{L} + P_{P1}^{L} + P_{P2}^{L}$

抑制分子蒸发的分子压力有　　　　　　$P(Y) = P_{at}^{L}$

故有　　　　　　　　　　$P^{L} = P(C) - P(Y)$

已知沸点处要求外界压力为 1.0133bar，这表明如果物质中促进物质蒸发的分子相互作用强度与抑制分子产生蒸发的分子相互作强度的差值达到 1 个大气压就会发生沸腾。也就是说当 $P(C)-P(Y) < 1.0133\text{bar}$ 时物质不会发生沸腾，但 $P(C) > P(Y)$，分子排斥力>吸引力，因而促使液体向气体转变即产生蒸发现象。不同温度下乙烷的 $P(C)-P(Y)$ 与沸点处外界压力 1.0133bar 比较见图 5-34。

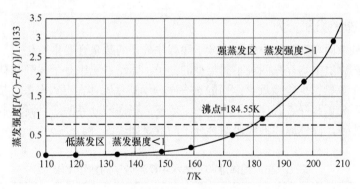

图 5-34　不同温度乙烷的蒸发强度

通过上述对物质蒸发和沸腾与物质中分子间相互作用关系的讨论知：①物质蒸发和沸腾与物质中促进分子蒸发和抑制分子蒸发的分子间相互作用有关；②通过控制、调节物质中分子间相互作用参数有可能控制、调节物质的蒸发强度；③通过控制、调节物质中促进分子蒸发和抑制分子蒸发的分子间相互作用，有可能计算得到在要求压力下的沸点；④在实际中有可能通过控制、调节生产和研究过程中物质的状态参数 PTV 控制、调节物质的蒸发强度。

5.8.4 液体凝固点与固体熔化点——液体与固体间的相变

本节将以宏观物质中分子间相互作用讨论在物质熔点处的液固相变现象，并介绍在此相变中物质无序分子和静态分子的数量变化，以及分子吸引力和分子排斥力的变化，以液体和固体的分子压力数据计算了物质的熔点。

宏观物质熔点处有两种相变过程：一种是由液体相变为固体，物理化学中称之为液体的凝固，发生液体凝固的温度为液体凝固点；另一种是由固体相变为液体，物理化学中称之为固体的熔化，发生固体熔化的温度为固体熔化点。

物理化学中将液体凝固点和固体熔化点统称为该物质的熔点。发生在液体凝固点的凝固和固体熔化点的熔化都应该与宏观物质中的分子相互作用有关。

熔点处发生的相变属于第一类相变[19]，会有相变潜热和体系体积的跃变。

第一类相变伴随有相变潜热和体系体积的跃变，显然第一类相变时物质中必定会有分子行为，亦就是说，必定会有物质中分子间相互作用的影响。熔点处相变现象是物质千万分子间的相互作用对物质性质的影响。

5.8.4.1 物理化学对熔点的描述

物理化学中对熔点的描述较简单，认为有两个因素对熔点有影响。其一是压强，物质熔点通常是指一个大气压时的情况，压强变化，熔点也会变化。对于大多数物质，熔化过程是体积变大。压强增大，物质的熔点也会升高。但水与大多数物质不同，冰融化成水时体积要缩小（金属铋、锑等也是如此），压强增大时冰的熔点会降低。其二是物质中的杂质，在纯净的液态物质中含有少量的其他物质，即使数量很少，熔点也会有很大的变化。

物理化学对熔点的这两点描述表明，熔点变化是与物质中分子间相互作用相关的。但物理化学理论不讨论这个关系。下面以水和冰为例，以宏观分子相互作用理论说明这个关系。

5.8.4.2 熔点处的分子行为

（1）熔点处液固相变时物质中无序分子和有序分子的数量会发生变化

固体和液体物质中均存在两种不同类型的分子，即动态无序分子和静态有序分子。固体中动态无序分子数量很少，接近零；而静态有序分子数量固体占有大多数，接近 100%。但液体中动态无序分子和静态有序分子均有一定数量，在固液分界的熔点固液中两种分子数量上的差别开始出现，固体冰和液体水两种分子的数量如表 5-28。

表 5-28　固体冰和液体水中两种分子的数量比较

T/K	物质状态	无序分子百分比/%	有序分子百分比/%
200		1.008×10^{-10}	约 100.00
230		5.807×10^{-9}	约 100.00
240		2.457×10^{-8}	约 100.00
250	固体冰	5.080×10^{-8}	约 100.00
260		1.331×10^{-7}	约 100.00
273.15（熔化点）		4.231×10^{-7}	约 100.00

T/K	物质状态	无序分子百分比/%	有序分子百分比/%
273.15（凝固点）		7.40	92.60
280		7.65	92.35
300	液体水	8.39	91.61
330		9.63	90.37
350		10.50	89.50

注：计算所需数据取自文献[25,26]；无序分子和有序分子计算见文献[29]。

由图 5-35 可见在水熔点处冰中无序分子百分比与液体中无序分子百分比确有突变。

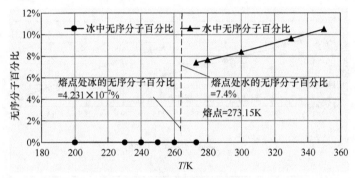

图 5-35　冰和水中无序分子百分比

计算所需数据取自文献[25,26]；吸引力和排斥力各分子压力计算见文献[29]

冰融化成液体水时冰中部分静态有序分子转变成动态无序分子。反之，液体水凝固成固体冰时液体水中无序分子几乎全部转变成冰中的长程有序分子，这是在熔点处物质中分子行为的特征。

（2）熔点处相变时分子间吸引力和排斥力变化

现将水熔点处相变时物质体系状态参数和各个分子间相互作用参数变化列示在表 5-29。

表 5-29　在熔点处水相变时体系状态参数和一些分子作用有关参数的变化

物质	$V_{\mathrm{m}}/(\mathrm{cm}^3/\mathrm{mol})$	分子间距/Å	$P_{\mathrm{P2}}/\mathrm{bar}$	$P_{\mathrm{at}}/\mathrm{bar}$	$P_{\mathrm{in}}/\mathrm{bar}$
固体冰	19.654	3.1957	12141.607	13297.059	14450.877
液体水	18.015	3.1043	14522.492	15783.091	15783.091
差值	−1.6394	−0.0914	2380.885	2486.031	1332.214
变化比例/%	−8.341	−2.861	19.609	18.696	9.219

注：计算所需数据取自文献[25,26]；吸引力和排斥力各分子压力计算见文献[29]。

宏观分子相互作用理论以分子压力表示物质中各种分子相互作用。对表 5-29 所列的各分子压力说明如下：P_{P2} 是分子第二斥压力；P_{at} 是物质中无序平动分子间分子吸引压力；P_{in} 是液体静态分子间吸引力的分子内压力。

由表 5-29 数据知在熔点处固体冰融化相变为液体水时体系中状态参数和体系中分子相互作用参数均会发生突变。体系状态参数摩尔体积减小 8.341%，相对应的物质中分子的分子间距减小 2.861%。

分子相互作用参数：体系中无序分子吸引力增加 18.696%，有序分子吸引力增加 9.219%，分子第二斥压力增加 19.609%。

在凝固点处液体水凝固相变为冰时固体冰体系中状态参数和体系中分子相互作用参数也会发生突变，由表 5-29 知：体系摩尔体积增加 8.341%，物质分子的分子间距增大 2.861%；分子相互作用也发生了变化，无序分子吸引力减小 18.696%，体系中有序分子吸引力减小 9.219%，分子第二斥压力减小 19.609%。相变引起的体系状态参数的变化与体系中分子相互作用参数的变化相比较，分子相互作用参数的变化更明显些，故宏观分子相互作用理论建议以分子相互作用参数的突变为标志，反映固—液相变的发生和固—液相变温度，即熔点的确定。

在熔点处这些分子相互作用参数的突变见图 5-36～图 5-38。

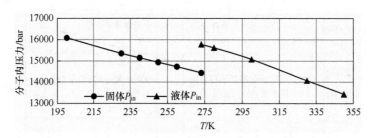

图 5-36　分子内压力变化

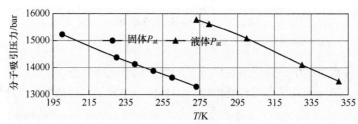

图 5-37　分子吸引压力变化

图 5-36 和图 5-37 表明：水或冰在熔点处动态无序分子吸引力 P_{at} 或静态有序分子吸引力 P_{in} 均会发生突变。

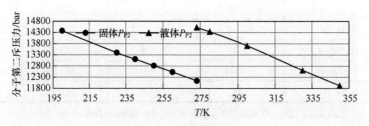

图 5-38　分子第二斥压力变化

计算所需数据取自文献[25,26]；吸引力和排斥力各分子压力计算见文献[29]

与分子吸引力相同，水的分子间排斥力（分子第二斥压力）在熔点处也会发生突变。图 5-39 表明冰中 P_{in} 与体系摩尔体积可认为是线性关系。

因此，在熔点处液体的分子间距离、各分子间相互作用参数在相变时会发生突变，这应该是物质熔点处分子行为的标志。

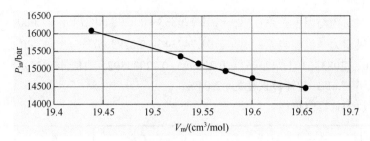

图 5-39 冰中 P_{in} 与 V_m 的关系

（3）分子间相互作用方法计算物质熔点

以分子间相互作用参数计算物质熔点有两个方法，分别介绍如下。

1）液体分子压力计算法

下面采用逸度压缩因子 $Z_{Y(S1)}$（见文献[18]），以物质水和己烷为例说明计算结果，文献[20,23,24]数据为：水的熔点为 273.15K，己烷熔点为 177.6K。

已知相平衡时气体和液体的逸度系数有关系：

$$\varphi^G = \varphi^L \tag{5-105}$$

同样认为，饱和气体在熔点时可以忽略气体分子间相互作用的影响，处在理想状态中，因此理论讨论时可以设定熔点处平衡的饱和气体的逸度系数 $\varphi^G = 1.000$。

已知，宏观分子相互作用理论的饱和气体逸度压缩因子 $Z_{Y(S1)}^G$ 计算式为：

$$Z_{Y(S1)}^G = \frac{P_r^G + P_{atr}^G}{P_{idr}^G + P_{atr}^G} \tag{5-106}$$

饱和液体逸度压缩因子计算式为：

$$Z_{Y(S1)}^L = \frac{P_r^L + P_{atr}^L - P_{P1r}^L - P_{P2r}^L + P_{inr}^L}{P_{idr}^L + P_{atr}^L} = \frac{P_{idr}^L + P_{inr}^L}{P_{idr}^L + P_{atr}^L} \tag{5-107}$$

相平衡时

$$\varphi^G = Z_{Y(S1)}^G = Z_{Y(S1)}^L \tag{5-108}$$

故有

$$\varphi^G = Z_{Y(S1)}^L = \frac{P_{idr}^L + P_{inr}^L}{P_{idr}^L + P_{atr}^L} \tag{5-109}$$

整理有

$$\left(P_{idr}^L + P_{atr}^L\right)\varphi^G = P_{idr}^L + P_{inr}^L \tag{5-110}$$

得

$$P_{atr}^L \varphi^G = P_{idr}^L\left(1 - \varphi^G\right) + P_{inr}^L \tag{5-111}$$

由热力学知己烷在接近熔点处 184K 的逸度系数为 0.99994，水在 280K 时为 0.9983，故可设己烷和水在熔点处 $\varphi^G = 1$，故在熔点处有：

$$P_{atr}^L = P_{inr}^L \tag{5-112}$$

亦就是说在熔点处，正确地说是在液体凝固点处液体的无序分子吸引力与静态分子吸引力相等，因而可依据此规律计算凝固点数值。

以己烷和水为例，己烷的分子压力计算相关数据如下：

T/K	P_{idr}	P_{P1r}	P_{atr}	P_{inr}
184	4.3991	9.427×10^{-7}	59.4286	59.4283
207	4.8225	1.338×10^{-5}	54.1421	54.1384

无序分子吸引力与温度关系：$P_{atr}^{L} = 101.720833 - 0.22984892T$ $r = 1.000$

静态分子吸引力与温度关系：$P_{inr}^{L} = 101.747346 - 0.229995T$ $r = 1.000$

熔点 = (101.720833−101.747346)/(−0.229995+0.22984892) = 181.45（K）。

已知熔点=177.6K。故计算误差为 −2.04%。

水的分子压力计算数据：

T/K	P_{idr}	P_{P1r}	P_{P2r}	P_{atr}	P_{inr}
280	5.841826607	4.1024×10^{-5}	64.792	70.634	70.621
300	6.2403788	0.000145148	61.971	68.211	68.173

无序分子吸引力与温度关系：$P_{atr}^{L} = 104.5486347 - 0.12112446T$ $r = 1.000$

静态分子吸引力与温度关系：$P_{inr}^{L} = 104.8861167 - 0.122376513T$ $r = 1.000$

熔点 = (104.5486347−104.8861167)/(0.12112446−0.122376513) = 273.95（K）。

已知熔点 = 273.15K，故计算误差为 0.29%。

上述讨论表明液体凝固点高低应与物质中分子间相互作用有关，体系压力变化会引起体系中分子间相互作用的变化，即会引起凝固点变化，这与物理化学一致。

2）固体分子压力计算法

在固体冰的熔化点处固体冰与平衡的饱和水汽间也应有相平衡关系，即：

$$\varphi^{G} = \varphi^{S} \tag{5-113}$$

可以设定在固体熔化点处与冰平衡的饱和气体的逸度系数 $\varphi^{G} = 1.000$。

已知，饱和气体逸度压缩因子[18]：$\quad Z_{Y(S2)}^{G} = \dfrac{P_{r}^{G} + P_{atr}^{G} - P_{P1r}^{G}}{P_{idr}^{G} + P_{atr}^{G} - P_{P1r}^{G}} \tag{5-114}$

平衡冰的逸度压缩因子：

$$Z_{Y(S2)}^{S} = \frac{P_{r}^{S} + P_{atr}^{S} - P_{P1r}^{S} - P_{P2r}^{S} + P_{inr}^{S}}{P_{idr}^{S} + P_{atr}^{S} - P_{P1r}^{S}} \tag{5-115}$$

相平衡时
$$Z_{Y(S2)}^{G} = Z_{Y(S2)}^{S} \tag{5-116}$$

故有
$$\frac{P_{r}^{G} + P_{atr}^{G} - P_{P1r}^{G}}{P_{idr}^{G} + P_{atr}^{G} - P_{P1r}^{G}} = \frac{P_{r}^{S} + P_{atr}^{S} - P_{P1r}^{S} - P_{P2r}^{S} + P_{inr}^{S}}{P_{idr}^{S} + P_{atr}^{S} - P_{P1r}^{S}} \tag{5-117}$$

$$\varphi^{G} = Z_{Y(S2)}^{S} = \frac{P_{r}^{S} + P_{atr}^{S} - P_{P1r}^{S} - P_{P2r}^{S} + P_{inr}^{S}}{P_{idr}^{S} + P_{atr}^{S} - P_{P1r}^{S}} \tag{5-118}$$

已知
$$P_{r}^{S} = P_{idr}^{S} + P_{P1r}^{S} + P_{P2r}^{S} - P_{atr}^{S} \tag{5-119}$$

故而 $P_{r}^{S} + P_{atr}^{S} - P_{P1r}^{S} - P_{P2r}^{S} = P_{idr}^{S}$，于是在固体熔化点处有关系：

$$\varphi^{G} = Z_{Y(S2)}^{S} = \frac{P_{idr}^{S} + P_{inr}^{S}}{P_{idr}^{S} + P_{atr}^{S} - P_{P1r}^{S}} \tag{5-120}$$

讨论固体的熔化点处时应对固体情况作适当的修正，为此改变式(5-120)：

$$\varphi^{G} = \varphi^{S} = \frac{P_{idr}^{S} + P_{inr}^{S}}{P_{idr}^{S} + P_{atr}^{S} - P_{P1r}^{S}} = \frac{P_{idr}^{S}}{P_{idr}^{S} + P_{atr}^{S} - P_{P1r}^{S}} + \frac{P_{inr}^{S}}{P_{idr}^{S} + P_{atr}^{S} - P_{P1r}^{S}} \tag{5-121}$$

上式讨论的是在平衡时饱和气体逸度系数与固体逸度系数的关系。由此可知，固体逸度系数 φ^{S} 由两部分组成：

$$\varphi^S = \varphi^S_{no} + \varphi^S_{o} \tag{5-122}$$

φ^S_{no} 表示固体中动态无序分子对逸度系数的贡献，$Z^S_{Y(no)}$ 为相应的无序逸度压缩因子。

$$\varphi^S_{no} = Z^S_{Y(no)} = \frac{P^S_{idr}}{P^S_{idr} + P^S_{atr} - P^S_{P1r}} \tag{5-123}$$

φ^S_{o} 表示固体中静态长程有序分子对逸度系数的贡献，$Z^S_{Y(o)}$ 为相应的有序逸度压缩因子。

$$\varphi^S_{o} = Z^S_{Y(o)} = \frac{P^S_{inr}}{P^S_{idr} + P^S_{atr} - P^S_{P1r}} \tag{5-124}$$

由分子压力微观结构式知 $P^S_r + P^S_{atr} - P^S_{P1r} - P^S_{P2r} = P^S_{idr}$，故式（5-123）可改变为：

$$\varphi^S_{no} = Z^S_{Y(no)} = \frac{P^S_r}{P^S_{idr} + P^S_{atr} - P^S_{P1r}} + \frac{P^S_{atr} - P^S_{P1r} - P^S_{P2r}}{P^S_{idr} + P^S_{atr} - P^S_{P1r}} = \varphi^{SP}_{no} + \varphi^{Sm}_{no} \tag{5-125}$$

上式表示固体中无序分子影响的逸度系数由两部分组成，φ^{SP}_{no} 是体系压力对逸度系数的影响；φ^{Sm}_{no} 是体系中无序分子间的相互作用对逸度系数的影响。需说明：

① 由于固体中无序分子数量非常少，故而无序分子对逸度系数的贡献也很少，即 $\varphi^S_{no} \to 0$。而组成 φ^S_{no} 反映体系压力对逸度系数影响的 φ^{SP}_{no} 和反映物质中分子间相互作用对逸度系数的影响 φ^{Sm}_{no} 也都非常小，即 $(\varphi^{SP}_{no} + \varphi^{Sm}_{no}) \to 0$。虽然固体中无序分子数量很少，但在熔化点附近还是有少量无序分子的，而体系压力是体系的状态参数，是体系的性质，在体系一定的状态条件下体系压力应该有一定的数值，体系压力数值只受体系状态变化的影响，而不会受体系内不同种类分子数量变化的影响。亦就是说，在一定数值的体系压力的影响下 φ^{SP}_{no} 会有一定的数值，压力对逸度系数的影响会受到体系状态条件变化的影响，在一定的体系状态条件下 φ^{SP}_{no} 虽然数值很小，但还可能有一定的数值，是个应保留的数据。

φ^{Sm}_{no} 表示固体体系中存在的无序分子间的相互作用对逸度系数的影响，体系中无序分子数量越多对 φ^{Sm}_{no} 的影响越大，反之影响越小。也就是 φ^{Sm}_{no} 会受到无序分子数量变化的影响。已知在固体的熔化点处和固体状态下无序分子数量极少，可以认为接近零值，因而可合理认为在固体的熔化点处和固体状态下无序分子间的相互作用对逸度系数的影响相对而言可以忽略，即 $\varphi^{Sm}_{no} \to 0$。故而式(5-125)对固体应为：

$$\varphi^S_{no} \approx \varphi^{SP}_{no} = \frac{P^S_r}{P^S_{idr} + P^S_{atr} - P^S_{P1r}} \tag{5-126}$$

固气相平衡计算式为：$\varphi^G = \varphi^S = \dfrac{P^S_r}{P^S_{idr} + P^S_{atr} - P^S_{P1r}} + \dfrac{P^S_{inr}}{P^S_{idr} + P^S_{atr} - P^S_{P1r}} \tag{5-127}$

由式（5-127）可知固体在熔化点处的一些分子行为。

整理式（5-127），已知固-气平衡时 $\varphi^G = 1$，$\varphi^{Sm}_{no} \to 0$，故得：

$$P^S_{idr} - P^S_{P1r} - P^S_r = P^S_{inr} - P^S_{atr} \tag{5-128}$$

依据文献[6,7]在273.15K冰的熔点处饱和水汽压力为0.00611bar，与冰的分子吸引力比较是极小的（冰吸引力见表5-30），比较之下，式（5-128）中可忽略体系压力 P^S_r 的影响。于是改写为

$$P^S_{idr} - P^S_{P1r} \approx P^S_{inr} - P^S_{atr} \tag{5-129}$$

即在固体的熔化点处固体的分子相互作用 $P^S_{inr} \neq P^S_{atr}$，与表示液体凝固点处分子行为的 $P^L_{atr} \approx P^L_{inr}$ 不同，在液体凝固点处体系中无序分子的分子吸引力与有序分子的分子吸引力是接

近相等的，而在固体熔化点处无序分子和有序分子的分子吸引力是不相等的。以冰为例，固体冰中的 P_{in}^{S} 和 P_{at}^{S} 数值列示于表 5-30 中。

表 5-30　冰中无序分子和有序分子的分子吸引力

T/K	φ^{S}	P_{at}/bar	P_{in}/bar	$(P_{\text{id}}-P_{\text{P1}})$/bar
200	1.00000	15232.30	16087.74	855.43
230	1.00004	14379.09	15358.95	979.21
240	1.00000	14130.79	15151.69	1020.84
250	0.99998	13877.77	14939.42	1061.91
260	0.99996	13632.68	14734.93	1102.86
273.15	0.99989	13297.06	14450.88	1155.45

注：数据取自文献[25,26]；吸引力和排斥力各分子压力计算方法见文献[29]。

② 在固体冰的熔化点处固体状态下无序和有序分子的分子吸引力的差值是 $P_{\text{idr}}^{\text{S}} - P_{\text{P1r}}^{\text{S}}$，亦就是说两种分子吸引力的差值是由于固体中缺少了热运动驱动下动态分子的影响和物质中分子本身存在的分子体积的影响。

式（5-129）表示固体中长程有序分子吸引力确实较动态无序分子的吸引力多了分子理想压力和少了分子第一斥压力，即

$$P_{\text{inr}}^{\text{S}} = P_{\text{idr}}^{\text{S}} - P_{\text{P1r}}^{\text{S}} + P_{\text{atr}}^{\text{S}} \qquad (5\text{-}130)$$

图 5-40 中将固体两种分子吸引力之差值与分子理想压力和分子第一斥压力差值比较，用以证实式（5-129）是正确的。

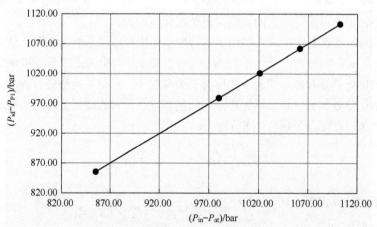

图 5-40　冰中 $(P_{\text{in}}-P_{\text{at}})$ 与 $(P_{\text{id}}-P_{\text{P1}})$ 的关系

由于固体状态缺少体系中可以运动的动态分子，固体中都是在固定位置不做移动运动的静态长程有序分子。由上述讨论知即使分子是固体中极少量的动态分子也因为缺少了热运动驱动分子的动能而减弱或失去分子运动的能力，要使这些失去热运动驱动的极少量的分子运动起来的前提是使这些有能力可以运动起来的分子获得热量的驱动。从物理化学理论来看使固体中因缺少热量驱动的分子运动起来的现象称为固体分子的扩散。亦就是固体分子（或原子）可以离开平衡位置而在固体中移动，这种移动为固体分子的扩散。

固体中存在扩散现象已被研究证实，扩散使固体出现一些固体具有的特性[28]。而固体中存在的极少量无序分子本身就是一些具有移动运动能力的分子，是可以预期在固体中进行扩

散的固体分子，亦就是说这些因低温而失去行动自由的残留在固体中的动态无序分子，可能是固体中在温度影响下恢复（或部分恢复）移动的扩散分子。

③ 由于固体状态处在物质的低饱和压力和低温度的状态，因而与固体相平衡的物质饱和气体的逸度系数 $\varphi^{SG}=1$，而此与液体在凝固点处平衡时与液体相平衡的饱和气体的逸度系数 $\varphi^{SG}=1$ 相同，故在固体熔化点处与液体在凝固点处有两种不同的分子行为。

a. 液体在凝固点处的分子行为。液体无序分子吸引力=有序分子吸引力，$P_{atr}^{L}=P_{inr}^{L}$ [式(5-112)]。但是在液体全部状态下饱和气体的逸度系数 $\varphi^{SG}\neq1$，因而液体在其他状态下不会出现这个分子行为。

b. 固体在熔化点处的分子行为。固体无序分子吸引力≠有序分子吸引力，$P_{inr}^{S}=P_{idr}^{S}-P_{P1r}^{S}+P_{atr}^{S}$ [式(5-129)]。固体的无序分子吸引力缺乏分子系统驱动热量的支持。在固体全部状态下饱和气体的逸度系数 $\varphi^{SG}=1$，因而固体在其他状态下也会出现这个分子行为。

液体、固体的分子行为，即式（5-112）和式（5-129）可用于讨论体系的凝固点和熔化点。故而，固体熔化点处（固体转变为液体的相变）分子相互作用条件包括以下几点。

a. 固体中长程有序分子间吸引力与固体中无序分子间吸引力的关系为：$P_{inr}^{S}\neq P_{atr}^{S}$；

b. 这两种分子相互作用与同物质中其他分子相互作用参数的关系为：$P_{inr}^{S}-P_{atr}^{S}=P_{idr}^{S}-P_{P1r}^{S}$；

c. 依据上述分子相互作用参数的关系可以计算讨论物质的熔化点。

由图 5-36 和图 5-37 知冰中分子内压力和分子吸引压力与体系温度是线性关系；对冰中分子内压力和分子吸引压力与体系温度的线性关系进行线性回归计算，得到以下下关系式。

a. 冰中分子内压力 P_{in} 与体系温度 T 的线性回归关系式：

$$P_{in}=20512.02-22.261T \qquad r=0.9989 \qquad (5\text{-}131)$$

b. 冰中分子吸引压力 P_{at} 与体系温度 T 的线性回归关系式：

$$P_{at}=20472.74-26.347T \qquad r=0.9987 \qquad (5\text{-}132)$$

故知冰中分子内压力 P_{in} 与分子吸引压力 P_{at} 差值 $(P_{in}-P_{at})$ 与体系温度 T 的线性回归关系为：

$$P_{in}-P_{at}=39.28+4.086T \qquad r=0.9999 \qquad (5\text{-}133)$$

冰在熔化点处的分子相互作用参数如表 5-31 所示。

表 5-31　　冰在熔化点处的分子相互作用参数

P_r	T_r	V_{mr}	P_{idr}	P_{P1r}	P_{P2r}	P_{atr}	P_{inr}
2.762×10^{-5}	0.422	0.344	5.224	2.520×10^{-5}	54.890	60.113	65.329

故知在熔化点处有：$P_{id}-P_{P1}=\left(5.224-2.520\times10^{-5}\right)\times221.2=1155.46(\text{bar})$

将此数据和式（5-133）列示于图 5-41 中。

图 5-41 中虚线表示宏观分子相互作用理论计算得到在 273.15K 温度下体系中分子相互作用参数（$P_{in}-P_{at}$）的数值。实线表示冰中（$P_{in}-P_{at}$）与体系温度的线性关系。虚线与实线相交之处表示 $P_{in}-P_{at}=1155.46$bar，即冰中分子相互作用参数（$P_{in}-P_{at}$）与体系符合在熔化点的分子相互作用参数数值要求，即 $P_{inr}^{S}-P_{atr}^{S}=P_{idr}^{S}-P_{P1r}^{S}$。故而可以认为 273.15K 是冰由固体向液体转变，发生相变的相变点，即固体冰的熔化点。

由上述讨论可知物质的凝固点或熔化点应与物质中大量分子间的分子相互作用有关，故而通过调整讨论物质的 PVT 状态参数，有可能改变物质中分子相互作用参数，从而改变熔点，改变或调节讨论物质的性能。

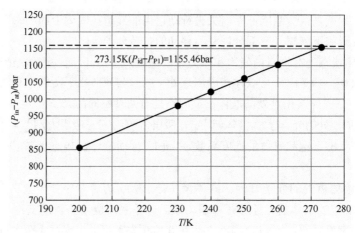

$$273.15K(P_{id}+P_{P1})=1155.46bar$$

图 5-41　冰中($P_{in}-P_{at}$)与温度

参考文献

[1]　马沛生, 等. 石油化工基础数据手册(续编). 北京: 化学工业出版社, 1993.

[2]　Poling B E, Prausnitz J M, O' Counell J P. The propertie of gases and liquids. 5th ed. 北京: 化学工业出版社, 2006.

[3]　里德 R C, 普劳斯尼茨 J M, 波林 B E. 气体和液体性质. 李芝芬, 杨怡生, 译. 北京: 石油工业出版社, 1994.

[4]　马沛生. 化工数据. 北京: 化学工业出版社, 2003.

[5]　张宇英, 张克武. 分子热力学性质手册——计算方法与最新实验数据. 北京: 化学工业出版社, 2009.

[6]　Ambrose D. Correlation and estimation of vapour-liquid critical properties: Ⅰ. Critical temperatures of organic compounds. National Physical Laboratory, Teddingt NPL Rep Chm, 1978,1980.

[7]　Ambrose D, Young C L. J Eng Data, 1995, 40: 345.

[8]　Joback K G, Joback K G. A unified approach to property estimation using multivariate statistical techniques. Tesis S M. Department of chemical engineering. Massachusetts Institute of Technology, Cambridge, M A, 1984.

[9]　Lydersen A L. Estimation of critical properties of organic : Compounds. Eng Exp Stn Repl, 1955.

[10]　Joback K G, Reid R C. Chem Eng Comm, 1987, 57: 233.

[11]　波林 B E, 普劳斯尼茨 J M, 奥康奈尔 J P. 气液物性估算手册. 5 版. 北京: 化学工业出版社, 2006.

[12]　Wilson G M, Jasperson L V. Critical constants T_C, P_C, estimation based on zero, first and second order methods. AIChE Spring Meeting, New Orleanse,LLA, 1996.

[13]　Walas S M.Phase equilibria in chemical engineering. New York: Butterworth, 1985.

[14]　陈钟秀, 顾飞燕, 胡望明. 化工热力学. 3 版. 北京: 化学工业出版社, 2022.

[15]　陈新志, 蔡振云, 胡望明. 化工热力学. 5 版. 北京: 化学工业出版社, 2020.

[16]　Cailleter E C. Mathias Compt Rend, 1886, 102: 1202.

[17]　Smith B D. Thermodynamic data for pure compounds. Part A, Part B. New York: Elsevier, 1986.

[18]　张福田. 宏观分子相互作用理论 基础和计算. 上海: 上海科技文献出版社, 2012.

[19]　徐物申, 张万箱, 等. 实同物态方程理论导引. 北京: 科学出版社, 1986.

[20]　Smith B D. THermodynamic data for pure compound. New York: Elsevier, 1986.

[21]　蔡志亮, 周星风, 洪瑞槎. 沸点计法研究及斜式沸点计. 化工学报, 1986(2): 172-182.

[22]　曹晨忠, 袁华. 不饱和链烃分子结构与沸点的关系. 有机化学, 2002, 22(5): 354-363.

[23]　童景山. 流体的热物理性质. 北京: 中国石化出版社, 1996.

[24]　童景山. 流体的热物理性质——基本理论与计算. 北京: 中国石化出版社, 2008.

[25]　Perry R H. Perry's chemical engineer's handbook. 6th ed. New York: McGraw-Hill, 1984.

[26]　Perry R H, Green D W. Perry's chemical engineer's handbook. 7th ed. New York: McGraw-Hill, 1999.

[27]　卢焕章, 等. 石油化工基础数据手册. 北京: 化学工业出版社, 1984.

[28]　乌曼斯基 ЯC, 等. 金属学物理基础: 物理金属学. 中国科学院金属研究所, 译. 北京: 科学出版社, 1958.

[29]　张福田. 一种测试各种分子间相互作用参数的装置: ZL2012 10315270.2. 2016-07-30.

第 **6** 章

纯物质气体的相间分子行为

众所周知，地球上的物质通常会以气体、液体和固体三种状态存在，这三种状态的物质以其存在状态区别，分别称为该物质的气相、液相和固相。如果两个不同状态的物质相互发生关系在理论上称为两相关系，两相间达到平衡时则称为两相间的相平衡。

依据物质体系不同，可以有纯物质间的相平衡和混合物或溶液间的相平衡。纯物质间的相平衡可分为气-液、液-液等相平衡。两相间的相平衡与两相间的分子行为有关，本章讨论的是参与两相间相平衡的纯物质气体的分子行为。

在物理化学理论[1-3]中，依据物系平衡状态时吉布斯自由能最小原则得到纯物质间相平衡条件为：各相的温度相等，压力相等，参与平衡各相组分的化学位相等。

纯物质中只有单一组分，故其化学位：

$$\mu^0 = \bar{G}^0 = \left(\frac{\partial nG}{\partial n} \right)_{T,P} \tag{6-1}$$

相间达到平衡时吉布斯自由能最小，即

$$(\mathrm{d}G)_{T,P} = 0 \tag{6-2}$$

相交的 α 和 β 两相有

$$\mathrm{d}\left(n^{\alpha 0} G^{\alpha}\right) = -\left(n^{\alpha 0} S^{\alpha}\right)\mathrm{d}T + \left(n^{\alpha 0} V^{\alpha}\right)\mathrm{d}P + \mu^{\alpha} n^{\alpha 0}$$

$$\mathrm{d}\left(n^{\beta 0} G^{\alpha}\right) = -\left(n^{\beta 0} S^{\alpha}\right)\mathrm{d}T + \left(n^{\beta 0} V^{\alpha}\right)\mathrm{d}P + \mu^{\alpha} n^{\beta 0}$$

也就是说，物质中组元的化学位与该纯物质的平均吉布斯自由能 $\bar{G}^0$ 及纯物质中能量有关，即与该物质中分子间相互作用有关。

故对一个有 α、β、……、π 的单组元纯物质的多相封闭系统，平衡时有下列关系：

$$T^{\alpha} = T^{\beta} = \cdots = T^{\pi} \tag{6-3}$$

$$P^{\alpha} = P^{\beta} = \cdots = P^{\pi} \tag{6-4}$$

$$\mu^{\alpha} = \mu^{\beta} = \cdots = \mu^{\pi} \tag{6-5}$$

在热力学理论中式（6-3）~式（6-5）提供了讨论纯物质相平衡的基本判据，亦就是说，热力学理论以化学位来定量地描述相互平衡的两相中所具有的组元数量的平衡分配。例如在蒸馏某种物质时，希望知道在某个温度和压力下这个物质在液相和气相之间如何分配。热力学理论引入吉布斯的化学位理论解答了这个相平衡问题。亦就是热力学理论把抽象的化学位与实际的温度、压力和组成等物理可测量的量联系了起来。

但是对于这个建立的关系，热力学理论遇到一个困难[1]，即化学位与物理可测量的量之间的关系是微分方程，积分时只能给出差值，而无法计算化学位的绝对数值，只能得到随独立变量如温度、压力、组成的变化而改变的化学位的变化。

热力学理论对此处理的方法为：由前面讨论知，对一个纯物质 i，其化学位与温度和压力的微分方程是

$$d\mu_i = -S_i dT + V_i dP \tag{6-6}$$

对其积分，得某一温度 T 和压力 P 下的化学位为

$$\mu_i(T, P) = \mu_i(T_1, P_1) - \int_{T_1}^{T} S_i dT + \int_{P_1}^{P} V_i dP \tag{6-7}$$

式中，$\mu_i(T_1, P_1)$ 表示物质在温度 T_1 和压力 P_1 的参考态下的化学位。

上式右边的两个积分可以由温度区间 $T_1 - T$ 和压力区间 $P_1 - P$ 计算得到，但化学位 $\mu_i(T, P)$ 是未知的，只能用与参考态化学位差来表示 T、P 下的化学位。

由于无法得到化学位的绝对数值，热力学在实际应用时有些复杂。即需要一个指定的参考态，通常称作标准态。热力学理论对实际系统的应用通常是基于对标准态的适当选取。

相平衡是化工热力学理论中重要组成部分，有关相平衡的理论概念、计算分析和发展过程可查阅相关专著或教材。相平衡过程中必定与相间分子往来及相互间影响有关，本文讨论的相平衡将分子相互作用与现有热力学相平衡联系起来，故在简单介绍热力学相平衡基础上，侧重讨论相平衡过程中物质的分子行为。

6.1　气体热力学逸度

前已说明，化学位是个抽象概念，在宏观物质世界中并不存在，所以热力学理论希望用一些可以与物理实际联系起来的辅助函数来表示化学位，逸度就是这样一个辅助函数。

式（6-1）可表示为纯物质 i 理想气体化学位的计算式，改变此式得

$$\left(\frac{\partial \mu_i}{\partial P} \right)_T = V_i \tag{6-8}$$

代入理想气体方程：

$$V_i = \frac{RT}{P} \tag{6-9}$$

在恒温下积分

$$\mu_i - \mu_i^\ominus = RT \ln \frac{P}{P^\ominus} \tag{6-10}$$

上式把抽象概念化学位与实际强度性质相关联起来，但此式只适用于纯理想气体。为了使此式可以普遍地应用，Lewis 将函数逸度 f 替代式中强度性质压力 P，即有

$$\mu_i - \mu_i^\ominus = RT \ln \frac{f_i}{f_i^\ominus} \tag{6-11}$$

式中 $\mu^\ominus$ 或 $f^\ominus$ 是任意的，但二者不可以独立地选择，一个选定后，另一个也就确定了。此式可用于任何系统中任何组分的恒温变化，可以是气体、液体或固体，也可以是纯物质或混合物，也可以是理想的或非理想的。

对于纯物质，如果讨论的是纯理想气体，则逸度等于压力。如果讨论的是真实气体，则逸度不等于压力，逸度与压力的关系为：

$$f_i = \varphi_i P \tag{6-12}$$

式中，φ_i 为纯物质气体 i 的逸度系数。

由宏观分子相互作用理论知体系压力与分子相互作用（以物质中分子压力形式表示）的关系为：

$$P_i^G = P_{id}^G + P_{P1}^G + P_{P2}^G - P_{at}^G \tag{6-13}$$

故

$$f_i^G = \varphi_i P_i^G = \varphi_i \times \left(P_{id}^G + P_{P1}^G + P_{P2}^G - P_{at}^G \right) \tag{6-14}$$

由此式知纯物质气体 i 的逸度 f_i^G 必定与物质中千千万万个分子相互作用有关,以分子相互作用参数——分子压力表示逸度,有

$$f_i^G = \varphi_i P_i^G = \varphi_i P_{id}^G + \varphi_i P_{P1}^G + \varphi_i P_{P2}^G - \varphi_i P_{at}^G = f_{id}^G + f_{P1}^G + f_{P2}^G - f_{at}^G \tag{6-15}$$

式(6-15)表明逸度直接与物质中千千万万个分子相互作用有关。热力学理论认为逸度与物质中千千万万个分子相互作用有关,但热力学理论只是理论上定性地认为,无法从分子相互作用实际数据得到定量计算的证明。

从式(6-15)还不能直接讨论计算逸度 f_i^G,因为式中还有逸度系数 φ_i 需要以分子相互作用参数讨论说明。

简言之,相平衡是一相中物质分子在分子运动的推动下,在物质中分子间相互作用(即分子吸引力和分子排斥力)的影响下,逸出进入另一相,如果一相进入另一相的分子数与另一相进入这一相的分子数相同,则称两相达到了相平衡。

相平衡时两相的逸度相同,亦就是两相的分子逸出能力相同,故而分子从讨论相逸出能力大小可以用逸度来表示。同样,另一相中分子也会逸出到这一相中,其分子逸出能力大小亦以逸度来表示。故而,两相的逸出能力相同时,即一相的逸度与另一相的逸度相等时,表示这一相与另一相间达到了平衡,即相平衡。显然,两相间相平衡应与两相间分子行为有关,必定与物质体系的分子间相互作用情况有关,故而物质的分子间相互作用情况应该与讨论相的逸度有关,反之讨论相的逸度应该可以反映讨论相中分子间相互作用的情况。故而可以从逸度出发,引入相间物质分子行为与物质分子间相互作用的关系。

讨论相平衡中物质的分子行为时需注意下列几点:

① 相平衡的两相,各相分子的分子行为是不同的。

② 相平衡时从一相逸出到另一相,逸出的分子数量与分子所在本相的同类分子数量相比数量很少,故逸度是受到了由逸出分子本相大量分子对少量逸出分子的各种分子相互作用的影响后,形成的逸出分子的逸出能力。因而可以不考虑在逸出分子本相中有多少分子会对逸出分子的"逸出能力"产生分子相互作用的影响。

③ 如果相平衡中逸出分子在"本相"中数量极少,甚至接近零,例如固态物质中动态无序分子数量确实很少,甚至可能是极少,这时在对无序分子逸出固相的"逸出能力"产生的分子相互作用的影响中,可以不考虑无序分子的分子相互作用的影响,或按相对应的数量考虑其影响。

④ 物质中存在各种分子相互作用,不同的分子相互作用会对分子的逸出能力(即逸度)产生不同的影响。

众所周知,逸度概念的提出是基于理想气体概念所导出的一系列热力学关系,在实际气体情况下使用时会出现偏差。为了保持热力学公式的简洁性,Lewis 提出了逸度的概念,用以替代热力学关系式中的压力。故而在一些物理化学著作[1-4]中又称逸度为有效压力。

逸度相当于在相同条件下具有相同化学势的理想气体的压强。亦就是说:

① 在理想气体情况下,逸度 f 就是物质的压力 P,即此时逸度系数 φ 等于 1,即对于理想气体,$f = P$,$\varphi = 1$;

② 在非理想情况下,逸度亦是某种压力,是在物理化学过程中起实际作用的压力,但逸度所表示的压力在数值上不等于对讨论物质测试的实际压力 P,即这时逸度系数 φ 不等于 1,

即对于实际气体，$f \neq P$；$\varphi \neq 1$。

这是由于理想气体与实际气体的区别在于：理想气体可以不考虑气体分子间相互作用；而实际气体不能忽略气体分子间相互作用。

由此可知，实际气体的逸度必定与气相分子间相互作用有关，亦就是说，有可能以表示分子间相互作用的分子压力来分析、讨论及计算实际气体的逸度。

逸度可以通过实验测定，也可以用状态方程估算。

目前物理化学或热力学理论均认为 $f \neq P$ 是由于系统中存在分子间相互作用，但至今还只是停留在定性的描述，而缺乏相应的定量关系。

由热力学理论知：吉布斯自由能与温度和压力的关系为

$$dG = -SdT + VdP \tag{6-16}$$

在恒温条件下，由上式可得：

$$\Delta G = \int_{P1}^{P2} VdP \tag{6-17}$$

式（6-17）是一个严格关系式。如果讨论气体为 1mol，引入理想气体定律后可得到：

$$dG_m = RTd \ln P \tag{6-18}$$

式（6-17）不能使用积分，必须使用实际气体状态方程。但是，到目前为止，还没有一个既简便又正确的状态方程[4]。

为此，Lewis 提出了将式（6-18）的形式应用于实际气体，但讨论压力需用新的函数 f——逸度来代替，式（6-18）被修改成如下形式：

$$dG_m = RTd \ln f \tag{6-19}$$

同理，在恒温条件下可得：

$$\Delta G = \int_{f_1}^{f_2} RTd \ln f \tag{6-20}$$

此式即热力学中逸度的定义式，适用于溶液和纯物质等的讨论[5]。比较式（6-17）和式（6-20）知：式（6-17）积分项中起始压力 P_1 是处在理想状态的压力 $P_{id,1}$；终压力 P_2 亦是处在理想状态的压力 $P_{id,2}$。即式（6-18）积分式中起始状态是某种理想状态，终状态也是某种理想状态，亦就是说，这时起始状态气体并未受到分子间相互作用的影响，终态气体亦未受到分子间相互作用的影响，因而此积分项是在同一状态中比较压力从 P_1 变化到 P_2 时对此讨论体系自由能的影响，是严格正确的。

式（6-20）中起始逸度 f_1 和终逸度 f_2 均是讨论气体的逸度，即真正起作用的压力，亦就是所谓实际气体的有效压力。

为了讨论和使用逸度，物理化学对式（6-20）的起始逸度附加条件如下[6,7]：

$$P \to 0, \frac{f}{P} \to 1 \text{ 或 } P \to 0, \frac{fV}{RT} \to 1 \tag{6-21}$$

这一附加条件反馈了两点信息：

① 其一是由于压力很低时，任何气体皆可能是理想气体，其逸度等于其压力，故逸度的定义必须与此相对应。这一条件是对逸度计算的限定。

② 其二是式中 P 应符合理想气体规律，并且其温度为讨论气体的温度。这一条件是对理想压力的限定，即式（6-20）起始状态的起始压力应设为理想压力

$$\lim_{P \to 0} f_1 = P = P_{id} \tag{6-22}$$

此理想压力计算式为

$$P_{id} = \frac{RT}{V} \tag{6-23}$$

逸度与压力的比值称为逸度系数 φ，它是无量纲量。

$$\varphi = \frac{f}{P} \tag{6-24}$$

式（6-24）是目前计算逸度系数的理论方法，其源公式为式（6-20）。

物理化学理论依据上述定义得到了许多物质的逸度系数数据，我们依据上述物理化学理论中的定义，先简单介绍逸度系数的具体计算方法。此后，本书将介绍另一种依据分子压力的计算方法，将两种计算方法得到的数据进行比较，以了解两种方法的异同。

6.2 纯物质气体逸度热力学计算

目前，文献中计算气体的逸度系数有用实验数据计算和用状态方程计算两种方法[2]。

（1）用实验数据计算逸度系数

① 从 PVT 数据计算逸度系数，其计算式为：

$$\ln\varphi = \int_0^P (Z-1)\frac{dP}{P} \tag{6-25}$$

或[4]

$$RT\ln\varphi = \int_0^P \left[V_m - (RT/P)\right]dP \tag{6-26}$$

② 从熵值和焓值计算逸度系数[2]：

$$\ln\varphi = \ln\frac{f}{P^*} = \frac{1}{R}\left[\frac{H-H^*}{T} - (S-S^*)\right] \tag{6-27}$$

③ 用对比态法计算：将式（6-25）改为对比压力形式

$$\ln\varphi\big|_{\text{等温}} = \int_0^P (Z-1)\frac{dP_r}{P_r} \tag{6-28}$$

上式表明，逸度系数是对比压力和压缩因子的函数，而压缩因子的计算有两参数法和三参数法，详细可参阅有关著作[1,2,8]。

（2）用状态方程计算逸度系数

用状态方程计算逸度系数是我们采用的主要方法。我们用前面讨论中确定的三个状态方程，计算了一些气体物质的逸度系数，作为下面理论讨论的实际数据。计算所采用的公式如下。

Soave 方程：

$$\ln\varphi = Z - 1 - \ln[Z-B] - \frac{A}{B}\ln\left[Z\left(1-\frac{B}{Z}\right)\right] \tag{6-29}$$

式中，$A = 0.42748\alpha_{(T)}P_r/T_r^2$ ；$B = \Omega_b P_r/T_r$ ；$\alpha_{(T)}$ 为温度修正系数。

Peng-Robinson 方程：

$$\ln\varphi = Z - 1 - \ln\left[Z\left(1-\frac{b}{V}\right)\right] - \frac{A}{2\sqrt{2}B}\ln\left[\frac{Z+2.414B}{Z-0.414B}\right] \tag{6-30}$$

式中，$A = 0.45774\alpha_{(T)}P_r/T_r^2$ ；$B = \Omega_b P_r/T_r$ ；$b = \Omega_b RT_C/P_C$ ；$\alpha_{(T)}$ 为温度修正系数。

童景山方程：

$$\ln \varphi = Z - 1 - \ln \left[Z \left(1 - \frac{b}{V} \right) \right] - \frac{A}{RT(V+mb)} \qquad (6\text{-}31)$$

式中，$A = 27\alpha_{(T)}R^2 T^2 / 64 P_C$；$b = \Omega_b RT_C / P_C$；$\alpha_{(T)}$为温度修正系数；$m = \sqrt{2} - 1$。

下面讨论中的逸度、逸度系数数据均以式（6-29）～式（6-31）三个状态方程计算，以比较不同方程计算结果的差别。用这三个状态方程计算的逸度、逸度系数的平均值作为讨论物质的实际逸度、逸度系数的数值（作为比较值），与分子压力方法计算的数值（作为计算值）比较，验证分子压力方法的正确性。

6.3 纯物质气体逸度与分子压力

由上面讨论可知，气体中存在各种分子压力，它们之间的相互关系应该会影响所讨论气体的性质。气体的分子压力包括以下几种。

P_{id}^{Gn}：分子完全理想压力，表示不考虑系统中分子间相互作用的影响，亦不考虑分子本身体积存在的影响，是热力学中的理想压力。

P_{id}^{G}：近似理想压力，表示不考虑分子间相互作用，但考虑分子本身体积存在的影响。

P_{P1}^{G}：分子第一斥压力，表示分子本身体积的存在会给系统压力带来的影响。

P_{P2}^{G}：分子第二斥压力，表示分子间排斥作用给系统压力带来的影响。

P_{at}^{G}：分子吸引压力，表示分子间吸引作用给系统压力带来的影响。

气体各分子压力间的关系服从下式：

$$P^G = P_{id}^{Gn} + P_{P1}^{G} + P_{P2}^{G} - P_{at}^{G} \qquad (6\text{-}32)$$

此式称为气体分子压力微观结构式，是联系宏观性质（系统压强）与微观性质（分子压力）的关系式，是讨论动态分子宏观状态与微观状态关系的基础公式。

6.3.1 分子压力间平衡

将气体压力微观结构式变为

$$P_r + P_{atr} = P_{idr} + P_{P1r} + P_{P2r} \qquad (6\text{-}33)$$

上式表示气体分子压力间的平衡关系，称为气体分子压力平衡式。由上式可以看出，物质中分子吸引压力总是低于物质中由于分子热运动所引起的压力和另外两项斥压力之和。无论对气态物质还是凝聚态液态物质均是如此，即：

$$P_{atr} < P_{idr} + P_{P1r} + P_{P2r} \qquad (6\text{-}34)$$

这说明，物质为了达到状态平衡，必须存在外压力。如果物质失去外压力，例如，将物质置于真空环境下，则物质失去平衡，液体将由于物质内排斥力的作用而逸出液相，成为气相。而气体将由于内部分子间这些斥力的作用，体积无限地膨胀。外压力与物质体系内部各种分子压力的平衡关系式为分子压力微观结构式：

$$P_r = P_{idr} + P_{P1r} + P_{P2r} - P_{atr} \qquad (6\text{-}35)$$

众所周知，逸度的存在是由于讨论气体中出现了分子间相互作用力。而分子压力表示体系中各种分子间相互作用力，因此，气体的逸度和逸度系数必定与分子压力有关。

上式中 P_r 是外压力，P_{atr} 为分子间吸引力。分子间吸引力的作用是对气体产生压力[9]，而分子间排斥力则是对抗分子间吸引力的作用，抵消压力。因此，首先要分析清楚，分子压力平衡式中是哪些对比分子压力贡献了气体逸度，哪些对比分子压力对逸度而言可以忽略。显然，不同的气体状态可能会有不同的情况。

6.3.2 理想气体与分子压力

已知，一对微观分子之间出现相互作用必定是此对分子间距离小于或等于一定值，分子间超过这一距离可以明确地认为这对分子不存在相互作用。故可以判断什么情况存在分子间相互作用，什么情况不存在分子间相互作用。

因此物理化学理论中认为[1]，所谓理想状态是指该体系中每个分子与其他分子间不存在任何分子间相互作用，既不存在分子间的排斥作用，也不存在分子间的吸引作用。

因而热力学理论所谓的理想状态是指物质的状态中不存在分子间相互作用的状态；所谓的理想气体是指气体中不存在分子间相互作用的气体。

宏观分子相互作用理论还认为在气体物质中不是在所有的状态条件下均不存在分子间相互作用，而只有在某一个状态条件下气体才开始可以认为体系中存在分子间相互作用。因此宏观分子相互作用理论认定体系分子间不存在相互作用的状态条件应满足下面三点要求，满足这三点要求的气体状态条件，在宏观分子相互作用理论中称为 λ 点，λ 点是体系中开始出现分子间相互作用的状态条件，也是人们开始认识千千万万分子间相互作用的起始点。

① 在 λ 点处分子第二斥压力数值要求 $P_{P2} < 0.1\,\text{bar}$。这表示在 λ 点处不存在分子间排斥力。

② 在 λ 点处分子吸引压力数值要求 $P_{at} < 0.1\,\text{bar}$。这表示在 λ 点处不存在分子间吸引力。

③ 从热力学理论也可判断 λ 点位置，即体系的压缩因子数值接近 1，即要求 $1 \geqslant Z \geqslant 0.99$，此要求讨论体系是理想体系，而非存在有分子相互作用的实际体系。

注意上述要求均是指分子压力的数值，而不是对比分子压力。满足上述三项条件，可以认为此点处即为所要求的 λ 点，依此而知，表示讨论位置是 λ 点可以有多种方法，包括温度、对比温度、压力、对比压力、分子间距离、分子间距离与分子硬球直径比值等。例如在温度 345K 处，或物质分子间距离为 34.54Å，均可认为是该物质的 λ 点。

物质三种状态中只有气态物质才会出现 λ 点，也就是说，只有气态物质才会有不存在分子间相互作用的状态。物质在宏观状态下的种种分子间相互作用的分子行为，也只有在体系出现了 λ 点后才可正确地进行讨论。

上述三点要求作为确定气体中是否存在分子间相互作用的 λ 点的条件，是因为在有着千千万万个分子体系中总会存在着一些分子间相互作用，只是在一些状态条件下分子间相互作用强些，另一些状态条件下分子间相互作用弱些，即使是热力学的理想状态下分子间相互作用也可能存在，见表 6-1。

表 6-1 一些理想气体（饱和蒸气，压缩因子 $Z = 1$）的对比分子压力

物质	n-C_4H_{10}	苯	联苯	CF_4	C_9H_{20}	氧气	C_3H_8
$T_{r(mf)}$	0.3170	0.4957	0.4279	0.3796	0.3695	0.3512	0.2312
T_r	0.3173	0.5158	0.5500	0.4396	0.5045	0.3512	0.2312
P_r	1.782×10^{-7}	1.748×10^{-3}	1.955×10^{-3}	2.350×10^{-4}	2.767×10^{-4}	3.196×10^{-5}	6.996×10^{-11}
P_{idr}	1.782×10^{-7}	1.755×10^{-3}	1.963×10^{-3}	2.352×10^{-4}	2.768×10^{-4}	3.197×10^{-5}	6.996×10^{-11}
Z	1.0000	0.9960	0.9959	0.9991	0.9996	0.9997	1.0000
P_{atr}	2.164×10^{-3}	6.770×10^{-6}	7.678×10^{-6}	1.761×10^{-7}	1.948×10^{-7}	4.981×10^{-9}	6.684×10^{-2}
P_{P1r}	9.293×10^{-15}	5.525×10^{-7}	5.923×10^{-7}	1.168×10^{-8}	1.410×10^{-8}	2.664×10^{-10}	1.967×10^{-21}
P_{P2r}	1.091×10^{-20}	2.086×10^{-9}	2.296×10^{-9}	8.507×10^{-12}	9.611×10^{-12}	4.044×10^{-14}	0.000

物质	$n\text{-}C_4H_{10}$	苯	联苯	CF_4	C_9H_{20}	氧气	C_3H_8
P_{idr}/P_r	100.00%	100.40%	100.41%	100.09%	100.04%	100.03%	100.00%
P_{atr}/P_r	0.0001%	0.39%	0.39%	0.07%	0.07%	0.02%	0.00
P_{P1r}/P_r	0.0000	0.0316%	0.0303%	0.0050%	0.0051%	0.0008%	0.00
P_{P2r}/P_r	0.0000	0.0001%	0.0001%	0.0000	0.0000	0.0000	0.0000

物质	乙烷	$n\text{-}C_7H_{16}$	甲烷	Hg	水	氯仿	二氧化硫
$T_{r(mf)}$	0.2943	0.3379	0.4758	0.1339	0.4220	0.3907	0.4589
T_r	0.6551	0.7406	0.6558	0.6132	0.6180	0.7454	0.7057
P_r	2.316×10^{-7}	2.415×10^{-3}	2.575×10^{-3}	1.587×10^{-10}	2.831×10^{-5}	2.100×10^{-3}	2.653×10^{-4}
P_{idr}	2.316×10^{-7}	2.426×10^{-3}	2.590×10^{-3}	1.587×10^{-10}	2.832×10^{-5}	2.109×10^{-3}	2.655×10^{-4}
Z	1.000	0.9955	0.9942	1.000	0.9996	0.9957	0.9993
P_{atr}	4.023×10^{-13}	1.139×10^{-5}	1.625×10^{-5}	6.408×10^{-19}	2.728×10^{-9}	9.529×10^{-6}	1.964×10^{-7}
P_{P1r}	1.682×10^{-14}	9.799×10^{-7}	1.302×10^{-6}	1.498×10^{-20}	1.765×10^{-10}	7.885×10^{-7}	1.391×10^{-8}
P_{P2r}	2.833×10^{-20}	4.497×10^{-9}	8.054×10^{-9}	0.000	1.650×10^{-14}	3.488×10^{-9}	1.001×10^{-11}
P_{idr}/P_r	100.00%	100.46%	100.58%	100.00%	100.04%	100.43%	100.08%
P_{atr}/P_r	0.00	0.47%	0.63%	0.00	0.01%	0.45%	0.07%
P_{P1r}/P_r	0.00	0.04%	0.05%	0.00	0.00	0.04%	0.01%
P_{P2r}/P_r	0.0000	0.0002%	0.0003%	0.0000	0.0000	0.0002%	0.0000

注：数据源自文献[9]。$T_{r(mf)}$表示在熔点处的对比温度。

表 6-1 表示，处在理想状态的气体，在大量分子相互作用中，分子吸引压力 P_{atr} 对宏观压力的影响是相对较大的，其影响大约在 0.30%~0.70%范围。

为此，宏观分子相互作用理论对不同情况设计了不同的理想模型（见第 1 章）用于讨论。

a. 完全理想气体模型。适用于体系中分子相互作用为零，体系中分子看作一个质点，无体积、无质量。这时，气体的体系压力是体系分子热运动所形成的分子理想压力，即有

$$P = P_{id} \tag{6-36}$$

其他分子压力均不存在，即有

$$P_{P1r} = P_{P2r} = P_{atr} = 0 \tag{6-37}$$

b. 近似理想气体微观模型。认为气体体系中分子间或者不存在相互作用，或者虽然存在极少量的分子间相互作用，但这些分子间相互作用的数量少到可以忽略的程度，并且将分子看作具有一定体积、质量的实体。近似理想气体微观模型更适用于讨论宏观条件下具有大量分子的气体系统。

分子压力行为：

$$P \approx P_{id} \tag{6-38}$$

其他分子压力存在，但量少：

$$P_{P1r} \neq P_{P2r} \neq P_{atr} \approx 0 \tag{6-39}$$

理想气体中为什么会存在一定的分子间相互作用力？其原因是这里讨论的所谓各种分子压力 P_{atr}、P_{P2r} 等并非微观意义上的两个分子之间的作用力，而是由千千万万个分子组合而成的讨论系统，故而所具有的宏观性质应是某种统计平均值。图 6-1 为某个气体体系的示意图。

由图 6-1 可知,在每一瞬间,气相中大多数分子彼此间相距较远,分子之间不存相互作用,这些分子为无相互作用的分子;但体系中亦有一部分分子,由于随机热运动的驱动,部分分子会相互靠近,从而有可能产生一定的分子间相互作用,图中称这部分分子为可以相互作用的分子。

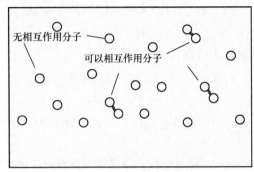

图6-1　气体体系分子分布示意图

假设讨论的气体体系具有的分子总数为 N,体系具有的总能量为 U。其中无相互作用的分子数为 N_n,每个分子具有的平均能量为 $\bar{u}_n$;可以相互作用的分子数为 N_m,每个分子具有的平均能量为 $\bar{u}_m$。故而

对完全理想气体有 $N = N_n$, $N_m = 0$, $\bar{u}_m = 0$,则 $U = N_n\bar{u}_n + N_m\bar{u}_m = N_n\bar{u}_n$。

对近似理想气体有 $N = N_n + N_m \approx N_n$,其中无分子间相互作用的分子比例为 N_n/N,可以相互作用的分子比例为 N_m/N, $N_m \to 0$,则 $U = N_n\bar{u}_n + N_m\bar{u}_m \approx N_n\bar{u}_n$。

温度增加分子相互靠近的概率减小,而压力的影响则反之,压力增加会增加气相中分子相互靠近的概率。因此,在由千万个分子所组成的气相物质中存在彼此可能相互接近的一群分子,这是气相物质在一定范围分子间平均距离时会产生各种分子间相互作用的原因。

因此,气体,无论是近似理想气体还是实际气体,均可能具有各种分子压力,只是近似理想气体中一般其数值很小,可以忽略不计。但当其数值逐渐增大而不能忽略不计时,就会导致讨论气体的行为与理想状态偏离。

6.3.3　饱和气体逸度与分子压力

由上讨论可知,不同的气体状态,气体内将会有不同的分子压力。这里先讨论饱和气体的情况。

饱和气体的对比状态参数为 $P_r \leqslant 1$; $T_r \leqslant 1$, $V_r \geqslant 1$。

因此,饱和气体的状态特点是温度较低(低于临界温度),压力亦较低(低于临界压力),分子间距离较大(大于临界点时的分子间平均距离)。

由上面讨论可知,如果讨论的是理想气体,其中分子间相互作用可以忽略不计,则气体的压强 P 应符合理想气体状态方程,即, $PV = RT$。

如果讨论的是真实气体,其分子间相互作用不能忽略,则按照逸度理论的积分式

$$\int_{G(T,P_1)}^{G(T,P_2)} \mathrm{d}G_m = \int_{f_1}^{f_2} RT \ \mathrm{d}\ln f$$

如上讨论,上式积分项中始逸度 f_1,可理解为在起始状态下的气体中真正起作用的压力,即实际气体在起始状态下的有效压力。同理,终逸度 f_2 亦可理解为实际气体在终状态下真正

起作用的压力，即实际气体在终状态下的有效压力。

可以认为：终逸度 $f_2 = \varphi P_2$，或称为终状态的有效压力，这个有效压力的形成是系统压力受到了某种因素的影响，文献认为是由于实际气体中存在分子间相互作用的影响，因此亦可以用分子压力的形式表示，即

$$f_2 = \varphi_2 P_2 = P_2 + \sum 分子压力影响_{(终状态)}$$

数学式表示为

$$f_2 = \varphi_2 P_2 = P_2 + \Delta P_2 \tag{6-40}$$

同理，对始逸度 f_1 亦可以上式形式表示，即

$$f_1 = \varphi_1 P_1 = P_1 + \sum 分子压力影响_{(起始状态)}$$

表示成数学式为

$$f_1 = \varphi_1 P_1 = P_1 + \Delta P_1 \tag{6-41}$$

从分子压力的角度来看，需要搞清楚的是上式中" ΔP_1 和 ΔP_2 "内哪些分子压力会对系统压力产生影响。

为此，表 6-2 中列示了一些实际气体在一定温度下具有的各种对比分子压力。

表6-2　一些实际气体（饱和蒸气）的对比分子压力

物质	$n\text{-}C_4H_{10}$	苯	联苯	CF_4	C_9H_{20}	氧气	C_3H_8
T_r	0.7056	0.7115	0.7500	0.7033	0.7736	0.7753	0.6760
P_r	6.907×10^{-2}	7.243×10^{-2}	1.070×10^{-1}	7.093×10^{-2}	1.123×10^{-1}	2.168×10^{-1}	5.149×10^{-2}
P_{idr}	7.399×10^{-2}	7.768×10^{-2}	1.180×10^{-1}	7.617×10^{-2}	1.239×10^{-1}	2.610×10^{-1}	5.438×10^{-2}
P_{atr}	5.568×10^{-3}	6.037×10^{-3}	1.257×10^{-2}	5.942×10^{-3}	1.299×10^{-2}	5.224×10^{-2}	3.301×10^{-3}
P_{P1r}	5.944×10^{-4}	7.274×10^{-4}	1.413×10^{-3}	6.444×10^{-4}	1.270×10^{-3}	6.537×10^{-3}	3.852×10^{-4}
P_{P2r}	4.815×10^{-5}	5.972×10^{-5}	1.660×10^{-4}	5.404×10^{-5}	1.464×10^{-4}	1.555×10^{-3}	2.428×10^{-5}
P_{idr}/P_r	107.12%	107.25%	110.28%	107.39%	110.33%	120.39%	105.61%
P_{atr}/P_r	8.06%	8.33%	11.75%	8.38%	11.57%	24.10%	6.41%
P_{P1r}/P_r	0.86%	1.00%	1.32%	0.91%	1.13%	3.02%	0.75%
P_{P2r}/P_r	0.07%	0.08%	0.16%	0.08%	0.13%	0.72%	0.05%
物质	乙烷	$n\text{-}C_7H_{16}$	甲烷	Hg	水	氯仿	二氧化硫
T_r	0.6551	0.7406	0.6558	0.6132	0.6180	0.7454	0.7057
P_r	4.461×10^{-2}	8.105×10^{-2}	5.942×10^{-2}	6.223×10^{-2}	1.153×10^{-2}	1.088×10^{-1}	5.501×10^{-2}
P_{idr}	4.694×10^{-2}	8.724×10^{-2}	6.365×10^{-2}	6.712×10^{-2}	1.170×10^{-2}	1.197×10^{-1}	5.804×10^{-2}
P_{atr}	2.612×10^{-3}	7.096×10^{-3}	4.658×10^{-3}	5.585×10^{-3}	1.882×10^{-4}	1.275×10^{-2}	3.489×10^{-3}
P_{P1r}	2.975×10^{-4}	8.389×10^{-4}	3.992×10^{-4}	6.334×10^{-4}	2.030×10^{-5}	1.627×10^{-3}	4.208×10^{-4}
P_{P2r}	1.712×10^{-5}	7.287×10^{-5}	3.235×10^{-5}	5.633×10^{-5}	3.245×10^{-7}	1.876×10^{-4}	2.614×10^{-5}
P_{idr}/P_r	105.22%	107.64%	107.12%	107.86%	101.47%	110.02%	105.51%
P_{atr}/P_r	5.86%	8.76%	7.84%	8.97%	1.63%	11.72%	6.34%
P_{P1r}/P_r	0.67%	1.04%	0.67%	1.02%	0.18%	1.50%	0.76%
P_{P2r}/P_r	0.04%	0.09%	0.05%	0.09%	0.0028%	0.17%	0.05%

下面依据表 6-2 所列数据分析逸度，在有效压力的计算中应考虑哪些分子压力对体系压力（即对气体逸度）产生的影响？

已知分子压力的微观结构式：

$$P_r^G = P_{idr}^G + P_{P1r}^G + P_{P2r}^G - P_{atr}^G \qquad (6\text{-}42)$$

式（6-42）右边各项都是对体系压力产生影响的分子压力，这几项分子压力对体系压力产生的影响有两种。

① 第一种，分子压力会产生使体系压力增加的影响。会使气体逸度值增加的分子相互作用有 P_{id}^G、P_{P1}^G、P_{P2}^G，这些分子压力均可促使体系中分子间距离扩大，形成分子排斥力，于是设使终状态有效压力增加的分子压力项为

$$P_1^{eff} = P_{id}^G + P_{P1}^G + P_{P2}^G \qquad (6\text{-}43a)$$

a. 分子理想压力 P_{id}。在表 6-2 的温度下实际气体（饱和蒸气）中分子压力项中最大压力项是气体分子热运动所引起的动压力，即理想状态下的分子理想压力 P_{id}，表中数据表明，这一压力影响超过了体系气体压力，约是体系气体压力的 1.01～1.20 倍，有着较大的数值。

分子理想压力在计算的终状态和始状态中所起的作用如下：

i. 在终状态，系统实际逸度的压力应是 P_1^{eff}，式（6-43a）中分子理想压力 P_{id} 反映的是分子热运动对逸度的贡献，所起作用应该与分子排斥力对逸度的影响一样，是促使相内分子逸离讨论相。

ii. 对于起始状态，文献中通常认为起始状态应符合起始状态的计算压力 $P_1 \to 0$，计算认为这个起始状态的压力就是分子理想压力，即设定 $P_1 = P_{id}$，亦就是说，分子理想压力 P_{id} 应该在起始逸度计算中加以考虑，而在终逸度计算中一般需要考虑的是体系在终状态下的实际压力。

b. 分子斥压力 P_{P1} 和 P_{P2}。气体中第一分子斥压力与第二分子斥压力的数值不大，P_{P1} 约是系统压力 P 的 0.18%～3.02%，P_{P2} 更小，大约是系统压力的 0.0028%～0.72%。

以表 6-2 中正丁烷数据为例，这类分子压力对体系压力的总影响为：

$$\frac{\Delta P_+^G}{P^G} = \frac{P_{id}^G + P_{P1}^G + P_{P2}^G}{P^G} = 105.22\% + 0.67\% + 0.04\% = 105.93\%$$

② 第二种，是使体系压力减小的分子压力项，即会使气体逸度值减小的分子压力。其中影响最大的是分子吸引压力 P_{at}^G。分子吸引压力会使体系中分子逸离本相能力减小。表 6-2 所列数据表明，P_{atr} 的影响仅低于 P_{idr}，在表中所列各物质中 P_{atr} 对体系压力 P_r 的影响是 1.63%～24.1%，有着相当大的比例，不能忽视分子吸引压力对系统压力和气体有效压力的影响，即

$$P_2^{eff} = P_{at}^G \qquad (6\text{-}43b)$$

体系压力 P^G 与分子吸引压力 P_{at}^G 对分子逃逸的影响一样，均是阻止分子逃逸本相，使讨论相压力达到逸度要求数值，即讨论相有效压力的分子压力影响因素为：

$$P_1^{eff} - P_2^{eff} = P_{id}^G + P_{P1}^G + P_{P2}^G - P_{at}^G = P^{eff} \quad \text{（分子间相互作用影响）} \qquad (6\text{-}44)$$

故而讨论体系受到的两种影响的综合即为体系呈现的压力：

$$P^G = P_{id}^G + P_{P1}^G + P_{P2}^G - P_{at}^G$$

此式表示物质中大量分子行为的分子压力微观结构式。

对物质性质会起重要影响的一般是分子间吸引作用，将其与体系压力一并考虑即为分子压力平衡式：

$$P^G + P_{at}^G = P_{id}^G + P_{P1}^G + P_{P2}^G \qquad (6\text{-}45a)$$

由此可知上式表示的是体系压力影响+分子间相互作用影响，即

$$P_2^{\text{eff}} = P^G + P_{\text{at}}^G = \text{体系压力影响+分子间相互作用影响} \tag{6-45b}$$

而 P_2^{eff} 实际反映的是

$$P_2^{\text{eff}} = P_{\text{id}}^G + P_{\text{P1}}^G + P_{\text{P2}}^G \tag{6-45c}$$

故知，从分子间相互作用的角度看，体系中阻止分子逃逸本相的分子相互作用与促使分子逃逸本相的分子相互作用，在体系状态平衡时应是相等的，即讨论相有效压力的影响因素也为：$P_2^{\text{eff}} = P_{\text{id}}^G + \left(P_{\text{P1}}^G + P_{\text{P2}}^G\right) = \text{分子热运动影响+分子间相互作用影响}$。

因而依据分子压力平衡式，这两种影响表示的终状态有效压力为

$$P_2^{\text{eff}} = P_{\text{id}}^G + \left(P_{\text{P1}}^G + P_{\text{P2}}^G\right) = P_2^G + P_{\text{at}}^G \tag{6-46}$$

略去表示气体的符号"G"，终状态的有效压力为

$$P_2^{\text{eff}} = f_2 = P_2 + \Delta P_2 = P + P_{\text{at}} = (P_r + P_{\text{atr}})P_C \tag{6-47}$$

式中，P 是气体的实际压力，即 $P = P_2$。分子间相互作用对气体压力的影响为分子吸引压力，故有 $\sum \text{分子压力影响}_{(\text{终状态})} = \Delta P_2 = P_{\text{at}}$。

式（6-45）和式（6-46）计算数值相等，二式相比较，热力学逸度理论在终状态逸度计算中需考虑终状态时的实际体系压力，计算简便些，公式本身亦简明一些，故下面讨论中多采用计算式（6-45）。

因而从上述讨论来看，分子间相互作用对逸度（或对有效压力）的影响有两种分子间相互作用形式，第一种是动态分子运动对逸度或有效压力的影响，第二种是分子间相互作用对逸度或有效压力的影响，故：

a. 终状态，第一种考虑是体系分子运动影响 P_2^G，见式（6-43）；第二种考虑是体系分子间相互吸引作用影响 P_{at}^G，见式（6-47）。

b. 始状态，第一种考虑是体系分子热运动影响 P_{id}^G；第二种考虑是体系分子间相互作用影响 P_{at}^G。

此外，在分子间相互作用影响中有分子第一斥压力 P_{P1}^G 的影响，表示物质分子本身体积对体系压力的影响。饱和态物质的分子压力数值很小，一般可以忽略，但 P_{P1}^G 是物质的本身性质，即使影响值很小，但在各种状态下均存在，故而在饱和状态物质的逸度计算中可以有两种计算方法：第一种方法不考虑分子第一斥压力的影响，以"S1"表示，S1法如上面讨论介绍。第二种方法考虑分子第一斥压力的影响，以"S2"表示，对S1法和S2法介绍如下。

S1法中始状态有效压力为 $\quad P_1^{\text{eff}} = P_{\text{id}}^G + P_{\text{at}}^G = \left(P_{\text{idr}}^G + P_{\text{atr}}^G\right)P_C^G \tag{6-48a}$

S2法中始状态有效压力为 $\quad P_1^{\text{eff}} = P_{\text{id}}^G + P_{\text{at}}^G - P_{\text{P1}}^G = \left(P_{\text{idr}}^G + P_{\text{atr}}^G - P_{\text{P1r}}^G\right)P_C^G \tag{6-48b}$

S1法中终状态有效压力为 $\quad P_2^{\text{eff}} = P_2^G + P_{\text{at}}^G = \left(P_{2r}^G + P_{\text{atr}}^G\right)P_C^G \tag{6-49a}$

S2法中终状态有效压力为 $\quad P_2^{\text{eff}} = P_2^G + P_{\text{at}}^G - P_{\text{P1}}^G = \left(P_{2r}^G + P_{\text{atr}}^G - P_{\text{P1r}}^G\right)P_C^G \tag{6-49b}$

对起始逸度 f_1 和终逸度 f_2 的讨论综合如下：

终逸度 f_2 应是讨论气体在终状态和讨论温度下真正起作用的有效压力。这个有效压力中应该包含有讨论气体的实际压力 P_2 和实际压力 P_2 所受到的一些分子压力的影响，这个影响是体系压力 P_2 和分子吸引压力 P_{at} 的共同作用。即

始逸度 f_1 的计算式中不考虑分子第一斥压力时见式（6-48a）；

始逸度 f_1 的计算式中考虑分子第一斥压力时见式（6-48b）；

终逸度 f_2 的计算式中不考虑分子第一斥压力时见式（6-49a）；

终逸度 f_2 的计算式中考虑分子第一斥压力时见式（6-49b）。

因而，依据逸度积分式可得，

对 S1 法：

$$\int_{G(T,P_{id})}^{G(T,P)} dG = RT\int_{f_1}^{f_2} d\ln f = RT\int_{P_{id}+P_{at}}^{P+P_{at}} d\ln P^{eff} \tag{6-50}$$

$$\ln\frac{P_2^{eff}}{P_1^{eff}} = \ln\frac{f_2}{f_1} = \ln\frac{P+P_{at}}{P_{id}+P_{at}} = \ln\frac{(P_r+P_{atr})P_C}{(P_{idr}+P_{atr})P_C}$$

$$= \frac{G(T,P+P_{at})-G(T,P_{id}+P_{at})}{RT} \tag{6-51}$$

定义上式中

$$Z_{Y(S1)}^G = \frac{f_2}{f_1} = \frac{P_2^{eff}}{P_1^{eff}} = \frac{P+P_{at}}{P_{id}+P_{at}} = \frac{P_r+P_{atr}}{P_{idr}+P_{atr}} \tag{6-52}$$

式中，$Z_{Y(S1)}^G$ 上标"G"表示气体；下标"Y"表示逸度压缩因子；"S1"表示分子压力计算饱和气体逸度的方法 1。Z_Y^G 是受到分子间相互作用影响的实际气体的有效压力值与同样受到分子间相互作用影响的假想气体的有效压力值的比值，故而可以称 Z_Y^G 为逸度压缩因子。

对 S2 法：

$$\int_{G(T,P_{id})}^{G(T,P)} dG = RT\int_{f_1}^{f_2} d\ln f = RT\int_{P_{id}+P_{at}^{-P_{P1r}}}^{P+P_{at}^{-P_{P1r}}} d\ln P^{eff} \tag{6-53}$$

$$\ln\frac{P_2^{ef}}{P_1^{ef}} = \ln\frac{f_2}{f_1} = \ln\frac{P+P_{at}-P_{P1}}{P_{id}+P_{at}-P_{P1}} = \ln\frac{(P_r+P_{atr}-P_{P1r})P_C}{(P_{idr}+P_{atr}-P_{P1r})P_C}$$

$$= \frac{G(T,P+P_{at}-P_{P1})-G(T,P_{id}+P_{at}-P_{P1})}{RT} \tag{6-54}$$

定义上式中

$$Z_{Y(S2)}^G = \frac{f_2}{f_1} = \frac{P_2^{eff}}{P_1^{ef}} = \frac{P+P_{at}-P_{P1}}{P_{id}+P_{at}-P_{P1}} = \frac{P_r+P_{atr}-P_{P1r}}{P_{idr}+P_{atr}-P_{P1r}} \tag{6-55}$$

目前在热力学中讨论的压缩因子 Z 只是表示了讨论气体实际压力与理想压力的关系：

$$Z = \frac{\text{实际气体压力}}{\text{理想气体压力}} = \frac{P}{P_{id}} = \frac{P_r}{P_{idr}} \tag{6-56}$$

故压缩因子 Z 可用于反映实际气体与理想气体的偏差程度。

逸度压缩因子表示的是真实气体的逸度与某种假想的理想气体逸度的关系，亦就是说，逸度压缩因子所表示的是真实气体的有效压力与假想气体受到分子间相互作用影响时的有效压力的关系，即真实气体的有效压力与假想气体的有效压力比值。

对表示气体压缩因子 Z 的式（6-56）引入表示分子相互作用的各项分子压力：

$$Z^G = \frac{P^G}{P_{id}^G} = \frac{P_{id}^G+P_{P1}^G+P_{P2}^G+P_{at}^G}{P_{id}^G} = 1+\frac{P_{P1}^G+P_{P2}^G+P_{at}^G}{P_{id}^G} \tag{6-57}$$

因此，当讨论气体压力 $P\to 0$ 时，意味着表示分子相互作用的各项分子压力都趋于零，故有

$$\lim_{P\to 0} Z^G = 1 \tag{6-58}$$

式（6-58）是以压力表示的气体压缩因子在极限情况时的讨论。对以逸度表示的气体压缩因子同样可以进行极限情况讨论。如果当外压力 $P \to 0$ 时，对于逸度表示的压缩因子同样有

$$\lim_{P \to 0} Z_Y^G = 1 \qquad (6\text{-}59)$$

当外压力 $P \to 0$ 时，由于分子吸引压力会较系统压力更迅速地趋向于零，二者相比可相差几个数量级（见表 6-5 中所列数据），这时可忽略对比分子吸引压力 P_{atr} 的影响。这样，有

$$Z^G = Z_Y^G = 1\big|_{P \to 0} \qquad (6\text{-}60)$$

这时压力表示的压缩因子与逸度表示的压缩因子就相同了。但需注意的是，式（6-60）讨论的是气体在 $P \to 0$ 时的情况，液体与气体不同，液体情况可见第 7 章的讨论。

下面讨论的是饱和状态气体的逸度情况，故有

$$Z_{Y(S1)}^G = \frac{f_2}{f_1} = \frac{P_2^{ef}}{P_1^{ef}} = \frac{P + P_{at}}{P_{id} + P_{at}} = \frac{P_r + P_{atr}}{P_{idr} + P_{atr}} \qquad (6\text{-}61a)$$

或

$$Z_{Y(S2)}^G = \frac{f_2}{f_1} = \frac{P_2^{ef}}{P_1^{ef}} = \frac{P + P_{at} - P_{P1}}{P_{id} + P_{at} - P_{P1}} = \frac{P_r + P_{atr} - P_{P1r}}{P_{idr} + P_{atr} - P_{P1r}} \qquad (6\text{-}61b)$$

式中，$Z_{Y(S)}^G$ 表示饱和状态气体的逸度压缩因子。此式适用于气体，对比体积大于 1 的各种饱和状态气体。气体的对比体积小于 1 的情况将在过热气体（第 6.3.4 节）中讨论。

氩气、正丁烷和二氧化碳饱和气体的逸度压缩因子用以上两式计算的数据列于表 6-3～表 6-5 中，并与经典热力学方法计算的逸度系数同列于表中以作比较。表中 $Z_{Y(S1)}^G$、$Z_{Y(S2)}^G$、φ 均是三个方程计算结果的平均值。

表 6-3　氩气的逸度系数和逸度压缩因子

状态参数	方程[①]	计算参数					逸度压缩因子		热力学方法逸度系数 φ
		P_r	P_{atr}	P_{idr}	P_{P1r}	P_{P2r}	$Z_{Y(S1)}^G$	$Z_{Y(S2)}^G$	
V_r=114.8902	1	0.01641	4.78×10^{-4}	0.01685	4.25×10^{-5}	1.24×10^{-6}	0.9746	0.9745	0.9754
T_r=0.5633	2	0.0164	4.86×10^{-4}	0.01685	3.82×10^{-5}	1.13×10^{-6}	0.974	0.974	0.9747
P_r=0.01613	3	0.01642	4.71×10^{-4}	0.01685	4.34×10^{-5}	1.25×10^{-6}	0.9752	0.9751	0.9759
Z=0.9577	平均	**0.01641**	**4.78×10^{-4}**	**1.69×10^{-2}**	**4.14×10^{-5}**	**1.21×10^{-6}**	**0.9746**	**0.9745**	**0.9753**
V_r=71.0766	1	0.02773	1.22×10^{-3}	0.02884	1.16×10^{-4}	5.13×10^{-6}	0.9631	0.9629	0.9638
T_r=0.5964	2	0.02770	1.25×10^{-3}	0.02884	1.04×10^{-4}	4.69×10^{-6}	0.9621	0.962	0.9625
P_r=0.02732	3	0.02775	1.21×10^{-3}	0.02884	1.19×10^{-4}	5.16×10^{-6}	0.9637	0.9636	0.9644
Z=0.9478	平均	**0.02773**	**1.23×10^{-3}**	**0.02884**	**1.13×10^{-4}**	**4.99×10^{-6}**	**0.9630**	**0.9628**	**0.9636**
V_r=31.4944	1	0.06702	5.98×10^{-3}	0.07231	6.34×10^{-4}	5.65×10^{-5}	0.9324	0.9319	0.9325
T_r=0.6627	2	0.06682	6.11×10^{-3}	0.07231	5.67×10^{-4}	5.19×10^{-5}	0.93	0.9295	0.9296
P_r=0.06629	3	0.06711	5.90×10^{-3}	0.07231	6.47×10^{-4}	5.69×10^{-5}	0.9335	0.9330	0.9337
Z=0.9171	平均	**0.06698**	**6.00×10^{-3}**	**0.07231**	**6.16×10^{-4}**	**5.51×10^{-5}**	**0.9320**	**0.9315**	**0.9319**
V_r=16.0150	1	0.1373	2.21×10^{-2}	0.1564	2.55×10^{-3}	4.11×10^{-4}	0.893	0.8915	0.8916
T_r=0.7290	2	0.1364	2.26×10^{-2}	0.1564	2.28×10^{-3}	3.78×10^{-4}	0.8883	0.8868	0.8861
P_r=0.1361	3	0.1376	2.19×10^{-2}	0.1564	2.61×10^{-3}	4.15×10^{-4}	0.8945	0.8930	0.8936
Z=0.8703	平均	**0.1371**	**2.22×10^{-2}**	**0.1564**	**2.48×10^{-3}**	**4.01×10^{-4}**	**0.8919**	**0.8604**	**0.8904**

状态参数	方程[①]	计算参数					逸度压缩因子		热力学方法 逸度系数 φ
		P_r	P_{atr}	P_{idr}	P_{P1r}	P_{P2r}	$Z_{Y(S1)}^{G}$	$Z_{Y(S2)}^{G}$	
$V_r=8.8913$	1	0.2496	6.84×10^{-2}	0.3074	8.36×10^{-3}	2.29×10^{-3}	0.8462	0.8427	0.8434
$T_r=0.7952$	2	0.2472	6.97×10^{-2}	0.3074	7.43×10^{-3}	2.10×10^{-3}	0.8404	0.8372	0.8343
$P_r=0.2477$	3	0.2505	6.77×10^{-2}	0.3074	8.56×10^{-3}	2.31×10^{-3}	0.8483	0.8448	0.8462
$Z=0.8061$	平均	**0.2491**	**6.86×10^{-2}**	**0.3074**	**8.12×10^{-3}**	**2.23×10^{-3}**	**0.8450**	**0.8420**	**0.8413**
$V_r=5.1419$	1	0.418	0.193	0.5758	2.42×10^{-2}	1.12×10^{-2}	0.7948	0.7881	0.7900
$T_r=0.8615$	2	0.4119	0.195	0.5758	2.14×10^{-2}	1.02×10^{-2}	0.7875	0.7814	0.7765
$P_r=0.4130$	3	0.4199	0.192	0.5758	2.48×10^{-2}	1.13×10^{-2}	0.797	0.7902	0.7936
$Z=0.7176$	平均	**0.4166**	**0.194**	**0.5758**	**2.35×10^{-2}**	**1.09×10^{-2}**	**0.7931**	**0.7866**	**0.7867**
$V_r=2.9995$	1	0.6515	0.529	1.0629	6.47×10^{-2}	5.25×10^{-2}	0.7415	0.7306	0.7324
$T_r=0.9278$	2	0.6401	5.27×10^{-1}	1.0629	5.71×10^{-2}	4.70×10^{-2}	0.734	0.7241	0.7144
$P_r=0.6468$	3	0.6546	5.28×10^{-1}	1.0629	6.63×10^{-2}	5.35×10^{-2}	0.7434	0.7322	0.7367
$Z=0.6087$	平均	**0.6487**	**5.28×10^{-1}**	**1.0629**	**6.27×10^{-2}**	**5.10×10^{-2}**	**0.7396**	**0.7290**	**0.7278**
$V_r=1.3926$	1	0.9693	2.151	2.4529	2.07×10^{-1}	4.60×10^{-1}	0.6777	0.6625	0.6709
$T_r=0.9940$	2	0.9644	2.071	2.4529	1.85×10^{-1}	3.98×10^{-1}	0.671	0.657	0.6482
$P_r=0.9675$	3	0.9702	2.167	2.4529	2.12×10^{-1}	4.73×10^{-1}	0.6791	0.6636	0.6754
$Z=0.3946$	平均	**0.9680**	**2.130**	**2.4529**	**2.01×10^{-1}**	**4.43×10^{-1}**	**0.6759**	**0.6610**	**0.6648**
$V_r=1.0000$	1	1.0034	3.89	3.4364	2.99×10^{-1}	1.158	0.6679	0.6538	0.6657
$T_r=1.0000$	2	1.0003	3.69	3.4364	2.67×10^{-1}	0.9866	0.6582	0.6448	0.6427
$P_r=1.0000$	3	1.0049	3.931	3.4364	3.05×10^{-1}	1.194	0.67	0.6557	0.6701
$Z=0.2911$	平均	**1.0029**	**3.837**	**3.4364**	**2.90×10^{-1}**	**1.1129**	**0.6654**	**0.6514**	**0.6595**

①计算方程：1 为 Soave 方程，2 为 Peng-Robinson 方程，3 为童景山方程。

注：Z 为真实气体压缩因子，$Z=PV/RT$，用于计算逸度系数。

表6-4 正丁烷气体的逸度系数和逸度压缩因子

状态参数	方程[①]	计算参数					逸度压缩因子		热力学方法 逸度系数 φ
		P_r	P_{atr}	P_{idr}	P_{P1r}	P_{P2r}	$Z_{Y(S1)}^{G}$	$Z_{Y(S2)}^{G}$	
$V_r=6499432$	1	1.782×10^{-7}	2.420×10^{-13}	1.782×10^{-7}	8.667×10^{-15}	1.177×10^{-20}	1.0000	1.0000	1.0000
$T_r=0.3173$	2	1.782×10^{-7}	2.396×10^{-13}	1.782×10^{-7}	7.783×10^{-15}	1.047×10^{-20}	1.0000	1.0000	1.0000
$P_r=1.765\times10^{-6}$	3	1.782×10^{-7}	2.281×10^{-13}	1.782×10^{-7}	8.842×10^{-15}	1.132×10^{-20}	1.0000	1.0000	1.0000
$Z=0.9941$	平均	**1.782×10^{-7}**	**2.366×10^{-13}**	**1.782×10^{-7}**	**8.431×10^{-15}**	**1.119×10^{-20}**	**1.0000**	**1.0000**	**1.0000**
$V_r=560726$	1	2.296×10^{-6}	3.137×10^{-11}	2.296×10^{-6}	1.295×10^{-12}	1.769×10^{-17}	1.0000	1.0000	1.0000
$T_r=0.3528$	2	2.296×10^{-6}	3.118×10^{-11}	2.296×10^{-6}	1.163×10^{-12}	1.579×10^{-17}	1.0000	1.0000	1.0000
$P_r=2.292\times10^{-5}$	3	2.296×10^{-6}	2.964×10^{-11}	2.296×10^{-6}	1.321×10^{-12}	1.705×10^{-17}	1.0000	1.0000	1.0000
$Z=1.0015$	平均	**2.296×10^{-6}**	**3.073×10^{-11}**	**2.296×10^{-6}**	**1.260×10^{-12}**	**1.684×10^{-17}**	**1.0000**	**1.0000**	**1.0000**
$V_r=3337.117$	1	5.137×10^{-4}	7.919×10^{-7}	5.144×10^{-4}	4.867×10^{-8}	7.503×10^{-11}	0.9986	0.9986	0.9986
$T_r=0.4704$	2	5.137×10^{-4}	7.979×10^{-7}	5.144×10^{-4}	4.371×10^{-8}	6.789×10^{-11}	0.9986	0.9986	0.9985
$P_r=5.111\times10^{-4}$	3	5.137×10^{-4}	7.542×10^{-7}	5.144×10^{-4}	4.966×10^{-8}	7.290×10^{-11}	0.9986	0.9986	0.9986
$Z=0.9968$	平均	**5.137×10^{-4}**	**7.813×10^{-7}**	**5.144×10^{-4}**	**4.735×10^{-8}**	**7.194×10^{-11}**	**0.9986**	**0.9986**	**0.9986**

状态参数	方程[1]	计算参数					逸度压缩因子		热力学方法 逸度系数 φ
		P_r	P_{atr}	P_{idr}	P_{P1r}	P_{P2r}	$Z^G_{Y(S1)}$	$Z^G_{Y(S2)}$	
$V_r=202.7242$	1	1.041×10^{-2}	1.934×10^{-4}	1.058×10^{-2}	1.623×10^{-5}	3.012×10^{-7}	0.9842	0.9842	0.9837
$T_r=0.5880$	2	1.040×10^{-2}	1.969×10^{-4}	1.058×10^{-2}	1.457×10^{-5}	2.758×10^{-7}	0.9833	0.9833	0.9832
$P_r=1.031\times10^{-2}$	3	1.042×10^{-2}	1.854×10^{-4}	1.058×10^{-2}	1.658×10^{-5}	2.950×10^{-7}	0.9851	0.9851	0.9845
$Z=0.9776$	平均	$\mathbf{1.041\times10^{-2}}$	$\mathbf{1.919\times10^{-4}}$	$\mathbf{1.058\times10^{-2}}$	$\mathbf{1.579\times10^{-5}}$	$\mathbf{2.907\times10^{-7}}$	**0.9842**	**0.9842**	**0.9838**
$V_r=34.8014$	1	0.06878	5.892×10^{-3}	7.399×10^{-2}	6.249×10^{-4}	5.354×10^{-5}	0.9348	0.9343	0.9348
$T_r=0.7056$	2	0.06855	6.052×10^{-3}	7.399×10^{-2}	5.593×10^{-4}	4.938×10^{-5}	0.9320	0.9316	0.9316
$P_r=0.06800$	3	0.06898	5.708×10^{-3}	7.399×10^{-2}	6.394×10^{-4}	5.291×10^{-5}	0.9371	0.9366	0.9374
$Z=0.9220$	平均	**0.06877**	$\mathbf{5.884\times10^{-3}}$	$\mathbf{7.399\times10^{-2}}$	$\mathbf{6.079\times10^{-4}}$	$\mathbf{5.194\times10^{-5}}$	**0.9346**	**0.9342**	**0.9346**
$V_r=9.6935$	1	0.2529	6.746×10^{-2}	3.099×10^{-1}	8.250×10^{-3}	2.201×10^{-3}	0.849	0.8456	0.8472
$T_r=0.8231$	2	0.2502	6.903×10^{-2}	3.099×10^{-1}	7.330×10^{-3}	2.022×10^{-3}	0.8425	0.8393	0.8377
$P_r=0.2491$	3	0.2545	6.608×10^{-2}	3.099×10^{-1}	8.469×10^{-3}	2.199×10^{-3}	0.8527	0.8493	0.852
$Z=0.8066$	平均	**0.2525**	$\mathbf{6.752\times10^{-2}}$	$\mathbf{3.099\times10^{-1}}$	$\mathbf{8.016\times10^{-3}}$	$\mathbf{2.141\times10^{-3}}$	**0.8481**	**0.8447**	**0.8456**
$V_r=3.1328$	1	0.6670	0.5519	1.0959	6.732×10^{-2}	5.571×10^{-2}	0.7397	0.7286	0.7332
$T_r=0.9407$	2	0.6549	0.5503	1.0959	5.936×10^{-2}	4.987×10^{-2}	0.7321	0.7221	0.7146
$P_r=0.6565$	3	0.6724	0.5494	1.0959	6.923×10^{-2}	5.657×10^{-2}	0.7426	0.7313	0.7389
$Z=0.6010$	平均	**0.6648**	**0.5505**	**1.0959**	$\mathbf{6.530\times10^{-2}}$	$\mathbf{5.405\times10^{-2}}$	**0.7381**	**0.7273**	**0.7289**
$V_r=1.7026$	1	0.9278	1.6724	2.1173	1.723×10^{-1}	3.106×10^{-1}	0.6861	0.6712	0.6808
$T_r=0.9878$	2	0.919	1.6221	2.1173	1.533×10^{-1}	2.705×10^{-1}	0.6795	0.6658	0.6585
$P_r=0.9183$	3	0.9312	1.6811	2.1173	1.764×10^{-1}	3.185×10^{-1}	0.6877	0.6746	0.6858
$Z=0.4352$	平均	**0.9260**	**1.6585**	**2.1173**	$\mathbf{1.673\times10^{-1}}$	$\mathbf{2.999\times10^{-1}}$	**0.6844**	**0.6705**	**0.6750**
$V_r=1.0000$	1	1.0113	4.3261	3.6496	3.198×10^{-1}	1.3679	0.6692	0.6554	0.6657
$T_r=1.0000$	2	1.0019	4.0950	3.6496	2.845×10^{-1}	1.1627	0.6581	0.6434	0.6427
$P_r=1.0000$	3	1.0149	4.3727	3.6496	3.274×10^{-1}	1.4106	0.6716	0.6595	0.6702
$Z=0.2749$	平均	**1.0094**	**4.2646**	**3.6496**	$\mathbf{3.106\times10^{-1}}$	**1.314**	**0.6663**	**0.6528**	**0.6595**

①计算方程：1 为 Soave 方程，2 为 Peng-Robinson 方程，3 为童景山方程。

注：Z 为真实气体压缩因子，$Z=PV/RT$，用于计算逸度系数。

表6-5 二氧化碳气体的逸度系数和逸度压缩因子

状态参数	方程	计算参数					逸度压缩因子		热力学方法 逸度系数 φ
		P_r	P_{atr}	P_{idr}	P_{P1r}	P_{P2r}	$Z^G_{Y(S1)}$	$Z^G_{Y(S2)}$	
$V_r=33.1935$	1[1]	0.0725	6.526×10^{-3}	0.0783	6.910×10^{-4}	6.220×10^{-5}	0.932	0.9314	0.9338
$T_r=0.7120$	2	0.0723	6.703×10^{-3}	0.0783	6.180×10^{-4}	5.730×10^{-5}	0.9291	0.9285	0.9304
$P_r=0.07016$	3	0.0728	6.303×10^{-3}	0.0783	7.070×10^{-4}	6.130×10^{-5}	0.9345	0.934	0.9366
$Z=0.9013$	平均	**0.0725**	$\mathbf{6.511\times10^{-3}}$	**0.0783**	$\mathbf{6.720\times10^{-4}}$	$\mathbf{6.027\times10^{-5}}$	**0.9319**	**0.9313**	**0.9336**
$V_r=24.0093$	1	0.1018	1.213×10^{-2}	0.1124	1.340×10^{-3}	1.600×10^{-4}	0.9149	0.914	0.9153
$T_r=0.7396$	2	0.1013	1.247×10^{-2}	0.1124	1.200×10^{-3}	1.480×10^{-4}	0.9111	0.9102	0.9109
$P_r=0.09965$	3	0.1022	1.175×10^{-2}	0.1124	1.370×10^{-3}	1.580×10^{-4}	0.9178	0.9169	0.9188
$Z=0.8913$	平均	**0.1018**	$\mathbf{1.212\times10^{-2}}$	**0.1124**	$\mathbf{1.303\times10^{-3}}$	$\mathbf{1.553\times10^{-4}}$	**0.9146**	**0.9137**	**0.9150**

状态参数	方程	计算参数					逸度压缩因子		热力学方法 逸度系数 φ
		P_r	P_{atr}	P_{idr}	P_{P1r}	P_{P2r}	$Z_{Y(S1)}^G$	$Z_{Y(S2)}^G$	
$V_r=16.6434$	1	0.1483	2.441×10^{-2}	0.1694	2.820×10^{-3}	4.640×10^{-4}	0.8911	0.8895	0.891
$T_r=0.7725$	2	0.1473	2.507×10^{-2}	0.1694	2.510×10^{-3}	4.280×10^{-4}	0.8864	0.8849	0.8848
$P_r=0.1456$	3	0.1490	2.372×10^{-2}	0.1694	2.890×10^{-3}	4.600×10^{-4}	0.8944	0.8928	0.8951
$Z=0.8644$	平均	**0.1482**	**2.440×10^{-2}**	**0.1694**	**2.740×10^{-3}**	**4.507×10^{-4}**	**0.8906**	**0.8891**	**0.8903**
$V_r=9.9767$	1	0.2461	6.434×10^{-2}	0.3006	7.800×10^{-3}	2.040×10^{-3}	0.8507	0.8474	0.8494
$T_r=0.8218$	2	0.2436	6.586×10^{-2}	0.3006	6.930×10^{-3}	1.870×10^{-3}	0.8445	0.8415	0.8401
$P_r=0.2419$	3	0.2478	6.288×10^{-2}	0.3006	8.010×10^{-3}	2.030×10^{-3}	0.8547	0.8515	0.8545
$Z=0.8092$	平均	**0.2458**	**6.436×10^{-2}**	**0.3006**	**7.580×10^{-3}**	**1.980×10^{-3}**	**0.8500**	**0.8468**	**0.8480**
$V_r=5.2681$	1	0.4417	0.2125	0.6149	2.650×10^{-2}	1.280×10^{-2}	0.7907	0.7837	0.7869
$T_r=0.8876$	2	0.4347	0.2152	0.6149	2.340×10^{-2}	1.160×10^{-2}	0.7829	0.7766	0.7727
$P_r=0.4338$	3	0.4455	0.2095	0.6149	2.730×10^{-2}	1.280×10^{-2}	0.7945	0.7875	0.793
$Z=0.7096$	平均	**0.4406**	**0.2124**	**0.6149**	**2.573×10^{-2}**	**1.240×10^{-2}**	**0.7894**	**0.7826**	**0.7842**
$V_r=3.8228$	1	0.5661	0.3863	0.8787	4.380×10^{-2}	2.987×10^{-2}	0.7529	0.744	0.7482
$T_r=0.9204$	2	0.5634	0.3859	0.8787	4.190×10^{-2}	2.866×10^{-2}	0.7507	0.7421	0.7365
$P_r=0.5635$	3	0.5616	0.3849	0.8787	4.020×10^{-2}	2.756×10^{-2}	0.7491	0.7408	0.7474
$Z=0.6449$	平均	**0.5637**	**0.3857**	**0.8787**	**4.197×10^{-2}**	**2.870×10^{-2}**	**0.7509**	**0.7423**	**0.7440**
$V_r=1.7249$	1	0.9152	1.637	2.0866	0.1670	0.2986	0.6854	0.6706	0.6811
$T_r=0.9862$	2	0.9103	1.5874	2.0866	0.1498	0.2613	0.6798	0.6662	0.6599
$P_r=0.9088$	3	0.9152	1.6458	2.0866	0.1695	0.3049	0.6862	0.6712	0.6854
$Z=0.4380$	平均	**0.9136**	**1.6234**	**2.0866**	**0.1621**	**0.2883**	**0.6838**	**0.6693**	**0.6755**
$V_r=1.0000$	1	1.007	4.3273	3.6496	0.318	0.4598	0.6687	0.655	0.6652
$T_r=1.0000$	2	1.0019	4.0950	3.6496	0.2845	0.3977	0.6581	0.6451	0.6427
$P_r=1.0000$	3	1.007	4.3750	3.6496	0.3241	0.4726	0.6707	0.6568	0.6693
$Z=0.2756$	平均	**1.0053**	**4.2658**	**3.6496**	**0.3089**	**0.4434**	**0.6658**	**0.6523**	**0.6591**

①计算逸度方程：1 为 Soave 方程，2 为 Peng-Robinson 方程，3 为童景山方程。

注：Z 为真实气体压缩因子，$Z=PV/RT$，用于计算逸度系数。

比较表 6-3～表 6-5 所列的逸度压缩因子 $Z_{Y(S1)}^G$ 和状态方程计算的逸度系数 φ 的数值，以 S1 法和 S2 法计算的数值与热力学方法计算的逸度系数数值十分接近，并且确如预期那样，分子间距离大时二者吻合得很好，但当接近临界状态时的分子间距离时，二者偏差稍有增加，但可以认为它们近似相等。

即
$$Z_Y^G = Z_{Y(S1)}^G \big|_{T\to T_C} \approx \varphi \tag{6-62}$$

又从表 6-5 中数据知，实际气体中分子第一斥压力的数值占气体压力的 0.18%～3.02%，虽然数值较小，但亦有一些数量。在上面讨论中已忽略。但分子第一斥压力是分子本身体积而引起的斥力，是体系本身所具有的性质。如果在计算的初始状态和最终状态中予以考虑的话，则有可能提高计算的精确度。

S1 和 S2 两法均可成为计算实际气体逸度的近似式，并均只适用于饱和蒸气的对比体积大于 1 的计算。在表 6-5 中同时列示了以此两法计算的数据，并与以热力学三个状态方程计算的逸度系数比较均近似相等。两种计算方法对逸度系数实际值的计算误差如下：

计算物质	计算点数	对逸度系数的平均计算误差	
		式（6-61a）	式（6-61b）
Ar	45	0.59%	0.55%
正丁烷	45	0.45%	0.58%
CO_2	40	0.59%	0.79%

相对而言，$Z_{Y(S1)}^G$ 的计算方法简便一些，对饱和气体而言，以状态方程计算的逸度系数数据的正确性，温度一直到临界状态，均可以满足要求（见表 6-3～表 6-5 中数据）；而 $Z_{Y(S2)}^G$ 的计算方法稍复杂一些，但与实际情况更贴近些。经数十种气态物质的数据验证，$Z_{Y(S2)}^G$ 计算的数据与经典逸度系数数据吻合得较好。故本文两者均予以介绍。

应该指出：由于气体处于饱和状态和处于过热状态下物质状态不同，故而同一种气体物质在两种状态下气体内部分子间相互作用的情况亦有不同，因而适用于计算饱和状态的计算式有可能在过热状态下并不适用，过热状态气体还需再行讨论。

6.3.4 过热气体逸度与分子压力

气体过热状态是指当讨论气体的对比温度 $T_r>1$ 时，在不同的压力范围内，对比体积 V_r 可能>1，亦可能<1 的状态。亦就是说，过热状态下气体是处于高温（高于临界温度），有可能还处于高压（高于临界压力）情况之下的气体。

在过热状态下，如果体系压力较高，气体中分子间距离有可能像液态那样，相距很近。这时物质虽然还是气态，但应与一般饱和气体状态有较大区别；反之，若气体中分子间距离较远，则与气体情况相似。由此可以推测，在饱和与过热这两种状态下，气体内部的分子压力情况应有较大的不同。

氩气在对比温度 $T_r = 1.9881$、对比压力 $P_r = 2.0416～20.4165$ 的过热状态下对比分子压力与对比分子间距离 d_r 的关系如图 6-2 所示。

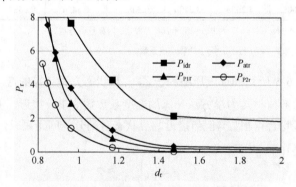

图 6-2　过热氩气对比分子压力和对比分子间距离的关系

图 6-2 中对比分子间距离的定义为：

$$d_r = \frac{(V/N_A)^{1/3}}{(V_C/N_A)^{1/3}} = (V_r)^{1/3} \tag{6-63}$$

图 6-3 为饱和氩气的对比分子间距离变化与其各对比分子压力关系图。

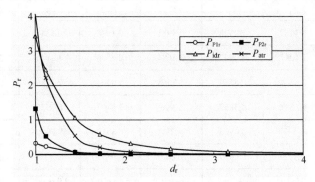

图 6-3　氩气在饱和气态下各种分子压力与对比分子间距离的关系

　　比较同一物质氩气过热气体和饱和气体的两种不同状态下各分子压力与分子间距关系图，饱和气体状态与过热气体状态的各分子压力与对比分子间距离 d_r 的关系曲线变化形态上有些相似，但是两种气体状态的变化还有一定区别：两种气体状态下分子压力的变化规律均是分子距离减小，分子压力数值均随之增加。但是，饱和状态下在 $d_r > 1$ 时分子吸引压力 P_{atr} 已超过理想气体对比压力 P_{idr}，为进入 $d_r < 1$ 即转变成为液相做好准备；而过热状态下即使在 $d_r < 1$ 的情况下分子吸引压力 P_{atr} 亦未超过理想气体对比压力 P_{idr}，亦就是说，在过热状态下，即使在 $d_r < 1$ 的情况下分子理想压力在讨论气体压力中仍占主要部分，亦就是说，在 $d_r < 1$ 的情况下仍保持了气态的特征。

　　图 6-3 表明，饱和气体状态下 d_r 减小，斥压力增加很慢。这是气体状态下的特征。而图 6-2 表明，过热氩气在 $d_r < 1$ 的情况下斥压力随 d_r 减小而迅速增加，甚至超过 P_{atr}。说明过热气体在高压作用下出现接近液态物质中分子间相互作用的特点。

　　过热状态是依靠高压使气体分子间的平均距离降低到液态物质的水平。但是超过临界温度的高温使气体不能成为液体。为了维持高压气体状态，气体内分子间斥力应随压力的增加而迅速增加。表 6-6 的数据反映了这一情况。

表 6-6　过热气体中分子斥力的影响

物质	T_r	P_r	V_r	P_{atr}	P_{P1r}	P_{P2r}	P_{P2r}/P_{atr}	P_{P1r}/P_{atr}
		0.02042	334.2796	3.39×10^{-5}	1.95×10^{-5}	3.32×10^{-8}	0.10%	57.56%
		2.0411	3.1923	0.3448	0.2088	3.70×10^{-2}	10.74%	60.56%
		4.0833	1.594	1.2997	0.8210	0.2759	21.23%	63.17%
Ar	1.9881	8.1701	0.8923	3.8084	2.9000	1.4224	37.35%	76.15%
		12.2499	0.6984	5.9158	5.5740	2.8101	47.50%	94.22%
		16.3333	0.6085	7.5556	8.5559	4.1051	54.33%	113.24%
		20.4165	0.5554	8.8744	11.7297	5.2613	59.29%	132.17%
		2.68×10^{-2}	159.2054	2.07×10^{-4}	5.71×10^{-5}	4.42×10^{-7}	0.21%	27.63%
		0.132	31.6232	5.20×10^{-3}	1.43×10^{-3}	5.61×10^{-5}	1.08%	27.40%
n-C_4H_{10}	1.1759	0.2637	15.3689	2.18×10^{-3}	5.82×10^{-3}	4.84×10^{-4}	2.22%	26.68%
		0.527	7.2191	9.69×10^{-2}	2.48×10^{-2}	4.59×10^{-3}	4.74%	25.55%
		0.7885	4.4949	0.2444	5.95×10^{-2}	1.87×10^{-2}	7.63%	24.33%

物质	T_r	P_r	V_r	P_{atr}	P_{P1r}	P_{P2r}	P_{P2r}/P_{atr}	P_{P1r}/P_{atr}
$n\text{-}C_4H_{10}$	1.1759	1.3069	2.2928	0.8918	0.1928	0.1342	15.05%	21.62%
		2.1047	1.0942	3.5684	0.6366	1.1144	31.23%	17.84%
		2.6344	0.8354	5.8468	1.0151	2.3289	39.83%	17.36%
		5.2687	0.5857	10.9965	2.8407	6.0970	55.44%	25.83%
		10.5373	0.4926	14.7970	6.8319	9.7905	66.17%	46.17%
		13.1718	0.4699	16.0438	8.9657	11.1172	69.29%	55.88%
CO_2	2.6268	1.35×10^{-2}	704.662	5.64×10^{-6}	6.55×10^{-6}	2.95×10^{-9}	0.05%	116.19%
		0.1354	70.6361	5.61×10^{-4}	6.54×10^{-4}	2.94×10^{-6}	0.52%	116.55%
		0.2709	35.2914	2.24×10^{-3}	2.47×10^{-3}	2.28×10^{-5}	1.02%	110.60%
		0.4063	23.5431	5.01×10^{-3}	5.43×10^{-3}	7.57×10^{-5}	1.51%	108.34%
		0.5418	17.669	8.87×10^{-3}	9.87×10^{-3}	1.84×10^{-4}	2.07%	111.27%
		0.6772	14.1725	1.38×10^{-2}	1.52×10^{-2}	3.53×10^{-4}	2.57%	110.33%
		0.8127	11.8415	1.97×10^{-2}	2.17×10^{-2}	6.03×10^{-4}	3.07%	110.64%
		2.0317	4.8019	0.1165	0.144	9.69×10^{-3}	8.32%	123.95%
		2.7089	3.6364	0.2008	0.248	2.19×10^{-2}	10.92%	123.56%
		6.7723	1.5851	0.9948	1.4384	0.2525	25.38%	144.59%

从表 6-6 所列数据来看，对于氩气，在对比压力 $P_r = 0.02042$ 时分子第二斥压力仅为分子吸引压力的 0.10%，与饱和气体情况大致相当。而分子第一斥压力项在此时为分子吸引压力的 57.56%，已远大于饱和气体时的比例（10.64%）。过热状态下的高温和高压促使气体中分子自身运动加剧，使分子本身所占有的体积增大。这是第一斥压力数值增大的原因。

从表 6-6 所列数据来看，在过热状态下，当讨论压力偏低一些时，分子第一斥压力和分子第二斥压力对分子吸引压力的比例如下。

氩气：$P_r = 0.02042$，$T_r = 1.9881$ 时，$P_{P1r}/P_{atr} = 57.56\%$；$P_{P2r}/P_{atr} = 0.10\%$；

正丁烷：$P_r = 0.02680$，$T_r = 1.1759$ 时，$P_{P1r}/P_{atr} = 27.63\%$；$P_{P2r}/P_{atr} = 0.21\%$；

CO_2：$P_r = 0.01350$，$T_r = 2.6268$ 时，$P_{P1r}/P_{atr} = 116.19\%$；$P_{P2r}/P_{atr} = 0.05\%$。

过热状态下分子第二斥压力 P_{P2r} 所占比例与饱和气体情况大致相当，因而可以像饱和气体那样在计算中予以忽略；而分子第一斥力 P_{P1r} 已达分子引力项的 27%～116%，远大于饱和气体时的比例（在饱和状态 Ar 中 $P_{P1r}/P_{atr} = 10.64\%$），因而在过热状态下计算的起始状态参数必须考虑分子第一斥力 P_{P1r} 的影响。

过热状态下的高温会促使气体中每个分子自身运动加剧，这是使分子本身体积影响增大的主要原因。故而计算的起始状态有效压力应为：

$$P_1^{\text{eff}} = f_1 = P_{id} + P_{at} - P_{P1} = (P_{idr} + P_{atr} - P_{P1r})P_C \tag{6-64}$$

此外，表 6-6 中数据表明，在过热状态下，随着外压力的增大，物质分子间距离逐渐减小，分子第二斥力项的影响越来越大，这时候分子第一斥压力和分子第二斥压力对分子吸引压力的比例如下。

氩气：$P_r = 16.3333$，$T_r = 1.9881$ 时，$P_{P1r} / P_{atr} = 113.24\%$；$P_{P2r} / P_{atr} = 54.33\%$；

正丁烷：$P_r = 13.1718$，$T_r = 1.1759$ 时，$P_{P1r} / P_{atr} = 55.88\%$；$P_{P2r} / P_{atr} = 69.29\%$；

CO_2：$P_r = 6.7723$，$T_r = 2.6268$ 时，$P_{P1r} / P_{atr} = 144.59\%$；$P_{P2r} / P_{atr} = 25.38\%$。

对比前面所列数据可知，当压力升高时，过热气体中分子第二斥压力数值急剧上升，在一定压力下分子第二斥压力 P_{P2r} 数值甚至可能超过分子第一斥压力 P_{P1r} 的数值（见正丁烷数据）。因而在计算逸度的终状态时，即在外部压力影响下讨论气体可能达到的有效压力值的计算中，此两项斥力项均不应忽略。即过热真实气体终状态可能的有效压力应为：

$$P_2^{eff} = f_2 = P + P_{at} - P_{P1} - P_{P2} = (P_r + P_{atr} - P_{P1r} - P_{P2r})P_C \tag{6-65}$$

因而，可得：
$$\int_{G(T, P_{id} + P_{at} - P_{P1})}^{G(T, P + P_{at} - P_{P1} - P_{P2})} dG = RT \int_{P_{id} + P_{at} - P_{P1}}^{P + P_{at} - P_{P1} - P_{P2}} d\ln f \tag{6-66}$$

$$\ln \frac{f_2}{f_1} = \ln \frac{(P_r + P_{atr} - P_{P1r} - P_{P2r})P_C}{(P_{idr} + P_{atr} - P_{P1r})P_C} = \ln \frac{P_r + P_{atr} - P_{P1r} - P_{P2r}}{P_{idr} + P_{atr} - P_{P1r}}$$
$$= \frac{G(T, P + P_{at} - P_{P1} - P_{P2}) - G(T, P_{id} + P_{at} - P_{P1})}{RT} \tag{6-67}$$

也就是说，过热状态下逸度压缩因子的计算式应是：

$$Z_Y^G = Z_{Y(h)}^G = \frac{P_r + P_{atr} - P_{P1r} - P_{P2r}}{P_{idr} + P_{atr} - P_{P1r}} \tag{6-68}$$

式中，逸度压缩因子符号 $Z_{Y(h)}^G$ 中下标"h"代表过热状态。

下面我们将过热状态依据压力高低分成两部分进行讨论：第一部分是 $T_r>1$、$P_r<1$ 的低压过热气体；第二部分是 $T_r>1$、$P_r>1$ 的高压过热气体。对这两种过热气体分别以 $Z_{Y(h)}^G$、$Z_{Y(S1)}^G$ 和 $Z_{Y(S2)}^G$ 计算，并与逸度系数 φ 数值比较。表 6-7 中列示了低压过热气体的计算数值。

表 6-7　低压过热气态物质逸度压缩因子计算

物质	对比压力	对比体积	逸度系数	以式（6-68）计算		以饱和气体逸度压缩因子计算式计算			
				$Z_{Y(h)}^G$	误差/%	$Z_{Y(S1)}^G$	误差/%	$Z_{Y(S2)}^G$	误差/%
n-C_4H_{10} $T_r = 1.1759$	0.0268	159.21	0.9945	0.9945	0.00	0.9945	0.00	0.9945	0.00
	0.1320	31.62	0.9731	0.9729	−0.02	0.9737	0.07	0.9735	0.04
	0.2637	15.37	0.9466	0.9458	−0.08	0.9485	0.20	0.9475	0.09
	0.5270	7.22	0.8950	0.8918	−0.35	0.9024	0.82	0.8987	0.42
	0.7885	4.49	0.8450	0.8377	−0.86	0.8613	1.93	0.8541	1.08
平均值/%					−0.26		0.60		0.32
CO_2 $T_r = 2.6298$	0.0136	704.66	1.0001	1.0001	0.00	1.0000	−0.01	1.0000	−0.01
	0.1362	70.54	1.0007	1.0007	0.00	1.0007	0.00	1.0007	0.00
	0.2722	35.29	1.0009	1.0009	0.00	1.0007	−0.02	1.0007	−0.02
	0.4082	23.54	1.0011	1.0010	−0.01	1.0012	0.01	1.0012	0.01

物质	对比压力	对比体积	逸度系数	以式（6-68）计算		以饱和气体逸度压缩因子计算式计算			
				$Z_{Y(h)}^G$	误差/%	$Z_{Y(S1)}^G$	误差/%	$Z_{Y(S2)}^G$	误差/%
CO_2	0.5444	17.67	1.0019	1.0018	−0.01	1.0022	0.03	1.0022	0.03
$T_r = 2.6298$	0.6790	14.17	1.0022	1.0021	−0.01	1.0026	0.04	1.0027	0.05
	0.8132	11.84	1.0028	1.0026	−0.02	1.0033	0.05	1.0033	0.05
平均值/%					−0.01		0.01		0.02
	0.1361	34.59	0.9811	0.9809	−0.02	0.9818	0.07	0.9816	0.05
	0.2719	16.97	0.9626	0.9619	−0.07	0.9636	0.10	0.9629	0.03
CO_2	0.4076	11.10	0.9443	0.9431	−0.13	0.9471	0.30	0.9457	0.15
$T_r = 1.3149$	0.8091	5.27	0.8934	0.8896	−0.43	0.9053	1.34	0.9004	0.78
	1.0793	3.78	0.8589	0.8518	−0.83	0.8795	2.40	0.8716	1.48
平均值/%					−0.29		0.84		0.50

表 6-7 中所列数据表明，对低压过热气体，$Z_{Y(h)}^G$、$Z_{Y(S1)}^G$ 和 $Z_{Y(S2)}^G$ 三种逸度压缩因子计算方法都可适用，这是因为在高温低压的情况下，过热状态与饱和状态的体系内部分子相互作用情况比较类似，相比之下，以式（6-68）计算的相对误差要更低些，说明此式的计算原理是符合低压过热气体的情况的。表中数据还表明，随着压力的增加，计算的误差亦逐步增大，说明过热状态的计算确有一定难度。

表 6-8 中列示了高压过热气体的计算数值。

表 6-8　高压过热气态物质逸度压缩因子计算

物质	对比压力	对比体积	逸度系数	以式（6-68）计算		以饱和气体逸度压缩因子计算式计算			
	P_r	V_r	φ	$Z_{Y(h)}^G$	误差/%	$Z_{Y(S1)}^G$	误差/%	$Z_{Y(S2)}^G$	误差/%
CO_2	2.0251	1.77	0.7583	0.7387	−2.59	0.8317	9.67	0.8135	7.28
$T_r = 1.3149$	4.0634	0.84	0.6002	0.5985	−0.29	0.8512	41.82	0.8268	37.75
	5.4179	0.84	0.6827	0.6802	−0.37	0.9116	33.53	0.8926	30.75
平均值/%					−1.08		28.34		25.26
CO_2	2.0364	4.80	1.0149	1.0142	−0.07	1.0178	0.28	1.0191	0.41
$T_r = 2.6298$	2.7087	3.64	1.0195	1.0182	−0.12	1.0244	0.48	1.0267	0.71
	6.7514	1.59	1.0793	1.0791	−0.02	1.0988	1.80	1.1241	4.15
平均值/%					−0.07		0.86		1.76
	16.0063	0.47	0.6666	0.7631	14.48	1.2750	91.26	1.5103	126.57
Ar	20.0081	0.44	0.8022	0.9219	14.92	1.3949	73.88	1.9050	137.47
$T_r = 1.3254$	10.0040	0.52	0.5389	0.6167	14.43	1.0753	99.53	1.1075	105.51
	18.3749	0.45	0.7116	0.8185	15.02	1.3323	87.22	1.6767	135.63
平均值/%					14.71		87.97		126.29
Ar	2.0411	3.19	0.9440	0.9402	−0.40	0.9602	1.71	0.9565	1.32
$T_r = 1.9881$	4.0833	1.59	0.9082	0.8995	−0.95	0.9637	6.11	0.9575	5.42

物质	对比压力 P_r	对比体积 V_r	逸度系数 φ	以式（6-68）计算		以饱和气体逸度压缩因子计算式计算			
				$Z_{Y(h)}^G$	误差/%	$Z_{Y(S1)}^G$	误差/%	$Z_{Y(S2)}^G$	误差/%
Ar $T_r=1.9881$	8.1701	0.89	0.8996	0.8939	−0.63	1.0448	16.14	1.0600	17.83
	12.2499	0.70	0.9590	0.9662	0.75	1.1572	20.67	1.2438	29.70
	16.3333	0.61	1.0639	1.0978	3.18	1.2718	19.54	1.4991	40.91
	18.3748	0.58	1.1307	1.1890	5.16	1.3280	17.45	1.6626	47.04
	20.4165	0.56	1.2067	1.3023	7.92	1.3833	14.64	1.8594	54.09
平均值/%					2.15		13.75		28.05
Ar $T_r=18.3749$	1.3254	0.45	0.7116	0.8185	15.02	1.3323	87.22	1.6767	135.63
	1.9881	0.58	1.1307	1.1890	5.16	1.3280	17.45	1.6626	47.04
	2.6508	0.72	1.2895	1.3704	6.27	1.3269	2.90	1.6196	25.60
	3.3135	0.86	1.3302	1.4157	6.43	1.3153	−1.12	1.5507	16.58
	3.9761	1.00	1.3287	1.4061	5.82	1.2983	−2.29	1.4838	11.67
	4.6388	1.14	1.3149	1.3817	5.08	1.2809	−2.59	1.4294	8.70
平均值/%					7.30		16.93		40.87
n-C$_4$H$_{10}$ $T_r=1.1759$	1.3069	2.29	0.7501	0.7281	−2.93	0.7956	6.06	0.7803	4.02
	2.1047	1.09	0.6191	0.5722	−7.57	0.7574	22.33	0.7348	18.69
	2.6344	0.84	0.5461	0.5153	−5.64	0.7721	41.39	0.7489	37.14
	5.2687	0.59	0.4049	0.4732	16.88	0.8876	119.23	0.8670	114.14
	10.5373	0.49	0.3982	0.5224	31.19	1.0776	170.63	1.1095	178.62
	13.1718	0.47	0.4306	0.5634	30.83	1.1604	169.49	1.2492	190.10
平均值/%					14.45		101.79		108.84
氮 $T_r=2.1653$	1.4904	4.93	0.9796	0.9782	−0.15	0.9856	0.61	0.9846	0.51
	2.9886	2.47	0.9672	0.9629	−0.44	0.9888	2.24	0.9874	2.09
	5.9785	1.30	0.9640	0.9570	−0.73	1.0296	6.81	1.0371	7.58
	11.9403	0.79	1.0478	1.0551	0.70	1.1751	12.15	1.2713	21.33
	23.8806	0.56	1.4790	1.7604	19.03	1.4957	1.13	2.4047	62.59
	29.8507	0.52	1.8098	2.8216	55.90	1.6460	−9.05	4.0090	121.52
平均值/%					12.39		2.32		35.94

注：数据源自文献[10]。

表 6-8 的数据表明，对高压过热气体，$Z_{Y(h)}^G$、$Z_{Y(S1)}^G$ 和 $Z_{Y(S2)}^G$ 三种逸度压缩因子计算方法出现明显差距，但 $Z_{Y(h)}^G$ 计算的精度要明显高于用于饱和状态的 $Z_{Y(S1)}^G$ 和 $Z_{Y(S2)}^G$ 的计算精度，这是因为在高温高压下，过热状态与饱和状态内部分子相互作用情况明显不同，而式（6-68）考虑了这一点。

在表 6-8 中有几处以式（6-68）计算的数据出现较大误差，现将这些数据单独列示如下。

n-C$_4$H$_{10}$：$T_r=1.1759$，$P_r=10.5373$，$\varphi=0.3982$，$Z_{Y(h)}^G=0.5224$，误差 = 31.19%；

n-C$_4$H$_{10}$：$T_r=1.1759$，$P_r=13.1718$，$\varphi=0.4306$，$Z_{Y(h)}^G=0.5634$，误差 = 30.83%；

Ar：$T_r=18.3749$，$P_r=1.3254$，$\varphi=0.7116$，$Z_{Y(h)}^G=0.8185$，误差 = 15.02%；

N_2：$T_r = 2.1653$，$P_r = 29.8507$，$\varphi = 1.8098$，$Z_{Y(h)}^G = 2.8216$，误差 = 55.90%。

这四个偏差较大的数据中有三个是计算的绝对值偏差不大，如热力学计算 0.3982（分子压力计算 0.5224）；热力学计算 0.4306（分子压力计算 0.5634）；热力学计算 0.7116（分子压力计算 0.8185），可以认为这些数据基本吻合。而氮气的数据确实偏差太大。

综合以上讨论，可以认为式（6-68）的计算结果与热力学状态方程计算的逸度系数数据是比较接近的，应有下列关系

$$Z_{Y(h)}^G \approx \varphi\big|_{P_r > 1} \tag{6-69}$$

下面举例说明以上计算。

已知二氧化碳气体的状态参数为 $P_r = 6.7514$、$V_r = 1.59$、$T_r = 2.6298$。以三种热力学状态方程计算的平均逸度系数为 1.0793，试分别计算 $Z_{Y(h)}^G$、$Z_{Y(S1)}^G$ 和 $Z_{Y(S2)}^G$ 三种逸度压缩因子数值，并与热力学计算的逸度系数相比较。

计算：依据前面讨论，应用状态方程计算得到在上述状态条件下二氧化碳气体内各对比分子压力平均值为：

P_{atr}	P_{idr}	P_{P1r}	P_{P2r}
0.9948	6.0552	1.4384	0.2525

则压缩因子 $Z = \dfrac{P_r}{P_{idr}} = 6.7514/6.0552 = 1.1150$；以传统方法计算压缩因子 $Z = \dfrac{PV}{RT} = 1.1248$，逸度系数 $\varphi = 1.0793$。

饱和状态逸度压缩因子计算：

$$Z_{Y(S1)}^G = \frac{P_r + P_{atr}}{P_{idr} + P_{atr}} = \frac{6.7514 + 0.9948}{6.0552 + 0.9948} = 1.0988$$

$$偏差 = \frac{1.0988 - 1.0793}{1.0793} = 1.80\%$$

$$Z_{Y(S2)}^G = \frac{P_r + P_{atr} - P_{P1r}}{P_{idr} + P_{atr} - P_{P1r}} = \frac{6.7514 + 0.9948 - 1.4384}{6.0552 + 0.9948 - 1.4384} = 1.1241$$

$$偏差 = \frac{1.1241 - 1.0793}{1.0793} = 4.15\%$$

$$Z_{Y(h)}^G = \frac{P_r + P_{atr} - P_{P1r} - P_{P2r}}{P_{idr} + P_{atr} - P_{P1r}} = \frac{6.7514 + 0.9948 - 1.4384 - 0.2525}{6.0552 + 0.9948 - 1.4384} = 1.0791$$

$$偏差 = \frac{1.0791 - 1.0793}{1.0793} = -0.02\%$$

在此需再次说明的是，过热状态计算式与饱和气体状态计算式并不能通用。原因是二者所处体系中状态条件不同，故而气体内部分子间相互作用情况亦不相同。为了说明过热状态计算式不能应用于饱和状态，现将 $Z_{Y(h)}^G$ 的计算式用于计算饱和状态气体，计算结果列于表 6-9 中。对比表 6-9 中 $Z_{Y(S1)}^G$ 和 $Z_{Y(S2)}^G$ 的计算数据。

对此需说明的是，表 6-9 选择了 Ar、正丁烷和二氧化碳三种气体的数据，为的是可与表 6-3～表 6-5 数据对照。在表 6-3～表 6-5 中是三个状态方程（1 为 Soave 方程，2 为 Peng-Robinson 方程，3 为童景山方程）的计算数据，而表 6-9 是五个状态方程（van der Waals 方程，Ridlich-Kwang 方程，Soave 方程，Peng-Robinson 方程和童景山方程）的计算数据，计算数据取其平均值。

表6-9　饱和状态气体的 $Z^G_{Y(h)}$、$Z^G_{Y(S1)}$ 和 $Z^G_{Y(S2)}$ 三种逸度压缩因子数据计算

物质	P_r	V_r	T_r	φ	$Z^G_{Y(h)}$	误差/%	$Z^G_{Y(S1)}$	误差/%	$Z^G_{Y(S2)}$	误差/%
Ar	0.01613	114.8902	0.5633	0.9753	0.9717	−0.291	0.9746	−0.072	0.9745	−0.082
	0.02732	71.0766	0.5964	0.9636	0.9628	−0.002	0.9630	−0.062	0.9628	−0.083
	0.06629	31.4944	0.6627	0.9319	0.9307	−0.087	0.9320	0.011	0.9315	−0.043
	0.1361	16.015	0.7290	0.8904	0.8881	−0.256	0.8919	0.168	0.8904	0.002
	0.2477	8.8913	0.7952	0.8413	0.8355	−0.777	0.8450	0.440	0.8420	0.083
	0.4130	5.1419	0.8615	0.7867	0.7721	−1.846	0.7931	0.814	0.7866	−0.013
	0.6468	2.9995	0.9278	0.7278	0.6956	−4.591	0.7396	1.621	0.7290	0.165
	0.9675	1.3926	0.994	0.6648	0.5600	−15.188	0.6759	1.670	0.6610	−0.572
	1.0000	1.0000	1.0000	0.6595	0.4922	−24.144	0.6654	0.895	0.6514	−1.228
平均值/%						−5.242		0.609		−0.197
正丁烷	$1.77×10^{-6}$	6499432	0.3173	1.0000	1.0000	0.000	1.0000	0.000	1.0000	0.000
	$2.29×10^{-5}$	560726	0.3528	1.0000	1.0000	0.000	1.0000	0.000	1.0000	0.000
	$5.11×10^{-4}$	3337.117	0.4704	0.9986	0.9986	0.004	0.9986	0.000	0.9986	0.000
	$1.03×10^{-2}$	202.7242	0.5880	0.9838	0.9842	−0.003	0.9842	0.041	0.9842	0.041
	0.0680	34.8014	0.7056	0.9346	0.9335	−0.076	0.9346	0.000	0.9342	−0.043
	0.2491	9.6935	0.8231	0.8456	0.8388	−0.696	0.8481	0.296	0.8447	−0.106
	0.6565	3.1328	0.9407	0.7289	0.6932	−4.684	0.7381	1.262	0.7273	−0.220
	0.9183	1.7026	0.9878	0.675	0.5868	−12.407	0.6844	1.393	0.6705	−0.667
	1.0000	1.0000	1.0000	0.6595	0.4800	−26.208	0.6663	1.031	0.6528	−1.016
平均值/%						−4.897		0.447		−0.223
CO_2	0.07016	33.1935	0.7120	0.9336	0.9304	−0.102	0.9319	−0.182	0.9313	−0.246
	0.09965	24.0093	0.7396	0.9150	0.9127	−0.108	0.9146	−0.044	0.9137	−0.142
	0.1456	16.6434	0.7725	0.8903	0.8867	−0.272	0.8906	0.034	0.8891	−0.135
	0.2419	9.9767	0.8218	0.8480	0.8411	−0.670	0.8500	0.236	0.8468	−0.142
	0.4338	5.2681	0.8876	0.7842	0.7671	−1.979	0.7894	0.663	0.7826	−0.204
	0.5635	3.8228	0.9204	0.7440	0.7188	−3.153	0.7509	0.927	0.7423	−0.228
	0.9088	1.7249	0.9862	0.6755	0.5881	−12.017	0.6838	1.229	0.6693	−0.918
	1.0000	1.0000	1.0000	0.6591	0.5941	−8.835	0.6658	1.017	0.6523	−1.032
平均值/%						−3.862		0.580		−0.400

　　表6-9 中所列数据表明，对饱和蒸气，显然不适用以 $Z^G_{Y(h)}$ 计算式进行计算，亦就是说，不适用以式（6-68）进行计算，其平均计算误差要明显高于以 $Z^G_{Y(S1)}$ 和 $Z^G_{Y(S2)}$ 计算的数据。一般在低压、低温状态，$Z^G_{Y(h)}$ 对逸度系数 φ 的计算误差不太大，与 $Z^G_{Y(S1)}$ 和 $Z^G_{Y(S2)}$ 的数据接近。但随着温度和压力的上升，$Z^G_{Y(h)}$ 对逸度系数 φ 的误差越来越大，而 $Z^G_{Y(S1)}$ 和 $Z^G_{Y(S2)}$ 的误差仍然很低。显然在饱和状态下应采用 $Z^G_{Y(S1)}$ 和 $Z^G_{Y(S2)}$ 的数据。

　　综合上述讨论，过热状态下气体逸度压缩因子应有以下特点：①当讨论气体压力趋近于零时：$P_r→0$，$Z^G_Y→Z→1$；$Z^G_{Y(S1)}≈Z^G_{Y(S2)}≈Z^G_{Y(h)}→1$。②$T_r>1$ 的过热状态气体，气体逸度压缩因子 $\varphi≈$ 热力学计算的逸度系数，$\varphi≈Z^G_{Y(h)}$。

第6章　纯物质气体的相间分子行为　　325

逸度压缩因子说明逸度系数的分子本质,逸度系数确与实际气体内部的分子间相互作用情况有关,实际气体内部分子间相互作用变化,逸度数值会随之变化,计算逸度系数的方法亦随之而变化。以分子压力表示分子间相互作用的变化时,实际气体的逸度系数与对比分子压力有以下关系:

饱和状态气体, $\varphi \approx Z_{Y(S1)}^{G} = \dfrac{P + P_{at}}{P_{idr} + P_{at}} \approx \dfrac{P_{r} + P_{atr}}{P_{idr} + P_{atr}}$

或 $\varphi \approx Z_{Y(S2)}^{G} = \dfrac{P + P_{at} - P_{P1}}{P_{id} + P_{at} - P_{P1}} = \dfrac{P_{r} + P_{atr} - P_{P1r}}{P_{idr} + P_{atr} - P_{P1r}}$

过热状态气体, $\varphi \approx Z_{Y(h)}^{G} = \dfrac{P_{r} + P_{atr} - P_{P1r} - P_{P2r}}{P_{idr} + P_{atr} - P_{P1r}} = \dfrac{P_{idr}}{P_{idr} + P_{atr} - P_{P1r}}$

$T_{r} > 1$ 的过热状态气体,实际气体中各对比分子压力之间关系如下:

对比分子理想压力: $P_{idr} = P_{r} + P_{atr} - P_{P1r} - P_{P2r} = P_{r}/Z$

对比分子吸引压力: $P_{atr} = \dfrac{1 - Z_{Y(h)}^{G}}{Z_{Y(h)}^{G}} P_{idr} + P_{P1r} \approx \dfrac{1 - \varphi}{\varphi} P_{idr} + P_{P1r}$

对比分子第二斥压力: $P_{P2r} = \left(Z + \dfrac{1}{Z_{Y(h)}^{G}} - 2 \right) \dfrac{T_{r}}{Z_{C} V_{r}} \approx \left(Z + \dfrac{1}{\varphi} - 2 \right) \dfrac{T_{r}}{Z_{C} V_{r}}$

对比分子吸引压力和分子第一斥压力: $P_{P1r} - P_{atr} = \left(1 - \dfrac{1}{Z_{Y(h)}^{G}} \right) \dfrac{T_{r}}{Z_{C} V_{r}} \approx \left(1 - \dfrac{1}{\varphi} \right) \dfrac{T_{r}}{Z_{C} V_{r}}$

对比压力: $P_{r} = P_{idr} + P_{P1r} + P_{P2r} - P_{atr} = Z \dfrac{T_{r}}{Z_{C} V_{r}}$

上式是经典热力学状态方程中对比压力表示的计算式。

参考文献

[1] Prausnitz J M, Lichtenthaler R N, de Azevedo E G. Molecular thermodynamics of fluid-phase equilibria. 3rd ed. Englewood Cliffs: Prentice-Hall Inc, 1999.

[2] 童景山. 流体的热物理性质——基本理论与计算. 北京: 中国石化出版社, 2008.

[3] 陈钟秀, 顾飞燕, 胡望明. 化工热力学. 北京: 化学工业出版社, 2001.

[4] Lewis N G, Randall M, Thermodynamics and free energy of chemical substances. New York: Butteworth, 1922.

[5] 卢开森-闺德斯 E H. 表面活性剂作用的物理化学. 朱珌瑶, 吴佩强, 丁慧君, 杨培增, 译. 北京: 轻工业出版社, 1988.

[6] 童景山. 化工热力学. 北京: 清华大学出版社, 1994.

[7] 傅鹰. 化学热力学导论. 北京: 科学出版社, 1963.

[8] 陈新志, 蔡振云, 胡望明. 化工热力学. 北京: 化学工业出版社, 2001.

[9] 基列耶夫 B A. 物理化学(上卷). 北京: 高等教育出版社, 1953.

[10] Perry R H. Perry's chemical engineer's handbook. 6th ed. New York: McGraw-Hill, 1984.

第 **7** 章

凝聚态纯物质分子行为

凝聚态物质指的是由大量粒子组成且粒子间有很强相互作用的系统。自然界中存在着各种各样的凝聚态物质，如固态和液态是最常见的凝聚态。低温下的超流态、超导态、玻色-爱因斯坦凝聚态，以及磁介质中的铁磁态、反铁磁态等，也都是凝聚态。

凝聚态物质的分子行为是这类物质有着许多粒子，粒子间有很强的相互作用。就本书讨论范围而言，讨论的凝聚态物质是固体物质和液体物质，这两种物质有许多分子，分子间有很强的相互作用。

宏观状态下任何物质都由众多分子组成，这些分子在物质内部以不同形式不间断地运动着，并且分子间以各种方式相互作用，这些分子运动和分子间相互作用在一定因素影响下会有着不同的运动状态和相互作用的情况，使得物质呈现三种不同的聚集状态，即气态、液态和固态。

材料科学认为凝聚态物质应该是通过物质中分子、原子间相互作用而结合在一起的，从而使物质具有一定形状，这时物质称为凝聚态物质。亦就是说，形成凝聚态物质的分子相互作用条件有两点：

① 这类物质有着许多分子，分子间存在着相互作用。亦就是说物质中只有物质状态是处在分子相互作用的各个 λ 区中才有可能成为凝聚态物质，否则不会是凝聚态物质，因而处在理想状态的理想气体不是凝聚态物质。

② 凝聚态物质要求物质中分子间存在着很强的相互作用，在强相互作用下凝聚态物质具有一定的形状。气态物质中分子相互作用一般较弱，故而气态物质不具有一定形状，为非凝聚态物质。液体和固体中分子间相互作用很强，具有一定的形状，因而认为液体和固体是凝聚态物质。本章将讨论凝聚态物质液体和固体中的各种分子行为。

研究[1,2]认为，液体、固体凝聚态物质内分子有移动分子和定居分子两种状态的分子。

① 移动分子。受温度变化影响，物质中有一部分分子获得能量而脱离分子平衡位置，移动到物质中另一位置，这部分分子被称为"移动分子"或"动态分子"。

理论认为[1]，每个液体分子在每一平衡位置附近振动的时间长短不一，但在一定的温度和压强下，一种液体分子两次迁移之间的平均时间是一定的，这个平均时间称为定居时间。水的定居时间 τ 为 10^{-11} s 量级，液态金属的定居时间为 10^{-10} s 量级。而分子的振动周期 τ_0 较定居时间约小两个数量级。亦就是说，分子要在平衡位置上振动上百次左右才迁移一次。

因此，液体的动态分子有可能在物质内到处迁移，由于动态分子在液体中有相当的数量，分子的这个特性使液体具有流动性，亦使液体不具有固定的形状。移动分子最重要的分子行为是形成讨论体系的压力。

固体凝聚态物质中也有动态分子，但是在物质熔点以下时固体中可移动分子数量很少，接近零值。因而使固体不具有流动性，也使固体可能具有固定的形状。

②定居分子，或称静态分子。受温度变化影响，特别是在温度较低时，物质中只是一部分分子脱离平衡位置而成为移动分子，而还有一部分分子，在一定的时间范围内并未发生移动，仍然在其平衡位置附近做微小的振动，这些分子理论上称为"定居分子"，又称为"静态分子"。

由于静态分子在物质中分子位置相对固定，不发生移动，静态分子间存在有分子间相互作用的位能，而不存在有反映分子运动状态的动能，因而静态分子的分子行为与体系压力的形成无关。

虽然温度的影响使液体分子像固体分子在整体上做有规则周期排列的情况可能不再存在，但由于这些定居分子仍在分子平衡位置处"定居"并做着振动，因此在一个个局部区域中，一段时间间隔内，会存在着由几个、几十个或更多定居分子组成的呈一定规则排列的区域，这种液态物质所特有的分子排列方式称为"近程有序排列"或"短程有序排列"。液体分子短程有序排列的存在已由近代 X 射线实验证实。

短程有序的一个小区域可看作一个单元，液体可看作是由许多这样的单元完全无序地集合在一起所构成的。故而液体在宏观上表现为各向同性性质。但是在温度的影响下，定居分子会不断地转变为移动分子，移动分子亦会在移动后在新的平衡位置做"定居时间"的振动。因而这种单元的边界和大小随时都在改变，一些单元会解体，新的单元亦会不断地形成。

当温度进一步降低，在液体中的一个个局部区域中，一段时间间隔内，会出现更多定居分子，由几百个或成千上万个定居分子组成的呈一定规则排列的分子区域，亦就是说，温度降低会使这种"近程有序排列"或"短程有序排列"——液态物质所特有的分子排列方式区域逐渐地扩大，在一定的温度条件下液体中有可能形成由很多分子组成的呈一定规则排列的"短程有序排列"分子区域，对此"有序排列"的分子区域应该可以认为是"长程有序排列"的分子区域。液体中出现部分或小型的"长程有序排列"分子区域会使液体的性质发生变化，例如液体水在温度降低到4℃时出现特殊性质的变化，其原因即在于此。对此第 7.7.3 节讨论解释了 4℃水性质异常的原因。

在温度降低的影响下，移动分子会不断地转变为定居分子，这些短程有序的小区域范围会逐渐地扩大，如果扩大成为整个体系范围，体系中动态无序分子数量越来越少，而定居有序分子数量成为绝大多数，成千上万个定居分子组成呈一定规则排列的长程有序分子区域，这时体系成为固体凝聚态物质。

综上所述，自然界中气体、液体和固体的分子行为是：a. 气体中只有动态无序分子，分子间相互作用较弱，是非凝聚态物质。b. 液体中有两种分子，动态无序分子和静态有序分子，体系中此两种分子均有一定的数量，分子间相互作用较强，属凝聚态物质。c. 固体中也有两种分子，动态无序分子和静态有序分子，体系中动态无序分子数量很少，特别是在较低的温度下动态无序分子数量极少，可认为是零值。反之在较低的温度下静态有序分子数量极多，可认为体系全部由静态有序分子组成，分子间相互作用较强，属凝聚态物质。

固态物质中存在的分子绝大多数是静态分子，即在一定位置下做振动运动，分子以一定规律有序排列，固态物质中的移动分子数量极少，温度越低，固体中移动分子越少。故也可以认为固体物质中只有一种形态的分子——长程有序分子，即静态分子。

因此，同一种物质，温度的影响造成分子运动的情况不同，从而呈现不同的聚集状态。这表示，在同一物质内，分子运动的能量克服不同程度的分子间相互作用能垒后会使物质呈现出不同的聚集状态。讨论自然界中气体、液体和固体三种常见物质状态的分子行为时首先需了解物质中存在何种分子，物质状态条件变化会对这些分子的分子行为产生什么影响，这些分子的分子行为会对物质的性质产生什么影响，这些内容是宏观分子相互作用理论讨论凝聚态物质分子间相互作用时应注意的。

凝聚态物质液体与固体体系中的分子存在的分子间相互作用和这些分子相互作用间的相互关系是本章讨论的对象。

7.1 凝聚态物质分子压力

凝聚态物质中存在着两种不同状态的分子——动态无序分子和静态有序分子。在凝聚态物质中这两种分子在体系中数量不同，液体和固体中这两种分子对讨论体系的性质影响不同。

动态无序分子对压力的影响我们将其归纳于"分子动压力"范畴；静态有序分子对体系的影响归纳于"分子静压力"范畴。下面分别讨论液体和固体这两种分子的分子行为。

径向分布函数理论是讨论液体的统计力学工具[1,2]，与液体压力有关系：

$$\frac{PV}{NkT} = 1 - \frac{2\pi\rho}{3kT}\int_0^\infty \frac{\mathrm{d}u(r)}{\mathrm{d}r}g(r)r^3\mathrm{d}r \tag{7-1}$$

如果认为液体可以忽略所有的分子间相互作用时应有 $u(r)=0$，故有

$$P = \frac{N}{V}kT \tag{7-2}$$

也就是说，这是一种所谓的理想液体。已知分子平均动能 $\overline{u}_t$ 与温度的关系式为 $\overline{u}_t = \frac{3}{2}kT$。则液体压力为

$$P = \frac{1}{3}nm\overline{v^2} = \frac{2}{3}n\overline{u}_t \tag{7-3}$$

亦就是说，理论上可以认为理想液体内由于分子热运动所形成的体系压力，与分子运动速度 v 和分子平均动能 $\overline{u}_t$ 的关系式与气体情况一样，故而称为"液体理想压力 $\left(P_{id}^L\right)$"，即

$$P_{id}^L = \frac{1}{3}nm\overline{v^2} = \frac{2}{3}n\overline{u}_t \tag{7-4}$$

由式（7-4）知理想液体的理想压力只与分子运动速度和分子平均动能相关，因此与气体情况一样，称与分子运动速度和分子平均动能相关的压力为动态分子的动压力。

由式（7-2）知影响 P_{id}^L 的因素为体系的温度、体积和分子数量，即物质的状态条件。液体是凝聚态物质的一种，液体中动态无序分子和静态有序分子都是同一液体凝聚态的物质，设液体数量为 1mol，其中动态无序分子数量为 n_{no}^L，静态有序分子数量为 n_o^L，N_A 为阿伏伽德罗常数，故同一液体内：

液体中动态无序分子理想压力 $\quad P_{id}^{Lno} = \frac{n_{no}N_A}{n_{no}V_m}kT = \frac{N_A}{V_m}kT = P_{id}^L \tag{7-5a}$

液体中静态有序分子理想压力 $\quad P_{id}^{Lo} = \frac{n_o N_A}{n_o V_m}kT = \frac{N_A}{V_m}kT = P_{id}^L \tag{7-5b}$

即在同一体系状态条件下，同一液体物质中每个不同种类分子，受体系温度影响而形成的分子理想压力，无论是动态无序分子的分子理想压力，还是静态有序分子的分子理想压力都是相同的。

$$P_{id}^L = P_{id}^{Lno} = P_{id}^{Lo} \tag{7-6}$$

固体是凝聚态物质，故而可以认为固体理想压力 $\left(P_{\mathrm{id}}^{\mathrm{S}}\right)$ 同样受到固体的温度、体积和分子数量的影响，也有

$$P_{\mathrm{id}}^{\mathrm{S}} = P_{\mathrm{id}}^{\mathrm{Sno}} = P_{\mathrm{id}}^{\mathrm{So}} \tag{7-7}$$

亦就是说，对于同一固体物质的每个不同种类分子，受体系温度影响而形成的分子理想压力，无论是固体中动态无序分子的分子理想压力，还是固体中静态有序分子的分子理想压力，都是相同的。

设液体中各种因素对分子运动速度 v 和分子平均动能 $\overline{u}_{\mathrm{t}}$ 的影响而使 v 和 $\overline{u}_{\mathrm{t}}$ 变化的影响系数为 Z^{L}，则讨论体系的实际压力为

$$P_{\mathrm{real}}^{\mathrm{L}} = \frac{1}{3} Z^{\mathrm{L}} nm\overline{v^2} = \frac{2}{3} Z^{\mathrm{L}} n\overline{u}_{\mathrm{t}} \tag{7-8}$$

对比式（7-4），得该影响系数为

$$Z^{\mathrm{L}} = \frac{P_{\mathrm{real}}^{\mathrm{L}}}{P_{\mathrm{id}}^{\mathrm{L}}} \tag{7-9}$$

影响系数代表实际液体对理想液体的偏离程度，这个影响系数的理论含义为液体的实际压力与液体的理想压力的比值，由分子压力理论可知 Z^{L} 即为讨论液体的压缩因子。由此可知，无论是气体还是液体、固体，即无论是非凝聚态物质还是凝聚态物质，压缩因子均反映实际分子动压力与理想分子动压力的偏差。由径向分布函数理论对压力的表示式（7-1）知

$$\begin{aligned} P &= \frac{NkT}{V} - \frac{2\pi N^2}{3V^2} \int_0^\infty \frac{\mathrm{d}u(r)}{\mathrm{d}r} g(r) r^3 \mathrm{d}r \\ &= P_{\mathrm{id}} - \frac{2\pi N^2}{3V^2} \int_0^\infty \frac{\mathrm{d}u(r)}{\mathrm{d}r} g(r) r^3 \mathrm{d}r \end{aligned} \tag{7-10}$$

由上式右边可知，液体压力可以看作由两部分组成。

① 第一部分为：由物质中分子热运动形成，不考虑分子间相互作用影响的压力 P_{id}，热力学中称之为理想压力，宏观分子相互作用理论称之为分子理想压力。

② 第二部分为：

$$P_{\mathrm{mol}} = -\frac{2\pi N^2}{3V^2} \int_0^\infty \frac{\mathrm{d}u(r)}{\mathrm{d}r} g(r) r^3 \mathrm{d}r \tag{7-11}$$

式中，P_{mol} 是液体物质中各种分子间相互作用对体系压力的影响。影响动态分子压力的分子间相互作用有三种，即分子本身体积、分子间由于电子作用而形成的排斥作用和分子间吸引作用，三种作用对动态分子压力的影响与物质中分子间相互作用是相关的。

设 u_{P1} 表示液体分子本身存在的体积影响部分；u_{P2} 表示液体分子间电子作用而形成的排斥作用影响部分；u_{at} 表示液体分子间吸引作用的影响部分。则影响压力的分子间相互作用位能 $u(r) = u_{\mathrm{P1}} + u_{\mathrm{P2}} + u_{\mathrm{at}}$。

以压力形式表示这些影响：

$$P_{\mathrm{P1}}^{\mathrm{L}} = -\frac{2\pi N^2}{3V^2} \int_0^\infty \frac{\mathrm{d}u_{\mathrm{P1}}}{\mathrm{d}r} r^3 \mathrm{d}r \tag{7-12}$$

$$P_{\mathrm{P2}}^{\mathrm{L}} = -\frac{2\pi N^2}{3V^2} \int_0^\infty \frac{\mathrm{d}u_{\mathrm{P2}}}{\mathrm{d}r} r^3 \mathrm{d}r \tag{7-13}$$

$$P_{\mathrm{at}}^{\mathrm{L}} = -\frac{2\pi N^2}{3V^2} \int_0^\infty \frac{\mathrm{d}u_{\mathrm{at}}}{\mathrm{d}r} r^3 \mathrm{d}r \tag{7-14}$$

P^L 是由讨论液体中动态无序分子形成的分子动压力。表示液相无序分子部分中移动分子形成的分子动压力与各分子压力的关系式为

$$P^L = P^L_{id} + P^L_{P1} + P^L_{P2} - P^L_{at} \tag{7-15}$$

与气体情况相同，式（7-15）为液体压力的分子压力微观结构式。

由式（7-12）～式（7-14）可知，液体的分子动压力同样也包含有 P^L_{id}、P^L_{P1}、P^L_{P2}、P^L_{at}，分别表示由液体中各种分子间相互作用对体系分子动压力即体系压力产生的影响，总称为分子压力，分别称为液体的分子理想压力、分子第一斥压力、分子第二斥压力和分子吸引压力。这些分子压力共同组成表示液体状态的体系压力 P^L，故而液体的宏观状态参数——压力从分子角度来讲应该也是一种分子动压力。这与实际气体的分子动压力组成情况一样。

在此为了与应用于气相的分子压力的结构式相区别，在液体压力的分子压力微观结构式中每一项分子压力符号的上标处均标以字母"L"，而涉及固体时此上标则为字母"S"，涉及气体时为字母"G"。

这里需说明的是，与气体一样，这些液体分子动压力中只有分子理想压力 P^L_{id} 是由分子热运动直接形成的体系压力，而其他各项分子压力—— P^L_{P1}、P^L_{P2} 和 P^L_{at} 均不是由分子热运动所形成的压力，而只是以压力的形式反映各种微观分子相互作用因素对分子热运动形成的体系压力的修正和影响。在气体分子压力讨论时已说明了这一点，这里的液体和固体内分子动压力亦是如此。

同理，对于凝聚态固体物质的情况与气体和液体相类似，固体体系压力的分子压力微观结构式为

$$P^S = P^S_{id} + P^S_{P1} + P^S_{P2} - P^S_{at} \tag{7-16}$$

式中，P^S_{id}、P^S_{P1}、P^S_{P2}、P^S_{at} 分别表示固体中各种分子间相互作用对体系分子动压力即固体体系压力产生的影响，总称为固体的分子压力，分别称为固体的分子理想压力、分子第一斥压力、分子第二斥压力和分子吸引压力。这些分子压力共同组成表示固体状态的体系压力 P^S，故而固体的宏观状态参数——压力从分子角度来讲应该也是一种分子动压力。这与实际气体和液体的分子动压力组成情况一样。

凝聚态物质液体和固体中分子除了有动态无序分子，还有静态有序分子，其分子行为包括以下几点。

① 动态分子的分子行为有分子理想压力、分子第一斥压力、分子第二斥压力和分子吸引压力。静态有序分子与动态无序分子是同一物质在同样状态条件下的两种不同分子运动状态的分子，因而这两种分子应该具有同样的分子理想压力，动态无序分子的 P_{id} 是在体系热量驱动下体系内分子做无序移动，成为动态分子；而静态有序分子的 P_{id} 是在体系热量驱动下在一定的时间范围内分子在体系不发生移动，仍然在其平衡位置附近做微小的振动或进行着分子、原子的自转运动，这些分子理论上称为"定居分子"，又称为"静态分子"。

② 动态分子的分子行为还有分子第一斥压力、分子第二斥压力，分别反映分子本身体积对体系性质的影响和体系分子间电子作用而形成的斥作用力，因而在同样的体系状态条件下，同一物质中的静态有序分子应有着与动态分子相同的分子第一斥压力、分子第二斥压力。

③ 动态分子与静态分子的区别在于分子间吸引作用，动态分子间吸引力为分子吸引压力，这个分子间吸引力是体系中千万个无序运动着的分子间的吸引力，应该是个统计平均值。而静态分子间吸引力以分子内压力 P_{in} 表示，这个分子间内压力是体系中千万个静态有序"定

居"着的分子彼此间具有一定的分子间距离,各个分子间有规律地分布排列的分子间吸引力,在体系状态条件一定的情况下,每个分子间的 P_{in} 数值应该是相同的。

④ 有序分子间的吸引力是宏观分子相互作用理论中一个重要的分子压力参数,其计算方法可采用相平衡法,本章后续将进行讨论。

7.2 凝聚态物质相平衡与分子间相互作用

凝聚态物质相平衡是以物质中分子间相互作用讨论凝聚态物质液体、固体与非凝聚态物质气体间的相平衡。以此完成:①计算短程有序分子即静态分子间吸引力的分子压力——分子内压力 P_{in},非凝聚物质气体中只有动态分子而无静态分子,故而分子内压力只存在于液体和固体中,气体中不存在分子内压力;②计算组成凝聚态物质液体、固体中动态无序分子数量和静态有序分子数量在体系中分别占有的比例情况。

在第 6 章中已经介绍了非凝聚态物质气体逸度系数以分子间相互作用参数——分子压力表示的计算式。对气体的逸度系数,宏观分子间相互作用理论[3]认为,在不考虑分子第一斥压力(即不考虑分子本身体积的影响)下逸度压缩因子以下式计算:

$$Z_{Y(S1)}^{G} = \frac{P + P_{at}}{P_{id} + P_{at}} = \frac{P_r + P_{atr}}{P_{idr} + P_{atr}} \tag{7-17}$$

式中, $Z_{Y(S1)}^{G}$ 为第一种饱和气体的逸度压缩因子; P 为体系压力; P_{id}、P_{at} 分别为分子理想压力和分子吸引压力。以这些分子压力表示的分子间相互作用反映对饱和气体逸度压缩因子的影响。

如果要考虑分子第一斥压力(即考虑分子本身体积的影响),逸度压缩因子以下式计算:

$$Z_{Y(S2)}^{G} = \frac{P + P_{at} - P_{P1}}{P_{id} + P_{at} - P_{P1}} = \frac{P_r + P_{atr} - P_{P1r}}{P_{idr} + P_{atr} - P_{P1r}} \tag{7-18}$$

式中, $Z_{Y(S2)}^{G}$ 是考虑了分子第一斥压力影响的第 2 种饱和气体的逸度压缩因子; P_{P1} 是分子第一斥压力。

$Z_{Y(S1)}^{G}$ 与 $Z_{Y(S2)}^{G}$ 两种计算方法都只能应用于饱和气体,二者计算结果十分接近。

表 7-1 列示了上述两种分子压力方法与热力学方法对水的计算结果的比较。

表 7-1 热力学方法与分子压力方法计算水的逸度系数比较

序号	状态参数			气体逸度系数和逸度压缩因子		
	压力/bar	温度/K	温度/℃	热力学方法气体逸度系数	分子压力 S1 法	分子压力 S2 法
1	0.00611	273.15	0	0.9998877	0.9998877	0.9998877
2	0.006574	274.15	1	0.9998826	0.9998786	0.9998786
3	0.00706675	275.15	2	0.9998741	0.9998707	0.9998707
4	0.0076439	276.15	3	0.9998958	0.9998619	0.9998619
5	0.0077611	276.35	3.2	0.9999174	0.9998576	0.9998576
6	0.0078783	276.55	3.4	0.9999155	0.9998557	0.9998557
7	0.0079955	276.75	3.6	0.9999137	0.9998538	0.9998538

序号	状态参数			气体逸度系数和逸度压缩因子		
	压力/bar	温度/K	温度/℃	热力学方法 气体逸度系数	分子压力S1法	分子压力S2法
8	0.0081127	276.95	3.8	0.9999118	0.9998520	0.9998520
9	0.0081713	277.05	3.9	0.9999054	0.9998537	0.9998537
10	0.0083122	277.15	4	0.9999250	0.9998525	0.9998525
11	0.0083471	277.35	4.2	0.9999081	0.9998482	0.9998482
12	0.0084643	277.55	4.4	0.9999088	0.9998490	0.9998490
13	0.0085815	277.75	4.6	0.9999044	0.9998445	0.9998445
14	0.0086987	277.95	4.8	0.9999025	0.9998427	0.9998427
15	0.0088159	278.15	5	0.9998453	0.9998453	0.9998453
16	0.0099	280	6.85	0.9998261	0.9998262	0.9998262
17	0.01387	285	11.85	0.9997670	0.9997670	0.9997670
18	0.01917	290	16.85	0.9996918	0.9996918	0.9996918

注：表中水的计算数据取自文献[4]，计算方法取自文献[5,6]。

第 6 章表 6-3～表 6-5 中计算了氩、正丁烷和二氧化碳三种物质的逸度系数，并以热力学方法和分子压力法分别计算与比较，热力学方法[7,8]使用三种较著名的方程计算——Soave 方程、Peng-Robinson 方程和童景山方程，共计算了 130 个数据（取 3 方程平均值），计算数据取自 *Perry's Chemical Engneer's Handbook*[4]。

表 7-1 和第 6 章的数据表明，以宏观分子相互作用理论——分子压力方法计算的数据与热力学计算结果十分吻合，因此分子压力方法计算的逸度系数应是可靠的。

讨论凝聚态物质液体、固体与非凝聚态物质气体间的相平衡，从分子间相互作用角度来看，有几点需要注意，详见第 6.1 节。

为讨论相平衡，计算短程有序分子间吸引力的分子压力——分子内压力和计算液体、固体中动态无序分子数量和静态有序分子数量，需要知道凝聚态物质液体、固体的逸度与物质中分子间相互作用的关系，液体和固体的情况不同，需分别介绍。

7.2.1 液相与气相相平衡

已知：当讨论饱和气体和饱和液体两种物质处在相平衡时气体和液体的逸度系数有关系：

$$\varphi^{G} = \varphi^{L} \tag{7-19}$$

使用第一种方法，饱和气体逸度压缩因子：

$$Z_{Y(S1)}^{G} = \frac{P_{r}^{G} + P_{atr}^{G}}{P_{idr}^{G} + P_{atr}^{G}} \tag{7-20a}$$

使用第二种方法，饱和气体逸度压缩因子：

$$Z_{Y(S2)}^{G} = \frac{P_{r}^{G} + P_{atr}^{G} - P_{P1r}^{G}}{P_{idr}^{G} + P_{atr}^{G} - P_{P1r}^{G}} \tag{7-20b}$$

与热力学逸度系数的关系：

$$\varphi^{G} = Z_{Y(S1)}^{G} = Z_{Y(S2)}^{G} \tag{7-21}$$

饱和液体逸度压缩因子 $Z_{Y(S)}^L$ 与液体中各分子间相互作用参数的关系为：

$$Z_{Y(S)}^L = \frac{P_r^L + P_{atr}^L - P_{P1r}^L - P_{P2r}^L + P_{inr}^L}{P_{idr}^L + P_{atr}^L - P_{P1r}^L} = \frac{P_{idr}^L + P_{inr}^L}{P_{idr}^L + P_{atr}^L - P_{P1r}^L} \tag{7-22}$$

亦就是液体中的分子压力 P_{idr}^L、P_{atr}^L、P_{P1r}^L、P_{P2r}^L、P_{inr}^L 都对液体的逸度压缩因子 $Z_{Y(S)}^L$（即对液体的有效压力 P^{eff}）有贡献，不是对体系的实际压力 P^L 的贡献。

相平衡时

$$Z_{Y(S1)}^G = Z_{Y(S2)}^G = Z_{Y(S)}^L \tag{7-23}$$

相当于热力学中

$$\varphi^G = \varphi^L$$

取气体第二种逸度压缩因子 $Z_{Y(S2)}^G$ 讨论：

故有

$$\frac{P_r^G + P_{atr}^G - P_{P1r}^G}{P_{idr}^G + P_{atr}^G - P_{P1r}^G} = \frac{P_r^L + P_{atr}^L - P_{P1r}^L - P_{P2r}^L + P_{inr}^L}{P_{idr}^L + P_{atr}^L - P_{P1r}^L} \tag{7-24}$$

$$\varphi^G = Z_{Y(S2)}^G = \frac{P_r^L + P_{atr}^L - P_{P1r}^L - P_{P2r}^L + P_{inr}^L}{P_{idr}^L + P_{atr}^L - P_{P1r}^L} \tag{7-25}$$

由式（7-25）可得液体分子内压力 P_{in}^L 和液体对比分子内压力 P_{inr}^L 的计算式。

$$\varphi^G \left(P_{idr}^L + P_{atr}^L - P_{P1r}^L \right) = Z_{Y(S2)}^G \left(P_{idr}^L + P_{atr}^L - P_{P1r}^L \right)$$
$$= P_r^L + P_{atr}^L - P_{P1r}^L - P_{P2r}^L + P_{inr}^L \tag{7-26}$$

液体分子内压力：

$$P_{in}^L = \varphi^G \left(P_{id}^L + P_{at}^L - P_{P1}^L \right) - \left(P^L + P_{at}^L - P_{P1}^L - P_{P2}^L \right)$$
$$= \varphi^G \left(P_{id}^L + P_{at}^L - P_{P1}^L \right) - P_{id}^L \tag{7-27}$$

液体对比分子内压力：

$$P_{inr}^L = \varphi^G \left(P_{idr}^L + P_{atr}^L - P_{P1r}^L \right) - \left(P_r^L + P_{atr}^L - P_{P1r}^L - P_{P2r}^L \right)$$
$$= \varphi^G \left(P_{idr}^L + P_{atr}^L - P_{P1r}^L \right) - P_{idr}^L \tag{7-28}$$

式（7-27）是液体分子内压力 P_{in}^L 的相平衡法计算式，单位为 bar。式（7-28）是液体对比分子内压力 P_{inr}^L 相平衡法计算式。

现以凝聚态物质液体丙醇为例，计算丙醇的分子内压力所需的物质状态参数见表7-2。

表7-2　计算丙醇分子内压力所需的物质 PTV 状态参数

编号	P_r	T_r	V_{mr}
SL-2	1.5549×10^{-4}	0.5216	0.3374
SL-4	5.0464×10^{-4}	0.5533	0.3434
SL-6	8.3462×10^{-4}	0.5682	0.3464
SL-8	1.1103×10^{-2}	0.6632	0.3679
SL-10	5.0948×10^{-2}	0.7415	0.3908
SL-12	1.6518×10^{-1}	0.8216	0.4239
SL-14	4.0329×10^{-1}	0.8998	0.4787
SL-16	5.4971×10^{-1}	0.9315	0.5165
SL-18	1.0000	1.0000	1.0000

依据表 7-2 数据计算的不同温度下丙醇无序分子吸引力和短程有序分子吸引力的结果示于图 7-1。

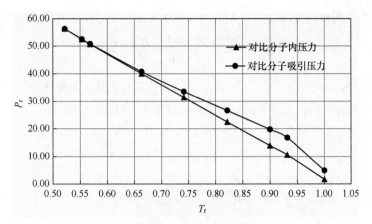

图 7-1　丙醇的分子内压力和分子吸引压力

依据表 7-2 数据计算的不同温度下丙醇的各种分子压力数据见表 7-3。

表 7-3　不同温度下丙醇的各种分子压力数据

T/K	P_{idr}	P_{P1r}	P_{P2r}	P_{atr}	P_{inr}
280	6.1062	0.0001	50.256	56.362	56.335
297	6.3639	0.0004	46.169	52.533	52.463
305	6.4801	0.0007	44.336	50.816	50.712
356	7.1214	0.0092	33.687	40.807	40.068
398	7.4945	0.0396	26.072	33.555	31.435
441	7.6561	0.1177	19.032	26.641	22.504
483	7.4249	0.2549	12.533	19.810	13.944
500	7.1238	0.3231	9.881	16.779	10.582
536.78	3.9501	0.3322	1.625	4.903	1.655

注：本表数据依据发明专利 ZL 2012 1 0315270.2[9]的方法计算得到。

7.2.2　固相与气相相平衡

在水的熔点处固体冰与平衡的饱和水汽间有相平衡关系，即

$$\varphi^G = \varphi^S \tag{7-29}$$

平衡的饱和水汽的逸度压缩因子在第 6 章中已有介绍。

已知，使用第 1 种方法，饱和气体逸度压缩因子：

$$Z_{Y(S1)}^G = \frac{P_r^G + P_{atr}^G}{P_{idr}^G + P_{atr}^G} \tag{7-30a}$$

使用第 2 种方法，饱和气体逸度压缩因子：

$$Z_{Y(S2)}^G = \frac{P_r^G + P_{atr}^G - P_{P1r}^G}{P_{idr}^G + P_{atr}^G - P_{P1r}^G} \tag{7-30b}$$

与热力学逸度系数的关系：

$$\varphi^G = Z_{Y(S1)}^G = Z_{Y(S2)}^G \tag{7-31}$$

理论上认为，固体逸度压缩因子 $Z_{Y(S)}^G$ 与固体中各分子间相互作用参数的关系为：

$$Z_{Y(S)}^S = \frac{P_r^S + P_{atr}^S - P_{P1r}^S - P_{P2r}^S + P_{inr}^S}{P_{idr}^S + P_{atr}^S - P_{P1r}^S} \tag{7-32}$$

亦就是固体中的分子压力 P_{idr}^S、P_{atr}^S、P_{P1r}^S、P_{P2r}^S、P_{inr}^S 都对固体的逸度压缩因子 $Z_{Y(S)}^G$（即固体的有效压力 P^{eff}）有贡献，而不是对体系的实际压力 P^S 有贡献。

相平衡时
$$Z_{Y(S1)}^G = Z_{Y(S2)}^G = Z_{Y(S)}^S \tag{7-33}$$

相当于热力学中
$$\varphi^G = \varphi^S$$

故有
$$\frac{P_r^G + P_{atr}^G - P_{P1r}^G}{P_{idr}^G + P_{atr}^G - P_{P1r}^G} = \frac{P_r^S + P_{atr}^S - P_{P1r}^S - P_{P2r}^S + P_{inr}^S}{P_{idr}^S + P_{atr}^S - P_{P1r}^S} \tag{7-34}$$

$$\varphi^G = Z_{Y(S2)}^G = \frac{P_r^S + P_{atr}^S - P_{P1r}^S - P_{P2r}^S + P_{inr}^S}{P_{idr}^S + P_{atr}^S - P_{P1r}^S} \tag{7-35}$$

由式（7-35）可得固体的分子内压力 P_{in}^S 和固体的对比分子内压力 P_{inr}^S 的计算式。

$$\begin{aligned}\varphi^G\left(P_{idr}^S + P_{atr}^S - P_{P1r}^S\right) &= Z_{Y(S2)}^G\left(P_{idr}^S + P_{atr}^S - P_{P1r}^S\right)\\ &= P_r^S + P_{atr}^S - P_{P1r}^S - P_{P2r}^S + P_{inr}^S\end{aligned} \tag{7-36}$$

固体分子内压力：

$$\begin{aligned}P_{in}^S &= \varphi^G\left(P_{id}^S + P_{at}^S - P_{P1}^S\right) - \left(P^S + P_{at}^S - P_{P1}^S - P_{P2}^S\right)\\ &= \varphi^G\left(P_{id}^S + P_{at}^S - P_{P1}^S\right) - P_{id}^S\end{aligned} \tag{7-37}$$

固体对比分子内压力：

$$\begin{aligned}P_{inr}^S &= \varphi^G\left(P_{idr}^S + P_{atr}^S - P_{P1r}^S\right) - \left(P_r^S + P_{atr}^S - P_{P1r}^S - P_{P2r}^S\right)\\ &= \varphi^G\left(P_{idr}^S + P_{atr}^S - P_{P1r}^S\right) - P_{idr}^S\end{aligned} \tag{7-38}$$

式（7-37）是固体分子内压力 P_{in}^S 的相平衡法计算式，单位为 bar。式（7-38）是固体的对比分子内压力 P_{inr}^S 的相平衡法计算式。

已知
$$P_r^S = P_{idr}^S + P_{P1r}^S + P_{P2r}^S - P_{atr}^S \tag{7-39}$$

故由式（7-39）知 $P_r^S + P_{atr}^S - P_{P1r}^S - P_{P2r}^S = P_{idr}^S$。代入式（7-32），相平衡时冰的逸度压缩因子：

$$Z_{Y(S)}^S = \frac{P_r^S + P_{atr}^S - P_{P1r}^S - P_{P2r}^S + P_{inr}^S}{P_{idr}^S + P_{atr}^S - P_{P1r}^S} = \frac{P_{idr}^S + P_{inr}^S}{P_{idr}^S + P_{atr}^S - P_{P1r}^S} \tag{7-40a}$$

故
$$\varphi^G = Z_{Y(S)}^S = \frac{P_{idr}^S + P_{inr}^S}{P_{idr}^S + P_{atr}^S - P_{P1r}^S} \tag{7-40b}$$

改变式（7-40）得：

$$\varphi^G = \varphi^S = \frac{P_{idr}^S + P_{inr}^S}{P_{idr}^S + P_{atr}^S - P_{P1r}^S} = \frac{P_{idr}^S}{P_{idr}^S + P_{atr}^S - P_{P1r}^S} + \frac{P_{inr}^S}{P_{idr}^S + P_{atr}^S - P_{P1r}^S} \tag{7-41}$$

上式讨论的是在平衡时饱和气体逸度系数与固体逸度系数的关系。固体中有两种不同的分子，动态无序分子（以下标"no"表示）和静态有序分子（以下标"o"表示）。由此可知，固体逸度系数 φ^S 由两部分组成：

$$\varphi^S = \varphi_{no}^S + \varphi_o^S \qquad (7\text{-}42)$$

φ_{no}^S 表示固体中动态无序分子对逸度系数的贡献，亦是动态无序分子对固体的有效压力 $P^{S,eff}$ 的贡献，但不是对固体的压力 P^S 的贡献；$Z_{Y(no)}^S$ 为相应的无序分子的逸度压缩因子，P_{id}^S 是固体中无序分子的分子压力，故而固体中动态无序分子对逸度压缩因子的贡献是：

$$\varphi_{no}^S = Z_{Y(no)}^S = \frac{P_{idr}^S}{P_{idr}^S + P_{atr}^S - P_{P1r}^S} \qquad (7\text{-}43)$$

$$\varphi_o^S = Z_{Y(o)}^S = \frac{P_{inr}^S}{P_{idr}^S + P_{atr}^S - P_{P1r}^S} \qquad (7\text{-}44)$$

式中，P_{inr}^S 是固体中长程有序分子的相对分子压力；φ_o^S 表示固体中静态长程有序分子对逸度系数的贡献；$Z_{Y(o)}^S$ 为相应的有序逸度压缩因子。

由分子压力微观结构式知 $P_r^S + P_{atr}^S - P_{P1r}^S - P_{P2r}^S = P_{idr}^S$，故式（7-43）可变为

$$\varphi_{no}^S = Z_{Y(no)}^S = \frac{P_r^S}{P_{idr}^S + P_{atr}^S - P_{P1r}^S} + \frac{P_{atr}^S - P_{P1r}^S - P_{P2r}^S}{P_{idr}^S + P_{atr}^S - P_{P1r}^S} = \varphi_{no}^{SP} + \varphi_{no}^{Sm} \qquad (7\text{-}45)$$

式中，φ_{no}^{SP} 表示体系压力对无序分子逸度系数的影响：

$$\varphi_{no}^{SP} = Z_{Y(no)}^{SP} = \frac{P_r^S}{P_{idr}^S + P_{atr}^S - P_{P1r}^S} \qquad (7\text{-}46)$$

φ_{no}^{SP} 表示体系压力是体系的状态参数，是体系的性质，在体系状态一定的条件下体系压力应该有一定的数值，体系压力数值只受到体系状态变化的影响，而不会受到体系内不同种类分子数量变化的影响。亦就是说，在一定体系压力的影响下 φ_{no}^{SP} 会有一定的数值，压力对逸度系数的影响会受到体系状态条件变化的影响，在一定的体系状态条件下，例如在低温固体冰的情况下，φ_{no}^{SP} 虽然数值很小，但应该也有一定的数值。

φ_{no}^{Sm} 表示固体体系中存在的无序分子间的相互作用对逸度系数的影响，体系中无序分子数量越多对 φ_{no}^{Sm} 的影响越大，反之影响越小，也就是 φ_{no}^{Sm} 会受到无序分子数量变化的影响。故而式（7-45）对固体应为：

$$\varphi_{no}^{Sm} = Z_{Y(no)}^{Sm} = \frac{P_{mr}^S}{P_{idr}^S + P_{atr}^S - P_{P1r}^S} = \frac{n_{no}^S \left(P_{atr}^S - P_{P1r}^S - P_{P2r}^S\right)}{P_{idr}^S + P_{atr}^S - P_{P1r}^S} \qquad (7\text{-}47)$$

式中，n_{no}^S 是固体中无序分子占体系全部分子数量的比例。如果固体中都是或是有一部分（如凝聚态物质液体）是动态无序分子，则固态无序分子对体系的有效压力 $P^{S,eff}$ 即逸度 f^S 的分子间相互作用影响应该是 $\left(P_{atr}^S - P_{P1r}^S - P_{P2r}^S\right)$，但固体中动态无序分子数量很少，可认为 $n_{no}^S \to 0$，以分子压力表示为

$$P_{mr}^S = n_{no}^S \left(P_{atr}^S - P_{P1r}^S - P_{P2r}^S\right) \to 0 \qquad (7\text{-}48)$$

因而可合理认为在固体的熔化点处和固体状态下无序分子间的相互作用对逸度系数的影响为零值，即

$$\varphi_{no}^{Sm} \to 0 \qquad (7\text{-}49)$$

故而式（7-45）对固体应为：

$$\varphi_{no}^S \approx \varphi_{no}^{SP} = \frac{P_r^S}{P_{idr}^S + P_{atr}^S - P_{P1r}^S} \qquad (7\text{-}50)$$

固体相平衡的计算式为：

$$\varphi^{\mathrm{S}} = \varphi_{\mathrm{no}}^{\mathrm{S}} + \varphi_{\mathrm{o}}^{\mathrm{S}} = \varphi_{\mathrm{no}}^{\mathrm{SP}} + \varphi_{\mathrm{o}}^{\mathrm{S}} \tag{7-51}$$

即固体逸度压缩因子为

$$Z_Y^{\mathrm{S}} = Z_{Y(\mathrm{no})}^{\mathrm{S}} + Z_{Y(\mathrm{o})}^{\mathrm{S}} = Z_{Y(\mathrm{no})}^{\mathrm{SP}} + Z_{Y(\mathrm{o})}^{\mathrm{S}} \tag{7-52}$$

因此

$$\varphi^{\mathrm{G}} = \varphi^{\mathrm{S}} = Z_{Y(\mathrm{no})}^{\mathrm{SP}} + Z_{Y(\mathrm{o})}^{\mathrm{S}}$$

$$= \frac{P_{\mathrm{r}}^{\mathrm{S}}}{P_{\mathrm{idr}}^{\mathrm{S}} + P_{\mathrm{atr}}^{\mathrm{S}} - P_{\mathrm{P1r}}^{\mathrm{S}}} + \frac{P_{\mathrm{inr}}^{\mathrm{S}}}{P_{\mathrm{idr}}^{\mathrm{S}} + P_{\mathrm{atr}}^{\mathrm{S}} - P_{\mathrm{P1r}}^{\mathrm{S}}} \tag{7-53}$$

目前固体凝聚态物质计算宏观分子相互作用理论所需的 PTV 和临界状态数据不多，较完整和较可靠的是固体冰的数据，不同温度下固体冰的长程分子内压力的数据如图 7-2 所示。

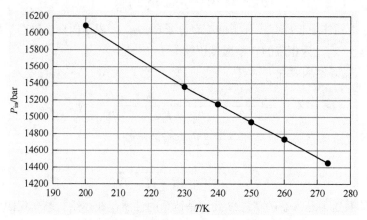

图 7-2　水在固体时的分子内压力变化

表 7-4 为图 7-2 冰在不同温度下的各分子压力计算结果。

表 7-4　不同温度下冰的分子压力计算结果

T/K	P_{idr}	P_{P1r}	P_{P2r}	P_{atr}	P_{inr}
200	3.867	6.9089×10^{-9}	64.995	68.862	72.729
230	4.427	3.7512×10^{-7}	60.578	65.005	69.435
240	4.615	1.5568×10^{-6}	59.267	63.882	68.498
250	4.801	3.1723×10^{-6}	57.938	62.739	67.538
260	4.986	8.1211×10^{-6}	56.645	61.631	66.614
273.15	5.224	2.5196×10^{-5}	54.890	60.113	65.329

注：本表数据依据发明专利 ZL 2012 1 0315270.2[9] 的方法计算得到。

7.3　凝聚态物质的动态分子和静态分子

已知，凝聚态物质液体和固体中有两类分子，即动态分子和静态分子，这两类分子在体系中有不同的分子行为，本节将讨论这两种分子在液体和固体中的分子行为，更明确地说，是液体和固体中动态分子和静态分子的分子行为。

要了解液体中这两类分子的分子行为，需要知道这两种分子在讨论物质中的数量。设讨论物质总量为 $m_\Sigma(\mathrm{mol})$，动态无序分子为 $m_{\mathrm{no}}(\mathrm{mol})$，静态有序分子为 $m_{\mathrm{o}}(\mathrm{mol})$，则

$$m_\Sigma = m_{no} + m_o \tag{7-54}$$

动态分子所占比例为
$$n_{no} = \frac{m_{no}}{m_{no} + m_o} \tag{7-55a}$$

静态分子所占比例为
$$n_o = \frac{m_o}{m_{no} + m_o} \tag{7-55b}$$

以液态水为例，讨论水在温度 0～17℃低温区域内体系中分子的分子行为。水是液体凝聚态物质。由物理化学知，水在 4℃附近温度区域中分子形态应有两种，其一为无序分布状态的移动分子，即动态分子；其二为短程有序分布状态分子，即静态分子。在不同状态下，水中动态分子（无序状态分子）和静态分子（短程有序状态分子）分布如表 7-5 所示。

选择温度 0～17℃低温区域是因为低温区中应以短程有序分子即静态分子为主（占体系分子数的 90%以上）。动态分子和静态分子的分布计算方法将在下面讨论中介绍。

表 7-5 液体水在不同状态下的动态分子和静态分子

编号	压力/bar	温度/K	温度/℃	比体积/（m³/kg）	动态分子比例	静态分子比例
1	0.00611	273.15	0	0.00100013	7.400%	92.600%
2	0.006574	274.15	1	0.00100007	7.440%	92.560%
3	0.00706675	275.15	2	0.00100003	7.470%	92.530%
4	0.0076439	276.15	3	0.00100001	7.510%	92.490%
5	0.0077611	276.35	3.2	0.001000008	7.520%	92.480%
6	0.0078783	276.55	3.4	0.001000006	7.520%	92.480%
7	0.0079955	276.75	3.6	0.001000004	7.530%	92.470%
8	0.0081127	276.95	3.8	0.001000002	7.540%	92.460%
9	0.0081713	277.05	3.9	0.001000001	7.540%	92.460%
10	0.0083122	277.15	4	0.001	7.540%	92.460%
11	0.0083471	277.35	4.2	0.001000002	7.550%	92.450%
12	0.0084643	277.55	4.4	0.001000004	7.560%	92.440%
13	0.0085815	277.75	4.6	0.001000006	7.570%	92.430%
14	0.0086987	277.95	4.8	0.001000008	7.570%	92.430%
15	0.0088159	278.15	5	0.000277546	7.580%	92.420%
16	0.0099	280	6.85	0.000380239	7.650%	92.350%
17	0.01387	285	11.85	0.000657785	7.830%	92.170%
18	0.01917	290	16.85	0.000935332	8.010%	91.990%

表 7-5 数据表明，在低温时无序动态分子在体系中所占比例很小，低于 10%，而这时短程有序分子（静态分子）占体系大部分，高于 90%。温度越低静态分子所占比例越多。

将表 7-5 数据作图见图 7-3，可看到水中有序分子随温度的变化情况。

在表 7-5 中 0～17℃范围内，体系中短程有序分子数量在体系中所占比例（OPL）与温度关系可近似视为线性关系（但若温度范围扩大，这个关系可能不成立）。对此进行线性回归处理，得到图 7-3 温度范围中短程有序分子所占比例与温度关系的回归计算式。

短程有序分子比例　　OPL（%）= 0.92600107−0.0003621t/℃　　　r = 0.9997　　　　　（7-56）

无序分子比例　　　　　　　　　　NPL = 1−OPL

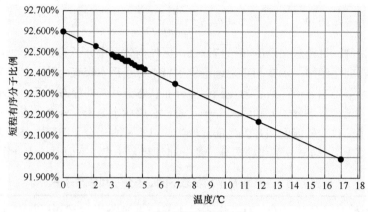

图 7-3　短程有序分子比例与温度

因此，在低温区域中体系水中起主要影响的可能是静态分子的分子行为，而短程有序分子间的相互作用是静态分子间的吸引作用，在宏观分子相互作用理论中将此分子间吸引力以分子压力形式表示，并称之为分子内压力。

无序分子间同样有分子间吸引作用，在宏观分子相互作用理论中称之为分子吸引压力。由上述讨论知在较低温度范围时无序分子所占体系分子数量较少，仅约 7%，故而短程有序分子起着主要作用，亦就表示短程有序分子间吸引力的分子内压力对讨论物质起着重要作用，计算分子内压力的主要方法是相平衡法，在上面讨论中已经介绍了凝聚态物质液体和固体与非凝聚态物质气体间的相平衡方法，得到了计算凝聚态物质液体和固体有序分子吸引力——分子内压力的相平衡法。相平衡法还可以计算凝聚态物质液体和固体中动态无序分子的数量和静态有序分子的数量，计算液体中动态分子数量和静态分子数量的方法将在第 7.3.1 节中讨论。

7.3.1　液体的动态分子和静态分子

液体中无序排列分子和短程有序排列分子对液体逸度系数的影响并不相同，无序排列分子是运动着的分子，无序运动分子具有的能量——动能反映了这些运动分子逸出液体能力的大小。设液体中所有无序运动分子具有的能量为 U_K^{Lno}，由于无序分子为体系中移动的动态分子，故这个能量为动能，以下标"K"表示。

短程有序排列分子并不是运动着的分子，是体系中的定居分子，是静态分子。这些分子具有的能量——势能是阻碍无序分子逸出液体的势垒，也反映静态分子的位能对体系中动态分子形成的体系有效压力的影响。设液体中所有静态分子具有的能量为 U_P^{Lo}，由于静态有序分子在体系中是不作移动的定居分子，故这个能量为位能，以下标"P"表示。

液体体系中所有分子具有的内能为

$$U^L = U_K^{Lno} + U_P^{Lo}$$　　　　　　（7-57）

反映体系分子活动能力（或称逸出能力）的是体系在一定状态条件下的逸度 f^L，或称为有效压力 P^{Leff}。逸度和液体有效压力的定义式为

$$f^{\mathrm{L}} = Z_Y^{\mathrm{L}} f_0^{\mathrm{L}} \tag{7-58}$$

$$P^{\mathrm{Leff}} = \varphi^{\mathrm{L}} P_0^{\mathrm{Leff}} \tag{7-59}$$

式中，Z_Y^{L}、φ^{L} 为液体逸度压缩因子和逸度系数；f_0^{L}、P_0^{Leff} 为假想某种"理想"状态下，存在分子间相互作用影响的体系的起始逸度和起始有效压力。

由于液体的逸度和有效压力有同样的理论意义，有效压力更直接一些，下面讨论中将以有效压力进行。

饱和液体有效压力与液体逸度系数和逸度压缩因子的关系式为

$$
\begin{aligned}
\varphi^{\mathrm{L}} = Z_Y^{\mathrm{L}} &= \frac{P^{\mathrm{Leff}}}{P_0^{\mathrm{Leff}}} = \frac{P_{\mathrm{r}}^{\mathrm{L}} + P_{\mathrm{atr}}^{\mathrm{L}} - P_{\mathrm{P1r}}^{\mathrm{L}} - P_{\mathrm{P2r}}^{\mathrm{L}}}{P_{\mathrm{idr}}^{\mathrm{L}} + P_{\mathrm{atr}}^{\mathrm{L}} - P_{\mathrm{P1r}}^{\mathrm{L}}} + \frac{P_{\mathrm{inr}}^{\mathrm{L}}}{P_{\mathrm{idr}}^{\mathrm{L}} + P_{\mathrm{atr}}^{\mathrm{L}} - P_{\mathrm{P1r}}^{\mathrm{L}}} \\
&= \frac{P_{\mathrm{idr}}^{\mathrm{L}}}{P_{\mathrm{idr}}^{\mathrm{L}} + P_{\mathrm{atr}}^{\mathrm{L}} - P_{\mathrm{P1r}}^{\mathrm{L}}} + \frac{P_{\mathrm{inr}}^{\mathrm{L}}}{P_{\mathrm{idr}}^{\mathrm{L}} + P_{\mathrm{atr}}^{\mathrm{L}} - P_{\mathrm{P1r}}^{\mathrm{L}}}
\end{aligned} \tag{7-60}
$$

相平衡时液体的热力学逸度系数或有效压力与分子理论的逸度压缩因子存在下列关系：

$$\varphi^{\mathrm{G}} = \varphi^{\mathrm{L}} = Z_Y^{\mathrm{L}} \tag{7-61}$$

故

$$\varphi^{\mathrm{G}} = Z_Y^{\mathrm{L}} = \frac{P^{\mathrm{Leff}}}{P_0^{\mathrm{Leff}}} = \frac{P_{\mathrm{idr}}^{\mathrm{L}}}{P_{\mathrm{idr}}^{\mathrm{L}} + P_{\mathrm{atr}}^{\mathrm{L}} - P_{\mathrm{P1r}}^{\mathrm{L}}} + \frac{P_{\mathrm{inr}}^{\mathrm{L}}}{P_{\mathrm{idr}}^{\mathrm{L}} + P_{\mathrm{atr}}^{\mathrm{L}} - P_{\mathrm{P1r}}^{\mathrm{L}}} \tag{7-62}$$

亦就是体系的有效压力和逸度压缩因子均可由两部分组成：

$$
\begin{aligned}
Z_Y^{\mathrm{L}} = Z_Y^{\mathrm{Lno}} + Z_Y^{\mathrm{Lo}} &= \frac{P^{\mathrm{Leff}}}{P_0^{\mathrm{Leff}}} = \frac{P_{\mathrm{no}}^{\mathrm{Leff}} + P_{\mathrm{o}}^{\mathrm{Leff}}}{P_0^{\mathrm{Leff}}} \\
&= \frac{P_{\mathrm{idr}}^{\mathrm{L}}}{P_{\mathrm{idr}}^{\mathrm{L}} + P_{\mathrm{atr}}^{\mathrm{L}} - P_{\mathrm{P1r}}^{\mathrm{L}}} + \frac{P_{\mathrm{inr}}^{\mathrm{L}}}{P_{\mathrm{idr}}^{\mathrm{L}} + P_{\mathrm{atr}}^{\mathrm{L}} - P_{\mathrm{P1r}}^{\mathrm{L}}}
\end{aligned} \tag{7-63}
$$

故可认为液体的起始逸度或起始有效压力与分子间相互作用参数——分子压力有关系：

$$P_0^{\mathrm{Leff}} = P_{\mathrm{idr}}^{\mathrm{L}} + P_{\mathrm{atr}}^{\mathrm{L}} - P_{\mathrm{P1r}}^{\mathrm{L}} \tag{7-64}$$

即无序分子对体系逸度压缩因子的贡献 Z_Y^{Lno} 和短程有序分子对体系逸度压缩因子的贡献 Z_Y^{Lo} 可表示为：

$$Z_Y^{\mathrm{Lno}} = \frac{P_{\mathrm{no}}^{\mathrm{Leff}}}{P_0^{\mathrm{Leff}}} = \frac{P_{\mathrm{idr}}^{\mathrm{L}}}{P_{\mathrm{idr}}^{\mathrm{L}} + P_{\mathrm{atr}}^{\mathrm{L}} - P_{\mathrm{P1r}}^{\mathrm{L}}} \tag{7-65}$$

$$Z_Y^{\mathrm{Lo}} = \frac{P_{\mathrm{o}}^{\mathrm{Leff}}}{P_0^{\mathrm{Leff}}} = \frac{P_{\mathrm{inr}}^{\mathrm{L}}}{P_{\mathrm{idr}}^{\mathrm{L}} + P_{\mathrm{atr}}^{\mathrm{L}} - P_{\mathrm{P1r}}^{\mathrm{L}}} \tag{7-66}$$

由式（7-62）得

$$1 = \frac{P_{\mathrm{idr}}^{\mathrm{L}}}{\left(P_{\mathrm{idr}}^{\mathrm{L}} + P_{\mathrm{atr}}^{\mathrm{L}} - P_{\mathrm{P1r}}^{\mathrm{L}}\right)\varphi^{\mathrm{G}}} + \frac{P_{\mathrm{inr}}^{\mathrm{L}}}{\left(P_{\mathrm{idr}}^{\mathrm{L}} + P_{\mathrm{atr}}^{\mathrm{L}} - P_{\mathrm{P1r}}^{\mathrm{L}}\right)\varphi^{\mathrm{G}}} = \frac{Z_Y^{\mathrm{Lno}}}{\varphi^{\mathrm{G}}} + \frac{Z_Y^{\mathrm{Lo}}}{\varphi^{\mathrm{G}}} = \frac{P_{\mathrm{no}}^{\mathrm{Leff}}}{P_0^{\mathrm{Leff}}\varphi^{\mathrm{G}}} + \frac{P_{\mathrm{o}}^{\mathrm{Leff}}}{P_0^{\mathrm{Leff}}\varphi^{\mathrm{G}}} \tag{7-67}$$

设

$$n_{\mathrm{no}} = \frac{P_{\mathrm{no}}^{\mathrm{Leff}}}{P_0^{\mathrm{Leff}}\varphi^{\mathrm{G}}} = \frac{P_{\mathrm{idr}}^{\mathrm{L}}}{\left(P_{\mathrm{idr}}^{\mathrm{L}} + P_{\mathrm{atr}}^{\mathrm{L}} - P_{\mathrm{P1r}}^{\mathrm{L}}\right)\varphi^{\mathrm{G}}} \tag{7-68a}$$

设

$$n_{\mathrm{o}} = \frac{P_{\mathrm{o}}^{\mathrm{Leff}}}{P_0^{\mathrm{Leff}}\varphi^{\mathrm{G}}} = \frac{P_{\mathrm{inr}}^{\mathrm{L}}}{\left(P_{\mathrm{idr}}^{\mathrm{L}} + P_{\mathrm{atr}}^{\mathrm{L}} - P_{\mathrm{P1r}}^{\mathrm{L}}\right)\varphi^{\mathrm{G}}} \tag{7-68b}$$

相平衡时 $\varphi^{\mathrm{G}} = \varphi^{\mathrm{L}} = Z_Y^{\mathrm{L}}$，将式（7-60）和式（7-62）代入式（7-68），得

$$n_{\mathrm{no}} = \frac{P_{\mathrm{no}}^{\mathrm{Leff}}}{P^{\mathrm{Leff}}} = \frac{P_{\mathrm{idr}}^{\mathrm{L}}}{P_{\mathrm{idr}}^{\mathrm{L}} + P_{\mathrm{inr}}^{\mathrm{L}}} = \frac{P_{\mathrm{id}}^{\mathrm{L}} V_{\mathrm{m}}^{\mathrm{L}}}{\left(P_{\mathrm{id}}^{\mathrm{L}} + P_{\mathrm{in}}^{\mathrm{L}}\right) V_{\mathrm{m}}^{\mathrm{L}}} \tag{7-69a}$$

$$n_{\mathrm{o}} = \frac{P_{\mathrm{o}}^{\mathrm{Leff}}}{P^{\mathrm{Leff}}} = \frac{P_{\mathrm{inr}}^{\mathrm{L}}}{P_{\mathrm{idr}}^{\mathrm{L}} + P_{\mathrm{inr}}^{\mathrm{L}}} = \frac{P_{\mathrm{in}}^{\mathrm{L}} V_{\mathrm{m}}^{\mathrm{L}}}{\left(P_{\mathrm{id}}^{\mathrm{L}} + P_{\mathrm{in}}^{\mathrm{L}}\right) V_{\mathrm{m}}^{\mathrm{L}}} \tag{7-69b}$$

式（7-69）中 $P_{\mathrm{id}}^{\mathrm{L}} V_{\mathrm{m}}^{\mathrm{L}}$ 是在液体无序分子有效动压力 $P_{\mathrm{no}}^{\mathrm{Leff}}$ 作用下分子移动的动能，设液体中动态无序分子数量为 $m_{\mathrm{no}}^{\mathrm{L}}$，每个动态分子具有的平均动能为 $\bar{u}_{\mathrm{no}}^{\mathrm{L}}$，故有

$$P_{\mathrm{id}}^{\mathrm{L}} V_{\mathrm{m}}^{\mathrm{L}} = m_{\mathrm{no}}^{\mathrm{L}} N_{\mathrm{A}} \bar{u}_{\mathrm{no}}^{\mathrm{L}} \tag{7-70}$$

$P_{\mathrm{o}}^{\mathrm{Leff}} V_{\mathrm{m}}^{\mathrm{L}}$ 是在液体有序分子有效静压力 $P_{\mathrm{o}}^{\mathrm{Leff}}$ 作用下静态分子具有的位能，设液体中静态有序分子数量为 $m_{\mathrm{o}}^{\mathrm{L}}$，每个静态分子平均位能为 $\bar{u}_{\mathrm{o}}^{\mathrm{L}}$，故有

$$P_{\mathrm{in}}^{\mathrm{L}} V_{\mathrm{m}}^{\mathrm{L}} = m_{\mathrm{o}}^{\mathrm{L}} N_{\mathrm{A}} \bar{u}_{\mathrm{o}}^{\mathrm{L}} \tag{7-71}$$

分别代入式（7-69a）和式（7-69b）得

$$n_{\mathrm{no}} = \frac{P_{\mathrm{id}}^{\mathrm{L}} V_{\mathrm{m}}^{\mathrm{L}}}{\left(P_{\mathrm{id}}^{\mathrm{L}} + P_{\mathrm{in}}^{\mathrm{L}}\right) V_{\mathrm{m}}^{\mathrm{L}}} = \frac{m_{\mathrm{no}}^{\mathrm{L}} N_{\mathrm{A}} \bar{u}_{\mathrm{no}}^{\mathrm{L}}}{m_{\mathrm{no}}^{\mathrm{L}} N_{\mathrm{A}} \bar{u}_{\mathrm{no}}^{\mathrm{L}} + m_{\mathrm{o}}^{\mathrm{L}} N_{\mathrm{A}} \bar{u}_{\mathrm{o}}^{\mathrm{L}}} \tag{7-72a}$$

$$n_{\mathrm{o}} = \frac{P_{\mathrm{in}}^{\mathrm{L}} V_{\mathrm{m}}^{\mathrm{L}}}{\left(P_{\mathrm{id}}^{\mathrm{L}} + P_{\mathrm{in}}^{\mathrm{L}}\right) V_{\mathrm{m}}^{\mathrm{L}}} = \frac{m_{\mathrm{o}}^{\mathrm{L}} N_{\mathrm{A}} \bar{u}_{\mathrm{o}}^{\mathrm{L}}}{m_{\mathrm{no}}^{\mathrm{L}} N_{\mathrm{A}} \bar{u}_{\mathrm{no}}^{\mathrm{L}} + m_{\mathrm{o}}^{\mathrm{L}} N_{\mathrm{A}} \bar{u}_{\mathrm{o}}^{\mathrm{L}}} \tag{7-72b}$$

$\bar{u}^{\mathrm{L}}$、$\bar{u}_{\mathrm{no}}^{\mathrm{L}}$、$\bar{u}_{\mathrm{o}}^{\mathrm{L}}$ 是液体每个分子具有的统计平均能量，无论是动态无序分子还是静态有序分子，都是同一物质中的分子，也都是处在同样体系状态条件下同一液体中的分子，故可认为液体中每个分子具有的能量相同，即有

$$\bar{u}^{\mathrm{L}} = \bar{u}_{\mathrm{no}}^{\mathrm{L}} = \bar{u}_{\mathrm{o}}^{\mathrm{L}} \tag{7-73}$$

代入式（7-72a）得
$$n_{\mathrm{no}} = \frac{P_{\mathrm{id}}^{\mathrm{L}} V_{\mathrm{m}}^{\mathrm{L}}}{\left(P_{\mathrm{id}}^{\mathrm{L}} + P_{\mathrm{in}}^{\mathrm{L}}\right) V_{\mathrm{m}}^{\mathrm{L}}} = \frac{m_{\mathrm{no}}^{\mathrm{L}}}{m_{\mathrm{no}}^{\mathrm{L}} + m_{\mathrm{o}}^{\mathrm{L}}} \tag{7-74a}$$

代入式（7-72b）得
$$n_{\mathrm{o}} = \frac{P_{\mathrm{in}}^{\mathrm{L}} V_{\mathrm{m}}^{\mathrm{L}}}{\left(P_{\mathrm{id}}^{\mathrm{L}} + P_{\mathrm{in}}^{\mathrm{L}}\right) V_{\mathrm{m}}^{\mathrm{L}}} = \frac{m_{\mathrm{o}}^{\mathrm{L}}}{m_{\mathrm{no}}^{\mathrm{L}} + m_{\mathrm{o}}^{\mathrm{L}}} \tag{7-74b}$$

因而 n_{no} 表示的是液体动态无序分子数占总分子数的比例，即

$$n_{\mathrm{no}} = m_{\mathrm{no}}^{\mathrm{L}} \big/ \left(m_{\mathrm{no}}^{\mathrm{L}} + m_{\mathrm{o}}^{\mathrm{L}}\right) \tag{7-75a}$$

也可认为是液体动态无序分子具有的有效作用动能占液体有效内能的比例，即

$$n_{\mathrm{no}} = \frac{P_{\mathrm{id}}^{\mathrm{L}} V_{\mathrm{m}}^{\mathrm{L}}}{\left(P_{\mathrm{id}}^{\mathrm{L}} + P_{\mathrm{in}}^{\mathrm{L}}\right) V_{\mathrm{m}}^{\mathrm{L}}} = \frac{U_{\mathrm{no}}^{\mathrm{L}}}{U_{\mathrm{no}}^{\mathrm{L}} + U_{\mathrm{o}}^{\mathrm{L}}} \tag{7-75b}$$

n_{o} 表示的是液体静态有序分子量占总分子数的比例，即

$$n_{\mathrm{o}} = m_{\mathrm{o}}^{\mathrm{L}} \big/ \left(m_{\mathrm{no}}^{\mathrm{L}} + m_{\mathrm{o}}^{\mathrm{L}}\right) \tag{7-76a}$$

也可认为是液体静态有序分子具有的有效作用位能占液体有效内能的比例，即

$$n_{\mathrm{o}} = \frac{P_{\mathrm{in}}^{\mathrm{L}} V_{\mathrm{m}}^{\mathrm{L}}}{\left(P_{\mathrm{id}}^{\mathrm{L}} + P_{\mathrm{in}}^{\mathrm{L}}\right) V_{\mathrm{m}}^{\mathrm{L}}} = \frac{U_{\mathrm{o}}^{\mathrm{L}}}{U_{\mathrm{no}}^{\mathrm{L}} + U_{\mathrm{o}}^{\mathrm{L}}} \tag{7-76b}$$

故体系内能
$$U^{\mathrm{L}} = U_{\mathrm{K}}^{\mathrm{Lno}} + U_{\mathrm{P}}^{\mathrm{Lo}} = P_{\mathrm{id}}^{\mathrm{L}} V_{\mathrm{m}}^{\mathrm{Lno}} + P_{\mathrm{in}}^{\mathrm{L}} V_{\mathrm{m}}^{\mathrm{Lo}} \tag{7-77}$$

$$= \left(Z_Y^{\mathrm{Lno}} V_{\mathrm{m}}^{\mathrm{L}} + Z_Y^{\mathrm{Lo}} V_{\mathrm{m}}^{\mathrm{L}} \right) \times \left(P_{\mathrm{id}}^{\mathrm{L}} + P_{\mathrm{at}}^{\mathrm{L}} - P_{\mathrm{Pl}}^{\mathrm{L}} \right)$$

体系分子总数 $\qquad\qquad m_\Sigma = m_{\mathrm{no}}^{\mathrm{L}} + m_{\mathrm{o}}^{\mathrm{L}} \qquad\qquad$ （7-78）

体系中动态分子数量 $m_{\mathrm{no}}^{\mathrm{L}} = n_{\mathrm{no}}^{\mathrm{L}} m_\Sigma^{\mathrm{L}}$ ， $n_{\mathrm{no}}^{\mathrm{L}}$ 为液体中动态分子所占比例。

体系中静态分子数量 $m_{\mathrm{o}}^{\mathrm{L}} = n_{\mathrm{o}}^{\mathrm{L}} m_\Sigma^{\mathrm{L}}$ ， $n_{\mathrm{o}}^{\mathrm{L}}$ 为液体中静态分子所占比例。

现以丙酮为例计算液体丙酮的动态分子和静态分子的分子数量和所占的比例。表 7-6 中列示了丙酮计算所用的 PTV 状态参数。

表7-6　丙酮液体中动态分子和静态分子的分子数量计算所需 PTV 数据

状态	P/bar	T/K	$V_{\mathrm{m}}/(\mathrm{cm^3/mol})$
饱和液体	0.00681	220	2691397.4460
	0.054085	260	398725.4234
	0.482	310	52742.6342
	1.013	329.3	26484.4800
	2.04	350	13764.9600
	4.52	380	6388.8000
	8.94	410	3229.2480
	13.64	430	2067.6480
	22.79	460	1155.7920
	32.52	480	755.0400
	37.73	490	528.5280
临界态	47.61	508.2	213.1536

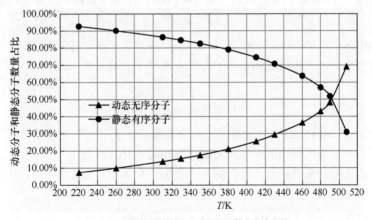

图7-4　液体丙酮的动态无序分子和静态有序分子

依据表 7-6 的丙酮计算数据得图 7-4。

图 7-4 表明在低温下静态有序分子数量远多于动态无序分子的数量，随着体系温度提高，体系中动态无序分子的数量越来越多，在 490K 时动态无序分子的数量与静态有序分子数量接近相等，超过 490K 后体系中动态无序分子的数量超过了静态有序分子。

表 7-7 列示了丙酮液体在各种温度下的分子压力 $P_{\mathrm{id}}^{\mathrm{L}}$ 、 $P_{\mathrm{in}}^{\mathrm{L}}$ 数据，以及静态有序分子比例 $n_{\mathrm{o}}^{\mathrm{L}}$ 和动态无序分子比例 $n_{\mathrm{no}}^{\mathrm{L}}$ 。

表 7-7　丙酮液体在各种温度下的分子压力 P_{id}^L、P_{in}^L 和分子数量占比

T/K	P_{id}/bar	P_{in}/bar	$n_{no}/\%$	$n_o/\%$
220	300.82	3826.59	7.29	92.71
260	321.68	2925.99	9.91	90.09
310	345.34	2169.70	13.73	86.27
329.3	353.63	1934.68	15.46	84.54
350	362.27	1712.81	17.46	82.54
380	371.56	1397.63	21.01	78.99
410	375.26	1098.32	25.48	74.52
430	373.73	901.37	29.33	70.67
460	363.80	637.51	36.36	63.64
480	347.02	459.95	43.04	56.96
490	326.24	351.62	48.17	51.83
508.2	198.22	88.74	69.11	30.89

注：本表数据依据发明专利 ZL 2012 1 0315270.2[9] 的方法计算得到。

7.3.2　固体的动态分子和静态分子

固体体系中分子同样有动态无序分子和静态有序分子，这是与液态物质相类似的，因此固体中分子具有的内能为

$$U^S = U_K^{Sno} + U_P^{So} \tag{7-79}$$

与液体不同，固体中动态无序分子数量极少，在低温下可以认为接近零，而静态有序分子数量很多，在低温下可以认为接近 100%。因而固体中分子具有的内能为

$$U^S \approx U_P^{So} \tag{7-80}$$

因为固体中分子同样有动态无序分子和静态有序分子，因而与液体一样，反映体系分子活动能力（或称逸出能力）的是体系在一定状态条件下的逸度 f^S 或有效压力 P^{Seff}。

$$f^S = Z_Y^S f_0^S \tag{7-81}$$

$$P^{Seff} = \varphi^S P_0^{Seff} \tag{7-82}$$

式中，Z_Y^S、φ^S 为固体的逸度压缩因子和逸度系数；f_0^S、P_0^{Seff} 为假想某种"理想"状态下，存在分子间相互作用影响的体系的起始逸度和起始有效压力。

由于固体的逸度和有效压力有同样的理论意义，有效压力更直接一些，下面将以有效压力进行讨论。

固体有效压力与固体逸度系数和逸度压缩因子关系式为

$$\varphi^S = Z_Y^S = \frac{P^{Seff}}{P_0^{Seff}} = \frac{P_r^S + P_{atr}^S - P_{P1r}^S - P_{P2r}^S}{P_{idr}^S + P_{atr}^S - P_{P1r}^S} + \frac{P_{inr}^S}{P_{idr}^S + P_{atr}^S - P_{P1r}^S} \tag{7-83}$$

即固体有效压力 P^{Seff} 应由动态分子的有效压力和静态分子的有效压力组成：动态分子有效压力 $P_{no}^{Seff} = P^S + P_{at}^S - P_{P1}^S - P_{P2}^S$；静态分子有效压力 $P_o^{Seff} = P_{in}^S$。

相平衡时固体的热力学逸度系数或有效压力与分子理论的固体逸度压缩因子存在关系

$$\varphi^G = \varphi^S = Z_Y^S \tag{7-84}$$

故
$$\varphi^{G} = Z_{Y}^{S} = \frac{P^{Seff}}{P_{0}^{Seff}} = \frac{P_{r}^{S} + P_{atr}^{S} - P_{P1r}^{S} - P_{P2r}^{S}}{P_{idr}^{S} + P_{atr}^{S} - P_{P1r}^{S}} + \frac{P_{inr}^{S}}{P_{idr}^{S} + P_{atr}^{S} - P_{P1r}^{S}}$$

$$= \frac{P_{r}^{S}}{P_{idr}^{S} + P_{atr}^{S} - P_{P1r}^{S}} + \frac{P_{atr}^{S} - P_{P1r}^{S} - P_{P2r}^{S}}{P_{idr}^{S} + P_{atr}^{S} - P_{P1r}^{S}} + \frac{P_{inr}^{S}}{P_{idr}^{S} + P_{atr}^{S} - P_{P1r}^{S}} \tag{7-85}$$

式（7-85）与 7.2.2 节讨论固体相平衡时的式（7-40）相同。由于固体中动态分子数量极少，可认为是零。故式（7-85）中一些动态分子的分子压力 P_{at}、P_{P1}、P_{P2} 均为零值；即动态分子有效压力为 $P_{no}^{Seff} = P^{S}$。

依据第 7.2.2 节讨论可得固体逸度压缩因子为

$$Z_{Y}^{S} = Z_{Y}^{Sno} + Z_{Y}^{So} = \frac{P^{Seff}}{P_{0}^{Seff}} = \frac{P_{no}^{Seff} + P_{o}^{Seff}}{P_{0}^{Seff}} = \frac{P_{r}^{S}}{P_{idr}^{S} + P_{atr}^{S} - P_{P1r}^{S}} + \frac{P_{inr}^{S}}{P_{idr}^{S} + P_{atr}^{S} - P_{P1r}^{S}} \tag{7-86}$$

即无序分子对体系逸度压缩因子的贡献　$Z_{Y}^{Sno} = \dfrac{P_{r}^{S}}{P_{idr}^{S} + P_{atr}^{S} - P_{P1r}^{S}}$ \hfill (7-87)

短程有序分子对体系逸度压缩因子的贡献　$Z_{Y}^{So} = \dfrac{P_{inr}^{S}}{P_{idr}^{S} + P_{atr}^{S} - P_{P1r}^{S}}$ \hfill (7-88)

由式（7-86）两边除以 Z_{Y}^{S} 得

$$1 = \frac{P_{r}^{S}}{\left(P_{idr}^{S} + P_{atr}^{S} - P_{P1r}^{S}\right)Z_{Y}^{S}} + \frac{P_{inr}^{S}}{\left(P_{idr}^{S} + P_{atr}^{S} - P_{P1r}^{S}\right)Z_{Y}^{S}} \tag{7-89}$$

$$= \frac{Z_{Y}^{Sno}}{Z_{Y}^{S}} + \frac{Z_{Y}^{So}}{Z_{Y}^{S}} = \frac{P_{no}^{Seff}}{P_{0}^{Seff} Z_{Y}^{S}} + \frac{P_{o}^{Seff}}{P_{0}^{Seff} Z_{Y}^{S}}$$

设
$$n_{no}^{S} = \frac{P_{no}^{Seff}}{P_{0}^{Seff} Z_{Y}^{S}} = \frac{P_{r}^{S}}{\left(P_{idr}^{S} + P_{atr}^{S} - P_{P1r}^{S}\right)Z_{Y}^{S}} \tag{7-90a}$$

$$n_{o}^{S} = \frac{P_{o}^{Seff}}{P_{0}^{Seff} Z_{Y}^{S}} = \frac{P_{inr}^{S}}{\left(P_{idr}^{S} + P_{atr}^{S} - P_{P1r}^{S}\right)Z_{Y}^{S}} \tag{7-90b}$$

相平衡时 $\varphi^{G} = \varphi^{L} = Z_{Y}^{L}$，将式（7-81）和式（7-82）代入式（7-90），得

$$n_{no}^{S} = \frac{P_{no}^{Seff}}{P^{Seff}} = \frac{P_{r}^{S}}{P_{r}^{S} + P_{inr}^{S}} = \frac{P^{S} V_{m}^{S}}{\left(P^{S} + P_{in}^{S}\right)V_{m}^{S}} \tag{7-91a}$$

$$n_{o}^{S} = \frac{P_{o}^{Seff}}{P^{Seff}} = \frac{P_{inr}^{S}}{P_{r}^{S} + P_{inr}^{S}} = \frac{P_{in}^{S} V_{m}^{S}}{\left(P^{S} + P_{in}^{S}\right)V_{m}^{S}} \tag{7-91b}$$

式（7-91）中 $P^{S} V_{m}^{S}$ 为在固体无序分子有效动压力 P_{no}^{Seff} 作用下分子移动的动能。设固体中动态无序分子数量为 m_{no}^{S}，每个动态分子具有的平均动能为 $\bar{u}_{no}^{S}$，故有

$$P^{S} V_{m}^{S} = m_{no}^{S} N_{A} \bar{u}_{no}^{S} \tag{7-92}$$

$P_{in}^{S} V_{m}^{S}$ 为在固体有序分子有效静压力 P_{in}^{S} 作用下静态分子具有的位能。设固体中静态有序分子数量为 m_{o}^{S}，每个静态分子平均动能为 $\bar{u}_{o}^{S}$，故有

$$P_{in}^{S} V_{m}^{S} = m_{o}^{S} N_{A} \bar{u}_{o}^{S} \tag{7-93}$$

代入式（7-91a）得
$$n_{\text{no}}^{\text{S}} = \frac{P^{\text{S}} V_{\text{m}}^{\text{S}}}{\left(P^{\text{S}} + P_{\text{in}}^{\text{S}}\right) V_{\text{m}}^{\text{S}}} = \frac{m_{\text{no}}^{\text{S}} N_A \bar{u}_{\text{no}}^{\text{S}}}{m_{\text{no}}^{\text{S}} N_A \bar{u}_{\text{no}}^{\text{S}} + m_{\text{o}}^{\text{S}} N_A \bar{u}_{\text{o}}^{\text{S}}} \tag{7-94a}$$

代入式（7-91b）得
$$n_{\text{o}}^{\text{S}} = \frac{P_{\text{in}}^{\text{S}} V_{\text{m}}^{\text{S}}}{(P^{\text{S}} + P_{\text{in}}^{\text{S}}) V_{\text{m}}^{\text{S}}} = \frac{m_{\text{o}}^{\text{S}} N_A \bar{u}_{\text{o}}^{\text{S}}}{m_{\text{no}}^{\text{S}} N_A \bar{u}_{\text{no}}^{\text{S}} + m_{\text{o}}^{\text{S}} N_A \bar{u}_{\text{o}}^{\text{S}}} \tag{7-94b}$$

$\bar{u}^{\text{S}}$、$\bar{u}_{\text{no}}^{\text{S}}$、$\bar{u}_{\text{o}}^{\text{S}}$ 是固体每个分子具有的能量，无论是动态无序分子还是静态有序分子都是同一物质中的分子，也都是处在同样体系状态条件下同一固体中的分子，故可认为固体中每个分子具有的能量相同，即有

$$\bar{u}^{\text{S}} = \bar{u}_{\text{no}}^{\text{S}} = \bar{u}_{\text{o}}^{\text{S}} \tag{7-95}$$

代入式（7-94a）得
$$n_{\text{no}}^{\text{S}} = \frac{P^{\text{S}} V_{\text{m}}^{\text{S}}}{\left(P^{\text{S}} + P_{\text{in}}^{\text{S}}\right) V_{\text{m}}^{\text{S}}} = \frac{m_{\text{no}}^{\text{S}}}{m_{\text{no}}^{\text{S}} + m_{\text{o}}^{\text{S}}} \tag{7-96a}$$

代入式（7-94b）得
$$n_{\text{o}}^{\text{S}} = \frac{P_{\text{in}}^{\text{S}} V_{\text{m}}^{\text{S}}}{\left(P^{\text{S}} + P_{\text{in}}^{\text{S}}\right) V_{\text{m}}^{\text{S}}} = \frac{m_{\text{o}}^{\text{S}}}{m_{\text{no}}^{\text{S}} + m_{\text{o}}^{\text{S}}} \tag{7-96b}$$

因而 n_{no}^{S} 表示的是固体动态无序分子数占总分子数的比例，即

$$n_{\text{no}}^{\text{S}} = m_{\text{no}}^{\text{S}} / \left(m_{\text{no}}^{\text{S}} + m_{\text{o}}^{\text{S}}\right) \tag{7-97a}$$

也可认为是固体动态无序分子具有的有效作用动能占固体有效内能的比例，即

$$n_{\text{no}}^{\text{S}} = \frac{P_{\text{id}}^{\text{S}} V_{\text{m}}^{\text{S}}}{(P_{\text{id}}^{\text{S}} + P_{\text{in}}^{\text{S}}) V_{\text{m}}^{\text{S}}} = \frac{U_{\text{no}}^{\text{S}}}{U_{\text{no}}^{\text{S}} + U_{\text{o}}^{\text{S}}}$$

n_{o}^{S} 表示固体静态有序分子数占总分子数的比例，即

$$n_{\text{o}}^{\text{S}} = m_{\text{o}}^{\text{S}} / \left(m_{\text{no}}^{\text{S}} + m_{\text{o}}^{\text{S}}\right) \tag{7-97b}$$

也可认为是固体静态有序分子具有的有效作用位能占固体总有效内能的比例，即

$$n_{\text{o}}^{\text{S}} = \frac{P_{\text{id}}^{\text{S}} V_{\text{m}}^{\text{S}}}{(P_{\text{id}}^{\text{S}} + P_{\text{in}}^{\text{S}}) V_{\text{m}}^{\text{S}}} = \frac{U_{\text{o}}^{\text{S}}}{U_{\text{no}}^{\text{S}} + U_{\text{o}}^{\text{S}}}$$

故体系内能
$$U^{\text{S}} = U_{\text{K}}^{\text{Sno}} + U_{\text{P}}^{\text{So}} = P^{\text{S}} V_{\text{m}}^{\text{S}} + P_{\text{in}}^{\text{S}} V_{\text{m}}^{\text{S}} \tag{7-98a}$$
$$= \left(Z_Y^{\text{Sno}} V_{\text{m}}^{\text{Sno}} + Z_Y^{\text{So}} V_{\text{m}}^{\text{So}}\right) \times \left(P_{\text{id}}^{\text{S}} + P_{\text{at}}^{\text{S}} - P_{\text{P1}}^{\text{S}}\right)$$

体系分子总数
$$m_{\Sigma}^{\text{S}} = m_{\text{no}}^{\text{S}} + m_{\text{o}}^{\text{S}} \tag{7-98b}$$

体系中动态分子数量 $m_{\text{no}}^{\text{S}} = n_{\text{no}}^{\text{S}} m_{\Sigma}^{\text{S}}$，$n_{\text{no}}^{\text{S}}$ 为固体中动态分子占的比例。

体系中静态分子数量 $m_{\text{o}}^{\text{S}} = n_{\text{o}}^{\text{S}} m_{\Sigma}^{\text{S}}$，$n_{\text{o}}^{\text{S}}$ 为固体中静态分子占的比例。

现以冰为例计算固体冰的动态分子和静态分子的分子数量和所占的比例。表 7-8 中列示了冰计算所用的 PTV 状态参数。

表 7-8　冰的动态分子和静态分子的分子数量计算所需 PTV 数据

P_r	7.3237×10^{-9}	4.0280×10^{-7}	1.6817×10^{-6}	3.4313×10^{-6}	8.8608×10^{-6}	2.7622×10^{-5}
$T(T_r)$	200K(0.3090)	300K(0.3553)	240K(0.3708)	250K(0.3862)	260K(0.4017)	273.15K(0.4220)
V_{mr}	0.3404	0.3420	0.3423	0.3427	0.3432	0.3442

以表 7-8 中 PTV 数据计算的结果如图 7-5 所示。

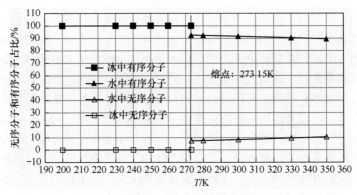

图 7-5 冰和水中无序分子和有序分子百分比

由图 7-5 知冰中有序分子数量约占体系的 100%，而无序分子数量很少，接近 0，而水中短程有序分子数量少于冰，在熔点处为 92.60%，温度上升，短程有序分子数量逐渐减少，在 350K 处约为 89.50%。水中无序分子数量大于冰，在熔点处为 7.4%，温度上升，无序分子数量逐渐增加，温度在 350K 处约为 10.50%。

图中冰的分子压力和分子数量的数据如表 7-9。

表 7-9　冰和水在熔点附近的分子压力和分子数量

T/K	物质状态	P_r, P_{idr}	P_{inr}	无序分子	有序分子
200		6.909×10^{-9}	72.729	0.0000000001	100.00%
230		3.751×10^{-7}	69.435	0.0000000058	100.00%
240		1.557×10^{-6}	68.498	0.0000000246	100.00%
250	固体冰	3.172×10^{-6}	67.538	0.0000000508	100.00%
260		8.121×10^{-6}	66.614	0.0000001331	100.00%
273.15		2.520×10^{-5}	65.329	0.0000004231	100.00%
273.15		2.536×10^{-5}	71.343	7.40%	92.60%
280		4.103×10^{-5}	70.621	7.65%	92.35%
300	液体水	1.447×10^{-4}	68.173	8.39%	91.61%
330		7.130×10^{-4}	63.630	9.63%	90.37%
350		1.660×10^{-3}	60.728	10.50%	89.50%

注：本表数据依据发明专利 ZL 2012 1 0315270.2[9] 的方法计算得到。

7.4　分子动压力

在液体内运动着的分子是液体的移动分子，并且移动分子的运动速度和分子平均动能 $\bar{u}_t$ 还会受到物质中各种分子间相互作用的影响。

当物质处在 λ 区时物质中的分子间相互作用影响是不能忽略的。这意味着分子的热运动会受到液体内分子间的相互作用影响，亦就是说，分子运动除了应遵从牛顿运动定律外，分子热运动不能完全遵循自身的规律，还会受到一些微观因素的影响，这些微观因素有分子本身体积大小的影响、分子间相互作用的影响等。

液体的特点是液体中除存在有像气体分子那样的移动分子，还存在有像固体分子那样处在固定位置上的定居分子。定居分子由于相对固定地在一定的位置上，故而定居分子不具有移动分子的运动速度和分子平均动能。亦就是说，分子动压力中不会有定居分子的贡献。但定居分子与移动分子间亦存在有分子间相互作用，因此定居分子会对液体中运动着的分子所形成的动压力的有效性产生影响。

动态分子会形成体系压力，此压力会受到其他分子间相互作用的影响，液体中静态定居分子间亦存在有分子间相互作用，静态定居分子不能形成分子动压力，但定居分子间相互作用在特定条件下（例如在界面处）会以压力形式显示其相互作用的结果，这个压力不是由于分子运动而产生的体系压力，而是由千千万万液体定居分子将彼此相互作用的作用力集聚在界面面积上而形成的对体系的压力，文献中称之为内压力。由于这个压力不是由运动着的分子所形成的，因而宏观分子相互作用理论称其为分子静压力。

本节和下一节将分别讨论分子动压力和分子静压力。

7.4.1 第一分子动压力

动态分子又称无序分子，物质中动态分子可能产生两种分子行为：无序动态分子在物质内的分子移动热运动产生的物质体系的压力，称为物质内分子行为的第一分子动压力。物质内移动运动分子与其分子间相互作用均会对这个分子移动热运动所产生的体系压力产生影响，这些综合影响所形成的液体体系压力变化称为第二分子动压力。

涉及第一、第二分子动压力分子行为的物质分子间相互作用在前面章节中已有介绍，这里再简单介绍如下。

假设理想状态（不考虑分子相互作用）下由分子热驱动运动动能形成的液体压力，称为分子理想压力：

$$P_{id}^{L} = -N\left(\frac{\partial \overline{u}_{(r)}^{0K}}{\partial V}\right)_A \qquad (7\text{-}99a)$$

液体分子本身存在的体积对分子热驱动运动形成的液体压力的影响，称为分子第一斥压力：

$$P_{P1}^{L} = -N\left(\frac{\partial \overline{u}_{(r)P1}^{K}}{\partial V}\right)_A \qquad (7\text{-}99b)$$

液体分子电子排斥力对分子热驱动运动形成的液体压力的影响，称之为分子第二斥压力：

$$P_{P2}^{L} = -N\left(\frac{\partial \overline{u}_{(r)P2}^{K}}{\partial V}\right)_A \qquad (7\text{-}99c)$$

液体分子间吸引力对分子热驱动运动形成的液体压力的影响，称为分子吸引压力：

$$P_{at}^{L} = -N\left(\frac{\partial \overline{u}_{(r)at}^{K}}{\partial V}\right)_A \qquad (7\text{-}99d)$$

式（7-99a）～式（7-99d）各式表示讨论液体中各种分子间相互作用对讨论体系中无序分子在液体中作移动运动的影响，亦就是对液体压力的影响。由于是以压力形式表示的分子间相互作用的影响，所以称之为液体的分子压力。因此得到液体分子压力的关系式为分子压力的微观结构表示式：

$$P^{L} = P_{id} + P_{P1} + P_{P2} - P_{at} \qquad (7\text{-}100)$$

由于分子压力是表示液体中各种分子间相互作用最重要的分子间相互作用参数，故这里对这些分子间相互作用参数再说明如下。

第一项：P_{id}，称为分子理想压力，是在讨论体系中分子间吸引力和各种分子间斥力均可忽略，并将讨论分子作为不具有体积的质点时，仅由体系中分子在体系热量驱动下做移动运动所形成的压力。由于此时忽略了分子间相互作用，因而体系所形成的压力称为理想压力，在忽略体系中分子间相互作用等影响时，体系压力可表示为：

$$P^{L} = P_{id} = \frac{RT^{L}}{V_{m}^{L}} \tag{7-101}$$

注意，P_{id} 是压力微观结构式中各项分子压力中唯一可以与体系压力 P^{L} 直接相关联的分子压力项，其他各项分子压力，如 P_{P1}、P_{P2} 和 P_{at}，均不能直接与体系压力 P^{L} 相关联，即不存在 $P^{L} = P_{P1}$、$P^{L} = P_{P2}$ 和 $P^{L} = P_{at}$ 的直接关系。其原因是像 P_{P1}、P_{P2} 和 P_{at} 这些分子压力不会使体系形成或产生压力，但能够对分子移动运动所形成的理想压力产生影响，使理想压力数值增高或降低。因而 P_{P1}、P_{P2} 和 P_{at} 这些分子压力加上分子理想压力 P_{id}，在我们的讨论中统称为分子动态压力，简称为分子动压力。

第二项：P_{P1}，称为分子第一斥压力，当讨论体系中存在有大量分子时由于分子本身体积的存在会对讨论体系压力以排斥力形式产生一定影响，P_{P1} 数值高低表示这一斥力影响大小，亦就是当分子间吸引力和分子间斥力均可忽略时，分子本身存在的体积对体系中移动动能所形成的压力的影响，在受到 P_{P1} 影响时体系压力可表示为：

$$P^{L} = P_{id} + P_{P1} = \frac{RT}{V_{m}} + P_{P1} \tag{7-102}$$

注意，在体系压力中分子理想压力 P_{id} 应是必定存在的，这表明讨论体系压力是分子热运动所形成的，而其他分子间相互作用因素只是对分子理想压力 P_{id} 数值进行修正。一般斥力项可使讨论体系压力数值增大，引力项可使讨论体系压力数值减小，故而第一斥压力的存在会使讨论体系压力数值增高。式（7-102）中 P_{P1} 定义式为：

$$P_{P1} = N \frac{f_{(r)P1}^{K}}{A} \tag{7-103}$$

影响理想压力数值的微观因素是体系中千千万万个分子都具有其自身的体积而使体系内分子自由活动的体积范围减少，现设分子自由活动的实际体积为 V_{m}^{f}，则体系实际压力应为

$$P^{L} = \frac{RT}{V_{m}^{f}} \tag{7-104}$$

将式（7-104）代入式（7-102），得到受分子本身体积影响的压力

$$P_{P1} = RT / \left(V_{m} - V_{m}^{f} \right) \tag{7-105}$$

设 b 为理想状态下系统中千千万万个分子体积的总和，则有 $b = V_{m} - V_{m}^{f}$，将其代入式（7-102）和式（7-104）得

$$P_{P1} = P^{L} \frac{b}{V_{m}} \tag{7-106}$$

式（7-106）为液相的分子第一斥压力的计算式。

第三项：P_{P2}，为液相分子第二斥压力，是分子间由于电子相互作用所引起的斥力对体系

压力大小产生的影响，P_{P2} 数值高低表示这一斥力影响大小，与第一斥压力的讨论相似，在分子吸引力和分子第一斥压力均可忽略时，在受到 P_{P2} 影响时体系压力可表示为：

$$P = P_{id} + P_{P2} = \frac{RT}{V_m} + P_{P2} \qquad (7-107)$$

上式表明，第二斥压力也只是对分子理想压力数值进行的修正。一般斥力项会使讨论体系压力数值增大，故而第二斥压力的存在会使讨论体系压力数值增高。

P_{P2} 定义式为

$$P_{P2} = N \frac{f_{(r)P2}^K}{A} \qquad (7-108)$$

第四项：P_{at}，称为分子吸引压力，为分子间存在的相互吸引力对体系压力产生的影响。与斥压力的讨论相似，在各项分子斥压力均可忽略时，P_{at}^L 对体系压力影响可表示为：

$$P = P_{id} + P_{at} = \frac{RT}{V_m} + P_{at} \qquad (7-109)$$

上式表明，分子吸引压力也只是对分子理想压力所形成的讨论体系压力数值进行的修正。一般分子吸引力会使分子间距离相互靠近，从而使讨论体系压力数值减小。

P_{at} 定义式为

$$P_{at} = N \frac{f_{(r)at}^K}{A} \qquad (7-110)$$

上述这些以压力形式表示的各个分子作用力项，即 P_{id}、P_{P1}、P_{P2} 和 P_{at}，统称为分子压力，所谓分子压力是微观中各种类型的分子间相互作用力以压力形式的表示。这种以压力形式表示的微观分子间相互作用力具有下列属性。

① 上述各个分子压力的数值，均不是孤立两个分子之间作用力的数值，而是存在有许多分子的讨论体系中分子作用力的统计平均值，分子对体系压力的平均作用的贡献为：

$$P = N \frac{\overline{f_{(r)}}}{A} \qquad (7-111a)$$

其中每个分子的各种分子间相互作用行为对体系压力的贡献平均为：

分子动能贡献 $$P_m = \frac{P}{N} = \frac{\overline{f_{(r)}^{LK}}}{A} \qquad (7-111b)$$

分子斥力贡献 $$P_{mP} = \frac{P_P}{N} = \frac{P_{P1}}{N} + \frac{P_{P2}}{N} = \frac{\overline{f_{(r)P1}^{LK}}}{A} + \frac{\overline{f_{(r)P2}^{LK}}}{A} \qquad (7-111c)$$

分子吸引力贡献 $$P_{mat} = \frac{P_{at}}{N} = \frac{\overline{f_{(r)at}^{LK}}}{A} \qquad (7-111d)$$

② 分子压力具有方向性。讨论体系压力 P 可以作为分子压力的作用方向参考，热力学中以环境压力表示 P，故而表示分子间斥力的分子压力的作用方向与 P 的作用方向相反；而表示分子吸引力的分子压力的作用方向与 P 的作用方向相同，为此可将压力的微观结构式改写为：

$$P + P_{at} = P_{id} + P_{P1} + P_{P2} \qquad (7-112)$$

上式又被称为液体分子压力平衡式。此式表示物质中分子吸引压力总是低于物质中由于分子热运动所引起压力和另外两项斥压力之和。无论对气态物质还是液态物质均是如此，即：

$$P_{at} < P_{id} + P_{P1} + P_{P2} \qquad (7-113)$$

这说明，物质为了达到平衡状态，必须存在外压力。

③ 分子压力具有加和性。不同作用类型的分子压力，在明确其作用方向后，在数值上可以相加，也可以相减。各种微观分子间相互作用力所形成的各种分子压力加和的最后结果，必定是与体系压力数值相等而作用方向相反的分子压力，式（7-112）明确地表示了这一结果，体系为达到平衡状态亦必须要求是这样的结果。

④ 上述讨论的各种分子压力均属于动压力范畴，分子静压力亦应是分子压力，上述分子压力定义方式亦可以对分子静压力给予类似定义。分子静压力不参与分子动压力的平衡，但分子静压力的分子间吸引作用会对试图逃逸出液相的分子逃逸能力产生影响。

综上所述，物质内影响相内第一分子动压力的各种分子压力为：分子理想压力、分子第一斥压力、分子第二斥压力和分子吸引压力。

7.4.2　第二分子动压力

在液相中分子试图逃逸出相物理界面进入气相，这个逃逸分子受到液相分子的分子间相互作用的影响而改变其逃逸的能力，称为液相内的第二分子动压力的分子行为。

相内动态分子间相互作用会对液体压力产生影响，这是上面已介绍的分子动压力行为。相内动态分子间相互作用会对试图逃逸出相物理界面进入气相的分子逃逸能力产生影响，这也是分子动压力行为，这在热力学理论中称为逸度理论，众所周知所谓"逸度"可视为"有效压力"，是相中的分子间相互作用对逃逸分子的逃逸速度，也可以称为"逃逸压力"或"逃逸能力"，产生的影响。

所谓分子间相互作用对相中分子运动速度的影响，其实质是反映对体系压力的影响，而分子间相互作用对试图逃逸出相物理界面的分子逃逸能力产生的影响实质也是反映对分子运动速度的影响，也可归纳在对某种压力的影响，例如对"分子逃逸压力"的影响。

因此第一分子动压力与第二分子动压力的分子行为有相似之处，故影响这两种分子行为的分子间相互作用二者也应该是基本相似的，即影响这两种分子行为的分子间相互作用有分子理想压力 P_{id}^L、分子第一斥压力 P_{P1}^L、分子第二斥压力 P_{P2}^L 和分子吸引压力 P_{at}^L。亦就是说与第一与第二分子动压力相关的分子压力是相同的，即为 P_{at}、P_{id}、P_{P1} 和 P_{P2}。

第一分子动压力在体系中完成的分子行为是形成体系的实际压力，并完成体系中各种分子间相互作用对体系压力的影响。体系中各种分子间相互作用对体系压力的各种影响的相互关系在宏观分子相互作用理论中以分子压力的微观结构式表示：

$$P = P_{id} + P_{P1} + P_{P2} - P_{at}$$

第二分子动压力在体系中完成的分子行为是对体系有效压力的影响，即热力学中的"逸度"，并完成体系中各种分子间相互作用对逸度的影响。体系中各种分子间相互作用并不是直接反映在体系的各种性质上，而是对体系的各种性质产生各种分子间相互作用的影响，使其成为有效的体系性质，例如使体系的实际压力成为实际起作用的有效压力。

热力学理论称体系在一定的状态条件下的逸度 f 为有效压力 P^{eff}，其定义如下：

$$f = \varphi f_0 \tag{7-114}$$

$$P^{eff} = \varphi P_0^{eff} \tag{7-115}$$

式中，φ 为逸度系数；f_0、P_0^{eff} 为假想某种理想状态下，且存在假设分子间相互作用影响的体系的起始逸度和起始有效压力。

宏观分子相互作用理论提出液体逸度压缩因子 Z_Y，并认为有 $\varphi = Z_Y$。由于液体的逸度和有效压力具有同样的理论意义，有效压力更直接一些，下面讨论中将以有效压力进行。因而逸度压缩因子与有效压力的关系为：

$$P^{\mathrm{eff}} = \varphi P_0^{\mathrm{eff}} = Z_\gamma P_0^{\mathrm{eff}} \qquad (7\text{-}116)$$

已知体系的逸度或有效压力是由于体系中存在着千万分子间的相互作用，由式（7-116）知体系压力成为逸度或有效压力的体系中分子间相互作用应该与逸度压缩因子 Z_γ 相关，故使体系压力成为逸度或有效压力是体系的分子行为，亦就是说体系中热力学压缩因子是体系的热力学行为，而逸度压缩因子是体系中的分子行为，与这个分子行为相关的分子动压力，宏观分子相互作用理论称为第二分子动压力。

与讨论物质的分子间相互作用有关的第二分子动压力为：

气体的分子压力：

S1 法，饱和气体逸度压缩因子， $\quad Z_{\gamma(\mathrm{S1})}^{\mathrm{G}} = \dfrac{P_{\mathrm{r}}^{\mathrm{G}} + P_{\mathrm{atr}}^{\mathrm{G}}}{P_{\mathrm{idr}}^{\mathrm{G}} + P_{\mathrm{atr}}^{\mathrm{G}}} \qquad (7\text{-}117)$

S2 法，饱和气体逸度压缩因子， $\quad Z_{\gamma(\mathrm{S2})}^{\mathrm{G}} = \dfrac{P_{\mathrm{r}}^{\mathrm{G}} + P_{\mathrm{atr}}^{\mathrm{G}} - P_{\mathrm{P1r}}^{\mathrm{G}}}{P_{\mathrm{idr}}^{\mathrm{G}} + P_{\mathrm{atr}}^{\mathrm{G}} - P_{\mathrm{P1r}}^{\mathrm{G}}} \qquad (7\text{-}118)$

液体的分子压力：液体逸度系数和液体无序分子逸度压缩因子

$$Z_\gamma^{\mathrm{Lno}} = \frac{P_{\mathrm{r}}^{\mathrm{L}} + P_{\mathrm{atr}}^{\mathrm{L}} - P_{\mathrm{P1r}}^{\mathrm{L}} - P_{\mathrm{P2r}}^{\mathrm{L}}}{P_{\mathrm{idr}}^{\mathrm{L}} + P_{\mathrm{atr}}^{\mathrm{L}} - P_{\mathrm{P1r}}^{\mathrm{L}}} + \frac{P_{\mathrm{inr}}^{\mathrm{L}}}{P_{\mathrm{idr}}^{\mathrm{L}} + P_{\mathrm{atr}}^{\mathrm{L}} - P_{\mathrm{P1r}}^{\mathrm{L}}} \qquad (7\text{-}119)$$

固体的分子压力：固体逸度系数和固体无序分子逸度压缩因子

$$Z_\gamma^{\mathrm{Sno}} = \frac{P_{\mathrm{r}}^{\mathrm{S}}}{P_{\mathrm{idr}}^{\mathrm{S}} + P_{\mathrm{atr}}^{\mathrm{S}} - P_{\mathrm{P1r}}^{\mathrm{S}}} \qquad (7\text{-}120)$$

7.5 分子静压力

凝聚态物质液体和固体中均有动态分子和静态分子，液体中静态分子又称为短程有序分子，固体中静态分子又称为长程有序分子，如前所述，固体静态长程有序分子的分子行为会对体系产生分子静压力，但与体系静压力的形成或对体系静压力产生影响均无关，故体系静态分子可能产生两个分子行为，即第一分子静压力和第二分子静压力。

7.5.1 第一分子静压力

为了说明静态有序分子静压力的作用，下面比较两个对象：一个为气态物质（例如过热气体），另一个为液态物质，它们的摩尔体积数值相近，它们的对比体积都小于 1，比较这两个讨论对象间有什么异同之处。

气相物质和液相物质的区别在于液相是凝聚相，而气相是非凝聚相。

凝聚相有界面和界（表）面张力，而气相（非凝聚相）不存在界面和界（表）面张力，这是二者之间明显的差别。这一差别与温度有关，当温度上升时，这一差别逐渐减小，直到临界温度，一般认为此时液相表面张力为零，这意味着这一差别消失，气液界面逐渐模糊以至完全消失，即非凝聚相（气体）和凝聚相（液体）之间的差别消失。因此，表面张力应是凝聚相——液体的标志，换句话说，若体系中出现表面张力这个宏观性能参数，则该体系是凝聚相，是液体；若这个宏观性能消失则该体系是非凝聚相，是气体。

亦就是说，气体中不存在有表面张力，即使是在高压下的过热气体，可能其对比体积会有影响，$V_r<1$，但因为其物质状态为气态，所以其表面张力仍不存在。

近代许多文献认为表面张力与液相内分子相互作用有关[10-12]，即与体系的分子压力有关。上面讨论中得到的气相或液相中分子动压力的平衡方程为：

气相 $\qquad P_r^G + P_{atr}^G = P_{idr}^G + P_{P1r}^G + P_{P2r}^G$

液相 $\qquad P_r^L + P_{atr}^L = P_{idr}^L + P_{P1r}^L + P_{P2r}^L$

上述计算式表明，无论对气相还是对液相，外压力、分子吸引压力和各分子斥压力均已彼此平衡。故已无法说明是何种分子压力的作用使液体表面张力得以形成，并使液体与过热气体不同。在同样对比体积低于 1 的条件下，为什么液体可成为凝聚相，具有表面张力，而过热气体仍是气体并且不具有表面张力，不能成为凝聚相。

Adamson[13]指出，通过热力学第二定律，可导得内压力的微分方程式：

$$\left(\frac{\partial U}{\partial V}\right)_T = T\left(\frac{\partial P}{\partial T}\right)_V - P \qquad (7\text{-}121)$$

又已知 van der Waals 状态方程： $\quad P = \dfrac{RT}{V-b} - \dfrac{a}{V^2}$

由此可知，热力学导得的内压力 $P_{内} = \left(\dfrac{\partial U}{\partial V}\right)_T = \dfrac{a}{V^2}$ $\qquad (7\text{-}122)$

亦就是说，立方型状态方程（这里以 van der Waals 方程为例）中引力项可用于估算分子内压力的数值[13,14]。故而热力学理论认为内压力定与状态方程有关，而热力学中状态方程计算对象是体系的压力，而与压力相关的是移动分子的行为，而形成表面张力性质的不是移动分子的行为，因此以式（7-122）定义内压力应该还需推敲。宏观分子相互作用理论中式（7-122）所定义的应该是移动无序分子的分子吸引压力 P_{at}。

众多研究者认为，静态分子间的吸引作用所形成的分子内压力应与表面张力相关[13,15,16]，为此我们在表 7-10 中列出一些物质在过热状态和饱和液体状态下的对比分子吸引压力，以作比较。

表 7-10　过热状态和饱和液体状态下的对比分子吸引压力比较

物质	过热状态					饱和液体状态				
	P_r	V_r	T_r	P_{atr}	表面张力 /(mJ/m²)	P_r	V_r	T_r	P_{atr}	表面张力 /(mJ/m²)
Ar	20.4165	0.5554	1.9881	8.8744	0	0.6468	0.5683	0.9278	11.5539	0.9030
	10.0040	0.5237	1.3254	11.2097	0	0.4130	0.5153	0.8615	13.9682	2.990
	16.0064	0.4651	1.3254	13.7349	0	0.2477	0.4616	0.7952	17.3212	4.950
	20.0080	0.4419	1.3254	15.0041	0	0.1361	0.4319	0.7290	19.867	7.100
$n\text{-}C_4H_{10}$	10.5374	0.6765	1.6463	6.9295	0	0.9183	0.6919	0.9878	8.9336	0.1890
	13.1718	0.5448	1.4111	11.1010	0	0.6565	0.5555	0.9407	13.5380	1.7338
	13.1718	0.4381	1.0583	18.9939	0	0.2491	0.4490	0.8231	20.7962	6.3390

表 7-10 数据表明，在过热状态下物质对比分子吸引压力 P_{atr} 值亦可达到相当高的数值，但是过热状态仍不是凝聚状态，物质表面张力为零。而同一物质，处于饱和液体状态，在相应的 P_{atr} 数值时，物质已有一定数值的表面张力，说明物质已是凝聚状态。因此我们认为 P_{atr}

并不是可以使物质成为凝聚状态的分子压力，而能使物质成为凝聚状态的"分子内压力"是只存在于液态物质内的另一种分子压力，即另一种分子间吸引作用。

我们先从热力学理论来讨论能使物质成为凝聚状态的"分子内压力"。

当物质中存在表面张力性质时热力学第二定律以下列形式表示液体内能的变化：

$$dU = TdS - PdV + \sigma dA \tag{7-123}$$

式中，σ 表示表面张力；A 为表面面积。

由界面化学理论[17-19]知讨论相体积可分成两部分讨论，即相内区体积 V^B 和界面部分体积 V^S，分别有下列关系：相体积 $V = V^B + V^S$；相内区体积 V^B；界面部分体积 $V^S = \delta A$。式中，δ 为界面层厚度，与分子间有效作用距离相关，故在一定压力和温度下，可认为界面层厚度近似恒定。故有

$$dV^S\big|_{T,P} = \delta \, dA\big|_{T,P} \tag{7-124}$$

代入式（7-123），得

$$dU = TdS - PdV^B - PdV^S + \frac{\sigma}{\delta}dV^S$$
$$= TdS - PdV^B - \left(P - \frac{\sigma}{\delta}\right)dV^S \tag{7-125}$$

将体系的 U 和 S 均分成体相内部和界面两部分讨论，这样式（7-125）可改写为：

体相部分
$$dU^B = TdS^B - PdV^B \tag{7-126}$$

界面部分
$$dU^S = TdS^S - \left(P - \frac{\sigma}{\delta}\right)dV^S \tag{7-127}$$

由此可知在体系的界面部分存在两种压力，其一是通常的体系压力 P，这个压力不但在界面部分存在，亦在体系的体相内部存在。在界面部分中的压力与在体相内部中的压力数值上相同，热力学规定这个压力与体系的环境压力数值相等，但作用方向相反。体系内的压力是分子运动所形成的压力，即分子动压力。因此无论在体相内部还是界面部分，体系环境压力应与分子动压力处于平衡状态，故状态方程计算和反映的应是分子动压力的情况。

在界面部分还存在另一种压力，我们称为分子内压力 P_{in}，分子内压力可定义为

$$P_{in} = \frac{\sigma}{\delta} \tag{7-128}$$

与式（7-128）类似的一些表示式已被很多研究者[12,20,21]采用。因此，体系界面部分的界面压力为

$$P^S = P + P_{in} \tag{7-129}$$

界面压力在笔者另一本著作[18]中有详细讨论，在此不再进行讨论。下面将着重分析分子内压力 P_{in} 的一些特性。

① 式（7-127）表明分子内压力仅存在于体系的界面部分。

② 由式（7-128）可知，分子内压力与表面张力密切相关。

③ 已知表面张力形成的原因与分子运动状况无关,因而分子内压力亦应与体系内动态分子的运动状况无关，即分子内压力不属于分子动压力。

④ 众多研究者已经阐明[22,23]，表面张力的形成需要满足两个必要条件：

其一，必须存在界面，亦就是说，不存在界面的非凝聚相——气体不会有分子内压力，即不会有表面张力。界面的存在使界面处分子受到了界面两边不均衡的分子间相互作用力，使其在界面形成了指向一定方向的作用力，单位面积上的作用力即是界面上的分子内压力。

其二，讨论体系内分子间存在有相互作用，在体系内运动着的分子间也存在有分子间相互作用，但由于运动着的分子运动方向是无序混乱的，因而运动着的分子的作用力亦是无序混乱的，或者说它们的作用力是彼此相互抵消的。只有在液体中存在的有序排列的定居分子，它们彼此相互作用所形成的合力才可能是具有一定方向的有效作用力。

亦就是说，只有存在于界面部分的定居静态分子间的相互作用才能形成方向确定的有效作用力，即所谓的分子内压力。由此可知，分子内压力的本质与分子动压力不同，是静态分子形成的压力，属于分子静压力范畴。

经典状态方程计算所使用的状态参数，压力、温度和摩尔体积，均是实际测量得到的数据，这些数据代表着物质在某种状态下的宏观平均值。Adamson[13]在讨论液体问题时指出：一些测定的性质是由物质（液体、气体等）的平均结构而不是瞬时结构所决定的。换句话讲，经典状态方程采用由物质平均结构所决定的一些测定的性质，故而其得到的结果亦反映的是物质平均结构的性能。

所谓"平均结构"就是分子无序排列结构。众所周知，气态物质内部是一种平均结构，所以经典状态方程可以很好地反映气态物质内部的分子压力组成结构。而液态物质，其内部的分子结构并不完全是平均结构，范宏昌[24]指出：已经证实液体的微观结构是一种近程有序+远程无序平均结构。因此经典状态方程不能完全反映液体这种近程有序、远程无序结构。经典状态方程计算气体数据时误差较小，而计算液体数据时可能会有很大误差。

为此，气态物质与液态物质的区别在于：①从物质形态来看，气态物质是非凝聚态物质，无表（界）面；液态物质是凝聚态物质，存在有相表（界）面。②从物质性质来看，气态物质无表面张力，无分子内压力，Adamson[13]计算气态 CO_2 在 STP（标准温度压力）下内压力仅为 0.0071atm，可以忽略。液态物质存在有表面张力，亦存在有内压力。Adamson[13]计算25℃液态水的内压力高达 16000atm，而液态烃的内压力约为 3000atm，液态物质中内压力均很大，不能忽略。③从物质的微观结构来看，气态物质是一种完全无序平均结构，而液态物质是一种近程有序、远程无序的结构。因而气态物质与液态物质在形态、性质和微观结构上均存在差别。液态中出现的新形态、新性质和新的微观结构之间应该彼此有关，互有联系。下面来讨论这种关系。

已提出有多种理论模型用于表面自由能的理论推算，如基于分子聚集理论的分子聚集型状态方程计算[10]；基于分子间相互作用理论的对势加和法[25]；Prigogine 和 Saraga 以统计力学方法计算表面热力函数所依据的"空位理论"[25]等。本文将从由分子间相互作用而产生的分子内压力的分析[18]开始，逐步讨论表面张力和表面力的一系列概念。

众所周知，表面张力形成的原因是液体表面和体相内部受到的分子间作用力不同（如图7-6所示）。液体由相内区（体相内部）和表面区两部分组成。由于这两部分均是液体，应该均存在有液体的无序结构分子和近程有序结构分子，因此理论上认为，在液体的这两部分中分子间相互作用均存在。

虽分子内压力均存在，但在这两部分中分子内压力的平衡情况不同，亦就是这两部分中分子间相互作用的情况不同。

对液体的相内区而言，假设存在某一分子，分子外是气相，可以不考虑气相的分子间相互作用影响，而在分子处某一方向由于近程有序结构

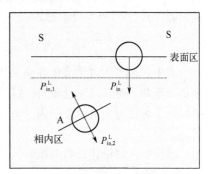

图 7-6　表面区和相内区的分子内压力

具有分子间吸引作用，而形成界面区处的不均匀分子力场，这个分子力场对界面形成静压力，这里称之为分子内压力 $P_{in,1}^L$，如果讨论分子不在界面区而在相内区，在其反方向同样由于近程有序对讨论分子形成另一个分子内压力 $P_{in,2}^L$（如图 7-6 中 A 分子）。显然，可以认为对讨论分子而言，这两个分子内压力应是方向相反，数值相等，彼此抵消。因而在液体相内区的分子内压力平衡式为：

$$P_{in,1}^L + P_{in,2}^L = 0 \qquad (7\text{-}130)$$

所以，在液体内部，每个分子在各个方向上均受到其周围分子对其作用的分子内压力，而在每个分子上所受到的所有分子内压力的合力，平均等于零。

经典热力学中之所以可以只考虑体系外压力的作用，原因在于其微观分子间相互作用，讨论体系相内区的每个分子的分子内压力的合力均为零，因而分子内压力对讨论相无任何贡献。

对于处在表面区（或界面区）内的分子则情况不同。表面区处分子的分子作用球仅只有一半是在液体内部，另一半在液体表面外部。而液体外部为平衡蒸气相。处在液相内的半个分子作用球，由于液相存在的近程有序分子结构，对讨论分子会产生分子内压力，而处于气相的半个分子作用球，由于气相分子浓度很小，对液相表面分子的作用力一般可以忽略不计，不能对讨论分子形成分子内压力。这样造成讨论分子两边的分子内压力数值不能相互抵消，在讨论分子上就会产生一定数值的合力，此合力指向液体内部。由此可见，处在液体表面层内的一些分子，只要这些分子到液面的距离小于分子作用半径，则这些分子均会受到一个垂直于液面并指向体相内部的分子间力的作用。这导致整个液体表面层会对讨论液体产生压力，这一压力即为分子内压力。

表面层内分子内压力得不到平衡，从而对整个液体表面层施加压力，完成对液体表面层压缩的膨胀功。由于体系获得了功，因此是正功。与此同时，表面层内形成表面张力，完成表面功。因此可以认为，分子内压力对体系所做的膨胀功已转化为体系的表面功。

但是从图 7-6 可见，当分子在表面区液面处向液体内部作垂直于液面方向移动时，分子所受到的分子内压力应该是逐渐变化的。在液面处的分子内压力最大，而到达界面区与体相内部交界处时与体相内部一样，由于各方向分子内压力相互抵消，因此此处分子内压力为零。从这个意义上来讲，下面讨论的分子内压力亦应是表面层内所有分子压力的统计平均值。由界面化学理论[18,19]知，界面层中分子内压力的平均值可以下式计算：

$$\overline{P_{in}^L} = \int_0^\delta P_{in}^L d\delta / \delta \qquad (7\text{-}131)$$

将式（7-131）两边各乘以讨论相界面面积的增量 ΔA，由于界面面积与界面层厚度 δ 无关，因此式（7-131）可改写为：

$$\overline{P_{in}^L} \Delta A \delta = \overline{P_{in}^L} \Delta V^S = \Delta A \times \int_0^J P_{in}^L d\delta = \int_0^J P_{in}^L \Delta A d\delta = \int_0^{\Delta V^{LS}} P_{in}^L dV^S \qquad (7\text{-}132)$$

式中，ΔV^S 为讨论液体界面层体积增量。右边最后一项代表界面层中分子内压力所做的全部膨胀功。而该式左边项为计算的平均分子内压力所做的膨胀功。式（7-132）表明允许以平均分子内压力来讨论分子内压力所做的膨胀功。故而在下面讨论中将全部采用平均分子内压力。

这样，在讨论体系的液相表面区内应有两个压力在起作用，即表面区所承受的压力：

$$P^S = P_{外}^S + \overline{P_{in}^S} = P + P_{in} \qquad (7\text{-}133)$$

式中，$P_{外}^S$ 为液相表面层经受的外压力，即为液体的外压力 $P_{外}^S = P$；$\overline{P_{in}^S}$ 为表面层中平均分子内压力，简写成 P_{in}。范宏昌[24]报道从卡诺定理得到下式：

$$\left(\frac{\partial U}{\partial A}\right)_T = \sigma - T\frac{d\sigma}{dT} \tag{7-134}$$

式中左边一项代表单位表面面积内能，上式可改写为

$$\left(\delta - \delta^1\right) \times \left(\partial U / \partial V\right)_T = \sigma - T\frac{d\sigma}{dT} \tag{7-135}$$

式中，δ 为实际表面层厚度。又知 $\delta^1 = V^{1/3}/\left(N_A\right)^{1/3}$ 为表面区的名义厚度，其中 N_A 为阿伏伽德罗常数，设 $K^S = \left(\delta/\delta^1 - 1\right)$，$K^S$ 与讨论物质性质、分子形状、分子微观结构因子等有关，在恒温下应是常数。故单位表面面积内能为 $K^S \left(\dfrac{V}{N_A}\right)^{1/3}\left(\dfrac{\partial U}{\partial V}\right)_T$，在上面讨论中已经介绍，此项中 $\left(\partial U/\partial V\right)_T = P_{in}$，因而式（7-135）可改写为：

$$P_{in}\delta^1 K^S = \sigma - T\frac{d\sigma}{dT} \tag{7-136}$$

式（7-136）表示表面张力直接与表示分子间吸引作用的分子内压力有关，分子内压力与物质表面层中分子不均匀分子力场相关，即分子静压力可以产生表面张力，故而称之为第一分子静压力。

7.5.2 第二分子静压力

液体静态分子在液相界面层，对试图逃逸出液相物理界面进入气相的一些液体分子会有分子间相互作用影响而使其逃逸能力改变，对逃逸分子施加分子间相互作用影响的分子行为称为液体分子的第二分子静压力。

亦就是说，第二分子静压力是讨论物质分子对逃逸离开物质相的一些分子施加分子间相互作用影响的分子行为，也反映了分子在讨论相中活动的能力，按热力学理论的说法，这反映了分子的"有效压力"，第二分子静压力的分子行为应是对分子"有效压力"的影响。

分子"逃逸"（来自拉丁语 fuga）出液体的能力，是表征体系分子逃逸的趋势和逃逸的能力，这也就是逸度的物理意义[26,27]。这些"逃逸"的分子，无论从相内区逃逸还是从界面区逃逸（应该是从界面区逃逸），必定会受到液体内所有分子对其"逃逸"行为产生的影响，分子静压力在液相物理界面处形成的分子相互作用力对逃逸离开液相的分子必定也会有影响。已经证实，界面区内存在着界面位势。Spracking[28]列示了一个分子从液相体相内部移动到表面区时这个分子的位势能量变化（图7-7）。

由图 7-7 可见，表面区内分子向相外（例如蒸气相）转移应该做功，亦就是说，当分子由表面区向蒸气相转移，即物质的蒸发过程应该存在有能量壁垒。在这里我们粗略地分析一下蒸发过程应该做的功。

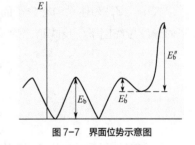

图 7-7　界面位势示意图

第一步，表面分子离开表面到气相，这时需要做功克服分子与液相分子间相互作用，从液相表面具有表面能的角度来看，逃逸分子需要克服分子在表面区时所具有的表面自由能。

第二步，由于蒸发过程中蒸发表面面积不变，故体相分子需从体相内部补充分子到表面区内，体相内部分子不具有表面能，而表面区内分子具有表面能。因而这一过程亦需要做功。

众所周知，蒸发过程的能量来源是加热，即蒸发过程需要提供蒸发热，即蒸发过程所需要的能量。依据上面分析可知：

$$蒸发热 \approx 2 \times 表面功$$

这即为著名的 Stefen 公式[29]。因此，图 7-7 表示分子从表面区脱离本相到另一相将有更高的能量壁垒，$E_b'' > E_b$。这亦是凝聚相能够存在所必需的。这亦意味着分子逃离的能力会受到液体表面张力的影响，亦就是说会受到分子静压力即分子内压力的影响。

在了解了液体内分子内压力会对液体逸度即液体分子"逃逸"行为的能力有影响后，我们先讨论对饱和液体的影响。

液体中两种不同类型分子——动态分子和静态分子，会对讨论体系有两种不同的分子间相互作用的分子行为，即：

第 1 种影响是体系分子间相互作用对体系性质形成的影响和对体系性质数值变化的影响。例如第 1 种分子动压力行为是对形成体系压力数值的影响。与之相应，第 1 种分子静压力行为是静压力对体系性能（即体系表面能）形成的影响，和对体系表面能数值变化的影响。

第 2 种影响是体系分子间相互作用对体系中逃逸离开本相的一些分子的逃逸能力的影响。第 2 种分子静压力行为是对逃逸离开本相的分子逃逸能力的影响，即对逸度的影响，或对有效压力的影响。

第 1 种动态分子的分子行为和第 2 种动态分子的分子行为已在第 7.4 节中作了讨论，而第 1 种静态分子的分子行为前面已有介绍，故此处将介绍第 2 种静态分子的分子行为。

形成分子静压力的是体系中静态有序分子，因而产生分子静压力行为的应是体系中静态有序分子，热力学理论中表示体系分子逃逸能力的是逸度和有效压力，故而热力学中表示逸度和有效压力关系的为逸度系数，为表示静态分子对动态分子的影响，有

$$\varphi = \varphi_{no} + \varphi_o \tag{7-137}$$

$$P^{eff} = P_{no}^{eff} + P_o^{eff} \tag{7-138}$$

式中，φ 和 P^{eff} 为体系的逸度系数和有效压力；φ_{no}、P_{no}^{eff} 为体系动态分子的逸度系数和有效压力，反映第二动压力的影响；φ_o、P_o^{eff} 为体系静态分子的逸度系数和有效压力，反映第二静压力的影响。

宏观分子相互作用理论以逸度压缩因子 Z_Y 表示动态分子和静态分子的影响：

$$Z_Y = Z_Y^{no} + Z_Y^{o}$$

式中，Z_Y^{no} 为体系动态分子的逸度压缩因子，反映第二动压力的影响；Z_Y^{o} 为体系静态分子的逸度压缩因子，反映第二静压力的影响。对应的逸度压缩因子计算式如下：

$$Z_Y^{no} = \frac{P_{idr}^{L}}{P_{idr}^{L} + P_{atr}^{L} - P_{P1r}^{L}} \tag{7-139a}$$

$$Z_Y^{o} = \frac{P_{inr}^{L}}{P_{idr}^{L} + P_{atr}^{L} - P_{P1r}^{L}} \tag{7-139b}$$

7.6 液体重要的分子行为——分子内压力

已知液体中有两种分子，其一是无序移动分子，其二是短程有序静态分子。在前面讨论中已经说明，液体中无序移动分子会对液体的平衡压力产生影响，也会对液体中逃逸出液相的逃逸分子的逃逸能力产生影响。无序移动分子的分子行为在上面已有讨论，液体中短程有

序静态分子会对液相产生一个重要的分子行为，即形成液相的分子内压力，从而对液相性质产生重要影响，而气体中因为不存在短程有序静态分子，故而气体物质不存在分子内压力。

7.6.1 分子内压力定义

由于静态分子在讨论体系中是相对固定的，并不发生分子移动，因而静态分子位能对讨论体系的压力并无贡献，即

$$P_{in} = -N\left(\frac{\partial \overline{u}_{(r)in}^{P}}{\partial V}\right)_A = 0 \qquad (7\text{-}140a)$$

$$P_{in} = -N\left(\frac{\partial f_{(r)in}^{P}}{\partial A}\right) = 0 \qquad (7\text{-}140b)$$

式中，$\overline{u}_{(r)in}^{P}$ 上角标"P"表示体系每个分子统计平均位能，下角标"in"表示由体系静态分子间相互作用的每个分子的统计平均位能。

上式表示的静态分子形成的压力不是移动分子形成的动压力，而是由不移动的静态分子间相互吸引作用力对讨论体系所形成的静态压力，这个静态压力被称为体系的分子静压力，宏观分子相互作用理论称其为分子内压力。

静态分子形成的静压力有以下特点。如果讨论相 A 为气相，B 为液相，两相间相互平衡，则对于液相有：

① 在液相 B 的界面层处液相中静态分子呈有序排列，由于液相 B 的物理界面之外是气相，气相的分子间相互作用很小，可以忽略，故而在液相的界面层处会形成分子不均匀力场，其合力有方向性，垂直于物理界面，并且指向讨论相的内部。因此由这一分子不均匀力场所形成的分子压力亦具有方向性，其指向应与分子不均匀力场的合力指向一致，即垂直于物理界面并指向讨论相内部。

② 分子不均匀力场所形成的分子压力会对液相界面层做功，形成液相的表面张力，因此，在相界面层处形成分子不均匀力场，而非在液相内部形成。

③ 液体静态分子在液相界面层处，对试图逃逸出液相物理界面进入气相 A 的液体分子会有分子间相互作用而使其逃逸能力改变。

④ 液体静态分子间在一般情况下只考虑分子间吸引作用力，这也是液体界面层处会形成表面张力的原因之一，但是如果液体受到一定外压力的影响，致使液体分子间距离变化，则有可能会使静态分子间的吸引作用变化，改变其分子间作用性质，甚至变成分子间排斥作用，这时物质的表面张力数值，可能会由正值变为零值或负值。

⑤ 由于液体静态分子间在一般情况下只考虑分子间吸引作用力，而静态分子间的分子间相互作用应与分子间距离有关，亦就是与体系温度有关，温度越高，分子间相互作用越弱，表面张力数值越低，表面张力与温度的关系证实了此点。

静态分子间的分子间排斥作用也与分子间距离有关，即取决于物质的状态参数——压力、温度和体积。由于动态分子和静态分子是同一物质的分子，并处在同一状态参数下，静态分子和动态分子排斥力应是相同的。

由于静态分子在一般情况下分子间吸引作用力是主要的分子间作用，且静态分子间作用力在一般情况下形成的分子作用力有方向性，且垂直于物理界面并指向讨论相内部。故而对这个分子作用力所形成的静态压力，是对讨论相内部作用的由分子形成的压力，简称为分子内压力。

宏观分子相互作用理论中分子内压力表示液体中短程有序分子间的吸引作用力，是重要的分子压力参数，宏观分子相互作用理论中分子内压力计算方法有两种：相平衡法和表面张力法。现分别介绍如下。

7.6.2　相平衡法分子内压力计算

相平衡法是宏观分子相互作用理论中计算分子内压力数值的主要方法，可以较方便、简单地计算分子内压力的数值。

宏观分子相互作用理论中分子内压力表示为 P_{in}，单位为 bar，P_{in} 的物理意义是体系中静态有序分子间的分子吸引力。

热力学理论[26,30]指出，当同一物质的气体与液体在同一温度下处于饱和平衡状态时，应有关系：

$$f^G = f^L = f^{Sa} \tag{7-141a}$$

$$\varphi^G = \varphi^L = \varphi^{Sa} \tag{7-141b}$$

亦就是说饱和气体与饱和液体的逸度、逸度系数彼此应该相等。

宏观分子相互作用理论认为相平衡时两相的逸度压缩因子相等，热力学的逸度系数与逸度压缩因子相等，即

$$\varphi^G = \varphi^L = Z_Y^G = Z_Y^L \tag{7-142}$$

液相与气相的分子压力相平衡法计算液相中分子内压力见第 7.2.1 节内容。

固相与气相的分子压力相平衡法计算固相中分子内压力见第 7.2.2 节的讨论。

饱和液体分子内压力计算如下。

饱和气体的逸度系数可由饱和气体的逸度压缩因子表示：

$$\varphi^G = Z_{Y(S2)}^G = \left(P_r^G + P_{atr}^G - P_{P1r}^G\right)\Big/\left(P_{idr}^G + P_{atr}^G - P_{P1r}^G\right) \tag{7-143}$$

前面讨论中已对气体的逸度压缩因子的性质、计算方法等作了详细的说明，作为逸度压缩因子，需注意的是气体是一种随机分布的平均结构，式中各分子压力项均是无序平均结构中无序分子的分子压力的统计平均值。

已知饱和状态物质在平衡状态下饱和气体的逸度系数与饱和液体的逸度系数彼此相等[见式（7-141）]，而由于液体微观结构为远程无序近程有序，同时考虑近程有序分子影响的液体逸度压缩因子为：

$$Z_Y^L = \frac{P_{idr}^L}{P_{idr}^L + P_{atr}^L - P_{P1r}^L} + \frac{P_{inr}^L}{P_r^L + P_{atr}^L - P_{P1r}^L} \tag{7-144}$$

式（7-144）表示液体的逸度压缩因子由两部分组成：其一为液体分子为无序结构的无序逸度压缩因子 $Z_{Y(no)}^L$，其二为液体分子中存在近程有序结构的影响 $Z_{Y(o)}^L$。

$$Z_{Y(o)}^L = \frac{P_r^L + P_{atr}^L - P_{P1r}^L - P_{P2r}^L}{P_{idr}^L + P_{atr}^L - P_{P1r}^L} \tag{7-145}$$

$$Z_{Y(o)}^L = \frac{P_{inr}^L}{P_{idr}^L + P_{atr}^L - P_{P1r}^L} \tag{7-146}$$

这样，对饱和状态应有：

$$Z_{Y(S)}^G = Z_Y^{SL} = Z_{Y(no)}^{SL} + Z_{Y(o)}^{SL} \tag{7-147}$$

对液态逸度系数有：

$$\varphi^{SG} = \varphi^{SL} = \varphi_{no}^{SL} + \varphi_o^{SL} \tag{7-148}$$

依据式（7-145）和式（7-146）计算了一些饱和状态物质的 $Z_{Y(no)}^{SL}$ 和 $Z_{Y(o)}^L$ 数据，列于表 7-11 中以供参考。

表 7-11　一些饱和状态物质的 $Z_{Y(no)}^{SL}$ 和 $Z_{Y(o)}^{SL}$ 数值

物质	状态参数			$Z_{Y(no)}^{SL}$	$Z_{Y(o)}^{SL}$	物质	状态参数			$Z_{Y(no)}^{SL}$	$Z_{Y(o)}^{SL}$
	P_r^{SL}	T_r^{SL}	V_r^{SL}				P_r^{SL}	T_r^{SL}	V_r^{SL}		
液氩	1.0000	1.0000	1.0000	0.4776	0.1891	水	1.12×10^{-2}	0.6180	0.3366	0.1293	0.8571
	0.9675	0.9940	0.7863	0.4224	0.2511		4.88×10^{-3}	0.5793	0.3297	0.1182	0.8748
	0.6468	0.9278	0.5683	0.3335	0.3976		1.89×10^{-3}	0.5407	0.3240	0.1077	0.8890
	0.4130	0.8615	0.5153	0.2951	0.4952		6.08×10^{-4}	0.5021	0.3196	0.0978	0.9010
	2.48×10^{-1}	0.7952	0.4616	0.2565	0.5895		1.61×10^{-4}	0.4635	0.3164	0.0884	0.9112
	1.36×10^{-1}	0.7290	0.4319	0.2268	0.6663		2.76×10^{-5}	0.4220	0.3155	0.0791	0.9211
	6.63×10^{-2}	0.6627	0.4086	0.1996	0.7340	液氮	1.0000	1.0000	1.0000	0.4770	0.1900
	2.73×10^{-2}	0.5964	0.3893	0.1742	0.7911		0.7406	0.9505	0.5753	0.3419	0.3699
	1.61×10^{-2}	0.5633	0.3807	0.1619	0.8145		0.4319	0.8713	0.4856	0.2857	0.4994
正丁烷	1.0000	1.0000	1.0000	0.4645	0.2018		0.2289	0.7921	0.4400	0.2458	0.6093
	0.9183	0.9878	0.6919	0.3797	0.3041		1.06×10^{-1}	0.7129	0.4074	0.2112	0.7103
	0.6565	0.9407	0.5555	0.3193	0.4150		4.04×10^{-2}	0.6337	0.3825	0.1800	0.7751
	0.2491	0.8231	0.4490	0.2449	0.6065		1.13×10^{-2}	0.5545	0.3627	0.1512	0.8313
	6.80×10^{-2}	0.7056	0.3977	0.1923	0.7462		3.69×10^{-3}	0.5002	0.3512	0.1325	0.8604
	1.03×10^{-2}	0.5880	0.3635	0.1479	0.8375	液氖	1.0000	1.0000	1.0000	0.4755	0.1916
	5.11×10^{-4}	0.4704	0.3369	0.1085	0.8906		0.7684	0.9552	0.6048	0.3524	0.3555
	2.29×10^{-6}	0.3528	0.3149	0.0735	0.9269		0.4078	0.8596	0.4939	0.2850	0.5084
	1.77×10^{-7}	0.3173	0.3087	0.0638	0.9366		0.1887	0.7641	0.4400	0.2380	0.6305
液苯	1.0000	1.0000	1.0000	0.4621	0.2041		7.06×10^{-2}	0.6686	0.4044	0.1982	0.7334
	0.9738	0.9961	0.7635	0.4014	0.2717		1.88×10^{-2}	0.5731	0.3776	0.1622	0.8111
	0.8605	0.9783	0.6863	0.3722	0.3195		1.33×10^{-2}	0.5528	0.3725	0.1549	0.8246
	0.4420	0.8894	0.4985	0.2807	0.5063	液氧	1.0000	1.0000	1.0000	0.4755	0.1916
	1.98×10^{-1}	0.8004	0.4389	0.2323	0.6385		0.8302	0.9692	0.6035	0.3562	0.3400
	7.19×10^{-2}	0.7115	0.4006	0.1929	0.7444		0.5469	0.9046	0.5020	0.3006	0.4452
	1.87×10^{-2}	0.6226	0.3720	0.1582	0.8187		0.2007	0.7753	0.4184	0.2323	0.6342
	2.82×10^{-3}	0.5336	0.3486	0.1267	0.8683		5.90×10^{-3}	0.5169	0.3429	0.1345	0.8551
	1.76×10^{-3}	0.5158	0.3444	0.1207	0.8757		1.44×10^{-4}	0.3877	0.3206	0.0936	0.9056
液态 CO₂	1.0000	1.0000	1.0000	0.4645	0.2018		2.95×10^{-5}	0.3512	0.3149	0.0827	0.9167
	0.9088	0.9862	0.6853	0.3771	0.3072	液氟	1.0000	1.0000	1.0000	0.4754	0.1915
	0.7199	0.9533	0.5786	0.3312	0.3854		0.8336	0.9702	0.6420	0.3690	0.3273
	0.4388	0.8876	0.4923	0.2799	0.5090		0.3131	0.8316	0.4752	0.2688	0.5547
	2.42×10^{-1}	0.8218	0.4454	0.2425	0.6119		8.21×10^{-2}	0.6930	0.4127	0.2062	0.7200
	1.21×10^{-1}	0.7561	0.4129	0.2113	0.6974		1.06×10^{-2}	0.5544	0.3734	0.1535	0.8300
	7.02×10^{-2}	0.7120	0.3955	0.1924	0.7446		2.97×10^{-4}	0.4158	0.3445	0.1063	0.8931

注：本表计算所用数据取自文献[3]。本表计算依据发明专利 ZL 2012 1 0315270.2[9]的方法。

表 7-11 中所列数据表明，无序逸度压缩因子 $Z_{Y(no)}^{SL}$ 应有以下特点：

① 当温度逐渐升高时，$Z_{Y(no)}^{SL}$ 的数值亦逐渐增大。这是由于液体体积随温度变化不大，故液体理想压力的数值亦变化不大，但低温度（接近熔点温度）时平衡饱和蒸气压数值很低，故而 $Z_{Y(no)}^{SL}$ 的数值相应要低一些；而到接近临界温度的高温时，平衡饱和蒸气压力值很高，故 $Z_{Y(no)}^{SL}$ 的数值随之增加。

② 一些物质在临界温度时的 $Z_{Y(no)}^{SL}$ 数值非常接近，现将临界状态下数据整理如下：

物质： 液氩　　液氮　　液苯　　液氖　　液态 CO_2　　液氧　　液氟　　液氯
$Z_{Y(no)}^{SL}$：0.4776　0.4770　0.4621　0.4755　0.4645　　0.4755　0.4754　0.4362

物质： 液溴　　液氢　　液钠　　甲烷　　乙烷　　丙烷　　丁烷
$Z_{Y(no)}^{SL}$：0.4611　0.4917　0.4265　0.4754　0.4731　0.4754　0.4645

总平均值：0.4670

由这些物质数据来看，在临界状态下无序逸度压缩因子超过 0.4670 平均值时，说明液体分子在液态中的逸出能力已超过液体所能允许的范围，这时液体分子会全部逸出液相界面成为气相分子。由于统计的数据还不够，故还不能认为其他物质亦有此规律，但估计与此平均值亦相差不远，但还有待进一步证实。

表 7-11 中所列数据表明，近程有序逸度压缩因子 $Z_{Y(o)}^{SL}$ 应有以下特点：

① 当温度逐渐升高时，$Z_{Y(o)}^{SL}$ 的数值逐渐降低。这是由于当液体温度升高，液体内近程有序结构被逐渐破坏，因而近程有序结构的影响亦随之降低，故 $Z_{Y(o)}^{SL}$ 的数值随之降低。

② 一些物质在临界温度时 $Z_{Y(o)}^{SL}$ 的数值亦相互比较接近，现将临界状态下数据整理如下：

物质：液苯　　液氖　　液态 CO_2　液氧　　液氟　　液氩　　液氮　　丁烷
$Z_{Y(o)}^{SL}$：0.2041　0.1916　0.2018　　0.1916　0.1915　0.1891　0.1900　0.2018

总平均值：0.1956

由上述数值来看，临界状态下近程有序逸度压缩因子接近平均值 0.1956 时，说明液体分子在液态中形成的近程有序结构已达最低水平，形成的分子内压力已无能力阻止液体分子向液相外逸出。这时液体分子将会全部逸出液相界面形成气相分子。由于统计的数据还不够，故还不能认为其他物质在临界状态下 $Z_{Y(o)}^{SL}$ 亦有此规律，但估计与此平均值相差不远，这亦有待进一步计算更多数据证实。

对于饱和状态有关系 $\varphi^{SG} = \varphi^{SL} = Z_Y^{SL} = Z_Y^{SG}$，故饱和液体的分子内压力可由下式求得：

$$P_{inr}^L = \varphi^{SL} \left(P_{idr}^L + P_{atr}^L - P_{P1r}^L \right) - P_{idr}^L \tag{7-149}$$

依据式（7-149）计算各种饱和液态物质分子内压力的结果如表 7-12 所示。

表 7-12　各类饱和液态物质的分子内压力数值

物质	状态			平均分子压力				φ^{SG}	P_{inr}^L
	P_r^{SL}	T_r^{SL}	V_r^{SL}	P_{atr}^{SL}	P_{idr}^{SL}	P_{P1r}^{SL}	P_{P2r}^{SL}		
液氩	1.0000	1.0000	1.0000	4.0765	3.4364	0.3184	1.3227	0.6668	1.3609
	0.9675	0.9940	0.7863	6.3242	4.3444	0.3838	2.5636	0.6735	2.5825
	0.6468	0.9278	0.5683	11.5539	5.6102	0.3429	6.2479	0.7311	6.6878
	0.4130	0.8615	0.5153	13.9682	5.7455	0.2441	8.3916	0.7903	9.6412

物质	状态			平均分子压力				φ^{SG}	P_{inr}^{L}
	P_r^{SL}	T_r^{SL}	V_r^{SL}	P_{atr}^{SL}	P_{idr}^{SL}	P_{P1r}^{SL}	P_{P2r}^{SL}		
液氩	2.48×10^{-1}	0.7952	0.4616	17.3212	5.9202	0.1621	11.4866	0.8461	13.6072
	1.36×10^{-1}	0.7290	0.4319	19.8670	5.7997	0.0957	14.1078	0.8931	17.0378
	6.63×10^{-2}	0.6627	0.4086	22.3958	5.5738	0.0494	16.8388	0.9338	20.4981
	2.73×10^{-2}	0.5964	0.3893	24.9781	5.2642	0.0215	19.7198	0.9652	23.9050
	1.61×10^{-2}	0.5633	0.3807	26.3350	5.0850	0.0129	21.2535	0.9764	25.5813
正丁烷	1.0000	1.0000	1.0000	4.5478	3.6496	0.3408	1.5667	0.6664	1.5859
	0.9183	0.9878	0.6919	8.9336	5.2100	0.4241	4.2178	0.6839	4.1729
	0.6565	0.9407	0.5555	13.5380	6.1806	0.3641	7.6499	0.7344	8.0334
	0.2491	0.8231	0.4490	20.7962	6.6903	0.1680	14.1870	0.8514	16.5687
	6.80×10^{-2}	0.7056	0.3977	27.2451	6.4742	0.0516	20.7873	0.9385	25.1230
	1.03×10^{-2}	0.5880	0.3635	34.0315	5.9041	0.0085	28.1293	0.9852	33.4322
	5.11×10^{-4}	0.4704	0.3369	41.8898	5.0956	0.0004	36.7943	0.9987	41.8283
	2.29×10^{-6}	0.3528	0.3149	51.5650	4.0890	0.0000	47.4760	1.0000	51.5650
	1.77×10^{-7}	0.3173	0.3087	55.0581	3.7504	0.0000	51.3077	1.0000	55.0581
液苯	1.0000	1.0000	1.0000	4.6395	3.6900	0.3449	1.6154	0.6662	1.6293
	0.9738	0.9961	0.7635	7.5973	4.8140	0.4185	3.3386	0.6731	3.2584
	0.8605	0.9783	0.6863	9.2789	5.2599	0.4061	4.4735	0.6917	4.5157
	0.4420	0.8894	0.4985	17.1464	6.5836	0.2725	10.7323	0.7869	11.8751
	1.98×10^{-1}	0.8004	0.4389	22.3778	6.7295	1.38×10^{-1}	15.7087	0.8708	18.4973
	7.19×10^{-2}	0.7115	0.4006	27.4824	6.5536	5.46×10^{-2}	20.9463	0.9371	25.2903
	1.87×10^{-2}	0.6226	0.3720	32.8808	6.1748	1.51×10^{-2}	26.7096	0.9767	31.9561
	2.82×10^{-3}	0.5336	0.3486	38.9417	5.6480	2.41×10^{-3}	33.2941	0.9948	38.7074
	1.76×10^{-3}	0.5158	0.3444	40.2635	5.5272	1.51×10^{-3}	34.7366	0.9965	40.1018
液态 CO_2	1.0000	1.0000	1.0000	4.5478	3.6496	0.3408	1.5667	0.6664	1.5859
	0.9088	0.9862	0.6853	9.0983	5.2520	0.4233	4.3318	0.6843	4.2782
	0.7199	0.9533	0.5786	12.5295	6.0137	0.3859	6.8497	0.7166	6.9977
	0.4388	0.8876	0.4923	17.2168	6.5799	0.2682	10.8025	0.7888	11.9744
	2.42×10^{-1}	0.8218	0.4454	21.1999	6.7340	1.64×10^{-1}	14.5436	0.8544	16.9924
	1.21×10^{-1}	0.7561	0.4129	25.0399	6.6836	8.82×10^{-2}	18.3892	0.9086	22.0602
	7.02×10^{-2}	0.7120	0.3955	27.6365	6.5702	5.33×10^{-2}	21.0833	0.9369	25.4282
水	1.12×10^{-2}	0.6180	0.3366	53.9881	8.0170	9.44×10^{-3}	45.9728	0.9865	53.1417
	4.88×10^{-3}	0.5793	0.3297	57.2537	7.6742	4.20×10^{-3}	49.5802	0.9930	56.7951
	1.89×10^{-3}	0.5407	0.3240	60.3795	7.2881	1.65×10^{-3}	53.0916	0.9968	60.1613
	6.08×10^{-4}	0.5021	0.3196	63.3023	6.8611	5.39×10^{-4}	56.4413	0.9987	63.2106
	1.61×10^{-4}	0.4635	0.3164	65.9630	6.3964	1.45×10^{-4}	59.5666	0.9996	65.9340
	2.76×10^{-5}	0.4220	0.3155	68.0286	5.8414	2.51×10^{-5}	62.1872	0.9999	68.0212

物质	状态			平均分子压力				φ^{SG}	P_{inr}^L
	P_r^{SL}	T_r^{SL}	V_r^{SL}	P_{atr}^{SL}	P_{idr}^{SL}	P_{P1r}^{SL}	P_{P2r}^{SL}		
液氮	1.0000	1.0000	1.0000	4.1022	3.4483	0.3206	1.3365	0.6670	1.3739
	0.7406	0.9505	0.5753	11.3504	5.6976	0.3842	6.0092	0.7118	6.1637
	0.4319	0.8713	0.4856	15.7327	6.1876	0.2625	9.7146	0.7851	10.8159
	0.2289	0.7921	0.4400	19.2076	6.2082	0.1540	13.0744	0.8549	15.3881
	1.06×10^{-1}	0.7129	0.4074	22.6117	6.0335	0.0772	16.6070	0.9215	20.2919
	4.04×10^{-2}	0.6337	0.3825	26.0609	5.7127	0.0313	20.3572	0.9549	24.5980
	1.13×10^{-2}	0.5545	0.3627	29.6102	5.2710	0.0092	24.3413	0.9822	28.9803
	3.69×10^{-3}	0.5002	0.3512	32.1726	4.9116	0.0031	27.2615	0.9926	31.8951
液氩	1.0000	1.0000	1.0000	4.1542	3.4722	0.3233	1.3631	0.6670	1.3989
	0.7684	0.9552	0.6048	10.4645	5.4834	0.3857	5.3638	0.7078	5.5315
	0.4078	0.8596	0.4939	15.4118	6.0435	0.2480	9.5280	0.7933	10.7803
	0.1887	0.7641	0.4400	19.4412	6.0303	0.1292	13.4703	0.8683	15.9744
	7.06×10^{-2}	0.6686	0.4044	23.2779	5.7412	0.0529	17.5546	0.9316	21.2439
	1.88×10^{-2}	0.5731	0.3776	27.2294	5.2699	0.0151	21.9632	0.9735	26.3534
	1.33×10^{-2}	0.5528	0.3725	28.1270	5.1533	0.0108	22.9761	0.9795	27.4342

注：本表计算所用数据取自文献[3]。本表计算依据发明专利 ZL 2012 1 0315270.2[9]的方法。

7.6.3 表面张力法分子内压力计算

已知由卡诺定理[24]可导得下式：

$$\left(\frac{\partial U}{\partial A}\right)_T = \sigma - T\frac{\mathrm{d}\sigma}{\mathrm{d}T} \tag{7-150}$$

定义分子内压力

$$P_{in} = \left(\frac{\partial U}{\partial V}\right)_T \tag{7-151}$$

式中，σ 为表面张力；A 为表面面积。由界面化学理论[17-19]知讨论相的体积可以分成两部分讨论，即体相内部体积 V^B 和界面部分体积 V^S，$V=V^B+V^S$，$V^S=\delta A$，式中 δ 为界面层厚度。

分子内压力是体系的分子静压力，会对体系表面层做膨胀功，从而使表面层体积变化，此膨胀功为

$$W_\sigma = P_{in} \times (V^S - V^I) = P_{in} \times A(\delta - \delta^I) \tag{7-152}$$

式中，V^S 为完成膨胀功的表面层体积；V^I 为相表面区在未形成表面能时表面区的名义体积；δ^I 为界面层名义厚度，$\delta^I = (V^I/N_A)^{1/3}$。

设

$$K^S = \frac{\delta}{\delta^I} - 1 = \frac{\delta - \delta^I}{\delta^I} \tag{7-153}$$

$$P_{in}\delta^I K^S = \sigma - T(\mathrm{d}\sigma/\mathrm{d}T) = \sigma + q \tag{7-154}$$

式中 $-T(\mathrm{d}\sigma/\mathrm{d}T)=q$，表示增加单位表面积需要吸收的热量。此式表示表面张力直接与体系中表示分子间吸引作用的分子内压力有关，分子内压力与物质表面层中分子不均匀分子力场相关，即分子静压力可以产生体系的性质——表面张力，反过来也可以这样认为，通过体系的性质——表面张力也可以得到体系中反映分子间吸引作用的分子内压力，这就是应用

表面张力数值计算体系分子内压力的表面张力法。

故而在前面讨论分子内压力与物质表面层中分子不均匀分子力场相关时，即分子静压力可以产生体系的性质——表面张力，得到了与式（7-154）类似的式（7-136）。

物质表面张力性质已有许多研究者做过工作[31-33]，也有很多手册[34,35]列示了各种物质在不同状态条件下的表面张力数据，因此通过实验方法，或合适的估算方法，或寻找手册上列示的物质的表面张力的数据，可由式（7-154）计算相应的分子内压力数据，为此需要知道式中的 q。

此式在文献中已有以实际数据进行的讨论。童景山[10]认为：内压力不仅与表面张力直接有关，而且还与表面张力随温度的变化有关。亦就是说，需要考虑表面增大时的热效应。由此计算时必须全面考虑各项影响。童景山导得表面张力与内压力的关系式为：

$$\sigma = D + KV^{1/3}\left(\partial U/\partial V\right)_T = D + KV^{1/3}P_{in} \tag{7-155}$$

对比式（7-154），可知二式在形式上一致。表7-13中列示了童景山以式（7-155）计算的数据，以供参考。

表7-13　童景山计算数据

物质	内压力方程式	相关系数
正己烷	$\sigma = -6.326919 + 0.00832506\, V^{1/3}(\partial U/\partial V)_T$	0.9998
正庚烷	$\sigma = -6.713492 + 0.008581086\, V^{1/3}(\partial U/\partial V)_T$	0.9999
正辛烷	$\sigma = -6.5874444 + 0.00851320\, V^{1/3}(\partial U/\partial V)_T$	0.9999
苯	$\sigma = -10.815275 + 0.01006497\, V^{1/3}(\partial U/\partial V)_T$	0.9999
氯苯	$\sigma = -10.788284 + 0.00208237\, V^{1/3}(\partial U/\partial V)_T$	0.9999
液氨	$\sigma = -7.5960165 + 0.00844578\, V^{1/3}(\partial U/\partial V)_T$	0.9997
四氯化碳	$\sigma = -9.021046 + 0.01178840\, V^{1/3}(\partial U/\partial V)_T$	0.9998
乙醚	$\sigma = -6.9095104 + 0.00841182\, V^{1/3}(\partial U/\partial V)_T$	0.9997
乙酸乙酯	$\sigma = -8.776231 + 0.00824382\, V^{1/3}(\partial U/\partial V)_T$	0.9998
甲醇	$\sigma = -8.007006 + 0.0059960\, V^{1/3}(\partial U/\partial V)_T$	0.9997
乙酸	$\sigma = -15.611910 + 0.00850330\, V^{1/3}(\partial U/\partial V)_T$	0.9990
水	$\sigma = -20.715777 + 0.00229160\, V^{1/3}(\partial U/\partial V)_T$	0.9980

由式（7-124）～式（7-127）知，液体表面部分内能可表示为

$$dU^S = TdS^S - P^S dV^S = TdS^S - \left(P - \frac{\sigma}{\delta}\right)dV^S \tag{7-156}$$

由于液体中存在无序结构和近程有序结构两部分，故界面部分能量和熵亦可分成两部分，即

$$U^S = U^{NS} + U^{OS}; \quad S^S = S^{NS} + S^{OS} \tag{7-157}$$

式中，上角标 NS 表示液体中无序结构部分的参数，OS 表示液体中近程有序结构部分的参数。这样上式可改写为

无序结构部分：

$$dU^{NS} = TdS^{NS} - PdV^S \tag{7-158}$$

热力学等温过程的基本公式为

$$\left(\frac{\partial U^{NS}}{\partial V^S}\right)_T = T\left(\frac{\partial S}{\partial V^S}\right)_T - P = T\left(\frac{\partial P}{\partial T}\right)_V - P \tag{7-159}$$

近程有序结构部分：
$$dU^{OS} = TdS^{OS} + \frac{\sigma}{\delta}dV^S \tag{7-160}$$

已知[36]
$$\left(\frac{\partial S}{\partial A}\right)_{T,P} = -\left(\frac{\partial \sigma}{\partial T}\right)_{A,P} \text{ 或 } \left(\frac{\partial S}{\partial A}\right)_{T,V} = -\left(\frac{\partial \sigma}{\partial T}\right)_{A,V} \tag{7-161}$$

又 $\partial V^S = \delta \times \partial A$，故式（7-160）可改写为

$$\left(\frac{\partial U^{OS}}{\partial A}\right)_T = T\left(\frac{\partial S^{OS}}{\partial A}\right)_V + \sigma = -T\left(\frac{\partial \sigma}{\partial T}\right)_A + \sigma \tag{7-162}$$

设：$q = -T(d\sigma/dT)$，为增加单位表面所吸收的热量，对比式（7-154）可知，

$$P_{in}\delta^1 K^S = \left(\partial U^{OS}/\partial A\right)_{T,V} = \bar{u}_A^{OS} \tag{7-163}$$

式中，$\bar{u}_A^{OS}$ 表示单位面积表面层中近程有序结构部分的内能变化。这样式（7-163）的物理意义十分清晰，即：
$$\bar{u}_A^{OS} = \sigma + q \tag{7-164}$$

式（7-164）表明表面张力确与液体内有序结构相关，亦就是说分子内压力确与液体的有序结构相关。

式（7-154）可表示为下列各种形式：

$$P_{in} \times (V/N_A)^{1/3} K^S = \sigma + q \tag{7-165}$$

改写为对比参数形式：$\quad P_{inr}V_r^{1/3} \times P_C(V_C/N_A)^{1/3} K^S = \sigma + q \tag{7-166}$

设：$K_r^S = P_C(V_C/N_A)^{1/3} K^S$，则：

$$P_{inr}V_r^{1/3} K_r^S = \sigma + q \tag{7-167}$$

式（7-165）～式（7-167）即为在液态表面区内对比分子内压力与表面张力间的平衡公式。

由于液体微观结构是近程有序、远程无序结构，液体中有无序动态分子和短程有序静态分子两种分子，因此液体中均存在有两种不同的平衡公式。

当液体分子处于某种随机分布，分子排列呈无序的平均结构状态时

液体相内部分子压力平衡式：$\quad P^{LB} + P_{at}^{LB} = P_{id}^{LB} + P_P^{LB} = P_{id}^{LB} + P_{P1}^{LB} + P_{P2}^{LB} \tag{7-168a}$

其对比压力形式为：$\quad P_r^{LB} + P_{atr}^{LB} = P_{idr}^{LB} + P_{Pr}^{LB} = P_{idr}^{LB} + P_{P1r}^{LB} + P_{P2r}^{LB} \tag{7-168b}$

液体表面区分子压力平衡式：$\quad P^{LS} + P_{at}^{LS} = P_{id}^{LS} + P_P^{LS} = P_{id}^{LS} + P_{P1}^{LS} + P_{P2}^{LS} \tag{7-169a}$

其对比压力形式为：$\quad P_r^{LS} + P_{atr}^{LS} = P_{idr}^{LS} + P_{Pr}^{LS} = P_{idr}^{LS} + P_{P1r}^{LS} + P_{P2r}^{LS} \tag{7-169b}$

短程有序分子所形成的液体分子内压力

在液体相内区分子内压力平衡式：$\quad \sum_B P_{in}^L = 0 \tag{7-170a}$

其对比压力形式为：$\quad \sum_B P_{inr}^L = 0 \tag{7-170b}$

即相内区各处均存在着数值相同而作用方向相反的分子内压力：

$$\left. P_{in}^L \right|_{正向} + \left. P_{in}^L \right|_{反向} = 0 \tag{7-171a}$$

$$\left. P_{inr}^L \right|_{正向} + \left. P_{inr}^L \right|_{反向} = 0 \tag{7-171b}$$

液体界面区中形成表面功，即在分子内压力做功时为维持讨论体系温度不变而需要的热量以达到平衡，即

液体表面区内分子内压力平衡式：$P_{in} \times (V/N_A)^{1/3} \times K^S = \sigma + q$ (7-172a)

其对比压力形式为：$P_{inr} V_r^{1/3} K_r^S = \sigma + q$ (7-172b)

由式（7-165）知当讨论物质的表面张力为零时有关系：

$$q = P_{in,0} \times (V_m^B/N_A)^{1/3} \times K^S \qquad (7\text{-}173)$$

式中，$P_{in,0}$ 为当 $\sigma = 0$ 时界面层内所存在的分子内压力。故得：

$$\sigma = P_{in} \times (V_m^B/N_A)^{1/3} \times K^S - P_{in,0} \times (V_m^B/N_A)^{1/3} \times K^S \qquad (7\text{-}174)$$

已知 $K^S = (\delta - \delta^I)/\delta^I = \Delta\delta/\delta^I$ (7-175)

即 $\delta^I = \delta - \Delta\delta, \quad \delta^I = (V_m^B/N_A)^{1/3}$ (7-176)

代入式（7-174）中得：

$$\sigma = P_{in} \times \delta^I K^S - P_{in,0} \times \delta^I K^S \qquad (7\text{-}177)$$

式（7-177）是在恒温下液态表面区内分子内压力与表面张力间的平衡公式。

式（7-172）～式（7-177）较复杂，为此说明如下。

分子内压力做的总功为 $P_{in}\delta^I K^S = P_{in} \times \Delta\delta = P_{in}(\delta - \delta^I)$。

因而分子内压力总功可以完成：①形成表面张力 σ，即 $\sigma = P_{in}\delta^I K^S$；②影响表面层性质，总功 $= P_{in}(\delta - \delta^I)$。由上式可知，分子内压力总功影响的表面层性质是分子内压力会使表面层厚度变化，其计算式为式（7-176），厚度可能变化 $\Delta\delta = \delta - \delta^I$。

$\delta^I = (V_m^B/N_A)^{1/3}$ 为讨论表面区的名义厚度；式中 V_m^B 为未完成表面功时体系的摩尔体积。故而 δ^I 表示未完成表面功时体系的状态参数，即当时物质分子间距离。因而 δ 表示完成表面功后体系的状态参数，即受表面功影响后物质分子间距离，两种不同分子间距离对应的物质性质的变化，反映受表面功影响后物质性能的变化，对此宏观分子相互作用理论称为物质中分子相互作用的第四个分子基础性质，其计算讨论可见第 8 章第 8.5.4 节。

式（7-177）中 $P_{in,0}$ 为表面张力 $\sigma = 0$ 时的分子内压力。因此，式（7-177）中 $P_{in,0} \times \Delta\delta$ 代表分子内压力所做的功中有一部分功不会转变为表面张力，由式（7-177）知，这部分功用于转化为热量，使分子内压力压缩界面层体积做表面功时，保持体系温度的恒定。因而式（7-177）表示的关系可改为分子内压力的总功 W_{in} 与表面功和热量的关系：$W_{in} = \sigma + q$，即式（7-172）。

这样，从式（7-177）可知，分子内压力对界面层做的总功为 $P_{in} \times \Delta\delta^I$，由于用于维持体系温度恒定所需要的功为 $P_{in,0} \times \Delta\delta$，这样用于转换成表面功的为：

$$\sigma \approx P_{in} \times \Delta\delta - P_{in,0} \times \Delta\delta = (P_{in} - P_{in,0}) \times \Delta\delta = \Delta P_{in} \times \Delta\delta = P_{in}^{ef} \times \Delta\delta \qquad (7\text{-}178)$$

式（7-178）中 $\Delta P_{in} = P_{in}^{eff}$，称为有效分子内压力，即为可以有效转变为表面功部分的分子内压力。其定义为界面层中总的分子内压力去除用于维护体系温度恒定的部分分子内压力，即

$$P_{in}^{eff} = P_{in} - P_{in,0} = \Delta P_{in} \qquad (7\text{-}179)$$

这样，由上面讨论可得到以下两个概念：

① 在每个讨论温度下，讨论物质界面层中分子内压力起着两个作用，一部分分子内压力对界面层做功转化成表面功，使讨论物质具有宏观性质——表面张力，这部分分子内压力为有效分子内压力；另一部分分子内压力所做的功被转变为热量，使讨论体系保持恒定

的温度。

② 将式（7-174）改写为：

$$\sigma = P_{in} \times \left(V_m^B/N_A\right)^{1/3} \times K^S - P_{in,0} \times \left(V_m^B/N_A\right)^{1/3} \times K^S$$
$$= P_{in}^{eff} \times \left(V_m^B/N_A\right)^{1/3} \times K^S = P_{in}^{eff} \delta^I K^S = P_{in}^{eff} \times \Delta\delta \tag{7-180}$$

注意式（7-180）中 $P_{in}^{eff} \times \delta^I$ 应该也是分子内压力在单位面积上所做的功，是分子内压力做的表面功。

由于在恒温条件下 K^S 为常数，故而式（7-180）表示如果能在温度一定的条件下改变界面层中分子内压力数值，则：a. 表面张力 σ 与 $P_{in}^{eff} \times \Delta\delta^I$ 应呈线性正比关系；b. 表面张力 σ 与 $P_{in}^{eff} \times \Delta\delta^I$ 这条直线必定通过 $\sigma = 0$ 和 $P_{in}^{eff} \times \Delta\delta = 0$ 处；c. 表面张力 σ 与 $P_{in}^{eff} \times \Delta\delta$ 这条直线的斜率为：

$$K^S = \frac{P_{in}^{eff} \times \Delta\delta}{\sigma} = \frac{P_{in}^{eff}}{\sigma} \times \left(\frac{V_m - V_m^B}{N_A}\right)^{1/3} \tag{7-181}$$

由所得的 K^S 可求得分子内压力对界面层厚度的压缩率：

$$\delta/\delta^I = 1 + K^S \tag{7-182}$$

由此式可计算 δ/δ^I 的数值。

改变讨论物质的分子内压力数值只能通过改变讨论物质的温度或压力来实现，在此通过分析一些物质在不同温度下的 P_{inr}、P_{inr}^{eff} 的数值变化和表面张力数值变化，可寻找分子内压力与表面张力的关系。

表 7-14 中列示了一些物质在不同温度下总分子内压力及用于形成表面张力的有效分子内压力的数值（以对比压力形式），以供参考。

表 7-14　一些物质在不同温度下的 P_{inr}、P_{inr}^{eff} 和 $P_{inr,0}$ 值

物质	T_r	P_{inr}	P_{inr}^{eff}	$P_{inr,0}$	物质	T_r	P_{inr}	P_{inr}^{eff}	$P_{inr,0}$
甲烷	1.0000	1.3986	—	3.6074	丙烷	1.0000	1.3971	—	4.0842
	0.9969	2.6096	—	3.6074		0.9739	4.9997	0.9156	4.0842
	0.9182	7.5057	3.8984	3.6074		0.9465	6.9679	2.8837	4.0842
	0.7870	14.9571	11.3497	3.6074		0.8112	15.9648	11.8806	4.0842
	0.6558	22.1410	18.5336	3.6074		0.6760	24.9633	20.8791	4.0842
	0.5247	29.0848	25.4774	3.6074		0.5408	33.6656	29.5814	4.0842
	0.4759	31.5510	27.9436	3.6074		0.4056	42.8056	38.7215	4.0842
乙烷	1.0000	1.4369	—	3.8564		0.2312	58.6677	54.5835	4.0842
	0.9826	4.1076	0.2512	3.8564	丁烷	1.0000	1.5859	—	5.5644
	0.8189	14.4852	10.6288	3.8564		0.9878	4.1729	—	5.5644
	0.6551	24.5764	20.7199	3.8564		0.9407	8.0334	2.4690	5.5644
	0.4913	34.2513	30.3948	3.8564		0.8231	16.5687	11.0043	5.5644
	0.3275	45.7717	41.9153	3.8564		0.7056	25.1230	19.5586	5.5644
	0.2961	47.5127	43.6563	3.8564		0.5880	33.4322	27.8678	5.5644

物质	T_r	P_{inr}	P_{inr}^{eff}	$P_{inr,0}$	物质	T_r	P_{inr}	P_{inr}^{eff}	$P_{inr,0}$
丁烷	0.4704	41.8283	36.2639	5.5644	苯	0.7115	25.2903	21.0028	4.2875
	0.3528	51.5650	46.0006	5.5644		0.6226	31.9561	27.6686	4.2875
	0.3173	55.0581	49.4937	5.5644		0.5336	38.7074	34.4199	4.2875
液氩	1.0000	1.3609	—	4.1546		0.5158	40.1018	35.8143	4.2875
	0.9940	2.5825	—	4.1546	二氧化碳	1.0000	1.5859	—	3.7996
	0.9278	6.6878	2.5332	4.1546		0.9862	4.2782	0.4786	3.7996
	0.8615	9.6412	5.4866	4.1546		0.9533	6.9977	3.1981	3.7996
	0.7952	13.6072	9.4526	4.1546		0.8876	11.9744	8.1748	3.7996
	0.7290	17.0378	12.8832	4.1546		0.8218	16.9924	13.1928	3.7996
	0.6627	20.4981	16.3435	4.1546		0.7561	22.0602	18.2606	3.7996
	0.5964	23.9050	19.7504	4.1546		0.7120	25.4282	21.6286	3.7996
	0.5633	25.5813	21.4267	4.1546	水	0.6180	53.1417	36.0430	17.0987
苯	1.0000	1.6293	—	4.2875		0.5793	56.7951	39.6963	17.0987
	0.9961	3.2584	—	4.2875		0.5407	60.1613	43.0626	17.0987
	0.9783	4.5157	0.2282	4.2875		0.5021	63.2106	46.1119	17.0987
	0.8894	11.8751	7.5876	4.2875		0.4635	65.9340	48.8352	17.0987
	0.8004	18.4973	14.2098	4.2875		0.4220	68.0212	50.9224	17.0987

　　表列数据表明，物质在临界温度处的对比分子内压力数值 P_{inr} 低于表面张力为零时的 $P_{inr,0}$ 值

$$P_{inr}\big|_{临界温度} < P_{inr,0} \tag{7-183}$$

　　上式关系说明温度在临界温度下时由式（7-183）知，有效分子内压力 P_{inr}^{eff} 的数值 < 临界温度处的对比分子内压力数值，亦就是说在临界温度下的分子内压力不能做功形成表面功，在临界温度下物质不具有表面张力的性能。

　　在临界温度下物质不具有表面张力的性能在表 7-14 所列物质中均存在，一些物质在接近临界温度处也有分子内压力数值 P_{inr} 低于表面张力为零时的 $P_{inr,0}$ 的情况，故而这些物质在低于临界温度时有可能已不具有表面张力的性质。

　　为与表面张力相对应和方便讨论，人为地规定指向相内部方向的分子内压力均为正向，因而表 7-14 内的各分子内压力数据均以正值列示，说明均是指向相内部的压力，但分子内压力的形成是由于分子间存在吸引力，在分子理论中分子间吸引力以负值表示，故低于表面张力为零时计算的分子内压力数据也是负值，表 7-14 所列的低于表面张力为零时的各分子内压力的实际数值应是负值。

　　现将一些物质的 σ 与 $P_{in}^{eff} \times \Delta\delta$ 的关系分别列于图 7-8～图 7-10 中。图 7-8 表示一些烷烃的 σ 与 $P_{in}^{eff} \times \Delta\delta$ 的线性关系。图 7-9 表示一些液态元素的 σ 与 $P_{in}^{eff} \times \Delta\delta$ 的线性关系。图 7-10 表示一些液态金属元素的 σ 与 $P_{in}^{eff} \times \Delta\delta$ 的线性关系。

　　图 7-8～图 7-10 中数据表明，在不同温度下的 σ 与 $P_{in}^{eff} \times \Delta\delta$ 确呈线性关系，并且图中各物质的 σ 与 $P_{in}^{eff} \times \Delta\delta$ 的直线均通过坐标的零点，说明式（7-180）中 σ 与 $P_{in}^{eff} \times \Delta\delta$ 关系适用

于表示不同温度下同一物质中表面张力与分子内压力的关系。

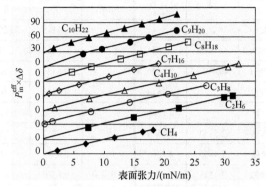

图 7-8　烷烃分子内压力做的功与表面张力的关系

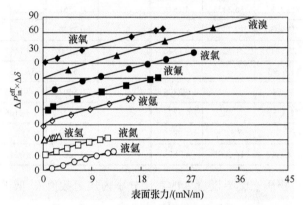

图 7-9　一些液态元素分子内压力做的功与表面张力的关系

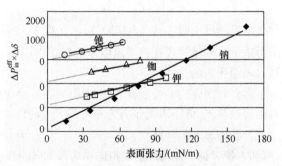

图 7-10　部分金属元素分子内压力做的功与表面张力的关系

讨论式（7-180）时需说明的是系数 K^s。

图 7-8～图 7-10 中的线性关系表明，系数 K^s 在不同温度下仍可视为常数，其可能原因如下。

① 系数 K^s 定义式：$K^s = \left(\delta - \delta^1\right)\big/\delta^1 = \delta/\delta^1 - 1$。

$\delta = \left(V_m^S / N_A\right)^{1/3}$，当温度下降，$P_{in}$ 上升，界面层体积被压缩变小，故此时 δ 数值应变小；而 $\delta^1 = \left(V_m^B / N_A\right)^{1/3}$，当温度下降，讨论物质摩尔体积变小，意味着分子间距离变小，故此时 δ^1 数值也应变小。

亦就是说，δ 与 δ^1 随温度高低的变化，或随分子内压力的变化趋向是一致的，故而有可能使在不同温度下的 δ/δ^l 数值保持较小波动范围，从而使系数 K^s 近似为常数。

② 表 7-14 所列数据表明，即使接近临界温度，表面张力为零值的情况下，由于此时讨论物质仍是液态凝聚相，故而仍具有相当数值的分子内压力，其值可以相当于临界压力的 3～6 倍，在表面张力为零时分子内压力高达 17 倍于物质的临界压力。因而即使在表面张力为零值时物质界面层亦经受着很高的分子内压力（分子吸引力）的作用，这也是讨论物质仍保持凝聚相状态所必需的。温度降低，分子内压力数值会不断升高，继续增加的压力值虽然会继续压缩液体体积，但液体体积已变化不大。这从相关手册中列有的液体压缩系数在低压下数值较大，而在高压范围内数值明显减小[37,38]可得到佐证，因此高温下 δ 数据高些，低温度下 δ 数值小些，加上第①点的原因，故可认为 δ/δ^l 数值在不同温度下会保持相对不变。

③ 已知分子内压力与温度呈线性关系，而表面张力，除接近临界温度处外，也可认为与温度呈线性正比关系，因而有理由推测 σ 与分子内压力所做功的关系可能也呈线性关系。

图 7-8～图 7-10 表明，系数 K^s 在不同温度下可视为常数，这证明上述各点推论成立。

现将一些物质 σ 与 $P_{in}^{eff} \times \delta^l$ 的线性关系、相关系数及其斜率值列于表 7-15 供参考。

表 7-15　一些物质的 σ 与 $P_{in}^{eff} \times \delta^l$ 的线性关系

液体	σ 与 $P_{in}^{eff} \times \delta^l$ 的线性关系	相关系数（r）	斜率 K^s	δ/δ^l
甲烷	$\sigma = 0.3485 \times P_{in}^{eff} \times \delta^l$	0.9917	-0.3485	0.6515
乙烷	$\sigma = 0.3404 \times P_{in}^{eff} \times \delta^l$	0.9966	-0.3404	0.6596
丙烷	$\sigma = 0.3178 \times P_{in}^{eff} \times \delta^l$	0.9961	-0.3178	0.6822
丁烷	$\sigma = 0.3379 \times P_{in}^{eff} \times \delta^l$	0.9982	-0.3289	0.6711
庚烷	$\sigma = 0.2760 \times P_{in}^{eff} \times \delta^l$	0.9899	-0.2760	0.7240
辛烷	$\sigma = 0.2872 \times P_{in}^{eff} \times \delta^l$	0.9926	-0.2872	0.7128
壬烷	$\sigma = 0.2853 \times P_{in}^{eff} \times \delta^l$	0.9911	-0.2853	0.7143
癸烷	$\sigma = 0.2780 \times P_{in}^{eff} \times \delta^l$	0.9925	-0.2780	0.7220
苯	$\sigma = 0.3004 \times P_{in}^{eff} \times \delta^l$	0.9964	-0.3004	0.6994
液态二氧化碳	$\sigma = 0.2441 \times P_{in}^{eff} \times \delta^l$	0.9917	-0.2441	0.7559
水	$\sigma = 0.2127 \times P_{in}^{eff} \times \delta^l$	0.9966	-0.2127	0.7873
液氩	$\sigma = 0.3342 \times P_{in}^{eff} \times \delta^l$	0.9983	-0.3342	0.6658
液氮	$\sigma = 0.3324 \times P_{in}^{eff} \times \delta^l$	0.9942	-0.3324	0.6676
液氢	$\sigma = 0.3717 \times P_{in}^{eff} \times \delta^l$	0.9911	-0.3717	0.6283
液氧	$\sigma = 0.3151 \times P_{in}^{eff} \times \delta^l$	0.9918	-0.3151	0.6849
液氟	$\sigma = 0.3292 \times P_{in}^{eff} \times \delta^l$	0.9915	-0.3292	0.6708
液氯	$\sigma = 0.3280 \times P_{in}^{eff} \times \delta^l$	0.9919	-0.3280	0.6720
液溴	$\sigma = 0.3140 \times P_{in}^{eff} \times \delta^l$	0.9967	-0.3140	0.6860
液氖	$\sigma = 0.2999 \times P_{in}^{eff} \times \delta^l$	0.9907	-0.2999	0.7001
液态钠	$\sigma = 0.0384 \times P_{in}^{eff} \times \delta^l$	0.9985	-0.0384	0.9616
液态钾	$\sigma = 0.0854 \times P_{in}^{eff} \times \delta^l$	0.9975	-0.0854	0.9146
液态铷	$\sigma = 0.0765 \times P_{in}^{eff} \times \delta^l$	0.9970	-0.0765	0.9235
液态铯	$\sigma = 0.0846 \times P_{in}^{eff} \times \delta^l$	0.9910	-0.0846	0.9154

表 7-15 数据表明，σ 与 $P_{in}^{eff} \times \delta^I$ 确呈线性关系，且其相关系数较高，各物质均在 0.99 以上。因而表列数据支持式（7-180）所示关系。

表 7-15 的数据还表示，分子内压力确实对界面层进行了压缩做功。从表列数据来看，烷烃界面层厚度的压缩率 δ/δ^I 约为 0.65～0.72，且分子越小这一数值越小，这意味着被压缩越大。金属的 δ/δ^I 的数值很高，均大于 0.9。说明金属界面层在其内压力压缩下变形不大，金属抗变形能力较强。

7.6.4 分子内压力与分子吸引压力

已知，液体物质中存在两种不同的分子，其一是无序移动分子（又称为动态分子），其二是短程有序排列的非移动分子（又称为静态分子）。这两种分子在物质中的分子行为有些不同之处。

动态分子：在体系中进行着无序的分子移动运动，动态分子与周围分子之间存在着分子间相互作用，既存在分子间吸引作用，也存在分子间排斥作用。

静态分子：在体系中不进行分子移动运动，只是在体系中相对固定位置处进行着分子振动和转动，静态分子与周围分子之间存在分子间相互作用。

宏观分子相互作用理论以分子压力形式表示分子间的相互作用。对动态分子而言，这些反映分子间相互作用的分子压力有 P_{id}、P_{P1}、P_{P2} 和 P_{at}，这些分子压力的定义、意义和计算方法前面都介绍过；而对静态分子而言，讨论物质处于液体状态时静态分子间也存在有各种分子间相互作用，静态分子间的重要分子压力为分子间吸引作用力，称其为分子内压力 P_{in}。因而表示动态分子间吸引作用的分子吸引压力 P_{at}，与表示静态分子间吸引作用的分子内压力 P_{in}，二者均表示处在同样状态条件下同一物质分子间的分子吸引作用，下面讨论 P_{at} 和 P_{in} 二者的异同。

宏观分子相互作用理论中 P_{at} 的定义是单位面积动态分子间的分子吸引力。

P_{at} 的定义式：

$$P_{at} = \left(\frac{\partial U_{at}^K}{\partial V}\right)_T = \left(\frac{\partial f_{at}^K}{\partial A}\right)_T \qquad (7\text{-}184)$$

式中，U_{at}^K、f_{at}^K 分别为体系中动态分子间的吸引能和吸引力。

P_{in} 的定义是体系中单位面积的静态分子间的分子吸引力。

P_{in} 定义式为：

$$P_{in} = \left(\frac{\partial U_{in}^P}{\partial V}\right)_T = \left(\frac{\partial f_{in}^P}{\partial A}\right)_T \qquad (7\text{-}185)$$

式中，U_{in}^P、f_{in}^P 分别为体系中静态分子间的吸引能和吸引力。

从二者的定义和定义式来看，P_{at} 是动态分子的分子行为，是运动着的分子动能中分子间吸引作用对体系压力的影响，动态分子的运动是无序的、无方向的，因而形成的分子间吸引作用力也是无序的、无方向的。而 P_{in} 是静态分子的分子行为，是不运动的相对位置固定的静态分子的分子间吸引作用力场对体系产生的影响，是不运动的分子位能的分子间吸引作用对体系压力的影响。静态分子位置是相对固定的（相对不运动的），在液体、固体中可能在一定范围内或在体系内是有序的，其作用力会有一定方向，因而静态分子所形成的分子间吸引作用力应是有序的，作用力指向有可能呈一定的方向性。因此，P_{at} 和 P_{in} 二者对体系压力的影响是不同的，P_{at} 是对体系动压力的影响，而 P_{in} 是静态分子间吸引作用的静态分子力场，此分子力场会对表面层做功，形成讨论物质的表面张力性能。

经典热力学[13,14]中有表示式：$P_{内} = \left(\dfrac{\partial U}{\partial V}\right)_T = \dfrac{a}{V^2}$，注意式中用的符号为$P_{内}$，表示的是经典热力学中的"内压力"，以此与分子静压力产生的分子内压力P_{in}相区别。上式表示，经典热力学认为立方型状态方程讨论的是动态分子的行为，故热力学中的"分子内压力"实际上反映的应该是动态分子的分子吸引压力P_{at}。因此，讨论P_{in}与$P_{内}$之间的区别，即为P_{in}与P_{at}的区别，亦为静态分子所形成的分子吸引力（分子内压力）与动态分子所形成的分子吸引力之间的区别。

为此选择了一些物质，计算了这些物质在液态下不同状态参数时动态分子所具有的分子压力和静态分子的分子间吸引作用——分子内压力数值，以比较它们的区别，见表7-16。

表7-16 不同状态下物质的分子压力和分子内压力[①]

物质	状态参数			移动分子的对比分子压力					对比分子内压力
	P/bar	T/K	V_m/(cm³/mol)	P_r（体系压力）[③]	P_{idr}	P_{P1r}	P_{P2r}	P_{atr}	P_{inr}
液氩	48.980[②]	150.900[②]	74.580	1.0000	3.436	0.318	1.323	4.077	1.361
	47.388	149.995	58.642	0.9675	4.344	0.384	2.564	6.324	2.582
	31.680	140.005	42.384	0.6468	5.610	0.343	6.248	11.554	6.688
	20.229	130.000	38.431	0.4130	5.746	0.244	8.392	13.968	9.641
	12.132	119.996	34.426	0.2477	5.920	0.162	11.487	17.321	13.607
	6.666	110.006	32.211	0.1361	5.800	0.096	14.108	19.867	17.038
	3.247	100.001	30.473	0.0663	5.574	0.049	16.839	22.396	20.498
	1.338	89.997	29.034	0.0273	5.264	0.021	19.720	24.978	23.905
	0.790	85.002	28.393	0.0161	5.085	0.013	21.254	26.335	25.581
液氮	33.960[②]	126.250[②]	92.135	1.0000	3.448	0.321	1.337	4.102	1.374
	25.151	120.001	53.005	0.7406	5.698	0.384	6.009	11.350	6.164
	14.671	110.002	44.741	0.4320	6.188	0.263	9.715	15.733	10.816
	7.773	100.003	40.539	0.2289	6.208	0.154	13.074	19.208	15.388
	3.600	90.004	37.536	0.1060	6.034	0.077	16.607	22.612	20.292
	1.369	80.005	35.242	0.0403	5.713	0.031	20.357	26.061	24.598
	0.386	70.006	33.417	0.0114	5.271	0.009	24.341	29.610	28.980
	0.125	63.150	32.358	0.0037	4.912	0.003	27.262	32.173	31.895
液氢	13.130[②]	33.180[②]	64.149	1.0000	3.279	0.296	1.113	3.685	1.190
	11.070	31.999	43.827	0.8431	4.628	0.360	3.239	7.384	3.472
	9.510	31.000	39.856	0.7243	4.930	0.341	4.236	8.782	4.628
	3.213	25.001	31.266	0.2447	5.068	0.153	8.763	13.740	10.611
	1.585	22.002	29.335	0.1207	4.754	0.083	10.817	15.534	13.291
	0.901	20.001	28.367	0.0686	4.470	0.050	12.162	16.613	14.916
	0.314	17.001	27.174	0.0239	3.965	0.019	14.231	18.191	17.316
	0.072	13.949	26.166	0.0055	3.379	0.004	16.485	19.863	19.531

物质	状态参数			移动分子的对比分子压力					对比分子内压力
	P/bar	T/K	V_m/(cm³/mol)	P_r（体系压力）[3]	P_{idr}	P_{P1r}	P_{P2r}	P_{atr}	P_{inr}
液氩	54.960[2]	209.39[2]	92.012	1.0000	3.472	0.323	1.363	4.154	1.399
	42.231	200.009	55.649	0.7684	5.483	0.386	5.364	10.465	5.532
	22.413	179.992	45.445	0.4078	6.044	0.248	9.528	15.412	10.780
	10.371	159.995	40.485	0.1887	6.030	0.129	13.470	19.441	15.974
	3.878	139.998	37.210	0.0706	5.741	0.053	17.555	23.278	21.244
	1.032	120.001	34.744	0.0188	5.270	0.015	21.963	27.229	26.353
	0.732	115.751	34.275	0.0133	5.153	0.011	22.976	28.127	27.434
液氪	76.356[2]	416.489[2]	101.186	0.9905	4.125	0.374	2.198	5.706	2.208
	59.489	399.802	74.503	0.7717	5.379	0.381	5.067	10.056	5.374
	34.173	366.472	62.053	0.4433	5.919	0.261	8.550	14.286	10.098
	22.410	344.279	57.449	0.2907	6.006	0.185	10.766	16.666	12.939
	10.677	310.948	52.449	0.1385	5.941	0.097	14.241	20.141	17.440
	5.903	288.714	49.838	0.0766	5.806	0.056	16.718	22.503	20.495
	2.933	266.479	47.672	0.0381	5.603	0.029	19.295	24.888	23.577
	0.775	233.148	44.925	0.0101	5.201	0.008	23.472	28.672	28.135
液氟	52.150[2]	144.300[2]	66.234	1.0000	3.472	0.323	1.363	4.154	1.399
	43.472	140.000	42.522	0.8336	5.247	0.397	4.561	9.372	4.654
	16.328	120.000	31.474	0.3131	6.076	0.199	10.762	16.724	12.539
	4.280	100.000	27.335	0.0821	5.831	0.061	16.698	22.507	20.360
	0.555	80.000	24.732	0.0106	5.156	0.009	23.294	28.448	27.878
	0.015	60.000	22.818	0.0003	4.191	0.000	31.053	35.244	35.208
	0.003	53.506	22.288	0.0000	3.825	0.000	33.946	37.771	37.767
液氧	50.870[2]	154.770[2]	78.846	1.0000	3.472	0.323	1.363	4.154	1.399
	42.232	150.003	47.583	0.8302	5.576	0.413	5.332	10.491	5.322
	27.821	140.005	39.580	0.5469	6.256	0.320	8.847	14.876	9.266
	10.210	119.993	32.989	0.2007	6.434	0.139	15.034	21.407	17.567
	0.300	80.001	27.036	0.0059	5.234	0.005	28.464	33.697	33.271
	0.007	60.004	25.278	0.0001	4.198	0.000	36.443	40.641	40.619
	0.002	54.355	24.828	0.0000	3.872	0.000	39.050	42.921	42.917

①本表计算数据取自文献[3]。

②数据为临界压力和临界温度。

③$P_r = P_{idr} + P_{P2r} + P_{P1r} - P_{atr}$。

由表 7-16 数据分析分子吸引压力 P_{at} 与分子内压力 P_{in} 的异同点如下。

① 形成这两种分子吸引力的原因不同。P_{at} 是液体中动态分子处于无序排列结构时的分子间相互吸引力所形成的,是体系中动态分子与其周围分子间的相互吸引力,因此 P_{at} 的分子吸引力只对体系动态分子行为产生影响:形成体系压力,对体系压力产生影响,与体系中其他动态分子的分子压力形成的动态分子压力微观结构式关系:

$$P = P_{id} + P_{P1} + P_{P2} - P_{at}$$

P_{in} 是液体中近程有序结构中短程有序分子所形成的,反映的是体系中静态分子与其周围静态分子间的相互吸引力。

二者形成原因不同,但均是由于液体分子间吸引力。由于 P_{in} 和 P_{at} 形成原因不同,因此二者对体系的影响不同。P_{at} 是对体系中动态分子行为产生影响;P_{in} 是对体系中静态分子行为产生影响。

② 由于 P_{in} 和 P_{at} 是同一物质中的分子在同样状态条件下产生的分子间吸引作用,有可能在数值上会有所影响。由于是同一物质的分子,其液体分子间的相互吸引力,在一些状态条件下二者数值应该是接近的。现将表 7-16 中列示的二者数值相接近的另列于表 7-17 中以说明这一点。

表 7-17　一些物质在某些状态条件下,分子吸引压力和分子内压力数值接近相等

物质	状态参数			移动分子的对比分子压力					对比分子内压力
	P/bar	T/K	V_m/(cm³/mol)	P_r	P_{idr}	P_{P1}	P_{P2}	P_{atr}	P_{inr}
液氩	1.338	89.997	29.034	0.0273	5.264	0.021	19.720	24.978	23.905
	0.790	85.002	28.393	0.0161	5.085	0.013	21.254	26.335	25.581
液氮	0.386	70.006	33.417	0.0114	5.271	0.009	24.341	29.610	28.980
	0.125	63.150	32.358	0.0037	4.912	0.003	27.262	32.173	31.895
液氢	0.314	17.001	27.174	0.0239	3.965	0.019	14.231	18.191	17.316
	0.072	13.949	26.166	0.0055	3.379	0.004	16.485	19.863	19.531
液氪	1.032	120.001	34.744	0.0188	5.270	0.015	21.963	27.229	26.353
	0.732	115.751	34.275	0.0133	5.153	0.011	22.976	28.127	27.434
液氙	2.933	266.479	47.672	0.0381	5.603	0.029	19.295	24.888	23.577
	0.775	233.148	44.925	0.0101	5.201	0.008	23.472	28.672	28.135
液氟	0.015	60.000	22.818	0.0003	4.191	0.000	31.053	35.244	35.208
	0.003	53.506	22.288	0.0000	3.825	0.000	33.946	37.771	37.767
液氧	0.300	80.001	27.036	0.0059	5.234	0.005	28.464	33.697	33.271
	0.007	60.004	25.278	0.0001	4.198	0.000	36.443	40.641	40.619
	0.002	54.355	24.828	0.0000	3.872	0.000	39.050	42.921	42.917

表 7-17 中数据表明,各物质在体系温度较低的情况下,动态分子和静态分子形成的分子间吸引作用力是十分接近的。

③ 温度对体系中 P_{in} 和 P_{at} 的数值变化有影响。在低温时二者数值接近或相同,随着温度升高,P_{in} 和 P_{at} 的数值均会降低,P_{at} 的数值降低得慢一些,P_{in} 的数值降低得要快一些。以液氧、液氩和液氮为例,P_{in} 和 P_{at} 的数值随温度的改变见图 7-11。

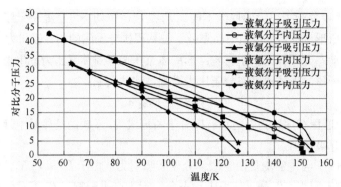

图 7-11　液氧、液氩和液氨在不同温度下的 P_{atr} 和 P_{inr}

由图 7-11 可知，液氧、液氩和液氨在不同温度下 P_{atr} 和 P_{inr} 的变化情况如下。

a. 当体系温度较低时，液氧、液氩和液氨三种物质的 P_{atr} 和 P_{inr} 的温度变化曲线有以下分子行为：在低温起始点处三物质的是 P_{atr} 和 P_{inr} 数值相同或十分接近；一些物质在低温段，如液氧（<80K），液氨（<70K），P_{atr} 和 P_{inr} 温度曲线接近重合，而液氩的二曲线数值虽接近但并不重合。说明当温度低到一定程度时，亦就是当物质中分子间距接近到一定值时受温度变化影响可能相同。但这还需考虑物质自身的性质，以及物质分子间相互作用的强弱。

b. 液氧、液氩和液氨的 P_{atr} 和 P_{inr} 随温度的变化在一定温度范围内均呈线性关系，只是在临界温度附近出现突变，偏离了线性关系，三种物质均是如此。

c. 液氧、液氩和液氨的 P_{atr} 和 P_{inr} 随温度升高数值减小，但 P_{atr} 数值减小幅度要低于 P_{inr}。

d. 在临界温度处液体物质将转变为气体物质，气体物质中 P_{atr} 的数值均很小，接近于零，但在液体的临界温度点处 P_{atr} 数值大于 P_{inr}，说明液体物质转变为气体物质时 P_{inr} 的数值先于 P_{atr} 趋近于零值，亦就是在临界区域相变时液体中短程有序排列的液体部分先于分子无序运动的液体部分转化成气体，故而相变过程中分子无序运动的液体部分越来越多，而短程有序排列的呈凝聚体的液体部分越来越少。饱和液体和饱和蒸气的热力学性质相同，气液之间的分界面消失，因此没有表面张力，气化潜热为零[31]。

e. 在临界温度处 P_{inr} 的数值十分接近分子第二斥压力值，亦就是当温度进一步升高一点时 P_{inr} 有可能会低于 P_{P2r} 的数值，这意味着当物质从液态转变成气态时，物质中分子间排斥作用会大于分子间吸引作用，而且大于液体中近程有序分子的分子间吸引作用，这就是说，这时体系满足了液体转变为气体的条件，图 7-12 展示了一些物质在临界区域的分子内压力 P_{inr} 和分子第二斥压力的情况。

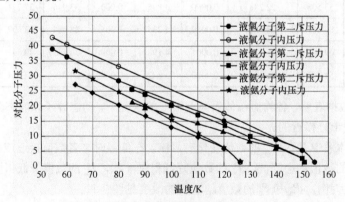

图 7-12　液氧、液氩和液氨在不同温度下的 P_{P2r} 和 P_{inr}

由图 7-12 可知，液氧、液氩和液氨在不同温度下 P_{P2r} 和 P_{inr} 的变化情况为：

a. 液氧、液氩和液氨三种物质的 P_{P2r} 和 P_{inr} 温度变化曲线，每种物质的两个分子压力的数值在低温起始点处不同，且其相差数值在全程温度中是最大的。

b. 液氧、液氩和液氨的 P_{P2r} 和 P_{inr} 随温度的变化在一定温度范围内呈线性关系，只是在临界温度附近出现突变，偏离了线性关系，图中三种物质均是如此。

c. 液氧、液氩和液氨的 P_{P2r} 和 P_{inr} 随温度升高数值呈线性减小，二者差值也逐渐减小，在临界点处二者数值接近，P_{inr} 数值比 P_{P2r} 稍大一些。

d. 在临界温度处液体物质将转变为气体物质，气体物质中 P_{P2r} 和分子吸引力的数值均很小，但在液体的临界温度点处 P_{P2r} 数值仍稍低于液体 P_{inr}。说明这时的液体物质仍然属于凝聚态液体物质，只不过物质状态已呈临界相变状态，在达到 $P_{inr}<P_{P2r}$ 时即会发生相变。

e. 在临界温度处 P_{inr} 的数值十分接近分子第二斥压力值，见表 7-18。

表 7-18　临界区域各物质的分子间吸引力与排斥力的比较

物质	临界状态参数			P_{P2r}	P_{atr}	$\dfrac{P_{atr}}{P_{P2r}}$	P_{inr}	$\dfrac{P_{inr}}{P_{P2r}}$
	P/bar	T/K	V_{m}/(cm^3/mol)					
液氩	48.980	150.900	74.580	1.323	4.077	3.082	1.361	1.029
液氨	33.960	126.250	92.135	1.337	4.102	3.069	1.374	1.028
液氢	13.130	33.180	64.149	1.113	3.685	3.310	1.190	1.069
液氪	54.960	209.39	92.012	1.363	4.154	3.048	1.399	1.026
液氯	76.356	416.489	101.186	2.198	5.706	2.596	2.208	1.005
液氟	52.150	144.300	66.234	1.363	4.154	3.048	1.399	1.026
液氧	50.870	154.770	78.846	1.363	4.154	3.048	1.399	1.026

在临界温度时物质中 P_{inr}/P_{P2r} 在 1.005～1.069，数值非常接近，只需当温度进一步变化时 P_{inr} 便有可能低于 P_{P2r}，这意味着物质从液态转变成气态时的变化是物质中分子间排斥作用大于分子间吸引作用，而且大于液体中近程有序分子的分子间吸引作用，这就是说，当液体中分子第二斥压力＞分子内压力时，体系满足了的液体转变为气体的条件，体系发生相变。

热力学理论认为状态方程中吸引力项是分子内压力，确切地说是状态方程中吸引力项在数值上可近似认为与分子内压力相等，低温时二者确实近似相等，但在高温时 P_{atr} 和 P_{inr} 数值不同，但二者数值降低到个位数时接近，从表 7-18 来看，P_{atr} 和 P_{inr} 二者数值在临界点附近在个位数值上接近，P_{atr} 数值约为 4，而 P_{inr} 数值约为 1。

图 7-11 中不同温度下的 P_{in} 和 P_{at} 数据表明：

a. 物质不同，P_{in} 和 P_{at} 数值随温度变化强弱不同，这反映了不同物质中不同类型分子的分子间吸引作用受温度影响的情况不同。

b. P_{in} 和 P_{at} 二者差距随温度升高而逐渐扩大。这由图 7-11、表 7-16 数据均可看出，在近临界点和临界点时 P_{inr} 值明显低于 P_{atr}，如果认为临界温度下液体表面张力为零值是与此时的分子间吸引作用数值相对应的话，那么 P_{inr} 随温度变化曲线表明其应该先于 P_{atr} 达到零值，实际情况是在不到临界温度处液体表面张力就为零了[37]，说明形成液体表面性质的分子间吸引作用是静态分子的分子间吸引力 P_{in}。

c. 图 7-11 表明物质的 P_{at}-T 和 P_{in}-T 在较大温度范围内均呈线性关系，说明物质的 P_{at}-T

和 P_{in}-T 两条曲线间可能存在某种关系。

由此推测物质动态分子吸引力 P_{at} 与静态分子吸引力 P_{in}，可能存在某种关系。下面讨论它们之间的关系。

相平衡时
$$\varphi^G = Z_{Y(S1)}^G = Z_{Y(S2)}^G \tag{7-186}$$

气体逸度压缩因子：$Z_{Y(S1)}^G = \dfrac{P_r^G + P_{atr}^G}{P_{idr}^G + P_{atr}^G}$；$\quad Z_{Y(S2)}^G = \dfrac{P_r^G + P_{atr}^G - P_{P1r}^G}{P_{idr}^G + P_{atr}^G - P_{P1r}^G}$

对气体逸度压缩因子 1，

$$\varphi^G = Z_{Y(S1)}^G = Z_Y^L = \frac{P_{idr}^L + P_{inr}^L}{P_{idr}^L + P_{atr}^L}$$

$$P_{atr}^L Z_{Y(S1)}^G = P_{idr}^L \left[1 - Z_{Y(S1)}^G \right] + P_{inr}^L ; \quad P_{atr}^L Z_Y^L = P_{idr}^L \left(1 - Z_Y^L \right) + P_{inr}^L$$

整理得
$$P_{atr}^L Z_{Y(S1)}^G + P_{idr}^L \left[Z_{Y(S1)}^G - 1 \right] = P_{inr}^L ; \quad P_{atr}^L Z_Y^L + P_{idr}^L \left(Z_Y^L - 1 \right) = P_{inr}^L$$

得
$$\frac{P_{inr}^L}{P_{P2}^L} = \frac{P_{atr}^L}{P_{P2}^L} \left[Z_{Y(S1)}^G + \frac{P_{idr}^L}{P_{atr}^L} \left(Z_{Y(S1)}^G - 1 \right) \right]$$

$$\frac{P_{inr}^L}{P_{P2}^L} = \frac{P_{atr}^L}{P_{P2}^L} \left[Z_Y^L + \frac{P_{idr}^L}{P_{atr}^L} \left(Z_Y^L - 1 \right) \right]$$

设
$$K_{in\text{-}at}^{Y(S1)} = Z_{Y(S1)}^G + \frac{P_{idr}^L}{P_{atr}^L} \left[Z_{Y(S1)}^G - 1 \right] ; \quad K_{in\text{-}at}^{Y(S1)} = Z_Y^L + \frac{P_{idr}^L}{P_{atr}^L} \left(Z_Y^L - 1 \right) \tag{7-187}$$

对气体逸度压缩因子 2，

$$\varphi^G = Z_{Y(S2)}^G = Z_Y^L = \frac{P_{idr}^L + P_{inr}^L}{P_{idr}^L + P_{atr}^L - P_{P1r}^L}$$

$$P_{atr}^L Z_{Y(S2)}^G = P_{idr}^L \left[1 - Z_{Y(S2)}^G \right] + P_{inr}^L ; \quad P_{atr}^L Z_Y^L = P_{idr}^L \left(1 - Z_Y^L \right) + P_{inr}^L$$

整理得
$$P_{atr}^L Z_{Y(S2)}^G + P_{idr}^L \left[Z_{Y(S2)}^G - 1 \right] = P_{inr}^L ; \quad P_{atr}^L Z_Y^L + P_{idr}^L \left(Z_Y^L - 1 \right) = P_{inr}^L$$

得
$$\frac{P_{inr}^L}{P_{P2}^L} = \frac{P_{atr}^L}{P_{P2}^L} \left[Z_{Y(S2)}^G + \frac{P_{idr}^L}{P_{atr}^L} \left(Z_{Y(S2)}^G - 1 \right) \right]$$

$$\frac{P_{inr}^L}{P_{P2}^L} = \frac{P_{atr}^L}{P_{P2}^L} \left[Z_Y^L + \frac{P_{idr}^L}{P_{atr}^L} \left(Z_Y^L - 1 \right) \right]$$

设
$$K_{in\text{-}at}^{Y(S2)} = Z_{Y(S2)}^G + \frac{P_{idr}^L}{P_{atr}^L} \left[Z_{Y(S2)}^G - 1 \right] ; \quad K_{in\text{-}at}^{Y(S2)} = Z_Y^L + \frac{P_{idr}^L}{P_{atr}^L} \left(Z_Y^L - 1 \right) \tag{7-188}$$

故知分子内压力与分子吸引压力两个分子间吸引作用力的关系如下。

气体逸度压缩因子 1（S1）：

$$P_{inr}^L = K_{in\text{-}at}^{Y(S1)} , \quad P_{atr}^L = \left[Z_{Y(S1)}^G + \frac{P_{idr}^L}{P_{atr}^L} \left(Z_{Y(S1)}^G - 1 \right) \right] P_{atr}^L \tag{7-189}$$

气体逸度压缩因子 2（S2）：

$$P_{inr}^L = K_{in\text{-}at}^{Y(S2)} , \quad P_{atr}^L = \left[Z_{Y(S2)}^G + \frac{P_{idr}^L}{P_{atr}^L} \left(Z_{Y(S2)}^G - 1 \right) \right] P_{atr}^L \tag{7-190}$$

表 7-19 列示了式（7-189）和式（7-190）的相关计算数据。

表 7-19　辛烷、丙酮的分子吸引压力和分子内压力计算

名称	分子吸引力和气体逸度压缩因子				分子吸引力比	气体逸度压缩因子计算①	
	P_{atr}	P_{inr}	$Z^G_{Y(S1)}$	$Z^G_{Y(S2)}$	P_{inr}/P_{atr}	$Z^G_{Y(S1)}$ 结果	$Z^G_{Y(S2)}$ 结果
辛烷	66.332	66.331	1.0000	1.0000	1.0000	1.0000	1.0000
	58.654	58.644	0.9998	0.9998	0.9998	0.9998	0.9998
	50.253	50.162	0.9984	0.9984	0.9982	0.9982	0.9982
	42.925	42.514	0.9918	0.9918	0.9904	0.9905	0.9905
	36.461	35.307	0.9737	0.9736	0.9684	0.9687	0.9686
	30.669	28.320	0.9398	0.9394	0.9234	0.9256	0.9250
	25.327	21.534	0.8891	0.8875	0.8502	0.8569	0.8547
	20.133	14.858	0.8163	0.8122	0.7380	0.7499	0.7443
	15.697	9.841	0.7574	0.7490	0.6270	0.6509	0.6388
	11.771	6.234	0.7324	0.7196	0.5296	0.5908	0.5713
	4.716	1.571	0.6671	0.6539	0.3331	0.3944	0.3704
丙酮	80.420	80.374	0.9995	0.9995	0.9994	0.9994	0.9994
	61.647	61.457	0.9972	0.9972	0.9969	0.9969	0.9969
	46.406	45.572	0.9847	0.9847	0.9820	0.9823	0.9823
	42.004	40.636	0.9730	0.9729	0.9674	0.9682	0.9681
	37.987	35.976	0.9576	0.9573	0.9471	0.9491	0.9487
	32.707	29.356	0.9202	0.9194	0.8975	0.9012	0.9002
	27.777	23.069	0.8733	0.8712	0.8305	0.8374	0.8347
	24.608	18.932	0.8337	0.8300	0.7693	0.7807	0.7758
	19.967	13.390	0.7763	0.7691	0.6706	0.6907	0.6807
	16.579	9.661	0.7405	0.7293	0.5827	0.6265	0.6103
	14.134	7.385	0.6964	0.6833	0.5225	0.5492	0.5298
	5.378	1.864	0.6693	0.6567	0.3466	0.4133	0.3909

①$Z_{Y(S1)}$ 计算式为式（7-187），$Z_{Y(S2)}$ 计算式为式（7-188）。

表 7-19 表明，由辛烷在熔点(246.375K)附近 224K 的 $Z^G_{Y(S1)}$ 计算的 P_{inr}/P_{atr} 为 0.99999，丙酮在熔点（178.25K）附近处 220K 时的 $Z^G_{Y(S1)}$ 计算的 P_{inr}/P_{atr} 为 0.9994，故辛烷和丙酮的 P_{inr}/P_{atr} 比值为熔点处 $\varphi^G=1$，即有：$P^L_{atr}=P^L_{inr}$。亦就是说在熔点处，确切地说在液体凝固点处，液体的无序流动分子的吸引力与静态分子的吸引力彼此相等，因而可依据此规律计算凝固点数值。

7.6.5　影响分子内压力的因素

温度、压力和体系体积的变化都会影响分子内压力。下面将分别讨论这些影响因素。

7.6.5.1　分子内压力与温度

分子内压力与温度的变化有下列关系：

① 随着温度的升高，液体分子内压力的数值逐渐降低，图 7-13～图 7-15 列示了不同物质的液体对比分子内压力和对比温度的关系。

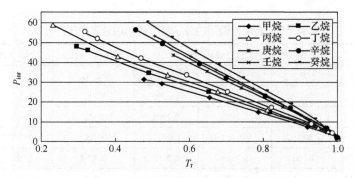

图 7-13　烷烃的对比分子内压力与温度的关系

图 7-13 为各种烷烃的液体对比分子内压力和对比温度的关系。图 7-14 为各种液态元素对比分子内压力和对比温度的关系。图 7-15 为各种液态金属元素对比分子内压力和对比温度的关系。

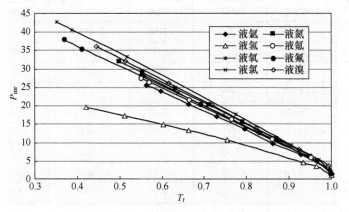

图 7-14　各液态元素的对比分子内压力与温度的关系

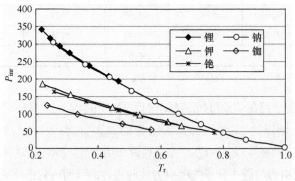

图 7-15　金属元素的 P_{inr} 和 T_r

② 在一定的温度范围内，液体分子内压力与温度呈线性比例关系，这可从图 7-13～图 7-15 中看出。界面化学理论表示物质的表面张力在一定温度范围内与温度呈线性关系，液体分子内压力与表面张力二者均与温度变化呈线性关系，说明分子内压力与表面张力性质有着密切关系。

③ 液体分子内压力与温度的线性比例关系，一般可保持一定的温度范围，但到临界温度附近时会发生突变，此时随着温度升高，分子内压力数值急剧下降。物质表面张力性质与温

度的线性关系相似，一般也是在临界温度附近会偏离线性关系，由此也可说明分子内压力与表面张力性质确实有着密切关系。图7-16将临界温度附近分子内压力的变化单独列示，以供分析参考。在临界温度附近，液体分子内压力与温度不呈线性关系。

④ 在临界温度附近，液体分子内压力的数值很低，但还不等于零。这从图7-13～图7-16可以看出，图7-16清楚地显示了分子内压力在临界点附近的变化。

选择一些物质数据将临界状态附近（对比温度0.93～1.00）分子压力与温度关系放大，以供参考。由此可见液体的分子内压力在临界点附近与温度的关系有：

a. 分子内压力在近临界点时会偏离与温度的线性关系，就所整理的数据来看，很多液态物质均有这样的规律，这应该是液体物质的一个普遍规律。

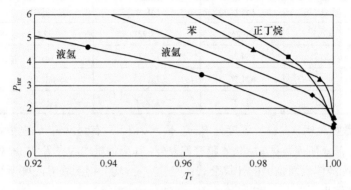

图7-16　临界点附近分子内压力与温度的关系

b. 分子内压力在近临界点时其数值已经很小，但仍保留有一定的数值，且大于零值，也大于分子第二斥压力，故从这个角度来讲，处在临界温度点的液体还应归属于凝聚态物质。

c. 液态分子内压力在接近临界点，偏离线性规律后会急速减小其数值。物质不同，分子内压力降低的速率不同。

图7-13～图7-16也反映了分子内压力与温度的关系，温度对于液体分子内压力的影响和温度对于液体表面张力的影响，二者是相似的，也是相互关联的。为此下面通过表面张力与温度的关系反映分子内压力与温度的关系。

① 一般，气态物质的摩尔体积要大于临界摩尔体积V_C，因此，可认为：当讨论物质的摩尔体积大于等于临界体积时，亦就是说，当液相进入临界状态，即其摩尔体积与V_C接近或相等时，该物质的分子内压力数值应很小（见表7-18数据）。反之，当液相偏离临界状态越远，即离固态越近时分子内压力数值越大。与之相应，分子内压力应在熔点处达到最大值，并且随着温度的升高而下降。图7-13～图7-16中所示的分子内压力与温度的关系和表7-18中分子内压力的数据均反映了分子内压力的这个特性，即图7-13～图7-16说明在一定温度范围内分子内压力与温度可以认为呈线性关系。故有

$$P_{in} = P_{in(mf)} - K_P(t - t_{mf}) \qquad (7\text{-}191)$$

式中，$P_{in(mf)}$为在熔点下的分子内压力；K_P为一恒定常数。

② 理论上认为，当液体处于临界温度点时，液体表面张力数值为零，但表7-18的数据表明，临界温度下分子内压力P_{inr}数值虽很小，但还不是零值。说明当液相进入临界状态时，实际液体中还可能存在极少量分子内压力，即少量的近程有序结构，只有温度继续提高，近程有序结构才在液相中完全消失。现将一些物质的分子内压力P_{inr}为零的温度列于表7-20中以供参考。

表 7-20 一些液态物质的 P_{inr} 为零时的温度数值

液体	T_C/K	$T\big|_{P_{in}=0}$/K	$T_r\big|_{P_{in}=0}$	$T\big|_{\sigma=0}$/K	$T_r\big|_{\sigma=0}$
甲烷	190.60	201.75	1.0591	185.24	0.9724
乙烷	305.30	323.53	1.0597	298.12	0.9765
丙烷	369.80	392.12	1.0603	362.67	0.9806
正丁烷	425.20	450.79	1.0602	415.29	0.9767
苯	562.20	591.20	1.0516	552.99	0.9836
CO_2	304.20	318.07	1.0456	301.27	0.9904
氧	154.77	165.84	1.0636	151.48	0.9787
氢	33.18	36.24	1.0921	32.48	0.9788
氮	126.25	134.26	1.0634	121.76	0.9671
溴	584.20	621.76	1.0643	571.04	0.9774
氯	417.16	443.37	1.0645	415.37	0.9973

表 7-20 中数据表明，在临界温度处 P_{inr} 还不是零值，只有温度再升高些，P_{inr} 才有可能为零值。并且从表 7-20 所列数据知，除氢稍有偏差外，其余物质均约在 $T_r \approx 1.06$ 处 P_{inr} 达到零值。

③ 大多数纯液体表面张力的计算公式或经验方程，均会得到临界温度下纯液体表面张力的数值为零值的结果。

经典的 Eötvös 方程：
$$\sigma V^{2/3} = k(T_C - T) \tag{7-192}$$

Yaws[39] 的指数型关联式：
$$\sigma = \sigma_1\left[(T_C - T)/(T_C - T_1)\right]^{11/9} \tag{7-193}$$

Harkim 法[34]：
$$\sigma = 4.6416 P_C^{2/3} T_C^{1/3} Q_P\left[(1 - T_r)/0.4\right]^m \tag{7-194}$$

还有很多计算式这里不再一一列举，这些计算式的共同特点是认为在讨论温度为临界温度时，液体表面张力为零。但实验观察到，液气界面在较临界温度稍低些，不到临界温度时就已变得模糊，因而一些研究者认为，表面张力为零的温度并不是临界温度，而是还不到临界温度。为此一些修正式将 Eötvös 方程改为[40,41]：
$$\sigma V^{2/3} = k(T_C - 6 - T) \tag{7-195}$$

我们依据 Yaws[39] 介绍的方法求得表面张力与温度的关系，然后由此求出表面张力为零值时的温度点，再依据此温度点求得液体在表面张力为零时的分子内压力数值，现将这些计算数据列于表 7-21。

表 7-21 液态物质在表面张力为零时的分子内压力

物质	临界状态		物质表面张力为零时		
	T_C/K	P_{atr}	P_{inr}	T/K	T_r
CH_4	190.60	4.1542	3.9710	186.37	0.9783
C_2H_6	305.30	4.234	3.8564	298.12	0.9765
C_3H_8	369.80	4.1542	4.0842	362.65	0.9807
$n\text{-}C_4H_{10}$	425.20	4.5478	4.5420	415.28	0.9767
O_2	154.77	4.1542	4.2213	151.48	0.9787

物质	临界状态		物质表面张力为零时		
	T_C/K	P_{atr}	P_{inr}	T/K	T_r
H_2	33.18	3.6852	2.6271	32.65	0.9839
N_2	126.25	4.1022	4.1025	121.80	0.9647
Cl_2	417.16	5.7061	3.0065	415.37	0.9973
Br_2	584.20	4.6724	3.8895	576.39	0.9866
CO_2	304.20	4.5478	3.5044	303.23	0.9927
Ar	150.90	4.0765	3.3992	147.56	0.9779
Kr	209.39	4.1542	2.3907	209.39	1.0000
苯	562.2	4.6395	3.9982	552.99	0.9836

表 7-21 数据表明，表面张力和分子内压力具有下列特点。

a．对于大多数液态物质，其表面张力数值确实在不到临界温度时就已经为零值。

b．当液体表面张力等于零时液体的分子内压力虽然数值变小但还有一定数值。这部分分子内压力所做的功仅能维持体系温度恒定，而无余力使体系完成表面功。

c．比较表面张力为零值时的对比分子内压力 P_{inr} 和液相处于临界温度下的对比分子吸引压力 P_{atr}，见表 7-21，可知，液相的 P_{inr} 数值受到温度升高影响而逐渐减小，并且其数值减小到 $P_{inr}|_T \rightarrow P_{atr}|_{T=T_C}$ 时，意味着液相表面张力可能已为零值或已接近为零值了。

强有力的分子间吸引作用是液体中静态分子存在的保证。而在表面张力为零值时 $P_{inr} \leqslant P_{atr}|_{T=T_C}$，说明液体中静态分子的分子间吸引作用已经开始低于气液临界态时的无序动态分子间吸引作用，亦就是说，此时液体中静态分子所具有的分子间吸引作用水平，已经开始失去保持分子在液体中呈现"静态分子"的能力，只需温度稍有变化，静态分子就将转变为动态分子，亦就是使液体失去了表面张力这个宏观性能。

④ 上面讨论了饱和状态下液体的分子内压力与温度的关系。讨论中每个饱和状态点的温度和压力均不相同。因此上面所讨论的关系中有温度的影响，亦有压力的影响。为此下面讨论在恒定压力下仅变化温度对液体中分子内压力的影响。

以液氢为例，选择温度为 31.363K、饱和压力为 10bar 作为讨论起点，然后恒定压力为 10bar，讨论温度改变对液氢分子内压力的影响，结果见图 7-17。

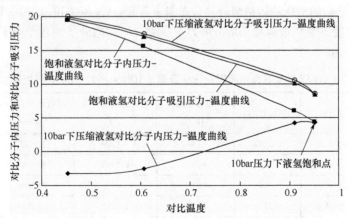

图 7-17　恒压下温度液氢的分子内压力和分子吸引压力的影响

图 7-17 中列有四条温度曲线：

a. 液氢在 10bar 压力下改变温度时液体分子内压力随温度的变化曲线，表示液氢在压缩状态下液体分子内压力随温度的变化。

b. 作为对比，图中列出了各温度点下饱和液氢的分子内压力随温度的变化曲线。

c. 图中还列示了各温度点下饱和液氢和压缩液氢的分子吸引压力随温度的变化曲线，以反映分子动压力所受到的影响。

由图 7-17 可知：

a. 图中以压力为 10bar、温度为 31.363K 的饱和液氢为起始点，起始点处液氢的对比分子内压力值为 4.2751。

b. 随着温度降低，同样温度下饱和状态和压缩状态的分子内压力数值变化情况不同。

饱和状态下，随着温度降低饱和液态的分子内压力数值增大，例如当温度从 31.363K 降到 30K 时饱和液氢（饱和压力为 8.084bar）的对比分子内压力值为 6.0126，大于起始点处的数值，即饱和液体随着温度降低，其分子内压力会增大，宏观表现为温度降低时液体的表面张力数值增加。

压缩状态下，随着温度降低压缩液体的分子内压力数值会减小，例如当温度从饱和点 31.363K 降到 30K 的压缩液氢（压力为 10bar），对比分子内压力值为 4.2223bar，小于起始点处的数值。

现将图中不同温度下饱和状态和压缩状态液氢在 10bar 下的分子内压力数据列于表 7-22 中以供参考。

表 7-22　液氢在不同温度下饱和状态和压缩状态（10bar）的分子内压力数据

状态	对比温度	对比分子内压力	无序逸度压缩因子	有序逸度压缩因子
饱和状态	0.9513	4.2751	0.3801	1.8808
压缩状态	0.9099	4.2223	0.3456	1.7983
压缩状态	0.6066	−2.5233	0.2196	0.4527
压缩状态	0.4522	−3.2299	0.1639	0.0978

表 7-22 中数据表明，恒压下随着温度的下降，液氢中无序逸度压缩因子数值随之降低，说明温度降低对液氢中动态分子行为会有影响。

温度降低对静态分子行为亦会有影响，液氢中有序逸度压缩因子数值随之降低，说明对液氢中静态分子行为也会有影响。

c. 图 7-17 中所列对比分子吸引压力的数据表明，无论是饱和液氢，还是压缩液氢，随着温度的降低，它们的变化趋势相似，并且在同一温度点处，它们的数值亦十分接近。

现将不同温度下饱和液氢和 10bar 压力下压缩液氢动态分子的各个分子压力数据列于表 7-23 中以供参考。

表 7-23　不同温度下饱和液氢和压缩液氢（10bar 压力）的分子动压力数据

对比温度	状态	对比压力	对比分子理想压力	对比分子第一斥压力	对比分子第二斥压力	对比分子吸引压力
0.9099	饱和状态	0.6252	5.1441	0.3189	5.2648	10.1026
	压缩状态	0.7734	5.2891	0.4058	5.6809	10.6024
0.6066	饱和状态	0.0698	4.5360	0.0506	12.5056	17.0224
	压缩状态	0.7732	4.6104	0.5711	13.0779	17.4862
0.4522	饱和状态	0.0099	3.6189	0.0080	16.0783	19.6952
	压缩状态	0.7735	3.6570	0.6319	16.5312	20.0466

由表 7-23 数据可知，同一温度下饱和液氢与压缩液氢的分子理想压力、分子第二斥压力和分子吸引压力的数值相互很接近，说明对于同一物质，虽然会受到不同压力的影响，但只要处在同样温度下，与物质中动态分子相关的分子行为受到的影响较小。

此外，表 7-23 数据表明，同一温度下饱和液氢与压缩液氢的分子第一斥压力会受到压力变化的影响，饱和液氢分子第一斥压力数值明显低于压缩液氢。由分子第一斥压力定义可知，存在这个差异主要是由于饱和液氢的压力低于压缩液氢。

d. 分子内压力的形成是由于液体中近程有序分子——静态分子间的相互吸引作用。有序排列结构应该与固体分子排列情况相似，其分子间距离应该是在讨论温度下处于平衡状态下的分子间距离，在外界条件作用下，分子间平衡距离如稍有变化，将会引起这些有序排列分子间相互作用情况变化。恒定压力，降低温度会使分子间平衡距离减小，这会使分子间斥作用力很快增加，从而使分子内压力数值发生变化。

为说明此点，以正丁烷为例，计算了恒压条件下分子内压力数值随温度的变化，现列于图 7-18 中以供参考。

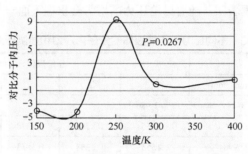

图 7-18　恒压下温度对正丁烷分子内压力的影响

正丁烷在 250K 时饱和蒸气压为 0.3815bar，饱和状态时对比分子内压力的数值为 $P_{inr}=33.4322$。而当压力升高到 1.013bar 时，在 250K 正丁烷还保留有部分分子内压力，对比分子内压力降低到 $P_{inr}(1.013\text{bar})=9.4241$，说明此时液体中近程有序排列的分子间斥力已出现且有相当数值，而静态分子间吸引力已明显减小；温度低于 250K 则有可能出现分子间斥力，分子内压力随温度下降而变小，甚至出现负值；温度高于 250K，则因温度升高使分子间斥力影响减小，$P_{inr}(T>250\text{K})\approx 0\sim 1$，且随着温度升高分子内压力值也有增大趋势。

图 7-18 中正丁烷随温度变化曲线的具体数据见表 7-24，以供参考。

表 7-24　在 1.013bar 压力下不同温度时正丁烷分子内压力数值

物质	状态参数			计算结果			
	P_r	T_r	V_r	$Z^L_{Y(\text{no})}$	$Z^L_{Y(\text{o})}$	φ^L	P_{inr}
饱和点	0.0103	0.5880	0.3635	0.1479	0.8373	0.9852	33.4322
压缩液体	2.67×10^{-2}	0.3528	0.3156	0.0739	-0.0738	0.0001	-4.0615
	2.67×10^{-2}	0.4707	0.3360	0.1086	-0.0894	0.0192	-4.1895
	2.64×10^{-2}	0.5880	0.3632	0.1483	0.2369	0.3856	9.4241
	2.70×10^{-2}	0.7056	93.2123	0.9759	1.4875	2.4634	0.0421
	2.68×10^{-2}	0.9407	126.5607	0.9890	23.2156	24.2046	0.6367

7.6.5.2 分子内压力与压力

上面讨论已说明，液体逸度压缩因子的计算式：

$$Z_Y^L = \frac{P_{idr}^L}{P_{idr}^L + P_{atr}^L - P_{P1r}^L} + \frac{P_{inr}^L}{P_r^L + P_{atr}^L - P_{P1r}^L} \tag{7-196}$$

此式表示液体的逸度压缩因子由两部分组成，其一为液体分子为无序结构的无序逸度压缩因子 $Z_{Y(no)}^L$，其二为液体分子中近程有序结构的有序逸度压缩因子 $Z_{Y(o)}^L$：

$$Z_{Y(no)}^L = \frac{P_r^L + P_{atr}^L - P_{P1r}^L - P_{P2r}^L}{P_{idr}^L + P_{atr}^L - P_{P1r}^L} = \frac{P_{idr}^L}{P_{idr}^L + P_{atr}^L - P_{P1r}^L} \tag{7-197}$$

$$Z_{Y(o)}^L = \frac{P_{inr}^L}{P_r^L + P_{atr}^L - P_{P1r}^L} \tag{7-198}$$

这样有：$Z_Y^L = Z_{Y(no)}^L + Z_{Y(o)}^L$。

在不同压力下一些物质的分子内压力、无序逸度压缩因子和有序逸度压缩因子数据列于表 7-25 中。表中所列数据表明，随着讨论压力的增大会出现下面一些情况：

表 7-25 不同压力下压缩液体的分子内压力和逸度压缩因子

物质状态参数			压缩液体计算结果				
P/bar	T/K	V_m/(cm³/mol)	$Z_{Y(no)}^L$	$Z_{Y(o)}^L$	Z_Y^L	P_{inr}^L	P_{idr}^L
正丁烷：压缩液体分子内压力 = 0 时，体系压力 P = 3.9865bar							
0.3915	250	93.0565	0.1555	0.8283	0.9838	31.3565	5.8841
1.013	250	92.9984	0.1555	0.2258	0.3813	8.5555	5.8877
5	250	92.9984	0.1559	−0.0772	0.0786	−2.9162	5.8877
10	250	92.9984	0.1564	−0.1161	0.0402	−4.3731	5.8877
20	250	92.9984	0.1573	−0.1363	0.0210	−5.1007	5.8877
30	250	92.4172	0.1575	−0.1429	0.0146	−5.3738	5.9248
40	250	92.4172	0.1585	−0.1470	0.0115	−5.4954	5.9248
50	250	92.4172	0.1595	−0.1499	0.0096	−5.5680	5.9248
60	250	92.4172	0.1606	−0.1522	0.0084	−5.6159	5.9248
80	250	91.8359	0.1618	−0.1549	0.0068	−5.7099	5.9623
100	250	91.8359	0.1639	−0.1579	0.0060	−5.7446	5.9623
200	250	90.6734	0.1732	−0.1686	0.0046	−5.8783	6.0387
300	250	89.5110	0.1834	−0.1787	0.0047	−5.9615	6.1171
400	250	88.3485	0.1946	−0.1893	0.0053	−6.0299	6.1976
500	250	87.7672	0.2089	−0.2025	0.0064	−6.0489	6.2387
丙烯：压缩液体分子内压力 = 0 时，体系压力 P = 9.2539bar							
1.0133	225	69.0970	0.1745	0.7960	0.9705	26.4840	5.8034
1	225	69.0128	0.1744	0.8090	0.9834	26.9750	5.8105
10	225	69.0128	0.1752	−0.0736	0.1017	−2.4384	5.8105
20	225	68.5920	0.1754	−0.1227	0.0527	−4.0885	5.8461

物质状态参数			压缩液体计算结果				
P/bar	T/K	V_{m}/(cm³/mol)	$Z^{\mathrm{L}}_{Y(\mathrm{no})}$	$Z^{\mathrm{L}}_{Y(\mathrm{o})}$	Z^{L}_{Y}	$P^{\mathrm{L}}_{\mathrm{inr}}$	$P^{\mathrm{L}}_{\mathrm{idr}}$
丙烯：压缩液体分子内压力 = 0 时，体系压力 P = 9.2539bar							
40	225	68.5920	0.1774	−0.1491	0.0284	−4.9112	5.8461
60	225	68.1712	0.1786	−0.1583	0.0203	−5.2127	5.8822
80	225	68.1712	0.1807	−0.1643	0.0164	−5.3483	5.8822
100	225	67.7504	0.1819	−0.1678	0.0141	−5.4605	5.9187
150	225	67.3296	0.1863	−0.1751	0.0112	−5.5974	5.9557
200	225	66.9088	0.1910	−0.1810	0.0100	−5.6787	5.9932
300	225	66.0672	0.2009	−0.1915	0.0094	−5.7847	6.0695
400	225	65.2256	0.2116	−0.2017	0.0099	−5.8606	6.1478
500	225	64.3839	0.2231	−0.2122	0.0110	−5.9223	6.2282

注：数据取自文献[3]。

① 压缩液体正丁烷和丙烯的无序逸度压缩因子 $Z^{\mathrm{L}}_{Y(\mathrm{no})}$ 随着压力增加而逐渐增大，这从逸度压缩因子定义可知，压力增加会使讨论体系的分子理想压力增加，因而无序逸度压缩因子 $Z^{\mathrm{L}}_{Y(\mathrm{no})}$ 增大。

在表 7-25 所示的温度范围内，恒温下压力对压缩液体无序逸度压缩因子 $Z^{\mathrm{L}}_{Y(\mathrm{no})}$ 的影响见图 7-19。

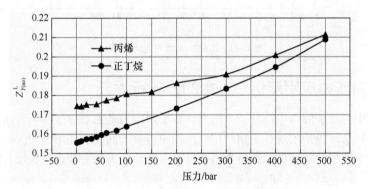

图7-19　正丁烷、丙烯的 $Z^{\mathrm{L}}_{Y(\mathrm{no})}$ 与体系压力关系图

② 讨论液体的有序逸度压缩因子 $Z^{\mathrm{L}}_{Y(\mathrm{o})}$ 随着压力增加而逐渐减小，并在压力超过饱和压力后很快接近零值（见图 7-20）。这是因为有序逸度压缩因子表示式（7-198）。压力增加会使讨论液体内分子间平衡距离减小，从而使液体中分子间吸引力减小，分子间斥力快速增加，即式中 $P^{\mathrm{L}}_{\mathrm{inr}}$ 的数值会减小，故而使 $Z^{\mathrm{L}}_{Y(\mathrm{o})}$ 的数值减小。

由图 7-20 可知，外压力 P_{r} 从饱和压力开始，稍有一些增加，有序逸度压缩因子 $Z^{\mathrm{L}}_{Y(\mathrm{o})}$ 数值便会急剧降低，说明外压力增加，使分子间距离减小，从而导致分子间斥力快速增加，致使 $Z^{\mathrm{L}}_{Y(\mathrm{o})}$ 数值急剧降低。此外，从图 7-20 可知，$Z^{\mathrm{L}}_{Y(\mathrm{o})}$ 数值最低可能降低到接近零值。

图 7-21 列示了正丁烷和丙烯分子内压力受体系压力增加的影响，这与有序逸度压缩因子情况一致。

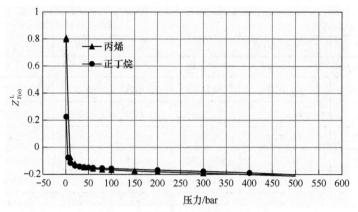

图 7-20　正丁烷、丙烯 $Z_{Y(\omega)}^{L}$ 与体系压力关系

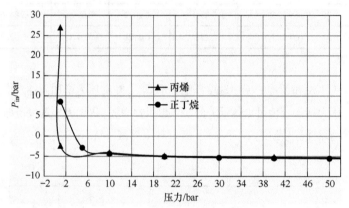

图 7-21　正丁烷、丙烯 P_{in} 与体系压力

7.7　分子内压力应用示例——水的分子行为

前面内容中讨论了液体中的分子内压力。分子内压力是宏观分子相互作用理论中一个重要的分子理论概念，也是宏观分子相互作用理论中与分子间吸引作用力相关的一个重要的分子压力参数，本节将以实际体系性质为例，讨论体系分子内压力变化，说明实际体系性质变化的原因。

7.7.1　短程有序分子

下面以水在不同温度下体系摩尔体积的变化为例来说明水分子的分子行为。

图 7-22 表示在从低温（-35℃）到临界温度的范围内水的 V_m 与体系温度的关系。

显然，图 7-22 为在讨论温度范围内体系摩尔体积随温度变化的规律，这反映了不同温度区域内水分子的行为不同，下面讨论在不同温度区域中水分子的分子行为。

接近临界温度的区域是体系水分子形成短程有序分子的区域。图中所示的温度区域范围是 351.85～374.15℃（临界温度）。在这个温度区域内完成了水由气相向液相的相变，故而这个温度区域中水分子行为特征是体系中无序分子占大多数，而液体的短程有序分子才开始出现，有序分子在水中应该只是少数，亦就是讨论体系由单一无序分子组成的气相转变为由无序分子和短程有序分子两种不同类型分子共同组成的液相。

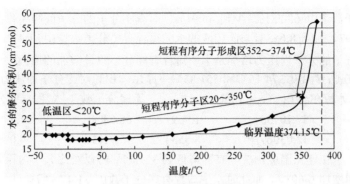

图 7-22　水的摩尔体积与温度

因此，从分子结构图像来看液体分子排列结构由两种不同分子排列分布形态所组成，其一是无序分子，液体无序分子在体系内做无序的移动运动，无序运动的驱动力应该是与体系温度有关的热驱动力，也与无序分子间的排斥力有关，以分子压力表示无序分子总排斥力为：$P_{\Sigma P} = P_{id} + P_{P1} + P_{P2}$。

无序分子运动与分子间吸引作用也有关，分子间吸引力不利于无序分子运动，以分子压力表示无序分子间吸引力，$P_{引力} = P_{at}$。故而无序分子的分子力为 $P_{no} = P_{\Sigma P} - P_{引力} = P_{id} + P_{P1} + P_{P2} - P_{at}$。

其二是短程有序分子，应该与分子间相互作用有关，生成短程有序分子的分子吸引力是分子内压力 P_{in}，即 $P_0 = P_{in}$。

在这个温度区域内液体中无序分子开始转变为液体的短程有序分子。随着温度下降，无序分子数量会减小，短程有序分子数量会逐步增大。以无序分子数（%）表示无序排列分子占体系总分子数的百分比；以有序分子数（%）表示短程有序排列分子占体系总分子数的百分比。故而液体中无序分子数%，即液体中无序分子所有区域。有序分子数（%），即液体中短程有序分子所有区域。二者并不是恒定不变的，随着温度变化，分子间相互作用情况变化，在接近临界点区中水的无序分子数（%）和短程有序分子数（%）情况见图 7-23。

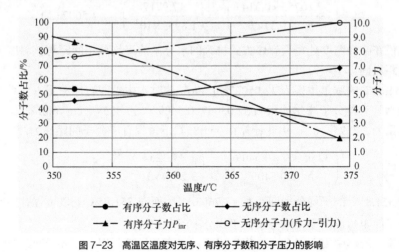

图 7-23　高温区温度对无序、有序分子数和分子压力的影响

图 7-23 表明，随着体系温度由临界温度 374.15℃下降到 351.85℃，无序分子的分子间相互作用力（斥力-引力）$P_{nor} = P_{\Sigma Pr} - P_{atr}$，即无序分子力由 10.0399 减小到 7.6335，与此相应

的水的无序分子数量由 68.53%减少到 45.91%。而有序分子的分子间吸引作用力，即有序分子力 P_{inr} 由 1.9597 增加到 8.6534，与此相应的水的短程有序分子数量由 31.47%增加到 54.09%。由此可知有序分子的分子内压力增加是水中短程有序分子数量增加的原因。

图 7-22 中在临界温度 374.15℃和 351.85℃下摩尔体积和对比分子内压力的数据为：

温度/℃	水摩尔体积/（cm³/mol）	P_{inr}	无序分子数	短程有序分子数
374.15	57.10755	1.9597	68.53%	31.47%
351.85	32.03067	8.6534	45.91%	54.09%

亦就是说，水在体系温度由 374.15℃降低到 351.85℃时以对比分子内压力表示水中短程分子间吸引作用增加 6.6939，而此时水中短程有序分子数由 31.47%增加到 54.09%，短程有序分子的数量增加。374.15℃时体系摩尔体积为 57.10755cm³/mol，温度降低到 351.85℃时体系摩尔体积为 32.03067cm³/mol，摩尔体积减小了 25.0509cm³/mol。

体系体积减小是由于体系从单一的无序分子，转变为体系中既有无序分子也有短程有序分子两种类型分子，亦就是最新生成的短程有序分子的宏观性质变化特征是体系体积减小，物理化学理论认为体系体积减小的原因是温度降低致使水分子之间的分子距离减小，从而使水的摩尔体积减小。为此需要了解在此高温区中水的分子间距离的情况。平均分子间距离的计算方法为

$$r_{ij} = \left(\frac{V_m}{N_A} \right)^{1/3}$$

式中，r_{ij} 为讨论物质的分子间距离，Å；V_m 为摩尔体积，cm³/mol；N_A 为阿伏伽德罗常数。按此式计算得：水在 374.15℃时的平均分子间距 r_{ij} = 4.5602Å，在 351.85℃时 r_{ij} = 3.7607Å。温度降低分子间距离减小。

水在 374.15℃的摩尔体积为 57.10755cm³/mol，水中短程有序分子占总体系分子数的 31.47%，故短程有序分子摩尔体积为 57.10755×0.3147 = 17.9717（cm³/mol），此时短程有序分子的数量为 1.8952×10²³，由此计算得 374.15℃下短程有序分子间距离为：

$$r_{ij} = \left(\frac{57.10755 \times 0.3147}{N_A \times 0.3147} \right)^{1/3} = \left(\frac{17.9717}{1.8952 \times 10^{23}} \right)^{1/3} = 4.5602 \ (\text{Å})$$

亦就是说在临界温度处短程有序方式排列的水分子的平均分子间距与该温度下水分子的平均分子间距相同。

水在 351.85℃的摩尔体积为 32.05067cm³/mol，这时水中短程有序分子占体系总分子数的 54.09%，故短程有序分子摩尔体积为 32.05067×0.5409 = 17.3254（cm³/mol），而此时短程有序分子的数量为 3.2574×10²³，由此计算得 351.85℃下短程有序分子间距离为：

$$r_{ij} = \left(\frac{32.05067 \times 0.5409}{N_A \times 0.5409} \right)^{1/3} = \left(\frac{17.3254}{3.2574 \times 10^{23}} \right)^{1/3} = 3.7607 \ (\text{Å})$$

故水在 351.85℃的平均分子间距 r_{ij} = 3.7607Å，因而在 351.85℃处以短程有序方式排列的水分子的分子间距与该温度下水分子的平均分子间距相同。

亦就是说，液体中由无序分子转化生成短程有序分子时短程有序分子间距与讨论的状态条件下液体分子的平均分子间距相同。

由上讨论知：体系温度由 374.15℃降低到 351.85℃时水中形成的短程有序分子排列区域由 17.9717cm³ 变化到 17.3254cm³，变化为-3.6%，而体系总体积变化高达-43.87%（25.0509cm³），

因此体系体积变化原因不应是形成了短程有序分子排列区域。

短程有序分子是由无序分子转变而成的，温度在 374.15℃时无序分子数量占 68.53%，当温度降至 351.85℃时无序分子数量是 45.91%，对应的无序分子所占有体积分别为 39.136cm³ 和 14.725cm³，体系无序分子所占有体积减少 24.411cm³。

亦就是说，对比分子内压力增加了 6.6939 的同时，因无序分子的转变使体系体积减小了 24.411cm³，而体系总体积的减少为 25.0509cm³，体系无序分子的体积减小与体系总体积减小数量接近，说明温度降低所引起的体系体积减小的主要原因是体系中无序分子所占体积在转变成短程有序分子时减少了，更确切地说，是由于短程有序分子的分子间吸引作用力，使体系中无序分子部分转变为短程有序分子，使体系体积减小，而分子内压力即短程分子间吸引作用力则增加。

定义每增加单位分子内压力可引起水的体系体积变化，为体系中分子内压压力对体系性质（体系无序分子体积）的影响强度，简称为分子内压力强度：

$$V_{P_{in}}^{no} = \frac{V_{m,2} - V_{m,1}}{P_{inr,2} - P_{inr,1}} = \frac{-24.411}{6.6939} = -3.647(\text{cm}^3/\text{mol})$$

因此，在临界点附近高温区中由无序分子转化为短程有序分子时对比分子内压力会使体系无序分子体积减小 3.647cm³/mol。这表示当体系由无序分子分布转化为短程有序分子排列时体系的宏观特征是，体系摩尔体积由于无序分子数量变化而减小，而微观特征是表示短程有序分子间吸引力的分子内压力数值增加。

在这个温度区域中短程有序分子只占 30%～50%，不到分子数量的一半，这意味着短程有序分子彼此成为相邻分子的概率低于 50%，短程有序分子应有能力彼此有序规律地排列成为短程有序分子排列区域，但在这个温度范围中只可能呈单个分子形态，形成不了或只是少量分子会呈有序排列形态，故而这个温度区域被称为短程有序分子区域，只有温度进一步降低，短程有序分子数大于 50%，形成有序排列形态的概率增加，这时体系进入短程有序区。因而短程有序分子数大于 50%，是形成有序排列形态的起始点。

7.7.2 短程有序分子区形成

已知，液体体系在形成短程有序分子区时有以下特征：

① 液体分子由两种不同类型分子组成：无序分子和短程有序分子。在不同状态条件下体系中两种分子数量均占有一定比例，即有：

液体总分子数 = 无序分子数 + 短程有序分子数

短程有序分子数占体系总分子数的 50%以上。

② 在温度 374.15℃至 351.85℃形成的短程有序分子间存在有分子间吸引作用力，此分子作用力以分子压力——分子内压力 P_{in} 表示，在不同状态条件下液体的 P_{in} 数值不同。

③ 在短程有序分子区域中，分子内压力 P_{in} 数值的增加意味着液体中短程有序分子数量的增加。在上述短程有序分子形成区域中，即在温度 374.15℃至 351.85℃区间，计算表明每增加单位对比分子内压力，因无序分子数量减少而使体系中无序分子的体积减小 3.647cm³/mol，这会使体系总体积减小，以总体积减小计算对比分子内压力强度为：

$$V_{P_{in}}^{\Sigma} = \frac{V_{m,2} - V_{m,1}}{P_{inr,2} - P_{inr,1}} = \frac{-25.0509}{6.6939} = -3.742 \quad (\text{cm}^3/\text{mol})$$

因无序分子数量减少而使体系体积减小 3.647cm³/mol，与 3.742 数据接近，计算的 $V_{P_{in}}^{no}$ 和

$V_{P_{in}}^{\Sigma}$ 均反映了短程有序分子吸引力的影响强度。由于 $V_{P_{in}}^{no}$ 的计算较为复杂,而体系摩尔体积是物质的性质,故以 $V_{P_{in}}^{\Sigma}$ 计算获得数据较方便容易,计算较简便,下面将以 $V_{P_{in}}^{\Sigma}$ 表示短程有序分子吸引力的影响强度,简称为分子内压力强度。

短程有序分子区域是指体系温度低于 351℃但高于 46.85℃的温度区域。短程有序分子区域的微观特征是在这个区域中存在有无序分子和短程有序分子两种分子,温度降低到 46.85℃时体系开始出现长程有序分子,体系有三种分子,这在下面将会讨论。

由于温度在高于 351℃区域内完成了液体水从气相向液相的状态变化,故而这个高温区中水分子行为特征是体系中无序分子占有大多数,而液体的短程有序分子才开始形成,有序分子数量应该只是少数,这是短程有序形成区域高温区的分子特征。

当体系温度低于 351℃时,由于体系中已形成一定数量的短程有序分子和残留的无序分子,随着温度的降低,体系中短程有序分子数量会进一步增加,无序分子数量亦会逐渐减少。这使形成有序排列的概率增加,参与有序排列的分子数也逐渐增加,这意味着短程有序排列的区域增大。图 7-24 中列示了体系中这两种分子随温度的变化情况。

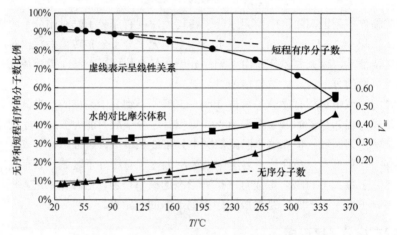

图 7-24 过渡区中水的无序和有序分子数和 V_{mr} 与温度的关系

图 7-24 表明,在温度低于 351℃时,随着温度的降低,水中短程有序分子数量不断增加,且随温度呈非线性增加,在温度降低到约 91℃时,短程有序分子数量随降低开始呈线性增加。

同样,水中无序分子数量与温度的关系和体系水的对比摩尔体积与温度的关系,在 91.85℃以上也呈非线性关系地减少,同样均在 91.85℃左右由非线性关系转变为线性关系。

也就是说,在温度 91.85℃左右体系中分子行为应该会有某种变化。

温度从 351℃降低到 91.85℃,水中无序分子数、短程有序分子数、体系摩尔体积和分子内压力的数值改变为:

温度	无序分子数	短程有序分子数	体系摩尔体积	P_{inr}
351.85℃	45.91%	54.09%	25.8155cm³/mol	8.6534
91.85℃	11.25%	88.75%	18.9692cm³/mol	57.9069

故在 351.85℃至 91.85℃温度范围内无序分子数降低到较低数值(11.25%),而分子内压力增加很快,由 P_{inr} = 8.6534 增加到 57.9069,说明温度越低,无序分子数量越少,无序分子转化成短程有序分子越难,需要体系分子间吸引作用力越强,故而分子吸引压力达到 57.9069。由此可知,分子内压力增强而使水的摩尔体积减小应更加艰难,此时的内压力强度为:

$$V_{P_{in}}^{\Sigma} = \frac{18.9692 - 25.8155}{57.9069 - 8.6534} = \frac{-6.8463}{49.2535} = -0.1390 \left(\text{cm}^3/\text{mol} \right)$$

与高温区的数据 $-3.742\text{cm}^3/\text{mol}$ 相比可知，降低温度对由无序分子转变成短程有序分子是不利的。从内压力强度来看，温度降低，内压力强度数值减小，说明温度降低，短程有序分子的分子间吸引力将无序分子转变为短程有序分子的能力有所减弱。这里需要了解的是温度降低为什么会引起内压力强度降低。

图 7-25 为短程有序分子内压力与温度变化的关系。

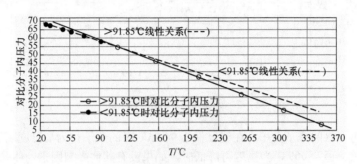

图 7-25 过渡区中水的短程有序分子内压力与温度的关系

图 7-25 表明当温度高于或低于 91.85℃时，水的 P_{inr} 与温度的关系均呈线性关系，但两条直线斜率不同，两条直线相交于约 91.85℃处，温度高于 91.85℃的直线斜率大于温度低于 91.85℃的直线斜率，说明当温度低于 91.85℃时由于温度降低水分子内压力转变无序分子为短程有序分子的能力（即体系体积减小的内压力强度）与温度高于 91.85℃时相比减弱，为此对引起内压力强度减小的原因讨论如下。

温度<91.85℃时的分子内压力与体系摩尔体积关系见图 7-26。

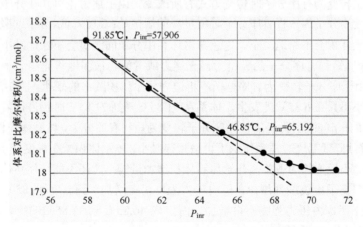

图 7-26 水在<91.85℃时 V_{mr} 和与对比分子内压力 P_{inr} 的关系

图 7-26 表明，短程有序分子的分子吸引力 P_{inr} 随温度降低而增强，而体系的 V_{mr} 数值随温度而减小，P_{inr} 与体系的 V_{mr} 呈线性关系，这说明 P_{inr} 增强的同时体系中无序分子体积减小，从而增加了短程有序分子在体系中的数量。图 7-26 中的线性关系一直到 46.85℃发生了变化，摩尔体积数值由变小转变为有所增加。这个变化表明体系改变了无序分子转变成短程有序分子的趋势，46.85℃温度下的分子内压力 $P_{inr} = 65.192$。为了了解温度低于 91.85℃时体系的分

子行为，图 7-27 列示了体系转变无序分子能力的内压力强度与温度变化的关系。

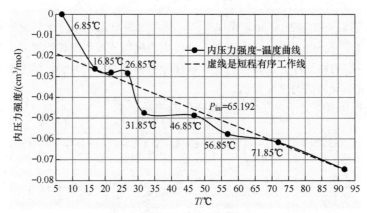

图 7-27　水在<91.85℃时的内压力强度

由图 7-27 可知水的分子内压力在温度低于 91.85℃时的分子行为与温度高于 91.85℃时不同。91.85℃的 $P_{inr}=57.9069$，当温度再降低时，如果没有其他影响因素，体系中短程有序分子间吸引力 P_{inr} 将会遵循虚线的线性规律进行，在温度降低到 6.85℃时体系的内压力强度应该为 $V_{P_{in}}^{\Sigma}=-0.02$，也就是说，短程有序分子吸引力在温度低到 6.85℃时仍有能力将无序分子转化成短程有序分子并且使体系体积减小，其减小体积的能力以内压力强度表示为 $V_{P_{in}}^{\Sigma}=-0.02$。

但是实际结果是在 6.85℃处内压力强度为 $V_{P_{in}}^{\Sigma}=0$，即短程有序分子吸引力已无能力将无序分子转化成短程有序分子，并且不会再使体系体积减小，从 $V_{P_{in}}^{\Sigma}=-0.02$ 变为 $V_{P_{in}}^{\Sigma}=0$ 意味着这时体系体积不但没有减小，反而使体积增加了 0.02cm³/mol，尽管增加数量很小，但这反映体系中无序分子转变为有序分子时转变方式有所改变。由上述讨论可知在分子间相互吸引力的作用下转变无序分子为短程有序分子时所呈现的规律是：温度降低，分子间吸引力 P_{in} 增大；温度降低，体系体积会不断地减小，这意味着体系中分子间距离会不断地减小。

图 7-27 表明短程有序分子的吸引力已无能力或者能力很弱地将无序分子转化成短程有序分子，并且由无序分子转变为有序分子不再遵守体系体积减小的规律。图 7-27 还表明使体系体积不再减小不只在 6.85℃处发生，体系从 91.85℃降到 71.85℃时仍遵循着虚线的线性规律，即短程有序分子间吸引力仍能使无序分子转变为短程有序分子，体系体积仍按规律减小，但在 71.85℃继续降低温度时体系体积不再按规律减小，体系体积减小幅度变小，亦就是出现了体系体积开始小量增加的现象，开始体系体积增加量较小，还不能与体系体积减小量相抵消，故曲线虽偏离了虚线线性规律，但内压力强度仍在增加，到温度 46.85℃时体系体积增加与减少趋于平衡，内压力强度不再增加，而出现 46.85℃至 31.85℃的平台，需注意在温度 46.85℃时水的 $P_{inr}=65.192$。

温度继续降低，在 26.85～16.85℃处又出现体系体积增加量和减小量相近的内压力平衡平台，在温度 91.85～6.85℃范围内出现三段体系体积增加和减小相近的平衡平台，虽然使体系体积增加和减小的幅度并不很大，但也会使 < 91.85℃的线性直线的斜率发生变化，与 >91.85℃的线性曲线的斜率相比变小。图 7-27 中比较了这两个温度区域的线性曲线。

表 7-26 中列示了水从液体转变成固体，即由水转变成冰时体系中有序分子的分子吸引力 P_{inr} 和体系的对比摩尔体积 V_{mr} 的变化情况。

表 7-26　温度 46.85～0℃水和冰中 V_m、P_{inr}、无序分子数和有序分子数

P_r	T_r	$T/℃$	V_{mr}	$V_m/(cm^3/mol)$	P_{inr}	无序分子/%	有序分子/%
$4.7604×10^{-4}$	0.4944	46.85	0.3189	18.213	65.1921	9.2000	90.8000
$2.1302×10^{-4}$	0.4712	31.85	0.3170	18.105	67.4136	8.5900	91.4100
$1.5963×10^{-4}$	0.4635	26.85	0.3164	18.069	68.1732	8.3900	91.6100
$1.1831×10^{-4}$	0.4557	21.85	0.3161	18.051	68.8079	8.2000	91.8000
$8.6664×10^{-5}$	0.4480	16.85	0.3158	18.033	69.4503	8.0040	91.9960
$4.4756×10^{-5}$	0.4326	6.85	0.3155	18.015	70.1376	7.6388	92.3612
$2.7622×10^{-5}$	0.4220	0	0.3155	18.015	71.3435	7.3962	92.6037
$2.7622×10^{-5}$	0.4220	0	0.3442	19.654	65.3295	$4.2276×10^{-9}$	99.99996

注：计算数据取自文献[3]，Perry 手册[3]中 0℃和 6.85℃的摩尔体积均为 18.015cm³/mol，但二者应该不同。

　　0℃液体水的 $P_{inr} = 71.3435$，0℃固体冰的 $P_{inr} = 65.3295$，0℃时是液相水转变为固相冰发生相变的时候，故而发生相变需要的条件是：

　　a．水在 0℃时发生相变要求水中表示有序分子间吸引力的对比分子内压力数值必须在 65.3295～71.3435 之间，即分子内压力必须在 65.3295×221.2 = 14450.885（bar）至 71.3435×221.2 = 15781.18(bar)之间。

　　b．水在 0℃相变时水的摩尔体积从 18.015cm³/mol 变化到 19.654cm³/mol，即增加摩尔体积为 1.639cm³/mol，即，$V_{P_{in}}^{\Sigma} = 1.639/(65.3295-71.3435) = -0.2725$（cm³/mol）。

　　这是体系摩尔体积增加的过程，体系中无序分子部分转变为有序分子时体系的摩尔体积会增加 1.639cm³/mol，由于是在熔点 0℃时发生的转变，故而可以认为无序分子转变成的有序分子不应认为是液体水中的短程有序分子，而应是固体冰中的长程有序分子。

　　亦就是说，水中出现长程有序排列分子的条件是：

　　① 在 0℃相变时水分子间的分子吸引力的变化，以分子内压力表示是 $P_{inr} = 65.3295$～71.3435，在这个分子吸引力范围内，水分子均有可能由无序状态转化为有序排列，当分子吸引力数值 $P_{inr}<65.3295$ 时水分子均已不可能由无序状态转化为有序排列状态。也就是说，在 $P_{inr} = 65.3295$～71.3435 的分子吸引力范围内，水分子由无序状态转化为有序排列状态时分子行为发生了变化，体系体积会增加，也就是分子间距离会增加，这导致分子间吸引力下降，当分子间吸引力下降到 $P_{inr}<65.3295$ 时，会停止水分子由无序状态转化为有序排列状态，这时也就意味着水中的无序分子应该几乎全部转变成为长程有序排列状态的分子。

　　② 应注意在 46.85℃时水的对比分子内压力为 65.1921，随着温度降低到液体水的冰点 0℃处 P_{inr}=71.3435，亦就是说在 46.85～0℃的温度范围中，水的对比分子内压力数值符合水相变时要求的分子吸引力的条件，即符合 $P_{inr} = 65.3295$～71.3435 的分子吸引力条件，即在温度低于 46.85℃时，在温度降低到 0℃的温度范围内，体系中分子吸引力的条件均满足体系中水分子由无序状态转化为长程有序排列状态，即从 46.85℃开始水中会呈现两种状态有序排列分子，即短程有序分子和长程有序分子。这两种有序分子的区别是：水分子由无序分子转化成短程有序分子时讨论体系的摩尔体积会减小；水分子由无序分子转化成长程有序分子时讨论体系的摩尔体积会增加。

　　图 7-27 为内压力强度的温度曲线，在温度低于 46.85℃时多次出现内压力强度平台，说明体系中摩尔体积出现了体积增加情况，表明此时讨论体系中开始出现长程有序排列的水分

子，故当温度高于 46.85℃时水中存在的是无序分子和短程有序分子两种分子；当温度低于 46.85℃时水中存在的是无序分子、短程有序分子和长程有序分子三种分子。

7.7.3 短程和长程有序分子区——4℃水的分子行为

由上述讨论知,温度低于 46.85℃时体系中分子间吸引力增强会使体系中分子出现长程有序分子，长程有序分子的宏观特征是体系中无序分子转变为长程有序分子时体系的摩尔体积会增大。亦就是在 46.85～0℃温度范围内体系中会出现短程有序分子和长程有序分子共存的区域，称为短程和长程有序分子共存区域。

众所周知，水在 46.85～0℃的温度区域中，在宏观性质上会表现出一个特殊现象，在温度 4℃附近，水的密度最大，比体积最小，即水的摩尔体积最小。依据文献[32]的数据，水密度与温度的关系见图 7-28。

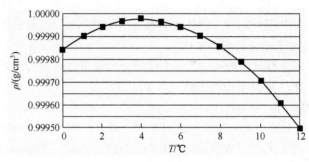

图 7-28 水密度和温度的关系

一些研究者[31,32]曾研究水的密度与温度的关系，例如文献[32]得到水的密度(kg/m³)与温度（℃）的关系为：

$$rho = 1000[1 - (T + 288.9414) / 508929.2(T + 68.12963)] \times (T - 3.9863)^2$$

所得结果为水在不同温度下的密度值，但不能解释水在 4℃时为什么会产生这样的现象。由上面的讨论知，随着温度变化，由无序分子转变为短程有序分子时会使水体积变小，而由无序分子转变为长程有序分子时会使水体积变大。故而水的摩尔体积应该比水的密度可以更好地反映温度变化的影响，图 7-29 显示了温度从 91.85℃到 0℃水的摩尔体积变化情况。图中所用数据取自文献[33]。

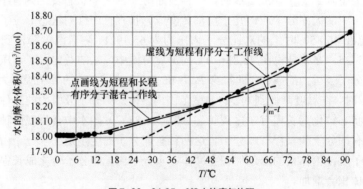

图 7-29 91.85～0℃水的摩尔体积

由图 7-29 知在 91.85℃处水中 V_m-T 的曲线斜率有了一些变化，但变化幅度不大，说明从

91.85℃起短程有序分子间吸引力与大于 91.85℃时相比小了一些，即有一些变化，但变化并不大。

从图 7-29 还可发现，自 91.85℃起温度继续下降，在 71.85℃、56.85℃，一直到 46.85℃水的摩尔体积 V_m 值一直呈线性减小趋势，符合短程有序分子工作线特征，见表 7-27。

表 7-27　温度高于 46.85℃时短程有序分子对体系摩尔体积的影响

$T/℃$	$V_m/(cm^3/mol)$	P_{inr}	无序分子/%	短程有序分子/%
91.85	18.69957	57.9069	11.25	88.75
46.85	18.213	65.1921	9.63	90.37

水的摩尔体积与温度在 46.85℃处时仍为线性关系，但有迹象表明水的 V_m 值偏离了自 91.85℃起始温度下降 V_m 值减小所遵循的线性轨道。自 46.85℃起短程有序分子间吸引力开始偏离线性关系，出现内压力强度的平台，这体现在体系水的摩尔体积随温度降低而线性变小的规律已有改变。图 7-29 明确表明在温度 46.85℃处与图中短程有序分子工作线偏离，出现水分子中无序分子转化为长程有序分子的特征，即转变会使水的摩尔体积变大。

由于在 91.85～46.85℃温度范围内水有序分子的分子吸引力 $P_{inr}<65.1921$，故而此时发生的分子转变应该是由无序分子向短程有序分子的转变。体系的分子吸引力对体系体积影响的内压力强度为：

$$V_{P_{in}}^{\Sigma} = \frac{18.213 - 18.69957}{65.1921 - 57.9069} = \frac{-0.48657}{7.2852} = -0.06679(cm^3/mol)$$

短程有序分子区域由两部分分子组成，一部分是无序分子，这部分分子数在 91.85℃时占 11.25%，在温度降低到 46.85℃时减少到 9.63%，此时短程有序分子比例从 88.75%提高到 90.37%。由于体系达到的短程有序分子间吸引力已允许体系中可以形成长程有序排列，故而 46.85℃处短程有序分子 90.37%区域应该是水分子中短程有序分子间吸引力能够将无序分子转变为短程有序分子可能达到的最大比例。在 46.85℃继续降低温度时 P_{inr} 转变的无序分子将不再全部成为短程有序分子，将会有部分分子转变为长程有序分子，并且转变成后者的数量会随温度降低而逐渐增加。

由于温度在 46.85℃时水的 $P_{inr} = 65.1921$，此时体系开始出现无序分子向长程有序分子的转变。现讨论温度由 46.85℃降低到 6.85℃时体系内的变化（图 7-29 中点画线表示），这个温度范围内水的各性能参数如表 7-28 所示。

表 7-28　温度 46.85℃和 6.85℃时水的各项性质的变化

$T/℃$	$V_m/(cm^3/mol)$	P_{inr}	无序分子/%	有序分子/%
46.85	18.2132	65.1921	9.20	90.80
6.85	18.0150	70.1376	7.64	92.36

如果温度低于 46.85℃时体系无发生任何变化，从 46.85℃降低到 6.85℃时设全部由无序分子转变为短程有序分子而不成为长程有序分子时，体系摩尔体积的可能变化为：

$$V_{P_{in}}^{\Sigma} = -0.06679 \times (70.1376 - 65.1921) = -0.3303（cm^3/mol）$$

也就是假如由无序分子全部转变为短程有序分子，会引起的体系摩尔体积的可能变化为 $-0.3303cm^3/mol$，故这时体系体积应为：18.2132-0.3303 = 17.8829（cm³/mol）。体系在 6.85℃时实际体积是 18.0150cm³/mol，也就是说在实际情况中发生了使体系体积增加的情况，体积增加量为 18.0150−17.8829 = 0.1321（cm³/mol），即实际情况是分子吸引力加强（P_{inr} 由 65.1921 增强到 70.1376），体系摩尔体积增大了 0.1321cm³/mol。由无序分子转变为有序分子时体系体积增大是形成长程有序排列的特征，因而此时在所形成的有序区域中长程有序排列区域为 0.1321/0.3303 = 39.994%，即在新形成的有序分子区域中将近有 40%的有序分子是长程有序分子；而有约 60%的有序分子还是呈短程有序排列状态。

可以预测，随着体系温度降低，由无序分子转变为长程有序分子将越来越多，体系体积增大趋势越来越明显，转变为短程有序分子将越来越少。为此，图 7-30 列示了温度在 16.85～0℃范围内水的摩尔体积随温度的变化情况。

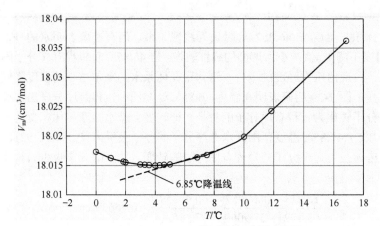

图 7-30　水在 16.85～0℃范围摩尔体积随温度的变化

表 7-29　7.50～6.85℃时水分子行为数据

t/℃	V_m/(cm³/mol)	P_{inr}	无序分子/%	有序分子/%
7.50	18.0168	70.5388	7.67	92.33
6.85	18.0164	70.6100	7.64	92.36

为讨论温度在 4℃左右水分子的情况，计算图 7-30 中虚线工作线 7.50～6.85℃时水的内压力强度为：

$$V_{P_{in}}^{\Sigma} = \frac{18.0164 - 18.0168}{70.6100 - 70.5388} = -5.618 \times 10^{-3} (\text{cm}^3/\text{mol})$$

表 7-29 和表 7-27 所示的水性质数据是只考虑短程分子的吸引力，而在表 7-29 中 6.85℃时所形成的有序分子区域中将近有 40%的有序分子是长程有序分子；而有约 60%的有序分子还是呈短程有序排列状态，将其考虑在内 6.85℃时水的性能数据将发生变化，见表 7-29，亦就是水的性能在 4℃附近发生异常，下面计算表明在 4℃处水体积增量最强，见图 7-28[32]。

依据表 7-29 数据得到的水的内压力强度，分别计算 5℃、4.6℃、4℃、3℃、1℃和 0℃的长程有序与短程有序分子数据。

水在 5℃时的性能：$V_m = 18.0152$cm³/mol，$P_{inr} = 70.8132$。由 6.85℃降温到 5℃体系摩尔体积变化为：

$$\Delta V_m^{6.85-5℃} = -5.618 \times 10^{-3} \times (70.8132 - 70.6100) = -1.142 \times 10^{-3} (\text{cm}^3/\text{mol})$$

1.142×10⁻³ 数值表示当从 6.85℃降温到 5℃时水中无序分子转变为短程有序分子时，体系摩尔体积可能会减小的数值。因而按照 7.5℃降温到 6.85℃的规律，温度降到 5℃时可能的体系摩尔体积为 18.0164−1.142×10⁻³=18.01526（cm³/mol）。

5℃时实际 V_m = 18.0152cm³/mol，故知由 6.85℃降温到 5℃时还需摩尔体积变化为：

$$\Delta V_m^{5℃} = 18.01526 - 18.0152 = 6.0 \times 10^{-5}（cm³/mol）$$

亦就是说，由 6.85℃降温到 5℃时体系摩尔体积还需增加 6.0×10⁻⁵cm³/mol。如果认为从 6.85℃降温到 5℃计算的体系摩尔体积减小量 1.142×10⁻³ 全部是无序分子转变为短程有序分子的结果（由上讨论知当 P_{inr} 为 65.1921 时已有无序分子转变为长程有序分子），则 6.0×10⁻⁵cm³/mol 认为是由 6.85℃降温到 5℃时全部由无序分子转变为长程有序分子所导致的体系体积增大的量。故而无序分子转变为长程有序分子占总无序分子转变量的比例为：

5℃时长程有序分子比例　　$L_{5℃} = 6.0 \times 10^{-5}/(6.0 \times 10^{-5} + 1.142 \times 10^{-3}) = 0.0499 = 4.99\%$

短程有序分子比例　　$S_{5℃} = 1 - 4.99\% = 95.01\%$

水在 4.6℃时的性能：V_m = 18.0151cm³/mol，P_{inr} = 70.8558，由 6.85℃降温到 4.6℃体系摩尔体积变化为：

$$\Delta V_m^{6.85-4.6℃} = -5.618 \times 10^{-3} \times (70.8558 - 70.6100) = -1.381 \times 10^{-3}（cm³/mol）$$

−1.381×10⁻³ 数值表示当 6.85℃降温到 4.6℃时水中无序分子转变为有序分子时体系摩尔体积可能发生的变化，即体系摩尔体积可能会减小的数值。因而按照 7.5℃降温到 6.85℃的规律温度降到 4.6℃时可能的体系摩尔体积为 18.0164−1.381×10⁻³ = 18.015019（cm³/mol）。

4.6℃时实际 V_m=18.0151cm³/mol，故知由 6.85℃降温到 4.6℃时还需摩尔体积变化为：

$$\Delta V_m^{4.6℃} = 18.0151 - 18.015019 = 8.1 \times 10^{-5}$$

亦就是说，由 6.85℃降温到 4.6℃时体系体积 V_m = 18.0151cm³/mol，体系摩尔体积还需增加 8.1×10⁻⁵cm³/mol。如果认为从 6.85℃降温到 4.6℃计算的体系摩尔体积减小量 1.381×10⁻³ 全部是由无序分子转变为短程有序分子的结果（由上讨论知当 P_{inr} 65.1921 时已有无序分子转变为长程有序分子），则 8.1×10⁻⁵cm³/mol 认为是由 6.85℃降温到 4.6℃时由无序分子转变为长程有序分子所导致的体系体积增大量。故而无序分子转变为长程有序分子占总无序分子转变量的比例为：

4.6℃时长程有序分子比例　　$L_{4.6℃} = 8.1 \times 10^{-5}/(8.1 \times 10^{-5} + 1.381 \times 10^{-3}) = 0.0554 = 5.54\%$

短程有序分子比例　　$S_{4.6℃} = 1 - 5.54\% = 94.46\%$

水在 4℃时的性能：V_m = 18.0150cm³/mol，P_{inr} = 70.9199，由 6.85℃降温到 4℃体系摩尔体积变化为：

$$\Delta V_m^{6.85-4℃} = -5.618 \times 10^{-3} \times (70.9199 - 70.6100) = -1.741 \times 10^{-3}（cm³/mol）$$

1.741×10⁻³ 数值表示当从 6.85℃降温到 4℃时水中无序分子转变为有序分子时体系摩尔体积可能发生的变化，即体系摩尔体积可能会减小的数值。因而按照 7.5℃降温到 6.85℃的规律温度降到 4℃时可能的体系摩尔体积为 18.0164−1.741×10⁻³=18.014659（cm³/mol）。

4℃时实际 V_m=18.0150cm³/mol，故知 6.85℃降温到 4℃时还需摩尔体积变化为：

$$\Delta V_m^{4℃} = 18.0150 - 18.014659 = 3.41 \times 10^{-4}$$

亦就是说，由 6.85℃降温到 4℃时体系体积实际 V_m = 18.0150cm³/mol，体系摩尔体积还需增加 3.41×10⁻⁴cm³/mol。如果认为从 6.85℃降温到 4℃计算的体系摩尔体积减小量 1.741×10⁻³ 全部是由无序分子转变为短程有序分子的结果（由上讨论知当 P_{inr} 在 65.1921 时已有无序分子转变为长程有序分子），则 3.41×10⁻⁴cm³/mol 认为是由 6.85℃降温到 4℃时全部由无序分子转变为长程有序分子所导致的体系体积增大量。故而无序分子转变为长程有序分子占总无序分子转变量的比例为：

4℃时长程有序分子比例　$L_{4℃} = 3.41×10^{-4}/(3.41×10^{-4}+1.741×10^{-3}) = 16.38\%$

短程有序分子比例　$S_{4℃} = 1-16.38\% = 83.62\%$

水在 3℃时的性能：$V_m = 18.01518cm^3/mol$，$P_{inr} = 71.0239$，由 6.85℃降温到 3℃体系摩尔体积变化为：

$$\Delta V_m^{6.85-3℃} = -5.618×10^{-3}×(71.0239-70.6100) = -2.325×10^{-3}（cm^3/mol）$$

$2.325×10^{-3}$ 数值表示当从 6.85℃降温到 3℃时水中无序分子转变为有序分子时体系摩尔体积可能发生的变化，即体系摩尔体积可能会减小的数值。因而按照 7.5℃降温到 6.85℃的规律温度降到 3℃时可能的体系摩尔体积为 $18.0164-2.325×10^{-3}=18.014075$（$cm^3/mol$）。

3℃时实际 $V_m = 18.01518cm^3/mol$，故 6.85℃到 3℃时实际还需摩尔体积变化为：

$$\Delta V_m^{3℃} = 18.01518-18.014075 = 1.105×10^{-3}$$

亦就是说，由 6.85℃降温到 3℃时，体系摩尔体积还需增加 $1.105×10^{-3}cm^3/mol$。如果认为从 6.85℃降温到 3℃计算的体系摩尔体积减小量 $2.325×10^{-3}$ 全部是由无序分子转变为短程有序分子的结果（由上讨论知当 P_{inr} 在 65.1921 时已有无序分子转变为长程有序分子），则 $1.105×10^{-3}cm^3/mol$ 认为是由 6.85℃降温到 3℃时全部由无序分子转变为长程有序分子所导致的体系体积增大量。故而无序分子转变为长程有序分子占总无序分子转变量的比例为：

3℃时长程有序分子比例　$L_{3℃} = 1.105×10^{-3}/(1.105×10^{-3}+2.325×10^{-3}) = 32.22\%$

短程有序分子比例　$S_{3℃} = 1-32.22\% = 67.78\%$

水在 1℃时的性能：$V_m = 18.01626cm^3/mol$，$P_{inr} = 71.2277$，由 6.85℃降温到 1℃体系摩尔体积变化为：

$$\Delta V_m^{6.85→1℃} = -5.618×10^{-3}×(71.2277-70.6100) = -3.470×10^{-3}(cm^3/mol)$$

$3.470×10^{-3}$ 数值表示当从 6.85℃降温到 1℃时水中无序分子转变为有序分子时体系摩尔体积可能发生的变化，即体系摩尔体积可能会减小的数值。因而按照 7.5℃降温到 6.85℃的规律温度降到 1℃时可能的体系摩尔体积为 $18.0164-3.470×10^{-3} = 18.01293$（$cm^3/mol$）。

1℃时实际 $V_m = 18.01626cm^3/mol$，故知体系在转变无序分子为有序分子时还需增大摩尔体积为：$18.01626-18.01293 = 3.33×10^{-3}$（$cm^3/mol$），此为 1℃时水中无序分子转变为长程有序分子时还需使体系体积增大的量。亦就是说，由 6.85℃降温到 1℃时体系体积实际要求 $V_m=18.01626cm^3/mol$，体系摩尔体积还需增加 $3.33×10^{-3}cm^3/mol$。如果认为从 6.85℃降温到 1℃计算的体系摩尔体积减小量 $3.470×10^{-3}$ 全部是由无序分子转变为短程有序分子的结果（由上讨论知当 $P_{inr}=65.1921$ 时已有无序分子转变为长程有序分子），则 $3.33×10^{-3}cm^3/mol$ 认为是由 6.85℃降温到 1℃时全部由无序分子转变为长程有序分子所导致的体系体积增大量。故而无序分子转变为长程有序分子占总无序分子转变量的比例为：

1℃时长程有序分子比例　$L_{1℃} = 3.33×10^{-3}/(3.33×10^{-3}+3.47×10^{-3}) = 48.97\%$

短程有序分子比例　$S_{1℃} = 1-48.97\% = 51.03\%$

水 0℃时性能：$V_m = 18.0173420cm^3/mol$，$P_{inr} = 71.32518$。由 6.85℃降温到 0℃体系摩尔体积变化为：

$$\Delta V_m^{6.85→0℃} = -5.618×10^{-3}×(71.32518-70.6100) = -4.018×10^{-3}（cm^3/mol）$$

$4.018×10^{-3}$ 数值表示当从 6.85℃降温到 0℃时水中无序分子转变为有序分子时体系摩尔体积可能发生的变化，即体系摩尔体积可能会减小的数值。因而按照 7.5℃降温到 6.85℃的规律温度降到 0℃时可能的体系摩尔体积为 18.0164−4.0180×10⁻³ = 18.012382（cm³/mol）。

0℃时实际 V_m = 18.0173420cm³/mol，故知体系在转变无序分子为有序分子时还需增大摩尔体积为：18.017342−18.012382 = 4.96×10⁻³（cm³/mol），此为 0℃时水中无序分子转变为长程有序分子时体系体积增大量。亦就是说，由 6.85℃降温到 0℃时体系体积实际要求 V_m = 18.0173420cm³/mol，体系摩尔体积还需增加 4.96×10⁻³cm³/mol。如果认为从 6.85℃降温到 0℃计算的体系摩尔体积减小量 4.018×10⁻³ 全部是由无序分子转变为短程有序分子的结果（由上讨论知当 P_{inr} = 65.1921 时已有无序分子转变为长程有序分子），则 4.96×10⁻³cm³/mol 认为是由 6.85℃降温到 0℃时全部由无序分子转变为长程有序分子所导致的体系体积增大量。故而无序分子转变为长程有序分子占总无序分子转变量的比例为：

0℃时长程有序分子比例　　$L_{0℃}$ = 4.96×10⁻³/(4.96×10⁻³+4.018×10⁻³) = 55.25%

短程有序分子比例　　$S_{0℃}$ = 1−55.25% = 44.75%

将各温度下形成的短程分子（S_t）和长程分子（L_t）占总分子数的比例列示于表 7-30，表中数据在图 7-31 中表示为水在不同温度下 L_t 和 S_t 随温度的变化。

表 7-30　不同温度下的 L_t 和 S_t

温度	0℃	1℃	3℃	4℃	4.6℃	5℃
L_t/%	55.25	48.97	32.22	16.38	5.54	4.99
S_t/%	44.75	51.03	67.78	83.62	94.46	95.01

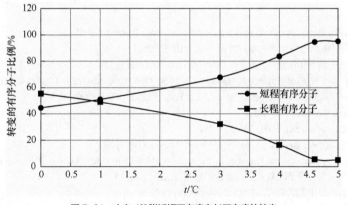

图 7-31　水在 4℃附近短程有序向长程有序的转变

图 7-31 反映了在接近熔点的低温区域水中短程有序分子和长程有序分子随温度的变化。当体系温度降低到 5℃时体系中无序分子转变为长程有序分子的比例只有约 5%，大部分无序分子转变为短程有序分子，说明在 5℃以上形成长程有序分子的数量较少，但已开始出现。而长程有序分子形成会使体系体积有所增加，虽然其量较小，但改变了形成短程有序分子会使体系体积减小的趋势。随着温度进一步降低，形成长程有序分子的数量增多，使体系体积的增大逐步抵消体积的减小，大约在 4.3～4.6℃体积增大与减小达到平衡，体系体积随温度变化曲线的趋势趋于平缓，逐渐变为平台，图 7-29 中显示在约 4℃处体系摩尔体积出现最小点。温度低于 4℃时体系摩尔体积随温度降低而逐渐增大，在约 1℃处无序分子转变为短程有序分子数量与转变为长程有序分子数量接近相等，至 0℃时无序分子转变为长程有序分子数量将超过转变为短程有序分子数量，然后在 0℃处巨大的分子吸引力的影响下使液体水发生

相变，使液体水中所剩有的无序分子均转变为长程有序分子，从而使液态水相变为固态冰，体系摩尔体积从 $18.0173cm^3/mol$ 增加到 $19.654cm^3/mol$，体积变化达+9.08%；而对应的 0℃液态水中有序分子数量从 92.60%增加到 99.99996%，近 100%。这些长程有序分子行为列示于表 7-31 中。

表 7-31　水在熔点 0℃相变时长程有序分子的分子行为

项目	液态水	固态冰	增量	相对变化量/%
摩尔体积/(cm³/mol)	18.0173	19.6544	1.6370	+9.08
有序分子 P_{inr}	71.3435	65.3295	-6.014	-8.43
有序分子比例/%	92.6037	99.9996	7.3949	
无序分子比例/%	7.3962	4.2246×10^{-9}	-7.3962	

依据上述讨论可知，在 4℃附近水密度变化的特殊情况，是由于在这个温度区域内水分子行为在分子间吸引作用力的影响下由无序分子转变为短程有序分子并逐步转变为长程有序分子，其数量逐步增加，液态水到 0℃时所有参与转化的无序分子约有 60%转化为长程有序分子，约有 40%转化为短程有序分子。在 4℃附近液态水中既有从无序分子转化成使体系体积减小的短程有序分子，又有从无序分子转化成使体系体积增大的长程有序分子，这种水分子的分子行为导致液体水在 4℃附近宏观上产生了一个特殊现象：在 4℃液体水有最大的密度、最小的摩尔体积。

参考文献

[1] Lee L L. Molecular thermodynamics of nonideal fluids. Boston: Butterworth, 1988.

[2] 刘光恒, 戴树珊. 化学应用统计力学. 北京: 科学出版社, 2001.

[3] 张福田. 宏观分子相互作用理论. 上海: 上海科学技术文献出版社, 2012.

[4] Perry R H. Perry's Chemical Engineer's Handbook. 6th ed. New York: McGraw-Hill, 1984; Perry R H, Green D W. Perry's Chemical Engineer's Handbook. 7th ed. New York: McGraw-Hill, 1999.

[5] Eyring H. J Chem Phys, 1936, 4: 283.

[6] 张福田. Colloid Interface Sci, 2001, 244: 271-281.

[7] Гиббс Дж В. Термодинамические работы. Мосва: Гостехиздт, 1950.

[8] Guggenheim E A. Modern thermodynamics by the method of J Willard Gibbs. London: Methuen & Co Ltd, 1933.

[9] 张福田. 一种测试各种分子间相互作用参数的装置: ZL2012 10315270.2. 2016-07-30.

[10] 童景山. 分子聚集理论及其应用. 北京: 科学出版社, 1999.

[11] 张开. 高分子界面科学. 北京: 中国石化出版社, 1997.

[12] Vavruch I. Surface tension and internal pressure of liquid. Journal of Coll and Interface Science, 1989, 127(2): 592.

[13] Adamson A W. A textbook of physical chemistry. New York: Academic Press, 1973.

[14] 史蒂芬 K, 玛因谔 F. 工程热力学 基础和应用. 第一卷. 同济大学, 哈尔滨船舶工程学院, 清华大学, 译. 北京: 高等教育出版社, 1992.

[15] 卢焕章, 等. 石油化工基础数据手册. 北京: 化学工业出版社, 1984.

[16] Turkdogan E T. Physical chemistry of high temperature technology. New York: Academic Press, 1980.

[17] 张福田. 界面层模型和表面力. 化学学报, 1986, 44: 1-9.

[18] 张福田. 分子界面化学基础. 上海: 上海科技文献出版社, 2006.

[19] 张福田. 物理界面界面层模型润湿理论. 化学学报, 1997(7): 634-643.

[20] Davis H T, Scriven L E A. Simple theory of surface tension at low vapor pressure. J Phys Chem, 1976, 80 (25): 2805.

[21] 胡英, 刘国杰, 徐英年, 谭子明. 应用统计力学. 北京: 化学工业出版社, 1990.

[22] 谈慕华, 黄蕴元. 表面物理化学. 北京: 中国建筑工业出版社, 1985.

[23] Шварц А, Перри Д.Ж. Поверхностноактивные вещества(их химия и технические применения). Издво Иностранной митературы, 1953.

[24] 范宏昌. 热学. 北京: 科学出版社, 2003.

[25] 硕惕人, 朱埗瑶, 李外郎, 等. 表面化学. 北京: 科学出版社, 2001.

[26] 陈钟秀, 顾飞燕, 胡望明. 化工热力学. 北京: 化学工业出版社, 2001.

[27] Prausnitz J M, Lichtenthaler R N, de Azevedo E G. Molecular thermodynamics of fluid-phase equilibria. 2nd ed. Englewood Cliffs: Prentice-Hall Inc, 1986. 3rd ed, 1999.

[28] Spracking M T. Liquids and solids. London: Riutledge & Kegan Panel, 1985.

[29] Stefan J. Ann D Phys, 1886, 29: 655.

[30] Raff L M. Principles of physical chemistry. Upper Saddle River: Prentice Hall, 2001.

[31] Maidment D R. 水文学手册. 张建云, 李纪生, 等译. 北京: 科学出版社, 2002.

[32] Tilton L W, Taylor J K. Accurate representation of the refractivity and density of distilled water as a function of temperature. J Res Natl Std, 1937, 18: 205-214.

[33] 刘光启, 马连湘, 刘杰. 化学化工物性数据手册(无机卷). 北京: 化学工业出版社, 2002.

[34] 马沛生. 化工数据. 北京: 中国石化出版社, 2003.

[35] Maidment D R. Handbook of hydrology. New York: McGraw-Hill, 1994.

[36] 傅鹰. 化学热力学导论. 北京: 科学出版社, 1963.

[37] Lide D R. CRC handbook of chemistry and physics. 73 rd ed. New York: CRC Press, 1992-1993.

[38] Weast R C. CRC handbook of chemistry and physics. 69 th ed. Boca Raton Fl: CRC Press, 1988-1989.

[39] Yaws C L. Thermodynamic and physical property data. London: Gulf Publishing Company, 1992.

[40] Adamson A W. Physical chemistry of surface. 3th ed. New York: Jahn Wiley 1976.

[41] Adamson A W, Gast A P. Physical chemistry of surfaces. 6th ed. New York: John-Wiley, 1997.

第8章

范德华力与分子内压力

Adamson[1]指出：有大量证据表明表面现象与原子和分子之间的作用力有关。可以这样认为，分子间相互作用理论应是讨论界面现象的基础理论。

张开教授[2]认为分子间总的作用能应由下列四项相互作用组成：

$$\varepsilon_{12} = \varepsilon_{12}^d + \varepsilon_{12}^p + \varepsilon_{12}^i + \varepsilon_{12}^h \tag{8-1}$$

其中，ε_{12}^d为色散相互作用；ε_{12}^p为偶极相互作用；ε_{12}^i为诱导相互作用；ε_{12}^h为氢键相互作用。

在这方面，国外研究者提出的"相互作用"种类更多，例如Jańczuk[3]和Fowkes[4]认为：表面张力是由下列各"相互作用"所组成的：

$$\gamma = \gamma^d + \gamma^p + \gamma^i + \gamma^h + \gamma^\pi + \gamma^{ad} + \gamma^e \tag{8-2}$$

式中另增加有 π 键相互作用 γ^π、电子接受体和电子施予体间相互作用 γ^{ad}、静电相互作用 γ^e。Jańczuk[5]还考虑了范德华相互作用 γ^{LW} 和 Lewis 酸-碱相互作用 γ^{AB}。

陈天娜等三位研究员[6]认为：范德华力在化学、物理、生物领域都起到非常重要的作用，受到人们的广泛关注。范德华作用决定了分子聚集体的作用，更决定了聚集体分子间作用的稳定性、与溶液的界面连接、可能吸附的物体种类等，因此对合成一些新材料及对材料性质的研究可能有重要意义。

宏观分子相互作用理论的讨论对象是宏观物质，即在分子聚集体中有着千千万万个分子的分子间相互作用，因而物质的范德华力适合反映宏观物质，即适合反映分子聚集体中千千万万分子的各种分子间相互作用，因而本章将讨论宏现物质中的分子间相互作用与范德华力间的关系，目的是讨论物质各种性质与分子间相互作用的关系，并且将物质一些宏观性质与微观的一些分子性质等联系起来，有利于对物质性质作更深入的研究。

8.1 范德华力

一般认为，一对相互作用的粒子之间的作用性质有两种类型[6]：

① 带电粒子之间的静电作用力，其与距离的 n（<6）次方成反比。如果两个相互作用的粒子所带电荷相反，则两粒子间产生吸引力位能，此位能以负号表示。如果两个相互作用的粒子所带的电荷相同，则两粒子间产生斥力位能，此位能以正号表示。静电作用力又称为库仑力。

② 不带电荷的中性粒子间的相互作用位能，又称为范德华相互作用位能。这个相互作用位能与粒子间距离 n（=6）次方成反比。在一般情况下范德华相互作用位能总是吸引力位能，只是当讨论的两个粒子间距离非常靠近（一般在<0.4nm）时，由于这时两个粒子的电子云发

生重叠，会产生巨大的斥力，称为 Boer 斥力。这一斥力与粒子间距离的 n（=9~12）次方成反比。因此一对中性粒子所具有的位能应为：

$$u = u_{\text{p}} + u_{\text{at}} = b_1 \times \frac{1}{r^{12}} - b_2 \times \frac{1}{r^6} \qquad (8\text{-}3)$$

式中，斥力位能 $u_{\text{p}} = b_1 / r^{12}$，$b_1$ 为 Boer 斥力常数，r 为两粒子间距离；引力位能 $u_{\text{at}} = b_2 / r^6$，$b_2$ 为 London 常数。

由此看来，无论是静电库仑力，还是范德华相互作用，都是由两种基本作用力组成，一个为粒子间吸引作用力；另一个为粒子间斥力作用力。二者符号不同，即作用方向不同，存在的条件亦不同，因此引力位能和斥力位能是两种不同的分子（原子）间作用位能。换句话讲，引力相互作用和斥力相互作用是这类分子间作用位能的特征。

宏观分子相互作用理论讨论的是物质中千千万万分子间相互作用的情况，正常状态下物质并不是处于带电状态，因而组成讨论物质的粒子（分子、原子）一般不是带电粒子，不带电荷的中性粒子间的相互作用位能，即范德华相互作用位能。

范德华力在一般情况下是吸引力，这与液体中有序分子的吸引力（宏观分子相互作用理论中称之为分子内压力）特征相同，因而范德华力可能应该与分子内压力相关。

8.2 长程力和短程力

一些研究者，如 Loyd 和 Lee[7] 将分子间距离 r 分成三个区域以便于讨论：短程区，$r < \sigma$；近程区，$\sigma < r < \lambda$；长程区，$r > \lambda$。其中，σ 表示此点处分子间相互作用位能为零值，是吸引位能与排斥位能相等时的分子间距离，一般近似地将此距离看作讨论分子的直径；λ 表示当分子间距离超过 λ 时可以认为分子间相互作用位能视为零值，即可忽略分子间相互作用。

由于不同区域内分子间距离不同，分子间相互作用不同，因而亦可以按分子间作用距离来讨论分子间相互作用情况。于是有两种结果，一种为短程分子间相互作用，称为短程作用位能或简称为短程能；另一种为长程相互作用，称为长程作用位能或简称为长程能。

短程能和长程能之间的差别在于短程能是由相互作用的两个分子在彼此十分靠近时发生了电子云相互重叠所引起的，因而需要考虑电子全等性；而长程能不是因为分子间电子云重叠所引起的，因而可以不考虑电子的全等性。

更确切地说，短程作用的产生是由于相互作用分子的电子云非常接近并发生了电子云的重叠，由于泡利不相容原理，在重叠区内某些电子会被排斥出去，从而使重叠区内电子密度降低，并使相互作用分子中荷正电荷的原子核间的屏蔽作用减弱，从而产生了相互排斥作用，由此可知短程分子间力是电子云重叠形成的作用力。

因此，短程作用的区域应在 $r < \sigma$，但在实际情况中当 $\mathrm{d}u/\mathrm{d}r = 0$，即在此点处吸引力与排斥力相等，合力为零，为力平衡点。故称此点为一对相互作用分子之间排斥力与吸引力相互平衡处的分子间距离，用 r_{m} 表示，当 $r < r_{\text{m}}$ 时排斥力大于吸引力，在此区域内当 r 减小时斥力位能急剧上升，故而亦可认为短程力作用区域为 $r < r_{\text{m}}$，亦就是说，在短程力区中分子间排斥力大于吸引力。

Loyd 和 Lee[7] 对短程力概括如下：形成短程力的根源是价键能（或化学力），短程力可有两种，即静电力对短程力的贡献和交换力对短程力的贡献。其中静电力对短程力的贡献源于电子-电子对、电子-原子核、原子核-原子核之间的静电作用，即库仑相互作用；而交换力对短程力的贡献来自量子力学中泡利不相容原理。短程力本质上是种斥力，并且可以用量子力学中 Schrödinger 方程进行计算，并且通常可用简单的指数定律表示：

$$u_p(r) = m\exp(-nr) \tag{8-4}$$

对界面现象来讲，Myers 等[8-11]指出：在表面和胶体系统中，作用力与作用在不连续的未键合的原子或分子之间、相距尺寸远超过分子键尺度（十个或千个 nm）的分子间力（或原子间力）有关，而与作用于分子内部的力如短程力、共价键力无关。与表面现象中作用力相关的力一般是无方向性、无化学当量的长程力。长程力引起的相互作用某些时候可以认为是种"物理"的相互作用，不发生化学反应。虽然物理相互作用一般不包括类似于形成共价键那样的电子转移，但在某些条件下可能同样是有一定强度的。亦就是说，长程力引起的相互作用应是界面现象讨论的主要作用力。

这些论述与 Adamson[1]是一致的，Adamson 明确表示："穿过界面或者界面之间的力，其作用可以是相当长程的。"

Loyd 和 Lee[7]认为，在长程力作用区域内至少应包含三种不同类型的长程分子间相互作用，即色散力、诱导力和静电力。如果长程区的范围为 $r_m < r < \lambda$，即包含部分近程区范围，则除上述三种分子间相互作用外，还有氢键力、电子接受体-给予体间作用力等，这些力均需以量子力学来处理。

长程力中色散力、诱导力和静电力统称为范德华作用力。张季爽和申成[10]认为，范德华作用力应具有下列一些特性：

① 物质内存在原子或分子，在这些分子或原子之间永远存在范德华作用力。

② 范德华作用力是一种吸引力，其大小只有几十焦耳每摩尔，比化学键能要小 1～2 个数量级。

③ 范德华作用力不具有方向性和饱和性。

④ 范德华作用力的作用范围约有数百皮米（pm），属长程作用力。

⑤ 色散力是范德华作用力中一个重要的分子间作用力，色散力与极化率 α 的平方成正比，α 反映了电子云变形的难易程度。在原子量大、电子数目增多、外层电子离核远、分子中有 π 键尤其是离域 π 键等情况时，电子云容易变形，这会使 α 增大，从而使色散力数值增大。

8.3 长程力

由上述讨论可知，长程力是物质中存在的分子间力中形成吸引力位能的主要分子间作用力，长程力有各种类型，可归纳为以下三种分子间力：

① 静电相互作用力。这是指带电粒子之间，例如离子间、永久偶极子、四极子和高阶多极子间的静电相互作用。如果长程区域中还包括有近程作用区域，则静电相互作用还可包括有氢键力、电子接受体-给予体间作用力等。

② 诱导相互作用力。这是指带电粒子，例如永久偶极子对诱导偶极子的静电诱导相互作用。

③ 色散相互作用力，简称色散力。这是指非极性分子之间的相互作用。

这些作用力的共同点是：不是短程力；作用结果都是吸引力；都是会对物质性质起到重要影响的分子间力。

下面将分析讨论它们在分子间相互作用上的一些特性，如形成原因、作用机制、影响范围和作用力的性质。

8.3.1 静电作用力 1——离子力

一般，物质中带有静电的粒子有离子和极性分子，这些粒子间的相互作用称为静电作用力。

（1）离子与离子相互作用

静电力中最为大家所熟知的为两个离子之间的静电作用力，即离子键力。

电离能很小的金属（如碱金属和碱土金属）与电子亲和能很大的非金属元素（例如卤族元素）原子互相接近时，金属原子可能失去价电子而成为正离子，非金属原子可能得到电子而成为负离子，对于正负离子、极性分子等带电粒子，它们的分子间力主要是静电作用力。

静电作用力可以用库仑（Coulomb）定律描述，正负离子间以库仑力相互吸引。可以认为两个带电的原子或者分子之间的相互作用应是位势上最强的相互作用形式之一。但当正负离子过于接近时，离子的电子云间又将相互排斥，在吸引与排斥的作用相等时就形成稳定的离子键。由于正负离子的电子云也是球状对称的，所以离子键没有方向性和饱和性。

现设有两个粒子各带有不同电荷 Q_1 和 Q_2，由于粒子很小故称它们为点电荷。它们之间的相互吸引位能为：

$$u_P^K(r) = -\frac{Q_1 Q_2}{r} = \frac{Z_1 Z_2 e^2}{r} \tag{8-5}$$

式中，r 为两点电荷间的距离；Q_1 和 Q_2 可以以每个离子的电荷符号和价数来表示，即，$Q_1 = +Z_1 e$，$Q_2 = -Z_2 e$；Z 为粒子所具有的价数；e 为基本电荷（$=1.602 \times 10^{-19}$C）。静电作用力可以用上式对 r 进行微分而得到：

$$F^K = \frac{\mathrm{d}u_P^K(r)}{\mathrm{d}r} = \frac{Q_1 Q_2}{r^2} = \frac{Z_1 Z_2 e^2}{r^2} \tag{8-6}$$

由式（8-5）和式（8-6）可知，带电粒子间的静电作用力与距离平方成反比，故这是一种长程力。盐类晶体中的离子之间，就是依靠这种力而结合在一起的。

此外，电荷 Q 会产生电势 V，其定义为：

$$V = \frac{Q}{r} = \frac{Ze}{r} \tag{8-7}$$

这样，如果在距离 r 处有一个单位反电荷 Q_0，则与电荷 Q 产生的位能为：

$$u_P^K(r) = -QQ_0/r \tag{8-8}$$

这里由于明确 Q_0 是电荷 Q 的反电荷，故式（8-8）取负号。电势 V 的符号取决于电荷 Q 的符号，若其为负，则电势符号亦为负。由此可知使两个相距 r_{12} 的离子 1 和 2 产生静电相互作用所需做的功为：

$$U_{12}^K = -u_{P12}^K(r) = \frac{Q_1 Q_2}{r_{12}} = \sqrt{\frac{Q_1^2}{r_{12}}} \times \sqrt{\frac{Q_2^2}{r_{12}}} \tag{8-9}$$

因此同种离子的相互作用为：

$$U_{11}^K = -u_{P11}^K(r) = \frac{Q_1 Q_1}{r_{11}} = \sqrt{\frac{Q_1^2}{r_{11}}} \times \sqrt{\frac{Q_1^2}{r_{11}}} \tag{8-10}$$

$$U_{22}^K = -u_{P22}^K(r) = \frac{Q_2 Q_2}{r_{22}} = \sqrt{\frac{Q_2^2}{r_{22}}} \times \sqrt{\frac{Q_2^2}{r_{22}}} \tag{8-11}$$

如果讨论中符合：

$$r_{11} \approx r_{22} \approx r_{12} \tag{8-12}$$

或者可以近似认为：

$$r_{12} \approx \sqrt{r_{11}r_{22}} \tag{8-13}$$

则可以认为：

$$U_{12}^{K} = \sqrt{U_{11}^{K}U_{22}^{K}} \tag{8-14}$$

即可以认为离子间静电相互作用服从 Berthelot 组合律[12-14]。

可以定义：

$$\psi_1^{K} = \sqrt{U_{11}^{K}} ; \quad \psi_2^{K} = \sqrt{U_{22}^{K}} \tag{8-15}$$

称 ψ_i^{K} 为离子 i 的静电作用系数，这样静电相互作用的 Berthelot 组合律可表示为：

$$U_{12}^{K} = \psi_1^{K}\psi_2^{K} \tag{8-16}$$

（2）离子与极性分子相互作用

存在离子与极性分子相互作用的化合物有水基化合物、氨基化合物以及含有醇、胺等的离子型化合物。

非离子型分子有两种类型，一种为极性分子，极性分子中正电中心与负电中心不相重合；另一种分子为非极性分子，非极性分子中正电中心与负电中心相互重合。为此可能以分子中正电中心与负电中心偏离的程度来度量极性分子极性的大小，这就是 Debye 在 1912 年首先提出的偶极矩概念。偶极矩被定义为：如果两个相距为 l 的质点带有相反电荷 $+e$ 和 $-e$，则偶极矩为：

$$\mu = el \tag{8-17}$$

具有偶极矩的极性分子又称为偶极子。偶极矩是一向量，方向由正到负，单位为 Debye（符号为 D）。一些分子和价键的偶极矩数值如表 8-1 所示。

表 8-1　一些分子和价键的偶极矩

分子	μ/D	键	μ/D
正烷烃	0	C—C	0
苯	0	C=C	0
四氯化碳	0	C—H	0.22
二氧化碳	0	N—O	0.03
氯仿	1.06	C—O	0.74
盐酸	1.08	N—H	1.31
氨	1.47	O—H	1.51
甲醇	1.69	C—Cl	1.5~1.7
乙酸	1.7	F—H	1.94
水	1.85	N=O	2.0
环氧乙烷	1.9	C=O	2.3~2.7
丙酮	2.85		
乙腈	3.93		

注：本表数据取自文献[8]。

一个偶极子处在电场中时，电场对偶极子排列位置会产生影响。Ketelaar[15]认为：如图 8-1 所示，一极性分子处在带电荷 Q 的离子形成的电场中，离子与偶极子相距为 r。这时，这个极性分子的势能为：

$$u_P^{KP}(\mu, E) = -\frac{Qq}{r - \dfrac{l}{2}} + \frac{Qq}{r + \dfrac{l}{2}} \qquad (8\text{-}18)$$

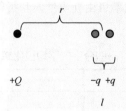

图 8-1　离子与偶极矩相互作用示意图

故得：

$$u_P^{KP}(\mu, E) = -\frac{Qq}{r}\left(\frac{1}{1 - \dfrac{l}{2r}} - \frac{1}{1 + \dfrac{l}{2r}}\right) \qquad (8\text{-}19)$$

由于 $\mu = ql$，$l \ll r$，得　$u_P^{KP}(\mu, E) = -\dfrac{Qq}{r} \times \dfrac{l}{r} = -\dfrac{Q\mu}{r^2} = -\mu E$ (8-20)

式中，E 为偶极子位置处的电场强度。这样，如图 8-1 那样将一个极性分子放在带电荷 Q 的离子所形成的电场中时所消耗的能量为：

$$U_{12}^{KP} = -u_{P12}^{KP}(E, \mu) = \sqrt{\frac{Q_1^2}{r_{12}}} \times \sqrt{\frac{\mu_2^2}{r_{12}^3}} \qquad (8\text{-}21)$$

已知离子 1 的静电相互作用系数：$\psi_1^K = \sqrt{U_{11}^K} = \sqrt{\dfrac{Q_1^2}{r_{11}}}$ (8-22)

并定义极性分子 2 的偶极矩相互作用系数为：$\psi_2^P = \sqrt{\dfrac{\mu_1^2}{r_{22}^3}}$ (8-23)

如果离子与极性分子距离满足式（8-12）或式（8-13），这时可得：

$$U_{12}^{KP} = \psi_1^K \psi_2^P \qquad (8\text{-}24)$$

由于离子电荷和偶极矩所带电荷均是静电电荷，它们间相互作用均属静电相互作用。式（8-24）表明离子与偶极矩之间静电相互作用亦应服从 Berthelot 组合律。正因为如此，偶极矩 1 形成的电场对离子电荷 2 的作用位能亦可用上式计算，即：

$$U_{21}^{PK} = \psi_1^P \psi_2^K \qquad (8\text{-}25)$$

（3）离子与非极性分子相互作用

当一个非极性分子处在一个离子所产生的电场中，在电场作用下非极性分子的正负电荷中心不再重合，而极性分子的正负电荷中心会分离得更远些，这就是说，电场使讨论分子产生了一个附加的偶极矩 μ_{ind}，这个附加偶极矩在分子理论中又称为诱导偶极矩。

分子在电场中的行为称为分子的极化。前面讨论中谈到极性分子由于正负电荷中心不重合而具有的偶极矩是固定偶极矩。在电场的作用下，无论是固定偶极矩还是诱导偶极矩均会沿着电场方向取向运动，显然诱导偶极矩的平均值应与讨论分子所受到的电场强度相关，即：

$$\bar{\mu}_{\text{ind}} = \alpha E = \alpha \frac{Q}{r^2} = \alpha \frac{Ze}{r^2} \qquad (8\text{-}26)$$

式中，α 为讨论分子的极化率，为单位电场强度下的诱导偶极矩，是分子电子云在外电场作用下变形能力的度量。分子的极化率可由介电性质和折射率求得。一些分子的平均极化率见表 8-2。

表 8-2 一些分子的平均极化率

分子	$\alpha/(10^{-41}C^2 \cdot m^2/J)$	分子	$\alpha/(10^{-41}C^2 \cdot m^2/J)$
H_2O	17.7	SO_2	41.3
NH_3	25.1	$(CH)_2CO$	70.4
CH_4	28.9	$CHCl_2$	91.6
CO_2	29.5	CCl_4	118
CH_3OH	35.9	$C_2H_2NO_2$	144

而分子的极化需考虑分子的变形极化（将分子的正负电荷中心相分离）和分子沿着电场方向取向引起的极化二者共同作用的结果，故有：

$$\alpha = \alpha_D + \alpha_O \qquad (8\text{-}27)$$

因此，非极性分子在电场中的位能应为：

$$u_P^{KI}(\alpha, E) = -\alpha \int_0^E E dE = -\frac{1}{2} \alpha E^2 = -\frac{1}{2} \times \frac{\alpha Q^2}{r^4} \qquad (8\text{-}28)$$

将式（8-26）代入上式得：

$$u_P^{KI}(\alpha, E) = -\frac{1}{2} \alpha E^2 = -\frac{1}{2} \times \frac{\bar{\mu}_{\text{ind}} Q_1}{r_{12}^2} \qquad (8\text{-}29)$$

因此，当一个离子 1 与非极性分子 2 接近，为克服二者产生的诱导力相互作用而需消耗的功应为：

$$U_{12}^{KI} = -u_P^{KI}(\alpha, E) = \frac{1}{2} \times \frac{\bar{\mu}_{\text{ind}} Q_1}{r_{12}^2} = \frac{1}{2} \sqrt{\frac{Q_1^2}{r_{12}}} \times \sqrt{\frac{\bar{\mu}_{\text{ind}}^2}{r_{12}^3}} \qquad (8\text{-}30)$$

已知：离子 1 的静电相互作用系数 $\psi_1^K = \sqrt{U_{11}^K} = \sqrt{\dfrac{Q_1^2}{r_{11}}}$，并定义非极性分子 2 中形成诱导偶极矩的相互作用系数为：

$$\psi_2^I = \sqrt{\frac{\bar{\mu}_{\text{ind}}^2}{r_{22}^3}} \qquad (8\text{-}31)$$

如果离子与极性分子距离满足式（8-12）或式（8-13），这时不能证明两者具有 Berthelot 组合律的表示形式，即：

$$U_{12}^{KI} \neq \psi_1^K \psi_2^I \qquad (8\text{-}32)$$

说明离子电荷与非极性分子中形成的诱导偶极矩的相互作用不服从 Berthelot 组合律。

8.3.2 静电作用力2——偶极力、取向力（极性分子间相互作用）

除金属、离子型物质外，范德华力是物质中存在的重要分子间作用力，一般认为范德华力可分为 Keesom 提出的极性分子中偶极矩的相互作用力，即偶极力；Debye 提出的极性分子与非极性分子之间的作用力，即由于非极性分子被极化而产生诱导偶极矩所产生的相互作用力，可称为诱导力；London 提出的分子中瞬间偶极矩之间的相互作用力，称作色散力。

极性分子具有偶极矩，偶极矩带电荷，因此，偶极矩亦可产生电场。例如一个试验电荷 q_0 离开偶极矩距离为 r，如果这个距离远大于偶极长度时，这个电荷的位能应为：

$$u_P^{PK}(\mu, q_0) = \frac{\mu}{r^2} q_0 \tag{8-33}$$

故而偶极子的电势是：

$$V(\mu) = \frac{\mu}{r^2} \tag{8-34}$$

因而偶极子的场强是：

$$E(\mu) = \frac{2\mu}{r^3} \tag{8-35}$$

这里对电势和电场的符号说明一下，电势和电场均是以正号表示的。电荷或偶极子的相互作用能如果是吸引能，则是负号，反之，则是正号。

如果两个极性分子分别具有偶极矩 μ_1 和 μ_2，这两个极性分子彼此相距为 r，图 8-2 为这两个极性分子在偶极矩电荷作用下彼此取向位置示意图。

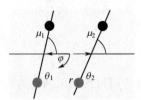

图 8-2 偶极子间相互作用

在这种情况下，这两个偶极矩之间的相互作用位能为：

$$u_P^{PP}(r, \theta_1, \theta_2, \varphi) = -\frac{\mu_1 \mu_2}{r^3}(2\cos\theta_1\cos\theta_2 - \sin\theta_1\sin\theta_2\cos\varphi) \tag{8-36}$$

相互作用位能的最大值是当两个偶极子排列处于一条线时（$\theta_1 = \theta_2 = 0$），这时两个偶极子相互作用位能为：

$$u_P^{PP}(r, 0, 0, \varphi) = -\frac{2\mu_1\mu_2}{r^3} \tag{8-37}$$

从偶极矩相互作用系数也可计算得到上式。已知偶极子 1 的偶极矩相互作用系数为 $\psi_1^P = \sqrt{\dfrac{\mu_1^2}{r_{11}^3}}$；偶极子 2 为 $\psi_2^P = \sqrt{\dfrac{\mu_2^2}{r_{22}^3}}$，故偶极子 1 对偶极子 2 的作用位势而消耗的功按照 Berthelot 组合律为：

$$U_{1\to2}^{PP} = \psi_1^P \psi_2^P \tag{8-38a}$$

同时，偶极子 2 对偶极子 1 的作用位势而消耗的功为：

$$U_{2\to1}^{PP} = \psi_2^P \psi_1^P \tag{8-38b}$$

故而两个偶极子相互作用最大值为：

$$U_{12}^{PP} = U_{1\to2}^{PP} + U_{2\to1}^{PP} = 2\psi_1^P\psi_2^P = 2\sqrt{\frac{\mu_1^2}{r_{11}^3}} \times \sqrt{\frac{\mu_2^2}{r_{22}^3}} = -\frac{2\mu_1\mu_2}{r_{12}^3} \tag{8-38c}$$

但是在讨论系统（气体、液体）中，热运动有使两偶极子之间的相对取向呈无序的倾向，而相互作用的吸引力则使偶极子有序地排列，因而由玻尔兹曼分布定律可知偶极子相互作用位能的平均值为：

$$\bar{u}_P^{PP} = -\frac{\iint u_P^{PP}\exp\left(-\dfrac{u_P^{PP}}{kT}\right)\mathrm{d}\Omega_i\mathrm{d}\Omega_j}{\iint\exp\left(-\dfrac{u_P^{PP}}{kT}\right)\mathrm{d}\Omega_i\mathrm{d}\Omega_j} \tag{8-39}$$

式中，$\mathrm{d}\Omega = \sin\theta\mathrm{d}\theta\mathrm{d}\varphi$。当讨论温度较高时，两偶极子间距较大，则存在关系 $u_P^{PP}(r,\theta_1,\theta_2,\varphi) < \dfrac{2\mu_1\mu_2}{-r^3} << kT$，故可将 $\exp\left(-\dfrac{u_P^{PP}}{kT}\right)$ 展开，取前两项，即：

$$\exp\left(-\frac{u_P^{PP}}{kT}\right) \approx 1 - \frac{u_P^{PP}}{kT} \tag{8-40}$$

代入式（8-39），积分可得：
$$\bar{u}_{P12}^{PP} = -\frac{2\mu_1^2\mu_2^2}{3kTr_{12}^6} \tag{8-41}$$

式中，r_{12} 为不同分子间距离，同类分子之间距离分别为 r_{11} 和 r_{22}，故得，

分子1：
$$\bar{u}_{P11}^{PP} = -\frac{2\mu_1^4}{3kTr_{11}^6} \tag{8-42}$$

分子2：
$$\bar{u}_{P22}^{PP} = -\frac{2\mu_2^4}{3kTr_{22}^6} \tag{8-43}$$

这样在产生偶极矩-偶极矩相互作用过程中所消耗的功为：

$$U_{11}^{PP} = -\bar{u}_{P11}^{PP} = \frac{2\mu_1^4}{3kTr_{11}^6} \tag{8-44a}$$

$$U_{22}^{PP} = -\bar{u}_{P22}^{PP} = \frac{2\mu_2^4}{3kTr_{22}^6} \tag{8-44b}$$

$$U_{12}^{PP} = -\bar{u}_{P12}^{PP} = \frac{2\mu_1^2\mu_2^2}{3kTr_{12}^6} \tag{8-44c}$$

如果讨论中符合 $r_{11} \approx r_{22} \approx r_{12}$，例如，Fowkes 曾介绍，烷烃、芳香族中 CH_2 基团、CH 基团与水分子半径或汞原子半径较为接近；或者可以近似认为：$r_{12} \approx \sqrt{r_{11}r_{22}}$。

对式（8-44）进行整理，得：

$$U_{11}^{PP} = \bar{\psi}_1^P\bar{\psi}_1^P = \sqrt{\frac{2\mu_1^4}{3kTr_{11}^6}} \times \sqrt{\frac{2\mu_1^4}{3kTr_{11}^6}} \tag{8-45a}$$

$$U_{22}^{PP} = \bar{\psi}_2^P\bar{\psi}_2^P = \sqrt{\frac{2\mu_2^4}{3kTr_{22}^6}} \times \sqrt{\frac{2\mu_2^4}{3kTr_{22}^6}} \tag{8-45b}$$

$$U_{12}^{PP} = \bar{\psi}_1^P\bar{\psi}_2^P = \sqrt{\frac{2\mu_1^4}{3kTr_{11}^6}} \times \sqrt{\frac{2\mu_2^4}{3kTr_{22}^6}} \tag{8-45c}$$

这里可以定义：

$$\overline{\psi}_1^P = \sqrt{\frac{2\mu_1^4}{3kTr_{11}^6}} = \sqrt{\frac{2}{3kT}} \times \frac{\mu_1^2}{r_{11}^3} \tag{8-46}$$

$$\overline{\psi}_2^P = \sqrt{\frac{2\mu_2^4}{3kTr_{22}^6}} = \sqrt{\frac{2}{3kT}} \times \frac{\mu_2^2}{r_{22}^3} \tag{8-47}$$

式中，$\overline{\psi}_1^P$ 和 $\overline{\psi}_2^P$ 分别为分子 1 和分子 2 的偶极矩相互作用系数的平均值。由上述讨论可知，对不同极性分子之间的偶极矩相互作用位能，可应用 Berthelot 组合律[12,14]，即可视为两种极性分子中偶极矩的相互作用位能的几何平均值，也可视为此两种极性分子偶极矩相互作用系数平均值的乘积：

$$U_{12}^{PP} = \sqrt{U_1^P U_2^P} = \overline{\psi}_1^P \overline{\psi}_2^P \tag{8-48}$$

这里需要说明的是偶极矩相互作用系数与偶极矩相互作用系数平均值在物理含义上是相似的，但前者指的是一对相互作用的分子对在某些特定条件下的相互作用情况；而后者是指许多分子对相互作用的平均值。

8.3.3 诱导作用力——带电分子与非极性分子相互作用

在前面讨论中已经指出，非极性分子在外电场（可能是由离子电荷形成的，也可能是由偶极矩形成的）作用下会形成诱导偶极矩，即形成离子力或偶极力的外电场与诱导偶极矩之间的静电作用力，被称为诱导作用力，简称为诱导力。

由于这种诱导力是由于电场的诱导而产生的，因此有以下特点。

① 诱导作用只有存在有外电场时才会出现。外电场增强，诱导作用亦增大；外电场消失，诱导作用亦消失，诱导作用应与外电场成正比[16]。

② 分子间存在的静电相互作用力，一般就是产生诱导作用力的外电场。因此分子间诱导力应与分子间静电作用力有关，物质中静电作用越大，该物质分子对其他分子产生的诱导作用亦应越大。

Debye 在 1920 年推导得到诱导力的计算公式。在强度为 E 的电场中极化率为 α 的分子会产生诱导偶极矩：

$$\overline{\mu}_{\text{ind}} = \alpha E \tag{8-49}$$

式中，分子的极化率 α 应为分子的变形（将分子的正负电荷中心相分离）极化率 α_D 和分子沿着电场方向取向引起的取向极化率 α_O 二者共同的结果，故有：

$$\alpha = \alpha_D + \alpha_O = \alpha_D + \frac{\mu^2}{3kT} \tag{8-50}$$

非极性分子在电场中的位能应为：

$$u_P^{KI}(\alpha, E) = -\alpha \int_0^E E dE = -\frac{1}{2}\alpha E^2 \tag{8-51}$$

已知偶极矩为 μ_1 的极性分子 1 在相距为 r_{12}、方向角为 θ_1 处产生的电场强度为：

$$E_1 = \frac{\mu_1}{r_{12}^3}\sqrt{1 + 3\cos^2\theta_1} \tag{8-52}$$

故它与极化率为 α_2 的分子 2 的相互作用能为：

$$u_{P1\to2}^{PI}(\alpha_2, E_1) = -\frac{1}{2}\alpha_2 E_1^2 = -\frac{1}{2} \times \frac{\alpha_2\mu_1^2}{r_{12}^6}\left(1 + 3\cos^2\theta_1\right) \tag{8-53}$$

$u_P^{PI}(\alpha_2, E_1)$ 应为负值，表示这是分子间的吸引相互作用能。对 θ_1 取平均值，得：

$$u_{P1\to2}^{PI}(\alpha_2, E_1) = -\frac{\alpha_2\mu_1^2}{r_{12}^6} \tag{8-54}$$

式（8-54）表示了偶极矩为 μ_1 的分子 1 对相距为 r_{12}、极化率为 α_2 的分子 2 的平均诱导

作用能为：
$$U_{1\to2}^{I} = -u_{P1\to2}^{PI}(\alpha_2, E_1) = \frac{\alpha_2\mu_1^2}{r_{12}^6} \tag{8-55a}$$

式中"1→2"表示是分子 1 对分子 2 的诱导作用，下面讨论中以此类推。

同理，偶数矩为 μ_2 的分子 2 对极化率为 α_1 的分子 1 的平均诱导作用能应为：
$$U_{2\to1}^{I} = -u_{P2\to1}^{PI}(\alpha_1, E_2) = \frac{\alpha_1\mu_2^2}{r_{12}^6} \tag{8-55b}$$

因此，分子 1 和分子 2 之间，即不同分子之间的诱导作用能应为：
$$U_{1\Leftrightarrow2}^{I} = U_{1\to2}^{I} + U_{2\to1}^{I} = \frac{\alpha_2\mu_1^2}{r_{12}^6} + \frac{\alpha_1\mu_2^2}{r_{12}^6} \tag{8-55c}$$

对于同类分子则应有：
$$U_{1\Leftrightarrow1}^{I} = 2\frac{\alpha_1\mu_1^2}{r_{11}^6} \quad ; \quad U_{2\Leftrightarrow2}^{I} = 2\frac{\alpha_2\mu_2^2}{r_{22}^6} \tag{8-55d}$$

因此，从上述各式来看，无论是同一物质内发生的诱导相互作用，还是不同物质之间的诱导相互作用，均不服从 Berthelot 组合律。

变换式（8-55）各式，得：
$$U_{1\Leftrightarrow1}^{I} = \sqrt{\frac{2}{3kT}\times\frac{\mu_1^4}{r_{11}^6}}\times\frac{2\alpha_1}{r_{11}^3}\sqrt{\frac{3kT}{2}} = (U_{11}^{P})^{1/2}\times\frac{2\alpha_1}{r_{11}^3}\sqrt{\frac{3kT}{2}} = \psi_1^{P}\times\frac{2\alpha_1}{r_{11}^3}\sqrt{\frac{3kT}{2}} \tag{8-56a}$$

$$U_{2\Leftrightarrow2}^{I} = \sqrt{\frac{2}{3kT}\times\frac{\mu_2^4}{r_{22}^6}}\times\frac{2\alpha_2}{r_{22}^3}\sqrt{\frac{3kT}{2}} = (U_{22}^{P})^{1/2}\times\frac{2\alpha_2}{r_{22}^3}\sqrt{\frac{3kT}{2}} = \psi_2^{P}\times\frac{2\alpha_2}{r_{22}^3}\sqrt{\frac{3kT}{2}} \tag{8-56b}$$

$$U_{1\to2}^{I} = \sqrt{\frac{2}{3kT}\times\frac{\mu_1^4}{r_{12}^6}}\times\frac{\alpha_2}{r_{12}^3}\sqrt{\frac{3kT}{2}} = (U_{12}^{P})^{1/2}\times\frac{\alpha_2}{r_{12}^3}\sqrt{\frac{3kT}{2}} = \psi_1^{P}\times\frac{\alpha_2}{r_{12}^3}\sqrt{\frac{3kT}{2}} \tag{8-56c}$$

$$U_{2\to1}^{I} = \sqrt{\frac{2}{3kT}\times\frac{\mu_2^4}{r_{12}^6}}\times\frac{\alpha_1}{r_{12}^3}\sqrt{\frac{3kT}{2}} = (U_{12}^{P})^{1/2}\times\frac{\alpha_1}{r_{12}^3}\sqrt{\frac{3kT}{2}} = \psi_2^{P}\times\frac{\alpha_1}{r_{12}^3}\sqrt{\frac{3kT}{2}} \tag{8-56d}$$

整理得：
$$U_{1\Leftrightarrow1}^{I} = \psi_1^{P}\times\sqrt{\frac{2}{3kT}}\times\frac{3kT\alpha_1}{r_{11}^3} \tag{8-57}$$

$$U_{2\Leftrightarrow2}^{I} = \psi_2^{P}\times\sqrt{\frac{2}{3kT}}\times\frac{3kT\alpha_2}{r_{22}^3} \tag{8-58}$$

$$U_{1\to2}^{I} = \frac{1}{2}\psi_1^{P}\times\sqrt{\frac{2}{3kT}}\times\frac{3kT\alpha_2}{r_{12}^3} \tag{8-59}$$

$$U_{2\to1}^{I} = \frac{1}{2}\psi_2^{P}\times\sqrt{\frac{2}{3kT}}\times\frac{3kT\alpha_1}{r_{12}^3} \tag{8-60}$$

定义物质 1 的诱导系数平均值为，
$$\psi_1^{KI} = \left(U_{11}^{KI}\right)^{1/2} = \sqrt{\frac{2}{3kT}}\times\frac{3kT\alpha_1}{r_{11}^3} \tag{8-61}$$

物质 2 的诱导系数平均值为，$\psi_2^{KI} = \left(U_{22}^{KI}\right)^{1/2} = \sqrt{\dfrac{2}{3kT}} \times \dfrac{3kT\alpha_2}{r_{22}^3}$ (8-62)

诱导系数 ψ_1^{KI} 和 ψ_2^{KI} 只与该物质性质有关，而与该物质相互作用的物质的性质无关，诱导系数代表着该物质受到其他具有静电作用力的物质作用时产生诱导作用力的能力。因此式（8-57）～式（8-60）可改写为：

$$U_{1\Leftrightarrow1}^{I} = \left(U_{11}^{PP}U_{11}^{KI}\right)^{1/2} = \psi_1^{P}\psi_1^{KI} \tag{8-63}$$

$$U_{2\Leftrightarrow2}^{I} = \left(U_{22}^{PP}U_{22}^{KI}\right)^{1/2} = \psi_2^{P}\psi_2^{KI} \tag{8-64}$$

$$U_{1\to2}^{I} = \frac{1}{2}\left(U_{11}^{PP}U_{22}^{KI}\right)^{1/2} = \frac{1}{2}\psi_1^{P}\psi_2^{KI} \tag{8-65}$$

$$U_{2\to1}^{I} = \frac{1}{2}\left(U_{22}^{PP}U_{11}^{KI}\right)^{1/2} = \frac{1}{2}\psi_2^{P}\psi_1^{KI} \tag{8-66}$$

$$U_{1\Leftrightarrow2}^{I} = \frac{1}{2}\left[\left(U_{11}^{PP}U_{22}^{KI}\right)^{1/2} + \left(U_{22}^{PP}U_{11}^{KI}\right)^{1/2}\right] = \frac{1}{2}\left(\psi_1^{P}\psi_2^{KI} + \psi_2^{P}\psi_1^{KI}\right) \tag{8-67}$$

但上列各式是指产生外电场的物质只存在单一静电力的情况，实际情况是物质分子间有着多种可能的相互作用，其中一些类型的相互作用，如色散力，是不能产生诱导作用的，而静电力只占一定的比例。因此物质产生的实际诱导作用还需按静电力所占比例进行修正，这将在 8.3.5 节进行讨论。

上面得到的诱导力计算式表明诱导力计算不服从 Berthelot 组合律。

8.3.4 色散作用力——非极性分子与非极性分子相互作用

惰性气体分子的电子云分布是球对称的，偶极矩等于零，它们之间应该没有静电力和诱导力，但实验表明惰性气体分子的范德华力依然存在。此外，对极性分子来说，用静电力和诱导力计算出来的范德华力要比实验值小得多，所以除了这两种力之外，一定还有第三种力在作用。

1930 年 London[17]用量子力学的近似计算法证明分子间存在着第三种作用力，它的作用能近似地等于：

$$u_{P1\Leftrightarrow2}^{dd}(\alpha, I) = -\frac{3}{2} \times \frac{I_1 I_2}{I_1 + I_2} \times \frac{\alpha_1 \alpha_2}{r_{12}^6} \tag{8-68}$$

式中，I_1 和 I_2 为分子 1 和分子 2 的第一电离势。对同类分子，式（8-68）为

分子 1： $$u_{P1\Leftrightarrow1}^{dd}(\alpha, I) = -\frac{3}{4} \times \frac{I_1 \alpha_1^2}{r_{11}^6} \tag{8-69}$$

分子 2： $$u_{P2\Leftrightarrow2}^{dd}(\alpha, I) = -\frac{3}{4} \times \frac{I_2 \alpha_2^2}{r_{22}^6} \tag{8-70}$$

一些分子的第一电离势列于表 8-3。

表 8-3　一些分子的第一电离势

分子	I	分子	I	分子	I
$C_6H_5CH_3$	8.9	HI	10.7	HBr	12.0
C_6H_6	9.2	C_2H_5Cl	10.8	H_2O	12.6
$n\text{-}C_7H_{14}$	9.5	CH_3OH	10.8	HCl	12.8

分子	I	分子	I	分子	I
C_2H_5SH	9.7	CCl_4	11.0	CH_4	13.0
C_5H_5N	9.8	$c\text{-}C_6H_{12}$	11.0	Cl_2	13.2
$(CH_3)_2CO$	10.1	C_3H_8	11.2	CO_2	13.7
$(C_2H_5)_2O$	10.2	CH_3Cl	11.2	CO	14.1
$n\text{-}C_7H_{16}$	10.4	C_2H_2	11.4	H_2	15.4
C_2H_4	10.7	$CHCl_3$	11.5	CF_4	17.8
C_2H_5OH	10.7	NH_3	11.5	He	24.5

色散力产生的原因可简单解释如下：如果对原子或分子作瞬间摄影，得到核与电子在各种不同相对位置的图像，会发现分子具有瞬间的周期变化的偶极矩（对惰性气体分子来说，这种瞬变偶极矩的平均值等于零），伴随着这种周期性变化的偶极矩有一同步（同频率）的电场，它使邻近的分子极化，邻近分子的极化又反过来使瞬变偶极矩的变化幅度增加，色散力就是在这样的反复作用下产生的。

由于 $u_{P2}^{dd}(\alpha, I)$ 为负值，因此是吸引力，这样产生瞬变偶极矩过程中所消耗的功为

同类分子，分子 1：
$$U_{11}^{D} = -u_{P1 \Leftrightarrow 1}^{dd}(\alpha, I) = \frac{3}{4} \times \frac{I_1 \alpha_1^2}{r_{11}^6} \tag{8-71a}$$

分子 2：
$$U_{22}^{D} = -u_{P2 \Leftrightarrow 2}^{dd}(\alpha, I) = \frac{3}{4} \times \frac{I_2 \alpha_2^2}{r_{22}^6} \tag{8-71b}$$

异类分子：
$$U_{12}^{D} = -u_{P1 \Leftrightarrow 2}^{dd}(\alpha, I) = \frac{3}{2} \times \frac{I_1 I_2}{I_1 + I_2} \times \frac{\alpha_1 \alpha_2}{r_{12}^6} \tag{8-72}$$

Fowkes[4]对电离能引入 Berthelot 组合律替代算术平均值进行计算，即：
$$\frac{1}{2}(I_1 + I_2) = \sqrt{I_1 I_2} \tag{8-73}$$

从表 8-3 所列数据可见，一些分子的第一电离势的数值彼此相差不大。故而 Fowkes 认为：对电离势引入 Berthelot 组合律，即使两物质的电离能值相差高达 50%，引起的误差也只有 2%。于是，如果假设不同分子间距离与讨论分子本身分子间距离符合式（8-12）式或式（8-13），则式（8-72）可改写为：

异类分子：
$$U_{12}^{D} = \sqrt{\frac{3}{4} \times \frac{I_1 \alpha_1^2}{r_{11}^6}} \times \sqrt{\frac{3}{4} \times \frac{I_2 \alpha_2^2}{r_{22}^6}} = \left(U_{11}^{D} U_{22}^{D}\right)^{1/2} = \psi_1^{D} \psi_2^{D} \tag{8-74}$$

同类分子，分子 1：
$$U_{11}^{D} = \sqrt{\frac{3}{4} \times \frac{I_1 \alpha_1^2}{r_{11}^6}} \times \sqrt{\frac{3}{4} \times \frac{I_1 \alpha_1^2}{r_{11}^6}} = \left(U_{11}^{D} U_{11}^{D}\right)^{1/2} = \psi_1^{D} \psi_1^{D} \tag{8-75}$$

分子 2：
$$U_{22}^{D} = \sqrt{\frac{3}{4} \times \frac{I_2 \alpha_2^2}{r_{22}^6}} \times \sqrt{\frac{3}{4} \times \frac{I_2 \alpha_2^2}{r_{22}^6}} = \left(U_{22}^{D} U_{22}^{D}\right)^{1/2} = \psi_2^{D} \psi_2^{D} \tag{8-76}$$

上列各式表明，不同分子间色散作用能的计算可应用 Berthelot 组合律，即可视为两种分子色散作用能的几何平均值。这一概念已在许多研究者的论著中得到应用。

8.3.5　总范德华力——静电力、诱导力、色散力

上面已经讨论了偶极矩与偶极矩之间的相互作用——偶极力或 Keesom 力；偶极矩与诱

导偶极矩之间的相互作用——诱导力或德拜力；瞬变偶极矩之间的相互作用——色散力或伦敦力。目前分子相互作用理论认为这三种相互作用是各类分子间相互作用中较重要的分子间相互作用，并将这三种相互作用综合起来称为分子间总范德华力。

上面讨论表明这三种分子间相互作用均与两个讨论分子的中心距离六次方成反比，因此，范德华相互作用总位能可表示为：

$$u_{vdw}(r) = -\frac{C_{vdw}}{r^6} \tag{8-77}$$

式中，C_{vdw} 是总的范德华力常数，亦称为相互作用系数，可表示为：

$$C_{vdw} = C_{P-P} + C_{P-I} + C_{D-D} \tag{8-78}$$

代入式（8-77），得：$\quad C_{vdw} = (C_{P-P} + C_{P-I} + C_{D-D}) = -\mu_{vdw}(r)r^6 \tag{8-79}$

将式（8-78）两边均除以 C_{vdw}，得到在物质内部相互作用能中 Keesom 成分（P）、London 成分（I）和 Debye 成分（D）对总的范德华作用能的贡献分数：

$$f_P + f_I + f_D = 100\% \tag{8-80}$$

表 8-4 列出了不同物质分子中这些不同类型的相互作用对总范德华力的贡献值。除极性很高的水分子外，实际上一般分子中伦敦成分（或色散力成分）对分子间引力有重要的贡献，对水来讲，还有可能存在氢键，它将提供额外的强的相互作用，故而在水中色散力和诱导力的作用应该比表 8-4 中列出的数值还要小，这点是很重要的，我们在以后的讨论中将提到这一点。

表8-4　一些分子的范德华作用力

分子	偶极矩 /10^{-30}C·m	偶极力		诱导力		色散力	
		kJ/mol	%	kJ/mol	%	kJ/mol	%
Ar	0	0.000	0.000	0.000	0.000	8.49	100
CO	0.40	0.003	0.034	0.008	0.091	8.74	99.875
HI	1.27	0.025	0.096	0.113	0.436	25.80	99.468
HBr	2.60	0.686	2.971	0.502	2.174	21.90	94.855
HCl	3.43	3.300	15.640	1.000	4.739	16.80	79.621
NH$_3$	5.00	13.300	44.706	1.550	5.210	14.90	50.084
H$_2$O	6.14	36.300	76.890	1.920	4.067	8.99	19.04

注：数据取自文献[10]。

表 8-4 中的数据还说明，任何物质，除色散力外，其他类型相互作用不可能在物质内单独存在。其原因是明显的，这是由于色散力不会对其他分子产生影响，故在非极性物质中有只存在色散力一种作用力的可能性。但是如果物质中存在静电力，如偶极力，那么物质中除静电力、偶极力的自身相互作用外，还可能对其他分子产生诱导作用，因此极性分子之间的相互作用不可能仅静电力一种，还应存在诱导力和色散力。表 8-4 中数据表明，即使是强电解质盐酸 HCl 分子，其所具有的范德华力中，偶极力亦仅占 15% 左右，分子间还存有相当比例的诱导力和色散力，当然还应有离子键。

黄子卿教授[13]认为：在离子型化合物中，由于离子间相互作用只是静电力间相互作用，其他分子间力都可以忽略。

但是不同的离子型化合物应有不同的情况，并不是所有离子型物质的静电力贡献都占100%，离子键力所占的百分数应由形成离子键的各元素的电负性所决定。Hannky 和 Smyth[18]提出离子键力结合占总相互作用的百分数 P 可按下列经验式计算：

$$P = \left[16(x_A - x_B) + 3.5(x_A - x_B)^2 \right] / 100 \qquad (8\text{-}81)$$

式中，x_A、x_B 表示元素 A、B 的电负性，$(x_A > x_B)$。所谓电负性是指原子或分子中吸引电子能力的相对大小。根据两元素电负性差值大小，可以大致判断这两个元素之间所形成键的性质。两元素电负性相差较大则可能会形成离子键；而两元素电负性相差较小时则可能会形成共价键。各种元素的电负性值列于表8-5。

表8-5 元素的电负性

周期	族							
	I	II	III	IV	V	VI	VII	VIII
1	H/2.15							He
2	Li/1.0	Be/1.5	B /2.0	C /2.5	N /3.0	O /3.5	F /4.0	Ne
3	Na/0.9	Mg/1.2	Al/1.5	Si/1.8	P /2.1	S /2.5	Cl/3.0	Ar
4	K /0.8	Ca/1.0	Sc/1.3	Ti/1.5	V/1.6	Cr/1.6	Mn/1.5	Fe/1.8;Co/1.7; Ni/1.8
	Cu/1.9	Zn/1.6	Ga/1.6	Ge/1.0	As/2.0	Se/2.4	Br/2.9	Kr
5	Rb/0.8	Sr/1.0	Y/1.2	Zr/1.4	Nb/1.6	Mo/1.8	Tc/1.9	
	Ag/1.9	Cd/1.7	In/1.7	Sn/1.8	Sb/1.9	Te/2.1	I /2.5	Xe
6	Cs/0.7	Ba/0.9	La/1.1	Hf/1.3	Ta/1.5	W/1.7	Re/1.9	
	Au/2.4	Hg/1.9	Tl/1.8	Pb/1.8	Bi/1.9	Po/2.0	At/2.2	Rn

注：数据取自文献[19,20]。

例如：$x_{Ca} = 1.0$，$x_F = 4.0$，得：

$$P = \left[16 \times (4-1) + 3.5 \times (4-1)^2 \right] / 100 = 79.5\% \qquad (8\text{-}82)$$

以此表数据和经验式（8-81）对一些离子型物质的计算结果列于表8-6。

表8-6 一些离子型物质内离子键力所占百分数

化合物	CaF$_2$	Na$_2$O	CaO	MgO	MnO	FeO	Al$_2$O$_3$	TiO$_2$
P/%	80	69	62	55	46	40	46	43

化合物	Fe$_2$O$_3$	SiO$_2$	P$_2$O$_5$	CaS	MgS	MnS	FeS	
P/%	37	37	29	32	27	20	13	

由此可见，按照氟化物、氧化物、硫化物的次序，物质内的离子键力的百分数依次递减，也就是其他类型作用力的百分数增加。

虽然式（8-81）只是个经验式，所得数据亦只是供分析参考，但是从表8-4和表8-6数据来看，无论是极性物质还是离子型物质，这些物质中静电作用力（偶极力或离子力）均不可能占到100%，即不可能100%都是静电作用力。

同理，当具有偶极力的物质或具有离子力的物质与其他物质相互作用时，两个物质间总的相互作用中不可能只由偶极力或离子力这类静电作用力所组成，应该还可能有其他类型的作用。例如，当离子型物质与一个极性分子相互作用时，离子产生的静电电场应该对极性分子产生诱导作用，即它们之间亦存在有诱导作用力。

表 8-7 中列举了相互作用的两种不同物质之间的各种相互作用的计算数据[21]，说明两种物质之间的相互作用不能认为 100% 均为偶极力或离子力之类的静电作用力。

表 8-7　不同分子之间的相互作用

分子		偶极矩/D		相互作用系数/10^{60}erg·cm^6		
(1)	(2)	(1)	(2)	C_{P-P}	C_{P-I}	C_{D-D}
CCl_4	c-C_6H_{12}	0	0	0	0	1510
CCl_4	NH_3	0	1.47	0	22.7	320
$(CH_3)_2CO$	c-C_6H_{12}	2.87	0	0	89.5	870
CO	HCl	0.10	1.08	0.206	2.30	82.7
H_2O	HCl	1.84	1.08	69.8	10.8	63.7
$(CH_3)_2CO$	NH_3	2.87	1.47	315	32.3	185
$(CH_3)_2CO$	H_2O	2.87	1.84	493	34.5	135

表 8-7 所列数据表明，当两个分子的偶极矩均为零时，即两个分子都是非极性分子时，这两个分子间的相互作用中不存在偶极静电作用。当偶极矩很小，小于 1D 时，静电作用的贡献近似计算可以不计。在极性分子与非极性分子相互作用中不存在静电作用贡献时，诱导力不可忽视。即使是强极性物质之间，如 NH_3、H_2O、$(CH_3)_2CO$ 之间的相互作用，以及离子型物质与极性物质间相互作用，如 HCl 与 H_2O，色散作用力亦有着相当的比例。这说明即使是离子型物质，亦应存在色散相互作用。

以上讨论表明，色散力在分子间相互作用中占有重要地位，实际上色散力在所有讨论情况中均应存在。丁莹如、秦关林[24]指出："极性分子在共价固体表面上的吸附和球状对称惰性原子在离子固体表面上的吸附，其吸附力主要是色散力。非极性分子与金属之间的吸引力可以考虑为色散力，而非极性分子在共价固体表面上的物理吸附应认为就是色散力。"由此我们引出物质中总范德华作用的计算为：

对于同类分子，

分子 1：
$$U_{11}^{vdw} = U_{11}^{P} + U_{11}^{I} + U_{11}^{D} = \frac{2\mu_1^4}{3kTr_{11}^6} + 2\frac{\alpha_1\mu_1^2}{r_{11}^6} + \frac{3}{4} \times \frac{I_1\alpha_1^2}{r_{11}^6} \tag{8-83a}$$

分子 2：
$$U_{22}^{vdw} = U_{22}^{P} + U_{22}^{I} + U_{22}^{D} = \frac{2\mu_2^4}{3kTr_{22}^6} + 2\frac{\alpha_2\mu_2^2}{r_{22}^6} + \frac{3}{4} \times \frac{I_2\alpha_2^2}{r_{22}^6} \tag{8-83b}$$

对不同分子，分子 1 和分子 2：
$$U_{12}^{vdw} = U_{12}^{P} + U_{12}^{I} + U_{12}^{D} = \frac{2\mu_1^2\mu_2^2}{3kTr_{12}^6} + \frac{\alpha_2\mu_1^2}{r_{12}^6} + \frac{\alpha_2\mu_1^2}{r_{12}^6} + \frac{3}{4} \times \frac{\sqrt{I_1I_2\alpha_1^2\alpha_2^2}}{r_{12}^6} \tag{8-84}$$

将式（8-83）、式（8-84）改写为我们所推导的形式。

对于同类分子，

分子 1：
$$U_{11}^{vdw} = U_{11}^{P} + U_{11}^{I} + U_{11}^{D} = \psi_1^P\psi_1^P + \psi_1^P\psi_1^{PI} + \psi_1^D\psi_1^D \tag{8-85}$$

分子 2：
$$U_{22}^{vdw} = U_{22}^{P} + U_{22}^{I} + U_{22}^{D} = \psi_2^P\psi_2^P + \psi_2^P\psi_2^{PI} + \psi_2^D\psi_2^D \tag{8-86}$$

对不同分子，分子 1 和分子 2：

$$U_{12}^{vdw} = U_{12}^P + U_{12}^I + U_{12}^D = \psi_1^P \psi_2^P + \frac{1}{2}\left(\psi_1^P \psi_2^{PI} + \psi_2^P \psi_1^{PI}\right) + \psi_1^D \psi_2^D \tag{8-87}$$

上面各式中偶极力相互作用系数 ψ^P 其作用本质是静电相互作用。徐光宪[22]指出：一些研究者倾向于用偶极矩来判别离子键和共价键，例如认为 100%的共价键的偶极矩等于零，而 100%的离子键的偶极矩应等于：

$$\mu_i = q_i r_0 \tag{8-88}$$

式中，q_i 是离子所带的电荷；r_0 为核间距离。绝大多数化学键的偶极矩在 $0 \sim \mu_i$ 之间。这意味着有可能将偶极力和离子键力作为同一种类型的分子间相互作用力来对待。

张开[2]亦认为：总引力常数也可将各种极化能（包括偶极、诱导和氢键能）归并成一项来计算。因此从这一角度出发，范德华力中的偶极矩相互作用系数 ψ_i^P 可扩大其范围，写成为静电作用系数 ψ_i^K，这样包含有静电作用力的广义范德华力的表示式为：

同类分子，

分子 1： $\qquad U_{11}^{vdw} = U_{11}^K + U_{11}^I + U_{11}^D = \psi_1^K \psi_1^K + \psi_1^K \psi_1^{KI} + \psi_1^D \psi_1^D \tag{8-89}$

分子 2： $\qquad U_{22}^{vdw} = U_{22}^K + U_{22}^I + U_{22}^D = \psi_2^K \psi_2^K + \psi_2^K \psi_2^{KI} + \psi_2^D \psi_2^D \tag{8-90}$

对不同分子，分子 1 和分子 2：

$$U_{12}^{vdw} = U_{12}^K + U_{12}^I + U_{12}^D = \psi_1^K \psi_2^K + \frac{1}{2}\left(\psi_1^K \psi_2^{KI} + \psi_2^K \psi_1^{KI}\right) + \psi_1^D \psi_2^D \tag{8-91}$$

这样的分子间相互作用分类在文献中已有报道。项红卫教授[23]认为一般把长程力对分子间作用势能的贡献分成三种类型，即定向力、诱导力和色散力，统称为范德华力。所谓定向力来自分子内各种偶极矩产生的引力，包括电荷（C）、偶极矩（μ）、四极矩（Q）等。对分子 a 和 b 之间各种类型的相互作用，由 Boltzmann 权重因子按 $1/kT$ 的幂指数展开，并且可得到平均势能函数：

$$\overline{\varphi}_{ab}^{(C,C)} = \frac{C_a C_b}{r} \tag{8-92a}$$

$$\overline{\varphi}_{ab}^{(C,\mu)} = -\frac{1}{3kT} \times \frac{C_a^2 \mu_b^2}{r^4} \tag{8-92b}$$

$$\overline{\varphi}_{ab}^{(C,Q)} = -\frac{1}{20kT} \times \frac{C_a^2 Q_b^2}{r^6} \tag{8-92c}$$

$$\overline{\varphi}_{ab}^{(\mu,\mu)} = -\frac{2}{3kT} \times \frac{\mu_a^2 \mu_b^2}{r^6} \tag{8-92d}$$

$$\overline{\varphi}_{ab}^{(\mu,Q)} = -\frac{1}{kT} \times \frac{\mu_a^2 Q_b^2}{r^8} \tag{8-92e}$$

$$\overline{\varphi}_{ab}^{(Q,Q)} = -\frac{7}{40kT} \times \frac{Q_a^2 Q_b^2}{r^{10}} \tag{8-92f}$$

由上列各式可见，电荷（C）、偶极矩（μ）、四极矩（Q）等这些以静电作用力为基本作用力的各种类型相互作用力表示式彼此十分相似，这些类型相互作用力均可认为服从 Berthelot 组合律。因此可将它们归属于一类。我们统称为静电类相互作用。

式（8-92）各式均是指会产生外电场的物质，相互作用只是单一静电力的情况。在上面讨论时已经指出，实际情况是物质分子间有着多种可能的相互作用，其中一些如色散力是不能产生诱导作用的。我们已经介绍，物质中即使是离子型物质静电力亦只占一定的比例。因此物质产生的实际诱导作用能还需按静电力所占比例进行修正[25]。

设系数 K_1 和 K_2 为物质 1 和物质 2 中静电作用能对总的相互作用能的比值，即：

$$K_1 = \frac{U_{11}^{\mathrm{K}}}{U_{11}^{\mathrm{vdw}}} ; \quad K_2 = \frac{U_{22}^{\mathrm{K}}}{U_{22}^{\mathrm{vdw}}} \tag{8-93}$$

则修正后的诱导作用力为：

$$U_{1 \Leftrightarrow 1}^{\mathrm{I}} = \left(U_{11}^{\mathrm{K}} K_1 U_{11}^{\mathrm{KI}} \right)^{1/2} = \psi_1^{\mathrm{K}} \psi_1^{\mathrm{KI}} \sqrt{K_1} \tag{8-94}$$

$$U_{2 \Leftrightarrow 2}^{\mathrm{I}} = \left(U_{22}^{\mathrm{K}} K_2 U_{22}^{\mathrm{KI}} \right)^{1/2} = \psi_2^{\mathrm{K}} \psi_2^{\mathrm{KI}} \sqrt{K_2} \tag{8-95}$$

$$U_{1 \rightarrow 2}^{\mathrm{I}} = \frac{1}{2} \left(U_{11}^{\mathrm{K}} K_1 U_{22}^{\mathrm{KI}} \right)^{1/2} = \frac{1}{2} \psi_1^{\mathrm{K}} \psi_2^{\mathrm{KI}} \sqrt{K_1} \tag{8-96}$$

$$U_{2 \rightarrow 1}^{\mathrm{I}} = \frac{1}{2} \left(U_{22}^{\mathrm{K}} K_2 U_{11}^{\mathrm{KI}} \right)^{1/2} = \frac{1}{2} \psi_2^{\mathrm{K}} \psi_1^{\mathrm{KI}} \sqrt{K_2} \tag{8-97}$$

$$\begin{aligned} U_{1 \Leftrightarrow 2}^{\mathrm{I}} &= \frac{1}{2} \left[\left(U_{11}^{\mathrm{K}} K_1 U_{22}^{\mathrm{KI}} \right)^{1/2} + \left(U_{22}^{\mathrm{K}} K_2 U_{11}^{\mathrm{KI}} \right)^{1/2} \right] \\ &= \frac{1}{2} \left(\psi_1^{\mathrm{K}} \psi_2^{\mathrm{KI}} \sqrt{K_1} + \psi_2^{\mathrm{K}} \psi_1^{\mathrm{KI}} \sqrt{K_2} \right) \end{aligned} \tag{8-98}$$

由此可知，诱导力是受外电场影响而产生的一种诱导静电相互作用，受到物质中存在的静电力强度的影响，亦受到施加作用的外电场在总的相互作用位势中所占比例的影响，因此计算时不能简单地使用 Berthelot 组合律。

于是，对诱导力修正后广义的范德华力可表示成下列各式。

同类分子，

分子 1：
$$U_{11}^{\mathrm{vdw}} = U_{11}^{\mathrm{K}} + U_{11}^{\mathrm{I}} + U_{11}^{\mathrm{D}} = \psi_1^{\mathrm{K}} \psi_1^{\mathrm{K}} + \psi_1^{\mathrm{K}} \psi_1^{\mathrm{KI}} \sqrt{K_1} + \psi_1^{\mathrm{D}} \psi_1^{\mathrm{D}} \tag{8-99}$$

分子 2：
$$U_{22}^{\mathrm{vdw}} = U_{22}^{\mathrm{K}} + U_{22}^{\mathrm{I}} + U_{22}^{\mathrm{D}} = \psi_2^{\mathrm{K}} \psi_2^{\mathrm{K}} + \psi_2^{\mathrm{K}} \psi_2^{\mathrm{KI}} \sqrt{K_2} + \psi_2^{\mathrm{D}} \psi_2^{\mathrm{D}} \tag{8-100}$$

对不同分子，分子 1 和分子 2：

$$U_{12}^{\mathrm{vdw}} = U_{12}^{\mathrm{K}} + U_{12}^{\mathrm{I}} + U_{12}^{\mathrm{D}} = \psi_1^{\mathrm{K}} \psi_2^{\mathrm{K}} + \frac{1}{2} \left(\psi_1^{\mathrm{K}} \psi_2^{\mathrm{KI}} \sqrt{K_1} + \psi_2^{\mathrm{K}} \psi_1^{\mathrm{KI}} \sqrt{K_2} \right) + \psi_1^{\mathrm{D}} \psi_2^{\mathrm{D}} \tag{8-101}$$

由此可见，分子间相互作用理论表明，范德华力可广义地认为是由静电相互作用（包含离子相互作用和偶极相互作用）、诱导（Debye）相互作用和色散（London）相互作用组成的。在实际物质中这三种相互作用力各占一定比例。

8.3.6 其他分子间力

查阅相关的分子间相互作用理论文献，发现除上述范德华力外，还有很多分子间力的报道。例如，强极性分子中存在的氢键力，以及近年来很多文献讨论的酸-碱理论等。为此，下面来分析讨论这些类型的分子间力。

8.3.6.1 氢键力

很多实验结果发现有些化合物中氢原子可以同时和两个电负性且原子半径较小的原子（如 O、F、N 等）结合，这种结合叫作氢键。

氢键的存在十分广泛，许多重要物质如水、醇、酚、酸、羧酸、氨、胺、酰胺、氨基酸、蛋白质、碳水化合物、氢氧化合物、酸式盐、碱式盐（含 OH）、结晶水合物等都存在氢键，在研究这些物质的结构与性能关系中，氢键起着重要作用，例如脱氧核糖酸(DNA)的双螺旋结构就是靠氢键建立起来的。

氢键力的计算比较复杂，但这方面并不是本书讨论的范围，有兴趣的读者可以参考相关的专著[26]。

氢键结合力的本质是什么呢？氢同时与 X、Y 两个原子相结合，一般认为在氢键 X—H···Y 中 X—H 是共价键，而 H···Y 则是一种强有力的有方向性的范德华力。因此一般研究者把氢键力归入范德华力中，其理由是因为氢键力在本质上是带有部分负电荷的原子 Y 与偶极矩很大的极性键 X—H 间的静电相互作用力，X—H 的偶极矩很大，H 的半径很小且又无内层电子，可以允许带有部分负电荷的 Y 原子充分接近，从而产生相当强的静电吸引作用而构成氢键。

氢键的键能一般小于 30kJ/mol，比化学键的键能要小得多，但和范德华力的数量级相同或稍大一些。所以氢键力可归属于范德华力一类。

当然，氢键力也有与范德华力不同的地方，即它的饱和性和方向性。氢键的饱和性表现在 X—H 只能和一个 Y 原子相结合，这是因为氢原子非常小，而 X 和 Y 都相当大，如果有另一个 Y 原子来接近氢，则氢受 X 和 Y 的排斥力要比受到 H 的吸引力大，所以 X—H 不能和两个 Y 原子相结合。此外，具有偶极矩的 X—H 与原子 Y 的相互作用只有当 X—H···Y 在同一直线上时最为强烈，这是氢键具有方向性的原因。

但氢键力的这两个特点也说明氢键力本质上是带有部分负电荷的原子 Y 与偶极矩很大的极性键 X—H 间的静电相互作用。下列实验事实亦证实了氢键的本质是静电相互作用力，即氢键的强弱与 X 及 Y 的电负性大小有关，电负性愈大，则氢键愈强；且与 Y 的半径大小也有关系，半径愈小，则愈能接近 H—X，因此氢键愈强。例如，元素 F 的电负性最大而半径很小，所以 F—H···F 是最强的氢键，O—H···O 次之，O—H···N 又次之，N—H···N 更次之，而 C—H 一般不能构成氢键，因为 C 的电负性小，但在 H—C≡N 或 HCCl₃ 中，由于 N 和 Cl 的影响，C 的电负性增大，也可以形成氢键。Cl 的电负性虽然颇大，但因它的原子半径也大，所以氢键 O—H···Cl 很弱。同理 O—H···S 更弱，而 O—H···Br、O—H···Se、O—H···I 等是否存在氢键还没有确定，即使存在也是非常微弱的氢键。

张季爽和申成[10]指出：对(HF)₂ 进行量子化学计算表明，在形成氢键的过程中，至少有四种不同类型的相互作用：

① HF 偶极矩的取向力使 F—H···F—H 排列成直线，这种作用能约为-25kJ/mol。

② 一个 HF 分子的最高占据分子轨道与另一分子的最低未占分子轨道之间发生轨道重叠与电荷转移，其作用能约等于-12.5kJ/mol，轨道的重叠象征着共价键力的形成。

③ HF 分子间电子云的排斥作用。排斥能约为 12.5kJ/mol，恰好与电荷转移能相抵消。

④ HF 分子间存在诱导偶极矩的作用。但其作用能很弱，只能使(HF)₂ 稍加稳定。

上述结果表明，在 H···F 结合成氢键的过程中起主要作用的是 HF 偶极矩的取向作用能（-25kJ/mol），即偶极矩作用能或静电作用能。

由以上讨论可知，氢键的本质是静电相互作用力，因而氢键可应用广义范德华力计算式进行计算。我们在处理氢键力的能量关系时，可使用范德华力计算式中静电力的计算公式，并认为不同物质之间的氢键力是各物质间氢键力的几何平均值，即服从 Berthelot 组合律。

8.3.6.2　金属键力

金属具有表面张力，并且金属表面张力数值一般要高于其他各类物质的表面张力，这反映了金属内部存在着某种相互作用，并且是一种很强的相互作用。

在金属单质的晶体中，金属原子上的价电子，在整个金属体内自由地运动，金属单质晶体就是靠自由的价电子和金属原子、离子形成的点阵之间的相互作用结合在一起的，这种相互作用称为金属键。

构成金属单质晶体的金属原子，由于价电子活动在整个金属体内，金属原子浸在快速运动的电子云中，它的电子层分布可以看成是球对称的，整个金属原子可以看成具有一定体积的圆球，所以金属键是没有饱和性和方向性的。

因此金属可以看作一系列被自由电子气或电子云联结在一起的带正电荷的球。

上述对金属键的描述已是当前文献中较普遍的观点。例如，李俊清、何天敬等[27]指出："在金属内部，带正电荷的原子实浸在共有化的电子云的包围之中。金属晶体的结合主要是靠电子云和正离子（即原子实）之间的库仑相互作用，显然体积越小，电子密度越大，则库仑作用越强，把原子实聚合起来的作用越强。"

又如，范宏昌[28]对金属键的定义为："把金属离子束缚在电子气体内的离子和电子气体的相互作用称为金属键。"显然，离子和电子气体的相互作用在本质上应与静电作用有关。

金属键的本质及其计算方法涉及金属的自由电子理论、能带理论等方面的知识，超出了本书所研究的范围，感兴趣的读者可参阅有关专著[29]。

下面介绍的是金家骏等[30]对液态金属结构理论的简要描述，其中涉及一些金属内部相互作用的基本概念。

液态金属理论由于存在原子和离子之间的多体相互作用而复杂化。但在熔点附近的流体性质与相应的固体差别不大，故可利用有效双体势能概念来处理，得到的结果能很好地符合实验结果。

在金属内部游离原子中，最外层电子被其他电子所屏蔽。导电电子形成一个屏蔽电荷来抵消离子的吸引作用。这时金属离子和屏蔽电子构成一个准原子，而离子和导电电子间的弱相互作用叫作准势能 W。

准势能 W 可看作 N 个单个离子对 W 的贡献 $w(r)$ 的总和。金属内总的相互作用势能为原子-原子间相互作用势能 $U_{直接}(r)$ 和离子-离子间非直接相互作用势能 $U_{非直接}(r)$ 之和。

原子-原子间相互作用的总有效势能等于静电相互作用势能：

$$U_{直接}(r) = \frac{Z^2 e^2}{r^2} \tag{8-102}$$

故

$$U(r) = U_{直接}(r) + U_{非直接}(r) = \frac{Z^2 e^2}{r^2} + \frac{V}{\pi^2 r} \int_0^\infty q F(q) \sin(qr) \mathrm{d}q \tag{8-103}$$

式中，Z 为有效电荷；$F(q)$ 为能量特征波数，它取决于准势能和原子体积 V，但与离子的位置无关，$F(q)$ 与静介电函数 $D(q)$ 的关系为：

$$F(q) = \frac{V q^2}{8 \pi e^2} \left[\frac{1}{D(q)} - 1 \right] \left| F w_0(q) \right|^2 \tag{8-104}$$

式中，$F w_0(q)$ 为函数 $w_0(q)$ 的傅里叶变换。

注意金属具有下列一些基本特点。这些金属所显现的特点亦反映了金属中分子间相互作用的一些属性。

① 从物质的电结构来看，金属确实具有带负电的自由电子和带正电的晶体点阵，但在宏

观上金属不带电,在不受到外电场作用时,自由电子的负电荷和晶体点阵的正电荷相互中和,使整个金属或其中任一部分都是电中性的。因此当金属与非极性分子或其他不存在静电类型作用的物质相互接触时,不应存在静电类型的相互作用。

② 当金属受到外电场的作用时,不论金属原来是否带电,金属体中的自由电子,在外电场力的作用下,将相对于晶体点阵运动,引起金属电荷的重新分布,最后,金属内自由电子处于新的平衡状态。这时外电场力和导体上重新分布了的电荷形成电场力,亦就是说,这时外电场与金属因外电场所感生的电场之间应该存在着某种静电作用力,即外电场与金属之间应该存在由外电场诱导产生的诱导力。

外电场可以是离子型物质中的离子静电场,也可以是极性物质中偶极矩产生的电场。Bardeen[31]曾研究了物质与金属表面范德华作用力的计算方法。认为与极性分子中产生的诱导力不同,金属中电子由于不受原子中正电荷的束缚,能在整个晶格点阵内自由运动,因此更易受到外电场的影响,亦就是说,金属产生诱导力的能力可能更强些,金属的诱导系数数值可能比极性分子要大一些。

③ 已知色散力可以看作分子的瞬间偶极矩相互作用的结果,即使讨论分子中无偶极矩,但分子中电子运动的瞬时状态亦会形成偶极矩,这种瞬时偶极矩会诱导邻近分子也产生和它相吸引的瞬时偶极矩,反过来也一样,这种相互作用便产生色散力。

由于金属中的自由电子不断地处在无规则的运动状态中,从统计观点出发,可假定电子运动的平均动能等于原子的平均动能,即 $3kT/2$,式中 k 是玻尔兹曼常数,T 是热力学温度,如果 $\bar{v}_e$ 表示电子这种不规则运动的均方根速度,则:

$$\frac{1}{2}m_0\bar{v}_e^2 = \frac{3}{2}kT \ ; \quad \bar{v}_e = \left(\frac{3kT}{m_0}\right)^{1/2} \tag{8-105}$$

由此可估算室温时电子热运动速度大约在 10^5m/s。电子以这样的速度在金属内部做无规则的运动,应是金属在宏观上呈电中性的原因之一。但这样的运动速度当然也有在瞬间产生瞬时偶极矩的可能性,因此,金属中存在色散力,金属与其他物质之间的相互作用亦应存在色散作用力。

国外一些研究者已注意到金属与气体之间的相互作用存在着色散力,Fowkes[4,32]在研究金属汞与碳氢化合物、油、水等相互作用时认为,金属与这些化合物之间主要以色散力相互作用,金属键对这些物质不起作用。金属 Hg 的表面自由能,Fowkes 认为由两部分组成:

$$\sigma_{Hg} = \sigma_{Hg}^D + \sigma_{Hg}^M \tag{8-106}$$

式中,σ_{Hg}^D、σ_{Hg}^M 分别为汞中色散力和金属键力对汞的表面自由能的贡献。

④ 当两种金属相互接触时,一种金属中部分自由电子可以克服界面处逸出壁垒而进入与其相接触的另一种金属中。其原因是金属内自由电子的热运动具有一定的动能,且依据经典电子理论,金属中自由电子如容器中的气体分子,遵从气体分子的运动规律。若设两个金属A 和 B 内的电子密度分别为 n_A 和 n_B,$n_A > n_B$,当两个金属相互接触后,在接触界面两边,金属 A 中"电子气"的压力应大于金属 B 中"电子气"的压力,因而由金属 A 迁移到金属 B 中的电子数将大于反向迁移。在电子热运动动能和"电子气"压力作用下,界面两边金属的自由电子往返流动,最终达成动态平衡。这在宏观上会形成两种物理现象:

a. 在两种金属接触界面的两边形成接触电位差。这成为实际应用热电偶的基本工作原理。显然,热电偶电势随温度变化而变化的实验事实说明,温度对金属内电子热运动确有影响,亦就是说对界面两边接触电势、界面电场确有影响。

b. 在两种金属接触界面的两边形成接触电位差，说明界面两边会形成界面双电层，这与离子溶液在电场中界面处出现双电层的情况类似，两种相互接触的金属中失去电子较多的一种金属在界面处带正电荷，而得到电子的另一种金属在界面一边带负电荷，因此在界面处两种金属相互作用的实质应是库仑力。

⑤ 由金属原子间的有效双体势能理论可知，金属内金属离子和屏蔽电子会构成一个准原子，而原子与原子之间存在有直接相互作用，这一相互作用可以库仑力表示。如果直接相互作用力被认为是金属之间的作用力，那么形成金属间相互作用的前提是相互作用的两个物质中应存在这种准原子，亦就是说相互作用的两个物质中应存在金属离子和屏蔽电子。这两个条件只有金属物质才存在，因此只有金属物质之间才能形成金属键，其他类物质不存在金属键相互作用。

因此，依据上述文献的观点和金属所具有的一些特性，对于金属物质，可能存在的作用力为：金属物质独有的金属键、受到外电场的影响而形成的诱导作用力、自由电子无规则的运动而形成的色散作用力。

8.3.6.3 其他相互作用

Fowkes[32,33]：表面张力是由下列各种"相互作用"所组成的：

$$\gamma = \gamma^d + \gamma^p + \gamma^i + \gamma^h + \gamma^\pi + \gamma^{ad} + \gamma^e$$

由于表面自由能与分子间相互作用有关，因而从分子间相互作用的角度出发，分子间相互作用总的能量亦应由这些分子间相互作用所组成：

$$u = u^d + u^p + u^i + u^h + u^\pi + u^{ad} + u^e \tag{8-107}$$

这就给分子理论的讨论带来困难。对一种物质要讨论这么多种类型的相互作用，分析每一种相互作用对总的相互作用的贡献，了解每种相互作用的本质及它们之间的相互关系等，这在某种程度上应该是有一定困难的。为此，国外一些研究者对这些相互作用作了一些归纳、总结工作。目前国外文献中存在有两种不同的处理方法。

Fowkes[33,34]曾将各种分子间相互作用简化成两项：即色散力对分子间作用力的贡献和非色散力对分子间作用力的贡献。在表面张力表达式中体现为液相表面张力包括色散力（d）表面张力分力（色散表面力）和非色散力（n）表面张力分力（非色散表面力）：

$$\sigma = \sigma^d + \sigma^n \tag{8-108}$$

亦有一些研究者例如 Busscher 和 Arends[35]认为，液相表面张力为色散（d）表面力和极性（P）表面力之和：

$$\sigma = \sigma^d + \sigma^P \tag{8-109}$$

张开[2]认为：总引力常数也可将各种极化能（包括偶极、诱导和氢键能）归并成一项来计算，即：

$$A_{12} = A_{12}^d + A_{12}^P = \left(A_{11}^d A_{22}^d\right)^{1/2} + \left(A_{11}^P A_{22}^P\right)^{1/2} \tag{8-110}$$

Fowkes 等[36-39]在 1978 年以后提出将诱导力、偶极力和氢键力三项组合成一项，即酸-碱作用力，其表面张力表示式为：

$$\sigma = \sigma^d + \sigma^{ab} \tag{8-111}$$

综合以上讨论可知，Fowkes 认为分子间相互作用最主要的是色散力，并认为色散力存在于一切物质的相互作用之中。Fowkes 曾针对不同相互作用提出一些不同的分子间相互作用的表达式，但在其所有的表达式中总会存在色散力这项分子间作用力。

Fowkes 的这些研究表明，分子间非极性相互作用与极性相互作用对液体和固体表面张力的贡献是非常重要的。但亦有一些研究者对所谓"极性"的概念有不同理解。其中较著名的研究者 van Oss、Chaudhury 和 Good[40]认为，有三种不同类型的化合物存在分子间极性相互作用：

① A 种：偶极化合物，这类物质具有明显的偶极矩。

② B 种：氢键类化合物，这类化合物可以用 Brønsted（质子给体和质子受体）酸碱理论处理。包括以下物质。

i. B1 种：既是质子给体（酸）又是质子受体（碱）类物质，如水。van Oss 等称之为双极性化合物。

ii. B2 种：该类物质作为质子给体（酸）要比作为质子受体（碱）更为有效，例如 CHCl₃。

iii. B3 种：该类物质作为质子受体（碱）要比作为质子给体（酸）更为有效，如丙酮。

③ C 种：这类化合物可作为 Lewis 酸或 Lewis 碱，即电子受体和电子给体相互作用。包括：

i. C1 种：具有电子受体和电子给体两种功能的一些物质。B1 种双极性物质即为这类物质，因为 Lewis 酸-碱体系包含 Brønsted 酸-碱体系。

ii. C2 种：该物质作为电子给体要比作为电子受体更为有效。

iii. C3 种：该物质作为电子受体要比作为电子给体更为有效。

1984 年 Chauddury[41]提出应用 Lifshitz 方法，即将组成表面张力的三个相互作用（伦敦力+偶极力+德拜力）都集中在一起，以"LW"表示，称作 Lifshitz-van der Waals 作用力，亦就是说，下面表达式成立：

$$\sigma^{LW} = \sigma^d + \sigma^i + \sigma^p \tag{8-112}$$

因为一些文献认为，偶极力相互作用，例如偶极力对表面张力和界面张力的贡献很小，例如对于水，由于氢键力的存在，偶极力对水的表面张力的贡献最多只有 5%[42]，因此在 σ^{LW} 中占绝对优势的应该是伦敦力，因此 van Oss、Chaudhury 和 Good 等提出和推广 Lifshitz-van der Waals 作用力的研究者认为，可将 σ^{LW} 简单地称为表面张力中非极性分力。

分子间相互作用有非极性力相互作用，亦应有极性力的相互作用。由于酸-碱相互作用对于表面张力和界面张力亦是有贡献的，因此由式（8-111）知，可以将物质的表面张力表示为非极性分力和极性分力之和，即，以 σ^{LW} 代表非极性分力，以酸-碱相互作用分力 σ^{ab} 代表极性分力，即：

$$\sigma = \sigma^{LW} + \sigma^{ab} \tag{8-113}$$

式（8-113）已在一些文献中得到讨论和应用[3]。

由于 Lifshitz 理论涉及连续电动力学方法，这种方法中每一单元或者每一介质均以与频率相关的介电常数来描述，其推导过程复杂[8]，故而在本书中不对 Lifshitz-van der Waals 作用力和酸-碱相互作用力作更详细的介绍，有兴趣的读者可参阅下列文献：Lifshitz-van der Waals 作用力方面文献[42-44]；酸-碱相互作用力方面文献[39,40,45]。

国外一些研究者对 Lifshitz 理论有所评论。Hiemenz 和 Rajagopalan 在其著作[46]中指出：Lifshitz 理论（即 Dzyaloshinskii, Lifshitz and Pitaevakii 理论，在文献[46]中简称为 DLP 理论）非常复杂并难于应用。这个理论的标志是求得了 Hamaker 常数 A_{213} 的表达式：

$$A_{213} = \frac{3}{8\pi^2} h \int_0^\infty \left[\frac{\varepsilon_2(i\xi) - \varepsilon_1(i\xi)}{\varepsilon_2(i\xi) + \varepsilon_1(i\xi)} \right] \left[\frac{\varepsilon_3(i\xi) - \varepsilon_1(i\xi)}{\varepsilon_3(i\xi) + \varepsilon_1(i\xi)} \right] d\xi \tag{8-114}$$

式中，A_{213} 表示当物质 2 和 3 被物质 1 分隔开时的相互作用；$\varepsilon(\mathrm{i}\xi)$ 是介电常数，在虚拟频率轴 $\mathrm{i}\xi$ 上是频率的函数，对于任何物质作为介电常数频谱中损耗部分，这是一个可测试的数据。而介电常数频谱中损耗部分对讨论的三个物质都是可通过实验确定的频率的函数，并且式（8-114）是对所有频率进行积分。

这样做虽然非常全面，但使应用 DLP 理论出现困难，并已经限制了这一理论的应用，因而提出了各种近似计算方法和设定各种特殊的情况。Hiemenz 和 Rajagopalan 仅对 DLP 理论中在式（8-114）中出现的讨论物质与介质之间介电常数 $\varepsilon(\mathrm{i}\xi)$ 的差值有兴趣。如果在物质 1、2 和 3 的所有频率上这些物质介电常数的损耗部分大致相当，则由式（8-114）可知 Hamaker 常数将为零。虽然实际上似乎不是严格地相当，但这是一个近似的表示。

这是国外研究者对 Lifshitz 理论的分析和看法。但是将 Lifshitz 理论引入分子间相互作用理论中应该是式（8-112），此式明确地告诉我们 Lifshitz 理论所推导分子间相互作用力应该是色散力、诱导力和偶极力之和。色散力、诱导力和偶极力应是三种不同作用性质所形成的三种不同的分子间作用力，不应该亦不可能将它们归于同一种类型作用力上。这三种不同的分子间作用力实际上反映了物质间相互作用的各种可能形式：偶极力代表带有电荷粒子间的静电相互作用；德拜力则反映带电荷质点对不带电荷质点由电场感应而产生的相互作用力；伦敦力则反映两种不带电荷质点间的相互作用。因而以某一种类型的作用力代表这三种不同类型作用力是不应该亦是不可能的。在应用 Lifshitz 理论时认为偶极力所占比例很少，从而认为 Lifshitz 理论表示的分子间相互作用力所起的作用与非极性分子类似，这样假设显然是需要再推敲的。

式（8-113）中另一项是以酸碱理论为基础的 σ^{ab}，按照上面讨论被定义为代表极性作用项。其实酸碱理论在基础化学中已有说明，无论是以质子转移为其理论基础的 Brønsted-Lowry 酸-碱理论，还是以电子转移为理论基础的 Lewis 酸-碱理论，均可以认为是正、负两离子间相互作用，即静电作用力。只不过讨论物质的电负性上的差异，致使两离子之间静电作用力有强有弱，离子的静电电场对其他粒子的感应电场作用亦有强有弱。从这一角度出发，可以将 σ^{ab} 归入广义静电力中，因此我们认为分子间相互作用包括：静电作用力、由静电作用力引起的诱导作用力和讨论分子间无极性的色散作用力。

8.3.7 不同物质间分子间力

在上述讨论中我们分析介绍了物质内各种不同类型的分子间相互作用。如果两个不同物质接触，由于各个物质内可能具有各种类型的分子间相互作用，这些不同物质分子在接触后会发生怎样的分子间相互作用，本节我们将对此做初步的探讨。

综合上述讨论中对不同分子间力的分析，对各类分子间相互作用情况的总结见表 8-8，在讨论不同物质间相互作用时可供参考。

表 8-8 各类物质间相互作用

作用类型	物质(1)	物质(2)			
		非极性物质	极性物质	离子型物质	金属
静电力	非极性物质	—	—	—	—
	极性物质	—	有	有	？无
	离子型物质	—	有	有	？无
	金属	—	？无	？无	？无

作用类型	物质(1)	物质(2)			
		非极性物质	极性物质	离子型物质	金属
诱导力	非极性物质	—	有	有	—
	极性物质	有	有	有	有
	离子型物质	有	有	有	有
	金属	—	有	有	？有
色散力	非极性物质	有	有	有	有
	极性物质	有	有	有	有
	离子型物质	有	有	有	有
	金属	有	有	有	有
金属键力	非极性物质	—	—	—	—
	极性物质	—	—	—	—
	离子型物质	—	—	—	—
	金属	—	—	—	有

对表 8-8 作说明如下。

色散力：色散力在任何物质间的相互作用中均应存在。

诱导力：诱导力在非极性物质之间是肯定不存在的。此外，在金属与非极性物质之间我们倾向于不存在诱导力，这是由于金属在不存在外电场影响时应该是电中性的，不会对非极性物质产生静电诱导作用。在不同金属之间我们不能确定是否一定存在静电诱导力，但我们倾向于存在静电诱导力，故在表中用了符号"？有"，理由是不同金属之间有可能在界面形成界面电位差，即界面电场，这一静电场将会对界面两边金属产生影响。

静电力：在静电相互作用中比较难于把握的是金属与极性物质、离子型物质及另一种金属之间有否存在静电相互作用。前面讨论已经指出，就金属键本质而言应是金属中电子云与金属原子正电荷之间的静电相互作用，因此似乎金属应与极性物质、离子型物质或另一种金属之间存在静电相互作用。但是金属键的静电相互作用本质上应与离子型两个点电荷之间的静电作用情况有所不同，故而我们较倾向于金属与极性物质、离子型物质和另一种金属之间不存在类似点电荷之间纯静电相互作用，故而在表中用了符号"？无"，将金属与这些物质之间静电相互作用体现在金属与这些物质的诱导作用力上似乎更合适一些。

金属键力：如果按上述处理，金属键虽然亦具有静电相互作用的本质，但却不能将其与离子型静电力、偶极矩静电力合并成同一类，故而在表中将其另列一类，单独作为金属键力处理。从表中情况看，金属键只有在与另一金属相接触时才存在，金属与其他非金属物质相接触时，彼此之间应该不存在金属键力。

因此，从表 8-8 来看，不同物质之间相互作用可写成以下表达式：

总的相互作用 = 色散力作用+诱导力作用+静电力作用+金属键力作用　　（8-115a）

即

$$u = u^D + u^I + u^K + u^M \tag{8-115b}$$

对于非金属类物质间的相互作用：

总的相互作用 = 色散力作用+诱导力作用+静电力作用　　（8-116a）

即

$$u = u^D + u^I + u^K \tag{8-116b}$$

对于金属类物质间的相互作用：

$$总的相互作用 = 色散力作用+（诱导力作用?）+金属键力作用 \qquad (8\text{-}117a)$$

即
$$u = u^D + \left(u^I\,?\right) + u^M \qquad (8\text{-}117b)$$

对于金属与非金属类物质之间的相互作用：

$$总的相互作用 = 色散力作用+诱导力作用 \qquad (8\text{-}118a)$$

即
$$u = u^D + u^I \qquad (8\text{-}118b)$$

在不同物质之间相互作用的计算式［式（8-115）～式（8-118）］供大家讨论。目前我们无法对以上计算式进行理论证明，正像对表 8-8 所作的说明那样，这四个计算式中还有一些类型的作用力在理论上还有需要推敲的地方。这是由于目前我们对分子间相互作用的认识还不完全，只有对于一些简单的理想情况才能得出定量的结果。另外，联系分子间相互作用力与热力学性质的桥梁——统计力学，理论上也还有许多实际困难有待解决，分子间力理论只是一个定性或半定量的基础，表 8-8 也只是根据分子间力现有认识所作的一个初步总结，一定还有不完善之处。希望能够以此作为基础，一方面有待于分子间力理论的发展给予不断的补充与改正，另一方面在以后的研究中加以验证与再认识。

8.4 范德华力计算

在知道范德华力组成后，需要知道的是如何应用范德华力，而应用范德华力的前提是需要知道范德华力的数值，从实际应用的要求出发，更主要的是希望知道讨论物质在不同的状态条件下，组成范德华力的各个分力是如何组合成总的范德华力的。

在上面讨论中已知，范德华力与讨论物质的表面张力即与表面化学理论有关。此外，亦已有许多研究者从溶解度参数理论研究讨论了范德华力，由宏观分子相互作用理论知道液体的分子内压力也应与范德华力有关，为此下面将依据上述相关理论进一步讨论它们与范德华力的关系。

8.4.1 分子间相互作用和表面力

依据 Fowler 统计理论基本方法和张福田[25,47,48]提出的物理界面层模型可证得：

与 1 相交界的 2 相的界面张力：
$$\sigma_{21} = P_N^2 j \qquad (8\text{-}119)$$

与 2 相交界的 1 相的界面张力：
$$\sigma_{12} = P_N^1 i \qquad (8\text{-}120)$$

已知 Stefan 公式[23,25]可以作为联系微观分子间相互作用和宏观热力学性质（表面张力）的桥梁。这一节的讨论将进一步明确这种桥梁关系。

目前已知在微观粒子间可能存在着重力场作用、电磁场相互作用、强核力作用和弱核力作用四种类型。强核力作用是指在原子核内粒子间的结合力，它的作用范围一般为 10^{-4}nm 左右；而弱核力作用亦应属电磁力的作用类型，但其作用范围与强核力的作用范围相近。分子的线度约为 0.5nm，因此强核力和弱核力均不应属于分子间相互作用的范围。而重力场作用是一种超远程的作用，并且重力场作用的数值亦远低于范德华力，比分子间相互作用势能要低三个数量级，因此亦不属于分子间相互作用的范围。由此可见分子间相互作用力本质上是电磁力。

度量分子间相互作用的大小有两种方法，一种是比较分子间相互作用势能（位能）的大小，另一种是比较分子间相互作用力的强弱。当两个球对称的原子，在彼此相距无限远时，这两个原子之间应该不存在任何相互作用，这两个原子所具有的总能量 $u_{T(\infty)}$ 应是这两个原子

的能量 u_a 和 u_b 之和，即：
$$u_{T(\infty)} = u_a + u_b \qquad (8\text{-}121)$$

当这两个原子接近到某一距离 r 时，它们之间产生了附加势能 $u(r)$。由于认为原子是呈球对称的，所以只由两个原子核间距离 r 决定这两个原子相互作用势能的大小，而与原子在空间的取向无关，即有关系：
$$u_T = u_a + u_b + u(r) \qquad (8\text{-}122)$$

在分子理论中称 u_T 为双体相互作用势能函数，简称为双体势能，即：
$$u(r) = u_T - (u_a + u_b) = u_T - u_{T(\infty)} \qquad (8\text{-}123)$$

而能量差 $u_T - u_{T(\infty)}$ 应是将两原子从相距无穷远处到相互靠拢到间距为 r 时所需做的功，即相互作用势能为：
$$u(r) = \int_r^\infty F(r)\mathrm{d}r \qquad (8\text{-}124)$$

因而分子间相互作用力为：
$$F(r) = -\partial u(r)/\partial r \qquad (8\text{-}125)$$

式中，$F(r)$ 为两个原子相距 r 时的分子间相互作用力。两个分子或两个原子在相距一定距离时会相互吸引，而当它们相互接近到一定距离或相互接触时会产生强烈的排斥作用，一般规定，相互排斥力为正值，相互吸引力为负值。

理论上认为，可以利用量子力学对分子间相互作用势能进行精确计算。但实际上只有个别简单情况才可能精确计算。为此在分子理论讨论中常常设计一些经验或半经验的模型进行简化处理，以便于进行计算。这在前面讨论中已作过介绍。

引入 Stefan 公式[47,48] 相当于在微观分子间相互作用与宏观热力学参数——表面张力之间架起了联系的桥梁，使我们了解到表面张力的变化可以度量讨论物质内分子间相互作用的强弱。亦就是说，通过对物质表面张力的测定，可以得到分子间相互作用的情况。

但以表面张力反映微观分子间相互作用与以分子理论讨论分子间相互作用二者还是有一定差别的，这是因为在分子理论中通常将分子间相互作用势能分成长程作用势能（简称长程能）和短程作用势能（简称短程能）两种：短程作用势能的产生是由于相互作用分子的电子云由于分子间距离非常接近而发生了电子云交盖，在交盖区内一些电子依据 Pauli 不相容原理而被排斥出去，导致交盖区内电子密度降低，使相互作用分子的带正电荷的原子核之间屏蔽作用减弱，从而引发了相互排斥作用，使分子间存在斥力。但当电子云的交盖随着分子间距离增大而逐渐减小时，这种短程排斥能随之迅速降低，长程吸引能逐步加强而成为分子间相互作用的主要部分，这种情况，一般可以 Lennard-Jones（12-6）势能式表示：
$$u(r) = 4\varepsilon_{LJ}\left[\left(\frac{\sigma}{r}\right)^{12} - \left(\frac{\sigma}{r}\right)^6\right] \qquad (8\text{-}126)$$

式（8-126）包含两项，其右边第一项为斥力项，第二项为长程吸引能项。

已知 Stefan 公式：
$$U_m = -S\sigma_m$$

对于纯物质，近似认为：
$$U_m = N_A u(r) \qquad (8\text{-}127)$$

代入得：
$$\sigma_m = -\frac{N_A}{S}u(r) = -\frac{4N_A}{S}\varepsilon_{LJ}\left[\left(\frac{\sigma}{r}\right)^{12} - \left(\frac{\sigma}{r}\right)^6\right] = -\sigma_{m斥力} + \sigma_{m引力} \qquad (8\text{-}128)$$

故在理论上应有下列关系：
$$\sigma = \sigma_{引力} - \sigma_{斥力} \qquad (8\text{-}129)$$

即可以认为宏观热力学参数——表面张力其实质亦由两部分组成：一部分由分子间相互作用中长程吸引能所形成，即 $\sigma_{引力}$，长程吸引能在分子间相互作用理论中规定为负值，但由此所引起的表面张力吸引力部分 $\sigma_{引力}$ 在表面现象理论中规定为正值；另一部分由分子间相互作用中短程排斥能所形成，即 $\sigma_{斥力}$，短程排斥能在分子间相互作用理论中规定为正值，但由此所引起的表面张力斥力部分 $\sigma_{斥力}$ 在表面现象理论中规定为负值。这是表面现象理论与分子理论的不同之处。

由 Lennard-Jones 位能曲线（见第 4 章）可知，在长程吸引力起作用的范围内，斥力很小。斥力要在分子间距离接近或小于分子硬球直径时才会迅速增加，而表面张力只是由分子吸引力所形成，故而理论上可认为表面张力中虽有分子斥力的影响，但实际上在一般情况下可以认为表面张力完全由分子吸引力所形成。在一些特殊条件下，例如高压下的压缩液体，斥力影响将会变得明显。

已知范德华力属分子间的长程吸引能，由上述讨论可知应由三项不同性质的分子间相互作用所组成，即：

$$U_m = U_m^{静电} + U_m^{诱导} + U_m^{色散} \qquad (8\text{-}130)$$

由分子理论知：两个相同的中性分子，具有偶极矩 μ 和静极化率 α，其长程吸引能为：

$$u(r) = -\frac{1}{(4\pi\varepsilon_0)^2} \times \left(\frac{2}{3} \times \frac{\mu^4}{kT} + 2\mu^2\alpha + \frac{3}{4}\alpha^2 h\omega_0 \right) r^{-6} \qquad (8\text{-}131)$$

式中，ε_0 为真空介电常数；ω_0 为 Drude 模型的振动频率。表 8-9 列出了一些分子的静电能、诱导能、色散能。

表 8-9　一些分子的 B 值

分子	$B/10^{-73}\text{J} \cdot \text{m}^6$		
	静电能	诱导能	色散能
CCl_4	0	0	1460
CO	0.0018	0.0390	64.3
HCl	24.1	6.14	107
NH_3	82.6	9.77	70.5
H_2O	203	10.8	38.1
$(CH_3)_2CO$	1200	104	486

由此可知，静电能和诱导能不一定每种物质均有，但色散能却是任何物质都可能具有的。Stefan 公式[23,25]：$U_m = -S\sigma_m$，式中，S 为 Stefan 系数；σ_m 为摩尔表面能，$\sigma_m = \sigma A_m$，A_m 为摩尔表面积；U_m 为摩尔物质内能。

将其代入式（8-130）得：

$$\sigma_m = -\frac{U_m^{静电}}{S} - \frac{U_m^{诱导}}{S} - \frac{U_m^{色散}}{S} \qquad (8\text{-}132)$$

设 $\sigma_m^{静电} = -\dfrac{U_m^{静电}}{S}$；$\sigma_m^{诱导} = -\dfrac{U_m^{诱导}}{S}$；$\sigma_m^{色散} = -\dfrac{U_m^{色散}}{S}$，则有：

$$\sigma_m = \sigma_m^{静电} + \sigma_m^{诱导} + \sigma_m^{色散} = \sigma_m^K + \sigma_m^I + \sigma_m^D \qquad (8\text{-}133)$$

式中，K、I 和 D 表示静电作用力、诱导作用力和色散作用力。此式表明摩尔表面能与物质的位能一样具有分子间相互作用的第二类加和性，即物质的摩尔表面能可以认为是分子间相互作用中静电作用力对物质的摩尔表面能的贡献、诱导作用力对物质的摩尔表面能的贡献和色散作用力对物质的摩尔表面能的贡献之总和。

已知：
$$\sigma_m = \sigma A_m \qquad (8\text{-}134)$$

摩尔表面能定义和说明见文献[48]。

代入式（8-133）得：
$$\sigma = \frac{\sigma_m^K}{A_m} + \frac{\sigma_m^I}{A_m} + \frac{\sigma_m^D}{A_m} = \sigma^K + \sigma^I + \sigma^D \qquad (8\text{-}135)$$

此式表明除摩尔表面能之外，物质表面张力，即表面自由能亦与物质的位能一样具有分子间相互作用的第二类加和性，即物质的表面能可以认为是分子间相互作用中静电作用力对物质的表面能的贡献 σ^K、诱导作用力对物质的表面能的贡献 σ^I 和色散作用力对物质的表面能的贡献 σ^D 之总和。这一概念已在国内外有关表面现象研究的文献中得到了广泛的应用。

式（8-135）是将表面自由能与各种分子间相互作用联系在一起的基础。

式（8-135）中所表示的均是宏观上客观存在的物质表面层内的各种表面作用力，因为这些力都是存在于表面层内部的作用力，故简称为"表面力"。所谓"表面力"即是存在于讨论物质表面层内各种表面作用力的总称。

为了区别式（8-135）内的各种表面力，我们称表面张力为该物质的主表面力。这是因为物质表面张力是该物质内一些表面力总和在一起的表面力，并且亦是代表讨论物质总体表面性质的表面力。

如果我们只是单独讨论某一物质本身的表面现象时，物质的主表面力只是表面张力一种；如果我们讨论两个物质相互作用的表面现象时，物质的主表面力不只是表面张力一种。已知，除被讨论的两个物质各自的表面张力外，当两个物质相互接触交界时，两个讨论物质均有自己的表面内力和各自的表面外力。表面内力和表面外力均应是物质的主表面力，表面内力取决于讨论物质本身的性质，相当于该物质的表面张力；而表面外力则取决于相互交界的两个讨论物质的相互作用情况，因此都可认为是由讨论物质内部各种表面分力综合作用而形成的，并且都代表着讨论物质的某种总体表面性质，故而应该也是主表面力中的一种。

讨论两个交界物质的相互作用时，还会存在由于表面内力和表面外力相互作用而在每个物质界面层内形成的各相界面张力和两交界相共同的界面张力，这些界面张力亦可认为是由相互作用两物质内各种分子间相互作用共同作用所形成的，亦表示讨论物质表面层的某种总体性质，故在讨论两交界物质表面现象时这些界面张力亦应是主表面力之一。

式（8-135）右边各项是组成讨论物质表面张力的各个表面力，我们称之为表面张力的各个分力，σ^K 为表面张力的静电力分力，简称静电表面分力；σ^I 为表面张力的诱导力分力，简称诱导表面分力；σ^D 为表面张力的色散力分力，简称色散表面分力。

表面分力反映了表面张力这类主表面力亦具有加和性。由前面讨论知道，分子间相互作用位势的加和性具有两种形式，第一种是属于数量上的加和性，第二种是各种类型、性质的分子间力之间的加和性。分子间相互作用位势具有这两种加和性，那么通过 Stefan 公式的桥梁作用讨论物质的主表面力——表面张力亦应具有这两种加和性。上面讨论的静电表面分力、诱导表面分力和色散表面分力应属于分子间相互作用的第二种加和性所形成的表面分力，这些表面分力是组成纯物质和溶液表面张力的最基本的表面分力，故而亦称作基本表面分力。

8.4.2　表面分力计算

下面讨论纯物质和纯物质间相互作用中基本表面分力的计算。

已知 Stefan 公式[23,25]：
$$S\sigma_m = \Delta H_V - RT = E_m \qquad (8\text{-}136)$$

讨论物质的蒸发热可用分子间相互作用位势表示：$E_m = \Delta H_V - RT$

分子间相互作用位势与讨论物质内能符号相反。分子间相互作用位势可表示为：

$$E_m = E_m^K + E_m^I + E_m^D \qquad (8\text{-}137)$$

故而：

对物质 1：
$$S_1 \sigma_1 A_{1m} = E_{1m}^K + E_{1m,1\Leftrightarrow1}^I + E_{1m}^D \qquad (8\text{-}138a)$$

对物质 2：
$$S_2 \sigma_2 A_{2m} = E_{2m}^K + E_{2m,2\Leftrightarrow2}^I + E_{2m}^D \qquad (8\text{-}138b)$$

物质 1 和 2 的相互作用：
$$S_{12} \sigma_{12} A_{12m} = E_{12m}^K + E_{12m,1\Leftrightarrow2}^I + E_{12m}^D \qquad (8\text{-}138c)$$

式中，符号 S、σ、A_m 的右下标 1 或 2 时分别表示纯物质 1 或 2 的 Stefan 系数、表面张力、摩尔表面积；而右下标为 12 时表示纯物质 1 与 2 相互作用时的 Stefan 系数、表面力、摩尔表面积。$i \Leftrightarrow j$ 表示此项诱导能是 i 分子对 j 的诱导作用能和 j 分子对 i 分子的诱导作用能之总和。

这里我们将两个不同物质分子间相互作用位能 E_{12m} 假设为某一虚拟纯物质所具有的某种分子间相互作用势能，由此可知，此虚拟纯物质应具有相应的参数 S_{12}、σ_{12}、A_{12m}。

如果不考虑讨论物质为 1mol 的量，则式（8-138）将改写为

对物质 1：
$$S_1 \sigma_1 A_1 = E_1^K + E_{1,1\Leftrightarrow1}^I + E_1^D \qquad (8\text{-}139a)$$

对物质 2：
$$S_2 \sigma_2 A_2 = E_2^K + E_{2,2\Leftrightarrow2}^I + E_2^D \qquad (8\text{-}139b)$$

物质 1 和 2 的相互作用：
$$S_{12} \sigma_{12} A_{12} = E_{12}^K + E_{12,1\Leftrightarrow2}^I + E_{12}^D \qquad (8\text{-}139c)$$

假设物质 1 与物质 2 互不相混并相互接触交界，从而引起物质 1 与物质 2 的相互作用，如图 8-3 所示。

图 8-3 表明，物质 1 和物质 2 相交，在两物质之间会形成物理界面，物理界面的大小如图中 AB 所示。无论是物质 1 还是物质 2，相交后两物质之间的界面面积应是相同的，因此对式（8-139）可假设：

图 8-3 物质 1 和物质 2 相互作用

$$A_1 = A_2 = A_{12} = A \qquad (8\text{-}140)$$

故有下列关系存在

对物质 1：
$$S_1 \sigma_1 A = E_1^K + E_{1,1\Leftrightarrow1}^I + E_1^D \qquad (8\text{-}141a)$$

对物质 2：
$$S_2 \sigma_2 A = E_2^K + E_{2,2\Leftrightarrow2}^I + E_2^D \qquad (8\text{-}141b)$$

物质 1 和 2 的相互作用：
$$S_{12} \sigma_{12} A = E_{12}^K + E_{12,1\Leftrightarrow2}^I + E_{12}^D \qquad (8\text{-}141c)$$

将此式改写为

对物质 1：
$$\sigma_1 = \sigma_1^K + \sigma_1^I + \sigma_1^D = \frac{E_1^K}{S_1 A} + \frac{E_{1,1\Leftrightarrow1}^I}{S_1 A} + \frac{E_1^D}{S_1 A} \qquad (8\text{-}142a)$$

对物质 2：
$$\sigma_2 = \sigma_2^K + \sigma_2^I + \sigma_2^D = \frac{E_2^K}{S_2 A} + \frac{E_{2,2\Leftrightarrow2}^I}{S_2 A} + \frac{E_2^D}{S_2 A} \qquad (8\text{-}142b)$$

物质 1 和 2 的相互作用：
$$\sigma_{12} = \sigma_{12}^K + \sigma_{12}^I + \sigma_{12}^D = \frac{E_{12}^K}{S_{12} A} + \frac{E_{12,1\Leftrightarrow2}^I}{S_{12} A} + \frac{E_{12}^D}{S_{12} A} \qquad (8\text{-}142c)$$

下面我们对静电相互作用力进行讨论。

对物质 1：$\sigma_1^K = \dfrac{E_1^K}{S_1 A}$；物质 2：$\sigma_2^K = \dfrac{E_2^K}{S_2 A}$；物质 1 和 2：$\sigma_{12}^K = \dfrac{E_{12}^K}{S_{12} A}$ $\qquad (8\text{-}143)$

在前面讨论中知两物质之间的静电作用力应服从 Berthelot 组合律，即：

$$E_{12}^{K} = \left(E_1^K E_2^K \right)^{1/2} \tag{8-144}$$

将此式代入式（8-143）中，得：$\sigma_{12}^{K} = \dfrac{E_{12}^K}{S_{12}A} = \left(\dfrac{E_1^K E_2^K}{S_{12}A S_{12}A} \right)^{1/2}$ （8-145）

由于 Stefan 系数应与讨论物质表面层分子的实际分子作用体积以及讨论分子与周围分子的分布、排列和形状有关，并且实际数据表明，大多数球状分子单质元素的 Stefan 系数具有恒定数值，而对于非球状分子有机物的 Stefan 系数在恒定温度条件下可以认为两有机物的 Stefan 系数数值近似相等。因此这里假设，两相互作用物质的 Stefan 系数可认为是这两个物质本身具有的 Stefan 系数的几何平均值，即服从 Berthelot 组合律，存在关系：

$$S_{12} = \left(S_1 S_2 \right)^{1/2} \tag{8-146}$$

代入式（8-145）中，得：

$$\sigma_{12}^{K} = \left(\frac{E_1^K E_2^K}{S_1 A S_2 A} \right)^{1/2} = \left(\frac{E_1^K}{S_1 A} \right)^{1/2} \times \left(\frac{E_2^K}{S_2 A} \right)^{1/2} = \left(\sigma_1^K \sigma_2^K \right)^{1/2} \tag{8-147a}$$

或表示成下列形式：

$$\sigma_{12}^{K} = \psi_1^{SK} \psi_2^{SK} \tag{8-147b}$$

式中，ψ_i^{SK} 为物质 i 的静电表面作用系数，表示受静电力作用时物质 i 所具有的以表面能表示的静电作用能力。ψ_i^{SK} 应是分子间相互作用理论中分子位能静电作用系数 ψ_i^K 在表面现象理论中的反映。

式（8-147）表明两物质相互作用中静电表面分力符合 Berthelot 组合律，即两物质相互作用的静电表面分力应是此两物质各自具有的静电表面分力的几何平均值。故而分子理论中讨论的分子间相互作用势能的某些规律，亦有可能通过 Stefan 关系的桥梁作用转化，而适用于以表面能表示的两物质的相互作用。

下面我们对色散力进行讨论。

对物质 1：

$$\sigma_1^{D} = \frac{E_1^D}{S_1 A} \tag{8-148a}$$

对物质 2：

$$\sigma_2^{D} = \frac{E_2^D}{S_2 A} \tag{8-148b}$$

物质 1 和 2 的相互作用：

$$\sigma_{12}^{D} = \frac{E_{12}^D}{S_{12}A} \tag{8-148c}$$

在前面分子间相互作用理论讨论中知两物质之间的色散作用力亦应服从 Berthelot 组合律，即：

$$E_{12}^{D} = \left(E_1^D E_2^D \right)^{1/2} \tag{8-149}$$

将此式代入式（8-148c）中，得：

$$\sigma_{12}^{D} = \frac{E_{12}^D}{S_{12}A} = \left(\frac{E_1^D E_2^D}{S_{12}A S_{12}A} \right)^{1/2} \tag{8-150}$$

在上面讨论中已认为：

$$S_{12} = \left(S_1 S_2 \right)^{1/2}$$

代入式（8-150）中，得：

$$\sigma_{12}^{D} = \left(\frac{E_1^D E_2^D}{S_1 A S_2 A} \right)^{1/2} = \left(\frac{E_1^D}{S_1 A} \right)^{1/2} \times \left(\frac{E_2^D}{S_2 A} \right)^{1/2} = \left(\sigma_1^D \sigma_2^D \right)^{1/2} \qquad (8\text{-}151a)$$

或表示成下列形式:
$$\sigma_{12}^{D} = \psi_1^{SD} \psi_2^{SD} \qquad (8\text{-}151b)$$

式中,ψ_i^{SD} 为物质 i 的色散表面作用系数,表示受色散力作用时物质 i 所具有的以表面能表示的色散作用能力。ψ_i^{SD} 应是分子间相互作用理论中分子位能色散作用系数 ψ_i^D 在表面现象理论中的反映。

式 (8-151) 表明两物质相互作用中色散表面分力亦符合 Berthelot 组合律,即两物质相互作用的色散表面分力应是此两物质各自具有的色散表面分力的几何平均值。

对诱导表面分力的讨论如下。

对物质 1:
$$\sigma_1^I = \frac{E_{1,1 \Leftrightarrow 1}^I}{S_1 A} \qquad (8\text{-}152a)$$

对物质 2:
$$\sigma_2^I = \frac{E_{2,2 \Leftrightarrow 2}^I}{S_2 A} \qquad (8\text{-}152b)$$

物质 1 和 2 的相互作用:
$$\sigma_{12}^I = \frac{E_{12,1 \Leftrightarrow 2}^I}{S_{12} A} \qquad (8\text{-}152c)$$

由前面的讨论知:
$$E_{1 \Leftrightarrow 1}^I = \left(E_1^K K_1 E_1^{KI} \right)^{1/2} = \psi_1^K \psi_1^{KI} \sqrt{K_1}$$

$$E_{2 \Leftrightarrow 2}^I = \left(E_2^K K_2 E_2^{KI} \right)^{1/2} = \psi_2^K \psi_2^{KI} \sqrt{K_2}$$

$$E_{1 \to 2}^I = \frac{1}{2} \left(E_1^K K_1 E_2^{KI} \right)^{1/2} = \frac{1}{2} \psi_1^K \psi_2^{KI} \sqrt{K_1}$$

$$E_{2 \to 1}^I = \frac{1}{2} \left(E_2^K K_2 E_1^{KI} \right)^{1/2} = \frac{1}{2} \psi_2^K \psi_1^{KI} \sqrt{K_2}$$

$$E_{1 \Leftrightarrow 2}^I = E_{1 \to 2}^I + E_{2 \to 1}^I = \frac{1}{2} \left[\left(E_1^K K_1 E_2^{KI} \right)^{1/2} + \left(E_2^K K_2 E_1^{KI} \right)^{1/2} \right]$$

$$= \frac{1}{2} \left(\psi_1^K \psi_2^{KI} \sqrt{K_1} + \psi_2^K \psi_1^{KI} \sqrt{K_2} \right)$$

式中,K_1 和 K_2 为物质 1 和物质 2 中静电作用能对总的相互作用能的比值,即:
$$K_1 = \frac{E_1^K}{E_1^{vdw}} ; \quad K_2 = \frac{E_2^K}{E_2^{vdw}}$$

这是由于在实际讨论中物质分子间有着多种可能的相互作用,其中一些类型的相互作用如色散力,是不能产生诱导作用的,我们已经介绍,即使是离子型物质,物质中静电力亦只占一定的比例。物质的实际诱导作用能还需按静电力所占比例进行修正[25]。

由此可知,诱导力是受到外电场影响而产生的一种诱导静电相互作用,受到物质中存在的静电力强度及其在总的相互作用位势中所占比例的影响,因此计算时不能简单地使用 Berthelot 组合律。

对上述静电力比例计算式引入 Stefan 关系:
$$K_1 = \frac{E_1^K}{E_1^{vdw}} = \frac{S_1 A_1 \sigma_1^K}{S_1 A_1 \sigma_1} = \frac{\sigma_1^K}{\sigma_1} \qquad (8\text{-}153a)$$

$$K_2 = \frac{E_2^{\mathrm{K}}}{E_2^{\mathrm{vdw}}} = \frac{S_2 A_2 \sigma_2^{\mathrm{K}}}{S_2 A_2 \sigma_2} = \frac{\sigma_2^{\mathrm{K}}}{\sigma_2} \tag{8-153b}$$

因此，分子理论中静电比例修正系数可应用静电表面分力对主表面力（这里为纯物质的表面张力）的比例来计算，这也说明表面力确实是分子间相互作用力的量度。

在分子间相互作用理论的讨论中已知物质 i 的诱导系数 E_i^{KI} 被定义为：

$$E_i^{\mathrm{KI}} = \left(\sqrt{\frac{2}{3kT}} \times \frac{3kT\alpha_i}{r_{ii}^3} \right)^2 \tag{8-154}$$

E_i^{KI} 只与讨论物质 i 的性质有关，而与和该物质相互作用的其他物质的性质无关，称为物质 i 的诱导系数，E_i^{KI} 代表着物质 i 受到其他具有静电作用力的物质作用时产生诱导作用力的能力。亦可以认为是当物质 i 受到单位静电作用能的影响时可能产生的诱导作用力。因此 E_i^{KI} 应是仅与讨论物质性质有关，这样可以假定存在下列关系：

$$E_i^{\mathrm{KI}} = S_i A_i \sigma_i^{\mathrm{KI}} \tag{8-155a}$$

或
$$\sigma_i^{\mathrm{KI}} = \frac{E_i^{\mathrm{KI}}}{S_i A_i} = \frac{1}{S_i A_i} \left(\sqrt{\frac{2}{3kT}} \times \frac{3kT\alpha_i}{r_{ii}^3} \right)^2 \tag{8-155b}$$

σ_i^{KI} 为物质 i 的诱导表面系数，σ_i^{KI} 数值的高低，反映了当讨论物质受到外电场的影响时讨论物质可能产生诱导表面作用力能力的大小。σ_i^{KI} 应是分子间相互作用理论中诱导系数 E_i^{KI} 在表面现象理论中的反映。

现将式（8-155）和 Stefan 公式分别代入式[4-1-107]～式[4-1-111]（见张福田，分子界面化学基础第 4 章），得：

物质 1
$$S_1 A_1 \sigma_1^{\mathrm{I}} = \left(S_1 A_1 \sigma_1^{\mathrm{K}} K_1 S_1 A_1 \sigma_1^{\mathrm{KI}} \right)^{1/2}$$

即有
$$\sigma_1^{\mathrm{I}} = \left(\sigma_1^{\mathrm{K}} K_1 \sigma_1^{\mathrm{KI}} \right)^{1/2} \tag{8-156a}$$

或以下列形式表示
$$\sigma_1^{\mathrm{I}} = \psi_1^{\mathrm{SK}} \psi_1^{\mathrm{SKI}} \left(K_1 \right)^{1/2} \tag{8-156b}$$

同理可得

物质 2
$$\sigma_2^{\mathrm{I}} = \left(\sigma_2^{\mathrm{K}} K_2 \sigma_2^{\mathrm{KI}} \right)^{1/2} \tag{8-157a}$$

或以下列形式表示
$$\sigma_2^{\mathrm{I}} = \psi_2^{\mathrm{SK}} \psi_2^{\mathrm{SKI}} \left(K_2 \right)^{1/2} \tag{8-157b}$$

物质 1 对物质 2 的诱导作用：

$$\sigma_{1 \to 2}^{\mathrm{I}} = \frac{1}{2} \left(\sigma_1^{\mathrm{K}} K_1 \sigma_2^{\mathrm{KI}} \right)^{1/2} = \frac{1}{2} \psi_1^{\mathrm{SK}} \psi_2^{\mathrm{SKI}} \sqrt{K_1} \tag{8-158}$$

物质 2 对物质 1 的诱导作用：

$$\sigma_{2 \to 1}^{\mathrm{I}} = \frac{1}{2} \left(\sigma_2^{\mathrm{K}} K_2 \sigma_1^{\mathrm{KI}} \right)^{1/2} = \frac{1}{2} \psi_2^{\mathrm{SK}} \psi_1^{\mathrm{SKI}} \sqrt{K_2} \tag{8-159}$$

物质 1 和 2 间相互诱导作用：

$$\sigma_{1 \Leftrightarrow 2}^{\mathrm{I}} = \sigma_{1 \to 2}^{\mathrm{I}} + \sigma_{2 \to 1}^{\mathrm{I}} = \frac{1}{2} \left[\left(\sigma_1^{\mathrm{K}} K_1 \sigma_2^{\mathrm{KI}} \right)^{1/2} + \left(\sigma_2^{\mathrm{K}} K_2 \sigma_1^{\mathrm{KI}} \right)^{1/2} \right]$$
$$= \frac{1}{2} \left(\psi_1^{\mathrm{SK}} \psi_2^{\mathrm{SKI}} \sqrt{K_1} + \psi_2^{\mathrm{SK}} \psi_1^{\mathrm{SKI}} \sqrt{K_2} \right) \tag{8-160}$$

上面各式中定义 $\psi_i^{\mathrm{SKI}} = \left(\sigma_i^{\mathrm{KI}}\right)^{1/2}$，称 ψ_i^{SKI} 为物质 i 的表面诱导系数，单位为 $\mathrm{mJ}^{1/2}/\mathrm{m}$。

由此可知，表面现象理论与分子间相互作用理论同样认为：诱导力是受外电场影响而产生的一种诱导静电相互作用，取决于作用物质中存在的静电表面分力强弱，及作用的静电表面分力在总的主表面力中所占比例，因此与 Berthelot 组合律不符，计算时不能简单地使用Berthelot 组合律。

由此我们得到主表面力与各基本表面分力的关系如下。

物质 1 的表面张力与物质 1 的三项基本表面分力的关系：

$$\sigma_1 = \sigma_1^{\mathrm{K}} + \sigma_1^{\mathrm{I}} + \sigma_1^{\mathrm{D}} = \left(\sigma_1^{\mathrm{K}}\sigma_1^{\mathrm{K}}\right)^{1/2} + \left(\sigma_1^{\mathrm{K}}K_1\sigma_1^{\mathrm{KI}}\right)^{1/2} + \left(\sigma_1^{\mathrm{D}}\sigma_1^{\mathrm{D}}\right)^{1/2} \tag{8-161a}$$

或表示为：

$$\sigma_1 = \psi_1^{\mathrm{SK}}\psi_1^{\mathrm{SK}} + \psi_1^{\mathrm{SI}}\psi_1^{\mathrm{SI}} + \psi_1^{\mathrm{SD}}\psi_1^{\mathrm{SD}} \tag{8-161b}$$

$$= \psi_1^{\mathrm{SK}}\psi_1^{\mathrm{SK}} + \psi_1^{\mathrm{SK}}\psi_1^{\mathrm{SKI}}\left(K_1\right)^{1/2} + \psi_1^{\mathrm{SD}}\psi_1^{\mathrm{SD}}$$

物质 2 的表面张力与物质 2 的三项基本表面分力的关系：

$$\sigma_2 = \sigma_2^{\mathrm{K}} + \sigma_2^{\mathrm{I}} + \sigma_2^{\mathrm{D}} = \left(\sigma_2^{\mathrm{K}}\sigma_2^{\mathrm{K}}\right)^{1/2} + \left(\sigma_2^{\mathrm{K}}K_2\sigma_2^{\mathrm{KI}}\right)^{1/2} + \left(\sigma_2^{\mathrm{D}}\sigma_2^{\mathrm{D}}\right)^{1/2} \tag{8-162a}$$

或表示为：

$$\sigma_2 = \psi_2^{\mathrm{SK}}\psi_2^{\mathrm{SK}} + \psi_2^{\mathrm{SI}}\psi_2^{\mathrm{SI}} + \psi_2^{\mathrm{SD}}\psi_2^{\mathrm{SD}} \tag{8-162b}$$

$$= \psi_2^{\mathrm{SK}}\psi_2^{\mathrm{SK}} + \psi_2^{\mathrm{SK}}\psi_2^{\mathrm{SKI}}\left(K_2\right)^{1/2} + \psi_2^{\mathrm{SD}}\psi_2^{\mathrm{SD}}$$

物质 1 与物质 2 之间的相互作用——物质 1 或物质 2 的表面外力与三项表面外力的基本表面分力的关系为：

$$\sigma_{12} = \sigma_{12}^{\mathrm{K}} + \sigma_{12}^{\mathrm{I}} + \sigma_{12}^{\mathrm{D}}$$

$$= \left(\sigma_1^{\mathrm{K}}\sigma_2^{\mathrm{K}}\right)^{1/2} + \frac{1}{2}\left[\left(\sigma_1^{\mathrm{K}}K_1\sigma_2^{\mathrm{KI}}\right)^{1/2} + \left(\sigma_2^{\mathrm{K}}K_2\sigma_1^{\mathrm{KI}}\right)^{1/2}\right] + \left(\sigma_1^{\mathrm{D}}\sigma_2^{\mathrm{D}}\right)^{1/2} \tag{8-163a}$$

或表示为：

$$\sigma_{12} = \varphi_1^{\mathrm{SK}}\varphi_2^{\mathrm{SK}} + (\varphi_{12}^{\mathrm{SI}})^2 + \varphi_1^{\mathrm{SD}}\varphi_2^{\mathrm{SD}} \tag{8-163b}$$

$$= \varphi_1^{\mathrm{SK}}\varphi_2^{\mathrm{SK}} + \frac{1}{2}\left[\varphi_1^{\mathrm{SK}}\varphi_2^{\mathrm{SKI}}\left(K_1\right)^{1/2} + \varphi_2^{\mathrm{SK}}\varphi_1^{\mathrm{SKI}}\left(K_2\right)^{1/2}\right] + \varphi_1^{\mathrm{SD}}\varphi_2^{\mathrm{SD}}$$

式（8-161）~式（8-163）是我们讨论和计算各种物质主表面力，研究和分析物质间相互作用的主要的基本计算式。在下节中我们将介绍怎样应用这些计算式进行计算。

由上面讨论可知，物质的主表面力可认为由三个基本表面分力所组成，例如，物质 1 的表面张力可认为是：

$$\sigma_1 = \sigma_1^{\mathrm{K}} + \sigma_1^{\mathrm{I}} + \sigma_1^{\mathrm{D}}$$

变换后，得：

$$\sigma_1 = \sigma_1\left(\frac{\sigma_1^{\mathrm{K}}}{\sigma_1} + \frac{\sigma_1^{\mathrm{I}}}{\sigma_1} + \frac{\sigma_1^{\mathrm{D}}}{\sigma_1}\right) = \sigma_1(K_1 + I_1 + D_1) \tag{8-164}$$

因此要了解物质 1 表面张力的数值，就必须先知物质 1 的静电表面分力（简称表面 K 分力）、诱导表面分力（简称表面 I 分力）和色散表面分力（简称表面 D 分力）的数值，或者知道这三个基本表面分力对表面张力所占的比例。

8.4.3 分子间相互作用法

对式（8-164）引入 Stefan 公式，可得：

$$SA_{\mathrm{m}}\sigma_1 = SA_{\mathrm{m}}\sigma_1(K_1 + I_1 + D_1) \tag{8-165a}$$

设：
$$f_K = \frac{E_{1m}^K}{E_{1m}} \; ; \quad f_D = \frac{E_{1m}^D}{E_{1m}} \; ; \quad f_I = \frac{E_{1m}^I}{E_{1m}}$$

则得：
$$f_K + f_I + f_d = 100\% \tag{8-165b}$$

在文献中已有很多以分子基础理论计算得到的这三者的数据，结合讨论物质表面张力的数值，就可以计算得到该物质的静电表面分力、诱导表面分力和色散表面分力。

需要指出的是，很多分子基础理论计算得到的数据只是 Keesom 偶极矩作用力（K）、Debye 诱导作用力（I）和 London 色散作用力（D）对总的范德华作用能的贡献。

偶极作用力不能代表全部静电力，讨论物质除偶极作用力外或许还存在氢键作用力，或许还有其他静电性质的作用力，如果是这种情况，那么计算得到的 f_k、f_I、f_d 的数值不能作为该物质基本表面分力的比例，只有当讨论物质中的静电作用力类型只由偶极作用力一项时才能认为 $f_k + f_I + f_d = 100\%$ 成立，这时才可用 f_k、f_I、f_D 数据计算三个基本表面分力的数值。

下面列举一些国内和国外研究者计算的数据作为参考。

表 8-10 是徐光宪教授著作中所列示的数据[22]。

表 8-10　范德华作用力的分配（徐光宪）

分子	偶极力 /(kJ/mol)	诱导力 /(kJ/mol)	色散力 /(kJ/mol)	备注
Ar	0.0000	0.0000	8.4992	
CO	0.0029	0.0084	8.7504	
HI	0.0251	0.1130	25.8744	不可用于计算
HBr	0.0687	0.5024	21.9388	不可用于计算
HCl	3.3075	1.0048	16.8309	不可用于计算
NH$_3$	13.3140	1.5491	14.9468	不可用于计算
H$_2$O	36.3833	1.9259	9.0016	不可用于计算

表 8-10 表明，无论是惰性气体、离子型化合物，还是水这类含有氢键力的极性化合物，都有可能存在色散作用力。表中 HI、HBr 和 HCl 这类化合物由于可能还存在离子键力，故不能应用表列数据计算各类表面分力的比例，表中 H$_2$O 亦因缺少氢键力的数据而不能用于实际计算。

表 8-11 中列示了 Hiemenz 教授在其著作[49,50]中的数据。

表 8-11　范德华作用力的分配（Hiemenz）

分子	偶极力 f_K/%	诱导力 f_I/%	色散力 f_D/%	备注
CCl$_4$	0	0	100	
乙醇	(42.6)	(9.7)	(47.6)	缺氢键力
噻吩	0.3	1.3	98.5	
t-丁醇	(23.1)	(9.7)	(67.2)	缺氢键力
乙醚	10.2	7.1	82.7	
苯	0	0	100	
氯苯	13.3	8.6	78.1	
氟化苯	10.6	7.5	81.9	

分子	偶极力	诱导力	色散力	备注
	f_K/%	f_I/%	f_D/%	
苯酚	14.5	8.6	76.9	
苯胺	13.6	8.5	77.9	
甲苯	0.1	0.9	99.0	
苯甲醚	5.5	6.0	88.5	
二苯胺	1.5	3.7	94.7	
水	(84.8)	(4.5)	(10.5)	缺氢键力

Park Soo-Jin 计算的数据[51]列于表 8-12 中。

表 8-12 Park Soo-Jin 计算的数据[52]

分子	偶极力	诱导力	色散力	备注
	f_K/%	f_I/%	f_D/%	
n-戊烷	0	0	100	
n-己烷	0	0	100	
n-庚烷	0	0	100	
n-辛烷	0	0	100	
n-壬烷	0	0	100	
四氯化碳	0	0	100	
苯	0	0	100	
甲苯	0.0	0.6	99.4	
二甲苯	0	0	100	
氯仿	(5.2)	(5.3)	(89.5)	缺氢键力
（二）乙醚	7.4	6.1	86.5	?
乙酸乙酯	30.4	11.0	58.6	?
四氢呋喃	27.1	9.8	63.1	?
吡啶	44.9	10.9	44.2	?
丙酮	(78.4)	(7.4)	(14.2)	缺氢键力
硝基甲烷	91.0	4.6	4.4	缺氢键力
甲酰胺	93.3	3.5	3.2	缺氢键力
乙腈	93.9	3.3	2.8	缺氢键力
水	(85.9)	(4.4)	(9.7)	缺氢键力

比较这三个表中所列数据，可得到下面一些结论。

① 每种物质均存在色散表面分力，只是一些物质的色散力强些，一些物质的色散力弱些，这取决于物质内存在的偶极矩的强弱。对于偶极矩等于零或接近零的物质可认为此类物质仅具有色散表面分力，其静电表面分力和诱导表面分力均应很小，或近似为零，如烷烃、苯等。

② 三表中所列一些物质的数据有些差异，这在应用该物质基本表面分力数据时会形成偏差，为此还需通过实际数据来验证这些由分子理论计算所得结果的正确性。

③ 水是我们将要讨论的一个重要物质。现将一些文献中对水进行范德华力计算的结果综合在表 8-13 中以作比较。

表 8-13　水的范德华作用力计算

偶极力 $f_K/\%$	诱导力 $f_I/\%$	色散力 $f_D/\%$	来源
76.90	4.07	19.03	Ketelaar 数据[15]，1953 年
76.92	4.05	19.03	Adamson 数据[1]，1976 年
76.90	4.07	19.03	徐光宪数据[22]，1978 年
80.58	4.29	15.13	胡英数据[21]，1983 年
72.16	3.92	23.92	金家骏数据[30]，1990 年
84.8	4.50	10.7	Hiemenz 数据[49,50]，1977 年，1997 年
85.9	4.40	9.70	Park Soo-Jin 数据[51]，1999 年
69.06	7.19	23.74	Myers 数据[8]，1999 年
76.89	4.07	19.04	张季爽数据[10]，2001 年

表 8-13 中所列数据表明自 1953 年至 2001 年近 50 年以来，在分子理论研究领域中学术界认为当水在不考虑氢键作用力、只考虑范德华作用力的前提下，水中诱导作用力约是总范德华作用力的 4%～4.5%，有的研究者认为可达 7.19%；水中色散作用力的数据差异较大，约为总范德华作用力的 10%～24%。

这些数据是不考虑氢键作用力的数据，并不是水的实际数据，因而不能以这些数据对水进行实际计算。众所周知，水中存在着远比范德华作用力要强的氢键力，因此依据表 8-13 所列的数据，我们有理由推测水中色散表面分力在水的表面张力中所占比例应该会低于 20%，有可能低于 10%；水中诱导表面分力在水的表面张力中所占比例应该会低于 4%，有可能低于 1%～2%。

8.4.4　溶解度参数法

1949 年 Hildebrand 对溶解度参数定义为室温下无定形状态的内聚能密度的平方根[52]。这里室温一般指的是 298K。因此应用此溶解度参数法所得到的数据时应注意在讨论温度上有此局限性。

凝聚态物质的内聚能 E_{coeh} 的定义是在 1g 分子物质中除去全部分子间力而使内能增加的量。设 V 是讨论物质的摩尔体积。

故而内聚能密度[53,54]被定义为：$e_{coeh} = E_{coeh}/V$（298K），J/cm^3 　　　　　（8-166a）

进而溶解度参数被定义为：$\delta \equiv \left(\dfrac{E_{coeh}}{V} \right)^{1/2} = e_{coeh}^{1/2}$ （298K）　　　　　（8-166b）

许多研究者对内聚能和溶解度参数的关系进行了讨论[55,56]，内聚能 E_{coeh} 应具有加和性。溶解度理论认为内聚能应由三个部分组成：

$$E_{coeh} = E_D + E_P + E_h \qquad (8-167)$$

式中，E_D 为色散力的贡献；E_P 为偶极力的贡献；E_h 为氢键力的贡献。

对应的溶解度参数方程是：

$$\delta^2 = \delta_D^2 + \delta_P^2 + \delta_h^2 \qquad (8-168)$$

可以设想极性分量 δ_P 与偶极矩 μ 相关，而氢键分量 δ_h 则与氢键数有关，但已知偶极矩数值和氢键数的物质为数不多，这给应用溶解度参数计算带来困难。为此曾有许多研究者研究溶解度参数的估算方法，以得到各种物质的溶解度参数数值。

表 8-14 中列示了 van Krevelen 在其著作[53,54]中列出的各种物质的溶解度参数分量的数据，以供参考。更多物质的数据可参考 Barton 所编写的《CRC 溶解度参数和其他内聚参数手册》[57,58]和 Hansen 编著的 *Hansen Solubility Parameters*[59]。

表 8-14　van Krevelen 的各种物质的溶解度参数[53,54]

物质	δ	δ_D	δ_P	δ_h	物质	δ	δ_D	δ_P	δ_h
烷烃					**酮类与醛类**				
己烷	14.8	14.8	0	0	丙酮	20.5	15.5	10.4	7.0
庚烷	15.2	15.2	0	0	2-丁酮	19.0	15.9	9.0	5.1
辛烷	15.6	15.6	0	0	3-戊酮	18.1	15.7		
环己烷	16.7	16.7	0	0	2-戊酮	18.3	15.8		
苯	18.5~18.8	17.6~18.5	1.0	2.0	2-己酮	17.7	15.9		
甲苯	18.2~18.3	17.3~18.1	1.4	2.0	环己酮	20.2	17.7	8.4	5.1
邻二甲苯	17.66①	17.6	1.0	1.0	苯甲醛	21.3	18.7	8.6	5.3
间二甲苯	17.46①	17.4	1.0	1.0	**醇类**				
对二甲苯	17.36①	17.3	1.0	1.0	甲醇	29.66	15.2	12.3	22.3
乙苯	17.87①	17.8	0.6	1.4	乙醇	26.5	15.8	8.8	19.5
苯乙烯	18.98①	18.5	1.0	4.1	1-丙醇	24.5	15.9	6.8	17.4
萘满	19.42①	19.1	2.0	2.9	异丙醇	23.6	15.8	6.1	16.4
卤代烃					1-丁醇	23.3	16.0	5.7	15.8
二氯甲烷	19.9	17.83	6.4	6.1	异丁醇	22.9	15.2	5.7	16.0
氯仿	19.0	17.84	3.2	5.7	2-丁醇	22.2	15.8		
四氯化碳	17.7	17.7	0	0	1-戊醇	21.67	16.0	4.5	13.9
氯乙烷	17.4	16.3			环己醇	23.3	17.4	4.1	13.5
氯化乙烯	18.3	16.8			苯甲醇	24.8	18.5		
1,1,1-三氯乙烷	17.5	16.85	4.3	2.0	乙二醇	33.4	16.9	11.1	26.0
1-氯丙烷	17.4	15.9			丙二醇	30.3	16.9	9.4	23.3
1-氯丁烷	17.3	16.27	5.5	2.1	丁二醇	29.0	16.6	10.0	21.5
氯苯	19.6	19.0	4.3	2.1	丙三醇②	43.2	17.3	12.1	(9.3) / 37.6
溴苯	20.0	18.9			**酸类**				
醚类					甲酸	25.0	14.42	11.9	16.6
					乙酸	22.4	16.0	8.0	13.5
乙醚	15.55	14.4	2.9	5.1	丁酸	19.87	16.3	4.1	10.6
异丙醚	14.4	13.7			乙酸酐	21.71	16.0	11.1	9.6

物质	δ	δ_D	δ_P	δ_h	物质	δ	δ_D	δ_P	δ_h
醚类					含氮化合物				
丁醚	15.9	15.2			丙胺	18.4	15.5		
酯类					苯胺	22.6	19.5	5.1	10.2
甲酸乙酯	19.6	15.6			硝基甲烷	25.6	16.6	18.8	5.1
甲酸丙酯	19.6	15			硝基苯	21.9	17.65	12.3	4.1
乙酸甲酯	19.42	11.7			甲酰胺	36.7	17.2	26.2	19.0
乙酸乙酯	18.6	15.2	5.3	9.2	其他				
乙酸丙酯	17.91	15.6			二硫化碳	20.4	20.4	0	0
乙酸异丙酯	17.6	14.9	4.5	8.2	水	48.15	13.0	31.3	34.2
乙酸丁酯	17.4	15.7	3.7	6.4					

① 为依据表中 δ_D、δ_P 和 δ_h 数据计算得到的 δ 数据。

② 丙三醇的(9.3)为原表列数据，可能是错误的，37.6 是笔者核算数据。

由式（8-168）可知，如果得到了讨论物质的 δ_D、δ_P 和 δ_h 这些溶解度参数分量的数值，就能得到该物质中非极性作用力所占的比例和静电力所占的比例，但还不能得到物质中诱导力所占的比例，这是应用溶解度参数方法的一个缺点，但配合其他方法可以克服。非极性力和静电力所占比例计算式如下。

非极性力（色散力）比例：
$$f_D = \frac{\delta_D^2}{\delta^2} = \frac{\delta_D^2}{\delta_D^2 + \delta_P^2 + \delta_h^2} \tag{8-169}$$

静电力比例：
$$f_{Ph} = \frac{\delta_P^2 + \delta_h^2}{\delta^2} = \frac{\delta_P^2 + \delta_h^2}{\delta_D^2 + \delta_P^2 + \delta_h^2} = \frac{\delta^2 - \delta_D^2}{\delta^2} \tag{8-170}$$

溶解度参数理论中亦有涉及对诱导溶解度参数的讨论。一些研究者推出了更精细的溶解度参数概念，例如 Karger、Snyder 和 Eon 提出了扩展的溶解度参数处理法[60,61]。这些研究者依据 Hildebrand 和 Scott 的理论，假定液态纯物质 i 中相邻分子之间作用能量 E_i 可进一步分成下列几种：色散相互作用 E_D、诱导相互作用 E_{in}、偶极取向相互作用 E_P 和氢键相互作用 E_h，即：
$$E_i = E_D + E_{in} + E_P + E_h \tag{8-171}$$

上式中各项能量作用与各种溶解度参数的关系如下：
$$E_D = \delta_D^2 V_i \; ; \quad E_P = \delta_P^2 V_i \; ; \quad E_{in} = 2\delta_{in}\delta_D V_i \; ; \quad E_h = 2\delta_a\delta_b V_i \tag{8-172}$$

Karger 等[60,61]认为：δ_D 是讨论物质参与色散作用能力的量度；δ_P 为讨论物质参与偶极取向作用能力的量度；δ_{in} 表示讨论物质诱导周围分子偶极矩的能力；δ_a 和 δ_b 分别表示作为质子供体和受体相互作用的能力。如果把取向、诱导和氢键作用合在一起作为静电分量 δ_K 处理，则可得到与上面相类似的表示形式：
$$\delta^2 = \delta_D^2 + \delta_K^2 \tag{8-173}$$

式中，δ_K 是一个合成量，
$$\delta_K^2 = \delta_P^2 + 2\delta_{in}\delta_D + 2\delta_a\delta_b \tag{8-174}$$

从式（8-173）来看，Karger 提出的扩展溶解度参数的应用价值与表 8-14 中所列数据相似。因为 Karger 提出的诱导力计算方法还需要推敲，故 Karger 的处理方法亦只限于用于计算非极性力占总能量的比例和极性力（即静电力）所占的比例。因此，以 Karger 方法可得到：

非极性力（色散力）比例
$$f_D = \frac{\delta_D^2}{\delta^2} = \frac{\delta_D^2}{\delta_D^2 + \delta_K^2} \tag{8-175}$$

静电力比例
$$f_K = \frac{\delta_K^2}{\delta^2} = \frac{\delta_K^2}{\delta_D^2 + \delta_K^2} = \frac{\delta^2 - \delta_D^2}{\delta^2} \qquad (8\text{-}176)$$

对扩展溶解度参数方法中诱导力项讨论如下。在这一方法中溶解度参数 δ_{in} 表示讨论物质的诱导能力。诱导作用能与其关系为：

$$E_{in} = 2\delta_{in}\delta_D V_i \qquad (8\text{-}177)$$

那么通过扩展溶解度参数 δ_{in} 能否得到讨论物质内真实的诱导作用能数值呢？下面讨论这一问题。

从分子间相互作用理论的讨论得知纯物质 i 的诱导作用能应为：

$$E_{i\Leftrightarrow i}^I = \sqrt{\frac{2}{3kT} \times \frac{\mu_i^4}{r_{ii}^6}} \times \frac{2\alpha_i}{r_{ii}^3}\sqrt{\frac{3kT}{2}} = (E_i^K)^{1/2} \times \frac{2\alpha_i}{r_{ii}^3}\sqrt{\frac{3kT}{2}} \qquad (8\text{-}178)$$

设：
$$\psi_i^{KI} = \left(E_{ii}^{KI}\right)^{1/2} = \sqrt{\frac{2}{3kT}} \times \frac{3kT\alpha_i}{r_{ii}^3} \qquad (8\text{-}179)$$

ψ_i^{KI} 为 i 物质的诱导系数，在一定温度下是一个常数，其数值与讨论物质性质有关。因此物质 i 的诱导作用能应为：
$$E_{i\Leftrightarrow i}^I = (E_i^K E_i^{KI})^{1/2} \qquad (8\text{-}180)$$

对上式引入摩尔体积，上式可改写为：

$$E_{in} = E_{i\Leftrightarrow i}^I = \left(\frac{E_i^K}{V_i} \times \frac{E_i^{KI}}{V_i}\right)^{1/2} V_i = \delta_K \delta_{KI} V_i \qquad (8\text{-}181)$$

由此可见，分子理论明确表示诱导作用能与两个溶解度参数有关，其一为 δ_{KI}，此溶解度参数表示讨论物质产生诱导偶极矩的能力，这应与式（8-177）中 δ_{in} 对应。

另一个是 δ_K，此溶解度参数表示诱导讨论物质产生诱导作用力的静电力的大小，正是因为存在这个静电作用力，才"诱导"分子产生诱导偶极矩，从而形成诱导作用力。这样看来，分子相互作用理论认为，讨论物质中生成诱导作用力，应该与色散力无关。因而式（8-177）的正确性尚需推敲。

故而我们不使用 Karger 所列溶解度参数中诱导溶解度参数 δ_{in} 进行讨论，而根据式（8-177）使用溶解度参数进行讨论。亦就是说，只使用非极性溶解度参数 δ_D 和总的极性溶解度参数 δ_K 数据。Karger 等人的溶解度参数部分数据列于表 8-15，以供参考。

表 8-15　扩展的溶解度参数　　　　　　　　　　　　　　单位：MPa$^{1/2}$

液体	δ_T	δ_D	δ_P	δ_{in}	δ_a	δ_b
全氟烷烃	约 12	约 12			2.1	
n-戊烷	14.5	14.5				
二异丙醚	14.5	14.1	2.1	0.2		6.1
n-己烷	14.9	14.9				
二乙醚	15.3	13.7	4.9	1.0		6.1
三乙胺	15.3	15.3				9.2
环己烷	16.8	16.8				
氯丙烯	17.2	14.9	5.9	1.2		1.4
四氯化碳	17.6	17.6				1.0
二乙基硫	17.6	16.8	3.5	0.5		5.3

液体	δ_T	δ_D	δ_P	δ_{in}	δ_a	δ_b
乙酸酯	18.2	14.3	8.2	2.1		5.5
丙胺	18.2	14.9	3.5	0.4	3.7	11.3
溴乙烷	18.2	16.0	6.3	1.2		1.6
甲苯	18.2	18.2				1.2
四氢呋喃	18.6	15.5	7.2	1.6		7.6
苯	18.8	18.8				1.2
氯仿	19.0	16.6	6.1	1.0	13.3	1.0
甲乙酮	19.4	14.5	9.6	2.5		6.5
丙酮	19.6	13.9	10.4	3.1		6.1
1,2-二氯乙烷	19.8	16.8	8.6	1.0		1.4
苯甲醚	19.8	18.6	4.3	0.8		3.5
氯苯	19.8	18.8	3.9	0.6		2.1
溴苯	20.2	19.6	3.1	0.4		2.1
碘甲烷	20..2	19.0	5.1	0.6		1.4
六甲基磷酰胺	21.5	17.2	7.0	3.5		8.2
吡啶	21.7	18.4	7.8	2.1		10.0
苯乙酮	21.7	19.6	5.5	1.4		6.8
苄腈	21.9	18.8	7.0	2.1		4.7
丙腈	22.1	14.1	13.5	3.7		4.3
喹啉	22.1	21.1	3.7	0.6		8..6
N,N-二甲基乙酰胺	22.1	16.8	9.6	3.3		9.2
硝基乙烷	22.5	14.9	12.3	4.5		2.1
硝基苯	22.7	19.4	7.4	2.3		2.1
二甲基甲酰胺	24.1	16.2	12.7	4.9		9.4
丙醇	24.5	14.7	5.3	0.8	12.9	12.9
二甲亚砜	24.5	17.2	12.5	4.3		10.6
丙烯腈	24.7	13.3	16.8	5.7		7.8
苯酚	24.7	19.4	4.7	0.8	19.0	4.7
乙醇	26.0	13.9	7.0	1.0	14.1	14.1
硝基甲烷	26.4	14.9	17.0	6.1		2.5
二乙烯乙二醇	29.2	16.8	8.2	1.2	10.8	10.8
甲醇	29.7	12.7	10.0	1.6	17.0	17.0
乙烯乙二醇	34.8	16.4	13.9	2.3	12.5	12.5
甲酰胺	39.3	17.0				
水	47.9	12.9				

在实际应用时可以将各研究者提出的溶解度参数数据进行对比和选择，以求在计算时能更好地符合实际情况。

在溶解度参数领域还有许多研究者进行了相关工作。如 Tijssen 等[62]认为总溶解度参数 δ_T 应使用内压力数据估算，并认为总能量由三种类型作用能所组成：色散、取向和酸碱作用，因此其计算公式为：

$$\delta_T^2 = \delta_D^2 + \delta_P^2 + 2\delta_a\delta_b \tag{8-182}$$

Tijssen 等以下式计算 δ_D：

$$\delta_D^2 = 228 \times \frac{n^2-1}{n^2+2} + 5.2 \tag{8-183}$$

式中，n 为折射率。参数 δ_a 和 δ_b 分别与酸强度和碱强度相关，对于氢键能表示为下列关系：

$$\delta_h^2 = 2\delta_a\delta_b \tag{8-184}$$

δ_h^2 值可由氢键光谱性质和缔合焓推得，但为了得到 δ_a 和 δ_b 的具体数值，还需了解这两个量的比例，为此 Tijssen 等对此设定了一些计算方法，但王连生等[63]认为所得到的酸、碱参数不尽可靠。

因此 Tijssen 等所列示的溶解度参数亦只是用于计算非极性作用力与极性作用力的比例。在此不再列示他们计算的溶解度参数数据。

溶解度参数的讨论应该与表面分力的计算相关，他们之间存在着下列关系：

已知：非极性力（色散力）比例：

$$f_D = \frac{\delta_D^2}{\delta^2} = \frac{\delta_D^2}{\delta_D^2 + \delta_K^2} \tag{8-185}$$

故有：

$$f_D = \frac{\delta_D^2/V}{\delta^2/V} = \frac{E_D}{E} = \frac{SA\sigma^D}{SA\sigma} = \frac{\sigma^D}{\sigma} \tag{8-186}$$

因此：

$$\sigma^D = f_D\sigma \tag{8-187}$$

静电力比例：

$$f_K = \frac{\delta_K^2}{\delta^2} = \frac{\delta_K^2}{\delta_D^2 + \delta_K^2} = \frac{\delta^2 - \delta_D^2}{\delta^2} \tag{8-188}$$

同理可证：

$$f_K = f_{\Sigma K} = \frac{\delta_{\Sigma K}^2/V}{\delta^2/V} = \frac{E_{\Sigma K}}{E} = \frac{SA\sigma^{\Sigma K}}{SA\sigma} = \frac{\sigma^{\Sigma K}}{\sigma} \tag{8-189}$$

因此：

$$\sigma^{\Sigma K} = f_{\Sigma K}\sigma \tag{8-190}$$

式中，$f_{\Sigma K}$ 即为式（8-188）中的 f_K，这是因为在式（8-188）中 f_K 实际上包含诱导作用力、偶极矩作用力、氢键力和其他一切类型的静电作用力，故是讨论物质中一切静电类型作用力对总能量的比值，因此使用了 $f_{\Sigma K}$ 符号。同理，$\sigma^{\Sigma K}$ 表示讨论物质中总的静电类型作用力对讨论物质表面张力的贡献，简称总静电表面分力。

即

$$\sigma^{\Sigma K} = \sigma^P + \sigma^I + \sigma^h + \cdots \tag{8-191}$$

因此，通过式（8-185）和式（8-190），将各种类型基本表面分力的计算与溶解度参数联系起来，但这里需要指出的是，目前溶解度参数理论中所列数据只能用于计算色散表面分力和总静电表面分力。在总静电表面分力中还不能分别计算取向表面分力、诱导表面分力和氢键表面分力的具体数值。在下一节讨论中我们将在此基础上介绍计算诱导表面分力的方法。

在实际计算中常会遇到所讨论物质找不到溶解度参数数据的情况，为此在这里介绍一些溶解度参数理论估算溶解度参数的经验计算式，以供参考应用。

色散溶解度参数 δ_D 估算如下。

δ_D 是溶解度参数计算最重要的参数，如果知道 δ_D 的数据，则可由下式计算总静电溶解度参数：

$$\delta_{\Sigma K}^2 = \delta_T^2 - \delta_D^2 \tag{8-192}$$

式中，δ_T 是讨论物质的总溶解度参数，一般可通过相关手册[64]查到。如果讨论物质的总溶解度参数数据亦查不到，则可查找该物质在讨论温度下的蒸发热数据，根据溶解度参数的定义式计算得到总溶解度参数的数值，即：

$$\delta_{\mathrm{T}} = \left[\left(\Delta H_{\mathrm{L}}^{\mathrm{g}} - RT \right) / V \right]^{1/2} \tag{8-193}$$

计算 δ_{D} 的经验公式有下列几种。

Tijssen 等以下式计算 δ_{D}：

$$\delta_{\mathrm{D}}^2 = 228 \times \frac{n^2-1}{n^2+2} + 5.2 \tag{8-194}$$

Karger[60,61]提出的计算式为：

$$\delta_{\mathrm{D}} = 30.7 \times \frac{n^2-1}{n^2+2} \tag{8-195a}$$

Karger 提出的另一计算式为： $\delta_{\mathrm{D}} = 2.24 + 53x - 58x^2 + 22x^3 \tag{8-195b}$

上列各式中 n 为讨论物质的折射率，式（8-195b）中 x 为 Lorenz-Lorenz 折射率函数。

需注意式中求得的 δ_{D} 单位为 $(\mathrm{cal/mL})^{1/2}$，对 SI 制单位的换算为：

$$1(\mathrm{cal/mL})^{1/2} = 2.0455(\mathrm{J/cm})^{1/2}$$

在 Barton 所编写的《CRC 溶解度参数和其他内聚参数手册》[57,58]中推荐的计算公式为：

$$\delta_{\mathrm{D}} = 19.5n_{\mathrm{D}} - 11.4 \quad (\mathrm{MPa})^{1/2} \tag{8-196a}$$

式中，n_{D} 为钠光 D 线折射率。据《CRC 溶解度参数和其他内聚参数手册》介绍，式（8-196a）的相关系数为 0.90，其标准误差为 $0.66(\mathrm{MPa})^{1/2}$，因此其精确度亦不太高。

在《CRC 溶解度参数和其他内聚参数手册》[57,58]中还推荐有下列计算式：

依据 96 种碳氢化合物数据计算： $\delta_{\mathrm{D}} / \mathrm{MPa}^{1/2} = 63(n^2-1)/(n^2+2) \tag{8-196b}$

依据内压力计算： $\delta_{\mathrm{D}}^2 / \mathrm{MPa} = 954(n^2-1)/(n^2+2) + 21.8 \tag{8-196c}$

对于非芳香族化合物： $\delta_{\mathrm{D}} / \mathrm{MPa}^{1/2} = 41.5(n_{\mathrm{D}}^2-1)/(n_{\mathrm{D}}^2+2) + 6.17 \tag{8-196d}$

对于芳香族化合物： $\delta_{\mathrm{D}} / \mathrm{MPa}^{1/2} = 39.9(n_{\mathrm{D}}^2-1)/(n_{\mathrm{D}}^2+2) + 5.71 \tag{8-196e}$

应该说，当可以从手册中查到溶解度参数数据时最好直接应用手册数据，在有困难时再采用上面介绍的各式作估算，然后依据讨论物质的性质和实际计算结果作适当的调整，以保证所得结果的可靠性。

8.4.5 标准参考物质

在上面讨论中我们已依据分子间相互作用理论或溶解度参数理论计算获得物质的色散表面分力和总静电表面分力的数值，但是还不能求得总静电表面分力中静电表面分力部分和诱导表面分力部分。为了能够计算和分析各种物质内部这些基本表面分力数值和不同物质间相互作用中各种基本表面分力的组成，必须先进行分析和确定一些物质（标准参考物质）的各种基本表面分力，这样才有可能进一步讨论其他物质与这些物质的相互作用状况，计算得到讨论物质的各种基本表面分力。标准参考物质可提供用于计算各种物质基本表面分力数据的基础数据，并以此作为计算的基础。

能够成为标准参考物质应具有下列条件：

① 标准参考物质应为目前研究得较多的，并且已进行过较多与其他物质相互作用的研

究，具有较多这方面的测试数据的物质，从而保证标准参考物质本身的计算数据具有一定的精确性，亦可以此数据计算得到更多物质的分子间相互作用数据。

② 标准参考物质在与其他物质相互作用时在分子间相互作用方面应有某些特殊性，这样在计算标准参考物质与其他物质相互作用时可合理地作一些假设或简化，使复杂的分子间相互作用计算变得容易一些。

我们分析了多种物质，最后选择了"水"和"汞"作为标准参考物质。其原因是水作为一个普遍使用的溶剂，与其他物质的相互作用已研究得较多，对其本身的情况亦已作了很多研究工作，而一个重要的考虑是水是一种最为普通的物质。在历来发表的表面现象文献中，有很多数据是涉及水和汞与其他物质的相互作用的，选择这两种物质符合上述标准参考物质的选择要求。

在分子间相互作用方面，"水"和"汞"均有自己的特点，在下面的介绍中可以了解到水的分子间相互作用的最大特点是具有强大的静电作用力，但水本身的极化率很低，只有 $1.45 \times 10^{-24} \mathrm{cm}^3$，因此可以预期当与水相互作用的其他物质具有的静电力弱于水的静电作用力时，可以合理地假设可忽略这些物质对水的诱导作用力。

汞与有机类物质的相互作用，目前可以肯定的是存在色散力[17,32]和诱导力，而金属的特点是呈电中性，因此汞与有机类物质的相互作用中的诱导力应是有机物对汞的诱导力而不存在汞对有机物的诱导力。水、汞与其他物质分子间相互作用的这些特点是选择水、汞作为标准参考物质的原因之一。

8.4.5.1 水——标准参考物质之一

水作为标准物质，可采用下列数据作为计算与其他物质相互作用时的参考数据。

① 水的表面张力数值

水的表面张力数值代表水的表面内力的大小。

依据 2001～2002 年第 82 版 *CRC Handbook of Chemistry and Physics*[64]所列数据，空气气氛中水的表面张力数值为：

温度/℃	0	5[①]	10	15[①]	18[①]	20	25[①]
表面张力/(mJ/m²)	75.64	74.90[①]	74.23	73.49[①]	73.05[①]	72.75	71.97[①]
温度/℃	30	40	50	60	70	80	100
表面张力/(mJ/m²)	71.20	69.60	67.94	66.24	64.47	62.67	58.91

①数据为第 69 版 *CRC Handbook of Chemistry and Physics* 中数据。

因此，当讨论温度为 20℃时，水的表面张力数值应是 $72.75\mathrm{mJ/m}^2$。

② 水的基本表面分力

水中分子间相互作用理论计算结果已列于表 8-13 中。现在假设，水中不存在氢键作用力，水中分子间相互作用只由范德华作用力所组成，亦就是假设水中分子间相互作用只由偶极作用力、诱导作用力和色散作用力所组成。这样水的表面张力亦应由这三个对应的基本表面分力所组成，即极性表面分力 $\sigma_{\mathrm{H_2O}}^{\mathrm{P}}$、诱导表面分力 $\sigma_{\mathrm{H_2O}}^{\mathrm{I}}$ 和色散表面分力 $\sigma_{\mathrm{H_2O}}^{\mathrm{D}}$。

现将表 8-13 中所列的各研究者对水的计算结果转换为水的三个基本表面分力数据列于表 8-16 中，表中还列出了三个基本表面分力对水表面张力的比值。

极性表面分力比例：$f_{\mathrm{P}} = \sigma_{\mathrm{H_2O}}^{\mathrm{P}}/72.75$；诱导表面分力比例：$f_{\mathrm{I}} = \sigma_{\mathrm{H_2O}}^{\mathrm{I}}/72.75$；色散表面分力比例：$f_{\mathrm{D}} = \sigma_{\mathrm{H_2O}}^{\mathrm{D}}/72.75$。

表 8-16　按分子理论计算水的基本表面分力数据（20℃）（一）

极性表面分力		诱导表面分力		色散表面分力		参考文献
f_P/%	$\sigma_{H_2O}^{P}$ /(mJ/m²)	f_I /%	$\sigma_{H_2O}^{I}$ /(mJ/m²)	f_D /%	$\sigma_{H_2O}^{D}$ /(mJ/m²)	
76.90	55.95	4.07	2.96	19.03	13.84	[15]
76.92	55.96	4.05	2.95	19.03	13.84	[1]
76.90	55.95	4.07	2.96	19.03	13.84	[22]
80.58	58.62	4.29	3.12	15.13	11.01	[21]
72.16	52.50	3.92	2.85	23.92	17.40	[30]
84.80	61.70	4.50	3.27	10.70	7.78	[43,44]
85.90	62.49	4.40	3.20	9.70	7.06	[45]
69.07	50.25	7.19	5.23	23.74	17.27	[8]
76.89	55.94	4.07	2.96	19.04	13.85	[10]

表 8-16 中所列数据是不考虑氢键作用力的数据，并非水的实际数据，因而不能以这些数据对水进行实际计算。众所周知，水中存在着远比范德华作用力强的氢键力，因此依据表 8-16 所列的数据，我们有理由推测水中色散表面分力肯定会低于 17.40mJ/m^2，应该有可能低于表中最低值 7.06mJ/m^2；水中诱导表面分力应该会低于 5.23mJ/m^2。

Fowkes[4,32]曾得到 20℃时水的数据：$\sigma_L = 72.8\text{mJ/m}^2$；$\sigma_L^D = (21.8\pm0.7)\text{mJ/m}^2$；$\sigma_L^h = 51.0\text{mJ/m}^2$；$\sigma_L^D/\sigma_L = 29.95\%$；$\sigma_L^h/\sigma_L = 70.05\%$。式中，$\sigma_L$ 为水的表面张力；σ_L^D 和 σ_L^h 分别为水的色散表面分力和氢键表面分力。

从 Fowkes 所列数据可知，Fowkes 认为水中色散作用力约占水分子间总的相互作用力的 30%。因此，Fowkes 提出的数据与分子间相互作用理论预期的数据并不一致。

分析 Fowkes 提出的最基本的数据 $\sigma_L^D = (21.8\pm0.7)\text{mJ/m}^2$，计算得出这一数据的理论依据是水与碳氢化合物（烷烃）之间仅以色散力相互作用，由此 Fowkes 进行了一系列水-烷烃之间相互作用的计算，取其平均值（见文献[4,32,65]）而得到上述数据。Fowkes 依据这一最基本的数据对水与其他有机物和各种有机物之间相互作用进行了讨论。

但是已有资料表明："在与水相接触的第一层烷烃化合物中有着强烈的极性力"[1,66,67]。显然在这点上 Fowkes 是考虑欠周的。

烷烃确是非极性物质，但是非极性分子在极性分子或带电荷粒子电场作用下会被"诱导"而产生诱导偶极矩，由此会形成诱导作用力。而与烷烃相互作用的水分子确是一种强极性分子并具有强烈的氢键力，这些静电作用电场必然会对烷烃分子形成诱导作用力。而 Fowkes 认为水与烷烃之间仅有色散力相互作用，忽视了还可能存在的诱导作用力。

在上面讨论中已经介绍，在另一个研究领域——溶解度参数理论方面的研究工作中亦提供了一些物质分子间相互作用情况的信息，到目前为止我们在这方面可采用的较可靠的数据，通过色散溶解度参数 δ_D 和总静电溶解度参数 $\delta_{\Sigma K}$ 求得色散力对该物质总分子间相互作用位能的比例，以及总静电力对该物质总分子间相互作用位能的比例，其计算公式为：

非极性力（色散力）比例：$\qquad f_D = \dfrac{\delta_D^2}{\delta_T^2} = \dfrac{\delta_D^2}{\delta_D^2 + \delta_{\Sigma K}^2}$ \hfill （8-197）

总静电力比例：
$$f_{\Sigma K} = \frac{\delta_{\Sigma K}^2}{\delta_T^2} = \frac{\delta_{\Sigma K}^2}{\delta_D^2 + \delta_{\Sigma K}^2} = \frac{\delta_T^2 - \delta_D^2}{\delta_T^2} \tag{8-198}$$

我们在此介绍这两个计算的结果 f_D 和 $f_{\Sigma K}$ 的原因是，物质的总溶解度参数是依据溶解度参数的定义式，从物质的内聚能、蒸发热和摩尔体积这些相对比较成熟可靠的基础数据计算得到的，因而总溶解度参数 δ_T 应该亦是比较成熟可靠的。而色散力是分子理论中研究得相对较多的一种作用力，因此色散溶解度参数 δ_D 相对而言应较可信些。在分子间相互作用研究中目前变化最大的是一些静电作用类型，其数据的可信度常常不大，但是对总静电作用力而言，由于其计算式为：
$$\delta_{\Sigma K}^2 = \delta_T^2 - \delta_D^2 \tag{8-199}$$

如果 δ_T 数据和 δ_D 数据有一定的可靠性，那么 $\delta_{\Sigma K}$ 的数据亦应有一定可靠性。

很多研究者对溶解度参数进行过研究，因此可参考的数据较多。我们采用荷兰 van Krevelen[53,54]所列示的溶解度参数。这是因为 van Krevelen 综合了 Hansen 等多人的工作，所提出的数据可靠性更高些。

van Krevelen 提出水的溶解度参数（单位：$J^{1/2} \cdot cm^{3/2}$）数据为：

δ_T	δ_D	δ_P	δ_h
47.9～48.1	12.3～14.3	约 31.3	约 34.2

我们在给定的色散溶解度参数 δ_D 范围中取其中间值即 $13 \ J^{1/2} \cdot cm^{3/2}$。于是对水的计算结果如表 8-17 所列。

表 8-17　水的溶解度参数和各种基本表面分力

总溶解度参数	色散力		极性力		氢键力	
δ_T /$J^{1/2} \cdot cm^{3/2}$	δ_D /$J^{1/2} \cdot cm^{3/2}$	f_D/%	δ_P /$J^{1/2} \cdot cm^{3/2}$	f_P/%	δ_h /$J^{1/2} \cdot cm^{3/2}$	f_h/%
48.15	13	7.3	31.3	42.25	34.2	50.45

因此，水中色散力占总的分子间相互作用力的 7.3%。如将氢键力和极性力合并当作总的静电力，则静电作用力共占 42.25%+50.45% = 92.7%。

这里表 8-17 所列结果中总的溶解度参数略高于 van Krevelen 所给的范围（表 8-17 中 δ_T = $48.15 J^{1/2} \cdot cm^{3/2}$，而 van Krevelen 给定最高值为 $48.1 J^{1/2} \cdot cm^{3/2}$）。这是我们考虑将 δ_D 取 $13 J^{1/2} \cdot cm^{3/2}$ 的缘故。也可将 δ_D 值取得更低一些，以使 δ_T 数值符合要求。

从表 8-17 所列数据看，水中静电力高达 90% 以上，这符合水的特性；水中色散力仅占 7.3%，这符合分子理论认为水中色散力可能低于 10% 的预期。

Tobolsky 和 Mark[68]对水采用下列溶解度参数（单位：$J^{1/2} \cdot cm^{3/2}$）数据：

δ	δ_D	δ_P	δ_h
47.81	12.24	31.22	34.08

δ_D 所取值低一些，从而计算得到的色散力占 6.55%，静电力占 93.45%。

因此，为了获得水的确切的 δ_T、δ_D、δ_P、δ_h 的数据，还应做精确的实验。而此处所列示的水的基本表面分力数据，应该亦是初步的。这样，作为近似计算可采用下列数据：

水中色散力对表面能的贡献为：$\sigma_{H_2O}^D = 72.75 \times 7.3\% = 5.31 (mJ/m^2)$。

水中总静电力对表面能的贡献为：$\sigma_{H_2O}^K = 72.75 \times 92.7\% = 67.44 (mJ/m^2)$。

③ 水中诱导表面分力

从分子理论讨论结果来看，可以认为水中诱导力的贡献很小。计算表明，在不考虑氢键力时仅占 4.1%。如果考虑氢键力，则诱导力占总能量的比例可能会更低。

考虑到水中含有强的极性作用力，这亦表明当讨论水与其他极性物质、特别是与弱极性物质作用时，这些物质对水的诱导作用力可以预期其值应该更低一些。所以当讨论水与其他物质相互作用时，可以近似地只考虑水对其他极性物质的诱导作用力，而忽略这些极性物质对水的诱导作用力。

但是在研究水与一些强极性物质（甲醇、乙醇等）相互作用时，虽然这类强极性物质对水的诱导作用力数值不大，但有时还是应加以考虑的，为此我们来讨论如何计算水中诱导力。

需说明的是，当前分子理论领域中对诱导力所作的研究工作还较少，因此，下面所进行的讨论只是一种近似估计。

表 8-17 中列示了溶解度参数计算的数据，由此知水中极性表面分力为：

$$\sigma_{H_2O}^P = 72.75 \times 42.25\% = 30.74 \, (mJ/m^2)$$

由分子间相互作用理论可知，范德华作用力中静电力部分（通常称作极性部分）应包括由永久偶极矩产生的静电力和由永久偶极与诱导偶极产生的诱导力，一般称为总极性力。分子间相互作用理论计算了这两个作用力，其数据列于表 8-16 中。

在表 8-16 中我们选择 2001 年张季爽选用的数据[10]作为例子进行讨论。

依据这一数据：

总极性力中静电力占比　　　　$\dfrac{55.94}{55.94 + 2.96} = 94.97\%$

总极性力中诱导力占比　　　　$\dfrac{2.96}{55.94 + 2.96} = 5.03\%$

由于我们只知道水中总静电力对表面能的贡献为 $67.44 mJ/m^2$，即总静电力对水的表面张力比值 $K_{H_2O}^{\Sigma K} = 67.44 / 72.75 = 0.927$，但还不知道总静电力中静电表面分力和总静电力中诱导表面分力对水表面张力的比值。此外还需考虑静电表面分力中还包含有极性力部分。为了方便计算，这里对这个极性力部分采用表 8-16 中张季爽选用的数据[10]，即极性力部分占总范德华力的 76.89%，这一数据还未考虑氢键力的影响。

假设分子理论得到的数据对溶解度参数计算的水的极性表面分力数据适用，这样从表 8-17 数据可知：水中极性力中静电力对表面能的贡献：

$$\sigma_{H_2O}^{P\text{-}K} = 72.75 \times 42.25\% \times 94.97\% = 29.19 \, (mJ/m^2)$$

水中极性力中诱导力对表面能的贡献：

$$\sigma_{H_2O}^{P\text{-}I} = 72.75 \times 42.25\% \times 5.03\% = 1.55 \, (mJ/m^2)$$

已知物质 i 的诱导表面分力可用下式计算：　　$\sigma_i^I = \left(\sigma_i^K K_i \sigma_i^{KI}\right)^{1/2}$ 　　　　(8-200a)

或以下列形式表示：　　　　　　　　$\sigma_i^I = \psi_i^{SK} \psi_i^{SKI} \left(K_i\right)^{1/2}$ 　　　　(8-200b)

故得水的诱导表面作用分力系数：

$$\sigma_i^{KI} = \frac{(\sigma_i^I)^2}{\sigma_i^K K_i} = \frac{1.55^2}{29.19 \times 76.89\%} = 0.107 \, (mJ/m^2) \qquad (8\text{-}201a)$$

水的表面诱导系数：

$$\psi_i^{\mathrm{SKI}} = \frac{\sigma_i^{\mathrm{I}}}{\psi_i^{\mathrm{SK}} K_i^{1/2}} = \frac{1.55}{(29.19 \times 76.89\%)^{1/2}} = 0.327 \, (\mathrm{mJ}^{1/2}/\mathrm{m}) \qquad (8\text{-}201\mathrm{b})$$

水的诱导表面作用分力系数 $\sigma_{\mathrm{H_2O}}^{\mathrm{KI}}$ 确实不大,这说明水分子接受静电电场而产生诱导作用力的能力确实很低。由式(8-200a)和式(8-200b)知: $\sigma_1^{\mathrm{KI}} = -\dfrac{1}{S_1 A_1} \left(\sqrt{\dfrac{2}{3kT}} \times \dfrac{3kT\alpha_1}{r_{11}^3} \right)^2$

因此, $\sigma_{\mathrm{H_2O}}^{\mathrm{KI}}$ 数值与物质的极化率 α_1 有关,表 8-18 列示了一些物质的极化率数值,从表中所列数据看,水的极化率数值在表列物质中是最低的,这说明水分子产生诱导偶极矩的能力确实很低。这里得到的很低的 $\sigma_{\mathrm{H_2O}}^{\mathrm{KI}}$ 数值应是有一定的理论基础的。

表 8-18 一些物质的分子极化率数据

分子	$n\text{-}C_9H_2O$	Cl_4	苯	甲苯	二甲苯	氯仿
极化率/$10^{-24}\mathrm{cm}^3$	19.75	11.68	11.95	13.68	15.69	10.57
分子	二乙醚	乙酸乙酯	四氢呋喃	丙酮	甲酰胺	水
极化率/$10^{-24}\mathrm{cm}^3$	9.71	10.79	8.77	7.12	4.2	1.45

注:数据源自文献[51]。

依此方法对表 8-16 中数据进行计算,所得结果如表 8-20 所示。

表 8-19 按分子理论计算水的基本表面分力数据(20℃)(二)

总极性力中静电力/($\mathrm{mJ/m^2}$)		总极性力中诱导力/($\mathrm{mJ/m^2}$)		$\sigma_{\mathrm{H_2O}}^{\mathrm{KI}}$ /($\mathrm{mJ/m^2}$)	$\psi_{\mathrm{H_2O}}^{\mathrm{SKI}}$ /$(\mathrm{mJ/m^2})^{1/2}$	参考文献
$f_{\mathrm{P\text{-}K}}$ /%	$\sigma_{\mathrm{H_2O}}^{\mathrm{P\text{-}K}}$	$f_{\mathrm{P\text{-}I}}$ /%	$\sigma_{\mathrm{H_2O}}^{\mathrm{P\text{-}I}}$			
94.97	29.19	5.03	1.55	0.107	0.327	[15]
95.00	29.20	5.00	1.54	0.106	0.325	[1]
94.97	29.19	5.03	1.55	0.107	0.327	[22]
94.95	29.18	5.05	1.55	0.107	0.327	[21]
94.85	29.15	5.15	1.58	0.112	0.334	[30]
94.96	29.19	5.04	1.55	0.107	0.327	[43,44]
95.13	29.24	4.87	1.50	0.0996	0.316	[45]
90.57	27.84	9.43	2.90	0.392	0.626	[8]
94.97	29.19	5.03	1.55	0.107	0.327	[10]

比较表 8-19 所列数据,取其中被研究者采用得较多的数据,得:

水的诱导表面作用分力系数: $\sigma_i^{\mathrm{KI}} = 0.107 \mathrm{mJ/m^2}$ (8-202a)

水的表面诱导系数: $\psi_i^{\mathrm{SKI}} = 0.327 \, (\mathrm{mJ/m^2})^{1/2}$ (8-202b)

由于讨论中是依据一些较成熟的分子理论数据而得到这两个数据,虽有部分假设,但还是有一定可靠性的。这些数据说明水分子的被诱导能力确实很弱。

徐光宪[22]认为,在分子间氢键力中除静电作用能外还应该存在诱导作用能。这是因为在形成 X—H···Y 形式氢键时由于 Y 原子的接近,X—H 键可被极化而产生诱导偶极矩;同时 Y 原子的电子云亦可被 X—H 键的偶极矩产生的电场所极化,两者相互作用形成诱导能。王庆文、杨玉恒和高鸿宾在专著《有机化学中的氢键问题》[69]中同样亦认为氢键力中存在诱导作用能。

张季爽和申成[10]指出：对$(HF)_2$进行量子化学计算表明，在形成氢键的过程中，至少有四种作用类型，其中即有 HF 分子间诱导偶极矩的作用。

徐光宪认为氢键中诱导作用能亦可按 Debye 方程进行计算。亦就是说对氢键力亦可按对极性力那样计算。这样，将可得到的水的表面诱导系数应用于氢键力部分的计算。

表 8-17 中列示了溶解度参数计算的数据，由此可知水中总静电力对表面能的贡献为：

$$\sigma_{H_2O}^{\Sigma K} = 72.75 \times 92.7\% = 67.44 \, (mJ/m^2)$$

已知这一总静电力表面分力 $\sigma_{H_2O}^{\Sigma K}$ 由总静电力中静电作用力 $\sigma_{H_2O}^{K}$ 和诱导作用力 $\sigma_{H_2O}^{I}$ 组成，即：

$$\sigma_{H_2O}^{\Sigma K} = \sigma_{H_2O}^{K} + \sigma_{H_2O}^{I} = 67.44 \, (mJ/m^2) \tag{8-203}$$

从上面讨论中可知水的诱导表面作用分力系数 $\sigma_{H_2O}^{KI} = 0.107 mJ/m^2$。由于：

$$\sigma_i^I = \left(\sigma_i^K K_i \sigma_i^{KI}\right)^{1/2} \tag{8-204a}$$

式中，K_i 为水中总静电力中静电表面分力对表面张力的比值，即：

$$K_i = K_{H_2O}^K = \sigma_{H_2O}^K / \sigma_{H_2O} = \sigma_{H_2O}^K / 72.75 \tag{8-204b}$$

代入式（8-204a）中，得：

$$\sigma_{H_2O}^I = \left(\sigma_{H_2O}^K K_{H_2O}^K \sigma_{H_2O}^{KI}\right)^{1/2} = \sigma_{H_2O}^K \left(\frac{0.107}{72.75}\right)^{1/2} = 0.0384 \sigma_{H_2O}^K \tag{8-205}$$

代入式（8-203）中，得：

$$\sigma_{H_2O}^K \times (1+0.0384) = 67.44 \, (mJ/m^2) \tag{8-206}$$

由此得到水的总静电力中静电表面分力为：$\sigma_{H_2O}^K = 64.946 mJ/m^2$，此静电表面分力对水的表面张力的比值为：

$$K_{H_2O}^K = \sigma_{H_2O}^K / 72.75 = 64.946 / 72.75 = 0.8927 \tag{8-207}$$

而这一静电表面分力 $\sigma_{H_2O}^K$ 应由总极性力中偶极矩静电力 $\sigma_{H_2O}^{P-K}$ 和氢键力中静电力 $\sigma_{H_2O}^{h-K}$ 组成，即：

$$\sigma_{H_2O}^K = \sigma_{H_2O}^{P-K} + \sigma_{H_2O}^{h-K} \tag{8-208}$$

代入式（8-205）中，得：

$$\sigma_{H_2O}^I = 0.0384 \sigma_{H_2O}^K = 0.0384 \left(\sigma_{H_2O}^{P-K} + \sigma_{H_2O}^{h-K}\right) \tag{8-209}$$

因为水中诱导表面分力 $\sigma_{H_2O}^I$ 由偶极矩诱导表面分力 $\sigma_{H_2O}^{P-I}$ 和氢键力诱导表面分力 $\sigma_{H_2O}^{h-I}$ 组成，即：

$$\sigma_{H_2O}^I = \sigma_{H_2O}^{P-I} + \sigma_{H_2O}^{h-I} \tag{8-210}$$

故有偶极矩产生的诱导表面分力：

$$\sigma_{H_2O}^{P-I} = 0.0384 \sigma_{H_2O}^{P-K} \tag{8-211a}$$

氢键力产生的诱导表面分力：

$$\sigma_{H_2O}^{h-I} = 0.0384 \sigma_{H_2O}^{h-K} \tag{8-211b}$$

已知偶极矩形成的极性表面分力为：

$$\sigma_{H_2O}^P = 72.75 \times 42.25\% = 30.74 \, (mJ/m^2) \tag{8-212}$$

故有：

$$\sigma_{H_2O}^P = \sigma_{H_2O}^{P-K} + \sigma_{H_2O}^{P-I} = \sigma_{H_2O}^{P-K} \times (1+0.0384) = 30.74 \, (mJ/m^2)$$

得：

$$\sigma_{H_2O}^{P-K} = 29.603 \, mJ/m^2 ; \quad \sigma_{H_2O}^{P-I} = 1.137 mJ/m^2 \tag{8-213}$$

氢键表面分力为：

$$\sigma_{H_2O}^h = 72.75 \times 50.45\% = 36.70 \, (mJ/m^2) \tag{8-214}$$

故有：

$$\sigma_{H_2O}^h = \sigma_{H_2O}^{h-K} + \sigma_{H_2O}^{h-I} = \sigma_{H_2O}^{h-K} \times (1+0.0384) = 36.70 mJ/m^2$$

得：
$$\sigma_{H_2O}^{h\text{-}K} = 35.343\,mJ/m^2 \;;\quad \sigma_{H_2O}^{h\text{-}I} = 1.357\,mJ/m^2 \tag{8-215}$$

静电力和诱导力对总的静电力的贡献为：

$$\sigma_{H_2O}^{K} = \sigma_{H_2O}^{P\text{-}K} + \sigma_{H_2O}^{h\text{-}K} = 29.603 + 35.343 = 64.946 \;（mJ/m^2） \tag{8-216}$$

$$\sigma_{H_2O}^{I} = \sigma_{H_2O}^{P\text{-}I} + \sigma_{H_2O}^{h\text{-}I} = 1.137 + 1.357 = 2.494 \;（mJ/m^2） \tag{8-217}$$

$$\sigma_{H_2O}^{\Sigma K} = \sigma_{H_2O}^{K} + \sigma_{H_2O}^{I} = 64.946 + 2.494 = 67.44 \;（mJ/m^2） \tag{8-218}$$

现将水的这些基本表面分力的数据列于表 8-20 中以供参考。

表 8-20　水的各种基本表面分力数据（20℃）

项目	表面张力 σ_{H_2O}	色散表面分力 $\sigma_{H_2O}^{D}$	总静电力表面分力 $\sigma_{H_2O}^{\Sigma K}$							
			总量	静电表面分力 $\sigma_{H_2O}^{K}$			诱导表面分力 $\sigma_{H_2O}^{I}$		
				极性力部分 $\sigma_{H_2O}^{P\text{-}K}$	氢键力部分 $\sigma_{H_2O}^{h\text{-}K}$	合计	极性力部分 $\sigma_{H_2O}^{P\text{-}I}$	氢键力部分 $\sigma_{H_2O}^{h\text{-}I}$	合计
能量/(mJ/m²)	72.75	5.31	67.44	29.603	35.343	64.946	1.137	1.357	2.494
比例/%	100	7.3	92.7	40.69	48.58	89.27	1.56	1.87	3.43

表 8-20 所列数据是我们应用表面现象理论来分析讨论分子间相互作用情况时采用的最基本的数据，亦是这一讨论方法中所采用的标准参考物质——水所具有的理论计算数据。这些数据将是用于讨论各类物质相互作用的基础性数据。这些数据的正确性将在处理各类物质相互作用的实际应用中得到逐步检验。表 8-20 中所列数据作为基础性数据还只能认为是近似的、初步的、有待逐步完善的。

在进行水和一般有机物之间相互作用的近似估算时，可利用水的下列数据：

水的色散表面分力 $\sigma_{H_2O}^{D} = 5.31\,mJ/m^2$，占总能量比例 7.3%；

水的总静电表面分力 $\sigma_{H_2O}^{\Sigma K} = 67.44\,mJ/m^2$，占总能量比例 92.7%；

有机物对水存在诱导作用力时，认为 $\sigma_{H_2O}^{KI} \approx 0$，即假设水不具有被一般有机物诱导而产生诱导作用力的能力。

8.4.5.2　汞——标准参考物质之二

汞作为标准物质，可采用下列一些数据作为计算汞与其他物质的相互作用的参考数据。

① 汞的表面张力数值

汞的表面张力数值代表汞的表面内力的大小。

依据 2001～2002 年第 82 版 *CRC Handbook of Chemistry and Physics*[64]中所列数据，汞的表面张力数值与温度的关系为：

温度/℃	10	25	50	75	100
表面张力/(mJ/m²)	488.5	485.48	480.36	475.23	470.11

因此，当讨论温度为 20℃时，汞的表面张力数值应是 486.5mJ/m²。

在以往的文献中较多采用的是 484mJ/m²。

② 汞的基本表面分力

目前在分子间相互作用理论中较少见到对汞内存在有何种类型分子间相互作用的确切数据，可以参考的是Fowkes[34]认为汞中存在有金属键力σ_{Hg}^{M}和色散力σ_{Hg}^{D}，因此汞的表面张力应为：

$$\sigma_{Hg} = \sigma_{Hg}^{D} + \sigma_{Hg}^{M} \qquad (8\text{-}219)$$

由于在理论上寻找不到计算汞的金属键力和色散力的依据，因此可通过汞与非极性物质相互作用的计算来求得汞的色散力数据，进而求得汞的金属键力数据。这亦是以往文献中所采用的方法。

汞与非极性物质烷烃的计算结果列于表8-21。

表8-21　汞与烷烃的相互作用[①]

项目[②]	己烷 C_6H_{14}	庚烷 C_7H_{16}	辛烷 C_8H_{18}	壬烷 C_9H_{20}
烷烃表面张力，σ_O /(mJ/m²)	18.43	19.80	21.80	22.92
烷烃-汞共同界面张力，$\gamma_{O\text{-}Hg}$ /(mJ/m²)	378	378.5	375	372
烷烃的界面张力，$\sigma_{O\text{-}Hg}$ /(mJ/m²)	−45.035	−44.100	−44.85	−45.79
汞的界面张力，$\sigma_{Hg\text{-}O}$ /(mJ/m²)	423.035	422.600	419.850	417.79
烷烃-汞的表面外力，$\sigma_{O\text{-}Hg}^{0}$ /(mJ/m²)	63.465	63.900	66.650	68.710
烷烃的色散表面作用系数，ψ_{O}^{SD} /(mJ/m²)^½	4.293	4.450	4.669	4.787
汞的色散表面作用系数，ψ_{Hg}^{SD} /(mJ/m²)^½	14.783	14.360	14.275	14.352
汞的色散表面分力，σ_{Hg}^{D} /(mJ/m²)	218.546	206.222	203.772	205.980

①表中计算所采用数据请参见文献[70,71]。

②本表采用的汞表面张力数据为486.5mJ/m²，与文献中采用Fowkes[65]的数据484mJ/m²不同，因此最终结果亦与文献[70,71]有一定区别。

汞的色散表面分力平均值为：$\sigma_{Hg}^{D} = 208.630 mJ/m^2$

汞的色散表面作用系数平均值为：$\psi_{Hg}^{SD} = 14.444 mJ^{½}/m$

因此汞的金属键力应为：$\sigma_{Hg}^{M} = 486.500 - 208.630 = 277.87$（$mJ/m^2$）

在过去的文献中，当汞的表面张力采用484mJ/m²时得到

汞的色散表面分力平均值为：$\sigma_{Hg}^{D} = 201.07 mJ/m^2$

汞的色散表面作用系数平均值为：$\psi_{Hg}^{SD} = 14.18 mJ^{½}/m$

与这里所列数据稍有不同，原因是所采用的汞的表面张力数值不同。

以庚烷-汞的相互作用为例，对表8-21中所列数据计算作如下说明：

已知：两相的共同界面张力应是各相自身界面张力之和，即

$$\gamma_{O\text{-}Hg} = \sigma_{O\text{-}Hg} + \sigma_{Hg\text{-}O} \qquad (8\text{-}220)$$

而各相界面张力应为各相的表面内力与表面外力之差值，即

烷烃的界面张力：
$$\sigma_{O\text{-}Hg} = \sigma_{O}^{0} - \sigma_{O\text{-}Hg}^{0} \qquad (8\text{-}221a)$$

汞的界面张力：
$$\sigma_{Hg\text{-}O} = \sigma_{Hg}^{0} - \sigma_{Hg\text{-}O}^{0} \qquad (8\text{-}221b)$$

由于物质的表面内力即为物质的表面张力，故

庚烷的表面内力：
$$\sigma_{O}^{0} = \sigma_{O} = 19.8 mJ/m^2 \qquad (8\text{-}222a)$$

汞的表面内力：
$$\sigma_{Hg}^{0} = \sigma_{Hg} = 486.5 mJ/m^2 \qquad (8\text{-}222b)$$

已知庚烷与汞的共同界面张力为：$\gamma_{\text{O-Hg}} = 378.5 \text{mJ/m}^2$ (8-222c)

代入上列各式，得：

庚烷-汞之间的表面外力：

$$\sigma^0_{\text{O-Hg}} = \frac{\sigma^0_{\text{O}} + \sigma^0_{\text{Hg}} - \gamma_{\text{O-Hg}}}{2} = \frac{19.8 + 486.5 - 378.5}{2} = 63.9 \left(\text{mJ/m}^2\right)$$

庚烷的界面张力：$\sigma_{\text{O-Hg}} = \sigma^0_{\text{O}} - \sigma^0_{\text{O-Hg}} = 19.8 - 63.9 = -44.1 \left(\text{mJ/m}^2\right)$

汞的界面张力：$\sigma_{\text{Hg-O}} = \sigma^0_{\text{Hg}} - \sigma^0_{\text{Hg-O}} = 486.5 - 63.9 = 422.6 \left(\text{mJ/m}^2\right)$

由于庚烷是非极性物质，故而庚烷的色散表面分力在数值上与庚烷的表面张力相等，即

$$\sigma^{\text{D}}_{\text{O}} = \sigma_{\text{O}} = 19.8 \text{mJ/m}^2$$

这样，汞的色散表面分力为：$\sigma^{\text{D}}_{\text{Hg}} = (63.9)^2 / 19.8 = 206.222 \left(\text{mJ/m}^2\right)$

汞的表面色散系数为：$\psi^{\text{D}}_{\text{Hg}} = \left(206.222\right)^{1/2} = 14.360 \text{mJ}^{1/2}/\text{m}$

汞的表面诱导系数可从两个标准参考物质相互作用的数据求得，这是因为汞不具有静电作用力，因而汞对水不会产生静电作用力和诱导作用力。而水中因为具有静电作用力，故而在水-汞相互作用时水会对汞产生诱导作用力。

首先应确定水、汞间共同界面张力的数值。

在有关资料中，20℃下水-汞间共同界力张力的数据如表 8-22 所列。

表 8-22　水-汞间共同界面张力数值

水-汞共同界面张力/(mJ/m^2)	426~427	415	375	374
参考文献	[46]	[1,64]	[69,74-76]	[77,78]

认为水-汞共同界面张力的数值为375mJ/m^{2}的有：*CRC Handbook of Chemistry and Physics* (69 th ed)[64]；《苏联化学手册》[72]；*International Critical Tables*[73]等。

因此我们认为这一数值比较可靠，在下面的计算中将采用这个数据。

这一数据与 Fowkes 所用数据 426~427mJ/m^2 不同。

为此进行以下计算。

计算数据如下。

汞：$\sigma_{\text{Hg}} = 486.5 \text{mJ/m}^2$；$\gamma_{\text{Hg-H}_2\text{O}} = 375 \text{mJ/m}^2$；$\psi^{\text{D}}_{\text{Hg}} = 14.444 \text{mJ}^{1/2}/\text{m}$。

水：$\sigma_{\text{H}_2\text{O}} = 72.75 \text{mJ/m}^2$；$\sigma^{\text{K}}_{\text{H}_2\text{O}} = 67.44 \text{mJ/m}^2$；$\sigma^{\text{D}}_{\text{H}_2\text{O}} = 5.31 \text{mJ/m}^2$。

计算结果如下。

水-汞间水的界面张力：$\sigma_{\text{H}_2\text{O-Hg}} = -19.375 \text{mJ/m}^2$

水-汞间汞的界面张力：$\sigma_{\text{Hg-H}_2\text{O}} = 394.375 \text{mJ/m}^2$

水-汞间表面外力：$\sigma^0_{\text{H}_2\text{O-Hg}} = 92.125 \text{mJ/m}^2$

水-汞间色散表面外分力：$\sigma^{\text{D}}_{\text{H}_2\text{O-Hg}} = 33.284 \text{mJ/m}^2$

水对汞的诱导表面外分力：$\sigma^{\text{I}}_{\text{H}_2\text{O-Hg}} = 58.841 \text{mJ/m}^2$

汞的诱导表面作用分力系数；$\sigma^{\text{KI}}_{\text{Hg}} = 221.522 \text{mJ/m}^2$

汞的表面诱导系数；$\psi^{\text{SKI}}_{\text{Hg}} = 14.884 \text{mJ/m}^2$

在一些文献中，汞的表面诱导系数 $\psi_{Hg}^{SKI} = 14.73\,mJ/m^2$，这是由于采用的汞的表面张力数值为 $484\,mJ/m^2$。

以上我们讨论了两个标准参考物质的各项基本表面分力的数据，下面将应用这些数据进行各类物质间相互作用的讨论。

8.5 物质相互作用计算

本节我们将以上面讨论中介绍的计算方法和标准参考物质的基本表面分力数据，对标准参考物质与各种类型物质的相互作用进行计算，以验证理论的正确性。

8.5.1 范德华力和表面力法

依据 Fowler[79] 统计理论基本方法和张福田[25,71]的物理界面界面层模型，可证得：

与 1 确交界的 2 相的界面张力：　　　$\sigma_{21} = P_N^2 f$ 　　　　　　　（8-223a）

与 2 确交界的 1 相的界面张力：　　　$\sigma_{12} = P_N^1 j$ 　　　　　　　（8-223b）

式中，P_N^1、P_N^2 为 1 相、2 相界面层受到的由分子间吸引力所形成的总的分子压力；f、j 为 1 相、2 相界面层厚度。

$$P_N^1 = P_N^{11} - P_N^{21} = 2\pi n_1^s n_1^s f \int_0^f F_{(a)}^{11} da - 2\pi n_1^s n_2^s j \int_0^d F_{(a)}^{21} da \qquad (8\text{-}223c)$$

$$P_N^2 = P_N^{22} - P_N^{12} = 2\pi n_2^s n_2^s j \int_0^j F_{(a)}^{22} da - 2\pi n_1^s n_2^s f \int_0^d F_{(a)}^{12} da \qquad (8\text{-}223d)$$

式中，P_N^{11}、P_N^{22} 为 1 相、2 相本相界面层受到的由本相分子间吸引力所形成的总的分子压力；P_N^{12}、P_N^{21} 为 1 相给予 2 相和 2 相给予 1 相的分子压力，并设定指向相内方向的分子压力为正向；n_1^s、n_2^s 为 1 相、2 相界面层的平均浓度；d 为两异相质点分子间作用距离；$F_{(a)}^{12}$、$F_{(a)}^{22}$、$F_{(a)}^{11}$ 分别为异相质点和同相质点间作用函数，与质点离界面距离 a 有关，故

$$\sigma_{12} = P_N^{11} f - P_N^{21} f, \quad \sigma_{21} = P_N^{22} j - P_N^{12} j \qquad (8\text{-}223e)$$

$$\sigma_{12} = \sigma_1^0 - \sigma_{12}^0, \quad \sigma_{21} = \sigma_2^0 - \sigma_{21}^0 \qquad (8\text{-}223f)$$

定义：σ_1^0、σ_{12}^0、σ_2^0、σ_{21}^0 为表面力。

σ_1^0、σ_2^0 两种表面力定义为增加单位表面积时为克服相内部分子对相界面层的分子压力所需做的功。故称 σ_1^0、σ_2^0 两种表面力为 1 相和 2 相的表面内力。

σ_{12}^0、σ_{21}^0 两种表面力定义为增加单位表面积时为克服讨论相外部分子对讨论相界面层的分子压力所需做的功。故称 σ_{12}^0、σ_{21}^0 两种表面力为 1 相和 2 相的表面外力。

由于相内外分子对相界面层的分子压力方向相反，并设定指向相内方向的分子压力为正向，故表面力亦应有方向性。规定：当界面层中分子压力为正向时，相应内表面力值为正值，反之，表面力值为负值。

表面内力与表面外力是表面力中新的概念，对这两个表面力作说明如下。

① 表面内力

当讨论相与气相交界时，气相对讨论相的影响可忽略。由表面内力定义可知，讨论相的表面张力可以认为即是该相的表面内力。已知：

$$\sigma_1^0 = P_N^{11} f = 2\pi n_1^s n_1^s f^2 \int_0^f F_{(a)}^{11} da, \quad \sigma_2^0 = P_N^{22} j = 2\pi n_2^s n_2^s j^2 \int_0^j F_{(a)}^{22} da \qquad (8\text{-}223g)$$

式中，P_N^{11}、P_N^{22} 代表相内分子间相互作用。分子间作用力有加和性[6,22]，表面张力是分子

间力的一种表现。故可认为物质表面张力是物质中静电力（偶极力、氢键力）对表面能的贡献（σ_1^K）、诱导力的贡献（σ_1^I）、色散力的贡献（σ_1^D）的总和[60]，即

$$\sigma_1 = \sigma_1^0 = \sigma_1^K + \sigma_1^I + \sigma_1^D \tag{8-223h}$$

设：

$$\sigma_1^0 = n_1^s f \left[2\pi \int_0^f F_{(a)}^{11} \mathrm{d}a \right]^{1/2} \times n_1^s f \left[2\pi \int_0^f F_{(a)}^{11} \mathrm{d}a \right]^{1/2} = \psi_1 \psi_1 = \psi_1^2 \tag{8-223i}$$

故：

$$\psi_1^2 = \left(\psi_1^K \right)^2 + \left(\psi_1^I \right)^2 + \left(\psi_1^D \right)^2 \tag{8-223j}$$

式中，ψ_1 为物质 1 的表面内力系数；ψ_1^K、ψ_1^I、ψ_1^D 分别为物质 1 的静电、诱导、色散表面内力系数。

据此，表 8-23 列出一些物质的色散表面内力系数和静电表面内力系数，供计算参考。

表 8-23　一些物质的表面内力系数

物质	表面张力 /(mJ/m²)	表面内力系数 /(mJ^{1/2}/m)	表面色散作用能 /(mJ/m²)	色散表面内力系数 /(mJ^{1/2}/m)	表面静电作用能 /(mJ/m²)	静电表面内力系数 /(mJ^{1/2}/m]
正戊烷	16.09	4.011	16.09	4.011		
正己烷	18.41	4.291	18.41	4.291		
正庚烷	20.28	4.503	20.28	4.503		
正辛烷	21.78	4.667	21.78	4.667		
正壬烷	22.96	4.792	22.96	4.792		
正癸烷	23.89	4.888	23.89	4.888		
正十烷	26.69	5.166	26.69	5.166		
正十六烷	27.64	5.257	27.64	5.257		
苯	28.85	5.371	28.45	5.334	0.4	0.632
甲苯	28.5	5.339	27.99	5.291	0.51	0.714
乙苯	29.2	5.404	28.99	5.384	0.21	0.458
邻二甲苯	30.1	5.486	29.91	5.469	0.19	0.436
间二甲苯	28.9	5.376	28.71	5.358	0.19	0.436
对二甲苯	28.37	5.326	28.18	5.308	0.19	0.436
甲醇	22.61	4.755	5.95	2.439	16.66	4.082
乙醇	22.75	4.77	8.03	2.834	14.72	3.837
正丙醇	23.78	4.876	9.99	3.161	13.79	3.713
正丁醇	24.6	4.96	11.7	3.421	12.9	3.592
正戊醇	25.6	5.06	13.96	3.736	11.64	3.412
异丁醇	22.7	4.764	10.1	3.178	12.6	3.55
环己醇	34.5	5.874	20.81	4.562	13.69	3.7
丙三醇	63.4	7.962	14.58	3.819	48.82	6.987
甲酰胺	58.2	7.629	12.82	3.581	45.38	6.736

注：烷烃数据取自文献[78]；其余物质数据取自文献[80]；色散表面内力系数和静电表面内力系数计算方法见后面讨论；数据取自文献[80]。

② 表面外力

两相相交，各相的界面层中均存在表面外力，σ_{12}^0、σ_{21}^0。同一相的界面层中，表面外力与表面内力的作用方向相反，并共同作用产生该相的界面张力。两相的这两个表面外力存在下列关系：

$$\sigma_{12}^0 = P_N^{21} f = 2\pi n_1^s n_2^s f\!f\!\int_0^d F_{(a)}^{21}\mathrm{d}a \tag{8-224a}$$

$$\sigma_{21}^0 = P_N^{12} j = 2\pi n_1^s n_2^s f\!f\!\int_0^d F_{(a)}^{12}\mathrm{d}a \tag{8-224b}$$

已知：
$$F_{(a)}^{12} = F_{(a)}^{21} \tag{8-225}$$

所以
$$\sigma_{12}^0 = \sigma_{21}^0 \tag{8-226}$$

因此，相交两相尽管各相的界面层受到的相外部分子的分子压力彼此不相同，但它们的表面外力彼此相等。

表面外力同样有
$$\sigma_{12}^0 = \sigma_{12}^K + \sigma_{12}^I + \sigma_{12}^D \tag{8-227}$$

表面外力系数应为
$$\left(\psi_{12}\right)^2 = \left(\psi_{12}^K\right)^2 + \left(\psi_{12}^I\right)^2 + \left(\psi_{12}^D\right)^2 \tag{8-228}$$

式中，ψ_{12}^K 为静电表面外力系数；ψ_{12}^I 为诱导表面外力系数；ψ_{12}^D 为色散表面外力系数。

③ 表面外力系数与表面内力系数的关系

对不同分子间静电作用能 E_{K12} 和色散作用能 E_{D12} [60,61]可用 Berthelot 组合律进行计算，即

$$E_{K12} \approx \left(E_{K1}E_{K2}\right)^{1/2}, \quad E_{D12} \approx \left(E_{D1}E_{D2}\right)^{1/2} \tag{8-229}$$

故：
$$\sigma_{12}^K \approx \left(\sigma_1^K\sigma_2^K\right)^{1/2}, \quad \sigma_{12}^D \approx \left(\sigma_1^D\sigma_2^D\right)^{1/2} \tag{8-230}$$

$$\left(\psi_{12}^K\right)^2 = \psi_1^K\psi_2^K, \quad \left(\psi_{12}^D\right)^2 = \psi_1^D\psi_2^D \tag{8-231}$$

根据 Debye 公式并考虑实际情况中物质分子间可能有多种相互作用形式而需引入和修正，诱导作用能可以下列各式表示。

同相：
$$E_{I1\Leftrightarrow 1} = \left(E_{K1}E_{I1}K_1\right)^{1/2}, \quad E_{I2\Leftrightarrow 2} = \left(E_{K2}E_{I2}K_2\right)^{1/2} \tag{8-232a}$$

异相：
$$E_{I1\rightarrow 2} = \left(E_{K1}E_{I2}K_1\right)^{1/2}/2, \quad E_{I2\rightarrow 1} = \left(E_{K2}E_{I1}K_2\right)^{1/2}/2 \tag{8-232b}$$

$$E_{I1\Leftrightarrow 2} = \left[\left(E_{K1}E_{I2}K_1\right)^{1/2} + \left(E_{K2}E_{I1}K_2\right)^{1/2}\right]\!\big/2 \tag{8-232c}$$

式中，K_1、K_2 为 1、2 物质中静电作用能对总能量的比值，即 $K_1 = E_{K1}/E_1$，$K_2 = E_{K2}/E_2$。

$$E_{I1}^{1/2} = \sqrt{\frac{2}{3kT}} \times \frac{3kT\alpha_{D1} + \mu_1^2}{r_{11}^3}, \quad E_{I2}^{1/2} = \sqrt{\frac{2}{3kT}} \times \frac{3kT\alpha_{D2} + \mu_2^2}{r_{22}^3} \tag{8-233}$$

式中，$1\rightarrow 2$ 表示 1 物质对 2 物质的诱导作用，依此类推；μ 为相应偶极矩；α_D 为变形极化率；k 是 Boltzmann 常数；T 为热力学温度，故：

$$\sigma_1^I \approx \left(\sigma_1^K\sigma_1^{KI}K_1\right)^{1/2}, \quad \sigma_2^I \approx \left(\sigma_2^K\sigma_2^{KI}K_2\right)^{1/2} \tag{8-234a}$$

$$\sigma_{12}^I = \left[\left(\sigma_1^K\sigma_2^{KI}K_1\right)^{1/2} + \left(\sigma_2^K\sigma_1^{KI}K_2\right)^{1/2}\right]\!\big/2 \tag{8-234b}$$

所以：
$$\left(\psi_1^I\right)^2 = \psi_1^K\psi_1^{KI}K_1^{1/2}, \quad \left(\psi_2^I\right)^2 = \psi_2^K\psi_2^{KI}K_2^{1/2} \tag{8-235}$$

$$\left(\psi_{12}^I\right)^2 = \left[\psi_1^K\psi_2^{KI}K_1^{1/2} + \psi_2^K\psi_1^{KI}K_2^{1/2}\right]\big/2 \tag{8-236}$$

ψ_1^{KI} 和 ψ_2^{KI} 为物质在静电力诱导下产生诱导表面力的诱导系数，$\psi^{KI} \neq \psi_1^I \neq \psi_{12}^I$。

因此，计算诱导力时不能简单地运用 Berthelot 组合律，而要考虑静电作用能的影响，故

表面外力系数和表面内力系数的关系为：

$$\left(\psi_{12}\right)^2 = \left(\psi_{12}^K\right)^2 + \left(\psi_{12}^I\right)^2 + \left(\psi_{12}^D\right)^2$$
$$= \psi_1^K\psi_2^K + \frac{1}{2}\left(\psi_1^K\psi_2^{KI}K_1^{1/2} + \psi_2^K\psi_1^{KI}K_2^{1/2}\right) + \psi_1^D\psi_2^D \qquad (8\text{-}237)$$

④ 界面张力

物理界面界面层模型定义的界面张力为相交两相各自的界面张力，以 σ_{12} 和 σ_{21} 表示。其定义是：该相的界面张力为该相的表面内力与该相的表面外力之差。故某一相的界面张力可能是负值。

而一般界面张力为两相共同的界面张力，以 γ_{12} 表示。两种界面张力的物理意义不同。测定 γ_{12} 的理论基础 Laplace 方程[10,81]为

$$\gamma_{12}\left(1/R_1 + 1/R_2\right) - gm_w\cos\theta = P' - P'' \qquad (8\text{-}238)$$

式中，R_1、R_2 为主曲率半径；P'、P'' 为相界面两边的压强；g 为重力加速度；m_w 为单位面积界面层质量；θ 为表面上法线与垂线所成的角度。

我们引入物理界面界面层模型，得到考虑了物理界面界面层模型的 Laplace 方程为

$$\left(\sigma_{12} + \sigma_{21}\right)\left(1/R_1 + 1/R_2\right) - g\left(m_{w1} + m_{w2}\right)\cos\theta = P' - P'' \qquad (8\text{-}239)$$

式中，m_{w1}、m_{w2} 为两相各自的单位面积界面层质量。如果认为 $m_w = m_{w1} + m_{w2}$，那么可知

$$\gamma_{12} = \sigma_{12} + \sigma_{21} = \sigma_1 + \sigma_2 - 2\sigma_{12}^0$$
$$= \sigma_1 + \sigma_2 - 2\left\{\left(\sigma_1^K\sigma_2^K\right)^{1/2} + \frac{1}{2}\left[\left(\sigma_1^K\sigma_2^{KI}K_1\right)^{1/2} + \left(\sigma_2^K\sigma_1^{KI}K_2\right)^{1/2}\right] + \left(\sigma_1^D\sigma_2^D\right)^{1/2}\right\} \qquad (8\text{-}240)$$

式（8-240）表示了两相各自的界面张力与两相共同的界面张力的关系。

综上所述，物理界面界面层模型对表面力提出以下用于计算表面力的四个基本关系。

① 各相的表面内力可认为是各相的表面张力，即：$\sigma_1^0 = \sigma_1$，$\sigma_2^0 = \sigma_2$。

② 各相界面张力为各相表面内力和表面外力之差。即：$\sigma_{12} = \sigma_1^0 - \sigma_{12}^0$，$\sigma_{21} = \sigma_2^0 - \sigma_{21}^0$。

③ 两相的表面外力相等。即 $\sigma_{12}^0 = \sigma_{21}^0$。

④ 两相间共同界面张力为两相各自的界面张力之和。即：$\gamma_{12} = \sigma_{12} + \sigma_{21}$。

因此，若已知两相的表面张力，并测定了两相间共同的界面张力，则由以上关系可计算出各相的表面内力、各相的界面张力和两相间表面外力。现将水、汞与一些物质相交界时，各项表面力的计算值列于表 8-24。

表 8-24　相交两相的各种表面力（20℃）

体系	1 相	2 相	1 相 表面内力 /(mJ/m²)	2 相 表面内力 /(mJ/m²)	2 相 界面张力 /(mJ/m²)	1 相 界面张力 /(mJ/m²)	1-2 相间 表面外力 /(mJ/m²)	参考文献
水-烷烃	水	正戊烷	72.75	15.97	-3.27	53.51	19.24	[87]
	水	正己烷	72.75	18.43	-1.61	52.71	20.04	[73]
	水	正庚烷	72.75	20.31	-1.12	51.32	21.43	[87]
	水	正辛烷	72.75	21.77	-0.085	50.9	21.86	[73]
	水	正癸烷	72.75	23.92	1.19	50.02	22.74	[87]
	水	正十四烷	72.75	26.53	2.99	49.21	23.54	[87]
	水	正十六烷	72.75	27.64	4.33	49.44	23.31	[78,87]

体系	1相	2相	1相表面内力 /(mJ/m²)	2相表面内力 /(mJ/m²)	2相界面张力 /(mJ/m²)	1相界面张力 /(mJ/m²)	1-2相间表面外力 /(mJ/m²)	参考文献
水-芳香烃	水	苯	72.75	28.86	−4.45	39.45	33.31	[83]
	水	甲苯	72.75	27.97	−4.16	39.84	32.13	[84]
	水	乙苯	72.75	28.51	−2.77	41.47	31.28	[85]
	水	丙苯	72.75	28.52	−2.19	41.27	30.71	[84]
	水	丁苯	72.75	28.72	−1.31	41.95	30.03	[84]
	水	邻二甲苯	72.75	29.89	−3.40	39.46	33.29	[83]
	水	对二甲苯	72.75	28.33	−3.33	41.1	31.66	[83]
水-醇 zft	水	正丁醇	72.75	24.57	−23.29	24.89	47.86	[89]
	水	正戊醇	72.75	25.6	−21.18	25.98	46.78	[87]
	水	正己醇	72.75	24.48	−20.74	27.54	45.22	[89]
	水	正庚醇	72.75	24.42	−20.19	28.14	44.61	[87,85]
	水	正辛醇	72.75	26.71	−18.82	27.22	45.53	[87]
汞-烷烃	汞	正己烷	484	18.43	−43.80	421.8	62.20	[83]
	汞	正庚烷	484	19.8	−42.58	421.1	62.93	[84]
	汞	正辛烷	484	21.8	−43.6	418.6	65.40	[87]
	汞	正壬烷	484	22.92	−44.54	416.54	67.46	[82]
汞-醇	汞	甲醇	484	22.6	−39.2	422.2	61.8	[88]
	汞	乙醇	484	22.7	−36.15	425.12	58.85	[88]
	汞	正丙醇	484	23.8	−44.1	419.1	64.9	[88]
	汞	正丁醇	484	24.6	−42.2	417.2	66.8	[88]
	汞	正己醇	484	25.8	−43.1	415.1	68.9	[88]
	汞	正辛醇	484	27.5	−52.25	404.25	79.75	[88]

我们试图通过计算与处理各类物质间相互作用的数据来验证上述讨论。

在进行实际物质数据计算处理前需先了解用于计算的两个标准参考物质。用于物质数据计算的标准参考物质性能数据来源详见 8.4.5 节内容。

① 标准参考物质 1

选择水为标准参考物质 1，用于计算其他物质表面力时使用水的标准性能数据为：20℃时表面张力为 72.75mJ/m²，25℃时表面张力为 71.97mJ/m²。通常使用较多的是 20℃时表面张力 72.75mJ/m²。

计算中静电力如只考虑了永久偶极矩的相互作用，理论计算表明，水中色散力占分子间作用能的 19%。如果考虑了氢键的影响，则色散力所占比例为 7.3%。

依据 van Krevelen 溶解度参数理论数据，计算得水中色散力占分子间作用能的 7.3%。如果将氢键力和极性力合并作静电力，则静电作用力共占 92.7%。此结果与理论计算相符。

水中诱导力只占很小比例，理论计算表明，在不考虑氢键力时仅占 4.1%。如果考虑氢键力，诱导力所占比例可能将更低些。这也表明当水与其他极性物质作用时，其他物质对水的诱导力可能更低些。所以可近似地只考虑水对其他极性物质的诱导力。

因此，水中色散力对表面能的贡献为：$\sigma_{H_2O}^{D} = 72.75 \times 7.3\% = 5.31 (mJ/m^2)$。水中静电力对表面能的贡献为：$\sigma_{H_2O}^{K} = 72.75 \times 92.7\% = 67.44 (mJ/m^2)$。

② 标准参考物质 2

选择汞为标准参考物质 2，用于计算其他物质表面力时使用汞的标准性能数据为：

汞的表面张力：$\sigma_{Hg} = 486.5 mJ/m^2$；一些文献中使用 $\sigma_{Hg} = 484 mJ/m^2$。

汞色散表面力：$\sigma_{Hg}^{D} = 208.63 mJ/m^2$；$\sigma_{Hg} = 484 mJ/m^2$ 时 $\sigma_{Hg}^{D} = 201.07 mJ/m^2$。

汞金属键表面力：$\sigma_{Hg}^{M} = 277.87 mJ/m^2$；$\sigma_{Hg} = 484 mJ/m^2$ 时 $\sigma_{Hg}^{M} = 282.93 mJ/m^2$。

水-汞的共同界面张力：$\gamma_{Hg-H_2O} = 375 mJ/m^2$；

汞的色散表面内力系数：$\psi_{Hg}^{D} = 14.444 (mJ/m^2)^{1/2}$（见表 8-21）。

水-汞间水的界面张力：$\sigma_{H_2O-Hg} = -19.375 mJ/m^2$

水-汞间汞的界面张力：$\sigma_{Hg-H_2O} = 394.375 mJ/m^2$

水-汞间表面外力：$\sigma_{H_2O-Hg}^{0} = 92.125 mJ/m^2$

水-汞间色散表面外分力：$\sigma_{H_2O-Hg}^{D} = 33.284 mJ/m^2$

水对汞的诱导表面外分力：$\sigma_{H_2O-Hg}^{I} = 58.841 mJ/m^2$

汞的诱导表面作用分力系数：$\sigma_{Hg}^{KI} = 221.522 mJ/m^2$

汞的表面诱导系数：$\psi_{Hg}^{SKI} = 14.884 mJ/m^2$

③ 非极性-极性物质相互作用

由水与汞两个标准参考物质的性能数据，通过标准参考物质与讨论物质相互接触相互作用的结果，可以计算讨论物质的各个相关性能数据。

a. 烷烃-水相互作用:已知烷烃-水间有色散力，亦有水对烷烃的诱导力，计算数据如表 8-25 所列。

表 8-25 烷烃-水的相互作用（20℃） 单位：mJ/m^2

项目	正戊烷	正己烷	正庚烷	正辛烷	正癸烷	正十四烷	正十六烷
有机物表面张力，σ_O	15.97	18.43	20.31	21.77	23.92	26.53[1]	27.64
烷烃-水共同界面张力，$\gamma_{O,w}$	50.24	51.1	50.2	50.82	51.2	52.2	53.77
烷烃的界面张力，$\sigma_{O,w}$	-3.27	-1.61	-1.12	-0.09	1.19	2.99	4.33
水的界面张力，$\sigma_{w,O}$	53.51	52.71	51.32	50.9	50.02	49.1	49.44
表面外力，$\sigma_{O,w}^{0}$	19.24	20.04	21.43	21.86	22.74	2354	23.31
表面外力中色散作用能，$\sigma_{O,w}^{D}$	9.21	9.89	10.38	10.75	11.27	11.87	12.11
表面外力中诱导作用能，$\sigma_{O,w}^{I}$	10.03	10.15	11.05	11.11	11.47	11.67	11.2
烷烃的诱导系数，$(\psi_{O}^{KI})^2$	6.44	6.59	7.81	7.9	8.42	8.71	8.03[2]
参考文献	[87]	[73]	[87]	[73]	[87]	[87]	[87,90]

① 21.5℃下数据。

② 偏差稍大，估计由共同界面张力测量误差引起。

依据有机物同系性规律[65]，对表 8-25 数据用最小二乘法处理，得到烷烃的诱导系数 ψ_O^{KI}

与碳链 n_C 的关系为 $$\lg\left(\psi_o^{KI}\right)^2 = 0.3144\lg n_C + 0.5991 \tag{8-241}$$

b. 汞-水相互作用：汞、水间除色散力外还有诱导力，取 $\gamma_{Hg\text{-}H_2O} = 375mJ/m^2$，$\sigma_{Hg} = 484mJ/m^2$。计算得水-汞间水的界面张力 $\sigma_{H_2O\text{-}Hg} = -18.10mJ/m^2$，水-汞间汞的界面张力 $\sigma_{Hg\text{-}H_2O} = 393.1mJ/m^2$，汞-水间表面外力 $\sigma_{Hg\text{-}H_2O}^0 = 90.9mJ/m^2$，汞-水间色散力 $\sigma_{Hg\text{-}H_2O}^D = 32.66mJ/m^2$，汞-水间诱导力 $\sigma_{Hg\text{-}H_2O}^I = 58.24mJ/m^2$，汞的诱导系数 $\psi_{Hg}^{SKI} = 14.73mJ^{1/2}/m$。用此数据进行汞与醇的相互作用计算，得到了满意的结果。

c. 汞-醇相互作用：为便于比较，数据均取自文献[88]。醇的色散力、静电力所占比例依据文献[53,54]中醇的溶解度参数数据计算，结果列于表 8-26。

表8-26　汞-醇间相互作用（20℃）　　　　　　　单位：mJ/m²

项目		甲醇	乙醇	正丙醇	正丁醇	正己醇	正辛醇
醇的表面张力		22.6	22.7	23.8	24.6	25.8	27.5
汞-醇间表面外力中色散力		34.55	40.13	44.84	48.5	56.63	64.66
汞-醇间表面外力中诱导力		25.81	22.71	20.84	19.15	14.27	9.49
汞-醇间表面外力	计算值[①]	60.36	62.84	65.68	67.65	70.9	74.15
	实测值[②]	61.8	58.85	64.9	66.8	68.9	79.75
	误差	−1.44	4	0.78	0.85	2	−5.6
醇的界面张力	计算值[①]	−37.76	−40.15	−41.88	−43.05	−45.1	−46.65
	实测值[②]	−39.2	−36.15	−41.1	−42.2	−43.1	−52.25
	误差	1.44	−4	−0.78	−0.85	−2	5.6
汞的界面张力	计算值[①]	423.64	421.15	418.32	416.35	413.1	409.85
	实测值[②]	422.2	425.15	419.1	417.2	415.1	404.25
	误差	1.44	−4	−0.78	−0.85	−2	5.6
汞-醇共同界面张力	计算值[①]	385.88	381	376.44	373.3	368	363.2
	误差	2.88	−8	−1.56	−1.7	−4	11.2[③]
	Fowkes 计算值	372	372	370	368	366	363
	误差	−11	−17	−8	−7	−6	11
	实测值	383	389	378	375	372	352

① 按分子间相互作用理论公式计算。

② 按实验测得的共同界面张力，以表面力公式计算。

③ 计算数据系用外推值，故误差较大。

计算结果与"实测值"较吻合，且较 Fowkes 的数据更理想。这说明，我们的理论模型在一定程度上是可靠的。

④ 极性物质相互作用

以水-醇的相互作用为代表，它们之间典型的相互作用包括色散力、静电力和诱导力三种。对色散力和静电力可应用 Berthelot 组合律计算。

已知水分子间产生诱导力的比例很小，可以忽略。因此，水-醇间诱导力主要是水对醇产生的诱导力，是水对醇中烷基产生诱导作用。故可用水-烷烃间相互作用数据来计算水-醇间的诱导力，计算结果列于表 8-27。

表 8-27　水-醇间相互作用（20℃）　　　　　　　　单位：mJ/m²

项目		正丁醇	正戊醇	正己醇	正庚醇	正辛醇	环己醇[3]
醇的表面张力		24.57	25.60	24.48	24.42	26.71	34.50
水-醇间表面外力中色散力		7.88	8.61	8.97	9.44	10.35	10.51
水-醇间表面外力中静电力		29.47	28.02	25.10	22.70	20.95	30.40
水-醇间表面外力中诱导力		9.80	10.15	10.44	10.70	10.93	11.64
水-醇间表面外力	计算值[1]	47.15	46.78	44.51	42.84	42.23	52.55
	实测值[2]	47.86	46.78	45.22	44.61	45.53	52.08
	误差	−0.71	0.00	−0.71	−1.77	−3.30	0.47
醇的界面张力	计算值[1]	−22.58	−21.18	−20.03	−18.42	−15.52	−18.05
	实测值[2]	−23.29	−21.18	−20.74	−20.19	−18.82	−17.58
	误差	0.71	0.00	0.71	1.77	3.30	−0.47
水的界面张力	计算值[1]	25.60	25.97	28.24	29.91	30.52	20.20
	实测值[2]	24.89	25.97	27.54	28.14	27.22	20.68
	误差	0.71	0.00	0.71	1.77	3.30	−0.48
水-醇共同界面张力	计算值[1]	3.02	4.79	8.21	11.49	15.00	2.15
	实测值[2]	1.60	4.80[4]	6.80[5]	7.95	8.40	3.10
	误差	1.42	−0.01	1.41	3.54	6.60	−0.95
参考文献		[92]	[87]	[87,92]	[87,91]	[87]	[87]

① 按分子间相互作用理论公式计算。

② 按实验测得的共同界面张力数据，以表面力公式计算。

③ 采用环己烷数据计算。

④ 18℃数据。

⑤ 25℃数据。

表 8-27 数据表明，水-醇相互作用的理论计算值与"实测值"吻合得较好，其中利用环己烷数据计算环己醇与水的相互作用，结果也较理想。

8.5.2　范德华力和润湿计算法

（1）润湿与润湿系数

润湿可以认为是一相表面上的一种流体被另一种流体所取代的过程。润湿的本质可从相内、外分子间相互作用情况来分析，故润湿情况可以反映物质间范德华力的情况。

以液-固体系为例，当液体分子间相互作用大于液-固分子间相互作用时，液相不对固相润湿；反之，前者小于后者时液相对固相润湿。因此，两相间润湿性能的优劣取决于相内、相间分子间相互作用的比较[67,68]。

已知黏附功是将 1cm² 的两相界面分离所需做的功：

$$W_{12} = \sigma_1 + \sigma_2 - r_{12} \tag{8-242}$$

式中，σ_1、σ_2 分别为两相表面张力；γ_{12} 为两相共同界面张力。

同理，两相内聚功分别为：　　$W_{11} = 2\sigma_1$；$W_{22} = 2\sigma_2$ （8-243）

黏附功表示两相间分子间的相互作用，内聚功表示各相相内分子间相互作用。因此定义

1 相对 2 相的润湿系数：

$$\omega_{12} = \frac{W_{12}}{W_{11}} = \frac{\sigma_1 + \sigma_2 - \gamma_{12}}{2\sigma_1} \tag{8-244a}$$

2 相对 1 相的润湿系数：

$$\omega_{21} = \frac{W_{12}}{W_{22}} = \frac{\sigma_1 + \sigma_2 - \gamma_{12}}{2\sigma_2} \tag{8-244b}$$

上一节物理界面界面层模型的基本公式[70,71,93]为：

$$\left. \begin{array}{l} \gamma_{12} = \sigma_{12} + \sigma_{21}; \sigma_{12} = \sigma_1^0 - \sigma_{12}^0; \sigma_{21} = \sigma_2^0 - \sigma_{21}^0 \\ \sigma_{12}^0 = \sigma_{21}^0; \sigma_1^0 = \sigma_1; \sigma_2^0 = \sigma_2 \end{array} \right\} \tag{8-245}$$

式中，σ_{12} 为 1 相界面张力；σ_{21} 为 2 相界面张力；σ_{12}^0、σ_{21}^0 为两相各自的表面外力；σ_1^0、σ_2^0 为各相的表面内力，因此得

1 相的润湿系数：

$$\omega_{12} = \sigma_{12}^0 / \sigma_1^0 = \sigma_{12}^0 / \sigma_1 \tag{8-246}$$

2 相的润湿系数：

$$\omega_{21} = \sigma_{21}^0 / \sigma_2^0 = \sigma_{21}^0 / \sigma_2 \tag{8-247}$$

即相间润湿系数可定义为相间表面外力对相间表面内力（即表面张力）的比值。

当表示相间分子作用的表面外力强于表示相内分子相互作用的表面内力时，一相对另一相润湿；反之，表面外力弱于表面内力时，一相对另一相不润湿。故而：

1 相对 2 相润湿时，$\omega_{12} > 1$；1 相对 2 相不润湿时，$\omega_{12} < 1$。

显然，ω 数值越大，一相对另一相的润湿能力越强。

已知[71]：

$$\sigma_{12}^0 = 2\pi n_1^s n_2^s \int_0^d F_{(a)}^{12} \mathrm{d}a \tag{8-248}$$

式中：n_1^s、n_2^s 为各相界面层的平均浓度；d 为异相分子间作用距离；$F_{(a)}^{12}$ 为异相分子间作用函数；a 为分子距物理分界面的距离。如果两相分子间以范德华力相互作用，则 $F_{(a)}^{12}$ 可分解为色散力（D）、静电力（K）和诱导力（I）三个分量。

$$F_{(a)}^{12} = F_{(a)}^{12,\mathrm{D}} + F_{(a)}^{12,\mathrm{K}} + F_{(a)}^{12,\mathrm{I}} \tag{8-249}$$

故

$$\omega_{12} = \frac{2\pi n_1^s n_2^s \int_0^d F_{(a)}^{12} \mathrm{d}a}{\sigma_1} = \frac{2\pi n_1^s n_2^s}{\sigma_1} \left[\int_0^d F_{(a)}^{12,\mathrm{D}} \mathrm{d}a + \int_0^d F_{(a)}^{12,\mathrm{K}} \mathrm{d}a + \int_0^d F_{(a)}^{12,\mathrm{I}} \mathrm{d}a \right] \tag{8-250}$$

$$\omega_{21} = \frac{2\pi n_1^s n_2^s \int_0^d F_{(a)}^{12} \mathrm{d}a}{\sigma_2} = \frac{2\pi n_1^s n_2^s}{\sigma_2} \left[\int_0^d F_{(a)}^{12,\mathrm{D}} \mathrm{d}a + \int_0^d F_{(a)}^{12,\mathrm{K}} \mathrm{d}a + \int_0^d F_{(a)}^{12,\mathrm{I}} \mathrm{d}a \right] \tag{8-251}$$

即

$$\omega_{12} = \omega_{12}^{\mathrm{D}} + \omega_{12}^{\mathrm{K}} + \omega_{12}^{\mathrm{I}}, \quad \omega_{21} = \omega_{21}^{\mathrm{D}} + \omega_{21}^{\mathrm{K}} + \omega_{21}^{\mathrm{I}} \tag{8-252}$$

因此，理论上认为可依据物质的偶极矩、极化率、电离能等基本数据计算润湿系数。同时也可利用 Girifalco-Good[94,95]理论计算得出的 ϕ 系数来计算润湿系数。Girifalco-Good 理论中 ϕ 系数法如下。

ϕ 系数可表示为：

$$\phi_{12} = \frac{\sigma_1 + \sigma_2 - \gamma_{12}}{2(\sigma_1 \sigma_2)^{1/2}} = \frac{\sigma_{12}^0}{(\sigma_1 \sigma_2)^{1/2}} \tag{8-253}$$

故

$$\omega_{12} = \phi_{12}(\sigma_2 / \sigma_1)^{1/2}; \quad \omega_{21} = \phi_{12}(\sigma_1 / \sigma_2)^{1/2}$$

因为 $\phi_{12} = \phi_{21}$，由此可知：

$$\phi_{12} = \phi_{21} = (\omega_{12} \omega_{21})^{1/2} \tag{8-254}$$

故：

$$\frac{\omega_{12}}{\omega_{21}} = \frac{\sigma_2}{\sigma_1} \tag{8-255}$$

在 Girifalco-Good 理论中曾提出理论计算 ϕ 系数的公式为：

$$\phi_{12} = \frac{4R_1R_2}{\left(R_1+R_2\right)^2} \times \frac{\Sigma C_{12}}{\left(\Sigma C_{11} + \Sigma C_{22}\right)^{1/2}} \qquad (8\text{-}256)$$

式中，R_1、R_2 为分子半径；C 为引力常数，$\Sigma C = C_{色散} + C_{诱导} + C_{偶极}$。引力常数可由分子的极化率、偶极矩及电离能计算。

设 Girifalco-Good 理论的 ϕ 系数计算的润湿系数为理论值，以共同界面张力 γ_{12} 计算的润湿系数为实验值。表 8-28 列出了各种液体对水的 ϕ 系数和计算的润湿系数。表 8-29 列出了各种液体对汞的润湿系数。

表 8-28 各种液体（相 1）与水（相 2）的润湿系数计算（20℃）

液体（相 1）	σ_L /(mJ/m²)	理论值[①]			实验值[②]		
		ϕ 系数	ω_{12}	ω_{21}	γ_{12}/(mJ/m²)	ω_{12}	ω_{21}
己烷	18.00	0.552	1.110	0.275	50.70	1.113	0.275
庚烷	19.70	0.552	1.061	0.287	51.20	1.047	0.284
辛烷	21.40	0.552	1.018	0.299	51.50	0.996	0.293
癸烷	23.50	0.552	0.971	0.314	52.00	0.941	0.304
正十二烷	25.10	0.552	0.940	0.324	52.80	0.897	0.310
正十四烷	25.60	0.552	0.931	0.327	52.20	0.901	0.317
正十六烷	27.30	0.552	0.901	0.338	53.30	0.856	0.321
2-甲基丁烷	14.97	0.552	1.217	0.250	50.10	1.257	0.259
2,2-二甲基丁烷	16.18	0.551	1.168	0.260	49.70	1.212	0.270
2,3-二甲基丁烷	17.43	0.551	1.126	0.270	49.80	1.158	0.278
2-甲基戊烷	18.41	0.552	1.097	0.278	48.90	1.148	0.290
3-甲基戊烷	18.11	0.551	1.104	0.275	49.90	1.131	0.282
3-乙基戊烷	20.16	0.551	1.047	0.290	50.50	1.052	0.291
2,4-二甲基戊烷	18.12	0.551	1.104	0.275	50.00	1.128	0.281
3-甲基己烷	19.56	0.551	1.063	0.286	50.40	1.071	0.288
3-乙基己烷	21.54	0.551	1.013	0.300	50.80	1.010	0.299
3-甲基庚烷	21.30	0.551	1.018	0.298	50.50	1.022	0.299
2-甲基-3-乙基戊烷	21.54	0.551	1.013	0.300	50.20	1.023	0.303
2,2,4-三甲基戊烷	18.85	0.551	1.082	0.280	50.00	1.103	0.286
环己烷	25.50	0.553	0.934	0.327	50.20	0.942	0.330
顺-萘烷	32.18	0.553	0.831	0.368	51.24	0.834	0.369
反-萘烷	29.89	0.553	0.863	0.354	50.70	0.869	0.357
四氯化碳	26.95	0.553	0.909	0.337	45.00	1.015	0.376
三溴甲烷	41.50	0.604	0.800	0.456	40.90	0.884	0.504
二碘甲烷	50.80	0.615	0.736	0.514	48.50	0.739	0.516
1,1,2,2-四溴乙烷	49.70	0.635	0.768	0.525	38.80	0.842	0.575

液体（相1）	σ_L /(mJ/m^2)	理论值[1]			实验值[2]		
		ϕ 系数	ω_{12}	ω_{21}	γ_{12}/(mJ/m^2)	ω_{12}	ω_{21}
1,2,3-三溴丙烷	45.40	0.615	0.779	0.486	38.50	0.877	0.547
二氯甲烷	26.50	0.869	1.440	0.524	28.30	1.339	0.488
异戊基氯[3]	23.50	0.725	1.276	0.412	15.40	1.720	0.556
溴乙烷	24.20	0.812	1.408	0.468	31.20	1.358	0.452
特丁基氯	19.60	0.784	1.510	0.407	23.75	1.750	0.471
异丁基氯	21.90	0.789	1.438	0.433	24.40	1.604	0.483
碘苯	39.70	0.615	0.833	0.454	41.80	0.890	0.486
α-溴萘	44.60	0.603	0.770	0.472	42.10	0.844	0.517
α-氯萘	41.80	0.61	0.805	0.462	40.70	0.883	0.508
溴苯	36.50	0.653	0.922	0.463	38.10	0.975	0.489
氯苯	33.60	0.671	0.987	0.456	37.40	1.026	0.474
邻硝基甲苯	41.50	0.915	1.211	0.691	27.20	1.049	0.598
硝基甲烷	36.80	0.999	1.405	0.711	9.50	1.359	0.688
异戊腈	26.00	0.971	1.624	0.580	14.10	1.628	0.582
丁腈	28.10	0.992	1.596	0.617	10.40	1.609	0.622
二硫化碳	32.30	0.552	0.828	0.368	48.40	0.877	0.389
异硫氰酸苯酯	41.50	0.819	1.084	0.619	39.00	0.907	0.517

① 依据 ϕ 系数计算的 ω_{12} 和 ω_{21} 值，ϕ 系数取自文献[94]，由于芳烃理论 ϕ 系数值与实验值偏差较大（达18.9%～34%），故此处未取这部分数据。各种液体与水的 ϕ 系数和计算的润湿系数值可见文献[48,67,68]。

② 依据共同界面张力 γ_{12} 计算的 ω_{12} 和 ω_{21} 值。

③ 取自文献[78]。

表8-29 各种液体（相1）对汞（相2）的润湿系数计算（20℃）

液体	σ_L /(mJ/m^2)	基本表面力参数			ω_{12} 计算值	ω_{12} 实验值	备注
		σ^D /(mJ/m^2)	相1总静电力$\sigma^{\Sigma K}$ /(mJ/m^2)	ΣK /%			
汞（相2）	486.5	208.63	汞的诱导系数 $\sigma^{KI}=221.52$				金属键力 $\sigma_{Hg}^{M}=277.87$ mJ/m^2
相1							
乙醚	14.69	14.69			3.769	3.740	
乙醇	22.27	7.86	14.41	64.70	2.835	2.967	
丁苯	28.72	28.72			2.696	2.704	25℃
丁醇	24.60	11.70	12.90	52.43	2.796	2.862	
异丁醇	22.70	10.10	12.60	55.52	2.889	3.546	
二硫化碳	32.33	32.33			2.540	2.819	
p-二甲苯	28.33	28.33			2.714	2.759	

液体	σ_L /(mJ/m²)	基本表面力参数		ΣK /%	ω_{12} 计算值	ω_{12} 实验值	备注
		σ^D /(mJ/m²)	相1总静电力 $\sigma^{\Sigma K}$ /(mJ/m²)				
m-二甲苯	28.90	28.72	0.18	0.64	2.687	2.783	
o-二甲苯	30.10	29.91	0.19	0.64	2.633	2.659	
己烷	18.43	18.43			3.365	3.512	
己醇	24.48	13.59	10.89	44.47	2.844	2.961	

（2）接触角与润湿系数

在表面现象理论中通常是以接触角数值来判断液体对固体的润湿情况。

已知：当接触角 $\theta < 90°$ 时，液相对固相润湿；接触角 $\theta > 90°$ 时，液相对固相不润湿。

润湿系数数值同样亦可用来判断液体对固体的润湿情况，润湿系数与接触角具有下列关系：

$$\omega_{12} = 1 + \cos\theta \qquad (8\text{-}257)$$

因此，以接触角和以润湿系数来判断相间润湿情况对比如下。

a. 液相对固相完全不润湿。

接触角法：
$$\theta = 180°, \quad \cos\theta = -1 \qquad (8\text{-}258)$$

润湿系数法：$\omega_{12} = 0$

$\omega_{12} = 0$，即 $\sigma_{12}^0 = 0$。表明两相间无任何分子间相互作用，这在实际情况中是不可能的，故此种情况只是假设。

b. 液相对固相不润湿。

接触角法：
$$180° > \theta > 90°, \quad -1 < \cos\theta < 0 \qquad (8\text{-}259)$$

润湿系数法：$0 < \omega_{12} < 1$，这意味着相间表面外力弱于相内的表面内力。

对于润湿与不润湿分界处，

接触角法：
$$\theta = 90°, \quad \cos\theta = 0 \qquad (8\text{-}260)$$

润湿系数法：$\omega_{12} = 1$，这意味着相间表面外力等于相内表面内力。

c. 液相对固相润湿

接触角法：
$$90° > \theta > 0°, \quad 0 < \cos\theta < 1 \qquad (8\text{-}261)$$

润湿系数法：$1 < \omega_{12} < 2$，这意味着相间表面外力强于相内的表面内力。

d. 液相对固相完全润湿

接触角法：
$$\theta = 0°, \quad \cos\theta = 1 \qquad (8\text{-}262)$$

润湿系数法：$\omega_{12} = 2$，这意味着此时相间表面外力强于相内表面内力的一倍。

e. 液相在固相表面铺展

接触角法：
$$\theta < 0°, \quad \cos\theta > 1, \quad 不能表示 \qquad (8\text{-}263)$$

润湿系数法：$\omega_{12} > 2$，可以表示。这意味着此时相间表面外力要超过相内表面内力的一倍。

由此可见，以润湿系数表示相间润湿能力大小较接触角法有以下优点：

① 接触角主要适用于液-固体系，而润湿系数不限于液-固体系。

② 当液体在固体表面发生铺展时，接触角不能反映这些液体铺展能力的高低，均表示为 $\theta = 0°$。

③ 通过比较液体润湿系数数值，可知道它们对固体铺展能力的高低。

④ 润湿系数可以实验测定，也可通过理论规律计算，接触角只能以实验测定。

⑤ 接触角不直接反映分子间作用情况，而润湿系数可直接反映分子间作用情况。

（3）润湿系数计算

液-液体系的润湿系数可由两相的共同界面张力计算得到两相的黏附功，然后按润湿系数的定义式（8-257）求得润湿系数数值。下面介绍液-固体系中润湿系数的一些计算方法。

① 接触角法

实验测得接触角数值，以式（8-257）计算，所得数值称为润湿系数的实验值。各种液体对聚四氟乙烯的润湿系数实验值列于表8-30。

表 8-30　各种液体对聚四氟乙烯（相 2）的润湿系数（20℃）[①]

液相 （相 1）	σ_L $/(mJ/m^2)$	基本表面力参数		接触角 $\theta/(°)$	润湿系数，ω_{12}		
		σ^D $/(mJ/m^2)$	$\sigma^{\Sigma K}$ $/(mJ/m^2)$		临界表面张力法[②]	基本表面力法	实验值
烷烃							
戊烷	15.97	15.97		铺展	2.073	2.217	铺展
己烷	18.43	18.43		12	1.994	2.063	1.978
庚烷	20.28	20.28		21	1.931	1.967	1.934
辛烷	21.78	21.78		26	1.880	1.898	1.899
壬烷	22.96	22.96	—	32	1.840	1.849	1.848
癸烷	23.92	23.92	—	35	1.807	1.811	1.819
正十一烷	24.28	24.28	—	39	1.795	1.800	1.777
正十二烷	25.48	25.48	—	42	1.757	1.755	1.743
正十三烷	26.13	26.13	—		1.732	1.733	—
正十四烷	26.53	26.53	—	44	1.718	1.720	1.719
正十五烷	27.12	27.12	—		1.698	1.701	2.000
正十六烷	27.66	27.66	—	46	1.680	1.684	1.695
醚类							
乙醚	17.02	14.62	2.40	—	2.089	2.119	—
异丙醚	17.80	16.11	1.69	铺展	2.058	2.083	铺展
丙醚	20.50	14.98	5.52	19	1.950	1.900	1.946
丁醚	22.80	20.96	1.84	31	1.858	1.843	1.857
戊醚	24.90			40	1.774		1.766
庚醚	27.00			47	1.690		1.682
辛醚	27.70			49	1.662		1.656
线型聚甲基硅氧烷							
二聚物	15.70	9.11	6.59	—	2.105	2.103	—
三聚物	16.96	9.84	7.12	铺展	2.031	2.024	铺展
四聚物	17.60	10.21	7.39	8	1.993	1.987	1.990
五聚物	18.10	10.50	7.60	15	1.963	1.959	1.966

液相 （相1）	σ_L /(mJ/m²)	基本表面力参数		接触角 θ/(°)	润湿系数，ω_{12}		
		σ^D /(mJ/m²)	$\sigma^{\Sigma K}$ /(mJ/m²)		临界表面张力法[②]	基本表面力法	实验值
六聚物	18.45	10.70	7.75	19	1.943	1.940	1.946
七聚物	18.60	10.79	7.81	24	1.934	1.932	1.914
八聚物	18.82	10.92	7.90	—	1.921	1.921	—
九聚物	19.24	11.16	8.08	26	1.896	1.900	1.899
十二聚物	19.56	11.34	8.22	29	1.877	1.884	1.875
十七聚物	19.87	11.52	8.35	30	1.859	1.869	1.866
卤化物							
全氟丁基醚	12.80	11.77[③]	1.03[③]	铺展	2.243	2.459[③]	铺展
全氟三丁胺	16.20			铺展	2.138		铺展
四氯化碳	26.80	25.26	1.44	36	1.809	1.700	1.810
四氯乙烯	31.70	27.80	3.90	49	1.657	1.556	1.656
对称四氯乙烷	36.30	34.16	2.14	56	1.515	1.463	1.559
α-溴萘	44.60	41.83	2.77	73	1.258	1.320	1.292
对称四溴乙烷	49.70	42.09	7.61	79	1.099	1.239	1.191
二碘甲烷	50.80	44.40	6.40	88	1.065	1.229	1.035
芳烃							
苯	28.90	28.50	0.40	46	1.582	1.646	1.695
甲苯	28.30	27.79	0.51	43	1.594	1.663	1.731
乙苯	29.00	28.79	0.21	48	1.580	1.644	1.669
丙苯	29.00	28.79	0.21	49	1.580	1.644	1.656
丁苯	29.20	29.20	—	49	1.576	1.639	1.656
己苯	30.00	30.00	—	52	1.560	1.617	1.616
其他							
汞	486.50	208.63		150	0.263		0.134
水	72.75	5.31	67.44	108	0.705	0.691	0.691
丙三醇	63.40	14.58	48.82	100	0.892	0.899	0.826
甲酰胺	58.20	12.82	45.38	92	0.996	0.931	0.965
二硫化碳	31.40	31.40	—	62	1.532	1.581	1.469

① 聚四氟乙烯为第二相。

② 临界表面张力法依据式（8-268）计算 ω_{12}；基本表面力法依据式（8-266）计算 ω_{12}；实验值依据式（8-257）计算 ω_{12}。

③ 依据丁醚数据计算。

② 润湿理论的基本表面力计算法

已知：

$$\omega_{12} = \omega_{12}^D + \omega_{12}^K + \omega_{12}^I \tag{8-264}$$

$$\left.\begin{array}{l} \omega_{12}^{D} = \dfrac{1}{\sigma_1}\left(\sigma_1^{D}\sigma_2^{D}\right)^{1/2} \\[3mm] \omega_{12}^{I} = \dfrac{1}{2\sigma_1}\left[\left(\sigma_1^{\Sigma K}\sigma_2^{KI}K_1^{\Sigma}\right)^{1/2} + \left(\sigma_2^{\Sigma K}\sigma_1^{KI}K_2^{\Sigma}\right)^{1/2}\right] \\[3mm] \omega_{12}^{K} = \dfrac{1}{\sigma_1}\left(\sigma_1^{\Sigma K}\sigma_2^{\Sigma K}\right)^{1/2} \end{array}\right\} \qquad (8\text{-}265)$$

因此，当知道这些基本表面力参数时即可计算润湿系数数值。例如，讨论体系是各种有机液体与聚四氟乙烯，由于聚四氟乙烯为非极性物质，故：

$$\omega_{12} = \omega_{12}^{D} + \omega_{12}^{I} = \frac{1}{\sigma_1}\left(\sigma_1^{D}\sigma_2^{D}\right)^{1/2} + \frac{1}{2\sigma_1}\left(\sigma_1^{\Sigma K}\sigma_2^{KI}K_1^{\Sigma}\right)^{1/2} \qquad (8\text{-}266)$$

由此计算得到的各液相的润湿系数亦列于表 8-30，以与实验值相比较，由表列数据可知，两者符合较好。

表 8-30 表明临界表面张力法可以用于润湿系数计算，计算结果与基本表面力结果比较吻合。

Zisman[96,97]得到下列临界表面张力法计算式：

$$\cos\theta = 1 + b\left(\gamma_{C} - \sigma_1\right) \qquad (8\text{-}267)$$

式中，γ_{C} 为临界表面张力。故得：

$$\omega_{12} = 2 + b\left(\gamma_{C} - \sigma_1\right) \qquad (8\text{-}268)$$

因此，可利用 Zisman 方法求得的各种 γ_{C} 和 b 系数数据（例如对聚四氟乙烯的数据见表 8-31）计算各种液体对固相的润湿系数。由此计算得到的各液相的润湿系数亦列于表 8-30。

表 8-31　聚四氟乙烯的 γ_{C} 和 b 系数数据[24]

液体	烷烃	醚类	线型聚甲基硅氧烷类	卤化物	各种液体
b 系数	0.034	0.040	0.059	0.031	0.020
$\gamma_{C}/(\mathrm{mJ/m^2})$	18.24	19.25	17.48	20.65	8.0

临界表面张力法的优点是可利用同系物求得的 γ_{C} 和 b 系数数据，计算得到实验测定或其他计算方法有困难的一些化合物的润湿系数值。

8.5.3　范德华力和分子内压力

本节讨论的是范德华力和分子内压力的关系，分子内压力存在于液体和固体中，因而本节将着重讨论液体中范德华力和分子内压力的关系。

液体的分子特性为：液体中存在有两种类型分子：无序分子和有序分子。无序分子是指无一定方向运动着的分子；而有序分子是指分子位置相对一定，并不是到处移动的分子，在部分分子间或是很多分子间呈一定规律有序地在空间排列分布。

气体分子全是无序分子，气体中也存在有分子间的各种相互作用，气体分子间相互作用是无序分子间的相互作用，无一定的作用方向，分子间的相互作用可能是分子吸引力，也可能是分子排斥力，因而气体分子间形成不了有一定作用方向的作用合力，气体物质虽然有着众多分子，但气体无序分子的吸引力形成不了液体静态有序分子的分子吸引力所形成的分子压力。

液体，即凝聚相中存在有一定规律排列的有序分子，在通常讨论条件下，有序分子间存在分子间吸引力，分子间吸引力有可能在一定方向上形成作用合力，物质内众多分子间的吸引作用力有可能形成某种分子压力，会对物质性质产生影响。

气相物质和液相物质的区别在于液相是凝聚相，而气相不是凝聚相。凝聚相存在有界面、界（表）面张力；而气相（非凝聚相）不存在界面、界（表）面张力，这是二者之间的明显差别。这一差别与温度有关，当温度上升时，这一差别逐渐减小，一直到临界温度，一般此时认为液相表面张力为零，这意味着这一差别消失，气液分界面逐渐模糊以至完全消失。换句话讲，非凝聚相（气体）和凝聚相（液体）之间差别消失。因此，表面张力应是凝聚相的标志，换句话说，讨论体系中出现表面张力这个宏观性能参数，则讨论体系是凝聚态物质，是液体、固体。这个宏观性能消失则表示讨论体系是非凝聚相，是气体。

为此，气体中不存在有表面张力，即使是在高压下的过热气体，可能其比体积 $V_r<1$，但因为其物质状态为气态，其表面张力也不存在。

因而讨论范德华力和分子内压力的关系时需注意两点：

其一，讨论的是液体中有序分子的范德华力和有序分子间分子吸引力的分子内压力的关系，而不是液体的无序分子的范德华力和无序分子间分子吸引力的分子吸引压力的关系。

其二，液体的表面张力反映了液体中有序分子的范德华力，也反映了液体中有序分子间分子吸引力，宏观分子相互作用理论已证明液体的表面张力直接与液体的分子内压力相关，也就是通过液体表面张力与液体的范德华力的关系，可以反映液体分子内压力与液体范德华力的关系。

近代许多文献认为表面张力与液相内分子相互作用有关[98-101]，宏观分子相互作用理论以讨论体系的分子压力表示这个关系。气相或液相中分子动压力的微观平衡方程为：

气相无序分子压力平衡方程：$P_r^G + P_{atr}^G = P_{idr}^G + P_{P1r}^G + P_{P2r}^G$

液相无序分子压力平衡方程：$P_r^L + P_{atr}^L = P_{idr}^L + P_{P1r}^L + P_{P2r}^L$

上述计算式表明，无论对气相还是对液相，体系外压力、分子吸引压力和各分子斥压力均已彼此平衡。故无法说明是何种分子压力，即何种分子间的相互作用会使液体表面张力得以形成，并使液体与过热气体不同，在同样比体积低于1的条件下，为什么液体可成为凝聚相，具有表面张力；而过热气体仍是气体并且不具有表面张力，不能成为凝聚相。

为此对凝聚相的表面张力作以下说明：

按照 van Krevelen[53,54]的观点：表面能是分子间力的一种直接证明。在液体或固体的表面，其分子受到不平衡的分子间力的影响，因此与液体或固体内部的分子比较，它们具有附加的能量。

因此讨论表面张力有以下几点需要注意：

a. 表面能是分子间力，而且形成表面张力性能的分子间力必定是一种分子间吸引作用力。分子排斥力不能形成表面张力性质。

b. 表面能存在于液体或固体的表面，在凝聚相表面处分子受到不平衡的分子间力的影响，因此与液体或固体内部的分子比较，它们具有附加的能量，也就是在凝聚相表面处分子具有了表面能。

形成表面张力性能的分子吸引力必定是能够将众多分子的分子吸引力聚合成同一方向的作用力，只有液体中有序排列的静态分子才有这个能力，无论在气体中还是液体中做无序运动的无序分子，虽然无序分子间也存在有分子吸引力，但由于无序分子的无序无规律的运动，无序分子的分子吸引力 P_{at} 不可能形成聚合成同一方向的作用力，也就不能形成体系表面张力性质。

形成聚合成同一方向的液体中有序分子的吸引作用力，只能在物质表面层做表面功，形成体系性质——表面张力，这是因为在体系表面层处存在有物理界面，物理界面两边相内和相外分子数量的不对称性，使形成聚合成同一方向的液体中有序分子的吸引作用力不能像在相内那样在这个聚合力反方向得到另一个聚合力的平衡，因而在界面层处这个聚合成同一方向的聚合作用力有能力对体系做功，形成表面张力。

在凝聚相内部分子不会有不平衡的分子间力的影响，因此相内部分子不具有附加的能量，也就是在凝聚相内分子不会具有表面能。这点在第 7 章已有说明。

在凝聚相表面处分子会受到不平衡的分子间力的影响，物质中无序分子不能产生这种不平衡的分子间力。物质中有序分子由于呈一定规律的有序分布状态，因而只有液体有序分子的分子间吸引才有可能形成不平衡的分子间力，物质中众多分子在表面处形成的不平衡分子间力，作用在物质的表面，即在表面形成了分子压力，亦就是说物质中只有有序分子间的分子吸引力会在表面形成分子压力，这个分子压力对物质表面做功，产生物质的表面能，物质中无序分子不会产生物质的表面能。

宏观分子相互作用理论称凝聚相中有序分子间的分子吸引力在表面形成的分子压力为分子内压力，分子内压力与热力学中的内压力二者异同之处在上一章已有说明，此处对其作简单说明如下。

Adamson[98,99]指出，通过热力学第二定律，可导得热力学中内压力的微分方程式：

$$\left(\frac{\partial U}{\partial V}\right)_T = T\left(\frac{\partial P}{\partial T}\right)_V - P \tag{8-269}$$

又知范德华状态方程：$P = \dfrac{RT}{V-b} - \dfrac{a}{V^2}$

由此可知，热力学导出的内压力：$P_{内} = \left(\dfrac{\partial U}{\partial V}\right)_T = \dfrac{a}{V^2} \tag{8-270}$

亦就是说，立方型状态方程（这里以 van der Waals 方程为例）中引力项可用于估算分子内压力的数值[20,21]。故而热力学理论认为所谓内压力定与状态方程有关。但热力学中状态方程计算对象是体系的压力，而与压力相关的是移动分子的行为，而形成表面张力性质的不是移动分子的行为，因此以式（8-270）定义内压力应该还需推敲。

宏观分子相互作用理论中式（8-270）所定义的是移动无序分子的分子吸引压力 P_{at}（见第 7 章讨论）。

众多研究者认为，静态分子间吸引作用所形成的分子内压力应与表面张力相关[74,75]，为此我们列出一些物质在过热状态和饱和液体状态下的对比分子吸引压力以作比较（见第 7 章表 7-10）。

第 7 章表 7-10 列示的数据表明：在过热状态下物质内对比分子吸引压力 P_{atr} 值亦可达到相当高的数值。例如，取表 7-10 中正丁烷的过热状态数据和饱和液体状态数据作为对比参考列示如下。

n-C_4H_{10}	P_r	V_r	T_r	P_{atr}	表面张力/(mJ/m^2)
过热状态	13.1718	0.5448	1.4111	11.1010	0
饱和状态	0.6565	0.5555	0.9407	13.5380	1.7338

数据表明，正丁烷在过热状态下仍不是凝聚状态，物质表面张力为零。而同一物质如处

于饱和液体状态，则在相应的分子吸引压力 P_{atr} 数值时，物质已有一定数值的表面张力，说明物质已是凝聚状态。因此我们认为 P_{atr} 并不是可以使物质成为凝聚状态的分子"内压力"，而能使物质成为凝聚状态的"分子内压力"是存在于液态物质内的另一种分子压力，另一种分子间吸引作用。

计算 P_{atr} 的方法是应用状态方程中引力项，同时宏观分子相互作用理论为了保证无序分子的分子吸引压力数据的正确性，计算必须满足以下两项条件。

a. 状态方程以计算的状态条件（PTV 数据）得到的讨论物质的压力值必须满足以下要求：对气体，计算得到的压力值与实际压力值误差≤1.2%；对液体，计算得到的压力值与实际压力值误差≤0.4%。

b. 计算结果必须是以下三个状态方程计算结果的平均值：即 Soave 方程、Peng-Robinson 方程、童景山方程。

我们以上述两点要求保证计算得到的物质中无序分子的分子间吸引力数据的正确性。但是宏观分子相互作用理论不能认为分子吸引压力可以表示成物质的内压力，上述讨论已经说明，这是因为无序分子在物质中，无论在物质的内部还是物质的表面，均不能对物质形成"内压力"。

宏观分子相互作用理论认为可以在物质的表面对物质形成内压力的只能是物质中有序分子间的分子吸引力，宏观分子相互作用理论表示这个有序分子的分子间吸引力应以分子内压力 P_{in}^{L} 表示。

分子内压力数值不能以状态方程中引力值来计算，因为物质中有序分子均不是移动的动态分子，而是分子位置相对恒定的"静态"分子。并且有序分子在物质中一定空间范围内（短程有序分子）或在整个物质内部（长程有序分子）呈一定规律有序分布。

宏观分子相互作用理论计算表示有序分子间吸引作用力的分子内压力是有序分子间吸引作用力，即应用这个分子间吸引作用力可以形成众多分子的分子合力，也就是说应用这个分子间吸引作用力可以形成对物质的分子压力，这个分子压力应该规律地存在于物质的表面，也就是说在物质表面会形成分子势垒，会影响分子从相内的逸出，即影响物质的逸度、逸度系数。宏观分子相互作用理论计算有序分子的分子吸引力——分子内压力的方法，是依据分子间相互作用会影响相平衡中逸度、逸度系数，分子内压力的相平衡方法可详见第 7 章讨论。

表示无序分子的分子间吸引力的分子吸引压力 P_{atr} 计算方法与表示有序分子的分子间吸引力的分子内压力 P_{inr} 计算方法是不同的，故而两种计算方法的计算结果也应是不同的，P_{atr} 计算方法用的状态方程方法，计算所依据的各项数据是讨论物质的 PTV 状态参数，因此计算所依据的各项数据是讨论物质全部分子所呈现的物质的 PTV 状态参数，状态方程的计算也是针对讨论物质全部分子所表现的物质压力的数据，对气体物质来讲是物质中全部无序分子所表现的压力数据；对液体物质来讲是物质中全部动态无序分子所表现的压力数据。状态方程实际上是将液体当作气体处理，把液体中所有分子均作为无序动态分子处理，因而状态方程所得的 P_{atr} 数值，无论气体还是液体，是将体系分子作为无序动态分子对待的分子间吸引作用力的统计平均值。

而分子内压力 P_{inr} 计算方法是逸度系数相平衡的宏观分子相互作用理论的分子压力法。已知，气体中只有无序动态分子，气体的逸度系数计算只与无序动态分子的各项分子压力相关，而液体中有无序动态分子，也有有序静态分子，液体的逸度系数计算既需要考虑无序动态分子的各项分子压力，也需要考虑有序静态分子的分子压力，有序静态分子间只存在有分子间吸引作用力，即分子内压力 P_{in}。因而 P_{in} 只是决定液体逸度系数的物质中全部分子中一部分有序分子的分子吸引力的统计平均数，因而 P_{at} 与 P_{in} 并不是同一概念，由于液体中有序分子数量低于物质中总分子数，因而虽然同样表示的是物质分子间吸引作用力，但应有 $P_{in} < P_{at}$。现以列于表 8-32 的数据说明这一点。

表 8-32　不同状态条件下一些元素的 P_{atr} 与 P_{inr} 数值比较

物质名称	P_r	T_r	V_r	P_{atr}	P_{inr}	无序分子/%	有序分子/%
液氩	1.0000	1.000	1.0000	4.077	1.361	25.492	74.508
	0.9675	0.994	0.7863	6.324	2.583	20.943	79.057
	0.6468	0.928	0.5683	11.554	6.688	13.206	86.794
	0.4130	0.862	0.5153	13.968	9.641	9.926	90.074
	0.2477	0.795	0.4616	17.321	13.607	7.216	92.784
	0.1361	0.729	0.4319	19.867	17.038	5.446	94.554
	0.0663	0.663	0.4086	22.396	20.498	4.093	95.907
	0.0273	0.596	0.3893	24.978	23.905	3.048	96.952
	0.0161	0.563	0.3807	26.335	25.581	2.614	97.386
液氧	1.0000	1.000	1.0000	4.102	1.374	25.433	74.567
	0.7406	0.951	0.5753	11.350	6.164	14.107	85.893
	0.4320	0.871	0.4856	15.733	10.816	9.417	90.583
	0.2289	0.792	0.4400	19.208	15.388	6.598	93.402
	0.1060	0.713	0.4074	22.612	20.292	4.617	95.383
	0.0403	0.634	0.3825	26.01	24.598	3.281	96.719
	0.0114	0.555	0.3627	29.610	28.980	2.273	97.727
	0.0037	0.500	0.3512	32.173	31.895	1.737	98.263
液氢	1.0000	1.000	1.0000	3.685	1.190	26.513	73.487
	0.8431	0.964	0.6832	7.384	3.472	18.497	81.503
	0.7243	0.934	0.6213	8.782	4.628	15.979	84.021
	0.2447	0.754	0.4874	13.740	10.611	8.073	91.927
	0.1207	0.663	0.4573	15.534	13.291	5.837	94.163
	0.0686	0.603	0.4422	16.613	14.916	4.671	95.329
	0.0239	0.512	0.4236	18.191	17.316	3.230	96.770
	0.0055	0.420	0.4079	19.863	19.531	2.100	97.900
液氮	1.0000	1.000	1.0000	4.154	1.399	25.313	74.687
	0.7684	0.955	0.6048	10.465	5.532	14.923	85.077
	0.4078	0.860	0.4939	15.412	10.780	9.286	90.714
	0.1887	0.764	0.4400	19.441	15.974	6.122	93.878
	0.0706	0.669	0.4044	23.278	21.244	4.046	95.954
	0.01878	0.573	0.3776	27.229	26.353	2.632	97.368
	0.01332	0.553	0.3725	28.127	27.434	2.391	97.609

表 8-32 数据表明，无序分子的 P_{atr} 与短程有序分子的 P_{inr} 之间确有下列关系：P_{atr} 数值确

要大于 P_{inr} 数值，并且体系温度越高二者数值相差越大，显然这是因为温度越高，液体中无序分子的数量越多，短程有序分子的数量相应地减少。表中列示了两类不同分子数量的变化，不同分子数量的变化致使有序分子间吸引力数值相应变化。

表列数据表明，温度越低，P_{atr} 数值与 P_{inr} 数值越接近。例如液氮，在 $T_r = 0.500$ 时 $P_{atr} = 32.173$，而 $P_{inr} = 31.895$，两种分子的分子吸引力数值十分接近。计算表明，此时液氮中短程有序分子的数量占物质分子的 98.263%。毕竟无序分子和有序分子都是同一物质的分子，在低温状态下无序分子和有序分子的分子吸引力数值上应该是接近的，因而热力学理论以无序分子的状态方程的引力项作为内压力讨论，虽然在分子相互作用理论上有其欠妥的一面，但其在数值上，特别是当讨论温度较低时，例如近代广泛用于讨论聚合物的溶解度参数理论，其内聚能计算在室温（298K）[28,29]，这时聚合物的 P_{atr} 和 P_{inr} 在数值上有可能十分接近，因而以内聚能密度为基本参数的溶解度参数理论在聚合物的研究上得以广泛应用，特别是发展了溶解度参数与静电力、色散力和诱导力等各种范德华力分量，对分子间作用力理论具有重大贡献。

为表示物质中 P_{atr} 和 P_{inr} 的关系，我们将液氨的 P_{atr} 和 P_{inr} 数据列示于图 8-4。

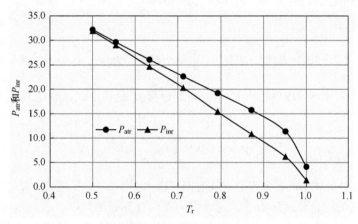

图 8-4　不同温度下液氨的 P_{atr} 和 P_{inr}

8.5.4　分子内压力在物质表面层中的分子行为

液体中存在动态无序分子和静态有序分子，液体无论在相内区还是在表面区均存在这两种分子。液体中静态有序分子，物理化学理论称之为短程有序分子，这种短程有序分子间的分子吸引力，即分子内压力 P_{in} 对液体表面层的状态、性质会有较大的影响，分子内压力 P_{in} 在液体表面层中会发生下列分子行为：

① 分子内压力 P_{in} 以静压力形式会对液体表面层做功——表面功，形成液体的表面性质——表面张力。

② 分子内压力 P_{in} 以静压力形式做表面功时会对液体表面层施加压力影响，使液体表面层变形，在分子内压力 P_{in} 作用下使液面表面层中分子间距离发生变化。

③ 分子内压力 P_{in} 以静压力形式做表面功时理论上会使液体温度变化，分子内压力 P_{in} 所做功的部分会转变为热量使体系温度保持恒定。

本节将讨论分子内压力 P_{in} 的这些分子行为。

宏观分子相互作用理论认为，液体中短程有序分子间的分子吸引力——分子内压力与分子间作用力范德华力有关。但宏观分子相互作用理论目前还不清楚分子内压力与范德华力二者的关系。但已知表面张力与范德华力直接有关，可以将物质表面张力表示为与范德华力有关的表面分力之和：

即
$$\sigma = \sigma^K + \sigma^I + \sigma^D \tag{8-271}$$

式中，σ^K、σ^I、σ^D 分别为静电表面分力、诱导表面分力和色散表面分力。因而这里先借助热力学表面张力进行讨论，在此基础上进而讨论分子内压力与范德华力的关系。

当物质中存在有表面张力性质时热力学第二定律以下列形式表示液体内能的变化：

$$dU = TdS - PdV + \sigma dA \tag{8-272}$$

式中，σ 为表面张力；A 为表面面积。由界面化学理论[25,48,71]知讨论相的体积可分成两部分，即体相内部体积 V^B 和界面部分体积 V^S，分别有下列关系：

相体积　　$V = V^B + V^S$；相内部体积　　V^B；界面部分体积　　$V^S = \delta A$

式中，δ 为界面层厚度，与分子间有效作用距离相关，故在一定压力和温度下，可认为界面层厚度近似恒定。故有

$$dV^S\big|_{T,P} = \delta dA\big|_{T,P} \tag{8-273}$$

代入上式，得

$$dU = TdS - PdV^B - PdV^S + \frac{\sigma}{\delta}dV^S = TdS - PdV^B - \left(P - \frac{\sigma}{\delta}\right)dV^S \tag{8-274}$$

将体系的 U 和 S 均分成体相内部和界面部分讨论，这样上式可改写为

体相部分
$$dU^B = TdS^B - PdV^B \tag{8-275a}$$

界面部分
$$dU^S = TdS^S - \left(P - \frac{\sigma}{\delta}\right)dV^S \tag{8-275b}$$

由此可知在讨论体系的界面部分存在有两种压力。

其一是通常的讨论体系压力 P，这个压力不但在界面部分中存在，亦在讨论体系的体相内部存在。在界面部分中的压力与在体相内部中的压力数值上相等，热力学规定这个压力与体系的环境压力数值相等，但作用方向相反。讨论体系内的压力是分子运动所形成的，即无序动态分子形成的动压力。因此无论在体相内部还是界面部分，体系环境压力应与分子动压力处于平衡状态，故而状态方程计算和反映的应是无序动态分子形成的分子动压力情况。

其二是分子内压力 P_{in}，其可定义为

$$P_{in} = \frac{\sigma}{\delta} \tag{8-276}$$

与式（8-276）类似的一些表达式已被很多研究者[89,102,103]应用。因此，在体系界面部分的压力，即体系界面部分的界面压力为

$$P^S = P + P_{in} \tag{8-277}$$

界面压力在另一著作[48]中有详细讨论。下面将着重分析分子内压力 P_{in} 的一些特性：

① 式（8-275b）表明分子内压力仅存在于体系的界面部分。

② 由式（8-276）可知，分子内压力与表面张力密切相关。

③ 已知表面张力形成的原因与分子运动状况无关，因而分子内压力亦应与体系内分子运

动状况无关，亦就是说分子内压力不属于分子动压力范围，而属于分子静压力范围。热力学第二定律讨论的式（8-276）中的分子内压力 P_{in} 可以认为就是宏观分子相互作用理论中表示短程有序分子间吸引力的分子内压力。

故而从分子内压力角度来看有两点需加以说明。

① 凝聚相物质中存在有静态分子间吸引作用在表面层形成的静压力——分子内压力，此分子内压力是使凝聚相物质具有表面张力性质的原因。

② 如果凝聚相物质中不存在静态分子的分子内压力，凝聚相物质不会存在有表面的特殊性质，亦就是说表面层的物质应该与相内区域物质一样存在有静态分子。反过来讲，所谓表面层厚度是指存在有特殊表面性能的凝聚相部分，由于受到强大的分子内压力影响，有可能会使受到影响的区域发生变形，从分子理论角度来讲此压力会影响体系的摩尔分子间距离 d_{mol}。现设不受分子内压力影响（相内区）的摩尔分子间距离为 d_{mol}^{I}，而受到分子内压力影响（相内区）的摩尔分子间距离为 d_{mol}，表面层厚度应该是分子间距离为 d_{mol} 的区域，故而受到分子内压力影响的凝聚相表面层"厚度"的变化为

$$\Delta\delta = \delta - \delta^{I} = d_{mol} - d_{mol}^{I} \tag{8-278}$$

δ 为实际表面层厚度，$\delta = \left(V_{m}^{S}\right)^{1/3} \big/ \left(N_{A}\right)^{1/3}$，$V_{m}^{S}$ 为实际表面层摩尔体积，以表面层实际受到分子内压力影响的摩尔分子间距离 d_{mol} 表示，即

$$\delta = d_{mol} = \left(V_{m}^{S}\right)^{1/3} \big/ \left(N_{A}\right)^{1/3} \tag{8-279}$$

同理，在未受表面功影响时表面层的起始厚度，以物质分子间距离表示为：

$$\delta^{I} = d_{mol}^{I} = \left(V_{m}^{B}\right)^{1/3} \big/ \left(N_{A}\right)^{1/3} \tag{8-280}$$

又知 δ^{I} 为讨论表面区的名义厚度，其中 V_{m}^{B} 为相内部摩尔体积，N_{A} 为阿伏伽德罗常数。

δ^{I} 和 δ 分别反映表面层在受到分子内压力所做的表面功影响前后的表面层厚度的变化，即表面层的分子间距离的变化。

单位表面面积内能为 $K^{S}\left(\dfrac{V}{N_{A}}\right)^{1/3}\left(\dfrac{\partial U}{\partial V}\right)_{T}$，此项中 $\left(\partial U/\partial V\right)_{T} = P_{in}$，因而式（8-275）可改写为：

$$-P_{in}\delta^{I}K^{S} = \sigma - T\left(d\sigma/dT\right) = \sigma + q \tag{8-281}$$

式中，$-T\left(d\sigma/dT\right) = q$，表示增加单位表面所吸收的热。

式（8-281）表示表面张力与分子内压力有关。因而这是体系的分子内压力与体系表面张力的关系式。关于表面张力与分子内压力已在第 7 章进行了讨论，也得到了与式（8-281）类似的式（7-136）和式（7-154）。

由此可知表面张力直接与体系中静态分子间吸引作用的分子内压力有关，与分子内压力在物质表面层中形成的不均匀分子力场相关，即分子静压力可以产生体系的表面张力，反过来也可以认为，通过体系表面张力也可以得到体系中反映分子间吸引作用的分子内压力的信息，这就是应用表面张力数值计算体系的分子内压力的表面张力法。

许多研究者在物质表面张力性质方面做过研究[49,65,104,105]，也有很多手册[64]列示了各种物质在不同状态条件下的表面张力数据。因此，由实验方法或合适的估算方法，或者寻找手册中列示的讨论物质的表面张力的数据，可以由式（8-281）得到相应的分子内压力数据，为此

需要知道式中的 q，即物质增加单位表面所吸收的热。

式（8-281）在文献中已有实际数据讨论。童景山[106]认为：内压力不仅与表面张力直接有关，还与表面张力随温度的变化有关。亦就是说，需要考虑表面变化时的热效应，由此计算必须全面考虑各项影响，童景山导得表面张力[106]与内压力的关系式［见式（7-155）］。

对比式（8-281），可知两式在形式上一致。在第 7 章表 7-13 中也列示了童景山以式（7-155）计算的数据以供参考。其计算原理在第 7 章中已有介绍，此处仅选择部分来介绍。

由式（8-281）知当讨论物质的表面张力为零时有关系：

$$q = -P_{in,0} \left(V_m^B / N_A \right)^{1/3} K^S \tag{8-282}$$

式中，$P_{in,0}$ 为当 $\sigma = 0$ 时界面层内所存在的分子内压力。故得：

$$\sigma = -\left[P_{in} \left(V_m^B / N_A \right)^{1/3} K^S - P_{in,0} \left(V_m^B / N_A \right)^{1/3} K^S \right] \tag{8-283}$$

已知：

$$K^S = \left(\delta - \delta^I \right) / \delta^I = \Delta \delta / \delta^I \tag{8-284}$$

式中，δ^I 为讨论物质在未形成界面、界面层时该物质中将成为界面层部位的原始厚度；δ 为讨论物质在形成表面功后界面、界面层的实际界面层厚度。$\Delta\delta = \delta - \delta^2 < 0$，故 $K^S < 0$。又 $\delta^I = \left(V_m^B / N_A \right)^{1/3}$，故得

$$\sigma = -K^S \left(P_{in} \times \Delta\delta - P_{in,0} \times \Delta\delta \right) = K^S \left(P_{in} - P_{in,0} \right) \delta^I \times \frac{\Delta\delta}{\delta^I} \tag{8-285}$$

$$K^S = \frac{\sigma}{\left(P_{in} - P_{in,0} \right) \delta^I} = \frac{\sigma}{P_{in}^{eff} \delta^I} \tag{8-286}$$

$$\frac{\delta}{\delta^I} = 1 - K^S = 1 - \frac{\sigma}{P_{in}^{eff} \delta^I} \tag{8-287}$$

从式（8-285）可知，分子内压力对界面层做的总功为 $P_{in}^{eff} \times \Delta\delta$，由于式中 $P_{in,0}$ 为表面张力 $\sigma = 0$ 时的分子内压力。因此，式（8-285）中 $-P_{in,0} \times \Delta\delta$ 代表分子内压力所做功的一部分，这部分功不会转变为表面张力，由式（8-285）知，这部分功用于转化为热量，使分子内压力压缩界面层体积时，保持体系温度的恒定。

表 8-33 列示了一些液体在表面张力为零时的分子内压力数值。

表 8-33　一些液态物质在表面张力为零时的分子内压力

物质	临界状态		当物质表面张力为零时		
	临界温度/K	P_{atr}	P_{inr}	温度/K	对比温度 T_r
CH_4	190.60	4.1542	3.9710	186.37	0.9783
C_2H_6	305.30	4.2340	3.8564	298.12	0.9765
C_3H_8	369.80	4.1542	4.0842	362.65	0.9807
$n\text{-}C_4H_{10}$	425.20	4.5478	4.5420	415.28	0.9767
O_2	154.77	4.1542	4.2213	151.48	0.9787
H_2	33.18	3.6852	2.6271	32.65	0.9839
N_2	126.25	4.1022	4.1025	121.80	0.9647
Cl_2	417.16	5.7061	3.0065	415.37	0.9973

物质	临界状态		当物质表面张力为零时		
	临界温度/K	P_{atr}	P_{inr}	温度/K	对比温度 T_r
Br_2	584.20	4.6724	3.8895	576.39	0.9866
CO_2	304.20	4.5478	3.5044	303.23	0.9927
Ar	150.90	4.0765	3.3992	147.56	0.9779
Kr	209.39	4.1542	2.3907	209.39	1.0000
苯	562.2	4.6395	3.9982	552.99	0.9836

表 8-33 数据表明，表面张力和分子内压力表现出下列一些特点：

① 对于大多数液态物质，其表面张力数值在不到临界温度时就已经为零值。

② 当液体表面张力等于零时液体的分子内压力虽然数值变小但还有一定数值。这部分分子内压力所做之功仅能维持体系温度恒定，而无余力使体系完成表面功。

$\Delta\delta = \delta - \delta^{I}$ 表示体系对表（界）面层做完表面功后的"实际"表面层厚度与未做表面功时表面层名义厚度的差值，因而 $\Delta\delta$ 表示体系表面功对体系表面层厚度的影响，即

$$\Delta\delta = \delta_{未做表面功} - \delta_{做了表面功} = \left(\frac{V_m^{S未做}}{N_A}\right)^{1/3} - \left(\frac{V_m^{S做}}{N_A}\right)^{1/3} \qquad (8\text{-}288)$$

由于体系未做表面功时表面层的名义体积 $V_m^{S未做}$ 大于做了表面功后表面层的实际体积 $V_m^{S做}$，即

$$V_m^{S未做} > V_m^{S做} \qquad (8\text{-}289)$$

故有

$$\Delta\delta = \delta_{未做表面功} - \delta_{做了表面功} > 0 \qquad (8\text{-}290)$$

亦就是说，体系在未完成表面功时表面层摩尔体积应该与体系各处（包含体系内部）的摩尔体积是同样的数值，体系表面经受分子内压力的作用，完成表面功，表面功是物质经受分子压力的膨胀功，即表面层经受压力而发生体积变化，分子内压力的值很大，会使表面层体积变化，使表面层厚度变化，$\Delta\delta \neq 0$，亦就是说表面功使讨论相表面层性质发生变化，使物质表面层性质变得与同一物质相内部的性质不同，就像蛋的外壳与蛋液不同、果实的外皮与果实内的果汁不同一样。

其中用于维持体系温度恒定所需要的功为 $P_{in,0} \times \Delta\delta$，于是用于转换成表面功的为：

$$\left(P_{in} - P_{in,0}\right) \times \Delta\delta = \Delta P_{in} \times \Delta\delta = P_{in}^{eff} \times \Delta\delta \qquad (8\text{-}291)$$

式中，P_{in}^{eff} 称为有效分子内压力，即可以有效转变为表面功的部分分子内压力。其定义为界面层中总的分子内压力减去用于维持体系温度恒定的部分分子内压力，即，

$$P_{in}^{eff} = P_{in} - P_{in,0} = \Delta P_{in} \qquad (8\text{-}292)$$

这样，由上面讨论可得到以下两个概念：在每个讨论温度下，讨论物质界面层中分子内压力起着两个作用，一部分分子内压力对界面层做功转化成表面功，使讨论物质具有宏观性质——表面张力，这部分分子内压力为有效分子内压力；另一部分分子内压力所做的功转变为热，使讨论体系保持恒定的温度。

将式（8-291）改写为：

$$\begin{aligned}
\sigma &= -P_{in}\left(V_m^B/N_A\right)^{1/3} K^S + P_{in,0}\left(V_m^B/N_A\right)^{1/3} K^S \\
&= -P_{in}^{eff}\left(V_m^B/N_A\right)^{1/3} K^S = -P_{in}^{eff}\delta^{I} K^S
\end{aligned} \qquad (8\text{-}293)$$

在讨论状态下物质总的分子内压力 P_{in} 与有效分子内压力的关系：

$$P_{in} = P_{in}^{eff} + P_{in,0}$$

在分子内压力作用下物质完成表面功和使讨论体系保持恒定的温度，由部分分子内压力转换成热，设表面层面积为 S，即：

$$\sigma S \approx P_{in}^{eff} \times \Delta\delta \times S + P_{in,0} \times \Delta\delta \times S = \left(P_{in}^{eff} + P_{in,0}\right) \times \Delta\delta \times S = P_{in} \times \Delta\delta \times S$$

设 $\Delta V = \Delta\delta \times S$，表示受表面功的影响使表面体积发生的变化。故从分子内压力来看有关系：

$$P_{in}^{eff} \times \Delta\delta dS + P_{in,0} \times \Delta\delta dS = \left(P_{in}^{eff} + P_{in,0}\right) \times \Delta\delta dS = P_{in} \times \Delta\delta dS$$

或

$$P_{in}^{eff} \times \Delta V + P_{in,0} \times \Delta V = \left(P_{in}^{eff} + P_{in,0}\right) \times \Delta V = P_{in} \times \Delta V$$

式中 $q\big|_{\sigma=0} = P_{in,0} \times \Delta V = P_{in,0} \times \Delta\delta \times S\big|_{\sigma=0}$，是在 $\sigma=0$ 时使讨论体系保持恒定温度的热量。

因此由上述讨论可以得到，讨论物质在不同温度下的体系总的分子内压力 P_{inr}、有效分子内压力 P_{inr}^{eff}、表面张力 $\sigma=0$ 时的分子内压力 $P_{inr,0}$ 的数据，作为参考，在第 7 章的表 7-14 中列有甲烷、乙烷、丙烷、丁烷、液氢、苯、二氧化碳和水的分子内压力数据。图 7-8～图 7-10 中还列有一些烷烃有机物以及一些元素和金属的有效分子内压力 P_{inr}^{eff} 与表面张力呈线性关系的图示。

在此以范德华力表示的表面力：

$$\sigma = \sigma^K + \sigma^I + \sigma^D = \sigma^{\text{静电}} + \sigma^{\text{诱导}} + \sigma^{\text{色散}} \tag{8-294}$$

代入式（8-293），（注意此处讨论的有效分子内压力是分子吸引力，为负值。）得：

$$\sigma = \sigma^K + \sigma^I + \sigma^D = -\left[P_{in}^{eff(K)} + P_{in}^{eff(I)} + P_{in}^{eff(D)}\right] \times \left(V_m^B/N_A\right)^{1/3} \times K^S$$
$$= -\left[P_{in}^{eff(K)} + P_{in}^{eff(I)} + P_{in}^{eff(D)}\right] \times \delta^I \times K^S \tag{8-295}$$

故得

$$P_{in}^{ef} = P_{in}^{eff(K)} + P_{in}^{eff(I)} + P_{in}^{eff(D)} = -\frac{\sigma}{\delta^I K^S} = -\frac{\sigma^K + \sigma^I + \sigma^D}{\delta^I K^S} \tag{8-296}$$

有效分子内压力的范德华分压力为：

$$P_{in}^{eff(K)} = -\frac{\sigma^K}{\delta^I K^S} \tag{8-297a}$$

$$P_{in}^{eff(I)} = -\frac{\sigma^I}{\delta^I K^S} \tag{8-297b}$$

$$P_{in}^{eff(D)} = -\frac{\sigma^D}{\delta^I K^S} \tag{8-297c}$$

式（8-296）表示讨论体系的分子内压力与体系表面张力的关系。

式（8-297）表示讨论体系的分子内压力的范德华分压力与体系各表面分力的关系。

注意式（8-297）中 $P_{in}^{eff} \times \delta^I$ 应该也是一种分子内压力在单位面积上所做的功，是形成表面功所需分子内压力做的功。

由于在恒温条件下 K^S 为常数，故而式（8-296）表示：

① 表面张力 σ 与 $P_{in}^{eff} \times \delta^I$ 应呈线性正比关系。

② 表面张力 σ 与 $P_{in}^{eff} \times \delta^I$ 这条直线必定通过 $\sigma=0$ 和 $P_{in}^{eff} \times \delta^I = 0$ 处。

③ 表面张力 σ 与 $P_{in}^{eff} \times \delta^I$ 这条直线的斜率为：

$$K^{\mathrm{S}} = -\frac{\sigma}{P_{\mathrm{in}}^{\mathrm{eff}} \times \delta^{\mathrm{I}}} = -\frac{1}{P_{\mathrm{in}}^{\mathrm{eff}}} \times \left(\frac{V_{\mathrm{m}}^{\mathrm{B}}}{N_{\mathrm{A}}}\right)^{-1/3} \tag{8-298}$$

由所得的 K^{S} 可求得分子内压力对界面层厚度的压缩率：

$$\delta/\delta^{\mathrm{I}} = 1 + K^{\mathrm{S}} \tag{8-299}$$

由式（8-299）可计算界面层厚度压缩率 $\delta/\delta^{\mathrm{I}}$ 的数值。

已知分子内压力与温度呈线性关系，而表面张力，除接近临界温度处外，也可认为与温度呈线性正比关系，因而有理由推测 σ 与分子内压力所做的功的关系可能也呈线性关系。在第 7 章的表 7-15 中列示了一些物质的 σ 与 $P_{\mathrm{in}}^{\mathrm{eff}} \times \delta^{\mathrm{I}}$ 的线性关系。为说明表面功与物质表面层厚度变化的关系，将该表中 K^{S} 与 $\delta/\delta^{\mathrm{I}}$ 数据取出列示于表 7-15 以供参考。

本章将以一些强极性物质如一元醇类（甲醇～辛醇）来说明讨论物质的分子内压力与各范德华分力的关系（见表 8-34）、讨论物质的表面张力与范德华分力的关系（见表 8-35）、一元醇的有效分子内压力 $P_{\mathrm{in}}^{\mathrm{eff}}$ 与物质表面层变形关系（见表 8-36）。

表 8-34　一元醇的分子内压力与范德华分力的关系

一元醇	甲醇	乙醇	丙醇	正丁醇	正戊醇	正己醇	正庚醇	正辛醇
温度/℃	28.55	26.85	23.85	30.85	21.85	28.85	69.85	22.85
对比分子内压力	61.124	52.826	52.463	52.058	55.033	41.247	50.204	63.108
色散对比分子内压力	16.086	18.646	22.040	24.790	30.010	25.507	34.496	47.731
总静电对比分子内压力	45.038	34.180	30.423	27.278	25.023	15.740	15.708	15.377
静电对比分子内压力（无诱导力）	26.160	18.252	15.644	13.665	12.327	7.336	7.105	7.153
诱导对比分子内压力	18.878	15.928	14.779	13.613	12.695	8.404	8.603	8.223
对比分子内压力诱导系数	10.737	11.472	12.378	12.965	14.155	11.746	15.053	18.022
（色散分子内压力/分子内压力）/%（25℃）	0.263	0.353	0.420	0.476	0.545	0.618	0.687	0.756
（总静电分子内压力/分子内压力）/%（25℃）	0.737	0.647	0.580	0.524	0.455	0.382	0.313	0.244
（静电分子内压力/分子内压力）/%（25℃）	0.428	0.346	0.298	0.263	0.224	0.178	0.142	0.113
（诱导分子内压力/分子内压力）/%（25℃）	0.309	0.302	0.282	0.261	0.231	0.204	0.171	0.130

注：计算醇的分子内压力所用基础数据取自文献[107,108]。

表 8-35　一元醇的表面张力与范德华分力关系

一元醇	甲醇	乙醇	丙醇	正丁醇	正戊醇	正己醇	正庚醇	正辛醇
温度/℃	28.55	26.85	23.85	30.85	21.85	28.85	69.85	22.85
对比分子内压力	61.124	52.826	52.463	52.058	55.033	41.247	50.204	63.108
产生表面功的对比有效分子内压力	59.330	51.432	51.874	52.114	53.489	40.209	48.657	61.534
用于热量的对比分子内压力	1.794	1.394	0.589	0.056	1.545	1.039	1.547	1.575
表面张力/(mJ/m²)	21.02	23.45	24.62	24.41	25.63	25.50	21.53	27.14
（静电表面分力/表面张力）/%	8.996	8.103	7.341	6.408	5.741	4.536	3.047	3.076
（诱导表面分力/表面张力）/%	6.492	7.071	6.936	6.383	5.912	5.196	3.689	3.536
（色散表面分力/表面张力）/%	5.532	8.278	10.343	11.624	13.976	15.769	14.794	20.527

注：计算醇的分子内压力所用基础数据取自文献[107,108]；计算醇的表面张力所用基础数据取自文献[109]。

表 8-36 一元醇的有效分子内压力 P_{in}^{eff} 与物质表面层变形关系

一元醇	甲醇	乙醇	丙醇	正丁醇	正戊醇	正己醇	正庚醇	正辛醇
温度/℃	28.55	26.85	23.85	30.85	21.85	28.85	69.85	22.85
产生表面功的有效分子内压力/bar	4776.170	3265.299	301.995	2317.141	2090.873	1629.651	1532.692	1759.86
用于热量的分子内压力/bar	171.795	110.254	99.408	69.110	60.379	42.098	48.720	45.040
表面功前表面层分子间距 δ^I/Å	4.0795	4.5680	6.7395	5.3396	5.6455	5.9330	6.2659	6.4048
表面体积变化系数 K^S	−0.001096	−0.001595	−0.001214	−0.002066	−0.002207	−0.00717	−0.002258	−0.0024
表面功后表面层分子间距 δ/Å	4.0750	4.5607	6.7313	5.3286	5.6331	5.9169	6.2518	6.3892
表面层分子间距变化 δ/δ^I	0.9989	0.9984	0.9988	0.9979	0.9978	0.9973	0.9977	0.9976
表面功前后分子间距差 $\delta-\delta^I$/Å	−0.0045	−0.0073	−0.0082	−0.0110	−0.0125	−0.0161	−0.0141	−0.015

注：1bar = 0.1MPa。

表 8-36 的数据表明，分子内压力确实对界面层进行了压缩做功。从表中所列数据来看，一元醇的界面层厚度的压缩率 δ/δ^I 约为 0.9973～0.9989，且有效分子内压力数值越大，分子间吸引力越大。表面层变形越小，意味着被分子压力压缩的可能性越小。

为了了解分子间吸引力形成的分子压力对表面层的影响，我们计算了非极性物质（部分烷烃）、部分极性物质（一元醇）、部分液态金属物质及元素在不同温度下，在讨论物质的有效分子内压力作用下，讨论物质表面层分子间距的变化结果：

部分烷烃 δ/δ^I 为 99.65%～99.73%；变形量 0.013～0.019Å。

部分元素 δ/δ^I 为 99.64%～99.92%；变形量 0.0026～0.013Å。

部分一元醇 δ/δ^I 为 99.76%～99.89%；变形量 0.0045～0.015Å。

部分液态金属 δ/δ^I 为 99.23%～99.97%；变形量 0.0014～0.023Å。

本书附录 4 中列示了一些物质分子内压力对表面层分子间距变化的影响，以供参考。

这些物质中非极性物质烷烃的抗内压力能力相对较差些。液态金属锂、钠、钾等的 δ/δ^I 数值很高，均大于 99.9%，变形量也较小，为 0.003～0.005Å，说明金属表面层在其内压力压缩下变形不大。金属抗变形能力较强。但液态金属汞的情况却不同，δ/δ^I 的数值为 99.23%，变形量为−0.023Å，比非极性物质烷烃的抗内压力能力还要稍差些。

8.5.5 分子内压力计算的标准参考物质

在上述表面力的讨论中引入"水"和"汞"作为标准参考物质的目的，是能够计算和分析物质内部各种基本表面分力数值和不同物质间相互作用中基本表面分力的组成。物质的分子内压力与物质的表面张力、表面分力有关。在分子内压力和范德华力的讨论中同样需要确定一些物质的分子内压力数据和组成分子内压力的范德华分力的数据，并以此计算和分析物质的各种分子内压力分力数值和不同物质间相互作用中分子内压力分力的组成。为此必须先分析和确定一些物质的各种分子内压力分力，从而进一步讨论其他物质与这些物质的分子内压力分力相互作用状况，计算得到讨论物质的分子内压力分力。标准参考物质可提供用于计算各种物质分子内压力分力数据的基础数据，以此作为进一步计算的基础。

与表面力讨论相同，标准参考物质应是目前研究得较多，并且已进行过较多与其他物质相互作用的研究，具有较多这方面测试数据的物质，这样可以保证标准参考物质本身的计算数据具有一定的精确性，亦可以此数据计算得到更多物质的分子间相互作用数据。

标准参考物质在与其他物质相互作用时，在分子间相互作用方面应有某些特殊性，这样在计算标准参考物质与其他物质相互作用时可合理地作一些假设或简化，使复杂的分子间相互作用计算变得容易一些。

分子内压力的讨论，同样选择了"水"和"汞"作为标准参考物质。其原因可见 8.4.5 节中表面力的标准参考物质讨论。但计算分子内压力涉及所选择的标准参考物质的临界状态参数，而目前对汞的临界状态数据有不同的意见，影响了选择汞作为分子内压力计算的标准参考物质，故而这里标准参考物质除汞外还讨论了非极性物质烷烃，以供研究者们选择。

讨论分子内压力的范德华分力同样以溶解度参数法为基础，下面分别简单介绍以该方法得到的"水"和"汞"两个标准参考物质的一些计算参数。

（1）水——标准参考物质之一

水作为标准物质，可采用下列数据作为计算与其他物质相互作用时的参考数据：

① 水的表面张力数值。当讨论温度为 20℃时，水的表面张力数值应是 72.75mJ/m²。

② 水的基本表面分力

van Krevelen 提出水的溶解度参数（$J^{1/2} \cdot cm^{3/2}$）为：

δ_T	δ_D	δ_P	δ_h
47.9～48.1	12.3～14.3	约 31.3	约 34.2

我们在给定的色散溶解度参数 δ_D 范围内取其中间值即 $13\ J^{1/2} \cdot cm^{3/2}$。这样水的溶解度参数和各种基本分力如下：

总溶解度参数	色散力		极性力		氢键力	
δ_T /$J^{1/2} \cdot cm^{3/2}$	δ_D /$J^{1/2} \cdot cm^{3/2}$	f_D/%	δ_P /$J^{1/2} \cdot cm^{3/2}$	f_P/%	δ_h /$J^{1/2} \cdot cm^{3/2}$	f_h/%
48.15	13	7.3	31.3	42.25	34.2	50.45

因此水中色散力占总的分子间相互作用力的 7.3%。如将氢键力和极性力合并作为总的静电力，则静电作用力共占 42.25%+50.45% = 92.7%。

水中色散力对表面能的贡献为：$\sigma_{H_2O}^D = 72.75 \times 7.3\% = 5.31(mJ/m^2)$。

水中总静电力对表面能的贡献为：$\sigma_{H_2O}^K = 72.75 \times 92.7\% = 67.44(mJ/m^2)$。

依据溶解度参数法可以认为水中诱导力的贡献很小。当讨论水与其他极性物质、特别是与弱极性物质作用时，这些物质对水的诱导作用力应该更低一些。可以近似地只考虑水对其他极性物质的诱导作用力，而忽略这些极性物质对水的诱导作用力。

但是在研究水与一些强极性物质（如甲醇、乙醇等）相互作用时，虽然这类强极性物质对水的诱导作用力数值不大，但有时还是应加以考虑的，溶解度参数计算的数据表明：

水的诱导表面作用分力系数：$\sigma_i^{KI} = \dfrac{\left(\sigma_i^I\right)^2}{\sigma_i^K K_i} = \dfrac{1.55^2}{29.19 \times 76.89\%} = 0.107(mJ/m^2)$

水的表面诱导系数：$\psi_i^{SKI} = \dfrac{\sigma_i^I}{\psi_i^{SK} K_i^{1/2}} = \dfrac{1.55}{(29.19 \times 76.89\%)^{1/2}} = 0.327(mJ/m^2)^{1/2}$

水的表面诱导系数 $\sigma_{H_2O}^{KI}$ 确实不大，这说明水分子接受静电电场而产生诱导作用力的能力确实很低。

由溶解度参数计算的数据知水中总静电力对表面能的贡献为：
$$\sigma_{H_2O}^{\Sigma K} = 72.75 \times 92.7\% = 67.44 \left(mJ/m^2 \right)$$

已知这一总静电力表面分力 $\sigma_{H_2O}^{\Sigma K}$ 由总静电力中静电作用力 $\sigma_{H_2O}^{K}$ 和诱导作用力 $\sigma_{H_2O}^{I}$ 所组成，即：$\sigma_{H_2O}^{\Sigma K} = \sigma_{H_2O}^{K} + \sigma_{H_2O}^{I} = 67.44 mJ/m^2$

因为水中诱导表面分力 $\sigma_{H_2O}^{I}$ 由偶极矩诱导表面分力 $\sigma_{H_2O}^{P-I}$ 和氢键力诱导表面分力 $\sigma_{H_2O}^{h-I}$ 所组成，即：$\sigma_{H_2O}^{I} = \sigma_{H_2O}^{P-I} + \sigma_{H_2O}^{h-I}$

因此，偶极矩产生的诱导表面分力：$\sigma_{H_2O}^{P-I} = 0.0384 \sigma_{H_2O}^{P-K}$

氢键力产生的诱导表面分力：$\sigma_{H_2O}^{h-I} = 0.0384 \sigma_{H_2O}^{h-K}$

已知偶极矩形成的极性表面分力为：$\sigma_{H_2O}^{P} = 72.75 \times 42.25\% = 30.74 \left(mJ/m^2 \right)$

氢键表面分力为：$\sigma_{H_2O}^{h} = 72.75 \times 50.45\% = 36.70 \left(mJ/m^2 \right)$

静电力和诱导力对总的静电力的贡献为：
$$\sigma_{H_2O}^{K} = \sigma_{H_2O}^{P-K} + \sigma_{H_2O}^{h-K} = 29.603 + 35.343 = 64.946 \left(mJ/m^2 \right)$$
$$\sigma_{H_2O}^{I} = \sigma_{H_2O}^{P-I} + \sigma_{H_2O}^{h-I} = 1.137 + 1.357 = 2.494 \left(mJ/m^2 \right)$$
$$\sigma_{H_2O}^{\Sigma K} = \sigma_{H_2O}^{K} + \sigma_{H_2O}^{I} = 64.946 + 2.494 = 67.44 \left(mJ/m^2 \right)$$

水的基本表面分力（20℃）的数据见表 8-20。

已知分子内压力与表面张力的关系：
$$\sigma = -\left(P_{in} \times \Delta\delta - P_{in,0} \times \Delta\delta \right) = -P_{in}^{eff} \Delta\delta \tag{8-300}$$

由式（8-297a）～式（8-297c）知：

$$P_{in}^{eff(K)} = \frac{\sigma^{K}}{\sigma} \times P_{in}^{eff} \quad \text{或以对比分子内压力表示} \quad P_{inr}^{eff(K)} = \frac{\sigma^{K}}{\sigma} \times P_{inr}^{eff} \tag{8-301a}$$

$$P_{in}^{eff(I)} = \frac{\sigma^{I}}{\sigma} \times P_{in}^{eff} \quad \text{或以对比分子内压力表示} \quad P_{inr}^{eff(I)} = \frac{\sigma^{I}}{\sigma} \times P_{inr}^{eff} \tag{8-301b}$$

$$P_{in}^{eff(D)} = \frac{\sigma^{D}}{\sigma} \times P_{in}^{eff} \quad \text{或以对比分子内压力表示} \quad P_{inr}^{eff(D)} = \frac{\sigma^{D}}{\sigma} \times P_{inr}^{eff} \tag{8-301c}$$

因此，分子内压力数据，亦就是分子间吸引力数据，可以用范德华静电、诱导和色散各范德华分力表示，分子内压力的静电、诱导和色散各分力数据可以借用表面张力的各表面分力计算方法得到，下面依据此方法得到作为计算用标准参考物质水的分子内压力的静电、诱导和色散各分力数据，列示如下以供参考。

水的表面张力：温度 20℃（293.15K）时为 $72.75 mJ/m^2$

水的对比分子内压力：温度 293.15K 时 69.011bar

水的分子内压力：温度 293.15K 时 15265.233bar

水表面张力为零时的对比分子内压力：$P_{inr,0}^{H_2O} = 17.09872$ （bar）

水的有效分子内压力：$P_{inr}^{eff,H_2O} = 69.011 - 17.09872 = 51.912$ （bar）

水的对比分子内压力诱导系数：$P_{inr}^{K-I,H_2O} = 0.107 \times 51.912 / 72.75 = 0.0764$

水的对比分子内压力的极性力部分：$P_{inr}^{K-P,H_2O} = 69.011 \times 40.69\% = 28.081$ （bar）

水的对比分子内压力的氢键力部分：$P_{inr}^{K-h,H_2O} = 69.011 \times 48.58\% = 33.526$ （bar）

水的对比分子内压力的诱导力部分：$P_{inr}^{I,H_2O} = 69.011 \times 3.43\% = 2.367$（bar）

水的对比分子内压力的极性诱导力部分：$P_{inr}^{P-I,H_2O} = 69.011 \times 1.56\% = 1.077$（bar）

水的对比分子内压力的氢键诱导力部分：$P_{inr}^{h-I,H_2O} = 69.011 \times 1.87\% = 1.291$（bar）

水的对比分子内压力的总静电力部分：$P_{inr}^{K,H_2O} = 28.081+33.526+2.367 = 63.974$（bar）

水的对比分子内压力的色散力部分：$P_{inr}^{D,H_2O} = 69.011 \times 7.3\% = 5.038$(bar)

水表面张力为零时的分子内压力：$P_{in,0}^{H_2O} = 3782.232$bar

水的有效分子内压力：$P_{in}^{ef,H_2O} = 15265.233 - 3782.232 = 11483.001$（bar）

水的分子内压力诱导系数：$P_{in}^{K-I,H_2O} = 0.107 \times 11483.001 / 72.75 = 16.889$（bar）

水的分子内压力的极性力部分：$P_{in}^{K-P,H_2O} = 15265.233 \times 40.69\% = 6211.423$（bar）

水的分子内压力的氢键力部分：$P_{in}^{K-h,H_2O} = 15265.233 \times 48.58\% = 7415.850$（bar）

水的分子内压力的诱导力部分：$P_{in}^{I,H_2O} = 15265.233 \times 3.43\% = 523.597$（bar）

水的分子内压力的极性诱导力部分：$P_{in}^{P-I,H_2O} = 15265.233 \times 1.56\% = 179.135$（bar）

水的分子内压力的氢键诱导力部分：$P_{in}^{h-I,H_2O} = 15265.233 \times 1.87\% = 214.732$（bar）

水的分子内压力的总静电力部分：

$$P_{in}^{K,H_2O} = 6211.423+7415.850+523.597 = 14150.870 （bar）$$

水的分子内压力的色散力部分：$P_{in}^{D,H_2O} = 15265.233 \times 7.3\% = 1114.362$（bar）

  上述分子内压力数据是我们应用宏观分子相互作用理论，分析讨论分子间相互作用情况时采用的基本数据。亦是这一讨论方法中所采用的标准参考物质——水所具有的理论计算基本数据。这些数据的正确性将在处理各类物质相互作用的实际应用中得到逐步检验。

  （2）汞——标准参考物质之二

  汞作为标准参考物质，以溶解度参数法计算时采用下列一些数据作为计算汞与其他物质相互作用时的参考数据。

  汞的表面张力数值：讨论温度为20℃时，汞的表面张力数值应是 486.5mJ/m²。

  在以往的文献中较多采用 484mJ/m²。

  汞的色散表面分力平均值为：$\sigma_{Hg}^{D} = 208.630$mJ/m²

  汞的色散表面作用系数平均值为：$\psi_{Hg}^{SD} = 14.444$mJ$^{1/2}$/m²

  因此汞的金属键力应为：$\sigma_{Hg}^{M} = 486.500-208.630 = 277.87$（mJ/m²）

  在过去文献中，当汞的表面张力采用 484mJ/m² 时得到：

  汞的色散表面分力平均值为：$\sigma_{Hg}^{D} = 201.07$mJ/m²

  汞的诱导表面作用分力系数：$\sigma_{Hg}^{KI} = 221.522$mJ/m²

  汞的表面诱导系数：$\psi_{Hg}^{SKI} = 14.884$mJ$^{1/2}$/m

  汞的这些标准参考计算数据用于很多物质计算，得到了较好的结果，这可参考文献[25]。我们希望像上面讨论标准参考物质水那样，将其在表面化学方面的应用转变为宏观物质的分子相互作用的讨论，但是汞作为标准参考物质遇到了一些困难，主要是计算和应用宏观分子相互作用理论各项分子压力参数作为与其他物质计算的标准参考物质，必须使用讨论物质正确的临界参数 P_C、T_C 和 V_C 的数据，而汞这些临界参数数据目前在文献和手册上所列示的数值还不完全一致，有些差别，如表 8-37 所示。

表 8-37　临界参数数据

文献	T_C/K	P_C/bar	V_C/(cm³/mol)	ρ_C/(g/cm³)
[110]	1758±12	1535.23		0.428±0.012
[111]	1750	1720.18	43	
[112]	1477	1608		
[113]	1758±12	1515（atm）		5.0±0.3

　　由于汞的临界参数数值上还有推敲之处，用作标准参考物质的数据更需慎重处理，以溶解度参数法选择标准参考物质时不需用这些临界参数，而以分子内压力法选择标准参考物质时必须用这些临界参数的正确数值，故而分子内压力的第二个标准参考物质还需推敲。

　　溶解度参数法选择汞标准参考物质除了文献中已有报道汞与其他较多物质相互作用的讨论，更主要的是作为标准参考物质应用了汞的下列两个特性。

　　① 汞与其他物质相互作用中无静电性的相互作用，而是以非静电性的色散力与其他物质相互作用。

　　② 汞与其他带有静电物质相互作用时，这些物质对汞可以产生诱导作用。

　　汞的这两点特性对于非极性物质如烷烃等均可以具有，所欠缺的是烷烃非极性物质与其他物质的相互作用应用方面报道要少一些，不如汞与其他物质的相互作用报道较多些。但烷烃非极性物质的临界参数应是比较可靠的，因而计算得到的烷烃的分子内压力数值应该也较为可靠一些。

　　（3）烷烃——可能的标准参考物质

　　为了能使烷烃作为标准参考物质的可能应用面扩大一些，如果选择烷烃作为标准参考物质，那么将不只是一种烷烃，而是可选择多个烷烃作为标准参考物质。

　　烷烃标准参考物质的温度 20℃（293.15K）。

　　① 一些烷烃的分子内压力和其色散分力见表 8-38。

表 8-38　一些烷烃的分子内压力及色散分力

烷烃	庚烷	辛烷	壬烷	癸烷
温度/K	293.15	293.15	293.15	293.15
对比分子内压力	44.827	50.442	54.542	61.503
对比分子内压力色散分力	44.827	50.442	54.542	61.502
分子内压力/bar	1226.006	1259.547	1249.011	1289.717
分子内压力色散分力/bar	1226.006	1259.547	1249.011	1289.717

　　② 一些烷烃分子内压力的诱导表面作用分力系数。在前面表面力的讨论中已经介绍了一些烷烃分子内压力的表面诱导表面作用分力系数[25]计算，亦已知物质中有效分子内压力与表面张力可以认为呈线性比例关系。这可从庚烷、辛烷、壬烷和癸烷的有效分子内压力与表面张力关系（图 8-5）得以反映。

　　已知庚烷、辛烷、壬烷和癸烷的 293.15K 诱导表面作用分力系数[25]为：

单位：mJ/m²

庚烷	辛烷	壬烷	癸烷
7.070	7.415	—	8.225

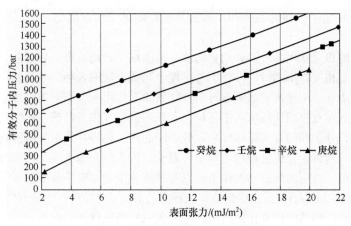

图 8-5　烷烃的有效分子内压力与表面张力

上表中缺少壬烷诱导表面作用分力系数数据，由于诱导表面作用分力系数与物质中分子相互作用有关，属凝聚型性能，依据有机化合物同系线性规律[114]，凝聚型性能 P 与物质碳链单位数 n_C 有下列关系：

$$\lg(P) = a + b\lg(n_C)$$

据此，对已有庚烷、辛烷和癸烷的诱导表面作用分力系数对 $\lg(n_C)$ 作最小二乘法处理，得

$$\lg(\sigma^{KI}_{烷烃}) = 0.48574 + 0.42846 \times \lg(n_C) \qquad r = 0.9955$$

由此得壬烷的诱导表面作用分力系数 $\sigma^{KI}_{壬烷} = 7.8449 \text{mJ/m}^2$

一些烷烃的分子内压力的诱导表面作用分力系数见表 8-39。

表 8-39　一些烷烃的分子内压力的诱导表面作用分力系数

烷烃	庚烷	辛烷	壬烷	癸烷
温度/K	293.15	293.15	293.15	293.15
表面张力/（mJ/m²）	19.95	21.459	22.467	22.484
诱导表面作用分力系数/（mJ/m²）	7.07	7.415	7.845	8.225
分子内压力/bar	1235.563	1265.355	1255.258	1289.717
有效分子内压力/bar	1088.938	1126.683	1205.641	1247.477
分子内压力诱导系数/bar	385.918	389.294	420.982	456.378
对比分子内压力	45.176	50.675	54.815	61.502
有效对比分子内压力	39.815	45.121	52.648	59.489
对比分子内压力诱导系数	14.110	15.591	18.384	21.762

有了这些标准参考物质的分子内压力数据，就可以计算其他物质的各种分子相互作用数据。

8.5.6　物质间分子内压力相互作用

不同物质分子间相互作用是宏观分子相互作用理论讨论的重要内容。已知分子内压力是表示液体中分子间吸引作用的数值，两种物质分子均具有一定分子间吸引作用的能力，两种分子之间的分子间相互作用与相关的每种分子的分子间相互作用能力有关，这里讨论的两种物质分子间相互作用只是宏观分子相互作用理论对分子间相互作用讨论的开始。这

个讨论的开始被设定了一些讨论条件，为的是使开始讨论尽量简化一些，使讨论能够逐步地深入进去。

两种物质间的相互作用涉及混合物和溶液。故而这个讨论设定的只是两个纯物质间的相互作用，即两相间相互作用的讨论。暂不考虑混合物或溶液的各种影响参数，例如暂不考虑混合物或溶液的成分、浓度等这些应该对两种物质相互作用会有影响的参数。

两种物质间的相互作用涉及物质中各种分子作用的相互作用情况，如物质动态分子间的分子间吸引作用、分子间的各种排斥作用、分子间的热运动等，如果将两种物质中各种分子作用的相互作用一起讨论分析会使讨论复杂而混乱，失去讨论的重点。为此讨论开始设定只是两种纯物质的分子内压力间的相互作用，以两种液体中短程有序分子的分子间相互吸引作用作为讨论的开始，以分子内压力中范德华长程力的静电、诱导和色散分力作为讨论的基点。以此讨论不同性质纯物质间相互作用情况，并分成三种情况讨论：

① 极性物质间以分子内压力表示的范德华各分力相互作用。

② 极性物质与非极物质间以分子内压力表示的范德华各分力相互作用。

③ 非极性物质间以分子内压力表示的范德华各分力相互作用。

对此分别介绍如下。

（1）极性物质间相互作用

表 8-40 表示水与一元醇间分子内压力间相互作用情况。表中列示了极性物质间分子内压力的范德华静电、诱导和色散分力的相互作用情况。

表 8-40 水与一元醇间分子内压力间相互作用

作用物质		对比分子内压力					
		水-醇作用力	静电分力	静电分力比例/%	诱导系数	诱导分力	色散分力
水(20℃)			63.974	92.7	0.0769		5.038
甲醇			45.038	0.737	10.737		16.086
28.55℃	水→醇					25.234	
	水←醇					0.160	
	水↔醇	88.073	53.677			25.394	9.002
乙醇			34.180	0.647	11.472		18.646
28.55℃	水→醇					26.083	
	水←醇					0.130	
	水↔醇	82.667	46.761			26.214	9.692
丙醇			30.423	0.580	12.378		22.040
23.85℃	水→醇					27.094	
	水←醇					0.116	
	水↔醇	81.865	44.117			27.210	10.537
丁醇			27.278	0.524	12.965		24.79
30.85℃	水→醇					27.728	
	水←醇					0.105	
	水↔醇	80.783	41.774			27.833	11.176

作用物质		对比分子内压力					
		水-醇作用力	静电分力	静电分力比例/%	诱导系数	诱导分力	色散分力
戊醇			25.023	0.455	14.155		30.010
21.85℃	水→醇					28.973	
	水←醇					0.094	
	水↔醇	81.373	40.010			29.067	12.296
己醇			15.74	0.382	11.746		25.507
28.85℃	水→醇					26.393	
	水←醇					0.068	
	水↔醇	69.530	31.732			26.461	11.336
辛醇			15.377	0.244	18.022		47.731
22.85℃	水→醇					32.692	
	水←醇					0.054	
	水↔醇	70.342	22.090			32.746	15.507

注：计算醇的分子内压力所用基础数据取自文献[107,108]。

表 8-40 中极性物质 1 是水，极性物质 2 是各种一元醇。极性物质分子间吸引力相互作用，即物质间对比分子内压力相互作用计算式如下。

① 物质 1 和物质 2 间对比分子内压力静电分力相互作用 $P_{inr}^{K,1\leftrightarrow2}$：

$$P_{inr}^{K,1\leftrightarrow2} = \left(P_{inr}^{K1} \times P_{inr}^{K2}\right)^{1/2}$$

a. 物质 1 对比分子内压力静电分力对物质 2 的对比分子内压力诱导分力为 $P_{inr}^{I1\rightarrow2}$；物质 1 中对比分子内压力静电分力占物质 1 对比分子内压力比例为 $\eta_1^K = P_{inr}^{K1}/P_{inr}^1$,%；物质 2 中对比分子内压力诱导系数为 P_{inr}^{KI2}。存在如下关系：

$$P_{inr}^{I,1\rightarrow2} = \left(P_{inr}^{K1} \times \eta_1^K \times P_{inr}^{KI2}\right)^{1/2}$$

b. 物质 2 对比分子内压力静电分力对物质 1 的对比分子内压力诱导分力为 $P_{inr}^{I1\leftarrow2}$；物质 2 中对比分子内压力静电分力占物质 2 对比分子内压力比例为 $\eta_2^K = P_{inr}^{K2}/P_2^2$,%；物质 1 中对比分子内压力诱导系数为 P_{inr}^{KI1}。存在如下关系：

$$P_{inr}^{I,1\leftarrow2} = \left(P_{inr}^{K2} \times \eta_2^K \times P_{inr}^{KI1}\right)^{1/2}$$

② 物质1和2间对比分子内压力静电分力对另一物质的对比分子内压力诱导分力 $P_{inr}^{I1\leftrightarrow2}$：

$$P_{inr}^{I1\leftrightarrow2} = P_{inr}^{I1\rightarrow2} + P_{inr}^{I1\leftarrow2}$$

③ 物质 1 和物质 2 间对比分子内压力色散分力相互作用 $P_{inr}^{D,1\leftrightarrow2}$：

$$P_{inr}^{D,1\leftrightarrow2} = \left(P_{inr}^{D1} \times P_{inr}^{D2}\right)^{1/2}$$

④ 物质 1 和物质 2 间对比分子内压力相互作用 $P_{inr}^{1\leftrightarrow2}$：

$$P_{inr}^{1\leftrightarrow2} = P_{inr}^{K,1\leftrightarrow2} + P_{inr}^{I,1\leftrightarrow2} + P_{inr}^{D,1\leftrightarrow2}$$

（2）极性物质和非极性物质间相互作用

表 8-41 为水与烷烃间分子内压力间相互作用情况。表中列示了极性物质与非极性物质分

子内压力的范德华静电、诱导和色散分力的相互作用情况。

表 8-41　水与烷烃间分子内压力间相互作用

作用物质		对比分子内压力					
		水-烷烃作用力	静电分力	静电分力比例/%	诱导系数	诱导分力	色散分力
水(20℃)			63.974	92.7	0.0769		5.038
庚烷			0	0	14.110		45.176
20℃	水→烷烃					28.927	
	水↔烷烃	44.013				28.927	15.086
辛烷			0	0	15.591		50.675
20℃	水→烷烃					30.408	
	水↔烷烃	46.386				30.408	15.978
壬烷			0	0	18.384		54.815
20℃	水→烷烃					33.018	
	水↔烷烃	49.636				33.018	16.618
癸烷			0	0	21.762		61.502
20℃	水→烷烃					35.924	
	水↔烷烃	53.527				35.924	17.603

这里极性物质 1 是水，非极性物质 2 是各种烷烃。极性物质和非极性物质分子间吸引力相互作用，即物质间对比分子内压力相互作用计算式如下。

① 物质 1 对比分子内压力静电分力对物质 2 的对比分子内压力诱导分力为 $P_{\mathrm{inr}}^{\mathrm{I1}\rightarrow2}$；

物质 1 中对比分子内压力静电分力占物质 1 对比分子内压力比例为 $\eta_1^{\mathrm{K}} = P_{\mathrm{inr}}^{\mathrm{K1}}/P_{\mathrm{inr}}^{1}$，%；

物质 2 中对比分子内压力诱导系数为 $P_{\mathrm{inr}}^{\mathrm{KI2}}$。存在如下关系：

$$P_{\mathrm{inr}}^{\mathrm{I,1}\rightarrow2} = \left(P_{\mathrm{inr}}^{\mathrm{K1}} \times \eta_1^{\mathrm{K}} P_{\mathrm{inr}}^{\mathrm{KI2}}\right)^{1/2}$$

物质 1 和 2 间对比分子内压力诱导分力 $P_{\mathrm{inr}}^{\mathrm{I1}\leftrightarrow2}$ 有：

$$P_{\mathrm{inr}}^{\mathrm{I1}\leftrightarrow2} = P_{\mathrm{inr}}^{\mathrm{I1}\rightarrow2}$$

② 物质 1 和物质 2 间对比分子内压力色散分力相互作用 $P_{\mathrm{inr}}^{\mathrm{D,1}\leftrightarrow2}$：

$$P_{\mathrm{inr}}^{\mathrm{D,1}\leftrightarrow2} = \left(P_{\mathrm{inr}}^{\mathrm{D1}} \times P_{\mathrm{inr}}^{\mathrm{D2}}\right)^{1/2}$$

③ 物质 1 和物质 2 间对比分子内压力相互作用 $P_{\mathrm{inr}}^{1\leftrightarrow2}$：

$$P_{\mathrm{inr}}^{1\leftrightarrow2} = P_{\mathrm{inr}}^{\mathrm{I,1}\rightarrow2} + P_{\mathrm{inr}}^{\mathrm{D,1}\rightarrow2}$$

（3）非极性物质间相互作用

非极性物质烷烃作为标准参考物质，与其他物质相互作用的分子内压力的各项静电、诱导和色散范德华分力如表 8-42 所示。两个非极性物质间相互作用主要是范德华力的色散分力相互作用。表 8-42 中表示了两个非极性物质间相互作用。

物质 1 和物质 2 间对比分子内压力色散分力相互作用 $P_{\mathrm{inr}}^{\mathrm{D,1}\leftrightarrow2}$：

$$P_{\mathrm{inr}}^{\mathrm{D,1}\leftrightarrow2} = \left(P_{\mathrm{inr}}^{\mathrm{D1}} \times P_{\mathrm{inr}}^{\mathrm{D2}}\right)^{1/2}$$

表 8-42　烷烃与其他非极性物质间相互作用

物质 2			标准参考物质 1 对比分子内压力色散分力(20℃)			
			庚烷	辛烷	壬烷	癸烷
名称	对比分子内压力色散分力	物质 1、2 相互作用	15.086	15.978	16.618	17.603
乙烷(20℃)	4.892	$P_{inr}^{1\leftrightarrow2}$	8.527	8.776	8.950	9.211
丙烷(20℃)	15.978	$P_{inr}^{1\leftrightarrow2}$	15.526	15.978	16.295	16.771
丁烷(20℃)	26.204	$P_{inr}^{1\leftrightarrow2}$	19.883	20.462	20.868	21.477
苯(20℃)	39.841	$P_{inr}^{1\leftrightarrow2}$	24.516	25.231	25.731	26.482

参考文献

[1]　Adamson A W. Physical chemistry of surface. 3rd ed. John-Wiley, 1976.

[2]　张开. 高分子界面科学. 北京: 中国石化出版社, 1997.

[3]　Jańczuk B, Białopiotrowicz T, Zdziennicka A. Some remarks on the components of the liquid surface free energy. J Colloid Interf Sci, 1999,211: 96-103.

[4]　Fowkes F M. J Adhesion, 1972, 4: 153.

[5]　Jańczuk B, Białopiotrowicz T. Surface free energy components of liquids and low energy solids and contact angles. J Colloid Interf Sci, 1989,127(1): 189.

[6]　陈天娜, 宋华杰, 汤业明. 分子间相互作用理论研究现状及进辰. 粘接, 206, 27 (5): 31-34,46.

[7]　Lee L L. Molecular thermodynamics of nonideal fluids. Butterworths Scrics in Chemical Engineering, 1987.

[8]　Myers D. Surfaces, interfaces, and colloids principles and application. 2nd ed. New York: Wiley-VCH, 1999.

[9]　郑忠, 李宁. 分子力与胶体的稳定和聚沉. 北京: 高等教育出版社, 1995.

[10]　张季爽, 申成. 基础物理化学(下册). 北京: 科学出版社, 2001.

[11]　顾继友. 胶接理论与胶接基础. 北京: 科学出版社, 2003.

[12]　黄子卿. 非电解质溶液理论导论. 北京: 科学出版社, 1973.

[13]　黄子卿. 电解质溶液理论导论. 北京: 科学出版社, 1964.

[14]　Hildebrand J H , Scott R L Regular solutions. New Jersey: PRENTICE•Hall INC, 1962.

[15]　Ketelaar J A A. Chemical constitution- an introduction to the theory of the chemical bond. New York: Elesevier Publishing Company, 1953.

[16]　哈里德 D, 瑞斯尼克 R. 物理学. 第二卷, 第一册. 北京: 科学出版社, 1982.

[17]　London F. The general theory of molecular forces. Trans of the Faraday Soc, 1937, 33: 8-26.

[18]　Hannky N, Smyth C J . J Am Chem Soc, 1946, 68: 171.

[19]　包尔纳茨基 И И. 炼钢过程的物理化学基础. 北京: 冶金工业出版社, 1981.

[20]　曲英. 炼钢学原理. 北京: 冶金工业出版社, 1980.

[21]　胡英. 流体的分子热力学. 北京: 高等教育出版社, 1983.

[22]　徐光宪. 物质结构. 7 版. 北京: 人民教育出版社, 1978.

[23]　项红卫. 流体的热物理化学性质——对应态原理与应用. 北京: 科学出版社, 2003.

[24]　丁莹如, 秦关林. 固体表面化学. 上海: 上海科学技术出版社, 1988.

[25]　张福田. 界面层模型和表面力. 化学学报, 1986, 44: 1-9.

[26]　Scheiner S. Hydrogen bonding: a theoretical perspective. New York: Oxford University Press, 1997.

[27]　李俊清, 何天敬, 王俭, 刘凡镇. 物质结构导论. 合肥: 中国科学技术大学出版社, 1995.

[28]　范宏昌. 热学. 北京: 科学出版社, 2003.

[29]　乌曼斯基, 等. 金属学物理基础. 北京: 科学出版社, 1958.

[30]　金家骏, 陈民生, 俞闻枫. 分子热力学. 北京: 科学出版社, 1990.

[31]　Bardeen J. The image and van der Waals forces at a metallic surface. Phys Rev, 1940, 58: 727.

[32]　Fowkes F M. Surface and interface Ⅰ, Chemical and physical characteristics. Syracuse University Press, 1966.

[33]　Fowkes F M. Am Chem Soc Div Org Coat Plast Chem Prepr, 1979, 40: 13.

[34]　Fowkes F M, Ind Eng Chem, 1964,-56(12):40.

[35] Busscher H J, Arends J. J Colloid interf SCi, 1981, 81(1): 75.

[36] Fowkes F M, Moistafa M A. Ind Eng Chem Prod Res Dev, 1978, 17: 3.

[37] Fowkes F M. Acid-base interactions in polymer adhesion. // Mittal K L. Physico-Chemical Aspects of Polymer Suefaces. New York and London: Plenum Press, 1983.

[38] Fowkes F M. Role of acid-base interfacial bonding in adhesion. J Adhesion Sci Tech,1987, 1(1): 7-22.

[39] Riddle F L, Fowkes F M. Spectral shifts in acid-base chemistry 1. J Am Chem Soc, 1990,112(9): 3259.

[40] van Oss C J, Chaudhury M K, Good R J. Monopolar surfaces. Advances in Colloid and Interface Science, 1987, 28: 35-64.

[41] Chaudnury M K. Short range and long range forces in colloidal and macroscopic systems. State University of New York at Buffalo, 1984.

[42] Dzyaloshinskii D, Lifshitz E M, Pitaevakii L P. Adv Phys, 1961,10: 165.

[43] Lieng-Huang L. The chemistry and physics of solid adhesion. //Lieng-Huang L. Fundamentals of adhesion. New York and London: Plenum Press, 1991: 1-86.

[44] Good R J, Chaudhury M K. Theory of adhesive forces across interface. //Lieng-Huang L. Fundamentals of adhesion. New York and London: Plenum Press, 1991: 137-151.

[45] Good R J, van Oss C J. The of contact angles and the hydrogen bond components of surface energies. //Schrader M E, Loeb G I. Moder approaches to wettability (theory and applications). New York and London: Plenum Press, 1992: 1-27.

[46] Hiemenz P C, Rajagopalan R. Principles of colloid and surface chemistry. 3 rd ed. Marcel Dekker, 1997.

[47] 张福田. Stefan 公式. 化学学报, 1986,44: 105-116.

[48] 张福田. 分子界面化学基础. 上海: 上海科学技术文献出版社, 2006.

[49] Hiemenz P C, Rajagopalan R. Principles of colloid and surface chemistry. 3 rd ed. New York, Hong Kong: Marcel Dekker Inc, 1997: 487.

[50] Hiemenz P C. Principles of colloid and surface chemistry. Markel Dekker INC, 1977.

[51] Soo-Jin P. Long-range force contributions to surface dynamics. Jyh-Ping H. Interfacial forces and fields, theory and applications. Surfactant science series, volume 85. New York, Basel: Marcel Dekker Inc, 1999.

[52] Hildebrand J H, Scott R L. The solubility of non-electrolytes. 3rd ed. New Youk: Reinhold,1949.

[53] van Krevelen D W, te Nijenhuis K. Properties of polymers(原著第 4 版). 北京: 科学出版社, 2010.

[54] 范克雷维伦 D W. 聚合物的性质: 性质的估算及其与化学结构的关系. 北京: 科学出版社, 1987.

[55] 于成峰, 黑恩成, 刘国杰. 液体内聚能的统计热力学研究. 化学学报, 2001,59,1: 146.

[56] 刘国杰, 胡英. 分子的结构与液体的溶解度参数. 化工学报, 1990,3: 258.

[57] Barton A F M. CRC handbook of solubility parameters and other cohesion parameters. Boca Raton, Florida: CRC Press Inc, 1983.

[58] Barton A F M. CRC handbook of solubility parameters and other cohesion parameters. 2nd ed. Boca Raton, London: CRC Press Inc, 1991.

[59] Hansen C M. Hansen solubility parameters. London: CRC Press, 2000.

[60] Karger B L, Snyder L R, Eon C. An expanded solubility parameter treatment for classification and use of chromatographic solvents and adsorbents   parameters for dispersion, dipole and hydrogen bonding interaction. J Chromatogr, 1976, 125: 71.

[61] Karger B L, Snyder L R, Eon C. An expanded solubility parameter treatment for classification and use of chromatographic solvents and adsorbents. Anal Chem,1978, 50: 2126.

[62] Tijssen R, Billet H A, Schoenmaker P J. Use of the solubility parameter for predicting selectivity and retention in chromatography. J Chromatogr, 1976, 122: 185.

[63] 王连生, 支正良, 高松亭. 分子结构与色谱保留. 北京: 化学工业出版社, 1994.

[64] (a) Weast R C. CRC handbook of chemistry and physics. 69th ed. Boca Raton: CRC Press, 1988-1989; (b) Lide D R. CRC handbook of chemistry and physics. 82nd ed. London, New York: CRC Press, 2001-2002.

[65] Fowkes F M. Additivity of intermolecular forces at interface. J Phys Chem, 1963, 67: 2538.

[66] Hauxwell F, Ottewill R H. J Colloid Interf Sci, 1970, 34: 473.

[67] Orem M W, Adamson A W. J Colloid Interf Sci, 1969, 31: 278.

[68] Tobolsky A V, Mark H F. 聚合物科学和材料. 北京: 科学出版社, 1977.

[69] 王庆文, 杨玉恒, 高鸿宾. 有机化学中的氢键问题. 天津: 天津大学出版社, 1993.

[70] 张福田. 第二次全国胶作与界面化学学术讨论会论文摘要汇编, 中国化学会, 济南, 1985, A33, 163.

[71] Zhang F T. Interface layer model of physical interface. J Colloid Interf Sci, 2001, 244: 271-281.

[72] 苏联化学手册. 陶坤, 译. 北京: 科学出版社, 1958.

[73] Washburn E W. International critical tables. vol Ⅳ. New York: McGraw-Hill, 1928.

[74] Lyklema J. Fundammentals of interface and colloid science. V.1. London: Academic Press, 1991.

[75] Prausnitz J M, Lichtenthaler R N, de Azevedo E G. Molecular thermodynamics of fluid-phase equilibria. NewJersey: Prentice Hall PTR, 1999.

[76] 陈宗淇, 戴闽光. 胶体化学. 北京: 高等教育出版社, 1987.

[77] van Krevelen D W. Properties of polymers, their estimation and correlation with chemical structure. Amsterdam, Oxford, New York: Elsevier Scientific Pulishing Company, 1976.

[78] Jaspek J J, Kerr E R, Gergorich F. The orthobaric surface tension and thermodynamic properties of the liquid surface of the n-alkanes C_5 to C_8. J Am Chem Soc, 1953, 75: 5252.

[79] Fowler R H. Proc Roy Soc, 1937, A139: 229.

[80] Wu S J. Polym Sci, 1971, C34: 19.

[81] Гиббс Дж В. Термодинамические работы. Мосва: Гостехиздт, 1950, стр, 288, 356, 362.

[82] Japan Chem Soc. Chemistry guide, foundational parts Ⅱ, second edition, 1975.

[83] Washburn E W. International critical tables. Ⅳ, Ⅴ. New York: McGraw-Hill, 1928.

[84] Bartell F E, Case L O, Brown H. J Am.Chem Soc, 1933,55: 2769.

[85] Bartell F E. Colloid symposium monograph. New York: The Chemical Catalog Company, 1928.

[86] 程传煊. 表面物理化学. 北京: 科学技术文献出版社, 1995.

[87] 日本化学会. 化学便览: 基础篇Ⅱ(改订2版). 东京: 丸善株式会社, 1975.

[88] Fowkes F M. Ind Eng Chem, 1964, 56(12): 40.

[89] Davis H T, Scriven L E A. Simple theory of surface tension at low vapor pressure. J Phys Chem, 1976, 80 (25): 2805.

[90] Jaspek J J, Kerr E R, Gregorich F J. Appl Polym Sci, 1969, 13: 1741.

[91] 张福田. 第三次全国胶作与界面化学学术讨论会论文摘要汇编. 中国化学会, 上海, 1987, C31: 3-95.

[92] 张福田. 物理界面界面层模型润湿理论. 化学学报, 1991, 49: 634-643.

[93] 张福田. Stefan 公式. 化学学报, 1986, 44: 105-116.

[94] Good R, Ebling E. Generalization of theory for estimation of interfacial energies. Indus and Engin Chem, 1970, 62(3): 55.

[95] Girifalco L A, Good R J J. Phys Chem, 1957, 61: 904.

[96] Zisman W A. Relation of the equilibrium contact angle to liquid and solid constitution. Adavances in chemistry series No 43. Washington D C : American Chemical Society, 1964.

[97] Zisman W A. Ind Eng Chem, 1963, 55(10): 19.

[98] Adamson A W. Physical chemistry of surface. 3rd ed. New York: John-Wiley, 1976.

[99] Adamson A W, Gast A P. Physical chemistry of surface. 6th ed. New York: John-Wiley, 1997.

[100] Yaws C L. Thermodynamic and physical property data. London: Gulf Publishing Company, 1992.

[101] 于志家, 李香琴, 兰忠. 化工热力学(英文版). Chemical Engineering thermodynamics. 北京: 化学工业出版社, 2014.

[102] Vavruch I. Surface tension and internal pressure of liquid.J Colloid Interf Sci, 1989, 127(2): 592.

[103] 胡英, 刘国杰, 徐英年, 谭子明. 应用统计力学. 北京: 化学工业出版社, 1990.

[104] Good R J, Chaudhury M K. Theory of adhesive forces across interface. //Lee L H. Fundamentals of adhesion. New York and London: Plenum Press, 1991, 137-151.

[105] Good R J, van Oss C J. The of contact angles and the hydrogen bond components of surface energies. //Schrader M E, Lobe G I. Moder approaches to wettability (theory and applicstions). New York and London: Plenum Press, 1992.

[106] 童景山. 分子聚集理论及其应用. 北京: 科学出版社, 1999.

[107] Smith B D. Therm odynamic data for pure compounds. Part A,B. New York: Elsevier, 1986.

[108] Perry R, Perry D. Green perry's chemical engineers handbook.7 th ed. 北京: 科学出版社,1997.

[109] 卢焕章. 石油化工基础数据手册. 北京: 化学工业出版社, 1984.

[110] 特克道根. 高温工艺物理化学. 北京: 冶金工业出版社, 1988.

[111] Lide D R. CRC handbook of chemistry and physics. 80 th ed. London, New York: CRC Press, 2001-2002.

[112] Dean J A. Lange's handbook of chemistry. NewYork: McGraw Hill, 1999.

[113] Hensel F, Franck E U. Phys Chem, 1966,70: 1154.

[114] 蒋明谦. 有机化合物的同系线性规律. 北京: 科学出版社, 1980.

第9章

宏观分子相互作用理论的应用

世界第一次工业革命是蒸汽机的发明，机器解放了人类的体力，深刻地影响和改变了人类的生活；而世界第四次工业革命带领的是"人工智能"。机器解放了人类的体力，"人工智能"似乎有可能解放人类的脑力、思维和创造力。但自然界中还存在着目前处于只知其然而不知其所以然的"自然思维"，或更明确地说是"自然界的思维"。这就是实际上确实存在的各种宏观物质中千千万万分子间的相互作用。如果能够认识和使用这些物质中的分子相互作用，或将像蒸汽机那样，有可能解放人类的思维和创造力，深刻地影响和改变人类的生活和创新。故而在世界第四次工业革命中认识"自然界的思维"具有重要意义。宏观分子相互作用理论只是初窥"自然界的思维"。只有物质中千千万万分子间相互作用的"自然界的思维"得到人类的认识，人类才能将其应用于计算机，第四次工业革命将带给世界更深刻的变革。

9.1 物质大量分子相互作用基础理论简介

2012 年笔者初次提出了宏观分子相互作用理论[3]，当时的理论构思为：①建立宏观物质中大量分子间相互作用的理论基础，从头开始讨论；②建立宏观物质中各种分子间相互作用的计算方法，希望实现以家庭型或企业型计算机而不是必须依靠大型计算机也可以完成物质中大量分子间相互作用分子行为的计算，这是为了使宏观分子相互作用理论能够得到广泛的应用。

宏观分子相互作用理论提出在宏观物质中存在以下类型的分子间相互作用，并以压力表示分子间相互作用的数值。宏观分子相互作用理论将这些以压力表示的分子间相互作用参数通称为分子压力。关于分子压力的定义、计算式等详细说明可见本书第 1~8 章的内容。由于下面讨论涉及的物质中分子行为与物质智能生产有关，为此这里先介绍宏观分子相互作用理论如何描述宏观物质大量分子产生的分子行为。

宏观分子相互作用理论描述物质分子在宏观状态下的分子行为，可借用微观分子相互作用理论中表示两个分子相互关系的 Lennard-Jones 位能函数曲线：

$$u_P = 4\varepsilon \left[\left(\frac{\sigma}{r} \right)^{12} - \left(\frac{\sigma}{r} \right)^6 \right]$$

宏观分子相互作用理论借用 Lennard-Jones 位能函数表示物质分子在宏观状态下大量分子的分子行为的方法称为宏观位能曲线，图 9-1 为乙醇的宏观位能曲线。

图 9-1 中，横坐标为物质中分子间距离，也可以是温度或其他状态参数，依据讨论需要，可另设定；P_{P2} 表示物质分子的斥作用力，P_{at}、P_{in} 分别表示物质中无序分子和短程有序分子的吸引作用力；按照 Lennard-Jones 位能函数的要求，纵坐标为分子间排斥作用与分子间吸引

作用之差值，故纵坐标为：短程有序分子，$P_{P2}-P_{in}$，无序动态分子，$P_{P2}-P_{at}$。

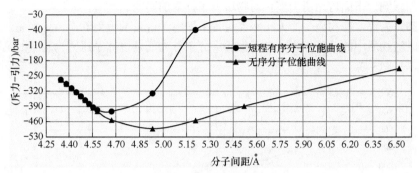

图 9-1　乙醇宏观位能曲线

数据取自文献[4]，物性数据取自文献[5,6]

宏观位能曲线的纵坐标也可以只以各分子压力表示，这样便于在不同状态下对各分子压力进行比较，使分子间相互作用参数有更大的实际应用范围。图 9-2 列示了饱和氨在临界状态下分子吸引压力、分子内压力和分子第二斥压力的变化，其中的数据取自文献[7,8]。

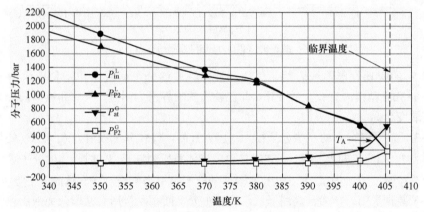

图 9-2　饱和氨的分子吸引力和排斥力与温度的关系

图 9-2 宏观位能曲线表明，气体和液体物质的分子间吸引作用和排斥作用在 390～405.4K 范围内有较大的变化，即在讨论物质的临界温度附近，气体和液体的分子行为发生了较大的变化。氨的临界数据取自文献[9-11]。

图 9-2 反映了氨分子的一些分子行为：温度升高至 T_A 时，气体分子吸引力 P_{at}^G 在 T_A 点处与液体的分子吸引力 P_{in}^L 相交，即 $P_{at}^G = P_{in}^L$。也就是说，当体系温度低于 T_A 时液体的分子吸引力大于气体分子吸引力，当温度高于 T_A 时液体的分子吸引力则会小于气体的分子吸引力。

图 9-2 中数据表明，温度升高或降低，物质中分子间相互作用会减弱或加强，说明液体分子间的吸引作用维持物质液态凝聚体状态的能力会逐渐减弱或加强，这使物质从液态向气态或从气态向液态转变具备了分子间相互作用的微观条件，使物质在宏观现象上表现为相变，物质中大量分子间的相互作用将会促使物质从液相转变为气相，或从气相转变为液相。

图 9-2 表明，状态参数 T 发生变化，物质中分子相互作用参数和分子行为也会随之变化，物质的性质也发生变化，随着温度升高，出现液体向气体转变的相变。

同理，物质体系的其他状态参数，如压力、分子间距的变化，同样会引起物质中分子行为的变化。人工智能生产过程中重视的生产参数为温度和压力，上面讨论了温度变化对物质分子行为的影响，下面讨论压力变化对物质分子行为的影响。

以饱和氨为例，在物质生产人工智能讨论中氨将是讨论的重要物质。这里先介绍在体系压力变化时氨物质中的分子行为，表示物质中分子行为的是以体系压力为变量的饱和氨宏观位能曲线，见图9-3。

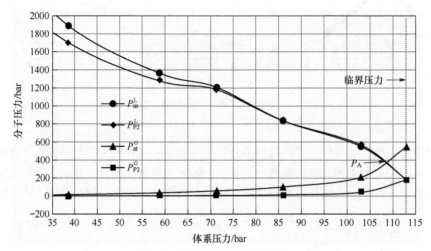

图9-3　不同压力下饱和氨各分子压力

图 9-3 的宏观位能曲线表明，气体和液体物质的分子间吸引作用和排斥作用在压力 104.394～113bar 范围内有较大的变化，即在物质的临界压力附近，气体和液体的分子行为发生了较大的变化。

图9-3反映了氨分子的一些分子行为：压力升高，气体分子吸引力 P_{at}^{G} 在 P_A 处与液体的分子吸引力 P_{in}^{L} 相交，即 $P_{at}^{G}=P_{in}^{L}$。亦就是说，当体系压力低于 P_A 时液体的分子吸引力会大于气体的分子吸引力，当压力高于 P_A 时液体的分子吸引力则会小于气体的分子吸引力。

图9-3数据表明，压力升高或降低，物质中分子间相互作用会减弱或加强，说明液体分子间的吸引作用维持物质液态凝聚体状态的能力会逐渐减弱或加强，这使物质从液态向气态或从气态向液态转变具备了分子间相互作用的微观条件，使物质在宏观现象上表现为相变。

图9-3表明，状态参数体系压力发生变化，物质中分子相互作用参数和分子行为也会随之变化，物质的性质也会发生变化，随着压力升高，会出现液体向气体转变的相变。

这些在自然界物质中出现的分子行为变化，宏观分子相互作用理论称之为自然界的"思维"，是不同于人类思维的另一种"思维"，是第四次工业革命中物质生产"人工智能"领域人类可能需要向自然界学习的"自然界的思维"。

下面讨论宏观分子相互作用理论与物质生产"人工智能"领域中"自然界的思维"的关系。

9.2　物质生产的人工智能

前面介绍了宏观分子相互作用理论，并讨论了物质中大量分子的分子间相互作用对临界状态物质中分子行为的影响，故而宏观分子相互作用理论应是讨论和研究物质性质变化的基础理论，并有可能应用于物质生产的人工智能领域。

当前，世界正在进行第四次工业革命，中国也提出了"中国制造2025"行动纲领，美国提出了"先进制造业国家战略计划"，德国提出了"德国工业4.0"等。这些计划均与智能制造有关。

第四次工业革命热潮也使我国各种人工智能涌现[12-16]。目前的"智能"范围已大幅扩大，例如"智能城市""智能工厂""智能服务""智能汽车""智能销售""智能检测""智能驾驶""智能下棋"，等等。由于"智能"所涉及范围极广，智能究竟是指什么，不同人有不同见解[12]。但要了解的是"智能"是什么意思，由于涉及广泛，在此选择部分文献的观点介绍如下。

早期，1950年艾伦·麦席森·图灵（Alan Mathnson Tuling）提出："机器也能思维"，这为近代的智能或人工智能提出了两点基本要求：①必须有"机器"参与，也就是必须有计算机参与。②参与智能的对象——计算机，必须有"思维"，亦就是用于人工智能的计算机必须先要有自己的"思维"，即计算机必须先进行"培训"，成为有"思维"的计算机。

文献[12]指出，人工智能是计算机模拟人类的智力活动，例如模拟医学专家进行疾病诊疗。计算机是不知道如何进行诊疗的，需要医学专家将其经验和医药知识输送给计算机[16]，使其具有这方面的知识，这就是对计算机进行"培训"，即机器学习。

对机器学习的要求为："智能"涉及的范围非常广泛，计算机智能应用于某种领域前，须"学习"该应用领域的各种知识，即此领域的"基础理论"。如智能下棋，其"基础理论"应该是各种棋谱、博弈实战的方法等。也就是说，人工智能必须抓住"智"字，而"智"就是其生产对象或其研究生产服务对象的基础理论，这是人工智能工作的"纲"，纲举目张，纲不举何来目之张。

本节讨论对象是物质生产，故而称之为物质的智能生产，例如石油物质和化工物质的智能生产[13,15]等，上面讨论已经说明，现代物质智能生产所适用的"基础理论"应该是所生产物质中大量分子间相互作用的分子行为，即所生产物质中大量分子间的分子吸引力和排斥力作用，这两种分子相互作用力的博弈结果就是自然界物质中的分子行为，也就是自然界的"思维"，即人类让计算机的"智"去实施的"能"，这个"智能"也是人类通过培训赋予计算机的"人工智能"，而这个"智"是由人类掌握的用以控制和了解物质生产过程所需的基础理论。

因此，对"人工智能"最合适的解释是：人类通过对计算机培训后，由计算机实施各种"能"，最终达到人类预期的目的，这就是全部物质生产的"人工智能"，也是需要人类经过不懈努力才能实现的"智"和"能"。故而，世界兴起的第四次工业革命，也就是目前方兴未艾的人工智能时代，正是人们应该考虑如何对参与"人工智能"的计算机进行"培训"的时期。

笔者希望这里讨论的宏观分子相互作用理论，能够在第四次工业革命中成为涉及物质应用和生产的"人工智能"所需的基础理论的一部分，即成为智能物质生产中"智"的一部分。

宏观分子相互作用理论参与"人工智能"还有另一方便之处，是此基础理论的中心思想是讨论物质中千万分子间相互作用，对此宏观分子相互作用理论对计算机进行培训，使用了在20世纪90年代较流行的Foxpro语言，21世纪有了更先进的Python语言等，想让计算机使用"某语言"与使用"另一语言"，取决于人类的目的和实施"人工智能"的计算机在交流和完成时应该更方便一些，2012～2016年作者使用了FoxPro语言，本章最后以FoxPro计算气体氨的分子相互作用参数数据，此计算软件2016年已申请了中国发明专利[10]。

为着更好地说明物质的基础理论如何参与"人工智能"，充当"智"的作用，本书的前面8章阐述了宏观分子相互作用理论，较全面地描述了世界上各种物质中有着千千万万个分子，这些分子间有着相互作用，有分子间吸引作用，也有分子间排斥作用，两种作用如何在物质中博弈，又如何对物质的性质、状态的变化产生影响，从而对物质间反应产生影响，即对物质的生产产生影响，应该讲这是人类试图掀开物质的面纱，看到千千万万分子的"自然界的思维"的部分面貌。至今，由于知识水平有限，本书列示的或许只是部分或局部的，希望更多从事物质性质的研究者，特别是物理化学工作者，共同努力掀开物质的面纱，揭示更多的真面目，为世界第四次工业革命添砖加瓦，为我国的社会主义建设做出贡献。

同样，为更好地说明物质的基础理论如何参加"人工智能"，充当"智"的作用，本章将着重介绍"智"，并以化工生产重要工程——合成氨工程为例，将从宏观分子相互作用角度考虑的生产工艺要素与实际生产的合成氨生产工艺要素比较，由此说明以宏观分子相互作用角度考虑的"智"是否合适，是否有改进的地方。

以合成氨生产为例来说明人工智能中不同的"智"对物质氨生产影响的讨论。以此为例是因为合成氨生产已有了一定的实际生产经验，可以用这些实际生产经验与从宏观分子相互作用理论角度提出的建议进行对比，合成氨生产的专家对依据大量分子行为发出的"人工的智"的指令提出分析意见，使其正确率提高，完成"智能生产"任务。如果"人工的智"的指令不正确，则接受有实际生产经验专家的意见，替换不正确的"智"，再重新寻找设定。

合成氨生产系统是以氮和氢气体为原料，通过化合反应生成气体氨[17]。故与物质分子行为有关，需分析物质中大量分子相互作用参数在合成氨生产过程中的作用，并通过化学反应生产合成氨。合成氨生产原理：

$$3H_2 + N_2 \underset{}{\overset{催化剂}{\rightleftharpoons}} 2NH_3 \qquad \Delta H_{298}^{\ominus} = -46.22kJ/mol$$

生成氨反应为放热反应，需要催化剂参加，反应使体积减小为原来的一半。因而合成氨反应过程中会有着大量分子间的反应发生和相互作用的分子行为。

因此，以合成氨生产为例来提出人工智能物质生产中第一个"智见"，应该是合成氨生产首先必须确定的合成氨的生产条件，亦就是合成氨生产的工艺条件是什么？

前面已知变化体系状态参数——温度和压力，会使体系状态发生变化，故而分别讨论温度和压力对体系状态的影响。

（1）温度影响

图 9-2 是氨的宏观位能曲线图，将图 9-2 宏观位能曲线中 T_A 附近放大，展示为图 9-4，以方便温度影响的讨论。

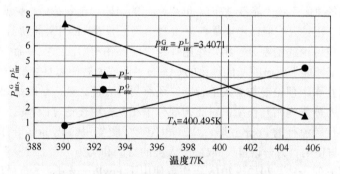

图 9-4　气氨分子吸引压力和液氨分子内压力与温度关系

计算得 $T_A = 400.495K$，而氨的分子行为表明，在 T_A 处气体分子引力 P_{at}^G 与液体分子引力 P_{in}^L 相等。这个大量分子间相互作用形成的分子行为将促使物质状态发生改变，即发生相变，物质会由气体相变为液体，或由液体相变为气体。饱和气体与饱和液体间亦会相互转变，正向转变与逆向转变的平衡条件是 $P_{at}^G = P_{in}^L$，应是由物质中的分子行为所决定的。显然，当 $P_{at}^G > P_{in}^L$ 时饱和液体向饱和气体转变，当 $P_{at}^G < P_{in}^L$ 时饱和气体向凝聚体转变，气液之间的分子

引力和斥力取决于物质温度。图 9-2 表明，当体系温度 $T > T_A$，$P_{at}^G > P_{in}^L$ 时，体系中饱和气氨开始出现。因而称 T_A 为液氨向气氨相变开始的温度点，或称为饱和气态物质的开始出现点。

合成氨反应得到的反应产物是气体氨，而饱和氨的物质分子行为表明，当物质温度在 T_A 时，有利于该物质转变为气体状态，而当 $T \geqslant T_C = 405.4K$ 时，物质中分子相互作用使该物质的气体状态可能会呈稳定而长远地存在，即在临界温度为 405.4K 时液体氨可以完全转化为气体氨。

$T < T_C$ 对合成氨正向反应有利。从分子相互作用角度和热力学理论来看，合成氨工艺不宜选择提高温度。因而宏观分子相互作用理论建议合成氨工艺的温度起始点设在 400.495K，将此温度作为气氨生成的起始点，有利于气氨的生成。而发生液-气相变的温度条件范围为：400.495～405.4K。

（2）压力影响

将图 9-3 宏观位能曲线中 P_A 附近放大，展示为图 9-5，以方便压力影响的讨论。

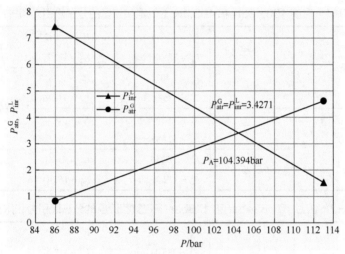

图 9-5　气氨的分子吸引压力和液氨分子内压力与压力关系

可以通过计算，得 $P_A = 104.394bar$，已知氨的临界压力值为 $P_C = 113bar$。

在饱和液氨压力变化的同时，其温度也随之发生改变，两种物质状态参数变化对液氨中分子相互作用的共同作用是，当 $T < T_A$、$P < P_A$ 时，物质中气体氨的分子吸引力低于液体氨的吸引力，在温度上升到 400.495K、压力上升到 104.394bar 时，气体氨的分子吸引力开始与液体氨的吸引力相等，物质状态开始由单一的液体开始发生变化，当 $P_{at}^G > P_{in}^L$ 时，虽然气体数量很少，宏观形态只是呈淡淡雾状的气体，但说明开始出现液体转变为气体的相变。随着温度、压力的上升，液体转变为气体的相变量越来越多，到 405.4K、113bar 时液体氨消失，宏观状态下只留下气体氨。

由此说明：

① 合成气氨反应的工艺条件必须考虑温度和压力两种状态参数，单一考虑温度，或单一考虑压力都不行，以往采用的工艺条件均是高温和高压二者并举的方法。

② 不能采用任意高温与高压配合的工艺方法，这样不但生产投资大，产品生产成本很高，而且产品得率不高，投产价值很低。

③ 从物质分子间相互作用的角度考虑：

a. 合成气氨的温度和压力的工艺起始点必须满足分子间相互作用条件，即气体氨的分子吸引力 = 液体氨的分子吸引力，即 $P_{at}^{GNH_3} = P_{in}^{LNH_3}$。

b. 合成气氨反应过程中的温度和压力必须满足分子间相互作用条件，即气体氨的分子吸引力 > 液体氨的分子吸引力，即 $P_{at}^{GNH_3} = P_{in}^{LNH_3}$。

因而建议合成气氨的反应过程中温度和压力选择如下。

起始：温度 = 400.495K，压力 = 104.394bar。

范围：温度 400.495K（压力 104.394bar）～温度 405.4K（压力 113bar）。

至此，宏观分子相互作用理论提出了合成气体氨反应过程生产工艺的温度和压力参数，故而需要知道在上述建议的温度和压力状态下，由液体氨转变为气体氨时气体氨的各项分子相互作用参数。

已经计算了 400.495K、405.4K 以及 104.394bar 和 113bar 下的气体和液体氨的分子排斥力和分子吸引力数据（表 9-1 和表 9-2），供人工智能应用。

表 9-1　温度 400.495K 和 405.4K 下气氨和液氨的分子吸引力和排斥力

400.495K	气氨	$P_{atr}^{G} = 3.4071$	$P_{P2r}^{G} = 1.0422$
		$P_{at}^{G} = 385.005bar$	$P_{P2}^{G} = 117.771bar$
	液氨	$P_{inr}^{L} = 3.4071$	$P_{P2r}^{L} = 3.3613$
		$P_{in}^{L} = 385.005bar$	$P_{P2}^{L} = 379.826bar$
405.4K	气氨	$P_{atr}^{G} = 4.6150$	$P_{P2r}^{G} = 1.4828$
		$P_{at}^{G} = 521.495bar$	$P_{P2}^{G} = 167.5564bar$
	液氨	$P_{inr}^{L} = 1.5256$	$P_{P2r}^{L} = 1.4815$
		$P_{in}^{L} = 172.3928bar$	$P_{P2}^{L} = 167.410bar$

表 9-2　压力 104.394bar 和 113bar 下气氨和液氨的分子吸引力和排斥力

104.394bar	气氨	$P_{atr}^{G} = 3.4071$	$P_{P2r}^{G} = 1.0422$
		$P_{at}^{G} = 385.005bar$	$P_{P2}^{G} = 117.771bar$
	液氨	$P_{inr}^{L} = 3.4071$	$P_{P2r}^{L} = 3.3613$
		$P_{in}^{L} = 385.005bar$	$P_{P2}^{L} = 379.826bar$
113bar	气氨	$P_{atr}^{G} = 4.6150$	$P_{P2r}^{G} = 1.4828$
		$P_{at}^{G} = 521.495bar$	$P_{P2}^{G} = 167.556bar$
	液氨	$P_{inr}^{L} = 1.5256$	$P_{P2r}^{L} = 1.4815$
		$P_{in}^{L} = 172.3928bar$	$P_{P2}^{L} = 167.410bar$

由表 9-1 和表 9-2 可知：

① 在 400.495K 和 104.394bar 压力下，液氨相变成气氨的开始点对气氨分子吸引力要求为 $P_{at}^{GNH_3}\big|_{始} = 385.005bar$；

② 在 405.4K 和 113bar 压力下，液氨相变成气氨的终点对气氨分子吸引力要求为 $P_{at}^{GNH_3}\big|_{终} = 521.495bar$。

说明反应过程中生成的气体氨极性物质的分子吸引力应控制在这个范围内。

这些氨的分子相互作用参数有助于确定合成氨智能生产的生产工艺参数，这将在下面讨论中介绍。

合成氨生产工艺参数的决定，是合成氨智能生产的总纲，所谓智能生产的总纲，亦就是人工智能对该物质生产工艺的总的考虑，从"自然界的思维"来讲，最合适的"生产工艺"应该是讨论物质在自然环境下自然地形成，图9-1和图9-2表明T_A和P_A处液氨会"自然"地向气氨转变，亦就是表9-1和表9-2所列的物质状态条件和物质中分子行为条件均是自然界生成气氨的生产的总纲，也应是人类考虑进行合成氨智能生产时可参考的总纲。

为确定合成氨智能生产工艺总纲，笔者收集了以往投入生产的一些合成氨设施生产情况作为对比。简要介绍如下。

早期1901年，哈柏-博施法[21]要求合成工艺条件为高温高压。

目前合成氨方法，一般可以分为低压法、中压法和高压法三种。低压法：一般采用压力150atm，温度450～550℃。高压法：操作压力为600atm以上，克劳德法可达到1000atm，温度为550～650℃。高压法的优点是氨合成的效率高，合成塔出口处含氨达25%～30%。而目前世界趋势是适当降压到600atm。中压法：压力为200～350atm，温度为450～550℃。优点是设备投资和生产费用均较低。采用中压法中较高压力是目前世界上合成氨的发展趋势。

无论早期方法，还是低压法、中压法和高压法，其生产工艺条件为：温度450～650℃，压力150～1000atm。即合成工艺：高温，高于临界温度；高压，高于临界压力。

注意气氨的理化特性[5,6,15,21]：气氨加热到132.4℃（405.4K）以上时不能使用压力方法使其变成液体状态，故此温度为氨的临界温度T_C，在高于临界温度T_C处，使气氨液化的最低压力为112.2atm，即为氨的临界压力P_C。

以上是从物质中分子相互作用角度提出的对合成氨物质智能生产的考虑，从分子相互作用角度考虑智能生产的总纲与以热力学理论设计的合成氨生产工艺比较，我们推荐的部分意见与热力学理论符合：

① 温度，理论上较低的反应温度应有利于合成正向反应进行。工艺上起始温度选择在饱和液氨向饱和气氨相变的起始点，并控制体系温度逐步上升，会促进饱和气氨分子不断生成。

② 压力，理论上提高压力，应有利于合成反应进行。

为此，我们应用河南省巩县（今河南省巩义市）化肥厂[18]在1978年发表的小型合成氨装置实际生产的数据，选用工艺上应用的合成氨生产的温度和压力，见表9-3。

表9-3　温度对平衡氨含量（体积分数）的影响[18]　　　　　　　　单位：%

T/K	压力/bar					
	49.03	98.07	147.10	156.91	196.13	294.20
623.15	25.33	37.36			52.46	61.61
673.15	15.27	25.37	32.83	34.13	38.82	48.18
723.15	9.15	16.4	22.32	23.4	27.4	35.87
773.15	5.56	10.51	14.87	15.68	18.81	25.8
823.15	3.45	6.51	9.91	10.5	12.82	18.23

表9-3表明，合成氨生产实际证实热力学理论是正确的，较低的温度有利于合成反应，提高压力有利于合成反应。由此可见，合成氨工艺上是向着高温高压要求的探索。至今合成氨装置已从小型合成氨装置（压力8～15MPa），发展成中压（压力20～35MPa）和高压装置，大型合成氨装置压力达45MPa以上[24]。但合成氨工艺亦在探索高温、高压的利弊。从热力学

理论看提高操作压力有利，但压力提高对设备材质、加工、制作的要求也会提高。同时高压时合成反应对温度要求也会相应增高，这些均会使生产成本提高，也有可能会使合成反应的净氨值发生变化[21]。近代企业追求的应该是综合的最好的技术经济效果。

对热力学理论，1994年清华大学童景山教授[19]讨论了化工中合成氨的生产工艺：合成氨厂的原料气配比是 $N_2 : H_2 = 1 : 3$，进催化合成塔前先把混合气加压到 400atm（405.4bar），加热到 573.16K。由于混合气的摩尔体积是合成塔设计的重要数据，因而童景山教授以热力学理论方法进行了讨论，并与压缩因子文献值 $Z_M = 1.155$ 比较。

童景山教授建议：生产目的为合成氨，生产对象为配比是 $N_2 : H_2 = 1 : 3$ 的混合气。与压缩因子文献值 $Z_M = 1.155$ 比较。在合成氨前混合气加压到 400atm（405.4bar），加热到 573.16K。

① 理想气体定律：在 405.4bar、573.16K 下 $V_m = 117.6 \text{cm}^3/\text{mol}$。

② Amagat 定律与普遍化压缩因子图：在 405.4bar、573.16K 下 $V_m = 136.7 \text{cm}^3/\text{mol}$。

③ Dalton 定律与普遍化压缩因子图：在 405.4bar、573.16K 下 $V_m = 127.94 \text{cm}^3/\text{mol}$。

④ 用文献值 $Z_M = 1.155$：在 405.4bar、573.16K 下 $V_m = 135.8 \text{cm}^3/\text{mol}$。

将计算结果比较列于表 9-4。

表 9-4　计算结果的误差比较

热力学计算方法	压缩因子	摩尔体积/(cm³/mol)	相对文献参考值误差/%	相对理想气体误差/%
理想气体定律	1.000	117.6	13.402	0.000
Amagat 定律	1.163	136.7	−0.663	16.241
Dalton 定律	1.088	127.9	5.817	8.759
文献值	1.155	135.8	0.000	15.476

① 与使用文献中提供的压缩因子值计算体积比较，所得结果表明，以 Amagat 定律计算得到的结果与文献值期望的结果最为接近。

② 已知，热力学理论中压缩因子不等于 1 时说明物质中已经存在有分子间相互作用，但热力学不能明确表示 $Z_M = 1.155$ 时物质中含有多少分子间相互作用和有哪些分子间相互作用。因此，童景山教授此文应表示，如果考虑了物质中分子相互作用的影响，计算得到的结果与文献值期望的结果最为接近。

③ 如果物质智能生产是以热力学理论为"智"的话，这个"智"有可能与文献值期望的结果最为接近。但这个"热力学智"目前还不知道如何应用物质中分子间相互作用的"智"。

④ 与使用理想气体压缩因子值比较，亦就是将存在有分子间作用的物质与不存在有分子间作用的物质比较。其中以 Amagat 定律得到的结果与理想气体定律误差最大，说明考虑了物质中存在有分子间作用影响的最大，Amagat 定律在普劳斯尼茨（Prausnits）著作[20]中有介绍：物质的混合是恒容的，即体积是由所有组成物质的体积共同影响的结果。也就是说，如果物质中存在有分子间相互作用，则其影响必定是由组成该物质的所有分子间相互作用共同影响的结果。

故而，还未考虑物质中大量分子间相互作用影响的热力学理论不太适于成为物质智能生产中起着独立领军作用的"智"，故在物质智能生产中可以与宏观分子相互作用理论共同完成对计算机培训，承担起智能生产的"智"的作用。

在前面基础理论讨论中说明氨在临界状态区域中存在着气体分子引力与液体分子引力相等的交点 T_A，此点是氨由气态转变为液态的结束点，也是由液态向气态转变的起始点，如果此点处的温度上升，则应有助于氮、氢气体反应合成气体氨。

通过对投入生产的合成氨的了解，宏观分子相互作用理论提出的合成氨生产工艺可以进一步探讨，依据合成氨生产工艺总纲，可以进一步推出生成气体氨的一些更深入的考虑。

9.3　计算机培训 1——纲

数学家图灵指出，智能中的"智"必须有"思维"，也就是在计算机的培训中必须有针对讨论或服务对象的"基础理论"，即需将控制此物质生产的"思维"存放在计算机中。当前化学、化工物质生产依据的基础理论主要是热力学理论，辅之以少量分子相互作用为基础的微观分子相互作用理论。热力学理论本身不涉及讨论物质中大量分子间的相互作用，但支持物质中大量分子间的相互作用对热力学的理论和性质等均有影响的观点。例如，文献中常见到的是以压缩因子定性表示讨论物质中有无分子间相互作用及其影响相对强弱[14]。而微观分子相互作用理论目前还不适用于大量分子相互作用分子行为的讨论。因而用于物质智能生产的"机器学习"还有困难，亦就是说当前物质生产的"智"，即"控制物质生产的智能"中的计算机的头脑在当前还需要进行"培训改造"，故而物质的智能生产目前可以理解为："智"和"能"两方面。"智"是人类需要做的事，还需加强和完善物质中分子相互作用和所生产物质对象间的关系研究，应该不急于在"智"上实际行动。"能"是指在"智"指挥下生产设备向着"智"所设定的目标进行的具体操作，是实际行动。纲还未举，"目"何来有张。只有"智"和"能"两方面共同努力完善，相互配合，人类给予计算机逐步完善的"智脑"，才可生产出人类所要求的各种产物。

人类需要计算机知道要对什么物质产生"思维"，这里已经明确，我们确定了以"合成生产气氨"为目的，培训第一步就是需要计算机产生的"思维"是物质"气氨"，就是要求计算机知道"氨生产"的方方面面，并且能控制这些方方面面去完成"气氨"的生产。

因此，在目前合成氨智能生产工艺总纲引导下应该推举出更多与此智能生产相关的生产措施，用以使计算机形成"思维"，即对计算机培训智能生产所要用的"纲"：

① 计算机服务的物质对象是由气氢、气氮和气氨组成的气相（生产准备工作阶段）。

② 开始合成氨反应生产：温度 400.495～405.4K，压力 104.394～113bar（生产开始阶段）。

液氨相变成气氨的开始点时气氨分子吸引力要求，$P_{at}^{GNH_3}\big|_{始}=385.005bar$。

合成氨智能生产需要做的生产准备工作如下。

① 为气体氨反应生产做好准备。合成氨反应开始点为 400.495K、压力 104.394bar，因而还未发生反应时必须控制反应区域内的温度和压力达到上述要求数值。

为了形成气体氨的分子相互作用的条件，要求在温度 400.495K、压力 104.394bar 状态下，计算机控制以下数据：气氨分子吸引力要求，$P_{at}^{GNH_3}\big|_{始}=385.005bar$，且在反应过程中要求 $P_{at}^{GNH_3}\big|_{T\geqslant400.495K}\geqslant385.005\ bar$，$P_{at}^{GNH_3}\big|_{P\geqslant104.394bar}\geqslant385.005bar$。

② 为成功合成气氨，原料气氮的分子吸引力需控制在 $P_{at}^{GN_2}=168.274bar$。

气氮在 $P_C=33.94bar$、$T_C=126.2K$、$V_{m,C}=89.5cm^3/mol$ 时，$P_{at}^{N_2}=121.652bar$ [7,8]，说明即使在氮处在临界的较高压力和温度状态，还是不能使氢和氮满足合成气氨使其能稳定存在的分子吸引力的要求。这里介绍宏观分子相互作用理论所做的粗略的估算：压力 $P=33.94\times(168.274/121.652)=46.947$（bar）。亦就是说，对原料气体氮，在缺少气氮的过热气体数据下，按下面状态参数操作：在压力 = 46.947bar，温度 T_C = 126.2K，气体氮的摩尔体积 $V_{m,C}$ = 89.5cm³/mol 时或有可能使 $P_{at}^{GN_2}$ 达到 168.274bar 的要求。

③ 同样，为成功合成气氨，原料气氢分子吸引力，$P_{at}^{GH_2}$ = 231.526bar。

气体氢在 P_C = 13.13bar、T_C = 33.18K、$V_{m,C}$ = 64.149cm³/mol 时，$P_{at}^{H_2}$ = 46.283bar[7,8]，即当合成压力达到临界压力时，也达不到 $P_{at}^{GH_2}$ = 231.526bar 的要求。这里介绍宏观分子相互作用理论所做的粗略估算：压力 P = 13.13×(231.526/46.283) = 65.681（bar）。

亦就是说，对原料气体氢，在缺少气氢的过热气体数据下，按下面状态参数操作：在压力 65.681bar，温度 T_C = 33.18K，$V_{m,C}$ = 64.149cm³/mol 时，或有可能 $P_{at}^{GH_2}$ 达到 231.526bar 的要求。

9.4　在合成氨智能生产中需要做的数据计算工作

自然界中气体氨不能"自然地"形成，需要通过气体氢与气体氮来合成。因而宏观分子相互作用理论必须依据合成氨智能生产总纲的设计，认识、实现"自然思维 2"，即气体氢与气体氮反应生成气体氨所需的物质状态条件和物质内部的分子间相互作用的条件。

依据人工智能生产气体氨总纲要求：生产温度范围 400.495～405.4K；压力范围 104.394～113bar。

气体氢和气体氮合成气体氨的反应温度和压力需依据人工智能生产气体氨总纲要求。

在气体氢和气体氮合成气体氨的反应要求状态条件下，气体氨的分子间吸引力和分子间排斥力为：P_{at}^G =385.005～521.495bar；P_{P2}^G = 117.771～167.5564bar。

在气体氢和气体氮合成气体氨的反应总纲要求下，气体氨的分子间相互作用条件：在反应开始点时，T = 400.495K，P = 104.394bar，P_{P2}^G = 117.771bar，P_{at}^G = 385.005bar，即反应开始点要求：排斥力 < 117.771bar，吸引力 > 385.005bar。

在生产过程进行中，即在总纲要求的生产工艺范围：温度 400.495～405.4K；压力 104.394～113bar。均要显示分子排斥力和分子吸引力数值；监控分子排斥力和分子吸引力数值符合上面要求，否则会影响生产过程正常进行。注意气氢和气氮合成气体氨的反应是可逆的。

宏观分子相互作用理论的宏观位能曲线表示气体物质分子间的分子行为。图 9-6 表明，气体物质在 λ 点开始出现分子相互作用，气体中分子引力增强快于分子斥力。

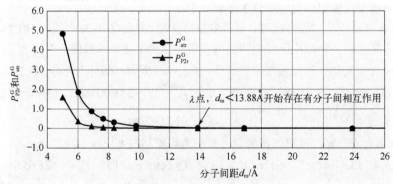

图 9-6　气体氨的宏观位能曲线

图 9-7 为气体物质的分子引力和斥力与分子距离（均以自然对数函数表示）的关系，列示的物质有气体氨、氮和氢。可用于计算气体物质的分子硬球直径 σ，结果如下。

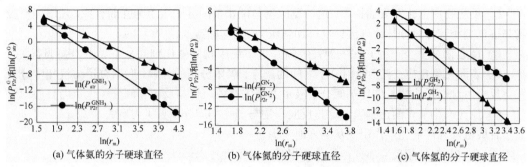

(a) 气体氨的分子硬球直径   (b) 气体氮的分子硬球直径   (c) 气体氢的分子硬球直径

图 9-7 气体氨、氮和氢的分子硬球直径与分子间距离的关系

合成氨产品气体氨分子的硬球直径：$\sigma = r_m^G = \exp(1.2441) = 3.4698(\text{Å})$

气体氨的分子协体积：$V_b^{GNH_3} = N_A\sigma^3 = N_A \times 41.7750$（$\text{Å}^3$）

原材料气体氮的分子硬球直径：$\sigma = r_m^G = \exp(1.2559) = 3.5109(\text{Å})$

气体氨的分子协体积：$V_b^{GN_2} = N_A\sigma^3 = N_A \times 43.2763$（$\text{Å}^3$）

原材料气体氢的分子硬球直径：$\sigma = r_m^G = \exp(1.1272) = 3.0867(\text{Å})$

气体氢的分子协体积：$V_b^{GH_2} = N_A\sigma^3 = N_A \times 29.4178$（$\text{Å}^3$）

合成氨反应：$3H_2 + N_2 \underset{}{\overset{催化剂}{\rightleftharpoons}} 2NH_3 \quad \Delta H_{298}^{\ominus} = -46.22\text{kJ/mol}$

合成氨原料气体的分子协体积：

$$V_b^{GNH_3} = \frac{1}{2}\left(V_b^{GN_2} + 3V_b^{GH_2}\right) = \frac{1}{2}N_A(43.2763 + 3 \times 29.4178) = N_A \times 65.7649 （\text{Å}^3）$$

氮氢反应生成 1 分子气体氨的分子协体积应为 $V_b^{GNH_3} = N_A \times 65.7649\text{Å}^3$，而气体氨的实际分子协体积 $V_b^{GNH_3} = N_A \times 41.7750\text{Å}^3$。

计算表明，生成氨反应使反应物体积减小为 $N_A \times (65.7649 - 41.7750) = N_A \times 23.9899$（$\text{Å}^3$），即合成反应使体积减小约 36.48%。这与生产实际情况符合。合成氨的实际证实[24]合成氨正向反应结果的体积是缩小的，在反应过程中系统压力降低。

9.5 计算机培训 2——控制点：T_A、P_A、T_C、P_C

氨的合成是合成氨流程中的核心部分[17]，涉及气固相催化过程，是个复杂的系统工程，大致可以分成两部分。

其一为气相反应部分，涉及气氢、气氮反应生成气氨，这部分需要注意的是总纲的要求，即各控制点要求的掌控。另一部分与物质的分子行为有关。实践证明，气氢、气氮反应生成气氨反应，在一般工艺条件下，反应很困难，即使温度高达 700~800℃，压力达到 1000~2000atm，反应仍进行得很慢，只有将温度和压力提得 850~900℃、4500atm 时反应才能进行。这可能是反应器的器壁起了催化作用。这反映了催化剂在合成氨生产中所起的作用。

其二是固相催化反应部分，催化合成氨反应能够改变反应速度，降低反应活化能，加快反应速度，缩短达到平衡的时间，但催化剂本身的组成和质量在反应前后不变，亦就是说氨合成的第二部分反应是"催化"起主要作用，合成氨中固相催化反应不直接与反应物气氢、气氮反应，这与氢、氮、氨之间受到大量分子相互作用的影响发生合成氨的反应不一样，反应物氢、氮、氨物质本身的组成和质量在反应前后均发生了明显的变化。依照胡英院士[23]的观点：气-固相催化，即气体反应物在固体催化剂表面上的反应，其反应机理必须经过下面几个基本步骤。

① 反应物向催化剂表面扩散。这与反应物与催化剂间分子吸引力强弱有关，凡增强反应物与催化剂相互接触如加快气流速度、加强压力等工程措施均是有利的。

② 反应物（至少一种）在表面被吸附。这与反应物和催化剂间分子吸引力强弱有关，

③ 表面化学反应：包括吸附分子之间的反应、吸附分子的分解、吸附分子与气相中分子发生反应，这与反应物与催化剂间分子吸引力强弱有关，也与反应物间分子吸引力有关。

④ 反应产物从表面上解吸。这与反应产物与催化剂间分子吸引力有关。

合成氨反应与催化剂作用应从两方面考虑。

① 合成氨的气相反应部分，从分子相互作用角度考虑保证合成反应成功。

a. 如何促使饱和液氨向饱和气氨相变，这对气氨的产生有利。

b. 气氨的分子行为对原料气氢和气氮有什么影响。

c. 原料气氢和气氮能够反应需控制哪些分子相互作用参数。

d. 原料气氢和气氮的哪些分子相互作用参数未受到控制时可能会影响合成反应顺利进行。

② 固相催化反应部分。

a. 由于催化剂本身的组成和质量在反应前后不变，故唯一需考虑的是合成氨催化剂的选择，希望有更强更合适的催化剂，能将反应的分子更多更强地吸附在催化剂表面，以促使产生更多的反应产物。

b. 加强催化反应的措施。1997 年化学工业部人事教育司的下述意见[17]是正确的：即在催化反应各工艺步骤中采取加强对反应参与物分子的"吸附"措施（详见第 9.7 节）。

由此可知，合成氨生产主要是在合成反应中以宏观分子相互作用理论为引导的对气氢、气氮合成反应的"智"能化。

合成氨"智能"生产主要是在合成反应中以宏观分子相互作用理论为引导，对气体氢、气体氮参与合成反应所使用的计算机进行"智"能化或"培训"。

400.495K、104.394bar 下气氨分子吸引力 $P_{atr}^G = 3.4071$，排斥力 $P_{P2r}^G = 1.0422$；液氨分子吸引力 $P_{inr}^L = 3.4071$，排斥力 $P_{P2r}^L = 3.3613$。

405.4K、113bar 下气氨分子吸引力 $P_{atr}^G = 4.6150$，排斥力 $P_{P2r}^G = 1.4828$；液氨分子吸引力 $P_{inr}^L = 1.5256$，排斥力 $P_{P2r}^L = 1.4815$。

故而宏观分子相互作用理论初步获得以下对合成氨智能生产有用的数据：

① 温度 400.495K、压力 104.394bar 处（T_A 和 P_A 点）气氨分子吸引力 $P_{at}^G = 385.005bar$，此数据物理意义为液氨相变成气氨的开始点。

② 温度 405.4K、压力 113bar 处（T_C 和 P_C 点）气氨分子稳定持久形成时的分子吸引力：$P_{at}^G = 521.495bar$，此数据物理意义为液氨分子完全稳定持久相变成气氨分子的终点。

合成反应中的气相反应部分，涉及气氢、气氮反应合成气氨，这部分与物质中大量分子相互作用相关的分子行为有一定关系，如果这些分子行为是合成氨的"智"的话，那么培训计算机的内容是什么？

宏观分子相互作用理论提出下面两个问题对计算机培训：问题 A，合成用原料气氢和气氮能够成功反应需控制什么分子相互作用参数；问题 B，合成用原料气氢和气氮的哪些分子相互作用参数变化或失控可能会使合成反应失败。因而合成氨"智能"生产的第一个计算机培训的内容是问题 A，问题 B 应是第二个计算机培训的内容。

合成氨是由气体氢和气体氮进行气相反应形成气体氨。亦就是合成氨反应是气体反应，参与反应的物质是气体，反应的产物也是气体。因此，计算机要了解气体反应的特点：自然

界中什么自然条件对形成稳定而长久的气体状态物质是有利的；两种气体物质在什么条件下会反应形成另一气体物质。

下面以物质氨为例讨论由液体向气体的相变，由此说明分子间相互作用对物质相变的影响。

从物质分子间相互作用的角度来看，只有两种方法可以生成气体氨：①由液体氨向气体氨的相变，发生的是凝聚态物质转变为非凝聚态物质的相变，或者由饱和液体氨转变成饱和气体氨。②由气体氢和氮作为原料，经过合成反应装置反应生成气体氨。

第一种方法要求参与物质中分子间吸引作用和排斥作用符合以下条件才有可能发生由液体向气体的相变。一般情况下，液体中有序分子的分子间吸引力总是大于无序分子的分子间排斥力，$P_{in} > P_{P2}$，从而使液体保持着凝聚态，但物质温度到了临界状态时，P_{P2} 数值已接近 P_{in}，如果分子排斥力进一步加强，使 $P_{P2} = P_{in}$，则液体才有可能转变成气体，相变才可能会发生。反之，气体分子间吸引力进一步加强，强于液体的分子间排斥力时，气体才有可能由非凝聚态转变为液体凝聚态。

氨的临界温度 $T_C = 405.4K$（文献值[5,6]）。饱和气体物质从高温降到临界温度，会发生由气相到液相的相变，亦就是氨由气相相变到液相的开始点，是 $T_r = 1.00$，$T = 405.4K$。与文献值符合。氨在临界点处各分子相互作用情况见表 9-5。

表 9-5　在临界点处氨的分子相互作用

温度/K	气体压力/bar		液体压力/bar	
	P_{P2}	P_{at}	P_{P2}	P_{in}
400.495	117.771	385.005	379.826	385.005
405.4	167.556	521.495	167.410	172.393

表 9-5 中数据表明，在临界温度处气体和液体的分子排斥力大致相当，均为 170bar 左右。但两相的分子吸引力不同，气体为 521.495bar，而液体为 172.393bar，液体吸引力与排斥力相当，仅稍大一点。这些数据表明在临界点处维持液体凝聚态的能力很弱，而气体有着较强的分子吸引力，可以克服液体的分子排斥力，使气体分子相变为液体分子，可以认为临界点处是气相向液相相变的开始点。

图 9-2 表明在临界区域范围 400.495～405.4K 内宏观位能曲线存在交点，因该点是位能曲线的交点，又称之为 T_A 点。可计算 T_A 点位置：

① 400.495～405.4K 液体的 P_{in}^L-T 位能曲线：$P_{in}^L = 157.028 - T \times 0.3836$（bar）

② 400.495～405.4K 气体的 P_{at}^G-T 位能曲线：$P_{at}^G = -95.211 + T \times 0.24624$（bar）

由此得

$$T_A = \frac{157.0282 + 95.2106}{0.2465 + 0.3836} = 400.495 \text{（K）}$$

故知饱和氨的临界范围为 400.495～405.4K，在此范围内氨气体和液体的分子吸引力和分子排斥力数据见表 9-5。

因而在 400.495K 的 T_A 点处，$P_{at}^G = P_{in}^L = 385.005$bar，即气体分子和液体分子的分子吸引力相等。

故而，氨由液体到气体的开始相变温度点为 $T_A = 400.495K$，相变的结束点为 $T = 405.4K$。故 400.495～405.4K 为氨由液体相变为气体的全程范围，故也是氨发生雾状的临界状态的临界温度区域。故而要求生产气体氨时可考虑的温度条件为 400.495～405.4K。

氨在 T_A 后随着温度逐渐上升，气体分子吸引力逐步增强，氨气体状态进而稳定。

氨液体在 T_A 点处的分子间吸引作用力 $P_{in}^L = 385.005$bar。这意味着气体克服液体排斥力转变成气体的分子间吸引作用力最低必须有分子吸引力的数值 385.005bar。此分子吸引力应该也是原料气体氢和气体氮能够克服分子间相互排斥力相变为气体氨时两个原料分子反应生成气体氨时，氢、氮分子吸引力需要具有的最低分子吸引力的数值。

宏观分子相互作用理论定义参数"斥引比（CYP）"，表示物质中分子排斥力与分子吸引力之比，$CYP = P_{P2}/P_{at}$。当 $CYP = P_{P2}/P_{at} > 1$ 时斥力>引力；$CYP = P_{P2}/P_{at} < 1$ 时引力>斥力。

另定义参数"引斥比（YCP）"，表示物质中分子吸引力与排斥力之比。$YCP = P_{at}/P_{P2} > 1$ 时引力>斥力；$YCP < 1$ 时引力<斥力。斥引比与引斥比的关系为 $CYP = 1/YCP$，可依据讨论需要使用。

也可进行两相物质的分子相互作用比较，如定义参数"引引比（YYP）"表示物质中一相分子吸引力与另一相分子吸引力的比较。$YYP = P_{at}^G/P_{in}^L > 1$ 时气相吸引力>液相吸引力；$YYP < 1$ 时气相吸引力<液相吸引力。可依据讨论需要使用。

从分子间相互作用角度来看，能发生由凝聚态向非凝聚态的相变，必定是在一定的状态条件下，物质中分子间吸引作用和分子间排斥作用符合以下条件才有可能。

非凝聚态物质中分子间吸引作用应大于或等于凝聚态物质中的分子间吸引作用，$P_{at}^G \geqslant P_{in}^L$，即两相间引引比 $YYP_{气\text{-}液} = \dfrac{P_{at}^G}{P_{in}^L} \geqslant 1$。$P_{at}^G \geqslant P_{P2}^L$，$YCP_{气\text{-}液} = \dfrac{P_{at}^G}{P_{P2}^L} \geqslant 1$，则在相变过程中有利于液体物质向气体状态转变，也就是气体分子吸引力会克服液体分子排斥力使液体分子转变成气体分子，即可以由凝聚态相变为非凝聚态。

现将氨在临界状态下饱和液、气分子间排斥力和吸引力比较列于表 9-6 中。

表 9-6 氨在临界状态下饱和液、气分子间排斥力和吸引力的比较

T/K	气体			液体		
	分子排斥力	分子吸引力	引斥比	分子排斥力	分子吸引力	引斥比
	P_{P2r}^G	P_{atr}^G	$YCP_{气\text{-}液} = \dfrac{P_{atr}^G}{P_{P2r}^L}$	P_{P2r}^L	P_{inr}^L	$YCP_{液\text{-}液} = \dfrac{P_{inr}^L}{P_{P2r}^L}$
320.0	0.0006	0.0299	0.0014	20.8645	24.2511	1.1623
340.0	0.0026	0.0776	0.0046	16.9643	19.2656	1.1357
360.0	0.0106	0.1916	0.0145	13.1928	14.4739	1.0971
390.0	0.0995	0.8287	0.1122	7.3831	7.4327	1.0067
400.5	1.0422	3.4071	3.2691	3.3613	3.4071	1.0136
405.4	1.4828	4.6150	3.1150	1.4815	1.5256	1.0297

注：表中数据取自文献[7,8]。氨的基本物理化学性质取自文献[9,11,12]，依据宏观分子相互作用理论定义的计算方法[10]进行计算。

由表 9-6 知，在氨的临界点 405.4K 处气体和液体的分子排斥力数值相当，均较低，均在 1.482 左右。气体和液体分子吸引力不同，$P_{atr}^G = 4.6150$，强于液体的 $P_{inr}^L = 1.5256$。故液相分子可以被气相吸引成为气相分子。

表 9-6 列示了在临界温度附近物质（气体和液体）的分子排斥力和分子吸引力的关系和变化：临界点处液体的引斥比为 1.0297，气体为 3.1150，说明在临界点处气体中分子间吸引作用对液体分子间排斥作用的影响强于液体中分子间吸引作用对液体分子间排斥作用的影响，这为液体相变为气体创造了分子间相互作用的条件。表 9-6 表明，在 390～405.4K 的临

界状态范围内，引斥比 $\text{YCP}_{液-液} = \dfrac{P_{\text{inr}}^{\text{L}}}{P_{\text{P2r}}^{\text{L}}}$ 均在 1.000 左右，说明这个温度范围内液相氨分子吸引力的作用不强。

T_{A} 点是物质分子在临界状态中分子行为的一个重要节点，如果体系温度升高，液体分子吸引力再减弱，物质体系成为非凝聚态气体的可能性增加；反之，温度降低，液体分子吸引力增强，物质体系成为凝聚态液体的可能性增加。这里讨论的是液相向气相的相变，因而当温度升高到 T_{A} 点时，气体分子吸引力与液体相同，即液体相变为气体的相变过程开始出现。

发生气体相变为液体的分子间相互作用的原因是 $P_{\text{at}}^{\text{G}} \geqslant P_{\text{P2}}^{\text{L}}$，气体分子吸引力大于液体的排斥力，这使液体分子可能相变为气体分子，液体相变为气体成为可能，即 $P_{\text{P2}}^{\text{G}} \geqslant P_{\text{in}}^{\text{L}}$。气体、液体分子吸引力与排斥力在临界状态下的比较，较好的方法是应用引斥比讨论，如图 9-8。

为更清楚地表示分子吸引力对液体分子排斥力的影响，图 9-8 应用了引斥比，即液体分子吸引力与液体分子排斥力的比值：$\text{YCP}_{液引/液斥} = \dfrac{P_{\text{inr}}^{\text{L}}}{P_{\text{P2r}}^{\text{L}}}$；气体分子吸引力与液体分子排斥力的引斥比：$\text{YCP}_{气引/液斥} = \dfrac{P_{\text{atr}}^{\text{G}}}{P_{\text{P2r}}^{\text{L}}}$。

图 9-8 表明，在临界点处气体的分子吸引力大于液体排斥力，因而液体分子开始转向形成气体，此种情况由 $T_{\text{r}} = 0.9882$（T_{A} 点）延伸到临界点。由于由液体相变成气体，这个区域中会出现雾状特征的临界现象，在 T_{A} 点处出现气体和液体分子吸引力相同（$P_{\text{at}}^{\text{G}} = P_{\text{in}}^{\text{L}}$）与引斥比相同 $\left(\text{YCP}_{气引/液斥} = \dfrac{P_{\text{at}}^{\text{G}}}{P_{\text{P2}}^{\text{L}}} = \text{YCP}_{液引/液斥} = \dfrac{P_{\text{in}}^{\text{L}}}{P_{\text{P2}}^{\text{L}}} \right)$，说明在 T_{A} 点处开始液体转向气体，液体的分子吸引力开始低于气体。

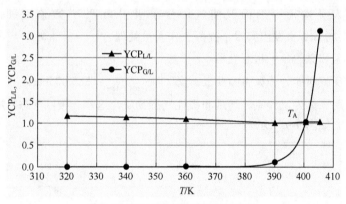

图 9-8　临界状态下氨气体和液体的 YCP

因此，对于饱和液体转向饱和气体，分子相互作用提出两个重要数据：

① 温度 400.495K 处气体克服液体排斥力可能转变成气体分子，最低必需的气体分子吸引力的数值为 385.005bar。此分子吸引力应该也是原料气体氢、气体氮通过合成反应形成气体氨产物所需要的分子吸引力的最低数值。

② 温度 405.4K 处气体克服液体排斥力将液氨全部转变成气氨的分子间吸引作用力为 521.495bar。此分子吸引力应该是液氨全部转变成气氨，并且成为稳定而持久的气体氨分子所需的气体氨分子的分子吸引压力。也应是原料气体氢和气体氮能够在合成反应条件下生成

气体氨分子时所必须具有的分子吸引压力数值。

但上面得到的 400.495K 和 405.4K 下的分子吸引压力是气体氨的分子相互作用参数，下面分析合成氨原料气体氢和气体氮应该具有的分子吸引压力数值。

从图 9-8 可知气体和液体的两条引斥比的关键点是 T_A 点。当温度 $> T_A$ 点时气体的 YCP 大于液体，说明这时气体吸引力是强势；当温度 $< T_A$ 点时气体的 YCP 小于液体，说明这时液体吸引力是强势，很长一段温度范围，液体 YCP 值均 > 1.0，说明在温度 $< T_A$ 点时液体的分子吸引力能够具有维持液体状态的作用。因而监察和控制物质生产的计算机，应十分注意 T_A、T_C、P_A、P_C 这些重要节点处分子相互作用参数的变化，控制分子相互作用参数有利于反应的进行，避免不利反应的发生。

9.6 计算机培训 3——气体氨合成反应生产准备，气体氢和气体氮的控制

按生产总纲要求，开始合成氨反应生产的范围为温度 400.495～405.4K，压力 104.394～113bar。

开始合成氨生产阶段。计算机服务的物质对象也是由气体氢、气体氮和气体氨组成的气相。

合成氨生产开始阶段主要考虑：

① 由原料气氢、气氮合成气体氨的生产，生产更多的气体氨产品，一直到气体氨产量达到计划要求的数量。这时需要参与生产的计算机不断地为产品气体氨生产创造分子相互作用的条件：气体分子吸引力在这个阶段要求强于液体分子吸引力，即 $P_{at}^{GNH_3} > P_{in}^{LNH_3}$；或气液引斥比强于液液引斥比，即 $YCP_{G/L} > YCP_{L/L}$。

② 保证原料气氢按要求提供生产，即原料气氢分子吸引力，$P_{at}^{GH_2} = 231.526bar$；保证原料气氮按要求提供生产，即原料气氮分子吸引力，$P_{at}^{GN_2} = 168.274bar$。

③ 对参与合成氨智能生产的计算机实施监控：在开始合成氨生产阶段，计算机发现原因不明或非工作人员操控不当而致使气体分子吸引力 $P_{at}^{GNH_3}$ 数值连续降低，下降到 $P_{at}^{GNH_3} = 1.10 P_{in}^{LNH_3}$ 时计算机发出警报，提醒工作人员处理。

④ 对原料气氢和氮的分子状态处理。

气体氨合成反应对的分子吸引力要求：$P_{at}^{GNH_3}\big|_{P \geqslant 104.394bar} \geqslant 385.005bar$。

反应原料所用气体为氢和氮，均是非极性气态物质，这些非极性气态物质在不同压力状态下分子间吸引力如图 9-9 所示。

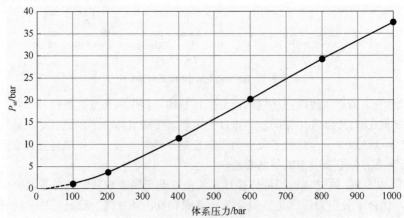

图 9-9　400K 下压力对气氢分子间吸引力 P_{at} 的影响

图 9-9 表示：气体氢在温度 400K、压力 100bar 时分子间吸引力只有 $P_{\text{at}}^{\text{GH}_2} = 1.08\text{bar}$，数值很低，气体氢人工合成反应要求：在温度 400.495K、压力 104.394bar。在这样状态下，不能完成对气体氨的分子吸引力要求：$P_{\text{at}}^{\text{GNH}_3}\big|_{P\geqslant104.394\text{bar}} < 385.005\text{bar}$。

气体混合物在不同压力下均服从 Amagat 定律，即混合物每个组分的偏摩尔体积必等于它在纯态时的摩尔体积，即有

$$\overline{V}_i = \left(\frac{\partial V}{\partial n_i}\right)_{T,P,n_j} = v_i$$

亦就是气体氨在温度 400.495K、压力 104.394bar 状态下需要达到的分子间吸引力，对组成氨分子的氢和氮分子提出以下要求：

气体氨分子组成中有三个氢分子，故氢为氨分子提供的分子间吸引力占大部分。但图 9-9 表示，在温度 400.495K、压力 104.394bar 状态下气体氢的分子间吸引力只有 $P_{\text{at}}^{\text{GH}_2} = 1.08\text{bar}$，不可能完成气体氨合成反应的要求。

气体氮同样是非极性的气态物质，气体氮的分子也是非极性物质，其吸引力数值与氢气相近，数值不大，同样不能满足气体氨合成反应的要求。

因而通过加压加强原料气体氢和氮的分子间吸引力来完成气体氨合成反应确有一定困难，但生产实际情况表明，气体氨合成反应是可以实施的。为了实施气体氨合成反应还需要去了解"自然思维 3"。

⑤ 分子间相互作用需控制参与合成反应的气体氢和氮分子状态。亦就是控制气氢和气氮在气体氨合成反应中的分子行为。

氢和氮合成为氨的物质生产的本质是由氢、氮气体反应生成气体氨。从化学反应的角度来看，氢、氮之间需要通过或完成某种化学反应才能结合成氨分子，分子间吸引力和分子间排斥力均是化学力。已知在温度 400.495～405.4K 时液体氨可以通过相变转化为气态氨，但在同样温度范围氢、氮气体不能通过化学合成反应生成气态氨。这里应该还存在我们还不认识和了解的"自然界思维"，这个"自然界思维"称之为"自然思维 3"，是人工智能合成反应生产合成氢需要去实施的第三个"自然思维"。

注意热力学理论的气体氨的合成反应式：$3H_2 + N_2 \xrightarrow[\quad]{\text{催化剂}} 2NH_3 \quad \Delta H_{298}^{\ominus} = -46.22\text{kJ/mol}$

说明：该反应为放热反应，反应使体积减小为原来的一半是物质由氢分子和氮分子成为氨分子时分子间的分子行为。按 Amagat 定律，化学反应不会使参加反应的气体氢和氮形成气体氨的体积变化，何况较大的体积变化。但从化学反应来看，即使在高温、高压下进行反应，反应速度很慢甚至不能反应。反应物体积变化，变小说明反应前后改变了氢、氮气体的分子结构，而改变成为氨气的分子结构，即反应改变了反应物的分子结构，即改变了它们之间的分子间距离。如果某种物质对其他物质分子具有强有力的分子间吸引力，应用分子间相互作用的分子间吸引力的吸引性质，有可能改变不同分子间的距离，使不同分子间距离改变，分子间吸引力的作用应是使它们的分子间距离接近，变小。这类物质被称为催化剂，催化剂的特性是反应前后催化剂本身组成和质量不变。气体氨合成反应的生产实际表示合成反应会使反应物的体积变小，反映了气体氨合成反应的生产有催化剂参加，也必须要有催化剂参加，亦就是说，气氢和氮的气体氨合成如果没有催化剂的强有力的分子间吸引力使氢和氮分子间距变小，达到一定要求，气体氨合成反应则不能成功。可以计算气体氨合成反应的生产有催化剂参加会对反应物气体氢和氮分子形成气体氨分子产生的影响，见表 9-7。

表 9-7　气体氨合成反应前后原料和气氨中分子间距变化

项目	合成反应前			项目	合成反应后		
	b①	组分占比/%	分子间距/Å		b①	分子间距/Å	分子间距减少/Å
原料气体	65.7649		4.0364	成品氨	43.2763	3.2109	
气氢占比/%		32.9	1.3286	氢分子占比/Å		1.0564	
气氮占比/%		67.1	2.7098	氮分子占比/Å		2.1545	
				反应减少量	22.3886		2.8184
				气氢减少	7.3658		0.9273
				气氮减少	15.0228		1.8911

① b 为合成反应前后 1mol 物质的分子协体积，单位为 $N_A Å^3/mol$。N_A 为阿伏伽德罗常数。

　　合成反应使体积减小为原来的一半，说明大量分子间相互作用呈现的分子行为是使体积减小，上面以气氢和气氮的分子协体积计算反应前每个气氨分子协体积的体积值为 $V_b^{GNH_3} = N_A \times 65.7649Å^3$，而生成气氨的实际分子协体积 $V_b^{GNH_3} = N_A \times 43.2763Å^3$，故生成气氨反应使反应物体积减小为 $N_A \times (65.7649-43.2763)Å^3 = N_A \times 22.4886Å^3$。即，合成反应使体积减小约 34.19%。这与生产实际情况符合。

　　计算表明，合成氨的实际证实[24]合成氨正向反应结果的体积是缩小的，在反应前后投入的原料气氢和气氮的分子协体积从 $65.7649Å^3$ 减小到 $43.2763Å^3$，体积减小原因是组成氨分子的氢和氮分子的分子间距变化，从预期的 4.0364Å 减小到 3.2109Å，显然，"自然思维 3"认为在预期的 4.0364Å 下氢和氮分子是无法进行合成反应生成气体氨的，要完成合成反应生成气体氨需要氢和氮分子的分子间距为 3.2109Å，只有在氢和氮分子的分子间距≤3.2109Å 时，即，需使反应物和产物的分子协体积差 $= N_A \times (65.7649-43.2763)Å^3 = N_A \times 22.4886Å^3$。即，合成反应需使反应物体积减小约 34.19%，只有氢和氮分子间距离达到要求时合成反应才能完成。在工艺上完成的氢和氮分子的分子间距满足要求的分子间作用措施是在气体氨合成反应过程中引入与氢和氮分子均有强烈分子间吸引作用的另一物质，即引入催化剂。

　　⑥ 气体氢和气体氮在气体氨合成反应中必需的分子行为。

　　"自然思维 3"要求在气体氨合成反应中气氢和气氮必需的分子行为是与反应过程中放置的催化剂发生强烈的相互吸引作用，把气体氢和气体氮分子强烈地吸附在催化剂周围，使氢、氮分子间距离越接近越好，这与以往气体氨生产实际情况符合。因此，催化剂的选择是气体氨合成反应生产重要的工艺措施。

　　催化剂在化学反应中能改变反应速度，而催化剂本身的组成和质量在反应前后不变。化学反应工程可以以反应速度评价催化剂，即以一定时间内反应物浓度减少或生成物数量增加来表示。

　　已知对气氨合成反应有活性的催化剂是以铁为主的金属类物质。

　　由上述知催化剂在物质生产过程中应是一项重要的工艺措施，从气体氨合成反应的例子知，在反应前后催化剂的组成和质量保持不变，催化剂只是作为反应的载体，降低反应的活化能。说明催化剂对反应物施加的只是物质间分子相互作用的影响，目前人类对物质中存在着大量分子的认识相类似，对催化剂与反应物物质间分子相互作用的认识同样也是只知其然而不知其所以然。宏观分子相互作用理论初步较系统地整理了纯物质中大量分子间的相互作用，对两个物质间分子相互作用虽开始涉及，但应该讲还只是初步，有待完善。

宏观分子相互作用理论计算表明成品氨体积较原料气氢和氮的体积减小约 1/3，说明合成反应使用合适的催化剂会将物质内部分子间距离压缩得很厉害，一般化学反应很难达到这个目的。合成氨生产实践证实，纯气体氢和气体氮很难进行合成反应，甚至难以完成。实践证明必须通过合适的催化剂的强烈吸附作用才可实现，催化作用的分子相互作用机理与化学反应的分子相互作用机理有所区别，但合成氨反应必须要求使用合适的催化剂。

9.7　计算机培训 4——分子吸引力

计算机培训需要知道：满足气氨可以稳定存在的分子吸引力条件 521.495bar，这时原料气体氢和气体氮的分子吸引压力应该具有多少数值才可满足合成气氨反应的要求。

胡英[22,23]指出微观分子相互作用理论应由分子吸引力与排斥力两种贡献所组成。这样，一对微观分子对的位能 ε_P 与分子间距 r 的关系：

$$\varepsilon_P = \varepsilon_{排斥} - \varepsilon_{吸引} \frac{A}{r^n} - \frac{B}{r^m} \tag{9-1}$$

Lennard-Jones 对此进行了研究，提出了 $n = 12$，$m = 6$ 的 Lennard-Jones 位能函数：

$$\varepsilon_P = \varepsilon_{排斥} - \varepsilon_{吸引} \left(\frac{A}{r}\right)^n - \left(\frac{B}{r}\right)^m = 4\varepsilon\left[\left(\frac{\sigma}{r}\right)^{12} - \left(\frac{\sigma}{r}\right)^6\right] \tag{9-2}$$

式中，σ 是分子硬球直径；ε 是 Lennard-Jones 参数，是物质的特性。由于 ε_P 表示一对分子对的位能，每 1mol 物质共有 N_A 个分子，即由 $\frac{1}{2}N_A$ 分子对组成所具有的内能。N_A 是阿伏伽德罗常数。

此内能由两部分组成，一是分子对中分子排斥力与分子间距 r 的排斥位能；二是分子对中分子吸引力与分子间距 r 的吸引位能。下面对每摩尔物质位能的讨论借用微观 Lennard-Jones 位能函数：

$$E_P = E_C - E_Y = \frac{1}{2}N_A(\varepsilon_C - \varepsilon_Y) = \frac{1}{2}\times 4\varepsilon N_A\left[\left(\frac{\sigma}{r}\right)^{12} - \left(\frac{\sigma}{r}\right)^6\right] \tag{9-3}$$

宏观与微观区别之一是分子间距的表示方法。微观中两分子的间距为 r；宏观物质分子间距为 d_m，单位均为 Å，但计算式各异，宏观分子相互作用理论采用的为 $d_m = \sqrt[3]{V_m / N_A}$。

分子对中分子排斥力位能 E_C 与分子吸引力位能 E_Y 可以分别表示为：

$$E_C = \frac{1}{2}N_A\varepsilon_C = \frac{1}{2}\times 4\varepsilon N_A\left(\frac{\sigma}{r}\right)^{12} = 2E\left(\frac{\sigma}{r}\right)^{12} \tag{9-4a}$$

$$E_Y = \frac{1}{2}N_A\varepsilon_Y = \frac{1}{2}\times 4\varepsilon N_A\left(\frac{\sigma}{r}\right)^6 = 2E\left(\frac{\sigma}{\dot{r}}\right)^6 \tag{9-4b}$$

式中，E 为宏观物质的特性参数，与 Lennard-Jones 的微观参数 ε 对应。

$$E = N_A\varepsilon \tag{9-5}$$

下面先讨论物质的分子吸引力位能［式（9-4b）］。

宏观分子相互作用理论以分子吸引压力表示气体物质中无序分子间的吸引作用，即摩尔物质中分子间吸引相互作用位能为：$E_Y = P_{at}^G V_m^G$，其中 V_m^G 为讨论条件下气体物质的摩尔体积。σ 为在吸引力和排斥力相消、分子间位能为零时的分子间距，故而分子间位能为零时物质的摩尔分子体积称为分子协体积 $V_b = N_A\sigma^3$，热力学理论也称之为分子协体积，热力学理论的分子协体积计算式为 $b = \dfrac{2}{3}\pi N_A \sigma^3$。宏观分子相互作用理论的分子协体积计算式为 $b = N_A \sigma^3$。

已知：在气体状态下氨分子间吸引力只有 $P_{at}^G > 521.495\text{bar}$ 时气氨分子才可能稳定存在，即智能生产合成氨时要求原料气分子相互吸引力达到 521.495bar 时才能使合成氨反应成功。

405.4K 时气体氨摩尔体积 $V_{m,405.4K}^{GNH_3} = N_A d_{m,405.4K}^3$，分子协体积 $V_b^{GNH_3} = N_A \sigma^3$。

设分子体积比：$J_V^{405.4K} = \dfrac{V_{m,405.4K}^{GNH_3}}{V_b^{GNH_3}} = \dfrac{N_A d_{m,405.4K}^3}{N_A \sigma^3} = \dfrac{d_{m,405.4K}^3}{\sigma^3}$

故知 $V_{m,405.4K}^{GNH_3} = J_V^{405.4K} V_b^{GNH_3} = J_V^{405.4K} N_A \sigma^3$，当讨论温度一定时，$J_V^{405.4K}$ 的数值应是确定的。

分子吸引力位能：
$$E_Y^{405.4K} = P_{at}^G V_m^{NH_3} \tag{9-6}$$

故
$$P_{at}^G V_m^{NH_3} = P_{at}^G V_b^{NH_3} J_V^{405.4K} = \frac{1}{2} \times 4\varepsilon N_A \frac{\sigma^3}{d_m^6} \sigma^3 \tag{9-7}$$

得
$$P_{at}^G V_b^{NH_3} = 2\varepsilon \frac{\sigma^3}{d_m^6 J_V^{405.4K}} N_A \sigma^3 = P_{\varepsilon Y} V_b^{NH_3} / J_V^{405.4K} \tag{9-8}$$

式中，$P_{\varepsilon Y} = 2\varepsilon \dfrac{\sigma^3}{d_{m,405.4K}^6}$，$\varepsilon$ 是微观能量参数，在物质的状态参数 T 确定时 $P_{\varepsilon Y}$ 值确定，其物理意义为当讨论物质的分子协体积与以该物质分子硬球直径计算体积相当时，该分子可能具有的分子吸引压力。

由式（9-6），得
$$P_{at}^G V_b^{NH_3} = 2\varepsilon N_A \frac{\sigma^3}{d_m^6 / J_V^{405.4K}} \sigma^3 = P_{\varepsilon Y} V_b^{NH_3}$$

故知
$$P_{at} V_m^{NH_3} = P_{at}^{G,T} V_b^{NH_3} J_V^T = 2\varepsilon N_A \frac{\sigma^3}{d_m^6} \sigma^3 = P_{\varepsilon Y} V_b^{NH_3}$$

即在温度 T 下物质分子吸引力
$$P_{at}^{G,T} J_V^T = P_{\varepsilon Y} \tag{9-9}$$

Amagat 定律[20]表明，物质的混合是恒容的，即体积是由组成物质的所有体积共同影响的结果。由合成氨的反应知，一个分子 N_2 与三个分子 H_2 生成两个分子氨，故气氨的分子协体积由气氮和气氢分子协体积组成，气体物质的数据见表 9-8。

表 9-8 原料气氢、气氮和产品气氨的分子体积数据

参数	氢气	氮气	氨气
分子硬球直径，$\sigma / Å$	3.0867	3.5109	3.4698
分子协体积，$N_A \times \sigma^3 / Å^3$	$N_A \times 29.4178$	$N_A \times 43.2763$	$N_A \times 41.775$
估算气氨分子协体积，$N_A \times \sigma^3 / Å^3$	—	—	$N_A \times 65.7649$

由原料气氢、气氮分子体积数据估算生成产品气氨的数据：
$$V_b^{估算GNH_3} = \frac{1}{2}\left(V_b^{N_2} + 3V_b^{H_2}\right) = \frac{1}{2} N_A \times (43.2763 + 3 \times 29.4178) = N_A \times 65.7649 \tag{9-10}$$

也就是说，合成气氨反应会使体积减小，这在实际生产中已获证实。

因此，我们依据实际加入的气氢和气氮分子协体积数据，计算如何控制原料气氢和气氨。

$$V_b^{GNH_3} \times \frac{1}{2} \times \frac{N_A (43.2763 + 3 \times 29.4178)}{V_b^{GNH_3}}$$

$$= V_b^{GNH_3} \times \frac{0.5 \times (43.2763 + 3 \times 29.4178)}{65.7649} = V_b^{GNH_3} \times (0.3290 + 3 \times 0.2237) \tag{9-11}$$

已知：405.4K 气氨分子吸引力 $P_{at}^G = 4.8388 \times 113 = 521.495$（bar）

故知： $P_{at}^G = \dfrac{P_{\varepsilon Y}^{405.4K}}{J_V^{405.4K}} \times \dfrac{V_b^{NH_3}}{V_b^{NH_3}} = \dfrac{P_{\varepsilon Y}^{405.4K}}{J_V^{405.4K}} \times \dfrac{V_b^{N_2} + V_b^{H_2}}{V_b^{NH_3}} = \dfrac{P_{\varepsilon Y}^{405.4K}}{J_V^{405.4K}} \times \left(0.3290 + 3 \times 0.2237\right)$ （9-12）

式中 $P_{\varepsilon Y}^{405.4K}$、$J_V^{405.4K}$ 在讨论温度是 405.4K 时为常数，已知 $P_{at}^G = 521.495$bar。

故生成气氨需要合成体系的原料气体的分子吸引力位能的支持。

为成功合成气氨，原料气氮分子的 $P_{at}^{GN_2}$ 需提供所需分子吸引压力：

$$P_{at}^{GN_2} = 521.495\text{bar} \times 0.3290 = 168.274\text{bar} \qquad (9\text{-}12a)$$

同样，为成功合成气氨，原料气氢分子的 $P_{at}^{GH_2}$ 也需提供合成所需分子吸引压力，原料氢气为两个分子，提供六个氢原子，可生成两个气氨分子，故每个氨分子需由三个氢原子提供，每个氢原子要求提供的分子吸引压力为：

$$P_{at}^{GH_2} = 521.495\text{bar} \times 0.2237 = 116.66\text{bar} \qquad (9.12b)$$

每个氨分子中有三个氢原子，三个氢原子需要为气氨提供的分子吸引压力为：

$$P_{at}^{GH_2} = 521.495\text{bar} \times 0.2237 \times 3 = 349.98\text{bar} \qquad (9.12c)$$

即为保证合成气氨稳定完成，原料气氢分子的 $P_{at}^{GH_2}$ 需达到 349.98bar。气体氢分子有两个氢原子，原料气氢分子的 $P_{at}^{GH_2}$ 需达到

$$P_{at}^{GH_2} = 116.66\text{bar} \times 2 = 233.32\text{bar} \qquad (9.12d)$$

一般情况下，气氮和气氢在它们的临界压力和临界温度下较难达到式(9.12c)和式(9.12a)要求。气体氢在 $P_C = 13.13$bar，$T_C = 33.18$K，$V_{m,C} = 64.149$cm³/mol 时 $P_{at}^{H_2} = 46.283$bar[7,8]，即当合成压力达临界压力时也达不到 $P_{at}^{GH_2} = 233.32$bar 的要求，按照宏观分子相互作用理论做粗略估算，以下面方法计算的压力或可满足要求：压力 $P = 13.13 \times (233.32/46.283) = 66.190$(bar)。

气体氮在 $P_C = 33.94$bar，$T_C = 126.2$K，$V_{m,C} = 89.5$cm³/mol 时 $P_{at}^{N_2} = 121.652$bar，文献[7,8]同样说明即使在氢和氮处在临界的较高压力和温度状态下，还是不能使氢和氮满足合成气氨使其能稳定存在的分子吸引力的要求。同样，按照宏观分子相互作用理论做粗略估算，以下面方法计算的压力或可满足要求：压力 $P = 33.94 \times (168.274/121.652) = 46.947$（bar）。

亦就是说，对原料气体氢，按下面状态参数操作：在压力 66.190bar，温度 $T_C = 33.18$K，气体氢的摩尔体积 $V_{m,C} = 64.149$cm³/mol 时，或有可能 $P_{at}^{GH_2}$ 达到 233.32bar 的要求。

同理，对原料气体氮，按下面状态参数操作：在压力 46.947bar，温度 $T_C = 126.2$K，气体氮的摩尔体积 $V_{m,C} = 89.5$cm³/mol 时，或有可能 $P_{at}^{GN_2}$ 达到 168.274bar 的要求。

以上气氢和气氮都是估算，不一定准确，如需气氢和气氮的准确结果还需使用气氢和气氮的过热气体手册数据进行计算。

在合成氨反应操作过程中全程对分子吸引压力进行监控，保证操作安全进行。

由上述讨论可知，由气氢、气氮合成氨反应需在一定温度和压力条件下进行，合成气体氨反应即使满足条件反应也进行得很困难，合成氨实际生产证实产品气氨的体积是减小的，上述计算表明成品气氨的体积减小约为 1/3，可见合成氨反应对减小分子间距要求之强烈。合成氢生产实际证实，没有合适的催化剂参加，以加强对氢、氮原子间强烈的分子吸附作用，合成氢反应是很难进行的。

宏观讨论与微观讨论的另一区别是，由微观两分子状态转变为宏观物质状态时会遇到各种物质状态，概括来讲宏观物质有两类有着不同分子相互作用情况的物质，即极性物质和非极性物质。分子中正电中心与负电中心不重合的分子称为极性分子，正电中心与负电中心重合的分子称为非极性

分子，分子极性大小以 Debye 提出的偶极矩 μ 来表示。各种物质的偶极矩数值在相关物理化学著作中均有介绍，在此仅列示与本章讨论有关的三个物质分子氢、氮和氨的偶极矩数值。

对于氢分子、氮分子，$\mu = 0$，是非极性分子，说明氢和氮都是非极性物质。对于氨分子，$\mu = 1.47 \neq 0$，说明氨是极性物质。氨分子为极性分子，故讨论极性物质氨时需要确定极性分子与 Lennard-Jones 位能函数的关系。

9.8　计算机培训 5——非极性物质和极性物质

前面以气体氢为例讨论了非极性分子物质的计算方法。本书将讨论极性分子物质的计算方法。

宏观分子相互作用理论以分子吸引压力表示气体物质中分子间吸引作用，即摩尔物质中分子间吸引相互作用位能，表示为：$E_Y = P_{at}^G V_m^G$，其中 V_m^G 为讨论条件下气体物质的摩尔体积，这里的分子吸引力以分子压力 P_{at}^G 表示。

设 σ 为讨论分子的硬球直径，是在吸引力和排斥力相消、分子间位能为零时的分子间距。故而分子间位能为零时物质的摩尔分子体积称为分子协体积 $V_b = N_A \sigma^3$，热力学理论也称之为分子协体积，计算式为 $b = \dfrac{2}{3}\pi N_A \sigma^3$。由式（9-6）知：

$$E_Y = P_{at}^G V_m^G = \frac{1}{2} N_A \varepsilon_Y = \frac{1}{2} \times 4\varepsilon N_A \left(\frac{\sigma}{r}\right)^6 = 2E\left(\frac{\sigma}{d_m}\right)^6 \qquad (9\text{-}13)$$

物质分子间吸引作用位能是分子吸引压力 P_{at}^G，而分子吸引压力由分子间相互作用力形成。非极性物质和极性物质中起作用的分子相互作用不同。非极性物质中分子是非极性分子，非极性分子间起作用的分子相互作用为色散作用力，分子偶极矩的 Debye 值 $\mu = 0$，非极性物质中不存在分子间静电相互作用。

而极性分子间作用力的主要组成部分为：偶极分子间的静电作用、诱导作用和色散作用，这些物质分子间力会对 Lennard-Jones 位能函数参数 ε，即物质的特性产生影响，即会产生偶极分子间静电作用影响 ε_{PK}、诱导作用影响 ε_{aK}、色散作用影响 ε_{IK}。

目前文献[23,24]倾向于以非极性物质应用 Lennard-Jones 位能函数，这里先讨论非极性物质气体氢的 Lennard-Jones 位能函数应用。

非极性物质中全部均是非极性分子间相互作用力，因而 Lennard-Jones 参数，亦就是反映非极性物质特性的分子吸引位能 ε 或 E，应与极性分子间相互作用力无关，即非极性物质分子位能仅与色散分子作用力相关，而与其他分子作用力（如偶极静电作用力、诱导分子作用力）无关，于是：

$$E_Y = P_{at}^G V_m^G = \frac{1}{2} N_A \varepsilon_{YD} = \frac{1}{2} \times 4\varepsilon_{YD} N_A \left(\frac{\sigma}{r}\right)^6 = 2E_{YD}\left(\frac{\sigma}{d_m}\right)^6 \qquad (9\text{-}14)$$

式中，ε_{YD} 和 E_{YD} 中下标 "Y" 表示分子吸引力位能；D 表示非极性物质的分子间作用力是色散作用力。

式（9-14）表明，宏观物质中 "分子压力" 的存在，使物质中形成分子位能的区域，区域大小为摩尔体积 $V_m^{GH_2}$。形成位能的力为色散分子作用力，这是一种分子间吸引力，表示为 $P_{at}^{GH_2} = E_{YD} / V_m^{GH_2}$。

由于气体氢均是非极性分子间相互作用力——色散作用力，式（9-14）的 Lennard-Jones 位能函数反映了气体物质氢的非极性分子的特性。

色散作用力位能：$\varepsilon_{\mathrm{YD}}$，$E_{\mathrm{YD}}$，亦就是表示非极性物质中分子吸引力位能全部由色散作用力形成。改变式（9-14）为：

$$E_{\mathrm{Y}} = P_{\mathrm{at}}^{GT} V_{\mathrm{m}}^{GT} = \frac{1}{2} E_{\mathrm{YD}} = \frac{1}{2} \times 4\varepsilon_{\mathrm{YD}} \frac{\sigma^3}{d_{\mathrm{m}}^6} N_{\mathrm{A}} \sigma^3 = 2\varepsilon_{\mathrm{YD}} \frac{\sigma^3}{d_{\mathrm{m}}^6} V_b^{\mathrm{GH_2}} \tag{9-15}$$

式中 P_{at}^{GT}、V_{m}^{GT} 为气体氢在温度 T 时的分子吸引压力和摩尔体积。已知 $V_{\mathrm{m}}^{GT} = N_{\mathrm{A}} d_{\mathrm{m}}^3$，故有：

$$P_{\mathrm{at}}^{GT} = \frac{1}{2V_{\mathrm{m}}^{GT}} N_{\mathrm{A}} \varepsilon_{\mathrm{YD}} = \frac{1}{2V_{\mathrm{m}}^{GT}} \times 4 \times \varepsilon_{\mathrm{YD}} \times \frac{\sigma^3}{d_{\mathrm{m}}^6} V_b^{\mathrm{GH_2}} \tag{9-16}$$

故知，式（9-16）表示由色散作用力组成的分子吸引压力 P_{at}^{GT}。计算表明，气体氢在温度 $T = 33\mathrm{K}$ 时 $P_{\mathrm{at}}^{GT} = 3.607\mathrm{bar}$。此亦是气体氢在 33K 温度下的色散分子作用力。

因而从分子相互作用角度看，非极性分子组成的非极性物质是较简单的物质。

极性物质中一般不会只有一种分子间作用力，极性分子中分子间的主要组成部分是偶极分子间的静电作用、诱导作用、色散作用[22]。胡英院士认为，式（9-16）的基础是色散作用力，比较分析非极性物质的 Lennard-Jones 位能函数表示的分子位能表示式（9-16），由于色散作用和诱导作用均与 d^6 成反比，在 Lennard-Jones 位能函数中已包含了色散作用和诱导作用。因而考虑将 Lennard-Jones 位能函数应用于极性物质，还需在已考虑了色散作用和诱导作用的基础上，还应考虑偶极分子间的静电作用力，胡英介绍了斯托克迈尔（Stockmeyer）在 1941 年提出在 Lennard-Jones 位能函数基础上再加上一个偶极静电作用项用来讨论极性分子。由于 Lennard-Jones 位能函数与 r^6 成反比，与诱导和色散作用考虑相同，因而 Stockmeyer 位能函数［式（9-17）］包含了极性分子的主要分子间作用的诱导和色散作用：

$$P_{\mathrm{at}}^{GP} V_{\mathrm{m}}^{G} = \frac{1}{2} N_{\mathrm{A}} \varepsilon_{\mathrm{YP}} = \frac{1}{2} \times 4 \times \left(\varepsilon_{\alpha\mathrm{K}} + \varepsilon_{\mathrm{IK}} \right) \times \frac{\sigma^3}{r^6} N_{\mathrm{A}} \sigma^3$$

$$= \frac{2}{N_{\mathrm{A}}} \times \left(E_{\alpha\mathrm{K}} + E_{\mathrm{IK}} \right) \times \frac{\sigma^3}{r^6} V_b^{\mathrm{GH_2}} - \frac{\mu^2}{r^2} \left[2\cos\theta_i \cos\theta_j - \sin\theta_i \sin\theta_j \cos\left(\phi_i - \phi_j\right) \right] \tag{9-17}$$

式（9-17）中最后一项是 Stockmeyer 于 1941 年提出的偶极分子间静电作用计算式。从式（9-17）看此式需计算的项目较多，且在计算时较烦琐且不方便。

2007 年胡英[23]列示的一些近代的静电作用力计算式如下：

$$\varepsilon_{P_{ij}}^{(q,q)\mathrm{es}} = \frac{q_i q_j}{4\pi\varepsilon_0 r}$$

上标 $(q,q)_{\mathrm{es}}$ 表示电荷-电荷相互作用，同号时排斥，异号时吸引，与温度无关。

$$\varepsilon_{P_{ij}}^{(q,\mu)\mathrm{es}} = \frac{-1}{\left(4\pi\varepsilon_0\right)^2} \times \left(\frac{q_j^2 \overline{\mu}_i^2}{3kTr^4} + \frac{q_i^2 \overline{\mu}_j^2}{3kTr^4} \right)$$

上标 $(q,\mu)_{\mathrm{es}}$ 表示电荷-偶极相互作用，吸引力（负值）随温度升高而减弱。

$$\varepsilon_{P_{ij}}^{(\mu,\mu)\mathrm{es}} = \frac{-1}{\left(4\pi\varepsilon_0\right)^2} \times \frac{2\overline{\mu}_i^2 \overline{\mu}_j^2}{3kTr^6}$$

上标 $(\mu,\mu)_{\mathrm{es}}$ 表示偶极-偶极相互作用，吸引力（负值）随温度减弱，与 r^6 成反比。亦就是说，可以以 Lennard-Jones 位能函数形式表示极性分子位能函数的偶极分子静电相互作用，故而我们建议将其改为计算方便的 Lennard-Jones 位能函数形式，如下式所示：

$$\frac{\mu^2}{r^2}\Big[2\cos\theta_i\cos\theta_j-\sin\theta_i\sin\theta_j\cos\left(\phi_i-\phi_j\right)\Big]\rightarrow\frac{1}{2}\times4\times\left(N_A\varepsilon_{PK}\right)\times\left(\frac{\sigma}{r}\right)^6=2E_{PK}\times\left(\frac{\sigma}{d_m}\right)^6$$

这样，表示极性分子的 Stockmeyer 位能函数式（9-17）修改为适合极性分子应用的 Lennard-Jones 位能函数形式，因而可以以 Lennard-Jones 位能函数的计算形式讨论极性物质。

极性物质中均是极性分子间相互作用力，因而式（9-17）中的 Lennard-Jones 参数，即反映物质特性的 ε 或 E，亦应与极性分子间相互作用力相关。设 P_{at}^{GP} 为气体极性物质的分子吸引压力，上标"P"为极性分子物质，故式（9-17）改写为：

$$E_{YP}=P_{at}^{GP}V_m^G=\frac{1}{2}N_A\varepsilon_{YP}=\frac{1}{2}\times4\times\left(\varepsilon_{PK}+\varepsilon_{\alpha K}+\varepsilon_{IK}\right)\times N_A\times\left(\frac{\sigma}{r}\right)^6$$

$$=2\left(E_{PK}+E_{\alpha K}+E_{IK}\right)\times\left(\frac{\sigma}{d_m}\right)^6 \tag{9-18}$$

因而极性分子间相互作用力对讨论物质分子作用力位能的贡献：

$$\varepsilon_{YK}=\varepsilon_{PK}+\varepsilon_{\alpha K}+\varepsilon_{IK}$$
$$E_{YK}=E_{PK}+E_{\alpha K}+E_{IK} \tag{9-19}$$

氨分子是极性分子，极性分子中分子间作用力的主要组成部分是偶极分子间的静电作用（PK）、诱导作用（αK）、色散作用（IK）[22]。这三种作用力都是短程力。现以分子间吸引位能的通式表示三种主要分子间力：

$$\varepsilon_P=-\frac{B}{r^6} \tag{9-20}$$

偶极静电作用（PK）：
$$\varepsilon_{PK}=-\frac{B_{PK}}{r^6} \tag{9-20a}$$

诱导静电作用（αK）：
$$\varepsilon_{\alpha K}=-\frac{B_{\alpha K}}{r^6} \tag{9-20b}$$

色散作用（IK）：
$$\varepsilon_{IK}=-\frac{B_{IK}}{r^6} \tag{9-20c}$$

分子相互作用在一些物质中的情况如表 9-9 所示。

表 9-9　非极性物质和极性物质中分子相互作用

分子	偶极矩/D	性质	B/erg·cm$^6\times10^{60}$		
			ε_{PK}	$\varepsilon_{\alpha K}$	ε_{IK}
CCl$_4$	0	非极性	0	0	1400
cyclo-C$_6$H$_{12}$（环己烷）	0	非极性	0	0	1506
CO	0.1	极性	0.0018	0.039	64.3
HI	0.42	极性	0.55	1.92	380
HBr	0.8	极性	7.24	4.62	188
HCl	1.08	极性	24.1	6.14	107
NH$_3$	1.47	极性	82.6	9.77	70.5
H$_2$O	1.84	极性	203	10.8	38.1
(CH$_3$)$_2$CO	2.87	极性	1200	104	486

极性分子有
$$\varepsilon_P = \varepsilon_{P(PK)} + \varepsilon_{P(\alpha K)} + \varepsilon_{P(IK)} = -\frac{B_{PK} + B_{\alpha K} + B_{IK}}{r^6} \quad \text{(9-21)}$$

分别以偶极（%）、诱导（%）和色散（%）表示偶极、诱导和色散作用力对物质静电作用力的贡献。

偶极（%）$= E_{PK}/E_{YP}$，表示偶极静电作用力对极性分子吸引位能的贡献；

诱导（%）$= E_{\alpha K}/E_{YP}$，表示诱导作用力对极性分子吸引位能的贡献；

色散（%）$= E_{IK}/E_{YP}$，表示色散作用力对极性分子吸引位能的贡献。

一些物质的分子间作用力数据见表9-10。

表 9-10　分子间相互作用力对物质分子吸引位能的贡献

分子	偶极矩/D	性质	各分子作用力的贡献		
			偶极/%	诱导/%	色散/%
CCl_4	0	非极性	0	0	100
cyclo-C_6H_{12}	0	非极性	0	0	100
CO	0.1	极性	0.00	0.06	99.94
HI	0.42	极性	0.14	0.50	99.35
HBr	0.8	极性	3.62	2.31	94.07
HCl	1.08	极性	17.56	4.47	77.97
NH_3	1.47	极性	50.72	6.00	43.29
H_2O	1.84	极性	80.59	4.29	15.13
$(CH_3)_2CO$	2.87	极性	67.04	5.81	27.15

如氨的偶极作用力的贡献=50.72%，诱导作用力的贡献=6.00/%，色散作用力的贡献=43.29%。

故知，任何极性物质中静电作用力=偶极+诱导+色散=100%。

气体极性物质中分子静电作用力可认为是该物质的分子吸引力，以分子压力 P_{at}^G 表示。

液体和固体极性物质中分子静电作用力也可认为是该物质的分子吸引力，并以分子压力 P_{in}^G 表示。

依据胡英院士[22]的介绍，极性分子的位能函数需要考虑偶极、诱导与色散作用，即

$$P_{at}^{GP} V_m^G = \frac{1}{2} N_A \varepsilon_{YP} = \frac{1}{2} \times 4 \times (E_{PK} + E_{\alpha K} + E_{IK}) \times \left(\frac{\sigma}{d_m}\right)^6$$

$$= \frac{1}{2} E_{YP} \times 4 \left(\frac{E_{PK} + E_{\alpha K} + E_{IK}}{E_{YP}}\right) \times \left(\frac{\sigma}{d_m}\right)^6 \quad \text{(9-22)}$$

已知气氨在405.4K时分子吸引压力 P_{at}^G = 521.495bar，故知在405.4K时：

偶极静电作用力对极性分子吸引位能的贡献 = 521.495bar×50.72% = 264.502bar

诱导作用力对极性分子吸引位能的贡献 = 521.4954bar×6.00% = 31.290bar

色散作用力对极性分子吸引位能的贡献 = 521.495bar×43.29% = 225.755bar

假设氮对氨的贡献全部是色散力，即 168.274bar，故氢对氨的色散贡献为 225.755−168.274 = 57.481（bar）

亦就是在氨中静电作用力+诱导作用力共264.502+31.290 = 295.792（bar），占全部氨分子

作用力的 56.72%。

前面讨论计算表明，氨分子中 3 个氢原子为气氨提供的分子吸引力为 350.288bar，去除色散力贡献，氢对氨静电力的贡献为 350.288−57.481 = 292.807（bar），与氨中静电作用力和诱导作用力之和 295.792bar 基本吻合。由此得出，在氢、氮合成氨的反应中为氨的极性分子提供静电作用力的应该是氨中的三个氢原子。

9.9　计算机培训 6——分子排斥力

温度 T 处分子排斥力位能：

$$E_C^T = P_{P2}^G V_m^{NH_3} \tag{9-23}$$

故

$$P_{P2}^G V_m^{NH_3} = P_{P2}^G V_b^{NH_3} J_V^T = 2\varepsilon N_A \frac{\sigma^9}{d_m^{12}} \sigma^3 = P_{\varepsilon C} V_b^{NH_3} \tag{9-24}$$

得

$$P_{P2}^G V_b^{NH_3} = 2\varepsilon \frac{\sigma^9}{d_m^{12} J_V^T} N_A \sigma^3 = P_{\varepsilon C} V_b^{NH_3} / J_V^T \tag{9-25}$$

式中，$P_{\varepsilon C} = 2\varepsilon \dfrac{\sigma^9}{d_m^{12}}$，其中 ε 是微观能量参数，当物质的状态参数温度 T 确定时则 $P_{\varepsilon C}$ 确定。其物理意义为当讨论物质的分子协体积与以该物质分子硬球直径计算的体积相当时，分子可能具有的分子第二斥压力；或为当物质中分子吸引力与分子排斥力相等时物质分子的第二斥压力数值。

由式（9-24）知，

$$P_{P2} V_m^{NH_3} = P_{P2}^{G,T} V_b^{NH_3} J_V^T = 2\varepsilon N_A \frac{\sigma^9}{d_m^{12}} \sigma^3 = P_{\varepsilon C} V_b^{NH_3} \tag{9-26}$$

即在温度 T 下物质分子排斥力为

$$P_{P2}^{GT} = P_{\varepsilon C} / J_V^T \tag{9-27}$$

Amagat 定律[20]表明，物质的混合是恒容的，即体积是由所有组成物质的体积共同影响的结果。由合成氨的反应知，一分子 N_2 与三分子 H_2 生成两分子氨，故气氨的分子协体积由气氮和气氢分子协体积组成：

$$V_b^{NH_3} = \frac{1}{2}(V_b^{N_2} + 3V_b^{H_2}) = \frac{1}{2} N_A (43.2763 + 3 \times 29.4178) = V_b^{NH_3} \times (0.3290 + 3 \times 0.2237) \tag{9-28}$$

已知：

$$P_{P2}^G = \frac{P_{\varepsilon C}}{J_V^{405.4K}} \times \frac{V_b^{NH_3}}{V_b^{NH_3}} = \frac{P_{\varepsilon C}}{J_V^{405.4K}} \times \frac{V_b^{H_2} + V_b^{N_2}}{V_b^{NH_3}} = \frac{P_{\varepsilon C}}{J_V^{405.4K}} \times (0.3290 + 3 \times 0.2237) \tag{9-29}$$

式中，$P_{\varepsilon C}$、J_V 在一定讨论温度 T 时为常数。

合成氨反应生成气氨的过程中需注意气氨中分子吸引力与分子排斥力关系变化对合成氨反应的影响，综合而言，大致有三种情况需要注意分子排斥力可能会对合成氨反应产生影响，或影响成品气氨得率的高低，现分别介绍如下。

① 先讨论合成氨生产进入开始温度点 T_A 或进入开始压力点 P_A 时并已产出部分气体氨产品时的情况。

已知此时液氨分子排斥力 $P_{P2}^L = 379.826$bar，气氨分子吸引力 $P_{at}^{GNH_3} = 385.005$bar，气液引斥比 $YCP_{气引-液斥} = \dfrac{P_{at}^G}{P_{P2}^L} = \dfrac{385.495}{379.826} = 1.015$。其值不大，说明此时液氨转变为气氨的能力不是很

强，而气氨转变为液氨也有可能。显然，当生产工艺参数稍有波动，如温度或压力稍有变化，会使合成氨反应生成气氨时的气氨分子吸引力减弱，在 $P_\text{at}^\text{GNH}_3 \leqslant P_\text{P2}^\text{LNH}_3$ 时会使已生成的气体氨逆反应生成气氢和气氮，或成为饱和液氨。在设计时氢和氮反应在开始点 T_A 和 P_A 就应注意，一直到反应结束，温度在 $400.495 \sim 405.4\text{K}$ 和压力在 $104.394 \sim 113\text{bar}$ 范围内，即从开始起，在合成气体氨反应进行过程中注意气氨的分子吸引力和分子排斥力相互的影响，即 $P_\text{at}^\text{GNH}_3 = 385.005\text{bar}$，$P_\text{P2}^\text{L} = 379.826\text{bar}$，注意必须 $P_\text{at}^\text{GNH}_3 \geqslant P_\text{P2}^\text{LNH}_3$，防止生成的产物气体氨发生逆向反应。

② 已知在 T_A 点 400.495K 气氨分子排斥力 $P_\text{P2}^\text{G} = 117.771\text{bar}$。故而，合成氨反应需注意分子吸引力应大于 117.771bar。

另外，注意自身参与反应的气氢和气氮合成的分子吸引力应大于 117.771bar。

合成氨反应生成气氨的过程中需注意气氨的分子排斥力的影响，生成 1mol 气氨，除需要合成体系原料气体分子吸引力的支持外，还需要分子吸引力的支持必须强于气氨的分子排斥力，反应要求气氢和气氮在反应过程中分子吸引力大于分子排斥力：

由于合成氨反应也是可逆双向的，为成功合成气氨，需了解原料气氮和气氢在合成时的分子第二斥压力值：$P_\text{P2}^\text{N}_2 = 117.771 \times 0.3336 = 39.288(\text{bar})$。

同样，为成功合成气氨，原料气氢的 $P_\text{at}^\text{GH}_2$ 也需控制分子吸引压力，原料氢气为两个分子提供六个氢原子生成两个气氨分子，故每个氨分子需由三个氢原子提供，但每个氢气分子只有两个氢原子，在合成时的分子第二斥压力数值为：$P_\text{P2}^\text{H}_2 = 117.771 \times 2 \times 0.2236 = 52.667(\text{bar})$。

即为保证合成气氨稳定形成，在合成氨的全过程中温度是 400.495K 时，原料气氢分子的 $P_\text{at}^\text{GH}_2$ 在参与合成反应时必须保持不能出现低于 52.667bar 的情况，原料气氮分子的 $P_\text{at}^\text{GN}_2$ 在参与合成反应时必须保持不能出现低于 39.288bar 的情况。

一般情况下，气氮和气氢在上述合成条件下应要求达到 $P_\text{at}^\text{GN}_2 > 39.288\text{bar}$ 和 $P_\text{at}^\text{GH}_2 > 52.667\text{bar}$，但在合成反应过程中并不知道生产工艺变化会对分子相互作用参数可能产生影响，故而不知何时会出现分子吸引力低于分子排斥力，故而在智能生产中建议计算机与生产过程同步运转，并将计算结果显示在生产操作平台上。

③ $T > 400.495\text{K}$，$P > 104.394\text{bar}$ 处，气液相变可能逆反。

液氨和气氨的相变同样可能有正向和反向转变，正向或反向转变取决于物质中分子吸引力和分子排斥力的博弈。400.495K 和 104.394bar 时气氨分子排斥力 $P_\text{P2}^\text{G} = 117.771\text{bar}$。温度上升到 405.4K，压力上升到 113bar 时，气氨分子排斥力上升到 167.556bar。

在这个过程中影响产品气氨回收率的是气氨返回液氨的反向相变。已知在 $T = T_A$，$P = P_A$ 时，液态分子行为：$P_\text{in}^\text{L} = 385.005\text{bar}$，$P_\text{P2}^\text{L} = 379.826\text{bar}$，$\text{YCP}_\text{液引/液斥} = \dfrac{385.005}{379.826} = 1.014$；气态分子行为：$P_\text{at}^\text{G} = 385.005\text{bar}$，$P_\text{P2}^\text{L} = 379.826\text{bar}$，$\text{YCP}_\text{气引/液斥} = \dfrac{385.005}{379.826} = 1.014$。

说明，在 $T = T_A$、$P = P_A$ 时液体的 YCP = 气体的 YCP，液体和气态处于平衡状态。

在 $T > T_A \rightarrow T_C$，$P > P_A \rightarrow P_C$ 时，T_C 的液态分子行为：$P_\text{in}^\text{L} = 172.393\text{bar}$，$P_\text{P2}^\text{L} = 167.410\text{bar}$，$\text{YCP}_\text{液引/液斥} = \dfrac{172.393}{167.410} = 1.027$；$T_C$ 的气态分子行为：$P_\text{at}^\text{G} = 521.495\text{bar}$，$P_\text{P2}^\text{L} = 167.410\text{bar}$，$\text{YCP}_\text{气引/液斥} = \dfrac{521.495}{167.410} = 3.115$。

在 $T < T_A$，$P < P_A$，设 $T = 390\text{K}$，$P = 85.98\text{bar}$ 时，$T < T_A$ 液态：$P_\text{in}^\text{L} = 839.895\text{bar}$，$P_\text{P2}^\text{L} = 834.290\text{bar}$，

$YCP_{液引/液斥} = \dfrac{839.895}{834.290} = 1.0067$；$T < T_A$ 气态：$P_{at}^G = 93.643\text{bar}$，$P_{P2}^L = 834.290\text{bar}$，$YCP_{气引/液斥} = \dfrac{93.643}{834.290} = 0.112$。

比较上列数据，得：

a. 在 $T > T_A \to T_C$，$P > P_A \to P_C$ 时，即在合成氨反应开始到产物气体氨生产全过程的分子行为：气态物质的引斥比>液态物质的引斥比，说明气态在此过程中是强势状态，将克服液态物质的分子排斥力成为气态物质；气态物质的分子吸引力大于液态物质，即 $P_{at}^G > P_{in}^L$，液态向气态相变；合成氨反应完成的保证是：$P_{at}^G > P_{in}^L$。

b. 在 $T < T_A$，$P < P_A$ 时，即在合成氨反应结束时的分子行为：$T < T_A$，$P < P_A$ 时 $P_{at}^G < P_{in}^L$，液态在此过程中是强势，气态向液态相变；$T < T_A$，$P < P_A$ 时一直到熔点，液体的引斥比均在 1.05～1.20 左右，维持着液体状态；气体的引斥比数值很小，近熔点处其值接近零，说明形成气相的能力很低。

宏观分子相互作用理论认为合成反应中分子引力与分子斥力间的博弈也有可能会影响气液态相变方向，智能生产中希望应用分子引力与分子斥力间的博弈来保证生成的产品的状态，即气体氨能够稳定而长久地存在着，使生产有着高的产品收率。

④ 临界温度，T_C 点。

已知：405.4K 时气氨分子排斥力 $P_{P2}^G = 1.4828 \times 113 = 167.556$（bar），临界温度处分子排斥力摩尔位能：$E_C^{405.4K} = P_{P2}^G V_m^{NH_3}$。

由式（9-26）知

$$P_{P2} V_m^{NH_3} = P_{P2}^{G,T} V_b^{NH_3} J_V^T = 2\varepsilon \frac{\sigma^9}{d_m^{12}} N_A \sigma^3 = P_{\varepsilon C} V_b^{NH_3}$$

即在温度 T 下物质分子排斥力 $\qquad P_{P2}^{G,T} V_m^T = P_{\varepsilon C} V_b^{GNH_3}$

故生成 1mol 气氨，除需要合成体系的原料气体的分子吸引位能的支持外，还需要分子吸引力的数值必须大于气氨的分子排斥力，即要求：$P_{at}^{GNH_3} > P_{P2}^{GNH_3}$，即 $P_{at}^{GNH_3} > 167.556\,\text{bar}$；饱和液体和饱和气体间的转变是可逆双向的，因而要求液相向气相的转变必须控制，即 $P_{at}^{GNH_3} \geqslant 167.556\text{bar}$。

由于合成氨反应也是可逆双向的，为成功合成气氨，需了解原料气氮和氢气合成时的分子第二斥压力值，即 $P_{P2}^{GN_2} = 167.556\text{bar} \times 0.3336 = 55.897\text{bar}$。即为保证合成气氨稳定完成，在合成氨的全过程中原料气氮分子在参与合成反应中必须保持着不能出现 $P_{at}^{GN_2}$ 小于 55.897bar 的情况。

同样，为成功合成气氨，原料氢的 $P_{at}^{GH_2}$ 也需控制分子吸引压力，原料氢气为两个分子提供 6 个氢原子生成两个气氨分子，每个氨分子需由 3 个氢原子提供，同理，每个氢原子在合成时的分子第二斥压力数值为：$P_{P2}^{GH_2} = 167.556\text{bar} \times 0.2236 = 37.466\text{bar}$。即为保证合成气氨稳定完成，在合成氨的全过程中原料气氢分子在参与合成反应后必须保持着不能出现 $P_{at}^{GH_2}$ 低于 37.466bar 的情况，而在 T_C 时原料气氢分子排斥力应为：

$$P_{P2}^{GH_2} = 167.556\text{bar} \times 2 \times 0.2236 = 74.932\text{bar}$$

亦就是说在合成氨反应过程中气氢分子必须保持着不能出现 $P_{at}^{GH_2}$ 低于 37.466bar 的情况，以保证合成反应能得到氢原子。而在原料气氢控制上氢必须保持着不能出现 $P_{at}^{GH_2}$ 低于

74.932bar 的情况，以保证合成反应过程中原料气氢得到连续供应。

一般情况下，气氮和气氢在上述合成条件下应能达到 $P_{P2}^{GN_2}$ = 55.897bar 和 $P_{P2}^{GH_2}$ = 74.932bar。但并不知道生产工艺对分子相互作用参数的影响情况，故不知何时会出现分子吸引力低于分子排斥力，故建议智能生产中计算机与生产过程同步运转，并将计算结果显示在生产操作平台上，出现情况时计算机发出警示信号。

合成氨生产阶段主要考虑：

a. 由原料气氢、氮进行的合成气体氨的生产，生产更多的气体氨产品，一直到气体氨产量达到计划要求的数量。这时候，需参与生产的计算机不断地为产品气氨生产创造分子相互作用的条件。

要求：气体分子吸引力在这个阶段要求强于液体分子吸引力，即 $P_{at}^{GNH_3} > P_{in}^{LNH_3}$。或气液引斥力强于液液引斥力，即 $YCP_{G-L} > YCP_{L-L}$。

b. 保证原料气氢按要求提供生产：即原料气氢分子吸引力，$P_{at}^{GH_2}$ = 231.526bar。

保证原料气氮按要求提供生产：即原料气氮分子吸引力，$P_{at}^{GN_2}$ = 168.274bar。

c. 参与合成氨智能生产的计算机实施监控：在开始合成氨生产阶段期间，计算机发现原因不明或非工作人员操控而致使气体分子吸引力 $P_{at}^{GNH_3}$ 数值连续降低，下降到 $P_{at}^{GNH_3} = 1.10 P_{in}^{LNH_3}$ 时需发出警报，并提醒工作人员及时处理。

液氨相变成气氨的开始点对气氨分子吸引力要求：$P_{at}^{GNH_3}\big|_{始}$ = 385.005bar；

液氨相变成气氨的结束点对气氨分子吸引力要求：$P_{at}^{GNH_3}\big|_{终}$ = 521.495bar。

注意：在温度 405.4K、压力 113bar 处气氨分子的吸引力要求。

在合成气氨生产中液氨和气氨的转变均有正向和逆向进行的可能，可能会直接影响产品的收率，因而计算机需要通过对物质中分子相互作用的控制提高正向的反应，减少逆向的反应。

⑤ 为保证气氢和气氮反应为气氨，计算机需要做的工作有：

a. 在合成氨完成气氨的生产后为保证气氨长期稳定地存在，需保证：在到达 400.495K、104.394bar 状态后控制气氨分子的吸引力 P_{at}^{G} ≥ 385.005bar；在到达 405.4K、113bar 状态后控制气氨分子的吸引力 P_{at}^{G} ≥ 521.495bar。

b. 为保证 a 点的要求，在合成塔中参与反应的原料气体氢的 $P_{at}^{GH_2}$ 需达到 231.526bar。

对原料气体氢，按下面状态参数操作：在压力 65.681bar、温度 T_C = 33.18K、$V_{m,C}^{H_2}$ = 64.149cm³/mol 时或有可能达到 $P_{at}^{GH_2}$ = 231.526bar 的要求。

以上气氢计算是粗略估算，不一定准确，如需气氢的准确结果还需依据气氢的过热气体数据进行计算。

c. 为保证 a 点要求，在合成塔中参与反应的原料气体氮的 $P_{at}^{GN_2}$ 需达到 168.274bar。

对原料气体氮，按下面状态参数操作：在压力 = 46.947bar、温度 T_C = 126.2K、$V_{m,C}^{N_2}$ = 89.5cm³/mol 时或有可能达到 $P_{at}^{GN_2}$ = 168.274bar 的要求。

以上气氮计算是粗略估算，不一定准确，如需气氮的准确结果还需依据气氮的过热气体数据进行计算。

⑥ 重要的分子相互作用参数：

a. 167.556bar 是合成氨智能生产重要的分子相互作用参数，其意义是氢和氮合成氨时要求这些原料气体在合成过程中应具有的分子排斥力。

b. 521.495bar 是合成氨智能生产的另一重要分子相互作用参数，其意义是：为保证合成成功，并使生成的气氨分子能稳定长久地以气体状态存在，要求这些原料气体氢和氮产生气氨的分子吸引力达到 $P_{\mathrm{at}}^{\mathrm{GNH_3}} = 521.495\mathrm{bar}$，并按此要求原料气氮和气氢。

c. 为成功合成气氨，原料气氮的分子吸引力 $P_{\mathrm{at}}^{\mathrm{GN_2}} = 521.495\mathrm{bar} \times 0.3336 = 173.9707\mathrm{bar}$。

d. 为成功合成气氨，原料气氢分子吸引力 $P_{\mathrm{at}}^{\mathrm{H_2}} = 521.495\mathrm{bar} \times 2 \times 0.2236 = 233.212\mathrm{bar}$。

注意：合成氨反应操作过程中全程对分子吸引力和分子排斥力进行监控，保证操作安全进行。

⑦ 防止合成气氨反应过程中发生逆向反应。

400.495K 时液氨分子排斥力 $P_{\mathrm{P2}}^{\mathrm{L}} = 3.3613 \times 113\mathrm{bar} = 379.826\mathrm{bar}$。这里是指温度在 400.495~405.4K 和压力在 104.394~113bar 范围内，即在合成气体氨反应进行过程中防止生成的产物气体氨发生逆向反应。

a. 合成反应：氨的合成反应是可逆反应，从热力学来讲影响反应方向的是反应的热力学条件，例如反应温度的变化：降低温度，合成反应平衡向生成氨的正方向移动；反之，提高温度，向分解氨的反方向移动。

b. 液氨和气氨的相变同样有正向和逆向，正向和逆向转变取决于物质中分子吸引力和分子排斥力的博弈。

宏观分子相互作用理论认为合成反应中分子引力与分子斥力间的博弈也有可能会影响反应移动方向，例如氢、氮间引力强于斥力则反应向生成氨的方向移动，反之则在斥力作用下会分解成氢气和氮气。故合成反应时应通过计算机监测分子引力和斥力的变化，保证合成正向进行。同样，分子引力与分子斥力间的博弈应该保证生成的产物气体氨能够稳定而长期地存在，使生产有着高的产品收率。

⑧ 防止 T_{A} 温度点处发生逆向反应。

400.495K 时气氨分子排斥力为 $P_{\mathrm{P2}}^{\mathrm{G}} = 117.771\mathrm{bar}$。饱和液体和饱和气体间转变是可逆双向的，必须控制 $P_{\mathrm{at}}^{\mathrm{GNH_3}} \geqslant P_{\mathrm{P2}}^{\mathrm{GNH_3}}$，即 $P_{\mathrm{at}}^{\mathrm{GNH_3}} \geqslant 117.771\mathrm{lbar}$。

由于合成氨反应也是可逆双向的，为成功合成气氨，需了解原料气氮和气氢在合成时的分子第二斥压力值，$P_{\mathrm{P2}}^{\mathrm{N_2}} = 117.771\mathrm{bar} \times 0.3336 = 39.288\mathrm{bar}$，如果氮分子的分子排斥力加强不利于氮与氢的合成的话，则要注意控制氮分子的分子排斥力数值。

同样，为成功合成气氨，原料气氢的 $P_{\mathrm{at}}^{\mathrm{GH_2}}$ 也需控制，氢原子在合成时的分子第二斥压力为 $P_{\mathrm{P2}}^{\mathrm{H_2}} = 117.771\mathrm{bar} \times 0.2236 = 26.334$（bar），同样，如果氢分子的分子排斥力加强不利于氮与氢的合成的话，则要注意控制氢分子的分子排斥力数值。

为保证合成气氨稳定完成，在合成氨的全过程中原料气氢分子的 $P_{\mathrm{at}}^{\mathrm{GH_2}}$ 在参与合成反应中必须保持不能高于 26.334bar。原料气氢分子的分子排斥力不能出现高于 26.334bar 的情况，或者要求氢分子的分子吸引力 $P_{\mathrm{at}}^{\mathrm{GH_2}} > 26.334\mathrm{bar}$。

原料气氮分子的 $P_{\mathrm{at}}^{\mathrm{GN_2}}$ 在参与合成反应后必须保持不能低于 39.288bar，即分子排斥力 $P_{\mathrm{P2}}^{\mathrm{N_2}} < 39.288\mathrm{bar}$。

当温度为 405.4K 时为了保证生成的产物气体氨能够稳定而长久地存在，不发生相变转变为液氨，需要气体的分子吸引力 $P_{\mathrm{at}}^{\mathrm{GNH_3}} \geqslant P_{\mathrm{P2}}^{\mathrm{GNH_3}} = 167.556\mathrm{bar}$。

在智能生产过程中计算机与生产过程运转同步，并将计算结果显示在生产操作平台上。

⑨ 以热力学理论为指导的合成氨生产，合成氨后体积减小。

宏观分子相互作用理论计算表明，成品氨体积较原料气氢和氮的体积减小约 1/3，说明合成反应会将物质内部分子间距离压缩，一般化学反应很难达到这个目的，合成氨生产实践证实，纯气氢和气氮很难进行合成反应，甚至难以完成，必须通过合适催化剂的强烈吸附作用才可实现，催化作用的分子相互作用机理与化学反应的分子相互作用机理有所区别，但合成氨反应必须要求使用合适的催化剂。

参考文献

[1] 李政道. 展望 21 世纪科学发展前景.
[2] 高执棣, 郭国霖. 统计力学导论. 北京: 北京大学出版社, 2004.
[3] 张福田. 宏观分子相互作用理论——基础和计算. 上海: 上海科技文献出版社, 2012.
[4] Smith B D. Thermodynamic data for pure cmpound. New York: Elsevier, 1986.
[5] 童景山. 流体的热物理性质. 北京: 中国石化出版社, 1996.
[6] 童景山. 流体的热物理性质——基本理论与计算. 北京: 中国石化出版社, 2008.
[7] Perry R H. Perry's chemical engineer's handbook. 6 th ed. New York: McGraw-Hill, 1984.
[8] Perry R H, Green D W. Perry's chemical engineer's handbook. 7 th ed. New York: McGraw-Hill, 1999.
[9] 卢焕章. 石油化工基础数据手册. 北京: 化学工业出版社, 1984.
[10] 张福田. 一种测试各种分子间相互作用参数的装置: ZL2012 1031 5270.2. 2016-7-20.
[11] 童景山. 流体的热物理性质. 北京: 中国石化出版社, 1996.
[12] 孙延明, 皮圣雷, 胡勇军, 孙丽军. 智能+制造 企业赋能之路. 北京: 机械工业出版社, 2020.
[13] 吉旭, 周利. 化学工业智能制造——互联化工. 北京: 化学工业出版社, 2020.
[14] 赵学军, 武岳, 刘振含. 计算机技术与人工智能基础. 北京: 北京邮电大学出版社, 2020.
[15] 覃伟中, 谢道雄, 赵劲松, 等. 石油化工智能制造. 北京: 化学工业出版社, 2019.
[16] 赵学军, 武岳, 刘振含. 计算机技术与人工智能基础. 北京: 北京邮电大学出版社, 2020.
[17] 化学工业部人事教育司. 氨的合成. 北京: 化学工业出版社, 1997.
[18] 河南省巩县回郭镇公社化肥厂. 氨的合成. 小型合成氨厂生产新工艺(修订本). 北京: 石油化学工业出版社, 1978.
[19] 童景山, 高光华, 刘裕品. 化工热力学. 北京: 清华大学出版社, 1994.
[20] John M, Prausnitz Lichtenthaler R N, Azevedo E G. 流体相平衡的分子热力学. 北京: 化学工业出版社, 2006 .
[21] 上海吴泾化工厂. 氨的合成工艺与操作. 北京: 化学工业出版社, 1974.
[22] 胡英. 流体的分子热力学. 北京: 高等教育出版社, 1982.
[23] 胡英. 物理化学. 5 版. 北京: 高等教育出版社, 2007.
[24] 汪寿处, 刘亦武, 邓祥义. 氨合成工艺及节能技术. 北京: 化学工业出版社, 2001.

附录

分子间相互作用基础性能

附录 1　宏观物质的 λ 点

λ 点表示物质开始出现分子间相互作用的体系位置，亦就是说从 λ 点开始宏观物质中出现有分子行为，宏观物质中各种分子间相互作用对物质性质产生影响。

① 宏观物质的 λ 点只存在于气体物质中。

② 宏观分子相互作用理论规定物质中分子排斥力–分子吸引力的差值 $P_{P2}-P_{at}=-0.10\text{bar}$ 时为该物质的 λ 点。

③ 可用两种方法表示宏观物质的 λ 点体系位置。

分子参数：$P_{P2}-P_{at}=-0.10\text{bar}$，相应的 P_{at}、P_{P2}、物质的分子间距 $r_{12}/\text{Å}$，分子间距计算方法见第 4 章。热力学状态参数：相应的温度 T、对比温度 T_r、压缩因子 Z。

④ 由 λ 点确定物质中开始出现分子间相互作用后，将宏观物质体系分成不同区域，称为物质的 λ 区。

宏观分子相互作用理论依据分子间相互作用特性不同将物质中存在有分子间相互作用的部分分成以下各 λ 区。

第 1λ 区：气体物质中存在有分子间相互作用的部分。由该物质的 λ 点到气体的临界点，物质 λ 点在第 1λ 区。

第 2λ 区：液体物质中存在有分子间相互作用的部分。由该物质的临界点到该物质的熔点。

第 2λ 区依据物质中分子间相互作用特性又分成两部分：

$2\text{A}\lambda$ 区：由液体临界点到讨论物质宏观位能曲线平衡点。此区域中分子间吸引作用占主导。

$2\text{B}\lambda$ 区：由液体宏观位能曲线平衡点到液体熔点。此区域中分子间排斥作用占主导。

第 3λ 区：固体物质中存在有分子间相互作用的部分。由该物质的熔点为起点到固体的一定温度。

物质中各 λ 区分子间相互作用情况见本书第 4 章内容。

一些物质的 λ 点的分子参数和热力学状态参数数据列示于附表 1-1。

分子参数：物质 λ 点处的分子间距离，Å，本处分子间距计算方法见第 4 章；物质 λ 点处的分子吸引压力 P_{at}, bar；物质 λ 点处的分子第二斥压力 P_{P2}, bar；物质 λ 点处的分子第二斥压力与分子吸引压力差值 $P_{P2}-P_{at}$, bar。

热力学状态参数：物质 λ 点处的温度 T, K；物质 λ 点处的对比温度 T_r；物质 λ 点处的压缩因子。

附表 1-1 物质 λ 点分子参数与热力学状态参数

物质	分子参数				热力学状态参数		
	$P_{P2}-P_{at}$/bar	P_{at}/bar	P_{P2}/bar	r_{ij}/Å	T/K	T_r	Z
甲烷	−0.100	0.101	0.0006	21.177	118.137	0.6200	0.9531
乙烷	−0.100	0.101	0.0005	23.149	196.149	0.6424	0.9740
丙烷	−0.100	0.100	0.0012	28.513	239.047	0.6460	0.9542
丁烷	−0.100	0.099	0.0104	24.531	298.865	0.7029	0.9273
戊烷	−0.100	0.101	0.0065	33.874	312.144	0.6644	0.9566
己烷	−0.100	0.101	0.0007	31.643	353.000	0.6953	0.9458
庚烷	−0.100	0.101	0.0007	32.338	384.832	0.7124	0.9429
辛烷	−0.100	0.101	0.0008	35.248	407.189	0.7158	0.9437
氧	−0.100	0.101	0.00059	19.125	96.142	0.6221	0.9487
氮	−0.100	0.101	0.00086	19.497	80.324	0.6362	0.9412
氢	−0.100	0.101	0.00097	13.970	19.957	0.6015	0.8753
氩	−0.100	0.101	0.00084	19.607	124.157	0.5931	0.9497
氟	−0.100	0.113	0.01274	23.859	84.856	0.5881	0.9633
氯	−0.100	0.100	—	37.973	223.222	0.5347	0.9931
溴	−0.100	0.100	0.00047	27.221	360.500	0.6171	0.9141
甲醇	−0.100	0.101	0.0008	30.526	351.970	0.6866	0.9717
乙醇	−0.100	0.101	0.0009	40.037	347.976	0.6771	0.9750
丙醇	−0.100	0.100	0.00048	33.951	380.489	0.7088	0.9621
水	−0.100	0.100	0.0008	30.227	394.035	0.6087	0.9840
丙酮	−0.100	0.101	0.0008	29.363	347.059	0.6829	0.9577
一氧化碳	−0.100	0.101	0.00063	19.364	85.459	0.6430	0.9465
二氧化碳	−0.4707	0.4751	0.004371	17.328	216.55(熔点)	0.7120	0.9727

注：二氧化碳气体在熔点处已有分子间相互作用，其 $P_{P2}-P_{at}=-0.4707$bar。

宏观物质的 λ 点在物质宏观位能曲线上的位置以甲烷为例，见附图 1-1。

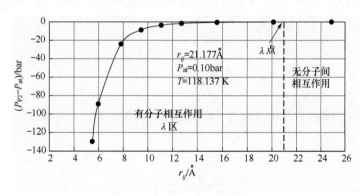

附图 1-1 甲烷气体宏观位能曲线

附录 2　宏观位能曲线平衡点

宏观位能曲线有一个最低点，也称此点为平衡点，平衡点也是物质中分子基本性质之一，以平衡点处分子间距 r_e 表示，单位为 Å。

宏观位能曲线表示分子排斥力与分子吸引力之差值与分子间距离的关系，在宏观位能曲线平衡点处有：

$$\frac{\mathrm{d}\left(P_{P2} - P_{at}\right)}{\mathrm{d}r_{ij}} = 0$$

因而宏观位能曲线平衡点处表示的并不是分子吸引力与分子排斥力相等，净力为零，而是力的平衡点的关系，宏观位能曲线平衡点的意义与微观位能曲线平衡点的意义有所不同，宏观位能曲线平衡点表示：

$$\frac{\mathrm{d}P_{P2}}{\mathrm{d}r_{ij}} = \frac{\mathrm{d}P_{at}}{\mathrm{d}r_{ij}}$$

式中，$\mathrm{d}P_{P2}/\mathrm{d}r_{ij}$ 表示分子排斥力随分子间距离变化的斜率；$\mathrm{d}P_{at}/\mathrm{d}r_{ij}$ 表示分子吸引力随分子间距离变化的斜率。

因而宏观位能曲线平衡点的意义是：在平衡点处分子排斥力随分子间距离变化的斜率与分子吸引力随分子间距离变化的斜率相等。亦就是说，在平衡点前后分子排斥力随分子间距离变化的斜率与分子吸引力随分子间距离变化的斜率是不同的，在平衡点处这两个分子作用力随分子间距离变化的斜率认为是相等的，因此宏观位能曲线的平衡点也是讨论物质的一个基本分子性质。液体物质中有无序分子和短程有序分子，故液体有两种位能曲线。

（1）无序分子位能曲线

$$\left.\frac{\mathrm{d}\left(P_{P2} - P_{at}\right)}{\mathrm{d}r_{ij}}\right|_{n} = 0$$

无序分子位能曲线平衡点处分子间距离为 r_{en}，单位为 Å，与其相应的温度为 T_{en}，单位为 K。在其平衡点处，

$$\left.\frac{\mathrm{d}P_{P2}}{\mathrm{d}r_{ij}}\right|_{n} = \left.\frac{\mathrm{d}P_{at}}{\mathrm{d}r_{ij}}\right|_{n}$$

式中，$\mathrm{d}P_{P2}/\mathrm{d}r_{ij}\big|_{n}$ 表示无序分子排斥力随分子间距离变化的斜率；$\mathrm{d}P_{at}/\mathrm{d}r_{ij}\big|_{n}$ 表示无序分子吸引力随分子间距离变化的斜率。

（2）短程有序分子位能曲线

$$\left.\frac{\mathrm{d}\left(P_{P2} - P_{in}\right)}{\mathrm{d}r_{ij}}\right|_{o} = 0$$

短程有序分子位能曲线平衡点处分子间距离为 r_{eo}，单位为 Å，与其相应的温度为 T_{eo}，单位为 K。

在其平衡点处，

$$\left.\frac{\mathrm{d}P_{P2}}{\mathrm{d}r_{ij}}\right|_{o} = \left.\frac{\mathrm{d}P_{in}}{\mathrm{d}r_{ij}}\right|_{o}$$

式中，$\mathrm{d}P_{P2}/\mathrm{d}r_{ij}\big|_{o}$ 表示短程有序分子排斥力随分子间距离变化的斜率；$\mathrm{d}P_{in}/\mathrm{d}r_{ij}\big|_{o}$ 表示短

程有序分子吸引力随分子间距离变化的斜率。

一些物质的宏观分子位能曲线及其无序分子平衡点、短程有序分子平衡点见附图 2-1～附图 2-12，以供参考。

（1）甲烷

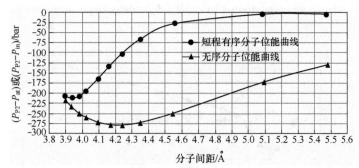

附图 2-1　甲烷宏观位能曲线

① 甲烷无序分子位能曲线

甲烷无序分子吸引力与排斥力平衡点处：$r_{en} = 4.2000$Å，$T = 149.105$K。

甲烷物质中分子间距：$r_n > 4.200$Å 时，$\mathrm{d}P_{atr}/\mathrm{d}r_{ij} > \mathrm{d}P_{P2r}/\mathrm{d}r_{ij}$；

$r_n < 4.200$Å 时，$\mathrm{d}P_{atr}/\mathrm{d}r_{ij} < \mathrm{d}P_{P2r}/\mathrm{d}r_{ij}$；

$r_n = 4.200$Å 时，$\mathrm{d}P_{atr}/\mathrm{d}r_{ij} = \mathrm{d}P_{P2r}/\mathrm{d}r_{ij}$。

② 甲烷短程有序分子位能曲线

甲烷短程有序分子吸引力与排斥力平衡点处：$r_{eo} = 3.930$Å，$T = 99.942$K。

甲烷物质中分子间距：$r_o > 3.930$Å 时，$\mathrm{d}P_{inr}/\mathrm{d}r_{ij} > \mathrm{d}P_{P2r}/\mathrm{d}r_{ij}$；

$r_o < 3.930$Å 时，$\mathrm{d}P_{inr}/\mathrm{d}r_{ij} < \mathrm{d}P_{P2r}/\mathrm{d}r_{ij}$；

$r_o = 3.930$Å 时，$\mathrm{d}P_{inr}/\mathrm{d}r_{ij} = \mathrm{d}P_{P2r}/\mathrm{d}r_{ij}$。

（2）乙烷

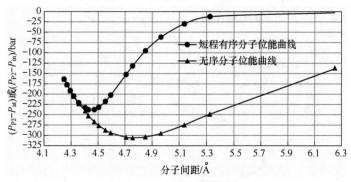

附图 2-2　乙烷宏观位能曲线

① 乙烷无序分子位能曲线

乙烷无序分子吸引力与排斥力平衡点处：$r_{en} = 4.7569$Å，$T = 241$K。

乙烷物质中分子间距：$r_n > 4.7569$Å 时，$\mathrm{d}P_{atr}/\mathrm{d}r_{ij} > \mathrm{d}P_{P2r}/\mathrm{d}r_{ij}$；

$r_n < 4.7569$Å 时，$\mathrm{d}P_{atr}/\mathrm{d}r_{ij} < \mathrm{d}P_{P2r}/\mathrm{d}r_{ij}$；

$r_n = 4.7569$Å 时，$\mathrm{d}P_{atr}/\mathrm{d}r_{ij} = \mathrm{d}P_{P2r}/\mathrm{d}r_{ij}$。

② 乙烷短程有序分子位能曲线

乙烷短程有序分子吸引力与排斥力平衡点处：$r_{eo} = 4.4046\text{Å}$，$T = 173\text{K}$。

乙烷物质中分子间距：$r_o > 4.4046\text{Å}$ 时，$\mathrm{d}P_{inr}/\mathrm{d}r_{ij} > \mathrm{d}P_{P2r}/\mathrm{d}r_{ij}$；

$\qquad\qquad\qquad\quad r_o < 4.4046\text{Å}$ 时，$\mathrm{d}P_{inr}/\mathrm{d}r_{ij} < \mathrm{d}P_{P2r}/\mathrm{d}r_{ij}$；

$\qquad\qquad\qquad\quad r_o = 4.4046\text{Å}$ 时，$\mathrm{d}P_{inr}/\mathrm{d}r_{ij} = \mathrm{d}P_{P2r}/\mathrm{d}r_{ij}$。

（3）丙烷

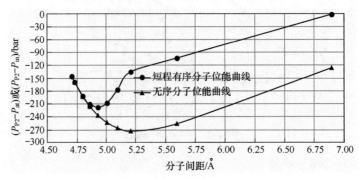

附图 2-3　丙烷宏观位能曲线

① 丙烷无序分子位能曲线

丙烷无序分子吸引力与排斥力平衡点处：$r_{en} = 5.2066\text{Å}$，$T = 281\text{K}$。

丙烷物质中分子间距：$r_n > 5.2066\text{Å}$ 时，$\mathrm{d}P_{atr}/\mathrm{d}r_{ij} > \mathrm{d}P_{P2r}/\mathrm{d}r_{ij}$；

$\qquad\qquad\qquad\quad r_n < 5.2066\text{Å}$ 时，$\mathrm{d}P_{atr}/\mathrm{d}r_{ij} < \mathrm{d}P_{P2r}/\mathrm{d}r_{ij}$；

$\qquad\qquad\qquad\quad r_n = 5.2066\text{Å}$ 时，$\mathrm{d}P_{atr}/\mathrm{d}r_{ij} = \mathrm{d}P_{P2r}/\mathrm{d}r_{ij}$。

② 丙烷短程有序分子位能曲线

丙烷短程有序分子吸引力与排斥力平衡点处：$r_{eo} = 4.9282\text{Å}$，$T = 205\text{K}$。

丙烷物质中分子间距：$r_o > 4.9282\text{Å}$ 时，$\mathrm{d}P_{inr}/\mathrm{d}r_{ij} > \mathrm{d}P_{P2r}/\mathrm{d}r_{ij}$；

$\qquad\qquad\qquad\quad r_o < 4.9282\text{Å}$ 时，$\mathrm{d}P_{inr}/\mathrm{d}r_{ij} < \mathrm{d}P_{P2r}/\mathrm{d}r_{ij}$；

$\qquad\qquad\qquad\quad r_o = 4.9282\text{Å}$ 时，$\mathrm{d}P_{inr}/\mathrm{d}r_{ij} = \mathrm{d}P_{P2r}/\mathrm{d}r_{ij}$。

（4）丁烷

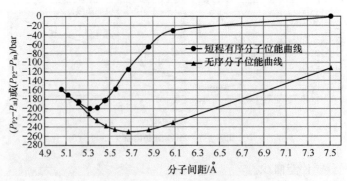

附图 2-4　丁烷宏观位能曲线

① 丁烷无序分子位能曲线

丁烷无序分子吸引力与排斥力平衡点处：$r_{en} = 5.6732\text{Å}$，$T = 334\text{K}$。

丁烷物质中分子间距：$r_n > 5.6732\text{Å}$ 时，$\mathrm{d}P_{atr}/\mathrm{d}r_{ij} > \mathrm{d}P_{P2r}/\mathrm{d}r_{ij}$；

$r_n < 5.6732\text{Å}$ 时，　$\mathrm{d}P_{atr}/\mathrm{d}r_{ij} < \mathrm{d}P_{P2r}/\mathrm{d}r_{ij}$；

$r_n = 5.6732\text{Å}$ 时，　$\mathrm{d}P_{atr}/\mathrm{d}r_{ij} = \mathrm{d}P_{P2r}/\mathrm{d}r_{ij}$。

② 丁烷短程有序分子位能曲线

丁烷短程有序分子吸引力与排斥力平衡点处：$r_{eo} = 5.3087\text{Å}$，$T = 230\text{K}$。

丁烷物质中分子间距：$r_o > 5.3087\text{Å}$ 时，　$\mathrm{d}P_{inr}/\mathrm{d}r_{ij} > \mathrm{d}P_{P2r}/\mathrm{d}r_{ij}$；

$r_o < 5.3087\text{Å}$ 时，　$\mathrm{d}P_{inr}/\mathrm{d}r_{ij} < \mathrm{d}P_{P2r}/\mathrm{d}r_{ij}$；

$r_o = 5.3087\text{Å}$ 时，　$\mathrm{d}P_{inr}/\mathrm{d}r_{ij} = \mathrm{d}P_{P2r}/\mathrm{d}r_{ij}$。

（5）戊烷

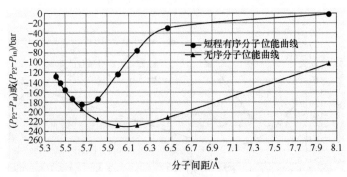

附图 2-5　戊烷宏观位能曲线

① 戊烷无序分子位能曲线

戊烷无序分子吸引力与排斥力平衡点处：$r_{en} = 5.9928\text{Å}$，$T = 358\text{K}$。

戊烷物质中分子间距：$r_n > 5.9928\text{Å}$ 时，　$\mathrm{d}P_{atr}/\mathrm{d}r_{ij} > \mathrm{d}P_{P2r}/\mathrm{d}r_{ij}$；

$r_n < 5.9928\text{Å}$ 时，　$\mathrm{d}P_{atr}/\mathrm{d}r_{ij} < \mathrm{d}P_{P2r}/\mathrm{d}r_{ij}$；

$r_n = 5.9928\text{Å}$ 时，　$\mathrm{d}P_{atr}/\mathrm{d}r_{ij} = \mathrm{d}P_{P2r}/\mathrm{d}r_{ij}$。

② 戊烷短程有序分子位能曲线

戊烷短程有序分子吸引力与排斥力平衡点处：$r_{eo} = 5.6525\text{Å}$，$T = 254\text{K}$。

戊烷物质中分子间距：$r_o > 5.6525\text{Å}$ 时，　$\mathrm{d}P_{inr}/\mathrm{d}r_{ij} > \mathrm{d}P_{P2r}/\mathrm{d}r_{ij}$；

$r_o < 5.6525\text{Å}$ 时，　$\mathrm{d}P_{inr}/\mathrm{d}r_{ij} < \mathrm{d}P_{P2r}/\mathrm{d}r_{ij}$；

$r_o = 5.6525\text{Å}$ 时，　$\mathrm{d}P_{inr}/\mathrm{d}r_{ij} = \mathrm{d}P_{P2r}/\mathrm{d}r_{ij}$。

（6）己烷

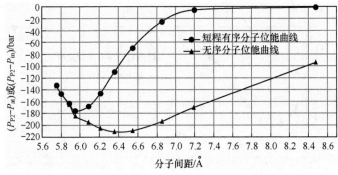

附图 2-6　己烷宏观位能曲线

① 己烷无序分子位能曲线

己烷无序分子吸引力与排斥力平衡点处：$r_{en} = 6.3547\text{Å}$，$T = 395\text{K}$。

己烷物质中分子间距：$r_n > 6.3547$Å 时，$\mathrm{d}P_{atr}/\mathrm{d}r_{ij} > \mathrm{d}P_{P2r}/\mathrm{d}r_{ij}$；

$r_n < 6.3547$Å 时，$\mathrm{d}P_{atr}/\mathrm{d}r_{ij} < \mathrm{d}P_{P2r}/\mathrm{d}r_{ij}$；

$r_n = 6.3547$Å 时，$\mathrm{d}P_{atr}/\mathrm{d}r_{ij} = \mathrm{d}P_{P2r}/\mathrm{d}r_{ij}$。

② 己烷短程有序分子位能曲线

己烷短程有序分子吸引力与排斥力平衡点处：$r_{eo}=5.9484$Å，$T=282$K。

己烷物质中分子间距：$r_o > 5.9484$Å 时，$\mathrm{d}P_{inr}/\mathrm{d}r_{ij} > \mathrm{d}P_{P2r}/\mathrm{d}r_{ij}$；

$r_o < 5.9484$Å 时，$\mathrm{d}P_{inr}/\mathrm{d}r_{ij} < \mathrm{d}P_{P2r}/\mathrm{d}r_{ij}$；

$r_o = 5.9484$Å 时，$\mathrm{d}P_{inr}/\mathrm{d}r_{ij} = \mathrm{d}P_{P2r}/\mathrm{d}r_{ij}$。

（7）庚烷

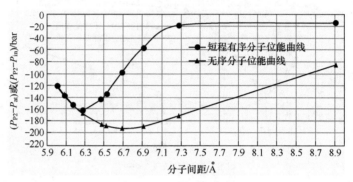

附图 2-7　庚烷宏观位能曲线

① 庚烷无序分子位能曲线

庚烷无序分子吸引力与排斥力平衡点处：$r_{en} = 6.6845$Å，$T = 426$K。

庚烷物质中分子间距：$r_n > 6.6845$Å 时，$\mathrm{d}P_{atr}/\mathrm{d}r_{ij} > \mathrm{d}P_{P2r}/\mathrm{d}r_{ij}$；

$r_n < 6.6845$Å 时，$\mathrm{d}P_{atr}/\mathrm{d}r_{ij} < \mathrm{d}P_{P2r}/\mathrm{d}r_{ij}$；

$r_n = 6.6845$Å 时，$\mathrm{d}P_{atr}/\mathrm{d}r_{ij} = \mathrm{d}P_{P2r}/\mathrm{d}r_{ij}$。

② 庚烷短程有序分子位能曲线

庚烷短程有序分子吸引力与排斥力平衡点处：$r_{eo} = 6.2717$Å，$T = 304$K。

庚烷物质中分子间距：$r_o > 6.2717$Å 时，$\mathrm{d}P_{inr}/\mathrm{d}r_{ij} > \mathrm{d}P_{P2r}/\mathrm{d}r_{ij}$；

$r_o < 6.2717$Å 时，$\mathrm{d}P_{inr}/\mathrm{d}r_{ij} < \mathrm{d}P_{P2r}/\mathrm{d}r_{ij}$；

$r_o = 6.2717$Å 时，$\mathrm{d}P_{inr}/\mathrm{d}r_{ij} = \mathrm{d}P_{P2r}/\mathrm{d}r_{ij}$。

（8）辛烷

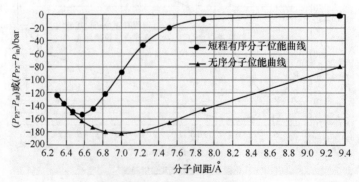

附图 2-8　辛烷宏观位能曲线

① 辛烷无序分子位能曲线

辛烷无序分子吸引力与排斥力平衡点处：$r_{en} = 7.0028$Å，$T = 456$K。

辛烷物质中分子间距：$r_n > 7.0028$Å 时，$\mathrm{d}P_{atr}/\mathrm{d}r_{ij} > \mathrm{d}P_{P2r}/\mathrm{d}r_{ij}$；

$\qquad\qquad\qquad\quad r_n < 7.0028$Å 时，$\mathrm{d}P_{atr}/\mathrm{d}r_{ij} < \mathrm{d}P_{P2r}/\mathrm{d}r_{ij}$；

$\qquad\qquad\qquad\quad r_n = 7.0028$Å 时，$\mathrm{d}P_{atr}/\mathrm{d}r_{ij} = \mathrm{d}P_{P2r}/\mathrm{d}r_{ij}$。

② 辛烷短程有序分子位能曲线

辛烷短程有序分子吸引力与排斥力平衡点处：$r_{eo} = 6.57587$Å，$T = 336$K。

辛烷物质中分子间距：$r_o > 6.57587$Å 时，$\mathrm{d}P_{inr}/\mathrm{d}r_{ij} > \mathrm{d}P_{P2r}/\mathrm{d}r_{ij}$；

$\qquad\qquad\qquad\quad r_o < 6.57587$Å 时，$\mathrm{d}P_{inr}/\mathrm{d}r_{ij} < \mathrm{d}P_{P2r}/\mathrm{d}r_{ij}$；

$\qquad\qquad\qquad\quad r_o = 6.57587$Å 时，$\mathrm{d}P_{inr}/\mathrm{d}r_{ij} = \mathrm{d}P_{P2r}/\mathrm{d}r_{ij}$。

（9）甲醇

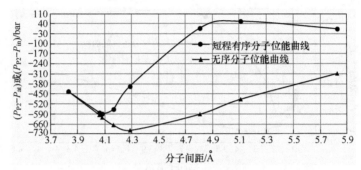

附图 2-9　甲醇宏观位能曲线

① 甲醇无序分子位能曲线

甲醇无序分子吸引力与排斥力平衡点处：$r_{en} = 4.2853$Å，$T = 401.3$K。

甲醇物质中分子间距：$r_n > 4.2853$Å 时，$\mathrm{d}P_{atr}/\mathrm{d}r_{ij} > \mathrm{d}P_{P2r}/\mathrm{d}r_{ij}$；

$\qquad\qquad\qquad\quad r_n < 4.2853$Å 时，$\mathrm{d}P_{atr}/\mathrm{d}r_{ij} < \mathrm{d}P_{P2r}/\mathrm{d}r_{ij}$；

$\qquad\qquad\qquad\quad r_n = 4.2853$Å 时，$\mathrm{d}P_{atr}/\mathrm{d}r_{ij} = \mathrm{d}P_{P2r}/\mathrm{d}r_{ij}$。

② 甲醇短程有序分子位能曲线

甲醇短程有序分子吸引力与排斥力平衡点处：分子间距 $r_{eo} = 4.0795$Å，温度 $T = 301.7$K。

甲醇物质中分子间距：$r_o > 4.0795$Å 时，$\mathrm{d}P_{inr}/\mathrm{d}r_{ij} > \mathrm{d}P_{P2r}/\mathrm{d}r_{ij}$；

$\qquad\qquad\qquad\quad r_o < 4.0795$Å 时，$\mathrm{d}P_{inr}/\mathrm{d}r_{ij} < \mathrm{d}P_{P2r}/\mathrm{d}r_{ij}$；

$\qquad\qquad\qquad\quad r_o = 4.0795$Å 时，$\mathrm{d}P_{inr}/\mathrm{d}r_{ij} = \mathrm{d}P_{P2r}/\mathrm{d}r_{ij}$。

（10）乙醇

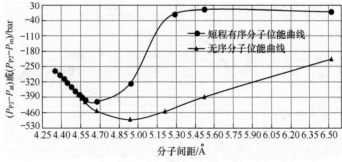

附图 2-10　乙醇宏观位能曲线

① 乙醇无序分子位能曲线

乙醇无序分子吸引力与排斥力平衡点处：r_{en} = 4.9337Å，T = 431K。

乙醇物质中分子间距：r_n > 4.9337Å 时，dP_{atr}/dr_{ij} > dP_{P2r}/dr_{ij}；

$\qquad\qquad r_n$ < 4.9337Å 时，dP_{atr}/dr_{ij} < dP_{P2r}/dr_{ij}；

$\qquad\qquad r_n$ = 4.9337Å 时，dP_{atr}/dr_{ij} = dP_{P2r}/dr_{ij}。

② 乙醇短程有序分子位能曲线

乙醇短程有序分子吸引力与排斥力平衡点处：r_{eo} = 4.6733Å，T = 335K。

乙醇物质中分子间距：r_o > 4.6733Å 时，dP_{inr}/dr_{ij} > dP_{P2r}/dr_{ij}；

$\qquad\qquad r_o$ < 4.6733Å 时，dP_{inr}/dr_{ij} < dP_{P2r}/dr_{ij}；

$\qquad\qquad r_o$ = 4.6733Å 时，dP_{inr}/dr_{ij} = dP_{P2r}/dr_{ij}。

（11）水

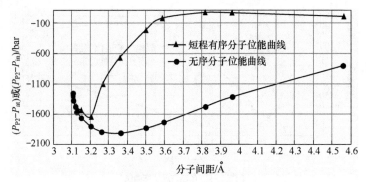

附图 2-11　水宏观位能曲线

① 水无序分子位能曲线

水无序分子吸引力与排斥力平衡点处：r_{en} = 3.3600Å，T = 530K。

水物质中分子间距：r_n > 3.3600Å 时，dP_{atr}/dr_{ij} > dP_{P2r}/dr_{ij}；

$\qquad\qquad r_n$ < 3.3600Å 时，dP_{atr}/dr_{ij} < dP_{P2r}/dr_{ij}；

$\qquad\qquad r_n$ = 3.3600Å 时，dP_{atr}/dr_{ij} = dP_{P2r}/dr_{ij}。

② 水短程有序分子位能曲线

水短程有序分子吸引力与排斥力平衡点处：r_{eo} = 3.2035Å，T = 430K。

水物质中分子间距：r_o > 3.2035Å 时，dP_{inr}/dr_{ij} > dP_{P2r}/dr_{ij}；

$\qquad\qquad r_o$ < 3.2035Å 时，dP_{inr}/dr_{ij} < dP_{P2r}/dr_{ij}；

$\qquad\qquad r_o$ = 3.2035Å 时，dP_{inr}/dr_{ij} = dP_{P2r}/dr_{ij}。

（12）丙酮

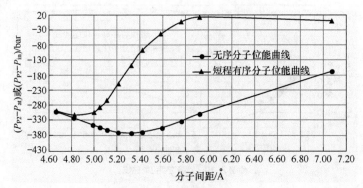

附图 2-12　丙酮宏观位能曲线

① 丙酮无序分子位能曲线

丙酮无序分子吸引力与排斥力平衡点处：$r_{en} = 5.3232$Å，$T = 410$K。

丙酮物质中分子间距：$r_n > 5.3232$Å 时，$\mathrm{d}P_{atr}/\mathrm{d}r_{ij} > \mathrm{d}P_{P2r}/\mathrm{d}r_{ij}$；

$r_n < 5.3232$Å 时，$\mathrm{d}P_{atr}/\mathrm{d}r_{ij} < \mathrm{d}P_{P2r}/\mathrm{d}r_{ij}$；

$r_n = 5.3232$Å 时，$\mathrm{d}P_{atr}/\mathrm{d}r_{ij} = \mathrm{d}P_{P2r}/\mathrm{d}r_{ij}$。

② 丙酮短程有序分子位能曲线

丙酮短程有序分子吸引力与排斥力平衡点处：$r_{eo} = 4.8143$Å，$T = 260$K。

丙酮物质中分子间距：$r_o > 4.8143$Å 时，$\mathrm{d}P_{inr}/\mathrm{d}r_{ij} > \mathrm{d}P_{P2r}/\mathrm{d}r_{ij}$；

$r_o < 4.8143$Å 时，$\mathrm{d}P_{inr}/\mathrm{d}r_{ij} < \mathrm{d}P_{P2r}/\mathrm{d}r_{ij}$；

$r_o = 4.8143$Å 时，$\mathrm{d}P_{inr}/\mathrm{d}r_{ij} = \mathrm{d}P_{P2r}/\mathrm{d}r_{ij}$。

附录3 宏观物质的分子硬球直径

分子相互作用理论将物质分子看作一个分子硬球，因而物质分子硬球的大小即分子硬球直径是个重要的物性参数，分子硬球直径的计算原理是微观分子相互作用理论在讨论 Lennard-Jones 位能函数时提出的。Lennard-Jones 位能函数认为分子硬球直径是在分子间相互作用位能为零，即分子间排斥与吸引位能贡献相互抵消的分子间距离。宏观分子相互作用理论应用微观分子相互作用的分子硬球直径计算原理计算各种宏观物质的分子硬球直径。宏观分子相互作用理论对分子硬球直径的定义与微观理论类似，即认为分子硬球直径是物质中分子吸引力和分子排斥力相消时的物质中分子间距离为宏观物质的分子硬球直径，即宏观物质中 $P_{P2} - P_{at} = 0$ 或 $P_{P2} = P_{at}$ 时物质分子间距离 r_{ij}。

宏观分子相互作用理论讨论物质的分子硬球直径表示符号是"σ"，单位是 Å。$(P_{P2} - P_{at})$ 与分子间距离的关系为物质的宏观位能曲线。

对于凝聚态物质，液体和固体中有可能存在两种类型分子：即动态分子（或称无序分子）和静态分子（或称有序分子）。故物质宏观位能曲线也有两种：动态分子（或称无序分子）的宏观位能曲线，讨论的是无序分子的相互作用与分子间距的关系，即 $(P_{P2} - P_{at})$ 与 r_{ij} 的关系；静态分子（或称有序分子）的宏观位能曲线，讨论的是短程或长程有序分子的相互作用与分子间距的关系，即 $(P_{P2} - P_{in})$ 与 r_{ij} 的关系。因而在凝聚态物质中由两种不同的宏观位能曲线可以得到两种不同类型分子的分子硬球直径，由此可以比较它们的区别之处。由于是同一物质的两种不同类型的分子，因而一般情况下它们的区别并不大。但是如果物质在做有序排列时出现分子形状或分子间距的变化，则二者应有一些不同。

一般情况下物质有气、液和固三种状态，因而每种状态物质的分子都有该状态下的分子硬球直径，通过宏观位能曲线可计算三种状态物质的分子硬球直径。

（1）气体物质的分子硬球直径

由于通过气体宏观位能曲线寻找 $P_{P2} - P_{at} = 0$ 的分子间距位置较难确定，故使用 $P_{P2} = P_{at}$ 方法。将 P_{P2}、P_{at} 和 r_{ij} 均转换成对数函数，计算 $\ln(P_{P2})$ 与 $\ln(r_{ij})$ 的线性回归，得 $\ln(P_{P2}) = A_{P2} + B_{P2}\ln(r_{ij})$；$\ln(P_{at})$ 与 $\ln(r_{ij})$ 的线性回归计算得 $\ln(P_{at}) = A_{at} + B_{at}\ln(r_{ij})$。

在分子硬球直径处有关系 $P_{P2} = P_{at}$，即有 $\ln(P_{P2}) = \ln(P_{at})$，此处的分子间距即为分子硬球直径，$\sigma = r_{ij}\big|_{P_{P2}=P_{at}}$。其计算式：

$$\ln(\sigma) = \ln\left(r_{ij}\big|_{P_{P2}=P_{at}}\right) = \frac{A_{P2} - A_{at}}{B_{at} - B_{P2}}$$

联合上面两个线性回归计算式，得气体分子硬球直径：

$$\sigma = r_{ij}\big|_{P_{P2}=P_{at}} = \exp\left(\frac{A_{P2} - A_{at}}{B_{at} - B_{P2}}\right)$$

（2）液体物质的分子硬球直径

动态无序分子在第 2Bλ 区近液体熔点处的线性部分的宏观位能曲线计算式：

$$P_{P2} - P_{at} = A_{no} + B_{no}r_{ij}$$

当 $P_{P2} - P_{at} = 0$ 时，液体的分子间距为动态无序分子的分子硬球直径：

$$\sigma_{no} = r_{ij}\big|_{(P_{P2}-P_{at})=0} = \frac{A_{no}}{-B_{no}}$$

静态有序分子在第 2Bλ 区近液体熔点处的线性部分的宏观位能曲线计算式：

$$P_{P2} - P_{in} = A_o + B_o r_{ij}$$

当 $P_{P2} - P_{in} = 0$ 时，液体的分子间距为静态有序分子的分子硬球直径：

$$\sigma_o = r_{ij}\Big|_{(P_{P2}-P_{in})=0} = \frac{A_o}{-B_o}$$

（3）固体物质的分子硬球直径

由于固体宏观位能曲线与分子间距呈线性关系，因而 $P_{P2} - P_{at} = 0$ 方法和 $P_{P2} = P_{at}$ 方法均可应用。固体分子绝大部分是长程有序分子，这类分子相互作用对物质起主要作用。固体中无序分子非常少，但也是存在的，故理论上认为固体的分子硬球直径与液体相似，有无序分子的，也有有序分子的，计算方法与液体类似。

用 $P_{P2} = P_{at}$ 方法时可以用对数函数方法，这样分子作用参数对数函数与分子间距对数函数的线性相关系数可能更大一些，计算方法参见气体分子硬球计算。

计算使用的主要参考手册有：

[1] Smith B D. Thermodynamic data for pure compounds. Part A and Part B. New York: Elsevier, 1986.

[2] Perry P H, Green D W. Perry's chemical engineers handbook. 7th ed. New York: McGraw-Hill, 1999.

一些物质的宏观位能曲线及其分子硬球直径计算如下。

（1）甲烷

甲烷宏观位能曲线见图附 3-1。

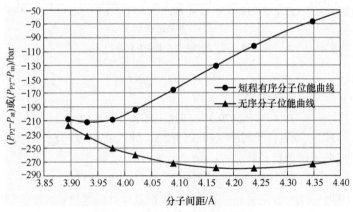

附图 3-1　甲烷宏观位能曲线（部分）

甲烷（气体）：　　$\ln(P_{P2}) = 18.9511 - 8.7481 \times \ln(r_{ij})$　　　$r = 0.9976$

　　　　　　　　$\ln(P_{at}) = 15.0802 - 5.7469 \times \ln(r_{ij})$　　　$r = 0.9980$

甲烷气体分子硬球直径 $\sigma = r_{ij}\big|_{排斥力=吸引力} = 3.6320$ Å。

甲烷（液体）：

甲烷无序分子硬球直径计算式：

$$P_{P2} - P_{at} = 1500.562 - 441.047 r_{12}　　　r = 1.000$$

故当 $P_{P2} - P_{at} = 0$ 时，物质分子间距 $r_{12} = 3.4023$Å，即甲烷的无序分子硬球直径 $\sigma = 3.4023$Å，

与气体数据 3.6320Å 接近。

甲烷短程有序分子硬球直径计算式：
$$P_{P2} - P_{in} = 294.7088 - 128.9930r_{12} \qquad r = 1.000$$

当 $P_{P2} - P_{in} = 0$ 时，物质分子间距 $r_{12} = 2.285$Å，即甲烷的短程有序分子硬球直径 $\sigma = 2.285$Å。

甲烷熔点 90.68K，B. D. Smith 手册中液体最低温度是熔点 90.68K，缺少更低温度的数据，故上列短程有序分子硬球直径数据也许不准确，仅供参考。

（2）乙烷

乙烷宏观位能曲线见附图 3-2。

乙烷（气体）：$\ln\left(P_{P2}\right) = 20.56966 - 8.8674 \times \ln\left(r_{ij}\right) \qquad r = 0.9999$

$\ln\left(P_{at}\right) = 16.2915 - 5.8695 \times \ln\left(r_{ij}\right) \qquad r = 0.9999$

乙烷气体分子硬球直径 $\sigma = r_{ij}\big|_{排斥力=吸引力} = 4.1662$Å。

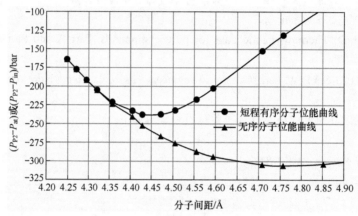

附图 3-2　乙烷宏观位能曲线（部分）

乙烷（液体）

乙烷无序分子硬球直径计算式：
$$P_{P2} - P_{at} = 2479.334 - 622.143r_{12} \qquad r = 1.000$$

故当 $P_{P2} - P_{at} = 0$ 时，物质分子间距 $r_{12} = 3.9852$Å，即乙烷的无序分子硬球直径 $\sigma = 3.9852$Å。

乙烷短程有序分子硬球直径计算式：
$$P_{P2} - P_{in} = 2474.101 - 620.910r_{12} \qquad r = 1.000$$

当 $P_{P2} - P_{in} = 0$ 时，$r_{12} = 3.9846$Å，即乙烷的短程有序分子硬球直径 $\sigma = 3.9846$Å。

（3）丙烷

丙烷宏观位能曲线见附图 3-3。

丙烷（气体）：$\ln\left(P_{P2}\right) = 21.1776 - 8.83504 \times \ln\left(r_{ij}\right) \qquad r = 0.9999$

$\ln\left(P_{at}\right) = 16.8509 - 5.8800 \times \ln\left(r_{ij}\right) \qquad r = 0.9999$

丙烷气体分子硬球直径 $\sigma = r_{ij}\big|_{排斥力=吸引力} = 4.3239$Å。

丙烷（液体）：

丙烷无序分子硬球直径计算式：
$$P_{P2} - P_{at} = 2442.5342 - 550.640r_{12} \qquad r = 1.000$$

故当 $P_{P2} - P_{at} = 0$ 时，物质分子间距 $r_{12} = 4.4357$Å，即丙烷的无序分子硬球直径 $\sigma = 4.4357$Å。

丙烷短程有序分子硬球直径计算式：

$$P_{P2}-P_{in} = 2440.0389-550.1193r_{12} \qquad r = 1.000$$

当 $P_{P2}-P_{in} = 0$ 时，$r_{12} = 4.4355$Å，即丙烷的短程有序分子硬球直径 $\sigma = 4.4355$Å。

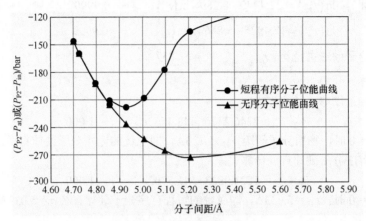

附图 3-3　丙烷宏观位能曲线（部分）

（4）丁烷

丁烷宏观位能曲线见附图 3-4。

丁烷（气体）： $\ln(P_{P2}) = 21.4996-8.6942\times\ln(r_{ij}) \qquad r = 0.9999$

$$\ln(P_{at}) = 16.7029-5.7027\times\ln(r_{ij}) \qquad r = 0.9997$$

丁烷气体分子硬球直径 $\sigma = r_{ij}\big|_{排斥力=吸引力} = 4.9700$ Å。

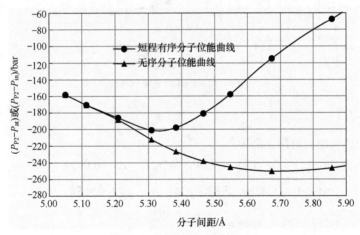

附图 3-4　丁烷宏观位能曲线（部分）

丁烷（液体）：

丁烷无序分子硬球直径计算式：

$$P_{P2}-P_{at} = 844.1636-198.4916r_{12} \qquad r = 1.000$$

故当 $P_{P2}-P_{at} = 0$ 时，物质分子间距 $r_{12} = 4.2529$Å，即丁烷的无序分子硬球直径 $\sigma = 4.2529$Å。

丁烷短程有序分子硬球直径计算式：

$$P_{P2}-P_{in} = 826.02889-194.8997r_{12} \qquad r = 1.000$$

当 $P_{P2}-P_{in}=0$ 时，$r_{12}=4.2382$Å，即丁烷的短程有序分子硬球直径 $\sigma=4.2382$Å。

（5）戊烷

戊烷宏观位能曲线见附图 3-5。

戊烷（气体）：$\ln(P_{P2})=22.4240-8.289\times\ln(r_{ij})$　　　$r=0.9999$

$\qquad\qquad\quad\ln(P_{at})=17.4925-5.8663\times\ln(r_{ij})$　　　$r=0.9999$

戊烷气体分子硬球直径 $\sigma=r_{ij}\big|_{\text{排斥力}=\text{吸引力}}=5.2837$Å 。

戊烷（液体）：

戊烷无序分子硬球直径计算式：

$$P_{P2}-P_{at}=2246.2276-438.4562r_{12}\qquad r=1.000$$

当 $P_{P2}-P_{at}=0$ 时，物质分子间距 $r_{12}=5.123$Å，即戊烷的无序分子硬球直径 $\sigma=5.123$Å。

戊烷短程有序分子硬球直径计算式：

$$P_{P2}-P_{in}=1723.9923-342.5702r_{12}\qquad r=1.000$$

当 $P_{P2}-P_{in}=0$ 时，$r_{12}=5.033$Å，即戊烷的短程有序分子硬球直径 $\sigma=5.033$Å。

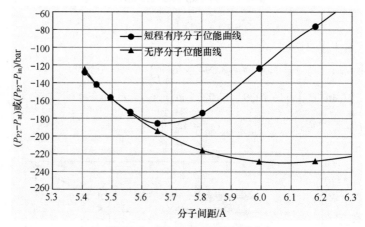

附图 3-5　戊烷宏观位能曲线（部分）

（6）己烷

己烷宏观位能曲线见附图 3-6。

己烷（气体）：$\ln(P_{P2})=22.8692-8.8245\times\ln(r_{ij})$　　　$r=0.9999$

$\qquad\qquad\quad\ln(P_{at})=16.8509-5.8800\times\ln(r_{ij})$　　　$r=0.9998$

己烷气体分子硬球直径 $\sigma=r_{ij}\big|_{\text{排斥力}=\text{吸引力}}=5.7692$Å 。

己烷（液体）：

己烷无序分子硬球直径计算式：

$$P_{P2}-P_{at}=1351.4646-258.3679r_{12}\qquad r=1.000$$

故当 $P_{P2}-P_{at}=0$ 时，物质分子间距 $r_{12}=5.231$Å，即己烷的无序分子硬球直径 $\sigma=5.231$Å。

己烷短程有序分子硬球直径计算式：

$$P_{P2}-P_{in}=1339.6875-256.3172r_{12}\qquad r=1.000$$

当 $P_{P2}-P_{in}=0$ 时，$r_{12}=5.227$Å，即己烷的短程有序分子硬球直径 $\sigma=5.227$Å。

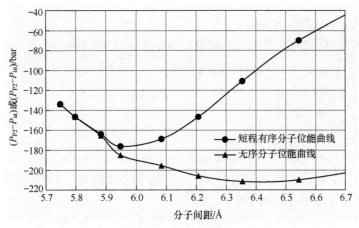

附图 3-6　己烷宏观位能曲线

（7）庚烷

庚烷宏观位能曲线见附图 3-7。

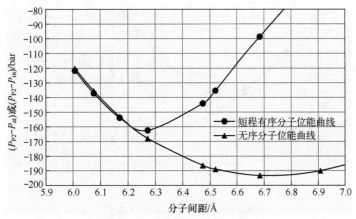

附图 3-7　庚烷宏观位能曲线（部分）

庚烷（气体）：$\ln(P_{P2}) = 24.3576 - 8.9995 \times \ln(r_{ij})$　　　$r = 0.9943$

$\ln(P_{at}) = 17.9727 - 5.8543 \times \ln(r_{ij})$　　　$r = 0.9999$

庚烷气体分子硬球直径 $\sigma = r_{ij}\big|_{排斥力=吸引力} = 7.6142\text{Å}$。

气体分子硬球直径数值与辛烷相比似乎偏大，估计是输入数据的偏差，分子排斥力对数函数相关系数 $r = 0.9943$，偏低。

庚烷（液体）：

庚烷无序分子硬球直径计算式：

$$P_{P2} - P_{at} = 1231.4240 - 224.9792 r_{12}　　r = 1.000$$

故当 $P_{P2} - P_{at} = 0$ 时，物质分子间距 $r_{12} = 5.474\text{Å}$，即庚烷的无序分子硬球直径 $\sigma = 5.474\text{Å}$。

庚烷短程有序分子硬球直径计算式：

$$P_{P2} - P_{in} = 1240.9875 - 226.8370 r_{12}　　r = 1.000$$

当 $P_{P2} - P_{in} = 0$ 时，$r_{12} = 5.471\text{Å}$，即庚烷的短程有序分子硬球直径 $\sigma = 5.471\text{Å}$。

（8）辛烷

辛烷宏观位能曲线见附图3-8。

辛烷（气体）：$\ln\left(P_{\text{P2}}\right) = 23.5205 - 8.8018 \times \ln\left(r_{ij}\right)$ $r = 0.9999$

$\ln\left(P_{\text{at}}\right) = 17.9819 - 5.8092 \times \ln\left(r_{ij}\right)$ $r = 0.9998$

辛烷气体分子硬球直径 $\sigma = r_{ij}\big|_{\text{排斥力=吸引力}} = 6.3648\text{Å}$。

辛烷（液体）：

辛烷无序分子硬球直径计算式：

$$P_{\text{P2}} - P_{\text{at}} = 1029.9408 - 182.9649 r_{12} \qquad r = 1.000$$

故当 $P_{\text{P2}} - P_{\text{at}} = 0$ 时，物质分子间距 $r_{12} = 5.629\text{Å}$，即辛烷的无序分子硬球直径 $\sigma = 5.629\text{Å}$。

辛烷短程有序分子硬球直径计算式：

$$P_{\text{P2}} - P_{\text{in}} = 1010.1478 - 179.8223 r_{12} \qquad r = 1.000$$

当 $P_{\text{P2}} - P_{\text{in}} = 0$ 时，$r_{12} = 5.617\text{Å}$，即辛烷的短程有序分子硬球直径 $\sigma = 5.617\text{Å}$。

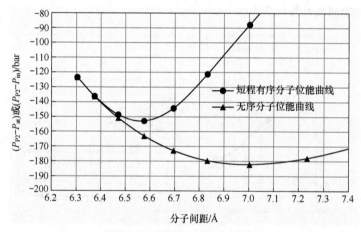

附图3-8　辛烷宏观位能曲线（部分）

（9）甲醇

甲醇宏观位能曲线见附图3-9。

甲醇（气体）：$\ln\left(P_{\text{P2}}\right) = 20.9648 - 8.8095 \times \ln\left(r_{ij}\right)$ $r = 0.9999$

$\ln\left(P_{\text{at}}\right) = 16.6616 - 5.8086 \times \ln\left(r_{ij}\right)$ $r = 0.9998$

甲醇气体分子硬球直径 $\sigma = r_{ij}\big|_{\text{排斥力=吸引力}} = 4.1952\text{Å}$。

甲醇（液体）：

甲醇无序分子硬球直径计算式：

$$P_{\text{P2}} - P_{\text{at}} = 2330.9885 - 720.9143 r_{12} \qquad r = 1.000$$

故当 $P_{\text{P2}} - P_{\text{at}} = 0$ 时，物质分子间距 $r_{12} = 3.233\text{Å}$，即甲醇的无序分子硬球直径 $\sigma = 3.233\text{Å}$。

甲醇短程有序分子硬球直径计算式：

$$P_{\text{P2}} - P_{\text{in}} = 2066.9684 - 652.0022 r_{12} \qquad r = 1.000$$

当 $P_{\text{P2}} - P_{\text{in}} = 0$ 时，$r_{12} = 3.170\text{Å}$，即甲醇的短程有序分子硬球直径 $\sigma = 3.170\text{Å}$。

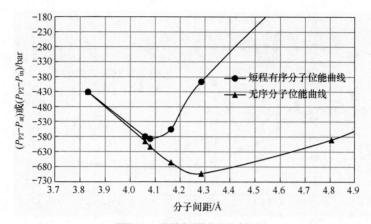

附图 3-9 甲醇宏观位能曲线（部分）

（10）乙醇

乙醇宏观位能曲线见附图 3-10。

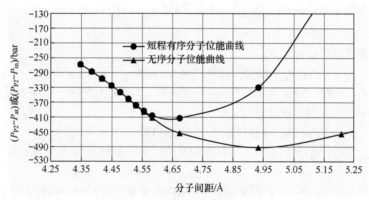

附图 3-10 乙醇宏观位能曲线（部分）

乙醇（气体）：$\ln\left(P_{P2}\right) = 22.1516 - 8.9154 \times \ln\left(r_{ij}\right)$ $r = 0.99999$

$\quad\quad\quad\quad\quad\quad\quad \ln\left(P_{at}\right) = 17.5745 - 5.9153 \times \ln\left(r_{ij}\right)$ $r = 0.99999$

乙醇气体分子硬球直径 $\sigma = r_{ij}\big|_{排斥力=吸引力} = 4.5984\text{Å}$。

乙醇（液体）：

乙醇无序分子硬球直径计算式：

$$P_{P2} - P_{at} = 2056.8398 - 534.62563 r_{12} \quad\quad r = 1.000$$

故当 $P_{P2} - P_{at} = 0$ 时，物质分子间距 $r_{12} = 3.847\text{Å}$，即乙醇的无序分子硬球直径 $\sigma = 3.847\text{Å}$。

乙醇短程有序分子硬球直径计算式：

$$P_{P2} - P_{in} = 2045.1526 - 531.9814 r_{12} \quad\quad r = 1.000$$

当 $P_{P2} - P_{in} = 0$ 时，$r_{12} = 3.844\text{Å}$，即乙醇的短程有序分子硬球直径 $\sigma = 3.844\text{Å}$。

（11）水

水宏观位能曲线见附图 3-11。

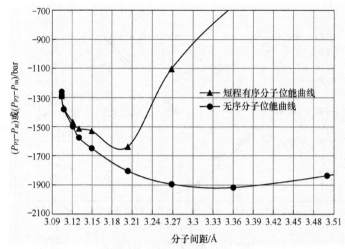

附图 3-11　水宏观位能曲线（部分）

水（气体）：$\ln(P_{P2}) = 19.4868 - 8.7440 \times \ln(r_{ij})$　　　$r = 0.9999$

$\ln(P_{at}) = 16.0438 - 5.7631 \times \ln(r_{ij})$　　　$r = 0.9998$

水气体分子硬球直径 $\sigma = r_{ij}\big|_{排斥力=吸引力} = 3.1741\text{Å}$。

水（液体）：

水无序分子硬球直径计算式：

$$P_{P2} - P_{at} = 86953.2267 - 28427.0009r_{12}　　　r = 1.000$$

故当 $P_{P2} - P_{at} = 0$ 时，物质分子间距 $r_{12} = 3.059\text{Å}$，即水的无序分子硬球直径 $\sigma = 3.059\text{Å}$。

水短程有序分子硬球直径计算式：

$$P_{P2} - P_{in} = 81411.6173 - 26640.9181r_{12}　　　r = 1.000$$

当 $P_{P2} - P_{in} = 0$ 时，$r_{12} = 3.056\text{Å}$，即水的短程有序分子硬球直径 $\sigma = 3.056\text{Å}$。

冰（固体）：

$$P_{P2} - P_{in} = 165378.2687 - 52480.97037r_{ij}　　　r = 0.9903$$

冰中长程有序分子硬球直径：

$$\sigma = r_{ij}\big|_{(P_{P2}-P_{in})=0} = \frac{165378.2687}{52480.97037} = 3.1512$$

冰中无序分子：

$$P_{P2} - P_{at} = 82920.7943 - 26313.1424r_{ij}　　　r = 0.9904$$

冰中无序分子硬球直径：

$$\sigma = r_{ij}\big|_{(P_{P2}-P_{at})=0} = \frac{82920.7943}{26313.1424} = 3.1513$$

冰也可应用对数函数方法计算固体冰中长程有序分子的硬球直径。

$\ln(P_{in})$ 与 $\ln(r_{ij})$ 的关系：$\ln(P_{in}) = 44.2136 - 29.8153 \times \ln(r_{ij})$　　　$r = 0.9918$

$\ln(P_{P2})$ 与 $\ln(r_{ij})$ 的关系：$\ln(P_{P2}) = 64.0353 - 47.0276 \times \ln(r_{ij})$　　　$r = 0.9931$

冰中长程有序分子硬球直径：

$$\ln(r_{ij}) = \frac{64.0353 - 44.2136}{47.0276 - 29.8153} = 1.1516　　　\sigma = r_{ij}\big|_{排斥力=吸引力} = 3.1633\text{Å}$$

附录 4 分子内压力对液体表面层的影响

说明：

① 液体中静态有序分子的分子间吸引作用（分子内压力）对液体表面层形戒的分子压力会对液体表面产生影响：a. 完成表面功，产生表面性质——表面张力；b. 表面层受压发生变形，表面层分子间距离发生变化，即表面层体积发生变化。

② 分子内压力对液体表面影响的计算方法见第 8 章。

③ 以下参数表示在不同温度 T 下讨论物质表面层体积的变化：

a. 完成表面功的有效分子内压力 P_{in}^{eff}，bar。

b. 在温度 T 下讨论物质中不经受表面功的相内区分子的分子间距离 δ^I，Å。

c. 在温度 T 下讨论物质中经受表面功的表面层分子的分子间距离 δ，Å。

d. 在温度 T 下表面层变形比例：δ/δ^I（临界点处 $\delta/\delta^I = 1.00000$）。

e. 表面功对表面层影响的变形量，$\delta - \delta^I$，Å。

非极性物质烷烃的抗分子内压力能力相对较差些。液态金属锂、钠、钾等的 δ/δ^I 数值较高，均大于 99.9%，变形量也很小，为 0.003~0.005Å，说明金属表面层在其分子内压力影响下变形不大。金属抗变形能力较强。但液态金属中汞的情况却不同，673.15K 时 δ/δ^I 的数值为 99.23%，变形量为 -0.023Å，比非极性物质烷烃的抗分子内压力能力还要稍差些，见附表 4-1。

附表 4-1 物质不同温度下的分子间距离的变化

物质	T/K	P_{in}/bar	δ^I/Å	P_{in}^{eff}/bar	δ/δ^I	δ/Å	$\delta - \delta^I$/Å
1. 单质							
Ar	150.90	66.657	4.9843	0.000	1.00000	4.98426	0.00000
	149.99	126.491	4.6004	59.835	0.99979	4.59943	-0.00099
	140.01	327.567	4.1285	260.911	0.99872	4.12324	-0.00527
	130.00	472.227	3.9960	405.571	0.99807	3.98823	-0.00772
	120.00	666.480	3.8520	599.824	0.99778	3.84347	-0.00856
	110.01	834.510	3.7676	767.853	0.99747	3.75804	-0.00953
	100.00	1003.997	3.6986	937.340	0.99721	3.68826	-0.01030
	90.00	1170.869	3.6394	1104.212	0.99698	3.62841	-0.01099
	85.00	1252.973	3.6124	1186.317	0.99687	3.60109	-0.01130
N$_2$	126.25	47.491	5.3484	0.000	1.00000	5.34841	0.00000
	120.00	70.698	4.4482	23.208	0.98429	4.37835	-0.06990
	110.00	93.322	4.2039	45.832	0.99370	4.17740	-0.02648
	100.00	118.136	4.0679	70.645	0.99650	4.05372	-0.01422
	90.00	148.172	3.9649	100.682	0.99786	3.95642	-0.00848
	80.00	180.188	3.8824	132.697	0.99858	3.87689	-0.00552
	70.01	220.675	3.8142	173.184	0.99906	3.81063	-0.00360
	63.15	254.491	3.7735	207.000	0.99929	3.77081	-0.00267

物质	T/K	P_{in}/bar	δ^1/Å	P_{in}^{eff}/bar	δ/δ^1	δ/Å	$\delta-\delta^1$/Å
1. 单质							
H₂	33.18	15.620	4.7404	0.000	1.00000	4.74038	0.00000
	32.00	45.591	4.1751	29.971	0.99883	4.17016	−0.00490
	31.00	60.765	4.0450	45.145	0.99844	4.03865	−0.00631
	25.00	139.326	3.7306	123.705	0.99742	3.72095	−0.00961
	22.00	174.511	3.6521	158.891	0.99712	3.64163	−0.01051
	20.00	195.850	3.6115	180.230	0.99693	3.60041	−0.01108
	17.00	227.360	3.5601	211.740	0.99669	3.54834	−0.01179
	13.95	256.446	3.5156	240.826	0.99644	3.50307	−0.01251
Kr	209.39	76.882	5.3460	0.000	1.00000	5.34604	0.00000
	200.01	304.013	4.5210	227.131	0.99830	4.51333	−0.00768
	179.99	592.483	4.2258	515.601	0.99755	4.21547	−0.01036
	159.99	877.954	4.0661	801.072	0.99727	4.05505	−0.01109
	140.00	1167.563	3.9534	1090.681	0.99712	3.94200	−0.01138
	120.00	1448.384	3.8640	1371.503	0.99699	3.85243	−0.01162
	115.75	1507.781	3.8466	1430.899	0.99697	3.83491	−0.01166
Br₂	584.20	169.817	6.0813	0.000	1.00000	6.08129	0.00000
	579.99	382.686	5.4944	212.869	0.99973	5.49286	−0.00149
	539.98	837.619	5.0794	667.802	0.99858	5.07219	−0.00720
	479.98	1440.688	4.8044	1270.871	0.99788	4.79425	−0.01017
	419.98	2087.356	4.6348	1917.539	0.99754	4.62343	−0.01138
	359.98	2705.211	4.5130	2535.394	0.99726	4.50064	−0.01235
	299.99	3324.284	4.4102	3154.467	0.99704	4.39712	−0.01306
	260.03	3737.463	4.3520	3567.646	0.99691	4.33853	−0.01345
Cl₂	584.20	169.817	6.0813	0.000	1.00000	6.08129	0.00000
	579.99	382.686	5.4944	212.869	0.99973	5.49286	−0.00149
	539.98	837.619	5.0794	667.802	0.99858	5.07219	−0.00720
	479.98	1440.688	4.8044	1270.871	0.99788	4.79425	−0.01017
	419.98	2087.356	4.6348	1917.539	0.99754	4.62343	−0.01138
	359.98	2705.211	4.5130	2535.394	0.99726	4.50064	−0.01235
	299.99	3324.284	4.4102	3154.467	0.99704	4.39712	−0.01306
	260.03	3737.463	4.3520	3567.646	0.99691	4.33853	−0.01345
F₂	144.30	72.958	4.7912	0.000	1.00000	4.79119	0.00000
	140.00	242.713	4.1332	169.755	0.99783	4.12425	−0.00897
	120.00	653.886	3.7388	580.928	0.99688	3.72718	−0.01165
	100.00	1061.762	3.5672	988.804	0.99678	3.55566	−0.01150

物质	T/K	P_{in}/bar	$\delta^1/\text{Å}$	$P_{\text{in}}^{\text{eff}}/\text{bar}$	δ/δ^1	$\delta/\text{Å}$	$\delta-\delta^1/\text{Å}$
1. 单质							
F₂	80.00	1453.836	3.4501	1380.878	0.99670	3.43875	−0.01137
F_2	60.00	1836.084	3.3587	1763.126	0.99664	3.34744	−0.01128
	53.51	1969.526	3.3325	1896.568	0.99664	3.32133	−0.01118
	154.77	71.160	5.0778	0.000	1.00000	5.07780	0.00000
	150.00	270.752	4.2911	199.592	0.99926	4.28793	−0.00316
	140.00	471.356	4.0356	400.195	0.99852	4.02966	−0.00596
O_2	119.99	893.621	3.7979	822.460	0.99792	3.78995	−0.00792
	80.00	1692.508	3.5541	1621.347	0.99721	3.54421	−0.00991
	60.00	2066.264	3.4753	1995.103	0.99693	3.46468	−0.01066
	54.36	2183.166	3.4546	2112.005	0.99688	3.44384	−0.01078
2. 烷烃							
	190.60	64.330	5.4964	0.000	1.00000	5.49639	0.00000
	190.01	120.032	5.0727	55.701	0.99994	5.07238	−0.00029
	175.01	345.233	4.4992	280.903	0.99883	4.49396	−0.00525
甲烷	150.00	687.967	4.2054	623.637	0.99791	4.19657	−0.00880
	125.00	1018.398	4.0464	954.067	0.99725	4.03525	−0.01115
	100.01	1337.783	3.9298	1273.453	0.99668	3.91678	−0.01304
	90.71	1451.219	3.8933	1386.889	0.99648	3.87958	−0.01371
	305.30	69.993	6.2576	0.000	1.00000	6.25760	0.00000
	299.99	200.081	5.4857	130.088	0.99937	5.48219	−0.00348
	250.01	705.576	4.8168	635.584	0.99820	4.80816	−0.00866
乙烷	200.00	1197.115	4.5723	1127.122	0.99729	4.55990	−0.01238
	149.99	1668.380	4.4066	1598.387	0.99685	4.39268	−0.01387
	99.99	2229.539	4.2627	2159.546	0.99665	4.24838	−0.01430
	90.40	2314.344	4.2514	2244.351	0.99659	4.23689	−0.01452
	369.80	59.267	6.9406	0.000	1.00000	6.94062	0.00000
	360.15	212.089	5.9633	152.823	0.99926	5.95886	−0.00442
	350.02	295.577	5.7581	236.310	0.99884	5.75140	−0.00667
丙烷	299.98	677.227	5.3096	617.960	0.99787	5.29829	−0.01129
	249.98	1058.942	5.0817	999.676	0.99740	5.06850	−0.01323
	199.99	1428.095	4.9186	1368.828	0.99703	4.90398	−0.01461
	149.99	1815.815	4.7861	1756.548	0.99677	4.77059	−0.01547
	85.50	2488.684	4.6396	2429.417	0.99673	4.62438	−0.01518
	425.20	60.202	7.5194	0.000	1.00000	7.51941	0.00000
丁烷	420.01	158.402	6.6507	540.591	0.99953	6.64755	−0.00311
	399.99	304.950	6.1813	1372.091	0.99878	6.17372	−0.00756
	349.98	628.947	5.7579	3108.539	0.99799	5.74632	−0.01160

物质	T/K	P_{in}/bar	$\delta^1/\text{Å}$	P_{in}^{eff}/bar	δ/δ^1	$\delta/\text{Å}$	$\delta-\delta^1/\text{Å}$
2. 烷烃							
丁烷	300.02	953.667	5.5297	4760.614	0.99756	5.51622	−0.01349
	250.02	1269.087	5.3664	6297.572	0.99723	5.35157	−0.01485
	200.01	1587.801	5.2322	7794.797	0.99697	5.21635	−0.01584
	150.01	1957.407	5.1157	9500.685	0.99684	5.09955	−0.01619
	134.92	2090.005	5.0819	10108.386	0.99683	5.06582	−0.01611
庚烷	540.10	47.827	8.9441	0.000	1.00000	8.94411	0.00000
	520.01	199.807	7.4846	151.981	0.99907	7.47765	−0.00697
	500.02	295.204	7.1914	247.377	0.99870	7.18209	−0.00935
	460.00	474.339	6.8762	426.513	0.99824	6.86409	−0.01214
	400.00	736.568	6.5747	688.741	0.99765	6.55921	−0.01545
	349.98	972.407	6.4036	924.580	0.99744	6.38722	−0.01640
	300.03	1195.327	6.2609	1147.501	0.99726	6.24372	−0.01715
辛烷	568.80	45.234	9.3169	0.000	1.00000	9.31694	0.00000
	559.98	133.681	8.1102	88.446	0.99952	8.10634	−0.00389
	499.98	392.154	7.2567	346.920	0.99848	7.24567	−0.01105
	459.99	558.672	7.0148	513.438	0.99796	7.00049	−0.01429
	399.98	805.541	6.7902	760.307	0.99757	6.77365	−0.01652
	359.99	972.330	6.6315	927.095	0.99739	6.61425	−0.01730
	299.99	1230.798	6.4598	1185.563	0.99723	6.44188	−0.01791
	260.00	1398.988	6.3800	1353.754	0.99714	6.36175	−0.01824
壬烷	594.60	43.369	9.6581	0.000	1.00000	9.65814	0.00000
	500.00	460.742	7.3901	417.373	0.99784	7.37420	−0.01595
	459.98	610.453	7.1936	567.083	0.99760	7.17633	−0.01728
	399.99	832.680	6.9715	789.310	0.99737	6.95316	−0.01837
	359.97	982.651	6.8483	939.281	0.99726	6.82950	−0.01876
	299.98	1221.802	6.6870	1178.433	0.99717	6.66804	−0.01893
癸烷	617.50	42.240	10.0044	0.000	1.00000	10.00440	0.00000
	580.02	236.473	8.1069	194.234	0.99895	8.09838	−0.00853
	540.00	394.094	7.7262	351.854	0.99829	7.71297	−0.01322
	499.99	532.881	7.5159	490.641	0.99793	7.50034	−0.01553
	459.98	673.037	7.3522	630.797	0.99772	7.33544	−0.01677
	420.02	811.559	7.2170	769.319	0.99756	7.19940	−0.01758
	380.01	949.081	7.1004	906.841	0.99744	7.08224	−0.01816
	340.00	1102.581	6.9847	1060.341	0.99738	6.96635	−0.01830
	299.98	1262.427	6.8847	1220.187	0.99734	6.86640	−0.01831
3. 醇类							
甲醇	512.60	171.795	5.8252	0.000	1.00000	5.82518	0.00000
	508.10	432.066	5.1095	260.270	0.99989	5.10890	−0.00055
	495.10	788.904	4.8057	617.109	0.99961	4.80387	−0.00188

物质	T/K	P_{in}/bar	$\delta^1/Å$	P_{in}^{eff}/bar	δ/δ^1	$\delta/Å$	$\delta-\delta^1/Å$
3. 醇类							
甲醇	401.30	2775.341	4.2853	2603.546	0.99910	4.28143	−0.00384
	348.00	3916.452	4.1630	3744.657	0.99898	4.15878	−0.00425
	301.70	4947.965	4.0795	4776.170	0.99890	4.07503	−0.00447
	288.40	5250.895	4.0591	5079.100	0.99889	4.05462	−0.00452
乙醇	516.30	110.254	6.5211	0.000	1.00000	6.52112	0.00000
	500.00	483.675	5.4284	373.421	0.99877	5.42172	−0.00667
	450.00	1181.904	4.9888	1071.650	0.99841	4.98080	−0.00795
	400.00	1930.371	4.7826	1820.117	0.99840	4.77497	−0.00763
	350.00	2669.749	4.6543	2559.495	0.99841	4.64694	−0.00739
	300.00	3375.553	4.5680	3265.299	0.99840	4.56071	−0.00729
	290.00	3526.060	4.5521	3415.806	0.99841	4.54480	−0.00725
丙醇	536.78	99.408	9.6238	0.000	1.00000	9.62384	0.00000
	500.00	635.656	7.7215	536.248	0.99884	7.71256	−0.00899
	483.00	837.576	7.5284	738.168	0.99879	7.51929	−0.00911
	441.00	1351.821	7.2293	1252.413	0.99877	7.22040	−0.00889
	398.00	1888.276	7.0361	1788.868	0.99878	7.02747	−0.00861
	356.00	2406.849	6.8957	2307.441	0.99878	6.88727	−0.00843
	305.00	3046.226	6.7586	2946.818	0.99878	6.75039	−0.00822
	297.00	3151.403	6.7395	3051.995	0.99879	6.73133	−0.00818
	280.00	3384.008	6.7001	3284.600	0.99879	6.69199	−0.00807
丁醇	536.78	69.110	7.6963	0.000	1.00000	7.69626	0.00000
	522.43	271.703	6.4754	202.593	0.99797	6.46223	−0.01314
	289.82	2302.521	5.3557	2233.411	0.99793	5.34458	−0.01108
	281.24	2386.250	5.3396	2317.141	0.99793	5.32856	−0.01103
戊醇	588.15	60.379	8.1540	0.000	1.00000	8.15396	0.00000
	303.00	2087.123	5.6599	2026.744	0.99779	5.64742	−0.01251
	295.00	2151.252	5.6455	2090.873	0.99779	5.63309	−0.01246
己醇	611.00	42.098	8.5866	0.000	1.00000	8.58657	0.00000
	310.00	1622.951	5.9485	1580.853	0.99729	5.93243	−0.01611
	302.00	1671.749	5.9330	1629.651	0.99728	5.91690	−0.01612
庚醇	633.15	48.720	8.9747	0.000	1.00000	8.97469	0.00000
	343.00	1581.412	6.2659	1532.692	0.99774	6.25175	−0.01415
辛醇	652.50	45.040	9.3331	0.000	1.00000	9.33313	0.00000
	305.00	1746.969	6.4227	1701.928	0.99758	6.40712	−0.01555
	296.00	1804.901	6.4048	1759.860	0.99756	6.38917	−0.01560

物质	T/K	P_{in}/bar	$\delta^1/Å$	P_{in}^{eff}/bar	δ/δ^1	$\delta/Å$	$\delta-\delta^1/Å$
4. 芳香烃							
苯	562.20	79.803	7.5288	0.000	1.00000	7.52881	0.00000
	560.01	159.591	6.8812	79.787	0.99984	6.88007	−0.00111
	550.00	221.174	6.6410	141.370	0.99925	6.63596	−0.00501
	500.02	581.631	5.9696	501.827	0.99833	5.95965	−0.00999
	449.98	905.981	5.7216	826.177	0.99784	5.70921	−0.01236
	400.01	1238.694	5.5500	1158.890	0.99752	5.53630	−0.01375
	350.03	1565.177	5.4147	1485.374	0.99726	5.39985	−0.01485
	299.99	1895.850	5.2987	1816.047	0.99704	5.28300	−0.01570
	289.98	1964.145	5.2773	1884.341	0.99700	5.26150	−0.01583
5. 酮类							
丙酮	508.20	201.306	7.0737	0.000	1.00000	7.07371	0.00000
	490.01	799.096	5.9188	597.790	0.99961	5.91644	−0.00231
	450.01	1586.195	5.5243	1384.889	0.99930	5.52041	−0.00385
	400.00	2573.120	5.2818	2371.815	0.99912	5.27715	−0.00466
	379.98	2977.176	5.2072	2775.870	0.99907	5.20231	−0.00486
	350.00	3581.010	5.1092	3379.705	0.99901	5.10410	−0.00508
	330.03	3999.218	5.0497	3797.912	0.99896	5.04447	−0.00526
	299.99	4710.771	4.9545	4509.466	0.99892	4.94916	−0.00533
6. CO_2							
CO_2	304.20	117.090	5.3919	0.000	1.00000	5.39191	0.00000
	300.00	315.863	4.7537	198.773	0.99945	4.75111	−0.00263
	289.99	516.642	4.4930	399.552	0.99890	4.48806	−0.00493
	270.01	884.069	4.2575	766.979	0.99832	4.25032	−0.00716
	249.99	1254.551	4.1177	1137.461	0.99798	4.10944	−0.00831
	230.01	1628.705	4.0151	1511.615	0.99774	4.00599	−0.00906
	216.59	1877.363	3.9578	1760.274	0.99761	3.94839	−0.00945
7. 水							
水	647.30	433.507	4.5602	0.000	1.00000	4.56017	0.00000
	400.03	11754.938	3.1721	11321.431	0.99849	3.16734	−0.00480
	374.98	12563.066	3.1503	12129.558	0.99844	3.14540	−0.00491
	350.00	13307.687	3.1321	12874.180	0.99841	3.12706	−0.00499
	325.01	13982.194	3.1178	13548.687	0.99837	3.11274	−0.00508
	300.02	14584.590	3.1074	14151.083	0.99834	3.10221	−0.00516
	273.16	15046.281	3.1044	14612.773	0.99831	3.09917	−0.00525
8. 金属							
锂	3223.00	2457.409	4.7855	0.000	1.00000	4.78553	0.00000
	1400.07	140496.287	3.0115	138038.878	0.99936	3.00953	−0.00194
	1199.92	160584.379	2.9652	158126.969	0.99937	2.96338	−0.00187

物质	T/K	$P_{\mathrm{in}}/\mathrm{bar}$	$\delta^1/\text{Å}$	$P_{\mathrm{in}}^{\mathrm{eff}}/\mathrm{bar}$	δ/δ^1	$\delta/\text{Å}$	$\delta-\delta^1/\text{Å}$
8. 金属							
锂	1000.10	184485.580	2.9197	182028.171	0.99939	2.91790	−0.00178
	899.86	197750.701	2.8990	195293.292	0.99940	2.89723	−0.00173
	799.95	212317.841	2.8788	209860.432	0.99942	2.87715	−0.00168
	700.04	228407.489	2.8589	225950.080	0.99943	2.85724	−0.00162
钠	2733.00	2091.387	5.9441	0.000	1.00000	5.94406	0.00000
	2399.38	9927.276	5.1574	12018.663	1.00008	5.15781	0.00040
	2199.39	18546.698	4.7419	20638.085	0.99985	4.74118	−0.00071
	1999.40	28718.359	4.5007	30809.745	0.99975	4.49958	−0.00112
	1799.41	41029.647	4.3253	43121.034	0.99971	4.32404	−0.00126
	1599.67	54754.636	4.1870	56846.023	0.99969	4.18566	−0.00130
	1399.68	68891.558	4.0737	70982.945	0.99968	4.07239	−0.00132
	1199.69	83785.288	3.9743	85876.675	0.99967	3.97295	−0.00132
	999.70	98994.224	3.8891	101085.611	0.99966	3.88782	−0.00132
	699.84	124975.431	3.7787	127066.818	0.99966	3.77737	−0.00129
钾	2250.00	521.904	7.0273	0.000	1.00000	7.02735	0.00000
	1500.08	10748.874	4.9038	10226.970	0.99889	4.89837	−0.00542
	1399.95	12263.410	4.8360	11741.506	0.99891	4.83074	−0.00525
	1199.93	15610.296	4.7059	15088.392	0.99896	4.70100	−0.00491
	999.90	19207.521	4.5886	18685.617	0.99899	4.58397	−0.00464
	699.98	25026.424	4.4375	24504.520	0.99903	4.43324	−0.00431
	499.95	29902.800	4.3482	29380.896	0.99908	4.34422	−0.00401
铷	2100.00	346.649	7.4020	0.000	1.00000	7.40196	0.00000
	1199.94	8850.697	4.8513	8504.048	0.99911	4.84695	−0.00433
	1000.02	11484.044	4.7189	11137.394	0.99908	4.71457	−0.00435
	699.93	16057.730	4.5453	15711.080	0.99908	4.54115	−0.00420
	500.01	19952.096	4.4428	19605.446	0.99911	4.43888	−0.00395
铯	1938.00	255.803	8.2735	0.000	1.00000	8.27347	0.00000
	1500.01	4489.765	5.7999	4233.962	0.99942	5.79651	−0.00335
	1200.01	7173.952	5.5032	6918.149	0.99924	5.49908	−0.00416
	1000.01	9387.320	5.3540	9131.517	0.99921	5.34979	−0.00420
	900.01	10456.766	5.2853	10200.963	0.99920	5.28105	−0.00424
	700.01	12726.629	5.1572	12470.826	0.99918	5.15294	−0.00424
	500.00	15417.203	5.0395	15161.399	0.99918	5.03542	−0.00412
汞	2023.15	992.716	3.9283	0.000	1.00000	3.92835	0.00000
	1073.15	13090.949	3.0635	12098.233	0.99490	3.04793	−0.01561
	973.15	14448.239	3.0395	13455.523	0.99395	3.02107	−0.01838
	873.15	15655.631	3.0169	14662.915	0.99322	2.99647	−0.02046
	733.15	16659.048	2.9961	15666.332	0.99261	2.97391	−0.02214
	673.15	17962.323	2.9652	16969.607	0.99229	2.94231	−0.02285